普通高等教育“十五”国家级规划教材

普通高等教育“十一五”国家级规划教材

“十二五”普通高等教育本科国家级规划教材

现代基础化学

MODERN FUNDAMENTAL CHEMISTRY

朱裕贞　顾　达　黑恩成　编著

第三版

3rd ed.

化学工业出版社

·北京·

本书第二版为教育部面向21世纪课程教材、普通高等教育“十五”国家级规划教材；第三版为普通高等教育“十一五”国家级规划教材，2014年入选“十二五”普通高等教育本科国家级规划教材。

全书近400幅彩图，其中近百幅为彩照，形象地反映了化学多彩多维的本色。

本书坚持课程体系改革和创新与时俱进。在第二版基础上保持优点，进而削枝强干、夯实基础，更加重视与物理化学疏通接口，为后续课程铺垫宽广的基础；注意化解理论部分的难点，降低概念的抽象程度，使之便教易学，全书各章反映当今新科技成就，突出现代，概念严谨，简明易懂。

本教材适用于化学、化工、制药、材料、环境、轻工、生物工程、能源、信息等专业。在使用本教材时，可以根据不同的学科和专业对化学基础的不同要求，针对学习本课程学生的实际情况，有选择地取舍内容，以便切实为学生打好化学基础。

图书在版编目（CIP）数据

现代基础化学/朱裕贞，顾达，黑恩成编著．—3版．北京：化学工业出版社，2010.6（2023.1重印）
普通高等教育“十五”国家级规划教材
普通高等教育“十一五”国家级规划教材
“十二五”普通高等教育本科国家级规划教材
ISBN 978-7-122-08420-0

Ⅰ.现…　Ⅱ.①朱…　②顾…　③黑…　Ⅲ.化学-高等学校-教材　Ⅳ.O6

中国版本图书馆CIP数据核字（2010）第077039号

责任编辑：刘俊之　　装帧设计：张　辉
责任校对：周梦华

出版发行：化学工业出版社（北京市东城区青年湖南街13号　邮政编码100011）
印　　装：涿州市般润文化传播有限公司
787mm×1092mm　1/16　印张28¾　字数740千字　2023年1月北京第3版第9次印刷

购书咨询：010-64518888　　售后服务：010-64518899
网　　址：http://www.cip.com.cn
凡购买本书，如有缺损质量问题，本社销售中心负责调换。

定　　价：78.00元

前　言

人类已进入21世纪，高新科技在各领域飞速发展，其间化学展现巨大的支撑和促进作用。本教材紧跟科技发展与时俱进并坚持教改创新，更明确加强化学基础的重要性。

回顾1998年《现代基础化学》第一版面世，该版是面向21世纪工科化学系列课程改革的成果，是以物理化学为枢纽的两段式教学改革的第一轮，它跳出传统工科大一化学教材的框架，成为我国第一套全彩色大学教科书，从内容到面貌焕然一新。2004年《现代基础化学》第二版问世，在第一版的基础上，理清微观物质结构理论与宏观热力学原理的内在联系，以及热力学在四大平衡体系中的应用，进而强调结构与物质性质的内在联系和化学变化规律的关联，使课程脉络更加清晰。同时请专家撰文，放眼21世纪阐述化学在新科技领域中的作用以拓展视野。

《现代基础化学》第三版，在第二版基础上，保留体系改革，合理构思、科学论证、概念严谨、图文并茂等特点外，经12年教学实践，在师生中调研、分析总结，确定本教材的特色为：削枝强干、夯实基础；化解难点、便教易学；突出现代、科技展新。

1. 削枝强干、夯实基础

教改创新必须摆正《现代基础化学》在工科化学系列课程中的地位，把相应必备的化学基础加以夯实，同时为后续课程提供较宽广的基础。为此需梳理本课程内容，抓住主线，避免课程间不必要的重复及不宜大一化学掌握的过深内容，加以削枝强干、确保基础。

众所周知，现代化学已进入分子水平的前沿，原子、分子是组成物质及纷繁复杂化学变化的本质和核心，对它们的内部结构应有基本的认识，但不宜宽深，在修订中认真抉择。如原子核外电子运动的状况着重电子云的角度分布，因为它对化学键的形成和分子构型都很重要，所以删去电子云的径向分布及相关的描述；对分子轨道理论只需基本的认识，着重处理双原子分子而删去多原子分子；固体结构仅介绍布拉维晶格中最常见的4种而不是面面俱到的14种；对玻璃只介绍其结构本质，删去尚未定论的玻璃结构理论等等。

抓住热力学定律中最基本的概念，淡化导出过程，疏通与后续物理化学的接口，避免了课程间不必要的重复。例如，有关生成焓和燃烧焓着重说明概念，不以计算为重点；删去热容及有关变温过程的计算。对于热力学第二定律重点给予两种表述，删去理想热机与卡诺定理，直接给出克劳修斯不等式，除去了较复杂的演绎过程。删除化学反应机理，将质量作用定律和基元反应并入浓度对化学反应速率影响之中。在电化学中不再描述电解质溶液的导电机理，只是指出要点等等。经此大的修改，既简明扼要又与物理化学衔接得更加顺畅，切实铺垫了基础，设置了台阶。经修订加强热力学基本原理在化学平衡、离子平衡、氧化还原平衡和配位平衡中的应用，使之更加合理，为后续分析化学、有机化学、物理化学等各课打下较为宽广的化学理论基础。

对于元素化合物的认知，同样是削枝强干，少而精达到博而通。经元素及其化合物的内在结构与其外显性质联系起来，运用热力学原理理解元素及其化合物的变化规律。尤其着力剖析几个典型元素及其化合物，以物质结构理论和热力学原理为指导，进一步掌握其酸碱性、氧化还原性和配位性的变化规律，具有分析判别反应产物的基本方法，因为这三个性质是所有元素及其化合物都具有的基本性质，掌握了规律和方法，就能达到举一反三，具有自学获取其他更多元素及其相关化合物知识的能力。

关于化学与环境、材料、信息、能源、生命等各章并非本教材的基本主线，仅为辅助内容，借以深化理论联系实际，了解化学与国民经济发展各关键学科领域的关联，从而拓展学生的视野。

2. 化解难点，便教易学

五彩缤纷，纷繁复杂的世界都是由原子和分子构筑而成，本教材一开始抓住核心，从微观结构理论入手，起点高，比较抽象难懂，又物质宏观变化的重要规律热力学原理，按课程地位和要求，需基本认识并与后续物理化学课程相连接，但涉及微积分概念较多，学生大一入学不久，数学准备不足，难以接受。为此化解难点和降低抽象度成为第三版教材修订时的努力目标。

例如原子结构中现代量子力学模型必涉及薛定谔方程，这是一个二阶偏微分方程，虽然并不展开，但针对数学符号的说明就让学生烦难，其实该方程中除偏导数项外，其余各项均直观易懂，为此就用拉普拉斯算符顶替该项，并通过注释说明一下算符的意义，从而降低了接受的难度。对看不见摸不着的原子、分子用扫描隧道电子显微镜（SMT）所得的三维彩色原子和分子图像进行说明，也降低了抽象度。对于分子晶体，废除蒽分子晶体而用熟知的 CO_2（干冰）为例。从分子内部结构了解化合物特性中删去应用分子轨道理论讨论结构，而是用杂化轨道理论，降低了难度等等。

在热力学原理部分尽量去除微积分概念，化解和避开难点。如取消体积功积分定义以加和代之，对可逆过程的描述运用极限概念。对热力学第二定律去除演绎过程中较复杂的微积分概念，只用文字表述。关于化学反应速率定义以极限代替微积分；对反应进度的概念也去除了微积分的描述，运用极限概念。

综上所述，本版尽量从学生实际出发，降低抽象度和难度，使理论概念不失严谨，更为自然而适度，从而便教易学。

3. 突出现代，科技展新

追踪现代科技、与时俱进是编写教材、培养科技人才之必需，为此在各章中新增反映最新成就的内容。如原子的电子结构中对近年合成的新元素的结构和命名均有全面的陈述。又 NO_2 可低温聚合成气态无色的 N_2O_4，现更介绍它与绿色液态的 N_2O_4 一起作为星箭燃料的氧化剂。又稀土元素钇（Y）、钕（Nd）、钐（Sm）等化合物均为超导材料的基本成分，我国已研制成 SmBCO 世界最大体积的高温超导单晶体。又最新非晶硅薄膜材料用于太阳能发电以及太阳能电池在中国航天飞船“神七”及太空漫步中的应用等等。

对于原子核本教材也有基本的阐述，此次修订着重反映核化学在合成新元素和核能利用方面的新成就。增加新元素合成方法和分离手段，对新元素合成成果用表格形式予以集中体现。核能利用除介绍反应堆知识外，还介绍了国际上四代核电站的发展历程和我国核电发展动向。全书合理处理经典与现代化学新进展的关系。

本版教材中还重视中国和华裔科学家在当代高新科技发展中的贡献，并且缩减篇幅约 1/6。

此外尽可能采用新版手册的数据，如选用 David R. Lide，CRC Handbook of Chemistry and Physics 89th ed.，Chemical Rubber Publishing Compang Press，2008；John A. Dean，Lange's Handbook of Chemistry 15th ed.，McGraw-Hill，INC. 2005. 元素周期表根据 IUPAC-CAWIA 2008 年 1 月提供的五位有效数字，相对原子质量数据及 2009 年 6 月 IUPAC 命名 107～111 新元素和中国全国科技名词委给出的中文定名。112 号新元素也于 2010 年 2 月经 IUPAC 确认并定名为 Cn，2012 年 5 月又确认并定名 114 号新元素为 Fl，116 号为 Lv。

此外，113、115、117、118号新元素于2004到2010年间宣布合成，至今尚未确认。

本教材修订者为朱裕贞教授（前言，第1，3，12，13，14，18，21章），顾达教授（第2，4，11，15，16，17，19章，数据、附录、索引等），黑恩成教授（第5，6，7，8，9，10章），欧伶教授（第20章）。全书由朱裕贞教授统稿。

《现代基础化学》第三版由东华大学郑利民教授审稿，谨此深切道谢。

在第三版重印时，正值2011年3月日本特大地震和海啸引发了福岛核电站的污染事故，全世界为之震惊。为了反映当今核科技的发展新动向，对第21章核化学作了较大的修正，得到中国原子能科学研究院蔡善钰教授的大力协助，特此表示真诚的感谢。2013年再次重印，本教材除认真订正外又适时添新，以飨读者。

本教材适用于化学类、化工类、制药类、材料类、环境与安全类、轻工纺织与食品类、生物工程类、信息类、能源类等专业。在使用本教材时，可以根据不同的学科和专业对化学基础的不同要求，针对学习本课程学生的实际情况，有选择地取舍内容，以便切实为学生打好化学基础，并对后续课程的学习和未来化学科技的发展产生深究和求知的欲望。

为教改创新和教材质量提高，敬请同行和读者批评指正。

编者

2013年8月

《现代基础化学》第三版2017年再印说明

元素周期表第7周期后面的4个元素：113、115、117和118号元素在2003年至2014年期间已先后成功合成，经国际纯粹和应用化学协会（IUPAC）确认，于2016年11月30日正式宣布这些元素的英文名字和化学符号。接着，我国全国科学技术名词审定委员会在向社会征集中文定名的基础上，于2016年12月14日召开专家讨论会（中国原子能科学研究院蔡善钰研究员为参会成员），达成了共识，并于2017年5月9日正式对外发布。113号元素Nh为鉨、115号元素Mc为镆、117号元素Ts为鿬、118号元素Og为鿫。正在合成的119号、120号超重元素将开启第8周期。本教材中与之相关内容由朱裕贞教授予以订正和修改。

借此4个新元素命名公布之时，本书末的元素周期表也进行了及时充实，成为2017年更新的元素周期表。

工科大一化学，通常只重视原子核外电子运动引起的化学反应，忽视甚至不涉及原子核内部变化引起的化学效应。本教材一贯重视原子核结构、人工核反应、新元素合成和核能利用等现代科学知识。当年因日本福岛核事故的发生，国际社会更加关注核动力安全利用之时，2013年本教材重印前得到蔡善钰研究员的协助，对“核化学”一章作了较大的修改；今又趁4个新元素命名之机，再次协助对核化学内容进行了更新，以反映近年国内在核电建设和聚变研究方面取得的新进展，并在中国核学会同仁的帮助下，挑选了秦山核电基地照片替代原来“核化学”章首图片，特此表示深切感谢。

本教材编写的初衷是：跟踪科技发展，坚持与时俱进。以求做到：既要夯实化学理论基础，又要关注前沿科学动向，从而拓宽院校师生和广大读者的视野，共同推动化学及其分支学科和相关领域科技的发展。

编者

2017 年 5 月

第一版前言

人类即将跨入21世纪，正在进入信息社会，不同学科深入交叉渗透，各科技领域发生共鸣和共振，必将爆发出更为惊人的综合效果。20世纪中叶以来现代科技已进入相当迅猛的发展期，它对物质世界奥秘的探索至广至深，所涉及的空间线度从10^{-16}cm（电子半径）到10^{28}cm（100亿光年），纵贯44个数量级；涉及的时间范围从10^{-22}s（共振态粒子）到10^{18}s（100亿年），横穿40个数量级；新技术的生命周期从20世纪40年代的20～25年下降到目前的4～5年；集成电路在短短30年中更新五代；GaAs器件问世使计算机快速运转超过1亿次/秒；停滞75年不前的超导技术，因1986年发现La-Ba-Cu-O化合物的超导临界温度高达35K而突破，近年来又有高达156K的超导材料合成；1985年簇状化合物有了新发现，碳素多面体原子簇C_{60}、C_{70}及C_{32}、C_{44}、C_{50}、C_{58}、C_{84}、……、C_{240}、C_{540}、C_{960}等，形成Fullerence家族和它们的各种衍生物。航天技术发展迅速，在宇宙空间失重的条件下已进行晶体生长等实验，空间化学由此应运而生。物质的第四态——等离子态在化学合成、制膜技术、表面处理、超微量分析和精细化学品的加工等领域开拓出一系列新技术、新工艺。化学已成为高科技发展的强大支柱，化学已渗入社会、技术和科学的各个领域。为此，大学化学系列课程必须适应时代的发展，整体考虑、同步改革、恰当交叉融合，探索课程体系的新模式。1995年初华东理工大学开始了面向21世纪工科（化工类）化学系列课程改革的探索，提出了在化学理论课程教学中，以物理化学为枢纽，全面安排通用理论课程与专业理论课程的两个阶段方案。该方案的第一门课程就是《现代基础化学》，该课程的化学原理部分由物理化学的初步内容构成，进而展开了化学基础知识的概要介绍，并与关系国民经济发展的各种关键科学技术相联系。

本教材分两大部分：第一部分为化学原理；第二部分为化学概论。

第一部分化学原理的内容和组成

内容：

(1) 对化学科学理论的现代基础做初步的展开。

(2) 阐明化学原理的主线——定性地讨论物质制备、性能和内部结构关系的规律。

(3) 化学原理向定量的方向发展——讨论平衡规律、化学反应速率规律与结构的关系。

由于物质的性能和宏观化学变化规律都是物质内部结构特征的宏观反映。为此，第一部分由微观本质入手讨论化学的宏观规律。

组成：

(1) 物质结构和存在形态（包括第1章至第5章）：原子结构、分子结构、固体结构、配合物结构、物质的聚集状态。

(2) 化学变化的宏观规律（包括第6章至第8章）：热力学第一定律、热力学第二、第三定律、化学反应速率和机理。

(3) 用宏观规律处理四大平衡体系（包括第9章至第11章）：化学平衡、离子平衡、氧化还原平衡和配位平衡。

第二部分化学概论的内容和组成

内容：

（1）展示化学分支学科——无机化学、有机化学的内涵，运用化学原理认识元素及其化合物在千变万化中形成多样化的真实世界。

（2）显示化学与材料、能源、信息、环境、生命等社会发展的关键领域广泛交叉渗透；了解化学与提高人类生活质量，促进科技发展和社会进步的紧密关系。

组成：

（1）化学基础知识（包括第 12 章至第 15 章）：非金属通论及氮、硼、稀有气体，金属通论及铬、锰、稀土金属，碳及有机化合物，聚合物。

（2）化学与社会进步和现代高科技发展相关的知识（包括第 16 章至第 21 章）：环境与化学、材料与化学、信息与化学、能源与化学、生命与化学和核化学。

本教材内容处理原则

（1）提供工程人才（化工类）所必备的现代化学基础，与当代化学科学发展相适应。对原子的量子力学模型、分子轨道理论和固体中的非晶体结构、非化学计量化合物等概念加以定性的描述，注意化学原理对高科技领域的推动和应用；用现代视野拓宽化学知识面，了解化学与高科技发展的关系将对未来有新的启示。

（2）融入的部分物理化学内容并非简单的下放，而是着眼于化学的本身，淡化物理过程。同时，避开工程问题，适当应用高一级数学，以阐明有关概念。目的在于为后续课程铺设台阶和安上接口。为此，在热力学第一定律中，对相变、热容和节流未予深入讨论；在热力学第二定律中，对化学反应的方向和限度有较完整和确切的概念，只用克劳修斯不等式处理恒温恒压和只做体积功的一般化学反应过程，未引进化学势，不涉及热力学基本方程；化学反应动力学具有基本内容的轮廓，没涉及复杂的内容和论证。

（3）点面结合，以点带面，构筑现代化学基础知识的框架。未按周期系逐一介绍元素及其化合物，而是将非金属、金属和有机化学，用通论进行面上概括；选择非金属中的氮、硼、稀有气体，金属中的铬、锰、稀土金属以及有机、无机聚合物进行点上深入，抓住典型，着重分析：①结构与性质的内在联系；②剖析典型产品制备工艺路线的选择和反应条件的优化；③在现代高科技领域中的应用。同时，还勾勒出后续有关课程的骨架，以便进一步深入和丰满。

本教材最后 6 章为拓宽化学知识的现代视野而开出的“窗口”，供师生选读或讲座。

（4）重视人文素质的培养，以科学家轶事启迪人生。本教材每一章均选择与该章内容相关、在科学上作出极大贡献的 1～2 位科学家，介绍他们的生平事迹，全书共 24 位科学家。他们个个刻苦勤奋，锲而不舍。有的还甘为人梯，造就许多科技英才；有的更善于组织协调众多人攻克大的研究课题和难关，推动科学发展，造福人类；但也有个别的将科技成果用于战争，摧残人类，必然遭受非议，成为历史的耻辱。由此可以领悟到科学家的成功秘诀和做人的哲理。

(5) 采用中华人民共和国国家标准 GB 3102.8—1993 所指定的符号和单位。数据基本来自 David R. Lide "CRC Handbook of Chemistry and Physics" 77th. ed. (1996～1997) 和 J. A. Dean "Lang's Handbook of Chemistry" 13th. ed. (1985)。

本教材各章后均列出参考书目供学生查阅，以培养自学能力，也可供教师备课参阅。

本教材经三年半的努力，由集体智慧结晶而成。经过调查研究，总结长期积累的教学经验，在朱裕贞等编的《工科无机化学》(第二版) 教材的基础上，参照胡英等编的《物理化学》(第三版)，按面向 21 世纪的化学教学要求重新编写而成。参加编写的人员有：华东理工大学朱裕贞教授、顾达教授、黑恩成教授、焦家俊副教授、臧祥生副教授、刘士荣副教授和欧伶副教授。全书由华东理工大学朱裕贞教授统稿。在此向苏小云、吕瑞东等 21 位专家、教授对该教材在编写过程中的帮助致以诚挚的感谢。

本教材由同济大学施宪法教授和中国纺织大学郑利民教授审稿，他们提出不少真知灼见，为此由衷地表示感谢。

全书彩图 389 幅，其中 323 幅彩图由华东理工大学工业美术设计造型专业毕业的年晓峰和张沪两位先生绘制，其余 66 幅为彩照。所用彩图能形象地反映出化学多彩、多维的本色，有利于提高质量和加强教学效果。

本教材适用于化工与制药类、材料类、环境与安全类、轻工纺织食品类、生物工程类等专业。在使用本教材时，可以根据不同的学科和专业对化学基础的不同要求，针对学习本课程学生的实际情况，有选择地取舍内容，有目的地改变前后次序，以便切实为学生打好化学的基础。并对后续课程的学习和未来化学科技的发展产生深究和求知的欲望。

为求教材质量的提高，敬请同行和读者批评指正。

编者

1998 年 8 月

第二版前言

人类已进入21世纪，科学技术正向更广阔的新领域拓展；正更深入地揭示微观世界的奥秘；化学在理论和技术上正快速进展。本教材为紧跟科技发展与时俱进，进行了第二版的修订工作。本版在第一版的基础上奋力进取，实现三个有所进展，三个基本不变，以便更好地完善和夯实大学化学的基础，并放眼21世纪拓宽视野。三个有所进展是：①追踪现代科技；②学科交叉融合；③内容精益求精。三个基本不变是：①总体格局；②创新思路；③篇幅章次。

本版特色

(1) *理论的系统和深入* 着力理论间的内在联系，阐明微观结构理论是宏观热力学、动力学的内因，而热力学是化学四大平衡的基础，动力学是各类化学反应的依据，并注意从分子水平上把理论串联起来。

(2) *追踪现代科技* 反映物质结构的科技进展，介绍利用扫描隧道电镜技术直视原子、小分子和有机大分子的图像；用现代研究成果说明原子内部的结构等。加强相关元素新型化合物的合成及应用。在“环境与化学”中侧重清洁生产和零排放新技术。在“信息与化学”中关注更新换代的新信息材料（如纳米碳管等）。在“能源与化学”述及航天员在飞船中生活必须通过化学反应才能实现，并欢呼中国载人航天飞船成功发射和返回，还有中国第一位航天员杨利伟在返回舱内的照片。在“生命与化学”中述及人类基因新发展等等。

(3) *学科交叉融合* 对宏观理论：热力学、动力学、电化学等进一步与物理化学融合和衔接，追求概念清晰、深入浅出。请天文、航天、信息、材料和生物领域的专家撰写7篇短文生动地反映21世纪各学科领域的发展与化学密切相关。

(4) *精益求精* 适当精选和调整部分内容，如全面改写物质的聚集状态、有机化合物、酸碱平衡等各章内容，删除一些过时和应用不广的内容。对文字进一步地精练和规范，以求更为通顺和严密，设计或选用更为直观的图表和照片，并尽可能采用新版本数据，如选用：David R. Lide，CRC Handbook of Chemistry and Physics，83rd ed.，Chemical Rubber Publishing Company Press，2002；John A. Dean，Lange's Handbook of Chemistry 15th ed.，McGraw-Hill，INC. 1999. 元素周期表根据IUPAC-CAWIA 2001年7月提供的五位有效数字相对原子质量数据及1997年通过的新元素名称。

本教材修订者为：朱裕贞教授（前言，1，3章）；顾达教授（2，4，11，16，19章及15，17章部分），黑恩成教授（5，6，7，8，9，10章）；黄永民博士（12，13章）；高建宝副教授（14章及15章，17章部分）；杨世忠副教授（18，21章）；欧伶副教授（20章）；王磊讲师（数据、附录、索引等）。朱裕贞、顾达、黑恩成共同统稿。

第二版教材由同济大学施宪法教授和东华大学（即原中国纺织大学）郑利民教授审稿，谨此深切道谢。

本教材适用范围和要求请见第一版前言末段。

敬请同行和读者批评指正，以祈教材质量的提升。

编者

2004年1月

目　录

第一部分　化学原理

第二部分 化学概论

第一部分
Part One

化 学 原 理
Principles of Chemistry

第1章　原子结构和元素周期系

Chapter 1　Atomic Structures and the Periodic System of Elements

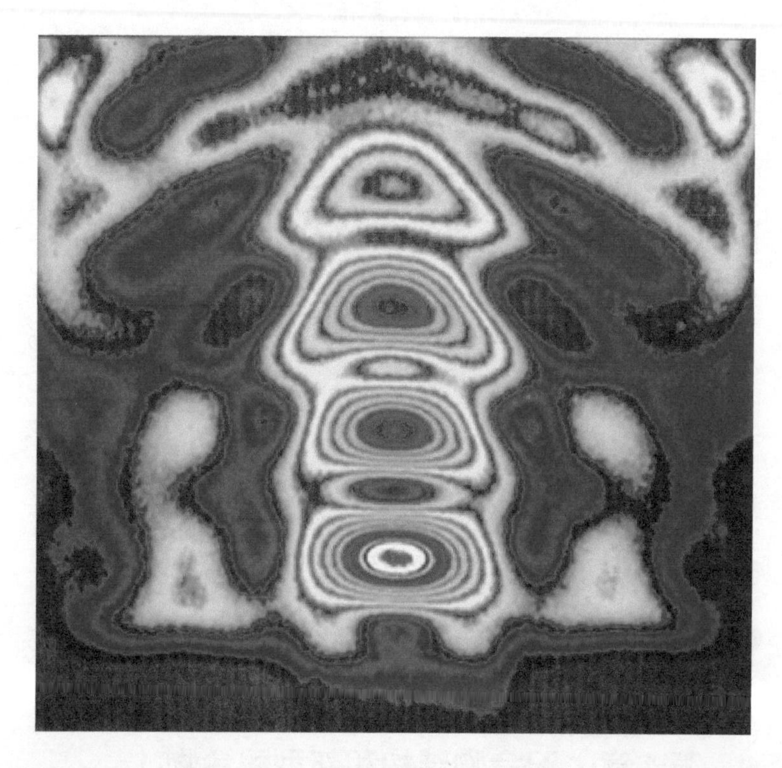

20世纪科学技术突飞猛进，人类已能飞向太空进入月球；已能用计算机网络组成信息高速公路；已能控制原子核能的释放并加以利用……，当进入21世纪，人类探测火星处在纷繁奇异和瞬息万变的多样化世界之中。这样的巨变都源于20世纪初打开了原子这个微粒的大门，经众多科学家的不懈努力，步步深入地认识了原子内部结构的复杂性，建立了原子结构的有关理论。有了对原子结构认识上的突破，以及对分子、离子和固体等内部结构的深入认识，从此人类进入微观世界，抓住微观事物变化的内在本质，化学也因此迅速发展。在微观理论的指导下新化合物的合成每年迅速递增；特种功能材料的研制日新月异，为航天器、电子计算机、光纤通讯等高科技领域的发展提供众多的原料、材料；还为人们日常生活提供丰富多彩的新型产品。所以，我们首先要认识原子的内部结构。

1.1　原子结构理论的发展概况

1803年英国化学家道尔顿（John Dalton）提出了物质由原子构成，原子不可再分。整个19世纪人们几乎都认为原子不可再分，但是19世纪末物理学上一系列的新发现，特别是电子的发现和α粒子的散射现象，终究打破了原子不可分割的旧看法，并证实原子本身也是很复杂的。

1.1.1　原子的含核模型

1911 年，英国物理学家卢瑟福（E. Rutherford）用一束平行的 α 射线射向金箔进行实验，见图 1-1-1。

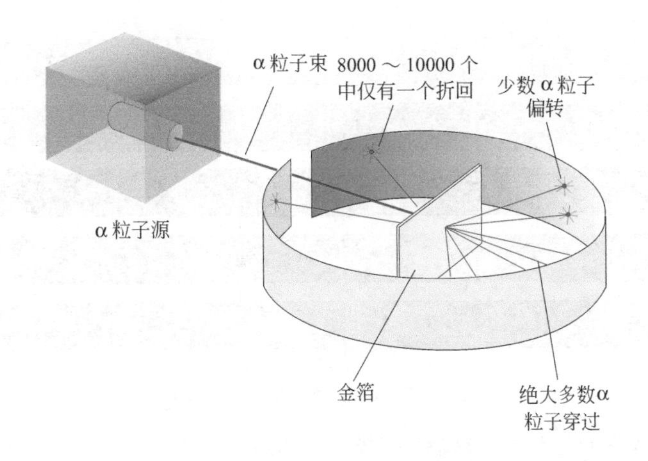

图 1-1-1　α 粒子散射实验示意

根据 α 粒子散射实验，卢瑟福提出含核原子模型。他认为原子的中心有一个带正电的原子核（atomic nucleus），电子在它的周围绕核旋转，由于原子核和电子在整个原子中只占有很小的空间，因此原子中绝大部分是空的。原子的直径约为 10^{-10} m，电子的直径约为 10^{-15} m，原子核的直径约在10^{-16}～10^{-14} m 之间。又由于电子的质量极小，所以原子的质量几乎全部集中在核上，当 α 粒子正遇原子核即折回，擦过核边产生偏转，穿过空间不改变行进方向。但卢瑟福的理论不能精确指出原子核上的正电荷数。

1913 年，卢瑟福的学生莫塞莱（H. G. J. Moseley）研究 X 射线谱（见图 1-1-2），他用不同元素做 X 射线管的阳极，得到各自特征的 X 射线谱，并发现 X 射线频率（ν）的平方根与元素的原子序数成直线关系。

$$\sqrt{\nu}=a(Z-b) \tag{1-1}$$

式中，Z 是原子序数，a、b 是常数。根据莫塞莱定律可以测定元素的原子序数。

1920 年，英国科学家查德维克（J. Chadwick）用铜、银、铂等不同元素代替金作 α 粒子散射实验测定核电荷数，结果与莫塞莱的原子序数相吻合，证明了元素的原子序数等于核上正电荷数。由于整个原子是电中性的，所以确定了核上正电荷数也就等于确定了核外电子数。

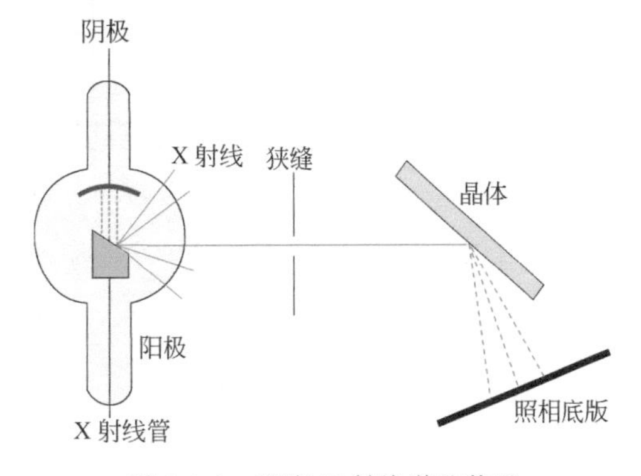

图 1-1-2　研究 X 射线谱的装置

原子是由原子核和电子所组成。在通常的化学反应中，原子核并不发生变化，而只是核外电子的运动状态发生变化。对核外电子运动状况描述最早的是玻尔理论。

1.1.2　原子的玻尔模型

玻尔（Niels H. D. Bohr）在研究原子光谱产生的原因中发展了原子结构理论。20 世纪初人们将各种原子受带电粒子的撞击或加高温直接发出特定波长的明线光谱称为发射光谱

(emission spectra)[1]，这种由原子激发态产生的光谱为原子光谱，它由许多分立的谱线组成，又称线状光谱 (line spectra)。图 1-1-3 为几种元素原子的发射光谱与太阳光谱 (连续光带) 相比较。

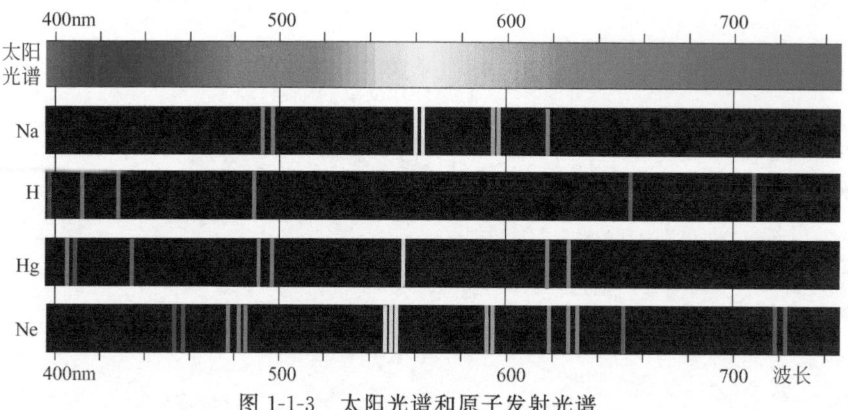

图 1-1-3　太阳光谱和原子发射光谱

每一元素原子都有自己特定的线状光谱，发出特定颜色的光。现代照明利用钠原子发出 589nm 的黄色光，制成高压钠灯，光亮可见度高，且透雾能力强，曾代替传统的钨丝灯用于道路、桥梁、机场等的照明。由于科技进步，现在已有以无极灯，更有用 LED (发光二极管) 灯替代高压钠灯，环保、节能、高效、长寿。

原子光谱中以氢原子光谱最简单，它在红外区、紫外区和可见区都有几根不同波长的特征谱线。氢光谱在可见光区范围内有五根比较明显的谱线：一条红、一条青、一条蓝、两条紫，通常用 H_α、H_β、H_γ、H_δ、H_ε 来表示，它们的波长依次为 656.3nm (纳米)[2]、486.1nm、434.0nm、410.2nm 和 397.0nm (图 1-1-4)。

玻尔为了解释原子光谱，将普朗克量子论[3]应用于含核原子模型，他根据辐射的不连续性和氢原子光谱有间隔的特性，推论原子中电子的能量也不可能是连续的，而是量子化的，

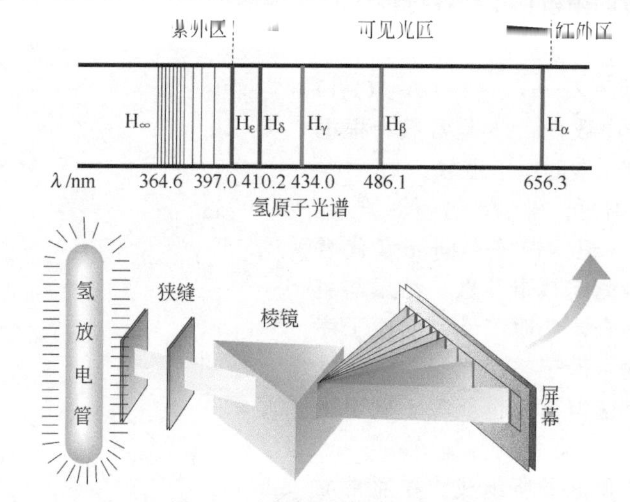

图 1-1-4　氢原子光谱实验示意

[1] 若某些波长的光通过特定的物体或溶液后被吸收，产生暗线组成的光谱，称为吸收光谱 (absorption spectra)。

[2] $1nm=10^{-9}m$。

[3] 普朗克量子论：辐射能的放出或吸收并不是连续的，而是按照一个基本量或基本量的整数倍被物质放出或吸收，这种情况称做量子化。这个最小的基本量称为量子 (quantum) 或光子 (photo)。

大胆地提出下面的假设。

① 在原子中，电子不能沿着任意轨道绕核旋转，而只能沿着符合于一定条件（从量子论导出的条件）的轨道旋转。电子在这种轨道上旋转时，不吸收或放出能量，处于一种稳定态。

② 电子在不同轨道上旋转时可具有不同的能量，电子运动时所处能量状态称能级（energy level）。电子在轨道上运动时所具有的能量只能取某些不连续的数值，也就是电子的能量是量子化的。玻尔推算出氢原子的允许能量 E[1] 只限于式(1-2) 给出的数值：

$$E=-\frac{B}{n^2} \tag{1-2}$$

式中，n 称为量子数（quantum number），其值可取任何正整数（1，2，3，…）；B 的值为 2.18×10^{-18}J。当 $n=1$，轨道离核最近，能量最低，这时的能量状态叫氢原子的基态（ground state）或最低能级。$n=2$，3，4，…，轨道依次离核渐远，能量逐渐升高。这些能量状态的氢原子称为处于激发态（excited state）或较高能级。

③ 只有当电子从某一轨道跃迁到另一轨道时，才有能量的吸收或放出。当电子从能量较高（E_2）的轨道跃迁到能量较低（E_1）的轨道时，原子就放出能量。放出的能量转变成为 1 个辐射能的量子，其频率可由两个轨道的能量差决定，因为量子的能量与辐射能的频率成正比，$E=h\nu$，所以：

$$E_2-E_1=\Delta E=h\nu$$

$$\nu=\frac{E_2-E_1}{h} \tag{1-3}$$

式中，h 为普朗克常数，其值为 6.626×10^{-34}J·s；E 的单位为 J。

应用上述玻尔的原子模型可以解释氢原子光谱。若电子从 $n=3$，4，5，6，7 等轨道跳回 $n=2$ 的轨道，按式（1-3）计算出来的波长分别等于 656.3nm、486.1nm、434.0nm、410.2nm、397.0nm，即为氢光谱中可见光部分的 H_α、H_β、H_γ、H_δ、H_ε 的波长。依次可以推算电子从其他能级跳回 $n=1$ 的轨道得紫外区谱线；跳回 $n\geqslant3$ 轨道得红外区谱线。凡是单电子原子或离子的光谱都能用玻尔模型加以解释，如 He^+、Li^{2+}、Be^{3+}、B^{4+}、C^{5+}、N^{6+} 和 O^{7+}，这些离子已在天体星际的光谱中证明它们的存在，部分已在实验研究中制得。

玻尔

但是，玻尔理论不能说明多电子原子光谱，也不能说明氢原子光谱的精细结构[2]。有相当的局限性，这是由于电子是微观粒子，不同于宏观物体，电子运动不遵守经典力学的规律而有它本身的特征和规律。玻尔理论虽然引入了量子化，但并没有完全摆脱经典力学的束缚，它的电子绕核运动的固定轨道的观点不符合微观粒子运动的特性，因此原子的玻尔模型不可避免地要被新的模型（即原子的量子力学模型）所替代。

---

[1] 玻尔建立氢原子模型时，取氢原子中电子与质子完全分离时的能量为零。当电子受核吸引，向核逐渐趋近时，原子变得逐渐稳定，因此原子所有允许能态的能量都要小于零，均为负值。其绝对值愈大，能量愈低。

[2] 氢原子光谱的精细结构是在精密分光镜下观测谱线发现的，这时每一条谱线可分解成若干条波长相差极小的谱线。

1.2 原子的量子力学模型

量子力学是研究电子、原子、分子等微粒运动规律的科学。微观粒子运动的主要特点是量子化和波粒二象性，它与宏观物体的运动规律不同。

1.2.1 微观粒子的波粒二象性

光的波动性和粒子性经过了几百年的争论，到了 20 世纪初，人们对光的本性有了比较正确的认识。光的干涉、衍射等现象说明光具有波动性；而光电效应、原子光谱又说明光具有粒子性。因此光具有波动和粒子两重性质，称为光的波粒二象性（dual wave-particle nature）。

光的波粒二象性及有关争论启发了法国物理学家德布罗依（L. de Broglie），他指出，在整个 19 世纪，物理学界对光的研究只看到波动性，忽略了光的粒子性，而对实物的研究就可能只看到粒子性，忽略了它的波动性。因此，他在 1924 年提出一个大胆的假设：实物微粒都具有波粒二象性，即实物微粒除具有粒子性外，还具有波的性质，这种波称为德布罗依波（de Broglie waves）或物质波（matter waves）。德布罗依认为，对于质量为 m，速度为 v 的微粒，其波长 λ 可用式(1-4) 求得：

$$\lambda=\frac{h}{mv} \tag{1-4}$$

例 1-1 一个速度为 $5.97\times10^{6}\,m\cdot s^{-1}$ 的电子，其德布罗依波长为若干？（已知电子的质量为 $9.11\times10^{-28}\,g$）

解：普朗克常数 $h=6.626\times10^{-34}\,J\cdot s$，而 $1J=1kg\cdot m^{2}\cdot s^{-2}$

用式（1-4）：（运算时注意量纲）

$$\lambda=\frac{h}{mv}=\frac{6.626\times10^{-34}\times10^{3}\,g\cdot m^{2}\cdot s^{-1}}{(9.11\times10^{-28}\,g)(5.97\times10^{6}\,m\cdot s^{-1})}$$
$$=1.22\times10^{-10}\,m=0.122nm$$

德布罗依的假设在 1927 年为电子衍射实验所证实。戴维逊（C. T. Divission）和革麦（L. H. Germeer）在纽约贝尔电话实验室用一束电子流，通过镍晶体（作为光栅），结果得到和光衍射相似的一系列衍射圆环（图 1-2-1）。又根据衍射实验得到的电子波的波长也与按德布罗依公式计算出来的波长相符。此现象说明电子具有波动性。以后又证明中子、质子等其他微粒都具有波动性。

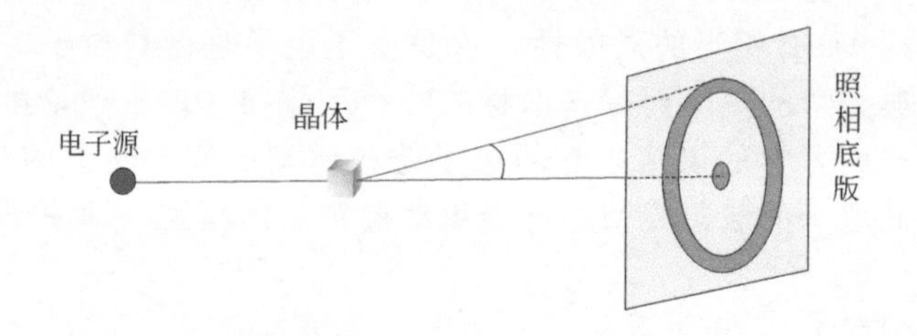

图 1-2-1 电子衍射示意

微观粒子具有物质波，宏观物体也有物质波，但极微弱，可以认为不表现出波动性。表 1-1是几种物质的德布罗依波长以资比较。

表 1-1　几种物质的德布罗依波长

物　质	质量/g	速度/cm·s^{-1}	λ/cm	波动性
慢速电子	9.1×10^{-28}	5.9×10^{7}	1.2×10^{-9}	显著
快速电子	9.1×10^{-28}	5.9×10^{9}	1.2×10^{-11}	
α 粒子	6.6×10^{-24}	1.5×10^{9}	1.0×10^{-15}	
1g 小球	1.0	1.0	6.6×10^{-29}	不明显
垒球	2.1×10^{2}	3.0×10^{3}	1.1×10^{-34}	
地球	6.0×10^{27}	3.4×10^{4}	3.3×10^{-61}	

具有波粒二象性的微粒和宏观物体的运动规律有很大的不同。我们知道，对于飞机、火车、行星等宏观物体的运行，根据经典力学，可以指出它们在某一瞬间的速度和位置。例如，我们可以准确地知道火车在行进中的位置和速度；可以正确地预测出日食发生在何时、何地并持续多久。但对于具有波粒二象性的微粒如电子等来说，它的运动情况不能用经典力学来描述。1927 年，德国物理学家海森堡 (W. Heisenberg) 指出，对于微观粒子而言，不可能同时准确测定它们在某瞬间的位置和速度（或动量），如果微粒的运动位置测得愈准确，则相应的速度愈不易测准，反之亦然。这就是测不准原理（uncertainty principle）。

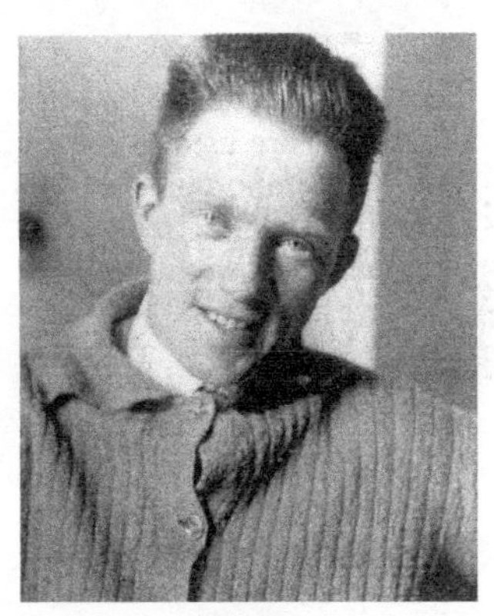

海森堡

由测不准原理可以推知，我们不可能同时准确地测出电子某一瞬间运动的位置和速度。如果非常准确地测出电子的速度，也就是准确地测出电子的能量，那就不能准确地测出它的位置。但并不是说微粒运动规律是不可知的，测不准原理只是反映微粒具有波动性，不服从经典力学规律，而是遵循量子力学所描述的运动规律。

1.2.2　核外电子运动状态的现代描述

我们知道，电磁波可用波函数（wave function）Ψ（读作波赛）来描述。量子力学从微观粒子具有波粒二象性出发，认为微粒的运动状态也可用波函数来描述。对微粒讲，它是在三维空间作运动，因此，它的运动状况必须用三维空间伸展的波来描述，也就是说，这种波函数是空间坐标 x，y，z 的函数 $\Psi(x, y, z)$。波函数是一个描述波的数学函数式，量子力学上用它来描述核外电子的运动状态。波函数可通过解量子力学的基本方程——薛定谔方程求得。

1.2.2.1　薛定谔方程

1926 年，奥地利科学家薛定谔（E. Schrödinger）在考虑实物微粒的波粒二象性的基础上，通过光学和力学的对比，把微粒的运动用类似于表示光波动的运动方程来描述。

薛定谔方程是描述微观粒子运动的基本方程：

$$\left(\frac{\partial^2}{\partial x^2}+\frac{\partial^2}{\partial y^2}+\frac{\partial^2}{\partial z^2}\right)\Psi+\frac{8\pi^2 m}{h^2}(E-V)\Psi=0 \qquad (1\text{-}5)$$

式中　$\left(\frac{\partial^2}{\partial x^2}+\frac{\partial^2}{\partial y^2}+\frac{\partial^2}{\partial z^2}\right)$——拉普拉斯（Laplace）算符[1]；

[1] 拉普拉斯为法国天文、数学、物理学家，以他命名的拉普拉斯变换应用于量子力学中的波函数空间到自身的某些变换，这类变换称为算符。

薛定谔

E——电子对核相对运动能量，包括动能和势能；

V——电子对核相对运动的势能；

m——电子的质量；

h——普朗克常数；

Ψ——描述电子运动状态的波函数。

解薛定谔方程就是解出其中的波函数 Ψ 及其相应的 E，这样就可了解电子运动的状态和能量的高低。在大学一年级的化学中，既没有足够的数理基础，又没有解这个方程的必要。我们只是为了了解量子力学处理原子结构问题的思路，引出描述电子运动状态的四个量子数及有关概念才作一简单的介绍。

解薛定谔方程时，为了方便起见，将直角坐标（x，y，z）变换为球极坐标（r，θ，φ）（图 1-2-2），它们之间的变换关系如图 1-2-3 所示[1]，图中 P 为空间中的一点。

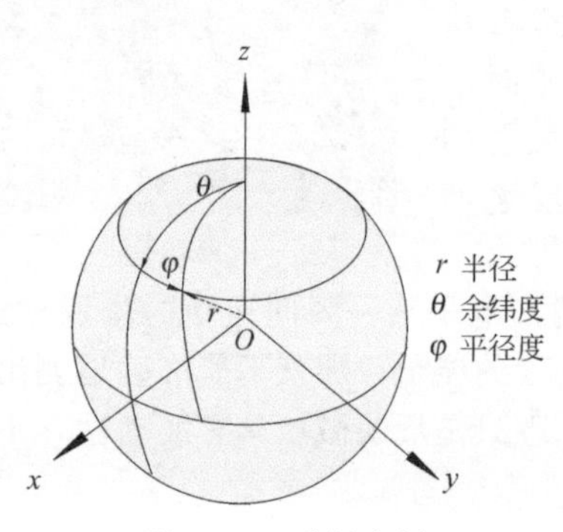

图 1-2-2　球极坐标

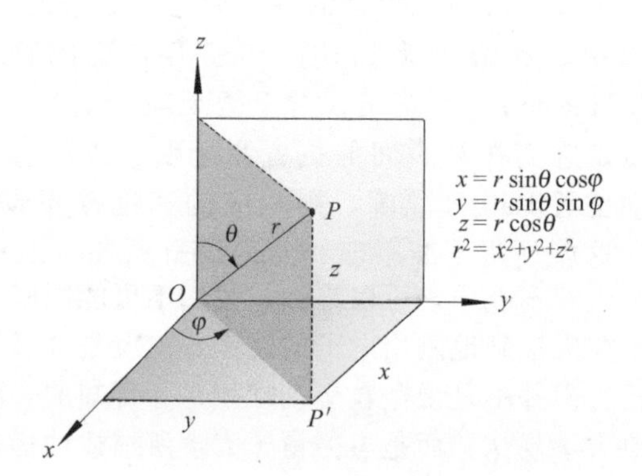

图 1-2-3　球极坐标与直角坐标的关系

Ψ 原是直角坐标的函数 $\Psi(x, y, z)$，经变换后，则成为球极坐标的函数 $\Psi(r, \theta, \varphi)$。在数学上，与几个变数有关的函数假设可以分成几个只含有一个变数的函数的乘积：

$$\Psi(r,\theta,\varphi)=R(r)\Theta(\theta)\Phi(\varphi) \tag{1-6}$$

其中 R 是电子离核距离 r 的函数；Θ、Φ 则分别是角度 θ 和 φ 的函数。解薛定谔方程就是分别求得此三个函数的解，再将三者相乘，就得到波函数 Ψ。

通常把与角度有关的两个函数合并为 $Y(\theta, \varphi)$，则：

$$\Psi(r,\theta,\varphi)=R(r)\ Y(\theta,\varphi) \tag{1-7}$$

Ψ 是 r，θ，φ 的函数，分成 $R(r)$ 和 $Y(\theta, \varphi)$ 两部分后，$R(r)$ 只与电子离核半径有关，所以 $R(r)$ 称为波函数的径向部分（radial part of wave function），$Y(\theta, \varphi)$ 只与两个角度有关，所以 $Y(\theta, \varphi)$ 称为波函数的角度部分（angular part of wave function）。

1.2.2.2　波函数与原子轨道

薛定谔方程有非常多的解，而要使所求得的解具有特定的物理意义，需有边界条件的限制，从而确定三个量子数，它们只能取如下数值：

---

[1] r 为 P 点到坐标原点 O 的距离；θ 为 z 轴与 OP 线之间的夹角，是从 z 轴算起的角度；φ 为 P 在 xy 平面上的投影 OP' 与 x 轴间的夹角，是从 x 轴算起的角度。

主量子数　$n=1, 2, 3, \cdots, \infty$。

角量子数　$l=0, 1, 2, \cdots, n-1$。共可取 n 个数值。

磁量子数　$m=0, \pm1, \pm2, \cdots, \pm l$。共可取 $2l+1$ 个数值。

用一套三个量子数(n，l，m)解薛定谔方程，可得波函数的径向部分 $R_{nl}(r)$❶和角度部分 $Y_{lm}(\theta, \varphi)$❷的解，将二者相乘，便得一个波函数的数学函数式。例如，对氢原子而言，用 $n=1$，$l=0$，$m=0$ 解薛定谔方程，可得：

$$R_{nl}(r)=R_{10}(r)=2\left(\frac{1}{a_0}\right)^{3/2}\mathrm{e}^{-r/a_0}$$

$$Y_{lm}(\theta,\varphi)=Y_{00}(\theta,\varphi)=\sqrt{\frac{1}{4\pi}}$$

$$\Psi_{100}(r,\theta,\varphi)=R_{10}(r)Y_{00}(\theta,\varphi)=\sqrt{\frac{1}{\pi a_0^3}}\mathrm{e}^{-r/a_0}$$

上式中的 a_0 称为玻尔半径，其值等于 52.9pm（皮米）❸。

由上可知，可用一组量子数 n，l，m 来描述波函数，每一个由一组量子数所确定的波函数表示电子的一种运动状态。在量子力学中，把三个量子数都有确定值的波函数称为一个原子轨道（atomic orbital）。例如，$n=1$，$l=0$，$m=0$ 所描述的波函数 Ψ_{100}，称为 1s 原子轨道。波函数和原子轨道是同义词。必须注意，这里原子轨道的含义不同于宏观物体的运动轨道，也不同于玻尔所说的固定轨道，它指的是电子的一种空间运动状态。

我们知道，电磁波的波函数直接描述了电磁场振动大小。但微观粒子（如电子）的波函数本身则没有这样直观的物理意义，它的物理意义是通过$|\Psi|^2$ 来理解的，$|\Psi|^2$ 代表微粒在空间某点出现的概率密度❹。

1.2.2.3　概率密度和电子云

根据量子力学的理论，电子不是沿着固定轨道绕核旋转，而是在原子核周围的空间很快地运动着，因此，我们不能肯定电子在某一瞬间处在空间的什么位置上。但是，这并不是说电子运动没有规律性，大量电子的运动或者一个电子的千百万次运动具有一定的规律性。此即可以用统计的方法推算出电子在核外空间各处出现的概率的大小。电子在原子核外各处出现的概率是不同的，电子在核外空间有些地方出现的概率大，而在另外一些地方出现的概率小。电子的运动具有一定的概率分布规律。因此，量子力学对电子运动情况的描述是具有统计性的。

电子在核外某处单位体积内出现的概率（probability）称为该处的概率密度（probability density）。我们常把电子在核外出现的概率密度大小用点的疏密来表示，电子出现概率密度大的区域用密集的小点来表示；电子出现概率密度小的区域用稀疏的小点来表示，这样得到的图像称为电子云（electron cloud），它是电子在核外空间各处出现概率密度的大小的形象化描绘。电子的概率密度又称电子云密度。图 1-2-4 是氢原子 1s 电子云示意。

从图 1-2-4 可以看出，在氢原子中，电子出现的概率密度随离核距离的增大而减小，也就是电子在单位体积出现的概率以接近原子核处为最大，图 1-2-5 示出氢原子 1s 电子的概率密度随离核半径变化的情况。

---

❶ 波函数的径向部分只与主量子数 n 和角量子数 l 有关，因此其下标只需用两个量子数表示，$R_{nl}(r)$。

❷ 波函数的角度部分只与角量子数 l 和磁量子数 m 有关，因此其下标只需用两个量子数表示，$Y_{lm}(\theta, \varphi)$。

❸ $1\text{pm}=10^{-12}\text{m}$。

❹ 按照光的传播理论，波函数 Ψ 描写电场或磁场的大小，$|\Psi|^2$ 与光的强度即光子密度成正比。对于实物微粒，如电子能产生与光相似的衍射图像，因此，可以认为电子波的$|\Psi|^2$ 代表电子出现的概率密度。

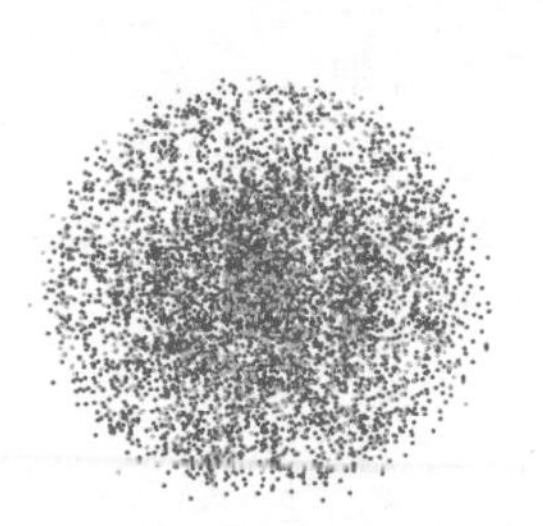

图 1-2-4 氢原子 1s 电子云示意

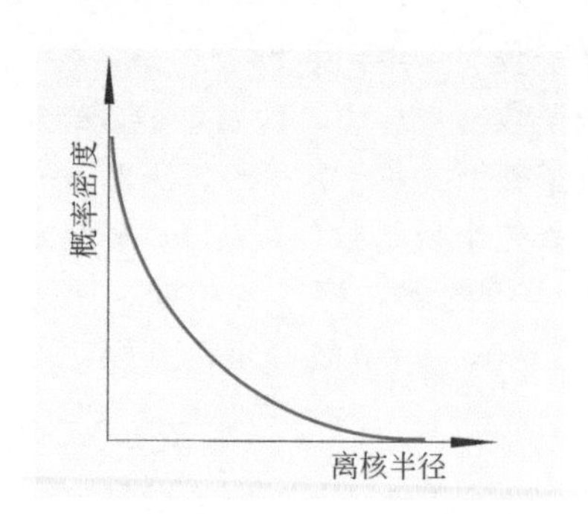

图 1-2-5 氢原子 1s 电子的概率密度与离核半径的关系

电子在核外的概率分布，也可用壳层概率分布来表示，壳层概率指电子在离核半径为 r，厚度为 dr 的薄球壳层中出现的概率（图 1-2-6）。壳层概率等于球壳体积乘上概率密度，由于球壳体积随半径增大而增大，而概率密度则随半径的增大而减小，两个因素的趋势正好相反，因此，在离核某一个地方出现最大值。对于基态氢原子而言，根据量子力学计算，在半径等于 52.9pm 的薄球壳中电子出现的概率最大（图 1-2-7），这个数值正好等于玻尔计算出来的氢原子在基态（$n=1$）时的轨道半径——玻尔半径。量子力学与玻尔理论描述正常氢原子中电子运动状态的区别在于：玻尔理论认为电子只能在半径为 52.9pm 的平面圆形轨道上运动，而量子力学则认为电子在半径为 52.9pm 的球壳薄层内出现的概率最大，但在半径大于或小于 52.9pm 的空间区域中也有电子出现，只是概率小些罢了。

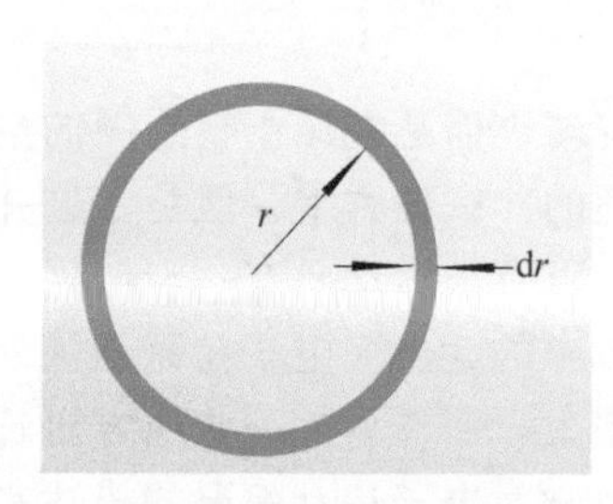

图 1-2-6 离核距离为 r 的球壳薄层

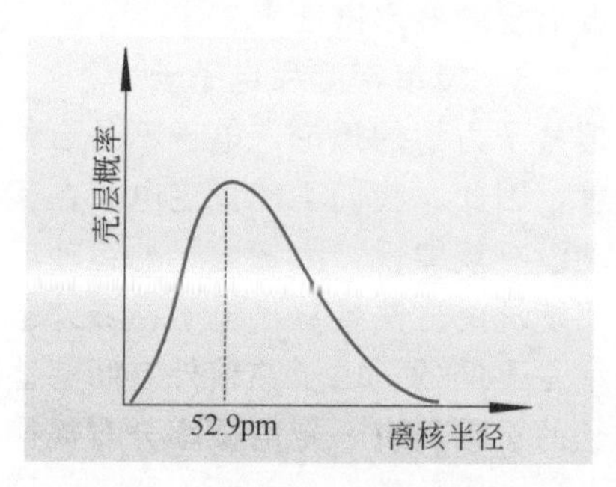

图 1-2-7 氢原子 1s 电子的壳层概率与离核半径的关系

电子云是没有明确边界的，在离核很远的地方，电子仍有出现的可能，但实际上在离核 300pm 以外的区域，电子出现的概率已是微不足道，可以忽略不计。因此，通常取一个等密度面，即将电子云密度相同的各点连成的曲面，如图 1-2-8(a)所示，图中小红点通常略去，使界面内电子出现的概率达到 90%，来表示电子云的形状，这样的图像称作电子云界面图［图 1-2-8(b)］。

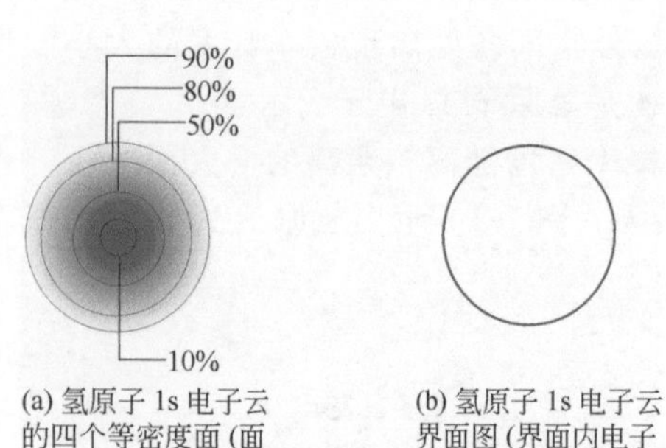

(a) 氢原子 1s 电子云的四个等密度面 (面上各点概率密度相等)

(b) 氢原子 1s 电子云界面图 (界面内电子出现概率达90%)

图 1-2-8 氢原子电子云的等密度面和界面图

1.2.2.4 四个量子数

求解薛定谔方程过程中已确定 3 个量子数 n，l，m。但根据实验和理论的进一步研究，电子还作自旋运动，因此，还需要第四个量子数——自旋量子数 m_s 来描述。原子中每一个电子的运动状态可用一套量子数（n、l、m、m_s）来描述。下面我们对四个量子数分别加以讨论。

(1) 主量子数 n　主量子数（principal quantum number）决定电子在核外出现概率最大区域离核的平均距离。它的数值取从 1 开始的任何正整数（n=1，2，3，…）。当 n=1 时，电子离核平均距离最近，n 数值增大，电子离核平均距离增大，能量逐渐升高。所以电子在原子核外不同壳层区域内（电子层）运动，具有不同的能级。主量子数可用代号 K，L，M，N，……表示。

n 值①	1	2	3	4	5	6	……
n 值代号	K	L	M	N	O	P	……

① n 值即核外电子层数。

(2) 角量子数 l　根据光谱实验结果和理论推导，发现电子运动在离核平均距离等同的区域内（即 n 值相同），电子云的形状不相同，能量还稍有差别。角量子数（azimuthal quantum number）就是描述电子云的不同形状。l 值可以取从 0 到 $n-1$ 的正整数，l 值和 n 值之间存在如表 1-2 所示的关系。

表 1-2　l 与 n 的关系

主量子数 n 值	角量子数 l 值	主量子数 n 值	角量子数 l 值
1	0	4	0,1,2,3
2	0,1	……	……
3	0,1,2		

每种 l 值表示一类电子云的形状，其数值常用光谱符号表示：

l 值①	0	1	2	3	4	……
l 值符号	s	p	d	f	g	……

① l 值即电子亚层数。

l=0，即 s 电子，电子云呈球形对称（图 1-2-4）；l=1，即 p 电子，电子云呈哑铃形（图 1-2-9）；l=2，即 d 电子，电子云呈花瓣形（图 1-2-13）；f 电子云形状更为复杂。当 n 值相同 l 值不同时，则同一电子层又形成若干电子亚层，其中 s 亚层离核最近，能量最低，p，d，f 亚层依次离核渐远，能量依次升高。

(3) 磁量子数 m　角量子数值相同的电子，具有确定的电子云形状，但可以在空间沿着不同的方向伸展。磁量子数（magnetic quantum number）就是描述电子云在空间的伸展方向。m 数值受 l 值的限制，它可取从 $+l$ 到 $-l$、包括 0 在内的整数值。所以 l 确定后 m 可有 $2l+1$ 个。当 l=0 时，m=0，即 s 电子只有一种空间取向（球形对称的电子云，没有方向性）；当 l=1 时，m=+1，0，−1，p 电子可有三种取向。电子云沿着直角坐标的 x，y，z 三个轴的方向伸展，分别称为 p_x，p_y，p_z[1]（图 1-2-9）；当 l=2 时，m=+2，+1，0，−1，−2，d 电子可有 5 种取向，即 d_{z^2}，d_{xz}，d_{yz}，d_{xy}，$d_{x^2-y^2}$。

人们常把 n，l 和 m 都确定的电子运动状态称为原子轨道，因此 s 只有 1 个原子轨道，p 亚层可有 3 个原子轨道，d 亚层可有 5 个原子轨道，f 亚层有 7 个原子轨道，见表 1-3。空间的取向不同，并不影响电子的能量，因此，l 相同的几个原子轨道能量是等同的，这样的轨

---

[1] 对应于 m=+1，0，−1，应有三种空间取向：p_{+1}，p_0，p_{-1}，由于 p_{+1}，p_{-1} 含有复数，不好作图，常把它们经过数学处理（线性组合）成为不含复数的 p_x，p_y。$p_x \neq p_{+1}$，$p_y \neq p_{-1}$，$p_z = p_0$。同样，对于 d 电子，f 电子，也是这样处理的。

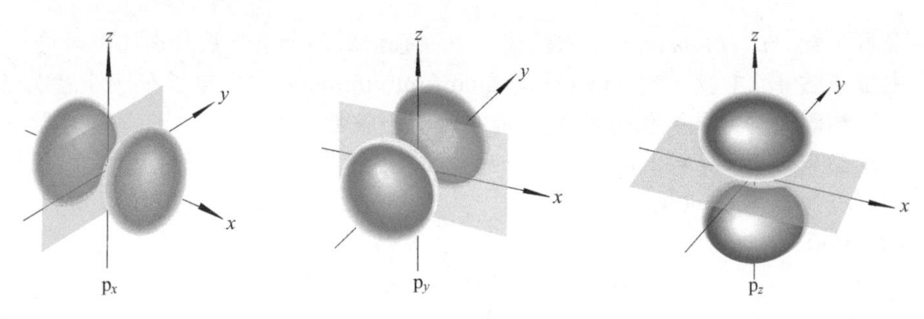

图 1-2-9 2p 电子云在空间的三种取向

道称为等价轨道[1]（equivalent orbital）或简并轨道（degenerate orbital）。如 l 相同的 3 个 p 轨道、5 个 d 轨道或 7 个 f 轨道，都是等价轨道。

表 1-3 量子数与原子轨道

n	l	轨道	m	轨道数	
1	0	1s	0	1	1
2	0	2s	0	1	4
2	1	2p	+1,0,−1	3	
3	0	3s	0	1	9
3	1	3p	+1,0,−1	3	
3	2	3d	+2,+1,0,−1,−2	5	
4	0	4s	0	1	16
4	1	4p	+1,0,−1	3	
4	2	4d	+2,+1,0,−1,−2	5	
4	3	4f	+3,+2,+1,0,−1,−2,−3	7	

(4) 自旋量子数 m_s 原子中电子不仅绕核旋转，而且还绕着本身的轴作自旋运动。电子的自旋可有两个相反的方向，所以自旋量子数 m_s（spin quantum number），只有两个值，$+\frac{1}{2}$和$-\frac{1}{2}$，通常用向上和向下的箭头分别表示，即“↑”、“↓”。1921 年斯脱恩（Otto Stern）和日勒契（Walter Gerlach）将原子束通过一不均匀磁场，原子束一分为二，偏向两边，证实了原子中未成对电子的自旋量子数 m_s 值不同，有两个相反的方向，见图 1-2-10。

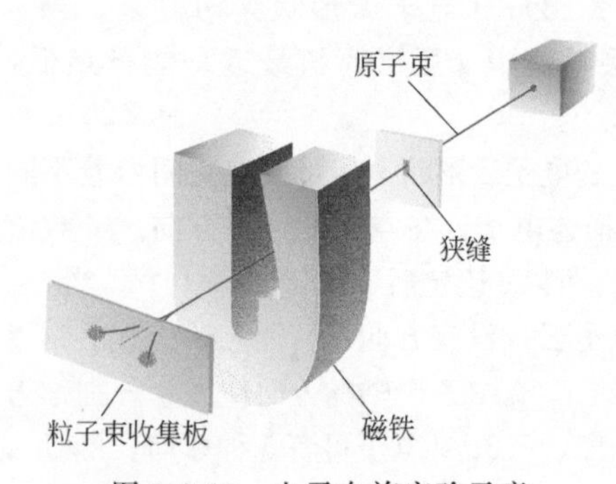

图 1-2-10 电子自旋实验示意

上述四个量子数综合起来，可以说明电子在原子中所处的状态。例如，对原子中某一电子来说，如果只指出 $n=2$，这是不够明确的，因为$n=2$ 的电子，可以是 s 电子，也可以是 p 电子。如果指出它的 $l=1$，则是 p 电子，但这还是不够明确的，因为 p 电子云可以有三种不同的空间伸展方向，所以还必须指出 m 值。最后，还必须指出电子的自旋方向，即 m_s 是$+\frac{1}{2}$还是$-\frac{1}{2}$。总之，四者如果缺一，就不能完全说明某一个电子的运动状态。

[1] 当有外磁场存在（如分子或晶体中其他原子存在）时，不一定都是等价轨道，将视具体情况而定。

1.2.3　原子轨道和电子云的图像

我们知道波函数 Ψ 是通过解薛定谔方程得来的。由于 Ψ 是 r，θ，φ 三个变数的函数，所以要画出它们的图像是极其困难的。但我们常常为了不同的目的而从不同的角度来考察它们的性质，亦即我们可以从不同的角度画得原子轨道和电子云的图像。

前述波函数可分离为角度部分和径向部分的乘积：

$$\Psi_{nlm}(r,\theta,\varphi)=R_{nl}(r)Y_{lm}(\theta,\varphi)$$

因此，我们就可从角度部分和径向部分两个侧面来画原子轨道和电子云的图形。由于角度分布图对化学键的形成和分子构型都很重要，所以下面将对原子轨道和电子云的角度分布图加以举例说明。

(1) 原子轨道的角度分布图　这种图是表示波函数角度部分 $Y(\theta,\varphi)$ 随 θ 和 φ 变化的情况。这种图的做法是先按照有关波函数角度部分的数学表达式（由解薛定谔方程得出）找出 θ 和 φ 变化时的 $Y(\theta,\varphi)$ 值，再以原子核为原点，引出方向为（θ，φ）的直线，直线的长度为 Y 值。将所有这些直线的端点连接起来，在空间形成的一个曲面，就是原子轨道角度分布图。通常应用的是这种空间曲面在某一坐标平面（如 xOy 平面等）上的投影图或剖面图。

例 1-2　画出 s 轨道的角度分布图[1]（由薛定谔方程解得 s 轨道波函数的角度分布 Y_s 为 $\sqrt{\frac{1}{4\pi}}$）。

解：$Y_s=\sqrt{\frac{1}{4\pi}}$

由于 Y_s 是一个常数，与 θ，φ 无关，所以 s 原子轨道角度分布图为一球面，其半径为 $\sqrt{\frac{1}{4\pi}}$，其平面图上就是一个圆。

例 1-3　画出 p_z 轨道的角度分布图（已知 p_z 轨道波函数的角度分布 Yp_z 为 $\sqrt{\frac{3}{4\pi}}\cos\theta$）。

解：$Yp_z=\sqrt{\frac{3}{4\pi}}\cos\theta=R\cos\theta$（$R$ 代表常数 $\sqrt{\frac{3}{4\pi}}$）

Yp_z 值随 θ 的变化而改变，在作图前先求出 θ 为某些角度时的 Yp_z 值。

θ	0°	30°	45°	60°	90°	120°	135°	150°	180°
$\cos\theta$	1	0.866	0.707	0.5	0	−0.5	−0.707	−0.866	−1
Yp_z	R	$0.866R$	$0.707R$	$0.5R$	0	$-0.5R$	$-0.707R$	$-0.866R$	$-R$

然后，如图 1-2-11 所示，从原点引出与轴成一定 θ 角的直线，令直线长度等于相应的 Yp_z 值，联结所有直线端点，再把所得到图形绕 z 轴转 360°，所得空间曲面即为 p_z 轨道的角度分布。这样的图像应该是立体的，但一般是取剖面图。Y_{p_z} 图在 z 轴上出现极值，所以称为 p_z 轨道。此图形在 xy 平面上 $Y_{p_z}=0$，即角度分布值等于 0，这样的

[1] 由于波函数的角度部分 Y 只与角量子数 l、磁量子数 m 有关，而与主量子数 n 无关，因此，只要量子数 l，m 相同，它们的原子轨道角度分布都是相同的。如 1s，2s，3s 的角度分布图都是一样，可统称为 s 轨道角度分布图。又如 $2p_z$，$3p_z$，$4p_z$ 的角度分布图都是一样，可统称为 p_z 轨道角度分布图。

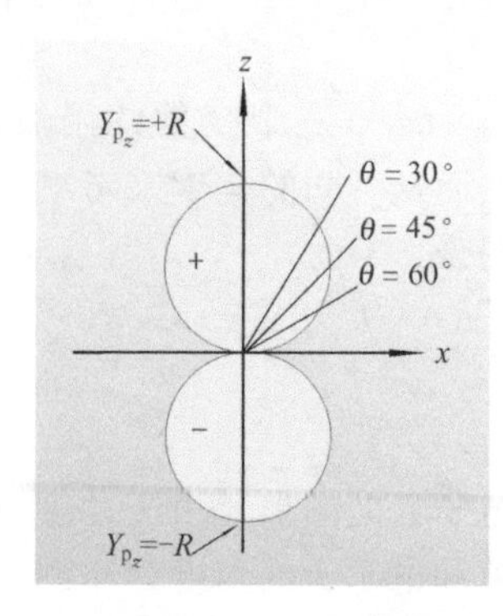

图 1-2-11 $2p_z$ 原子轨道角度分布示意

平面叫节面。必须指出，图中节面上下的正负号仅表示 Y 值是正值还是负值，并不代表电荷。其他原子轨道的角度分布图，也可根据各自的数学函数式，[如 $Y_{p_x}=\sqrt{\frac{2}{4\pi}}\sin\theta\times\cos\varphi$，$Y_{d_{z^2}}=\sqrt{\frac{5}{16\pi}}(3\cos^2\theta-1)$]，用类似的方法作图。原子轨道的角度分布图如图 1-2-12 所示，从图可以看出，Y_{p_x}，Y_{p_y} 图形和 Y_{p_z} 一样，都是哑铃形，只有空间取向不同。Y_{p_x} 和 Y_{p_y} 分别在 x 轴和 y 轴上出现极值。至于 d 轨道，都呈花瓣形，其中 $Y_{d_{xy}}$，$Y_{d_{yz}}$，$Y_{d_{xz}}$ 分别在 x 轴和 y 轴、y 轴和 z 轴、x 轴和 z 轴之间，夹角为 45°的方向上出现极值；$Y_{d_{z^2}}$ 在 z 轴上，$Y_{d_{x^2-y^2}}$ 在 x 轴上和 y 轴上出现极值。图 1-2-12 列出了 s，p，d 原子轨道的角度分布剖面图。

(2) 电子云的角度分布图 电子云是电子在核外空间出现的概率密度分布的形象化描述，而概率密度的大小可用 $|\Psi|^2$ 来表示，因此以 $|\Psi|^2$ 作图，可以得到电子云的图像。将 $|\Psi|^2$ 的角度部分 Y^2 随 θ，φ 变化的情况作图，就得到电子云的角度分布图。电子云的角度分布图和相应的原子轨道的角度分布图是相似的，它们之间主要区别有两点：①由于 $|Y|<1$，因此 Y^2 一定小于 $|Y|$，因而电子云的角度分布图要比原子轨道角度分布图“瘦”些；②原子轨道角度分布图有正、负之分，而电子云角度分布图全部为正，这是由于 Y 平方后，总是正值（图 1-2-13）。

从上述原子的现代模型已能描述原子内电子在核外的分布及其运动状态，然而人们希望能直接观察到原子的三维图像。又经 40 余年的努力，1981 年 3 月瑞士苏黎世 IBM 研究所科

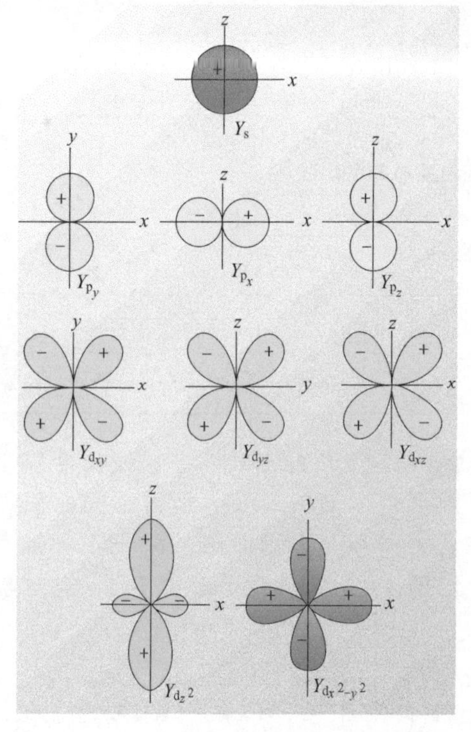

图 1-2-12 s，p，d 原子轨道的角度分布剖面

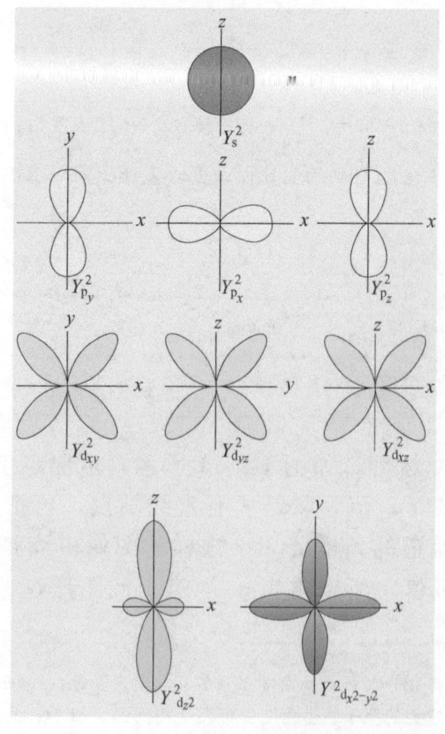

图 1-2-13 s，p，d 电子云的角度分布剖面

学家 G. Bining 和 H. Rohrer 发明扫描隧道电子显微镜（scanning tunneling microscopy，简写 STM）可测原子的三维图像，从此人们可以直观原子。图 1-2-14(a) 是吸收在铂晶体表面的碘原子。

STM 是由一锐利的探针和样品（吸收在金属上）作为两极（两极间距离约 1nm 相当于几个原子的厚度），外加电场则电子穿过绝缘层射向另一极，形成隧道电流，保持该电流的恒定，将垂直于样品的探针进行水平方面的扫描即可测得表面的原子图像［图 1-2-14(b)］。STM 技术开创了在原子层次上研究固体表面的组成，成为研究生物、材料、信息等学科领域的有力工具。近年来 STM 探头能用以移动单原子或单分子，可以预示单原子和单分子反应产生新物质的巨大潜力。

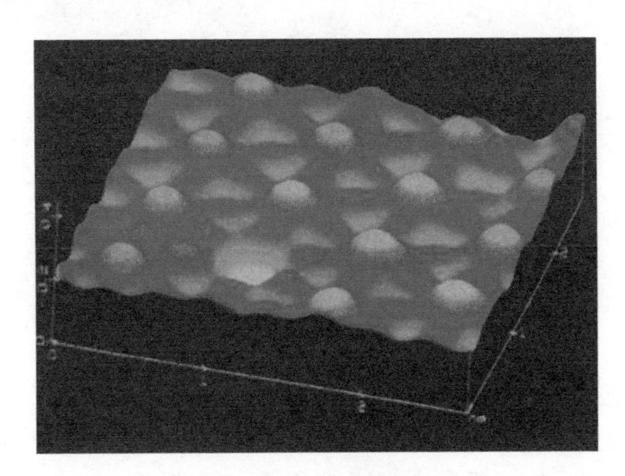

(a) 碘原子在铂表面图像
(红色为碘原子，黄色为行踪不明原子)

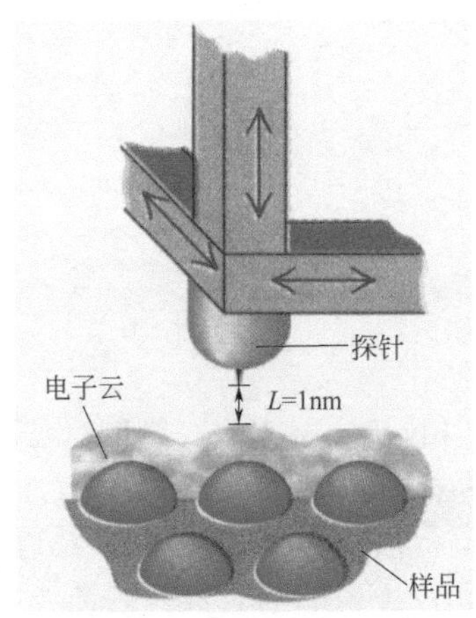

(b) STM 探测原子过程示意

图 1-2-14　STM 直观原子图像示意

1.3　原子的电子结构与元素周期系

本节将讨论原子的电子结构（atomic electron structure）。除氢外，其他元素的原子核外都不止一个电子，这些原子统称为多电子原子（multielectron atoms）。多电子原子的核外电子是怎样排布的？为此，需先讨论一下多电子原子的能级。

1.3.1　多电子原子的能级

氢原子的核外只有一个电子，原子的基态和某些激发态的能量只决定于主量子数，与角量子数无关。在多电子原子中，由于电子之间的相互排斥作用，使得主量子数相同的各轨道产生分裂，因而主量子数相同各轨道的能量不再相等。因此多电子原子中各轨道的能量不仅决定于主量子数，还和角量子数有关。原子中各轨道的能级的高低主要是根据光谱实验结果得到的。

1.3.1.1　鲍林近似能级图

鲍林（L. Pauling）根据光谱实验结果总结出多电子原子中各轨道能级相对高低的情况，并用图近似地表示出来（图 1-3-1）。图中圆圈表示原子轨道，其位置的高低表示了各轨道能级的相对高低。图 1-3-1 称为鲍林近似能级图（approximate energy level diagram），它反映了核外电子填充的一般顺序。

由图 1-3-1 可以看出，多电子原子的能级不仅与主量子数 n 有关，还和角量子数 l 有关：

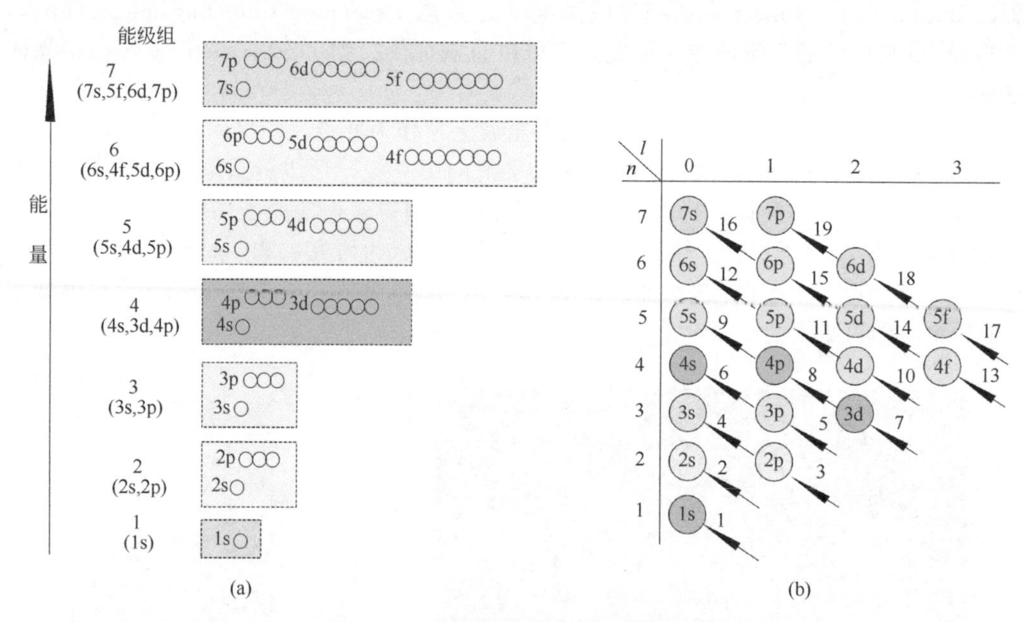

图 1-3-1　近似能级图和电子填充顺序

当 l 相同时，n 愈大，则能级愈高。因此 $E_{1s}<E_{2s}<E_{3s}\cdots\cdots$

当 n 相同，l 不同时，l 愈大，能级愈高。因此 $E_{ns}<E_{np}<E_{nd}<E_{nf}\cdots\cdots$

对于 n 和 l 值都不同的原子轨道的能级高低，中国化学家徐光宪归纳出这样的规律，即用该轨道的（$n+0.7l$）值来判断：（$n+0.7l$）值愈小，能级愈低。例如，4s 和 3d 两个状态，它们的（$n+0.7l$）值分别为 4.0 和 4.4，因此，$E_{4s}<E_{3d}$。从图 1-3-1 可以看出 ns 能级均低于（$n-1$）d，这种 n 值大的亚层的能量反而比 n 值小的能量为低的现象称为能级交错(energy level overlap)。

根据原子中各轨道能量大小相近的情况，把原子轨道划分为七个能级组［图 1-3-1(a)中分别用虚线方框表示］。相邻两个能级组之间的能量差比较大，而同一能级组中各轨道的能量差较小或很接近。以后我们将会看到，这种能级组的划分与元素周期系中元素划分为七个周期是一致的，即元素周期系中元素划分为周期的本质原因是原子轨道的能量关系。

上面讨论的能级交错现象可用屏蔽效应来解释。

1.3.1.2　屏蔽效应

在多电子原子中，电子不仅受到原子核的吸引，而且电子和电子之间存在着排斥作用。斯莱特（J. C. Slater）认为，在多电子原子中，某一电子受其余电子排斥作用的结果，与原子核对该电子的吸引作用正好相反。因此可以认为，其余电子屏蔽了或削弱了原子核对该电子的吸引作用。亦即该电子实际上所受到核的引力要比相应于原子序数 Z 的核电荷对其引力的理论值小，因此，要从 Z 中减去一个 σ 值，σ 称为屏蔽常数（screening constant）。通常把电子实际上所受到的核电荷称为有效核电荷（effective nuclear charge）用 Z^* 表示，则：

$$Z^*=Z-\sigma \tag{1-8}$$

这种将其他电子对某个电子的排斥作用，归结为抵消一部分核电荷的作用，称为屏蔽效应(screening effect)。在原子中，如果屏蔽效应大，就会使吸引电子的有效核电荷减少，因而电子具有的能量就增大。

要计算原子中某一电子所经受的有效核电荷，必须知道屏蔽常数 σ 的值。斯莱特提出了

计算 σ 值的经验规则，因而可以计算出有效核电荷。例如，对于钾原子，根据斯莱特规则计算[1]，我们知道钾原子的电子层结构是：$1s^22s^22p^63s^23p^64s^1$，而不是 $1s^22s^22p^63s^23p^63d^1$，即在钾原子中，4s 的能级低于 3d，能级是交错的。现在我们根据屏蔽效应来计算有效核电荷，看一看 4s 的能量是否低于 3d。

假定钾原子上最后填入的 1 个电子是在 4s 上，则该电子受到的有效核电荷为：

$$Z^* = Z - \sigma = 19 - (0.85 \times 8 + 1.00 \times 10) = 2.20$$

如果最后填入的电子是在 3d 上，则该电子受到的有效核电荷为：

$$Z^* = 19 - (18 \times 1.00) = 1.00$$

由此可以看到电子在 4s 上受到的有效核电荷比在 3d 上受到的为大，因此 4s 能级较 3d 为低，即 $E_{4s} < E_{3d}$。根据屏蔽效应计算出的有效核电荷，可以很好地解释能级交错现象。

1.3.2　核外电子排布的规则

根据光谱实验结果，以及对元素周期律的分析，总结出核外电子排布要遵循的三个原则：能量最低原理、泡利不相容原理、洪特规则。

1.3.2.1　能量最低原理

我们知道，自然界任何体系的能量愈低，则所处的状态愈稳定，对电子进入原子轨道而言也是如此。因此，核外电子在原子轨道上的排布，应使整个原子的能量处于最低状态。即填充电子时，是按照近似能级图中各能级的顺序由低到高填充的，见图 1-3-1（b）。这一原则，称为能量最低原理（lowest energy principle）。

1.3.2.2　泡利不相容原理

能量最低原理把电子进入轨道的次序确定了，但每一轨道上的电子数是有一定限制的。关于这一点，1925 年泡利（W. Pauli）根据原子的光谱现象和考虑到周期系中每一周期的元素的数目，提出一个原则，称为不相容原理（exclusion principle）：在同一原子中，不可能有两个电子具有完全相同的 4 个量子数。如果原子中电子的 n，l，m 3 个量子数都相同，则第 4 个量子数 m_s 一定不同，即同一轨道最多能容纳 2 个自旋方向相反的电子。

应用泡利不相容原理，可以推算出某一电子层或亚层中的最大容量。例如，在原子的第 1 电子层（K 层）中，$n=1$，$l=0$，$m=0$，即只有 1 个 1s 轨道（见表 1-3），其 m_s 可为 $+\frac{1}{2}$，$-\frac{1}{2}$。此层最多可有 2 个电子；第 2 电子层有 4 个轨道可容纳 8 个电子，依此推算出第 3，4，5 电子层电子的最大容量分别为 18，32，50。以 n 代表层号数，则每层电子最大容量为 $2n^2$。

1.3.2.3　洪特规则

洪特（F. Hund）根据大量光谱实验结果，总结出一个普遍规则：在同一亚层的各个轨道（等价轨道）上，电子的排布将尽可能分占不同的轨道，并且自旋方向相同。这个规则叫洪特规则（Hund's rule），也称最多等价轨道规则。用量子力学理论推算，也证明这样的排布可以使体系能量最低。例如，碳原子核外有 6 个电子，其电子排布式为 $1s^22s^22p^2$，由于 p 亚层有 3 个轨道，这两个电子是以怎样的方式排入 p 轨道的呢？按照洪特规则，其轨道表示式应为：

---

[1] 斯莱特为了确定 σ 值，将电子分成几个轨道组：

1s | 2s、2p | 3s、3p | 3d | 4s、4p | 4d | 4f | 5s、5p | ……

在多电子原子中，某一电子所受到屏蔽作用的大小（σ）与该电子所处的状态，以及对该电子发生屏蔽作用的其余电子的数目和状态有关。斯莱特认为 σ 值是下列各项之和。

① 任何位于所考虑电子的外面的轨道组，其 $\sigma=0$；

② 同一轨道组的每个其他电子的 σ 一般值为 0.35，但在 1s 情况下为 0.3；

③ $(n-1)$ 层的每个电子对 n 层电子的 σ 为 0.85，更内层则为 1.00；

④ 对于 d 或 f 轨道上的电子，前面轨道的每一个电子对它的 σ 为 1.00。

1s 2s 2p
⇅ ⇅ ↑ ↑ ○

而不是 1s ⇅ 2s ⇅ 2p ⇅ ○ ○ 或 1s ⇅ 2s ⇅ 2p ↑ ↓ ○

1.3.3 原子的电子结构和元素周期系

周期系各元素原子的核外电子排布情况是根据光谱实验得出的，表 1-4 列出了周期系中各元素原子的电子结构。

表 1-4 元素原子的电子结构

周期	原子序数	元素符号	电子结构
1	1	H	$1s^{1}$
	2	He	$1s^{2}$
2	3	Li	[He]$2s^{1}$
	4	Be	[He]$2s^{2}$
	5	B	[He]$2s^{2}2p^{1}$
	6	C	[He]$2s^{2}2p^{2}$
	7	N	[He]$2s^{2}2p^{3}$
	8	O	[He]$2s^{2}2p^{4}$
	9	F	[He]$2s^{2}2p^{5}$
	10	Ne	[He]$2s^{2}2p^{6}$
3	11	Na	[Ne]$3s^{1}$
	12	Mg	[Ne]$3s^{2}$
	13	Al	[Ne]$3s^{2}3p^{1}$
	14	Si	[Ne]$3s^{2}3p^{2}$
	15	P	[Ne]$3s^{2}3p^{3}$
	16	S	[Ne]$3s^{2}3p^{4}$
	17	Cl	[Ne]$3s^{2}3p^{5}$
	18	Ar	[Ne]$3s^{2}3p^{6}$
4	19	K	[Ar]$4s^{1}$
	20	Ca	[Ar]$4s^{2}$
	21	Sc	[Ar]$3d^{1}4s^{2}$
	22	Ti	[Ar]$3d^{2}4s^{2}$
	23	V	[Ar]$3d^{3}4s^{2}$
	24	Cr	[Ar]$3d^{5}4s^{1}$
	25	Mn	[Ar]$3d^{5}4s^{2}$
	26	Fe	[Ar]$3d^{6}4s^{2}$
	27	Co	[Ar]$3d^{7}4s^{2}$
	28	Ni	[Ar]$3d^{8}4s^{2}$
	29	Cu	[Ar]$3d^{10}4s^{1}$
	30	Zn	[Ar]$3d^{10}4s^{2}$
	31	Ga	[Ar] $3d^{10}4s^{2}4p^{1}$
	32	Ge	[Ar] $3d^{10}4s^{2}4p^{2}$
	33	As	[Ar] $3d^{10}4s^{2}4p^{3}$
	34	Se	[Ar] $3d^{10}4s^{2}4p^{4}$
	35	Br	[Ar] $3d^{10}4s^{2}4p^{5}$
	36	Kr	[Ar] $3d^{10}4s^{2}4p^{6}$
5	37	Rb	[Kr]$5s^{1}$
	38	Sr	[Kr]$5s^{2}$
	39	Y	[Kr]$4d^{1}5s^{2}$
	40	Zr	[Kr]$4d^{2}5s^{2}$
	41	Nb	[Kr] $4d^{4}5s^{1}$
	42	Mo	[Kr] $4d^{5}5s^{1}$
	43	Tc	[Kr] $4d^{5}5s^{2}$
	44	Ru	[Kr] $4d^{7}5s^{1}$
	45	Rh	[Kr] $4d^{8}5s^{1}$
	46	Pd	[Kr]$4d^{10}$
	47	Ag	[Kr] $4d^{10}5s^{1}$
	48	Cd	[Kr] $4d^{10}5s^{2}$
	49	In	[Kr] $4d^{10}5s^{2}5p^{1}$
	50	Sn	[Kr] $4d^{10}5s^{2}5p^{2}$
	51	Sb	[Kr] $4d^{10}5s^{2}5p^{3}$
	52	Te	[Kr] $4d^{10}5s^{2}5p^{4}$
	53	I	[Kr] $4d^{10}5s^{2}5p^{5}$
	54	Xe	[Kr] $4d^{10}5s^{2}5p^{6}$
6	55	Cs	[Xe]$6s^{1}$
	56	Ba	[Xe]$6s^{2}$
	57	La	[Xe]$5d^{1}6s^{2}$
	58	Ce	[Xe]$4f^{1}5d^{1}6s^{2}$
	59	Pr	[Xe]$4f^{3}6s^{2}$
	60	Nd	[Xe]$4f^{4}6s^{2}$
	61	Pm	[Xe]4f[illegible]6s[illegible]
	62	Sm	[Xe]$4f^{6}6s^{2}$
	63	Eu	[Xe]$4f^{7}6s^{2}$
	64	Gd	[Xe]$4f^{7}5d^{1}6s^{2}$
	65	Tb	[Xe]$4f^{9}6s^{2}$
	66	Dy	[Xe]$4f^{10}6s^{2}$
	67	Ho	[Xe]$4f^{11}6s^{2}$
	68	Er	[Xe]$4f^{12}6s^{2}$
	69	Tm	[Xe]$4f^{13}6s^{2}$
	70	Yb	[Xe]$4f^{14}6s^{2}$
	71	Lu	[Xe]$4f^{14}5d^{1}6s^{2}$
	72	Hf	[Xe]$4f^{14}5d^{2}6s^{2}$
	73	Ta	[Xe]$4f^{14}5d^{3}6s^{2}$
	74	W	[Xe]$4f^{14}5d^{4}6s^{2}$
	75	Re	[Xe]$4f^{14}5d^{5}6s^{2}$
	76	Os	[Xe]$4f^{14}5d^{6}6s^{2}$
	77	Ir	[Xe]$4f^{14}5d^{7}6s^{2}$
	78	Pt	[Xe]$4f^{14}5d^{9}6s^{1}$
	79	Au	[Xe]$4f^{14}5d^{10}6s^{1}$
	80	Hg	[Xe]$4f^{14}5d^{10}6s^{2}$
	81	Tl	[Xe]$4f^{14}5d^{10}6s^{2}6p^{1}$
	82	Pb	[Xe]$4f^{14}5d^{10}6s^{2}6p^{2}$
	83	Bi	[Xe] $4f^{14}5d^{10}6s^{2}6p^{3}$
	84	Po	[Xe] $4f^{14}5d^{10}6s^{2}6p^{4}$
	85	At	[Xe] $4f^{14}5d^{10}6s^{2}6p^{5}$
	86	Rn	[Xe] $4f^{14}5d^{10}6s^{2}6p^{6}$
7	87	Fr	[Rn]$7s^{1}$
	88	Ra	[Rn]$7s^{2}$
	89	Ac	[Rn] $6d^{1}7s^{2}$
	90	Th	[Rn] $6d^{2}7s^{2}$
	91	Pa	[Rn] $5f^{2}6d^{1}7s^{2}$
	92	U	[Rn] $5f^{3}6d^{1}7s^{2}$
	93	Np	[Rn] $5f^{4}6d^{1}7s^{2}$
	94	Pu	[Rn] $5f^{6}7s^{2}$
	95	Am	[Rn] $5f^{7}7s^{2}$
	96	Cm	[Rn] $5f^{7}6d^{1}7s^{2}$
	97	Bk	[Rn] $5f^{9}7s^{2}$
	98	Cf	[Rn] $5f^{10}7s^{2}$
	99	Es	[Rn] $5f^{11}7s^{2}$
	100	Fm	[Rn] $5f^{12}7s^{2}$
	101	Md	[Rn] $5f^{13}7s^{2}$
	102	No	[Rn] $5f^{14}7s^{2}$
	103	Lr	[Rn] $5f^{14}6d^{1}7s^{2}$
	104	Rf	[Rn] $5f^{14}6d^{2}7s^{2}$
	105	Db	[Rn] $5f^{14}6d^{3}7s^{2}$
	106	Sg	[Rn] $5f^{14}6d^{4}7s^{2}$
	107	Bh	[Rn] $5f^{14}6d^{5}7s^{2}$
	108	Hs	[Rn] $5f^{14}6d^{6}7s^{2}$
	109	Mt	[Rn] $5f^{14}6d^{7}7s^{2}$
	110	Ds	[Rn] $5f^{14}6d^{8}7s^{2}$
	111	Rg	[Rn] $5f^{14}6d^{10}7s^{1}$
	112	Cn	[Rn] $5f^{14}6d^{10}7s^{2}$
	113	Nh	[Rn] $5f^{14}6d^{10}7s^{2}7p^{1}$
	114	Fl	[Rn] $5f^{14}6d^{10}7s^{2}7p^{2}$
	115	Mc	[Rn] $5f^{14}6d^{10}7s^{2}7p^{3}$
	116	Lv	[Rn] $5f^{14}6d^{10}7s^{2}7p^{4}$
	117	Ts	[Rn] $5f^{14}6d^{10}7s^{2}7p^{5}$
	118	Og	[Rn] $5f^{14}6d^{10}7s^{2}7p^{6}$

注：1. 紫色元素符号表示镧系元素，橙色元素符号表示锕系元素。

2. 在写原子的电子结构时，常把内层电子结构与稀有气体原子结构相同的部分用该稀有气体符号加上方括号表示，称为原子实。[He] 表示 $1s^{2}$ 原子实；[Ne] 表示 $1s^{2}2s^{2}2p^{6}$ 原子实等。

讨论核外电子排布，主要是根据核外电子排布原则，并结合鲍林近似能级图，按照原子序数的增加，将电子逐个填入，填充顺序见图 1-3-1(b)。这样得出的周期系各元素原子的电子结构，对大多数元素来说与光谱实验结果是一致的，但也有少数不符合，对于这种情况，我们首先应该尊重光谱实验事实。但利用一般原则进行核外电子排布是有重要意义的，它有助于掌握核外电子排布的一般情况和了解周期律的本质。

下面将按元素周期表（periodic table of the elements），并参照表 1-4 简要地介绍元素原子的电子结构。

1.3.3.1　元素原子的电子结构

元素原子的电子结构有 3 种表示方式。

(1) 按电子在原子核外各亚层中分布情况表示　即按 $1s^2$，$2s^2$，$2p^6$，$3s^2$，$3p^6$，$4s^2$，$3d^{10}$，$4p^6$，$5s^2$，$4d^{10}$，$5p^6$，$6s^2$，$4f^{14}$，$5d^{10}$，$6p^6$，$7s^2$，$5f^{14}$，……（亦即鲍林能级顺序）依次排布。必须注意：在填充电子时，由于能级交错，3d 能级高于 4s，电子填充时，应先填入 4s，再填入 3d 能级，但当 4s 填充电子后，核与电子所组成的力场发生变化，4s 能级升高，因此能级不再交错。例如 Sc(Z=21)其电子依[Ar]$4s^2 3d^1$ 填充，而最终其电子结构为[Ar] $3d^1 4s^2$；又 Lu(Z=71)，其电子依[Xe]$6s^2 4f^{14} 5d^1$ 顺序填充，而其电子结构为[Xe]$4f^{14} 5d^1 6s^2$。表 1-4 列出了周期表中原子序数 1～112 各元素的电子结构。

还需关注：如，Cr(Z=24) 其电子结构为[Ar] $3d^5 4s^1$ 而不是[Ar] $3d^4 4s^2$；

Cu(Z=29) 其电子结构为[Ar] $3d^{10} 4s^1$ 而不是[Ar] $3d^9 4s^2$；

Gd(Z=64) 其电子结构为[Xe] $4f^7 5d^1 6s^2$ 而不是[Xe] $4f^8 6s^2$。

这是根据光谱实验得到的结果，表 1-4 中还有类似情况，由这些情况可归纳为一个规律，即等价轨道在全充满、半充满或全空的状态下是比较稳定的，也即下列电子结构是比较稳定的：

半充满 p^3 或 d^5 或 f^7；

全充满 p^6 或 d^{10} 或 f^{14}；

全空 p^0 或 d^0 或 f^0。

这些状态可以看作洪特规则的特例。表 1-4 中尚有少数元素的电子层结构呈现例外，如 $_{41}$Nb，$_{44}$Ru，$_{57}$La，$_{93}$Np 等，它们的电子结构既不符合鲍林能级图排布程序也不符合半充满、全充满规则。实际上，这是光谱实验事实，我们必须尊重实验事实，但对于核外电子排布，只要掌握一般排布规律，并注意少数例外即可。

(2) 按电子在核外原子轨道中分布情况表示　即 s 有 1 个轨道，p 有 3 个轨道，d 有 5 个轨道，f 有 7 个轨道，每一轨道可容纳自旋方向相反的 2 个电子。

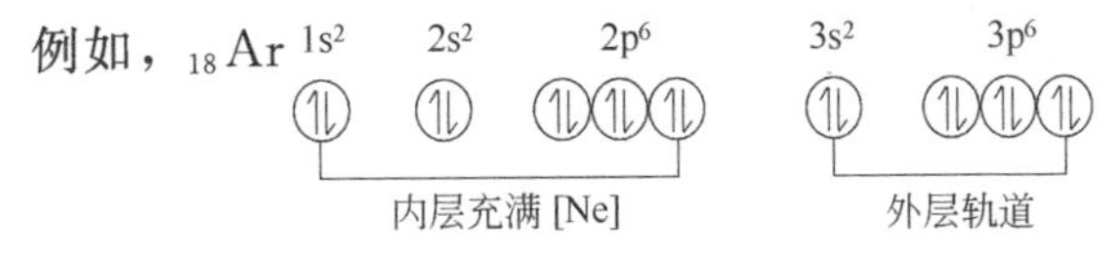

一般内层充满用原子实表示，外层才是其特征轨道。

又如，$_{24}$Cr [Ar] $3d^5$ (↑)(↑)(↑)(↑)(↑) $4s^1$ (↑)

按洪特规则，电子尽可能分占各等价轨道，且自旋平行。

(3) 按电子所处状态用整套量子数表示　原子核外每一个电子均由 4 个量子数确定其运动状态，为此表述如下。

例如，$_{24}$Cr [Ar] $3d^5 4s^1$，则 $3d^5$ 这 5 个电子整套量子数表示为：3，2，2，+1/2（或

−1/2)；3，2，1，+1/2（或 −1/2)；3，2，0，+1/2（或 −1/2)；3，2，−1，+1/2（或 −1/2)；3，2，−2，+1/2（或−1/2)。$4s^1$ 这个电子整套量子数表示为 4，0，0，+1/2（或−1/2)。

此后人们又注意到原子轨道的能级在很大程度上决定于原子序数。随着元素原子序数的增大，核对电子的吸引力增强，因而原子轨道的能级逐渐下降。虽然反映原子轨道能级与原子序数关系的能级图有多种，但在讨论核外电子排布时，一般都采用鲍林能级图。

1.3.3.2 原子的电子结构和元素周期律

从表 1-4 可以看出，原子的电子结构与元素周期系的关系非常密切。

第一、二、三周期都是短周期，每一元素的外层电子结构分别为：

$1s^{1\sim2}$，$2s^{1\sim2}2p^{1\sim6}$，$3s^{1\sim2}3p^{1\sim6}$。

第四、五周期为长周期，每一元素的外层电子结构分别为：

$3d^{1\sim10}4s^{1\sim2}4p^{1\sim6}$ 和 $4d^{1\sim10}5s^{1\sim2}5p^{1\sim6}$（其中各有 10 个过渡元素分别布满 3d 和 4d 亚层)。

第六周期为含镧系元素❶的长周期，每一元素的外层电子结构分别为：

$$4f^{0\sim14}5d^{0\sim10}6s^{1\sim2}6p^{1\sim6}$$（其中有 15 个镧系元素)。

第七周期现已被命名的有 32 个元素，是一个完全周期，为含锕系元素❶的长周期，每一元素的外层电子结构为 $5f^{0\sim14}6d^{0\sim10}7s^{1\sim2}7p^{1\sim6}$（其中有 15 个锕系元素)。

关于钔后的人工合成元素的命名，1997 年至 2016 年国际纯粹和应用化学协会（International Union of Pure and Applied Chemistry，简写 IUPAC）逐步宣布如表 1-5 所示。

表 1-5 新元素的命名

原子序数	名称[①]		元素符号	原子序数	名称		元素符号
	英文	中文[②]			英文	中文	
101	Mendelevium	钔	Md	110	Darmstadtium	𫟼	Ds
102	Nobelium	锘	No	111	Roentgenium	𬬭	Rg
103	Lawrencium	铹	Lr	112	Copernicium	鿔	Cn
104	Rutherfordium	𬬻	Rf	113	Nihonium	鿭	Nh
105	Dubnium	𬭊	Db	114	Flerovium	𫓧	Fl
106	Seaborgium	𬭳	Sg	115	Moscovium	镆	Mc
107	Bohrium	𬭛	Bh	116	Livermorium	𫟷	Lv
108	Hassium	𬭶	Hs	117	Tennessine	鿬	Ts
109	Meitnerium	鿏	Mt	118	Oganesson	鿫	Og

① 各新元素的命名为纪念有杰出贡献的科学家或为了对发现新元素的实验室表示敬意。

例 109 号 Mt 为纪念 Lise Meitner 而命名，她长期与 OttoHahn 一起研究中子轰击铀的试验而提出“核裂变”的概念，但 Hahn 获取 1944 年诺贝尔奖而她未曾获此殊荣，人们为怀念她而予以命名。

② 中国科学技术名词审定委员会于 1998 年 7 月 8 日公布了 101～109 号元素的中文名称，又于 2003 年至 2016 年分别定名 110、111、112、114、116 号元素。2017 年 5 月又公布 113、115、117、118 号元素的中文名称。

---

❶ 本教材采用近年来研究的新形式，自 La 到 Lu(57～71) 15 个元素为镧系，则 Lu 为ⅢB 族；自 Ac 到 Lr(89～103) 15 个元素为锕系，则 Lr 为ⅢB 族，这样更能直观、明了地体现原子结构与周期表的内在联系。

在归纳原子的电子结构并比较它们和元素周期系关系时，可得出如下结论。

① 当原子的核电荷依次增大时，原子的最外电子层经常重复着同样的电子构型（electron configuration）。因此元素性质的周期性改变，正是由于原子周期性地重复着最外层电子构型的结果。

② 每一周期开始都出现一个新的电子层，因此元素原子的电子层数等于该元素在周期表所处的周期数，也就是说，原子的最外电子层的主量子数代表该元素所在的周期数。

③ 各周期中元素的数目等于相应能级组（图 1-3-1）中原子轨道所能容纳的电子总数。

④ 周期系中元素的分族是按原子的电子构型所作分类的结果。

周期表中把性质相似的元素排成纵行，称为族，共有 8 个族（Ⅰ族～Ⅷ族）。每一族又分为主族（A 族）和副族（B 族）。由于ⅧB 族包括三个纵行，所以共有 18 个纵行[1]，见图 1-3-2。

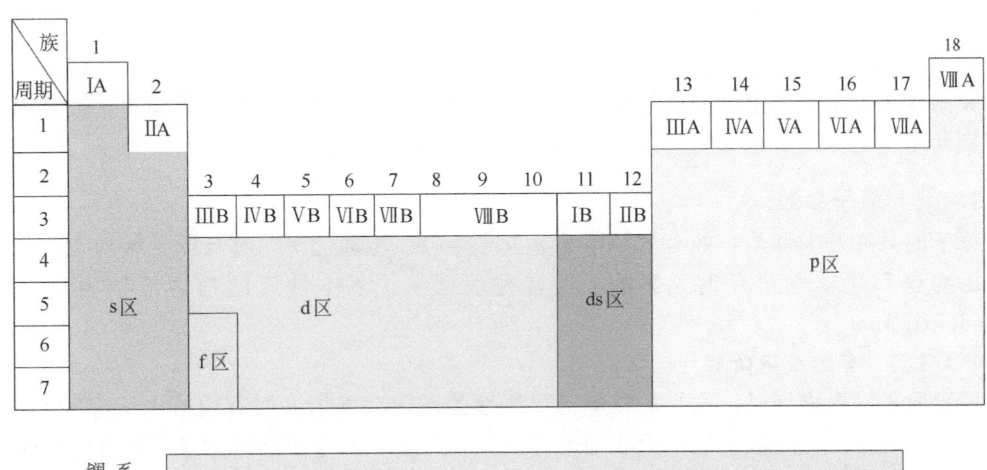

图 1-3-2　周期表分区示意

s 区元素：最外电子层的构型为 $ns^{1\sim2}$，包括ⅠA 和ⅡA 族的元素即 1，2 纵列。

p 区元素：最外电子层的构型为 $ns^2np^{1\sim6}$，包括ⅢA 到ⅧA 族的元素，即 13，14，15，16，17，18 纵列。

d 区元素：外电子层的构型为 $(n-1)d^{1\sim9}ns^{1\sim2}$[Pd 为 $(n-1)d^{10}ns^0$]，包括ⅢB～ⅧB 族的元素，即 3，4，5，6，7，8，9，10 纵列。

ds 区元素：外电子层的构型为 $(n-1)d^{10}ns^{1\sim2}$，包括ⅠB 和ⅡB 族的元素，即 11，12 纵列。

f 区元素：电子填入外数第三层 f 亚层，外电子层的构型为 $(n-2)f^{1\sim14}(n-1)d^{0\sim2}ns^2$，包括镧系元素和锕系元素。

周期系中同一族元素的电子层数虽然不同，但它们的外层电子构型相同。对主族元素来说，族数等于最外层电子数。例如ⅤA 族元素，它们最外层电子数都是 5，最外层电子构型也相同为 ns^2np^3：

N　[He]　　$2s^22p^3$

P　[Ne]　　$3s^23p^3$

[1] 1988 年 IUPAC 建议，周期系中元素不再分为 A、B 族，而用阿拉伯数字 1～18 表示 18 个纵行。

As ［Ar］ $3d^{10}4s^24p^3$

Sb ［Kr］ $4d^{10}5s^25p^3$

Bi ［Xe］ $4f^{14}5d^{10}6s^26p^3$

对副族元素讲，次外层电子数在8～18之间的一些元素，其族数等于最外层电子数与次外层d电子数之和。例如ⅦB族，最外层电子数与次外层d电子数之和是7，价层电子构型相同为$(n-1)d^5ns^2$：

Mn ［Ar］ $3d^54s^2$

Tc ［Kr］ $4d^55s^2$

Re ［Xe］ $4f^{14}5d^56s^2$

上述规则，对ⅧB不完全适用。

⑤ 根据元素原子的电子结构及外层电子构型，可以把周期表划分成五个区（blocks），如图1-3-2所示。❶

1.4 原子结构与元素性质的关系

元素性质决定于原子的内部结构，周期系中元素性质呈周期性的变化规律，就是原子结构周期性变化的体现。本节将讨论原子结构与元素性质的关系。

1.4.1 原子参数

原子的某些基本性质，如有效核电荷、原子半径、电离能等，都与原子结构有关，并对元素的物理和化学性质有重大影响。通常把表征原子基本性质的物理量称为原子参数(atomic parameter)。

1.4.1.1 有效核电荷 Z^*

元素原子序数增加时，原子的核电荷呈线性关系依次增加，但有效核电荷Z^*却呈周期性的变化。这是因为屏蔽常数的大小与电子层结构有关，而电子层构型呈周期性的变化。由于元素性质主要决定于外层电子，下面就讨论原子的外层电子与有效核电荷在周期表中的变化。

在短周期中元素从左到右，电子依次填充到最外层，即加在同一电子层中。由于同层电子间屏蔽作用弱，因此，有效核电荷显著增加。在长周期中，从第三个元素开始，电子加到次外层，增加的电子进入次外层，所产生的屏蔽作用比这个电子进入最外层要增大一些，因此有效核电荷增大不多；当次外层电子半充满或全充满时，由于屏蔽作用较大，因此有效核电荷略有下降；但在长周期的后半部，电子又填充到最外层，因而有效核电荷又显著增大。

同一族中元素由上到下，虽然核电荷增加较多，但相邻两元素之间依次增加一个电子内层，因而屏蔽作用也较大，结果有效核电荷增加不显著。

有效核电荷随原子序数的变化见图1-4-1。

1.4.1.2 原子半径 r

由于电子云没有明显界面，因此原子大小的概念模糊不清，但可以用物理量原子半径来近似描述。任何原子半径的测定是基于下面的假定，即原子呈球形，在固体中原子间相互接触，以球面相切，这样只要测出单质在固态下相邻两原子间距的一半就是原子半径。例如，由于金属晶体可以看成等径球状的金属原子堆积而成，所以在锌晶体中，测得了两原子的核

❶ 现代周期表经研究除短式、长式外，还有三角、塔、竖、扇、环、螺旋、树（三维立体）等10余种形式。

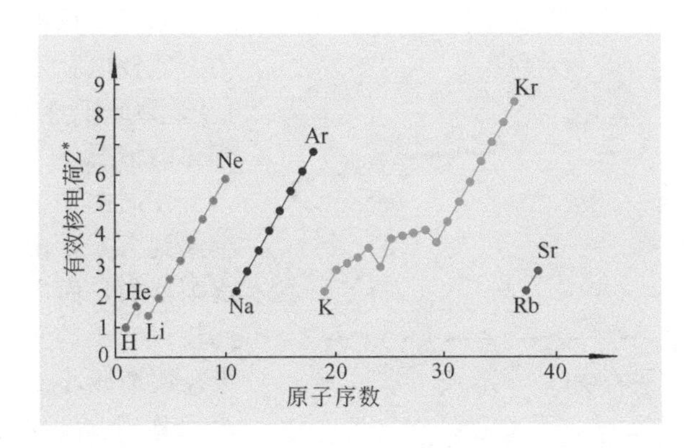

图 1-4-1　有效核电荷的周期性变化

(有效核电荷由斯莱特规则计算得出。一些学者曾对斯莱特规则进行修改，因此所得有效核电荷值不完全相同，又根据光谱实验结果亦可计算有效核电荷，所得数值也有不同，但各种计算值在周期表中变化趋势基本一致。)

间距为 266pm，则锌原子的金属半径为 133pm。如果某一元素的两原子以共价单键结合时，它们的核间距的一半，称为该原子的共价半径。例如，氯分子中两原子的核间距等于 198pm，则氯原子的共价半径为 99pm。对同一元素来说，这两种半径一般比较接近。原子半径除了共价半径和金属半径外，还有一种范德华半径。在稀有气体元素形成的单原子分子晶体中，分子间以范德华力相互联系，这样两个同种原子核间距离的一半称为范德华半径。例如，在氖分子晶体中测得两原子核间距为 320pm，则氖原子的范德华半径为 160pm。周期系中各元素原子半径列于表 1-6，其中金属用金属半径（配位数为 12），非金属用共价半径，稀有气体用范德华半径。

表 1-6　元素的原子半径 r/pm

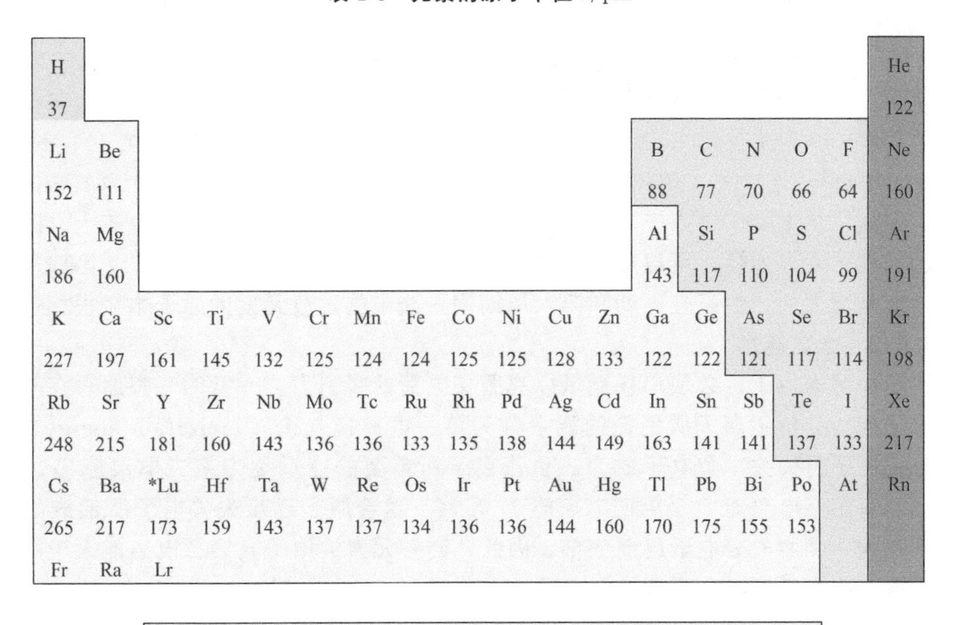

H																	He
37																	122
Li	Be											B	C	N	O	F	Ne
152	111											88	77	70	66	64	160
Na	Mg											Al	Si	P	S	Cl	Ar
186	160											143	117	110	104	99	191
K	Ca	Sc	Ti	V	Cr	Mn	Fe	Co	Ni	Cu	Zn	Ga	Ge	As	Se	Br	Kr
227	197	161	145	132	125	124	124	125	125	128	133	122	122	121	117	114	198
Rb	Sr	Y	Zr	Nb	Mo	Tc	Ru	Rh	Pd	Ag	Cd	In	Sn	Sb	Te	I	Xe
248	215	181	160	143	136	136	133	135	138	144	149	163	141	141	137	133	217
Cs	Ba	*Lu	Hf	Ta	W	Re	Os	Ir	Pt	Au	Hg	Tl	Pb	Bi	Po	At	Rn
265	217	173	159	143	137	137	134	136	136	144	160	170	175	155	153		
Fr	Ra	Lr															

*	La	Ce	Pr	Nd	Pm	Sm	Eu	Gd	Tb	Dy	Ho	Er	Tm	Yb
	188	183	183	182	181	180	204	180	178	177	177	176	175	194

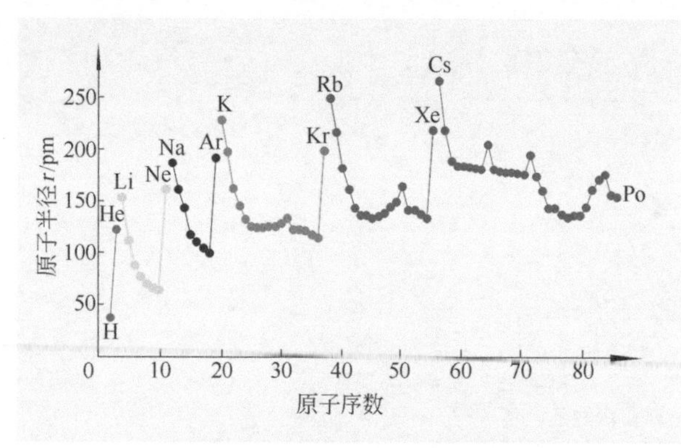

图 1-4-2　原子半径的周期性变化

原子半径的大小主要决定于原子的有效核电荷和核外电子的层数。图 1-4-2 为原子半径随原子序数呈周期性变化的情况。

在周期系的同一短周期中，从碱金属到卤素，由于原子的有效核电荷逐渐增加，而电子层数保持不变，因此核对电子的吸引力逐渐增大，原子半径逐渐减小。在长周期中，从第三个元素开始，原子半径减小比较缓慢，而在后半部的元素（例如第四周期从 Cu 开始），原子半径反而略为增大，但随即又逐渐减小。这是由于在长周期过渡元素的原子中，有效核电荷增大不多，核和外层电子的吸引力也增加较少，因而原子半径减少较慢。而到了长周期的后半部，即自ⅠB 族开始，由于次外层已充满 18 个电子，新加的电子要加在最外层，半径又略为增大。当电子继续填入最外层时，因有效核电荷的增加，原子半径又逐渐减小。各周期末尾稀有气体的半径相应变大，由于它们外电子层 8 个电子全部充满，又是单原子分子，为范德华半径。

长周期中的内过渡元素，如镧系元素从左到右，原子半径大体也是逐渐减小的，只是幅度更小，这是由于新增加的电子填入外数第三层上，对外层电子的屏蔽效应更大，外层电子受到的有效核电荷增加更小，因此半径减小更慢。镧系元素从镧到镥整个系列的原子半径缩小的现象称为镧系收缩（lanthanide contraction）。镧系以后的各元素如铪（Hf）、钽（Ta）、钨（W）等虽然增加了一个电子层，由于镧系收缩，原子半径相应缩小，致使它们的半径与第五周期的同族元素锆（Zr）、铌（Nb）、钼（Mo）非常接近。

第五周期元素	Zr	Nb	Mo
原子半径	160pm	143pm	136pm
第六周期元素（镧系收缩）	Hf	Ta	W
原子半径	159pm	143pm	137pm

因此，锆和铪、铌和钽、钼和钨的性质非常相似，在自然界常共生在一起，并且难以分离。

同一主族，从上到下，由于同一族中电子层构型相同，有效核电荷相差不大，因而电子层增加的因素占主导地位，所以原子半径逐渐增加。副族元素的原子半径，从第四周期过渡到第五周期是增大的，但第五周期和第六周期同一族中的过渡元素的原子半径很相近。

1.4.1.3　电离能 I

从原子中移去电子，必须消耗能量以克服核电荷的吸引力。元素的气态原子在基态时失去一个电子成为一价正离子所消耗的能量称为第一电离能（first ionization energy）I_1；从一价气态正离子再失去一个电子成为二价正离子所需要的能量称为第二电离能 I_2。依此类推，还可以有第三电离能 I_3、第四电离能 I_4 等等。随着原子逐步失去电子所形成的离子正电荷越来越大，因而失去电子逐渐变难。因此，同一元素的原子其第二电离能大于第一电离能，第三电离能大于第二电离能……，即 $I_1 < I_2 < I_3 < I_4$……例如：

$$Al(g) - e^- \longrightarrow Al^+(g) \qquad I_1 = 578 kJ \cdot mol^{-1}$$

$$Al^+(g) - e^- \longrightarrow Al^{2+}(g) \qquad I_2 = 1823 kJ \cdot mol^{-1}$$

$$Al^{2+}(g) - e^- \longrightarrow Al^{3+}(g) \qquad I_3 = 2751 kJ \cdot mol^{-1}$$

通常讲的电离能，如果不加标明，指的都是第一电离能。表 1-7 列出了周期系各元素的第一电离能。

表 1-7　元素的第一电离能 $I/\mathrm{kJ\cdot mol^{-1}}$

1	2	3	4	5	6	7	8	9	10	11	12	13	14	15	16	17	18
H 1311.9																	He 2372.2
Li 520.2	Be 899.4											B 800.6	C 1086.4	N 1402.2	O 1313.9	F 1680.9	Ne 2080.5
Na 495.8	Mg 737.9											Al 577.5	Si 786.4	P 1018.7	S 999.5	Cl 1251.1	Ar 1520.4
K 418.8	Ca 598.8	Sc 631	Ti 658	V 650	Cr 652.8	Mn 717.3	Fe 759.3	Co 758	Ni 736.6	Cu 745.4	Zn 906.3	Ga 578.8	Ge 762.1	As 946	Se 940.9	Br 1139.8	Kr 1350.6
Rb 403.0	Sr 549.5	Y 616	Zr 660	Nb 664	Mo 684.9	Tc 702	Ru 711	Rh 720	Pd 805	Ag 730.9	Cd 867.6	In 558.2	Sn 708.6	Sb 833.6	Tc 869.2	I 1008.3	Xe 1170.3
Cs 356.4	Ba 502.9	* Lu 523.4	Hf 642	Ta 743.1	W 768	Re 759.4	Os 840	Ir 878	Pt 868	Au 890.0	Hg 1007.0	Tl 589.1	Pb 715.5	Bi 703.2	Po 812	At	Rn 1037.0
Fr	Ra 509.3	Lr															

*	La	Ce	Pr	Nd	Pm	Sm	Eu	Gd	Tb	Dy	Ho	Er	Tm	Yb
	538.1	528	523	530	536	549	546.7	592	564	571.9	581	589	596.7	603.8

电离能的大小反映了原子失去电子的难易。电离能愈大，原子失去电子时吸收能量愈大，原子失去电子愈难；反之，电离能愈小，原子失去电子愈易。电离能的大小主要取决于原子的有效核电荷、原子半径和原子的电子层结构。

元素的电离能在周期和族中都呈现规律性的变化（图 1-4-3）。

同一周期中，从左到右，从碱金属到卤素，元素的有效核电荷逐渐增加，原子半径逐渐减小，原子的最外层上的电子数逐渐增多，因此总的来说，元素的电离能逐渐增大。稀有气体由于具有稳定的电子层结构，在同一周期的元素中电离能最大。在长周期的中部元素（即过渡元素）由于电子加到次外层，有效核电荷增加不多，原子半径减小较慢，电离能增加不显著。虽然，同一周期中，从左到右，电离能总的变化趋势是增大的，但也稍有起伏。例如，第二周期中 Be 和 N 的电离能比后面的元素 B 和 O 的电离能反而大（图 1-4-3），这是由于 Be 的外层电子层结构为 $2s^2$，电子已经成对，N 的外电子层结构为 $2s^2 2p^3$，是半充满状态，都是比较稳定的结构，失去电子较难，因此电离能也就大些。

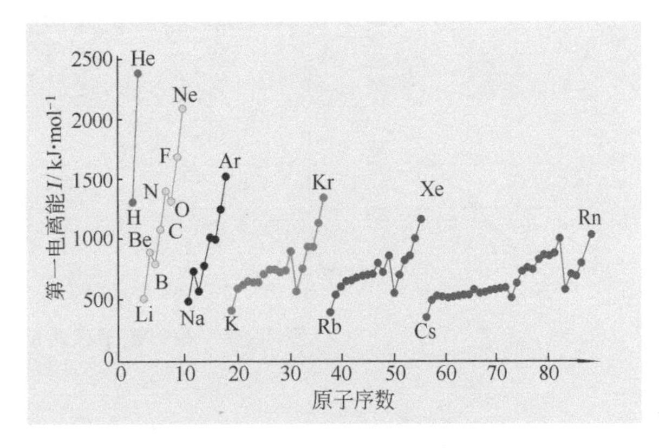

图 1-4-3　第一电离能周期性变化

同一主族从上到下，最外层电子数相同，有效核电荷增加不多，则原子半径的增大起主要作用，因此核对外层电子的吸力逐渐减弱，电子逐渐易于失去，一般电离能逐渐减小。

1.4.1.4 电子亲和能 E_A

原子失去电子要消耗能量，反过来，原子得到电子就要放出能量。元素的气态原子在基态时得到一个电子成为一价气态负离子所放出的能量称电子亲和能（electron affinity）。电子亲和能也有第一、第二之分，如果不加注明，都是指的第一电子亲和能。当负一价离子获得电子时，要克服负电荷之间的排斥力，因此需要吸收能量❶。例如：

$$O(g)+c^- \longrightarrow O^-(g) \qquad E_{A_1}=-141.0\,kJ\cdot mol^{-1}$$

$$O^-(g)+e^- \longrightarrow O^{2-}(g) \qquad E_{A_2}=+780\,kJ\cdot mol^{-1}$$

非金属原子的第一电子亲和能总是负值，而金属原子的电子亲和能一般为较小的负值或正值。电子亲和能的测定比较困难，通常用间接方法计算，因此，它们的数值的准确度要比电离能差。表 1-8 列出主族元素的电子亲和能。

电子亲和能的大小反映了原子得到电子的难易。它们周期性的变化见图 1-4-4。

电子亲和能的大小也主要由原子的有效核电荷、原子半径和原子的电子层结构决定。

同周期元素，从左到右，原子的有效核电荷增大，原子半径逐渐减小，同时由于最外层电子数逐渐增多，易与电子结合形成 8 电子稳定结构。因此，元素的电子亲和能的绝对值渐大（即代数值逐渐减小）。同一周期中以卤素的电子亲和能的绝对值最大。

表 1-8 主族元素的电子亲和能 E_A/kJ·mol^{-1}

H −72.7							He +48.2
Li −59.6	Be +48.2	B −26.7	C −121.9	N +6.75	O −141.0	F −328.0	Ne +115.8
Na −52.9	Mg +38.6	Al −42.5	Si −133.6	P −72.1	S −200.4	Cl −349.0	Ar +96.5
K −48.4	Ca [illegible]	Ga [illegible]	Ge −115.8	As −78.2	Se −195.0	Br −324.7	Kr +96.5
Rb −46.9	Sr +28.9	In −28.9	Sn −115.8	Sb −103.2	Te −190.2	I −295.1	Xe +77.2

注：数据依据 H. Hotop&W. C. Lineberger，J. Phys. Chem. Ref. Data，1985，14：731

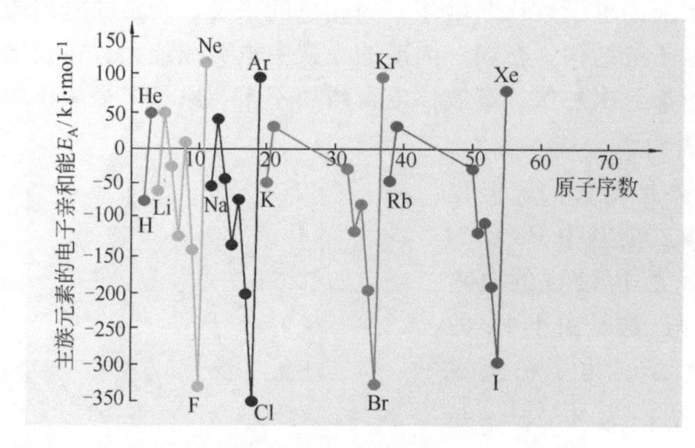

图 1-4-4 第一电子亲和能的周期性变化

❶ 本教材电子亲和能采用负号表示，这样与焓变值的正、负号取得一致。

同一主族中从上到下元素的电子亲和能不如同周期变化规则，大部分呈现负值渐小的趋势，有少数不规则；ⅡA 族和ⅧA 族呈现正值，见图 1-4-5。

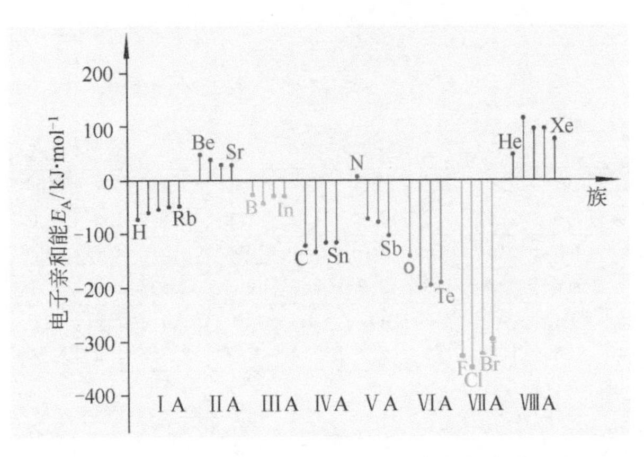

图 1-4-5 第一电子亲和能在族中的变化

碱土金属电子亲和能因它们的半径大，且具有 ns^2 外电子层结构，不易结合电子；稀有气体其原子具有 ns^2np^6 的稳定外电子层结构，更不易结合电子，因而电子亲和能为正值(表 1-8 数值间接计算所得)，所以讨论它们正值变化趋势已没有实际意义。氮原子的电子亲和能为 6.75kJ·mol^{-1} 比较特殊，因其 $2s^22p^3$ 外电子层结构比较稳定，得电子的能力较小，且氮原子半径小，电子间排斥大，所以吸收能量仅略大于放出的能量。又卤素电子亲和能负值最大的是氯而不是氟，这是由于 F 原子半径小，进入的电子受到原有电子较强的排斥，为此消耗较多能量所致。

1.4.1.5 **电负性 *X***

电离能和电子亲和能都各自从一个方面反映原子得、失电子的能力。为了全面衡量分子中原子争夺电子的能力，引入了元素电负性的概念。

1932 年鲍林 (L. Pauling) 定义元素的电负性 (electronegativity) 是原子在分子中吸引电子的能力。他指定氟的电负性为 4.0，并根据热化学数据比较各元素原子吸引电子的能力，得出其他元素的电负性 X_P，见表 1-9。元素的电负性数值愈大，表示原子在分子中吸引电子的能力愈强。

1934 年莫立根 (R. S. Mulliken)，从电离能和电子亲和能综合考虑，求出元素的电负性 X_M：

$$X_M=\frac{1}{2}(I+E_A)^{❶} \tag{1-9}$$

这样得到的数值为绝对电负性，莫立根电负性数值 X_M 与鲍林电负性数值 X_P 间有一定关系。如果电离能 I 和电子亲和能 E_A 的单位均用电子伏特 (eV)❷，则：

$$X_M/2.7=X_P$$

$$0.18(I+E_A)=X_P \tag{1-10}$$

1956 年阿雷德 (A. L. Allred) 和罗丘 (E. G. Rochow) 根据原子核对电子的静电吸引，也计算出一套电负性数据。关于电负性的标度有 20 种左右，这些数值是根据物质的不同性

❶ 由于本教材 E_A 采用负号，所以需改成＋号代入式(1-9) 和式(1-10)。

❷ 1eV(电子伏特)＝1.602177×10^{-19}J；

1eV·mol^{-1}＝1.602177×10^{-22}kJ×6.0221367×10^{-23}mol^{-1}＝96.485kJ·mol^{-1}。

表 1-9 元素的电负性 X_P

H 2.1																
Li 1.0	Be 1.5											B 2.0	C 2.5	N 3.0	O 3.5	F 4.0
Na 0.9	Mg 1.2											Al 1.5	Si 1.8	P 2.1	S 2.5	Cl 3.0
K 0.8	Ca 1.0	Sc 1.3	Ti 1.5	V 1.6	Cr 1.6	Mn 1.5	Fe 1.8	Co 1.9	Ni 1.9	Cu 1.9	Zn 1.6	Ga 1.6	Ge 1.8	As 2.0	Se 2.4	Br 2.8
Rb 0.8	Sr 1.0	Y 1.2	Zr 1.4	Nb 1.6	Mo 1.8	Tc 1.9	Ru 2.2	Rh 2.2	Pd 2.2	Ag 1.9	Cd 1.7	In 1.7	Sn 1.8	Sb 1.9	Te 2.1	I 2.5
Cs 0.7	Ba 0.9	La～Lu 1.0～1.2	Hf 1.3	Ta 1.5	W 1.7	Re 1.9	Os 2.2	Ir 2.2	Pt 2.2	Au 2.4	Hg 1.9	Tl 1.8	Pb 1.9	Bi 1.9	Po 2.0	At 2.2
Fr 0.7	Ra 0.9	Ac～No 1.1～1.3														

质计算得来的，各种标度的数值虽不同，但在电负性系列中元素的相对位置大致相同，通常采用的是鲍林电负性标度。

在周期系中，电负性也呈有规律的递变（见图 1-4-6）。

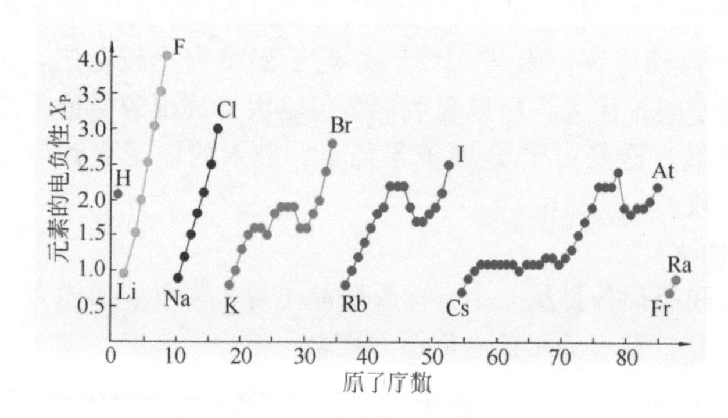

图 1-4-6 元素电负性的周期性变化

同一周期中，从左到右，从碱金属到卤素，原子的有效核电荷逐渐增大，原子半径逐渐减小，原子吸引电子的能力基本呈增加趋势，所以元素的电负性相应渐趋增大。同一主族中，从上到下，电子层构型相同，有效核电荷相差不大，原子半径增加的影响占主导地位，因此元素的电负性基本上呈减小趋势。

1.4.2 元素的金属性和非金属性

元素的金属性是指原子失去电子而变成正离子的性质，元素的非金属性是指其原子得到电子而变成负离子的性质。元素的原子愈容易失去电子，金属性愈强；愈容易获得电子，非金属性愈强。影响元素金属性和非金属性强弱的因素和影响电离能、电子亲和能大小的因素一样，因此我们常用电离能来衡量原子失去电子的难易，用电子亲和能衡量原子和电子结合的难易。元素的金属性和非金属性的强弱也可以用电负性来衡量。元素电负性数值愈大，原子在分子中吸引电子的能力愈强，因而非金属性也愈强。一般讲，非金属的电负性大于 2，金属的电负性小于 2。所以用电离能、电子亲和能或电负性来衡量，大致都显示同一周期元素从左到右金属性逐渐减弱，非金属性渐强；同一族元素从上到下，金属性逐渐增强，非金属性渐弱。

应该指出，原子愈难失去电子，不一定愈易与电子结合。例如，稀有气体原子由于具有稳定的电子层结构，既难失去电子又不易与电子结合。

1.4.3 氧化值

1.4.3.1 氧化值和化合价

元素的氧化值（oxidation number）表示化合物中各个原子所带的电荷（或形式电荷）数，该电荷数是假设把化合物中的成键电子都指定归于电负性更大的原子而求得。例如在NaCl中氯元素的氧化值为−1，钠元素的氧化值为+1；在H_2O中，氧元素的氧化值为−2，氢的氧化值为+1。确定氧化值有下述一般规则。

① 在单质中元素的氧化值为零。

② 氧在化合物中的氧化值一般为−2，仅在OF_2中为+2；在过氧化物（如H_2O_2，Na_2O_2等）中为−1；在超氧化物（如KO_2）中为$-\frac{1}{2}$。

③ 氢在化合物中的氧化值一般为+1。仅在与活泼金属生成的离子型氢化物（如NaH，CaH_2）中为−1。

④ 碱金属和碱土金属在化合物中的氧化值分别为+1和+2；氟在化合物中的氧化值总是−1。

⑤ 在任何化合物分子中各元素氧化值的代数和等于零；在多原子离子中各元素氧化值的代数和等于该离子所带电荷数。

例1-4 计算$KMnO_4$和MnO_4^-中Mn的氧化值。

解：已知K的氧化值为+1，氧的氧化值为−2，设Mn氧化值为x。

则对$KMnO_4$而言，$(+1)+x+(-2)\times 4=0$，$x=+7$，即高锰酸钾分子中Mn的氧化值为+7。

则对MnO_4^-而言，$x+(-2)\times 4=-1$，$x=+7$，即在高锰酸根离子中Mn的氧化值也是+7。

必须指出：大多数情况下氧化值和化合价（valence）是一致的。氧化值和正负化合价也有混用，但它们是两种不同的概念，且数值上也有不一致的情况。一般讲，在离子化合物中元素的氧化值等于离子中单原子的电荷数，但在共价化合物中元素的氧化值和共价数常不一致。例如在CH_4、CH_3Cl、CH_2Cl_2、$CHCl_3$和CCl_4中，碳的化合价均为4，但其氧化值分别为−4、−2、0、+2和+4。氧化值是元素在化合状态时的形式电荷，它是按一定规则得到的，不仅可以有正、负值，而且还可以有分数。例如，KO_2中O的氧化值为$-\frac{1}{2}$，在Fe_3O_4中Fe的氧化值为$+\frac{8}{3}$。而化合价指元素在化合时原子的个数比，它只能是整数。

1.4.3.2 氧化值与原子结构

元素所呈现的氧化值与其原子的外电子层结构有着密切的关系。

元素参加化学反应时，原子常失去或获得电子以使其最外电子层结构达到2、8或18个电子的稳定结构。在化学反应中，参与化学键形成的电子称价电子（valence electron）。元素的氧化值决定于价电子的数目，而价电子的数目则决定于原子的外电子层结构。

显然元素的最高正氧化值等于价电子的总数。对于价电子总数与外电子层结构的关系，我们按主族元素和副族元素分别讨论。

对于主族元素来说，次外电子层已经充满，因此，最外层电子是价电子。主族元素从ⅠA到ⅦA各主族元素的最高正氧化值从+1逐一升高至+7。也就是说，元素呈现的最高正氧化值等于该元素所属的族数。

对于副族元素来说，除了最外层电子外，未充满的次外层的d电子也是价电子。现将各副族元素的价电子构型和最高氧化值列于表1-10。

表 1-10 副族元素的价电子构型和最高氧化值

副族	ⅢB	ⅣB	ⅤB	ⅥB	ⅦB	ⅧB	ⅠB	ⅡB
价电子构型	$(n-1)d^1$ ns^2	$(n-1)d^2$ ns^2	$(n-1)d^3$ ns^2	$(n-1)d^5$ ns^1	$(n-1)d^5$ ns^2	$(n-1)d^{6\sim8}$ ns^2	$(n-1)d^{10}$ ns^1	$(n-1)d^{10}$ ns^2
最高氧化值	+3	+4	+5	+6	+7	+8	+1	+2

从表 1-10 可以看出，ⅢB 到ⅦB 元素的价电子结构为 $(n-1)$ d^1ns^2 到 $(n-1)$ d^5ns^2，因此最高正氧化值从+3 逐一增至+7，也等于元素所在族数。ⅧB 元素中只有 Ru 和 Os 达到+8 氧化值。至于ⅠB、ⅡB，$(n-1)$d 亚层已填满 10 个电子，即次外层为 18 个电子，也是稳定结构，所以一般只失去最外层 s 电子，而显+1，+2 氧化值，也分别等于它们所在的族数。但 IB 元素有例外，元素最高正氧化值不全是+1。

由于元素周期性地重复它的外电子层结构，因此最高正氧化值的变化也呈现周期性。

在以后有关各章学习中还将进一步了解元素的酸碱性、氧化还原性等均与原子结构紧密相关。

科学家卢瑟福

Ernest Rutherford（1871～1937）

卢瑟福是一位出生于新西兰的英国物理学家。

1895 年卢瑟福在英国剑桥大学攻读博士学位期间，有幸直接接受汤姆森（J. J. Thomson）的指导。卢瑟福原来的兴趣是研究无线电波现象，并希望在此领域取得成就后，与留在新西兰的未婚妻结婚。但经他的导师汤姆森的说服，改为继续在剑桥大学从事最新发现的放射现象的研究，也正是在剑桥，他发现了 α 和 β 射线。1899 年卢瑟福移居加拿大，在 McGill 大学进一步做射线研究实验，而且证明了 α 射线实际上是由氦核组成，而 β 射线则由电子组成（由于这一工作卢瑟福获得 1908 年诺贝尔化学奖）。在 McGill 大学，卢瑟福还幸运地遇到一位很有天赋的学生索迪（F. Soddy）和他共同工作，他们俩一起研究了来自放射性元素钍的气体，且由实验证明该气体是氩，这是首次发现的放射性元素自发蜕变现象，也是二十世纪物理学上的重大发现之一。

卢瑟福于 1907 年从加拿大回到英国，在曼彻斯特大学从事研究工作。这时他的导师汤姆生已经在 1904 年提出了一个原子结构模型，认为在原子中，正电荷均匀分布其中，而每个带有负电荷的电子则以平衡位置埋于连续分布的正电荷中，从而形成一个电中性原子。1909 年卢瑟福在指导学生盖格（H. Geiger）和马斯顿（E. Marston）进行 α 粒子轰击原子的放射性实验时，发现 α 粒子散射现象，经反复的实验观测和严谨的理论推导，于 1911 年提出了“原子含核模型”，为后来深入研究原子核结构打开了神秘的大门。

1919 年，卢瑟福又回到剑桥大学，并接替了他的导师汤姆森先前担任的卡文迪许实验室的领导职位。

卢瑟福为人谦虚，科学上不墨守成规、尊重实验事实、追求真理、从不把自己的意志强加给学生，1913 年玻尔提出原子的玻尔模型论文还是经过卢瑟福的审阅并推荐发表的。

在原子结构理论的早期研究中，卢瑟福起到了承上启下的关键作用。卢瑟福本人是汤姆森的六位获诺贝尔奖的学生之一，而他本人又指导过11位诺贝尔奖获得者，这些获奖者分别是：F. 索迪、N. 玻尔、J. 查德威克、G. 赫维西、O. 哈恩、V. 阿普顿、F. 鲍威尔、D. 科克劳夫、E. 沃尔顿、A. 贝斯和S. 布莱克。另外还有许多虽未获诺贝尔奖，但也为科学作出了杰出的贡献，如著名的物理学家盖格等。

复习思考题

1. 试区别：
   (1) 基态和激发态；
   (2) 概率和概率密度；
   (3) 外电子层构型和外电子层结构。
2. 试述下列各名词的意义：
   (1) 能级交错；(2) 量子化；(3) 物质波；(4) 镧系收缩。
3. 电子等微粒运动具有哪些特点？电子的波动性是通过什么实验得到证实的？
4. 设原子核位于$x=y=z=0$，(1) 如果$x=a$，$y=z=0$所围成的微体积内s电子出现的概率为1.0×10^{-3}，问在$x=z=0$，$y=a$所围成的相同大小的体积内该电子出现的概率为多少？(2) 如果这个电子是p_x电子，问在第二个位置上的概率为多少？并加以解释。
5. 试述四个量子数的意义和它们取值的规则。
6. 回答下述问题：在3s，$3p_x$，$3p_y$，$3p_z$，$3d_{xz}$，$3d_{yz}$，$3d_{xy}$，$3d_{z2}$，$3d_{x2-y2}$等轨道中。
   (1) 对氢原子讲，哪些是等价轨道？
   (2) 对多电子原子讲，哪些是等价轨道？
7. 原子轨道角度分布和电子云角度分布的含义有什么不同？这两种图像有什么相似和区别之处？
8. 何谓电离能？它的大小取决于哪些因素？如何用元素的电离能来衡量元素金属性的强弱？
9. 何谓电负性？通常采用哪一种电负性标度？如何用电负性来衡量元素的金属性和非金属性的强弱？
10. 何谓原子参数？分别说明它们在周期表中呈现规律性的变化趋势和原因。
11. 确定元素的氧化值有哪些规则？元素的氧化值与其原子结构有何内在的联系。

习　题

1. 氢原子的可见光谱中有一条谱线，是电子从$n=5$跳回到$n=2$的轨道时放出辐射能所产生的。试计算该谱线的波长及两个能级的能量差。
2. 在铜原子中，当一个电子从2p跳到1s轨道时，发射出波长为1.54×10^{-7}m的射线，问铜原子中1s和2p轨道间的能量差为多少？
3. 下列的电子运动状态是否存在？为什么？
   (1) $n=2$，$l=2$，$m=0$，$m_s=+\frac{1}{2}$；
   (2) $n=3$，$l=1$，$m=2$，$m_s=-\frac{1}{2}$；
   (3) $n=4$，$l=2$，$m=0$，$m_s=+\frac{1}{2}$；
   (4) $n=2$，$l=1$，$m=1$，$m_s=+\frac{1}{2}$。
4. 写出Ni原子最外两个电子层中每个电子的四个量子数。
5. 试将某一多电子原子中具有下列各套量子数的电子，按能量由低到高排一顺序，如能量相同，则排在一起。

	n	l	m	m_s
(1)	3	2	1	$+\frac{1}{2}$
(2)	4	3	2	$-\frac{1}{2}$
(3)	2	0	0	$+\frac{1}{2}$
(4)	3	2	0	$+\frac{1}{2}$
(5)	1	0	0	$-\frac{1}{2}$
(6)	3	1	1	$+\frac{1}{2}$

6. 对下列各组轨道，填充合适的量子数：

（1）$n=?$，$l=3$，$m=2$，$m_s=+\frac{1}{2}$

（2）$n=2$，$l=?$，$m=1$，$m_s=-\frac{1}{2}$

（3）$n=4$，$l=0$，$m=?$，$m_s=+\frac{1}{2}$

（4）$n=1$，$l=0$，$m=0$，$m_s=?$

7. 画出下列各元素原子的价电子层结构的轨道表示式：

（1）P；（2）Se；（3）Co。

8. （1）在下列各组中填入合适的量子数：

① $n=?$，$l=2$，$m=2$，$m_s=+\frac{1}{2}$

② $n=2$，$l=?$，$m=1$，$m_s=-\frac{1}{2}$

③ $n=3$，$l=1$，$m=?$，$m_s=+\frac{1}{2}$

① $n=1$，$l=0$，$m=0$，$m_s=?$

（2）指出电子所处的能级；

（3）指出电子所处的原子轨道。

9. 写出$_{48}$Cd的电子排布式，并画出Cd原子最外两层电子的原子轨道角度分布图。

10. 若元素最外层仅有一个电子，该电子的量子数为$n=4$ $l=0$ $m=0$ $m_s=+\frac{1}{2}$。问：

（1）符合上述条件的元素可以有几个？原子序数各为多少？

（2）写出相应元素原子的电子结构，并指出在周期表中所处的区域和位置。

11. 试用s，p，d，f符号来表示下列各元素的电子结构：

(1)$_{18}$Ar；(2)$_{26}$Fe；(3)$_{53}$I；(4)$_{47}$Ag。

并指出它们各属于第几周期？第几族？

12. 已知四种元素原子的价电子层结构分别为：

（1）$4s^2$；（2）$3s^2 3p^5$；（3）$3d^2 4s^2$；（4）$5d^{10} 6s^2$。

试指出：

（1）它们在周期系中各处于哪一区？哪一周期？哪一族？

（2）它们的最高正氧化值各为多少？

（3）电负性的相对大小。

13. 第四周期某元素，其原子失去3个电子，在角量子数为2的轨道内的电子恰好为半充满，试推断该元素的原子序数，并指出该元素的名称。

14. 第五周期某元素M，其原子失去2个电子，M^{2+}的最外层$l=2$的轨道内电子刚好全充满，试推断该元素的原子序数、电子结构，并指出位于周期表中哪一族？是什么元素？

15. 已知甲元素是第三周期 p 区元素，其最低氧化值为－1，乙元素是第四周期 d 区元素，其最高氧化值为＋4。试填下表：

元素	价电子构型	族	金属或非金属	电负性相对高低
甲				
乙				

16. 指出相应于下列各特征元素的名称：
   (1) 具有 $1s^2 2s^2 2p^6 3s^2 3p^5$ 电子层结构的元素；
   (2) 碱金属族中原子半径最大的元素；
   (3) ⅡA 族中第一电离能最大的元素；
   (4) ⅦA 族中具有最大电子亲和能的元素；
   (5) ＋2 离子具有 [Ar] $3d^5$ 结构的元素。
17. 试解释下列事实：
   (1) 从混合物中，分离 V 与 Nb 容易，而分离 Nb 和 Ta 难。
   (2) K 的第一电离能小于 Ca，而第二电离能则大于 Ca。
   (3) Be 的第一电子亲和能为正值而 B 为负值；Cl 的第一电子亲和能负值大于 F。
18. 波长为 242nm 的辐射能恰好足够使钠原子最外层的 1 个电子完全移出。试计算钠的电离能 ($kJ \cdot mol^{-1}$)。
19. 写出下列离子的电子结构，并确定它们基态时未成对的电子数：
   ${}_{22}Ti^{3+}$，${}_{24}Cr^{2+}$，${}_{27}Co^{3+}$，${}_{48}Cd^{2+}$，${}_{57}La^{3+}$
20. 讨论图 1-4-3 中从 Na 到 Ar 第一电离能曲线为什么呈锯齿形变化？并写出曲线上各点对应的元素名称。
21. (1) 确定下列化合物中铋、铬、钼、锇的氧化值：
   $NaBiO_3$，$K_2Cr_2O_7$，H_2MoO_4，$(NH_4)_2OsCl_6$
   (2) 指出上述 4 个元素在周期表中的位置（周期、族）和最高氧化值。
   (3) 写出它们的外电子构型。

参　考　书　目

1 蔡善钰著．人造元素．上海：上海科学普及出版社，2006

2 李奇，黄元河，陈光巨主编．结构化学．北京：北京师范大学出版社，2008

3 Munowitz M. **Principles of Chemistry.** W. W. Norton & Company，2000

4 McMurry J. E.，Fay R. C. **General Chemistry-Atoms First.** Pearson Eduction，Inc.，2010

5 Brown T. L.，LeMay H. E.，Bursten B. E. etc. **Chemistry-The Central Science 12th ed.** Prentice Hall.，2012

第2章　分子结构和分子间力

Chapter 2　Molecular Structures and Intermolecular Forces

分子是由原子组成的，它是保持物质基本化学性质的最小微粒，并且又是参与化学反应的基本单元。分子的性质除取决于分子的化学组成，还取决于分子的结构。分子的结构通常包括两方面的内容：一是分子中直接相邻的原子间的强相互作用力，即化学键（chemical bond）；二是分子中的原子在空间的排列，即空间构型（geometry configuration）。此外，相邻分子之间还存在一种较弱的相互作用，即分子间力（intermolecular force）或范德华力。分子间力对于物质的熔点、沸点、熔化热、气化热、溶解度等物理性质起着重要的作用。原子间的键合作用以及化学键的破坏所引起的原子重新组合是最基本的化学现象。弄清化学键的性质和化学变化的规律不仅可以说明各类反应的本质，而且对化合物的合成起指导作用。目前结构化学与计算机技术相结合已提出以“分子设计”作为研究方向，即根据所需要的新材料、新药物的性能来设计并合成有关的化合物。“分子设计”已在各个学科领域产生重大影响。因此，探索分子的内部结构，对于了解物质的性质和化学变化的规律，具有很重要的意义。

20世纪初，德国化学家科塞尔（W. Kossel）根据稀有气体具有稳定结构的事实提出了离子键（ionic bond）理论。他认为不同原子之间相互化合时，都有达到稀有气体稳定状态的倾向，首先形成正、负离子，然后通过静电吸引形成化合物。它能说明离子型化合物如 NaCl 等的形成，但不能说明 H_2、O_2、N_2 等由相同原子组成的分子的形成。1916 年美国化学家路易斯（G. N. Lewis）认为分子的形成是原子间共享电子对的结果，提出了共价键（covalence bond）理论。20 世纪 20 年代中期以后，量子力学及一些现代物理实验方法在化学结构研究中取得了重大进展。例如用 X 射线衍射法测出某些晶体分子结构的键长和键角，用分子光谱法可了解分子中电子的分布和其所处的能级，为化学键的深入研究提供了必要的数据。1927 年德国人海特勒（W. Heitler）和美籍德国人伦敦（F. London）首先用量子力学的薛定谔方程来研究最简单的氢分子，从而发展了价键理论（valence bond theory）。1931 年美国化学家鲍林提出杂化轨道理论（hybrid orbital theory），圆满地解释了碳四面体结构的价键状态。20 世纪 30 年代以后，美国化学家莫立根（R. S. Mulliken）、德国化学家洪特（F. Hund）提出分子轨道理论（molecular orbital theory），圆满地解释了氧分子的顺磁性、奇电子分子或离子的稳定存在等实验现象，因而分子轨道理论得到广泛应用。

本章将在原子结构的基础上，着重讨论形成化学键的有关理论和对分子构型的初步认识，同时对分子间的作用力也进行适当的讨论。

2.1 价键理论

1927 年海特勒和伦敦首次应用量子力学处理两个氢原子为什么能稳定地结合形成氢分子，许多化学家相继发展了这一科学成果，从而建立了现代价键理论，揭示了共价键的本质。

2.1.1 共价键的本质

(1) 量子力学处理氢分子的结果 若电子自旋方向相反的 2 个氢原子，当它们相互靠近时，随着核间距 R 的减小，使 2 个 1s 原子轨道发生重叠（即波函数相加），两核间电子概率密度增大。两原子核都被电子密度大的区域吸引，体系能量降低。当核间距降到 $R=R_0$ 时，体系能量处于最低值，达到稳定状态，这种状态称为基态（ground state）。当 R 进一步缩小，原子核之间斥力增大，使体系的能量迅速升高，排斥作用又将氢原子推回平衡位置。因此氢分子中的 2 个原子是在平衡距离 R_0 附近振动。图 2-1-1 表示氢分子形成过程能量随着核间距的变化。

若电子自旋方向相同的 2 个氢原子，当它们相互靠近时，2 个原子轨道异号叠加（即波函数相减），两核间电子概率密度减小，增大了两核的斥力，体系能量升高，处于不稳定态，称为激发态（excited state），如图 2-1-2 所示。

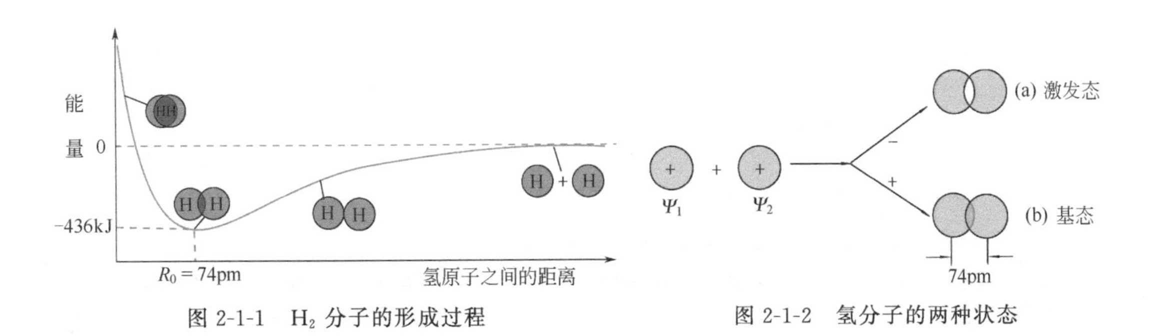

图 2-1-1 H_2 分子的形成过程　　图 2-1-2 氢分子的两种状态

(2) 价键理论基本要点 价键理论起源于路易斯的电子配对概念，其基本要点如下：

① 自旋方向相反的未成对电子互相配对可以形成共价键。

② 在形成共价键时原子轨道总是尽可能地达到最大限度的重叠使体系能量最低。

根据上述基本要点，可以推断共价键有两个特征。

2.1.2 共价键的特征

(1) 共价键的饱和性 根据自旋方向相反的单电子可以配对成键的论点，在形成共价键时，几个未成对电子只能和几个自旋方向相反的单电子配对成键，这便是共价键的“饱和性”。例如氢原子只有 1 个未成对电子 $1s^1$，它只能与另一个氢原子的电子配对后形成 H_2；又如氮原子其电子构型为 $1s^22s^22p^3$，有 3 个未成对的电子，它只能同 3 个氢原子的 1s 电子配对形成三个共价单键，结合为 NH_3 分子。

(2) 共价键的方向性 根据原子轨道重叠体系能量降低的论点，在形成共价键时，两个原子的轨道必须最大重叠。我们知道，除了 s 轨道是球形外，其他的 p，d，f 轨道在空间都有一定的伸展方向。因此，除了 s 轨道与 s 轨道成键没有方向性限制外［如图 2-1-3(a) 所示］，其他原子轨道只有沿着一定的方向进行，才会有最大的重叠。如 HF 分子中 H 原子只能沿着 F 的 2p 轨道方向成键［如图 2-1-3(b) 所示］；在 F_2 分子中两个 F 原子也只能沿着 2p 轨道方向重叠成键［如图 2-1-3(c) 所示］，这就是共价键有方向性的原因。

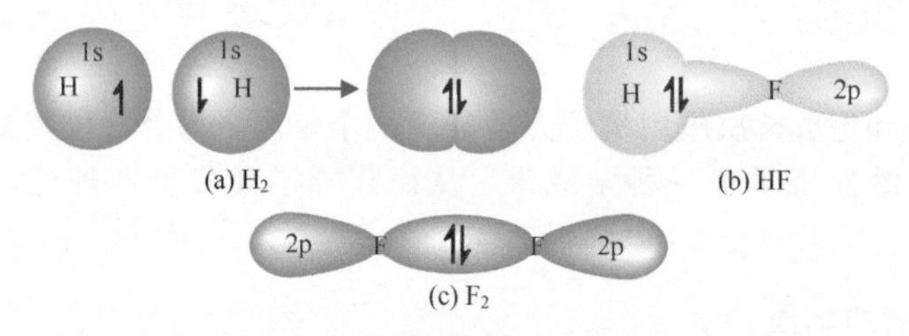

图 2-1-3 双原子分子中的原子轨道最大重叠和自旋成对

例在 H_2O 分子中，氧原子的外电子层结构为：

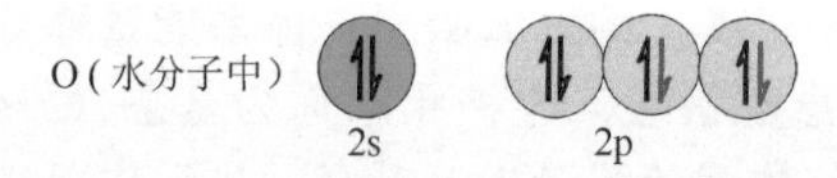

图中黑色箭头符号代表 O 原子 6 个价电子 $2s^22p^4$，而红色箭头代表 2 个 H 原子的 2 个 1s 电子。由于 O 原子的 2p 轨道有 2 个未成对电子，允许 2 个 H 原子 1s 轨道的未成对电子与之配对，它们轨道重叠成键，因 p 轨道成 90°，水分子的∠HOH 也应为 90°，但实际上为 104.5°。这是因为氢原子部分带正电，以致互斥使∠HOH 增大。如图 2-1-4 所示。

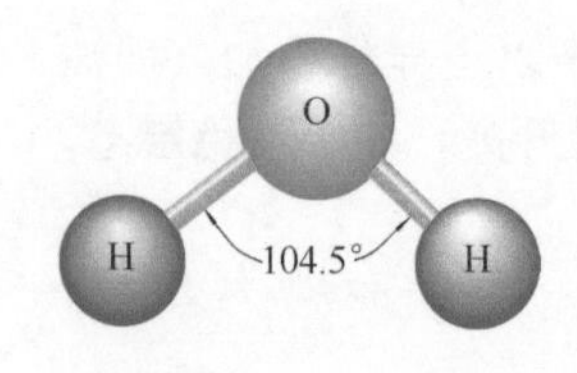

图 2-1-4 水分子结构示意

2.1.3 共价键的类型

共价键的形成是由原子与原子接近时它们的原子轨道相互重叠的结果，根据轨道重叠的方式及重叠部分的对称性划分为不同的类型，最常见的有 σ 键和 π 键。

(1) σ 键 两原子轨道沿键轴（成键原子核连线）方向进行同号重叠，所形成的键叫 σ 键。s-s 轨道重叠（如 H_2 分子中的键），s-p_x 轨道重叠（如 HCl 分子中的键），p_x-p_x 轨道重叠（如 Cl_2 分子中的键）等都是 σ 键，见图 2-1-5(a)。

(2) π 键 两原子轨道沿键轴方向在键轴两侧平行同号重叠，所形成的键叫 π 键。p_y-p_y 轨道重叠形成的共价键为 π 键，如图 2-1-5(b) 所示。此外 p_z-p_z 轨道重叠形成的共价键也为

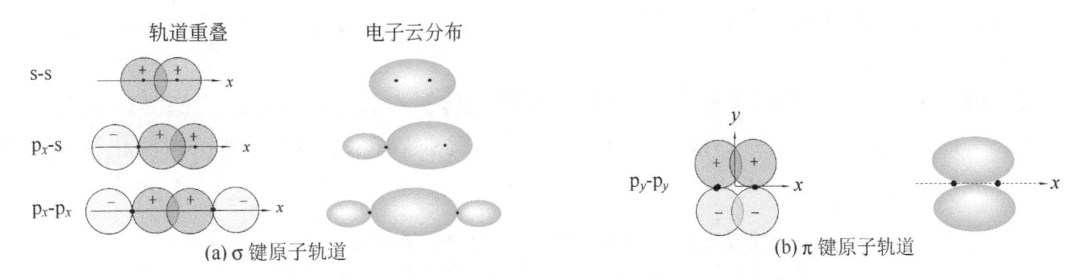

图 2-1-5　σ 键和 π 键的原子轨道重叠及电子云分布

π 键。

共价单键为 σ 键，而在共价双键和叁键中，除 σ 键外，还有 π 键。例如：N_2 分子中，每个氮原子有 3 个未成对的 p 电子（$2s^2 2p_x^{\ 1} 2p_y^{\ 1} 2p_z^{\ 1}$），2 个 N 原子间 p_x-p_x 轨道形成 σ 键，其余的 2 个 p 轨道重叠，形成 π 键。表2-1列出 σ 键和 π 键的特征。当两个原子间形成重键时，最多只能形成 1 个 σ 键。

表 2-1　σ 键和 π 键的特征比较

特　征	σ 键	π 键
原子轨道重叠方式	沿键轴方向相对重叠	沿键轴方向平行重叠
原子轨道重叠部位	两原子核之间，在键轴处	键轴上方和下方，键轴处为零
原子轨道重叠程度	大	小
键的强度	较大	较小
化学活泼性	不活泼	活泼

2.1.4　键参数

化学键的性质在理论上可以由量子力学计算而作定量的讨论，也可以通过表征化学键性质的某些物理量来描述。这些物理量如键长、键角、键能和键矩等，统称为键参数。

(1) 键能 E　以能量标志化学键强弱的物理量称键能（bond energy），不同类型的化学键有不同的键能，如离子键的键能是晶格能；金属键的键能为内聚能等。本节仅讨论共价键的键能。

在 298.15K 和 100kPa 下，断裂 1mol 键所需要的能量称为键能（E），单位为 $kJ \cdot mol^{-1}$。

对于双原子分子而言，在上述温度压力下，将 1mol 理想气态分子离解为理想气态原子所需要的能量称离解能（D），离解能就是键能。例如：

$$H_2(g) \longrightarrow 2H(g) \qquad D_{H-H} = E_{H-H} = 436.00 kJ \cdot mol^{-1}$$

$$N_2(g) \longrightarrow 2N(g) \qquad D_{N\equiv N} = E_{N\equiv N} = 941.69 kJ \cdot mol^{-1}$$

对于多原子分子，要断裂其中的键成为单个原子，需要多次离解，因此离解能不等于键能，而是多次离解能的平均值才等于键能，例如：

$$CH_4(g) \longrightarrow CH_3(g) + H(g) \qquad D_1 = 435.34 kJ \cdot mol^{-1}$$

$$CH_3(g) \longrightarrow CH_2(g) + H(g) \qquad D_2 = 460.46 kJ \cdot mol^{-1}$$

$$CH_2(g) \longrightarrow CH(g) + H(g) \qquad D_3 = 426.97 kJ \cdot mol^{-1}$$

$$+ \quad CH(g) \longrightarrow C(g) + H(g) \qquad D_4 = 339.07 kJ \cdot mol^{-1}$$

$$CH_4(g) \longrightarrow C(g) + 4H(g) \qquad D_{总} = 1661.84 kJ \cdot mol^{-1}$$

$$E_{C-H} = D_{总}/4 = 1661.84 kJ \cdot mol^{-1}/4 = 415.46 kJ \cdot mol^{-1}$$

通常共价键的键能指的是平均键能，一般键能愈大，表明键愈牢固，由该键构成的分子也就愈稳定。

(2) 键长 l 分子中两原子核间的平衡距离称为键长（bond length）。例如，氢分子中两个氢原子的核间距为74pm，所以H—H键的键长就是74pm。表2-2列出一些化学键的键长和键能数据。

表 2-2 一些化学键的键长和键能数据

共价键	键长/pm	键能/kJ·mol^{-1}	共价键	键长/pm	键能/kJ·mol^{-1}
H—H	74	436.00	Cl—Cl	198.8	239.7
H—F	91.8	565±4	Br—Br	228.4	190.16
H—Cl	127.4	431.2	I—I	266.6	148.95
H—Br	140.8	362.3	C—C	154	345.6
H—I	160.8	294.6	C═C	134	602±21
F—F	141.8	154.8	C≡C	120	835.1

从表2-2数据可见，H—F、H—Cl、H—Br、H—I键长依次渐增，表示核间距离增大，即键的强度减弱，因而从H－F到H－I分子的热稳定性逐渐减小。另外碳原子间形成单键、双键、叁键的键长逐渐缩短，键的强度渐增，愈加稳定。键长和键能虽可判别化学键的强弱，但要反映分子的几何形状尚需键角这个参数。

(3) 键角 θ 分子中键与键之间的夹角称为键角（bond angle）。

对于双原子分子无所谓键角，分子的形状总是直线型的。

对于多原子分子，由于分子中的原子在空间排布情况不同就有不同的几何构型，表2-3列出一些分子的键长、键角和几何形状。

表 2-3 一些分子的键长、键角和几何形状

分子式	键长/pm(实验值)	键角 θ(实验值)/(°)	分子构型
H_2S	134	93.3	V形
CO_2	116.2	180	直线形
NH_3	101	107	三角锥形
CH_4	109	109.5	正四面体

由此可见，知道一个分子的键角和键长，即可确定分子的几何构型。键角一般通过光谱和X射线衍射等实验测定，也可以用量子力学近似计算得到。

(4) 键矩 $\boldsymbol{\mu}_B$ 键矩（bond moment）即化学键的偶极矩，是共价键极性的量度。当两原子间形成化学键时，由于共用电子对偏向电负性较大的一方而形成极性共价键。如在HCl分子中，共用电子对偏向电负性较大的Cl，则Cl带部分负电荷而H带部分正电荷，可用$H^{q+}—Cl^{q-}$表示。键的极性大小可用键矩来衡量，定义为

$$\boldsymbol{\mu}_B = Ql$$

式中，Q为某元素所带部分电荷的电量，C（库仑）；l为核间距即键长，m（米），则

键矩的单位为 C•m(库•米)。键矩是一个矢量，其方向规定从正到负。键矩的大小与成键两原子的电负性差值有关。对同核双原子形成的共价键，由于键矩为零，所以是非极性共价键；对异核双原子形成的共价键，由于键矩不为零，所以是极性共价键。电负性差值越大，则键矩越大，键的极性越强。

应用价键理论可以说明一些简单分子的内部结构。但对于 CH_4 分子来说，根据价键理论，C 原子只有两个未成对的电子，只能形成两个共价键，而且键角应该是大约 90°，这种推论显然与实验事实不符。实际上不仅是 CH_4 分子，还有许多分子的键角都不是 90°，而且能形成比原子轨道简单重叠更稳定的化学键。为了更好地解释分子的实际空间构型和稳定性，1931 年鲍林提出了杂化轨道理论。

2.2　杂化轨道理论

2.2.1　杂化轨道概念及其理论要点

杂化轨道的概念是从电子具有波动性、波可以叠加的观点出发的，是指在形成分子时，中心原子的若干不同类型、能量相近的原子轨道经过混杂平均化，重新分配能量和调整空间方向组成数目相同、能量相等的新的原子轨道，这种混杂平均化过程称为原子轨道的“杂化”(hybridization)，所得新的原子轨道称为杂化原子轨道，或简称杂化轨道（hybrid orbital)。

例如同一原子的 1 个 s 轨道和 1 个 p 轨道，经杂化而形成两个新的杂化轨道，如图 2-2-1 所示。

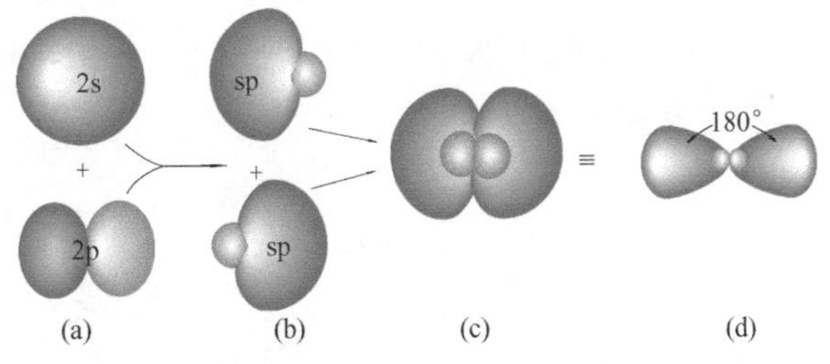

图 2-2-1　sp 轨道杂化过程示意

由于 p 轨道的符号一边为正，另一边为负，而 s 轨道符号均为正，如图 2-2-1(a) 所示。因此它们相交结果形成新的轨道在两同号区域增大，在异号区域减小（相当于电子波干涉增强或削弱)，如图 2-2-1(b) 所示。图2-2-1(c)为轨道经杂化后形成的 2 个 sp 杂化轨道。为了突出杂化轨道的方向性，常常将 sp 杂化轨道画成如图 2-2-1(d) 的形式。

必须注意：孤立原子轨道本身并不杂化，只有当原子相互结合的过程中需发生原子轨道的最大重叠，才会使原子内原来的轨道发生杂化以发挥更强的成键能力。

杂化轨道理论的基本要点如下：

① 同一原子中能量相近的原子轨道之间可以通过叠加混杂，形成成键能力更强的新轨道，即杂化轨道。

② 原子轨道杂化时，一般使成对电子激发到空轨道而成单个电子，其所需的能量完全由成键时放出的能量予以补偿。

③ 一定数目的原子轨道杂化后可得数目相同、能量相等的各杂化轨道。

2.2.2　s 和 p 原子轨道杂化

s 和 p 原子轨道杂化的方式通常有三种，就是 sp、sp^2、sp^3 杂化，现分别扼要介绍如下。

(1) sp 杂化轨道　sp 杂化轨道是 1 个 s 轨道与 1 个 p 轨道杂化。例如，$BeCl_2$ 分子中的 Be 原子的价电子层原子轨道取 sp 杂化，形成 2 个 sp 杂化轨道，简记为 $(sp)_1$、$(sp)_2$，杂化过程示意如下：

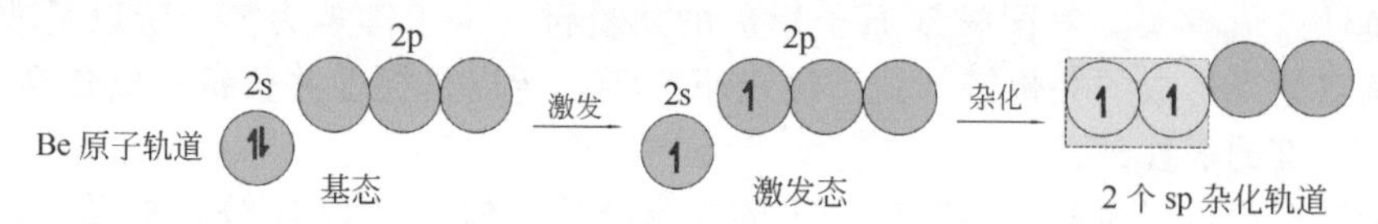

每个 sp 杂化轨道的形状为一头大一头小，含有 1/2s 和 1/2p 的成分，这 2 个杂化轨道在空间的分布呈直线形，如图 2-2-2（a）所示。

Be 原子的 2 个 sp 杂化轨道与 Cl 原子的 p 轨道沿键轴方向重叠而成 2 根等同的 Be—Clσ 键，$BeCl_2$ 分子呈直线形结构，如图 2-2-2（b）所示。

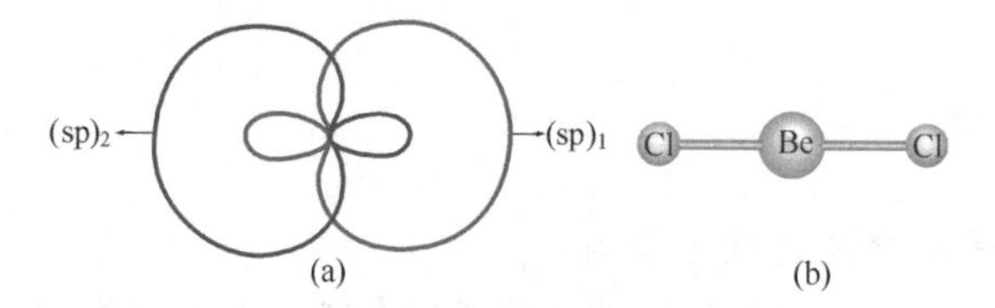

图 2-2-2 sp 杂化轨道及 $BeCl_2$ 分子的构型示意

（2）sp^2 杂化轨道 sp^2 杂化轨道为 1 个 s 轨道和 2 个 p 轨道杂化而成，每个杂化轨道的形状也是一头大一头小，含有 1/3s 和 2/3p 的成分，杂化轨道间的夹角为 120°，呈平面三角形，如图 2-2-3(a)。例 BF_3 中的 B 原子与 3 个 F 原子结合时，其价电子首先被激发成 $2s^1 2p^2$，然后杂化为能量等同的 3 个 sp^2 杂化轨道，简记为 $(sp^2)_1$、$(sp^2)_2$、$(sp^2)_3$，杂化过程示意如下：

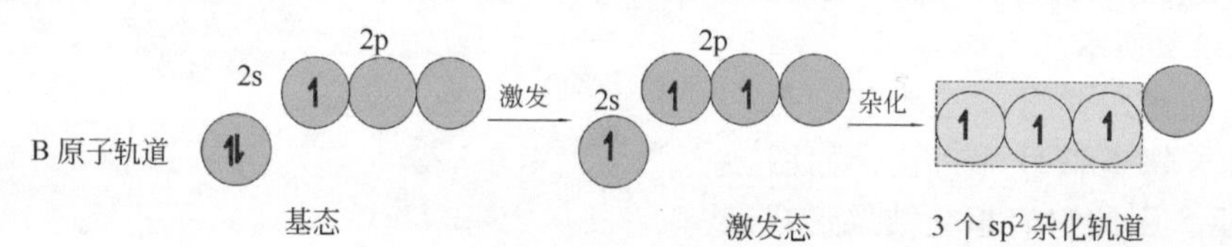

在 BF_3 分子中，3 个 F 原子的 2p 轨道与 B 原子的 3 个 sp^2 杂化轨道沿着平面三角形的三个顶点相对重叠形成 3 根等同的 B—Fσ 键，整个分子呈平面三角形结构，如图 2-2-3(b) 所示。

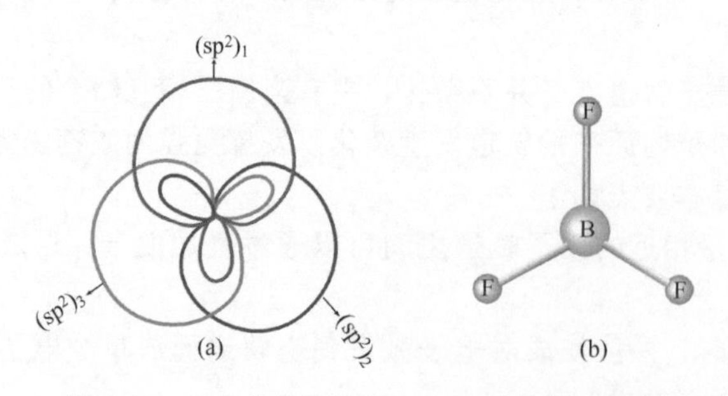

图 2-2-3 sp^2 杂化轨道及 BF_3 分子的构型示意

（3）sp^3 杂化轨道 sp^3 杂化轨道是 1 个 s 轨道和 3 个 p 轨道杂化而成，每个 sp^3 杂化轨道的形状也是一头大，一头小，含有 1/4s 和 3/4p 的成分，sp^3 杂化轨道间的夹角为 109.5°，空间构型为正四面体，如图 2-2-4(a)。例如，CH_4 分子中的 C 原子与 4 个 H 原子结合时，由于 C 原子的 2s 和 2p 轨道的能量比较相近，2s 电子首先被激发到 2p 轨道上，然后 1 个 s 轨道与 3 个 p 轨道杂化而成能量等同的 4 个 sp^3 杂化轨道，简记为 $(sp^3)_1$、$(sp^3)_2$、$(sp^3)_3$、$(sp^3)_4$，杂化过程示意如下：

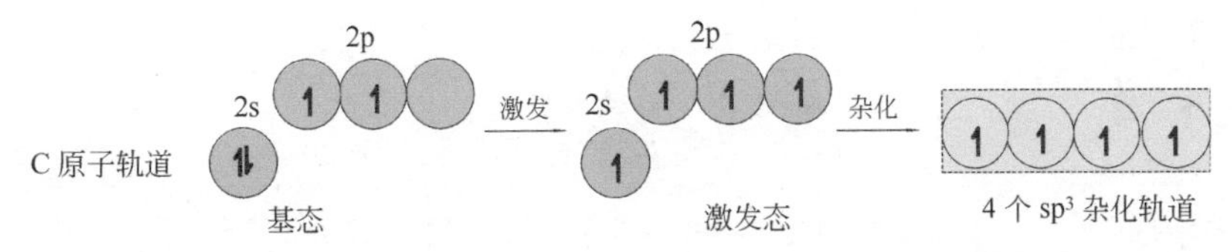

4 个氢原子的 s 轨道分别与 C 原子的 4 个 sp^3 杂化轨道沿四面体的 4 个顶点相对互相重叠，形成 4 根等同的 C—H σ 键，键角为 109.5°，CH_4 分子呈正四面体结构，如图 2-2-4(b) 所示。

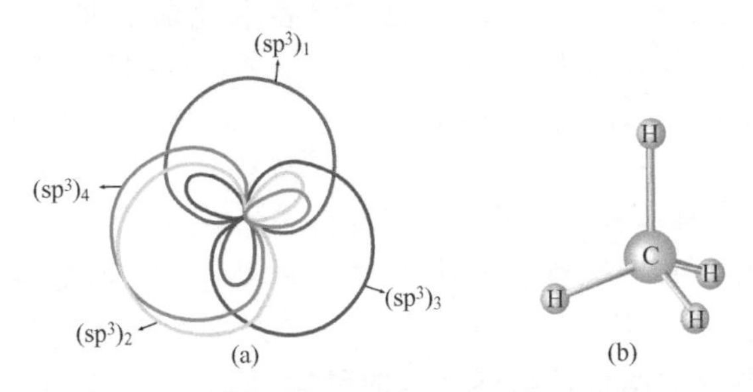

图 2-2-4　sp^3 杂化轨道及 CH_4 分子的构型示意

不仅 s、p 原子轨道可以杂化，d 原子轨道也可参与杂化，得 s-p-d 杂化轨道（见 4.2）。1956 年中国结构化学家唐敖庆等提出了 f 轨道参与杂化的新概念而得 s-p-d-f 杂化轨道❶，使这个理论更为完善。

2.2.3　等性杂化和不等性杂化轨道

在 s-p 杂化过程中，每一种杂化轨道所含 s 及 p 的成分相等，这样的杂化轨道称为等性杂化轨道（equivalent hybrid orbital），例 BF_3 分子、CH_4 分子为等性杂化。若在 s-p 杂化过程中形成各新杂化轨道所含 s 和 p 的成分不相等，这样的杂化轨道称为不等性杂化轨道（un-equivalent hybrid orbital）。NH_3 分子和 H_2O 分子是典型的 sp^3 不等性杂化轨道。

（1）NH_3 分子结构　NH_3 分子中的 N 原子（$1s^22s^22p^3$）成键时进行 sp^3 杂化。但由于原先 s 轨道中已含 1 对孤对电子，因此杂化后 4 个 sp^3 杂化轨道所含 s、p 的成分不完全相等。杂化过程如图 2-2-5 所示。成键时，3 个杂化轨道与氢的原子轨道重叠形成 N—H σ 键，而 1 个含孤对电子的杂化轨道没有参加成键，由于孤对电子对成对电子的排斥作用，使∠HNH 键角不是 109.5°，而是 107°，NH_3 分子呈三角锥形，如图 2-2-6 所示。

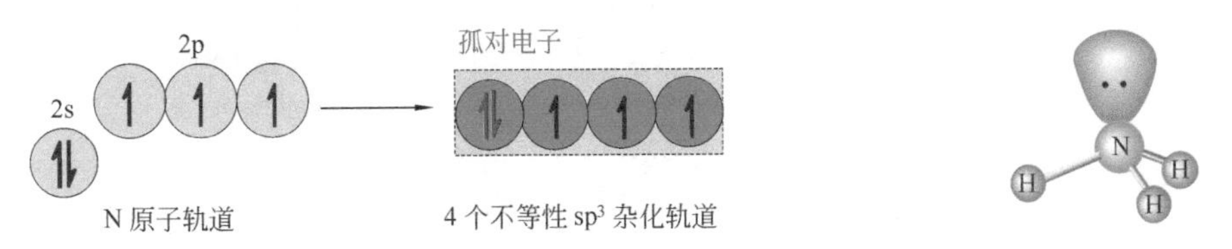

图 2-2-5　N 原子轨道杂化过程　　图 2-2-6　氨分子的结构示意

（2）H_2O 分子结构　H_2O 分子中的 O 原子（$1s^22s^22p^4$）已有 2 对孤对电子，氧原子成键时也采用 sp^3 不等性杂化，杂化过程如图 2-2-7 所示。成键时，2 个杂化轨道与氢的原子轨道重叠形成 O—H σ 键，而 2 个含孤对电子的杂化轨道没有参加成键，由于两对孤对电子对成对电子的排斥作用，使∠HOH 键角更小，实测 H_2O 分子中∠HOH 的键角为 104.5°，所以 H_2O 分子呈 V 形，如图 2-2-8 所示。

❶ 唐敖庆，戴树珊．东北人民大学自然科学学报，1956，2：215。

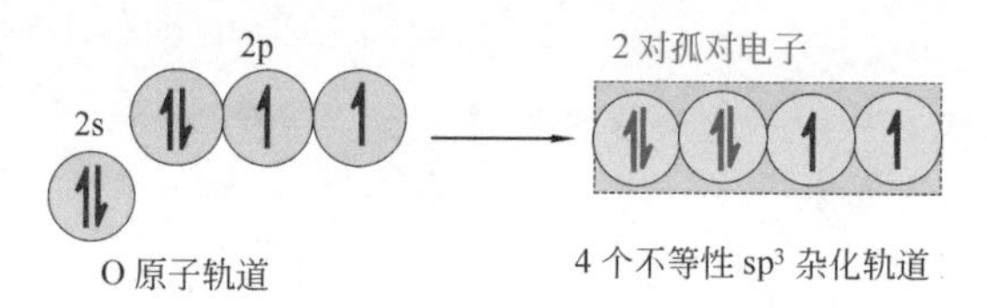

图 2-2-7 O 原子轨道杂化过程

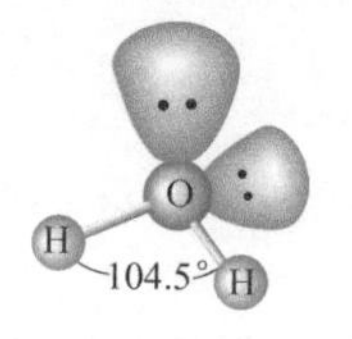

图 2-2-8 水分子的结构示意

上述所涉及到的 CH_4 和 NH_3、H_2O 分子中的中心原子都采取 sp^3 杂化，但前者为等性杂化，后两者为不等性杂化。成键杂化轨道中等性杂化的 s 成分含量为 25%，而 NH_3、H_2O 不等性杂化的 s 成分含量却为 22.6%[❶]和 20.2 %，成键轨道间的夹角分别为 109.5°，107°和 104.5°，可见键角随 s 成分的减少而相应缩小。杂化轨道理论成功地解释了许多分子中键合状况以及分子的形状、键角、键长等实验。但是由于过分强调了电子对的定域性，因此对有些实验现象如光谱和磁性（最典型的是氧分子的顺磁性）等无法解释。

从经典电磁学来看，电子绕核运动相当于电流在一个小线圈上流动，就会产生磁矩(magnetic moment)。分子磁矩 μ 等于分子中各电子产生的磁矩总和（$\sum\mu_i$）。若分子中电子均因自旋相反而两两成对偶合，则所产生的磁矩抵消 $\sum\mu_i=0$，这样的物质放在外磁场中，将被外磁场所排斥，因而具有反磁性（diamagnetism）；若分子中有未成对的电子，则 $\sum\mu_i\neq0$，这样的物质将被外磁场吸引，因而具有顺磁性（paramagnetism）。若只考虑电子自旋运动，则磁矩 μ 的数值随未成对电子数 n 的增多而增大，可由“唯自旋”公式进行计算：

$$\mu=\sqrt{n(n+2)}\mu_0 \quad (\mu_0=1\text{BM})$$

按此公式可以计算出相当于 n 为 1～5 时的 μ 值（理论值）如下，单位为 BM（玻尔磁子）。

未成对电子数 n	1	2	3	4	5
磁矩/BM	1.73	2.83	3.87	4.90	5.92

物质的磁性可由实验测定，见图 2-2-9。反磁性的物质在磁场中由于受到磁场力的排斥作用而使重量减轻，如图 2-2-9(b) 所示，顺磁性的物质在磁场中受到磁场力的吸引而使重量增加，如图 2-2-9(c) 所示，由物质的增重计算磁矩大小，从而确定未成对电子数。

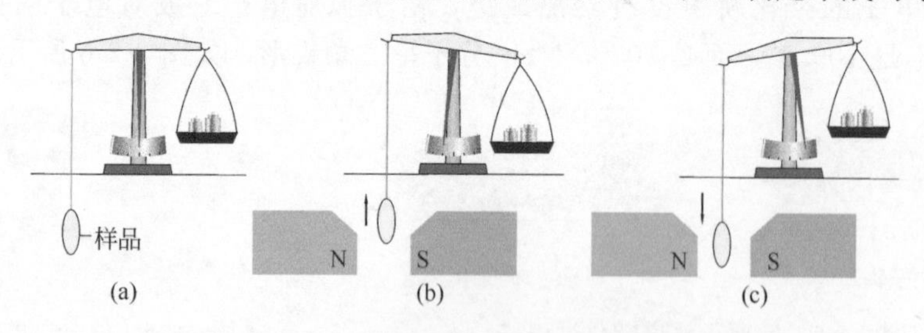

图 2-2-9 测定分子磁矩的实验装置

经实验测定氧分子的磁矩为 2.83MB，代入唯自旋公式 $2.83=\sqrt{n(n+2)}$，求得 $n=2$，必有 2 个未成对的电子，所以氧分子是顺磁性物质。对于氧分子的顺磁性和有些奇数电子的

---

❶ 根据键角 θ 可按公式 $\cos\theta=-\frac{\alpha}{1-\alpha}$ 计算不等性杂化轨道中的 s 成分 α。已知氨分子中 $\theta=107°$，算得 $\alpha=0.226$，即含 s 成分为 22.6%。由此推论含 p 成分为 77.4%。另一根含孤对电子的杂化轨道中 s 成分为 $1-3\alpha$，即 $1-3\times0.226$ 得 0.322，其中含 s 成分为 32.2%，则含 p 成分为 67.8%。

分子或离子（如 H_2^+、O_2^+、NO、NO_2 等）的稳定存在，价键理论和杂化轨道理论均无法说明，从而促使人们进行新的理论探索。1932 年莫立根·洪特和琼斯提出分子轨道理论。

2.3 分子轨道理论

分子轨道理论认为分子中的电子是在整个分子空间[1]范围内运动。一个稳定的分子体系的状态和能量也可以用波函数 Ψ 来描述，分子的单电子波函数又称为分子轨道（molecular orbital，简称 MO），并用 $|\Psi|^2$ 来代表分子中电子在各处出现的概率密度即电子云。由于分子轨道理论涉及较深的数理知识，这里只简单介绍原子轨道线性组合形成分子轨道的方法（LCAO-MO 法）。

2.3.1 分子轨道的形成及其基本要点

现以双原子分子为例说明分子轨道的形成过程。2 个原子轨道的波函数相加可得成键分子轨道波函数 $\Psi=N(\Psi_A+\Psi_B)$，成键分子轨道中两核间电子云密度增大，能级降低；2 个原子轨道波函数相减可得反键分子轨道波函数 $\Psi^*=N(\Psi_A-\Psi_B)$，反键分子轨道中两核间有一电子云密度为零的节面，能级升高。

分子轨道理论的基本要点归纳如下。

① n 个原子轨道线性组合[2]后可得到 n 个分子轨道。其中包括相同数目的成键分子轨道和反键分子轨道，或一定数目的非键分子轨道。所有分子轨道的总能量与组成分子轨道的全部原子轨道的总能量相等。

② 在分子轨道中电子填充顺序所遵循的规则，与在原子轨道中填充电子的规则相同，即按能量最低原理、泡利不相容原理和洪特规则填充。

③ 原子轨道有效地组成分子轨道必须符合能量近似、轨道最大重叠及对称性匹配这三个成键原则。关于成键三原则将结合分子轨道的形成予以阐明。

为了区分各种分子轨道，人们把原子轨道沿着连接两个核的轴线而发生重叠所形成的分子轨道称为 σ 分子轨道，具有圆柱形对称性；而原子轨道以侧面发生平行重叠所形成的分子轨道称为 π 分子轨道，具有通过两核连线的对称面。

由 2 个 s 原子轨道组合成 1 个成键分子轨道（bonding molecular orbital）σ_s，如图 2-3-1(a) 所示，和 1 个反键分子轨道（antibonding molecular orbital）σ_s^*（"*"表示反键分子轨道），如图 2-3-1(b) 所示。由 6 个能级相同的 p 原子轨道组合成 6 个分子轨道，其中一对 p 原子轨道（沿键轴方向的 p_x）组合成 1 个成键的 σ_p 分子轨道和 1 个反键的 σ_p^* 分子轨道；剩下的两对 p 原子轨道（垂直于两核连线方向的 p_y 和 p_z）组合成 2 个成键的 π_p 分子轨道（π_{p_y}，π_{p_z}）和 2 个反键的 π_p^* 分子轨道（$\pi_{p_y}^*$，$\pi_{p_z}^*$），如图 2-3-2 所示（π_{p_y} 和 $\pi_{p_y}^*$ 与 π_{p_z} 和 $\pi_{p_z}^*$ 的分子轨道图形相同，但两组相差 90°，互相垂直）。

在 σ 轨道上的电子称为 σ 电子，由 σ 电子构成的键称为 σ 键；在 π 轨道上的电子称 π 电子，由 π 电子构成的键称 π 键。

---

[1] 指分子中所有原子核组成的势场空间。

[2] 分子中的某一电子处在原子核 a 附近时，作用在电子上的势场主要是 a 核引起的，此电子的分子轨道近似于 a 原子轨道；同样处在 b 原子核附近的电子，近似于 b 原子轨道。对于一般的情况，分子轨道应该既有 a 原子轨道的特征，又有 b 原子轨道的特征，因此作为合理的近似，可以采用两原子轨道的线性组合。对于多原子分子轨道，则同样是多个原子轨道的线性组合而成。

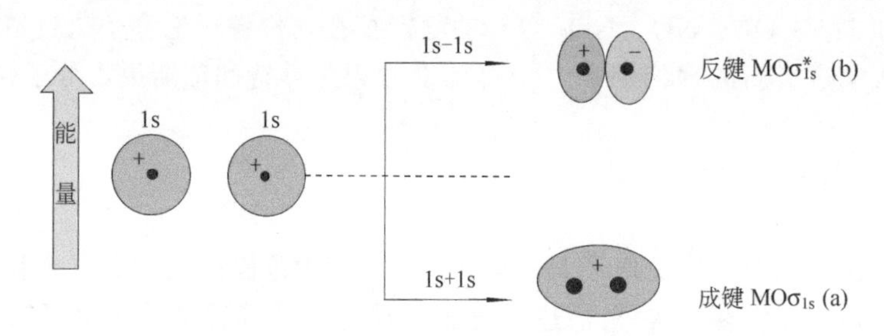

图 2-3-1　σ_s 和 σ_s^* 分子轨道的形成示意

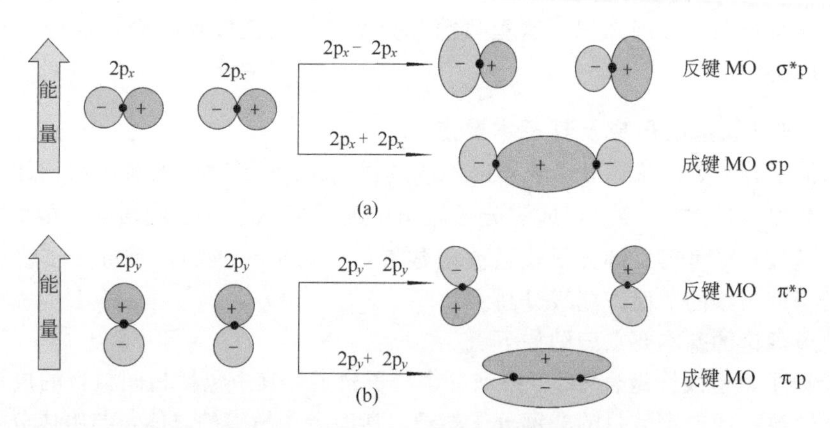

图 2-3-2　σ_p 和 π_p 分子轨道的形成示意

2.3.2　分子轨道的能级顺序

分子轨道的能级从理论上计算很复杂，目前主要借助分子光谱的实验数据确定分子轨道能级。我们以最简单的氢分子为例，说明分子轨道能级顺序及电子排布。

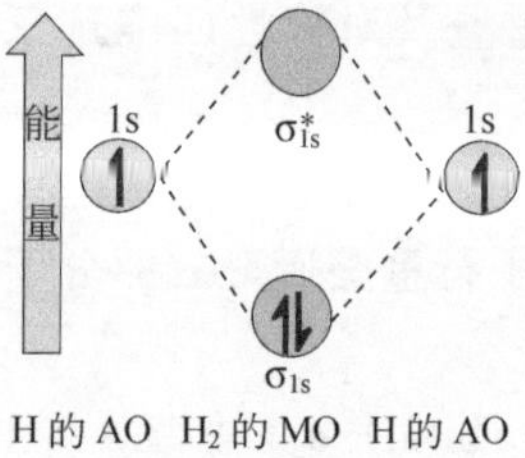

能　1s　σ_{1s}^*　1s
量
σ_{1s}
H 的 AO　H_2 的 MO　H 的 AO

图 2-3-3　氢分子轨道能级示意

氢原子中只有 1 个电子，由 2 个氢原子的 1s 轨道组合而成氢分子的 2 个分子轨道 σ_{1s} 和 σ_{1s}^*，2 个电子均填入能量较低的 σ_{1s} 分子轨道，如图 2-3-3 所示。

分子轨道能级的高低决定于原子轨道能量及轨道间的相互作用。表 2-4 列出原子轨道能量数据；图 2-3-4 表示分子轨道相对能级顺序。

对于第一、二周期元素的多数同核双原子分子，其分子轨道能量大小次序大体排列如下。

表 2-4　第二周期元素原子轨道能级数据 /kJ·mol^{-1}

元素	E_{1s}	E_{2s}	E_{2p}	ΔE_{2p-2s}	
H	−1312.2				
Li	−9561.7	−550.0			
Be	−17917.3	−1331.5			
B	−19026.8	−1351.8	−550.9	+800.9	能级差小
C	−28343.4	−1876.6	−1036.2	+840.4	
N	−39365.9	−2467.1	−1246.6	+1200.5	
O	−52356.6	−3123.2	−1535.1	+1588.1	能级差大
F	−67184.4	−3871.0	−1797.5	+2037.5	

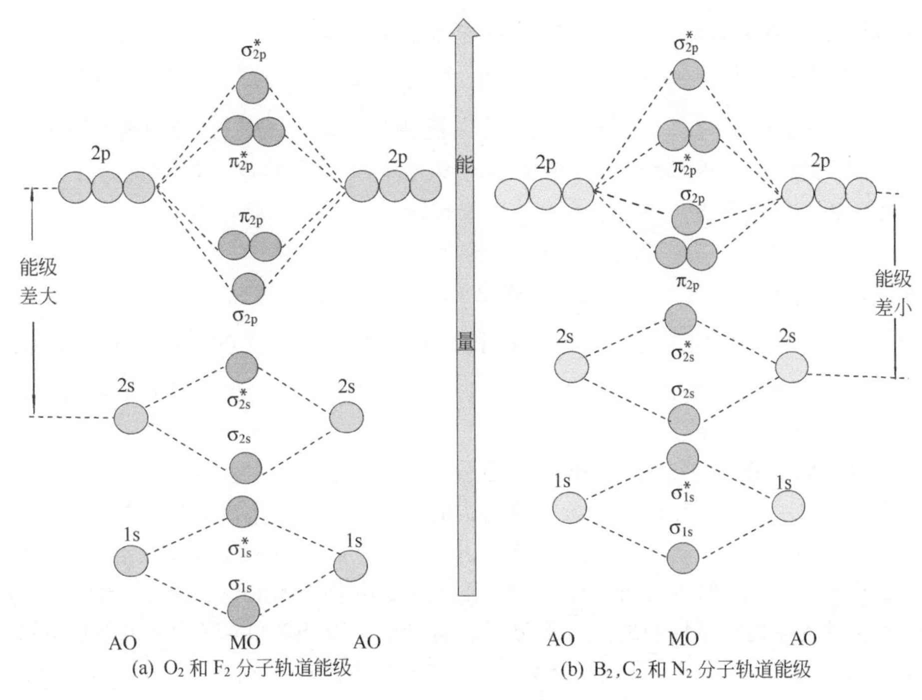

(a) O_2 和 F_2 分子轨道能级　　(b) B_2,C_2 和 N_2 分子轨道能级

图 2-3-4　分子轨道相对能级示意

图 2-3-4（a）能级次序为：

$$(\sigma_{1s})(\sigma_{1s}^*)(\sigma_{2s})(\sigma_{2s}^*)(\sigma_{2p_x})(\pi_{2p_y})=(\pi_{2p_z})(\pi_{2p_y}^*)=(\pi_{2p_z}^*)(\sigma_{2p_x}^*)$$

图 2-3-4（b）能级次序为：

$$(\sigma_{1s})(\sigma_{1s}^*)(\sigma_{2s})(\sigma_{2s}^*)(\pi_{2p_y})=(\pi_{2p_z})(\sigma_{2p_x})(\pi_{2p_y}^*)=(\pi_{2p_z}^*)(\sigma_{2p_x}^*)$$

图 2-3-4 中（a）与（b）能级次序有所不同，这是因为在第二周期中，从左到右即从 B 到 F，原子中 2s 和 2p 轨道能量差逐个递增（见表 2-4），原子轨道之间的相互作用愈来愈小。对 O、F 来说可以不考虑原子轨道与原子轨道之间的相互影响，而 B、C、N 等原子的 2s 和 2p 轨道能量差小，它们之间的相互作用不能忽视，因而对原子轨道的组合产生了影响，结果使分子轨道能级次序发生变化。

下面应用分子轨道理论来讨论分子的结构和性质。

2.3.3　分子轨道理论的应用

分子轨道理论已广泛应用于处理双原子分子（同核、异核）的结构、多原子分子的结构和解释分子的性质（磁性、稳定性、电离能）等。

2.3.3.1　双原子分子的结构

(1) 同核双原子分子的结构

① F_2 分子的结构。F_2 分子是由 2 个 F 原子组成。已知 F 原子的电子层结构为 $1s^22s^22p^5$，所以 F_2 分子的电子总数为 18，F_2 分子轨道中的电子按图 2-3-4（a）的顺序排布为：

$$F_2[(\sigma_{1s})^2(\sigma_{1s}^*)^2(\sigma_{2s})^2(\sigma_{2s}^*)^2(\sigma_{2p})^2(\pi_{2p})^4(\pi_{2p}^*)^4]$$

（$(\sigma_{1s})^2(\sigma_{1s}^*)^2$：KK 内层；$(\sigma_{2s})^2(\sigma_{2s}^*)^2$：抵消；$(\sigma_{2p})^2$：成键；$(\pi_{2p})^4(\pi_{2p}^*)^4$：抵消）

这种按分子轨道能级高低填充电子而得的顺序称为分子轨道表示式（或称分子的电子构型）。量子力学认为内层电子由于离核近受到核的束缚，在形成分子时实际上不起作用。原子组成分子主要是外层价电子的相互作用，所以在分子轨道表达式中内层电子常用简单符号代替（当 $n=1$ 时用 KK，$n=2$ 时用 LL 等）。如果价电子填满相对应的成键和反键分子轨道，则因成键轨道能量的降低值与反键轨道能量的升高值相等，相互抵消而对成键没有贡献。对 F_2 分子而言，成键起作用的主要是 σ_{2p_x} 轨道上的 2 个 σ 电子，成键的 $(\sigma_{2p_x})^2$ 表示一个 σ 键。所以 F_2 分子中两个 F 原子间以 1 个 σ 键相结合。F_2 分子的结构为 $F\overset{\sigma}{—}F$ 。

② N_2 分子的结构。N_2 分子由 2 个 N 原子组成，N 原子的电子层结构为 $1s^2 2s^2 2p^3$，所以 N_2 分子的电子总数为 14，N_2 分子中的电子按图 2-3-4（b）顺序排列为：

$$N_2[KK(\sigma_{2s})^2(\sigma_{2s}^*)^2(\pi_{2p})^4(\sigma_{2p})^2]$$

对成键起作用主要是 (π_{2p_y}) (π_{2p_z}) 轨道上 4 个 π 电子和 (σ_{2p_x}) 轨道上的 2 个 σ 电子，即 N_2 分子中 2 个 N 原子间形成了 2 个 π 键和 1 个 σ 键，N_2 分子的结构式可表示为 $N\equiv N$。

至于由主量子数为 3 或 3 以上的原子轨道所组合而成的同核双原子分子轨道，其能量大小一般顺序至今尚不够明确。

（2）异核双原子分子的结构　异核双原子分子是指两个不同种类原子组成的分子。一般而言，异核原子间内层电子所在轨道能量差较大，最外层电子所处轨道能量差较小，因此异核双原子间往往用最外层的原子轨道组合成分子轨道。但由于两个原子的电负性不同，成键的两个原子轨道能量不相等，此时成键分子轨道的能量更接近电负性大的原子的原子轨道能量，反键分子轨道的能量更接近电负性小的原子的原子轨道能量。以 HF 和 CO 为例说明如下。

① HF 分子的结构。F 原子中 1 个 1s、1 个 2s 轨道和 3 个 2p（$2p_x$，$2p_y$，$2p_z$）轨道与 H 原子的 1 个 1s 轨道形成 6 个分子轨道。按照能量相近的原则，F 原子的 1s 轨道、2s 轨道与 H 原子的 1s 轨道不能组合（见表 2-4），标记为 σ_1^{nb}、σ_2^{nb} 非键分子轨道，非键分子轨道的能量和原来原子轨道的能量相同，均用 nb（nonbonding）表示。填入非键轨道的电子，对形成分子没有贡献，相当于没有参与成键。

H 原子的 1s 轨道与 F 原子的 $2p_x$ 轨道可以组合成 σ_3 成键分子轨道和 σ_4^* 反键分子轨道❶。

F 原子余下的 $2p_y$，$2p_z$ 轨道则标记为 π_y^{nb}，π_z^{nb} 非键分子轨道。

HF 分子轨道能级图如图 2-3-5 所示，HF 分子轨道表示式为：

$$HF[\underbrace{(\sigma_1^{nb})^2(\sigma_2^{nb})^2}_{非键}\underset{成键}{(\sigma_3)^2}\underbrace{(\pi_y^{nb})^2(\pi_z^{nb})^2}_{非键}]$$

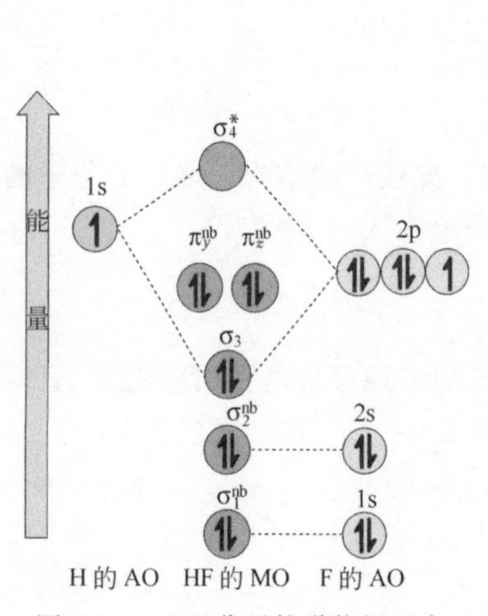

图 2-3-5　HF 分子轨道能级示意

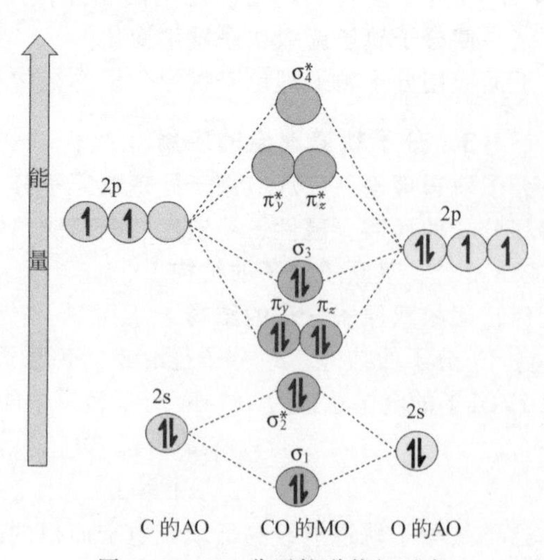

图 2-3-6　CO 分子轨道能级示意

❶ 异核双原子组成的分子轨道符号的下标用数字表示。

在 HF 分子中，1 个成键分子轨道 σ_3，4 个非键分子轨道 σ_1^{nb}、σ_2^{nb}、π_y^{nb}、π_z^{nb}，HF 分子结构为 $H\overset{\sigma}{—}F$ 。

② CO 分子的结构。C 原子（$1s^22s^22p^2$）和 O 原子（$1s^22s^22p^4$）共有 14 个电子，与 N_2 分子是等电子结构，CO 分子轨道能级图如图 2-3-6 所示。

CO 分子轨道表示式为：

$$CO[KK\underbrace{(\sigma_1)^2(\sigma_2^*)^2}_{抵消}\underbrace{(\pi_y)^2(\pi_z)^2(\sigma_3)^2}_{成键}]$$

在 CO 分子中，O 原子比 C 原子多两个电子，所以有一个键的两个电子由 O 原子单方面提供，这样的共价键称配位共价键，亦称共价配键，并表示为：

:C⇚O: 或 C⇚O

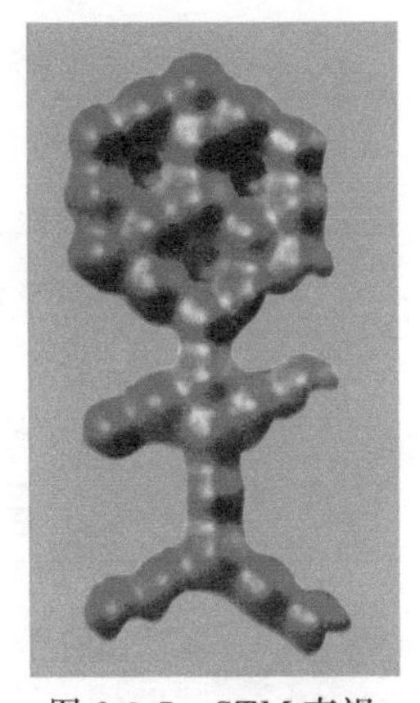

图 2-3-7　STM 直视 CO 分子图像

氧原子的电负性虽然大于 C 原子，但因氧原子单方面提供出一对电子，削弱了 C—O 间因电负性差值较大所引起的极性，而且还使 CO 分子中氧原子一端略显正电性，而 C 原子一端略显负电性，即：

$$\overset{\delta-}{:C}\Lleftarrow\overset{\delta+}{O:}$$

所以 CO 分子中具有较弱的极性。科学家利用 CO 分子的极性，通过技术处理，排布成如图 2-3-7 所示的由 28 个 CO 分子组成的 STM 直视图像。

2.3.3.2　分子的性质

(1) 分子的磁性　我们以 O_2 分子为例说明分子磁性的来源。O_2 分子有 16 个电子，在分子轨道中电子排列的顺序依图 2-3-4(a) 为：

$$O_2[KK(\sigma_{2s})^2(\sigma_{2s}^*)^2(\sigma_{2p_x})^2\overbrace{(\pi_{2p_y})^2(\pi_{2p_z})^2(\pi_{2p_y}^*)^1}^{三电子\pi键}(\pi_{2p_z}^*)^1]$$

（其中 $(\pi_{2p_z})^2$ 与 $(\pi_{2p_z}^*)^1$ 构成另一个三电子 π 键）

如上式所列，O_2 分子中含有两个自旋平行的未成对电子，所以 O_2 分子具有顺磁性。O_2 分子的结构式为：

$$\overset{\boxed{\cdot\ \cdot\ \cdot}}{\underset{\boxed{\cdot\ \cdot\ \cdot}}{O—O}}$$

$\boxed{\cdot\ \cdot\ \cdot}$表示三电子 π 键[$(\pi_{2p})^2$ 与$(\pi_{2p})^1$]。由此可见，分子轨道理论圆满地解释了由价键理论无法说明的 O_2 分子具有顺磁性的电子结构。

(2) 分子的电离能　由于成键轨道上的电子比非键或反键轨道上的电子能量低，因此，在分子轨道中移去一个成键轨道上的电子所需的能量较移去反键轨道上的电子所需能量要高。例如实验测得 N_2 分子的电离能($1503kJ\cdot mol^{-1}$) 比 O_2 分子的电离能（$1314kJ\cdot mol^{-1}$）大，这是因为 N_2 分子第一步电离时失去最高成键 MO 上的电子，而 O_2 分子第一步电离时失去的是反键 MO 上的电子，所以 N_2 分子的电离能比 O_2 分子的电离能大。光电子能谱法[1]可以测定分子轨道的能量。

(3) 分子的稳定性　如果成键轨道上的电子总数大于反键轨道上的电子总数（成键与反键已抵消不必计入)，即分子有净的成键，这样的分子是稳定的，反之是不稳定的。分子的这种性质也可用键级来表示。

$$键级=\frac{1}{2}(成键轨道上电子总数-反键轨道上电子总数)=\frac{1}{2}(净成键电子数)$$

---

[1] 若用一定能量的光子撞击分子，可使分子轨道中的电子电离，测定逸出电子的动能就可以计算电离能，电离所需要的能量由电子所在分子轨道的能量决定，所以光电子能谱法可以测定分子轨道的能量。

例 2-1 计算 O_2 分子和 O_2^+ 离子的键级。

解：O_2 分子的分子轨道表示式为：

$$O_2[KK(\sigma_{2s})^2(\sigma_{2s}^*)^2(\sigma_{2p_x})^2(\pi_{2p_y})^2(\pi_{2p_z})^2(\pi_{2p_y}^*)^1(\pi_{2p_z}^*)^1]$$

则 O_2 分子的键级$=\dfrac{6-2}{2}=2$

O_2^+ 离子的分子轨道式为：

$$O_2^+[KK(\sigma_{2s})^2(\sigma_{2s}^*)^2(\sigma_{2p_x})^2(\pi_{2p_y})^2(\pi_{2p_z})^2(\pi_{2p_y}^*)^1]$$

则 O_2^+ 离子的键级$=\dfrac{6-1}{2}=2.5$

O_2^+ 离子的键级比 O_2 分子的键级大，所以 O_2^+ 离子中的键相应地要强些。已知有 O_2^+ 存在的盐，如 $O_2[PtF_6]$。

键级的大小与键能有关，表 2-5 列出一些分子的电子构型及键级、键能、键长的数据。

表 2-5 一些双原子分子的电子构型及键级、键能、键长的数据

分子式	分子轨道表达式	键级	键能/kJ·mol^{-1}	键长/pm	磁性
B_2	$[KK\ (\sigma_{2s})^2\ (\sigma_{2s}^*)^2\ (\pi_{2p_y})^1\ (\pi_{2p_z})^1]$	1	290	159	顺磁性
C_2	$[KK\ (\sigma_{2s})^2\ (\sigma_{2s}^*)^2\ (\pi_{2p})^4]$	2	620	131	反磁性
N_2	$[KK\ (\sigma_{2s})^2\ (\sigma_{2s}^*)^2\ (\pi_{2p})^4\ (\sigma_{2p})^2]$	3	941	110	反磁性
O_2	$[KK\ (\sigma_{2s})^2\ (\sigma_{2s}^*)^2\ (\sigma_{2p_x})^2\ (\pi_{2p})^4\ (\pi_{2p_y}^*)^1\ (\pi_{2p_z}^*)^1]$	2	495	121	顺磁性
F_2	$[KK\ (\sigma_{2s})^2\ (\sigma_{2s}^*)^2\ (\sigma_{2p})^2\ (\pi_{2p})^4\ (\pi_{2p}^*)^4]$	1	155	143	反磁性

一般来说，键级愈大，键长愈短，键能愈大，分子结构愈稳定。键级为零，分子不可能存在，所以至今尚未发现键级为零的 He_2、Be_2、Ne_2 等分子存在。而 He_2^+ 分子轨道能级如图 2-3-8 所示，它的键级为 0.5，所以 He_2^+ 能存在。需要指出的是键级只能定性的推断键能的大小，粗略地估计分子结构稳定性的相对大小。事实上键级相同的分子其稳定性也有差别。

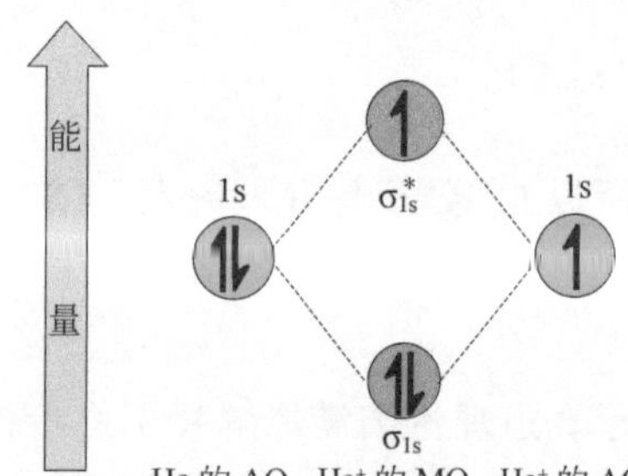

图 2-3-8 He_2^+ 分子轨道能级示意

综上所述，分子轨道理论把分子中电子的分布统筹安排，使分子中电子具有整体性；成键不局限于两相邻原子之间，亦可构成离域 π 键；而且把成键的条件放宽，认为单电子进入分子轨道后，只要分子体系的总能量得以降低也可成键，这就使得它的应用范围比较广，能阐明一些价键理论不能解释的问题。近年来，由于电子计算机的应用，分子轨道的定量计算发展很快，这将对新材料、新药物等"分子设计"起到积极的推动作用。[1]

2.4 分子间力

化学键是决定物质化学性质的主要因素。另外，气体在一定条件下可以凝聚成液体，甚至可凝结成固体，这表明分子与分子之间还存在着某种相互吸引的作用力，即分子间力(intermolecular forces)。早在 1873 年荷兰物理学家范德华（van der Waals）注意到这种作用力的存在并进行了卓有成效的研究，所以人们称分子间力为范德华力。1930 年伦敦(London) 应用量子力学原理阐明了分子间力的本质是一种电性引力。

[1] 由于分子结构理论从价键、杂化到分子轨道过于繁复。1940 年英国科学家西奇维克（N. Y. Sidgwick）和鲍威尔（H. Powell）提出了价层电子对互斥、理论（VSEPR）作为价键理论的延伸和补充（见《工科无机化学》第三版，170 页）。

2.4.1　分子的极性和偶极矩

任何分子都是由带正电荷的核和带负电荷的电子组成。我们把分子中正负电荷集中的点分别称为“正电荷中心”和“负电荷中心”。分析各种分子中电荷的分布情况，发现有的分子正负电荷中心不重合，正电荷集中的点为“+”极，负电荷集中的点为“−”极，这样分子产生极性。分子极性的大小常用偶极矩(dipole moments)来衡量。偶极矩的概念是德拜(Debye)在 1912 年提出来的，偶极矩 $\boldsymbol{P}$ 定义为分子中电荷中心(正电荷中心 δ^+ 或者负电荷中心 δ^-)上的电荷量 δ 与正负电荷中心间距离 d 的乘积，即 $\boldsymbol{P}=\delta\cdot d$。式中，$\delta$ 的单位用 C（库仑），d 的单位用 m（米），则偶极矩单位为 C•m(库•米)。偶极矩是一个矢量，其方向规定从正极到负极（图 2-4-1）。

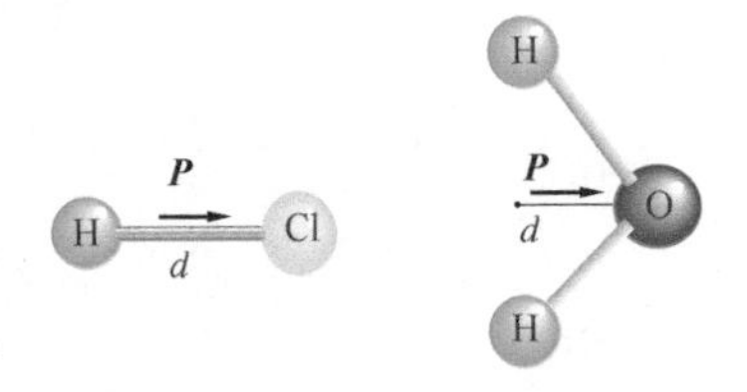

图 2-4-1　分子偶极矩示意

分子的偶极矩是分子中所有键矩的总和。偶极矩为零的分子为非极性分子（nonpolar molecular）；偶极矩不为零的分子为极性分子（polar molecular）。偶极矩的大小表示分子极性的强弱。

对于同核双原子分子如 H_2、Cl_2、N_2 等，由于它们的键矩为零，所以偶极矩也为零，都是非极性分子。对于异核双原子分子如 HCl、CO、NO 等，由于它们的键矩不为零，所以偶极矩也不为零，都是极性分子。

对于多原子分子，分子的偶极矩主要决定于分子的组成和构型。如氨分子为三角锥形结构，各键矩不能抵消，所以氨分子偶极矩不为零，是极性分子，如图 2-4-2(b) 所示；在 BF_3 分子中，虽然 B—F 的键矩不为零，但由于 BF_3 是一个平面三角形，互成 120°，3 个 B—F 键的键矩互相抵消，BF_3 分子的偶极矩为零，是非极性分子，如图 2-4-2(c) 所示；同样正四面体的 CCl_4 也是非极性分子，如图 2-4-2(d) 所示；而 CH_3Cl 由于键矩不能抵消，所以 CH_3Cl 是极性分子，如图 2-4-2(e) 所示。

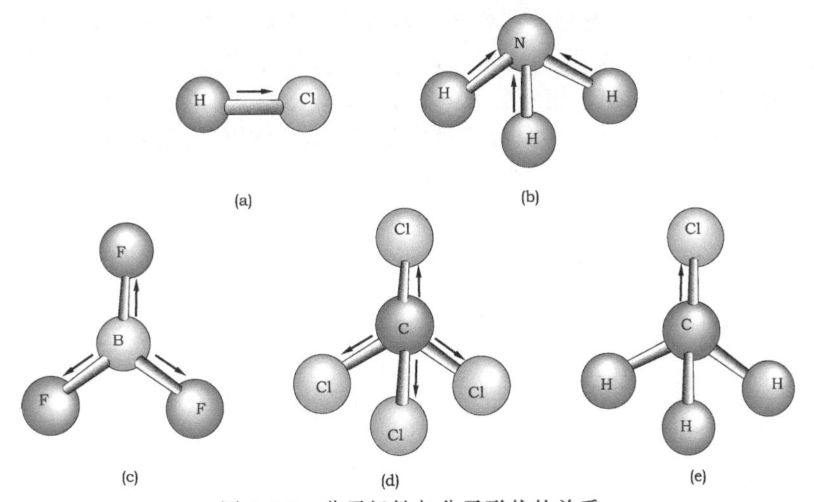

图 2-4-2　分子极性与分子形状的关系

分子偶极矩的大小均可用实验方法直接测定。表 2-6 为某些气态分子的偶极矩的实验值。

由表 2-6 可见分子几何构型对称（如平面三角形、正四面体形）的多原子分子，其偶极矩为零。分子几何构型不对称（如 V 形、四面体形、三角锥形）的多原子分子，其偶极矩不等于零。因此，我们可以从分子偶极矩推断其分子的几何构型。反过来，若知道了分子的几何构型，也可推断其分子的偶极矩是否等于零。偶极矩愈大，分子的极性愈强。

表 2-6 某些分子的偶极矩和分子的几何构型

分子	$P/10^{-30}$C·m	几何构型	分子	$P/10^{-30}$C·m	几何构型
H_2	0.0	直线形	HF	6.4	直线形
N_2	0.0	直线形	HCl	3.61	直线形
CO_2	0.0	直线形	HBr	2.63	直线形
CS_2	0.0	直线形	HI	1.27	直线形
BF_3	0.0	平面三角形	H_2O	6.23	V形
CH_4	0.0	正四面体	H_2S	3.67	V形
CCl_4	0.0	正四面体	SO_2	5.33	V形
CO	0.33	直线形	NH_3	5.00	三角锥形
NO	0.53	直线形	PH_3	1.83	三角锥形

2.4.2 分子的变形性和极化率

在外电场（**E**）的作用下，分子内部的电荷分布将发生相应的变化。如果非极性分子放在电容器的两个平板之间，如图 2-4-3(b) 所示。分子中带正电荷的核将被引向负极，而带负电荷的电子云将被引向正极，其结果是核和电子云产生相对位移，分子发生变形，称为分子的变形性（deformability）。这样，非极性分子原来重合的正负电荷中心，在电场影响下互相分离，产生了偶极，此过程称为分子的变形极化，所形成的偶极称为诱导偶极（induction dipole）。电场愈强，分子变形愈大，诱导偶极愈大。若取消外电场，诱导偶极自行消失，分子重新复原为非极性分子，所以诱导偶极与电场强度 **E** 成正比。

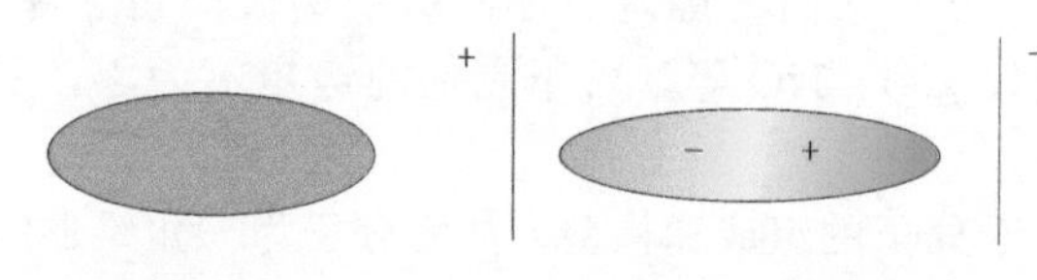

(a) 无外电场作用　(b) 在电场中变形极化

图 2-4-3 非极性分子在电场中变形极化

$$\boldsymbol{P}_{诱导}=\alpha\cdot\boldsymbol{E}$$

式中，引入比例常数 α，显然 α 可作为衡量分子在电场作用下变形性大小的量度，称为分子诱导极化率，简称为极化率（polarizability）。分子中电子数愈多，电子云更加弥散，则 α 愈大。如外电场强度一定，则 α 愈大的分子，$\boldsymbol{P}_{诱导}$ 愈大，分子的变形性也愈大。

对于极性分子来说，本身就存在着偶极，此偶极称为固有偶极或永久偶极（permanent dipole）。极性分子通常都作不规则的热运动，如图 2-4-4(a) 所示。若在外电场的作用下，其正极转向负电极，其负极转向正电极，按电场的方向排列，如图 2-4-4(b) 所示，此过程称为取向，亦称分子的定向极化。同时电场也使分子正负电荷中心之间的距离拉大，发生变

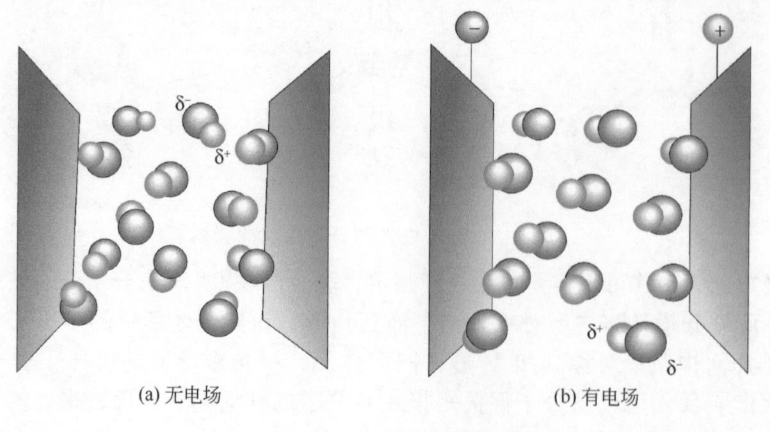

(a) 无电场　(b) 有电场

图2-4-4 极性分子在电场中的取向

形，产生诱导偶极，所以此时分子的偶极为固有偶极和诱导偶极之和，分子的极性有所增强。分子的极化率 α 可由实验测得（见表 2-7）。

表 2-7　某些分子的极化率

分子	$\alpha/10^{-30}m^3$	分子	$\alpha/10^{-30}m^3$
He	0.203	HCl	2.56
Ne	0.392	HBr	3.49
Ar	1.63	HI	5.20
Kr	2.46	H_2O	1.59
Xe	4.01	H_2S	3.64
H_2	0.81	CO	1.93
O_2	1.55	CO_2	2.59
N_2	1.72	NH_3	2.34
Cl_2	4.50	CH_4	2.60
Br_2	6.43	C_2H_6	4.50

表中数据表明，随分子中电子数的增多以及电子云弥散，α 值相应加大。以周期系同族元素的有关分子为例，从 He 到 Xe 及从 HCl 到 HI，α 值增大，分子的变形性必然增大。

分子的取向、极化和变形，不仅在电场中发生，而且在相邻分子间也可以发生。这是因为极性分子固有偶极就相当于无数个微电场，所以当极性分子与极性分子、极性分子与非极性分子相邻时同样也会发生极化作用。这种极化作用对分子间力的产生有重要影响。

2.4.3　分子间力

(1) 色散力　非极性分子的偶极矩为零，它们之间似乎不应有相互作用，其实则不然。例如室温下 Br_2 为液体，I_2 为固体，Cl_2、N_2、CO_2 等非极性分子在低温下呈液态，甚至固态。这些物质能维持某种聚集态，说明在非极性分子间同样存在一种相互作用力。我们知道分子在运动过程中电子云分布是始终不停地变化着的，每瞬间分子内带负电的部分（电子云）和带正电的部分（核）不时地发生相对位移，致使电子云在核的周围摇摆，分子发生瞬时变形极化，产生瞬时偶极（instantaneous dipole）。因而从统计结果看，任何非极性分子始终都处于异极相邻状态，如图 2-4-5 所示。这种瞬时偶极之间的相互作用称为色散力(dispersion force)。此力为伦敦所阐明，又称伦敦力（London force）。

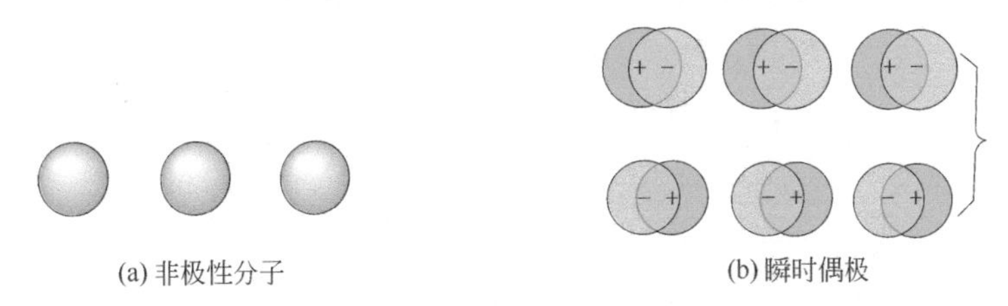

图 2-4-5　非极性分子产生瞬时偶极示意

色散力的大小与分子的极化率有关，极化率 α 愈大，分子变形性愈大，瞬时偶极愈强，则分子间的色散力也愈大。

(2) 诱导力　当极性分子与非极性分子相邻时，则非极性分子受极性分子的诱导而变形极化，产生了诱导偶极，这种固有偶极与诱导偶极之间的相互作用称为诱导力（induction force)。此为 1920 年德拜所提出，又称德拜力（Debye force)。诱导力的大小与分子的偶极矩及分子的极化率有关，极性分子偶极矩愈大，极性与非极性两种分子的极化率愈大，则诱导力也大。

(3) 取向力 当极性分子与极性分子相邻时，极性分子的固有偶极间必然发生同极相斥，异极相吸，从而先取向后变形，这种固有偶极与固有偶极间的相互作用称为取向力(orientation force)。此为1912年由葛生所提出，又称葛生力（Keeson force)。取向力大小与分子的偶极矩和极化率均有关，但主要取决于固有偶极，即分子的偶极矩愈大，分子间的取向力也大。

综上所述，分子间可以有三种作用力，均为电性引力。它们既没有方向性也没有饱和性，根据不同情况，存在于各种类型分子之间。三种作用力的大小和实例见表2-8。

表2-8 分子间作用力

分子间作用力	模型	能量/kJ·mol^{-1}	实例
色散力		0.05～40	F—F…F—F
诱导力		2～10	H—Cl…Cl—Cl
取向力		5～25	I—Cl…I—Cl

从表可知，非极性分子之间只有色散力；非极性分子与极性分子之间有诱导力和色散力；极性分子之间有取向力、诱导力和色散力。这些作用力的总和称分子间力，其大小和分子间距离的6次方成反比，所以只在分子充分接近时，分子间才有显著的作用，一般作用范围在300～500pm之间，小于300pm斥力迅速增大，大于500pm引力显著减弱。表2-9列出某些物质两分子间的相互作用力。通过这些数据可以对分子间三种力的相对大小作一比较和分析。

表2-9 某些物质的分子间力（两分子间距离＝500pm，温度＝298K）

物质	两分子间的相互作用力		
	取向力/10^{-22}J	诱导力/10^{-22}J	色散力/10^{-22}J
He	0	0	0.05
Ar	0	0	2.9
Xe	0	0	18
CO	0.00021	0.0037	4.6
HCl	1.2	0.36	7.8
HBr	0.39	0.28	15
HI	0.021	0.10	33
NH_3	5.2	0.63	5.6
H_2O	11.9	0.65	2.6

由表2-9可知，分子间力相当微弱，一般仅在几至几十千焦·摩$^{-1}$，而通常共价键数量级可达150～500 kJ·mol^{-1}。然而分子间这种微弱的作用力对物质的熔点、沸点、表面张力、稳定性等都有相当大的影响。液态物质分子间力愈大，气化热就愈大，沸点也就愈高；固态物质分子间力愈大，熔化热就愈大，熔点也就愈高。一般而言，结构相似的同系列物质相对分子质量愈大，分子变形性也就愈大，分子间力愈强，物质的沸点、熔点也就愈高。例如稀有气体、卤素等，其沸点和熔点就是随着分子量的增大而升高的。

分子间力对液体的互溶性以及固、气态非电解质在液体中的溶解度也有一定影响。溶质和溶剂的分子间力愈大，则在溶剂中的溶解度也愈大。

另外，分子间力对分子型物质的硬度也有一定的影响。极性小的聚乙烯、聚异丁烯等物质，分子间力较小，因而硬度不大；含有极性基团的有机玻璃等物质，分子间力较大，具有一定的硬度。

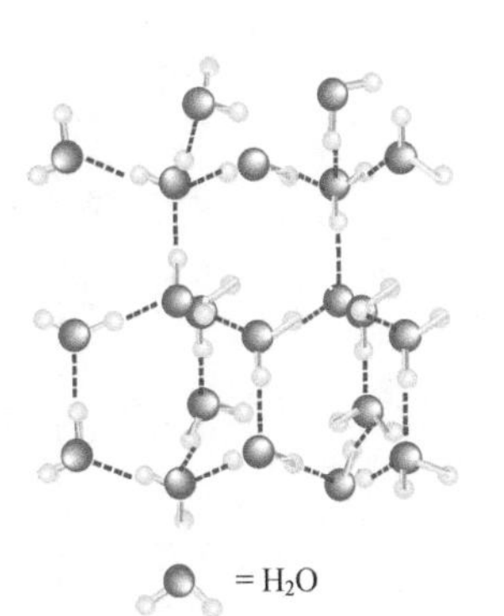

图 2-4-6　水分子间氢键示意

2.4.4　氢键

一般结构相似的同系列物质的熔、沸点随着分子量的增大而升高。但在氢化物中惟有 NH_3、H_2O、HF 的熔点、沸点都高于第三周期相应的氢化物，原因是这些分子之间除了上面述及的三种分子间力外，还存在一种特殊的分子间作用力，这就是氢键。

2.4.4.1　氢键的形成

当氢原子与电负性很大而半径很小的原子（例如 F、O、N）形成共价型氢化物时，由于原子间共用电子对的强烈偏移，氢原子几乎呈质子状态，这个氢原子还可以和另一个电负性大且含有孤对电子的原子产生静电吸引作用，这种引力称为氢键（hydrogen bonds）。

氢键的组成可用X—H····:Y通式表示，式中 X、Y 代表 F、O、N 等电负性大而半径小的原子，X 和 Y 可以是同种元素也可以不同种。H····:Y 间的键为氢键，H····:Y 间的长度为氢键的键长，拆开 1mol H····:Y 键所需之能量为氢键的键能。

氢键一般都有饱和性和方向性。例如水分子中的 1 个 H 与另 1 水分子中 O 形成氢键后，则该 H 原子已被电子云所包围，这时若再有另一个 O 靠近时必被排斥，所以每一个 O—H 中的 H 只能和一个 O 相吸引而形成氢键，这就是氢键的饱和性；此外，当 O 原子吸引另一水分子 O—H 中的 H 形成氢键时，为了使两 O 原子间的斥力最小，即形成的氢键最稳定，则尽量使O—H····:O呈直线形，这就是氢键的方向性。水分子间由于氢键的存在而形成缔合分子，1 个水分子可以形成 4 个氢键，如图 2-4-6 所示（虚点为氢键）。

氢键除了在分子间形成外，也可以在分子内形成。典型的例子为邻-硝基苯酚中羟基上的氢可与硝基的氧原子生成分子内氢键，如图 2-4-7 所示。由于受环状结构中其他原子键角的限制，分子内氢键 X—H····:Y 也可以不在同一直线上。

氢键的存在十分普遍，许多重要化合物如水、醇、酚、酸、氨基酸、蛋白质、酸式盐、碱式盐以及结晶水合物等都存在氢键，生物体中腺嘌呤和胸腺嘧啶的结合都依赖于氢键。

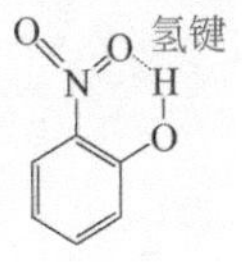

图 2-4-7　分子内氢键示意

2.4.4.2　氢键对物质性质的影响

氢键的形成对物质的性质将产生重大影响。

（1）对熔点、沸点的影响　HF 在卤化氢中，相对分子质量最小，因此熔点、沸点应该是最低的。但事实上却反常的高，这就是由于 HF 能形成氢键，而 HCl、HBr、HI 却不能。当液态 HF 气化时，必须破坏氢键，需要消耗更多的能量，所以沸点较高，而其余物质由于只需克服分子间力，因此熔点、沸点较低（图 2-4-8）。

由图 2-4-8 可见氧族氢化物、氮族氢化物熔点、沸点变化趋势与卤化氢相同，也是因为 H_2O 和 NH_3 都能形成氢键的结果。另外，碳族氢化物由于 CH_4 没有条件形成氢键，所以 CH_4 分子间主要以分子间力聚集在一起，为此 CH_4 的熔点、沸点在同族元素的氢化物中最低。

（2）对溶解度的影响　如果溶质分子与溶剂分子间能形成氢键，将有利于溶质分子的溶解。例如乙醇和乙醚都是有机化合物，前者能溶于水，而后者则不溶，主要是乙醇分子中羟基（—OH）和水分子生成分子间氢键，如 CH_3—CH_2—OH····:OH_2；而在乙醚分子中不具有形成分子间氢键的条件。同样 NH_3 易溶于 H_2O 也是形成氢键的缘故。

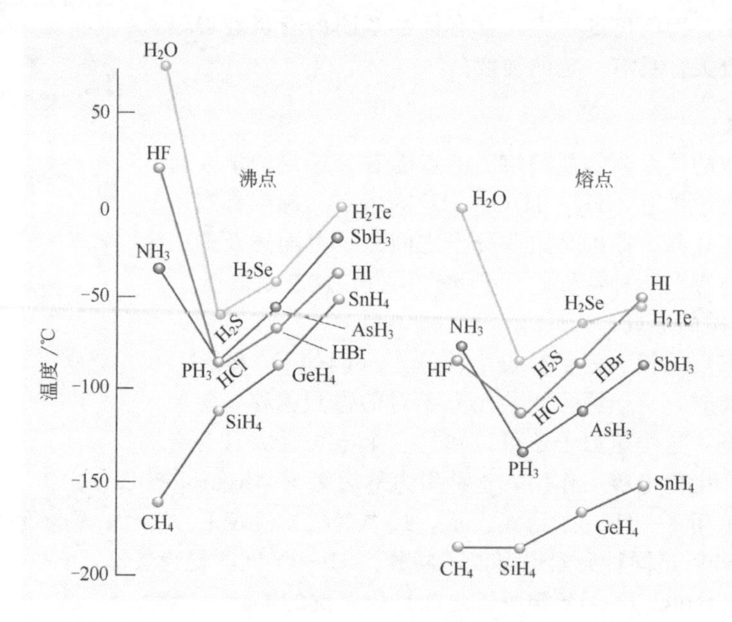

图 2-4-8 氢键对熔点、沸点的影响

(3) 对生物体的影响 氢键对生物体的影响极为重要，最典型的是生物体内的 DNA。DNA 由两类多聚核苷酸链组成，两主链间以大量的氢键连接组成螺旋状的立体构型，如图 2-4-9 所示。由此可见，氢键对生物大分子维持一定的空间构型起重要作用。在生物体的 DNA 中，根据两根主链氢键匹配的原则可复制出相同的 DNA 分子。因此可以说由于氢键的存在，使 DNA 的克隆得以实现，保持物种的繁衍。

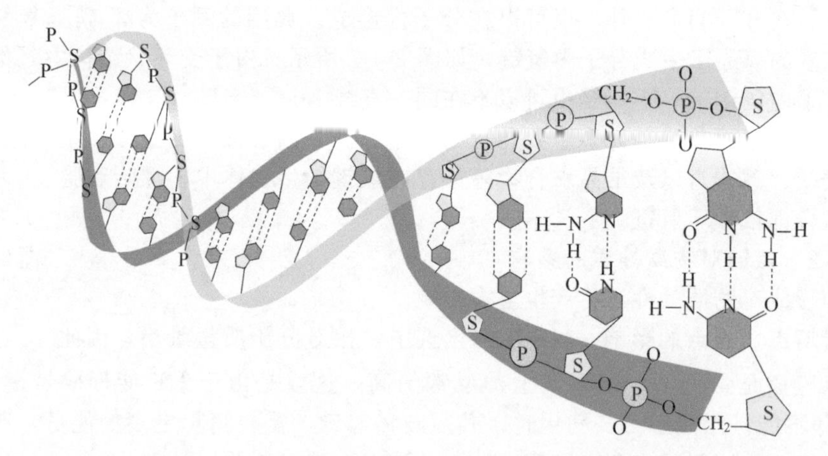

图 2-4-9 DNA 结构示意

2.4.5 超分子化学

超分子（supramolecule）是两种或两种以上的分子通过分子间的相互作用（非共价键）而形成的“超越分子”的聚集体。超分子化学（supramolecule chemistry）的概念是诺贝尔奖获得者莱恩（J. M. Lehn）于 1987 年在他的获奖演说中首次提出来的。20 世纪 80 年代末对超分子化学进行了系统研究，并奠定了超分子化学的理论基础，所以说，超分子化学是一门新兴的学科。

超分子化学是涉及有机化学、配位化学、物理化学等的交叉学科。超分子化学研究的对象是由分子间力（范德华力、氢键等）的作用而形成的分子间聚合体，称为超分子体系。常见的超分子体系有：①分子配合物，这是由电子给予体和电子接受体结合而成的，如冠醚、穴醚、环糊精等。②分子表面吸附化学，一般介于物理吸附体与化学吸附体之间，表面有许多活性中心，有非常高的选择性。③氢键可以看作是选择性极强的分子间作用力，氢键中电子产生了部分转移。不同分子间由氢键组合在一起所形成的大分子。④生物大分子，如DNA和RNA（核糖核酸）中碱基配对专一性的底物与酶所形成的超分子。

尽管在超分子系统中，分子间力比化学键弱得多，但通过分子间的加成效应和协调效应，具有高选择地进行识别、反应、传递和调节，使超分子呈现出单个分子所不具备的特性，即自组织、自组装和自复制的特性。

超分子化学使人们对化学中分子的认识更加全面，更加深刻。通过对超分子化学的研究，人们可以模拟生物系统，在分子水平上进行分子设计，有序组装甚至复制出一些新型的分子材料：如具有分子识别能力的高效专业的新型催化剂，新型有效的药物，集成度高、体积小、功能强的分子器件（分子导线、分子开关、分子信息存储原件等），生物传感器以及很多具有光电磁声热等功能材料。

科学家路易斯

Gilbert Newton Lewis（1875～1946）

路易斯是美国的一位著名化学家，1875年10月生于美国马萨诸塞州的韦默思。他12岁时就进入内布拉斯加大学预备学校学习，1896年在哈佛大学获得学士学位，1898年和1899年又先后获得硕士学位、博士学位。

1900年他到德国莱比锡的哥丁根大学进修，在奥斯特瓦尔德（F. W. Ostwald）和能斯特指导下从事研究工作一年，回国后在哈佛大学任教，1905年到麻省理工学院工作，1911年升任教授，1912年担任加利福尼亚大学伯克利分校化学系系主任，一直工作到生命的终点。从担任系主任开始，他就立志要把化学系创建成一流的教学单位、同时又是一流的化学研究基地。为此目标他本人总是身体力行，在从事教学工作方面，他是一位深受学生爱戴的好老师；在科学研究中，他是化学系科学研究的学术带头人，并在化学上提出了两个著名的理论。其一是1916年提出的共享电子对化学键理论，认为原子在形成分子或多原子离子时，原子间可以共用一对或几对电子，以达到稳定结构；第二个是1923年提出的酸碱电子理论，按电子理论定义的酸碱也常分别称为路易斯酸或路易斯碱。他还是第一个制备重水（D_2O）并研究其性质的人。

路易斯不仅自己积极从事教学和研究工作，而且他还努力为同事和学生创造良好的研究气氛。在他的影响和指导下，他的学生、助手或同事中先后有五人分获诺贝尔奖，他们是：因发现重氢在1934年获诺贝尔化学奖的尤里（H. C. Urey）；从事化学热力学以及超低温下化学反应的研究于1949年获诺贝尔化学奖的吉奥克（W. F. Gianque）；曾和路易斯共同进行过酸碱电子理论实验，后又参与第一颗原子弹制造以及人工合成超铀元素而于1951年获诺贝尔化学奖的西博格（G. T. Seaborg）；开创用放射性碳测定地

质年代而于1960年获诺贝尔化学奖的利比（W. F. Libby）；因研究植物光合作用的成就而于1961年获得诺贝尔化学奖的卡尔文（M. Calvin）。在路易斯领导下的化学系既出人才又出成果，从而使加州大学伯克利分校化学系逐渐成了举世闻名的一个系。

在路易斯担任系主任期间，对化学键理论颇感兴趣的鲍林曾在伯克利分校担任兼职研究员，从而在1929年起的5年中，鲍林每年有一两个月的时间在该校做物理和化学研究的访问学者。期间，他常在路易斯的办公室、家中交流关于化学键和分子结构的新发展。

路易斯本人虽然提出过著名的化学键理论和酸碱电子理论，出版了很有影响的“化学键和原子分子的结构”以及“热力学和化合物的自由能”等专著，且在酸碱理论、量子化学等方面均有贡献，但始终未获诺贝尔奖。他甘为人梯，培养造就众多一流科学家的精神一直传为佳话，科学界常把他和众多诺贝尔奖获得者一样称为“超级英才”，并深受人们的尊敬。

复习思考题

1. 区别下列名词和术语：
   (1) 孤对电子-键对电子；
   (2) 原子轨道-分子轨道；成键分子轨道-反键分子轨道；σ键-π键；
   (3) 单键-单电子键；叁键-三电子键；共价键-配位键；极性键-非极性键；
   (4) 偶极矩-极化率；固有偶极-诱导偶极-瞬时偶极；极性分子-非极性分子；
   (5) 分子间力-超分子。
2. 判断下列说法是否正确，并说明理由。
   (1) 多原子分子中，键的极性愈强，分子的极性愈强；
   (2) 具有极性共价键的分子，一定是极性分子；
   (3) 极性键组成极性分子，非极性键组成非极性分子；
   (4) 非极性分子中的化学键，一定是非极性的共价键；
   (5) 偶极矩大的分子，正、负电中心离得远；
   (6) 非极性分子的偶极矩为零，极性分子的偶极矩大于零；
   (7) 双原子分子中键矩等于分子的偶极矩；
   (8) 极性分子间只存在取向力，极性分子与非极性分子间只存在诱导力，非极性分子间只存在色散力；
   (9) 氢键就是氢和其他元素间形成的化学键；
   (10) 极性分子间力最大，所以极性分子熔点、沸点比非极性分子都来得高。
3. 下列说法对不对？若不对试改正之。
   (1) s电子与s电子间形成的键是σ键，p电子与p电子间形成的键是π键；
   (2) 通常σ键的键能大于π键的键能；
   (3) sp^3 杂化轨道指的是1s轨道和3p轨道混合后形成的4个 sp^3 杂化轨道。
4. 实测 H_2O 分子的键角是多少？应用不等性杂化轨道理论解释之。
5. 物质的磁性是怎样产生的？用分子轨道理论解释 O_2 分子具有顺磁性的原因。
6. 试判断下列分子的空间构型和分子的极性，并说明理由。
   CO_2，Cl_2，HF，NO，PH_3，SiH_4，H_2O，NH_3，BF_3

习　题

1. 指出下列分子的中心原子采用的杂化轨道类型，并判断它们的几何构型。
   (1) BeH_2；(2) SiH_4；(3) BBr_3；(4) CO_2。
2. 实验测定 BF_3 为平面三角形，而 $[BF_4]^-$ 为正四面体形。试用杂化轨道的概念说明在 BF_3 和 $[BF_4]^-$ 中硼的杂化轨道类型有何不同？
3. 解释 H_2O 和 BeH_2 都是三原子分子，为何前者为V形，后者为直线形。
4. 由实验测得 CH_4 和 CO_2 的偶极矩为零，H_2O 的偶极矩为 6.23×10^{-30} C·m。试结合组成元素的原子结构和杂化轨道理论解释为什么键角依下列次序增大？

$$\angle H—O—H<\angle H—C—H<\angle O—C—O$$

5. 画出下列分子（离子）的分子轨道表示式，计算它们的键级，并预测分子的稳定性，判断有无顺磁性分子。

(1) B_2；(2) Ne_2^+；(3) NO^+；(4) O_2^{2-}；(5) N_2^+；(6) CO^+。

6. 比较下列各组物质的稳定性，并说明理由。

(1) O_2^+，O_2，O_2^-，O_2^{2-}；(2) NO，NO^+；(3) Li_2，Li_2^+；(4) B_2，B_2^+。

7. 判断下列分子（离子）中哪些是顺磁性物质？哪些是反磁性物质？并说明理由。

(1) O_2；(2) He_2^+；(3) HF。

8. 写出下列分子（或离子）的分子轨道表达式，并推断它们能否存在？

Be_2，N_2，N_2^-，He_2^+，O_2^{3-}

9. 氧分子及其离子的O—O核间距离（pm）如下：

O_2^+	O_2	O_2^-	O_2^{2-}
112	121	130	148

(1) 试用分子轨道理论解释它们的核间距为什么依次增大？

(2) 指出它们是否都有顺磁性并比较顺磁性的强弱。

(3) 算出它们的键级，比较它们的稳定性。

10. 试解释下列实验事实：

(1) N_2 的键长（110pm）比 N_2^+ 的键长（112pm）短，而 O_2 的键长（121pm）比 O_2^+ 的键长（112pm）长。

(2) NO容易氧化成 NO^+。

(3) CO是反磁性分子，而NO是顺磁性分子。

11. 指出下列各分子间存在哪几种分子间作用力（包括氢键）。

(1) H_2 分子间；(2) O_2 分子间；

(3) H_2O 分子间；(4) H_2S 分子间；

(5) H_2S-H_2O 分子间；(6) H_2O-O_2 分子间；

(7) HCl-H_2O 分子间；(8) CH_3Cl 分子间。

12. 预测下列各组物质熔、沸点的高低，并说明理由。

(1) 乙醇和二甲醚；(2) 甲醇、乙醇和丙醇；

(3) 乙醇和丙三醇；(4) HF和HCl。

13. 为什么（1）室温下 CH_4 为气体，CCl_4 为液体，而 CI_4 为固体？（2）H_2O 的沸点高于 H_2S，而 CH_4 的沸点却低于 SiH_4？

参 考 书 目

1 麦松威，周公度，李伟基编．高等无机结构化学．北京：北京大学出版社，2006

2 张祖德编著，无机化学．合肥：中国科学技术大学出版社，2008

3 Moore J. W.，Stanitski C. L. **Principles of Chemistry-The Molecular Science 4th ed.** Brooks/Cole Cengage Learning，2010

4 Jonathan W. S.，Hoboken N. **Supramolecular Chemistry.** John Wiley & Sons，2012

第 3 章　固体结构和固体性能

Chapter 3　The Structures and Properties of Solid

固体可分成两类：一类具有整齐规则的几何外形、各向异性、有固定的熔点，称作晶体；另一类没有整齐规则的几何外形、各向同性、没有固定的熔点，称作非晶体或无定形物质。

早在 18 世纪中叶法国科学家阿羽依（Haüy）研究晶体外观形态提出了构造理论，人们经长达 200 年的宏观探索，直至 20 世纪初，因原子结构继而分子结构内在奥秘的揭示，对晶体的认识才从外形的研究深入到内部，在电子、原子、分子、离子的层次上进行微观研究，阐明晶体结构与物质性能间的内在联系，以把握晶态物质中各种新现象和新性质，从而为半导体电子技术、固体激光技术、计算机技术、空间技术、信息技术等近代技术的发展提供巨大的支持。

非晶体的深入研究直到 20 世纪 60 年代才引起重视，它在新材料的发现和应用方面极具魅力，逐渐成为当今最活跃的研究领域之一。

本章将介绍晶体的结构和类型、晶体的缺陷、非化学计量化合物、非晶体的结构等有关理论，以及固体结构与性能的关系。

3.1　晶体的结构和类型

晶体的几何外形是其内部粒子规则排列的外在反映。了解晶体内部结构必须建立晶格和晶胞的概念。

3.1.1　晶格与晶胞

20 世纪初英国科学家布拉格父子（H. Bragg 和 L. Bragg）通过晶体的 X-射线衍射实验，证实晶体内部粒子按一定规则排列。从而抽象为点阵的几何概念，称为晶格（lattice），晶格上的点称为结点（图 3-1-1）。

实际晶体的微粒（原子、离子或分子）位于晶格的结点上。它们在晶格上可划分成一个个平行六面体为基本单位，称为晶胞（unit cell）。晶胞有两个要素：①晶胞的大小和形状可用 6 个参数（a，b，c 和 α，β，γ）来描述。a，b，c 是平行六面体的三边长，α，β，γ 是边长的夹角（图 3-1-2）；②晶胞的内容，由微粒的种类、数目和它在晶胞中的相对位置来表示。

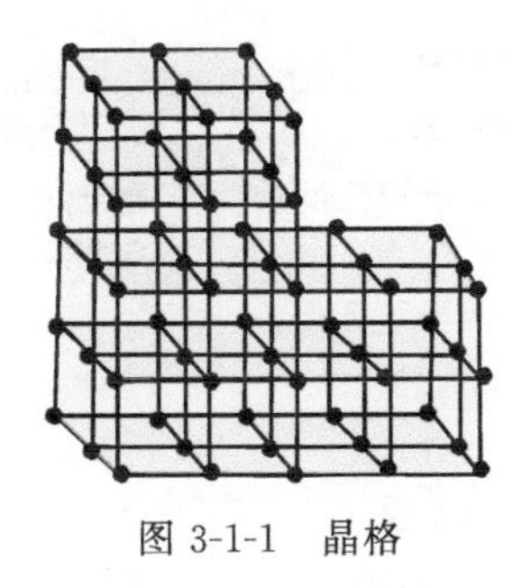

图 3-1-1　晶格

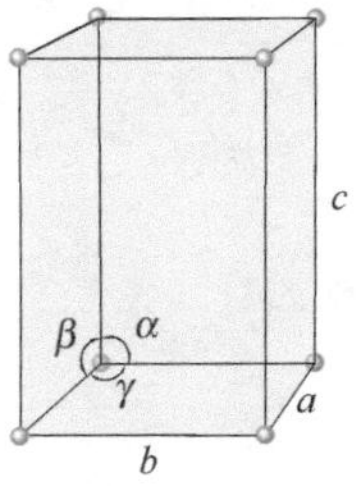

图 3-1-2　晶胞

按照晶胞参数的差异，可分成七个晶系（crytal systems），它们是立方晶系（cubic class）、四方晶系（tetragonal class）、六方晶系（hexagonal class）、三方晶系（rigonal class）、正交晶系（orthorhombic class）、单斜晶系（monoclinic class）和三斜晶系（triclinic class）。1848 年晶体学家布拉维（A. Bravais）从宏观对称规则研究认为七个晶系包含十四种晶格，其中立方晶系有三种晶格（简单、体心、面心）；四方晶系两种（简单、体心）；六方晶系一种（简单）；三方晶系一种（简单）；正交晶系四种（简单、底心、体心、面心）；单斜晶系两种（简单、底心）；三斜晶系一种（简单）。最为常见的四种晶格是：简单立方、体心立方、面心立方、和简单六方（图 3-1-3）。

(a) 简单立方　(b) 体心立方　(c) 面心立方　(d) 六方晶格

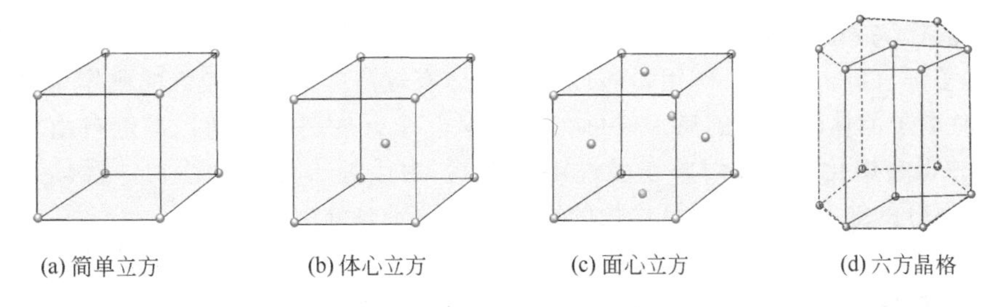

图 3-1-3　常见的四种晶格

现将七个晶系及相关晶格种数列于表 3-1。

表 3-1 七个晶系

晶 系	边 长	夹 角	晶体实例	晶格种数
立方晶系	$a=b=c$	$\alpha=\beta=\gamma=90°$	NaCl	3
四方晶系	$a=b\neq c$	$\alpha=\beta=\gamma=90°$	SnO_2	2
六方晶系	$a=b\neq c$	$\alpha=\beta=90°$，$\gamma=120°$	AgI	1
三方晶系	$a=b=c$	$\alpha=\beta=\gamma\neq 90°(<120°)$	$CaCO_3$	1
正交晶系	$a\neq b\neq c$	$\alpha=\beta=\gamma=90°$	$BaSO_4$	4
单斜晶系	$a\neq b\neq c$	$\alpha=\beta=90°$，$\gamma>90°$	$MgCl_2\cdot 6H_2O$	2
三斜晶系	$a\neq b\neq c$	$\alpha\neq\beta\neq\gamma$	$K_2Cr_2O_7$	1

3.1.2 晶体的类型

20 世纪 30 年代量子力学深入化学领域，原子结构、分子结构理论相继发展，人们对晶体内部结构的认识进入微观新阶段，认识到晶格结点上排列的是原子、分子或离子，且结点之间以化学键或分子间力相结合而成晶体；晶体的性质不仅和粒子的排列规律有关，更主要的和粒子的种类及结合力的性质有密切的关系；根据晶格结点上粒子种类的不同，可把晶体分成离子晶体、原子晶体、分子晶体和金属晶体四种类型。四类晶体的内部结构及性质特征见表 3-2。

表 3-2 四类晶体的内部结构及性质特征

结构及性质	离子晶体	原子晶体	分子晶体		金属晶体
结点上的粒子	正、负离子	原子	极性分子	非极性分子	原子、正离子（间隙处有自由电子）
结合力	离子键	共价键	分子间力、氢键	分子间力	金属键
熔点、沸点	高	很高	低	很低	
硬度	硬	很硬	软	很软	
机械性能	脆	很脆	弱	很弱	有延展性
导电、电热性	熔融态及其水溶液导电	非导体	固态、液态不导电，但水溶液导电	非导体	良导体
溶解性	易溶于极性溶剂	不溶	易溶于极性溶剂	易溶于非极性溶剂	不溶
实例	NaCl、MgO	金刚石、SiC	HCl、NH_3	CO_2、I_2	W、Ag、Cu

除了上述四类典型的晶体外，还有混合型晶体（晶格结点上粒子间包含两种以上键型），例如石墨、氮化硼等。下面将分别予以简要的介绍。

3.2 离子晶体

在离子晶体（ionic crystals）的晶格结点上交替排列着正、负离子。由于正、负离子间有很强的离子键（静电引力）作用，所以离子晶体有较高的熔点和较大的硬度（常呈现硬而脆）。固态时离子晶体结点上的离子仅可在结点附近作有规则的振动，不能自由移动，因此不能导电[1]。但在熔化时（或溶解在极性溶剂中），由于离子能自由移动，就具有较好的导电性。绝大部分的盐和许多金属氧化物的固体都是离子晶体。

在离子晶体中，离子排列形式要受到离子半径、离子电荷、离子的电子层结构的影响，因此是多种多样的，下面对 AB 型离子晶体中的三种最常见的排列进行讨论。

[1] 某些晶体中的离子，在固态情况下就容易流动，其电导率达到熔盐或强电解质溶液的电导率水平，这类物质称固体电解质。

3.2.1 几种典型的离子晶体

(1) CsCl 型 CsCl 的晶胞是立方体，属简单立方晶格（图 3-2-1）。每个 Cs^+（或 Cl^-）处于立方体的中心，被立方体 8 个异号离子所包围。由于角顶上离子属于 8 个晶胞所共有，也就是角顶上离子只有$\frac{1}{8}$属于一个晶胞。所以在一个 CsCl 晶胞中实有 1 个 Cs^+ 和 1 个 Cl^-，所含分子个数 $N=1$。在晶体中，与一个粒子相邻最近的其他粒子数称为配位数（coordination number）。对于 CsCl 晶体来讲，配位数为 8，由于正、负离子的配位数都是 8，所以称为 8∶8 配位。属于 CsCl 型的离子晶体还有 CsBr、CsI 等。

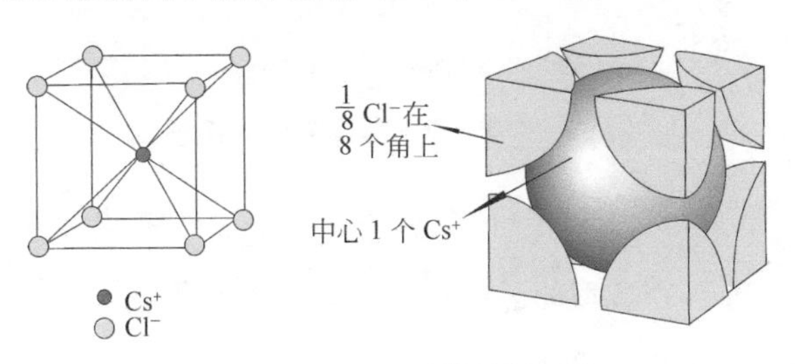

图 3-2-1 CsCl 晶体结构示意

(2) NaCl 型 NaCl 的晶胞也是立方体，属面心立方晶格（图 3-2-2）。晶胞上的结点比较多，中心离子（Na^+或 Cl^-）处于立方体的中心，在中心离子附近，排列着 6 个异号离子，它们分布在晶胞立方体 6 个面的中心处，这些离子又分别为 6 个与它们异号的离子所包围。所以在 NaCl 晶胞中，Na^+（或 Cl^-）位于立方体的体心和 12 条边的中点，Cl^-（或 Na^+）位于立方体的 8 个角顶和 6 个面的面心。在立方体边中点上的离子属于相邻 4 个晶胞所共有，体心的离子只为 1 个晶胞所有，所以 1 个 NaCl 晶胞中 Na^+ 个数为 $12\times\frac{1}{4}+1=4$ 个；另外角顶离子属于 8 个晶胞所有，立方体面中心上的离子属于 2 个晶胞所共有，所以 1 个 NaCl 晶胞中 Cl^- 个数为 $8\times\frac{1}{8}+6\times\frac{1}{2}=4$ 个，每个晶胞中 $N=4$。从图 3-2-2 可以看出，每个离子均处于 6 个异号离子包围之中，配位数为 6，采用 6∶6 配位。属于 NaCl 型的晶体有 NaF、AgBr、BaO 等。

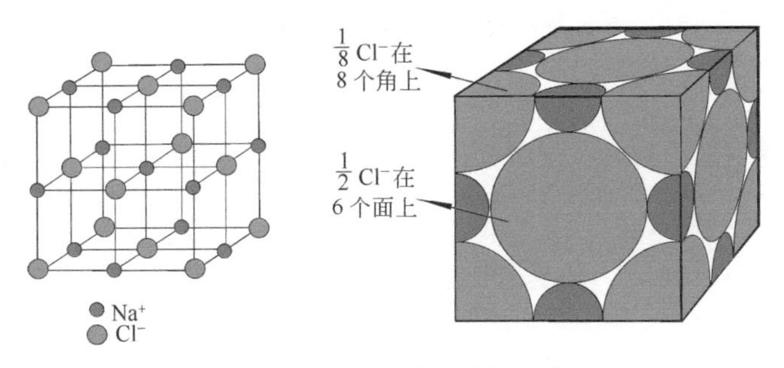

图 3-2-2 NaCl 晶体结构示意

(3) ZnS 型 在 ZnS 的晶胞中（图 3-2-3），晶胞内的结点分布更加复杂，中心离子（Zn^{2+}或 S^{2-}）处于把晶胞平均分成 8 个小正立方体的互不相邻的 4 个的中心，异号离子则分布在晶胞的 8 个顶角和 6 个面的面心处。因此每个晶胞中有 4 个 Zn^{2+} 和 4 个 S^{2-}，$N=4$。为了便于理解可以想像为：由 Zn^{2+} 组成的面心立方晶格与由 S^{2-} 组成的面心立方晶格在三个轴向$\frac{1}{4}$，$\frac{1}{4}$，$\frac{1}{4}$处互相穿插，每个离子均处于 4 个异号离子四面体形包围中（图 3-2-3），

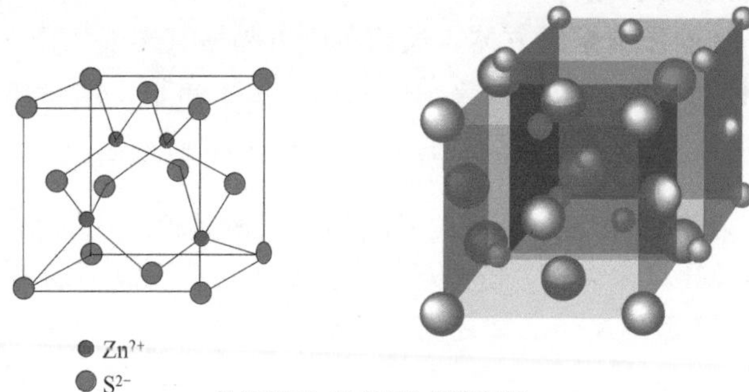

图 3-2-3 ZnS 晶体结构示意

一个 ZnS 晶胞中含 S^{2-} 数为 $\left(8\times\frac{1}{8}\right)+\left(6\times\frac{1}{2}\right)=4$；含 Zn^{2+} 数也为 4，所以 $N=4$。配位数为 4，采用 4∶4 配位。属于 ZnS 型的晶体还有 ZnO、AgI 等。

3.2.2 离子半径和配位比

为什么离子晶体会采取配位比不同的空间结构？这主要决定于正负离子半径的相对大小。

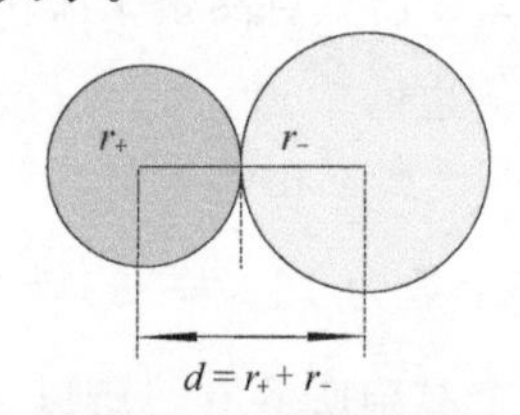

图 3-2-4 核间距等于正、负离子半径之和

由于电子云没有明确的界面，因此严格地说，离子半径是无法确定的。我们现在所说的离子半径，是假定晶体中正、负离子是互相接触的球体，因此两原子核间的距离（即核间距 d）就等于正、负离子半径之和（图 3-2-4）：

$$d=r_++r_-$$

核间距可根据 X 射线分析实验测得，也可用间接的方法推算。方法之一是按两种离子的折射率与其半径的关系，计算出 F^-（或 O^{2-}）的离子半径，再以 F^-（或 O^{2-}）离子半径为起点，推算出其他离子的半径。例如，实验测得 NaF 的核间距为 231pm，已知 Na^+ 离子半径＝95pm，则 F^- 离子半径＝231－95＝136pm。常见的离子半径列于表 3-3。

表 3-3 常见的离子半径

离子	半径/pm	离子	半径/pm	离子	半径/pm	离子	半径/pm
Li^+	68	Ba^{2+}	135	Cu^{2+}	72	O^{2-}	140
Na^+	95	Ti^{4+}	68	Ag^+	126	S^{2-}	184
K^+	133	Cr^{3+}	64	Zn^{2+}	74	F^-	136
Rb^+	148	Mn^{2+}	80	Cd^{2+}	97	Cl^-	181
Cs^+	169	Fe^{2+}	76	Hg^{2+}	110	Br^-	196
Be^{2+}	31	Fe^{3+}	64	Al^{3+}	50	I^-	216
Mg^{2+}	65	Co^{2+}	74	Sn^{2+}	102		
Ca^{2+}	99	Ni^{2+}	72	Sn^{4+}	71		
Sr^{2+}	113	Cu^+	96	Pb^{2+}	120		

形成离子晶体时，正、负离子总是尽可能紧密地排列而使它们之间的自由空间为最小，这样才可能使晶体稳定存在。而离子能否紧密相靠是与正、负离子半径之比 r_+/r_- 有关。一般负离子半径大于正离子半径，因此，最紧密的排列应该是正、负离子互相接触，而负离子

也两两接触，才是最稳定的排列。图 3-2-5 示出了配位数为 6 的晶体中的一层，其中正、负离子作最紧密的排列，则$\triangle ABC$是一个等腰直角三角形，因此

$$\frac{AB}{AC}=\sin 45°=0.707$$

又
$$\frac{AC}{AB}=\frac{2r_+ + 2r_-}{2r_-}=\frac{r_+}{r_-}+1$$

则
$$\frac{r_+}{r_-}=0.414$$

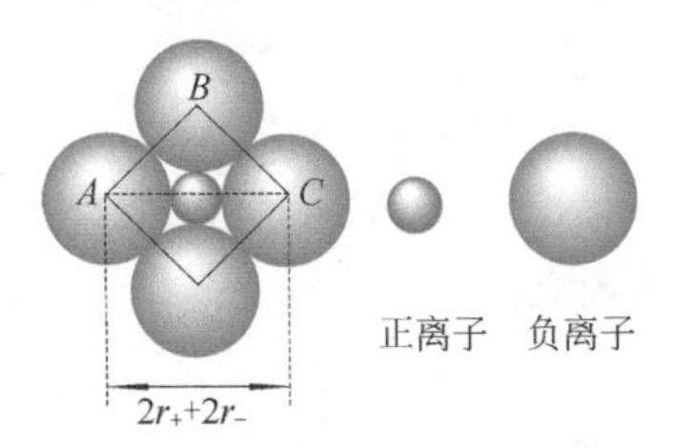

图 3-2-5　配位数为 6 的晶体正负离子的紧密排列示意

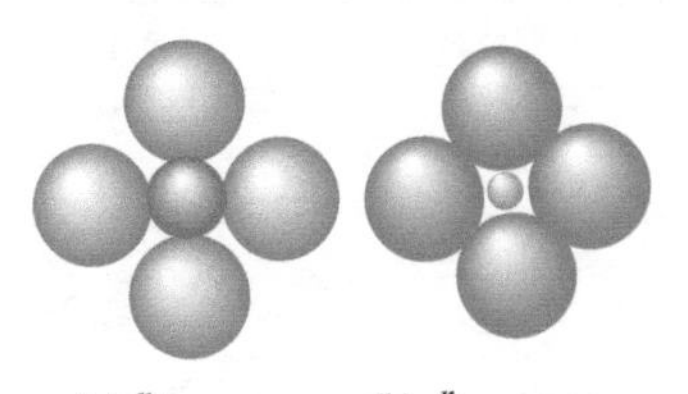

图 3-2-6　离子半径比与配位数的关系

由上可知，当$\frac{r_+}{r_-}=0.414$时，可得最稳定的排列。当$\frac{r_+}{r_-}>0.414$时，负离子彼此不接触，而正、负离子仍然接触，这种情况可以稳定存在，见图 3-2-6(a)。但当$\frac{r_+}{r_-}>0.732$时，正离子表面就有可能紧靠上更多的负离子，也就是说晶体将向配位数为 8 的 CsCl 型转变。当$\frac{r_+}{r_-}<0.414$时，晶体中负离子相互接触，而正负离子彼此不接触，这种构型排斥力大，吸引力小，不能稳定存在，见图 3-2-6(b)。如果配位数减小，正、负离子就可以相互接触，因此晶体将向配位数为 4 时的 ZnS 型转变。但如果$\frac{r_+}{r_-}<0.225$时，作为 ZnS 型的晶体也不能稳定存在，这时晶体要向配位数为 3 的构型转变。

根据以上讨论，将 AB 型离子晶体中正、负离子半径比与配位数关系归纳于表 3-4。

表 3-4　正、负离子半径比与配位数关系

r_+/r_-	配位数	构型
0.225～0.414	4	ZnS 型
0.414～0.732	6	NaCl 型
0.732～1.00	8	CsCl 型

因此，如果知道离子晶体中正、负离子的半径比，就可推测这个晶体的构型。例如我们想推测 MgO 晶体属于哪一种构型，就可先在表 3-3 查它们的离子半径，再计算半径比：

r_+：Mg^{2+}的半径为 65pm

r_-：O^{2-}的半径为 140pm

$$\frac{r_+}{r_-}=\frac{65}{140}=0.464$$

然后查表 3-4，可推测出 MgO 晶体属于配位数为 6 的 NaCl 型结构。但是，应当注意，由于离子半径的数据还不够十分精确，加上离子间相互作用的影响，以致上述推论的结果和实际

晶体构型有时有出入。

3.2.3 晶格能

离子晶体的晶格能（lattice energy）是指：在标准状态下，破坏 1mol 的离子晶体使它变为气态正离子和气态负离子时所吸收的能量 U[1]。例如：

$$MX(s) \longrightarrow M^{+}(g) + X^{-}(g)$$

晶格能愈大，该离子晶体愈稳定。破坏晶格时需消耗的能量愈多。晶格能大的离子晶体，一般熔点较高、硬度较大，见表 3-5 和表 3-6。

表 3-5 晶格能和离子晶体的熔点

晶体	NaI	NaBr	NaCl	NaF	CaO	MgO
晶格能/$kJ\cdot mol^{-1}$	692	740	780	920	3513	3889
熔点/℃	660	747	801	996	2570	2852

表 3-6 晶格能和离子晶体的硬度

晶体	BeO	MgO	CaO	SrO	BaO
晶格能/$kJ\cdot mol^{-1}$	4521	3889	3513	3310	3152
莫氏硬度①	9.0	6.5	4.5	3.5	3.3

① 莫氏硬度是由德国矿物学家莫氏（F. Mohs）提出。他把常见的十种矿物按其硬度依次排列，将最软的滑石的硬度定为 1，最硬的金刚石的硬度定为 10。10 种矿物的硬度按由小到大的次序排列为：1. 滑石 2. 石膏 3. 方解石 4. 萤石 5. 磷灰石 6. 正长石 7. 石英 8. 黄玉 9. 刚玉 10. 金刚石。测定莫氏硬度用刻划法，例如能被石英刻出划痕而不能被正长石刻出划痕的矿物，其硬度在6～7之间。

离子晶体的晶格能可用玻恩（M. Born）和朗德（A. Lande）导出的理论公式来计算。

$$U_{晶格能} = \frac{138490AZ_1Z_2}{R_0}\left(1 - \frac{1}{n}\right)$$

式中 R_0——正、负离子半径之和，pm；

Z_1，Z_2——正、负离子电荷数的绝对值；

A——马德隆（E. Madelung）常数，由晶体构型决定：

CsCl 型 $A = 1.763$

NaCl 型 $A = 1.748$

ZnS 型 $A = 1.638$

n——玻恩指数，由离子的电子构型决定（见表 3-7）；

U——晶格能，$kJ\cdot mol^{-1}$。

表 3-7 离子的电子构型和玻恩指数的关系

离子的电子构型	He	Ne	Ar 或 Cu^{+}	Kr 或 Ag^{+}	Xe 或 Au^{+}
n	5	7	9	10	12

如果正、负离子的构型不同，则在计算时，n 取它们的平均值。以求 NaF 晶格能为例。

由于 NaF 晶体属 NaCl 型 $\left(\frac{r_+}{r_-} = 0.699\right)$，则 $A = 1.748$；

Na^{+} 和 F^{-} 均为一价离子 $Z_1 = Z_2 = 1$；

Na^{+} 半径为 95pm，F^{-} 半径为 136pm，$R_0 = 231pm$；

---

[1] 有些书上将晶格能定义为在标准状态下，由气态正、负离子形成 1mol 离子晶体时所释放的能量。

Na^+和F^-的电子构型均属 Ne 型（若正负离子是不同电子构型，则 n 取平均值），$n=7$，所以：

$$U_{NaF}=\frac{138490\times1.748}{231}\left(1-\frac{1}{7}\right)=898.3\text{kJ}\cdot\text{mol}^{-1}$$

上述玻恩-朗德理论公式中马德隆常数值与晶体构型有关，如果晶体构型不知道，就无法计算晶格能。卡普斯钦斯基（A. F. Kapustinskii）导出一个不需要知道晶体构型就可计算晶格能的经验公式：

$$U_{\text{晶格能}}=1.202\times10^5\sum_n\frac{Z_1Z_2}{r_++r_-}\left(1-\frac{34.5}{r_++r_-}\right)\text{kJ}\cdot\text{mol}^{-1}$$

式中，$\sum_n=n_++n_-$；n_+，n_-分别为晶体化学式中正、负离子的数目；r_+，r_-的单位为 pm。

3.2.4　离子的极化和变形

离子晶体中正负离子间的化学键是离子键，但离子键有向共价键过渡的情况，这与离子相互极化有关。当离子充分靠近，可以产生相互极化。在正、负离子组成的离子型分子中，正离子吸引负离子的电子而排斥其核，负离子吸引正离子的核而排斥其电子，由于相互吸引和排斥，就产生了极化，如图 3-2-7 所示。

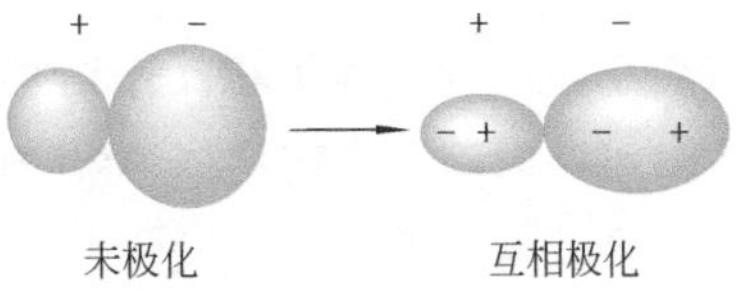

图 3-2-7　离子的相互极化

3.2.4.1　离子的极化力和变形性

离子在相互极化时，具有双重性质：作为电场，能使周围异电荷离子极化而变形，即具有极化力；作为被极化对象，本身被极化而变形。

(1) 离子的极化力　离子的极化力和离子的电荷、半径以及外电子层结构有关。离子的电荷愈大、半径愈小，所产生的电场强度愈大，离子的极化力愈大，例如，$Al^{3+}>Mg^{2+}>Na^+$；如果电荷相等，半径相近，则离子的极化力决定于外电子层的结构：具有 18 电子构型的离子（如 Cu^+、Cd^{2+}等）和 18＋2 的电子构型离子（Pb^{2+}、Sb^{3+}等）极化力最强；9～17 电子构型的离子（如 Mn^{2+}、Fe^{2+}、Fe^{3+}等）极化力较强；外层具有 8 电子构型的离子（如 Na^+、Ca^{2+}等）极化力最弱。

(2) 离子的变形性　离子的变形性主要决定于离子半径的大小，离子半径大，核对电子云的吸力较弱，因此离子的电子云变形性大，例如 $I^->Br^->Cl^->F^-$。离子的电荷对变形性也有影响，对正离子来说，离子电荷愈大，变形性愈小；而对负离子来说，离子电荷愈大，变形性愈大。当半径相近、电荷相等时，最外层有 d 电子的变形性一般比较大，例如，Hg^{2+}离子的变形性大于 Sr^{2+}离子。

一般来说，负离子由于半径大，最外层具有 8 个电子，所以它们的极化力较弱，变形性比较大。相反正离子具有较强的极化力，变形性却不大。所以当正、负离子相互作用时，主要是正离子对负离子的极化作用，使负离子发生变形。但一些最外层为 18 电子构型的正离子（如 Cu^+、Cd^{2+}等）也容易变形时，负离子对正离子也会产生极化。两种离子互相极化产生附加极化效应，加大了离子间的引力。

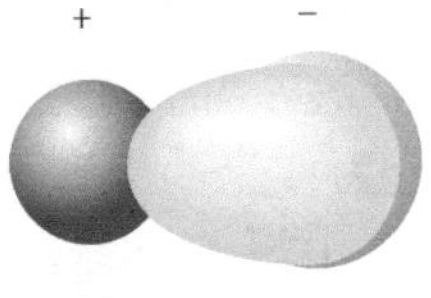

图 3-2-8　由于离子极化产生的电子云重叠

3.2.4.2　离子极化对化学键型的影响

在正、负离子结合的离子型晶体中，如果正、负离子间完全没有极化作用，则它们之间的化学键纯粹属于离子键。但实际上正、负离子间或多或少存在着极化作用，离子极化使离子的电子云变形并互相重叠（图 3-2-8），在原有的离子键上附加一些共价键成分。离子相互极化程度愈大，共价键成分愈多，离子键就逐渐向共价键过渡。

3.2.4.3 **离子极化对化合物性质的影响**

离子极化对化学键类型产生了影响，因而对相应化合物的性质也产生一定的影响。表 3-8 列出离子极化引起卤化银一些性质的变化。

表 3-8 离子极化引起物质性质的变化

晶 体	AgF	AgCl	AgBr	AgI
离子半径之和/pm	262	307	322	342
实测键长/pm	246	277	288	299
键型	离子键	过渡型	过渡型	过渡为共价键
晶体构型	NaCl	NaCl	NaCl	ZnS
溶解度/mol·L^{-1}	易溶	1.34×10^{-5}	7.07×10^{-7}	9.11×10^{-9}
颜色	白色	白色	淡黄	黄

(1) 晶型的转变 由于离子相互极化，键的共价成分增加，键长也缩短了（实测键长较正负离子半径之和为小）。键长的缩短是由于正离子部分地钻入负离子的电子云，这样 r_+/r_-就变小，因此当离子相互作用很强时，晶体就会由于离子极化而向配位数较小的构型转变。例如，银的卤化物，从 AgF 到 AgI，由于 Ag^+ 离子具有 18 电子层结构，极化力和变形性都很大，随着负离子变形性增大，离子相互极化的趋势逐渐突出，电子云的重叠程度也逐渐增加，离子键中加入共价键成分逐渐增多，到 AgI 已过渡为共价键，键长缩短逐渐明显，晶体构型由 6 配位的 NaCl 型过渡到 4 配位的 ZnS 型。

(2) 化合物的溶解度 键型的过渡引起晶体在水中溶解度的改变。离子晶体大都易溶于水，当离子极化引起键型的转化时，晶体的溶解度也会相应降低。从表 3-8 可以看出，典型离子晶体 AgF 易溶，而从 AgCl、AgBr 过渡到 AgI，随着共价键成分的增大，溶解度越来越小。

(3) 晶体的熔点 键型的改变也使晶体的熔点发生变化，一般讲，由离子所组成的晶体较由共价键构成的分子所组成的晶体具有较高的熔点。例如 NaCl 和 AgCl 虽然具有相同的晶体构型，但是 NaCl 熔点为 801℃，而 AgCl 的熔点却只有 455℃，这是由于 Ag^+ 离子的极化力和变形性都很大，Ag^+ 和 Cl^- 离子相互极化作用大，键的共价性增多的缘故。

(4) 化合物的颜色 离子极化还会导致离子晶体颜色的加深，由表 3-8 可以看出 AgCl，AgBr 到 AgI，颜色由白色、淡黄色至黄色。又如 Pb^{2+}，Hg^{2+} 和 I^- 均为无色离子，但形成 PbI_2 和 HgI_2 后，由于离子极化明显，使 PbI_2 呈金黄色，HgI_2 呈橙红色。

3.3 原子晶体和分子晶体

3.3.1 原子晶体

在原子晶体（covalent crystals）中，晶格结点上排列着一个个中性原子，原子间是以强大的共价键相联系，且成键电子均定域在原子之间不能自由运动，因此原子晶体熔点高，硬度大，熔融时导电性很差。金刚石是典型的原子晶体，其中每个碳原子形成 4 个 sp^3 杂化轨道，和周围的另 4 个碳原子通过 C—C 共价键结合，形成包括整个晶体的大分子。在金刚石晶胞中，C 原子除占据顶点和面心位置外，将此晶胞划分为 8 个小立方体，其体心位置上还被 C 原子占据［图 3-3-1(a)］，配位数为 4。金刚石晶体中原子对称，等距离排布，结合特强，所以金刚石特硬，是天然物质中最硬的，经琢磨加工后成为名贵的金刚钻，见图 3-3-1(b)。

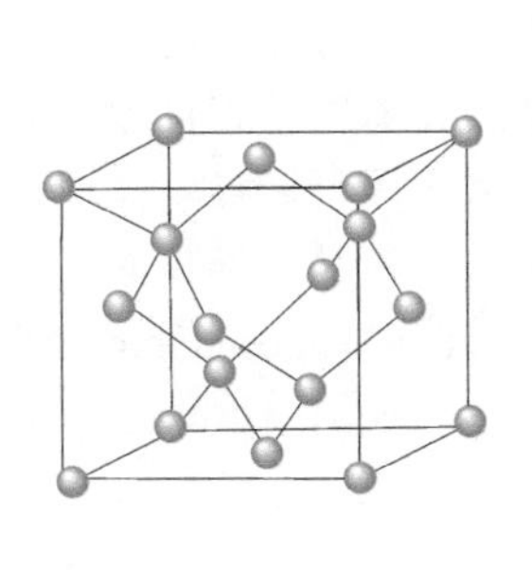

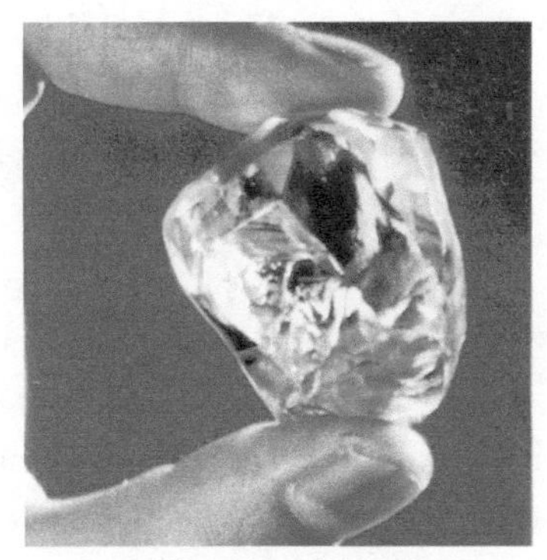

天然金刚石（中国山东）

(a)　　　　(b)

图 3-3-1　金刚石结构和实物晶体

一般半径较小，最外层电子数较多的原子组成单质常属原子晶体，如 Si、Ge、α-Sn（灰锡）等。此外，半径较小、性质相似的元素组成的化合物也常形成原子晶体，如 SiC、SiO_2（β-方石英）等。

3.3.2　分子晶体

在分子晶体（molecular crystals）的晶格结点上排列着分子（极性分子或非极性分子），这些分子通过分子间力相结合（在某些极性分子间还存在着氢键）。由于分子间力比化学键要小得多，因此分子晶体的熔点和硬度都很低，它们不易导电。大多数共价型的非金属单质和化合物，如固态的 HCl、NH_3、N_2、CO_2（干冰）和 CH_4 等都是分子晶体。

在分子晶体内，存在着单个的小分子，它们占在晶格的结点或体心、面心上，例如固体二氧化碳（CO_2，干冰），为面心立方晶体，在晶格各结点以及面心上均为 CO_2 分子占据，分子间以范德华力相结合所以熔点极低 5.2atm（1atm＝101325Pa）下为－56.6°，容易气化。稀有气体固态时也是分子晶体，晶格结点上排列着稀有气体的单原子分子，结点之间以色散力相结合。

3.4　金属晶体

3.4.1　金属晶体的改性共价键理论

在金属晶体（metallic crystals）中的金属键常看成是一种特殊的共价键，这种观点称为金属的改性共价键（modified covalent bond）理论。这是 20 世纪 50 年代应用量子力学方法，发展荷兰科学家洛伦兹（H. A. Lorentz，1853～1928）的自由电子理论而提出来的。金属的改性共价键理论认为：金属晶体中晶格结点上的原子和离子共用晶体内的自由电子，但它又和一般的共价键不同，它们共用的电子不属于某个或某几个原子和离子，而是属于整个晶体，它们没有一定的狭小运动范围，因此称为非定域（nonlocalized）的自由电子，形象地讲，可以把金属键说成是“金属原子和离子浸泡在电子海洋中”。这些自由电子把原子和离子“胶合”在一起形成所谓的“金属键”，特称为改性共价键。

应用改性共价键理论可知金属键不同于一般共价键，没有饱和性和方向性，还可用以解释金属的导电性、导热性和延展性等。

3.4.2　金属晶体的紧密堆积结构

金属原子只有少数价电子能用来成键，为使这些电子尽量满足成键的要求，金属在形成

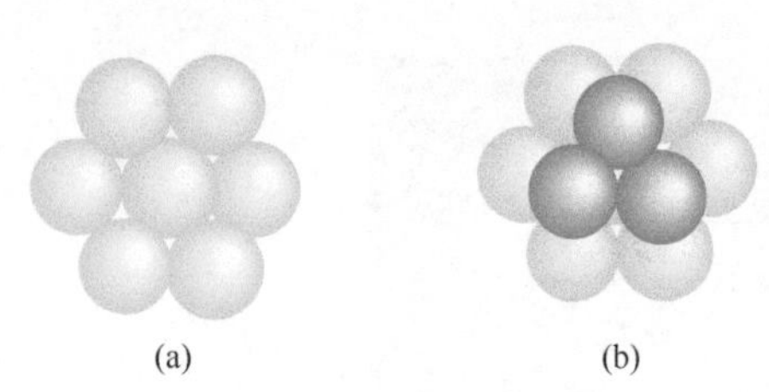

图 3-4-1　等径圆球的密堆积层

晶体时，总是倾向于组成尽可能紧密的结构，采取紧密堆积（close packing）的方式以使每个原子与尽可能多的其他原子相接触，以保证轨道最大限度的重叠，结构尽可能稳定。

金属晶体的紧密堆积有三种方式：六方紧密堆积（hcp，即 hexagonal closest packing）、面心立方紧密堆积（ccp，即 cubic closest packing）和体心立方紧密堆积（bcc，即 body-centered cubic close packing）。

金属的原子可以看成圆球。由半径相等的圆球以最紧密排列的一个层总是如图 3-4-1(a) 所示。每一个球都与六个球相切，有六个空隙。为了保持最紧密的堆积，第二层球应放在第一层的空隙上，但只能用去三个空隙，如图 3-4-1(b) 所示。

在第二个密堆积层上放上第三层时，则有两种放法。一种是第三层上每个球正好在第一层球的正上方，这样密堆积就成 ABABAB……的重复方式，如图 3-4-2 的（a）和（b）。这就是六方紧密堆积结构，见图 3-4-2(c)，配位数为 12，空间利用率[1]约为 74%，属于这一类的有铍、镁、铪、锆、镉、钛、钴等金属的晶体。

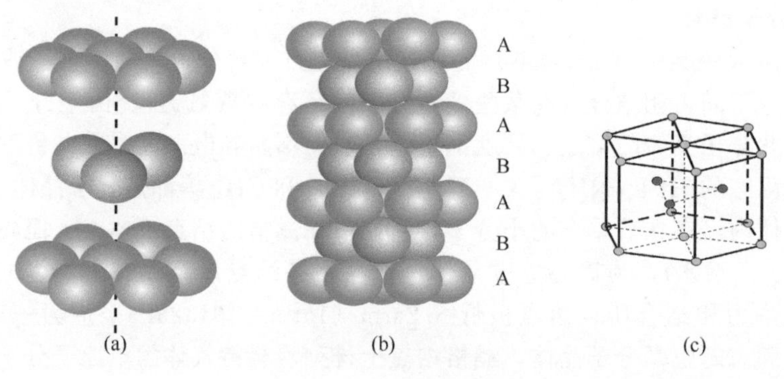

图 3-4-2　六方紧密堆积

还有一种放法，即第三层与第一层、第二层都是错开的，也就是第三层放在第一层另一半的空隙位置上，而第四层的球才正好在第一层球的正上方，这样密堆积就成 ABCABC……的重复方式，如图 3-4-3 的（a）和（b）。这就是面心立方紧密堆积结构，见图 3-4-3(c)，配位数也是 12，空间利用率也约 74%，属于这一类的有钙、锶、铅、银、铝、铜、镍等金属的晶体。

除了上述两种密堆积以外，还有一种配位数为 8 的次密堆积方式，其空间利用率约 68%，这就是体心立方紧密堆积结构，见图 3-4-4。属于这一类的有锂、钠、钾、铷、铯、钼、铬、钨、铁等金属的晶体。

许多金属在温度、压力变化时可以发生结构上的变化，例如常压下改变温度则：

$$\text{Ca}\quad \text{ccp} \xrightarrow{250℃} \text{hcp} \xrightarrow{464℃} \text{bcc} \xrightarrow{850℃} 液$$

$$\text{Sr}\quad \text{ccp} \xrightarrow{248℃} \text{hcp} \xrightarrow{589℃} \text{bcc} \xrightarrow{770℃} 液$$

$$\text{Fe}\quad \underset{有铁磁性}{\text{bcc}(\alpha\text{-Fe})} \xrightarrow{768℃} \underset{无铁磁性}{\text{bcc}(\beta\text{-Fe})} \xrightarrow{910℃} \text{ccp}(\gamma\text{-Fe}) \xrightarrow{1400℃} \text{bcc}(\delta\text{-Fe}) \xrightarrow{1540℃} 液$$

[1] 空间利用率指空间被晶格粒子占满的百分数，空间利用率愈大，粒子堆积得愈紧密。

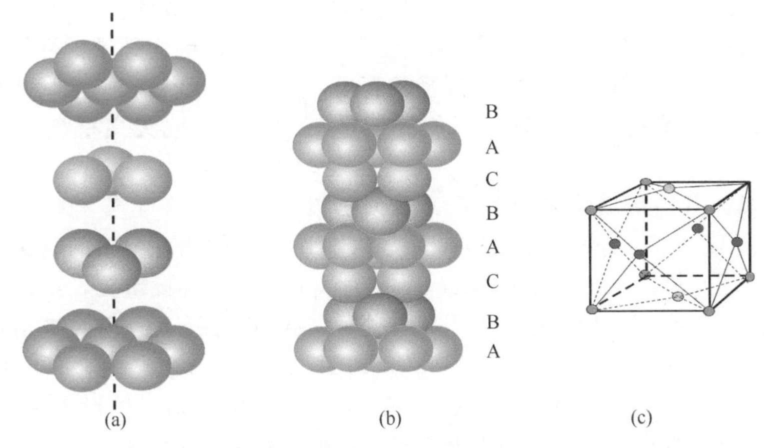

图 3-4-3　面心立方紧密堆积

由于 bcc 堆积紧密程度稍松，允许原子有较大的振幅，所以高温时金属一般采取 bcc 结构。

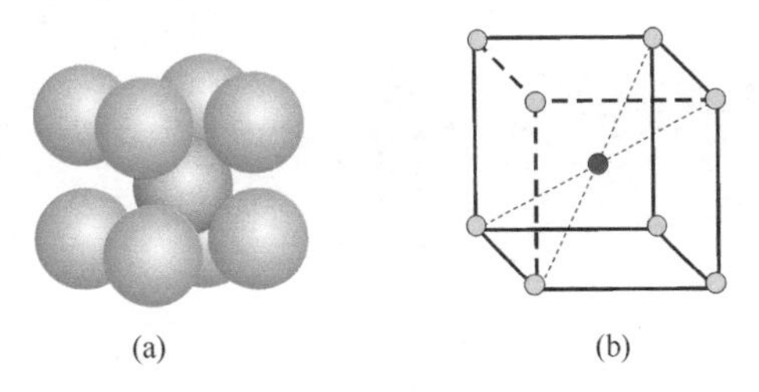

图 3-4-4　体心立方紧密堆积

紧密堆积概念同样适用于其他类型的晶体，只要晶格结点上的原子、分子或离子是球形的均能充分利用空间紧密堆积，如离子晶体 NaCl，其中负离子形成面心立方紧密堆积，正离子占据空隙位置，又如分子晶体 CH_4，因甲烷分子球形对称形成六方紧密堆积。

3.5　混合型晶体

晶体内晶格结点间包含两种以上键型的为混合型晶体。石墨是典型的混合型晶体(mixed crystals)。在石墨(graphite)中，碳原子进行 sp^2 杂化，每个碳原子与其他三个碳原子以 σ 键相连接，键角为 120°，键长为 142pm。形成由无数的正六角形构成的网状平面层，所以石墨晶体具有层状结构（图 3-5-1）。

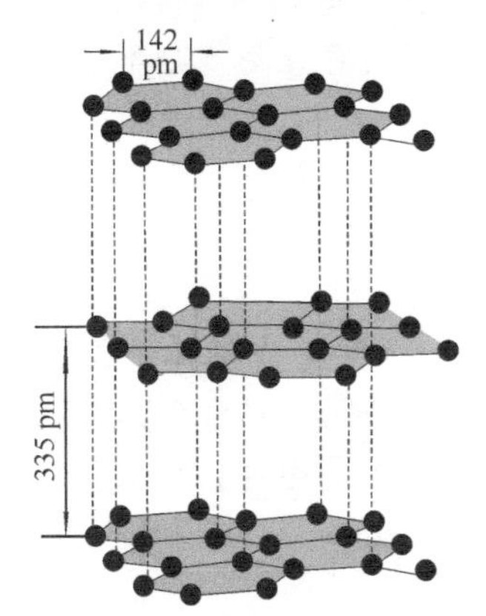

图 3-5-1　石墨的层状晶体结构示意

每个碳原子还有 1 个未杂化的 2p 轨道（其中有 1 个 2p 电子），这些 2p 轨道与六角网状平面垂直，并相互平行，这些相互平行的 p 轨道可形成大 π 键。大 π 键不像一般的共价键定域于两个原子之间，而是不定域的，它可在整个平面作自由运动，层与层之间的距离为 335pm。大 π 键中的电子与金属中的自由电子有些类似，因此石墨具有金属光泽，并有良好的导电性❶。由于石墨导电率大，化学性质又不活泼，所以用来制造电极。在石墨晶体中，层与层之间以分子间力联系，这种作用力较弱，层与层之间容易滑动和断裂。在石墨晶体中，既有共价键，又有非定域的大 π 键，还有分子间力，所以石墨晶体是一种混合型晶体。石墨因能导电、具良好的化学稳

❶ 石墨沿层面方向的导电性良好，而在与层面垂直方向的导电性差，两者相差达 1000 倍。

定性，常做电解槽的阳极材料，又因其层间作用力弱，可用作润滑剂和铅笔芯。20 世纪 70 年代以来石墨在航天飞机[1]制造中受到重用，因高纯石墨可以形成纤维，可纺可织，再经某些高分子处理易于成型，如经环氧树脂浸渍的石墨，重量轻、耐热、坚韧，用作航天飞机的有效载荷舱门；如经聚酰亚胺处理的石墨更能抗辐射，用作航天飞机机身襟翼、垂直尾翼等。

上述各种晶体其内部结构可以利用 X 射线加以测定。1913 年英国科学家布拉格父子（W. H. Bragg 和 W. L. Bragg）找到晶面间距与 X 射线波长的相互关系的规律，通常晶体中原子（离子或分子）层间距约 0.2～2nm，而 X 射线的波长亦在此范围，所以晶体可以作为 X 射线的光栅。当 X 射线照射其上产生衍射花样，在照相底板上出现明暗相间的花纹，不同类型的晶体有着不同的花样。依此，1938 年 T. H. Laby 设计生产了第一台商品 X 射线衍射仪，随着科技的迅猛发展，当今 X 射线衍射仪已发展成脉冲信号图形，并与计算机联用，可以又快又准地自动收集衍射数据加以分析显示，确定晶体的晶胞大小、晶格类型、晶胞内原子的种类和分布等，见图 3-5-2。根据峰值的位置和强度，可以确定晶体的内部结构。

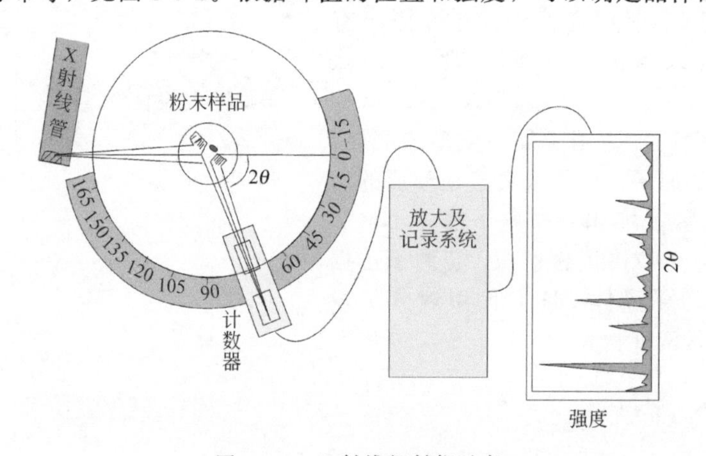

图 3-5-2 X 射线衍射仪示意

在以上的讨论中，我们一直强调，在晶体中晶格结点上的粒子都是作有规则的排列。但实际上，只是在绝对零度时才有这种理想结构，在 0K 以上，晶体中常常存在不规则不完整的结构，即或多或少存在着缺陷。

3.6 晶体缺陷和非化学计量化合物

实际晶体中的离子、原子、分子难免占错位置或被杂质取代，这就造成晶体的缺陷（crystal defects）。缺陷属于结构变化的一部分，缺陷本身有其不利的一面，但也有其有利的一面，因为事物总是一分为二的，由于晶体缺陷的存在可以改善固体的导电性、增加固体的化学活性、改变晶体的光学和塑性、硬度、脆性等机械性能，所以缺陷对晶体的利用有着重要的意义。

从几何的角度来看，结构缺陷有点缺陷、线缺陷和面缺陷三大类，其中以点缺陷最普遍也最重要。

---

[1] 航天飞机升空时要经受振动、噪声、气动加热；进入宇宙轨道飞行要经受高真空、强辐照（太阳电磁辐射、宇宙线）及温度剧变（−157～55℃）；再返回时飞行速度高达 27 倍声速，要经受 5000～6000℃高温气流包围，外部环境极端恶劣，所以制造航天飞机的材料需质量轻、耐热、耐冷、抗辐射等，石墨复合材料可以胜任某些部件。

3.6.1　点缺陷

点缺陷是由于晶体中有些离子（或原子）从晶格结点上位移，产生空位，或有外来的杂质离子（或原子）取代原有的粒子或晶格间隙位置上存在间隙离子（或原子），所以有本征缺陷和杂质缺陷之分。

(1) 本征缺陷　本征缺陷是由于晶体本身结构不完善所产生的缺陷，有两种基本类型：肖特基（Schottky）和弗伦克尔（Frenkel）缺陷。

肖特基缺陷包含有原子空位（对金属晶体）或者离子空位（对离子晶体），离子空位是阳离子和阴离子按化学计量比同时空位。例如，在 NaCl 晶体中，Na^+ 和 Cl^- 的空位数相等，如图 3-6-1 所示。

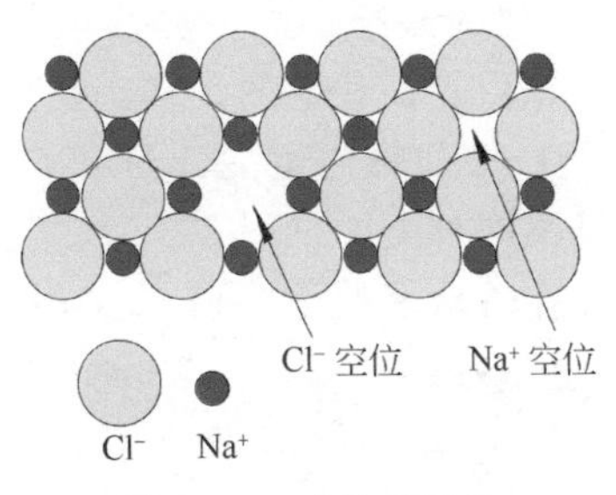

图 3-6-1　肖特基缺陷

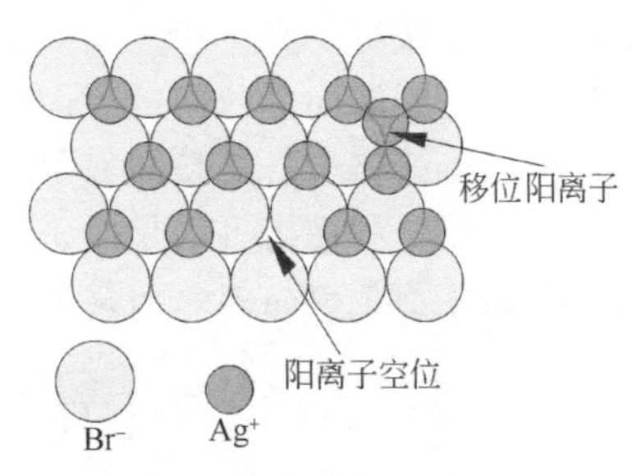

图 3-6-2　弗伦开尔缺陷

弗伦克尔缺陷是一种离子（或原子）移向晶格间隙，然后留下空位。这种缺陷最常发生在阳离子远小于阴离子或晶体结构空隙较大的离子晶体中。例如，在 AgBr 晶体中，Ag^+ 半径比 Br^- 半径小得较多，Ag^+ 移到晶格间隙处而产生空位，如图 3-6-2 所示。

这两种缺陷能产生于所有晶体之中，因为当温度高于 0K 时，晶格中的粒子就会在其平衡位置附近振动，温度越高振幅也越大，如果有些粒子的动能大到足以克服粒子间的引力而脱离平衡位置，就可进入错位或晶格间隙中。

(2) 杂质缺陷　杂质缺陷是指杂质原子进入晶体后所引起的缺陷，亦有两种方式：间隙式和取代式。

间隙式杂质原子进入晶体，一般发生在外加杂质离子（或原子）半径较小的情况。例如 H 原子加入 ZnO 中形成间隙式杂质缺陷，又如 C 或 N 原子进入金属晶体的间隙中，形成填充型合金等杂质缺陷。

取代式杂质离子（或原子）进入晶体，通常电负性接近、半径相差不大的元素可以相互取代。例如砷化镓（GaAs）晶体中加入 Si 杂质原子，则 Si 可取代部分 Ga 的位置，也可取代部分 As 的位置。若离子作为杂质加入晶体中的情况比较复杂，但重要的是取代前后固体仍应保持电中性。例如在 AgCl 晶体中添加少量 $CdCl_2$，则 1 个 Cd^{2+} 取代 2 个 Ag^+ 的位置（图 3-6-3），形成空位，此时固体密度变小。

Ag^+	Cl^-	Cd^{2+}	Cl^-
Cl^-	Ag^+	Cl^-	Ag^+
Ag^+	Cl^-	空位	Cl^-
Cl^-	Ag^+	Cl^-	Ag^+

图 3-6-3　杂质取代点缺陷

3.6.2　线缺陷

线缺陷是以一条线为中心发生的结构错乱，当晶体受切应力方向如图 3-6-4(a) 所示时，则在滑移面 *ABCD* 与未滑移部分交界线 *AB* 周围结构发生错乱，形成刃型位错；当晶体受应力的方向如图 3-6-4(b)，则滑移部分与未滑移部分交界的 *AB* 线周围出现螺型位错；图 3-6-4(c) 表示混合位错，即 *A* 附近出现螺型位错，*B* 附近出现刃型位错。

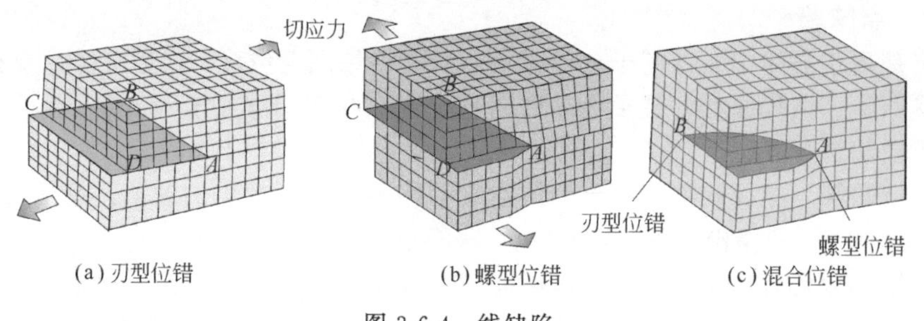

图 3-6-4 线缺陷

3.6.3 面缺陷

面缺陷是原子或离子在一个交界面的两侧出现不同排列的缺陷。同一界面内是一个单晶，一个晶粒，不同取向晶粒间的界面称为晶粒间界，互相由界面相隔的许多小晶粒集合就是多晶体，所以多晶体中各晶粒间界附近的原子（或离子）排列较为紊乱，构成了面缺陷，多晶体中晶粒的成分和结构可以是同一种类的，也可以是不同种类的（图 3-6-5）。实际在许多场合形成的晶体不是单晶体，而是多晶体，在其内部存在着众多的面缺陷。

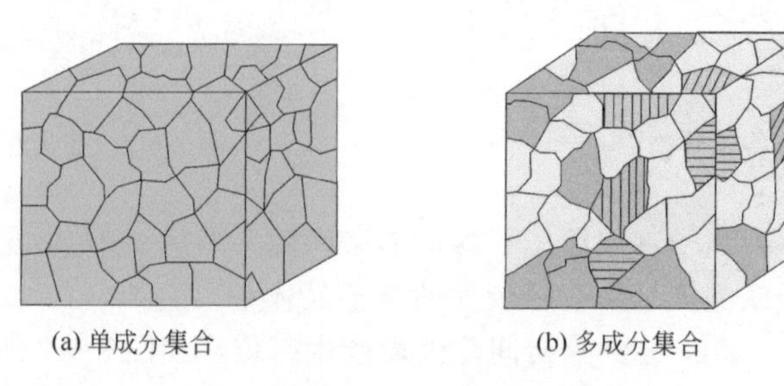

图 3-6-5 面缺陷

晶体结构中存在的各种缺陷对晶体的光学、电学、磁学、热学、声学以及化学活性等性能有明显的影响。例如在 α-Al_2O_3（刚玉）中掺入少量 Cr_2O_3 形成杂质缺陷的单晶体即红宝石，具有良好的光学性能，是 20 世纪 60 年代最早振荡出激光的固体材料，输出激光的波长 694.3nm 为红光。又如 ZrO_2 高温陶瓷材料是多成分集合体，其内部具有众多面缺陷的晶体，熔点为 2983K（2710℃），可以制成火箭、宇宙飞船的前锥体，能耐高速飞行时空气冲击波造成高达 2000℃ 的器体高温。若在 ZrO_2 中加入 Cr_2O_3 形成复合陶瓷，其耐热性比 ZrO_2 本身更高出 4 倍。

又如 20 世纪 80 年代发展起来的超细粉末（通常泛指 1～100nm 范围内的微小固体颗粒）往往是有缺陷和裂纹的多晶体，由于超细化，改变了其表面的电子结构和晶体结构，从而呈现出与块状固体不同的特性，主要表现在化学活性、光吸收性、热传导性、磁性、熔点等，例如 TiO_2 粒径减小至10～60nm 时具有透明性、强紫外线吸收能力，用于高档化妆品、透明涂料等。超细金粉熔点自 1064℃降至 830℃等等，所以随着新科技的发展，晶体结构及其缺陷理论的研究还有待不断地深入。

3.6.4 非化学计量化合物

对于晶体尽管普遍存在着缺陷，但它们多数仍然具有固定的组成，其中各元素原子数均是简单整数比，即它们是化学计量化合物。但是，从近代晶体结构理论和实际研究结果都表明在晶体化合物中各元素原子数并不一定总是简单整数比，因此有相当一部分是非化学计量化合物。

非化学计量化合物（nonstoichiometric compounds）也称非整比化合物，其形成是由于晶体中某些元素呈现多余或不足，所以非化学计量化合物总是伴有晶体缺陷的。

非化学计量化合物很多是过渡金属化合物，过渡金属常具有多种氧化值，因此可形成组成元素不成整数比的化合物。这是由于晶格结点上低氧化值的阳离子被高氧化值的阳离子所代替，为了保持化合物的电中性，而造成阳离子空位。例如 FeS 中部分 Fe^{2+} 被 Fe^{3+} 所代替，Fe 与 S 原子数之比不再是 1∶1，而是 Fe 原子数小于 1，即化学式应为 $Fe_{1-x}S$。可以看出，为了保持化合物电中性，3 个 Fe^{2+} 只需 2 个 Fe^{3+} 代替即可，因而有了一个阳离子（Fe^{2+}）的空位，由此造成了晶体缺陷（图 3-6-6）。

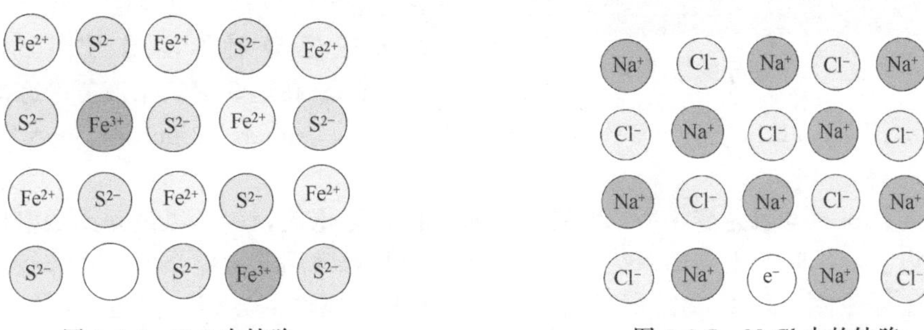

图 3-6-6　FeS 中缺陷

图 3-6-7　NaCl 中的缺陷

有些金属没有两种或多种氧化值，也可形成非化学计量化合物，如氧化锌加热时产生 ZnO_{1-x}，氯化钠与钠蒸气作用生成 $NaCl_{1-x}$。这种情况产生的阴离子空位由电子占据（图 3-6-7）。

空穴上的电子，有一些可达到激发态，激发能在可见光的范围内，因此这些空穴成为发色中心，通常叫 F 中心，即色源（德文 Farbe，颜色的意思）。例如，$NaCl_{1-x}$为蓝色固体，ZnO_{1-x}为黄色。这类非化学计量化合物由于空穴上电子的移动而具有导电性（电子导电）。

某些杂质离子引入后，为了保持固体的电中性，原来离子的氧化值发生改变，结果也产生非化学计量化合物。例如，在 NiO 中掺入少量 Li_2O，Li^+ 进入后，占据了 Ni^{2+} 的位置。为了保持电中性，则必须有部分 Ni^{2+} 转变为 Ni^{3+}。每引入一个 Li^+，将产生一个 Ni^{3+}，而 Ni^{2+} 将少去 2 个，其组成可用 $Li_{\delta}^{+}Ni_{1-2\delta}^{2+}Ni_{\delta}^{3+}$ 来表示。因为 Ni^{3+} 位置不固定，它与邻近的 Ni^{2+} 进行电子交换，所以 NiO 是绝缘体，而其非整比的化合物具有半导体的性质。

非化学计量化合物与相同组成元素的计量化合物在组成上虽有偏差，但一般不影响化学性质，也能保持其基本结构，而在导电性、磁性、光学性质、催化性能等方面均有差别。这种差别，使非化学计量化合物具有重要的技术性能。为此在催化剂和半导体的制备中非化学计量化合物具有特别的重要性。1987 年美国豪斯顿大学（Houston University）美籍华人朱经武、赵忠贤等人首次制得具有高温超导的非化学计量的钇钡铜氧化合物 $YBa_2Cu_3O_{7-x}$（$0\leqslant x\leqslant 0.5$），该化合物晶体结构示意如图 3-6-8，使非化学计量化合物研究成为更加活跃的领域。

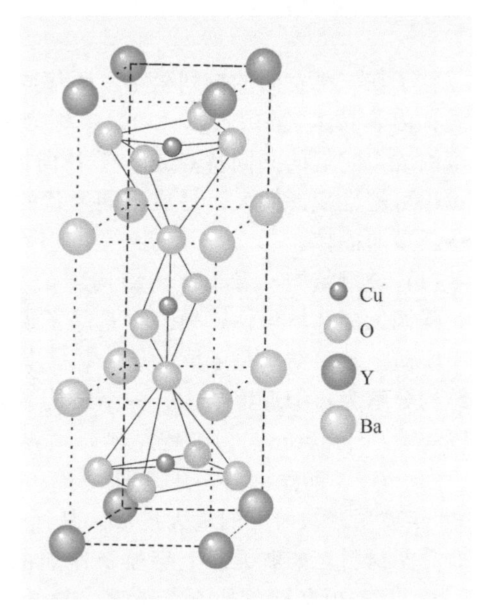

图 3-6-8　Y-Ba-Cu-O 晶体结构示意

图 3-6-9　液氮温度下超导磁悬浮体

我们知道，金属具有电阻，并且随着温度的降低，电阻逐渐减小。但是，即使温度接近绝对零度，大多数金属仍具有电阻。可是，有某些金属，当冷到一定的低温以下时，电阻急剧下降为零。例如，金属汞冷到 4.2K（临界温度 T_c）时，电阻完全消失，这一特性称为超导性，所以汞在液氦冷冻下才具有超导性（氦的沸点为 4K）。后来发现，某些合金和某些化合物也具有超导性，但只是在极低温度下才具有超导性，没有实用价值，而 $YBa_2Cu_3O_{7-x}$ 的 T_c 高达 90K，用液氮冷冻即可实现超导（氮的沸点为 77K），这一突破性进展使超导材料（superconductor）进入实用研究阶段。

由于超导材料的电阻为零，所以若把它制成线圈通以电流，就可以做到无功率损耗地传输高密度大电流，同时产生强的永久磁场，因此超导材料常用于大电流的输送和绕制大功率的电磁体，超导磁体（图 3-6-9）用于悬浮列车及磁共振成像等方面。德国、日本已有金属或合金材料的低温超导磁悬列车，运行速度高达 550km/h 左右。中国已于 2000 年底用国产钇钡铜氧体块材料研制成世界第一辆小型高温超导磁悬列车，净悬浮高度＞20mm 因成本太高未能大型上线运行。

以上讨论了晶体的结构（完好晶体的各种类型、晶体的多种缺陷和非计量化合物晶体）。晶体以其组成粒子在空间有规则重复排列即长程有序，因而各向异性，有一定的熔点，有良好的光、电、磁、硬度等性能用于航天、电子、激光、高能等技术领域。但是晶体，尤其是单晶体制备条件苛刻，培养大尺寸单晶困难，价格昂贵，所以 20 世纪 60 年代以来人们不断探寻便于大量制备，价格低廉，某些独特性能优于晶体的非晶体，现今不少非晶体材料已应用于上述各新科技领域，晶体一般只限于必须以单晶体才能充分显示其特性的场合。

3.7　非晶体

粒子在三维空间的排列呈杂乱无序状态即短程（几百皮米范围内）有序、长程无序的固体统称为非晶体（non crystals），也称为无定形体、玻璃体，因非晶体结构无序，组成的变动范围大，它们的共同特点是：①各向同性；②无明显的固定熔点；③热导率和热膨胀性小；④可塑性变形性大，易成不同形状的制品。非晶体中最具代表性的是玻璃。本节还介绍一些新型非晶体。

(1) 玻璃结构　对于玻璃结构理论 20 世纪 30 年代提出两种假说：一种是无规则网络说，强调无序和均匀性；另一种是晶子说，强调有序和不均匀性。

实质上玻璃结构是矛盾的统一体，具有近程有序、远程无序的基本特征，可将玻璃的微观结构分解为：①近程结构，一个结构单元组成的“超结构单元”如 SiO_4、P_4O_6 等，近程范围一般小于 10nm；②中程结构，由结构单元间相互连接形成的结构，中程结构范围为 10～20nm；③远程结构，其范围大于 20nm，结构无序，但可存在不同区的密度波动。此为近 30 年玻璃结构研究的重大进展。从而开拓了微晶玻璃、半导体玻璃、特种光学玻璃等许多非晶态材料，如航天器上宇航员座舱的观察窗就使用了氧化硅韧化玻璃和硅酸铝回火玻璃。20 世纪 70 年代制成石英玻璃光导纤维，使光纤通信大规模发展起来。电话、电视、计算机网络等都已成为光纤通信的领域，多束光导纤维制成的光缆已逐渐代替电缆在当代信息社会中起到重要的作用。

(2) 新型非晶体

① 微晶玻璃是近 20～30 年发展起来的新型非晶体的一种，它的结构非常致密，基本上没有气孔，其中晶粒的直径为 20～1000nm 左右（大大小于陶瓷体内的晶粒），在玻璃基体中有很多非常细小而弥散的结晶，这些微晶的体积可达总体积的 55%～98%。微晶玻璃与普通玻璃比较，软化点大大提高，约从 500℃提高到 1000℃左右，断裂强度提高一倍以上，热膨胀系数可以大范围控制，有利于与金属部件相匹配。例如铌酸钠微晶玻璃，组成为 Na_2O_5 15%、SiO_2 14%、CdO 3%、TiO_2 2%，析晶 $NaNbO_3$：Cd，该微晶玻璃随电场大小而各向异性，且有滞后现象，可作电场控制光的元件，如光闸、标色等。又激光玻璃如钕玻璃作为激光器的工作物质，其输出激光波长λ=1062nm可用于光纤传输。

② 非晶态半导体。凡不具有长程有序，而只具有短程有序的半导体物质，统称为非晶态半导体。1968 年奥维辛斯基（Ovshinskg）利用硫系玻璃[1]半导体，如 $Ge_{10}As_{20}Te_{70}$（下标数字为百分组成）制成高速开关的半导体器件，且对杂质不敏感有信息存储性能，引起对非晶态半导体的蓬勃研究。1976 年，斯皮尔和勒康姆伯（Spear 和 Le Comber）成功地制得半导体非晶硅，非晶硅对太阳光的吸收系数比单晶硅大很多，单晶硅要 0.2mm 厚才能有效吸收太阳光，而非晶硅只需 0.001mm 厚，其光能转换效率已高达 12%～14%，是价廉而又高效的太阳能电池材料。

③ 世界上最轻的固体材料——硅海绵气凝胶。它的密度只有 3mg/cm^3，其中 99.8%为空气，比玻璃轻 1000 倍，隔热效率比最好的玻璃纤维高出 39 倍，它是浅蓝色半透明“固态烟”，看似天空的云，有很好的耐久性，适应外层空间环境，美国 NASA 已决定将其用作“火星探路者”号（Mars Pathfinder）飞船上的隔热层，并计划在“星尘”号（Star Dust）飞船上用来采集 2004 年出现的 Wild2 彗星散发的微粒，因为高速运动的炽热微粒正好嵌入硅海绵板上而被捕集。

此外，非晶态磁泡（如 Gd-Co 薄膜）是近年来发展的磁性存储器，对电子计算机极为重要。它由电路和磁场来控制磁泡（似浮在水面上的水泡）的产生、消失、传输、分裂，以及磁泡间的相互作用，实现信息的存储、记录和逻辑运算等功能，还有非晶体发光材料等等。

可见非晶态固体已成为推动新科技领域发展前景广阔的一类新材料。

3.8　固体的结构与性能

以上各节讨论了固体的两大类型晶体和非晶体的结构，而固体的物理性质就是其内部结构的表观反映。不论是晶体还是非晶体它们都具有电性、磁性、热性、光性和化学活性等，人们就是从固体的这些主要性质出发去探索创新，进而制成具有各种功能的新材料，推动发展新技术。本节将简要讨论固体结构与性能的关系及在新技术上的某些应用。

3.8.1　固体的电性

3.8.1.1　导电性和能带理论

固体按其导电能力大小可区分为导体、半导体和绝缘体。在常温下导体的电导率为 10^4～10^6 S·cm^{-1}，一般金属和金属硼化物、碳化物、氮化物等均为导体，通常随温度升高，电导率减小；在常温下半导体的电导率为 10^3～10^{-3}S·cm^{-1}，硅、锗、周期系Ⅲ-Ⅴ族、Ⅱ-

[1] 硫系玻璃是由硫系（S，Se，Te）化合物和一部分金属氧化物组成的非晶态固体。

Ⅵ族化合物以及某些过渡金属氢氧化物均为半导体，随温度升高，电导率增大；在常温下绝缘体（并非完全不导电）的电导率极小，约 $10^{-4}\sim10^{-20}S\cdot cm^{-1}$，如 Al_2O_3、MgO、石英玻璃（均含离子键）、金刚石（共价键）、硫（分子间力）等，其中电子都定域在原子或离子或原子团周围不能移动，因此电导率一般不随温度变化，但对离子型绝缘体随温度升高缺陷增加，尤其高温时离子发生移动导致电导率增大。它们的导电情况与固体的电子结构有关，可以用能带理论加以描述。

能带理论（band theory）的要点：

① 在固体中原子紧密堆积十分靠近，相邻原子的价层轨道可以线性组合，形成许多分子轨道。n 个原子轨道可以组合成 n 个分子轨道，能量相近分子轨道的集合称为能带（energy band）；

② 一定能量范围内的许多能级，彼此相隔很近而形成一条带，在能带中各轨道间能量相差极小，电子很容易从一个分子轨道进入另一个分子轨道；

③ 不同原子轨道组成不同的能带，各种固体的能带数目和能带宽度都不相同；

④ 相邻两能带间的能量范围称为“能隙”（energy gap）或“禁带”（forbidden band），在能隙或禁带中不能填充电子；

⑤ 完全被电子占满的能带称“满带”（filled band），电子在满带中无法移动，不会导电；

⑥ 部分被电子占据的能带称“导带”（conductive band），该能带内分子轨道未填满电子，其中电子很易吸收微小能量而跃迁到稍高能量的轨道上去，而具有导电能力；

⑦ 由原子的价电子轨道组合而成的能带称为价带（valence band），价带可以是满带也可以是导带，但能量比价带低的各能带一般都是满带；

⑧ 完全未被电子占据的能带称“空带”（empty band），其由固体原子外电子层上的空轨道组合而成，能量较高。如禁带不太宽，电子获得能量跃迁到空带后，则部分被电子占据变成了导带。或满带和空带重叠亦可形成导带。

用能带理论处理：

般导体的能带如图 3-8-1 所示，满带和空带间没有能隙。半导体在满带和空带之间有能隙，能隙大小用禁带宽度（band gap）E_g 来表示（图 3-8-2），半导体能隙较小（通常 $E_g=0.5\sim4.0eV$），在常温下其空带上总有少量的激发电子（具足够热能）而有微弱的导电性。电子从满带激发到空带的难易与禁带宽度和温度有关，禁带宽度越小，温度越高，激发到空带上的电子数越多，导电性亦随之增强。

科学家们发现在砷化镓晶格中引入 1%～2%的高电负性氮原子，能使砷化镓的 E_g 减小 1/3，显然它能产生更大的电流。最近 Sandia 国家实验室已制得纯净的 InGaAsN 半导体材料，并用以制成一种高效率多层太阳能电池。这种先进半导体材料还将用作光纤激光器的光电能源。

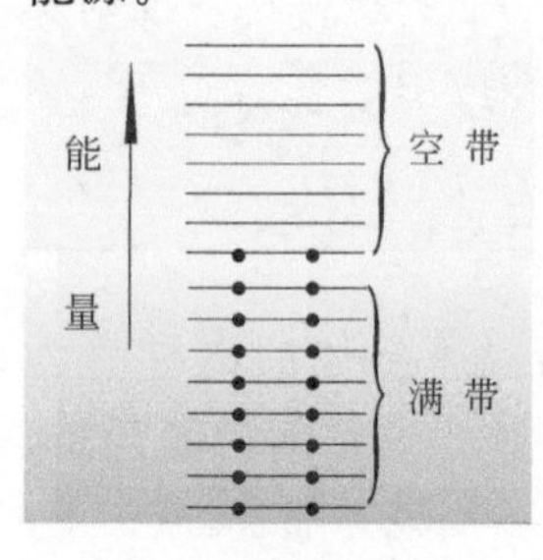

图 3-8-1 导体的能带示意

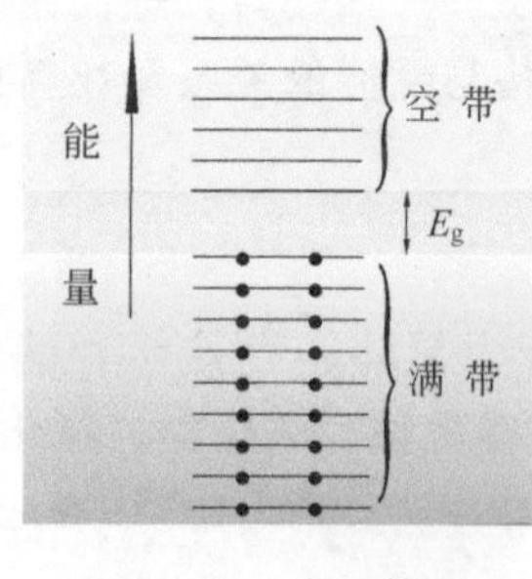

图 3-8-2 半导体的能带示意

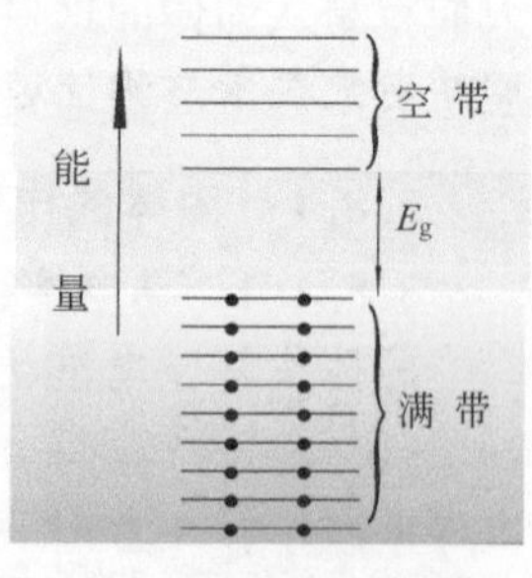

图 3-8-3 绝缘体的能带示意

绝缘体在满带与空带之间的能隙很大，通常 $E_g>5eV$（图 3-8-3），如金刚石的 $E_g=6.0eV$ 是一种极佳的绝缘体。表 3-9 列出了某些化合物固体的 E_g 值，从而可以大致区分它们是绝缘体还是半导体。

表 3-9　某些化合物固体的禁带宽度 E_g/eV

Ⅰ-Ⅶ化合物①	E_g	Ⅱ-Ⅵ化合物	E_g	Ⅲ-Ⅴ化合物	E_g
LiF	11	ZnO	3.4	AlP	3.0
LiCl	9.5	ZnS	3.8	AlAs	2.3
NaF	11.5	ZnSe	2.8	AlSb	1.5
NaCl	8.5	ZnTe	2.4	GaP	2.3
NaBr	7.5	CdO	2.3	GaAs	1.4
KF	11	CdS	2.45	GaSb	0.7
KCl	8.5	CdSe	1.8	InP	1.3
KBr	7.5	CdTe	1.45	InAs	0.3
KI	5.8	PbS	0.37	InSb	0.2
		PbSe	0.27	β-SiC	2.2
		PbTe	0.33	α-SiC	3.1

① 有些数据，特别是碱金属卤化物的数据是近似的。

3.8.1.2　介电性和极化概念

在绝缘体内的电子、离子、空穴不能自由移动，但在一定条件下可以促进它变位。如在电场作用下固体内部和表面上电荷发生偏离（即极化），感应出一定的电荷，这种现象称为介电性，具有介电性的物质称为介电体，介电性的大小可用相对介电常数❶（ε_r）来度量，如绝缘体的 $\varepsilon_r\approx3\sim15$，而强介电体钛酸钡（$BaTiO_3$）的 $\varepsilon_r\approx1700$。表 3-10 列出了某些固体的相对介电常数。

表 3-10　某些固体的相对介电常数 ε_r（25℃）

固 体 名 称	ε_r	固 体 名 称	ε_r
氧化钡	3.4	氧化镁	9.7
云母	3.6	高铅玻璃	19.0
石英玻璃	3.8	金红石（TiO_2）	约 110
金刚石	5.5	钛酸镁（$MgTiO_3$）	约 160
莫来石（$3Al_2O_3\cdot2SiO_2$）	6.6	钛酸钡（$BaTiO_3$）	约 1700

电容器❷的电容量与相对介电常数成正比，所以 ε_r 值大的介电体可以制成小型电容量大的电容器，现用经掺杂的瓷介电体（如 $BaTiO_3+SnO_2+ZrO_2+SrO$ 等）$\varepsilon_r\approx4000\sim20000$，制成高频用微型电容器以及电视机、无线电收发报机等用的电容器，还广泛用作电子器件的衬底材料。如向介电体施加机械力，也能使它极化而在两端表面间出现电势差，这种由力而产生电的现象称为压电效应，具有压电效应的材料称为压电材料，是陶瓷电子技术上不可缺少的功能材料。如人造水晶（SiO_2），钛酸钡（$BaTiO_3$）用于振荡器、滤波器、电视遥控器、超声波探伤器等。

近年来利用压电材料能使电信号转变成表面波信号传输，再转换成电信号取出，并进行信息的各种处理而用于雷达、电视机、电子计算机及程序控制等方面。

---

❶ 介电常数也称相对电容率，同一电容中用某一物质作为电介质（一般称为介电体）时的电容和其为真空时电容的比值。

❷ 在两电极板之间插入介电体即组成电容器，它是电路中储积电量的基本元件。

3.8.2　固体的磁性

物质的磁性都来源于磁矩，有反磁性和顺磁性之分，见图 3-8-4(a)、(b)。对于固体物质由于其内部粒子含有未成对电子的原子或离子，处于顺磁状态，在外磁场的作用下出现三种情况。

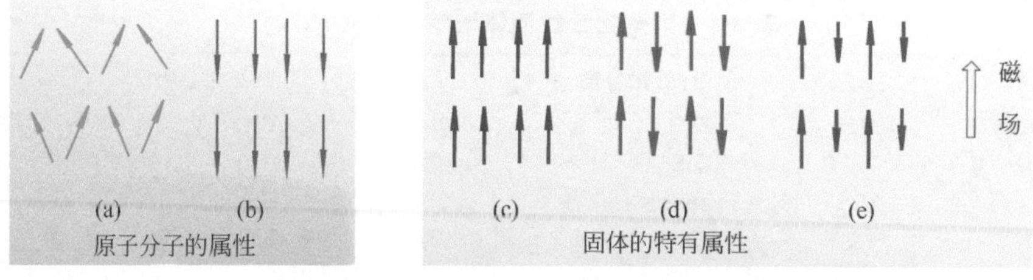

图 3-8-4　磁矩的排列与磁性的关系示意

① 在外磁场作用下，因晶格中电子自旋平行磁矩朝着磁场方向排列，当取消外磁场能保持一定程度的磁性，处于这种状态的固体表现出铁磁性（ferromagnetism）。例如，铁、钴、镍、磁性合金钢、γ-Fe_2O_3 等为铁磁体，见图 3-8-4(c)。

② 在外磁场作用下，因 A 晶格和 B 晶格电子自旋反平行，有大小相同、方向相反的磁矩同数存在，出现反铁磁性（antiferromagnetism）。例 MnO、Cr_2O_3、α-Fe_2O_3 等为反铁磁体，见图 3-8-4(d)。

③ 在外磁场作用下，因多晶体其电子自旋结果形成具有正反两个方向的磁矩，但其大小不等，沿磁场方向排列的磁矩占部分优势，出现铁氧磁性（ferroxmagnetism）。例如MO·Fe_2O_3，其中 M 为二价阳离子（如 Ba^{2+}、Mn^{2+}、Zn^{2+}、Ni^{2+} 等）主要是 Fe_2O_3 与一种或几种其他金属氧化物组成的磁性陶瓷体，称为铁氧体又称磁性瓷或铁淦氧，见图 3-8-4(e)。

上述三类磁体中以铁磁体和铁氧体最实用，而对新技术发展有着重要意义的主要是铁氧体，按其应用特性有软磁体和硬磁体之分。软磁体是容易磁化和退磁的一种磁性材料，如锰铁氧体（$MnFe_2O_4$）、镍铁氧体（$NiFe_2O_4$）等，在电子技术上主要用作各种高频磁芯（如磁放大器、磁头……）；硬磁体是在去掉磁场后仍保留着磁性的材料，也称永磁体，如 BaO·xFe_2O_3，SrO·xFe_2O_3（$x\approx5\sim6$），用于电声器件、超高频器件（如磁控管、隔离器……）。此外，锰-锌铁氧体、锂-镍铁氧体等，还用作信息存储元件和记录介质，随着录音机、录像机、计算机的发展，磁性材料的品种和需要量日益增多。

3.8.3　固体的光学性质

固体的光学性质是指光照到固体上时，在其表面发生折射和反射，在其内部发生吸收和散射；或者有选择地吸收或反射特定波长的光，只透过特定偏振面的光等，所有这些现象都是由原子所具有的电子能量、晶格缺陷、杂质等原因引起的。被吸收的光能转换成其他形式的能量发散，或仍以光的形式放出。光与固体作用产生的这些性质对材料在光学上的应用有着重要的意义。例如，透镜、棱镜、滤光片等光学元件，透明陶瓷、荧光体、固体激光工作物质等都是利用光学性质制成的固体材料和器件。以下简单介绍几种固体的光学性质。

(1) 激光固体　激光的发明成为 20 世纪中叶最伟大而具深远影响的科技成就之一，1960 年美国科学家梅曼（Maiman）用红宝石晶体制成世界上第一台激光器。以后的 30 余年又探索出众多固体激光工作物质，例如钇铝石榴石 $Y_3Al_5O_{12}$（即 YAG）晶体、砷化镓（GaAs）半导体等[1]。当固体工作物质受到激励能源照射后，激活其中的离子产生受激辐射，在此过程中光子数倍增，并在两块反射镜中多次来回反射振荡，受激光强度剧增，从而

[1] 激光工作物质除固体外，还有气体（CO_2、各种稀有气体）、液体（有机染料及溶剂）等，不下几百种。

输出激光（图 3-8-5）。

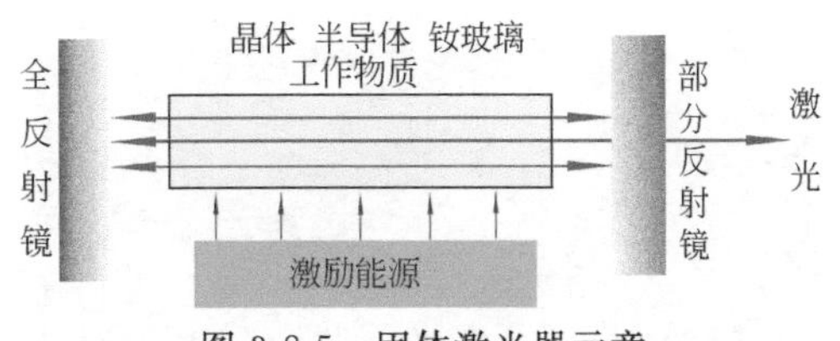

图 3-8-5　固体激光器示意

因为激光具有单色性、定向、高能量等性能，已成为研究原子、分子、固体、等离子体的结构、成分、各种反应过程的重要手段。激光可以在微米范围内产生几万度高温，使金属切割、穿孔、焊接等的加工处理发生了巨大的变革。利用激光还可以对静止或运动的目标进行精确的测量和进行大气污染监测，所以在工业、军事、医学、环保等方面得到广泛的应用，并可望利用激光引发核聚变，从而开辟出新的清洁能源。

(2) 光导纤维　光纤通信是利用光波载荷语音、数据、图像等信号，通过光学纤维作为媒介进行传输的一种通信技术。1966 年 7 月英籍华人高锟（Charles Kao）发表了《介电波导管的光波传送》论文，从而开创纯净的石英玻璃（用高温去除杂质离子）制成光导纤维，远距离传输信息。目前光纤网络已遍布全球，这种资讯革命缔造了一个新纪元。为此，高锟获 2009 年诺贝尔物理学奖。由于高温石英玻璃纤维性脆，表面易被污染、磨损或化学侵蚀会严重影响光的传输，为此必须用保护材料包裹。保护材料通常用全氟乙丙烯（FEP）、全氟烷氧基树脂（FEP）等。保护层可以在拉制纤维时同时成型，因此通信光缆一般都采用芯皮结构。入射光线（GaAs 半导体激光管为光源）在光纤芯体内部界面产生全反射，全反射光线又以同样的角度在对面界面上发生第二次全反射，经过如此的多次反射，将光从一端送到另一端，从而传递信息和图像等（图 3-8-6）。

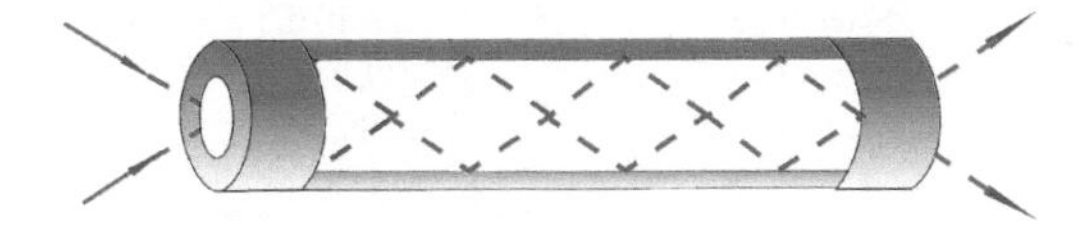

图 3-8-6　光在光导纤维中传播示意

光导纤维主要用作远距离通信的光缆，还可用于人体内脏器官的直视和照相，将很细的纤维束引入照明，显然大大优于小电珠的插入照明。同时，光纤还广泛应用于光电控制系统、扫描、成像。利用光纤制造的导弹弹头，质量轻、飞行稳定，增加了系统的坚固性和可靠性。

(3) 宝石　宝石（gemstones）晶莹绚丽，光彩夺目。宝石的色彩是可见光的定向反射、吸收、折射、全反射和干涉等联合构成的各种现象的总和。对于透明宝石，往往只能透过某些特定波长的光，其余的光均被吸收，这些不同波长的透过光组合的颜色即为人眼能感觉到的颜色。如金刚石和水晶对可见光几乎都不吸收，所以是无色的，而各种彩色透明宝石对可见光

红宝石（中国贵州）

绿宝石（中国云南）

图 3-8-7　天然宝石

图 3-8-8 经加工后的各色宝石

选择吸收，剩余的光组成其颜色（见图 3-8-7）。

大多数宝石含有能引起光的选择性吸收的元素，如缅甸红宝石的组成为 Al_2O_3(97.5%)＋Cr_2O_3(1.81%)＋SiO_2(0.54%)，因含铬而显红色；又如我国山东蓝宝石的组成为 Al_2O_3(97.41%)＋γ-Fe(1.37%)＋SiO_2(0.6%)，因含铁而显蓝色。

宝石的光泽来源于其表面对光的反射能力，宝石光泽强度取决于宝石本身的折射率和表面光洁程度。天然宝石主要为无机矿物，例如绿柱石(Beryl)的化学组成为 $Be_3Al_2(SiO_6)$，红宝石(Ruby)主要化学组成约为 Cr_2O_3(1.8%)＋MgO(0.03%)＋V_2O_5(0.06%)＋SiO_2(0.54%)＋Al_2O_3(97.5%)。极大部分宝石为晶体，经加工后形成光彩夺目的精品(图 3-8-8)，但价格昂贵，因此根据固体的光学性质人们已制造出廉价的人造宝石。随着科技发展，现在制得的人造宝石几可乱真，从表 3-11 一组折射率数据比较可见一斑。

表 3-11 某些天然、人造宝石的折射率 n_d

天然宝石	n_d	人造宝石	n_d
金刚石	2.471	立方氧化锆	2.150
红宝石	1.769	合成红宝石	1.762
祖母绿	1.564	合成祖母绿	1.561
水晶	1.544	合成水晶	1.544

固体因其内部结构特征所具有的各种物理性质经组合又可形成众多功能材料，如热电材料、光电材料、电磁材料、磁光材料等，在宇航、能源、电子、信息等技术领域日益发挥其重要的功能，并推进着科技向更高层次的发展。

科学家布拉格父子

父：William Henry Bragg（1862～1942）

子：William Lawrence Bragg（1890～1971）

在科学史上，布拉格父子是惟一一对子承父业、父子俩合作研究同一项目，而又共同获得诺贝尔奖的英国科学家。

亨利·布拉格早先从事 X 射线性质研究，1912 年出版了他的研究专著《放射性研究》。同年，劳厄（M. Von. Laue）发现了晶体的 X 射线衍射现象，他们用劳厄的这一结果研究了晶体的结构，并推导得到了著名的布拉格方程（$n\lambda=2d\sin\theta$）。用此方程不仅可解释劳厄的衍射图形，还证明了晶体结构几何理论的正确，从而使人们由研究晶体的外形发展到研究晶体的内部结构、离子排列。他们相继测定了碱金属卤化物 NaCl、KCl 的结构，而后在 1913 年又精确测定了金刚石，并共同发表了论文《金刚石的结构》。1915 年父子俩合著的《X 射线和晶体结构》一书出版。由于他们用 X 射线分析晶体结构的成功，父子共享 1915 年诺贝尔物理学奖。

亨利·布拉格出身贫困，母亲早逝，后由他的未婚伯伯威廉·布拉格照看并送进学

L. 布拉格　　　　　　H. 布拉格

校读书。在校期间虽然成绩优异，平时却总是衣衫褴褛，脚上穿的是他父亲穿过的旧皮鞋，并因此常受校内富家子弟的讥讽和嘲笑。但生活上的困难没有使他退缩，反而学习更加勤奋，终以无可挑剔的成绩被推荐到英国剑桥大学读书。1884 年大学毕业后，去澳大利亚阿德莱德大学工作，直到 1909 年返回英国。1907 年被选为英国皇家学会会员，1920 年被封为爵士，亨利·布拉格从 1923 年起任戴维-法拉第实验室主任，1935～1940 年间任英国皇家学会的会长，他还先后获得国内外 16 所大学的荣誉博士。

小布拉格童年时的境况完全不同于他父亲，各方面条件非常优越，从小对父亲所从事的研究就倍感兴趣，经常到实验室看他父亲做实验。由于他本人的天赋和努力，以及家庭的影响和父亲的训导，读书和研究成绩都非常突出，24 岁就成为剑桥大学的年轻教授和剑桥研究院院士，25 岁获得令人羡慕的诺贝尔奖。

劳伦斯·布拉格成名后又获得许多荣誉，1917 年和他父亲同时获得意大利科学协会金质奖章、1915～1919 年在英国军队服役期间获得武装部队十字勋章、1941 年受封爵位、1946 年获英国皇家学会奖章等，1954～1965 年间担任伦敦皇家研究院院长。

复习思考题

1. 试区别下列名词：
   (1) 晶体和非晶体；(2) 晶胞和晶格；(3) 铁磁性和铁氧磁性；
   (4) 导电性和介电性。
2. 晶胞有何特征？晶格有多少种，最常见的有几种？
3. 晶体有几种类型？确定晶体类型的主要因素是什么？各种类型晶体的性质有何不同？
4. AB 型离子晶体最常见的排列形式有几种？如何确定一个 AB 型离子晶体是属于哪种排列形式？
5. 什么叫离子极化？离子极化会引起晶体性质的哪些变化？
6. 解释下列各点：
   (1) 实验测得 AgI 晶体的配位比为 4∶4，与半径比结果不一致；
   (2) 石灰石敲打易碎，金属如 Al、Ag 能打成薄片；
   (3) MgO 可作为耐火材料；
   (4) BaI_2 易溶于水，而 HgI_2 难溶于水。
7. 晶体缺陷有哪几种类型？它对晶体性质有何影响？
8. 指出下列各种固体哪几种属非晶体，它们在高科技领域中有何应用？
   (1) 石英玻璃；(2) 钇钡铜氧超导体；(3) 金属钛；
   (4) 非晶态硅；(5) 氧化锆陶瓷。
9. 在何种情况下可以形成非化学计量化合物？它与化学整比化合物性质上有何异同？
10. 固体的电性、光性、磁性与其内部结构有何联系？

习　题

1. 推测下列物质的熔点大小的顺序，并加以必要的说明。
   O_2，NH_3，AgBr，NaF
2. 从半径比推测下列晶体的配位比及构型。
   LiCl，CaS，RbBr，RbCl，MgO，LiI
3. 试根据下表数据，从晶格能的变化来讨论化合物熔点随离子半径、电荷变化的规律性。

化合物	NaF	NaCl	NaBr	NaI	KCl	RbCl	CaO	MgO
熔点/℃	996	801	747	660	768	717	2570	2825

4. 下列各组物质中，何者熔点较高？为什么？
   (1) SiC 与 I_2；　(2) 干冰 (CO_2) 与水；　(3) HCl 与 KCl；
   (4) $MgCl_2$ 与 MgI_2；　(5) KI 与 CuI。
5. (1) 试比较下列各离子极化力的相对大小：
   Fe^{2+}，Sn^{2+}，Sn^{4+}，Sr^{2+}
   (2) 试比较下列各离子变形性的相对大小：
   O^{2-}，F^-，S^{2-}
6. 金属铁为体心立方晶格，密度 $7.87g\cdot cm^{-3}$，空间利用率为68%，求铁原子半径（单位用 pm）。（球体积 $V=4/3\pi r^3$）
7. 已知金属铜的密度为 $8.95g\cdot cm^{-3}$，Cu 原子半径为127.8pm，问 Cu 的晶胞是面心立方还是体心立方？（金属晶体面心立方的空间利用率为74%，体心立方的空间利用率为68%）
8. 试就离子晶体 CsI 和 AgI，(1) 分别指出属何种晶型；(2) 说明每种晶胞所含分子数目的理由。
9. 试用玻恩-朗德理论公式求算 KI 晶格能（K^+ 离子、I^- 离子半径数据自查）。
10. 已知 $KClO_4$ 的晶格能为 $591kJ\cdot mol^{-1}$，试用卡普钦斯基经验公式求算 ClO_4^- 离子的半径（K^+ 离子半径查表 3-3）。
11. 经 X 射线晶体测定得 TiO 和 VO 晶胞边长数据，经理论计算两晶体的密度分别为 $5.81g\cdot cm^{-3}$ 和 $6.49g\cdot cm^{-3}$；而通过测量体积和质量，实际测得该两晶体的密度分别为 $4.92g\cdot cm^{-3}$ 和 $5.92g\cdot cm^{-3}$。试按上述数据推断 TiO 和 VO 中具有肖特基缺陷还是弗伦克尔缺陷？
12. 今有某些超导体，它们的临界温度列于下表。

单　质	T_c/K	化 合 物	T_c/K
Zn	0.88	$LiTiO_4$	13
Hg	4.15	$KO_4BaO_6BiO_3$	29.8
Pb	7.19	$YBa_2Cu_3O_{7-x}$	95
Nb	9.50	$Tl_2Ba_2Ca_2Cu_3O_{10-y}$	122

    试问哪几种具有实际意义？为什么？
13. 试查表 3-9，按 E_g 值大小区别下列各物质哪些属绝缘体、半导体或导体？
    NaF，LiCl，NaCl，KBr，ZnS，CdO，AlSb，GaAs，GaSb，InAs，Cu，Ag
14. 何谓介电性？介电性大小用什么参数表示，请指出25℃时下列各物质的介电常数值：石英玻璃、金红石、钛酸钡。若给钛酸钡施加机械力，将产生何种效应？为什么？有何应用？
15. 指出下列固体（钴，α-Fe_2O_3，$MnFe_2O_4$，γ-Fe_2O_3，Cr_2O_3，$NiFe_2O_4$，铁，$BaO\cdot 5Fe_2O_3$）(1) 哪些具有铁磁性或反铁磁性或铁氧磁性？为什么？(2) 在铁氧磁性物质中再区分软性磁体和永磁体。

参 考 书 目

1 厦门大学化学系物构组编．结构化学．北京：科学出版社，2008
2 申泮文主编．近代化学导论．第二版．北京：高等教育出版社，2009
3 Zumdahl S. S.，Zumdahl S. A. **Chemistry 8th ed.** Brooks/Cole Cengage Learning，2010
4 Chang R.，Overby J. **General Chemistry-The Essential Concepts 6th ed.** McGraw-Hill Companies，Inc. 2011

第4章　配合物结构和新型配合物

Chapter 4　The Structures of Coordination Compounds and Their New Compounds

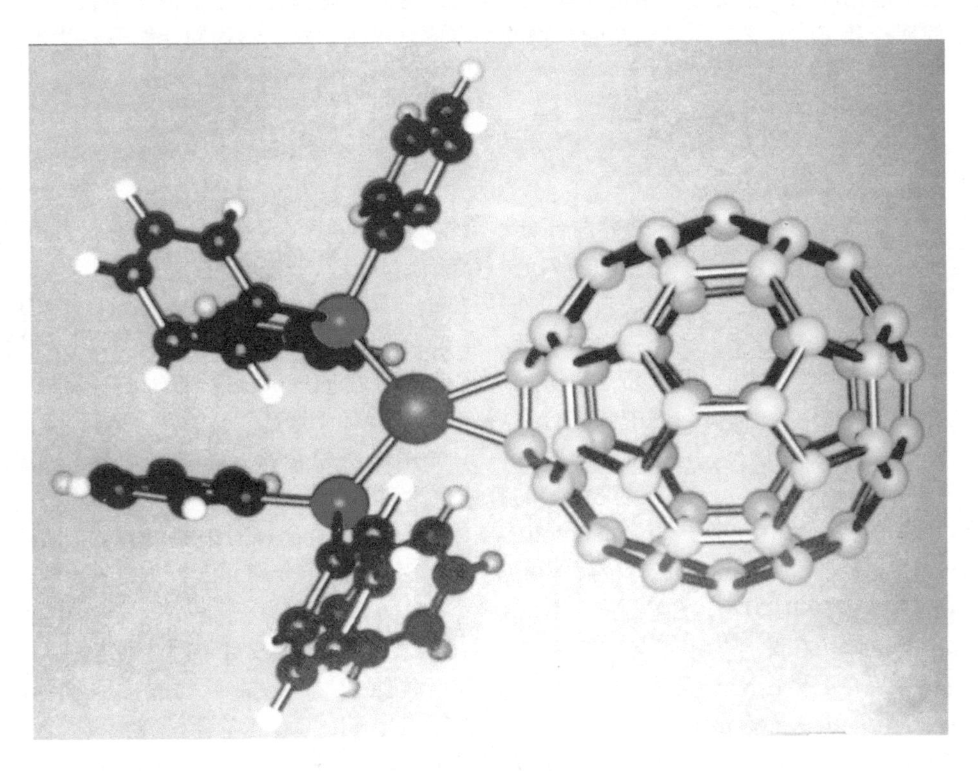

在化学发展的历史中，人们除了研究简单的化合物外，还发现了两类复杂的无机化合物：即复盐[1]和分子加合物[2]。化学文献记载最早有关分子加合物研究的是1789年法国化学家塔萨厄尔（B. M. Tassaert）。他将钴（Ⅱ）盐的氨溶液暴露在空气中，析出一种橙色晶体，分析其组成为 $CoCl_3 \cdot 6NH_3$，是 $CoCl_3$ 和 NH_3 的分子加合物。这个分子加合物即使加热至150℃也不释放 NH_3，说明 NH_3 与 $CoCl_3$ 较牢固地键合在一起。在实验室里，我们经常看到蓝色的干燥剂硅胶吸水后变成粉红色，这也是由于硅胶中掺杂蓝色的 $CoCl_2$ 吸收水分子后生成粉红色的分子加合物 $CoCl_2 \cdot 6H_2O$；同样 $Cu(OH)_2$ 沉淀溶于氨水而能转化为深蓝色的溶液，也是因为生成分子加合物的缘故。

按照现代价键理论，这些分子加合物都由配位键组成，因此可将这类含有配位键的化合物称为配位化合物（coordination compounds），简称配合物[3]。现代结构理论认为：配合物

---

[1] 两种或两种以上简单化合物按一定的物质的量之比组成的复杂化合物，如 $AlF_3 \cdot 3NaF$，$KCl \cdot MgCl_2 \cdot 6H_2O$，$Al_2(SO_4)_3 \cdot K_2SO_4 \cdot 24H_2O$ 等。

[2] 金属盐和一种中性分子的加合物。

[3] 目前有些书按传统习惯称配合物为络合物（complex compounds，简称 complex）。

是由可以给出孤对电子或多个不定域电子的一定数目的离子或分子（称为配体）和具有接受孤对电子或多个不定域电子的空位的原子或离子（统称为中心离子）按一定的组成和空间构型所形成的化合物。配位化合物数量很多，用途极广。自瑞士化学家维尔纳（A. Werner）奠定配位化学的基础以来，特别是在现代结构化学理论和近代物理实验方法的推动下，配位化学已发展成为一个内容丰富、成果丰硕的学科，并广泛应用于工业、农业、生物、医药等领域。配位化学的研究成果，促进了分离技术、配位催化、电镀工艺以及原子能、火箭等尖端技术的发展，化学模拟固定氮、光合作用人工模拟和太阳能利用等无一不与配位化学密切相关。对配合物性质和结构的研究，加深和丰富了人们对元素化学性质、元素周期律的认识，推动了酸碱理论和化学键及分子结构等理论的发展。总之，配位化学在整个化学领域中具有极为重要的理论和实践意义。本章将从配合物的基本概念出发，对其结构和性能作一初步介绍。

4.1　配合物的基本概念

4.1.1　配合物的组成

配合物的组成一般分内界和外界两部分：与中心离子紧密结合的中性分子或离子组成配合物的内界（inner sphere），常用方括号括起来，在方括号之外的为外界（outer sphere）。例如 $[Co(NH_3)_6]Cl_3$ 配合物在水溶液中，外界组分可解离出来，内界组分很稳定，几乎不解离。有些配合物的内界不带电荷，本身就是一个中性化合物，如 $[PtCl_2(NH_3)_2]$、$[CoCl_3(NH_3)_3]$。现以 $[Co(NH_3)_6]Cl_3$ 为例说明配合物（特别是内界）的组成并就配合物的有关概念讨论如下。

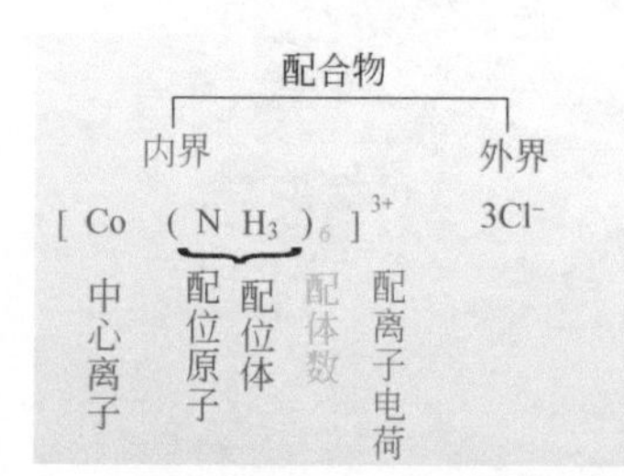

(1) 中心离子　中心离子（central ion）或原子，位于配合物的中心位置，它是配合物的核心，通常是金属阳离子或某些金属原子以及高氧化值的非金属元素，如 $[Ag(NH_3)_2]^+$ 中的 Ag^+ 离子、$Fe(CO)_5$ 中的 Fe 原子和 $[SiF_6]^{2-}$ 中的 Si(Ⅳ)。

(2) 配位体　在配合物中，与中心离子以配位键结合的离子或分子称为配位体，简称配体（ligand）。在配体中给出孤对电子的原子称为配位原子，一般常见的配位原子主要是周期表中电负性较大的非金属原子，如 N、O、S、C、F、Cl、Br、I 等原子。

根据配体中所含配位原子数多少可分为单齿配体（monodentate）和多齿配体（polydentate）。表 4-1 列出一些常见的配体。

表 4-1　一些常见配体

配体类型	实　例
单齿配体	H_2O: 水、:NH_3 氨、:F^- 氟离子、:Cl^- 氯离子、$[:C{\equiv}N]^-$ 氰根离子、$[:O{-}H]^-$ 羟基、$[:O{-}N{=}O]^-$ 亚硝基
双齿配体	$H_2C{-}CH_2$ / $H_2\ddot{N}$　$\ddot{N}H_2$ 乙二胺(en)；$[(O{=})(\ddot{O}{-})C{-}C(=O)(\ddot{O}{-})]^{2-}$ 草酸根(ox)
多齿配体	$H_2C{-}CH_2$ $CH_2{-}CH_2$ / $H_2\ddot{N}$　$\ddot{N}H$　$\ddot{N}H_2$ 二乙三胺；$[(^-\ddot{O}OC{-}CH_2)_2\ddot{N}{-}CH_2{-}CH_2{-}\ddot{N}(CH_2{-}COO\ddot{O}^-)_2]^{4-}$ 乙二胺四乙酸根离子(EDTA)

(3) 配离子的电荷　中心离子的电荷与配体的电荷（配体是中性分子，其电荷为零）的代数和即为配离子的电荷，例如：

在 $K_2[HgI_4]$ 中，配离子 $[HgI_4]^x$ 的电荷 x 为 $2\times1+(-1)\times4=-2$。

因配合物呈电中性，配离子的电荷也可以较简便地由外界离子的电荷来确定。例如 $[Cu(NH_3)_4]SO_4$ 的外界为 SO_4^{2-}，据此可知配离子电荷为+2。

(4) 配位数　在配合物中，直接与中心离子键合的配位原子数称为中心离子的配位数(coordination number)。中心离子的实际配位数的多少与中心离子、配体的半径、电荷有关，也和配体的浓度、形成配合物的温度等因素有关。但对某一中心离子来说，常有一特征配位数。表 4-2 列出一些中心离子的特征配位数和几何构型。

表 4-2　一些中心离子的特征配位数和几何构型

中心离子	特征配位数	几何构型	实例
Cu^+,Ag^+,Au^+	2	直线形	$[Ag(NH_3)_2]^+$
Cu^{2+},Ni^{2+},Pd^{2+},Pt^{2+}	4	平面正方形	$[Pt(NH_3)_4]^{2+}$
Zn^{2+},Cd^{2+},Hg^{2+},Al^{3+}	4	正四面体形	$[Zn(NH_3)_4]^{2+}$
Cr^{3+},Co^{3+},Fe^{3+},Pt^{4+}	6	正八面体形	$[Co(NH_3)_6]^{3+}$

4.1.2　配合物的命名

配合物的命名，服从无机化合物命名的一般原则。配合物为配离子化合物，命名时阴离子在前，阳离子在后。若为配位阳离子化合物，则叫某化某或某酸某；若为配位阴离子化合物，则配位阴离子与外界阳离子之间用“酸”字连接，各配体命名的顺序按以下规则。

① 配体的名称放在中心离子名称之前，配体顺序为：阴离子配体在前，中性分子配体在后；无机配体在前面，有机配体在后面。不同配体名称间以“·”分开，在最后一个配体名称之后加“合”字，中心离子的氧化值用带括号的罗马数字表示。

② 同类配体的名称，按配位原子元素符号的英文字母顺序排列。

③ 配体个数用倍数词头二、三、四等数字表示。

下面列出一些配合物的命名实例：

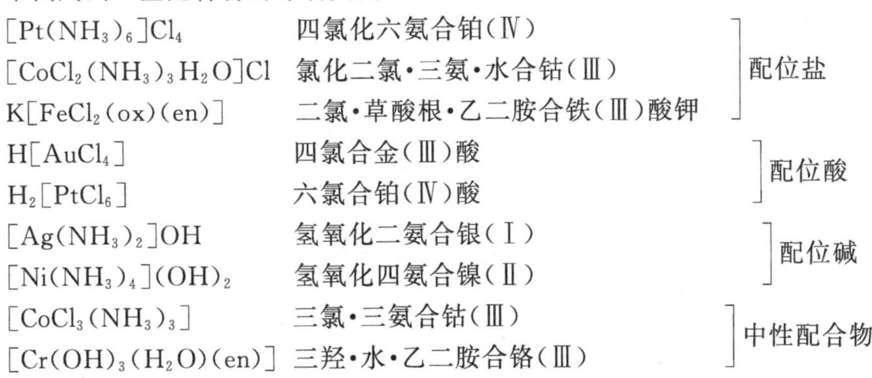

配合物	名称	类别
$[Pt(NH_3)_6]Cl_4$	四氯化六氨合铂(Ⅳ)	配位盐
$[CoCl_2(NH_3)_3H_2O]Cl$	氯化二氯·三氨·水合钴(Ⅲ)	配位盐
$K[FeCl_2(ox)(en)]$	二氯·草酸根·乙二胺合铁(Ⅲ)酸钾	配位盐
$H[AuCl_4]$	四氯合金(Ⅲ)酸	配位酸
$H_2[PtCl_6]$	六氯合铂(Ⅳ)酸	配位酸
$[Ag(NH_3)_2]OH$	氢氧化二氨合银(Ⅰ)	配位碱
$[Ni(NH_3)_4](OH)_2$	氢氧化四氨合镍(Ⅱ)	配位碱
$[CoCl_3(NH_3)_3]$	三氯·三氨合钴(Ⅲ)	中性配合物
$[Cr(OH)_3(H_2O)(en)]$	三羟·水·乙二胺合铬(Ⅲ)	中性配合物

有些配合物有其习惯上沿用的名称，不一定符合命名规则。例如：$K_4[Fe(CN)_6]$ 称亚铁氰化钾（黄血盐）；$H_2[SiF_6]$ 称氟硅酸。

以上简单介绍了部分配合物的命名方法，对较特殊或复杂的配合物命名可参见中国化学会《化学命名原则》中的配合物部分[1]。

4.1.3　螯合物

螯合物（chelate）是由多齿配体通过两个或两个以上的配位原子与同一中心离子形成的具有环状结构的配合物。能与中心离子形成螯合物的配体称为螯合剂（chelating agent）。氨羧酸类化合物是最常见的螯合剂，其中最典型的是乙二胺四乙酸（Ethylene Diamine Tetraacetic Acid）及其盐，简写为EDTA，它是六齿配体，其中2个氨基氮和4个羧基氧都可提供电子对，与中心离子结合成六配位、5个五元环的螯合物，如EDTA与 Ca^{2+} 结合 $Ca^{2+}+H_2Y^{2-}=[CaY]^{2-}+2H^+$ 如图4-1-1所示。

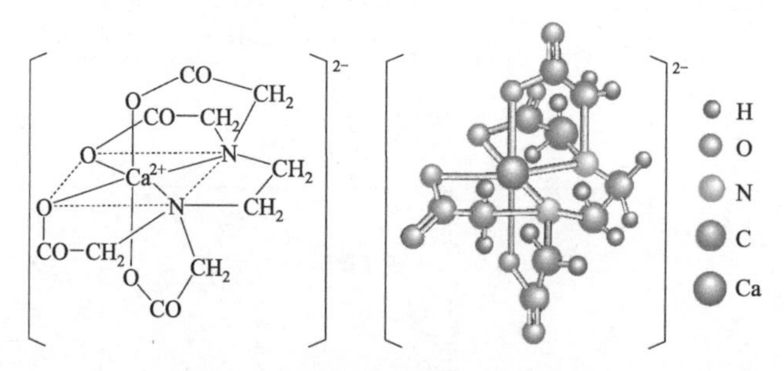

图4-1-1　EDTA螯合物空间结构

EDTA与 Ca^{2+}、Mg^{2+} 等离子形成较稳定的螯合物，利用这一性质可以测定水中 Ca^{2+}、Mg^{2+} 等离子的含量，也可用来去除水中的 Ca^{2+}、Mg^{2+} 离子，使水软化。螯合物与具有相同配位原子的简单配合物相比，常具有特殊的稳定性，通常称为螯合效应（chelate effect）。

螯合物除了具有很高的稳定性外，还具有特征颜色、难溶于水而易溶于有机溶剂等特点，因而被广泛地用于沉淀分离、溶剂萃取、比色测定、容量分析等分离、分析工作。

4.1.4　配合物的几何异构现象

配合物的化学组成相同而配体在空间的位置不同而产生的异构现象称为几何异构（geometrical isomerism）。它主要发生在配位数为4的平面正方形（而不是正四面体）和配位数为6的八面体配合物（Octahedral Coordination Compounds）中。

平面正方形配合物的几何异构现象研究得最多的是Pt(Ⅱ)和Pd(Ⅱ)的配合物。典型的代表是顺式和反式的二氯·二氨合铂(Ⅱ)$[PtCl_2(NH_3)_2]$，如图4-1-2所示。

具有不对称二齿配体的平面正方形配合物 $[M(AB)_2]$ 也有几何异构现象。例如氨基乙

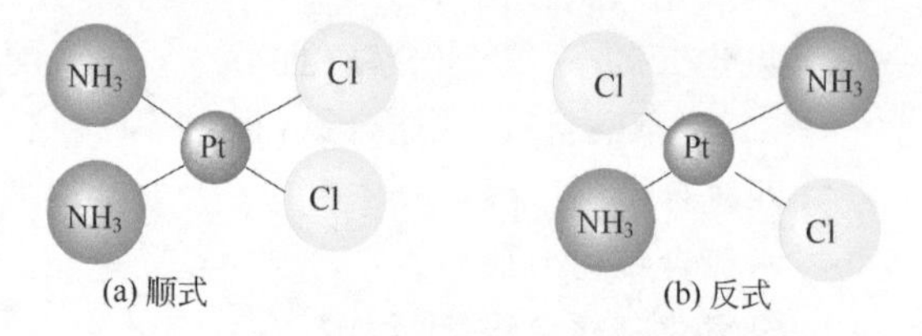

图4-1-2　$[PtCl_2(NH_3)_2]$ 的顺反异构体

[1]《化学命名原则》，科学出版社1984年12月第一版。

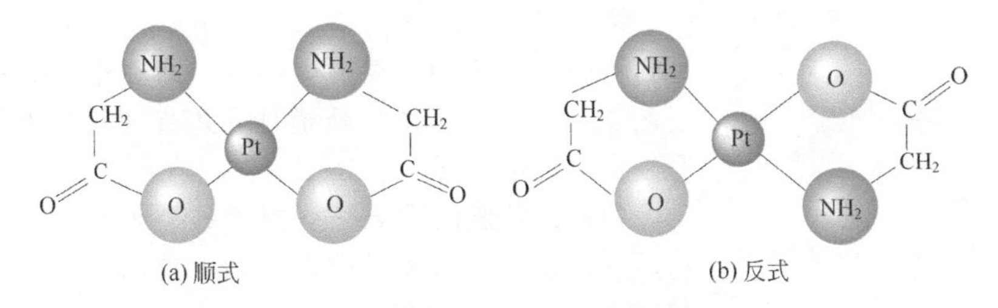

图 4-1-3　$[M(AB)_2]$ 构型的顺反异构体

酸根（$NH_2CH_2COO^-$）就是这样的配体，它与 Pt(Ⅱ) 生成如图 4-1-3 所示的顺式和反式的异构体。

配合物异构体在物理及化学性质方面都呈现出明显的不同，例如顺-$[PtCl_2(NH_3)_2]$ 是橙黄色晶体、极性分子、易溶于水；而反-$[PtCl_2(NH_3)_2]$ 是非极性分子不溶于水。配合物的异构在生理活性上也产生重大差异。经研究表明具有顺式结构 $[PtA_2X_2]$(A 为胺类，X 为酸根) 中的中性配合物均具有抑癌活性，其中以顺-$[PtCl_2(NH_3)_2]$ 活性最高，其抑癌机理可能为顺-$[PtCl_2(NH_3)_2]$解离出 Cl^-，继而进攻癌细胞 DNA 的碱基，形成碱基-铂-碱基交联,从而抑制了 DNA 的复制，阻止了癌细胞的分裂（图 4-1-4）；而反-$[PtCl_2(NH_3)_2]$由于空间效应，不能与 DNA 中的两个碱基配位，起不到抑癌的作用。

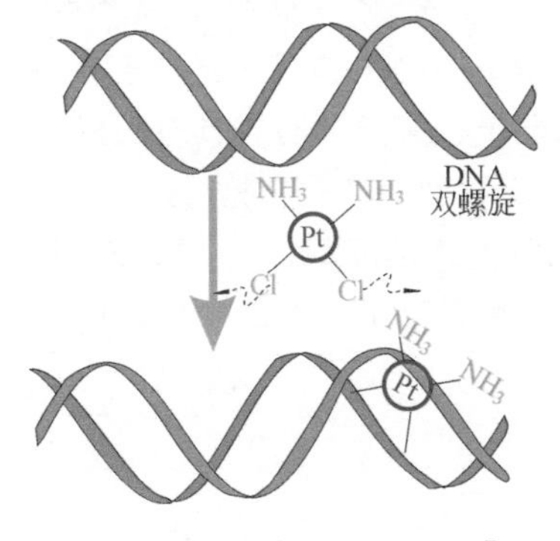

图 4-1-4　顺-$[PtCl_2(NH_3)_2]$ 的抑癌机理

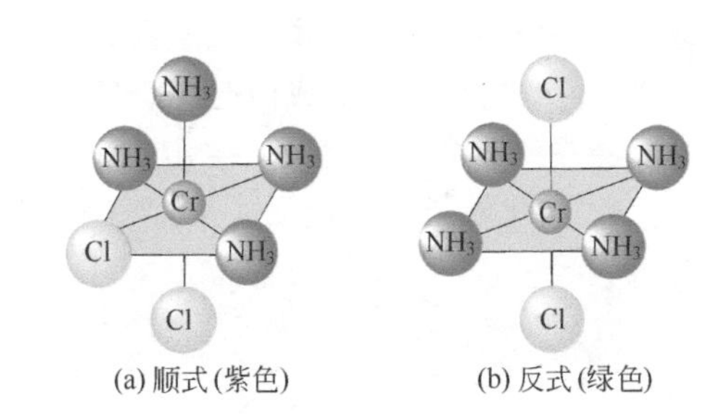

图 4-1-5　二氯·四氨合铬(Ⅲ) 离子的顺反异构体

八面体配合物的几何异构现象更普遍。对于 $[MA_4X_2]$ 型最典型的例子是二氯·四氨合铬(Ⅲ) 离子的紫色型（顺式）和绿色型（反式），如图 4-1-5 所示。

几何异构体的数目与配位数、空间构型、配体的种类等因素有关。一般来说，配体的种类愈多，存在异构体的数目也愈多。

4.2　配合物结构的价键理论

1928 年鲍林把杂化轨道理论应用到配合物中，提出了配合物的价键理论。价键理论的核心是：在配合物中，配体的配位原子提供孤对电子进入中心离子空的杂化轨道形成配位键。

4.2.1　杂化轨道和空间构型

在 $[Ag(NH_3)_2]^+$ 配离子中，Ag^+ 的 1 个 s 轨道和 1 个 p 轨道经杂化形成两个新的能量相同的空的 sp 杂化轨道，2 个 NH_3 中 N 上的孤对电子进入 Ag^+ 空的 sp 杂化轨道，形成 $[Ag(NH_3)_2]^+$ 配离子，直线形（图 4-2-1）。两配位的配离子均为直线形。

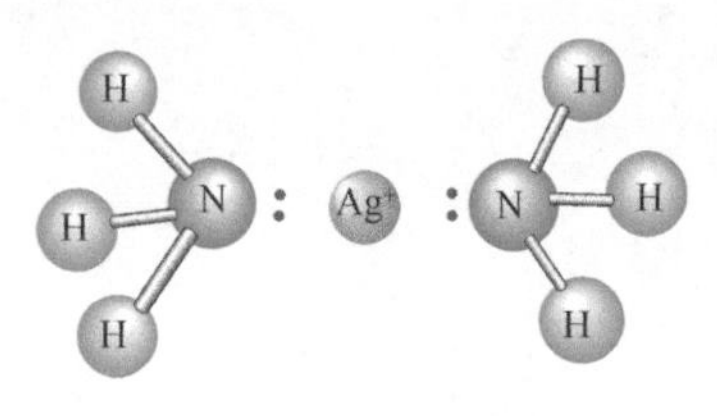

图 4-2-1 $[Ag(NH_3)_2]^+$ 配离子的结构示意

配离子的不同几何构型是由中心离子采用不同的杂化轨道与配体配位的结果。中心离子的杂化轨道除了前面讲过的 sp、sp^2、sp^3 杂化轨道外，还有 d 轨道参与杂化，现分别加以讨论如下。

（1）四配位的配离子 配位数为 4 的配离子空间构型有两种：正四面体和平面正方形。现以 $[Ni(NH_3)_4]^{2+}$ 和 $[Ni(CN)_4]^{2-}$ 为例来讨论。

Ni^{2+} 的外层 d 电子组态为 $3d^8$，还有空的且能量相近的 4s、4p 轨道经杂化构成 4 个 sp^3 杂化轨道，以用来接受 4 个 NH_3 中 N 原子提供的孤对电子，如图 4-2-2 所示。

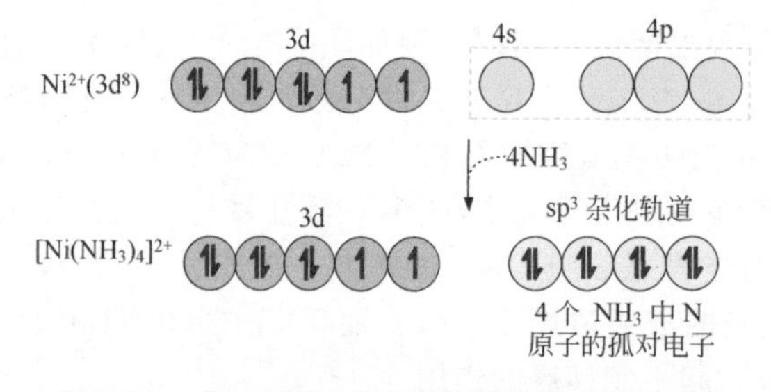

图 4-2-2 $[Ni(NH_3)_4]^{2+}$ 配离子的形成过程示意

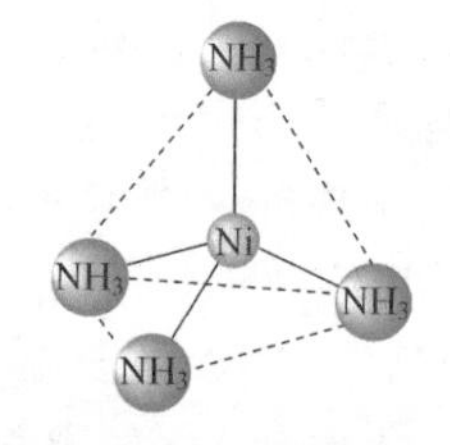

图 4-2-3 $[Ni(NH_3)_4]^{2+}$ 配离子的结构示意

由于 4 个 sp^3 杂化轨道指向正四面体的四个顶点，所以 $[Ni(NH_3)_4]^{2+}$ 配离子具有正四面体构型（图 4-2-3）。在该配离子电子层中有 2 个未成对电子，实验证明它具有顺磁性。

$[Ni(CN)_4]^{2-}$ 配离子的形成情况却有所不同，当 4 个 CN^- 接近 Ni^{2+} 时，Ni^{2+} 中的 2 个未成对电子合并到一个 d 轨道上，空出 1 个 3d 轨道与 1 个 4s 轨道和 2 个 4p 轨道进行杂化，构成 4 个 dsp^2 杂化轨道用来接受 4 个 CN^- 中 C 原子提供的孤对电子，如图 4-2-4 所示。

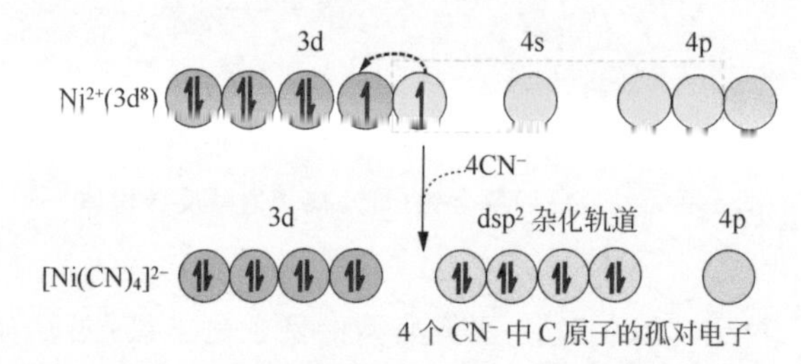

图 4-2-4 $[Ni(CN)_4]^{2-}$ 配离子的形成过程

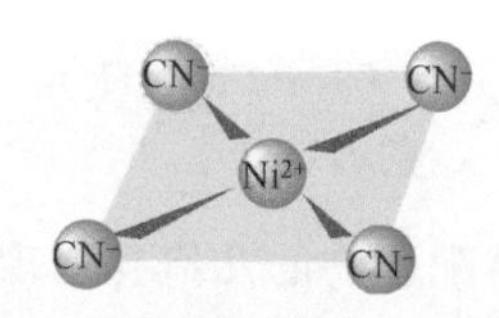

图 4-2-5 $[Ni(CN)_4]^{2-}$ 配离子的结构

由于 4 个 dsp^2 杂化轨道指向平面正方形的 4 个顶点，所以 $[Ni(CN)_4]^{2-}$ 具有平面正方形构型（图 4-2-5）。在该配离子电子层中没有未成对电子，实验证明它具有反磁性。

（2）六配位的配离子 配位数为 6 的配离子空间构型为八面体。现以 $[CoF_6]^{3-}$ 和 $[Co(CN)_6]^{3-}$ 为例来讨论。

实验测得 $[CoF_6]^{3+}$ 与 Co^{3+} 有相同的磁矩，说明配离子中保留有未成对电子数，具顺磁性。这是因为 Co^{3+} 利用外层的 1 个 4s 轨道，3 个 4p 轨道和 2 个 4d 轨道构成 6 个 sp^3d^2 杂化轨道与 6 个配体 F^- 成键，如图 4-2-6 所示。

$[Co(CN)_6]^{3-}$ 配离子的实验值为反磁性，应该没有未成对电子。这是因为在 6 个 CN^- 配体的影响下，Co^{3+} 3d 轨道的 6 个电子都耦合成对，空出 2 个 3d 轨道，加上外层 1 个 4s 轨道及 3 个 4p 轨道进行杂化，构成 6 个 d^2sp^3 杂化轨道。此杂化轨道与 6 个配体 CN^- 成键，如图 4-2-7 所示。表 4-3 列出常见配位数配离子的杂化轨道类型与配离子的空间构型的关系。

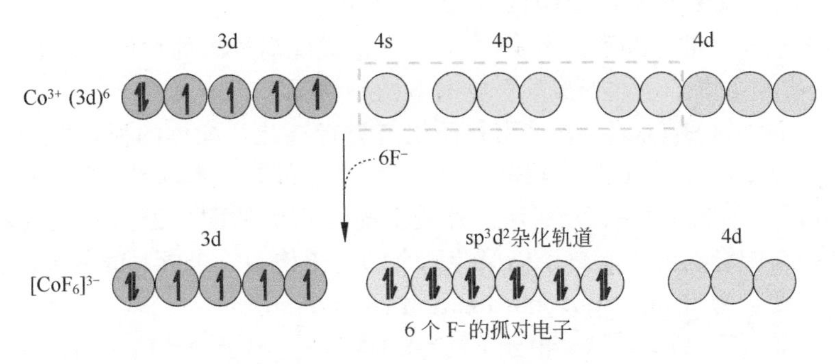

图 4-2-6　$[CoF_6]^{3-}$ 配离子的形成过程示意

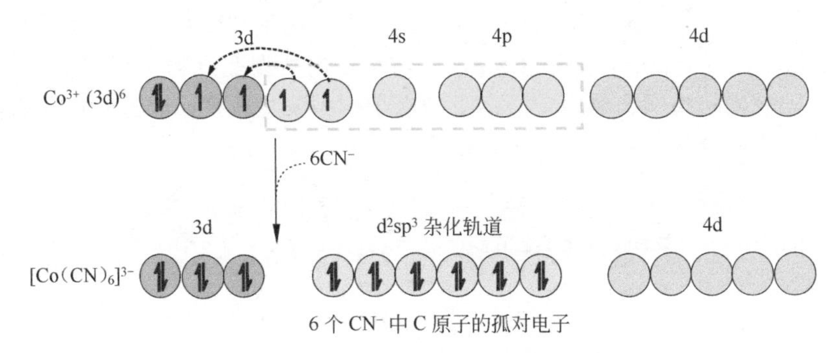

图 4-2-7　$[Co(CN)_6]^{3-}$ 配离子的形成过程示意

表 4-3　杂化轨道与配合物空间构型的关系

配位数	杂化轨道类型	空间构型	配合物举例
2	sp	直线形	$[Ag(NH_3)_2]^+$　$[Ag(CN)_2]^-$
3	sp^2	平面三角形	$[CuCl_3]^{2-}$　$[Cu(CN)_3]^{2-}$
4	dsp^2	平面正方形	$[Ni(CN)_4]^{2-}$　Pt(Ⅱ),Pd(Ⅱ)配合物
	sp^3	正四面体	$[Co(SCN)_4]^{2-}$　Zn(Ⅱ),Cd(Ⅱ)配合物
5	dsp^3	三角双锥体	$[Ni(CN)_5]^{3-}$　$Fe(CO)_5$
6	sp^3d^2 d^2sp^3	正八面体	$[CoF_6]^{3-}$　$[FeF_6]^{3-}$ $[Fe(CN)_6]^{3-}$　$[Co(NH_3)_6]^{3+}$

4.2.2 外轨型配合物和内轨型配合物

如果中心离子 d 轨道的电子数为 4～7 时，在形成配离子时的情况比较复杂。如 Fe^{3+} 离子的 3d 轨道上有 5 个电子，在形成配合物时有两种情况。

第一种情况如$[Fe(H_2O)_6]^{3+}$是采用外层轨道进行杂化，配体的孤对电子好像只是简单地“投入”中心离子的外层轨道，这样形成的配合物称外轨型配合物（outer-orbital coordination compound），如图 4-2-8(a) 所示。外轨型配合物中的配位键共价性较弱，离子性较强。又由于外轨型配合物的中心离子仍保持原有的电子构型，未成对的电子数不变，磁矩较大，故称高自旋配合物（high-spin coordination compound）。

第二种情况如 $[Fe(CN)_6]^{3-}$，由于 CN^- 离子对 Fe^{3+} 离子中 d 电子的排斥，使 d 电子挤成只占三个 d 轨道，并空出 2 个 d 轨道，在形成配位键时采用内层的 d 轨道进行杂化，配体的电子好像“插入”了中心离子的内层轨道，这样形成的配合物称内轨型配合物（inner-orbital coordination compound），如图 4-2-8(b) 所示。内轨型配合物中配位键的共价性较强，离子性较弱。同时内轨型配合物因中心离子的电子构型发生改变，未成对电子数减少，磁矩降低，故称低自旋配合物（low-spin coordination compound）。

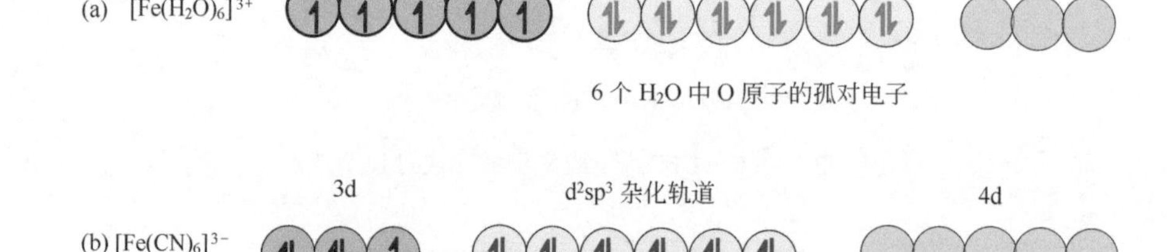

图 4-2-8 Fe^{3+} 形成配合物时两种成键情况

由于 $(n-1)$d 轨道比 nd 轨道的能量低，所以一般内轨型配合物比外轨型配合物稳定，前者在水溶液中较难解离为简单离子，而后者则相对较容易。

例 4-1 实验测得 $[FeF_6]^{3-}$ 的磁矩 μ 为 5.88BM，试据此推测配离子：(1) 空间构型；(2) 未成对电子数；(3) 中心离子轨道杂化类型；(4) 属内轨型还是外轨型配合物。

解：(1) 由题给出配离子的化学式可知该配离子为六配位，正八面体空间构型。

(2) 按 $\mu=\sqrt{n(n+2)}=5.88$，可解得 $n=4.96$，非常接近 5，一般按自旋公式求得的 n 取其最接近的整数，即为未成对电子数。这样，$[FeF_6]^{3-}$ 中的未成对电子数应为 5。

(3) 对 $[FeF_6]^{3-}$ 而言，这 5 个未成对电子必然自旋平行分占 Fe^{3+} 离子的 5 个 d 轨道，所以中心离子只能采取 sp^3d^2 杂化，形成 6 个 sp^3d^2 杂化轨道来接受 6 个配体 F^- 离子提供的孤对电子，其外电子层结构为：

(4) 配体提供的孤对电子进入中心离子 sp^3d^2 杂化轨道，所以是外轨型配合物。

鲍林的价键理论成功地说明了配合物的结构、磁性和稳定性，但是该理论毕竟是一个定性理论，存在着一定的局限性，主要表现在价键理论静止地机械地看待配合物中心离子与配体之间的关系，仅考虑配合物的中心离子轨道的杂化情况，没有考虑到配体对中心离子的影响，因此不能说明一些配离子的特征颜色和内轨型、外轨型配合物产生的原因以及不能定量说明配合物的性质。自 20 世纪 50 年代以来，该理论逐渐被晶体场理论和分子轨道理论所取代。然而配合物的价键理论较简单，通俗易懂，对初步掌握配合物结构至今仍不失为一个重要的理论。

4.3　配合物结构的晶体场理论

晶体场理论（crystal field theory）是由贝蒂（H. Bethe）和范·弗雷克（J. H. van Vleck）于 1929 年首先提出，它主要研究中心离子在配体静电场的作用下 d 轨道能级发生分裂的情况，开始并未引起化学家重视。20 世纪 50 年代由于应用这一理论巧妙地解释了配合物的结构、磁性、光学性质和反应机理，才确立了该理论在化学中的重要地位。

4.3.1　晶体场理论的基本要点和 d 轨道的分裂

(1) 晶体场理论的基本要点

① 在配合物中，中心离子与配体之间的作用，类似于离子晶体中正负离子间的静电作用，晶体场理论也因之得名。

② 中心离子在周围配体非球形对称电场力的作用下，原来能量相同的 5 个简并 d 轨道分裂成能级不同的几组轨道。

③ 由于 d 轨道的分裂，d 轨道上的电子将重新排布，优先占据能量较低的轨道，往往使体系的总能量有所降低。

(2) d 轨道在八面体场中的分裂　在六配位的正八面体场中，6 个配体位于正八面体的 6 个顶点，如图 4-3-1(a) 所示。由于 d 轨道在空间的伸展方向不同，所以受到六个配体的静电排斥作用不同。在正八面体场中，中心离子的 d_{z^2} 和 $d_{x^2-y^2}$ 轨道正好与配体处于迎头相撞，如图 4-3-1(b)、(c) 所示，其电子云受到配体负电荷的排斥作用最大，而 d_{xy}、d_{yz}、d_{xz} 则恰巧处于配体的空隙之间，如图 4-3-1(d)、(e)、(f) 所示，所以这三个轨道的电子云受到的排斥作用较小，这样便造成 d 轨道的分裂。

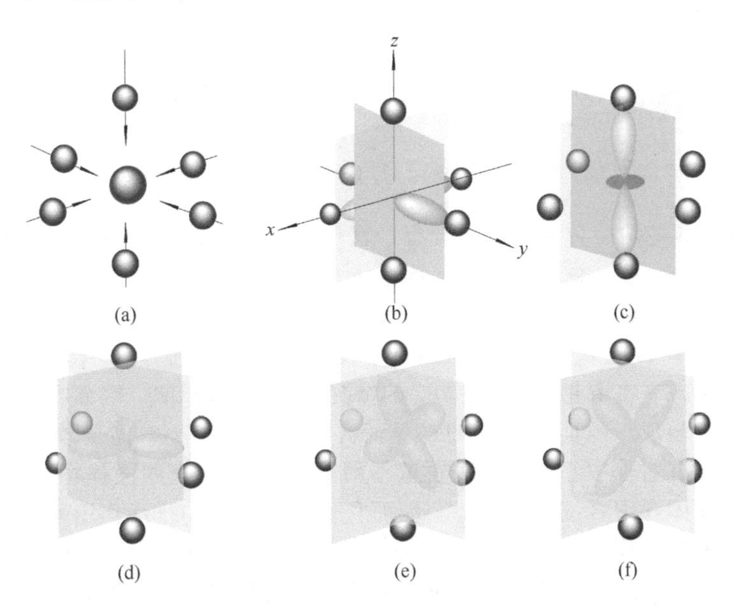

图 4-3-1　在八面体配合物中 d 轨道与配体的相对位置

已知在球形对称的负静电场作用下，5 个简并 d 轨道由于受到的静电排斥作用相等，所以能量升高也相等，因而不会产生分裂。但在正八面体场中，由于配体产生的静电场不是球形对称的，因而各 d 轨道受到的影响不同。5 个能量相等的 d 轨道分裂成两组：一组是能量较高的 d_{z^2} 和 $d_{x^2-y^2}$，简称 e_g 轨道（或 d_γ 轨道）；另一组是能量较低的 d_{xy}、d_{yz}、d_{xz}，简称为 t_{2g} 轨道（或 d_ε 轨道）。这些轨道符号表示对称类别，e 为二重简并轨道（degenerate orbital），t 为三重简并轨道，下标 g 代表中心对称，见图 4-3-2。

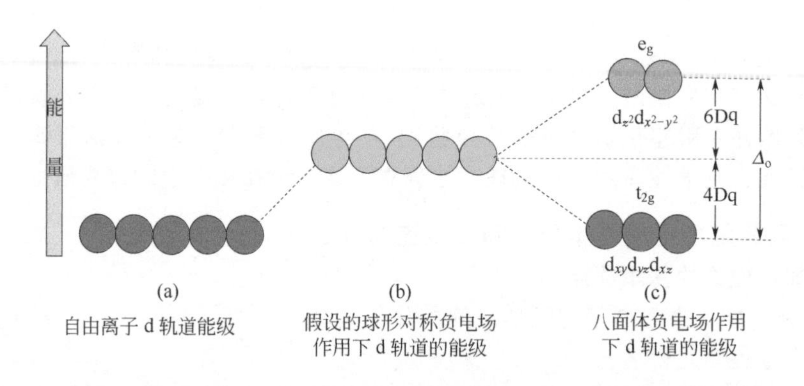

图 4-3-2　八面体场中 d 轨道能级的分裂

分裂后最高能量 d 轨道和最低能量 d 轨道之间的能量差称为分裂能（splitting energy），通常用“Δ”表示。对八面体配合物的分裂能，用 Δ_o 表示，它相当于 1 个电子在 $t_{2g}-e_g$ 间的跃迁所需的能量。一般将 Δ_o 分为 10 等份，每等份为 1Dq。根据能量守恒原理，分裂前后 d 轨道的总能量应保持不变。若分裂前 d 轨道的能量作为零点，那么所有 e_g 和 t_{2g} 轨道的总能量等于零，即：

$$2E(e_g)+3E(t_{2g})=0 \qquad (e_g\text{ 有两个轨道，}t_{2g}\text{ 有三个轨道})$$

由于分裂能为：

$$\Delta_o=E(e_g)-E(t_{2g})=10\mathrm{Dq}$$

所以解得：

$$E(e_g)=\frac{3}{5}\Delta_o=6\mathrm{Dq} \qquad (\text{比分裂前高 6Dq})$$

$$E(t_{2g})=-\frac{2}{5}\Delta_o=-4\mathrm{Dq} \qquad (\text{比分裂前低 4Dq})$$

(3) d 轨道在其他构型配合物中的分裂　其他构型配合物晶体场对中心离子 d 轨道能级的分裂与八面体场不同。如图 4-3-3 所示，正四面体场配体处于立方体的四个顶点上，$d_{x^2-y^2}$ 轨道的极大值指向立方体的面心，而 d_{xy} 轨道的极大值指向立方体棱边的中点，后者比前者更接近于配体，因此 $d_{x^2-y^2}$ 轨道中的电子受到配体负电排斥作用要比 d_{xy} 轨道来得小；d_{z^2} 轨道的情况与 $d_{x^2-y^2}$ 轨道相似，d_{xz} 和 d_{yz} 的情况与 d_{xy} 轨道相似。因而在正四面体场中，五重简并的 d 轨道分裂成一组能量较低的二重简并的 e 轨道和一组能量较高的三重简并的 t_2 轨道（正四面体没有对称中心，故这些轨道不用下标 g）。在正四面体场中的 e 轨道和 t_2 轨道都没有像在八面体场中直接指向配体，因而它们受到配体的排斥作用不像正八面体场中那样强烈。正四面体配合物（tetrahedral coordination compounds）的分裂能用 Δ_t 表示，它相当于 1 个电子在 e-t_2 间的跃迁所需的能量。由计算得在相同配体和中心离子与配体相同距离的情况下，正四面体场中两组轨道的能量间隔 Δ_t 仅为正八面体场中 Δ_o 4/9。d 轨道在正四

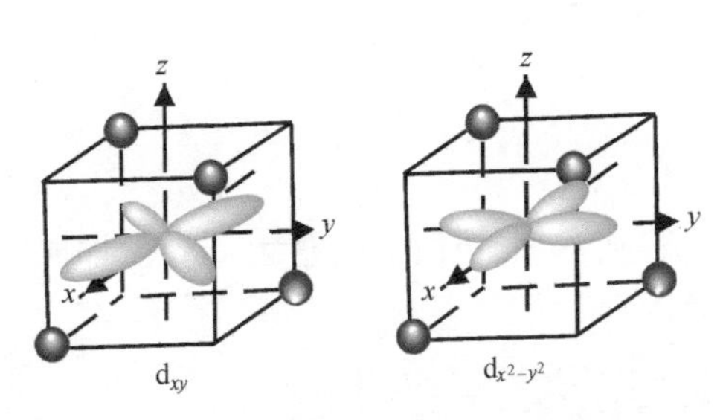

图 4-3-3　在正四面体场中 d 轨道与配体的相对位置

能量
t_2
$d_{xy}d_{yz}d_{xz}$
Δ_t
e
$d_{z^2}d_{x^2-y^2}$
假设的球形对称负电场作用下d轨道的能级
四面体负电场作用下d轨道的能级

图 4-3-4　正四面体场中 d 轨道能级的分裂

面体场中的能级分裂如图 4-3-4 所示，三重简并的 t_2 轨道的能量高于二重简并的 e 轨道能量。由计算得：

$$E(t_2)=1.78\text{Dq}\ (\text{比分裂前高 } 1.78\text{Dq})$$

$$E(e)=-2.67\text{Dq}\ (\text{比分裂前低 } 2.67\text{Dq})$$

对于其他构型的配合物，同样可以通过计算得出 d 轨道的能量，结果列于表 4-4。

表 4-4　各种对称性晶体场中 d 轨道的能量/Dq

配位数	对称性	$d_{x^2-y^2}$	d_{z^2}	d_{xy}	d_{yz}	d_{xz}
2	直线型	−6.28	10.28	−6.28	1.14	1.14
3	正三角型	5.46	−3.21	5.46	−3.86	−3.86
4	正四面体	−2.67	−2.67	1.78	1.78	1.78
4	平面正方形	12.28	−4.28	2.28	−5.14	−5.14
6	正八面体	6.0	6.0	−4.0	−4.0	−4.0

4.3.2　影响分裂能大小的因素

分裂能的大小由配合物的光谱来测定[1]。总结大量的光谱实验数据和理论研究的结果，可得出影响分裂能的因素除了晶体场的对称性外，主要还有中心离子的电荷和半径以及配体的结构和性质等。由于正八面体配合物较为普遍，以下均围绕八面体配合物的分裂能予以讨论。

(1) 中心离子的电荷和半径

① 当配体相同时，同一中心离子的电荷愈高，分裂能 Δ_o 值愈大，一般氧化值为 +3 的水合离子比氧化值为 +2 的水合离子的 Δ_o 值约大 40%～80%。例如：

$[Fe(H_2O)_6]^{2+}$　$\Delta_o=10400\text{cm}^{-1}$　$[Fe(H_2O)_6]^{3+}$　$\Delta_o=13700\text{cm}^{-1}$

② 电荷相同的中心离子，半径愈大，轨道离核愈远，愈易在外电场作用下改变其能量，分裂能 Δ_o 值也愈大。例如：

Fe^{2+}　$r=76\text{pm}$　$[Fe(H_2O)_6]^{2+}$　$\Delta_o=10400\text{cm}^{-1}$

Co^{2+}　$r=74\text{pm}$　$[Co(H_2O)_6]^{2+}$　$\Delta_o=9300\text{cm}^{-1}$

Ni^{2+}　$r=72\text{pm}$　$[Ni(H_2O)_6]^{2+}$　$\Delta_o=8500\text{cm}^{-1}$

③ 同族同氧化值离子的分裂能还随中心离子 d 轨道主量子数的增大而增大，第五周期（d 轨道主量子数为 4）比第四周期（d 轨道主量子数为 3）约增大 40%～50%，第六周期

[1] 分子中的价电子吸收了光子能量 $h\nu$ 后从低能级的 t_{2g} 轨道跃迁到高能级 e_g 轨道（以正八面体配合物为例）。$\Delta E=E(e_g)-E(t_{2g})=h\nu=\frac{hc}{\lambda}$，通过测定吸收光谱的频率 ν 或波长 λ 就能计算两组轨道间的能量差 ΔE。配合物的分裂能可从光谱实验数据求得，其单位常用 cm^{-1} 表示。

（d轨道主量子数为5）比第五周期约增大20%～30%，例如：

$[Co(NH_3)_6]^{3+}$ $\Delta_o=22900cm^{-1}$

$[Rh(NH_3)_6]^{3+}$ $\Delta_o=34100cm^{-1}$

$[Ir(NH_3)_6]^{3+}$ $\Delta_o=41000cm^{-1}$

（2）配体的性质 总结配合物光谱实验数据，根据不同配体的Δ_o值由小到大排成下列顺序，称为光谱化学序列（spectrochemical series）。

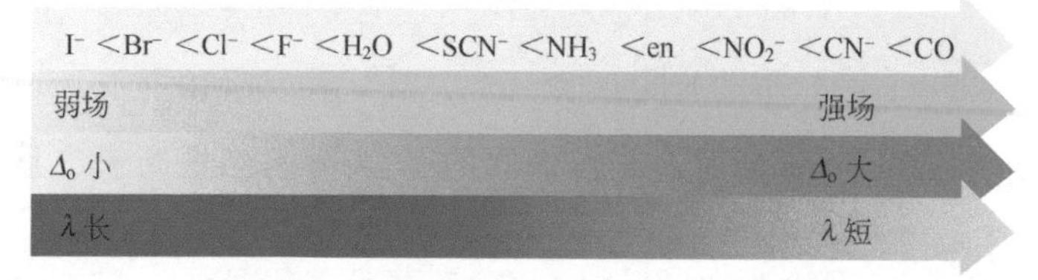

配体场的强度愈大，Δ_o值愈大。根据Δ_o值的大小一般将配体分为强场配体（如CO、CN^-、NH_3）和弱场配体（如I^-、Br^-、Cl^-、F^-、H_2O等）。

4.3.3 晶体场理论的应用

晶体场理论对配合物的许多性质都能给予较好的说明，以下仅就配合物的磁性、稳定性、颜色等几方面加以讨论。

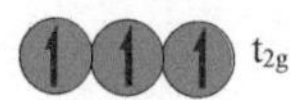

图4-3-5 在八面体配位场中d^4电子排布情况

（1）配合物d电子的自旋状态和磁性 就八面体配合物而言，d轨道分裂为e_g和t_{2g}两组。当中心离子具有1～3个d电子时，这些d电子必然都排布在能级较低的t_{2g}轨道上，而且自旋平行，不受轨道分裂的影响。若中心离子的d电子数为4，则可能有两种不同的排布方式，如图4-3-5所示。

一种是第四个电子克服分裂能Δ_o进入能级较高的e_g轨道，形成高自旋排布；另一种是第四个电子与原来的1个电子耦合成对，形成低自旋排布。该电子需克服电子间的排斥作用才能耦合成对，这个能量称为电子成对能（pairing energy），常用E_p表示。表4-5列出某些八面体配离子的分裂能、电子成对能及自旋状态。

若$\Delta_o > E_p$，电子进入t_{2g}轨道，未成对电子数减少，形成低自旋的内轨型配合物。

若$\Delta_o < E_p$，电子进入e_g轨道，未成对电子数不变，形成高自旋的外轨型配合物。

表4-5 某些八面体配离子的分裂能、电子成对能及自旋状态

中心离子d电子	配离子举例	电子成对能 E_p/cm^{-1}	分裂能 Δ_o/cm^{-1}	按Δ_o及E_p估计 未成对电子数	自旋状态	按实测磁矩推算自旋状态
d^4	$[Cr(H_2O)_6]^{2+}$	23405	13876	4	高	高
	$[Mn(H_2O)_6]^{3+}$	27835	20898	4	高	高
d^5	$[Fe(H_2O)_6]^{3+}$	29842	13725	5	高	高
	$[Fe(CN)_6]^{3-}$	29842	35777	1	低	低
d^6	$[Fe(H_2O)_6]^{2+}$	17470	10365	4	高	高
	$[Fe(CN)_6]^{4-}$	17470	32851	0	低	低
d^7	$[Co(H_2O)_6]^{2+}$	23907	9278.5	3	高	高

不同的中心离子，电子成对能E_p相差不大，而分裂能相差较大，尤其是随晶体场的强弱而有较大差异。这样，分裂后d轨道中电子的排布便主要取决于分裂能Δ_o的大小，即晶体场的强弱。在弱场配体作用下，Δ_o值较小，电子将尽可能地分占不同轨道并自旋平行，保持能量最低，所以配合物具有高自旋的结构，磁矩也较大。在强场配体作用下，Δ_o值较

大，电子进入能级较低的 t_{2g} 轨道配对更能保持能量最低，所以配合物具有低自旋的结构，磁矩也较小。表 4-6 列出八面体配合物中心离子 d 电子的排布情况。

表 4-6　八面体配合物中心离子 d 电子的排布情况

d 电子数	弱场排布		强场排布		
	t_{2g}	e_g	t_{2g}	e_g	
1	(↑)( )( )	( )( )	(↑)( )( )	( )( )	
2	(↑)(↑)( )	( )( )	(↑)(↑)( )	( )( )	同弱场
3	(↑)(↑)(↑)	( )( )	(↑)(↑)(↑)	( )( )	
4	(↑)(↑)(↑)	(↑)( )	(↑↓)(↑)(↑)	( )( )	
5	(↑)(↑)(↑)	(↑)(↑)	(↑↓)(↑↓)(↑)	( )( )	注意强、弱场的差别
6	(↑↓)(↑)(↑)	(↑)(↑)	(↑↓)(↑↓)(↑↓)	( )( )	
7	(↑↓)(↑↓)(↑)	(↑)(↑)	(↑↓)(↑↓)(↑↓)	(↑)( )	
8	(↑↓)(↑↓)(↑↓)	(↑)(↑)	(↑↓)(↑↓)(↑↓)	(↑)(↑)	
9	(↑↓)(↑↓)(↑↓)	(↑↓)(↑)	(↑↓)(↑↓)(↑↓)	(↑↓)(↑)	同弱场
10	(↑↓)(↑↓)(↑↓)	(↑↓)(↑↓)	(↑↓)(↑↓)(↑↓)	(↑↓)(↑↓)	

具有 $d^{1\sim3}$ 及 $d^{8\sim10}$ 电子的离子，不论晶体场的强弱，其 d 电子排布都一样；而具有 $d^{4\sim7}$ 电子的离子，则因晶体场强弱的不同，会有两种不同的电子排布，形成的配合物磁矩也不同。

(2) 晶体场稳定化能　在晶体场的作用下，中心离子 d 轨道发生分裂，进入分裂后各轨道上的 d 电子总能量通常比未分裂前（即球形场中）的 d 电子总能量低，这部分降低的能量就称为晶体场稳定化能（crystal filed stabilization energy，简写为 CFSE）。例如 Fe^{2+} 离子有 6 个电子，它在弱八面体场（如 $[Fe(H_2O)_6]^{2+}$）中，因 $\Delta_o < E_p$ 而采取高自旋结构 $(t_{2g})^4$，$(e_g)^2$，如图 4-3-6(b) 所示。由于一对成对电子与自由离子的一对成对电子抵消，所以相应的晶体场稳定化能为：

$$CFSE = 4E(t_{2g}) + 2E(e_g) = 4\times(-4D_q) + 2\times 6D_q = -4D_q$$

这表明分裂后比分裂前（$E=0$）的总能量下降 $4D_q$。

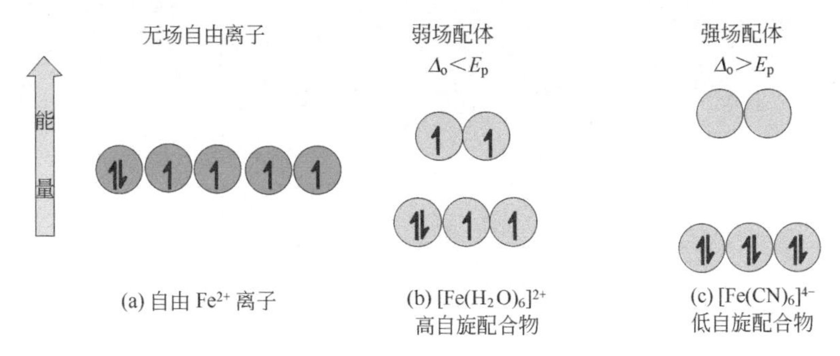

图 4-3-6　Fe^{2+} 的高自旋和低自旋配合物 d 电子排布

如果 Fe^{2+} 离子在强八面体场（如 $[Fe(CN)_6]^{4-}$）中，因 $\Delta_o > E_p$ 而采取低自旋结构 $(t_{2g})^6$、$(e_g)^0$，如图 4-3-6(c) 所示，此时尽管有三对成对电子，但只考虑它比自由离子状态时多两对成对电子，所以相应的晶体场稳定化能为：

$$CFSE = 6\times(-4D_q) + 2E_p = -24D_q + 2E_p$$

可见在此情况下，分裂后比分裂前的能量更低。

晶体场稳定化能与中心离子的 d 电子数目有关，也与晶体场的强弱有关，此外还与配合物的空间构型有关。在相同条件下晶体场稳定化能愈大，配合物愈稳定。表 4-7 列出了八面体场中 $d^{1\sim10}$ 离子的晶体场稳定化能。

表 4-7 八面体场中配离子的稳定化能 CFSE

d^n	弱 场			d^n	强 场		
	电子排布	未成对电子数	CFSE		电子排布	未成对电子数	CFSE
d^1	$(t_{2g})^1$	1	$-4Dq$	d^1	$(t_{2g})^1$	1	$-4Dq$
d^2	$(t_{2g})^2$	2	$-8Dq$	d^2	$(t_{2g})^2$	2	$-8Dq$
d^3	$(t_{2g})^3$	3	$-12Dq$	d^3	$(t_{2g})^3$	3	$-12Dq$
d^4	$(t_{2g})^3(e_g)^1$	4	$-6Dq$	d^4	$(t_{2g})^4$	2	$-16Dq+E_p$
d^5	$(t_{2g})^3(e_g)^2$	5	$0Dq$	d^5	$(t_{2g})^5$	1	$-20Dq+2E_p$
d^6	$(t_{2g})^4(e_g)^2$	4	$-4Dq$	d^6	$(t_{2g})^6$	0	$-24Dq+2E_p$
d^7	$(t_{2g})^5(e_g)^2$	3	$-8Dq$	d^7	$(t_{2g})^6(e_g)^1$	1	$-18Dq+E_p$
d^8	$(t_{2g})^6(e_g)^2$	2	$-12Dq$	d^8	$(t_{2g})^6(e_g)^2$	2	$-12Dq$
d^9	$(t_{2g})^6(e_g)^3$	1	$-6Dq$	d^9	$(t_{2g})^6(e_g)^3$	1	$-6Dq$
d^{10}	$(t_{2g})^6(e_g)^4$	0	$0Dq$	d^{10}	$(t_{2g})^6(e_g)^4$	0	$0Dq$

用晶体场稳定化能可以说明第四周期过渡元素 M^{2+} 的六水合物 $[M(H_2O)_6]^{2+}$ 的水合热，如图 4-3-7 所示。

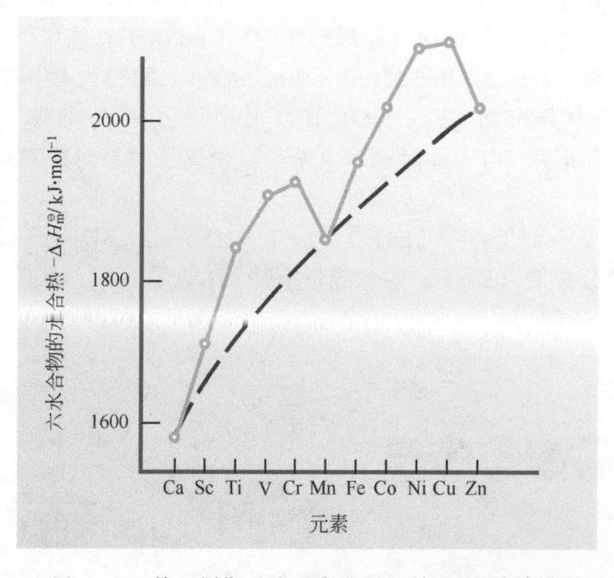

图 4-3-7 第四周期过渡元素离子 M^{2+}(g)的水合热

如果不考虑晶体场稳定化能的影响，从 Ca^{2+} 到 Zn^{2+} 离子的有效核电荷逐渐增大，M^{2+} 和 H_2O 间吸引力逐渐增强，因而水合热有规律地增大，如图 4-3-7 的虚线。但是实验测得的水合热并非如此，而是如图 4-3-7 中实线所示，出现了两个小“山峰”的“反常”现象。这是因为对于弱场配体 H_2O 来说，$d^0(Ca^{2+})$，$d^5(Mn^{2+})$ 和 $d^{10}(Zn^{2+})$ 的 CFSE＝0（见表 4-7），这些离子的水合热是“正常”的，其实验值均落在图中的虚线上。其他离子（相应于 $d^{2\sim4}$ 及 $d^{6\sim9}$）的水合热，由于都有相应的晶体场稳定化能，而使实验结果成为图中实线那样出现“双峰”现象。如果把各个水合离子的 CFSE 从水合热的实验值中一一扣去，相应的各点都将落在图 4-3-7 中虚线上。

(3) 配合物的颜色 一般来说，过渡金属配离子都具有颜色，见表 4-8。

表 4-8 一些配离子的颜色

d^n	配离子	颜色	d^n	配离子	颜色
d^1	$[Ti(H_2O)_6]^{3+}$	紫红色	d^6	$[Fe(H_2O)_6]^{2+}$	浅绿色
d^2	$[V(H_2O)_6]^{3+}$	蓝色	d^7	$[Co(H_2O)_6]^{2+}$	粉红色
d^3	$[Cr(H_2O)_6]^{3+}$	紫色	d^8	$[Ni(H_2O)_6]^{2+}$	苹果绿色
d^4	$[Cr(H_2O)_6]^{2+}$	蓝色	d^9	$[Cu(H_2O)_6]^{2+}$	天蓝色
d^5	$[Mn(H_2O)_6]^{2+}$	浅粉红色			

过渡金属配离子具有颜色的事实可用晶体场理论来解释。我们知道，物质的颜色是由于它选择性地吸收可见光（波长 380～770nm）中某些波长的光线而产生的。图 4-3-8 显示出物质的颜色与它所吸收的色光波长的关系。

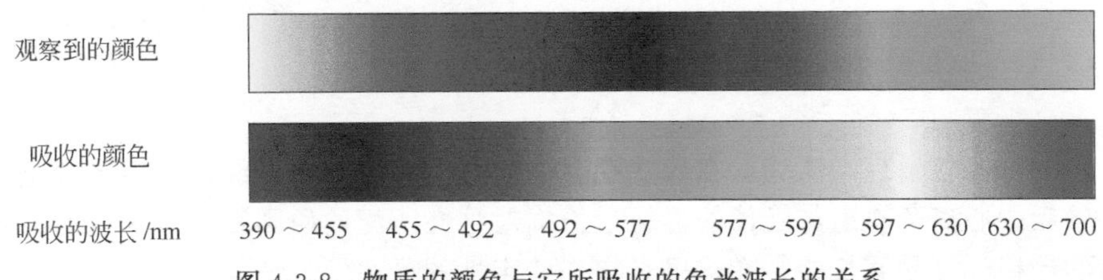

图 4-3-8 物质的颜色与它所吸收的色光波长的关系

配合物具有颜色是因为中心离子 d 轨道在晶体场作用下发生了能级分裂，由于 d 轨道上电子没有充满，d 电子就有可能从较低能级的轨道向较高能级的轨道发生 d-d 跃迁。不同配合物（晶体或溶液）由于分裂能的不同，发生 d-d 跃迁吸收光的波长也不同，结果便使配离子产生不同的颜色。例 $[Ti(H_2O)_6]^{3+}$ 的吸收光谱在 510nm 处有一最大吸收峰，如图 4-3-9(a) 所示，这是因为 $[Ti(H_2O)_6]^{3+}$ 离子发生 d-d 跃迁，主要吸收了白光中的蓝绿及黄色成分，如图 4-3-9(b) 所示，吸收最少的是紫色及红色成分，它们被反射或透射，结果使 $[Ti(H_2O)_6]^{3+}$ 呈淡红紫色，如图 4-3-9(c) 所示。$[Ti(H_2O)_6]^{3+}$ 最大吸收的能量为 $19600cm^{-1}$，即 $[Ti(H_2O)_6]^{3+}$ 的分裂能 $\Delta_o=19600cm^{-1}$，（相当于$\lambda=510nm$）。

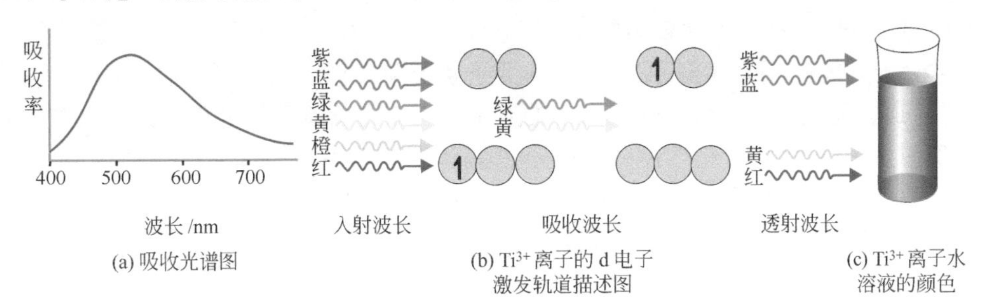

(a) 吸收光谱图 (b) Ti^{3+} 离子的 d 电子激发轨道描述图 (c) Ti^{3+} 离子水溶液的颜色

图 4-3-9 $[Ti(H_2O)_6]^{3+}$ 的 d-d 跃迁和吸收光谱

如果中心离子 d 轨道分裂能较大，产生 d-d 跃迁所需的能量也较大，因此需吸收可见光中波长较短的光波，观察到的是较短波长光相应的补色。对于中心离子为 Co^{3+} 的配合物，由于晶体场的强弱不同使 d 轨道的分裂能产生差异，从而得到不同配体配合物的颜色，如图 4-3-10 所示。

晶体场理论比较满意地解释了配合物 d 电子的自旋状态、磁性、颜色及稳定性等方面的问题，并有一定的定量准确性，然而它也有明显的不足之处：①把配体与中心离子之间的相互作用完全作为静电作用来处理；②无法解释光谱化学序中卤素是弱场而 CN^- 和羰基是强场以及金属羰基配合物的结构。经进一步研究发现，分子轨道理论既考虑中心离子与配体间的静电作用，又考虑共价键合，它能较好地解释配合物的性质和化学键的本质。

图 4-3-10 不同配体 Co^{3+} 配合物的颜色

4.4 配合物结构的分子轨道理论

配合物的分子轨道理论认为：在形成配合物时，所有配体轨道经过线性组合组成配体的群轨道，然后中心离子轨道与配体的群轨道根据对称性匹配的原则组成分子轨道。对配合物分子轨道的严格计算是冗长的，在这里只作一些定性的描述。

配合物中心离子与配体间的键合，不仅有 σ 键，还有 π 键，现以正八面体配合物为例，说明配合物分子轨道的形成过程。

4.4.1 形成 σ 键配合物的分子轨道

在形成八面体配合物时，配体的 6 个群轨道与中心离子的 9 个轨道［5 个 $(n-1)$d 轨道、1 个 ns 轨道和 3 个 np 轨道］根据轨道对称性匹配的原则组成 15 个分子轨道。分成三组：能量低于最初原子轨道的 6 个成键轨道（a_{1g}，t_{1u}，e_g）[1]；能量高于最初原子轨道的 6 个反键轨道（a_{1g}^*，t_{1u}^*，e_g^*）；能量基本不变的 3 个非键轨道（t_{2g}轨道，即 d_{xy}，d_{xz}，d_{yz}，它们并不指向配体）。

图 4-4-1 和图 4-4-2 分别为强场配体 NH_3 与 Co^{3+} 形成的配离子［$Co(NH_3)_6$］$^{3+}$ 和弱场配体 F^- 与 Co^{3+} 形成的配离子［CoF_6］$^{3-}$ 的分子轨道能级图。从图可以看出，当无 π 键时，配体的群轨道在能量上一般低于中心离子的原子轨道（配位原子的电负性比中心离子的电负性大），所以成键分子轨道 e_g 中排布的电子主要具有配体的电子性质；非键轨道 t_{2g} 和反键分子轨道 e_g^* 上的电子主要具有中心离子的电子性质。这样 t_{2g} 和 e_g^* 轨道上的电子相当于在晶体场中由 d 轨道分裂成 t_{2g} 和 e_g 两组轨道上的电子，它们之间的能量差也就是晶体场中分裂能 Δ_o。分子轨道理论把分裂能归因于共价键的形成，轨道重叠越多，e_g 轨道能量越高，分裂能越大。由于 NH_3 的配体群轨道与 Co^{3+} d 轨道重叠较多，e_g 轨道能量较高，分裂能较大，所以［$Co(NH_3)_6$］$^{3+}$ 为低自旋型配离子，具反磁性；而 F^- 的配体群轨道与 Co^{3+} d 轨道重叠较小，分裂能也较小，所以［CoF_6］$^{3-}$ 为高自旋型配离子，且有 4 个成单电子，具顺磁性。

4.4.2 形成 π 键配合物的分子轨道

如果配体有 π 对称轨道，则不管它有无电子，都能和中心离子的轨道重叠而形成成键的和反键的 π 分子轨道，就八面体配合物而言，形成 π 分子轨道有如下两种情况。

---

[1] a 表示未简并，e 表示两重简并，t 表示三重简并，g 表示中心对称，u 表示中心反对称，它们代表分子轨道的对称类别。

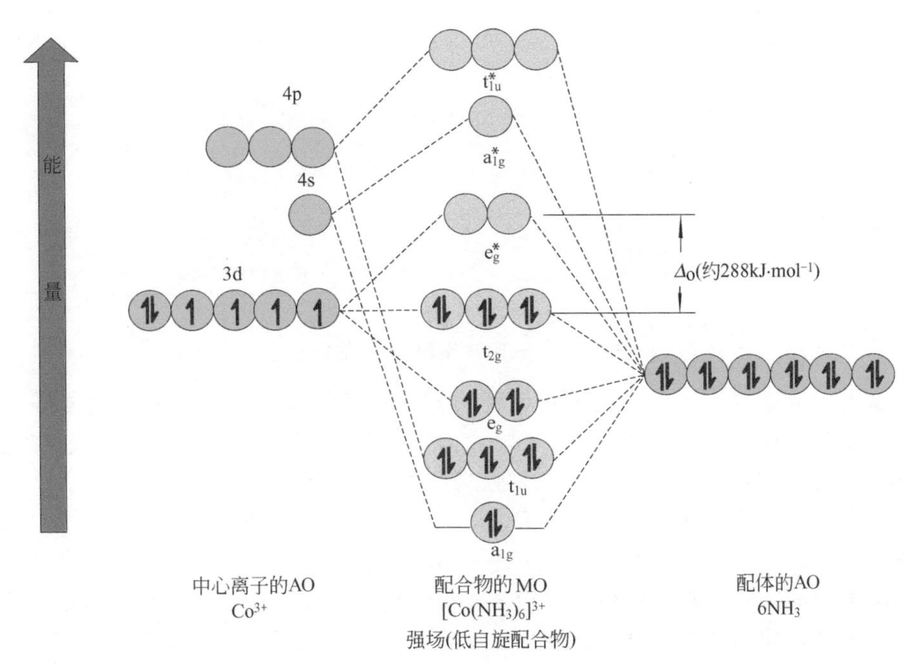

图 4-4-1 强场配体 $[Co(NH_3)_6]^{3+}$ 配合物的分子轨道能级示意

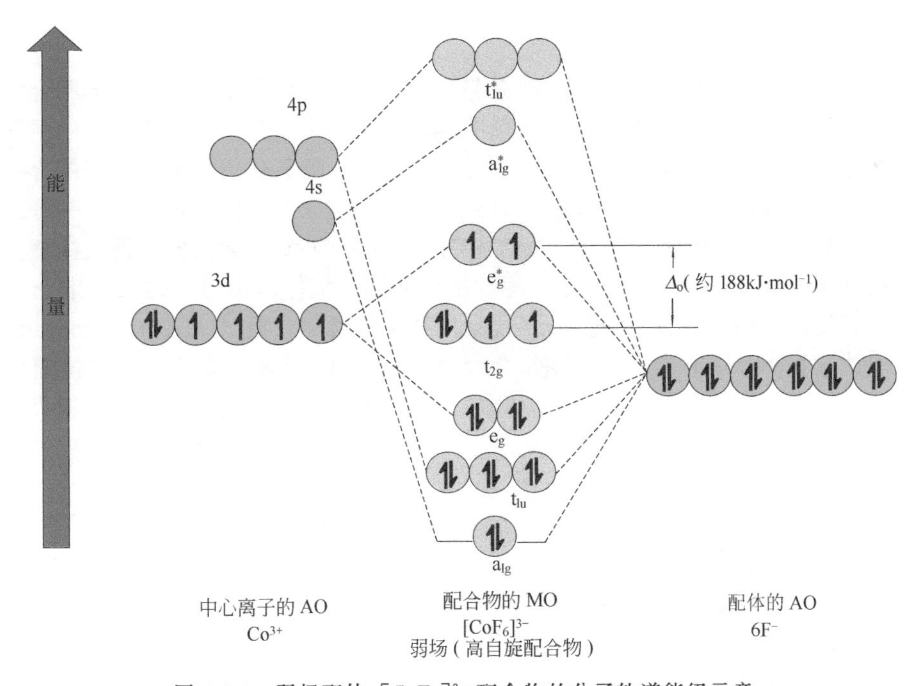

图 4-4-2 弱场配体 $[CoF_6]^{3-}$ 配合物的分子轨道能级示意

第一种情况是配体的 π 轨道充满电子而且比中心离子 d 轨道的能量低，配体的 π 电子首先进入能量低的成键 π 分子轨道 t_{2g}，则中心离子的电子进入反键 π 分子轨道 t_{2g}^*，能量升高。因 e_g^* 轨道能级不受 π 键作用的影响，这样就减小了 t_{2g}^* 轨道与 e_g^* 轨道间的能量差，使 Δ_o 值减小，如图 4-4-3(a)。属于这类配体的有卤素离子、OH^- 和 H_2O 等，是弱场配体，生成高自旋配合物。

第二种情况是配体有空的反键 π 分子轨道，而且比中心离子 d 轨道的能量高，它与中心

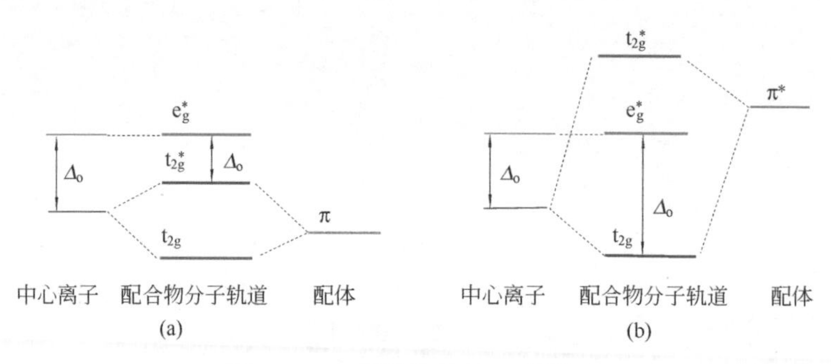

图 4-4-3 π成键作用对 Δ_o 的影响

离子的轨道组成成键的 $t_{2g}\pi$ 分子轨道和反键的 $t_{2g}^*\pi$ 分子轨道。中心离子的电子进入低能级的 $t_{2g}\pi$ 分子轨道，这样就增大了 t_{2g} 轨道与 e_g^* 轨道间的能量差，使 Δ_o 值增大，如图 4-4-3(b)，属于这类配体的有 CO，CN^- 等，是强场配体，生成低自旋配合物。

由此可见，分子轨道理论能够解释不带电荷的 CO 为什么也是强场配体。

从原理上讲，分子轨道理论是最通用的、最接近实际的理论。分子轨道理论从整体上考虑了中心离子与配体间的相互作用，包括 σ 成键作用和 π 成键作用。它和晶体场理论从不同的角度出发得到相同的 d 轨道分裂的结果。

4.5 新型配合物

在维尔纳配位化学理论基础上首先建立起来的是经典配位化学。所谓经典配合物就是中心离子的氧化值确定，其配位原子具有明确的孤对电子，可以提供给中心离子的空轨道形成配位键。在这期间尽管也合成了许多不饱和键的配合物、低氧化值的金属羰基配合物，但对这些配合物的成键性质和结构并不清楚。自从分子轨道理论引入配位化学后，一些新型配合物相继合成。20 世纪 50 年代发现的二茂铁 $(C_5H_5)_2Fe$（Ⅱ）引起人们的极大注意。在这类夹心配合物（sandwich compound）中，环状配体或链状配体以不饱和键的非定域电子给予中心离子的空轨道成键；到 20 世纪 60 年代又发展了簇状配合物（cluster compound），除中心离子与配体结合外，中心离子还互相结合而成簇。近 30 年来发展的大环配体配合物可作为生物活性的模型物，有关这类新型配合物的合成、性能和结构的研究都属于近代科学发展的前沿，是现代配位化学发展的主要方向之一。为了拓宽视野，本节对一些典型的新型配合物的性能和应用作一简单介绍。

(1) 金属羰基配合物 金属羰基配合物是过渡金属元素与配体 CO 所形成的一类配合物。无论在理论研究还是实际应用上，这类配合物都占有特殊重要的地位。1890 年，蒙德(Mond) 在研究以镍为催化剂氧化 CO 反应的过程中，发现 CO 在常温、常压下就可与镍粉反应生成 $Ni(CO)_4$，继 $Ni(CO)_4$ 之后，又陆续制得许多其他过渡金属羰基配合物。已知金属羰基配合物中的金属元素全部是过渡金属元素，其中金属元素处于低氧化值（包括零氧化值)。

羰基配合物用途广泛，利用羰基配合物的分解可制备纯金属。羰基配合物如 $Ni(CO)_4$ 或 $Fe(CO)_5$ 可作为汽油的抗震剂替代四乙基铅，减少汽车尾气中铅的污染；羰基配合物也广泛应用于某些有机化合物的合成反应中作催化剂。

(2) 夹心配合物 具有离域 π 键的平面分子（环戊二烯 ⬠，环戊二烯基 $C_5H_5^-$[1]，英

[1] 环戊二烯作为配体可看作阴离子 $C_5H_5^-$。

文 cyclopentadienyl，缩写为 CP；苯 C_6H_6）可以作为一个整体和中心离子通过多中心 π 键形成配合物。在这类化合物中，通常配体的平面与键轴垂直，中心离子对称地夹在两平行的配体之间，具有夹心面包式的结构。在夹心配合物中最典型的例子是二茂铁 $(C_5H_5)_2Fe$（Ⅱ）[有交错型和覆盖型两种，如图 4-5-1(a)、(b)] 和二苯铬 $(C_6H_6)_2Cr$ [如图 4-5-1(c) 所示]。

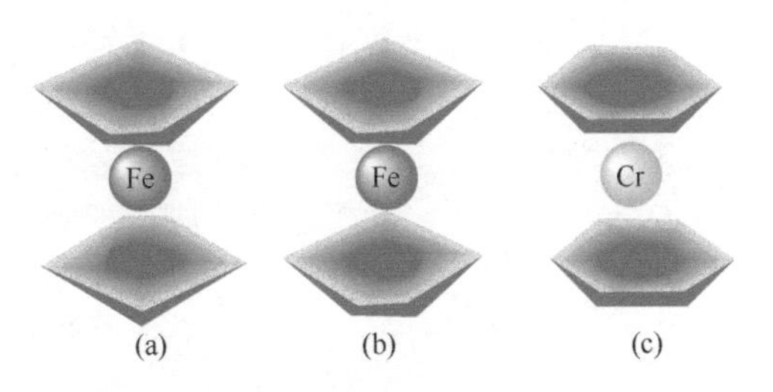

图 4-5-1　夹心配合物示意

二茂铁是容易升华的橙色固体，熔点 173～174℃，不溶于水而易溶于某些有机溶剂。二茂铁及其衍生物可用作火箭燃料的添加剂，以改善燃烧性能；它还可用作汽油的抗震剂，有消烟节能的作用。

(3) 金属簇状配合物　金属簇状配合物是指含有金属-金属键（M-M 键）的多面体分子（图 4-5-2）。它们的电子结构是以离域的多中心键为特征。簇状配合物由于它的性质、结构和成键方式诸方面的特殊性，引起了合成化学、理论化学、材料化学界的极大兴趣。

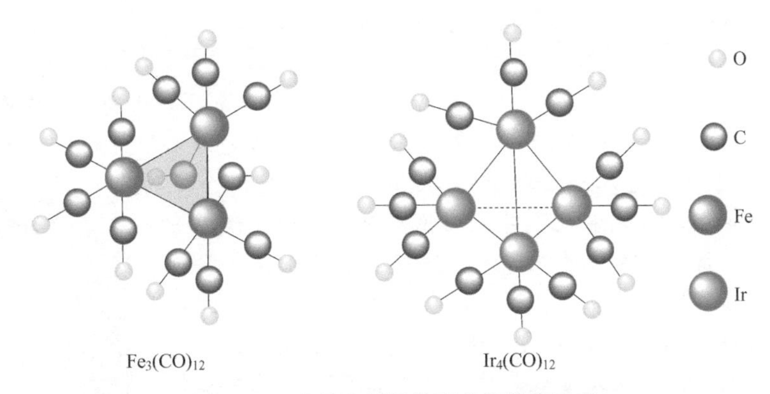

图 4-5-2　常见金属簇状配合物结构示意

金属簇状配合物的应用十分广泛，可用于许多重要反应的催化剂。人们可以通过催化剂的前驱体（即固载的簇状配合物）的合成，在分子水平上有效控制催化性能的一些基本因素（如金属性质、簇大小、组分等），达到高效催化剂的有效分子设计。簇状配合物作为粉末材料是近年来研究的成果之一。如将 $HFeCo(CO)_{12}$ 和 $Fe(CO)_5$ 的混合物在惰性气体气氛中反应得到的混合簇状配合物，加热去除 CO，得到 Fe 与 Co 金属组分比一定的粉体，它是优良的磁性能和电性能材料。

(4) 大环配体配合物　早在 20 世纪初叶，人们就已经开始研究大环配体配合物。直至 20 世纪 60 年代，这类化合物的种类和数目都是很有限的。1967 年美国的 Pederson 等人首次合成了二苯并 18-冠-6($C_{20}H_{24}O_6$)(见图 4-5-3)[1] 大环配体（称王冠醚，Crown ethers，因其结构像王冠，简称冠醚）以后，对其他大环配体配合物的结构和性能的研究得到迅速发展。大环配体配合物也大量存在于自然界中，这类大环配体配合物在生物体内起十分重要的作用，它们的结构和功能已逐渐被人们

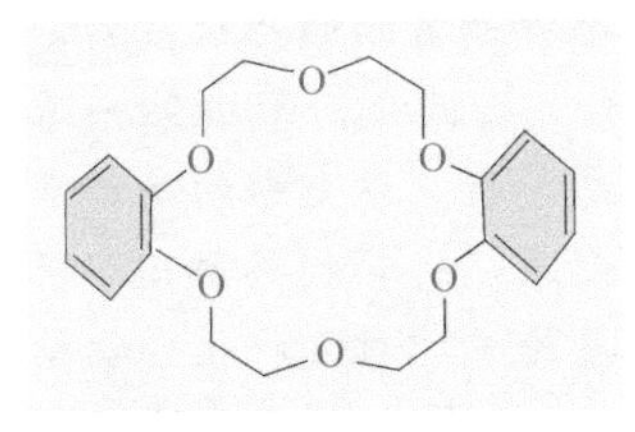

图 4-5-3　二苯并 18-冠-6 结构示意

[1] 此命名为 Pederson 特意设计的一种既形象又简便的命名法，其中“冠”表示该醚环类似于王冠，18 表示冠醚环的总原子数，6 表示冠醚环中氧原子数。

图 4-5-4 血红素结构式

所了解。例如人体血液中具有载氧能力的血清蛋白，在光合作用中起捕集光能作用的叶绿素 a。在一些特殊的化学合成中，利用大环配合物的模板效应（template effect）使金属离子的配位在闭环反应中，抑制链状聚合物生成的副反应，即阳离子为成环反应的模板。同时大环配合物在元素分离分析以及仿生化学等领域中也得到广泛的应用。

血红素（图 4-5-4）是在生物体内起十分重要作用的天然大环配合物之一。它的结构和功能已被人们所了解。它是亚铁离子的卟啉螯合物，Fe^{2+} 处于卟啉大环的中心位置，而卟啉提供的 4 个氮原子占据 4 个配位位置。在植物的光合作用中起着关键作用的叶绿素 a 也是大环配合物。大环配合物化学是近 30 年来获得巨大发展的新兴学科。

科学家维尔纳

Alfred Werner（1866～1919）

维尔纳是一位瑞士化学家，1866 年 12 月出生于法国阿尔沙斯省的米卢斯城。1878 年进入中等技术学校后，由于受化学老师 E·诺尔廷的影响而爱好化学。1885 年到军队服役期满返乡，经诺尔廷推荐进入瑞士苏黎世联邦工学院学习化学。1889 年大学毕业留校从事有机化学基础理论研究，同时攻读博士学位，第二年即获得博士学位并任讲师。1892 年提出配位化学理论，次年受聘到苏黎世大学任副教授，1895 年升任教授并一直在该校工作。在其后 20 多年中，共发表研究论文 170 余篇，指导博士研究生 200 多人，他的最大贡献是建立了配位化学和无机立体化学。

19 世纪末叶，维尔纳正在研究原子的亲和力和化合价理论，当时他所引用的例证均为有机化合物。然而 1892 年夏他担任理论化学讲座工作，对于当时钴氨配合物用传统的原子价规律得出氨链结构的观点心存疑虑，从而苦苦思索。一天清晨两点，他突然想到用“成键面”来解释配合物结构的全新方法，认为原子间的作用是一种吸引力，它从原子的中心均匀地作用到原子的球形表面的所有部分。如果某个原子与其他原子成键，则它的球形表面的一部分就被遮盖了。这个被遮盖的面称成键面，成键面的个数确定原子成键的数目。在成键面上的原子与中心离子直接键合，形成第一球面（内界），不易解离，其余的原子配置在第二球面（外界）上，容易解离。该全新的结构理论对配合物组成、性质进行了很好地解释。他唯恐遗忘，于是立即起床，将其构思用文字记录下来，一直写到当天下午 5 时才宣告结束，这就是他一生中最重要论文“对无机化合物结构的贡献”的初稿。该论文发表在 1893 年德国的《无机化学学报》上。然而由于他的理论当时还缺乏实验依据，再加上他年仅 26 岁，因此遭到某些人的非议。为此他在以后近二十年时间内，主要为他的理论寻找实验数据，通过配合物水溶液电导率的测定和结构方面的研究，维尔纳理论最终得到了普遍的承认，并因此于 1913 年获诺贝尔化学奖。

与其他许多杰出科学家相比，维尔纳的科学生涯不长。他由于患有动脉硬化症，过早地在 1919 年去世，终年 53 岁。他对自己从事研究工作的体会是：“真正的雄心壮志几乎全是智慧、辛勤、学习、经验的积累，差一分一毫也达不到目的。至于那些一鸣惊人的专家学者，只是人们觉得他一鸣惊人。其实他下的功夫和潜在的智能，别人事前未能领会到！”这是他对自己为何能在一天时间内就完成配位理论的最好注释。

复习思考题

1. 解释下列名词，并举例说明之。
   (1) 配体；　(2) 配位原子；　(3) 螯合剂；　(4) 配位数；
   (5) 内轨型配合物；　(6) 外轨型配合物；　(7) 分裂能；　(8) 电子成对能；
   (9) 弱场配体；　(10) 强场配体。
2. 下列说法是否正确？为什么？
   (1) 在配离子中，中心离子的配位数就是与它结合的配体个数。
   (2) 具有 d^8 电子构型的中心离子，在形成八面体配合物时，必定以 sp^3d^2 轨道杂化，属外轨型配合物。
   (3) 在八面体场中，因为 $\Delta_o=10Dq$，所以同一中心离子形成的任何八面体型配合物，中心离子 d 轨道的分裂能 Δ_o 都是相等的。
   (4) 在四面体配合物中，由于分裂能比成对能小，所以形成的配合物都是高自旋配合物。
3. 下列配离子（或分子）中哪些具有几何异构体？
   (1) $[PtCl_2(OH)_2(NH_3)_2]$；　(2) $[Zn(en)_2]^{2+}$；　(3) $[CrBr_2(H_2O)_4]$。
4. 试判断下列配离子哪些是外轨型配合物？哪些是内轨型配合物？哪些具反磁性？哪些具顺磁性？
   (1) $[Fe(CN)_6]^{4-}$；　(2) $[FeF_6]^{3-}$；　(3) $[Co(NH_3)_6]^{3+}$；
   (4) $[Co(CN)_6]^{3-}$；　(5) $[Ni(CN)_4]^{2-}$。
5. 试解释过渡金属元素的配离子为什么往往带有颜色？
6. 已知某金属离子在形成配合物时，所测得的磁矩可以是 5.92BM，也可以是 1.73BM，问中心离子可能是下列中的哪一个，并画出 d 电子轨道表示式。
   (1) Cr^{3+}；　(2) Fe^{3+}；　(3) Fe^{2+}；　(4) Co^{2+}。
7. 试举例说明新型配合物在现代高科技领域中的应用。

习　题

1. 指出下列配合物的中心离子（或原子）、配体、配位数、配离子电荷及名称（列表表示）：
   (1) $[Cu(NH_3)_4](OH)_2$；　(2) $[CrCl(NH_3)_5]Cl_2$；　(3) $[CoCl(NH_3)(en)_2]Cl_2$；
   (4) $[PtCl_2(OH)_2(NH_3)_2]$；　(5) $Ni(CO)_4$；　(6) $K_3[Fe(CN)_5(CO)]$。
2. 完成下表

配合物或配离子	中心离子	配体及配位数	配离子(分子)电荷数	命　名
$(NH_4)_3[SbCl_6]$				
$[CoCl(NH_3)_5]Cl_2$				
$[PtCl(OH)(NH_3)_2]$				
				二氨·四水合铬(Ⅲ)配离子
				三氯·羟基·二氨合铂(Ⅳ)

3. 写出下列配合物的化学式，并指出其内界、外界以及单齿、多齿配体。
   (1) 氯化二氯·三氨·水合钴(Ⅲ)；　(2) EDTA 合钙（Ⅱ）酸钠；
   (3) 四硫氰·二氨合铬(Ⅲ) 酸铵；　(4) 三羟基·水·乙二胺合铬(Ⅲ)；
   (5) 六氯合铂（Ⅳ）酸钾。
4. 人们先后制得多种含氨钴配合物，其中四种的组成如下：
   (1) $CoCl_3\cdot6NH_3$（橙黄色）；　(2) $CoCl_3\cdot5NH_3$（紫色）；
   (3) $CoCl_3\cdot4NH_3$（绿色）；　(4) $CoCl_3\cdot3NH_3$（绿色）。

若用 $AgNO_3$ 溶液沉淀上述配合物中的 Cl^- 离子，所得沉淀的含氯量依次相当于总含氯的 3/3，2/3，1/3，0，试根据这一实验事实确定这四种钴氨配合物的化学式。

5. 有一配合物，其百分组成为：O 23.2%，S 11.6%，Cl 13.0%，Co 21.4%，H 5.4%，N 25.4%，该配合物的水溶液与 $AgNO_3$ 溶液相遇不产生沉淀，但与 $BaCl_2$ 溶液相遇生成白色 $BaSO_4$ 沉淀，它与稀碱溶液无反应，写出此配合物的化学式。
6. 指出下列配离子的几何构型和可能存在的几何异构体。

   (1) $[Co(NH_3)_4(H_2O)_2]^{3+}$；　　(2) $[CrCl(OH)(NH_3)_4]^+$。
7. 写出 Co^{3+} 与两个乙二胺和 Cl^- 配体可能形成所有八面体配合物的化学式，画出每种化学式所有几何异构体的结构式。
8. 试用价键理论解释：

   (1) $[Ni(CN)_4]^{2-}$ 为平面正方形，而 $[Zn(NH_3)_4]^{2+}$ 为正四面体形；

   (2) $[Fe(CN)_6]^{4-}$ 为反磁性，而 $[FeF_6]^{3-}$ 为顺磁性。
9. 下面列出一些配合物磁矩的测定值，试按价键理论判断：(1) 下列各配离子的成键轨道电子分布和空间构型；(2) 哪几种属于内轨型配合物，哪几种属于外轨型配合物（列表表示）。

   (1) $[FeF_6]^{3-}$，　5.90BM；　(2) $[Fe(CN)_6]^{4-}$，　0BM；

   (3) $[Fe(H_2O)_6]^{2+}$，　5.30BM；　(4) $[Co(NH_3)_6]^{3+}$，　0BM；

   (5) $[Co(NH_3)_6]^{2+}$，　4.26BM；　(6) $[Mn(CN)_6]^{4-}$，　1.80BM。
10. 试用晶体场理论解释：

    (1) $[Fe(CN)_6]^{3-}$ 为低自旋配离子，而 $[FeF_6]^{3-}$ 为高自旋配离子；

    (2) $[Fe(CN)_6]^{4-}$ 为反磁性，而 $[Fe(H_2O)_6]^{2+}$ 具有顺磁性；

    (3) $[Co(H_2O)_6]^{3+}$ 的稳定性比 $[Co(NH_3)_6]^{3+}$ 低得多。
11. 下面列出一些配合物磁矩的测定值，按晶体场理论，指出各中心离子 d 轨道分裂后的 d 电子排布情况，并求算相应的晶体场稳定化能（列表表示）。

    (1) $[CoF_6]^{3-}$，　5.26BM；　(2) $[Co(NH_3)_6]^{3+}$，　0BM；

    (3) $[Co(NH_3)_6]^{2+}$，　4.26BM；　(4) $[Mn(CN_6)]^{4-}$，　1.80BM；
12. 绘出 $[CoF_6]^{3-}$、$[Co(NH_3)_6]^{3+}$ 的分子轨道能级图(不含 π 轨道)，并填入电子。
13. 试解释下列配离子颜色变化的原因。

    $[Cr(H_2O)_6]^{3+}$（紫）　$[Cr(NH_3)_2(H_2O)_4]^{3+}$（紫红）　$[Cr(NH_3)_{[illegible]}(H_2O)_{[illegible]}]^{3+}$（浅红）
14. CO 为何属强场配体？羰基配合物如 $Ni(CO)_4$ 和一般配合物如 $[Ni(NH_3)_4]^{2+}$ 的化学键有何区别？

参 考 书 目

1 翟慕衡，魏先文，查庆庆编著．配位化学．合肥：安徽人民出版社，2007

2 朱龙观主编．高等配位化学．上海：华东理工大学出版社，2009

3 Spencer J. N.，Bodner G. M.，Rickard L. H. **Chemistry-Structure and Dynamics 4th ed.** John Wiley & Sons，Inc.，2008

4 Burdge J. **Chemistry 2nd ed.** McGraw-Hill Companies Inc.，2011

第5章　物质的聚集状态

Chapter 5　Gathering States of Matter

物质由原子和分子等微观粒子构成。通常情况下，物质以气体（gas）、液体（liquid）和固体（solid）三种聚集状态存在，其中气体和液体又统称为流体。在一定的温度和压力下，这些不同的聚集状态可以相互转化。

从微观角度看，组成物质的微观粒子进行着永不休止的热运动，并且温度愈高热运动愈强，这种热运动，使组成物质的粒子有相互远离的倾向。另一方面，微观粒子间还存在着相互作用，在通常距离下，粒子间的相互作用表现为它们间的吸引力，这种吸引力使粒子有相互靠拢的倾向。因此，当粒子的热运动与相互作用的相对强弱程度不同时，物质便呈现出不同的聚集状态。对于气体，分子热运动很强，因而分子能够克服相互吸引力，在盛装它们的容器中运动，并能充满容器的整个空间。对于液体和固体，它们的分子热运动较弱，分子间强烈的相互作用足以克服热运动的影响，而使分子或离子聚集在一起。固体的分子或离子基本上固定在晶格的结点上，它们的热运动形式主要表现为在平衡位置附近的振动，因而固体有一定的形状。液体的分子也接近于紧密排列，但由于它具有一定的流动性，因而不能保持一定的形状。

物质的聚集状态随外界条件的改变而变化。在特定条件下，物质还能以第四种聚集状态——等离子体（plasma）而存在。例如，若对气体加热或放电，当它吸收的能量足以破坏分子中原子核与电子的结合时，气体便发生电离。人们就把带电离子密度达到一定数值时的电离气体称为等离子体。

由于在第3章已对固体作过详细的讨论，所以在本章只对气体、液体和溶液以及等离子体进行介绍。

5.1 气体

气体最显著的特征是具有扩散性和可压缩性。气体分子具有较大的能量，不停地进行着无规则的热运动。它们在运动中相互碰撞，致使分子在空间迅速扩散而充满任何盛装它的容器。另一方面，气体的分子间距大，分子间相互作用弱。在一定温度下，对一定量的气体施加压力时，其体积将缩小。而若在一定压力下，使一定量的气体温度升高时，其体积将胀大。因此，人们通常就用压力 p(pressure)、体积 V(volume) 和温度 T(temperature) 这些物理量来描述一定量气体的状态。反映气体 p、V、T 关系的式子，称为气体的状态方程。

5.1.1 理想气体

5.1.1.1 理想气体状态方程

从17世纪到19世纪初，一些科学家曾对低压下的气体进行了研究。实验发现，各种气体如 H_2、He、O_2、N_2 等，尽管它们的化学性质不同，但它们的物理性质及变化规律却存在着共性。因此，在实践中相继提出了低压下气体共同遵守的波义耳定律、查理-盖·吕萨克定律及阿伏加德罗定律，并在此基础上提出理想气体的概念，归纳出理想气体的状态方程(equation of state of ideal gas)：

$$pV=nRT \tag{5-1}$$

式中 p——气体的压力；

V——气体的体积；

n——物质的量 (amount of substance)；

T——热力学温度 (thermodynamic temperature)；

R——摩尔气体常数 (molar gas constant)。

严格地说，自然界并不存在理想气体，只有低压下的气体才能近似地视为理想气体。它的简化微观模型是：气体分子本身大小可以忽略不计；分子在没有接触时相互没有作用，分子间的碰撞是完全弹性的碰撞。显然，气体的压力愈低就愈接近理想气体，式(5-1) 的适用性也就愈好。

式(5-1) 中没有表征不同气体特性的物理量，因此它反映了理想气体的共性。对于一定量的任何低压下的气体，只要知道 p、V、T 三个物理量中的任意两个，第三个便可由式(5-1) 计算。在计算中应正确使用各物理量的单位，其中，热力学温度 T[1] 的单位为K；物质的量 n 的单位为mol (摩尔)；体积的单位为 m^3；压力 p 的单位为Pa (帕)[2]。在化学中，温度、压力、体积和物质的量都是经常使用的物理量，它们都是研究对象的宏观可测性质。对于前三个平时已多次使用，这里只需对物质的量作简要说明。

---

[1] 热力学温度 T 与摄氏温度 (Celsius temperature) t 之间的关系是 $T/\text{K}=273.15+t/℃$。

[2] 帕是压力单位帕斯卡的简称，符号为Pa，$1\text{Pa}=1\text{N}\cdot\text{m}^{-2}$。过去也用大气压 (atm) 为压力单位，$1\text{atm}=101325\text{Pa}\approx101.3\text{kPa}$。

若物质 B 的基本单元已经确定，则它的物质的量为：

$$n_B = N_B / N_A \tag{5-2}$$

式中，N_B 为基本单元的数目；N_A 为阿伏加德罗常数（Avogadro constant），其值为 $6.0221367 \times 10^{23} mol^{-1}$。由式(5-2) 可见，物质的量的数值取决于物质基本单元的取法，即只有当物质的基本单元确定后，物质的量才有确切的意义。分子、原子、离子等以及它们的组合，例如 H_2、$2H_2$、Ca^{2+}、$\frac{1}{2}Ca^{2+}$、($2H_2O+O_2$) 等，均可确定为基本单元。所以物质的基本单元可以是实际存在的，也可以是假想的。

摩尔气体常数 R 是一个与气体的本性无关的常数。原则上可按式(5-1) 直接求算它的值。但因实际上并不存在理想气体，所以确定 R 之值采用了实验的方法。由对低压下气体的实验发现，在一定温度下，以压力 p 与摩尔体积 V_m 的乘积 pV_m 对 p 作图得直线。因为压力越低，实际气体越接近于理想气体，所以用作图外推的方法将直线外推至 $p=0$，所得 $(pV_m)_{p\to 0}$ 之值即为该温度下理想气体的 pV_m 值。实验表明，对于各种气体，当温度为 273.15K 时，用外推法所得 $(pV_m)_{p\to 0}$ 之值均为 $2271.10 J \cdot mol^{-1}$。图 5-1-1 是 273.15K 时 Ne、O_2、CO_2 的实验数据的标绘和外推的结果。因此：

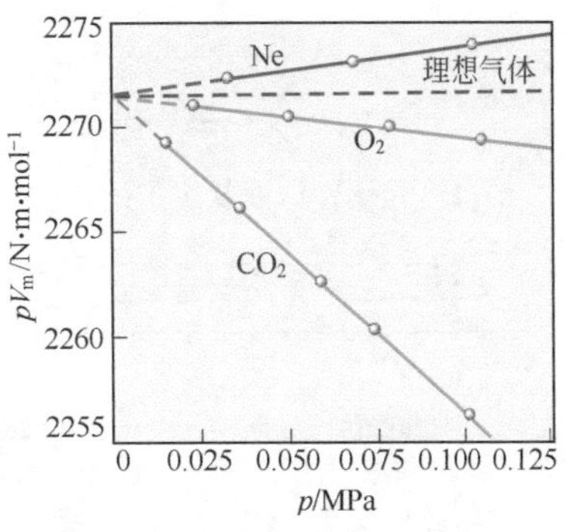

图 5-1-1　Ne、O_2、CO_2 的 pV_m-p 图

$$R = \frac{pV_m}{T} = \frac{2271.10 J \cdot mol^{-1}}{273.15K} = 8.3145 J \cdot K^{-1} \cdot mol^{-1}$$

若将式(5-1) 中物质的量 n，以气体的质量 m 除以其摩尔质量 M 代之，并注意到气体的密度 $\rho = \frac{m}{V}$，则

$$\rho = \frac{pM}{RT} \tag{5-3}$$

这也是所有低压下气体密度变化的规律。不过，由于在这个新的关系式中包含了气体的摩尔质量，所以它显现出不同气体的特性。由式可见，在相同的温度压力下，密度与摩尔质量成正比。这意味着气体的摩尔质量愈大，它就愈重。例如，H_2 的摩尔质量为 $2g \cdot mol^{-1}$，空气的平均摩尔质量为 $28.9 g \cdot mol^{-1}$，因此 H_2 的密度约为空气的 1/14，这就是氢气球为什么能在空气中上升的原因。

例 5-1　在一体积为 40L 的钢瓶中盛有温度为 25℃、压力为 12.5MPa 的 N_2，试求钢瓶中 N_2 压力降为 10.0MPa 时所用去的 N_2 的质量。

解：原来钢瓶中 N_2 的物质的量：

$$n_1 = \frac{p_1 V}{RT} = \frac{12.5 \times 10^6 Pa \times 40 \times 10^{-3} m^3}{8.3145 J \cdot K^{-1} \cdot mol^{-1} \times (273.15+25) K} = 202 mol$$

钢瓶中剩余 N_2 的物质的量：

$$n_2 = \frac{p_2 V}{RT} = \frac{10.0 \times 10^6 Pa \times 40 \times 10^{-3} m^3}{8.3145 J \cdot K^{-1} \cdot mol^{-1} \times (273.15+25) K} = 161 mol$$

用去的 N_2 的质量：

$$m = (n_1 - n_2) M = (202-161) mol \times 28.0 g \cdot mol^{-1} = 1.1 kg$$

例 5-2　在工程计算中，常将一定量一定温度压力气体的体积换算为 0℃、101325Pa 时的体积，称之为标准状况体积。标准状况一般用符号 STP 表示。

实验测得，从某反应器中每小时排出温度为 450℃、压力为 106.391kPa 的气体 $101\times10^3\,m^3$。试计算排出气体在标准状况（STP）下的体积。

解：在实验温度和压力下：$p_1V_1=nRT_1$

在标准状况下：$p_2V_2=nRT_2$

两式相除，得：$\dfrac{p_1V_1}{T_1}=\dfrac{p_2V_2}{T_2}$

所以

$$V_2=\frac{p_1}{p_2}\cdot\frac{T_2}{T_1}\cdot V_1=\frac{106.391\text{kPa}}{101.325\text{kPa}}\times\frac{273.15\text{K}}{(273.15+450)\text{K}}\times101\times10^3\,\text{m}^3=40.1\times10^3\,\text{m}^3$$

即排出气体在标准状况下的体积为 $40.1\times10^3\,m^3$。

例 5-3　实验测得 273.15K 时三甲胺 $(CH_3)_3N$ 的密度随压力的变化数据如下：

p/Pa	20265	40530	60795	81060
ρ/kg·m^{-3}	0.5336	1.0790	1.6363	2.2054

试用外推法求 $(CH_3)_3N$ 的摩尔质量。

解：对于理想气体，由式(5-3) 可得 $M=(\rho/p)_{p\to0}RT$。将所给实验数据进行整理得：

p/Pa	20265	40530	60795	81060
$\dfrac{(\rho/p)\times10^5}{\text{kg}\cdot\text{m}^{-3}\cdot\text{Pa}^{-1}}$	2.6331	2.6622	2.6915	2.7207

以 ρ/p 为纵坐标，p 为横坐标作图得直线。将直线外推至 $p=0$，得

$$(\rho/p)_{p\to0}=2.6037\times10^{-5}\,\text{kg}\cdot\text{m}^{-3}\cdot\text{Pa}^{-1}$$

此 $(\rho/p)_{p\to0}$ 之值即为理想气体的 ρ/p 值。所以，$(CH_3)_3N$ 的摩尔质量为：

$$\begin{aligned}M&=\left(\frac{\rho}{p}\right)_{p\to0}RT\\&=2.6037\times10^{-5}\,\text{kg}\cdot\text{m}^{-3}\cdot\text{Pa}^{-1}\times8.3145\,\text{J}\cdot\text{K}^{-1}\cdot\text{mol}^{-1}\times273.15\text{K}\\&=59.132\times10^{-3}\,\text{kg}\cdot\text{mol}^{-1}\end{aligned}$$

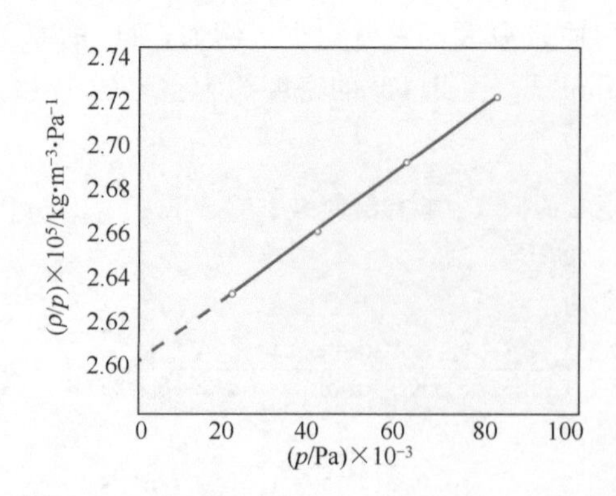

这种根据实验数据作图外推求物质摩尔质量的方法称为极限密度法。需要指出，在实验数据处理中外推法是一种常用的方法。但应注意，只有当自变量与函数成线性关系时才能通过外推法准确求得结果。

5.1.1.2　理想气体混合物的分压与分容定律

人类赖以生存的空气是氧、氮、氩和二氧化碳等气体的混合物，硫酸生产中焙烧硫铁矿得到的是二氧化硫、氧和氮等气体的混合物。有些气体混合物的成分还要复杂，如天然气与焦炉煤气，它们分别都含有 10 种左右的组分。近年来，运用膜分离技术分离气体混合物的研究成果已得到了实际应用。例如，从合成氨尾气中回收氢、从天然气中分离氦、从烟道气中分离二氧化硫、从煤气中分离硫化氢或二氧化碳等。可以说，工业生产、科学实验以及日常生活中遇到的气体绝大多数是气体混合物，所以研究适用于气体混合物的规律有着重要的现实意义。

前已述及，状态方程 $pV=nRT$ 反映了理想气体的共性，即与气体的化学组成无关。当将它应用于理想气体混合物与纯物质理想气体时，并无原则差别。前人在对低压下混合气体研究的基础上，总结了两个适用于理想气体混合物的经验规律，它们分别是英国化学家道尔顿（J. Dalton）于 1801 年提出的分压定律（law of partial pressure）与法国物理学家阿马格（E. H. Amagat）于 1880 年提出的分容定律（law of partial volume）。

(1) 分压定律　设在体积为 V 的容器中，充有温度为 T、含 K 个组分的低压气体混合物。各组分的物质的量分别为 n_1，n_2，…，n_K，总的物质的量为：

$$n = n_1 + n_2 + \cdots + n_K = \sum_{i=1}^{K} n_i$$

由于 $pV=nRT$ 是低压下气体共同遵循的普遍规律，与气体的化学组成无关，所以

$$p = \frac{nRT}{V} = \frac{n_1RT}{V} + \frac{n_2RT}{V} + \cdots + \frac{n_KRT}{V} = \sum_{i=1}^{K} \frac{n_iRT}{V} \tag{5-4}$$

考察式(5-4) 不难发现，n_iRT/V 正是温度 T 时，n_i 摩尔的纯组分 i 单独占据总体积 V 时的压力。将此压力定义为气体混合物中 i 组分的分压，并以符号 p_i 表示，则式(5-4) 变为

$$p = p_1 + p_2 + \cdots + p_K = \sum_{i=1}^{K} p_i \tag{5-5}$$

式(5-5) 称为道尔顿分压定律。它可表述为：气体混合物的总压等于各组分的分压之和。任一组分的分压可按下式计算：

$$p_i = \frac{n_iRT}{V}\,(i=1,2,\cdots,K) \tag{5-6}$$

分压与总压的关系可用图 5-1-2 示意。

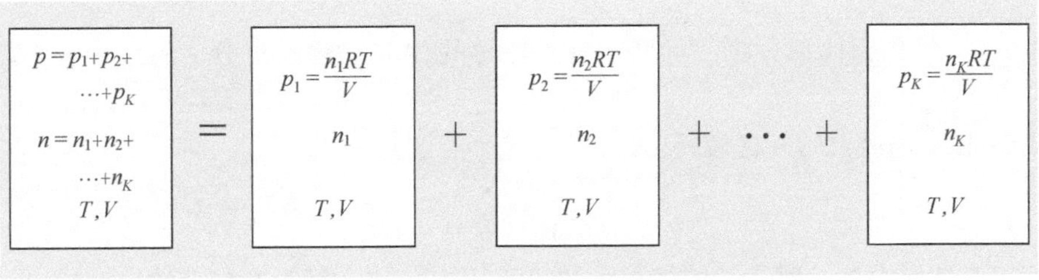

$p=p_1+p_2+\cdots+p_K$ $n=n_1+n_2+\cdots+n_K$ T,V	=	$p_1=\frac{n_1RT}{V}$ n_1 T,V	+	$p_2=\frac{n_2RT}{V}$ n_2 T,V	+ … +	$p_K=\frac{n_KRT}{V}$ n_K T,V

图 5-1-2　分压与总压的关系示意

将式(5-6) 与式(5-4) 相除，得：

$$\frac{p_i}{p} = \frac{n_i}{n} \tag{5-7}$$

式中，n_i/n 为组分 i 的物质的量与总的物质的量之比，称为组分 i 的摩尔分数，若用符号 y_i 表示之，则上式可写成：

$$\frac{p_i}{p}=\frac{n_i}{n}=y_i \text{ 或 } p_i=py_i \tag{5-8}$$

式(5-8) 是道尔顿分压定律的逻辑推论，它表明组分 i 的分压与总压之比等于其摩尔分数。显然，所有组分的摩尔分数之和应该等于 1，即

$$\sum_{i=1}^{K} y_i = y_1 + y_2 + \cdots + y_K = 1 \tag{5-9}$$

(2) 分容定律 对以上低压下的气体混合物还可写出：

$$V=\frac{nRT}{p}=\frac{n_1RT}{p}+\frac{n_2RT}{p}+\cdots+\frac{n_KRT}{p}=\sum_{i=1}^{K}\frac{n_iRT}{p} \tag{5-10}$$

考察式(5-10) 可知，n_iRT/p 正是温度为 T、压力为 p 的组分 i 单独存在时所占据的体积。将此体积定义为组分 i 的分容（分体积），并以符号 V_i 表示，则式(5-10) 变为：

$$V=V_1+V_2+\cdots+V_K=\sum_{i=1}^{K}V_i \tag{5-11}$$

式(5-11) 称为阿马格分容定律。它可表述为：气体混合物的总体积等于各组分的分容之和。任一组分的分容可按下式计算：

$$V_i=\frac{n_iRT}{p} \qquad (i=1,2,\cdots,K) \tag{5-12}$$

分容与总体积的关系可用图 5-1-3 示意。

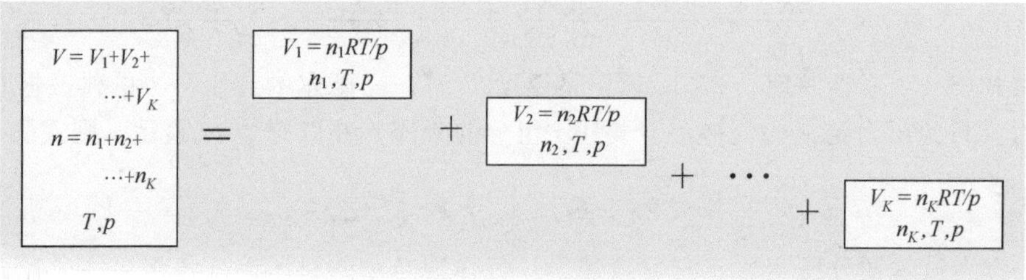

$V=V_1+V_2+\cdots+V_K$, $n=n_1+n_2+\cdots+n_K$, T,p = $V_1=n_1RT/p$, n_1,T,p + $V_2=n_2RT/p$, n_2,T,p + … + $V_K=n_KRT/p$, n_K,T,p

图 5-1-3 分容与总体积的关系示意

将式(5-12) 与式(5-10) 相除，得：

$$\frac{V_i}{V}=\frac{n_i}{n}=y_i \text{ 或 } V_i=Vy_i \tag{5-13}$$

式中，V_i/V 称为体积分数。可见，对于理想气体混合物，组分 i 的体积分数等于摩尔分数。

将式(5-13) 与式(5-8) 比较得：

$$\frac{V_i}{V}=\frac{p_i}{p} \tag{5-14}$$

即对于理想气体混合物，组分 i 的体积分数等于压力分数，等于摩尔分数。

气体混合物总是均匀地充满盛装它的整个容器，组分的分压和分容并不能直接显现出来，但在实际应用及混合气体的计算中，分压和分容的概念却十分重要。例如，在用气体分析仪分析混合气体时，就是通过以不同溶液分级吸收不同气体组分，得到各组分的分容，从而求得混合气体的组成。应该指出，在进行混合气体计算时，分压要对应于总体积，分容要对应于总压。

例 5-4 加热分解 $KClO_3$ 以制备 O_2，生成的 O_2 用排水集气法收集（见图）。在 25℃和 101.3kPa 的大气压力下，收集到的气体体积为 245mL。试计算：(1) O_2 的物质的量；(2) 干燥 O_2 的分容。（已知 25℃时水的饱和蒸气压 $p^*_{H_2O}=3.168\text{kPa}$）

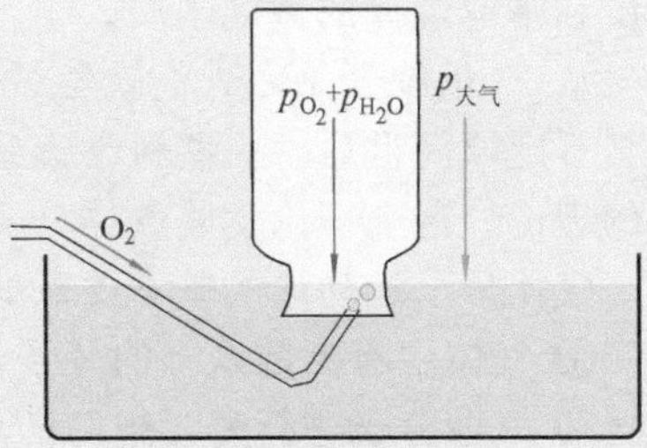

例 5-4 图

解：收集到的气体是 O_2 和饱和水蒸气的混合物，O_2 的分压为：

$$p_{O_2}=p_{大气}-p^*_{H_2O}=101.3\text{kPa}-3.168\text{kPa}$$
$$=98.1\text{kPa}$$

(1) O_2 的物质的量：

$$n_{O_2}=\frac{p_{O_2}V}{RT}=\frac{98.1\times10^3\,\text{Pa}\times245\times10^{-6}\,\text{m}^3}{8.3145\text{J}\cdot\text{K}^{-1}\cdot\text{mol}^{-1}\times298.15\text{K}}=9.70\times10^{-3}\,\text{mol}$$

(2) 干燥 O_2 的分容：

$$V_{O_2}=V\times\frac{p_{O_2}}{p}=245\text{mL}\times\frac{98.1\text{kPa}}{101.3\text{kPa}}=237\text{mL}$$

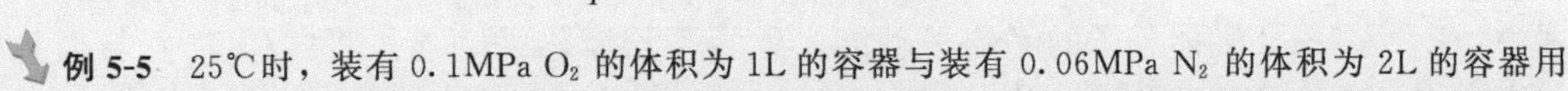

例 5-5 25℃时，装有 0.1MPa O_2 的体积为 1L 的容器与装有 0.06MPa N_2 的体积为 2L 的容器用旋塞连接。打开旋塞使两气体混合，混合均匀后温度仍为 25℃。试计算：

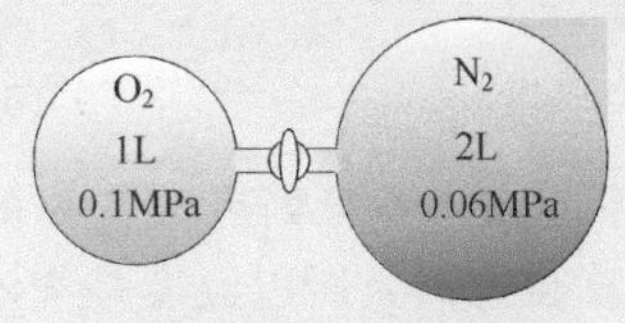

例 5-5 图

(1) O_2 与 N_2 的物质的量；
(2) 混合气体中 O_2 与 N_2 的分压；
(3) 混合气体的总压；
(4) 混合气体中 O_2 与 N_2 的分容。

解：(1) 混合前后各物质的量不变，所以：

$$n_{O_2}=\frac{p_1V_1}{RT}=\frac{0.1\times10^6\,\text{Pa}\times1\times10^{-3}\,\text{m}^3}{8.3145\text{J}\cdot\text{K}^{-1}\text{mol}^{-1}\times(25+273.15)\text{K}}=4.03\times10^{-2}\,\text{mol}$$

$$n_{N_2}=\frac{p_2V_2}{RT}=\frac{0.06\times10^6\,\text{Pa}\times2\times10^{-3}\,\text{m}^3}{8.3145\text{J}\cdot\text{K}^{-1}\text{mol}^{-1}\times(25+273.15)\text{K}}=4.84\times10^{-2}\,\text{mol}$$

(2) O_2 与 N_2 的分压是它们分别单独占有 3L 空间时的压力，所以：

$$p_{O_2}=\frac{p_1V_1}{V}=\frac{0.1\text{MPa}\times1\text{L}}{3\text{L}}=0.033\text{MPa}$$

$$p_{N_2}=\frac{p_2V_2}{V}=\frac{0.06\text{MPa}\times2\text{L}}{3\text{L}}=0.040\text{MPa}$$

(3) 混合气体的总压应为 O_2 和 N_2 的分压之和，即：

$$p=p_{O_2}+p_{N_2}=0.033\text{MPa}+0.040\text{MPa}=0.073\text{MPa}$$

(4) 按照分容定律，O_2 与 N_2 的分容分别为：

$$V_{O_2}=V\times\frac{p_{O_2}}{p}=3\text{L}\times\frac{0.033\text{MPa}}{0.073\text{MPa}}=1.4\text{L}$$

$$V_{N_2}=V\times\frac{p_{N_2}}{p}=3\text{L}\times\frac{0.040\text{MPa}}{0.073\text{MPa}}=1.6\text{L}$$

V_{O_2} 与 V_{N_2} 也可以分别用 $pV_{O_2}=n_{O_2}RT$ 与 $pV_{N_2}=n_{N_2}RT$ 计算。

5.1.2 气体分子运动论

前面讨论了低压下气体的一些宏观性质和它所遵循的基本规律。这里将要讨论这些宏观性质和基本规律的微观本质。

从 17 世纪开始，人们就尝试从微观粒子运动的角度来认识物质世界。特别是在 1662 年波义耳定律问世后，一些科学家致力于探讨低压下气体的微观本质，并逐步建立了低压下气体的理论。这个理论就是气体分子运动论（kinetic molecular theory of gas）。

气体分子运动论的基本要点如下：

① 气体中有为数众多的分子，分子本身的大小与气体所占体积相比可以略去不计。

② 气体分子进行着无规则的热运动，在它们没有接触时其间没有相互作用。

③ 分子间以及分子与器壁间的碰撞都是完全弹性碰撞。

④ 气体分子的平均平动能与气体的热力学温度成正比。

气体分子运动论是一种科学的抽象，它揭示了低压下气体性质和规律的微观本质。这个理论是科学发展中的一个重要里程碑。

利用理想气体模型和统计方法，可以导出理想气体运动方程：

$$pV=\frac{2}{3}nE_k \tag{5-15}$$

式中，E_k 是 1mol 气体分子的平均平动能，称为平均摩尔平动能。将式(5-15) 与理想气体状态方程 $pV=nRT$ 相比较，得：

$$E_k=\frac{3}{2}RT \tag{5-16}$$

式(5-16) 将热力学温度这一宏观物理量与微观分子的平动能联系起来，并且两者成简单的正比关系。气体分子的热运动愈强烈，平均平动能就愈大，其温度也愈高，所以温度是气体分子平均平动能的度量，此即温度的微观本质，也是为什么将气体分子运动称为热运动的原因。必须指出，温度是大量分子行为的统计平均结果，是一个统计量，因此讨论一个分子的温度是没有意义的。

按照气体分子运动论，为数众多的气体分子分别以不同的速度在远大于其本身大小的空间中进行着无规则运动，并且不断地碰撞器壁。尽管单个分子对器壁的碰撞作用微不足道，但从统计平均看，大量的速度各异的分子对器壁的不断碰撞，就产生了一个确定的作用于单位面积器壁上的压力。因此，气体的压力就是气体分子碰撞器壁的宏观表现。对于一定量的一定温度下的气体，体积愈小，单位体积中分子数愈多，单位面积器壁上分子碰撞的次数就愈多，因而压力愈大。此外，根据气体分子运动论，气体分子本身的体积可以略去不计，所以气体所占体积都是分子自由运动的空间。

利用气体分子运动论的概念，也能很好地说明道尔顿分压定律的本质。对于理想气体混合物，分别以 p_1、p_2、…、p_K 表示各组分的分压，分别以 E_{k_1}、E_{k_2}、…、E_{k_K} 表示各组分的平均摩尔平动能。按照式(5-15)，各组分的分压表示式应为：

$$p_1=\frac{2n_1E_{k_1}}{3V},\quad p_2=\frac{2n_2E_{k_2}}{3V},\cdots,p_K=\frac{2n_KE_{k_K}}{3V} \tag{5-17}$$

理想气体混合物的平均平动能应为各组分的平动能之和，即

$$nE_k=n_1E_{k_1}+n_2E_{k_2}+\cdots+n_KE_{k_K} \tag{5-18}$$

而理想气体混合物的总压 $p=\frac{2nE_k}{3V}$，所以

$$p=p_1+p_2+\cdots+p_K \tag{5-19}$$

式(5-19) 就是道尔顿分压定律。

5.1.3 实际气体

随着实验技术的发展，人们发现在低温、高压下，各种气体都毫无例外地存在对理想气

体定律的偏离。压力愈高或温度愈低，偏离愈显著，并且偏离的程度还取决于气体物质的本性。因此，如何描述实际气体（real gas）对理想气体的偏离？实际气体的行为应该遵循什么规律？这些都是需要讨论的问题。

5.1.3.1　压缩因子

理想气体的行为服从状态方程 $pV=nRT$，实际气体则不然。为表示实际气体对理想气体的偏离，定义了一个新的物理量，称为压缩因子（compressibility factor），用符号 Z 表示，其定义式为：

$$Z=\frac{pV}{nRT} \tag{5-20}$$

式(5-20) 也可写成：

$$Z=\frac{V}{nRT/p}=\frac{V}{V_{理}} \tag{5-21}$$

可见，Z 是相同温度和压力下实际气体体积与相应理想气体体积的比值。对于理想气体 $Z=1$，$Z\neq1$ 则表明对理想气体存在偏离。显然，若知道 Z 的变化规律，就可按式(5-20) 对实际气体进行 p、V、T 关系的计算。在工程计算中，压缩因子 Z 由普遍化压缩因子图得到，因此这种计算方法得到了广泛的应用。

5.1.3.2　范德华方程

自从实验发现实际气体对理想气体定律存在偏离以来，人们就在寻求能够描述实际气体行为的规律。迄今为止，已相继提出了 200 多个状态方程。在这些方程中，一类是直接针对实际气体偏离理想气体的根本原因，从分子本身大小和分子间相互吸引力这些物质的本性出发，对理想气体状态方程进行修正。其中，最为著名的就是范德华方程（van der Waals equation）。

范德华（J. D. van der Waals）1881 年提出一个实际气体的状态方程，其形式为：

$$\left(p+\frac{a}{V_m^2}\right)(V_m-b)=RT \tag{5-22}$$

或

$$\left(p+\frac{n^2a}{V^2}\right)(V-nb)=nRT \tag{5-23}$$

式中，压力和体积都有一个校正项，它们都有明确的物理意义。其中，a/V_m^2 是因为分子间有吸引力而对压力的修正，称为内压（internal pressure）；b 是因分子本身有大小而对体积的修正，称为已占体积（excluded volume）。

范德华方程建立在一个实际气体微观模型的基础上。这个模型将实际气体分子视为具有一定大小的硬球，硬球之间存在着相互吸引力。方程中的内压和已占体积项，便是该微观模型的具体体现。a 和 b 是决定于物质本性的特性参数，称为范德华常数。

表 5-1 列出了不同物质的范德华常数 a 与 b。

表 5-1　一些气体的范德华常数 a 与 b

气体	a/Pa·m^6·mol^{-2}	$b\times10^3$/m^3·mol^{-1}	气体	a/Pa·m^6·mol^{-2}	$b\times10^3$/m^3·mol^{-1}
Ar	0.1355	0.0320	H_2S	0.4514	0.04379
Cl_2	0.6343	0.0542	NO	0.146	0.0289
H_2	0.02452	0.02651	NH_3	0.4246	0.0372
N_2	0.1370	0.0387	CO	0.1472	0.03948
O_2	0.1382	0.03186	CO_2	0.3658	0.04286
H_2O	0.5537	0.0305	CH_4	0.2302	0.0431

例 5-6 1mol CO_2 气体在 40℃时的体积为 1.20L，试计算其压力，并与实验值 1.97MPa 比较。

(1) 用理想气体状态方程计算；

(2) 用范德华方程计算。

解：(1) 用理想气体状态方程计算：

$$p=\frac{nRT}{V}=\frac{1\text{mol}\times 8.3145\text{J}\cdot\text{K}^{-1}\cdot\text{mol}^{-1}\times(40+273.15)\text{K}}{1.20\times10^{-3}\text{m}^3}$$

$$=2.17\times10^6\text{Pa}=2.17\text{MPa}$$

计算值与实验值的相对误差为：$\frac{2.17\text{MPa}-1.97\text{MPa}}{1.97\text{MPa}}\times100\%=10.2\%$

(2)用范德华方程计算：

对于 CO_2，由表 5-1 查得 $a=0.3658\text{Pa}\cdot\text{m}^6\cdot\text{mol}^{-2}$，$b=0.04286\times10^{-3}\text{m}^3\cdot\text{mol}^{-1}$

$$p=\frac{RT}{V_m-b}-\frac{a}{V_m^2}$$

$$=\frac{8.3145\text{J}\cdot\text{K}^{-1}\cdot\text{mol}^{-1}\times(40+273.15)\text{K}}{1.20\times10^{-3}\text{m}^3\cdot\text{mol}^{-1}-0.04286\times10^{-3}\text{m}^3\cdot\text{mol}^{-1}}-\frac{0.3658\text{Pa}\cdot\text{m}^6\cdot\text{mol}^{-2}}{(1.20\times10^{-3}\text{m}^3\cdot\text{mol}^{-1})^2}$$

$$=2.00\times10^6\text{Pa}=2.00\text{MPa}$$

计算值与实验值的相对误差：$\frac{2.00\text{MPa}-1.97\text{MPa}}{1.97\text{MPa}}\times100\%=1.5\%$

可见，对于实际气体，用范德华方程计算的结果要比用理想气体状态方程计算的结果精确得多。

5.1.3.3 气体的液化

低压下的气体服从理想气体状态方程。低温、高压下，各种气体都会对理想气体的规律产生偏离。若温度足够低，压力足够高，气体还会液化为液体。气体在以上这些条件下的行为变化，能在 p-V 图上反映出来。

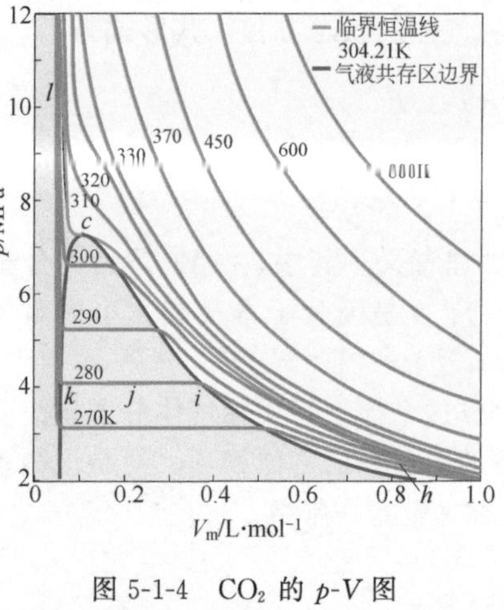

图 5-1-4 是 CO_2 的 p-V 图，图中曲线都是恒温线（isotherm），它们均是根据实验数据绘制的。由图可见，随温度的不同，恒温线的形状各异，但大致可分为以下三种类型。

图 5-1-4 CO_2 的 p-V 图

(1) 温度低于 304.21K 的恒温线 以 280K 的一条恒温线为例。这条恒温线由三段组成，其中，hi 段反映出 CO_2 气体的体积随压力增加而减小的规律，与理想气体的恒温线大致相似。在 i 点，压力为 4.159MPa，CO_2 气体达到饱和状态，并且出现了一个特殊的现象，即气体开始液化为液体。此时只需维持一个比 4.159MPa 稍大一点的压力，液化就继续进行。在此过程中，虽然系统压力不变，但体积却不断减少，于是恒温线上出现了由 i 经 j 至 k 的水平线段。在 k 点，CO_2 全部液化。若再继续增大压力，则因液体不易压缩，恒温线出现了陡峭上升的线段 kl。在水平线段 ijk 上，除 i、k 两端点外，系统中同时存在达到相平衡的气液两相。其中，气体称为饱和蒸气，液体称为饱和液体，它们所对应的压力就是该温度下液体的饱和蒸气压（saturated vapor pressure）。290K、300K 等温度下的恒温线与 280K 的并无原则区别，只是随温度升高，水平线段变短，相应的饱和蒸气压升高。

(2) 温度为 304.21K 的恒温线 在 304.21K 以下，随温度升高，水平线段逐渐变短，这表明液体与气体的差别逐渐减小。当温度升至 304.21K 时，水平线段缩短到极限而形成拐点（图中 c 点），称为临界点（critical point）。临界点的温度、压力和摩尔体积，分别称为临界温度（critical temperature）、临界压力（critical pressure）和临界体积（critical volume），并分别以符号 T_c、p_c、V_c 表示。表 5-2 列出了一些物质的临界常数，以供查用。

表 5-2　一些物质的临界常数

物　质	T_c/K	p_c/MPa	V_c/mL·mol^{-1}
Cl_2	416.9	7.991	123
Br_2	588	10.34	127
H_2	32.97	1.293	65
NO	180	6.48	58
N_2	126.21	3.39	90
O_2	154.59	5.043	73
CH_4	190.56	4.599	98.60
CO	132.86	3.494	93
H_2O	647.14	22.06	56
NH_3	405.56	11.357	69.8
$CClF_3$	302	3.870	180

(3) 温度高于 304.21K 的恒温线　温度高于 304.21K 时，气体不能液化，所以此温度以上的恒温线都是气态 CO_2 的恒温线。它们彼此之间的差别仅在于偏离双曲线的程度不同。

由以上讨论可以看出，表示气体液化特征的水平线段，只在图中 kci 曲线范围内存在。其中，ck 曲线是饱和液体线，ci 曲线是饱和蒸气线，两曲线交于临界点 c。这样，整个 CO_2 的 p-V 图可以分成三个区域。kci 曲线以内是气液共存区，饱和液体线及由 c 点开始向上的临界温度线左侧的区域是液相区，图的其余区域为气相区。

各种物质都有其特征的临界参数，温度、压力略高于临界点的流体称为超临界流体（supercritical fluid）。超临界流体的密度与饱和液体相接近，可以作为溶剂溶解许多其他物质。温度和压力对物质在超临界流体中的溶解度影响甚大，可以用升温或降压的方法，使所溶解的物质析出。超临界流体的另一个重要特性是，其黏度与饱和蒸气相接近，因此具有良好的流动性质和传递性质。人们很早就发现超临界流体具有一些特殊的性质，并成功地应用于工程实际。例如，在常温下，可用超临界流体 CO_2 从咖啡豆中萃取咖啡因，从烟草中去除尼古丁，从种子中萃取油脂等。

5.2　液体和溶液

5.2.1　液体

5.2.1.1　液体的微观结构和特征

在不同条件下气态物质和固态物质均可变为液体。从微观角度看，一方面，液体的分子间距比气体的小得多，但分子间的吸引力却比气体的大得多。液体的分子主要是在不固定的平衡位置附近进行着微小的振动。另一方面，液体中的分子是密集在一起的，其分子间吸引力的数量级大致与固体的相当。X 射线研究表明：液体分子并不像气体分子那样呈完全混乱无序的状态。对于液体中的任意一个分子，在以它为中心的周围 2～3 个分子直径尺度的局部区域内，液体分子呈有规则排列。但是，随着离开距离的增大，这种有规则排列的程度逐渐减弱，直至在远处完全消失。因此，液体的微观结构呈现出短程有序而远程无序的特征。由于液体的这种微观结构和液体中分子所处状态，使得液体的物理性质介于气体和固体之间。在性状上，液体既像固体那样，具有一定的体积和很小的可压缩性；又像气体那样，具有流动性，能呈盛装它的容器的形状。

5.2.1.2 **液体的蒸气压**

设想把温度一定的某纯物质液体，置于预先抽成真空的容器中。从微观角度看，由于液体分子的运动速度各不相同，其平动能也各不相同。有些分子的平动能比较大，能足以克服分子间的吸引位能而逸出液体表面，这个过程就是蒸发（evaporation）。根据能量分布的概念，一定温度下，能超过这个能量的分子数目是完全确定的。因此，在一定温度下，单位时间内逸出液体表面的分子数目，即蒸发速率应该是一定的。换言之，在此温度下，液体挥发的趋势是一定的。另一方面，蒸气分子也处于无规则的热运动中，当碰撞液面时，会因分子间的吸引作用而重新变为液体，这个过程称为凝结（condensation）。在一定温度下，气体的凝结速率或凝结趋势，是由蒸气的压力决定的。事实上，蒸发和凝结是同时进行的两个相反过程。开始时，因还没有蒸气分子，所以只有液体的蒸发，但随着蒸气分子增多，其凝结速率逐渐增大，直到最终蒸发和凝结的速率相等，见图 5-2-1。此时，从宏观上看，液体的蒸发停止了，蒸气的压力也不再变化，标志着气液两相达到了相平衡。此时的气体称为饱和蒸气，饱和蒸气的压力称为该温度下液体的饱和蒸气压（saturated vapor pressure），简称蒸气压。由以上分析可见，对某确定物质，在一定温度下只有一个确定的饱和蒸气压，因此饱和蒸气压是物质的一个重要性质，决定于物质的本性和温度。

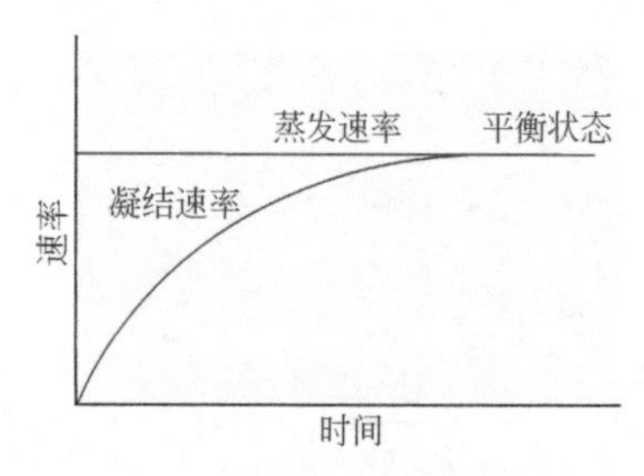

图 5-2-1 液体蒸发和蒸气凝结的速率与时间的关系

应该注意，饱和蒸气压是一个强度性质（见第 6 章 6.1.3 两类状态函数），与物质的数量无关。一些液体物质的饱和蒸气压可由实验直接测定。表 5-3 和表 5-4 分别列出了水和冰在不同温度下的饱和蒸气压数据。此外，在工程上为了估算物质的饱和蒸气压，常使用如下的安托万（Antoine）公式：

$$\ln p = A - \frac{B}{C+t} \tag{5-24}$$

式中，t 是摄氏温度的数值；A、B、C 是三个决定于物质本性的经验常数，可从专门手册中查取。由于这个经验公式的计算精度较高，所以在工程上得到了广泛的应用。

表 5-3 水在不同温度下的饱和蒸气压

t/℃	0.01	10	20	30	40	50	60
p/Pa	610.5	1228	2337.8	4242.8	7375.9	12334	19916
t/℃	70	80	90	100	120	140	180
p/Pa	31157	47343	70096	101325	198536	361426	1002611

表 5-4 冰在不同温度下的饱和蒸气压

t/℃	0.01	−10	−20	−30	−40
p/Pa	610.5	259.9	103.26	38.01	12.84
t/℃	−50	−60	−70	−80	−90
p/Pa	3.936	1.08	0.261	0.055	0.0093

5.2.1.3 **液体的沸点和凝固点**

纯物质液体的饱和蒸气压，决定于物质的本性和温度。对于指定的物质，它的饱和蒸气压和温度间存在着一定的依赖关系。图 5-2-2 是几种液体的饱和蒸气压随温度的变化情况，图中曲线称为蒸气压曲线。由图可见，饱和蒸气压随温度的升高而增大。当饱和蒸气压等于外压时，汽化现象同时在液面和液体内部发生，液体中产生气泡，这个现象称为沸腾，此时的温度称为该纯物质液体的沸点（boiling point）。同一液体在不同的外压下沸点也不同。例如，当外压高于 101.325kPa 时，水的沸点高于 100℃；在 101.325kPa 时，水的沸点为 100℃；在珠穆朗玛峰，因空气稀薄大气压力仅为 32.4kPa，所以水在 71℃就沸腾了。通常，将 101.325kPa 外压下的沸点称为液体的正常沸点[1]，它是物质的一个重要性质。不同液体的正常沸点是不同的，如水的是 100℃，乙醇的是 78.4℃，而水银的是 357℃。

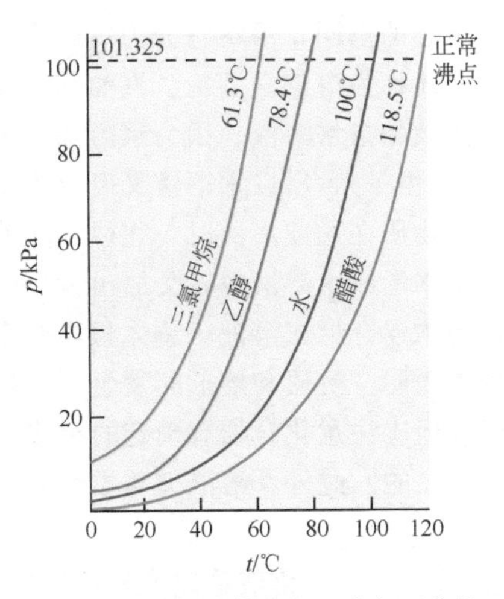

图 5-2-2　几种液体的饱和蒸气压曲线

沸点随外压改变的现象，在工业上有着重要应用。例如，对一些沸点很高的物质，难以在常压下用加热的方法使之沸腾，并且这些物质在很高的温度下，有可能被分解破坏。为了分离高沸点混合物，工业上采用了一种减压蒸馏（vacuum distillation）的方法，以降低它们的沸点。许多高沸点物质，如萘、酚、环己醇、硬脂酸等，就是采用减压蒸馏的方法精制的。

在实验室和生产中，经常遇到这样的问题，虽然液体的温度已达到沸点，但它并不沸腾，必须超过沸点，沸腾才能发生。这种现象称为过热，此时液体称为过热液体。由于过热现象的存在，过热液体会突然剧烈沸腾（通称暴沸），使液体溅出容器。为防止暴沸的发生，可预先在液体中加入沸石或素烧瓷片等，这些简单的措施，可以收到很好的效果。

将纯物质液体冷却，它会凝成固体。只有当液体与固体的饱和蒸气压相等时，二者才能平衡共存。平衡共存时的温度称为固体的熔点（melting point）或液体的凝固点（freezing point）。需要注意，仅对纯物质而言，其凝固点与熔点才是相同的。熔点或凝固点也是物质的重要性质，外压对它们有一定的影响。表 5-5 列出了水的凝固点随外压的变化情况。

表 5-5　水在不同压力下的凝固点

p/MPa	610.5×10^{-6}	0.101325	59.8	110.4	156.0	193.5
t/℃	0.01	0.0025	−5.0	−10.0	−15.0	−20.0

5.2.2　溶液

溶液（solution）在生产实际和科学实验以及日常生活中都起着十分重要的作用。自然界中的一切生命现象都和溶液密切相关，许多化学反应也都是在溶液中进行的。

5.2.2.1　溶液的一般概念

一种物质以分子或离子的状态均匀地分散在其他物质中得到的分散系统称为溶液。一般地说，溶液中含量少的物质称为溶质（solute），其他的物质称为溶剂（solvent）。按溶液聚

[1] 手册或书籍上给出的液体沸点如未注明外压，指的就是正常沸点。

集状态的不同，可将它分为气态溶液、液态溶液和固态溶液。水是最常用的溶剂，通常将水溶液简称为溶液。酒精、汽油和苯等也可用作溶剂，这样的溶液称为非水溶液。以下要讨论的溶液是指水溶液。因为水溶液中的溶质可以是电解质（如 NaCl 等），也可以是非电解质（如蔗糖等），所以水溶液又可分为非电解质溶液和电解质溶液。

物质在形成溶液时，往往伴随着能量变化（吸热或放热）和体积变化。例如，氢氧化钾溶于水形成水溶液时，会放出大量的热，而硝酸铵溶于水形成溶液时，温度将骤然下降。酒精与水混合形成溶液，总体积会变小，而苯与醋酸混合形成溶液，总体积会变大。这些溶液现象表明，溶质和溶剂间发生了某种物理的或化学的作用。由此可见，溶液与化合物有些相似，但应注意化合物有确定的组成，而溶液中溶质和溶剂的相对含量在很大范围内是可以任意改变的。此外，溶液又与混合物有些相似，因为溶液中的每个成分还多少保留着原有的性质。

5.2.2.2 溶液浓度的表示法

溶液是含有一种以上物质的均相系统，在一定溶液或溶剂中所含溶质的量称为溶液的浓度。为了确定溶液的状态和研究在溶液反应中各物质间的数量关系，必须要知道溶液的浓度。浓度的表示方法很多，常用的有以下几种。

(1) 溶质 B 的质量分数（mass fraction） 以溶质 B 的质量与全部溶液质量之比表示的溶液浓度，量纲为 1，符号用 w_B。例如，对于 16gNaCl (s) 溶于 100gH_2O (l) 中所成的溶液，$w_{NaCl}=\frac{16g}{(16+100)g}=0.14$。

(2) 溶质 B 的摩尔分数（mole fraction） 以溶质 B 的物质的量与溶液总物质的量之比表示的溶液浓度，量纲为 1，对于液相和固相符号用 x_B，对于气相用 y_B。

设 n_A 和 n_B 分别为溶液中溶剂和溶质的物质的量，则：

$$x_B=\frac{n_B}{n_A+n_B}$$

而

$$x_A=\frac{n_A}{n_A+n_B}$$

显然，溶质和溶剂的摩尔分数之和应该等于 1。

(3) 溶质 B 的浓度（concentration） 也称溶质 B 的物质的量浓度，以溶质 B 的物质的量除以溶液体积表示的溶液浓度。通常，单位为 $mol\cdot L^{-1}$，符号用 c_B 或 [B]。例如，1L 的 NaCl 溶液中含有 0.1mol 的 NaCl，则 $c_{NaCl}=0.1mol\cdot L^{-1}$ 或 [NaCl]$=0.1mol\cdot L^{-1}$。

(4) 溶质 B 的质量摩尔浓度（molarity） 以溶质 B 的物质的量除以溶剂的质量表示的溶液浓度。通常，单位为 $mol\cdot kg^{-1}$，符号用 b_B 或 m_B。

综上所述，对于一个确定的溶液，其浓度的表示可以是多种多样的，所以在实际应用时可根据不同需要进行选取。由于这些表示是从不同角度反映溶液中溶质和溶剂的相对含量，所以对于同一溶液，它们之间是可以相互换算的。

5.3 纯物质系统的相平衡和相图

系统中具有完全相同的物理性质和化学组成的均匀部分称为一个相（phase）。物质从一个相转移至另一相的过程，例如蒸发、凝结、结晶、升华和凝华等，统称为相变化过程，相变化过程的极限是相平衡（phase equilibrium）。

5.3.1　纯物质系统的相平衡

物质的气、液、固这三种主要的聚集状态，在一定的条件下可以相互转化。若系统中的各相在长时间内不发生温度、压力和组成的改变，这个系统就达到了相平衡。由于在 5.1 和 5.2 中，已对纯物质气液相平衡的规律进行了较为详细的介绍，所以这里仅对液固及气固相平衡规律进行讨论。

5.3.1.1　液固相变化

液固相变化指的是系统中的物质转移仅在液相和固相之间进行，通常人们把只有液相和固相的系统称为凝聚系统。在一定温度下，物质由固态转变为液态的相变化过程称为固体的熔化（fusing），反之，称为液体的凝固（freezing）。

按照分子运动论，容易解释和理解液固相变现象。在通常情况下，固体的分子或离子基本上固定在晶格的结点上，只能在平衡位置附近振动。随着温度升高，分子或离子的运动加剧，以致它们离开了平衡位置，在宏观上表现为固体的熔化。一旦熔化开始，液体分子凝固为固体的过程也便同时开始。当熔化与凝固的速率相同时，液固两相就达到了平衡，此平衡温度就是熔点或凝固点。只要系统中有平衡的两相存在，温度就不会改变。压力对液固平衡的影响很小，常可略去不计。

5.3.1.2　气固相变化

固体不经液体状态而直接转变为蒸气的相变化过程称为升华（sublimation），相反的过程称为凝华（deposition）。固体中的分子克服其间吸引作用而逸出固体的能力要比液体的弱。因此，固体的蒸气压都很小，多数固体的升华现象不明显。只有少数固体，例如干冰（固体 CO_2）、萘、樟脑和碘等，因具有较大的蒸气压，在常温下就能升华为蒸气。又如，在寒冷的冬天，气温虽在 0℃以下，但积雪会逐渐消失，这是因为雪升华所致。升华在工业上也有重要应用，例如对萘、苯酐等一些易于升华的物质，可在真空下加热使它们升华为蒸气，然后再将蒸气凝华，这样就使它们与杂质分离，达到提纯的目的。

到第 6 章将会知道，固体的升华过程可以视为固体的熔化过程和液体的蒸发过程之和，升华热等于熔化热和蒸发热之和。由于升华过程中有气体存在，所以压力对气固平衡的影响较大。

5.3.2　纯物质系统的相图

如果将纯物质系统处于相平衡时的温度、压力之间的关系用图来表示，这种图就称为纯物质系统的相图（phase diagrams）。图 5-2-2 就是纯物质的相图，更完整的相图见图 5-3-1 和图 5-3-2，它们分别是二氧化碳和水的相图。对于纯物质相图的了解，应该建筑在对图的点、线、面物理意义了解的基础上。以下就以二氧化碳及水的相图为例进行简要说明。

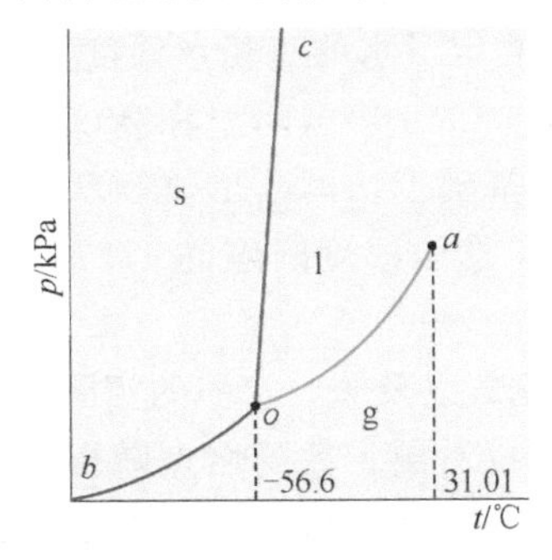

图 5-3-1　二氧化碳的相图

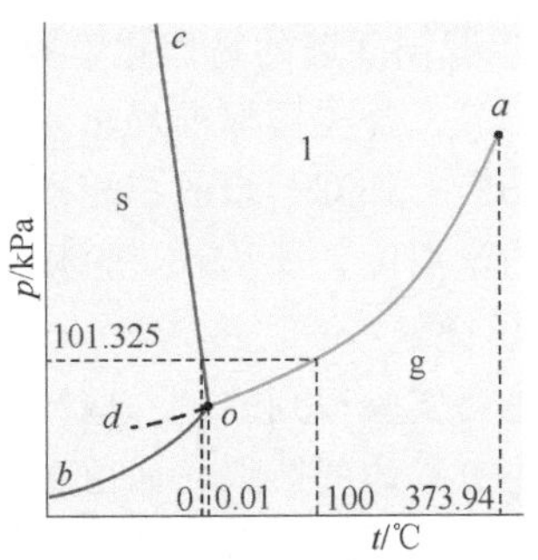

图 5-3-2　水的相图

5.3.2.1 面（region）

相图中的整个平面被分成若干区域，在每个区域内，物质都是以一定的相态而存在。图5-3-1及图5-3-2中s、l、g等符号分别表示固相、液相和气相，它们所在的区域可分别称为固相区、液相区和气相区。在每个相区内，同时改变温度和压力，不会引起旧相消失或新相生成。这就是说，在每个相区内，温度和压力都是彼此独立的，必须同时指定二者，系统才完全确定。

5.3.2.2 线（line）

在相图中，线是至关重要的。正是这些线才把整个平面分成了若干部分。每一条线都反映了系统中的两相达到平衡时，温度和压力之间的依赖关系。

在图5-3-1和图5-3-2中，*oa*线是气液平衡线，反映了纯物质液体的饱和蒸气压随温度的变化规律，或外压对沸点的影响。当系统中存在平衡的气液两相时，其温度和压力必定处在这条曲线上。在*oa*线以上的区域，因系统的压力大于同温度下液体的饱和蒸气压，所以平衡系统中只有液相存在。在*oa*线以下的区域，因压力小于同温度下液体的饱和蒸气压，所以平衡系统中只有气相存在。

需要说明，由于在临界温度以上，纯物质液体已不存在，所以*oa*线不能超过临界温度而向上无限延伸。如在水的相图中（图5-3-2），*oa*线止于*a*点，该点所对应的温度即为水的临界温度373.94℃。此外，由水的相图可见，*oa*线向下至*o*点（0.01℃）以下，水本应该结冰，但实际上水会产生过冷现象而无冰析出。这便导致*oa*线向下延伸超过*o*点至*d*点，图中虚线*od*就是过冷水的气液平衡线。

*ob*线是气固平衡线，表示纯物质固体的饱和蒸气压随温度的变化情况。当系统中存在平衡的气固两相时，其温度和压力必定处在这条线上。在*ob*线以上区域，因系统压力大于同温度下固体的饱和蒸气压，所以平衡系统中只有固相存在。在*ob*线以下区域，因系统压力比同温度下固体的饱和蒸气压小，所以平衡系统中只有气相存在。

*oc*线是液固平衡线，反映了纯物质的凝固点或熔点随压力的变化情况。只要系统中存在平衡的液固两相，其温度和压力必定处在*oc*线上。由水的相图可见，水的凝固点或熔点随压力增大而略有降低。研究表明，*oc*线不能无限地向高压延伸，因为当压力达到常压的2000多倍时，会有不同结构的冰生成，相图也要复杂得多。

5.3.2.3 点（point）

图5-3-1和图5-3-2中的*o*点称为三相点（triple point），它是气液、气固和液固三条平衡线的交点。在*o*点气、液、固三相平衡共存，只要温度或压力稍有偏离，一相或两相就消失，三相平衡即被破坏。在水的三相点，水、冰、水蒸气三相平衡共存，温度是0.01℃，压力是610.5Pa。

1934年我国著名的物理化学家黄子卿教授，准确地测定了水的三相点温度为（0.00980±0.00005）℃。经美国标准局重复验证，结果完全一致。1948年国际温标会议正式确认绝对零度为−273.15℃，水的三相点温度为0.01℃。在此基础上，国际单位制就用水的三相点定义热力学温度，即从0K至水的三相点温度273.16K这个温度间隔的1/273.16就是热力学温度的1K。

相图是由实验得到的。一些纯物质，例如水、二氧化碳以及苯，它们的相图有许多相似之处，但也有具体的区别。如由水的相图（图5-3-2）可以看出，冰的熔点随压力增大而略有降低，其液固平衡线向左倾斜。由二氧化碳的相图（图5-3-1）可以看出，干冰的熔点随压力增大而略有升高，其液固平衡线向右倾斜。

例 5-7　下面是某纯物质的相图，试根据相图回答下列问题：

(1) 系统处于图中 A，B，E，F，H 点时物质的相态；

(2) 系统由 A 点开始经恒压加热过程至 F 点，物质所发生的相态变化；

(3) 系统由 H 点开始经恒温减压过程至 J 点，物质所发生的相态变化。

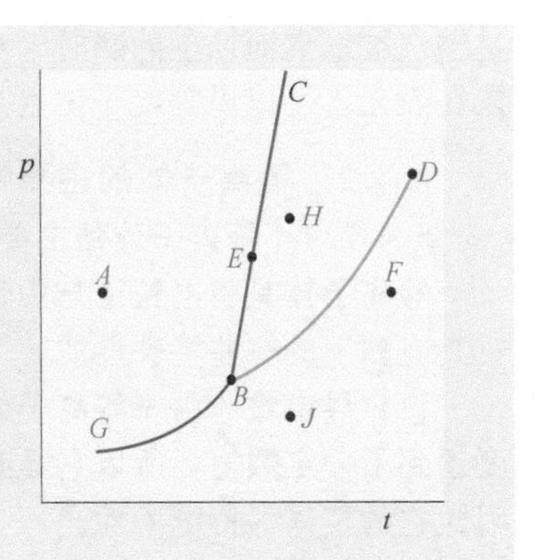

解：(1) A 点：固相；B 点：气、液、固三相共存；E 点：液、固两相共存；F 点：气相；H 点：液相。

(2) 在相图中，系统将由 A 点开始沿水平方向变化：

A（固相）⟶液、固两相平衡⟶固相消失⟶液相⟶气、液两相平衡⟶液相消失⟶气相。

(3) 在相图中，系统将由 H 点开始沿垂直方向变化：

H（液相）⟶气、液两相平衡⟶液相消失⟶气相。

5.4　等离子体

通常，物质以气、液、固三种聚集状态存在，这些不同的聚集状态，在一定的条件下可以相互转化。这已在前面作了较为详细的讨论。然而，在一些特殊条件下，物质的聚集状态还会出现新的变化，呈现出新的特点。

5.4.1　物质存在的第四种聚集状态

若将气体加热到足够高的温度或使其放电，则气体分子会发生离解或电离，从而使电子脱离分子或原子的束缚成为自由电子。在这种处于离解或电离状态的气体中，包含有电子、离子、自由基以及电中性的原子和分子。当电离产生的带电粒子的密度达到或超过一定数值，一般地说，气体的电离部分所占比例大于 0.1%时，带电粒子对电离气体的性质起着决定作用。这种电离气体已与原来气体的性质根本不同，因此它是一种新的流体。于是人们将物质存在的这种特殊状态视为物质存在的第四种聚集状态。由于电离气体中正电荷总数与负电荷总数是相等的，所以将这种流体称为等离子体（plasma）。

图 5-4-1　等离子体产生的极光现象

等离子体的发现及其概念的建立要追溯到一百多年以前。早在 1835 年法拉第（M. Faraday）已通过实验观察到了低压气体的辉光放电现象。1879 年，克鲁克斯（Crookes）在研究电离气体性质的基础上，最先提出了物质存在的第四种状态。1927 年，兰谬尔（I. Langmuir）在对电离气体的研究中明确地提出了等离子体一词。在其后的时期内，等离子体的概念不断丰富，研究内容不断深化，应用也逐渐扩大。特别是从 20 世纪 60 年代起，等离子体化学引起了人们的极大兴趣，相应的新学科不断地建立。然而人们对等离子体的认识，并不像对气、液、固三态的认识那样具体、那样熟悉。这主要是因为在通常环境下，不具备产生等离子体的条件。实际上，宇宙中 99%以上的物质都是以等离子体状态存在的。恒星是由灼热的等离子体构成，太阳就是一个等离子体的火球，星际空间和地球上空的电离层也都是等离子体。通常观察到的极光（见图 5-4-1）这一自然现象，也与等离子体有关。闪电就是空气被电离而产生的瞬时等离子体。霓虹灯的鲜艳光彩，就是由氖或氩放电产生的等离子体在发光，可以说等离子体也是物质存在的一种形态。

5.4.2 等离子体的主要性质及产生方法

5.4.2.1 等离子体的主要性质

等离子体是带电粒子与中性粒子构成的集合体，是物质在特定条件下的一种存在形式，它具有如下的一些特殊性质。

(1) 导电性 由于等离子体中存在自由电子和带正电荷的离子，并且这些带电粒子的浓度达到了一定数值，所以它具有很强的导电能力。又由于等离子体中正、负电荷总数相等，因此它的整体保持电中性。

(2) 粒子间的相互作用 带电粒子间存在着库仑力，它们的运动表现为粒子群的集体运动。

(3) 受磁场的影响 由于等离子体中包含带电粒子，因此可以用磁场控制它的分布和运动。

(4) 高化学反应活性 等离子体中包含的带电粒子、自由基以及处于激发态的原子、分子都是高化学反应活性物质，都易于参加化学反应。

等离子体的温度取决于其中重粒子的温度。若分别以 T_e、T_i 和 T_g 表示电子温度、离子温度和中性粒子温度，则根据粒子温度将等离子体分成两类。当 $T_e=T_i$ 时，为热等离子体或高温等离子体，温度一般在 $(5\times10^3)\sim(2\times10^4)$K。当 $T_e\gg T_i$ 时，为冷等离子体或低温等离子体，其中电子温度高达 10^4K 而重粒子温度为 300～500K，是一种处于非平衡态的系统。冷等离子体在化学方面应用更具重要意义。

5.4.2.2 等离子体的产生方法

若气体在一定的外界条件下获得了足够的能量，使得一定数量的分子或原子中被束缚的电子变成了自由电子，则该气体就成为等离子体。产生等离子体的方法有很多，下面仅就在等离子体化学中常用的几种方法作简要介绍。

(1) 气体放电法 这是一种最常用的方法，其原理是利用电场的作用，使置于电场中的气体发生电离而产生等离子体。按照电场的不同，气体放电又可区分为直流放电、低频放电、高频放电、微波放电等不同类型。

(2) 射线辐照法 气体在各种射线或粒子束的辐照下发生电离产生等离子体。射线包括 α、β、γ 射线和 X 射线，粒子束是指经加速器加速的电子束或粒子束。

(3) 光电离法 以光直接照射气体，当入射光的光子能量[1]大于气体分子或原子的电离能时，使气体发生光电离。

5.4.3 等离子体的研究和应用

人们对于等离子体的研究迄今已有一个多世纪的历史。特别是从 20 世纪 50 年代以来，研究的内容和范围愈来愈大，已经渗透和跨越了化学、物理学、气体动力学、电磁学等学科内容，发展成为一门新兴的交叉学科。与此同时，等离子体的应用技术也取得了快速的发展。已从早期仅作为导电流体、高能量密度热源的应用，发展为现在多门类的等离子体应用技术。例如，等离子体当今已在化学合成、薄膜制备、表面处理和精细化学加工等广泛领域内取得了重要的应用成果。下面以两个实例说明等离子体在材料合成和微量元素分析方面的具体应用。

[1] 1 个光子的能量等于 $h\nu$，其中 ν 是光的频率，h 是普朗克常数，其值为 6.6261×10^{-34}J·s。

人工合成金刚石的传统工艺方法是高温高压法。即在金属催化剂存在下，以石墨为原料，在 1077K 的温度和 6GPa 的压力下，使石墨按如下方程式进行转化：

$$\text{C(石墨)} \longrightarrow \text{C(金刚石)}$$

此法的缺点是条件苛刻，工艺复杂，设备投资大，获得的金刚石纯度不够高。20 世纪 60～70 年代以来，人们研究用冷等离子体法合成金刚石，并取得了成功，其中微波等离子体法低压合成金刚石薄膜获得了突破性进展。图 5-4-2 是合成装置示意图，反应系统是 CH_4 和 H_2 的混合气体，该气体在微波电场作用下产生等离子体，发生甲烷热分解反应。据研究，整个反应历程大致如下：

$$H_2 \longrightarrow 2H\cdot$$

$$H\cdot + CH_4 \longrightarrow \cdot CH_3 + H_2$$

$$\cdot CH_3 \longrightarrow \text{C(金刚石)} + 3H\cdot$$

H_2促进了甲烷热分解反应并有效地抑制了石墨碳和其他高分子碳氢化合物的形成。反应温度为 800～900℃，压力为$(3\times10^3)\sim(4\times10^3)$kPa。用此法可得到纯度很高的金刚石薄膜。

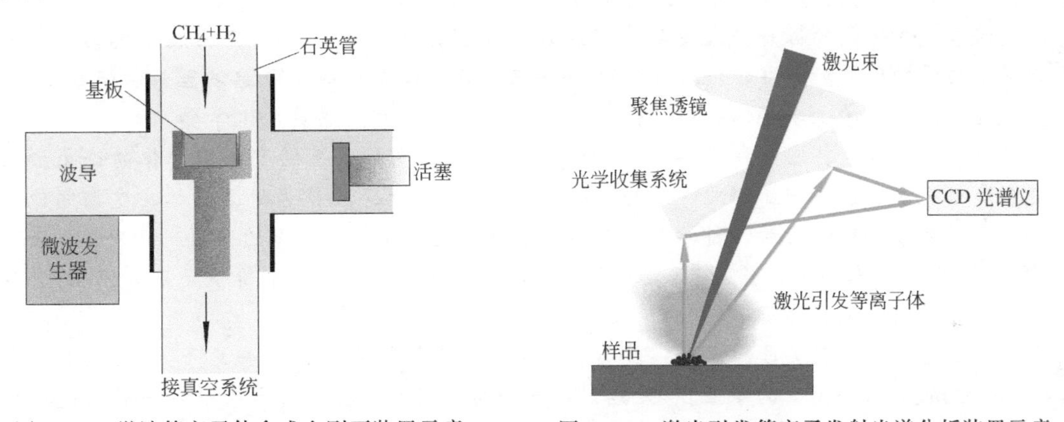

图 5-4-2　微波等离子体合成金刚石装置示意　　图 5-4-3　激光引发等离子发射光谱分析装置示意

等离子体用于微量元素分析，自 20 世纪 70 年代以来也得到迅速发展。等离子体具有很高的能量，在用作原子化源时表现出突出的优越性。现代分析方法用激光束聚焦于样品表面，通过激光与样品的相互作用产生等离子光束，从而激发样品原子和离子的特征发射谱线，经过光学收集系统和电荷耦合检测器（CCD）组成的光谱仪，可进行多种元素的同时检测和分析，见图 5-4-3。这种快速和微取样的表面分析方法具有广阔的实用前景。

可以预见，随着等离子体领域研究的进展，不仅其理论将日益完善，而且采用等离子体技术将为人们提供大量新的材料和新的测试手段，一些传统的生产工艺也将发生重大变化。

科学家范特霍夫

Jacobus Hendricus van't Hoff（1852～1911）

“只有在贫苦和不幸的环境中，才能使人活得更加坚强。”

——首届诺贝尔化学奖获得者范特霍夫

范特霍夫从小生活在荷兰农村，由他的祖父母抚养。小学毕业以后，15 岁进入一所中等技校学习，在该校由于受化学老师的影响，开始对化学产生兴趣。19 岁时考入了莱顿大学数学系，第二年他又转到波恩大学专攻化学，幸运地成为著名的有机化学家凯库勒

(F. A. Kekule) 的学生，到这时他才算真正进入了中学时代就向往的化学研究领域。范特霍夫的成名始于有机化合物空间构型的研究。1874 年范特霍夫用荷兰文发表了他的第一篇具有历史意义的论文，共 11 页。首先提出了碳原子四面体结构的立体化学概念，解释了有机物的旋光异构现象，但这篇论文并未引起化学界的注意，1875 年范特霍夫在补充了一些内容后又以新论文《空间化学》为名用法文刊出，第二年被翻译成德文出版。这才引起化学界的重视，但同时也遭到了一些化学家的非议。推广范特霍夫新观点的“功劳”应归功于他的批评者，其中主要是莱比锡大学的著名化学教授柯尔贝 (A. W. H. Kolbe)，他在批评文章中对范特霍夫的立体化学理论加以痛斥，并使用了十分尖刻的语言。然而，凡是读过这一批评文章的人，都会对范特霍夫的立体化学概念倍感兴趣，从而使他的理论得到了广泛的宣传。在这段时间内，范特霍夫名扬化学界，被阿姆斯特丹大学聘为讲师，1878 年升为化学教授，并一直在此工作 18 年。

范特霍夫对化学的另一重大贡献是对物理化学理论的发展。1884 年出版了他写的《关于化学动力学的研究》一书，1885～1886 年间又发表了一系列关于稀溶液理论的研究论文，正是这些在物理化学上取得的成绩，使他获得首届 (1901 年) 诺贝尔化学奖。

青壮年时期是范特霍夫科学研究上的黄金时期，38 岁时发表的有关固溶体的论文被认为是含有新观念的最后一篇论文。范特霍夫在 1896 年离开荷兰移居德国柏林，这期间他学会抽烟，并常参加社交活动，科学上的创造性逐渐消退。在德国从事的一项研究项目，历时 10 年，共有 30 多人参加，虽发表论文 55 篇，但所有这些论文的学术价值还不如他在 22 岁时仅用几天时间写成的那篇 11 页的论文。

范特霍夫一向尊重父母的意见，获奖后，他的母亲从家乡来信劝告儿子：“应当把 Nobel 奖用于 nobel (高尚) 的事业!”她建议把部分奖金用于改善因财富分配不平等而造成的不幸状态的事业上去，于是范特霍夫把奖金的一部分献给了慈善事业。

复习思考题

1. 试写出理想气体状态方程。该方程的适用条件是什么？
2. 气体分子运动论的基本观点是什么？试述理想气体与实际气体的主要区别。
3. 试说明范德华方程中各校正项的物理意义。
4. 水的三相点温度和压力各是多少？
5. 说明下列各术语的物理意义：沸点、熔点、三相点、临界点。
6. 在沸点以上，液体能否存在？在临界温度以上，液体能否存在？

习　题

1. 容器内装有温度为 37℃，压力为 1MPa 的氧气 100g，由于容器漏气，经过若干时间后，压力降到原来的一半，温度降到 27℃。试计算：(1) 容器的体积是多少？(2) 漏出氧气多少克？
2. 加热 0.520g 氯酸钾使其完全分解，生成的氧气与氢气作用生成水蒸气，在 27℃、93.3kPa 下，测得水蒸气的体积为 336mL。试计算样品中 $KClO_3$ 的含量。
3. 25℃时，将电解水所得的氢和氧混合气体 54.0g 注入 60.0L 的真空容器内，氢和氧的分压各是多少？
4. 将压力为 100kPa 的氢气 150mL，压力为 50kPa 的氧气 75mL 和压力为 30kPa 的氮气 50mL 压入 250mL 的真空瓶内并保持温度不变。求：(1) 混合物中各气体的分压；(2) 混合气体的总压；(3) 各气体的摩尔分数。

5. 人呼吸时呼出气体的温度、压力分别为36.8℃与101kPa，体积分数为N_2：75.1%、O_2 15.2%、CO_2 3.8%、H_2O 5.9%。试求：(1) 呼出气体的平均摩尔质量；(2) CO_2的分压力。
6. 已知25℃及101kPa压力下，N_2和H_2混合气体的密度为0.50g·L^{-1}，试问N_2和H_2的分压及体积分数各是多少？
7. 丙酮在25℃下的饱和蒸气压是30.7kPa。现有25℃、0.100mol的丙酮。试计算：
   (1) 这些丙酮全部气化为压力30.7kPa的蒸气时占有多少体积？
   (2) 当丙酮的体积为5.0L时，丙酮蒸气的压力是多少？
   (3) 当丙酮的体积变为10.0L时，丙酮蒸气的压力又是多少？
8. 已知40℃时$CHCl_3$（三氯甲烷）的饱和蒸气压为49.3kPa。若将40℃、101kPa的干空气4.0L在此条件下缓慢通过$CHCl_3$液体并收集之。试求：(1) 在该条件下为$CHCl_3$所饱和的空气体积。(2) 4.0L干空气带走$CHCl_3$的质量。
9. 0℃时，CO_2的密度与压力的关系如下：

p/101kPa	1/3	1/2	2/3	1
ρ/(g·L^{-1})	0.65596	0.98505	1.31485	1.97676

   试用极限密度法求CO_2的摩尔质量。
10. 45℃时，在5.20L的容器内装有3.50mol NH_3。试计算NH_3的压力：
   (1) 用理想气体状态方程；(2) 用范德华方程。
11. 下列几种市售化学试剂都是实验室常用试剂，分别计算它们的物质的量浓度和质量摩尔浓度。
   (1) 浓盐酸，含HCl 37.0%，密度1.19g·mL^{-1}；
   (2) 浓硫酸，含H_2SO_4 98.0%，密度1.84g·mL^{-1}；
   (3) 浓硝酸，含HNO_3 70.0%，密度1.42g·mL^{-1}；
   (4) 浓氨水，含NH_3 28.0%，密度0.90g·mL^{-1}。
12. (1) 试求25%氯化锌溶液的溶质和溶剂水的摩尔分数。(2) 若该溶液的密度为1.24g·mL^{-1}，试求其物质的量浓度。
13. 10.0mL NaCl饱和溶液重12.003g，将其蒸干，得NaCl 3.173g，已知NaCl的摩尔质量为58.44g·mol^{-1}。试计算该饱和溶液：
   (1) 物质的量浓度；(2) 质量摩尔浓度；(3) NaCl的摩尔分数。

参 考 书 目

1 申泮文．现代化学导论．第二版．北京：高等教育出版社，2009

2 刘俊吉等．物理化学．第五版．北京：高等教育出版社，2009

3 Olmsted J.，Greger M. W. **Chemistry 4th ed.** John Wiley & Sons，Inc. 2006

4 Chang R. **General Chemistry-The Essential Concepts 6th ed.** Mcgraw-Hill Companies，Inc.，2011

第6章　热力学第一定律和热化学

Chapter 6　The First Law of Thermodynamics and Thermochemistry

人们很早就知道，伴随化学反应，能量发生转化。虽然能量的概念并不像物质的概念那样直观，但通过反应伴随的物理现象可以觉察能量的转化。例如镁带燃烧时，产生强光并强烈放热；点燃氢气和氧气的混合物时，发生爆炸并放出大量的热；电池放电时，能对负载做电功。这些实例表明，化学能可以转化为光能、热能和电能等各种形式的能量。对大多数反应，能量转化主要表现为化学能和热能之间的转化。至于能量不灭的观点，实际上早就存在，但直至1850年才在严格实验证明的基础上，确认了能量转化与守恒是自然界的基本规律，并以定律的形式表达出来。

6.1　化学反应中的能量关系

在当今的世界上，大部分能量来源于煤、石油以及天然气的燃烧反应。随着社会发展对能量的新需求，人们正致力于寻求新的能源。但是，一般来说，从新的能源物质获得能量，依然要靠它们进行化学反应（不包括核能和太阳能）。可见，研究化学反应中的能量转化及其规律，具有十分重要的意义。研究与热现象有关的状态变化及能量转化规律的科学称为热力学。它的基础是热力学第一和第二定律。

热力学第一定律是焦耳（J. P. Joule）在前人大量工作的基础上于1840～1848 年间建立的。热力学第二定律是由开尔文（Lord Kelvin）及汤姆逊（W. Thomson）和克劳修斯（R. J. E. Clausius）分别于 1848 年和 1850 年建立的。这两个定律组成了一个严密完整的热力学体系。将热力学的基本原理应用于化学变化以及与化学变化有关的物理变化，形成了热力学的一个分支——化学热力学。其中从数量上研究化学变化放热或吸热规律的那一部分又称热化学。

为了便于应用热力学的基本原理研究化学反应的能量转化规律，首先介绍热力学中几个常用的术语。

6.1.1　系统和环境

系统（system）就是所研究的对象，在化学中就是所研究的那一部分物质和空间。系统以外的部分统称环境（surrounding）。系统和环境是根据研究问题的需要而人为划分的，它们之间应该由器壁或想像的界面隔开。实际上，以往已经遇到过确定系统的问题。如在物理学中，研究自由落体运动规律时，将下落的物体取作系统，只是由于这种取法十分明显而简单，没有特别指出的必要。又如，当检验某溶液的酸碱性时，可取一部分溶液放入试管，然后再向试管中滴入指示剂，观察颜色的变化。此时试管中的溶液就是系统，管壁就是系统与环境间的界面。由于在此只是观察溶液颜色的变化，所以严格地区分系统和环境无关紧要。然而，在热力学中，系统和环境的划分显得特别重要，甚至会影响到问题的研究方法。例如在图 6-1-1 所示的搅拌反应釜中，利用夹套内的水蒸气加热料液，转动的搅拌器对料液做功。如果目的在于研究釜中料液的变化，则料液就是系统，搅拌器和夹套等就是环境，器壁就是界面。在此例中，搅拌器对系统做了机械功，夹套内的蒸汽将热量传给系统，此热和功就是能量传递。如果将釜的进出料阀打开，使料液不断进出，便发生物质传递。按能量和物质传递的不同情况，可将系统分为三种类型。

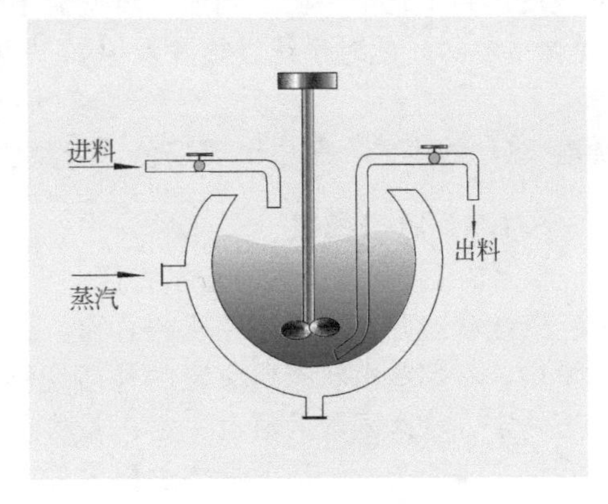

图 6-1-1　搅拌反应釜

(1) 封闭系统（closed system）　与环境有能量传递，但无物质传递的系统。在上例中，关闭料液进出阀，就是封闭系统。

(2) 敞开系统（open system）　与环境既有能量传递，也有物质传递的系统。如上例中，在蒸汽加热和开动搅拌器的同时，打开釜的料液进出阀，就是敞开系统。工程上遇到的系统很多是敞开系统。

(3) 孤立系统（isolated system）　与环境既无能量传递，也无物质传递的系统。例如，在一个密闭、绝热的恒容容器中进行的反应，容器内的物质和空间就是一个孤立系统。

6.1.2　系统的状态

研究系统的变化，就是研究它的状态（state）变化。例如，一定温度、压力和体积的 Cl_2(g) 和 H_2(g) 混合物，在强光照射下迅速生成 HCl(g) 就是系统的状态变化。所谓状态，就是系统一切性质的总和。在该例中，起初的 Cl_2(g) 和 H_2(g) 混合物，就有组成、体积、温度、压力及密度等一系列性质，这些性质的总和构成了系统的最初状态。当系统的所有性质一定时，系统的状态就一定；反之亦然。若任何一个性质发生变化，则系统状态就发生变化。例如，当 Cl_2(g) 和 H_2(g) 混合物的温度降低时，它的状态就发生了变化。

在热化学中，系统的状态通常是指系统的热力学平衡态。在此状态下，系统的所有性质均不随时间而变化。具体地说，平衡态应该同时满足以下四个条件。

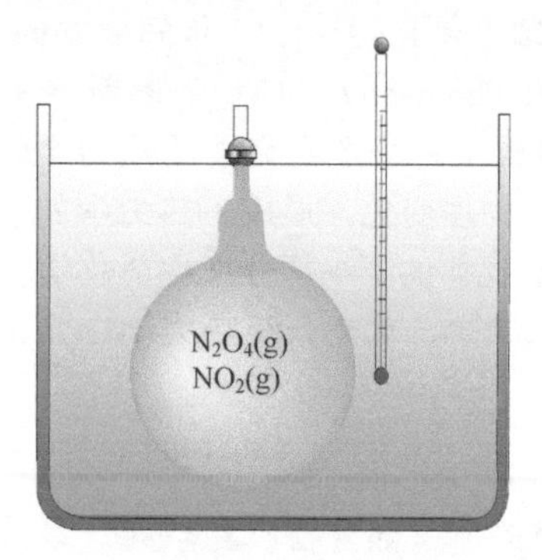

图 6-1-2 N_2O_4(g) 的离解反应

(1) 热平衡（thermal equilibrium） 系统的各部分均与环境的温度相同。系统与环境间不存在热量的传递。若系统与环境由绝热的器壁隔开，则允许系统与环境的温度不同。

(2) 力平衡（mechanical equilibrium） 热化学中不考虑除压力以外的其他力，因此力平衡就是指系统和环境的压力平衡。但若系统与环境间以不能移动的器壁隔开，则允许系统与环境的压力不等。

(3) 相平衡（phase equilibrium） 所谓“相”就是指系统中具有完全相同的物理性质和化学组成的均匀部分。而“相平衡”是指系统中每一相的组成和各物质的数量均不随时间而变化。

(4) 化学平衡（chemical equilibrium） 当化学反应系统的组成不随时间而变时，则该系统就达到了化学平衡。例如，将室温下装有 N_2O_4 气体的球形玻璃瓶放入 60℃的恒温槽中（见图 6-1-2），此时系统吸热并发生如下离解反应：

$$N_2O_4(g) \rightleftharpoons 2NO_2(g)$$

随着 NO_2 的生成，瓶中出现棕色，当颜色不再变化时，该离解反应便达到了化学平衡。

6.1.3 状态函数

6.1.3.1 状态函数的基本特征

既然状态是系统一切性质的总和，那么系统的性质便是系统所处状态的单值函数。在热力学中，将那些由状态所决定的性质统称为状态函数（state functions）。它的基本特征是：状态一定，状态函数的值也一定；若状态发生变化，则状态函数的变化值仅决定于系统的初态和终态，而与所经历的具体过程无关。例如，烧杯中的水由 25℃升高到 50℃，温度的变化值 $\Delta t = t_2 - t_1 = 25℃$。至于是先加热到 60℃再冷却至 50℃，还是先冷至 0℃再加热到 50℃；是用煤气灯加热，还是用电炉加热，Δt 将不因具体过程而异。

又如，将 NaOH 溶液与过量的 HCl 溶液混合，二者发生中和反应，HCl 在溶液中的浓度变化值与二者的混合方式无关。因此，浓度也是状态函数。理解和掌握状态函数的基本特征对热力学的研究和计算都是非常重要的。

6.1.3.2 两类状态函数

将整个系统任意地划分成若干部分，例如将一烧杯溶液分成几小杯。一些状态函数，如温度 T、压力 p 以及组成 x 等，在整体与部分中的数值是相同的，这类状态函数称为系统的强度性质（intensive property）。强度性质表现系统“质”的特征，不具有加和性。另一些状态函数，例如体积 V、物质的量 n_B 等，它们在整体与部分中的数值是不同的，与整体或部分中所含物质的多少成正比，这类状态函数称为系统的广延性质（extensive property）。广延性质表现系统“量”的特征，具有加和性。

6.1.3.3 热力学状态公理

从理论上说，确定系统的状态就是确定系统的所有性质。但是，系统的各个性质并不都是独立的，其间存在着一定的依赖关系。因此，只要确定了那些独立的性质，其他性质也就随之确定。例如，为了确定 1mol 理想气体的状态，压力 p 及温度 T 可作为独立的性质，其他性质例如体积 V_m，可由状态方程 $pV_m = RT$ 计算。

经验表明，对于一个均相系统，如不考虑除压力以外的其他广义力，为了确定它的状态，除了需要知道系统中每种物质的数量外，还要确定两个任意的、独立的状态函数，这个经验规律称为热力学状态公理。

6.1.4 功和热

设在如图 6-1-3 所示的导热良好、带有活塞的气缸中，装有 1mol H_2 和 0.5mol O_2 的混合气体，活塞之上放有重物。若取混合气体为系统，则将其点燃后，H_2 和 O_2 迅速化合成水，系统与环境间同时有功（work）W 和热（heat）Q 的传递。为了区别吸热与放热、做功与得功，需要对功和热的正负号有一个明确的规定。本书规定：系统得功为正，$W>0$；做功为负，$W<0$。系统吸热为正，$Q>0$；放热为负，$Q<0$。

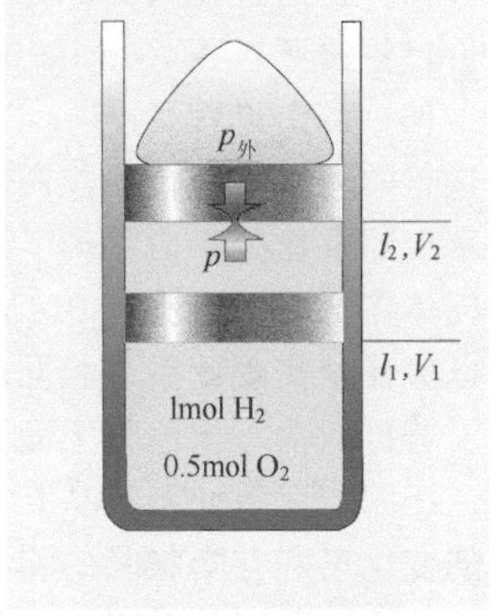

图 6-1-3 体积功

6.1.4.1 体积功

功有不同的种类，如体积功、电功、磁功和表面功等，本章仅涉及体积功。体积功是伴随系统体积变化产生的，它的计算基于机械功的定义，即力乘位移。为了得出它的计算通式，可考虑逐渐减少图 6-1-3 活塞之上的重物，即逐渐减小外压 $p_{外}$，系统将因此膨胀而做体积功。假设活塞没有质量，且与缸壁没有摩擦，则在 $p_{外,1}$ 下，系统体积膨胀 ΔV_1，活塞位置上升 Δl_1，体积功 $W_{体积,1}=-p_{外,1}\Delta V_1$。接着在 $p_{外,2}$ 下，系统体积膨胀 ΔV_2，$W_{体积,2}=-p_{外,2}\Delta V_2$，…。在 $p_{外,i}$ 下，系统体积膨胀 ΔV_i，$W_{体积,i}=-p_{外,i}\Delta V_i$。显而易见，总的体积功，或者说体积功的计算通式为：

$$W_{体积}=-\sum_i p_{外,i}\Delta V_i \tag{6-1}$$

应该注意，计算体积功时必须使用外压，这是因为系统所做或所得之功，应以环境实际得到或做出的功来衡量。计算式中的负号是人为加进的，以便当 $V_2>V_1$ 即膨胀时，$W<0$，系统做功；当 $V_2<V_1$ 即压缩时，$W>0$，系统得功，从而正好与功的正负号规定相一致。

6.1.4.2 热

热是指由于系统与环境间存在温差而引起的从高温物体向低温物体传递的能量。它是物质运动的一种表现形式，和大量分子的无规则热运动相关。当温度不同的物体接触时，无规则热运动的分子通过相互碰撞的方式传递能量，这种能量就是热。

6.1.5 过程

过程（process）是系统从一个平衡态变化到另一个平衡态的途径。由于过程是在一定环境条件下的系统状态变化，所以对它的描述应该包括系统状态的改变和过程的主要特点。例如用 30℃的热源将 1mol C_2H_5OH（l）自 20℃加热至 25℃的过程，可用图 6-1-4 的方块图描述。

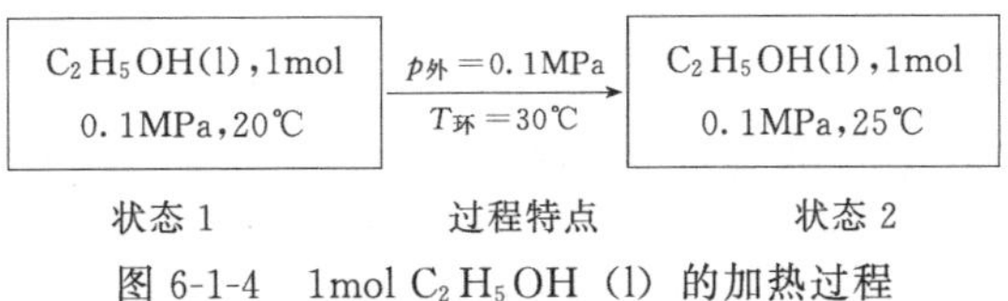

图 6-1-4 1mol C_2H_5OH（l）的加热过程

按照系统和环境相互作用的不同特点和系统状态变化的不同情况，可把过程区分为若干不同的类型。下面介绍封闭系统中一些最常见的过程。

(1) 恒温过程（isothermal process） 系统与环境温度相同且恒定不变的过程。

(2) 恒压过程（isobaric process） 系统与环境压力相同且恒定不变的过程。这类过程非常普遍，敞口容器中进行的化学反应都可视为恒压过程。

(3) 恒容过程（isochoric process） 系统体积恒定不变的过程。

(4) 绝热过程（adiabatic process） 系统与环境间隔绝了热传递的过程。

(5) 循环过程（cyclic process） 过程进行后，系统重新回到初始状态。

(6) 可逆过程（reversible process） 它是一种在无限接近于平衡并且没有摩擦力条件下进行的理想过程。设想图 6-1-3 的气缸中温度为 300K、压力为 1MPa 的 1mol 理想气体与活塞上的重物处于力平衡。现在一次一次地取走部分重物，并设想每次取走的重物无限小，使气体在恒温下膨胀至 0.1MPa。这个过程称为恒温可逆膨胀过程。
可以验证，实现此系统相同的状态变化，恒温可逆膨胀过程系统对环境做最大功。

若再一次一次地将上面那些取走的无限小的重物回放到活塞上，则理想气体将进行恒温可逆压缩，以致使系统从 0.1MPa 重新回到 1MPa。在压缩过程的每一步中，系统与环境发生的变化正好与膨胀时的相抵消。这意味着，可逆过程是可以简单逆转、完全复原的过程，这就是可逆两字的含义。可逆过程是一种抽象的过程，实际的过程只能趋近它，但不能达到它。

6.2 热力学第一定律

在图 6-2-1 所示的轨道中，让一个金属小球从 A 点滚下。设轨道和小球间没有摩擦力，则小球将在轨道中来回滚动。从能量的角度看，小球由 A 点经 B 点再至 A'点，然后折回，其位能和动能不断地相互转化，类似能量转化的例子不胜枚举。实验已经证明，能量既不能消灭，也不能创生，只能从一种形式转化成另一种形式，即能量是守恒的。这一自然界的普遍规律，通常称为能量守恒和转化定律（law of energy conservation and transformation）。

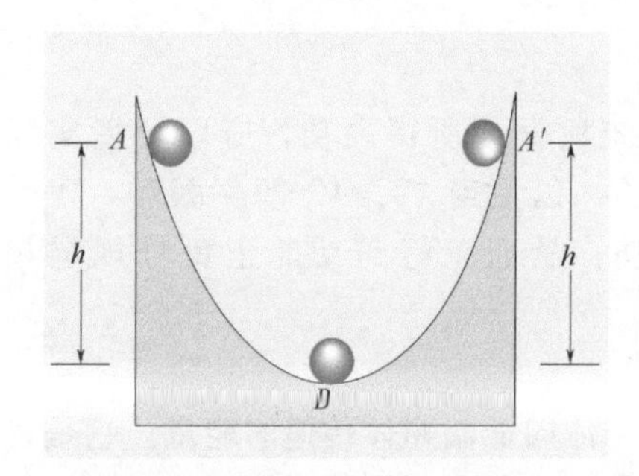

图 6-2-1 位能和动能的相互转化

根据能量守恒和转化定律，化学反应系统得到或失去的能量，应该等于环境失去或得到的能量，即总的能量保持不变。在前述 $H_2(g)$ 和 $O_2(g)$ 的混合物化合成水的过程中，系统所放之热和所做之功的总和应该等于系统能量的减少。在此过程中，反应系统的化学能以热和功的形式传递给了环境。热力学第一定律（the first law of thermodynamics）表明，当系统的状态发生变化时，热和功以及其他形式的能量间有一定的数量关系。它是自然界的一个普遍规律，迄今没发现自然界的任何一个事实与之违背。

6.2.1 热力学能

任何系统都具有能量，若以 U 表示该能量，则它应该包括整个系统运动的动能 U_k，相对于地面高度的位能 U_p 以及系统的热力学能 U_i，即：

$$U=U_k+U_p+U_i \tag{6-2}$$

但在热力学中，系统的能量通常只是指系统的热力学能（thermodynamics energy），即 $U=U_i$。热力学能是系统中各物质的各种运动形态的能量之和。具体地说，它包括分子相互作用的位能，分子的移动能、转动能、振动能，电子及核的运动能等。

系统的状态一定，它的热力学能就一定，所以热力学能是一个状态函数，它是系统的一个广延性质。由于人们迄今还没有完全认识物质的所有运动形态，因此无法得知热力学能的绝对值。然而，这并不影响热力学问题的研究，因为在处理具体问题时，并不需要知道热力学能的绝对值，只要知道它的变化值就可以了。例如，图 6-1-3 所示的系统，从初态的 H_2(g) 和 O_2(g)，变成终态的 H_2O(l)，热力学能的变化为：

$$\Delta U = U_{终态} - U_{初态} = U_2 - U_1 \tag{6-3}$$

其中，U_1 为初态 H_2(g) 和 O_2(g) 的热力学能，U_2 为终态 H_2O(l) 的热力学能。根据能量守恒原理，ΔU 应该用所做之功与所放之热的总和来度量。

6.2.2　能量的单位

功和热以及系统的热力学能都是能量。在国际单位制中，能量的单位（energy units）是焦耳，符号用 J，$1J = 1kg \cdot m^2 \cdot s^{-2}$。由于 J 这个能量单位较小，所以也常常用 kJ 作单位。

在热力学的发展史上，热质论使人们长期不能认识热的本质。纠正热质论的错误，确认热是一种能量传递，应当归于许多人的工作，其中最为著名的是焦耳的热功当量（mechanical equivalent of heat）实验。焦耳在分析和归纳大量实验结果的基础上，得出了重要的结论，传热和做功都是能量传递的形式，它们之间的关系为：1cal＝4.16J(功)。至此，人类第一次将热和功联系起来，使热和热质脱离。在更精确实验的基础上，于 1948 年规定了热和功之间的关系为 1cal(热化学卡)＝4.184J。

6.2.3　热力学第一定律的数学表达式

在图 6-2-2 所示的绝热杯式量热计中，放入一定量的溶液。然后以机械搅拌的方式对溶液做功，结果发现溶液的温度升高了。取溶液为系统，根据能量守恒原理，该绝热功的数量应该对应于溶液热力学能的升高：

$$\Delta U_1 = W_{绝热} \tag{6-4}$$

但是，使溶液的热力学能升高，还可采用简单加热的方法。因为根据热功当量，简单加热和绝热做功对增加溶液热力学能的效果应该是一样的，所以

$$\Delta U_2 = Q_{无功} \tag{6-5}$$

而若过程中既做功又加热，并注意到热力学能 U 是状态函数，则：

$$\Delta U = \Delta U_1 + \Delta U_2 = Q + W \tag{6-6}$$

即

$$\Delta U = U_{终态} - U_{初态} = Q + W \tag{6-7}$$

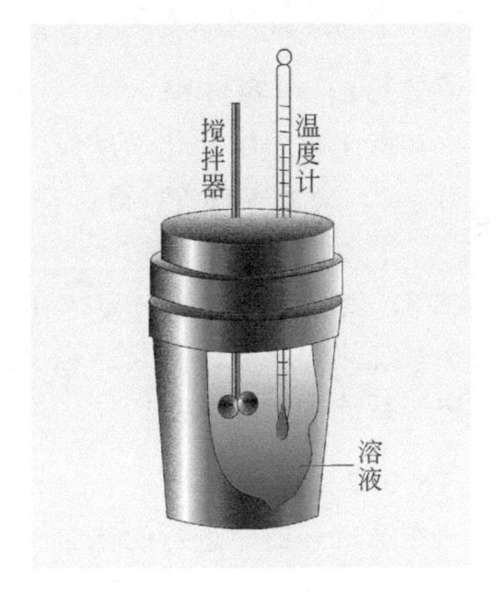

图 6-2-2　杯式量热计

式(6-7) 就是适用于封闭系统的热力学第一定律的数学形式。它可用文字表述为：当系统经历变化时，以传热和做功的形式传递的能量，必定等于系统热力学能的变化。

例 6-1　气缸中总压为 101.3kPa 的 H_2(g) 和 O_2(g) 混合物经点燃化合时，系统的体积在恒定外压 101.3kPa 下增大了 2.37L，同时向环境放热 550J。试求系统经此过程后热力学能的变化。

解：取气缸内的物质和空间为系统

$$p_{外} = 101.3\text{kPa}, Q = -550\text{J}$$

$$\Delta V = V_{终态} - V_{初态} = V_2 - V_1 = 2.37\text{L} = 2.37 \times 10^{-3}\text{m}^3$$

$$W = -p_{外}\Delta V = -p_{外}(V_2 - V_1)$$

$$= -101.3 \times 10^3\text{Pa} \times 2.37 \times 10^{-3}\text{m}^3 = -240\text{J}$$

$$\Delta U = Q + W = (-550\text{J}) + (-240\text{J}) = -790\text{J}$$

系统经历以上变化后，790J的能量（化学能）以功和热的形式传递给了环境。

例 6-2 (1) 已知 1g 纯水在 101.3kPa 下，温度由 287.7K 变为 288.7K，吸热 2.0927J，得功 2.0928J，求其热力学能的变化。

(2) 若在绝热条件下，使 1g 纯水发生与 (1) 相同的变化，需对它做多少功？

解：(1) $Q=2.0927\text{J}$，$W=2.0928\text{J}$

$\Delta U=Q+W=2.0927\text{J}+2.0928\text{J}=4.1855\text{J}$

(2) $Q=0$

因为系统的初终状态与 (1) 相同，故 ΔU 与 (1) 相同，即

$\Delta U=4.1855\text{J}$

$W=\Delta U-Q=4.1855\text{J}-0=4.1855\text{J}$

例 6-2 表明，虽然 (1) 和 (2) 的初终状态相同，但 Q 与 W 却因过程不同而异，因而它们是过程变量。这就是说，过程变量的数值不仅取决于系统的初终状态，还决定于具体过程。显然，这与状态函数的特征是不同的。

6.3 一般化学反应的过程特征

化学反应都是在一定条件下进行的，其中封闭系统只做体积功的恒容和恒压过程最为普遍和重要。了解和掌握热力学第一定律对特定条件下化学反应过程的应用，能为处理实验室和生产中的实际问题带来方便。

6.3.1 恒容过程

在密闭容器中的化学反应，就是恒容过程。因为系统的体积不变，并且只做体积功，所以 $W=0$，应用式(6-7) 得：

$$Q_V=\Delta U \tag{6-8}$$

式(6-8) 就是热力学第一定律在恒容和只做体积功条件下的特殊形式。它表明恒容过程的热等于系统热力学能的变化。也就是说，只要确定了过程恒容和只做体积功的特征，Q_V 就只决定于系统的初终状态。

6.3.2 恒压过程

在敞口容器中进行的化学反应就是恒压过程。所谓恒压是指系统的压力 p 等于环境的压力 $p_{外}$，并保持恒定不变，即 $p=p_{外}=$常数。由于过程恒压和只做体积功，所以

$$W = W_{体积} = -p_{外}\,\Delta V = -p_{外}(V_2 - V_1) = -(p_2V_2 - p_1V_1)$$

将该式代入式(6-7)，得

$$Q_p=\Delta U-W=U_2-U_1+(p_2V_2-p_1V_1)=(U_2+p_2V_2)-(U_1+p_1V_1) \tag{6-9}$$

因为 $U+pV$ 是一些状态函数的组合，所以它也是状态的单值函数。为方便起见，将它定义为一个新的状态函数焓 (enthalpy)，并用符号 H 表示，即

$$H=U+pV \tag{6-10}$$

于是，式(6-9) 可以变为：

$$Q_p=H_2-H_1=\Delta H \tag{6-11}$$

式(6-11) 就是热力学第一定律在恒压和只做体积功条件下的特殊形式。它表明在此条件下，过程的热等于系统焓的变化。也就是说，只要确定了过程恒压和只做体积功的特征，Q_p 就唯一地由系统的初终状态所决定。

因为焓是一些状态函数的组合，因此它是一个辅助的状态函数。又因为热力学能与体积都是系统的广延性质，所以焓也是广延性质。至于焓的物理意义，可以从恒压和只做体积功特殊条件下的 $\Delta H=Q_p$ 进行理解，因为只有在此条件下，焓才表现出它的特性。例如，在恒压下若只对物质简单加热，则物质吸热后温度升高，$\Delta H>0$，所以物质在高温时的焓大于它在低温时的焓。又如，对于恒压下放热的化学反应，$\Delta H<0$，所以产物的焓小于反应物的焓。

例 6-3　在 298.2K 和 101.3kPa 的恒定压力下，0.5mol $C_2H_4(g)$ 与 $H_2(g)$ 按下式进行反应，放热 68.2kJ，

$$C_2H_4(g)+H_2(g)\longrightarrow C_2H_6(g)$$

若 1mol$C_2H_4(g)$ 与 $H_2(g)$ 反应，试求 (1) ΔH；(2) ΔU。(设气体服从理想气体状态方程)

解：(1) 由于反应在恒压和只做体积功的条件下进行，因此 0.5mol $C_2H_4(g)$ 与 $H_2(g)$ 反应时

$$\Delta H_1=Q_{p_1}=-68.2\text{kJ}$$

因为焓 H 为广延性质，所以 1mol $C_2H_4(g)$ 与 $H_2(g)$ 反应时

$$\Delta H=2\Delta H_1=2\times(-68.2\text{kJ})=-136.4\text{kJ}$$

(2) 由 H 的定义 $H=U+pV$ 可得

$$\Delta H=\Delta U+\Delta(pV)$$

因为过程恒压，所以

$$\Delta H=\Delta U+p\Delta V=\Delta U+pV_{产物}-pV_{反应物}$$

以理想气体状态方程代入，

$$\Delta H=\Delta U+(n_{产物}-n_{反应物})RT=\Delta U+(\Delta n)RT$$

所以，$-136.4\text{kJ}=\Delta U+(1-2)\ \text{mol}\times8.3145\text{J}\cdot\text{K}^{-1}\cdot\text{mol}^{-1}\times298.2\text{K}\times10^{-3}$

$\Delta U=-136.4\text{kJ}+2.48\text{kJ}=-133.9\text{kJ}$

可见，反应的 ΔH 与 ΔU 相差很小，说明 $p\Delta V$ 是一个很小的数值。对于液相或固相反应，其 ΔV 极小，因此 $p\Delta V$ 可以略去不计，于是 ΔH 与 ΔU 在数值上近似相等。

式(6-8) 和式(6-11) 作为热力学第一定律的条件公式，分别把系统和环境之间传递的热量与状态函数的变化对应起来。这就使我们有可能利用状态函数的基本特征，在指定的初终态间设计过程，对 Q_V 或 Q_p 进行间接计算。一般来说，所设计的过程中包含着若干子过程，这些子过程可以是真实的，也可以是假想的。它们涉及的变化可以是相变化、化学变化和温度变化等。

6.4　化学反应热效应

在恒温恒压或恒温恒容且只做体积功的条件下，化学反应吸收或放出的热量称为化学反应的恒压热效应或恒容热效应，通常也称它们为反应热。如 1mol 298.2K 的 $C_6H_6(l)$ 在充足的 $O_2(g)$ 中完全燃烧，生成同温度的 $H_2O(l)$ 和 $CO_2(g)$。若燃烧在密闭容器中进行，则放热 3.264×10^3kJ，即恒容热效应 $Q_V=-3.264\times10^3$kJ；若在恒压和只做体积功的条件下燃烧，则放热 3.268×10^3kJ，即恒压热效应 $Q_p=-3.268\times10^3$kJ。一些化学反应的恒压与恒容热效应，可由实验进行测定，这种实验测定方法称为量热方法。图 6-2-2 所示的杯式量热计，可用来测定液相反应的恒压热效应。图 6-4-1 所示的氧弹式量热计，可用于测定有机化合物燃烧的恒容热效应。

由氧弹式量热计测得的有机化合物的燃烧热是恒容热效应 Q_V，但通常使用最多的是恒压热效应 Q_p，因此需对二者进行换算。若气体为理想气体，以 n_1 表示初态气体物质的量，

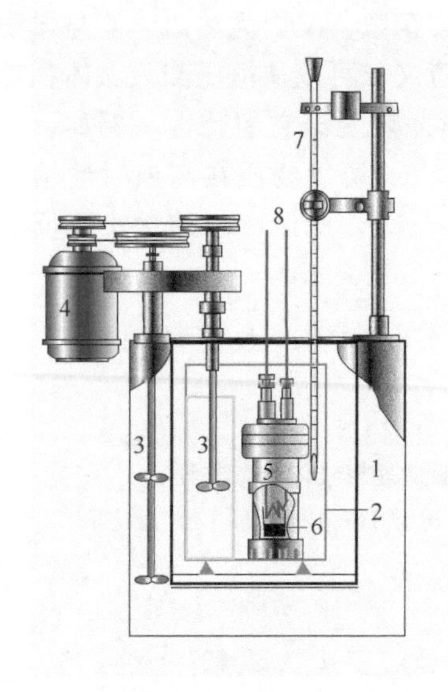

图 6-4-1　氧弹式量热计

1—外壳；2—量热容器；3—搅拌器；4—搅拌马达；5—氧弹；6—样品；7—贝克曼温度计；8—燃烧丝引线

以 n_2 表示终态气体物质的量，$\Delta n=n_2-n_1$ 为气体物质的量的变化，则 Q_V 与 Q_p 的换算公式为：

$$Q_p=Q_V+\Delta nRT \tag{6-12}$$

量热方法是由实验测定获得热性质数据的重要方法，它是一种十分精密的实验，其实验结果需要经过若干校正和换算才能成为所需数据。随着高精度量热仪器设备的问世和测定技术的提高，量热学的应用范围在不断扩展。目前，在溶液理论的研究中，已经能用连续法精确测定液体的混合热等热性质数据。在现代新兴学科“化学生物学”领域中，微量热技术由于灵敏度高、准确、快捷，而被用于酶促反应和古生菌代谢特征的研究中，从而形成热化学与生命科学的交叉渗透。

6.4.1　反应进度

对于指定的反应，例如 1mol C_6H_6(l) 在 O_2(g) 中完全燃烧，其化学计量方程式为：

$$C_6H_6(l)+7.5O_2(g)\longrightarrow 6CO_2(g)+3H_2O(l)$$

由于各物质的化学计量系数不同，所以反应热效应与各物质的量的对应关系是不同的。比如，对 1mol C_6H_6 而言，恒容热效应为 -3.264×10^3kJ；但对 1mol O_2 而言，恒容热效应仅为前者的 1/7.5。两恒容热效应之所以不同，是因为当 1mol C_6H_6 或 1mol O_2 反应时，反应进行的深度是不同的。为了对参与反应的各物质从数量上统一表达化学反应进行的深度，需要引进一个新的物理量——反应进度（extent of reaction)，用符号 ξ 表示。

对于一个任意的化学反应：

$$eE+fF\longrightarrow gG+rR \tag{6-13}$$

式中，e、f、g、r 为化学计量系数。此反应也可用如下通式来表示：

$$0=\sum_B \nu_B B \tag{6-14}$$

式中，B 代表反应物或产物；ν_B 为相应的化学计量系数，对反应物取负值，对产物取正值。按此通式，苯的燃烧反应也可写成：

$$0=6CO_2(g)+3H_2O(l)-C_6H_6(l)-7.5O_2(g) \tag{6-15}$$

根据 IUPAC 的推荐和我国国家计量标准[1]，对于化学反应 $0=\sum_B \nu_B B$，若任一物质 B 的物质的量，初始状态时为 n_{B_0}，反应至某一程度时为 n_B，则反应进度 ξ 的定义为：

$$\xi=\frac{n_B-n_{B_0}}{\nu_B}=\frac{\Delta n_B}{\nu_B} \tag{6-16}$$

由此可概括出以下几点：

① 对于指定的化学计量方程式，ν_B 为定值，ξ 随 B 物质的量的变化而变化，所以可用 ξ 度量反应进行的深度。

② 由于 ν_B 的量纲为 1，Δn_B 的单位为 mol，所以 ξ 的单位也为 mol。

③ 对于式(6-13) 表示的化学反应，可以写出：

---

[1] 国家计量标准是指《中华人民共和国国家标准：物理化学和分子物理学的量和单位》(GB 3102.8)。

$$\xi=\frac{\Delta n_E}{\nu_E}=\frac{\Delta n_F}{\nu_F}=\frac{\Delta n_G}{\nu_G}=\frac{\Delta n_R}{\nu_R} \tag{6-17}$$

④ 对于指定的化学计量方程式，当 Δn_B 的数值等于 ν_B 时，则 $\xi=1\text{mol}$。它表示各物质按化学计量方程式进行了完全反应。如对于反应 $N_2+3H_2 \longrightarrow 2NH_3$，$\xi=1\text{mol}$ 意味着 1mol N_2 与 3mol H_2 完全反应生成 2mol NH_3。又如，对于反应 $\frac{1}{2}N_2+\frac{3}{2}H_2 \longrightarrow NH_3$，$\xi=1\text{mol}$ 意味着 $\frac{1}{2}$mol N_2 与 $\frac{3}{2}$mol H_2 完全反应生成 1mol NH_3。可见在使用反应进度时，一定要指明相应的化学计量方程式，否则就是不明确的。

6.4.2 热化学标准状态

在实验室和化工生产中，多数化学反应是在恒压条件下进行的。通常所说的化学反应热效应或反应热，如不另加注明，都是指恒压热效应。由 $Q_p=\Delta H$ 知道，它是在恒压和只做体积功的条件下产物和反应物所处状态的焓差。因为 H 是状态函数，所以只有当产物和反应物的状态确定后，ΔH 才有定值。其实，后面要介绍的物质的一些其他热性质数据也都与物质的所处状态有关。为把物质的热性质数据汇集起来，以便人们查用，很有必要对物质的状态有一个统一的规定，只有这样才不致引起混乱。基于这种需要，提出了热力学标准状态（thermodynamic standard state）的概念。热力学标准状态也称热化学标准状态，按照习惯，其具体规定为：

气体——$p^{\ominus}$（100kPa）压力下处于理想气体状态的气态纯物质。

液体和固体——$p^{\ominus}$ 压力下的液态和固态纯物质。

对于反应 $e\text{E}+f\text{F} \longrightarrow g\text{G}+r\text{R}$，若各物质的温度相同，且均处于热化学标准状态，则 g mol G 和 r mol R 的焓与 e mol E 和 f mol F 的焓之差，即为该反应在该温度下的标准摩尔反应焓（standard molar enthalpy of reaction）或标准摩尔反应热，符号为 $\Delta_r H_m^{\ominus}(T)$，其中上标“$\ominus$”指标准状态，下标“r”指反应，“m”指 $\xi=1\text{mol}$，$\Delta_r H_m^{\ominus}$ 的单位为 $\text{kJ}\cdot\text{mol}^{-1}$。需要注意，在热化学标准状态的规定中，只指定压力为 $p^{\ominus}$，并没有指定温度（即温度可任意选取）。如我国通常选取 298K，而欧洲一些国家通常选取 291K。

例 6-4　用硝石制硝酸时，发生下列反应：

$$2KNO_3(s)+H_2SO_4(l) \longrightarrow K_2SO_4(s)+2HNO_3(g)$$

若反应温度为 298K，且各物质均处于热化学标准状态。试将该反应的标准摩尔反应焓表示为产物和反应物的焓差。

解：

$$2KNO_3(s,298K,p^{\ominus})+H_2SO_4(l,298K,p^{\ominus}) \longrightarrow K_2SO_4(s,298K,p^{\ominus})+2HNO_3(g,298K,p^{\ominus})$$

$$\Delta_r H_m^{\ominus}(298K)=H_m^{\ominus}(K_2SO_4,s,298K)+2H_m^{\ominus}(HNO_3,g,298K)-2H_m^{\ominus}(KNO_3,s,298K)-H_m^{\ominus}(H_2SO_4,l,298K)$$

式中 $H_m^{\ominus}$(B，298K）是物质 B 在 298K 标准状态下的摩尔焓。因为焓的绝对值是不知道的，所以不能用上式直接计算 $\Delta_r H_m^{\ominus}(298K)$，但可用实验测定或间接方法求得。

6.4.3 盖斯定律

有些化学反应的热效应可由实验直接测定，有些则不能。如反应：

$$C(s)+\frac{1}{2}O_2(g) \longrightarrow CO(g)$$

其热效应就不能由实验直接测定，因为在反应过程中总会有 CO_2(g）生成。可见，求取那些不易直接测定的反应的热效应，是很有意义的一项工作。1840 年盖斯（G. H. Hess）在分析许多化学反应热效应的基础上，归纳出一个规律："一个化学反应不论是一步完成，还是分几步完成，其总的热效应是完全相同的。"这个规律称为盖斯定律（Hess's Law）。

通常，化学反应不是在恒容只做体积功的条件下进行，就是在恒压和只做体积功的条件下进行。在前者条件下 $Q_V=\Delta U$，在后者条件下 $Q_p=\Delta H$，即 Q_V 和 Q_p 均只决定于系统的初终状态。以此与盖斯定律对照，可以得出这样的结论：盖斯定律实际上是热力学第一定律在恒容、恒压和只做体积功条件下的必然结果，或者说盖斯定律与恒容和只做体积功或恒压和只做体积功条件下的热力学第一定律的结论是一致的。

在热化学中，正确理解以上结论，对化学反应热的计算很有帮助。如对于反应 $C(s)+\frac{1}{2}O_2(g)\longrightarrow CO(g)$，为了求得不易直接测定的标准摩尔反应焓，可根据状态函数的基本特征，分别以 $C(s)+O_2(g)$ 和 $CO_2(g)$ 为初、终状态，设想初态到终态的变化经历两条不同的途径（图 6-4-2），而所研究的过程 $C(s)+\frac{1}{2}O_2(g)\longrightarrow CO(g)$ 包含在绕道的那个途径中。按照盖斯定律或状态函数的性质，碳直接燃烧一步生成二氧化碳的焓变等于碳先燃烧生成一氧化碳，继而再燃烧成为二氧化碳这样两步焓变之和，即：

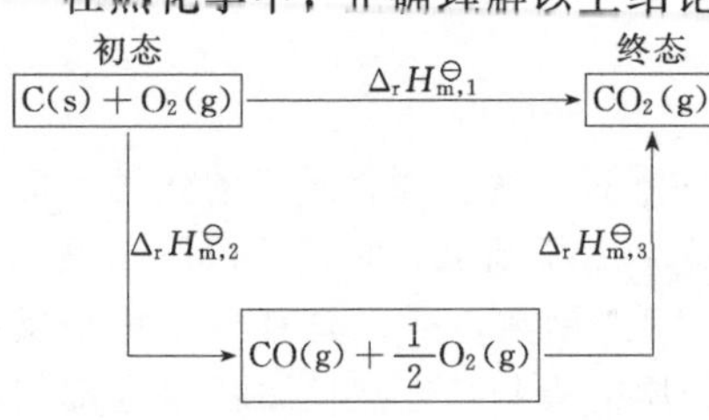

图 6-4-2　C 转变为 CO_2 的两种途径

$$\Delta_r H^{\ominus}_{m,1}=\Delta_r H^{\ominus}_{m,2}+\Delta_r H^{\ominus}_{m,3}$$

由于 $\Delta_r H^{\ominus}_{m,1}$、$\Delta_r H^{\ominus}_{m,3}$ 很容易实验测定，分别为 $-393.5\text{kJ}\cdot\text{mol}^{-1}$ 和 $-283.0\text{kJ}\cdot\text{mol}^{-1}$，所以

$$\begin{aligned}\Delta_r H^{\ominus}_{m,2}&=\Delta_r H^{\ominus}_{m,1}-\Delta_r H^{\ominus}_{m,3}=(-393.5\text{kJ}\cdot\text{mol}^{-1})-(283.0\text{kJ}\cdot\text{mol}^{-1})\\&=-110.5\text{kJ}\cdot\text{mol}^{-1}\end{aligned}$$

这样，便通过间接的方法，求得了反应 $C(s)+\frac{1}{2}O_2(g)\longrightarrow CO(g)$ 的标准摩尔反应焓。

6.4.4　热化学方程式

标出反应热效应的化学方程式称为热化学方程式。例如下列反应中的各物质在热化学标准状态及 298K 下的热化学方程式为：

① $C(s)+O_2(g)\longrightarrow CO_2(g)$，　$\Delta_r H^{\ominus}_m=-393.5\text{kJ}\cdot\text{mol}^{-1}$

② $H_2(g)+\frac{1}{2}O_2(g)\longrightarrow H_2O(l)$，　$\Delta_r H^{\ominus}_m=-285.8\text{kJ}\cdot\text{mol}^{-1}$

③ $H_2O(g)\longrightarrow H_2(g)+\frac{1}{2}O_2(g)$，　$\Delta_r H^{\ominus}_m=241.8\text{kJ}\cdot\text{mol}^{-1}$

其中，热化学方程式①和②表示在上述条件下，反应分别放热 $393.5\text{kJ}\cdot\text{mol}^{-1}$ 和 $285.8\text{kJ}\cdot\text{mol}^{-1}$，③表示反应吸热 $241.8\text{kJ}\cdot\text{mol}^{-1}$。

书写和使用热化学方程式时要注意以下各点：

① 写出化学计量方程式；

② 注明参与反应的各物质的聚集状态、温度和压力。若压力为 $p^{\ominus}$，温度为 298K，则习惯上只注明各物质的聚集状态，气、液、固三态分别用 g、l、s 表示；

③ $\Delta_r H^{\ominus}_m$ 与化学计量方程式用逗号或分号分开；

④ 在标准摩尔反应焓 $\Delta_r H^{\ominus}_m$ 后面的括号中注明反应温度。如果温度为 T，则应写成 $\Delta_r H^{\ominus}_m(T)$；如果温度为 298K，可以不注明。

⑤ $\Delta_r H_m^{\ominus}$ 中的下标“m”表示参与反应的各物质，按给定方程式进行了完全反应，反应进度 $\xi = 1\text{mol}$。

根据盖斯定律或焓 H 的状态函数特征，热化学方程式可以像代数方程式那样相加或相减。这是因为每个热化学方程式所代表的反应，可以视为总反应的一个步骤。于是，各个步骤相加或相减的结果就得到了总反应的热化学方程式。例如生成一氧化碳的热化学方程式可由如下两个热化学方程式相减而得：

$$\begin{array}{ll} C(s)+O_2(g)\longrightarrow CO_2(g), & \Delta_r H_{m,1}^{\ominus}=-393.5\text{kJ}\cdot\text{mol}^{-1} \\ -)CO(g)+\frac{1}{2}O_2(g)\longrightarrow CO_2(g), & \Delta_r H_{m,3}^{\ominus}=-283.0\text{kJ}\cdot\text{mol}^{-1} \\ \hline C(s)+\frac{1}{2}O_2(g)\longrightarrow CO(g), & \Delta_r H_{m,2}^{\ominus}=-110.5\text{kJ}\cdot\text{mol}^{-1} \end{array}$$

6.5　生成焓和燃烧焓

化学反应热效应的间接计算方法，是一种普遍使用的方法。它基于状态函数的基本特征，利用了前人积累的大量的文献数据，其中最为重要的是标准摩尔生成焓和标准摩尔燃烧焓数据。

6.5.1　标准摩尔生成焓

在一定的温度和压力下，由元素的稳定单质化合生成 1mol 化合物的反应焓（即反应热），称为该化合物的摩尔生成焓或摩尔生成热，用符号 $\Delta_f H_m$ 表示，下标“f”表示生成。而若稳定单质和生成的化合物均处于热化学标准状态，则此反应焓称为该化合物的标准摩尔生成焓（standard molar enthalpy of formation）或标准摩尔生成热，用符号 $\Delta_f H_m^{\ominus}$ 表示（若温度是 298K，则可以省略不写，否则需注明温度；其中符号“⊖”、“m”及“f”的含义同前）。例如，298K 标准状态下 CH_4 的生成反应为：

$$\underset{(s,\text{石墨},298K,p^{\ominus})}{C} + \underset{(g,298K,p^{\ominus})}{2H_2} \longrightarrow \underset{(g,298K,p^{\ominus})}{CH_4}$$

$CH_4(g)$ 的标准摩尔生成焓就是该反应的标准摩尔反应焓，即 $\Delta_f H_m^{\ominus}(CH_4,g)=\Delta_r H_m^{\ominus}$。

按标准摩尔生成焓的定义，最稳定单质的标准摩尔生成焓应该等于零。需要注意，往往一种元素有两种或两种以上的单质，例如石墨和金刚石是碳的两种同素异形体，石墨是碳的最稳定单质，它的标准摩尔生成焓应该为零。除了上述一般的情况，也有极少的例外。例如，磷有白磷、红磷和黑磷三种同素异形体，其中黑磷虽然最稳定，但不常见，因此反而规定稳定性较差，但能常见的红磷的 $\Delta_f H_m^{\ominus}=0$[1]。

标准摩尔生成焓是物质的一个重要的热性质，手册中收集了各种物质的标准摩尔生成焓数据可供查用，本书附录所载一些物质在 298K 时的标准摩尔生成焓数据就是从手册中摘录的。

例 6-5　利用附录中物质的标准摩尔生成焓数据，计算 298K 时下列反应的标准摩尔反应焓。

$$CH_4(g)+2O_2(g)\longrightarrow CO_2(g)+2H_2O(l)$$

解：以框图表示出系统的初终状态。因为反应物和产物是由相同单质生成的，所以这就找到了联系初终状态的桥梁。于是，可以设想反应绕道进行：甲烷先分解为氢和碳，然后氢和碳再分别与氧反应生成水和二氧化碳，见下图。

---

[1] 此为 J. A. Dean，Lange's Handbook of Chemistry（13ed.）的数据，也有其他的书籍指定白磷的标准摩尔生成焓为零。

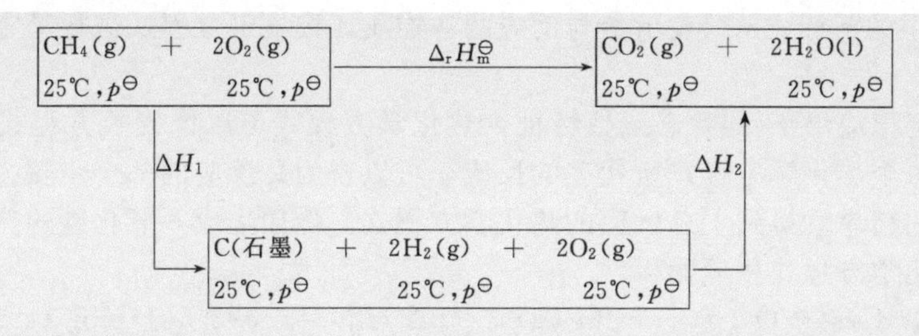

这里，$\Delta H_1 = -\Delta_f H_m^\ominus(CH_4, g)$，$\Delta H_2 = \Delta_f H_m^\ominus(CO_2, g) + 2\Delta_f H_m^\ominus(H_2O, l)$。因为 H 的变化仅决定于系统的初终状态而与过程无关，所以

$$\Delta_r H_m^\ominus = \Delta H_1 + \Delta H_2 = \Delta_f H_m^\ominus(CO_2, g) + 2\Delta_f H_m^\ominus(H_2O, l) - \Delta_f H_m^\ominus(CH_4, g)$$

由附录查得：

$$\Delta_f H_m^\ominus(CO_2, g) = -393.5\text{kJ}\cdot\text{mol}^{-1}$$
$$\Delta_f H_m^\ominus(H_2O, l) = -285.8\text{kJ}\cdot\text{mol}^{-1}$$
$$\Delta_f H_m^\ominus(CH_4, g) = -74.6\text{kJ}\cdot\text{mol}^{-1}$$

所以

$$\begin{aligned}\Delta_r H_m^\ominus &= -393.5\text{kJ}\cdot\text{mol}^{-1} + 2\times(-285.8\text{kJ}\cdot\text{mol}^{-1}) - (-74.6\text{kJ}\cdot\text{mol}^{-1}) \\ &= -890.5\text{kJ}\cdot\text{mol}^{-1}\end{aligned}$$

计算结果表明，反应的标准摩尔反应焓，等于产物的标准摩尔生成焓减去反应物的标准摩尔生成焓。对于任意反应 $eE + fF \longrightarrow gG + rR$（或写成 $0 = \sum_B \nu_B B$），其标准摩尔反应焓的计算通式为：

$$\Delta_r H_m^\ominus = g\Delta_f H_m^\ominus(G) + r\Delta_f H_m^\ominus(R) - e\Delta_f H_m^\ominus(E) - f\Delta_f H_m^\ominus(F)$$

或

$$\Delta_r H_m^\ominus = \sum_B \nu_B \Delta_f H_m^\ominus(B) \tag{6-18}$$

6.5.2 标准摩尔燃烧焓

在一定温度和压力下 1mol 物质完全燃烧时的焓变，称为该物质的摩尔燃烧焓或摩尔燃烧热，用符号 $\Delta_c H_m$ 表示，下标“c”表示“燃烧”。若有机物质及其燃烧产物均处于热化学标准状态，则完全燃烧时的焓变称为该物质的标准摩尔燃烧焓（standard molar enthalpy of combustion）或标准摩尔燃烧热，用符号 $\Delta_c H_m^\ominus$ 表示（如温度不是 298K，还要注明温度）。物质燃烧时，其中某种组成元素往往不止生成一种燃烧产物，或者燃烧产物会以不同的聚集状态存在。例如，有机物质燃烧时，其中的 C 可以生成 $CO(g)$，也可以生成 $CO_2(g)$，或者二者同时生成；其中的 H 可以生成 $H_2O(g)$，也可以生成 $H_2O(l)$。因此，在定义标准摩尔燃烧焓时，必须规定物质燃烧的最终产物。通常指定物质中的 C 燃烧后变为 $CO_2(g)$，H 变为 $H_2O(l)$，S 变为 $SO_2(g)$，N 变为 $N_2(g)$，金属如银等都变为游离状态。不言而喻，这些燃烧最终产物的标准摩尔燃烧焓应该等于零。事实上，以上规定的燃烧产物并非都是实际的最终产物，而仅仅是人为的一种指定，目的在于汇集和使用标准摩尔燃烧焓数据时有一个基准。

标准摩尔燃烧焓数据可由实验直接测定，也可由手册查取，本书附录中的数据就是从手册中摘录的。有了标准摩尔燃烧焓数据，就可间接计算反应的标准摩尔反应焓。

例 6-6 乙烷脱氢的反应为：$C_2H_6(g) \longrightarrow C_2H_4(g) + H_2(g)$。试由附录所载物质的标准摩尔燃烧焓数据，计算该反应在 298K 时的标准摩尔反应焓。

解：以框图表示出系统的初终状态。因为反应物与产物分别充分燃烧后，有相同的燃烧产物，所以相同的燃烧产物就是联系初终状态的桥梁。于是，可以设想原反应分为两步进行：乙烷先燃烧生成二氧化碳和水，然后二氧化碳和水再反应生成乙烯和氢，这后一步反应是乙烯和氢燃烧的逆反应，见下图。

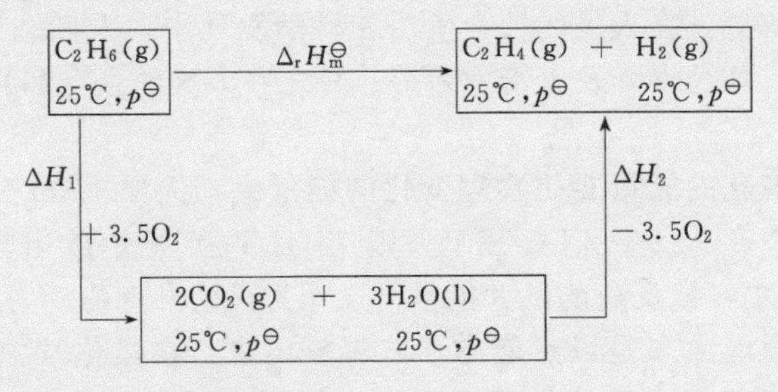

$\Delta H_1 = \Delta_c H_m^{\ominus}(C_2H_6,g), \Delta H_2 = -\Delta_c H_m^{\ominus}(C_2H_4,g) - \Delta_c H_m^{\ominus}(H_2,g)$

根据盖斯定律或状态函数的基本特征可得：

$$\Delta_r H_m^{\ominus} = \Delta_c H_m^{\ominus}(C_2H_6,g) - \Delta_c H_m^{\ominus}(C_2H_4,g) - \Delta_c H_m^{\ominus}(H_2,g)$$

由附录查得：

$$\Delta_c H_m^{\ominus}(C_2H_6,g) = -1560.7\text{kJ}\cdot\text{mol}^{-1}, \Delta_c H_m^{\ominus}(C_2H_4,g) = -1411.2\text{kJ}\cdot\text{mol}^{-1}$$

$H_2(g)$ 的标准摩尔燃烧焓等于 $H_2O(l)$ 的标准摩尔生成焓，即

$$\Delta_c H_m^{\ominus}(H_2,g) = -285.8\text{kJ}\cdot\text{mol}^{-1}$$

所以

$$\begin{aligned}\Delta_r H_m^{\ominus} &= -1560.7\text{kJ}\cdot\text{mol}^{-1} - (-1411.2\text{kJ}\cdot\text{mol}^{-1}) - (-285.8\text{kJ}\cdot\text{mol}^{-1}) \\ &= 136.3\text{kJ}\cdot\text{mol}^{-1}\end{aligned}$$

计算表明，乙烷脱氢的标准摩尔反应焓，等于反应物的标准摩尔燃烧焓减去产物的标准摩尔燃烧焓。

对任意反应 $e\text{E} + f\text{F} \longrightarrow g\text{G} + r\text{R}$（或写成 $0 = \sum_B \nu_B \text{B}$），其标准摩尔反应焓的计算通式为：

$$\Delta_r H_m^{\ominus} = e\Delta_c H_m^{\ominus}(\text{E}) + f\Delta_c H_m^{\ominus}(\text{F}) - g\Delta_c H_m^{\ominus}(\text{G}) - r\Delta_c H_m^{\ominus}(\text{R})$$

或

$$\Delta_r H_m^{\ominus} = -\sum_B \nu_B \Delta_c H_m^{\ominus}(\text{B}) \tag{6-19}$$

6.6　相变焓

水蒸发时分子从液相转移至气相；对硝基氯苯结晶时，分子从液相转移至固相。此外，如熔化、升华、凝华等都是分子从一个相向另一个相的转移过程，分子的这种转移过程统称为相变化。物质发生相变化时，伴随着能量变化，表现为放热或吸热现象。如水蒸发时要吸热，食盐结晶时要放热。需要指出，这里所说的相变化都是在恒温恒压条件下进行的，过程中吸收或放出的热量等于系统的焓变，此焓变也称相变焓或相变热。由于相变焓除了决定于物质的本性及温度外，还依赖于压力，所以又引入了标准相变焓（standard enthalpy of phase changes）又称标准相变热的概念。它是指物质相变前后温度相同、且均处于热力学标准状态下的焓差。由于通常的相变化压力都是 101.3kPa，其相变焓并非标准相变焓，但是二者相差很小，所以它们可以相互代替。例如，1mol $H_2O(l)$ 在 100℃和 101.3kPa 下蒸发为同温度、同压力的 $H_2O(g)$，蒸发焓为 40.66kJ，于是它在 100℃的标准摩尔蒸发焓也近似取为 40.66kJ。物质的标准摩尔相变焓常可从手册中查得。

6.7　化学反应热的计算

物质内部蕴藏着能量，化学家把潜藏于物质内部、只在发生化学反应时才释放出来的能量称为化学能。煤、石油、天然气等矿物燃料和食物的能量都是以化学能的形式贮存下来。

当它们发生化学反应变为其他物质时，给人们提供了各种形式的能量。例如，食物在人体新陈代谢的过程中，其化学能转变为保持人体体温的热能、使肌肉和骨骼运动的动能、使神经纤维传递信息的电能等等。在人类的社会生活和科学发展中，人们利用化学能使机器运转、火车开动、飞机飞行、炸药爆炸及火箭发射等。总之，人类的生存和社会的进步与化学能的利用有着密切的关系。

一般来说，化学变化的能量要比物理变化的能量大。例如 1mol H_2(g) 在 O_2(g) 中完全燃烧，25℃时 $\Delta H_m^{\ominus}=-285.8\text{kJ}\cdot\text{mol}^{-1}$，则 1g H_2(g) 燃烧放出热量 285.8kJ/2.016＝141.8kJ。在航天技术中，该反应的巨大能量可以作为火箭升空的动力。

在化学反应中化学能大多是以热能的形式释放出来。在热化学中，化学反应的能量衡算，实际上就是热量衡算。由于化学反应多是在恒压和只做体积功的条件下进行，$\Delta H=Q_p$，因此热量衡算就是焓衡算。

例 6-7 试计算如下化学反应在 298K 时的标准摩尔反应焓 $\Delta_r H_m^{\ominus}$。该反应焓相当于 100kg 重物垂直升高多少所具有的位能。

$$2N_2H_4(l)+N_2O_4(g)\longrightarrow 3N_2(g)+4H_2O(g)$$

已知：$\Delta_f H_m^{\ominus}(N_2H_4, l)=50.63\text{kJ}\cdot\text{mol}^{-1}$，$\Delta_f H_m^{\ominus}(N_2O_4, g)=9.66\text{kJ}\cdot\text{mol}^{-1}$，$\Delta_f H_m^{\ominus}(H_2O, g)=-241.8\text{kJ}\cdot\text{mol}^{-1}$

解：按照 $\Delta_r H_m^{\ominus}$ 的计算通式

$$\begin{aligned}\Delta_r H_m^{\ominus}&=4\Delta_f H_m^{\ominus}(H_2O,g)-2\Delta_f H_m^{\ominus}(N_2H_4,l)-\Delta_f H_m^{\ominus}(N_2O_4,g)\\&=4\times(-241.8\text{kJ}\cdot\text{mol}^{-1})-2\times50.63\text{kJ}\cdot\text{mol}^{-1}-9.66\text{kJ}\cdot\text{mol}^{-1}\\&=-1078.1\text{kJ}\cdot\text{mol}^{-1}\end{aligned}$$

设重物垂直升高的高度为 h，则它具有的位能为 $mgh=100\text{kg}\times9.8\text{m}\cdot\text{s}^{-2}\times h=980\text{N}\times h$，根据能量守恒定律

$$980\text{N}\times h=1078.1\times10^3\text{J},\qquad h=1100\text{m}$$

实际上，该反应不仅放出大量的热，而且产生了大量的气体。大力神火箭发动机采用液态 N_2H_4 和气态 N_2O_4 为推进剂，二者反应产生的大量热和大量气体，能推动火箭升空。

例 6-8 试用下表数据计算反应 $CH_4(g)+H_2O(g)\longrightarrow CO(g)+3H_2(g)$ 在 298K 时的 $\Delta_r H_m^{\ominus}$。298K 时 H_2O(l) 的蒸发热 $\Delta_{vap} H_m^{\ominus}$ 为 $44.0\text{kJ}\cdot\text{mol}^{-1}$。

物 质	$\Delta_f H_m^{\ominus}$(298K)/kJ·mol^{-1}	$\Delta_c H_m^{\ominus}$(298K)/kJ·mol^{-1}
CH_4(g)		−890.31
C(s)		−393.5
H_2O(l)	−285.8	
CO(g)	−110.5	

解：为直接利用标准摩尔反应焓 $\Delta_r H_m^{\ominus}$ 的计算通式，需要知道参加反应的各物质的标准摩尔生成焓数据，为此先要求出 $\Delta_f H_m^{\ominus}(H_2O, g)$ 和 $\Delta_f H_m^{\ominus}(CH_4, g)$。其中，

$$\begin{aligned}\Delta_f H_m^{\ominus}(H_2O,g)&=\Delta_f H_m^{\ominus}(H_2O,l)+\Delta_{vap} H_m^{\ominus}\\&=-285.8\text{kJ}\cdot\text{mol}^{-1}+44.0\text{kJ}\cdot\text{mol}^{-1}=-241.8\text{kJ}\cdot\text{mol}^{-1}。\end{aligned}$$

$\Delta_f H_m^{\ominus}(CH_4, g)$ 可按反应式 $C(\text{石墨}, s)+2H_2(g)\xrightarrow{\Delta_r H_{m,1}^{\ominus}}CH_4(g)$ 求取。

$$\begin{aligned}\Delta_f H_m^{\ominus}(CH_4,g)&=\Delta_r H_{m,1}^{\ominus}=\Delta_c H_m^{\ominus}(\text{石墨},s)+2\Delta_c H_m^{\ominus}(H_2,g)-\Delta_c H_m^{\ominus}(CH_4,g)\\&=\Delta_c H_m^{\ominus}(\text{石墨},s)+2\Delta_f H_m^{\ominus}(H_2O,l)-\Delta_c H_m^{\ominus}(CH_4,g)\\&=-393.5\text{kJ}\cdot\text{mol}^{-1}+2\times(-285.8\text{kJ}\cdot\text{mol}^{-1})-(-890.31\text{kJ}\cdot\text{mol}^{-1})\\&=-74.8\text{kJ}\cdot\text{mol}^{-1}\end{aligned}$$

所以

$$\begin{aligned}\Delta_r H_m^{\ominus}&=\Delta_f H_m^{\ominus}(CO,g)+0-\Delta_f H_m^{\ominus}(CH_4,g)-\Delta_f H_m^{\ominus}(H_2O,g)\\&=-110.5\text{kJ}\cdot\text{mol}^{-1}-(-74.8\text{kJ}\cdot\text{mol}^{-1})-(-241.8\text{kJ}\cdot\text{mol}^{-1})\\&=206.1\text{kJ}\cdot\text{mol}^{-1}\end{aligned}$$

例 6-9 用热化学方法可以计算离子晶体的晶格能。试计算在热化学标准状态下，1mol Na(s) 和 $\frac{1}{2}$mol F_2(g) 生成 1mol NaF 晶体的晶格能。

解：NaF 晶体的晶格能，可借助下图所示的两条途径进行计算。

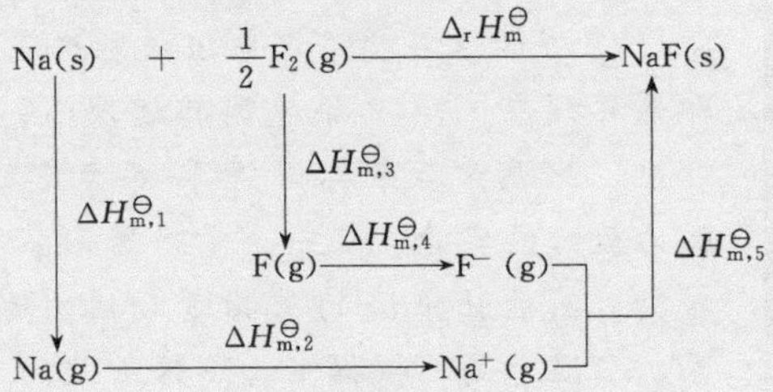

$$Na(s) + \frac{1}{2}F_2(g) \xrightarrow{\Delta_r H_m^\ominus} NaF(s)$$

$Na(s) \xrightarrow{\Delta H_{m,1}^\ominus} Na(g)$；$\frac{1}{2}F_2(g) \xrightarrow{\Delta H_{m,3}^\ominus} F(g)$；$F(g) \xrightarrow{\Delta H_{m,4}^\ominus} F^-(g)$；$Na(g) \xrightarrow{\Delta H_{m,2}^\ominus} Na^+(g)$；$F^-(g) + Na^+(g) \xrightarrow{\Delta H_{m,5}^\ominus} NaF(s)$

途径Ⅰ：$Na(s)+\frac{1}{2}F_2(g) \longrightarrow NaF(s), \Delta_f H_m^\ominus(NaF, s) = -576.6kJ \cdot mol^{-1}$,

$$\Delta_r H_m^\ominus = \Delta_f H_m^\ominus\ (NaF,\ s)\ = -576.6kJ \cdot mol^{-1}$$

途径Ⅱ，由五个子过程构成：

① $Na(s) \xrightarrow{升华} Na(g), \Delta_{sub} H_m^\ominus(Na, s) = 107.7kJ \cdot mol^{-1}$,

$\Delta H_{m,1}^\ominus = \Delta_{sub} H_m^\ominus(Na, s) = 107.7kJ \cdot mol^{-1}$

② $Na(g) - e^- \xrightarrow{电离} Na^+(g), I_{电离能} = 495.8kJ \cdot mol^{-1}$,

$\Delta H_{m,2}^\ominus = I_{电离能} = 495.8kJ \cdot mol^{-1}$

③ $F_2(g) \xrightarrow{离解} 2F(g), D_{离解能} = 154.8kJ \cdot mol^{-1}$,

所以，对于 $\frac{1}{2}F_2(g) \xrightarrow{离解} F(g), \Delta H_{m,3}^\ominus = \frac{1}{2}D_{离解能} = \frac{1}{2} \times 154.8kJ \cdot mol^{-1}$

④ $F(g) + e^- \xrightarrow{电子亲和} F^-(g), E_{A亲和能} = -328.1kJ \cdot mol^{-1}$

$\Delta H_{m,4}^\ominus = E_{A亲和能} = -328.1kJ \cdot mol^{-1}$

⑤ $Na^+(g) + F^-(g) \xrightarrow{结合} NaF(s), -U_{晶格能}$

$\Delta H_{m,5}^\ominus = -U_{晶格能}$

根据盖斯定律

$$\Delta_r H_m^\ominus = \Delta H_{m,1}^\ominus + \Delta H_{m,2}^\ominus + \Delta H_{m,3}^\ominus + \Delta H_{m,4}^\ominus + \Delta H_{m,5}^\ominus$$

即

$$\Delta_f H_m^\ominus(NaF, s) = \Delta_{sub} H_m^\ominus(Na, s) + I_{电离能} + \frac{1}{2}D_{离解能} + E_{A亲和能} - U_{晶格能}$$

$$-576.6kJ \cdot mol^{-1} = 107.7kJ \cdot mol^{-1} + 495.8kJ \cdot mol^{-1} + \frac{1}{2} \times 154.8kJ \cdot mol^{-1} - 328.1kJ \cdot mol^{-1} - U_{晶格能}$$

$$U_{晶格能} = 929.4kJ \cdot mol^{-1}$$ [1]

利用热化学的循环方法计算离子晶体的晶格能，首先是由玻恩-哈柏提出的，因此这种方法称为玻恩-哈柏循环（Born-Haber Cycle）。

科学家焦耳

James Prescott Joule（1818～1889）

在自然科学中，为了纪念在某领域作出贡献的杰出科学家，常以该科学家的名字命名某物理量的单位，如开尔文、库仑、德拜、伏特等。能量单位“焦耳”则是为了纪念在热化学方面作出贡献的英国物理学家焦耳。

焦耳生于英国曼彻斯特的一个酿酒业主家庭。他是英国著名化学家道尔顿（J. Dalton）

---

[1] 此处用热化学方法计算所得晶格能数据与 p65 用经验公式计算得到的结果不完全相同。

的学生。道尔顿给他讲授过初等数学、自然哲学和化学等，这些为焦耳后来从事科学研究奠定了必要的理论基础。与此同时，焦耳还从道尔顿那里学会了如何把理论和实验紧密结合的研究方法。焦耳一生的大部分时间是在实验室里度过的。1840年，22岁的焦耳就根据电阻丝发热实验发表了第一篇科学论文即焦耳效应。1842年德国的楞次（H. Lenz）也独立发现了该效应，此规律后来称为焦耳-楞次定律。1847年，焦耳做了他认为最好的实验：在一个量热器内装了水，中间装有带叶片的转轴，然后让下降的重物带动叶片旋转。由于叶片和水的摩擦，水温升高，根据重物下落所做的功以及量热器内水温的升高，就可计算出热功当量值。除了用水作介质外，焦耳还用鲸鱼油代替水，用水银代替水。1878年，焦耳做最后一次热功当量实验，结果与1847年所得结果基本相同，与现在的热功当量值也十分接近。从1840年到1878年的近四十年中，焦耳共做过四百多次热功当量测定实验，最后以发表题为《热功当量的新测定》的论文结束了对热功当量的研究。在热功当量测定中，焦耳也认识到：哪里消耗了机械能，总能得到相当的热，传热只是能量传递的一种形式，因此焦耳也被公认为是发现能量守恒和转换定律的代表人物之一。

1850年焦耳被选为英国皇家学会会员。1852年，焦耳和汤姆逊（W. Thomson，后被封为开尔文勋爵）合作研究发现，当气体节流膨胀时，其温度发生变化，这就是焦耳-汤姆逊效应。他们的这一发明在19世纪期间被用来建立大规模的制冷工场。1866年焦耳获英国皇家学会柯普利金质奖章，1872年和1887年两次任英国科学促进协会主席。

复习思考题

1. 举例说明什么是状态函数？
2. 举例说明什么是过程变量？
3. 平衡态必须满足哪些条件？
4. 某封闭系统由状态A变到状态B，经历了两条不同的途径，分别吸热和做功为 Q_1、W_1 和 Q_2、W_2。试指出如下三组式子，哪一组是正确的。

   (1) $Q_1=Q_2$，$W_1=W_2$；(2) $Q_1+W_1=Q_2+W_2$；(3) $Q_1>Q_2$，$W_1>W_2$。
5. 热力学第一定律 $\Delta U=Q+W$ 的适用条件是什么？
6. 指出下列公式的适用条件：

   $$\Delta U=Q_V,\quad \Delta H=Q_p,\quad \Delta H=\Delta U+p\Delta V$$
7. 为什么要提出热化学标准状态的概念？
8. 举例说明如何用 $\Delta_f H_m^\ominus$ (B) 计算化学反应的热效应？
9. 液体水在100℃和101.3kPa下完全蒸发为同温度同压力的水蒸气，该蒸发过程所吸收的热量与其焓变有何关系？
10. 何谓化学反应热效应？
11. 试指出下列关系式中，何者是不正确的：

    (1) $\Delta_c H_m^\ominus$(石墨,s)$=\Delta_f H_m^\ominus(CO_2,g)$

    (2) $\Delta_c H_m^\ominus(H_2,g)=\Delta_f H_m^\ominus(H_2O,g)$
12. 已知 $\Delta_c H_m^\ominus(C_2H_5OH,l)=-1366.75kJ\cdot mol^{-1}$，$\Delta_f H_m^\ominus(CO_2,g)=-393.5kJ\cdot mol^{-1}$，$\Delta_f H_m^\ominus(H_2O,l)=-285.8kJ\cdot mol^{-1}$，则 $\Delta_f H_m^\ominus(C_2H_5OH,l)=$________。

习 题

1. 0℃，0.5MPa的 N_2(g)2L，在外压为0.1MPa下恒温膨胀，直至氮气压力等于0.1MPa，求此过程的功

W。假设氮气服从理想气体状态方程。

2. 某理想气体在 93.3kPa 的恒定外压下由 50L 膨胀至 150L，同时吸热 6.48kJ。试计算其热力学能的变化。
3. 20g 乙醇在其沸点时蒸发为蒸气，已知蒸发热为 $858J \cdot g^{-1}$，1g 蒸气的体积为 607mL，液体的体积忽略不计，试求该过程的 Q、W、ΔU、ΔH。
4. 已知 298K 时下列化学反应的热化学方程式，试求该温度时乙炔的标准摩尔生成焓 $\Delta_f H_m^{\ominus}$。

(1) $C_2H_2(g)+\frac{5}{2}O_2(g) \longrightarrow 2CO_2(g)+H_2O(g)$，　$\Delta_r H_m^{\ominus}=-1256.2kJ \cdot mol^{-1}$

(2) $C(s)+2H_2O(g) \longrightarrow CO_2(g)+2H_2(g)$，　$\Delta_r H_m^{\ominus}=90.1kJ \cdot mol^{-1}$

(3) $2H_2O(g) \longrightarrow 2H_2(g)+O_2(g)$，　$\Delta_r H_m^{\ominus}=483.6kJ \cdot mol^{-1}$

5. 已知 298K 时下列化学反应的热化学方程式分别为：

$Ag_2O(s)+2HCl(g) \longrightarrow 2AgCl(s)+H_2O(l)$，　$\Delta_r H_m^{\ominus}=-324.1kJ \cdot mol^{-1}$

$H_2(g)+Cl_2(g) \longrightarrow 2HCl(g)$，　$\Delta_r H_m^{\ominus}=-184.6kJ \cdot mol^{-1}$

$2Ag(s)+\frac{1}{2}O_2(g) \longrightarrow Ag_2O(s)$，　$\Delta_r H_m^{\ominus}=-31.1kJ \cdot mol^{-1}$

$H_2(g)+\frac{1}{2}O_2(g) \longrightarrow H_2O(l)$，　$\Delta_r H_m^{\ominus}=-285.8kJ \cdot mol^{-1}$

试求反应 $Ag(s)+\frac{1}{2}Cl_2(g) \longrightarrow AgCl(s)$ 在 298K 时的 $\Delta_r H_m^{\ominus}$。

6. 乙醇 C_2H_5OH (l) 的燃烧反应为：$C_2H_5OH(l)+3O_2(g) \longrightarrow 2CO_2(g)+3H_2O(l)$，试计算在 298K 时 92g $C_2H_5OH(l)$ 完全燃烧时放出的热量。所需数据可查附录。
7. 试用附录所载的正丁烷 C_4H_{10} (g) 的标准摩尔燃烧焓数据及 CO_2 (g)、H_2O (l) 的标准摩尔生成焓数据，计算正丁烷在 25℃下的标准摩尔生成焓。
8. 试用附录所载的标准摩尔生成焓数据，计算下列反应在 298K 的 $\Delta_r H_m^{\ominus}$。

(1) $2Al(s)+Fe_2O_3(s) \longrightarrow 2Fe(s)+Al_2O_3(s)$；

(2) $2NaOH(s)+CO_2(g) \longrightarrow Na_2CO_3(s)+H_2O(l)$；

(3) $N_2(g)+O_2(g) \longrightarrow 2NO(g)$。

9. 试用附录中的标准摩尔燃烧焓数据，计算反应

$$(COOH)_2(s)+2CH_3OH(l) \longrightarrow (COOCH_3)_2(l)+2H_2O(l)$$

在 298K 时的 $\Delta_r H_m^{\ominus}$。

10. 下面是常用动力火箭中的几个反应：

(1) $H_2(g)+\frac{1}{2}O_2(g) \longrightarrow H_2O(g)$；

(2) $CH_3OH(l)+\frac{3}{2}O_2(g) \longrightarrow CO_2(g)+2H_2O(g)$；

(3) $H_2(g)+F_2(g) \longrightarrow 2HF(g)$。

试分别计算各反应在 25℃时的 $\Delta_r H_m^{\ominus}$。所需数据可查附录。

11. 已知氟化铷 RbF 的晶格能为 $780kJ \cdot mol^{-1}$，标准摩尔生成焓为 $-557.7kJ \cdot mol^{-1}$。Rb (s) 的标准摩尔升华焓为 $86kJ \cdot mol^{-1}$，F_2 (g) 的离解能为 $154.8kJ \cdot mol^{-1}$，Rb (g)的第一电离能为 $403kJ \cdot mol^{-1}$。试计算氟的电子亲和能。

参 考 书 目

1　胡常伟等．大学化学．第二版．北京：化学工业出版社，2009

2　宋天佑等．无机化学．第二版．北京：高等教育出版社，2009

3　Oxtoby D. W.，Gillis H. P.，Campion A. **Principles of Modern Chemistry 6th ed.** Thomson Brooks/Cole.，2008

4　Zumdahl S. S.，Zumdahl S. A. **Chemistry 8th ed.** Brooks/Cole Cengage Learning，2010

第7章　热力学第二、第三定律和化学平衡

Chapter7　The Second and Third Laws of Thermodynamics and Chemical Equilibrium

化学反应的规律包括平衡规律和速率规律。本章介绍的是平衡规律，它涉及化学反应的方向和限度。所谓方向，是指在一定的条件下，反应物能否按指定的反应生成产物。所谓限度，就是如果反应能按一定方向进行，将达到什么程度。为了确切地理解方向和限度的含义，可先看两个例子：暴露在潮湿空气中的金属铁会生锈，但在相同条件下铁锈再变成铁是不可能的。在25℃、101.3kPa下$CaCO_3(s)$不能分解为$CaO(s)$和$CO_2(g)$，但在相同条件下，它的逆过程可以发生。由此可见，在一定的条件下，化学反应有一个确定的方向。然而，有些反应的方向性并不像以上反应那样直观，例如，合成氨反应：

$$N_2(g)+3H_2(g)\longrightarrow 2NH_3(g)$$

若进入合成塔的原料气中N_2与H_2的物质的量之比为1∶3，铁作催化剂，温度为400℃，压力为30.4MPa，则反应的方向是合成氨，直至N_2的转化率等于65.1%为止。即在此条件下该反应的限度是N_2的转化率等于65.1%的化学平衡状态。可见，反应的方向就是趋于限度，限度就是平衡。但是，若在上述温度和压力下没有铁催化剂，则不会明显觉察反应的发生。尽管如此，热力学仍然可以预告该反应能够正向进行。因此，更确切地说，化学反应的平衡规律是指应用热力学的基本原理回答化学反应的可能性和限度的问题，但并不涉及反应的速率问题。

7.1　与化学反应方向有关的问题

7.1.1　化学反应的方向与化学反应热

化学反应具有方向性。通常条件下，甲烷可燃烧生成二氧化碳和水，氢和氧可化合成水，但在相同条件下它们的逆反应不能发生。很早以前，化学家们就致力于研究化学反应方向和限度的规律，力求寻找表征化学反应方向性的物理量。19 世纪中叶，在热化学发展的基础上，贝赛洛（M. Berthelot）等人曾提出一个经验规则："在没有外界能量的参与下，化学反应总是朝着放热更多的方向进行。"可见，这个规则把反应热与化学反应进行的方向联系起来，并且放热越多，化学反应进行得越彻底。诚然，这一规则对不少反应是能够适用的。例如，在 298K 和 101.3kPa 下 $CH_4(g)$ 的燃烧及 H_2 和 O_2 的化合都是放热反应：

$$CH_4(g)+2O_2(g) \longrightarrow 2H_2O(l)+CO_2(g), \quad \Delta_r H_m^\ominus=-890.5\text{kJ}\cdot\text{mol}^{-1}$$

$$2H_2(g)+O_2(g) \longrightarrow 2H_2O(g), \quad \Delta_r H_m^\ominus=-483.6\text{kJ}\cdot\text{mol}^{-1}$$

又如，在 298K 和 101.3kPa 下 $CaO(s)$ 与 $CO_2(g)$ 可以发生放热反应并生成 $CaCO_3(s)$：

$$CaO(s)+CO_2(g) \longrightarrow CaCO_3(s), \quad \Delta_r H_m^\ominus=-179.2\text{kJ}\cdot\text{mol}^{-1}$$

然而，在 1173K 和 101.3kPa 下，$CaO(s)$ 与 $CO_2(g)$ 却不能反应生成 $CaCO_3(s)$，只能发生 $CaCO_3(s)$ 的分解：

$$CaCO_3(s) \longrightarrow CaO(s)+CO_2(g), \quad \Delta_r H_m^\ominus=178.5\text{kJ}\cdot\text{mol}^{-1}$$

这就是在通风的石灰窑中煅烧石灰石生产生石灰的主要反应。吸热反应的存在说明，贝赛洛规则单纯地以反应热作为化学反应方向的判据是不全面的。

7.1.2　化学反应方向与系统的混乱度

尽管贝赛洛规则作为化学反应方向的判据是不全面的，但它还是从局部反映了反应热是决定反应方向的因素之一。除此之外还有哪些因素与化学反应的方向有关？为此，可再考察以下的几个反应。

当温度高于 621K 时，固态 $NH_4Cl(s)$ 可以发生分解反应：

$$NH_4Cl(s) \longrightarrow NH_3(g)+HCl(g), \Delta_r H_m^\ominus=176.91\text{kJ}\cdot\text{mol}^{-1}$$

气态 $N_2O_4(g)$ 在 324K 以上，可以分解为 $NO_2(g)$：

$$N_2O_4(g) \longrightarrow 2NO_2(g), \quad \Delta_r H_m^\ominus=58.03\text{kJ}\cdot\text{mol}^{-1}$$

常温下，将 $Ba(OH)_2\cdot 8H_2O(s)$ 与 $NH_4SCN(s)$ 混合，则发生如下吸热反应：

$$Ba(OH)_2\cdot 8H_2O(s)+2NH_4SCN(s) \longrightarrow Ba(SCN)_2(s)+2NH_3(g)+10H_2O(l)$$

显然，这些反应的发生均与贝赛洛规则相矛盾。然而，可以发现，它们的共同特征是：固态反应物生成了液态乃至气态产物，或者通过化学反应，产物比反应物的分子数目增多，甚至是气体分子的数目增多。相比之下，产物分子的活动范围变大了，分子的热运动自由度增大了。换句话说，化学反应导致系统内分子热运动混乱度增大。由此可见，系统内分子热运动混乱度的增大似乎也是决定化学反应方向的一个因素。

前已述及，在 298K 和 101.3kPa 下，$CaO(s)$ 与 $CO_2(g)$ 能反应生成 $CaCO_3(s)$，并且放出热量，所以该反应符合贝赛洛规则。但是，经此反应后，热运动自由度大的 $CO_2(g)$ 分子与 $CaO(s)$ 反应变成热运动自由度小的 $CaCO_3(s)$ 分子，从而导致了反应系统混乱程度的减少。显然，这又与上述影响化学反应方向的第二个因素——系统混乱度增大相违背。由此可以得到启示，化学反应的方向既不能单靠反应热决定，也不能单靠系统混乱度增大来决定。经进一步探讨可以明了，影响化学反应方向的因素，应是二者的综合。

7.1.3 熵

化学反应系统中的分子、原子等微观粒子，时刻辗转经历着瞬息万变的微观运动状态。这就是微观粒子的移动、转动、振动、电子运动、原子核的运动等。系统的混乱度就是对这些微观运动形态的形象描述。由于只有那些符合宏观状态限制条件（一定的粒子数，一定的能量，一定的体积）的微观状态才能出现，所以当系统处于一定的宏观状态时，它所拥有的微观状态总数是一定的。这意味着系统的混乱度应该与系统的某一状态函数相对应，并且其间存在某种关系。在热力学中，这个状态函数称为熵（entropy），以符号 S 表示。若以 Ω 表示在系统约束条件下拥有的微观状态总数，则由统计力学可以证明：

$$S=k\ln\Omega \tag{7-1}$$

该式称为玻尔兹曼关系式(Boltzmann relation)，其中 k 称为玻尔兹曼常数，其值为 $1.38\times10^{-23}\mathrm{J\cdot K^{-1}}$。玻尔兹曼关系式是以统计力学方法计算系统熵值的基础，是联系宏观和微观的桥梁。它表明，处于一定宏观状态的系统所拥有的微观状态数愈多，即系统的混乱度愈大，熵值愈高。当系统的微观状态数为 1 时，系统最为规则，熵值为零。因此，熵是系统混乱度的度量。有关熵的热力学定义及熵变的计算将在 7.2 节中阐明。

7.2 热力学第二定律

7.2.1 热力学第二定律

自然界的一切宏观过程包括化学反应，都是不能简单逆转、不能完全复原的不可逆过程，都具有方向性。前节已经提及，化学家为了寻求表征化学反应方向的物理量，并以此度量不可逆程度，曾提出化学反应的方向与反应热及系统混乱度有关。但如何将二者综合起来，作为化学反应方向和限度的判据，还必须依赖于热力学第二定律（second law of thermodynamics）。

热力学第二定律和第一定律一样，都是人们经过大量实践而归纳出的自然界的普遍规律。第二定律的建立源于对蒸汽机效率的研究。蒸汽机是一种将热转化为功的机器，它必须在两个热源——高温热源（锅炉）和低温热源（冷却介质）之间运转（图 7-2-1）。工作介质水在装置中的循环由四个过程组成：①水在锅炉中从高温热源吸收热量 Q_1 而产生高温高压蒸汽；②蒸汽在汽缸中绝热膨胀而做功；③蒸汽于低温热源放出热量 Q_2 后冷凝为水；④水经泵增压，重新打入锅炉。经此循环，水的状态复原，$\Delta U=0$。若以 Q 和 W 分别表示该循环的总的热和功，则由热力学第一定律可得 $Q=-W$。需要注意，此处的 Q 应为 Q_1 和 Q_2 的代数和，即 $Q=Q_1+Q_2$。蒸汽机的效率 η 为：

$$\eta=-W/Q_1=(Q_1+Q_2)/Q_1 \tag{7-2}$$

显然，若使 $Q_2=0$，即不向低温热源放热，或者 Q_2 能够简单地传给高温热源，其结果均相当于只从一个热源吸热，使之完全转化为功，此时蒸汽机的效率最高。然而，经过实践，否定了这类想法，并从中归纳出一个重要的规律——热力学第二定律。德国物理学家克劳修斯(R. J. E. Clausius）和英国物理学家开尔文（Lord Kelvin）分别从不同的角度，以完全等价的说法表述了这个定律。

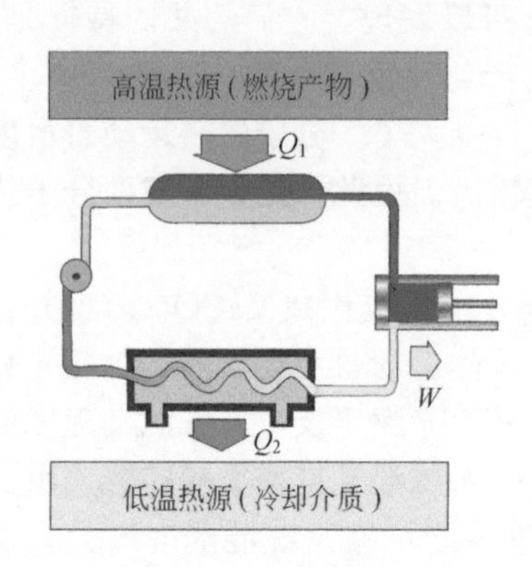

图 7-2-1 蒸汽机原理

克劳修斯表述：

“热从低温物体传给高温物体，而不产生其他变化是不可能的。”

开尔文表述：

“从一个热源吸热，使之完全转化为功，而不产生其他变化是不可能的。”

以上表述指明，在自然界中热从高温物体传给低温物体及功转变为热是两个典型的不可逆过程，它们都具有方向性。从字面看来，这些表述非常平淡，实际上其深刻意义在于，自然界的一切宏观过程包括化学变化和相变化，具有方向性的实质均归结于热从高温物体传给低温物体或功转变为热的不可逆性。

7.2.2　化学反应的方向与限度

从量的角度来度量过程的不可逆性，或者说将热力学第二定律以数学形式表达出来，并用于化学反应方向和限度的研究更是人们期待的问题。1824 年，法国工程师卡诺(N. L. S. Carnot) 对一种理想热机（也称卡诺热机或可逆热机）进行研究，提出了著名的卡诺定理（Carnot theorem)，并由热力学第二定律严格证明。在此基础上进一步得到了过程方向和限度的普遍性判据——克劳修斯不等式(Clausius inequality)：

$$\int_A^B \frac{đQ_R}{T} - \int_A^B \frac{đQ}{T_{环}} \geqslant 0 \tag{7-3}$$

式中，$\int_A^B \frac{đQ_R}{T}$ 为系统由状态 A 至状态 B 的可逆过程的热温商。由于它只决定于系统的初终状态，而与所经历的过程无关，故将它定义为一个状态函数 S 的变化，即 $\Delta S = \int_A^B \frac{đQ_R}{T}$。这个状态函数 S 由克劳修斯在 1865 年定名为熵（entropy)。这样式(7-3) 可以写为：

$$\Delta S - \int_A^B \frac{đQ}{T_{环}} \geqslant 0 \tag{7-4}$$

克劳修斯不等式表明，为了确定过程的方向，可将此过程的热温商与相同初终态间可逆过程的热温商即熵变 ΔS 相比较。若大于零，则表示此过程是实际可行的不可逆过程；若等于零，则此过程就是可逆过程；而若小于零，则因这违反了热力学第二定律，所以该过程不能发生。克劳修斯不等式作为一个有普遍意义的可逆性判据（reversibility criterion)，原则上解决了定量研究过程包括化学反应过程不可逆性的方法。由于熵是系统的性质，热是系统与环境间的一种能量交换，所以克劳修斯不等式还意味着，过程的方向和限度是由系统和环境的综合影响决定的。

7.3　热力学第三定律

为了确定化学反应 $e\mathrm{E}+f\mathrm{F} \longrightarrow g\mathrm{G}+r\mathrm{R}$ 在温度 T 和各物质的压力均为 $p^{\ominus}$ 时的反应方向，关键在于如何得到标准摩尔反应熵（standard molar entropy of reaction) $\Delta_r S_m^{\ominus}$。对于恒温可逆过程，其 $\Delta S = Q_R/T$。显然，若能控制反应在以上条件下可逆进行，便可求出 $\Delta_r S_m^{\ominus}$。但是，对绝大多数反应，人为地使它们可逆进行是做不到的。因此，求 $\Delta_r S_m^{\ominus}$ 还需要一个新的方法。

对于上述反应，根据状态函数的基本性质可以写出 $\Delta_r S_m^{\ominus} = gS_m^{\ominus}(\mathrm{G}) + rS_m^{\ominus}(\mathrm{R}) - eS_m^{\ominus}(\mathrm{E}) - fS_m^{\ominus}(\mathrm{F})$。因此，若能知道各物质在温度 T 和压力 $p^{\ominus}$ 时的标准摩尔熵 $S_m^{\ominus}$，$\Delta_r S_m^{\ominus}$ 就不难求得。实际上，这种考虑是合理的，但问题的具体解决还有赖于一个新的定律——热力学第三定律（third law of thermodynamics)。

1906 年，能斯特（W. Nernst) 总结了理查兹（T. W. Richards) 关于低温下凝聚系统(condensed system) 中一些原电池反应的研究结果，并且得出一个结论：当温度趋于 0K 时，凝聚系统中恒温过程的熵变趋于零，即：

$$\lim_{T\to 0K}\Delta S=0 \tag{7-5}$$

这就是能斯特热定理，也就是热力学第三定律的最初说法。1912年，普朗克（M. Planck）在满足式(7-5)的前提下，作了一个最方便的假设：在0K时，纯固体和纯液体的熵值等于零。1920年路易斯（G. N. Lewis）等人又对普朗克假设作了修正：在0K时，纯物质完美晶体的熵值等于零。这个修正的普朗克假设，就是热力学第三定律。若以S_B^*(0K)表示1mol温度为0K的纯物质完美晶体的熵，则S_B^*(0K)=0。由熵的物理意义可知，在0K时，纯物质完美晶体中的所有分子或原子都呈有序排列，它们的振动、转动、核和电子的运动均处于基态，其混乱度等于零。有了热力学第三定律，就可以确定任何温度和$p^\ominus$下物质的熵值。由于此熵值是在S_B^*(0K)=0的规定下得出的，所以又称它为标准摩尔规定熵，简称标准摩尔熵（standard molar entropy），用符号$S_m^\ominus(T)$表示，如果温度为298K，常简写为$S_m^\ominus$。表7-1列出了一些物质在298K下的标准摩尔熵（详见附录），它的单位常用$J\cdot K^{-1}\cdot mol^{-1}$，而不常用$kJ\cdot K^{-1}\cdot mol^{-1}$，这一点在热力学的计算中应该注意。

表7-1 一些物质的标准摩尔熵（298K）

物 质	$S_m^\ominus/J\cdot K^{-1}\cdot mol^{-1}$	物 质	$S_m^\ominus/J\cdot K^{-1}\cdot mol^{-1}$	物 质	$S_m^\ominus/J\cdot K^{-1}\cdot mol^{-1}$
Al(s)	28.3	HBr(g)	198.7	MgO(s)	27.0
Al_2O_3(s,刚玉)	50.9	HCl(g)	186.9	$MgSO_4$(s)	91.6
C(s,石墨)	5.7	HF(g)	173.8	N_2(g)	191.6
C(s,金刚石)	2.4	HI(g)	206.6	NH_3(g)	192.8
CO(g)	197.7	H_2O(l)	70.0	NH_4Cl(s)	94.6
CO_2(g)	213.8	H_2O(g)	188.8	NO(g)	210.8
CH_4(g)	186.3	H_2S(g)	205.8	NO_2(g)	240.1
C_2H_6(g)	229.3	Hg(l)	75.9	O_2(g)	205.2
CaO(s)	38.1	Hg(g)	175.0	O_3(g)	238.9
$CaCO_3$(s,方解石)	91.7	HgO(s)	70.3	S(s,斜方)	32.1
F_2(g)	202.8	I_2(s)	116.1	SO_2(g)	248.2
H_2(g)	130.7	I_2(g)	260.7	SO_3(g)	256.8

例7-1 求下列反应在298K时的标准摩尔反应熵$\Delta_r S_m^\ominus$。

$$4NH_3(g)+3O_2(g)\longrightarrow 2N_2(g)+6H_2O(g)$$

解：查表7-1得

$$S_m^\ominus(NH_3,g)=192.8J\cdot K^{-1}\cdot mol^{-1} \qquad S_m^\ominus(O_2,g)=205.2J\cdot K^{-1}\cdot mol^{-1}$$

$$S_m^\ominus(N_2,g)=191.6J\cdot K^{-1}\cdot mol^{-1} \qquad S_m^\ominus(H_2O,g)=188.8J\cdot K^{-1}\cdot mol^{-1}$$

$$\begin{aligned}\Delta_r S_m^\ominus &=2S_m^\ominus(N_2,g)+6S_m^\ominus(H_2O,g)-4S_m^\ominus(NH_3,g)-3S_m^\ominus(O_2,g)\\ &=2\times191.6J\cdot K^{-1}\cdot mol^{-1}+6\times188.8J\cdot K^{-1}\cdot mol^{-1}-4\times192.8J\cdot K^{-1}\cdot mol^{-1}-3\times205.2J\cdot K^{-1}\cdot mol^{-1}\\ &=129.2J\cdot K^{-1}\cdot mol^{-1}\end{aligned}$$

由于该反应使气体的分子数增多，系统混乱度增大，所以熵值增大。

例7-2 温度为298K、压力为$p^\ominus$的1mol H_2O(l)完全气化为同温度$p^\ominus$的H_2O(g)。试求标准摩尔相变熵$\Delta S_m^\ominus$。设水蒸气为理想气体。

解：由表7-1查得

$$S_m^\ominus(H_2O,l)=70.0J\cdot K^{-1}\cdot mol^{-1} \qquad S_m^\ominus(H_2O,g)=188.8J\cdot K^{-1}\cdot mol^{-1}$$

$$H_2O(l)\longrightarrow H_2O(g)$$

$$\begin{aligned}\Delta_r S_m^\ominus &=S_m^\ominus(H_2O,g)-S_m^\ominus(H_2O,l)\\ &=188.8J\cdot K^{-1}\cdot mol^{-1}-70.0J\cdot K^{-1}\cdot mol^{-1}=118.8J\cdot K^{-1}\cdot mol^{-1}\end{aligned}$$

可见，由于液态水变为水蒸气，系统混乱度增大，所以熵值增大。

7.4　吉氏函数和化学反应的方向

7.4.1　摩尔反应吉氏函数

设反应 $eE+fF \longrightarrow gG+rR$ 在恒温（$T=T_{环}=$常数）恒压（$p=p_{外}=$常数）和只做体积功的条件下进行，并设反应进度 $\xi=1mol$。在此条件下，$Q=Q_p=\Delta_r H_m$，克劳修斯不等式，式(7-4)，变为下面的形式：

$$\Delta_r H_m - T\Delta_r S_m \leqslant 0 \tag{7-6}$$

其中，$\Delta_r H_m$ 和 $\Delta_r S_m$ 分别为化学反应的摩尔焓变和摩尔熵变。由于恒温，式(7-6) 可写成如下形式：

$$\Delta_r (H_m - TS_m) \leqslant 0 \tag{7-7}$$

因为 H_m、T 和 S_m 都是状态函数，所以它们的组合（H_m-TS_m）也是系统状态的单值函数。定义

$$G=H-TS \tag{7-8}$$

显然，G 是一个辅助的状态函数。为了纪念美国物理学家、化学家吉布斯（J. W. Gibbs），将这一状态函数称为吉布斯函数（Gibbs function），简称吉氏函数，所以：

$$\Delta_r G_m = \Delta_r H_m - T\Delta_r S_m \tag{7-9}$$

$\Delta_r G_m$ 称为摩尔反应吉氏函数。注意到恒温恒压和只做体积功的条件，式(7-7) 可以写成

$$\Delta_r G_{m,T,p,W'=0} \leqslant 0 \tag{7-10}$$

式(7-10) 即为恒温恒压和只做体积功条件下化学反应的平衡判据。

7.4.2　标准摩尔反应吉氏函数

对于一定温度压力下的化学反应，可根据其 $\Delta_r G_m$ 的正负确定反应的方向，并且该 $\Delta_r G_m$ 可用式(7-9) 计算。当温度、压力改变时，化学反应的 $\Delta_r G_m$、$\Delta_r H_m$ 和 $\Delta_r S_m$ 均随之改变，但其中 $\Delta_r H_m$、$\Delta_r S_m$ 随温度的变化不明显，因此在用式(7-9) 作近似计算时，可用 $\Delta_r H_m(298K)$ 代替 $\Delta_r H_m(T)$，$\Delta_r S_m(298K)$ 代替 $\Delta_r S_m(T)$。这样式(7-9) 可以写成

$$\Delta_r G_m(T) = \Delta_r H_m(298K) - T\Delta_r S_m(298K) \tag{7-11}$$

若参加化学反应的各物质均处于热化学标准状态，则式(7-11) 可以写成：

$$\Delta_r G_m^{\ominus}(T) = \Delta_r H_m^{\ominus}(298K) - T\Delta_r S_m^{\ominus}(298K) \tag{7-12}$$

式中的 $\Delta_r G_m^{\ominus}(T)$ 称为标准摩尔反应吉氏函数（standard molar Gibbs function of reaction），$\Delta_r H_m^{\ominus}(298K)$ 和 $\Delta_r S_m^{\ominus}(298K)$ 是 298K 下化学反应的标准摩尔焓变和标准摩尔熵变，其温度的标注可以省略。这样式(7-12) 可写成：

$$\Delta_r G_m^{\ominus}(T) = \Delta_r H_m^{\ominus} - T\Delta_r S_m^{\ominus} \tag{7-13}$$

需要注意，在通常情况下，不能根据标准摩尔反应吉氏函数的正负判断化学反应的方向。只有在一定温度下，当参加反应的各物质的压力均为 100kPa 时，即均处于热化学标准状态时，$\Delta_r G_m^{\ominus}$ 才能作为化学反应的可逆性判据。

7.4.3　标准摩尔生成吉氏函数

在热力学手册中，还载有某一定温度下一些物质的标准摩尔生成吉氏函数（standard molar Gibbs function of formation）$\Delta_f G_m^{\ominus}$ 数据以供查用。标准摩尔生成吉氏函数是恒温下由最稳定的单质生成 1mol 物质的标准摩尔反应吉氏函数，单质及生成的物质均处于热化学标准状态。按此定义，最稳定单质的标准摩尔生成吉氏函数应该等于零。

使用标准摩尔生成吉氏函数计算标准摩尔反应吉氏函数十分方便，完全类似于由标准摩

尔生成焓计算标准摩尔反应焓的方法。例如，对 298K 下进行的多相化学反应：

$$eE(l)+fF(g)\longrightarrow pP(g)+rR(g)$$

$$\Delta_r G_m^{\ominus}=p\Delta_f G_m^{\ominus}(P,g)+r\Delta_f G_m^{\ominus}(R,g)-e\Delta_f G_m^{\ominus}(E,l)-f\Delta_f G_m^{\ominus}(F,g)$$

7.5　化学反应的限度——化学平衡

高炉中的炼铁反应大致为：

$$Fe_2O_3+3CO \rightleftharpoons 2Fe+3CO_2$$

可是，从炼铁炉口出来的气体中含有大量的 CO。一百多年前人们曾认为这是由于 CO 与铁矿石接触时间不够的缘故，因此当时为使反应进行得完全而耗巨资改建高炉，但结果出口气体中 CO 的含量并未减少。如果那时知道在一定条件下，化学反应有一个限度，就不致造成那样的浪费。

7.5.1　化学平衡

一些化学反应的反应物能完全变为产物，例如当加热氯酸钾时，它会全部分解为氯化钾和氧气：

$$2KClO_3 \longrightarrow 2KCl+3O_2\uparrow$$

反过来，如果以氯化钾和氧气为原料制备氯酸钾，这在目前条件下是不可能的。对于绝大多数化学反应来说，它们既包含着反应物变为产物的正向反应，同时也包含着产物变为反应物的逆向反应，即反应存在着对峙性。例如，在高温下二氧化碳能和氢气反应，生成一氧化碳和水蒸气：

$$CO_2+H_2 \longrightarrow CO+H_2O$$

然而，在此相同条件下，一氧化碳也能和水蒸气反应，生成二氧化碳和氢气：

$$CO+H_2O \longrightarrow CO_2+H_2$$

这种在相同条件下既能正向进行又能逆向进行的反应称为对峙反应。

书写对峙反应的方程式时，常用两个方向相反的箭号表示对峙之意，例如：

$$CO_2+H_2 \rightleftharpoons CO+H_2O$$

其中，从左向右进行的反应，称为正反应，从右向左进行的反应称为逆反应。

对峙反应不能进行到底。例如把放在密闭容器中的 CO_2 和 H_2 加热到高温，它们开始反应生成 CO 和 H_2O，但随着反应的进行，CO_2 和 H_2 的浓度逐渐降低，正反应愈来愈慢。同时，自生成 CO 和 H_2O 起，逆反应也就开始了，随着正反应的进行逆反应逐渐变快。若定义单位反应空间、单位时间某物质量的变化为反应速率，并用 v 表示，则 v 的大小可定量表征反应的快慢。显然，上述对峙反应进行的结果，必定是正反应速率等于逆反应速率，见图 7-5-1。此时，四种气体的浓度不再改变，系统处于化学平衡(chemical equilibrium) 状态。前述炼铁炉中的反应也是对峙反应，达到平衡后，CO 的浓度不再改变，因此，试图用加高炉体延长反应物接触时间，以求降低 CO 含量的做法违背了化学平衡规律，必然是无效的。

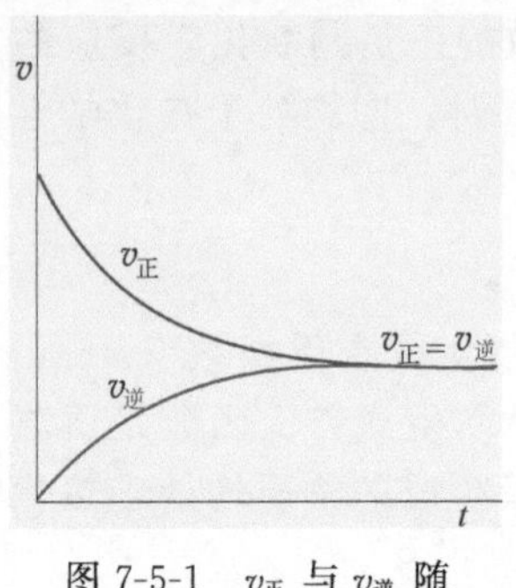

图 7-5-1　$v_{正}$ 与 $v_{逆}$ 随反应时间的变化

化学反应达平衡后，从宏观上看反应是停止了。但从微观上看，正、逆反应依然进行，只不过它们速率相等。因此化学平衡实质上是一个动态平衡。至于通常所说某反应能够进行到底，实际上是它的逆反应速率很小，以致可以忽略不计。

7.5.2 化学平衡常数

7.5.2.1 化学平衡状态的主要特征

为进一步研究化学平衡的规律，对上述对峙反应进行了如下实验。在四个体积为 1L 的密闭容器中，分别加入不同数量的四种物质（CO_2、H_2、CO 和 H_2O）。把四个容器都加热到 1200℃，经过相当长时间后，各容器中四种物质的浓度均不随时间而变化，即各系统都达到了化学平衡。以［…］表示物质的浓度，实验数据见表 7-2。

由表 7-2 所列数据可以看出，无论反应是从反应物开始，还是从产物开始，最后都能达到化学平衡。在 1200℃，虽然由不同起始浓度所导致的平衡时各物质的浓度不同，但平衡浓度按照特定组合$\frac{[CO][H_2O]}{[CO_2][H_2]}$的值却几乎都是 2.4。

表 7-2　$CO_2+H_2 \rightleftharpoons CO+H_2O$ 在 1200℃ 时的实验数据

实验编号	起始浓度/$mol \cdot L^{-1}$				平衡浓度/$mol \cdot L^{-1}$				$\frac{[CO][H_2O]}{[CO_2][H_2]}$
	$[CO_2]$	$[H_2]$	$[CO]$	$[H_2O]$	$[CO_2]$	$[H_2]$	$[CO]$	$[H_2O]$	
1	0.010	0.010	0	0	0.0040	0.0040	0.0060	0.0060	2.3
2	0.010	0.020	0	0	0.0022	0.0122	0.0078	0.0078	2.4
3	0.010	0.010	0.0010	0	0.0041	0.0041	0.0069	0.0059	2.4
4	0	0	0.020	0.020	0.0082	0.0082	0.0118	0.0118	2.4

一般地说，对于反应 $eE+fF \longrightarrow gG+rR$，同样可通过实验归纳出类似的规律，即在一定温度下，当反应达到平衡时，其产物及反应物的平衡浓度按如下形式的特定组合是一个常数：

$$K_c=\frac{[G]^g[R]^r}{[E]^e[F]^f} \tag{7-14}$$

式(7-14) 就是以浓度表示的化学平衡常数（chemical equilibrium constant）的表达式，K_c 称为浓度平衡常数。若浓度的单位采用 $mol \cdot L^{-1}$，K_c 的单位即为 $(mol \cdot L^{-1})^{\sum_B \nu_B}$，$\sum_B \nu_B = g+r-e-f$。可见，化学平衡状态最重要的特征是存在一个平衡常数，它是反应系统的特性，是反应限度的一种表示，其值大小与各物质的起始浓度无关，仅是温度的函数。

7.5.2.2 以平衡分压表示的平衡常数

对于低压下进行的气相反应：

$$eE(g)+fF(g) \rightleftharpoons gG(g)+rR(g)$$

在一定温度下达到化学平衡时，参与反应的各物质的平衡分压按如下形式的组合也是一个常数，以 K_p 表示，称为压力平衡常数

$$K_p=\frac{p_G^g p_R^r}{p_E^e p_F^f} \tag{7-15}$$

式中，p_E、p_F、p_G、p_R 分别表示物质 E、F、G、R 的平衡分压。若压力的单位采用 Pa，则 K_p 的单位为 $(Pa)^{\sum_B \nu_B}$ ❶。

例 7-3　写出反应 $N_2+3H_2 \rightleftharpoons 2NH_3$ 的平衡常数 K_c 和 K_p 的表达式。

解：

$$K_c=\frac{[NH_3]^2}{[N_2][H_2]^3}$$

$$K_p=\frac{p_{NH_3}^2}{p_{N_2} p_{H_2}^3}$$

---

❶ 以往文献中，由于分压单位用 atm，所以其 K_p 数值与分压单位用 Pa 的 K_p 数值是不同的（反应前后气体分子数相等者例外）。因此，使用文献中的 K_p 值时应予注意。

以上 K_c 和 K_p 是由实验得到的，称为实验平衡常数（experiment equilibrium constant）。因为低压下气相反应中的任一物质 B，均服从理想气体状态方程，$p_B V = n_B RT$，$[B] = n_B / V = p_B/(RT)$，所以反应的 K_p 和 K_c 的关系为 $K_p = K_c (RT)^{\sum_B \nu_B}$。

7.5.2.3 标准平衡常数

对于理想气体反应 $eE(g) + fF(g) \rightleftharpoons gG(g) + rR(g)$，$\Delta_r G_m$ 是它的摩尔反应吉氏函数，$\Delta_r G_m^\ominus$ 是它的标准摩尔反应吉氏函数。由热力学可得二者的关系为：

$$\Delta_r G_m = \Delta_r G_m^\ominus + RT\ln \frac{(p_G/p^\ominus)^g (p_R/p^\ominus)^r}{(p_E/p^\ominus)^e (p_F/p^\ominus)^f} \tag{7-16}$$

式中，p_E、p_F、p_G、p_R 为系统所处状态（非化学平衡状态）的各物质的分压。当反应在恒温恒压和只做体积功的条件下达到化学平衡时，按照式(7-10)

$$\Delta_r G_m = 0$$

$$\Delta_r G_m^\ominus + RT\ln \frac{(p_G/p^\ominus)^g (p_R/p^\ominus)^r}{(p_E/p^\ominus)^e (p_F/p^\ominus)^f} = 0 \tag{7-17}$$

由于在一定温度下 $\Delta_r G_m^\ominus$ 是一个常数，所以式(7-17) 中平衡分压的组合 $\frac{(p_G/p^\ominus)^g (p_R/p^\ominus)^r}{(p_E/p^\ominus)^e (p_F/p^\ominus)^f}$ 也是一个常数，以符号 $K^\ominus$ 表示，称为标准平衡常数（standard equilibrium constant）。于是，式(7-17) 可写为：

$$\Delta_r G_m^\ominus = -RT\ln K^\ominus \tag{7-18}$$

对于溶液中进行的反应 $eE(aq) + fF(aq) \rightleftharpoons gG(aq) + rR(aq)$，同样可以得到

$$\Delta_r G_m^\ominus = -RT\ln K^\ominus$$

其中，$K^\ominus$ 是平衡浓度的组合，即 $K^\ominus = \frac{([G]/c^\ominus)^g ([R]/c^\ominus)^r}{([E]/c^\ominus)^e ([F]/c^\ominus)^f}$。

在 $K^\ominus$ 表达式中，参与反应各物质的平衡分压或浓度，都要除以其相应的标准状态的压力 $p^\ominus$ 或标准状态的浓度 $c^\ominus$。按照规定和惯例，$p^\ominus$ 取 100kPa，$c^\ominus$ 取 $1mol \cdot L^{-1}$。于是，标准平衡常数 $K^\ominus$ 的量纲为一。

例 7-4 计算下列反应在 298K 时的 $\Delta_r G_m^\ominus$ 和 $K^\ominus$

$$N_2(g) + 3H_2(g) \rightleftharpoons 2NH_3(g)$$

解：由附录查得 $\Delta_f H_m^\ominus(NH_3, g) = -45.9 kJ \cdot mol^{-1}$　　$S_m^\ominus(N_2, g) = 191.6 J \cdot K^{-1} \cdot mol^{-1}$

$$S_m^\ominus(H_2, g) = 130.7 J \cdot K^{-1} \cdot mol^{-1}$$

$$S_m^\ominus(NH_3, g) = 192.8 J \cdot K^{-1} \cdot mol^{-1}$$

$$\Delta_r H_m^\ominus = 2\Delta_f H_m^\ominus(NH_3, g) = 2 \times (-45.9 kJ \cdot mol^{-1}) = -91.8 kJ \cdot mol^{-1}$$

$$\begin{aligned}\Delta_r S_m^\ominus &= 2S_m^\ominus(NH_3, g) - S_m^\ominus(N_2, g) - 3S_m^\ominus(H_2, g) \\ &= 2 \times 192.8 J \cdot K^{-1} \cdot mol^{-1} - 191.6 J \cdot K^{-1} \cdot mol^{-1} - 3 \times 130.7 J \cdot K^{-1} \cdot mol^{-1} \\ &= -198.1 J \cdot K^{-1} \cdot mol^{-1}\end{aligned}$$

$$\begin{aligned}\Delta_r G_m^\ominus &= \Delta_r H_m^\ominus - T\Delta_r S_m^\ominus \\ &= -91.8 \times 10^3 J \cdot mol^{-1} - 298K \times (-198.1 J \cdot K^{-1} \cdot mol^{-1}) \\ &= -32.8 \times 10^3 J \cdot mol^{-1}\end{aligned}$$

$$\begin{aligned}\ln K^\ominus &= -(\Delta_r G_m^\ominus / RT) \\ &= -\left(\frac{-32.8 \times 10^3 J \cdot mol^{-1}}{8.3145 J \cdot K^{-1} \cdot mol^{-1} \times 298K}\right) = 13.2\end{aligned}$$

$$K^\ominus = 5.40 \times 10^5$$

书写 $K^\ominus$ 表达式和使用 $K^\ominus$ 时，应注意以下几点。

① 对同一反应，$K^{\ominus}$的表达式和数值，与化学计量方程式的写法有关。所以指出$K^{\ominus}$数值的同时，必须指明相应的化学计量方程式。例如，二氧化硫氧化为三氧化硫的反应，若将反应方程式写成：

$$2SO_2(g)+O_2(g)\rightleftharpoons 2SO_3(g)$$

则：

$$K_1^{\ominus}=\frac{(p_{SO_3}/p^{\ominus})^2}{(p_{SO_2}/p^{\ominus})^2(p_{O_2}/p^{\ominus})}$$

而若写成：

$$SO_2(g)+\frac{1}{2}O_2(g)\rightleftharpoons SO_3(g)$$

则

$$K_2^{\ominus}=\frac{p_{SO_3}/p^{\ominus}}{(p_{SO_2}/p^{\ominus})(p_{O_2}/p^{\ominus})^{1/2}}$$

显然，$K_1^{\ominus}=(K_2^{\ominus})^2$。所以，若反应方程式的系数加倍或减半，则原$K^{\ominus}$要平方或开方；若两反应方程式相加或相减，则总反应的$K^{\ominus}$为原两反应$K^{\ominus}$的积或商；而若将反应方程式的两边对调，则两$K^{\ominus}$互为倒数。

② 对于有纯液体或纯固体参加的反应，其$K^{\ominus}$表达式中只包括气体的分压。例如，反应

$$Fe_3O_4(s)+4H_2(g)\rightleftharpoons 3Fe(s)+4H_2O(g)$$

$$K^{\ominus}=\frac{(p_{H_2O}/p^{\ominus})^4}{(p_{H_2}/p^{\ominus})^4}$$

③ 若稀溶液中的水参加反应，由于整个过程中水的浓度可视为常数，所以可将水的浓度包含在$K^{\ominus}$中，而在$K^{\ominus}$表达式中不再出现。例如，蔗糖水解为葡萄糖和果糖的反应：

$$C_{12}H_{22}O_{11}(aq)+H_2O(l)\rightleftharpoons \underset{(葡萄糖)}{C_6H_{12}O_6(aq)}+\underset{(果糖)}{C_6H_{12}O_6(aq)}$$

其$K^{\ominus}$表达式为：

$$K^{\ominus}=\frac{\{[C_6H_{12}O_6]_{葡}/c^{\ominus}\}\{[C_6H_{12}O_6]_{果}/c^{\ominus}\}}{[C_{12}H_{22}O_{11}]/c^{\ominus}}$$

但是，若在一些有水参加的反应中，水的量很少，它的浓度在反应过程中发生变化，则在此情况下，水的平衡浓度应写入$K^{\ominus}$表达式中。例如：

$$C_2H_5OH(l)+CH_3COOH(l)\rightleftharpoons CH_3COOC_2H_5(l)+H_2O(l)$$

$$K^{\ominus}=\frac{\{[CH_3COOC_2H_5]/c^{\ominus}\}\{[H_2O]/c^{\ominus}\}}{\{[C_2H_5OH]/c^{\ominus}\}\{[CH_3COOH]/c^{\ominus}\}}$$

实验平衡常数K_p和K_c在工业生产中是非常实用的，例如用它可计算在一定条件下原料的理论转化率等。对于低压下的气相反应$eE(g)+fF(g)\rightleftharpoons gG(g)+rR(g)$，其$K^{\ominus}$与$K_p$间的换算关系为$K^{\ominus}=K_p(p^{\ominus})^{-\sum_B \nu_B}$。对于溶液中的反应，其$K^{\ominus}$与$K_c$间的换算关系为$K^{\ominus}=K_c(c^{\ominus})^{-\sum_B \nu_B}$。

7.5.3　同时平衡规则

同时平衡（simultaneous equilibria）是指存在于同一反应系统中的各个化学反应都同时达到平衡。这时任一种物质的平衡浓度或分压，必定同时满足每一个化学反应的标准平衡常数表达式。掌握和运用同时平衡规则，无论对生产实际，还是对平衡问题的理论研究，都具有重要意义。尤其对那些难以直接测定或不易从文献中查得平衡常数的反应，可根据此规则，间接计算它们的平衡常数。例如下列反应：

$$SO_2(g)+NO_2(g) \rightleftharpoons SO_3(g)+NO(g)$$

$$K^{\ominus}=\frac{(p_{SO_3}/p^{\ominus})(p_{NO}/p^{\ominus})}{(p_{SO_2}/p^{\ominus})(p_{NO_2}/p^{\ominus})}$$

该反应的 $K^{\ominus}$ 不易直接得到，为解决这个困难，可以假设这个反应分如下两步进行：

(1) $SO_2(g)+\frac{1}{2}O_2(g) \rightleftharpoons SO_3(g) \quad K_1^{\ominus}=\frac{p_{SO_3}/p^{\ominus}}{(p_{SO_2}/p^{\ominus})(p_{O_2}/p^{\ominus})^{1/2}}$

(2) $NO_2(g) \rightleftharpoons NO(g)+\frac{1}{2}O_2(g) \quad K_2^{\ominus}=\frac{(p_{NO}/p^{\ominus})(p_{O_2}/p^{\ominus})^{1/2}}{p_{NO_2}/p^{\ominus}}$

显然，总反应是（1）和（2）两步反应之和，因为这两步反应的平衡常数是已知的，所以 $K_1^{\ominus}K_2^{\ominus}=K^{\ominus}$。

7.5.4 化学平衡的计算

化学平衡的计算包括平衡常数的计算，也包括化学平衡时各反应物和生成物的浓度（或分压）及反应物的转化率的计算。某反应物 B 的转化率是指平衡时它已转化了的量占初始量的百分数，即：

$$转化率=\frac{平衡时\ B\ 物质转化的量}{反应开始时某反应物\ B\ 的量}\times 100\%$$

例 7-5 250℃时，五氯化磷按下式离解：

$$PCl_5(g) \rightleftharpoons PCl_3(g)+Cl_2(g)$$

将 0.700mol 的 PCl_5 置于 2.00L 的密闭容器中，达平衡时有 0.200mol 分解。试计算该温度下的 $K^{\ominus}$。

解：为求 $K^{\ominus}$ 可根据所给条件，先求出平衡时各气体的物质的量，再根据 $pV=nRT$ 求出相应的平衡分压。

	$PCl_5(g) \rightleftharpoons$	$PCl_3(g)+$	$Cl_2(g)$
开始时物质的量/mol	0.700	0	0
变化的物质的量/mol	0.200	0.200	0.200
平衡时物质的量/mol	0.500	0.200	0.200

所以平衡时各物质的分压为

$$p_{PCl_5}=\frac{n_{PCl_5}RT}{V}=\frac{0.500mol\times 8.3145J\cdot K^{-1}\cdot mol^{-1}\times 523.2K}{2.00\times 10^{-3}m^3}$$

$$=1087\times 10^3 Pa=1087kPa$$

$$p_{PCl_3}=\frac{n_{PCl_3}RT}{V}=\frac{0.200mol\times 8.3145J\cdot K^{-1}\cdot mol^{-1}\times 523.2K}{2.00\times 10^{-3}m^3}$$

$$=435\times 10^3 Pa=435kPa$$

$$p_{Cl_2}=p_{PCl_3}=435kPa$$

$$K^{\ominus}=\frac{(p_{PCl_3}/p^{\ominus})(p_{Cl_2}/p^{\ominus})}{(p_{PCl_5}/p^{\ominus})}=\frac{(435kPa/100kPa)\cdot(435kPa/100kPa)}{(1087kPa/100kPa)}=1.74$$

例 7-6 $N_2O_4(g)$ 的离解反应为 $N_2O_4(g) \rightleftharpoons 2NO_2(g)$，25℃时 $K^{\ominus}=0.313$。试求此温度下，当系统的平衡总压为 200kPa 时，$N_2O_4(g)$ 的平衡转化率是多少？

解：因为反应的 $K^{\ominus}$ 仅是温度的函数，与反应开始时物质的量无关，所以为使计算方便，可设反应开始时 N_2O_4 的物质的量为 1mol，平衡转化率为 α。

	$N_2O_4(g) \rightleftharpoons$	$2NO_2(g)$
开始时物质的量/mol	1	0
变化的物质的量/mol	α	2α

平衡时物质的量/mol　　$1-\alpha$　　2α

平衡时总物质的量/mol　　$n_{总}=1-\alpha+2\alpha=1+\alpha$

平衡时各气体的分压为：

$$p_{N_2O_4}=p_{总}\frac{1-\alpha}{1+\alpha},\quad p_{NO_2}=p_{总}\frac{2\alpha}{1+\alpha}$$

$$K^{\ominus}=\frac{(p_{NO_2}/p^{\ominus})^2}{p_{N_2O_4}/p^{\ominus}}=\frac{\left(\frac{2\alpha}{1+\alpha}\right)^2}{\frac{1-\alpha}{1+\alpha}}\frac{p_{总}}{p^{\ominus}}=0.313,$$

即

$$\frac{4\alpha^2}{1-\alpha^2}\times\frac{200\text{kPa}}{100\text{kPa}}=0.313,$$

由此得

$$8.313\alpha^2=0.313$$

解此一元二次方程得 $\alpha=\pm19\%$，舍去其中的负值，所以 25℃，200kPa 下，N_2O_4 的平衡转化率为 19%。

7.5.5　化学反应等温方程式

对于气相化学反应 $eE(g)+fF(g)\rightleftharpoons gG(g)+rR(g)$，由式(7-16) 和式(7-18) 可得：

$$\Delta_r G_m=-RT\ln K^{\ominus}+RT\ln\frac{(p_G/p^{\ominus})^g(p_R/p^{\ominus})^r}{(p_E/p^{\ominus})^e(p_F/p^{\ominus})^f}$$

式中，系统所处状态各物质分压的组合 $\frac{(p_G/p^{\ominus})^g(p_R/p^{\ominus})^r}{(p_E/p^{\ominus})^e(p_F/p^{\ominus})^f}$ 称为反应商，用符号 J 表示。所以

$$\Delta_r G_m=-RT\ln K^{\ominus}+RT\ln J \qquad (7\text{-}19)$$

式(7-19) 称为化学反应等温方程。需要注意，虽然 J 和 $K^{\ominus}$ 表达式的形式是相同的，但在 $K^{\ominus}$ 的表达式中，各物质的分压均是平衡分压。

前已述及，在恒温恒压和只做体积功的条件下，$\Delta_r G_m\leqslant 0$ 可作为化学反应方向和限度的判据。这等价于利用等温方程将 $K^{\ominus}$ 与 J 进行比较，对化学反应的方向作出判断。所以

$J<K^{\ominus}$ 时，$\Delta_r G_m<0$，反应正方向进行；

$J=K^{\ominus}$ 时，$\Delta_r G_m=0$，反应达到平衡状态；

$J>K^{\ominus}$ 时，$\Delta_r G_m>0$，反应逆方向进行。

在 7.4 节中已经指出，不能只根据 $\Delta_r G_m^{\ominus}$ 的正或负判断化学反应的方向。现在可以知道，这是因为 $\Delta_r G_m^{\ominus}$ 仅是 $\Delta_r G_m$ 的一部分。只有当参加反应的各物质均处于热力学标准状态时，$\Delta_r G_m^{\ominus}$ 才与 $\Delta_r G_m$ 相等。在此特殊条件下，$\Delta_r G_m^{\ominus}$ 才能作为化学反应的平衡判据。

例 7-7　反应 $CO(g)+H_2O(g)\rightleftharpoons CO_2(g)+H_2(g)$ 在 1200℃时，$K^{\ominus}=0.417$，若反应系统中各气态物质的压力均为 100kPa，试确定化学反应进行的方向。

解：

$$J=\frac{(p_{CO_2}/p^{\ominus})(p_{H_2}/p^{\ominus})}{(p_{CO}/p^{\ominus})(p_{H_2O}/p^{\ominus})}=\frac{(100\text{kPa}/100\text{kPa})\times(100\text{kPa}/100\text{kPa})}{(100\text{kPa}/100\text{kPa})\times(100\text{kPa}/100\text{kPa})}=1$$

因为 $J>K^{\ominus}$，所以反应不能正向进行，但能逆向进行。

7.6　化学平衡的移动

化学反应达到平衡时，其正反应速率等于逆反应速率，它的热力学特征是存在一个平衡常数。若反应系统所处条件不变，化学平衡可以保持下去。若温度、压力、浓度等条件发生了改变，则原来的化学平衡可能被破坏，导致反应向某一方向进行，直至在新的条件下建立

新的平衡。这种因条件改变使反应从一个平衡状态向另一个平衡状态过渡的过程称为化学平衡的移动（shift of chemical equilibrium）。平衡移动的结果是系统中各物质的浓度或分压发生了变化。若平衡移动使产物浓度或分压增大，反应物浓度或分压减小，这种情况称为平衡向右移动；反之，称平衡向左移动。

7.6.1 浓度对化学平衡的影响

改变平衡系统中物质的浓度会使平衡移动。例如，溶液反应

$$C_2H_5OH(aq)+CH_3COOH(aq)\rightleftharpoons CH_3COOC_2H_5(aq)+H_2O(l)$$

在一定温度下达到平衡时

$$K^{\ominus}=\frac{[CH_3COOC_2H_5]/c^{\ominus}}{\{[C_2H_5OH]/c^{\ominus}\}\{[CH_3COOH]/c^{\ominus}\}}$$

若增加反应物 C_2H_5OH 或 CH_3COOH 的浓度，或降低产物 $CH_3COOC_2H_5$ 的浓度，由于 $J<K^{\ominus}$，所以平衡向右移动，直至反应系统再建立新的平衡。如果在上述平衡中，增加 $CH_3COOC_2H_5$ 的浓度，由于 $J>K^{\ominus}$，平衡将向左移动。显然，无论平衡向何方向移动，在新的平衡状态下三种物质的浓度都不再是原来的平衡浓度。

7.6.2 压力对化学平衡的影响

对于理想气体反应 $e\mathrm{E(g)}+f\mathrm{F(g)}\rightleftharpoons g\mathrm{G(g)}+r\mathrm{R(g)}$，其标准平衡常数可以用物质的平衡分压来表示，即 $K^{\ominus}=\frac{(p_G/p^{\ominus})^g(p_R/p^{\ominus})^r}{(p_E/p^{\ominus})^e(p_F/p^{\ominus})^f}$。若再进一步应用道尔顿分压定律，则

$$K^{\ominus}=\frac{(py_G/p^{\ominus})^g(py_R/p^{\ominus})^r}{(py_E/p^{\ominus})^e(py_F/p^{\ominus})^f} \tag{7-20}$$

式中，y_B 是平衡时任一气态物质B的摩尔分数，$y_B=n_B/\sum_B n_B$，n_B 为B的物质的量，$\sum_B n_B$ 为系统中各气态物质的总量，因此式(7-20) 可以写成

$$K^{\ominus}=\frac{(n_G)^g(n_R)^r}{(n_E)^e(n_F)^f}\left[\frac{p}{p^{\ominus}\sum_B n_B}\right]^{\sum_B \nu_B}=K_n\left[\frac{p}{p^{\ominus}\sum_B n_B}\right]^{\sum_B \nu_B} \tag{7-21}$$

式中，$\sum_B \nu_B=g+r-e-f$，$K_n=(n_G)^g(n_R)^r/[(n_E)^e(n_F)^f]$。需要注意，$K_n$ 的组合形式虽与 $K^{\ominus}$ 类似，但只有当 $\sum_B \nu_B=0$ 时它才是常数。式(7-21) 表明，对于分子数减少的气体反应，即 $\sum_B \nu_B<0$，例如合成氨反应，压力 p 增大将使 $\left[\frac{p}{p^{\ominus}\sum_B n_B}\right]^{\sum_B \nu_B}$ 减小，在此温度下为保持 $K^{\ominus}$ 为常数，平衡时产物物质的量 n_G 和 n_R 必定增大，所以在合成氨生产中采用高压。当 $\sum_B \nu_B>0$ 时，例如 N_2O_4 的分解，$N_2O_4(g)\rightleftharpoons 2NO_2(g)$，减小压力 p 才会使产物数量增多。此外，在工业生产中，常将惰性气体导入或导出反应系统，以引起化学平衡的移动达到提高产量的目的。

由以上讨论可知，改变压力之所以能使化学平衡移动，关键在于反应前后气体物质的分子总数不同。实验表明，增加压力，化学平衡向气体分子数减少的方向移动；降低压力，化学平衡向气体分子数增多的方向移动。若反应前后气体分子数没有变化，则改变压力不能使化学平衡移动。

例 7-8 在例 7-6 的 $N_2O_4(g)\rightleftharpoons 2NO_2(g)$ 的反应中，如果将系统的总压降到 101.3kPa，N_2O_4 的理论转化率将为多少？

解：设开始时有 1mol 的 N_2O_4，其理论转化率为 α。

$$N_2O_4(g)\rightleftharpoons 2NO_2(g)$$

开始时物质的量/mol	1	0
变化的物质的量/mol	α	2α
平衡时物质的量/mol	$1-\alpha$	2α
平衡时总物质的量/mol	$1-\alpha+2\alpha=1+\alpha$	

平衡时各气体的分压为：

$$p_{N_2O_4}=p_{总}\frac{n_{N_2O_4}}{\sum\limits_B n_B}=101.3\text{kPa}\times\frac{1-\alpha}{1+\alpha}$$

$$p_{NO_2}=p_{总}\frac{n_{NO_2}}{\sum\limits_B n_B}=101.3\text{kPa}\times\frac{2\alpha}{1+\alpha}$$

将各分压代入平衡常数表达式，得

$$K^\ominus=\frac{(p_{NO_2}/p^\ominus)^2}{p_{N_2O_4}/p^\ominus}=\frac{\left(\frac{2\alpha}{1+\alpha}\right)^2}{\frac{1-\alpha}{1+\alpha}}\frac{101.3\text{kPa}}{100\text{kPa}}=0.313$$

解得 $\alpha=0.267$，即 N_2O_4 的理论转化率为 26.7%。

计算结果说明，总压由 200kPa 降到 101.3kPa 时，化学平衡向右移动，N_2O_4 的转化率从 19%增加至 26.7%，离解度增大了。

压力对固相反应和溶液反应影响甚微，可不予考虑。研究压力对非均相系统的化学平衡影响时，只须考虑反应前后气态物质分子数的变化。例如对于反应

$$CO_2(g)+C(s)\rightleftharpoons 2CO(g)$$

由于碳在反应条件下呈固态，因而只考虑 CO_2 和 CO 的分子数。在此反应中，正反应是分子数增加的反应，因此增加压力，平衡向左移动。

7.6.3　温度对化学平衡的影响

浓度和压力改变，虽然能使化学平衡移动，但平衡常数依然不变。而温度变化对化学平衡的影响，在于平衡常数发生了变化。

按式(7-13) 和式(7-18) 可得

$$-RT\ln K^\ominus=\Delta_r H_m^\ominus-T\Delta_r S_m^\ominus$$

$$\ln K^\ominus=\frac{-\Delta_r H_m^\ominus}{RT}+\frac{\Delta_r S_m^\ominus}{R}$$

若反应在温度 T_1 和 T_2 时的平衡常数分别为 $K_1^\ominus$ 和 $K_2^\ominus$，则在温度变化不大的情况下，$\Delta_r H_m^\ominus$ 和 $\Delta_r S_m^\ominus$ 可视为常数，这样：

$$\ln K_1^\ominus=\frac{-\Delta_r H_m^\ominus}{RT_1}+\frac{\Delta_r S_m^\ominus}{R}$$

$$\ln K_2^\ominus=\frac{-\Delta_r H_m^\ominus}{RT_2}+\frac{\Delta_r S_m^\ominus}{R}$$

两式相减得：

$$\ln\frac{K_2^\ominus}{K_1^\ominus}=\frac{\Delta_r H_m^\ominus}{R}\left(\frac{T_2-T_1}{T_1T_2}\right)\tag{7-22}$$

式(7-22) 表明，对于放热反应（$\Delta_r H_m^\ominus<0$），当 $T_2>T_1$ 时，则 $K_2^\ominus<K_1^\ominus$，即升高温度，平衡常数减小，平衡向左移动。对于吸热反应（$\Delta_r H_m^\ominus>0$），当 $T_2>T_1$ 时，则 $K_2^\ominus>K_1^\ominus$，即升高温度，平衡常数增大，平衡向右移动。所以，升高温度时平衡向吸热反应方向移动；降低温度时平衡向放热反应方向移动。

例 7-9 已知合成氨反应 $N_2(g)+3H_2(g) \rightleftharpoons 2NH_3(g)$ 在 200℃时的标准平衡常数 $K_1^{\ominus}=0.44$，试求该反应在 300℃时的标准平衡常数 $K_2^{\ominus}$。设在 200～300℃的温度范围内反应的 $\Delta_r H_m^{\ominus}=-91.92\text{kJ}\cdot\text{mol}^{-1}$。

解： $T_1=473.2\text{K}$，$T_2=573.2\text{K}$，$K_1^{\ominus}=0.44$

将已知数据代入式(7-37)，得

$$\ln\frac{K_2^{\ominus}}{0.44}=\frac{-91.92\times10^3\text{J}\cdot\text{mol}^{-1}}{8.3145\text{J}\cdot\text{K}^{-1}\cdot\text{mol}^{-1}}\left(\frac{573\text{K}-473\text{K}}{573\text{K}\times473\text{K}}\right)$$

$$K_2^{\ominus}=7.45\times10^{-3}$$

可见，当温度由 200℃升至 300℃时，$K^{\ominus}$ 值减小，平衡向左移动，即向氨分解的方向移动，因此降低温度有利于氨的合成。

7.6.4 平衡移动的总规律

由以上讨论的浓度、压力和温度对化学平衡的影响可知，如在平衡系统内增大反应物浓度，平衡就会向着生成产物，也就是向着减小反应物浓度的方向移动；对有气体参加的反应，增大平衡系统的压力，平衡向着减少气体分子数的方向移动，也就是向减小系统压力的方向移动。如果升高温度，平衡向着吸热方向移动。从以上这些结论中，可以归纳出一个普遍规律：如果改变平衡系统的条件之一（例如浓度、压力或温度），平衡就向能减弱这个改变的方向移动。这个规律叫做吕·查德里（Le Chatelier）原理。吕·查德里原理是所有动态平衡（包括物理平衡，例如冰和水的平衡）的移动规律。

科学家吉布斯

Josiah Willard Gibbs（1839～1903）

在美国陈列有华盛顿、林肯、富兰克林等名人的纪念馆里，1950 年新增了一座伟人的塑像，这就是美国物理学家、化学家吉布斯。作为一位终生从事科学研究的人，在去世近 50 年能在美国名人馆占有一席之地，足以说明他的研究成果影响深远，而且这些成果的重要意义随着时间的推移而逐渐被人们所认识。

吉布斯出身于书香门第，他的祖上几代都毕业于哈佛大学，父亲是耶鲁大学教授，母亲是一位博士的女儿，吉布斯本人于 1863 年获耶鲁大学哲学博士学位。吉布斯一直任耶鲁大学的数学物理教授，他在数学上造诣尤为高深。1873 年吉布斯开始在康涅狄克学会学报上发表一系列长篇文章。他治学态度极其谨慎，在他所发表的论文和著作里每一字都有严格的含义，没有多余的一个字。对他的论文必须逐字研究，读起来相当费劲，为此当时能够读懂并理解其内在含义的人很少。如《相律》是他在1875～1878 年间提出并且发表的重要论文，但在约 10 年的时间内并未被人们所了解，也未引起人们的重视。尽管如此，吉布斯未公开的重要论文的抄本却在整个欧洲科学界流传，并被陆续译成其他文字出版。如德国化学家奥斯特瓦尔德（W. Ostwald）把吉布斯的多篇重要论文译成德文，并于 1892 年出版。法国化学家吕·查德里将《论多相物质的平衡》这篇著名论文的第一部分译成法文，并于 1899 年出版。1897 年吉布斯成为英国皇家学会会员，1901 年获得英国皇家学会颁发的科普勒（Copley）奖章。

吉布斯从小体弱多病，性格比较孤僻，很少与人交往。他终身未娶，一直过着简朴而极富规律性的生活。

吉布斯是世界上最杰出的科学家之一。他善于洞察和研究对科学发展影响深远的基本原理，并且在数学方面有巨大的创造力。他在矢量分析、光电磁理论方面都作出了重要的贡献。吉布斯并不因自己的成果未立即引起别人的注意而气馁，他从不怀疑自己所从事的研究的重要性和正确性，他也从不乞求同行人对他的承认，也不去考虑别人是否了解自己做了些什么，只要解决自己脑海中的问题也就觉得心满意足了。由于种种原因，在他逝世后 17 年，才第一次被提名为美国名人馆的候选人，但是在 100 张选票中，因只得到 9 张赞成票而落选，又到 30 年后的 1950 年才被正式入选。

无论在物理学还是化学的发展中，他所立下的丰功伟绩，使他作为美国历史上的伟人是当之无愧的。

复习思考题

1. 热力学第二定律要解决的基本问题是什么？
2. 在绝热恒容的容器中发生一化学反应 $eE+fF \longrightarrow gG+rR$，试指出其 ΔU、ΔS 是大于零、小于零、等于零？
3. 1mol $H_2O(l)$ 在 20℃和外压为零的条件下变为饱和水蒸气，其 ΔU、ΔH、ΔS 是大于零、等于零、小于零？
4. 试判断下列化学反应在 100kPa 下能否进行？为什么？
   $(NH_4)_2Cr_2O_7(s) \longrightarrow Cr_2O_3(s)+N_2(g)+4H_2O(g)$　$\Delta_r H_m^\ominus=-315kJ \cdot mol^{-1}$
5. 化学反应达到平衡时的热力学特征是什么？
6. 试举例说明如何用热力学函数求化学反应的标准平衡常数？
7. 若把合成氨的化学方程式写成 $N_2(g)+3H_2(g) \rightleftharpoons 2NH_3(g)$ 和 $\frac{1}{2}N_2(g)+\frac{3}{2}H_2(g) \rightleftharpoons NH_3(g)$，则二者的 $\Delta_r G_m^\ominus$ 和 $K^\ominus$ 有何关系？
8. 某温度时，压力为 100kPa，体积为 1L 的 PCl_3 和 Cl_2 混合物，在如下操作条件下，PCl_3 的转化率如何变化：
   (1) 将体积增至 2L；
   (2) 加入 Cl_2 至压力为 200kPa，体积仍为 1L；
   (3) 以 N_2 混合至体积为 2L，但压力仍为 100kPa；
   (4) 以 N_2 混合至压力为 200kPa，体积仍为 1L。
9. 反应 $A(g)+B(s) \rightleftharpoons 2C(g)$，$\Delta_r H_m^\ominus<0$，当达到化学平衡时，如果改变下表中标明的条件，试将其他各项发生的变化情况填入表中：

改变条件	增大 A 的分压	增大压力	降低温度
平衡常数			
平衡移动的方向			

习　　题

1. 利用附录所提供的 $\Delta_f H_m^\ominus$ 和 $S_m^\ominus$ 数据，计算下列反应在 298K 时的 $\Delta_r G_m^\ominus$。
   (1) $N_2(g)+3H_2(g) \longrightarrow 2NH_3(g)$；
   (2) $2HgO(s) \longrightarrow 2Hg(l)+O_2(g)$；
   (3) $CH_4(g)+2O_2(g) \longrightarrow CO_2(g)+2H_2O(l)$。
2. 利用附录所提供的 $\Delta_f G_m^\ominus$ 数据计算下列各反应在 25℃时的 $\Delta_r G_m^\ominus$，并判断该温度下当参加反应的各物质均处于热化学标准状态时各反应进行的方向。

(1) SiO_2(s,石英)+4HCl(g)$\longrightarrow$$SiCl_4$(g)+2$H_2O$(g)；

(2) CO(g)+H_2O(g)$\longrightarrow$$CO_2$(g)+$H_2$(g)；

(3) Fe_2O_3(s)+3CO(g)$\longrightarrow$2Fe(s)+3CO_2(g)。

3. 利用附录所提供的 $\Delta_f H_m^{\ominus}$ 和 $\Delta_f G_m^{\ominus}$ 数据，计算反应 CuS(s)+H_2(g)$\longrightarrow$Cu(s)+H_2S(g)在 298K 时的 $\Delta_r G_m^{\ominus}$ 和 $\Delta_r H_m^{\ominus}$；设反应的 $\Delta_r H_m^{\ominus}$ 及 $\Delta_r S_m^{\ominus}$ 不随温度而变化，试求该反应在 1000K 时的 $\Delta_r G_m^{\ominus}$。

4. 25℃时，反应 2H_2O_2(g)$\longrightarrow$2H_2O(g)+O_2(g) 的 $\Delta_r H_m^{\ominus}=-211.2\text{kJ}\cdot\text{mol}^{-1}$，$\Delta_r S_m^{\ominus}=117.4\text{J}\cdot\text{K}^{-1}\cdot\text{mol}^{-1}$，设反应的 $\Delta_r H_m^{\ominus}$ 及 $\Delta_r S_m^{\ominus}$ 不随温度而变化，试计算反应在 25℃和 100℃时的 $K^{\ominus}$。

5. 在 3500K 时，反应 CO_2(g)+H_2(g)$\rightleftharpoons$CO(g)+H_2O(g) 的标准平衡常数为 8.28，试求此反应在 3500K 时的 $\Delta_r G_m^{\ominus}$。

6. 由二氧化锰制备金属锰可采用下列两种方法，两反应在 25℃时的 $\Delta_r H_m^{\ominus}$ 和 $\Delta_r S_m^{\ominus}$ 也附于后：

(1) MnO_2(s)+2H_2(g)$\longrightarrow$Mn(s)+2H_2O(g)

$\Delta_r H_m^{\ominus}=36.4\text{kJ}\cdot\text{mol}^{-1}$，$\Delta_r S_m^{\ominus}=95.1\text{J}\cdot\text{K}^{-1}\cdot\text{mol}^{-1}$

(2) MnO_2(s)+2C(s)$\longrightarrow$Mn(s)+2CO(g)

$\Delta_r H_m^{\ominus}=299.0\text{kJ}\cdot\text{mol}^{-1}$，　$\Delta_r S_m^{\ominus}=362.9\text{J}\cdot\text{K}^{-1}\cdot\text{mol}^{-1}$

试通过计算确定以上两个反应在 25℃，100kPa 下的反应方向。如果考虑工作温度愈低愈好，试问采取哪种方法较好？

7. 已知 700K 时反应 PCl_5(g)$\rightleftharpoons$$PCl_3$(g)+$Cl_2$(g) 的 $K^{\ominus}=11.5$，P(s)+$\frac{3}{2}$$Cl_2(g)\rightleftharpoons$$PCl_3$(g) 的 $K^{\ominus}=10^{20}$。试求 700K 时反应 P(s)+$\frac{5}{2}$$Cl_2(g)\rightleftharpoons$$PCl_5$(g) 的 $K^{\ominus}$ 值。

8. 甲醛在水溶液中可聚合成葡萄糖，6HCHO(aq)$\rightleftharpoons$$C_6H_{12}O_6$(aq)，25℃时该反应的 $K^{\ominus}=6\times10^{22}$。如在 25℃该反应达平衡时葡萄糖的浓度为 $1.00\text{mol}\cdot\text{L}^{-1}$，试求此时甲醛的平衡浓度。

9. NH_4HS(s) 在抽空的容器中受热分解，NH_4HS(s)$\rightleftharpoons$$H_2S$(g)+$NH_3$(g)。在某温度下，容器中的压力稳定在 6.67kPa。若此时向容器中导入 NH_3(g)，使它的分压为 107kPa，试求此时容器中 H_2S(g) 的分压及混合气体的总压。设气体服从理想气体状态方程。

10. 试用附录所载数据计算 25℃时反应 C_2H_4(g)+H_2(g)$\rightleftharpoons$$C_2H_6$(g) 的 $\Delta_r G_m^{\ominus}$，指出在 25℃和各物质的压力均为 100kPa 时的反应方向。

11. 25℃，100kPa 下，反应 CaO(s)+SO_3(g)$\longrightarrow$$CaSO_4$(s)，其 $\Delta_r H_m^{\ominus}=-402\text{kJ}\cdot\text{mol}^{-1}$，$\Delta_r S_m^{\ominus}$ $-189.1\text{J}\cdot\text{K}^{-1}\cdot\text{mol}^{-1}$

试通过计算回答：

(1) 在上述条件下反应的方向如何？

(2) 升高还是降低温度对该反应有利？

参 考 书 目

1 徐春祥. 无机化学. 第二版. 北京：高等教育出版社，2008

2 韩德刚等. 物理化学. 第二版. 北京：高等教育出版社，2009

3 Atkins P., Jones L. **Chemistry Principles-The Quest for Insight 4th ed.** W. H. Freeman and Company，2008

4 Brown T. L., LeMay H. E., Bursten B. E. etc. **Chemistry-The Central Science 12th ed.** Prentice-Hall，2012

第8章　化学反应速率

Chapter 8　Rate and Mechanisms of Chemical Reactions

化学反应的速率（rate of chemical reaction）规律涉及化学反应的现实性，属于化学动力学的范畴。其内容主要由两部分组成：一是研究各种宏观因素，如浓度、温度、催化剂等对反应速率的影响及建立化学反应的速率方程。二是从分子水平上揭示反应机理（mechanism of reaction），建立基元反应的速率理论，预测化学反应的速率方程（rate equation）。

化学反应多种多样，甚至在一个反应系统中，同时存在几个化学反应。在化工生产和生活实际中，人们总希望选择最佳的反应条件，加快所需要的化学反应，提高产物的产量。对于一些不利的反应，如金属的腐蚀、橡胶制品的老化、食物的变质等，总希望通过控制反应条件，减缓它们的反应速率。总反应(overall reaction)是化学反应的净结果，它是由一系列的基元过程构成的，这些基元过程构成了反应的真实图像。因此，若知道了反应的机理，对反应速率的研究就有可能由实验测定上升到理论预测。

自1850年以威廉米（L. F. Wilhelmy）测定蔗糖水解反应的速率作为化学动力学研究的开始到现在，化学动力学的理论和实验技术取得了重要进展。化学动力学与其他学科的交叉与渗透，也展现出了新的面貌。例如，它与热力学和生命科学的交叉渗透，将热化学手段用于酶促反应研究，开辟了一条通过微量热技术研究酶促反应动力学的新途径。20世纪40年代基元反应速率理论提出后，动力学的研究开始深入微观领域。由于闪光光解技术的应用，寿命短暂的自由基相继被发现。至20世纪70年代，其时间分辨率达到10^{-9}s（纳秒）和

10^{-12}s（皮秒）的水平。而激光技术的应用，又使化学动力学的研究进入分子动态学的领域。自从20世纪80年代初产生了6×10^{-15}s（6飞秒）的超短光脉冲以来，世界上的许多化学和物理学家利用飞秒激光研究超快速化学、物理和生物过程的动力学。其中，埃及和美国双重国籍的物理化学和化学物理学家泽维尔（Ahmed H. Zewail）在利用飞秒激光脉冲研究化学反应方面，取得了开拓性的工作进展，1999年获得诺贝尔化学奖。

8.1 化学反应速率

度量化学反应快慢程度的物理量称为化学反应速率，对于任一化学反应 $eE+fF \longrightarrow gG+rR$，若反应系统的体积恒定，为在实际工作中使用方便，可按参加反应的任一物质B定义反应速率，其定义式为：

$$v_B = \pm \lim_{\Delta t \to 0} \frac{\Delta c_B}{\Delta t} \tag{8-1}$$

为使反应速率保持正值，所以当B为产物时，上式右边取正号，相应的速率称为该产物的生成速率。当B为反应物时，则取负号，相应的反应速率称为该反应物的消耗速率。

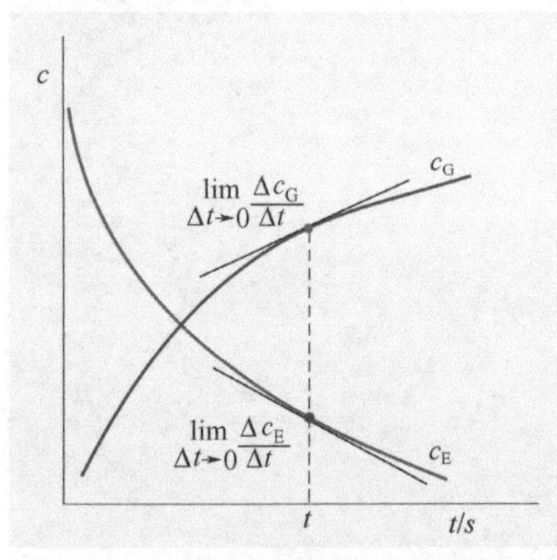

图 8-1-1 反应物和产物的浓度与时间的关系

若用参加反应的不同物质表示反应速率，则按式(6-16)相应反应速率之间的关系为：

$$\frac{v_E}{|\nu_E|} = \frac{v_F}{|\nu_F|} = \frac{v_G}{\nu_G} = \frac{v_R}{\nu_R} \tag{8-2}$$

可见，当用式(8-1)表示反应速率时，必须指明是对什么物质，即必须标明v的下标。

对于恒容的均相反应（homogeneous reaction），若由实验测得反应过程中任一反应物E或产物G的浓度随时间的变化曲线，见图8-1-1，则由曲线上某点切线的斜率，可得相应时刻E的消耗速率或G的生成速率。可见，反应速率是物质生成或消耗的瞬时速率，而不是在某时间间隔内的平均速率。

例 8-1 合成氨反应 $N_2(g)+3H_2(g) \longrightarrow 2NH_3(g)$，在一恒容容器中进行。试分别用$N_2$、$H_2$和$NH_3$的浓度随时间的变化率表示反应速率，并写出它们之间的关系。

解：N_2的消耗速率 $v_{N_2} = -\lim\limits_{\Delta t \to 0} \frac{\Delta c_{N_2}}{\Delta t}$

H_2的消耗速率 $v_{H_2} = -\lim\limits_{\Delta t \to 0} \frac{\Delta c_{H_2}}{\Delta t}$

NH_3的生成速率 $v_{NH_3} = \lim\limits_{\Delta t \to 0} \frac{\Delta c_{NH_3}}{\Delta t}$

由于 $\nu_{N_2}=-1$，$\nu_{H_2}=-3$，$\nu_{NH_3}=2$

所以 $\frac{v_{N_2}}{1} = \frac{v_{H_2}}{3} = \frac{v_{NH_3}}{2}$

在实际工作中，往往需要知道给定条件下，化学反应以怎样的速率进行，反应条件的改变将如何影响反应速率。实验表明，对于给定的反应，各物质的浓度、反应温度、催化剂、反应介质，以及光、电、超声波等外界因素，均可能影响反应速率，所以反应速率是各影响因素的函数。

8.2　化学反应速率方程

8.2.1　化学反应速率方程的基本形式

在宏观化学动力学的研究中，一些反应，如 $eE+fF+\cdots\longrightarrow gG+rR+\cdots$，其反应速率与物质浓度 c_E、c_F、…及其他影响因素间的关系可表示成幂函数的形式：

$$v_B=k_Bc_E^{\alpha}c_F^{\beta}\cdots \tag{8-3}$$

式(8-3) 就是化学反应速率方程（rate equation）的基本形式。式中 E、F、… 一般为反应物，有时也包含产物。k_B 在一定温度下是常数，称为速率常数（rate constant）。α、β、…称为反应分级数，分别表示物质 E、F、… 的浓度对反应速率的影响程度。分级数之和 $n=\alpha+\beta+\cdots$，称为反应总级数，简称反应级数（order of reaction）。对于气相反应和气固相催化反应，因为气体的分压与其浓度成正比，所以有时也用气体的分压来代替浓度，将反应速率方程写成如下形式：

$$v_B=k_Bp_E^{\alpha}p_F^{\beta}\cdots \tag{8-4}$$

还有一些反应，如 $H_2+Br_2\longrightarrow 2HBr$，实验测得其速率方程不是幂函数形式，此时也就无级数可言。

8.2.2　反应速率常数

按式(8-3)，速率常数是 c_E、c_F、… 均为 $1mol\cdot m^{-3}$（或 $1mol\cdot L^{-1}$）时的反应速率，所以又称它为比速率。对于指定的反应，k_B 值的大小与反应温度、所用的催化剂及溶剂等有关。若浓度的单位用 $mol\cdot L^{-1}$，时间的单位用 s，则 n 级反应速率常数的单位是 $(mol\cdot L^{-1})^{(1-n)}\cdot s^{-1}$。

当用不同的物质表示反应速率时，速率方程的形式是不变的，各速率常数之间的关系可仿照式(8-2) 直接写出：

$$\frac{k_E}{|\nu_E|}=\frac{k_F}{|\nu_F|}=\frac{k_G}{\nu_G}=\frac{k_R}{\nu_R} \tag{8-5}$$

8.2.3　反应级数

化学反应分级数 α，β，…的值，是由实验测得的，它们可以是正数、负数以及零，也可以是分数。例如，五氧化二氮的分解反应 $2N_2O_5\longrightarrow 4NO_2+O_2$，实验测得为一级反应，$v_{N_2O_5}=k_{N_2O_5}c_{N_2O_5}$；乙醛的气相分解反应 $CH_3CHO\longrightarrow CH_4+CO$，在 518℃时实验测得为二级反应，$v_{CH_3CHO}=k_{CH_3CHO}c_{CH_3CHO}^2$，但在 447℃时，又为 3/2 级反应，$v_{CH_3CHO}=k_{CH_3CHO}c_{CH_3CHO}^{3/2}$。再如一氧化氮氧化成二氧化氮的反应，$2NO+O_2\longrightarrow 2NO_2$，实验测得其速率方程为 $v_{NO}=k_{NO}c_{NO}^2c_{O_2}$，即对 NO 是二级，对 O_2 是一级，整个反应为三级。实验表明，不能根据总反应方程式直接写出速率方程，必须通过实验确定。

8.3　浓度对反应速率的影响

化学反应速率方程定量表达了浓度对反应速率的影响。对于大多数反应，各反应物的分级数是正值，因此增加反应物的浓度，常使反应速率增大。例如，$2NO+O_2\longrightarrow 2NO_2$，其速率方程为 $v_{NO}=k_{NO}p_{NO}^2p_{O_2}$，增加操作压力，相当于增大了 NO 与 O_2 的浓度，反应速率大大加快。然而，还有一些反应，情况并非这样，例如药物非那西丁生产中的一个反应：

$$p\text{-}NH_2C_6H_4OC_2H_5+CH_3COOH\longrightarrow p\text{-}NHCOCH_3C_6H_4OC_2H_5+H_2O$$

其速率方程为 $v_{p\text{-}NH_2C_6H_4OC_2H_5}=k_{p\text{-}NH_2C_6H_4OC_2H_5}c_{CH_3COOH}^2$，与对乙氧基苯胺的浓度无关，只有增加

醋酸浓度，才能加快反应速率，因此工业上正是在醋酸过量65%的条件下进行生产的。应该注意，尽管增加反应物浓度会提高某些反应的速率，但实际上却不能简单地采用这种方法。如反应物在溶剂中的反应，反应物浓度就受到溶解度的限制。又如某些气相化学反应，增加压力虽然会提高反应速率，但这又会涉及到高压设备的制造和投资等方面的问题。还有一些反应，增加反应物浓度，还会受到安全问题的限制。

此外，在有的反应中，参与反应的某物质的分级数为负值，这表明该物质能够阻抑反应的进行，增加它的浓度反而使反应速率下降。

综上所述，浓度对反应速率的影响包括浓度的高低以及级数的大小和正负。只有当温度及催化剂确定后，浓度才是影响化学反应速率的惟一因素。

为现在初步介绍化学反应动力学的需要，以及为后继课程深入介绍奠定必要的基础。在这里对于单方向进行的反应 $aA+bB \longrightarrow pP$，将直接列出简单级数反应的幂函数型和积分形式的速率方程。

表 8-1　简单级数反应的速率方程

反应级数	反应速率方程	
	幂函数型	积分形式
零级反应	$v_A=k_A$	$c_{A0}-c_A=k_At$
一级反应	$v_A=k_Ac_A$	$\ln\frac{c_{A0}}{c_A}=k_At$
二级反应	$v_A=k_Ac_A^2$	$\frac{1}{c_A}-\frac{1}{c_{A0}}=k_At$

在表 8-1 中，c_{A0} 为物质 A 在 $t=0$ 时的浓度，c_A 为 t 时的浓度。

例 8-2　气态偶氮甲烷在 287℃时于一抽空的密闭容器中发生如下反应：

$$CH_3NNCH_3(g) \longrightarrow C_2H_6(g)+N_2(g)$$

已知该反应为一级，初始压力为 21.332kPa，1000 s 后压力增加值为 1.400kPa（设气体服从理想气体状态方程），试求：

（1）反应的速率常数；（2）偶氮甲烷的半衰期；（3）偶氮甲烷的转化率为 0.30 时所需的时间。

解：以 A 表示偶氮甲烷，则

$$k_A=\frac{1}{t}\ln\frac{c_{A0}}{c_A}=\frac{1}{t}\ln\frac{c_{A0}}{c_{A0}-\alpha_Ac_{A0}}=\frac{1}{t}\ln\frac{1}{1-\alpha_A}$$

式中，α_A 为时间 t 时 A 转化掉的分数，即 A 的转化率。

（1）

	CH_3NNCH_3	$\longrightarrow C_2H_6$	$+$ N_2
$t=0$	p_{A0}	0	0
$t=t$	p_A	$p_{A0}-p_A$	$p_{A0}-p_A$

t 时刻系统总压 $p_{总}=2p_{A0}-p_A$，$p_A=2p_{A0}-p_{总}$

$t=1000s$ 时　　$p_A=2\times21.332kPa-(21.332kPa+1.400kPa)=19.932kPa$

因为　$p_{A0}=\frac{n_{A0}}{V}RT=c_{A0}RT$，$p_A=\frac{n_A}{V}RT=c_ART$

所以　$k_A=\frac{1}{t}\ln\frac{c_{A0}}{c_A}=\frac{1}{t}\ln\frac{p_{A0}}{p_A}=\frac{1}{1000s}\ln\frac{21.332kPa}{19.932kPa}=6.788\times10^{-5}s^{-1}$

（2）以 $t_{1/2}$ 表示半衰期（half-life），即反应物浓度降低到一半（$\alpha=0.5$）所需的时间。它是衡量化学反应快慢的一个重要指标。

$$t_{1/2}=\ln2/k_A=\ln2/6.788\times10^{-5}s^{-1}=1.021\times10^4s$$

（3）$t=\frac{1}{k_A}\ln\frac{1}{1-\alpha_A}=\frac{1}{6.788\times10^{-5}s^{-1}}\ln\frac{1}{1-0.3}=5.254\times10^3s$

由此例可以归纳出一级反应的三个特征：

① 因为一级反应速率方程的积分式也可写成 $\ln\{c_A\}=-k_At+\ln\{c_{A0}\}$，其中 $\{c_A\}$ 和 $\{c_{A0}\}$ 分别表示 c_A 和 c_{A0} 的数值，所以以 $\ln\{c_A\}$ 对 t 作图得直线，直线斜率的负值即为速率常数 k_A。

② 一级反应速率常数 k_A 的单位为时间的倒数，即 [时间]$^{-1}$。

③ 一级反应反应物的半衰期 $t_{1/2}=\ln2/k_A$，即半衰期与 k_A 成反比，与初始浓度无关。

与此类似，也可归纳出零级反应和二级反应的相应特征。

例 8-3　100℃时，以质量分数为 0.0325 的 H_2SO_4 溶液为催化剂，用醋酸与丁醇反应生产醋酸丁酯 $CH_3COOH+C_4H_9OH \longrightarrow CH_3COOC_4H_9$，其速率方程为 $v_{醋酸}=k_{醋酸}c^2_{醋酸}$，$k_{醋酸}=1.74\times10^{-2}L\cdot mol^{-1}\cdot min^{-1}$。今在此条件下用间歇式反应器进行两批生产，两批进料液中醋酸 CH_3COOH 的浓度分别为 $0.9mol\cdot L^{-1}$ 和 $1.8mol\cdot L^{-1}$，其余为丁醇。试计算：

(1) 初始反应速率；(2) 需要多长时间醋酸的转化率可以达到 50%。

解：以 A 表示醋酸

(1) $v_{A0,1}=k_Ac^2_{A0,1}=1.74\times10^{-2}L\cdot mol^{-1}\cdot min^{-1}\times(0.9mol\cdot L^{-1})^2=1.4\times10^{-2}mol\cdot L^{-1}\cdot min^{-1}$

$v_{A0,2}=k_Ac^2_{A0,2}=1.74\times10^{-2}L\cdot mol^{-1}\cdot min^{-1}\times(1.8mol\cdot L^{-1})^2=5.6\times10^{-2}mol\cdot L^{-1}\cdot min^{-1}$

可见，第二批生产的初始速率是第一批的四倍。

(2)
$$\frac{1}{c_A}-\frac{1}{c_{A0}}=k_At,\ t=\frac{\alpha_A}{k_Ac_{A0}\ (1-\alpha_A)}$$

对于第一批生产，以 $\alpha_A=0.50$，$c_{A0,1}=0.9mol\cdot L^{-1}$代入上式

$$t=\frac{0.50}{1.74\times10^{-2}L\cdot mol^{-1}\cdot min^{-1}\times0.9mol\cdot L^{-1}\times(1-0.50)}=64min$$

对于第二批生产，以 $\alpha_A=0.50$，$c_{A0,2}=1.8mol\cdot L^{-1}$代入上式

$$t=\frac{0.50}{1.74\times10^{-2}L\cdot mol^{-1}\cdot min^{-1}\times1.8mol\cdot L^{-1}\times(1-0.50)}=32min$$

在第二批生产中，醋酸的转化率达到 50%所需时间是第一批的一半。

需要指出，对于一般的化学反应，其反应物与产物浓度随时间单调变化。但还有一类反应，在反应过程中，某些物质的浓度会随时间呈周期性变化，并在一定条件下表现出周期性的化学现象，这类反应称为化学振荡反应。自 20 世纪 50 年代以来，人们发现了许多不同类型的振荡反应，并在诸多方面应用于实际。在生物体中也存在着各种振荡反应，有的已在医学中有了成功的应用。例如通过葡萄糖对生物化学振荡反应影响的研究，可以得知糖尿病患者的尿液情况。

另外，如果一个化学反应，例如 $A+B \longrightarrow P$，确实是因一个 A 分子与一个 B 分子直接碰撞形成产物，那么这样的反应就称为基元反应（elementary reaction）。19 世纪中期挪威化学家古德贝格（Guldberg）和瓦格（Waage）在实验基础上结合前人的大量工作，对基元反应总结出一个经验规律，即基元反应的速率与各反应物的浓度的幂乘积成正比。后来就把这个规律称为质量作用定律[1]（law of mass action）。据此，基元反应 $A+B \longrightarrow P$ 的速率方程可以直接写为：

$$v_A=k_Ac_Ac_B \tag{8-6}$$

其中，A 和 B 浓度项的指数均为 1，都等于基元反应中化学计量系数的绝对值。

前已指出，对于总反应，例如 $eE+fF \longrightarrow gG+rR$，不能直接根据化学反应方程式书写速率方程，必须由实验确定。这是因为总反应仅表示反应的净结果，并不是反应的真实图像。实际上，总反应是由一系列的基元反应构成，这些基元反应组合成总反应的方式或次序

[1] 这个定律的最初说法是：基元反应的速率与反应物的有效质量成正比。

称为反应机理（mechanism of reaction），其中每个基元反应的速率方程均符合质量作用定律。因此，若知道了反应机理，就有可能利用基元反应的速率规律预测总反应的速率方程。从而又开辟了一条建立总反应速率方程的途径。反之，若由实验得到了总反应的速率方程，就有可能据此推求反应的机理。例如，H_2 与 Cl_2 发生气相反应，总反应为：

$$H_2(g)+Cl_2(g) \longrightarrow 2HCl(g)$$

其反应机理为：

$$Cl_2+M \xrightarrow{k_1} 2Cl\cdot+M$$

$$Cl\cdot+H_2 \xrightarrow{k_2} HCl+H\cdot$$

$$H\cdot+Cl_2 \xrightarrow{k_3} HCl+Cl\cdot$$

$$Cl\cdot+Cl\cdot+M \xrightarrow{k_{-1}} Cl_2+M$$

式中，M 是指惰性物质，它包括器壁或不参与反应的物质等，只起传递能量的作用。Cl·和 H·是含有未成对电子的自由基(free radical)，其化学性质非常活泼。k_1、k_2、k_3、k_{-1} 是相应基元反应的速率常数。这四个基元反应一个接一个，总和就是总反应。其中，第四个基元反应是第一个的逆反应，所以速率常数写作 k_{-1}。

探求反应机理及按照反应机理建立总反应的速率方程是动力学研究的重要内容。有待后继课程深入讨论。

8.4 温度对反应速率的影响

人们早就发现，温度能显著地影响反应速率。对于大多数反应，不管它是放热的还是吸热的，其反应速率都随温度的升高而增大[1]。例如，在常温下，H_2 和 O_2 的混合物即使经过相当长时间也不会发生反应，但当温度升至 500℃时，千分之一秒就发生反应并产生爆炸现象。又如，人们常将食物贮藏在冰箱中，就是为了在低温下减慢食物变质的速率。

温度对反应速率的影响，主要体现在对速率常数的影响上。表 8-2 列出了乙醛(CH_3CHO)分解和均及酮二酸 $CO(CH_2COOH)_2$ 分解的实验数据 可以看到，温度升高二者的速率常数均增大。荷兰化学家范特霍夫（J. H. van't Hoff）曾经针对一些常见的反应总结出一个经验规律，也称范特霍夫规则（van't Hoff rule）。它指出，在室温附近，温度每升高 10℃，一般化学反应的速率常数约增大到原来的 2～4 倍。这个倍数称为反应的温度系数。范特霍夫规则在生产实际中是很有用的，特别是在缺少实验数据的情况下，可以提供一个估算的依据。例如假设某一反应的温度系数为 2，则 100℃时的反应速率约为 0℃的 $2^{\frac{100}{10}}=1024$ 倍。即在 0℃需要 7 天多达到的转化率，若在 100℃下进行 10min 就能达到。

表 8-2 温度对速率常数的影响

CH_3CHO 的气相分解反应		$CO(CH_2COOH)_2$ 在水溶液中的分解反应	
T/K	k/L·mol^{-1}·s^{-1}	T/K	$k\times10^5$/s^{-1}
703	0.011	273	2.64
733	0.035	283	10.8
750	0.105	293	47.5
791	0.343	303	163
811	0.79	313	576
836	2.14	323	1850
865	4.95	333	5480

[1] 少数反应例外，如 $2NO+O_2 \longrightarrow 2NO_2$，温度升高，反应速率反而减小。

为了进一步研究温度对反应速率的影响，进而得出二者之间的定量关系，经对许多反应的实验数据处理，发现 k 随 T 的变化呈指数关系。在此基础上，1889 年瑞典化学家阿仑尼乌斯（S. A. Arrhenius）提出了一个能较精确描述反应速率常数与温度关系的经验公式，称为阿仑尼乌斯方程：

$$k = A\mathrm{e}^{-E_a/RT} \tag{8-7}$$

式中 e——自然对数的底；

A——指前因子或频率因子，它是给定反应的特性常数，单位与速率常数的单位一致；

E_a——反应的活化能（actiration energy），J·mol^{-1}或 kJ·mol^{-1}，它也是反应的一个重要特性常数。

在阿仑尼乌斯方程中，温度 T 与活化能 E_a 是在 e 的指数项中，所以它们对 k 值的影响甚大。反应的温度愈高活化能愈小，k 值愈大。而温度或活化能的微小变化将引起 k 值显著的变化。

如果将式(8-7) 改写成对数形式，并以 $\{k\}$ 表示 k 的数值，则得

$$\ln\{k\} = -\frac{E_a}{RT} + C \tag{8-8}$$

其中，$C=\ln\{A\}$，$\{A\}$代表 A 的数值。

设反应在温度 T_1 和 T_2 时的速率常数分别为 k_1 和 k_2，并且 E_a 在 T_1 至 T_2 的温度范围内可视为常数，则按式(8-8)可以写出：

$$\ln\{k_1\} = -\frac{E_a}{RT_1} + C$$

$$\ln\{k_2\} = -\frac{E_a}{RT_2} + C$$

两式相减，得

$$\ln\frac{k_2}{k_1} = -\frac{E_a}{R}\left(\frac{1}{T_2} - \frac{1}{T_1}\right) \tag{8-9}$$

如果已知两个温度下的速率常数，可用式(8-9) 计算反应的活化能 E_a。而若已知反应的活化能 E_a 和一个温度 T_1 下的速率常数 k_1，也可用式(8-9) 求另一温度 T_2 下的速率常数 k_2。

例 8-4 反应 $2HI \longrightarrow H_2 + I_2$ 在 600 K 和 700 K 时的速率常数分别为 2.75×10^{-6} 和 5.50×10^{-4} L·mol^{-1}·s^{-1}。设在 600～700K 的温度范围内反应的活化能为常数，试计算：(1) 反应的活化能；(2) 该反应在 650K 时的速率常数。

解：(1) 已知

$T_1=600\text{K}$，$k_1=2.75\times10^{-6}\ \text{L·mol}^{-1}\text{·s}^{-1}$

$T_2=700\text{K}$，$k_2=5.50\times10^{-4}\ \text{L·mol}^{-1}\text{·s}^{-1}$

按式 (8-9)

$$\lg\frac{5.50\times10^{-4}\ \text{L·mol}^{-1}\text{·s}^{-1}}{2.75\times10^{-6}\ \text{L·mol}^{-1}\text{·s}^{-1}} = \frac{E_a}{2.303\times8.3145\text{J·K}^{-1}\text{·mol}^{-1}}\left(\frac{700\text{K}-600\text{K}}{600\text{K}\times700\text{K}}\right)$$

$$E_a = 1.85\times10^5\ \text{J·mol}^{-1}$$

(2) 再按式 (8-9)

$$\lg\frac{5.50\times10^{-4}\ \text{L·mol}^{-1}\text{·s}^{-1}}{k} = \frac{1.85\times10^5\ \text{J·mol}^{-1}}{2.303\times8.3145\text{J·K}^{-1}\text{·mol}^{-1}}\left(\frac{700\text{K}-650\text{K}}{700\text{K}\times650\text{K}}\right)$$

$$k = 4.77\times10^{-5}\ \text{L·mol}^{-1}\text{·s}^{-1}$$

8.5 催化剂对反应速率的影响

过氧化氢的分解反应 $H_2O_2 \longrightarrow H_2O + \frac{1}{2}O_2$，在通常情况下十分缓慢，但若加入少量二

氧化锰，反应就迅速发生，并且反应后 MnO_2 的质量和性质都不发生变化，这表明 MnO_2 在此仅起了加快反应速率的作用。通常，人们就把能显著加快反应速率而本身质量及化学性质在反应后又保持不变的物质称为催化剂（catalyst）。

若在 H_2O_2 水溶液中，加入磷酸或尿素等物质，能减慢 H_2O_2 的分解速率。这种能使反应速率减慢的物质称为阻化剂（inhibitors）。阻化剂的使用在一些工业生产中也是相当重要的。例如，为使橡胶抗老化，在生产橡胶制品时掺进的防老剂；为延缓金属腐蚀而使用的缓蚀剂；为防止油脂变质而加入的抗氧剂等，均可认为是阻化剂。

还有一类反应，由于它的生成物对反应有催化作用，所以不需要另外再添加催化剂。例如，在酸性溶液中，高锰酸根离子氧化过氧化氢的反应：

$$2MnO_4^- + 5H_2O_2 + 6H^+ \longrightarrow 2Mn^{2+} + 8H_2O + 5O_2$$

反应产物 Mn^{2+} 就是反应的催化剂。因此，当向过氧化氢和硫酸的溶液中逐滴加入高锰酸钾溶液时，开始溶液褪色很慢，随着 Mn^{2+} 的生成，溶液褪色愈来愈快。这说明随着 Mn^{2+} 的生成和积累，反应愈来愈快。为了表述此类反应的特点，习惯称它们为自催化反应（auto-catalytic reaction）。

催化剂能够提高化学反应速率的原因，在于它能改变反应途径降低反应的活化能。表 8-3列出了一些反应在使用催化剂前后活化能 E_a 的数据。从中可以看出，催化反应的活化能显著降低了。

表 8-3 非催化反应和催化反应活化能的比较

反应	$E_a/kJ\cdot mol^{-1}$		催化剂
	非催化反应	催化反应	
$2HI \longrightarrow H_2 + I_2$	184.1	104.6	Au
$2H_2O \longrightarrow 2H_2 + O_2$	244.8	136.0	Pt
$3H_2 + N_2 \longrightarrow 2NH_3$	334.7	167.4	$Fe\text{-}Al_2O_3\text{-}K_2O$
蔗糖在盐酸溶液中的分解	107.1	39.3	转化酶

催化剂的使用对加速化学反应具有十分重要的现实意义。例如，在硫酸工业中，二氧化硫氧化为三氧化硫的反应是很慢的，但用五氧化二钒作催化剂后，就可用催化氧化法大量生产硫酸。据统计，现代化学工业中，使用催化剂的反应约占 85%。在生命过程中，生物体中进行的各种化学反应，如食物的消化、细胞的合成等几乎都是在酶[1]的催化作用下进行的。

催化剂具有选择性，即某一催化剂只对某个特定反应具有催化作用。在化工生产中，可以利用催化剂的选择性加速所需要的主反应而抑制副反应的发生。目前，催化理论的进展还远远落后于实际应用，要为某特定反应选用有效的催化剂，还是一项比较复杂困难的工作。因此，解决这样的问题，还必须从大量实践中积累经验。

为了对催化剂的作用有一个确切的认识，应该强调指出，化学反应的限度是化学平衡，催化剂的作用在于能够加快反应速率，但不能改变反应的方向和限度。

8.6 影响多相化学反应速率的因素

以上介绍的各种因素对反应速率的影响，大多针对均相（Homogeneous）反应系统。

[1] 酶是由生物体的细胞产生的具有催化能力的蛋白质，能在有机体所能忍受的常温下，加速生物体内的许多化学反应。

对于多相反应（heterogeneous reaction）系统，除了上述的影响因素外，还有一些其他影响因素。以气固相反应为例，由于反应物质处于不同的相，反应只能在相界面上进行，所以多相化学反应的速率和相界面的大小有关。例如，锌粉和酸的反应要比锌粒和酸的反应快；煤屑的燃烧要比大块煤的燃烧快。影响气固相反应速率的另一个重要因素是扩散作用。由于扩散，反应物才能不断地到达界面，产物才能不断地离开界面。在这两个影响因素中，往往扩散作用显得更为重要。在实验室和生产实际中，为了提高气固相反应的速率，总要从界面和扩散两个方面改善反应条件。例如，在煤燃烧时，先将其粉碎以扩大反应的界面，再通过鼓风加快反应物及产物的扩散（diffusion）。

当多相系统中有纯固态物质参加反应时，反应速率与固体浓度[1]无关，因此速率方程中不包括固体的浓度。如碳的燃烧反应：

$$C(s)+O_2(g)\longrightarrow CO_2(g)$$

在一定分散度和一定温度下，它的燃烧速率只与氧气的压力或浓度成正比：

$$v_c=k_c p_{O_2}$$

但速率常数的大小除了与温度有关外，还与分散度有关。

多相催化反应，例如气固相催化反应，它与一般气固相反应的主要不同在于固相是催化剂，并且表面反应的速率与催化剂的表面性质及结构有关。实际上，不管是一般的气固相反应，还是气固相催化反应，它们的反应历程是非常相似的，一般都是经历五个基本的步骤。以气固相催化反应为例，其具体步骤如下：

① 气体反应物从气相向固体催化剂表面扩散；

② 反应物被催化剂表面吸附；

③ 吸附的反应物于催化剂表面进行表面化学反应；

④ 产物自催化剂表面脱附；

⑤ 脱附的产物从催化剂表面扩散到气相中去。

可见，气固相催化反应的速率除了与表面反应有关外，还与传质、传热等物理过程有关。在这五个步骤中，最慢的那个步骤是整个反应的控制步骤，整个反应的速率就由它来决定。所以，在气固相催化反应的研究中，把控制步骤分为吸附控制、表面反应控制、解吸控制以及扩散控制等。

8.7　反应速率理论

前面介绍了化学反应速率的一些基本规律，现在要用反应速率理论从分子水平上对它作出初步解释。

8.7.1　简单碰撞理论

1918 年英国科学家路易斯（W. C. M. Lewis）首先提出一个反应速率理论——双分子反应的简单碰撞理论，也称硬球碰撞理论（collision theory）。这个理论建筑在一个简单模型的基础上，即将气体分子视为没有内部结构的硬球，而把化学反应看作是硬球间的有效碰撞，化学反应速率就由这些有效碰撞所决定。

化学反应发生的必要条件是反应物分子必须碰撞，但是并非每一次碰撞都能导致化学反应。在亿万次的碰撞中，只有极少数的碰撞才是有效的。这种能导致发生反应的碰撞称为有

---

[1] 纯固体物质本身的浓度可以视为常数。

效碰撞（effective collision）。

一定温度下，气体分子具有一定的平均能量，但具体到每个分子，则有的能量高些有的低些。只有极少数的分子具有比平均值高得多的能量，它们碰撞时能导致原有化学键破坏而发生反应，这些分子称为活化分子。事实上，气体分子的能量有一个分布。图 8-7-1 中的红线是一定温度下气体分子的能量分布曲线。横坐标 E 表示分子能量，纵坐标$\frac{\Delta N}{N\Delta E}$表示单位能量间隔的分子分数，称为能量分布函数，其中 ΔN 为能量在 E 到 $E+\Delta E$ 之间的分子数，N 为分子总数。图中 $E_{平}$ 表示在该温度下的分子平均能量，E_0 是活化分子必须具有的最低能量，能量高于 E_0 的分子才能产生有效碰撞。活化分子所具有的最低能量与分子的平均能量之差称为简单碰撞的活化能❶，亦简称活化能，也用符号 E_a 表示。活化能可以理解为使 1 mol 具有平均能量的分子变成活化分子所需吸收的最低能量。可以证明，E_0 右边曲线以下的黄色面积为活化分子所占的分数。反应活化能愈大，E_0 的位置愈向右移，活化分子所占的分数就小，活化分子数目就愈少，因而反应速率就小。反之，如果活化能愈小，反应速率就愈大。

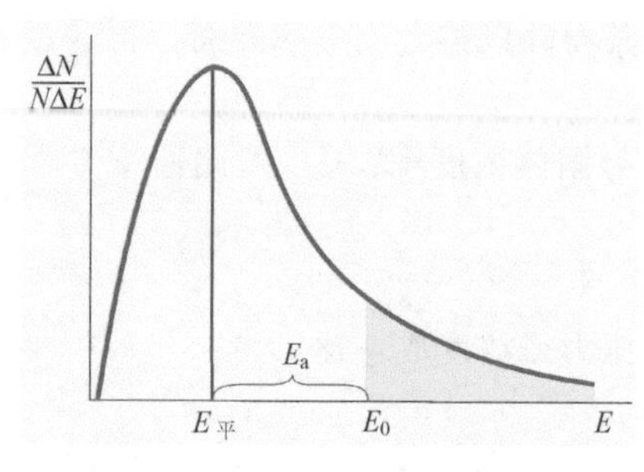

图 8-7-1 气体分子能量分布曲线

发生有效碰撞时，反应物分子（即活化分子）除了具有足够的能量外，还必须有适当的碰撞方位，否则即使分子的能量极高，也可能是无效的碰撞。例如，二氧化氮与一氧化碳的反应：

$$NO_2(g)+CO(g) \longrightarrow NO(g)+CO_2(g)$$

只有当 NO_2 中的氧原子与 CO 中的碳原子靠近，并且以适当的方位（比如，沿着 N—O…C—O 的直线方向）碰撞，才有可能发生反应，见图 8-7-2(a)；如果 NO_2 中氮原子与 CO 中的碳原子碰撞，则不会发生反应，见图8-7-2(b)。因此，碰撞的分子只有同时满足了能量要求和适当的碰撞方位时才能发生反应。由于简单碰撞理论的模型过于简化，不涉及分子的内部结构，因此该理论还存在着一定的缺陷，其应用也有一定的局限性。从另一个方面看，这个理论的确从分子水平上解释了一些重要的实验事实，在反应速率理论的建立和发展中起了重要的作用。同时，它的模型直观、形象、物理意义明确，因此简单碰撞理论是一个成功的

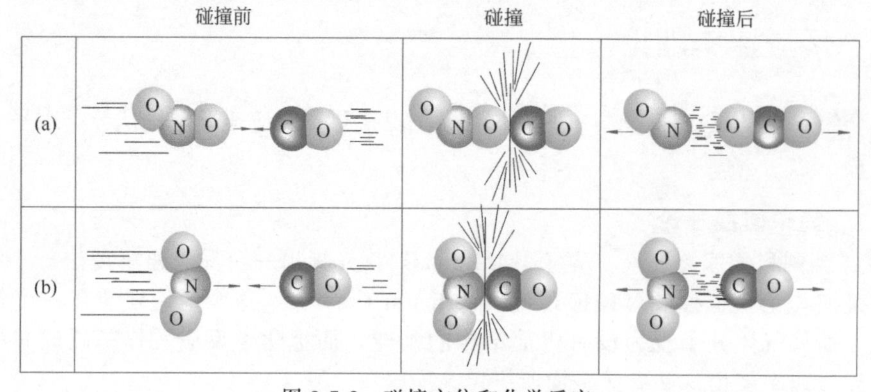

图 8-7-2 碰撞方位和化学反应

(a) 适当的碰撞方位；(b) 不适当的碰撞方位

❶ 关于活化能的定义，通常有两种提法：a 活化分子所具有的最低能量与反应物分子平均能量之差；b 活化分子的平均能量与反应物分子的平均能量之差。本书采用定义 a。

理论，在今天反应速率理论的研究中，仍然非常有用。

8.7.2 过渡状态理论

过渡状态理论（transition state theory）又称活化配合物理论（activated complex theory）。最早是在1930年提出，1935年后经艾林（H. Eyring）等人补充完成。这个理论考虑了反应物分子的内部结构及运动状况，从分子水平上更为深刻地解释了化学反应速率，比简单碰撞理论前进了一大步。

过渡状态理论认为：反应物分子并不是只通过简单碰撞直接形成产物，而是必须经过一个形成活化配合物的过渡状态，并且达到这个过渡状态需要一定的活化能。

对于反应 $A+BC \longrightarrow AB+C$，当反应物分子的能量至少等于形成活化配合物分子的最低能量，并按适当的方位碰撞时，分子BC中的旧键才能削弱，A和B之间的新键才能形成，生成所谓的活化配合物A…B…C。可见，活化配合物分子是反应物中原子的组合，有一定的能量，但由于它的化学键较弱，所以一经形成，便很快分解，有可能分解为较稳定的产物，也可能分解为原来的反应物：

$$A+BC \rightleftharpoons A\cdots B\cdots C \longrightarrow AB+C \tag{8-10}$$

图8-7-3表示以上反应中的能量变化，纵坐标表示反应系统的能量，横坐标表示反应进行的深度，称为反应坐标（reaction coordinate）。由图可见，反应物要形成活化配合物，它的能量必须比反应物的平均能量高出 E_{a_1}，E_{a_1} 就是反应的活化能。由于产物的平均能量比反应物低，因此，这个反应是放热的。

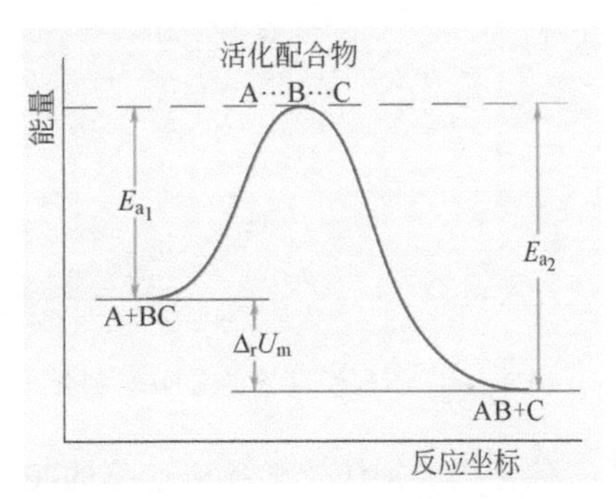

图8-7-3　反应过程的能量变化

如果反应逆向进行，即 $AB+C \longrightarrow A+BC$，也是要先形成A…B…C活化配合物，然后再分解为产物A和BC。不过，逆反应的活化能为 E_{a_2}，它是一个吸热反应。显然，吸热反应的活化能大于放热反应的活化能。所以，放热反应的热效应（热力学能的变化）等于正逆反应活化能之差，即 $\Delta_r U_m = E_{a_1} - E_{a_2}$。

由以上讨论可知，反应物分子必须具有足够的能量才能越过反应坐标中的能峰而变为产物分子。反应的活化能愈大，能峰愈高，能越过能峰的反应物分子比例愈少，反应速率就愈小。如果反应的活化能愈小，能峰就愈低，反应速率就愈大。

过渡状态理论建筑在近代量子力学所提供的反应系统位能面的基础上，它在一定程度上补充和修正了简单碰撞理论。但是，由于量子力学对多质点问题的处理并不成熟，所以用过渡状态理论依然不能准确预测反应速率。

在过渡状态理论进一步发展的同时，分子反应动力学理论也得到迅速发展。由于近代激光、分子束、微弱信号测量以及计算机等高新技术的应用和发展，特别是赫希巴哈（D. R. Herschbach）和李远哲等对交叉分子束、波拉尼（J. C. Polanyi）对红外发光研究的成就，使化学反应速率理论的研究进入了分子动力学的学科前沿。

8.7.3 反应速率与活化能的关系

应用活化能和活化分子的概念，可以说明反应物的本性、浓度、温度和催化剂等因素对反应速率的影响。

不同的化学反应因具有不同的活化能而有不同的化学反应速率。活化能的大小取决于反应物的本性，它是决定化学反应速率的内在因素。活化能可以通过实验进行测定，一般反应的活化能在60～250kJ·mol^{-1}之间。活化能小于40kJ·mol^{-1}的反应，其反应速率非常大，以至于可瞬间完成；活化能大于400kJ·mol^{-1}的反应，其反应速率非常小。

对一定温度下的某一特定反应，反应物分子中活化分子所占的分数是一定的，因此单位体积中的活化分子的数目与单位体积中反应分子的总数成正比，也就是与反应物的浓度成正比。当反应物浓度增大时，单位体积中分子总数增多，活化分子的数目也相应增多。于是单位时间内有效碰撞次数增多，反应速率加快。

温度升高，分子间碰撞频率增加，反应速率加快，但根据气体分子运动论计算，当温度升高10℃时，碰撞次数增加2%左右，而实际反应速率一般增大约200%～400%。这是因为，温度升高不仅使分子间碰撞频率增加，更主要的是使较多的分子获得能量而成为活化分子。结果导致单位时间内有效碰撞次数显著增加，从而大大加快了反应速率。从不同温度下的能量分布曲线可以看出，升高温度可使活化分子的比例增加。图8-7-4中的两条曲线分别代表温度t_1和t_2（$t_2>t_1$）下的能量分布曲线。t_1温度下活化分子的分数相当于红色面积A，t_2温度下活化分子分数相当于红色面积$A+B$。

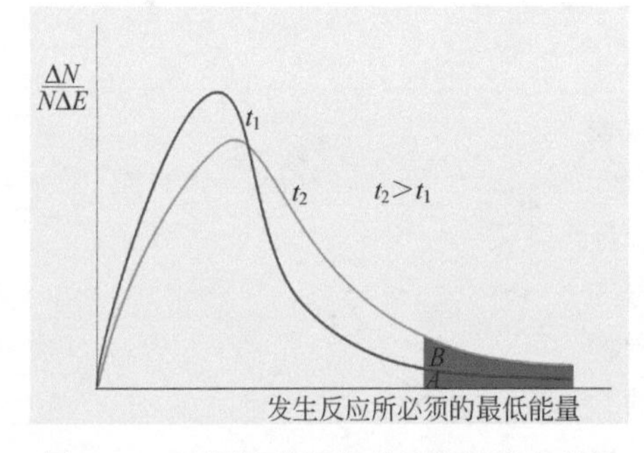

图8-7-4　不同温度下的分子能量分布曲线

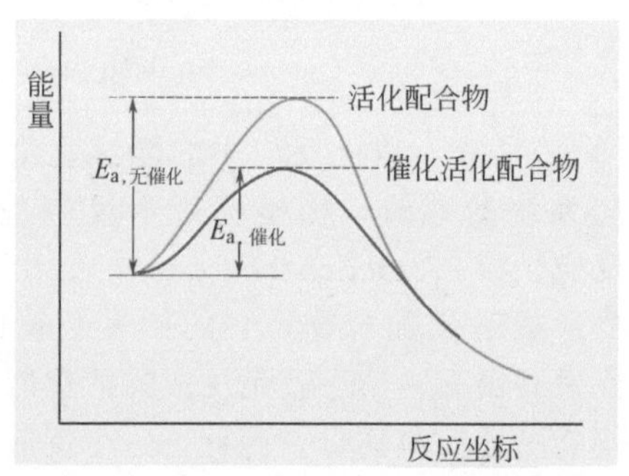

图8-7-5　催化剂改变反应途径示意

催化剂能加快化学反应速率的实质，主要是因为它改变了反应的途径，见图8-7-5中的红线。在新的反应途径中，形成另一种能量较低的活化配合物，因而降低了反应的活化能，相应地增加了活化分子的分数，反应速率也就加快。

科学家李远哲

Yuan-Tseh Lee（1936～　）

李远哲是继物理学家李政道、杨振宁和丁肇中之后的又一位获得诺贝尔奖的美籍华裔科学家，也是第一个获得诺贝尔化学奖的美籍华裔科学家。

李远哲1936年生于台湾新竹市。23岁时获台湾大学理学学士学位，两年后获台湾清华大学理科硕士学位，1962年赴美，1965年获美国伯克利加州大学博士学位，同年随哈佛大学赫希巴哈（D. R. Herschbach）教授从事博士后研究工作，提出了发展“交叉分子束”的草案。在1968～1974年期间曾任美国芝加哥大学化学系助理教授，又于1974年重返母校伯克利加州大学任化学教授，并任劳伦斯伯克利实验室主要研究员。

李远哲教授非常重视实验技术的改进，创造性地发展了一种通用型的交叉分子束实验技术，并建立了一种功能完备的交叉分子束装置，该装置可用于研究与激光化学、燃烧化学等有关的各类复杂反应体系，而且可以扩大基元反应的研究领域。其中最为出色的工作是对 $F+H_2 \longrightarrow HF+H$ 反应的研究，从中得到了很精确的产物分子角分布和态分布的定量结果。这项工作被称为分子反应动力学研究的里程碑，表明了用李远哲所设计的分子束装置来研究分子反应动力学时，所得到的反应历程细节远远走在分子轨道的理论计算前面。它使人们有可能更详细、更确切地了解化学反应究竟是怎样发生的，同时也使人们对化学反应活化能概念有了更深入的理解，从而使他所领导的分子束实验室成为世界上设备先进、成果显著的知名实验室。由于李远哲运用交叉分子束技术在分子反应动力学研究中的杰出贡献，1986 年与哈佛大学的赫希巴哈教授和多伦多大学波拉尼（J. C. Polanyi）教授共同获得诺贝尔化学奖。

1979 年李远哲被选为美国科学院院士，1986 年 3 月与杨振宁博士同获美国总统里根亲自颁发的美国国家科学奖章。同年 4 月美国化学会把代表化学学术最高成就的彼得・德拜（Peter Debye）物理化学奖授予李远哲，1989 年获美国能源部劳伦斯奖。

1978 年以来，李远哲多次应中国科学院化学研究所邀请来华作访问讲学。在他的帮助下，我国建立了大型分子束激光裂解产物谱仪，促进了我国微观反应动力学研究水平的提高。他在工作中表现出高度的责任感和对祖国科研事业的极大热情。

复习思考题

1. 如何表示化学反应的速率？试举例说明，如何以参加反应的不同物质表示反应速率？其间有何关系？
2. 何谓半衰期？反应 $A \rightarrow P$ 的速率常数为 $2.31\times10^{-2}s^{-1}$，反应物 A 的初始浓度为$1mol \cdot L^{-1}$，则其半衰期是多少？
3. 试证明一级反应的反应物转化率分别达到 50%、75%和 87.5%，所需时间之比为 1∶2∶3。
4. 反应速率理论主要有哪两个？它们的要点是什么？
5. 反应 $A(g)+B(s) \rightleftharpoons 2C(g)$，$\Delta_r H_m<0$，当达到化学平衡时，如改变下表中各项条件，试将其他各项发生变化的情况填入表中。

改变条件	增加 A 的分压	增加压力	降低温度	使用催化剂
正反应速率				
速率常数 $k_{正}$				

6. 多相催化反应包括哪些基本步骤？

习　题

1. 298K 时，$N_2O_5(g)$ 气相分解反应的速率常数为 $2.03\times10^{-3}min^{-1}$。试求：

   (1) $N_2O_5(g)$ 分解反应的速率表示式。

   (2) N_2O_5 的半衰期。

   (3) N_2O_5 的转化率达到 80%所用的时间。

2. 给病人注射某抗生素后，检测不同时刻它在血液中的浓度（mg/100mL），得到如下数据：

t/h	4	8	12	16
c/(mg/100mL)	0.480	0.326	0.222	0.151

   若该抗生素在血液中的反应级数为简单整数。

   (1) 试用尝试法确定反应级数。

   (2) 求反应的速率常数和该抗菌素的半衰期。

3. 781K 时 $H_2(g)$与 $I_2(g)$发生反应：$H_2(g)+I_2(g) \longrightarrow 2HI(g)$。已知 HI 的速率常数 k_{HI} 为 $80.2L \cdot mol^{-1} \cdot min^{-1}$，试求 H_2 的速率常数 k_{H_2}。

4. 21℃时，将等体积的 0.0400mol·L^{-1} 乙酸乙酯（A）溶液与 0.0400mol·L^{-1} NaOH（B）溶液混合，经 25min 后，取出 100mL 样品，中和该样品需 0.125mol·L^{-1} 的 HCl 溶液 4.23mL。试求 21℃时二级反应 $CH_3COOC_2H_5 + NaOH \longrightarrow CH_3COONa + C_2H_5OH$ 的速率常数。45min 后，乙酸乙酯的转化率是多少？（反应速率方程为 $v_A = k_A c_A^2$）
5. 某化学反应的温度由 300K 升高到 310K 时，其反应速率增加 1 倍。求此反应的活化能。
6. 反应 $2NOCl(g) \longrightarrow 2NO(g) + Cl_2(g)$ 的活化能为 101kJ·mol^{-1}，300K 时速率常数 k_1 为 2.80×10^{-5} L·mol^{-1}·s^{-1}，试求 400K 时的速率常数 k_2。
7. 已知 65℃时 N_2O_5 气相分解反应速率常数的单位是 min^{-1}，半衰期为 2.37min，反应的活化能为 103.3kJ·mol^{-1}，求 80℃时的速率常数。
8. 反应 $2A + B \longrightarrow A_2B$ 的速率方程为 $v_A = k_A c_A^2 c_B$。某温度时，当两反应物的浓度均为 0.01mol·L^{-1} 时，A 的初始反应速率为 2.5×10^{-3} mol·L^{-1}·s^{-1}。试求当 A 的浓度为 0.015mol·L^{-1}，B 的浓度为 0.030mol·L^{-1} 时，A 的初始反应速率是多少？

参 考 书 目

1 苏小云等编著．工科无机化学．第三版．上海：华东理工大学出版社，2004

2 李保山编著．基础化学．第二版．北京：科学出版社，2009

3 Zumdahl S. S.，Zumdahl S. A. **Chemistry 8th ed.** Brooks/Cole Cengage Learning，2010

4 Brown T. L.，LeMay H. E.，Bursten B. E. etc. **Chemistry-The Central Science 12th ed.** Prentic-Hall，2012

第 9 章　酸碱和离子平衡

Chapter 9 Acid Base and Ionic Equilibria

从本章起，将对水溶液中的酸碱平衡、沉淀-溶解平衡、配位平衡和氧化还原平衡进行讨论。这无论对化学本身，还是对化工生产及人们的生活实际都有重要的意义。水溶液中进行的酸碱反应、沉淀-溶解反应、配位反应和氧化还原反应有一些共同的特点：反应的活化能较低（一般小于 $40kJ \cdot mol^{-1}$），反应速率较快（但也有某些氧化还原反应的速率较慢）；由于是溶液反应，所以压力对反应的影响甚微，常可忽略不计；因为反应的热效应较小，所以温度对平衡常数的影响可以不予考虑。

因为酸碱平衡、沉淀-溶解平衡、配位平衡均涉及水溶液中的离子反应，所以又称它们为离子平衡（ion equilibrium）。本章先对酸碱平衡和沉淀-溶解平衡进行讨论，而氧化还原平衡和配位平衡则分别在第 10 章和第 11 章中讨论。

9.1　酸碱质子理论

为便于酸碱平衡的讨论，首先要确立酸和碱的概念。实际上，人们对于酸和碱概念的建立迄今已有 200 多年的历史。最初对酸和碱的认识是从表观现象出发的，认为酸具有酸味，能使蓝色石蕊变红；碱具有涩味、滑腻感，能使红色石蕊变蓝。显然这种认识是不全面的，没有触及到酸和碱的本质。随着科学的发展，人们对酸和碱的认识不断深化，先后提出了以

布朗斯特

下几个理论：①1887年，阿仑尼乌斯（S. A. Arrhenius）提出酸碱解离理论（或电离理论）；②1905年弗兰克林（E. C. Franklin）提出酸碱溶剂理论；③1923年布朗斯特（J. N. Brönsted）和劳莱（T. M. Lowry）提出酸碱质子理论；④1923年路易斯（G. N. Lewis）提出酸碱电子理论；⑤1939年乌萨诺维奇（M. УсаНоВыч）提出酸碱正负理论。在这些理论中，解离理论只适用于水溶液系统，它是人们对酸碱认识的一次飞跃；溶剂理论和正负理论很少被应用；电子理论在配位化学和有机化学中应用较广；而质子理论既适用于水溶液系统，也适用于非水溶液系统，并且可以进行定量处理，为此本章着重讨论这个理论。

酸碱质子理论是在酸碱解离理论基础上发展起来的。酸碱解离理论认为：酸是在水溶液中解离产生的正离子全部是 H^+ 的化合物，碱是在水溶液中解离产生的负离子全部是 OH^- 的化合物。酸碱中和反应是 H^+ 和 OH^- 结合生成水的过程。这个理论是很经典的，但由于它对酸碱的描述仅限于水溶液，所以其应用有一定的局限性。例如，NH_4Cl 水溶液具有酸性，但它本身却不含 H^+。又如，在以液态苯为溶剂的非水溶液中，可以发生化学反应 $HCl(g)+NH_3(l) \longrightarrow NH_4Cl(s)$，这说明不含 H^+ 和 OH^- 的物质也表现出酸和碱的性质。又经过30余年的不断探索，1923年丹麦化学家布朗斯特和英国化学家劳莱提出了酸碱质子理论，从而弥补了酸碱解离理论的这些不完善之处，使人们对酸碱概念有了新的认识。

9.1.1　酸碱定义

酸碱质子理论认为，酸是能够给出质子（H^+）的分子或离子，例如：$HClO_4$、HAc[1]、H_2O、NH_4^+、$H_2PO_4^-$、HS^- 等都能给出质子，所以它们都是酸。碱是能够与质子结合的分子或离子，例如：OH^-、Ac^-、NH_3、HPO_4^{2-}、S^{2-} 等都能与质子结合，所以它们都是碱。可见，酸是质子给予体（proton donor），碱是质子接受体（proton acceptor）。

按照酸碱定义，酸可以是分子、负离子或正离子；碱也可以是分子、负离子或正离子。酸给出质子后剩下的部分就是碱；碱接受质子后就成为酸。它们之间的相互关系可表示为：

$$\text{酸} \rightleftharpoons \text{碱} + H^+$$

$$HAc \rightleftharpoons Ac^- + H^+$$

$$NH_4^+ \rightleftharpoons NH_3 + H^+$$

$$H_2CO_3 \rightleftharpoons HCO_3^- + H^+$$

$$HCO_3^- \rightleftharpoons CO_3^{2-} + H^+$$

$$H_2O \rightleftharpoons OH^- + H^+$$

$$[Fe(H_2O)_6]^{3+} \rightleftharpoons [Fe(H_2O)_5OH]^{2+} + H^+$$

$$H_3O^+ \rightleftharpoons H_2O + H^+$$

酸和碱之间这种质子的“授受”关系，称为酸碱的共轭关系。上面方程式左边的酸是右边碱的共轭酸（conjugate acid），右边的碱是左边酸的共轭碱（conjugate base）。相应的一对酸碱称为共轭酸碱对（conjugate acid-base pair）。一般来说，在一共轭酸碱对中，酸含更多的质子和带更多的正电荷。还有一些物质的分子或离子，如 H_2O，既能作为酸给出质子，又能作为碱接受质子，这类物质称为两性物质（amphoteric substance）。有些多质子酸如

[1] HAc是乙酸（CH_3COOH，俗称醋酸）的省略写法，Ac^- 表示 CH_3COO^-。

H_2CO_3 等，可以分步给出质子，这种酸称为多元酸。能够分步接受质子的碱称为多元碱。可见，在质子理论中没有盐的概念，一些碱金属和碱土金属的氢氧化物也不是碱。人们之所以仍习惯地称它们为碱，实际上是因为它们是强电解质，在水溶液中能完全解离，生成的 OH^- 能很容易地接受 H^+，而表现出强碱的性质。

在共轭酸碱对中，酸愈强，给出质子的能力愈强，它所对应的共轭碱就愈弱，接受质子的能力愈弱，反之亦然。根据酸碱质子理论，酸碱反应是不同的共轭酸碱对之间的质子传递过程。例如，反应 $HAc + H_2O \rightleftharpoons Ac^- + H_3O^+$[1] 是共轭酸碱对 HAc-Ac^- 和共轭酸碱对 H_3O^+-H_2O 之间发生质子传递过程的结果。推而广之，任何一个酸碱反应均可视为两共轭酸碱对间的质子传递过程。而由每个共轭酸碱对表示的反应，称为酸碱半反应（half-reaction of acid-base）。因此也可以说，酸碱反应是两个酸碱半反应的组合。酸碱反应的通式和一些常见酸碱反应的实例如下：

$$\text{酸}_{(1)} + \text{碱}_{(2)} \rightleftharpoons \text{碱}_{(1)} + \text{酸}_{(2)} \quad (H^+ \text{ 由酸}_{(1)} \text{ 传递给碱}_{(2)})$$

(1)　$HAc + H_2O \rightleftharpoons Ac^- + H_3O^+$

(2)　$H_2O + NH_3 \rightleftharpoons OH^- + NH_4^+$

(3)　$NH_4^+ + H_2O \rightleftharpoons NH_3 + H_3O^+$

(4)　$H_2O + Ac^- \rightleftharpoons OH^- + HAc$

(5)　$H_2O + H_2O \rightleftharpoons OH^- + H_3O^+$

(6)　$HCl + NH_3 \rightleftharpoons Cl^- + NH_4^+$

从以上反应可以进一步看出：①在酸碱反应中至少存在两共轭酸碱对，质子传递的方向是从给出质子能力强的酸传递给接受质子能力强的碱。酸碱反应的生成物是两对共轭酸碱对中的另一种弱酸和另一种弱碱。②在水溶液的酸碱反应中，H_2O 的作用较为特殊。一方面，H_2O 作为两性物质，既可以作为酸又可以作为碱参加反应，如反应（1）～（4）是弱酸、弱碱和溶剂水之间的质子传递反应，通常称为弱酸和弱碱的解离平衡；另一方面，H_2O 在酸碱反应中又存在自身的质子传递反应，如反应（5）。H_2O 的这种自身质子传递反应称为水的自偶平衡或质子自递反应。③由于盐水解的实质也是质子传递反应，如反应（3）、（4）（一些盐类如 NH_4Cl、NaAc 水解后，NH_4^+ 是酸、Ac^- 是碱，Cl^-、Na^+ 并不参与离子平衡），所以按质子理论，不再有盐的概念。将盐的水解纳入酸碱平衡，使人们对酸碱反应能有一个比较完整统一的认识。但是在讨论盐与水的作用问题时，还将用水解这一概念。④按照酸碱质子理论，在非水溶剂中或气相物质间同样进行着质子传递的酸碱反应，如反应（6）。

9.1.2　酸碱强弱和酸碱解离常数

强酸强碱，如 HCl、HNO_3、NaOH 等，在水溶液中能够完全释放质子或完全接受质子。而另外一些弱酸弱碱，如 HAc、HNO_2、NH_3、CN^- 等，它们在水溶液中释放质子或接受质子的能力是不同的，它们的酸碱强弱可用解离平衡常数（dissociation equilibrium constants）来衡量。下面依次进行讨论。

H_2O 的自偶平衡为：

$$H_2O + H_2O \rightleftharpoons OH^- + H_3O^+$$

平衡常数表达式为：

---

[1] 研究表明，溶液中 H^+ 不能单独存在，而是与 H_2O 形成各种水合离子：H_3O^+、$H_7O_3^+$、$H_9O_4^+$ 等。本教材以 H^+ 或 H_3O^+ 表示水合质子。在讨论酸碱反应时，更多地用 H_3O^+ 表示水合质子。

$$K_W^\ominus=\{[OH^-]/c^\ominus\}\{[H_3O^+]/c^\ominus\} \tag{9-1}$$

$K_W^\ominus$ 称为水的解离常数，也称为水的离子积（ion-product of water）。水的解离是吸热过程，$K_W^\ominus$ 随温度升高而增大，但变化并不明显。在一般的计算中，可以近似取 $K_W^\ominus=1.0\times10^{-14}$。可见水的自偶倾向很小。纯水中，$[H_3O^+]=[OH^-]=10^{-7}mol\cdot L^{-1}$，其 $pH=-\lg\{[H_3O^+]/c^\ominus\}=7$；酸性溶液中，$[H_3O^+]>[OH^-]$，其 $pH<7$；而碱性溶液中，$[H_3O^+]<[OH^-]$，其 $pH>7$。

一元弱酸如 HA 的解离平衡为：

$$HA+H_2O \rightleftharpoons H_3O^+ + A^-$$

平衡常数表达式为：
$$K_a^\ominus=\frac{\{[H_3O^+]/c^\ominus\}\{[A^-]/c^\ominus\}}{[HA]/c^\ominus}$$

$K_a^\ominus$ 称为酸解离常数。

一元弱碱如 B^-（离子碱）的解离平衡为：

$$B^- + H_2O \rightleftharpoons HB+OH^-$$

平衡常数表达式为：
$$K_b^\ominus=\frac{\{[HB]/c^\ominus\}\{[OH^-]/c^\ominus\}}{[B^-]/c^\ominus}$$

$K_b^\ominus$ 称为碱解离常数。为了指明具体的弱酸或弱碱，还常在 $K^\ominus$ 旁写出弱酸或弱碱的化学式，例如：$K^\ominus(HAc)$，$K^\ominus(NH_3)$分别表示醋酸和氨的解离常数。

多元弱酸或弱碱，其解离是分步（分级）进行的，每一步都有相应的解离常数。例如 H_2S 是二元弱酸，在水溶液中分二级解离。第一级解离：

$$H_2S+H_2O \rightleftharpoons H_3O^+ + HS^- \qquad K_{a_1}^\ominus=\frac{\{[H_3O^+]/c^\ominus\}\{[HS^-]/c^\ominus\}}{[H_2S]/c^\ominus}$$

第二级解离：

$$HS^- + H_2O \rightleftharpoons H_3O^+ + S^{2-} \qquad K_{a_2}^\ominus=\frac{\{[H_3O^+]/c^\ominus\}\{[S^{2-}]/c^\ominus\}}{[HS^-]/c^\ominus}$$

H_2S 的第二级解离远比第一级困难。这一是由于 S^{2-} 对 H^+ 的吸引力比 HS^- 对 H^+ 的吸引力强得多，二是由于第一级解离出来的 H_3O^+ 抑制了第二级解离过程。所以，对于多元弱酸来说，各级解离常数之间的关系是：$K_{a_1}^\ominus \gg K_{a_2}^\ominus \gg K_{a_3}^\ominus$。

解离常数决定于解离系统的本性和温度，其大小反映了弱酸弱碱解离能力的大小。通常，弱酸弱碱的 $K^\ominus$ 在 $10^{-4}\sim10^{-7}$之间，中强酸中强碱的 $K^\ominus$ 在 $10^{-2}\sim10^{-3}$之间，而极弱酸极弱碱的 $K^\ominus<10^{-7}$。由于解离过程的热效应不大，所以温度对 $K^\ominus$ 的影响也不大，在室温范围内可不考虑温度对 $K^\ominus$ 的影响。

解离常数可用热力学函数进行计算，也可以用实验测定。例如由热力学函数计算 HAc 的解离常数：

$$HAc(aq)+H_2O(l) \rightleftharpoons H_3O^+(aq)+ Ac^-(aq)$$

$\Delta_f G_m^\ominus/kJ\cdot mol^{-1}$ $\quad -396.6 \quad -237.14 \quad -237.14 \quad -369.4$

则 $\Delta_r G_m^\ominus=\Delta_f G_m^\ominus(Ac^-)+\Delta_f G_m^\ominus(H_3O^+)-\Delta_f G_m^\ominus(HAc)-\Delta_f G_m^\ominus(H_2O)$

$=27.2kJ\cdot mol^{-1}$

因为 $\Delta_r G_m^\ominus=-RT\ln\Delta K_a^\ominus$（HAc）

所以

$$K_a^\ominus(HAc)=e^{-\Delta_r G_m^\ominus/RT}=e^{-27.2\times10^3 J\cdot mol^{-1}/(8.3145J\cdot K^{-1}\cdot mol^{-1}\times298K)}=1.70\times10^{-5}$$

表 9-1 列出了一些常见酸碱的解离常数，更详细的数据可查阅手册。

由表 9-1 可以看出，HAc 的 $K_a^\ominus=1.75\times10^{-5}$，$Ac^-$ 的 $K_b^\ominus=5.75\times10^{-10}$，而 $K_a^\ominus\cdot K_b^\ominus=1.0\times10^{-14}=K_W^\ominus$，即这一对共轭酸碱的解离常数之积等于水的离子积 $K_W^\ominus$。其实，这并非是一个偶然的巧合，而是一个普遍的规律：任意一对共轭酸碱的解离常数 $K_a^\ominus$、$K_b^\ominus$ 间都存在着如下确定的关系：

表 9-1　一些酸碱的 $K_a^\ominus$、$K_b^\ominus$ 值（298K）

物　质	解离平衡式	$K_a^\ominus$	$K_b^\ominus$
HF	$HF+H_2O \rightleftharpoons H_3O^+ + F^-$	6.31×10^{-4}	
HNO_2	$HNO_2+H_2O \rightleftharpoons H_3O^+ + NO_2^-$	5.62×10^{-4}	
$HAc(CH_3COOH)$	$HAc+H_2O \rightleftharpoons H_3O^+ + Ac^-$	1.75×10^{-5}	
H_2S	$H_2S+H_2O \rightleftharpoons H_3O^+ + HS^-$	$1.07\times10^{-7}(K_{a1}^\ominus)$	
HS^-	$HS^- + H_2O \rightleftharpoons H_3O^+ + S^{2-}$	$1.26\times10^{-13}(K_{a2}^\ominus)$	
HSO_3^-	$HSO_3^- + H_2O \rightleftharpoons H_3O^+ + SO_3^{2-}$	$6.16\times10^{-8}(K_{a2}^\ominus)$	
HCN	$HCN+H_2O \rightleftharpoons H_3O^+ + CN^-$	6.17×10^{-10}	
CN^-	$CN^- + H_2O \rightleftharpoons OH^- + HCN$		1.62×10^{-5}
NH_3	$NH_3+H_2O \rightleftharpoons OH^- + NH_4^+$		1.78×10^{-5}
Ac^-	$Ac^- + H_2O \rightleftharpoons OH^- + HAc$		5.75×10^{-10}
F^-	$F^- + H_2O \rightleftharpoons OH^- + HF$		1.50×10^{-11}

$$K_a^\ominus K_b^\ominus = K_W^\ominus \tag{9-2}$$

式（9-2）很容易用同时平衡规则导得。例如 HAc 和 Ac^- 的解离平衡分别是：

$$HAc+H_2O \rightleftharpoons H_3O^+ + Ac^- \qquad K_a^\ominus$$

$$Ac^- + H_2O \rightleftharpoons OH^- + HAc \qquad K_b^\ominus$$

将两式相加，得水的自偶平衡：

$$H_2O+H_2O \rightleftharpoons H_3O^+ + OH^-$$

所以

$$K_W^\ominus = K_a^\ominus K_b^\ominus$$

式(9-2) 在处理酸碱平衡问题时是很有用的。由该式可知：①一种酸越强，其共轭碱越弱；反之亦然。但不能认为弱酸的共轭碱必定是强碱，弱碱的共轭酸必定是强酸。②对于共轭酸碱对，只需知道酸的 $K_a^\ominus$（或碱的 $K_b^\ominus$）值便可得到它的共轭碱的 $K_b^\ominus$（或共轭酸的 $K_a^\ominus$）。所以，化学手册上一般只列出 $K_a^\ominus$（或 $K_b^\ominus$）值。

对于多元弱酸或多元弱碱，它们的共轭酸碱的解离常数之间也存在像式(9-2)那样的关系，只是在这样的平衡系统中，由于组分复杂，应该分清楚每一步解离平衡的关系。

例 9-1　试通过 H_2S 的 $K_{a_1}^\ominus$，$K_{a_2}^\ominus$ 计算二元弱碱 S^{2-} 的 $K_{b_1}^\ominus$，$K_{b_2}^\ominus$。并指出 HS^- 的 $K_a^\ominus$，$K_b^\ominus$ 与上述四个常数间的关系。

解：H_2S 的二级解离平衡为：

(1) $H_2S+H_2O \rightleftharpoons H_3O^+ + HS^- \qquad K_{a_1}^\ominus = 1.07\times10^{-7}$

(2) $HS^- + H_2O \rightleftharpoons H_3O^+ + S^{2-} \qquad K_{a_2}^\ominus = 1.26\times10^{-13}$

S^{2-} 作为二元弱碱，其二级解离平衡为：

(3) $S^{2-} + H_2O \rightleftharpoons HS^- + OH^- \qquad K_{b_1}^\ominus$

(4) $HS^- + H_2O \rightleftharpoons H_2S + OH^- \qquad K_{b_2}^\ominus$

(2) ＋ (3) 得：$H_2O+H_2O \rightleftharpoons H_3O^+ + OH^-$

所以

$$K_W^\ominus = K_{a_2}^\ominus K_{b_1}^\ominus$$

则

$$K_{b_1}^\ominus = \frac{K_W^\ominus}{K_{a_2}^\ominus} = \frac{1.0\times10^{-14}}{1.26\times10^{-13}} = 8.0\times10^{-2}$$

同理，(1) ＋ (4) 得：$H_2O+H_2O \rightleftharpoons H_3O^+ + OH^-$

所以

$$K_W^\ominus = K_{a_1}^\ominus K_{b_2}^\ominus$$

则

$$K_{b_2}^\ominus = \frac{K_W^\ominus}{K_{a_1}^\ominus} = \frac{1.0\times10^{-14}}{1.07\times10^{-7}} = 1.0\times10^{-7}$$

HS^- 是两性物质，HS^- 作为酸的解离平衡式即是以上的（2）式，HS^- 的 $K_a^\ominus$ 是 H_2S 的第二级酸解离常数 $K_{a_2}^\ominus$；HS^- 作为碱的解离平衡式即是以上的（4）式，HS^- 的 $K_b^\ominus$ 是 S^{2-} 的第二级碱解离常数 $K_{b_2}^\ominus$。由此可见，HS^- 的酸碱性均很弱。一般来说，两性物质的酸碱性均很弱。

9.2 弱酸和弱碱的解离平衡计算

弱酸和弱碱在溶液中部分解离为正、负离子，并且它们之间存在着平衡，这种平衡称为弱酸弱碱的解离平衡。它的计算主要包括两方面的内容：①由实验测得的平衡浓度计算 $K_a^\ominus$ 或 $K_b^\ominus$；②已知 $K_a^\ominus$ 或 $K_b^\ominus$ 和酸碱的初始浓度，计算平衡时其他组分的浓度。

第一方面的内容实际就是由实验测定 $K_a^\ominus$ 或 $K_b^\ominus$ 的方法。例如，对于一元弱酸 HA 的解离平衡：

$$HA+H_2O \rightleftharpoons H_3O^+ + A^-$$

可以配制一定浓度的 HA 溶液，测定其 pH 值，由此得知 H_3O^+ 的平衡浓度 $[H_3O^+]$，并进而得到 HA 和 A^- 的平衡浓度 [HA] 和 $[A^-]$，因此：

$$K_a^\ominus=\frac{\{[H_3O^+]/c^\ominus\}\{[A^-]/c^\ominus\}}{[HA]/c^\ominus}$$

第二方面内容所涉及的问题，原则上也可由一般的化学平衡计算方法解决，但在弱酸弱碱的解离平衡中，还存在着水的自偶平衡：

$$H_2O+H_2O \rightleftharpoons H_3O^+ + OH^-$$

可见，H_3O^+ 平衡浓度 $[H_3O^+]$ 的来源有两个：弱酸的解离和水的解离。因此，若用一般的化学平衡计算方法求解将是比较复杂的，实际上，经常采用近似求解的方法。该方法的基本思路是，H_2O 是一个很弱的两性物质，它的 $K_W^\ominus=1.0\times10^{-14}$。若以 a 表示酸（碱）量浓度的值，并且只要它不是太小，酸（碱）的强度与水相比不是太弱，则当 $aK_a^\ominus\geqslant20K_W^\ominus$（或 $aK_b^\ominus\geqslant20K_W^\ominus$）时，可以不计水的自偶平衡，因此下面在处理弱酸弱碱的解离平衡问题时，都忽略了水的自偶平衡。

9.2.1 一元弱酸弱碱的解离平衡

根据一元弱酸（或弱碱）的 $K_a^\ominus$（或 $K_b^\ominus$）以及它们的起始浓度，就可以计算溶液中的 $[H_3O^+]$（或 $[OH^-]$）。例如：起始浓度为 $a$mol·L^{-1} 一元弱酸 HA 的解离平衡为：

	HA+H₂O ⇌	H_3O^+	$+A^-$
起始浓度/mol·L^{-1}	a	0	0
平衡浓度/mol·L^{-1}	$a-x$	x	x

则

$$K_a^\ominus=\frac{\{[H_3O^+]/c^\ominus\}\{[A^-]/c^\ominus\}}{[HA]/c^\ominus}=\frac{x^2}{a-x}$$

所以，一元弱酸溶液中 $[H_3O^+]$ 的近似计算式为：

$$x^2+K_a^\ominus x-aK_a^\ominus=0$$

$$x=\frac{-K_a^\ominus+\sqrt{(K_a^\ominus)^2+4aK_a^\ominus}}{2}\text{(已舍去不合理根)，}(aK_a^\ominus\geqslant20K_W^\ominus) \tag{9-3a}$$

如果 $K_a^\ominus$ 值较小，且 a 较大，则由 HA 解离产生的 H_3O^+ 浓度也较小。一般认为，当 $a/K_a^\ominus\geqslant500$❶ 时，解离的 HA 很小（即 x 很小），平衡时 $[HA]\approx a$mol·L^{-1}，则上式可进一步简化为：

$$K_a^\ominus=\frac{x^2}{a}$$

---

❶ 按照 $a/K_a^\ominus\geqslant500$ 进行简化计算时，其相对误差约在 2%左右，这在通常情况下是允许的。也有用 $a/K_a^\ominus\geqslant400$ 作为标准的，这时简化计算的相对误差约在 5%左右。

所以　　$x=\sqrt{aK_a^\ominus}$，($aK_a^\ominus \geqslant 20K_W^\ominus$，$a/K_a^\ominus \geqslant 500$)　　(9-3b)

一元弱碱溶液中［OH^-］的计算方法与一元弱酸完全相同，只需将计算式中的 $K_a^\ominus$ 和［H_3O^+］，分别换成 $K_b^\ominus$ 和［OH^-］即可。

对于一元弱碱：

近似式：$x=[OH^-]/c^\ominus=\dfrac{-K_b^\ominus+\sqrt{(K_b^\ominus)^2+4aK_b^\ominus}}{2}$，($aK_b^\ominus \geqslant 20K_W^\ominus$)　　(9-4a)

简化式：　$x=[OH^-]/c^\ominus=\sqrt{aK_b^\ominus}$，($aK_b^\ominus \geqslant 20K_W^\ominus$，$a/K_b^\ominus \geqslant 500$)　　(9-4b)

在化学中也常用解离度 α 表示弱酸或弱碱的解离能力。α 的定义为：

$$\alpha=\frac{c_{解离}}{c_{初始}}$$

α，$K^\ominus$ 与 a 的简化关系为(推导从略)：

$$\alpha=\sqrt{\frac{K^\ominus}{a}} \tag{9-5}$$

α 和 $K^\ominus$ 都能反映弱酸弱碱解离能力的大小，但 $K^\ominus$ 不随起始浓度而变化，而解离度 α 却随起始浓度而变化。对同一弱电解质，随着溶液的稀释，其解离度 α 增大。

以上一元弱酸和一元弱碱的平衡处理原则，既适用于分子型酸碱，也适用于离子型酸碱。下面举例说明。

例 9-2　试计算 298K 时以下 HAc 溶液的 pH 值：(1) 浓度为 $1.00\times10^{-5}\,mol\cdot L^{-1}$ 的 HAc 溶液；(2) 浓度为 $0.100\,mol\cdot L^{-1}$ 的 HAc 溶液。

解：查表得　　$K_a^\ominus(HAc)=1.75\times10^{-5}$

(1) 由于 $a/K_a^\ominus=1.00\times10^{-5}/(1.75\times10^{-5})=0.571<500$

所以应用式 (9-3a) 计算［H_3O^+］：

$$[H_3O^+]/c^\ominus=\frac{-K_a^\ominus+\sqrt{(K_a^\ominus)^2+4aK_a^\ominus}}{2}$$

$$=\frac{-1.75\times10^{-5}+\sqrt{(1.75\times10^{-5})^2+4\times1.00\times10^{-5}\times1.75\times10^{-5}}}{2}$$

$$=7.11\times10^{-6}$$

$$pH=-\lg\{[H_3O^+]/c^\ominus\}=-\lg(7.11\times10^{-6})=5.15$$

若用式(9-3b)计算：

$$[H_3O^+]/c^\ominus=\sqrt{aK_a^\ominus}=\sqrt{1.00\times10^{-5}1.75\times10^{-5}}$$

$$=1.32\times10^{-5}$$

$$pH=-\lg\{[H_3O^+]/c^\ominus\}=4.88$$

由式(9-3b)算得的［H_3O^+］比 HAc 的起始浓度还要大，显然这个结果不合理。

(2) 由于 $a/K_a^\ominus=0.100/(1.75\times10^{-5})=5.71\times10^3>500$

所以可用式(9-3b)计算［H_3O^+］：

$$[H_3O^+]/c^\ominus=\sqrt{aK_a^\ominus}=\sqrt{0.100\times1.75\times10^{-5}}=1.32\times10^{-3}$$

$$pH=-\lg\{[H_3O^+]/c^\ominus\}=2.88$$

若用式(9-3a)计算，可得［H_3O^+］$=1.31\times10^{-3}\,mol\cdot L^{-1}$

其浓度相对误差：

$$\frac{1.32\times10^{-3}\,mol\cdot L^{-1}-1.31\times10^{-3}\,mol\cdot L^{-1}}{1.32\times10^{-3}\,mol\cdot L^{-1}}\times100\%=0.8\%$$

可见，相对误差很小，所以用简化式计算是合理的。

例 9-3 试计算 298K 时 0.100mol·L^{-1} $NaNO_2$ 溶液的 pH 值。

解：查表得 $K^{\ominus}$（HNO_2）$=5.62\times10^{-4}$

溶液中 Na^+ 不参与酸碱平衡，决定溶液酸度的是 NO_2^-。NO_2^- 是 HNO_2 的共轭碱，它在水溶液中的解离平衡是：

$$NO_2^- + H_2O \rightleftharpoons HNO_2 + OH^-$$

由式(9-2) 可得：

$$K^{\ominus}(NO_2^-)=\frac{K_W^{\ominus}}{K^{\ominus}(HNO_2)}=\frac{1.00\times10^{-14}}{5.62\times10^{-4}}=1.78\times10^{-11}$$

由于 $a/K_b^{\ominus}=0.100/(1.78\times10^{-11})=5.62\times10^{9}>500$

因此可用式(9-4b)计算：

$$[OH^-]/c^{\ominus}=\sqrt{aK_b^{\ominus}}=\sqrt{0.100\times1.78\times10^{-11}}=1.33\times10^{-6}$$

由式(9-1)得：$[H_3O^+]=7.52\times10^{-9}$mol·L^{-1}

所以 pH=8.12

对于离子型酸碱平衡计算，尤其要分清共轭酸碱对及理清相应 $K_a^{\ominus}$、$K_b^{\ominus}$ 的关系。在实际工作中，还经常会遇到弱酸弱碱的混合溶液或盐溶液，如 NH_4CN、NH_4Ac 等。这类溶液的解离平衡问题比较复杂，通常可用近似方法进行处理。

设弱酸 HA 和弱碱 B 组成的化合物 HAB 形成水溶液，则在此水溶液中化合物首先要解离为组成它的酸和碱：

$$HAB \longrightarrow HA + B$$

HA 和 B 在水溶液中进一步解离，并分别达到如下的解离平衡。

HA 的解离平衡：$HA + H_2O \rightleftharpoons A + H_3O^+$

$$K_a^{\ominus}=\frac{\{[A]/c^{\ominus}\}\{[H_3O^+]/c^{\ominus}\}}{[HA]/c^{\ominus}}$$

B 的解离平衡：$B + H_2O \rightleftharpoons HB + OH^-$

$$K_b^{\ominus}=\frac{\{[HB]/c^{\ominus}\}\{[OH^-]/c^{\ominus}\}}{[B]/c^{\ominus}}$$

水的自偶平衡：$H_3O^+ + OH^- \rightleftharpoons H_2O + H_2O$

$$K_c^{\ominus}=\frac{1}{\{[H_3O^+]/c^{\ominus}\}\{[OH^-]/c^{\ominus}\}}=\frac{1}{K_W^{\ominus}}$$

总的解离平衡为：

$$HA + B \rightleftharpoons A + HB$$

$$K^{\ominus}=K_a^{\ominus}K_b^{\ominus}K_c^{\ominus}=K_a^{\ominus}K_b^{\ominus}/K_W^{\ominus}=\frac{\{[A]/c^{\ominus}\}\{[HB]/c^{\ominus}\}}{\{[HA]/c^{\ominus}\}\{[B]/c^{\ominus}\}}$$

溶液中存在 HA、B、A、HB、OH^- 和 H_3O^+ 等组分，如果 $K_a^{\ominus}$ 与 $K_b^{\ominus}$ 相差不太大（$K_a^{\ominus}/K_b^{\ominus}=10^{-5}\sim10^{5}$），可以认为，解离生成的 H_3O^+ 和 OH^- 不断生成 H_2O，HA 和 B 又不断解离，致使最终解离平衡时 $[H_3O^+]$ 和 $[OH^-]$ 很小，并且：

$$[HA]=[B]，[A]=[HB]$$

这样，

$$K^{\ominus}=\frac{\{[A]/c^{\ominus}\}\{[HB]/c^{\ominus}\}}{\{[HA]/c^{\ominus}\}\{[B]/c^{\ominus}\}}=\frac{\{[A]/c^{\ominus}\}^2}{\{[HA]/c^{\ominus}\}^2}$$

又因为：

$$\frac{[A]/c^{\ominus}}{[HA]/c^{\ominus}}=\frac{K_a^{\ominus}}{[H_3O^+]/c^{\ominus}}$$

代入上式可得：

$$\frac{(K_a^{\ominus})^2}{\{[H_3O^+]/c^{\ominus}\}^2}=K^{\ominus}=\frac{K_a^{\ominus}K_b^{\ominus}}{K_W^{\ominus}}$$

$$[H_3O^+]/c^{\ominus}=\sqrt{\frac{K_a^{\ominus}K_W^{\ominus}}{K_b^{\ominus}}} \tag{9-6}$$

上式表明，水溶液中的 $[H_3O^+]$ 只决定于酸解离常数和碱解离常数的比值，而与浓度无关。当 $K_a^{\ominus}=K_b^{\ominus}$，溶液呈中性；$K_a^{\ominus}>K_b^{\ominus}$，溶液呈酸性；$K_a^{\ominus}<K_b^{\ominus}$，溶液呈碱性。

例 9-4　试计算浓度为 $0.100\ mol\cdot L^{-1}$ $HCOONH_4$（甲酸铵）溶液的 pH 值。

解：查表得 $K^{\ominus}(HCOOH)=1.78\times10^{-4}$，$K^{\ominus}(NH_3)=1.78\times10^{-5}$

$$K^{\ominus}(HCOO^-)=\frac{K_W^{\ominus}}{K^{\ominus}(HCOOH)}=\frac{1.00\times10^{-14}}{1.78\times10^{-4}}=5.62\times10^{-11}$$

$$K^{\ominus}(NH_4^+)=\frac{K_W^{\ominus}}{K^{\ominus}(NH_3)}=\frac{1.00\times10^{-14}}{1.78\times10^{-5}}=5.62\times10^{-10}$$

用式（9-6）计算：

$$[H_3O^+]/c^{\ominus}=\sqrt{\frac{K^{\ominus}(NH_4^+)K_W^{\ominus}}{K^{\ominus}(HCOO^-)}}=\sqrt{\frac{5.62\times10^{-10}\times1.00\times10^{-14}}{5.62\times10^{-11}}}=3.16\times10^{-7}$$

$[H_3O^+]=3.16\times10^{-7}\ mol\cdot L^{-1}$

$$pH=-\lg\{[H_3O^+]/c^{\ominus}\}=6.50$$

由此例可见，因为 $K^{\ominus}(NH_4^+)$ 略大于 $K^{\ominus}(HCOO^-)$，所以溶液呈微酸性。

9.2.2　多元弱酸弱碱的解离平衡

多元弱酸弱碱在水溶液中是分级解离的，每一级都有相应的解离平衡。可用与处理一元弱酸弱碱相同的方法处理多元弱酸弱碱的解离平衡问题。

例 9-5　试计算浓度为 $0.10 mol\cdot L^{-1}$ 的 H_2S 水溶液中 H_3O^+、HS^-、S^{2-} 和 H_2S 的浓度。

解：查表 $K_{a_1}^{\ominus}=1.07\times10^{-7}$，$K_{a_2}^{\ominus}=1.26\times10^{-13}$

先考虑 H_2S 的第一级解离平衡：

$$H_2S+H_2O \rightleftharpoons H_3O^+ + HS^-$$

因为　$a/K_{a_1}^{\ominus}=0.10/(1.07\times10^{-7})=9.3\times10^5>500$

用式（9-3b）计算：

$$[H_3O^+]/c^{\ominus}=\sqrt{aK_{a_1}^{\ominus}}=\sqrt{0.10\times1.07\times10^{-7}}=1.0\times10^{-4}$$

所以 $[H_2S]=0.1 mol\cdot L^{-1}-1.0\times10^{-4} mol\cdot L^{-1}\approx0.10 mol\cdot L^{-1}$

$$[HS^-]=[H_3O^+]=1.0\times10^{-4} mol\cdot L^{-1}$$

再考虑 H_2S 的第二级解离平衡，设平衡时 $[S^{2-}]=x mol\cdot L^{-1}$，则：

	HS^-	$+\ H_2O \rightleftharpoons$	H_3O^+	$+\ S^{2-}$
初始浓度/$mol\cdot L^{-1}$	1.0×10^{-4}		1.0×10^{-4}	
平衡浓度/$mol\cdot L^{-1}$	$1.0\times10^{-4}-x$		$1.0\times10^{-4}+x$	x

因为 $K_{a_2}^{\ominus}=1.26\times10^{-13}$ 所以 HS^- 不易解离，即 x 很小，可近似认为：

$$[HS^-]=[H_3O^+]=1.0\times10^{-4} mol\cdot L^{-1}$$

又　$$K_{a_2}^{\ominus}=\frac{\{[S^{2-}]/c^{\ominus}\}\{[H_3O^+]/c^{\ominus}\}}{\{[HS^-]/c^{\ominus}\}}$$

$$x=K_{a_2}^{\ominus}=1.26\times10^{-13}$$

即　$$[S^{2-}]=1.26\times10^{-13}\ mol\cdot L^{-1}$$

所以解离平衡时：

$[H_2S]\approx0.10 mol\cdot L^{-1}$，$[HS^-]\approx[H_3O^+]=1.0\times10^{-4} mol\cdot L^{-1}$，$[S^{2-}]=1.26\times10^{-13} mol\cdot L^{-1}$

由例 9-5 可见，在多元弱酸溶液中，H_3O^+ 主要决定于第一级解离，计算溶液中 $[H_3O^+]$ 时，可将多元酸当作一元酸处理，有关一元弱酸的计算公式仍适用。由此得到结论，即在二元弱酸 H_2A 溶液中，$[A^{2-}]/c^{\ominus}=K_{a_2}^{\ominus}$，$A^{2-}$ 的浓度与该酸的起始浓度无关。

多元弱碱的计算原则与多元弱酸的相似，只是计算时须用相应的碱常数。

某些金属离子，如 Fe^{3+}、Al^{3+}、Cu^{2+}、Zn^{2+} 等，其水溶液具有酸性，这是因为在水溶液中这些金属离子以水合离子的形式存在，如 $[Fe(H_2O)_6]^{3+}$、$[Al(H_2O)_6]^{3+}$、$[Cu(H_2O)_4]^{2+}$、$[Zn(H_2O)_4]^{2+}$ 等。这些金属水合离子在水溶液中也能分级解离，因而可将它们看作多元弱酸。以 $AlCl_3$ 水溶液为例，它在水溶液中的解离平衡为：

$$AlCl_3(s)+6H_2O \longrightarrow [Al(H_2O)_6]^{3+}+3Cl^-$$

$$[Al(H_2O)_6]^{3+}+H_2O \rightleftharpoons [Al(H_2O)_5OH]^{2+}+H_3O^+$$

$$[Al(H_2O)_5OH]^{2+}+H_2O \rightleftharpoons [Al(H_2O)_4(OH)_2]^{+}+H_3O^+$$

$$[Al(H_2O)_4(OH)_2]^{+}+H_2O \rightleftharpoons [Al(H_2O)_3(OH)_3]+H_3O^+$$

最后以 $Al(H_2O)_3(OH)_3$ 的沉淀形式析出。溶液中的 H_3O^+ 主要来自第一步解离平衡，金属离子在水溶液中的解离程度各不相同，主要取决于金属离子的电荷与半径。一般来说，金属离子的电荷越多，半径越小，越容易吸引水分子中的 OH^- 而释放出 H^+，其酸性越强。由于这个原因，实验室在配制 $FeCl_3$、$AlCl_3$ 等溶液时，应加入过量酸以抑制它们的解离。

9.2.3 酸碱平衡的移动——同离子效应

和其他化学平衡一样，当外界条件改变时，也会引起酸碱平衡的移动，从而在新的条件下建立新的平衡。例如，向 HAc 溶液中加入 HCl 或 NaAc，都会使 HAc 的解离平衡向左移动，导致 HAc 解离度的降低：

$$HAc+H_2O \rightleftharpoons \overset{+H^+}{H_3O^+} + \overset{+Ac^-}{Ac^-}$$

平衡移动（向左）

向 NH_3 溶液中加入 NaOH 或 NH_4Cl，也会降低 NH_3 的解离度。这种向弱酸（弱碱）溶液中加入具有相同离子的强电解质使解离平衡向左移动，从而降低弱酸（弱碱）解离度的现象，称为同离子效应（common ion effect）。

根据同离子效应，可以通过改变弱电解质溶液的酸碱度，改变溶液中共轭酸碱对的浓度，酸碱指示剂（acid-base indicator）可以指示溶液酸碱度变化就是同离子效应的一个实例。例如甲基橙可用作酸碱指示剂，它是一种有机弱酸（以符号 HIn 表示），其酸形式 HIn 呈红色，称为酸色；碱形式 In^- 呈黄色，称为碱色。它在水溶液中的解离平衡为：

$$\underset{\text{红色}}{HIn}+H_2O \rightleftharpoons \underset{\text{黄色}}{In^-}+H_3O^+$$

$$K_a^{\ominus}=\frac{\{[In^-]/c^{\ominus}\}\{[H_3O^+]/c^{\ominus}\}}{[HIn]/c^{\ominus}}$$

或写作：

$$\frac{[In^-]/c^{\ominus}}{[HIn]/c^{\ominus}}=\frac{K_a^{\ominus}}{[H_3O^+]/c^{\ominus}}$$

当溶液 pH 值减小时，平衡向左移动，甲基橙主要以酸形式存在，溶液呈红色；当溶液 pH 值增大时，平衡向右移动，甲基橙主要以碱形式存在，溶液呈黄色。显然，甲基橙的颜色转变依赖于碱形式浓度 $[In^-]$ 与酸形式浓度 $[HIn]$ 的比值。由于 $K_a^{\ominus}$ 值不变，所以 $\frac{[In^-]}{[HIn]}$ 的值仅取决于溶液酸度：

① 当 $[H_3O^+]/c^{\ominus}=K_a^{\ominus}$ 时，$[In^-]=[HIn]$，溶液应呈酸色与碱色的中间颜色，此称为甲基橙的理论变色点；

② 当 $[H_3O^+]/c^{\ominus}\gg K_a^{\ominus}$ 时，$[In^-]\ll[HIn]$，甲基橙主要以酸形式存在，溶液呈酸色；

③ 当$[H_3O^+]/c^\ominus=10K_a^\ominus$ 时，$\frac{[In^-]}{[HIn]}=0.1$，用肉眼可从酸色中勉强辨出碱色；

④ 当$[H_3O^+]/c^\ominus=\frac{1}{10}K_a^\ominus$ 时，$\frac{[In^-]}{[HIn]}=10$，用肉眼可从碱色中勉强辨出酸色；

⑤ 当$[H_3O^+]/c^\ominus \ll K_a^\ominus$ 时，$[In^-]\gg[HIn]$，甲基橙主要以碱形式存在，溶液呈碱色。

由此可见，甲基橙作为酸碱指示剂，有一定的变色范围：

$$\frac{1}{10}K_a^\ominus \leqslant [H_3O^+]/c^\ominus \leqslant 10K_a^\ominus$$

即：

$$pH=pK_a^\ominus \pm 1$$ [1]

当溶液的 pH 值由 $pK_a^\ominus-1$ 变化到 $pK_a^\ominus+1$ 时，就能明显看到甲基橙由酸色变为碱色。上述原理对于弱碱型指示剂同样适用，只是弱碱型指示剂的变色范围应是 $pK_b^\ominus \pm 1$。

由于各种酸碱指示剂的 $K_a^\ominus$（或 $K_b^\ominus$）值不同，它们的变色范围也就不同。当 $K_a^\ominus>10^{-7}$时，在酸性范围变色；当 $K_a^\ominus<10^{-7}$时，在碱性范围变色。一些常见酸碱指示剂的变色范围见表 9-2。pH 试纸是用多种指示剂的混合溶液浸制而成，它可以粗略地测定溶液的 pH 值，精确测定要用 pH 计，见图 9-2-1。

表 9-2　几种常用酸碱指示剂及其变色范围

指示剂	变色范围的 pH 值	$pK^\ominus$	颜色变化 酸色～碱色	指示剂	变色范围的 pH 值	$pK^\ominus$	颜色变化 酸色～碱色
百里酚蓝	1.2～2.8	1.7	红～黄	中性红	6.8～8.0	7.4	红～蓝
甲基橙	3.1～4.4	3.4	红～黄	酚酞	8.0～10.0	9.1	无～红
甲基红	4.4～6.2	5.0	红～黄	百里酚蓝	8.0～9.6	8.9	黄～蓝
溴百里酚蓝	6.2～7.6	7.3	黄～蓝	百里酚酞	9.4～10.6	10.0	无～蓝

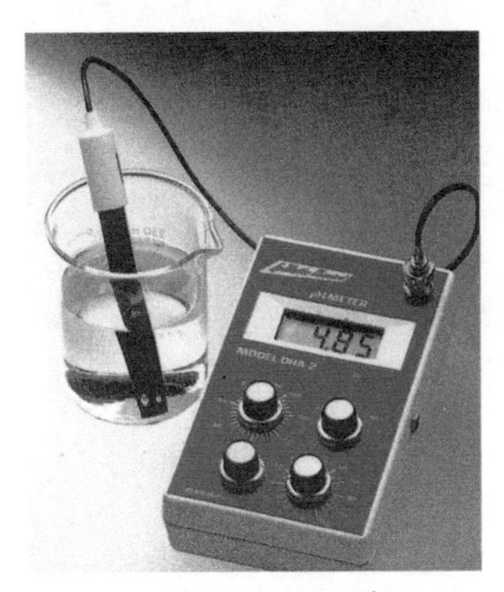

图 9-2-1　pH 计

例 9-6　298K 时向 $0.20mol\cdot L^{-1}$ HCl 溶液中通入 H_2S 气体直至饱和。饱和时 H_2S 的浓度近似为 $0.10mol\cdot L^{-1}$，试计算溶液中 S^{2-} 的浓度 $[S^{2-}]$。

解：此题可用以下两种方法求解：

(1) 查表得 $K_{a_1}^\ominus=1.07\times10^{-7}$，$K_{a_2}^\ominus=1.26\times10^{-13}$

H_2S 水溶液的解离平衡为：

$$H_2S+H_2O \rightleftharpoons H_3O^+ + HS^- \qquad K_{a_1}^\ominus$$

$$HS^- + H_2O \rightleftharpoons H_3O^+ + S^{2-} \qquad K_{a_2}^\ominus$$

[1] $pK_a^\ominus=-\lg K_a^\ominus$。

设在 HCl 溶液中仅由 H_2S 的第一级解离而导致的平衡时：

$$[HS^-]=x\text{mol}\cdot L^{-1}$$

由于 HCl 全部解离，所以平衡时：

$$[H_3O^+]=(0.20+x)\text{mol}\cdot L^{-1}\approx 0.20\text{mol}\cdot L^{-1}$$

则：
$$K_{a_1}^{\ominus}=\frac{\{[H_3O^+]/c^{\ominus}\}\{[HS^-]/c^{\ominus}\}}{[H_2S]/c^{\ominus}}$$

$$=\frac{0.20x}{0.10}=1.07\times10^{-7}$$

$$x=5.4\times10^{-8}$$

即：$[HS^-]=5.4\times10^{-8}\text{mol}\cdot L^{-1}$

再由 H_2S 的第二级解离，设平衡时$[S^{2-}]=y\text{mol}\cdot L^{-1}$，同理：

$$[HS^-]\approx 5.4\times10^{-8}\text{mol}\cdot L^{-1}\qquad [H_3O^+]\approx 0.20\text{mol}\cdot L^{-1}$$

则：$K_{a_2}^{\ominus}=\dfrac{\{[H_3O^+]/c^{\ominus}\}\{[S^{2-}]/c^{\ominus}\}}{[HS^-]/c^{\ominus}}=\dfrac{0.20y}{5.4\times10^{-8}}=1.26\times10^{-13}$

$$y=3.4\times10^{-20}$$

即：$[S^{2-}]=3.4\times10^{-20}\text{mol}\cdot L^{-1}$

(2) 也可以根据同时平衡规则求解。将 H_2S 的两级解离平衡相加，得：

$$H_2S+2H_2O \rightleftharpoons 2H_3O^+ + S^{2-}$$

$$K^{\ominus}=K_{a_1}^{\ominus}K_{a_2}^{\ominus}=\frac{\{[H_3O^+]/c^{\ominus}\}^2\{[S^{2-}]/c^{\ominus}\}}{[H_2S]/c^{\ominus}}$$

由$[H_2S]=0.10\text{mol}\cdot L^{-1}$，$[H_3O^+]\approx 0.20\text{mol}\cdot L^{-1}$，可以直接计算 S^{2-} 的浓度：

$$[S^{2-}]/c^{\ominus}=\frac{K_{a_1}^{\ominus}K_{a_2}^{\ominus}[H_2S]/c^{\ominus}}{\{[H_3O^+]/c^{\ominus}\}^2}$$

$$=\frac{1.07\times10^{-7}\times1.26\times10^{-13}\times0.10}{0.20^2}=3.4\times10^{-20}$$

$$[S^{2-}]=3.4\times10^{-20}\text{ mol}\cdot L^{-1}$$

将例 9-6 与例 9-5 比较可知，在酸性溶液中 $[HS^-]$ 和 $[S^{2-}]$ 大大降低了，这说明同离子效应的作用是相当大的；在常温常压下，H_2S 饱和溶液的浓度约为 $0.10\text{mol}\cdot L^{-1}$。$H_2S$ 溶液中 H_2S，H_3O^+ 和 S^{2+} 浓度间的关系为：

$$\{[H_3O^+]/c^{\ominus}\}^2\{[S^{2-}]/c^{\ominus}\}=\{[H_2S]/c^{\ominus}\}K_{a_1}^{\ominus}K_{a_2}^{\ominus}$$

$$=0.10\times1.07\times10^{-7}\times1.26\times10^{-13}$$

$$=1.35\times10^{-21}$$

因此，直接调节溶液的 pH 值可以控制 S^{2-} 的浓度。如果在溶液中加入强酸，则 S^{2-} 的浓度减小；如果加入强碱，则 S^{2-} 的浓度增大。在用硫化物沉淀法分离金属离子时常常用到这一规律。

9.3 缓冲溶液

如果向 100mL 的 $0.1\text{mol}\cdot L^{-1}$ HAc 和 $0.1\text{mol}\cdot L^{-1}$ NaAc 的混合溶液中加入少量 HCl 或 NaOH，或用水稍加稀释，则溶液的 pH 值仅有微小的变化。溶液的这种能缓解酸、碱及稀释的影响，而保持 pH 值相对稳定的作用称为缓冲作用（buffer action），具有缓冲作用的溶液称为缓冲溶液❶（buffer solution）。通常弱酸及其共轭碱，如 HAc-NaAc、NH_4Cl-NH_3、H_2CO_3-$NaHCO_3$、HCOOH-HCOONa 等，都能组成缓冲溶液❷。组成缓冲溶液的共轭酸碱对又称缓冲对。下面以 HAc-NaAc 缓冲溶液为例，说明缓冲作用的原理。

① 将 50.0mL $0.20\text{mol}\cdot L^{-1}$的 HAc 溶液与 50.0mL $0.20\text{mol}\cdot L^{-1}$的 NaAc 溶液混合，计

---

❶ 在高浓度的强酸和强碱溶液中，由于浓度本来就很高，外加少量酸碱不会对溶液的酸度产生太大的影响。所以，高浓度的强酸和强碱也具有一定的缓冲作用。

❷ 很多酸碱反应过程中也会形成共轭酸碱对，因而组成缓冲溶液。

算该缓冲溶液的 pH 值。

在混合溶液中：

$$NaAc \longrightarrow Na^+ + Ac^-$$

$$HAc + H_2O \longrightarrow H_3O^+ + Ac^-$$

由于同离子效应，Ac^- 抑制了 HAc 的解离，平衡时：

$$[H_3O^+]/c^\ominus = K_a^\ominus \frac{[HAc]/c^\ominus}{[Ac^-]/c^\ominus}$$

因为 $[Ac^-] \approx 0.20mol \cdot L^{-1} \times \frac{50.0mL}{50.0mL + 50.0mL} = 0.10mol \cdot L^{-1}$

$$[HAc] \approx 0.20mol \cdot L^{-1} \times \frac{50.0mL}{50.0mL + 50.0mL} = 0.10mol \cdot L^{-1}$$

所以　$$[H_3O^+]/c^\ominus = 1.75 \times 10^{-5} \times \frac{0.10}{0.10} = 1.75 \times 10^{-5}$$

$$pH = -\lg [H_3O^+]/c^\ominus = 4.76$$

② 若向上述缓冲溶液中加入 2.0mL $0.50mol \cdot L^{-1}$ 的 HCl 溶液，计算溶液的 pH 值。

加入 HCl 溶液后，HCl 与 NaAc 发生如下酸碱反应：

$$HCl + NaAc = NaCl + HAc$$

溶液中 HAc 量略有增加，NaAc 量略有降低。它们的浓度分别为：

$$[HAc] \approx \frac{50.0mL \times 0.2mol \cdot L^{-1} + 2.0mL \times 0.50mol \cdot L^{-1}}{100.0mL + 2.0mL} = 0.108mol \cdot L^{-1}$$

$$[Ac^-] \approx \frac{50.0mL \times 0.2mol \cdot L^{-1} - 2.0mL \times 0.50mol \cdot L^{-1}}{100.0mL + 2.0mL} = 0.088mol \cdot L^{-1}$$

$$[H_3O^+]/c^\ominus = K_a^\ominus \frac{[HAc]/c^\ominus}{[Ac^-]/c^\ominus} = 1.75 \times 10^{-5} \times \frac{0.108}{0.088} = 2.14 \times 10^{-5}$$

$$pH = 4.67$$

由计算可知，加入少量强酸后，溶液 pH 值从 4.76 降低到 4.67。

③ 若向上述缓冲溶液中加入 2.0mL $0.50\ mol \cdot L^{-1}$ 的 NaOH 溶液，计算溶液的 pH 值。

加入 NaOH 溶液后，NaOH 与 HAc 发生如下反应：

$$NaOH + HAc = NaAc + H_2O$$

溶液中 HAc 浓度略有减小，NaAc 浓度略有增大，它们的浓度分别为：

$$[HAc] \approx \frac{50.0mL \times 0.20mol \cdot L^{-1} - 2.0mL \times 0.50mol \cdot L^{-1}}{100.0mL + 2.0mL} = 0.088mol \cdot L^{-1}$$

$$[Ac^-] \approx \frac{50.0mL \times 0.20mol \cdot L^{-1} + 2.0mL \times 0.50mol \cdot L^{-1}}{100.0mL + 2.0mL} = 0.108mol \cdot L^{-1}$$

$$[H_3O^+]/c^\ominus = K_a^\ominus \frac{[HAc]/c^\ominus}{[Ac^-]/c^\ominus} = 1.75 \times 10^{-5} \times \frac{0.088}{0.108} = 1.43 \times 10^{-5}$$

$$pH = 4.85$$

由计算可知，加入少量强碱后，溶液 pH 值从 4.76 升高到 4.85。

向 HAc-NaAc 缓冲溶液中加入 HCl、NaOH 后，组分的浓度变化情况可用图 9-3-1 表示。

由以上实例可见，向 HAc-NaAc 缓冲溶液中加入少量强酸或强碱，则缓冲对的碱具有

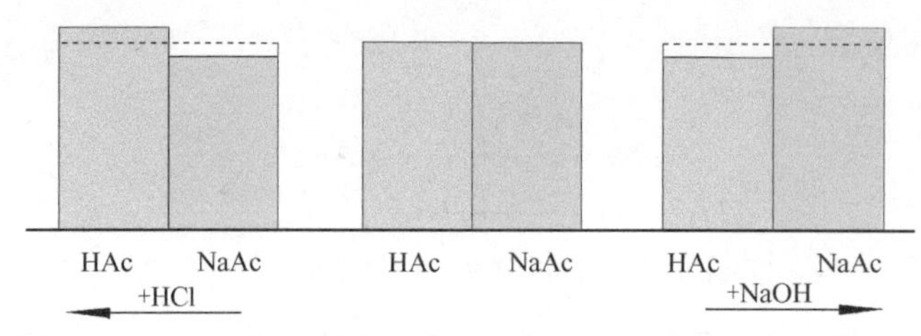

图 9-3-1 HAc-NaAc 中加入 HCl、NaOH 后组分浓度变化示意

抵抗外加酸的作用，酸具有抵抗外加碱的作用，结果使得溶液的 pH 值基本保持不变。因此，缓冲对的酸和碱也分别称为抗碱组分和抗酸组分。此外，如果以少量水将缓冲溶液稀释，则虽然 HAc 和 NaAc 的浓度均会降低，但它们的浓度比值却基本不变，溶液的 pH 值也不会有大的变化。

不同缓冲溶液 pH 值的计算式，都可根据弱酸或弱碱的解离平衡和同离子效应导出。例如在某弱酸及其共轭碱所组成的缓冲溶液 HA-MA 中，存在着下列解离平衡：

$$HA+H_2O \rightleftharpoons H_3O^+ + A^- \qquad K_a^\ominus=\frac{\{[H_3O^+]/c^\ominus\}\{[A^-]/c^\ominus\}}{[HA]/c^\ominus}$$

$$[H_3O^+]/c^\ominus=K_a^\ominus\frac{[HA]/c^\ominus}{[A^-]/c^\ominus}$$

由于 HA 为弱酸，且其共轭碱 MA 抑制了 HA 的解离，因此平衡时 HA 的浓度近似等于弱酸的初始浓度 $c_{酸}$，平衡时 A^- 的浓度近似等于 MA 的初始浓度 $c_{碱}$。这样上式可以写成：

$$[H_3O^+]/c^\ominus=K_a^\ominus\frac{c_{酸}/c^\ominus}{c_{碱}/c^\ominus}$$

即：

$$pH=pK_a^\ominus-\lg\frac{c_{酸}/c^\ominus}{c_{碱}/c^\ominus} \tag{9-7}$$

对于弱碱及其共轭酸组成的缓冲溶液，可用以上类似的方法导得其 pH 值的计算式：

$$pOH=pK_b^\ominus-\lg\frac{c_{碱}/c^\ominus}{c_{酸}/c^\ominus}$$

即：

$$pH=14-pK_b^\ominus+\lg\frac{c_{碱}/c^\ominus}{c_{酸}/c^\ominus} \tag{9-8}$$

式 (9-7) 和式 (9-8) 就是计算缓冲溶液 pH 值的近似公式。

例 9-7 在 Na_2HPO_4 和 NaH_2PO_4 的混合溶液中，Na_2HPO_4 的浓度为 0.10 mol·L^{-1}，NaH_2PO_4 的浓度为 0.20mol·L^{-1}。试计算该混合溶液的 pH 值。

解：查表得 H_3PO_4 的 $K_{a_1}^\ominus=6.92\times10^{-3}$，$K_{a_2}^\ominus=6.17\times10^{-8}$，$K_{a_3}^\ominus=4.79\times10^{-13}$

HPO_4^{2-} 和 $H_2PO_4^-$ 在水溶液中的解离平衡为：

$$H_2PO_4^- + H_2O \rightleftharpoons HPO_4^{2-} + H_3O^+ \qquad K_{a_2}^\ominus$$

$$HPO_4^{2-} + H_2O \rightleftharpoons PO_4^{3-} + H_3O^+ \qquad K_{a_3}^\ominus$$

因为 $K_{a_2}^\ominus \gg K_{a_3}^\ominus$，所以溶液中 $H_2PO_4^-$ 起酸的作用，HPO_4^{2-} 起碱的作用，二者是共轭酸碱对，组成缓冲溶液。

由式 (9-7) 得：

$$pH=pK_{a_2}^\ominus-\lg\frac{[NaH_2PO_4]/c^\ominus}{[Na_2HPO_4]/c^\ominus}=-\lg(6.17\times10^{-8})-\lg\frac{0.20}{0.10}=6.91$$

由式(9-7) 与式(9-8) 可知，缓冲溶液的 pH 值决定于 $pK_a^\ominus$ ($pK_b^\ominus$) 以及 $c_{酸}/c_{碱}$ ($c_{碱}/c_{酸}$)。当弱酸（或弱碱）确定后，改变 $c_{酸}/c_{碱}$ ($c_{碱}/c_{酸}$) 的比值，便可调节缓冲溶液的 pH 值。表 9-3 列出了 HAc-NaAc 和NH_3-NH_4Cl缓冲溶液的 pH 值随浓度变化的情况。

表 9-3　缓冲溶液的 pH 值随浓度的变化

HAc-NaAc 缓冲溶液	$c_{酸}/c_{碱}$	1.0/0.1	0.1/0.1	0.1/1.0	10～0.1
	pH	3.76	4.76	5.76	3.76～5.76
NH_3-NH_4Cl 缓冲溶液	$c_{碱}/c_{酸}$	0.1/1.0	0.1/0.1	1.0/0.1	0.1～10
	pH	8.24	9.24	10.24	8.24～10.24

缓冲溶液的缓冲能力是有限的。只有当 $c_{酸}/c_{碱}$（$c_{碱}/c_{酸}$）在一定范围内时，溶液的缓冲作用才比较显著。一般来说，缓冲溶液中共轭酸碱对的浓度比较接近时，溶液的缓冲作用才较大。常用缓冲溶液的 $c_{酸}/c_{碱}$($c_{碱}/c_{酸}$) 在 1/10～10/1 之间，相应的 pH 及 pOH 变化范围是：

$$pH = pK_a^{\ominus} \pm 1,\ pOH = pK_b^{\ominus} \pm 1$$

此即为缓冲溶液的有效缓冲范围。这样，在选择和配制一定 pH 值的缓冲溶液时，只要选择 $pK_a^{\ominus}$ 或（$14-pK_b^{\ominus}$）与需要的 pH 值相近的共轭酸碱对，然后通过调节共轭酸碱对的浓度比即可达到要求。例如若需用 pH 值在 4～6 之间的缓冲溶液，可以选择用 HAc-NaAc；若需用 pH 值在 8～10 之间的缓冲溶液，可以选择用 NH_3-NH_4Cl。一些常用缓冲溶液列在表 9-4 中。

表 9-4　常用缓冲溶液及其缓冲范围

缓 冲 溶 液	以酸形式存在的物质	以碱形式存在的物质	$pK^{\ominus}$	缓冲范围
HCOOH-HCOONa	HCOOH	$HCOO^-$	3.76	2.76～4.76
HAc-NaAc	HAc	Ac^-	4.76	3.76～5.76
六亚甲基四胺-HCl	$(CH_2)_6N_4H^+$	$(CH_2)_6N_4$	5.15	4.15～6.15
NaH_2PO_4-Na_2HPO_4	$H_2PO_4^-$	HPO_4^{2-}	7.20	6.20～8.20
$Na_2B_4O_7$-HCl	H_3BO_3	$H_2BO_3^-$	9.24	8.0～9.1
NH_3-NH_4Cl	NH_4^+	NH_3	9.24	8.24～10.24
$NaHCO_3$-Na_2CO_3	HCO_3^-	CO_3^{2-}	10.33	9.25～11.25

例 9-8　配制 1.0L pH=9.8，$c_{NH_3}=0.10mol\cdot L^{-1}$ 的缓冲溶液。需用浓度为 $6.0mol\cdot L^{-1}$ 的 $NH_3\cdot H_2O$ 溶液多少毫升和固体 $(NH_4)_2SO_4$ 多少克？已知 $(NH_4)_2SO_4$ 的摩尔质量为 $132g\cdot mol^{-1}$。

解：查得 $K_b^{\ominus}=1.78\times10^{-5}$，由式（9-8）$pH=14-pK_b^{\ominus}+\lg\dfrac{c_{碱}/c^{\ominus}}{c_{酸}/c^{\ominus}}$

得：

$$9.8=14+\lg(1.78\times10^{-5})+\lg\frac{0.10}{[NH_4^+]/c^{\ominus}}$$

$$[NH_4^+]/c^{\ominus}=0.028 \qquad [NH_4^+]=0.028mol\cdot L^{-1}$$

加入 $(NH_4)_2SO_4$ 的质量为：

$$0.028mol\times132g\cdot mol^{-1}\times\frac{1}{2}=1.85g$$

氨水用量：

$$1000mL\times\frac{0.1mol\cdot L^{-1}}{6.0mol\cdot L^{-1}}=17.0mL$$

配制方法：称取 1.85g 固体 $(NH_4)_2SO_4$ 溶于少量水中，加入浓度为 $6.0mol\cdot L^{-1}$ 的氨水 17.0mL，然后加水稀释至 1000mL 摇匀即可。

缓冲溶液在工业生产、化学和生物学等方面都有重要的应用。例如在电镀工业中，要求镀液保持一定的酸度，常用缓冲溶液控制溶液的 pH 值。在一些液相化学反应中，为使反应能正常进行，也常用缓冲溶液控制溶液的 pH 值。在许多物质分离和定量分析中，缓冲溶液也得到了广泛应用。土壤中由于硅酸、磷酸、碳酸和腐殖酸等及其共轭碱的缓冲作用，可以使土壤保持一定的 pH 值（约为 5～8），从而保证植物的正常生长。人体的血液也是一种缓冲溶液。人在生命过程中，摄入的糖、脂肪和蛋白质等营养物质在体内氧化分解的产物是 CO_2 和 H_2O，它们在碳酸酐酶（CA）的催化下再转化为 H_2CO_3。因此，H_2CO_3 是体内产生的最多最重要的酸性物质。然而，在人的整个新陈代谢过程中，血液的 pH 值总是保持在

7.40±0.03 范围内。这除了归功于人体的排酸功能外，还应归功于血液中含有 H_2CO_3-$NaHCO_3$ 和 NaH_2PO_4-Na_2HPO_4 等物质组成的缓冲溶液的缓冲作用。若 pH 值超出这个范围，就会不同程度地导致酸中毒或碱中毒，严重时甚至会危及生命。

9.4 酸碱中和反应

以上讨论了酸碱与溶剂水之间的质子传递反应（protolysis reaction）。但在实际工作中，还经常遇到更为一般的酸碱之间的质子传递反应，即酸碱中和反应（neutralization）。酸碱中和反应进行的程度，可以根据它们的平衡常数来判断。表 9-5 列出了一些具有代表性的酸碱中和反应的平衡常数。

表 9-5 一些酸碱中和反应的平衡常数

类 型	实 例	$K^\ominus$
强酸＋强碱	$H_3O^+ + OH^- \rightleftharpoons 2H_2O$	$K^\ominus = (K_W^\ominus)^{-1} = 1.0\times10^{14}$
强酸＋弱碱	$H_3O^+ + NH_3 \rightleftharpoons NH_4^+ + H_2O$	$K^\ominus = [K^\ominus(NH_4^+)]^{-1} = 1.78\times10^9$
弱酸＋强碱	$HAc + OH^- \rightleftharpoons Ac^- + H_2O$	$K^\ominus = K_a^\ominus / K_W^\ominus = 1.75\times10^9$
弱酸＋弱碱	$HAc + NH_3 \rightleftharpoons NH_4^+ + Ac^-$	$K^\ominus = \dfrac{K_a^\ominus K_b^\ominus}{K_W^\ominus} = 3.12\times10^4$

许多酸碱中和反应的平衡常数都很大，这些反应可以看作是完全反应，即可以不考虑反应的对峙性。至于能否将弱酸与弱碱之间的反应视为完全反应，应该取决于对反应完全程度的要求。由于表中前三类中和反应是完全反应，所以反应后溶液的 pH 值取决于酸和碱的相对量。

例 9-9 298K 时，在 20.0mL 浓度为 $0.10mol\cdot L^{-1}$ 的 HAc 溶液中，分别加入：(1) 10.0mL，(2) 20.0mL，(3) 30.0mL 浓度为 $0.10mol\cdot L^{-1}$ 的 NaOH 溶液。试分别计算各混合溶液的 pH 值。

解：对于 HAc 查表得 $K^\ominus = 1.75\times10^{-5}$

HAc 和 NaOH 混合后，发生中和反应：

$$HAc + OH^- \longrightarrow H_2O + Ac^- \qquad K^\ominus = \frac{K_a^\ominus}{K_W^\ominus} = 1.75\times10^9$$

(1) 加入不足量的 NaOH，反应后：

$$[HAc] = 0.10mol\cdot L^{-1}\times\frac{20.0mL}{30.0mL} - 0.10mol\cdot L^{-1}\times\frac{10.0mL}{30.0mL} = 0.033mol\cdot L^{-1}$$

$$[Ac^-] = 0.10mol\cdot L^{-1}\times\frac{10.0mL}{30.0mL} = 0.033mol\cdot L^{-1}$$

所以，结果形成由 HAc-Ac^- 共轭酸碱对组成的缓冲溶液，由式 (9-7) 得：

$$[H_3O^+]/c^\ominus = K_a^\ominus\frac{[HAc]/c^\ominus}{[Ac^-]/c^\ominus} = 1.75\times10^{-5}\times\frac{0.033}{0.033} = 1.75\times10^{-5}$$

$$pH = 4.76$$

(2) 加入的 NaOH 正好与 HAc 反应，反应后：

$$[Ac^-] = 0.10mol\cdot L^{-1}\times\frac{20.0mL}{40.0mL} = 0.050mol\cdot L^{-1}$$

按一元碱计算式 (9-4b)，可得：

$$[OH^-]/c^\ominus = \sqrt{aK_b^\ominus} = \sqrt{\frac{aK_W^\ominus}{K_a^\ominus}} = \sqrt{\frac{0.050\times1.0\times10^{-14}}{1.75\times10^{-5}}} = 5.35\times10^{-6}$$

$$pH=14-pOH=8.73$$

(3) 加入过量的 NaOH，反应后：

$$[OH^-]=0.1mol \cdot L^{-1} \times \frac{10.0mL}{50.0mL}=0.020mol \cdot L^{-1}$$

$$pH=14-pOH=12.30$$

由此例可见：①这类中和反应是弱酸（或弱碱）解离的逆反应，中和反应后的溶液就是前面讨论的弱酸（或弱碱）溶液，中和反应后溶液 pH 值的计算就是弱酸（或弱碱）溶液 pH 值的计算。②当一种碱（或一种酸）缓慢加入另一种酸（或另一种碱）中而发生中和反应时，溶液的 pH 值将发生规律性的变化。定量分析中的酸碱滴定（acid-base titration）分析正是利用这一规律，即以一种已知浓度的酸（或碱）溶液滴定另外的碱（或酸）样品，并选择合适的酸碱指示剂，指示出中和反应的终点，最后可由滴定结果求得碱（或酸）样品的量。

9.5　沉淀-溶解平衡

在含有难溶电解质[1]固体的饱和溶液中，存在着固体与由它解离的离子间的平衡，这是一种多相平衡，常称为沉淀-溶解平衡（precipitation-dissolution equilibrium）。例如，在 $CaCl_2$ 溶液中加入 Na_2CO_3 溶液将生成 $CaCO_3$ 沉淀，这种能析出难溶性固体物质的反应称为沉淀反应（precipitation reaction）；如果在含有 $CaCO_3$ 沉淀的溶液中加入盐酸，又可使沉淀溶解，这称为溶解反应（dissolution reaction）。在生产和实验中，经常要用沉淀或溶解反应制备所需产品、进行离子分离、去除杂质以及重量分析等。如何判断沉淀能否生成或溶解；如何使沉淀的生成和溶解更加完全；如何只使某一种或某几种离子从含多种离子的溶液中完全沉淀下来，其余的离子却保留在溶液中，这些都是实际工作中经常遇到的问题。

9.5.1　溶度积

难溶电解质的溶解也是一个对峙反应。例如，在一定温度下，把难溶电解质 AgCl 放入水中，则 AgCl 固体表面上的 Ag^+ 和 Cl^- 离子因受水分子的吸引，成为水合离子而进入溶液。同时，由于溶液中的 Ag^+ 和 Cl^- 离子在不断地运动，其中有些接触到 AgCl 固体表面而又沉淀下来。当溶解与沉淀的速率相等时溶液达到饱和，固体和其溶解在溶液中的离子之间建立了平衡：

$$AgCl(s) \underset{\text{沉淀}}{\overset{\text{溶解}}{\rightleftharpoons}} Ag^+(aq)+Cl^-(aq)$$

$$K_{sp}^{\ominus}=\{[Ag^+]/c^{\ominus}\}\{[Cl^-]/c^{\ominus}\}$$

$K_{sp}^{\ominus}$ 的意义与一般平衡常数相同，只是为了表示沉淀-溶解平衡，将 $K^{\ominus}$ 写成 $K_{sp}^{\ominus}$，称为溶度积常数，简称溶度积（solubility product）。

对于任何一种难溶电解质 A_mB_n，如果在一定温度下达到了沉淀-溶解平衡，都应遵循溶度积常数的表达式：

$$A_mB_n(s) \rightleftharpoons mA^{n+}(aq)+nB^{m-}(aq)$$

$$K_{sp}^{\ominus}=\{[A^{n+}]/c^{\ominus}\}^m\{[B^{m-}]/c^{\ominus}\}^n \tag{9-9}$$

例如：

$$Ag_2CrO_4(s) \rightleftharpoons 2Ag^+(aq)+CrO_4^{2-}(aq)$$

[1] 所谓“难溶”，并没有明确的定义和界限。一般来说，将溶解度小于 0.01g/100gH_2O 的物质称为难溶物。

$$K_{sp}^{\ominus}=\{[Ag^+]/c^{\ominus}\}^2\{[CrO_4^{2-}]/c^{\ominus}\}$$

$$Ca_3(PO_4)_2(s)\rightleftharpoons 3Ca^{2+}(aq)+2PO_4^{3-}(aq)$$

$$K_{sp}^{\ominus}=\{[Ca^{2+}]/c^{\ominus}\}^3\{[PO_4^{3-}]/c^{\ominus}\}^2$$

通式(9-9)表明，一定温度下，在难溶电解质的饱和溶液中，各种离子的浓度按式(9-9)右边的组合是一个常数。它与其他平衡常数一样，只与难溶电解质的本性和温度有关，而与沉淀量的多少及溶液中离子浓度的变化无关。

本书附录中列出了一些难溶电解质在 298K 下的溶度积 $K_{sp}^{\ominus}$ 数据。它的来源有两个，一是由热力学函数算得，再是直接由实验测定。

例 9-10 试用热力学数据计算 25℃时 AgCl 的溶度积。

解：

$$AgCl(s)\rightleftharpoons Ag^+(aq)+Cl^-(aq)$$

查得 $\Delta_f G_m^{\ominus}/kJ\cdot mol^{-1}$ -109.8 77.11 -131.25

$$\begin{aligned}\Delta_r G_m^{\ominus}&=\Delta_f G_m^{\ominus}(Cl^-)+\Delta_f G_m^{\ominus}(Ag^+)-\Delta_f G_m^{\ominus}(AgCl)\\&=-131.25kJ\cdot mol^{-1}+77.11kJ\cdot mol^{-1}+109.8kJ\cdot mol^{-1}\\&=55.66kJ\cdot mol^{-1}\end{aligned}$$

因为

$$\Delta_r G_m^{\ominus}=-RT\ln K_{sp}^{\ominus}$$

所以 $\ln K_{sp}^{\ominus}=-\dfrac{\Delta_r G_m^{\ominus}}{RT}=-\dfrac{55.66\times10^3 J\cdot mol^{-1}}{8.3145J\cdot K^{-1}\cdot mol^{-1}\times298K}=-22.46$

$$K_{sp}^{\ominus}=1.76\times10^{-10}$$

例 9-11 已知室温下，$Mg(OH)_2$ 的溶解度为 $6.53\times10^{-3}g\cdot L^{-1}$。试求该温度下，$Mg(OH)_2$ 的溶度积。

解：溶度积表达式中有关离子浓度的单位为 $mol\cdot L^{-1}$。对于本题应先进行浓度的换算。

$Mg(OH)_2$ 的摩尔质量为 $58.3g\cdot mol^{-1}$，则其溶解度 s 为：

$$s=\frac{6.53\times10^{-3}g\cdot L^{-1}}{58.3g\cdot mol^{-1}}=1.12\times10^{-4}mol\cdot L^{-1}$$

假设在 $Mg(OH)_2$ 饱和溶液中，溶解的 $Mg(OH)_2$ 完全离解，则：

$$[Mg^{2+}]=s=1.12\times10^{-4}mol\cdot L^{-1}\qquad [OH^-]=2s=2.24\times10^{-4}mol\cdot L^{-1}$$

所以

$$\begin{aligned}K_{sp}^{\ominus}&=\{[Mg^{2+}]/c^{\ominus}\}\{[OH^-]/c^{\ominus}\}^2\\&=1.12\times10^{-4}\times(2.24\times10^{-4})^2=5.62\times10^{-12}\end{aligned}$$

对于一般的难溶电解质 A_mB_n，如果其溶解度为 c（单位为$mol\cdot L^{-1}$），则：

$$A_mB_n(s)\rightleftharpoons mA^{n+}(aq)+nB^{m-}(aq)$$

其饱和溶液中：$[A^{n+}]=mc,[B^{m-}]=nc$，

$$K_{sp}^{\ominus}=(mc/c^{\ominus})^m(nc/c^{\ominus})^n=m^mn^n(c/c^{\ominus})^{(m+n)}\tag{9-10}$$

式(9-10)表示溶解度与溶度积之间的关系，在使用时要注意以下两点：

① 该式只有在纯固体的饱和溶液中，其溶解部分一步解离为离子，且离子在溶液中不发生任何化学反应时，才是比较准确的。某些溶解度较大的难溶物和某些过渡金属正离子形成的氢氧化物往往不符合以上条件，如使用该式将会产生较大的偏差。

② 溶解度和溶度积都表示一定温度下，难溶电解质的溶解能力。对于相同类型的难溶电解质来说，溶度积越大，溶解度也越大；而对于不同类型的难溶电解质来说，不能直接由它们的溶度积大小推断溶解度的大小。这一结论可由表 9-6 中 $BaSO_4$、CaF_2、Ag_2CrO_4 及 AgCl 的溶解度和溶度积数据看出。

表 9-6　一些难溶物的溶解度和溶度积（298K）

电解质类型	实　例	溶解度/$mol \cdot L^{-1}$	溶度积 $K_{sp}^{\ominus}$
AB	AgCl	1.34×10^{-5}	1.77×10^{-10}
AB	$BaSO_4$	1.05×10^{-5}	1.08×10^{-10}
AB_2	CaF_2	2.05×10^{-4}	3.45×10^{-11}
A_2B	Ag_2CrO_4	6.5×10^{-5}	1.12×10^{-12}

9.5.2　溶度积规则

难溶电解质的沉淀-溶解平衡也是有条件的动态平衡。当条件改变时，或者溶液中的离子生成沉淀，或者固体溶解并解离成离子时，平衡将发生移动。对于难溶电解质 A_mB_n 的沉淀-溶解过程 $A_mB_n(s) \rightleftharpoons mA^{n+}(aq)+nB^{m-}(aq)$，同样可以通过反应商 J 与溶度积 $K_{sp}^{\ominus}$ 的比较判断过程的方向：

① $J<K_{sp}^{\ominus}$，溶液未饱和，无沉淀生成。若系统中仍有难溶电解质固体存在，则固体将溶解，直至达到沉淀-溶解平衡。

② $J=K_{sp}^{\ominus}$，溶液达到饱和，难溶电解质达到沉淀-溶解平衡。

③ $J>K_{sp}^{\ominus}$，溶液过饱和，溶液中将有沉淀生成，直至达到沉淀-溶解平衡。

以上沉淀-溶解过程的平衡判据也称为溶度积规则（the rule of solubility product）。

9.6　沉淀的生成和溶解

9.6.1　沉淀的生成

根据溶度积规则，在难溶电解质的溶液中，如果 $J>K_{sp}^{\ominus}$，则有沉淀生成。

例 9-12　将浓度为 $0.20mol \cdot L^{-1}$ 的 $NH_3 \cdot H_2O$ 与等体积的浓度为 $0.20mol \cdot L^{-1}$ 的 $MnSO_4$ 溶液混合，是否有 $Mn(OH)_2$ 沉淀生成？

解：查表得 $Mn(OH)_2$ 的溶度积 $K_{sp}^{\ominus}=1.9\times10^{-13}$，$K^{\ominus}(NH_3)=1.78\times10^{-5}$

两溶液等体积混合后，$NH_3 \cdot H_2O$ 浓度为原来的一半，而由它解离的 OH^- 浓度为：

$$[OH^-]/c^{\ominus}=\sqrt{K^{\ominus}(NH_3)[NH_3]/c^{\ominus}}=\sqrt{1.78\times10^{-5}\times0.10}=1.33\times10^{-3}$$

$$[OH^-]=1.33\times10^{-3}mol \cdot L^{-1}$$

$$[Mn^{2+}]=0.10mol \cdot L^{-1}$$

$$J=\{[Mn^{2+}]/c^{\ominus}\}\{[OH^-]/c^{\ominus}\}^2=0.10\times(1.33\times10^{-3})^2=1.77\times10^{-7}$$

可见，$J>K_{sp}^{\ominus}$，所以有 $Mn(OH)_2$ 沉淀生成。

根据化学平衡移动规律，在难溶电解质溶液中加入含有相同离子的强电解质时，难溶电解质的沉淀-溶解平衡将向生成沉淀的方向移动，这就是沉淀-溶解平衡中的同离子效应。

例 9-13　求 25℃时，Ag_2CrO_4 在（1）纯水，（2）浓度为 $0.10mol \cdot L^{-1}$ 的 K_2CrO_4 溶液中的溶解度。

解：Ag_2CrO_4 饱和水溶液中存在着下列平衡：

$$Ag_2CrO_4(s) \rightleftharpoons 2Ag^+(aq)+CrO_4^{2-}(aq)$$

查表得 Ag_2CrO_4 的溶度积 $K_{sp}^{\ominus}=1.12\times10^{-12}$

（1）设 Ag_2CrO_4 在纯水中的溶解度为 c，由式（9-10）可得：

$$c/c^{\ominus}=\sqrt[3]{\frac{K_{sp}^{\ominus}}{4}}=\sqrt[3]{\frac{1.12\times10^{-12}}{4}}=6.5\times10^{-5}$$

$$c=6.5\times10^{-5}mol \cdot L^{-1}$$

（2）设 Ag_2CrO_4 在 $0.10mol \cdot L^{-1}$ K_2CrO_4 溶液中的溶解度为 c，则平衡时：

$$[Ag^+]=2c, [CrO_4^{2-}]=c+0.10\text{mol}\cdot\text{L}^{-1}\approx 0.10\text{mol}\cdot\text{L}^{-1}$$

$$\{[Ag^+]/c^\ominus\}^2\{[CrO_4^{2-}]/c^\ominus\}=K_{sp}^\ominus$$

$$(2c/c^\ominus)^2\times 0.10=K_{sp}^\ominus$$

$$c/c^\ominus=\sqrt{\frac{K_{sp}^\ominus}{4\times 0.10}}=\sqrt{\frac{1.12\times 10^{-12}}{4\times 0.10}}=1.7\times 10^{-6}$$

$$c=1.7\times 10^{-6}\text{mol}\cdot\text{L}^{-1}$$

由计算结果可知，Ag_2CrO_4 在 K_2CrO_4 溶液中的溶解度比在纯水中的小得多。因此，在沉淀反应中，常根据同离子效应的原理加入过量的沉淀剂，以使沉淀趋于完全。但是，严格地说，没有一个沉淀反应是绝对完全的，因为溶液中总存在着沉淀-溶解平衡，不论加入的沉淀剂如何过量，总会有极少量的待沉淀离子残留在溶液中。通常当溶液中被沉淀离子的残余浓度小于 $10^{-5}\text{mol}\cdot\text{L}^{-1}$时，即可认为该离子已经沉淀完全。

例 9-14 求 298K 下 Fe^{3+}离子浓度为 $0.10\text{mol}\cdot\text{L}^{-1}$的溶液中，开始生成$Fe(OH)_3$沉淀和沉淀完全时的 pH 值。

解：查表得 $Fe(OH)_3$ 的溶度积 $K_{sp}^\ominus=2.79\times 10^{-39}$

当 $Fe(OH)_3$ 沉淀开始生成时，它在溶液中已达饱和，溶液中存在如下沉淀-溶解平衡：

$$Fe(OH)_3(s)\rightleftharpoons Fe^{3+}(aq)+3OH^-(aq)$$

$$K_{sp}^\ominus=\{[Fe^{3+}]/c^\ominus\}\{[OH^-]/c^\ominus\}^3$$

$$[OH^-]/c^\ominus=\sqrt[3]{\frac{K_{sp}^\ominus}{[Fe^{3+}]/c^\ominus}}=\sqrt[3]{\frac{2.79\times 10^{-39}}{0.10}}=3.03\times 10^{-13}$$

$$pH=14-pOH=1.48$$

当 pH>1.48 时，溶液中生成 $Fe(OH)_3$ 沉淀，至完全沉淀时仍为其饱和溶液，此时的 $[Fe^{3+}]$ 假设为 $10^{-5}\text{mol}\cdot\text{L}^{-1}$。

则
$$[OH^-]/c^\ominus=\sqrt[3]{\frac{K_{sp}^\ominus}{[Fe^{3+}]/c^\ominus}}=\sqrt[3]{\frac{2.79\times 10^{-39}}{10^{-5}}}=6.54\times 10^{-12}$$

$$pH=14-pOH=2.82$$

可见，当 pH=2.82 时，溶液中未沉淀 Fe^{3+} 离子的浓度已符合沉淀完全的基本要求，即已降到了 $10^{-5}\text{mol}\cdot\text{L}^{-1}$。如果 pH 值继续升高，溶液中未沉淀的 Fe^{3+}离子浓度将进一步降低。除碱金属和部分碱土金属外，许多金属氢氧化物的溶解度都比较小，且它们的溶解度与溶液的 pH 值有关，一些金属氢氧化物沉淀的 pH 值见表 9-7。在实际工作中，经常根据金属氢氧化物溶解度的差别，适当控制溶液的 pH 值，使某些金属离子形成金属氢氧化物沉淀下来，而另一些金属离子仍保留在溶液中，从而达到分离金属离子的目的。例如，在 $ZnSO_4$ 溶液中，常含有杂质 Fe^{2+} 离子。如果用控制溶液 pH 值的方法进行分离，由于 $Zn(OH)_2$ 和 $Fe(OH)_2$ 的溶解度差别很小，由表 9-7 可知，当 $Fe(OH)_2$ 沉淀完全时，$Zn(OH)_2$ 也将产生沉淀，这样就不能达到分离的目的。如果将 Fe^{2+} 氧化为 Fe^{3+}，再控制溶液的 pH 值在 3～5 之间，则 Fe^{3+}将生成 $Fe(OH)_3$ 并完全沉淀，而 Zn^{2+}不会产生 $Zn(OH)_2$ 沉淀，仍留在溶液中，从而达到除铁的目的。

实验发现，如果向难溶电解质 $BaSO_4$ 或 AgCl 的溶液中加入与它们没有相同离子的强电解质 KNO_3，则 $BaSO_4$ 或 AgCl 的溶解度均比在纯水中大。这种因加入强电解质使难溶电解质溶解度增大的效应称为盐效应（salt effect）。

表 9-7　一些常见金属氢氧化物沉淀的 pH 值

金属氢氧化物	$K_{sp}^{\ominus}$	开始沉淀 pH 值①	完全沉淀 pH 值②
$Fe(OH)_3$	2.79×10^{-39}	1.48	2.82
$Cr(OH)_3$	6.3×10^{-31}	4.27	5.60
$Cu(OH)_2$	2.2×10^{-20}	4.67	6.67
$Zn(OH)_2$	3.0×10^{-17}	6.24	8.24
$Fe(OH)_2$	4.87×10^{-17}	6.34	8.34
$Ni(OH)_2$(新析出)	5.48×10^{-16}	7.15	9.15
$Co(OH)_2$(新析出)	5.42×10^{-15}	7.10	9.10
$Pb(OH)_2$	1.43×10^{-20}	4.58	6.58
$Mn(OH)_2$	1.9×10^{-13}	8.14	10.14
$Mg(OH)_2$	5.61×10^{-12}	8.87	10.87

① 假定金属离子浓度为 $0.10mol\cdot L^{-1}$。

② 假定金属离子浓度为 $10^{-5}\ mol\cdot L^{-1}$。

关于产生盐效应的原因，现以难溶电解质 AgCl 为例进行说明。AgCl 的饱和水溶液浓度很低，当向其中加入强电解质 KNO_3 后，溶液中离子的总浓度增大了。虽然整个溶液呈电中性，但平均说来，在正离子 Ag^+ 的周围有更多的负离子 NO_3^-，在负离子 Cl^- 的周围有更多的正离子 K^+。显然，Ag^+ 和 Cl^- 在溶液中的所处状态发生了变化。因此，处在新氛围中的 Ag^+ 和 Cl^-，所受的牵制作用比原来增强了。这就使得 Ag^+ 和 Cl^- 在单位时间内与沉淀表面的碰撞次数减少了，沉淀速率降低了。此也相当于降低了 Ag^+ 和 Cl^- 生成 AgCl 沉淀的有效浓度，从而导致沉淀-溶解平衡向溶解的方向移动，因而难溶盐电解质的溶解度增大。实际上，增大难溶电解质的溶解度，并不只限于加入与它没有相同离子的盐类物质，加入不含共同离子的强酸或强碱，也能起到类似的作用。对此，这里不再赘述。

在进行沉淀反应时，同离子效应利于沉淀，盐效应不利于沉淀。实际上，这两个因素总是同时存在的，但是同离子效应要比盐效应的作用大得多。一般来说，当难溶电解质的溶度积很小时，盐效应的影响极微，可以忽略不计。

9.6.2　沉淀的溶解

在达到沉淀-溶解平衡的系统中，若加入能降低平衡离子浓度的一种或几种物质，使得 $J<K_{sp}^{\ominus}$，则平衡向沉淀溶解的方向移动。

沉淀溶解的类型很多，下面列举几个例子。

① $Mg(OH)_2$ 沉淀能溶于 HCl 中，溶解反应是：

$$Mg(OH)_2(s) \rightleftharpoons Mg^{2+}(aq)+2OH^-(aq)$$

$$2OH^-(aq)+2H_3O^+(aq) \rightleftharpoons 4H_2O(l)$$

总反应：$Mg(OH)_2(s)+2H_3O^+(aq) \rightleftharpoons Mg^{2+}(aq)+4H_2O(l)$

② CuS 沉淀能溶于具有氧化性的 HNO_3 中，溶解反应是：

$$CuS(s) \rightleftharpoons Cu^{2+}(aq)+S^{2-}(aq)$$

$$3S^{2-}(aq)+2NO_3^-(aq)+8H_3O^+(aq) \rightleftharpoons 3S(s)+2NO(g)+12H_2O(l)$$

总反应：$3CuS(s)+2NO_3^-(aq)+8H_3O^+(aq) \rightleftharpoons$

$$3Cu^{2+}(aq)+3S(s)+2NO(g)+12H_2O(l)$$

③ $Cu(OH)_2$ 沉淀能够溶于过量氨水中，溶解反应是：

$$Cu(OH)_2(s) \rightleftharpoons Cu^{2+}(aq)+2OH^-(aq)$$

$$Cu^{2+}(aq)+4NH_3(aq) \rightleftharpoons [Cu(NH_3)_4]^{2+}(aq)$$

总反应：$Cu(OH)_2(s)+4NH_3(aq) \rightleftharpoons [Cu(NH_3)_4]^{2+}(aq)+2OH^-(aq)$

由以上几种类型的实例可见，溶解反应需借助其他化学反应来完成，其中第②、③种类型的沉淀溶解是借助了氧化还原反应和配位反应，有关内容将在第10、11章中介绍。本节主要介绍借助酸碱反应来完成的第①种类型的沉淀溶解。

许多难溶电解质本身包含着离子碱（如 OH^-、S^{2-} 等）或离子酸（如 Al^{3+}、Zn^{2+} 等）。这些离子可以通过酸碱反应，生成相应的共轭酸或共轭碱而使沉淀溶解。

例如，对于 $M(OH)_n$ 型金属难溶氢氧化物，溶于酸的反应是：

$$M(OH)_n(s) \rightleftharpoons M^{n+}(aq) + nOH^-(aq)$$

$$nOH^-(aq) + nH_3O^+(aq) \rightleftharpoons 2nH_2O(l)$$

总反应：$M(OH)_n(s) + nH_3O^+(aq) \rightleftharpoons M^{n+}(aq) + 2nH_2O(l)$

根据同时平衡规则，总反应的平衡常数：

$$K^\ominus = \frac{K_{sp}^\ominus}{(K_W^\ominus)^n}$$

此式表明，难溶金属氢氧化物 $M(OH)_n$ 的 $K_{sp}^\ominus$ 愈大，它溶于酸的倾向越大。某些金属氢氧化物不仅可溶于强酸，还可溶于 HAc、NH_4^+ 等弱酸中。如 $M(OH)_n$ 溶于 NH_4^+ 的反应是：

$$M(OH)_n(s) \rightleftharpoons M^{n+}(aq) + nOH^-(aq) \qquad K_{sp}^\ominus$$

$$nNH_4^+(aq) + nOH^-(aq) \rightleftharpoons nNH_3(aq) + nH_2O(l) \qquad [K^\ominus(NH_4^+)/K_w^\ominus]^n$$

总反应：$M(OH)_n(s) + nNH_4^+(aq) \rightleftharpoons M^{n+}(aq) + nNH_3(aq) + nH_2O(l)$

$$K^\ominus = \frac{K_{sp}^\ominus[K^\ominus(NH_4^+)]^n}{(K_w^\ominus)^n} = \frac{K_{sp}^\ominus}{[K^\ominus(NH_3)]^n}$$

总反应进行的难易程度取决于 $M(OH)_n$ 的溶度积 $K_{sp}^\ominus$ 和 $NH_3 \cdot H_2O$ 的解离常数。一些金属氢氧化物溶于 NH_4^+ 的 $K^\ominus$ 列于表9-8中。由表9-8可见，各种金属氢氧化物在 NH_4^+ 中的溶解度是不同的，这在金属离子的分离中具有重要的实用意义。

表 9-8 一些金属氢氧化物的 $K_{sp}^\ominus$ 及溶于 NH_4^+ 的 $K^\ominus$

金属氢氧化物	$Mg(OH)_2$	$Mn(OH)_2$	$Pb(OH)_2$	$Fe(OH)_3$
$K_{sp}^\ominus$	5.61×10^{-12}	1.9×10^{-13}	1.43×10^{-20}	2.79×10^{-39}
$K^\ominus$	1.85×10^{-2}	6.27×10^{-4}	4.72×10^{-11}	5.30×10^{-25}

大部分金属离子可与 S^{2-} 离子形成金属硫化物沉淀，按照它们的溶解性，大致可分为三大类，每一类的沉淀常具有特征颜色，并且溶度积差别很大，见表9-9。金属硫化物的这些性质常用于金属离子的分离和鉴定。

表 9-9 金属硫化物的颜色和溶解性

溶于水的硫化物			不溶于水，溶于稀酸的硫化物			不溶于水和稀酸的硫化物		
化学式	颜色	$K_{sp}^\ominus$	化学式	颜色	$K_{sp}^\ominus$	化学式	颜色	$K_{sp}^\ominus$
Na_2S	白	—	MnS	肉色	2.5×10^{-10}	SnS	棕	1.0×10^{-25}
K_2S	白	—	FeS	黑	6.3×10^{-18}	CdS	黄	8.0×10^{-27}
BaS	白	—	ZnS	白	2.5×10^{-22}	PbS	黑	8.0×10^{-28}
			NiS	黑	3.2×10^{-19}	CuS	黑	6.3×10^{-36}
						Ag_2S	黑	6.3×10^{-50}
						HgS	黑	1.6×10^{-52}

硫化物 MS 在酸中存在着下列平衡：

$$MS \rightleftharpoons M^{2+} + S^{2-} \qquad K_{sp}^\ominus$$

$$S^{2-} + H_3O^+ \rightleftharpoons HS^- + H_2O \qquad 1/K_{a_2}^\ominus$$

$$HS^- + H_3O^+ \rightleftharpoons H_2S + H_2O \qquad 1/K_{a_1}^{\ominus}$$

总反应：

$$MS + 2H_3O^+ \rightleftharpoons M^{2+} + H_2S + 2H_2O$$

$$K^{\ominus} = \frac{K_{sp}^{\ominus}}{K_{a_1}^{\ominus} K_{a_2}^{\ominus}}$$

可见，金属硫化物 MS 的 $K_{sp}^{\ominus}$ 愈大，它溶于酸的趋势就愈大；反之则不易溶于酸。利用金属硫化物的这一性质差异，可以分离和鉴定溶液中的金属离子。为此通常先采用控制溶液酸度的方法调节溶液中的 S^{2-} 离子浓度，由此将金属离子分成几个组。一般是在金属离子的混合溶液中，先用稀盐酸酸化，再通入 H_2S[1] 气体，则不溶于稀酸的金属硫化物就沉淀出来，分离后再向溶液中加碱（常用氨水），不溶于水的金属硫化物又可沉淀出来，分离后留在溶液中的便是可溶于水的金属硫化物。这样，在初步分组的基础上，再对不同条件下所得到的沉淀及溶液作进一步的分离和鉴定。

例 9-15　欲恰好溶解 0.010mol $Mn(OH)_2$，需要 1.0L 多大浓度的 NH_4Cl 溶液？

解：查表得 $Mn(OH)_2$ 的溶度积 $K_{sp}^{\ominus} = 1.9\times10^{-13}$，$K^{\ominus}(NH_3) = 1.78\times10^{-5}$

$Mn(OH)_2$ 溶于 NH_4Cl 的反应为：

$$Mn(OH)_2(s) + 2NH_4^+(aq) \rightleftharpoons Mn^{2+}(aq) + 2NH_3(aq) + 2H_2O(l)$$

$$K^{\ominus} = \frac{\{[Mn^{2+}]/c^{\ominus}\}\{[NH_3]/c^{\ominus}\}^2}{\{[NH_4^+]/c^{\ominus}\}^2} = \frac{K_{sp}^{\ominus}[K^{\ominus}(NH_4^+)]^2}{(K_w^{\ominus})^2} = \frac{K_{sp}^{\ominus}}{[K^{\ominus}(NH_3)]^2}$$

$$= \frac{1.9\times10^{-13}}{(1.78\times10^{-5})^2} = 6.00\times10^{-4}$$

设溶解平衡时，$[NH_4^+] = x\text{mol}\cdot L^{-1}$

则：$[Mn^{2+}] = 0.010\text{mol}\cdot L^{-1}$　　$[NH_3] = 0.020\text{mol}\cdot L^{-1}$

$$K^{\ominus} = \frac{0.010\times0.020^2}{x^2} = 6.00\times10^{-4}$$

$$x = 0.082,\ [NH_4^+] = 0.082\text{mol}\cdot L^{-1}$$

考虑反应消耗及溶解平衡时溶液中存在的 NH_4^+，则恰好溶解 0.010mol $Mn(OH)_2$ 所需 NH_4Cl 浓度为：

$$2\times0.010\text{mol}\cdot L^{-1} + 0.082\text{mol}\cdot L^{-1} = 0.10\text{mol}\cdot L^{-1}$$

例 9-16　试由计算说明：0.10mol ZnS 可溶于 1.0L 稀盐酸中；而同样物质的量的 SnS 沉淀不能完全溶于稀盐酸中。

解：(1) ZnS 溶于稀盐酸的反应是：

$$ZnS(s) + 2H_3O^+(aq) \rightleftharpoons H_2S(aq) + Zn^{2+}(aq) + 2H_2O(l)$$

查表得 ZnS 的溶度积 $K_{sp}^{\ominus} = 2.5\times10^{-22}$，$H_2S$ 的 $K_{a_1}^{\ominus} = 1.07\times10^{-7}$，$HS^-$ 的 $K_{a_2}^{\ominus} = 1.26\times10^{-13}$

$$K^{\ominus} = \frac{\{[H_2S]/c^{\ominus}\}\{[Zn^{2+}]/c^{\ominus}\}}{\{[H_3O^+]/c^{\ominus}\}^2} = \frac{K_{sp}^{\ominus}}{K_{a_1}^{\ominus}K_{a_2}^{\ominus}} = \frac{2.5\times10^{-22}}{1.07\times10^{-7}\times1.26\times10^{-13}} = 0.019$$

假定 0.10mol ZnS 能溶于稀盐酸中，则平衡时：

$$[H_3O^+] = x\text{mol}\cdot L^{-1},\quad [H_2S] = [Zn^{2+}] = 0.10\text{mol}\cdot L^{-1}$$

$$\frac{0.10\times0.10}{x^2} = 0.019$$

$$x = 0.73,\quad [H_3O^+] = 0.73\text{mol}\cdot L^{-1}$$

考虑反应消耗及溶解平衡时溶液中存在的 H_3O^+，则起始 HCl 的浓度为：

$$0.73\text{mol}\cdot L^{-1} + 0.20\text{mol}\cdot L^{-1} = 0.93\text{mol}\cdot L^{-1}$$

---

[1] H_2S 气体难闻、有毒，制备时难免逸出。现常用硫代乙酰胺制备，因其水解可生成 H_2S：$CH_3CSNH_2 + H^+ + 2H_2O \longrightarrow H_2S + CH_3COOH + NH_4^+$

即 1.0L 浓度为 0.93mol·L^{-1}的 HCl 便能溶解 0.10mol ZnS。可见 0.10mol ZnS 可溶于 1.0L 稀盐酸中。

(2) SnS 溶于稀盐酸的反应是：

$$SnS(s)+2H_3O^+(aq) \rightleftharpoons H_2S(aq)+Sn^{2+}(aq)+2H_2O(l)$$

查表得 SnS 的溶度积 $K_{sp}^{\ominus}=1.0\times10^{-25}$

$$K^{\ominus}=\frac{K_{sp}^{\ominus}}{K_{a_1}^{\ominus}K_{a_2}^{\ominus}}=\frac{1.0\times10^{-25}}{1.07\times10^{-7}\times1.26\times10^{-13}}=7.4\times10^{-6}$$

用与 (1) 相同的方法可以求得溶解平衡时盐酸的浓度为 36.8mol·L^{-1}。因为市售浓盐酸的浓度只有 12.0 mol·L^{-1}，所以 SnS 不能完全溶于稀盐酸。

除了金属氢氧化物、硫化物用于杂质离子的去除和离子的分离外，还有许多其他试剂也用于同样的目的，如 Na_2CO_3 常用来沉淀 Ca^{2+}，$BaCl_2$ 常用来沉淀 SO_4^{2-}、CO_3^{2-} 等。

9.6.3 沉淀转化

有些沉淀不能利用酸碱反应、氧化还原反应和配位反应直接溶解，但可将其转化为另一种沉淀后再溶解。这种由一种沉淀转化为另一种沉淀的过程称为沉淀的转化 (inversion of precipitate)。例如，锅炉垢中的 $CaSO_4$ 既不溶于水也不溶于酸，因而很难清除，但若加入 Na_2CO_3，使 $CaSO_4$ 转化为疏松且可溶于酸的 $CaCO_3$，则将易于除去。$CaSO_4$ 转化为 $CaCO_3$ 的反应如下：

$$CaSO_4(s) \rightleftharpoons Ca^{2+}(aq)+SO_4^{2-}(aq)$$

$$Ca^{2+}(aq)+CO_3^{2-}(aq) \rightleftharpoons CaCO_3(s)$$

总反应：$CaSO_4(s)+CO_3^{2-}(aq) \rightleftharpoons CaCO_3(s)+SO_4^{2-}(aq)$

$$K^{\ominus}=\frac{K_{sp}^{\ominus}(CaSO_4)}{K_{sp}^{\ominus}(CaCO_3)}=\frac{4.93\times10^{-5}}{3.36\times10^{-9}}=1.47\times10^{4}$$

可见，该沉淀转化反应的 $K^{\ominus}$ 较大，表明 $CaSO_4$ 转化为 $CaCO_3$ 的趋势较大。

应该指出，沉淀转化是有条件的。由一种难溶电解质转化为另一种更难溶电解质是比较容易的，反之，则比较困难，甚至不可能转化。总之，如果转化反应的平衡常数较大，转化就比较容易实现；如果转化反应的平衡常数很小，则不可能转化；某些转化反应的平衡常数既不很大，又不很小，则在一定条件下转化也是可能实现的。

例 9-17 在 1.0 L 浓度为 1.6 mol·L^{-1}的 Na_2CO_3 溶液中，能否使 0.10mol 的 $BaSO_4$ 沉淀完全转化为 $BaCO_3$？

解：查表得：$K_{sp}^{\ominus}(BaSO_4)=1.08\times10^{-10}$，$K_{sp}^{\ominus}(BaCO_3)=2.58\times10^{-9}$

沉淀转化反应为：$BaSO_4(s)+CO_3^{2-}(aq) \rightleftharpoons BaCO_3(s)+SO_4^{2-}(aq)$

$$K^{\ominus}=\frac{K_{sp}^{\ominus}(BaSO_4)}{K_{sp}^{\ominus}(BaCO_3)}=\frac{1.08\times10^{-10}}{2.58\times10^{-9}}=0.042$$

设能转化 $BaSO_4$ x mol，则平衡时：

$$[SO_4^{2-}]=x\ \text{mol·L}^{-1},\quad [CO_3^{2-}]=(1.6-x)\ \text{mol·L}^{-1}$$

$$K^{\ominus}=\frac{[SO_4^{2-}]/c^{\ominus}}{[CO_3^{2-}]/c^{\ominus}}=\frac{x}{1.6-x}=0.042$$

$$x=0.064 \qquad [SO_4^{2-}]=0.064\text{mol·L}^{-1}$$

所以，在给定条件下，Na_2CO_3 只能转化 0.064mol $BaSO_4$ 沉淀。但是，因为该转化反应的 $K^{\ominus}$ 不是很小，只要改变条件，可以使 $BaSO_4$ 完全转化为 $BaCO_3$ 沉淀。在实际操作中，可以将沉淀转化后的溶液分离出来，在沉淀中重新加入浓度为 1.6mol·L^{-1}的 Na_2CO_3 溶液，只要如此重复处理两次，就能将 0.10mol 的 $BaSO_4$ 完全转化为 $BaCO_3$ 沉淀。

9.7　分步沉淀

以上讨论的都是溶液中仅有一种离子形成沉淀的情况。但实际上，常常是同一溶液中的几种离子都能和另外加入的带相反电荷的某种离子形成沉淀，只是沉淀的先后次序不同。于是，人们就把这种在同一溶液中几种离子先后形成沉淀的现象称为分步沉淀（fractional precipitation）。

例如在 Cl^- 离子、I^- 离子浓度均为 0.010mol·L^{-1} 的混合溶液中，逐滴加入 $AgNO_3$ 溶液，若要回答哪一种离子先沉淀？第一种离子沉淀到什么程度，第二种离子才开始沉淀？就要计算 AgCl 和 AgI 开始沉淀时的 Ag^+ 离子浓度 $[Ag^+]$。

AgI 开始沉淀时：

$$[Ag^+]/c^\ominus = \frac{K_{sp}^\ominus(AgI)}{[I^-]/c^\ominus} = \frac{8.52\times10^{-17}}{0.010} = 8.52\times10^{-15}$$

$$[Ag^+] = 8.52\times10^{-15}\,mol\cdot L^{-1}$$

AgCl 开始沉淀时：

$$[Ag^+]/c^\ominus = \frac{K_{sp}^\ominus(AgCl)}{[Cl^-]/c^\ominus} = \frac{1.77\times10^{-10}}{0.010} = 1.77\times10^{-8}$$

$$[Ag^+] = 1.77\times10^{-8}\,mol\cdot L^{-1}$$

可见，沉淀 I^- 离子所需 Ag^+ 离子浓度比沉淀 Cl^- 离子所需的要小得多，显然 AgI 应先沉淀。当 Ag^+ 离子浓度增加到使 AgCl 开始沉淀时，此时的溶液对于 AgI 和 AgCl 来说都是饱和的。这时 $[Ag^+]$ 必须同时满足下列两个关系式：

$$\{[Ag^+]/c^\ominus\}\{[I^-]/c^\ominus\} = K_{sp}^\ominus(AgI)$$

$$\{[Ag^+]/c^\ominus\}\{[Cl^-]/c^\ominus\} = K_{sp}^\ominus(AgCl)$$

所以：

$$[Ag^+]/c^\ominus = \frac{K_{sp}^\ominus(AgI)}{[I^-]/c^\ominus} = \frac{K_{sp}^\ominus(AgCl)}{[Cl^-]/c^\ominus}$$

$$[I^-]/c^\ominus = \frac{K_{sp}^\ominus(AgI)}{K_{sp}^\ominus(AgCl)}[Cl^-]/c^\ominus = \frac{8.52\times10^{-17}}{1.77\times10^{-10}}\times0.010 = 4.81\times10^{-9}$$

$$[I^-] = 4.81\times10^{-9}\,mol\cdot L^{-1}$$

即当溶液中 I^- 离子的浓度下降到 4.81×10^{-9} mol·L^{-1}时，AgCl 才开始沉淀。此时，AgI 实际上已经沉淀得相当完全了。由此可知，影响分步沉淀的主要因素是：难溶电解质的溶度积和被沉淀离子的浓度。如果是同一类型的难溶电解质，$K_{sp}^\ominus$ 愈小者愈先沉淀，而且溶度积数值相差越大，混合离子越容易分离。但对于不同类型的难溶电解质来说，因有不同浓度的幂次关系，就不能直接根据 $K_{sp}^\ominus$ 来判断沉淀的次序。在两种沉淀的 $K_{sp}^\ominus$ 差别不大时，改变溶液中被沉淀离子的浓度可以改变沉淀的次序。总之，在混合溶液中，如果加入沉淀剂，所需沉淀剂浓度低的离子先沉淀，所需沉淀剂浓度高的离子后沉淀。如果形成各沉淀所需的沉淀剂浓度相差较大，就能运用分步沉淀原理分离混合溶液中的离子。

例 9-18　(1) 某溶液中含有 Pb^{2+} 离子和 Ba^{2+} 离子，它们的浓度均为 0.10 mol·L^{-1}。试问在此溶液中加入 Na_2SO_4 试剂，哪一种离子先沉淀？两者有无分离的可能？

(2) 若溶液中 Pb^{2+} 离子的浓度为 0.0010mol·L^{-1}，Ba^{2+} 离子的浓度仍为 0.10mol·L^{-1}，两者有无分离的可能？

解：查表得 $K_{sp}^\ominus(PbSO_4) = 2.53\times10^{-8}$，$K_{sp}^\ominus(BaSO_4) = 1.08\times10^{-10}$

(1) 沉淀 Pb^{2+} 离子所需$[SO_4^{2-}]/c^\ominus = \frac{2.53\times10^{-8}}{0.10} = 2.53\times10^{-7}$，$[SO_4^{2-}] = 2.53\times10^{-7}$mol·L^{-1}

沉淀 Ba^{2+} 离子所需 $[SO_4^{2-}]/c^{\ominus}=\frac{1.08\times10^{-10}}{0.10}=1.08\times10^{-9}$，$[SO_4^{2-}]=1.08\times10^{-9}mol\cdot L^{-1}$

因为沉淀 Ba^{2+} 离子所需 $[SO_4^{2-}]$ 低，所以 Ba^{2+} 离子先沉淀。当 $PbSO_4$ 沉淀时：

$$\frac{[Ba^{2+}]/c^{\ominus}}{[Pb^{2+}]/c^{\ominus}}=\frac{1.08\times10^{-9}}{2.53\times10^{-7}}=4.27\times10^{-3}$$

此时溶液中 $[Ba^{2+}]=4.27\times10^{-3}\times0.10mol\cdot L^{-1}=4.27\times10^{-4}mol\cdot L^{-1}$

由于 $PbSO_4$ 开始沉淀时，$[Ba^{2+}]>10^{-5}mol\cdot L^{-1}$，所以 Ba^{2+} 离子尚未沉淀完全。因此，用 Na_2SO_4 作为沉淀剂不能分离 Pb^{2+} 离子和 Ba^{2+} 离子。

(2) 当 $PbSO_4$ 开始沉淀时，$\frac{[Ba^{2+}]/c^{\ominus}}{[Pb^{2+}]/c^{\ominus}}=4.27\times10^{-3}$

即 $[Ba^{2+}]=4.27\times10^{-3}\times0.0010mol\cdot L^{-1}=4.27\times10^{-6}mol\cdot L^{-1}<10^{-5}mol\cdot L^{-1}$

所以 Ba^{2+} 离子已沉淀完全。可见，用 Na_2SO_4 作为沉淀剂可以分离 Pb^{2+} 离子和 Ba^{2+} 离子。

科学家阿仑尼乌斯

Svante August Arrhenius（1859～1927）

电解质溶液的解离理论是由瑞典物理化学家阿仑尼乌斯提出的，他因此而获 1903 年诺贝尔化学奖。阿仑尼乌斯 24 岁时在他的博士论文中提出电解质分子在水溶液中会“离解”成带正电荷和带负电荷的离子，而这一过程并不需给溶液通电。然而这一见解有悖于当时流行的观点，完全超出了当时学术界的认识，因此在进行论文答辩时引起了他所在的乌普萨拉大学一些知名教授的不满。答辩结果，他的论文只得四等，而答辩得了三等。最后，因考虑到该论文的思想新颖以及论文的实验部分数据可靠而且丰富，才算勉强通过。由于论文仅以低分通过，他毕业后未能在大学谋求到讲师职务。阿仑尼乌斯所在学校当时是瑞典最有名的大学，既然在校内得不到支持，在国内也就没有指望了。为此他把论文的复本分寄给了国外的一些著名化学家，其中有德国化学家奥斯特瓦尔德和荷兰化学家范特霍夫，他们对阿仑尼乌斯的观点表示热情赞赏和支持。尤其是奥斯特瓦尔德于 1884 年亲自到瑞典去会见他，与他共商研究计划，帮助他继续进行电离理论的研究，再次于 1887 年发表完整的有关电离理论的论文。电离理论正式发表后，一些国家的科学家仍然表示怀疑和反对，其中有俄国的化学家门捷列夫。但由于奥斯特瓦尔德和范特霍夫的一贯支持，再加上这两位科学家本身的崇高威望，电离学说才逐渐被人们所接受，最终在 1903 年以他获得诺贝尔化学奖而宣告电离理论争论的结束。

阿仑尼乌斯成名后，外国科学机构或大学争相聘请他担任职务。最早是在 1891 年德国吉森大学提出聘任他为教授，但他未去就任，而只是在本国斯德哥尔摩工业大学任物理学讲师。第二次是在 1905 年，当时的德皇诚邀他去柏林工作，并专门为他盖一所研究院，答应以最高的勋爵颁赠给他。但当阿仑尼乌斯得知瑞典国王表示瑞典离不开他时，他谢绝邀请而在国内担任斯德哥尔摩诺贝尔物理化学研究所所长。阿仑尼乌斯这种视祖国利益高于一切的爱国热情一直是后人学习的榜样。

阿仑尼乌斯对自然科学的其他领域中也有很高的造诣，这可以从他的许多著作中表现出来：如《宇宙物理学教程》、《理论电化学教程》、《世界的成长》、《行星的命运》、《生物化学的定量法则》、《免疫化学》等。

复习思考题

1. 酸碱质子理论的基本要点是什么？酸碱反应的实质是什么？
2. 说明下列名词的意义：(1) 酸解离常数和碱解离常数；(2) 同离子效应和盐效应；(3) 缓冲溶液；(4) 沉淀完全；(5) 分步沉淀；(6) 沉淀转化。
3. HCOOH、CH_3COOH、H_3PO_4、$HClO_4$、HCN 五种酸溶液的浓度相同，试问哪一种酸溶液的 pH 值最高？哪一种酸溶液的 pH 值最低？
4. 实验测得相同浓度的 KX、KY 和 KZ 水溶液的 pH 值分别是 7.0、9.0 和 11.0。试说明 HX、HY 和 HZ 酸强度的相对大小。
5. 指出 H_3PO_4 溶液中所有的酸与其共轭碱组分，并指出哪些组分既可作为酸又可作为碱。
6. 在下列情况下，溶液的 pH 值是否发生变化？若发生变化，是增大还是减小？
   (1) 醋酸溶液中加入醋酸钾；(2) 氨水溶液中加入硝酸铵；
   (3) 盐酸溶液中加入氯化钾；(4) 氢碘酸溶液中加入少量氯化钾。
7. 下列说法是否正确，为什么？
   (1) 某一元酸是弱酸，其共轭碱必定是强碱；
   (2) 相同浓度的 HCl 和 HAc 溶液 pH 值相同；
   (3) 高浓度的强酸和强碱溶液也具有缓冲作用；
   (4) 难溶电解质的溶解度越大，其 $K_{sp}^{\ominus}$ 值也越大；
   (5) 离子分步沉淀的次序必定是溶度积小的先沉淀，溶度积大的后沉淀。
8. 解释下列现象：
   (1) 配制 $SnCl_2$ 溶液时应加入过量酸；
   (2) $BaSO_4$ 沉淀通常用稀 H_2SO_4 洗涤而不用 H_2O；
   (3) $AlCl_3$ 与 Na_2S 溶液混合得不到 Al_2S_3 沉淀。
9. 向含有固体 AgCl 的饱和水溶液中分别加入：(1) $AgNO_3$，(2) NaCl，(3) AgCl，(4) H_2O。AgCl 的沉淀-溶解平衡朝何方向移动？溶液中 $[Ag^+]$ 和 $[Cl^-]$ 是增加还是减少？AgCl 的溶度积是否变化？
10. 试说明利用金属氢氧化物和金属硫化物的性质进行离子分离的基本原理。
11. 沉淀的溶解有哪几种基本类型？试举例说明。
12. 金属硫化物沉淀与溶液 pH 值有关，试导出它们之间的关系，并说明金属硫化物沉淀和溶解的 pH 值范围。

习　题

1. 试指出甲酸 (HCOOH)、一氯乙酸 ($CH_2ClCOOH$)、草酸 ($H_2C_2O_4$)、H_2O、$H_2PO_4^-$、HPO_4^{2-}、HS^-、CO_3^{2-}、CN^- 等物质中，哪些是酸？哪些是碱？哪些既是酸又是碱？写出它们的共轭碱或共轭酸。
2. 试求物质 S^{2-}、HCO_3^-、$H_2PO_4^-$、HPO_4^{2-}、Ac^- 的共轭酸或共轭碱的 $K_a^{\ominus}$ 或 $K_b^{\ominus}$ 值。
3. 计算浓度为 $0.20mol \cdot L^{-1}$ 的 $KHSO_4$ 溶液中 HSO_4^-、SO_4^{2-}、H_3O^+ 的浓度。
4. 计算浓度为 $0.025mol \cdot L^{-1}$ 的 H_2CO_3 溶液中各组分的浓度。
5. 计算下列各溶液的 pH 值：
   (1) $1.0 \times 10^{-4} mol \cdot L^{-1}$ 的 NH_3 溶液；(2) $0.20mol \cdot L^{-1}$ 的 NH_3 溶液；(3) $0.20\ mol \cdot L^{-1}$ 的 $(NH_4)_2SO_4$ 溶液；(4) $0.10mol \cdot L^{-1}$ 的 NH_4Ac 溶液；(5) $0.10mol \cdot L^{-1}$ 的 NaAc 溶液；(6) $0.10\ mol \cdot L^{-1}$ 的 Na_2S 溶液。
6. 计算下列溶液的 pH 值：
   (1) 20.0mL $0.10mol \cdot L^{-1}$ HCl 和 20.0mL $0.050mol \cdot L^{-1}$ NaOH 溶液混合；
   (2) 20.0mL $0.10mol \cdot L^{-1}$ HCl 和 20.0mL $0.10mol \cdot L^{-1}$ NH_3 溶液混合；
   (3) 20.0mL $0.20mol \cdot L^{-1}$ HAc 和 20.0mL $0.10mol \cdot L^{-1}$ NaOH 溶液混合；
   (4) 20.0mL $0.10mol \cdot L^{-1}$ HCl 和 20.0mL $0.20mol \cdot L^{-1}$ NaAc 溶液混合。
7. 在 $0.20mol \cdot L^{-1}$ 六亚甲基四胺 $[(CH_2)_6N_4]$ 溶液中分别加入：(1) 等体积的 $0.20mol \cdot L^{-1}$ HCl 溶液；

(2) 等体积的 0.10mol·L^{-1} HCl 溶液。试分别求两混合溶液的 pH 值。哪一种混合溶液是缓冲溶液。

8. 在 100mL 2.0mol·L^{-1} 的 $NH_3 \cdot H_2O$ 中，加入 13.2g$(NH_4)_2SO_4$ 固体并稀释至 1.0L。求所得溶液的 pH 值。

9. 配制 pH＝4.5，c_{HAc}＝0.82mol·L^{-1} 的缓冲溶液 500mL。需称取固体 $NaAc \cdot 3H_2O$ 多少克？需量取 6.0mol·L^{-1} HAc 溶液多少毫升？

10. 将 10.0mL 0.10mol·L^{-1} HAc 和 40.0mL 1.0mol·L^{-1} NaAc 溶液混合，求该溶液的 pH 值。在此溶液中分别加入：(1) 5mL 0.10mol·L^{-1} 的 HCl 溶液，(2) 5mL 0.10mol·L^{-1} 的 NaOH 溶液，试分别计算加入 HCl、NaOH 后溶液 pH 值的变化。

11. 将 40.0mL 3.0mol·L^{-1} HAc 和 10.0mL 0.10mol·L^{-1} NaAc 混合，求该溶液的 pH 值。在此溶液中分别加入：

(1) 5mL 0.10mol·L^{-1} HCl 溶液；(2) 5mL 0.10mol·L^{-1} NaOH 溶液。试计算加入 HCl，NaOH 后溶液 pH 值的变化。由 10，11 题可得到什么结论？

12. 计算下列反应的平衡常数：

(1) $HCO_3^- + OH^- \rightleftharpoons CO_3^{2-} + H_2O$；(2) $H_2PO_4^- + OH^- \rightleftharpoons HPO_4^{2-} + H_2O$；

(3) $H_2SO_3 + OH^- \rightleftharpoons HSO_3^- + H_2O$；(4) $H_2PO_4^- + PO_4^{3-} \rightleftharpoons 2HPO_4^{2-}$

所需数据可查表或附录。

13. 已知 $Pb_3(PO_4)_2$ 的溶解度等于 1.37×10^{-4}g·L^{-1}。计算 $Pb_3(PO_4)_2$ 的溶度积。

14. 已知 20℃时，$PbSO_4$ 和 PbS 的溶度积分别是 2.53×10^{-8} 和 8.0×10^{-28}。试分别求在它们的饱和溶液中 Pb^{2+} 离子的浓度各是多少？

15. 试由计算说明在如下情况下有无沉淀产生？

(1) 等体积混合 0.010mol·L^{-1} 的 $Pb(NO_3)_2$ 和 0.010mol·L^{-1} 的 KI 溶液；

(2) 将 20mL 0.050mol·L^{-1} 的 $BaCl_2$ 溶液和 30mL 0.50mol·L^{-1} 的 Na_2CO_3 溶液混合；

(3) 在 100mL 0.010mol·L^{-1} 的 $AgNO_3$ 溶液中加入 NH_4Cl 0.535g；

(4) 在 1L Mg^{2+} 浓度为 10^{-7} mol·L^{-1} 的水中，加入 1.0mol·L^{-1} 的 NaOH 溶液 1 滴（约 1/20 mL）。

16. CaF_2 的溶度积是 3.45×10^{-11}，在 500mL CaF_2 的饱和溶液中有多少克 Ca^{2+} 离子？在含有 9.5g F^- 离子的 500mL 溶液中可溶解 CaF_2 多少克？(以不生成沉淀为限)

17. 根据 AgCl 和 Ag_2CrO_4 的溶度积计算这两种物质：(1) 在纯水中的溶解度；(2) 在 0.10mol·L^{-1} $AgNO_3$ 溶液中的溶解度。

18. 如果在 $BaCl_2$ 溶液中加入：(1) 等物质的量的 H_2SO_4；(2) 过量的 H_2SO_4，使沉淀作用完毕后溶液中 $[SO_4^{2-}]$＝0.010mol·L^{-1}。问沉淀作用完毕后残留的 Ba^{2+} 浓度各为多少？

19. (1) 试计算 SnS 溶于酸的 $K^{\ominus}$ 值；(2) 若溶液中 H_2S 的起始浓度为 0.10mol·L^{-1}，H_3O^+ 的浓度为 1.0mol·L^{-1}。求 SnS 在该溶液中的溶解度。

20. 在混合溶液中：$[Fe^{3+}]$＝0.10mol·L^{-1}，$[Cu^{2+}]$＝0.50mol·L^{-1}，如果将溶液的 pH 值控制在 4.0，能否使这两种离子分离？

21. 试计算下列沉淀转化的平衡常数：

(1) $\beta\text{-ZnS(s)} + 2Ag^+ \rightleftharpoons Ag_2S(s) + Zn^{2+}$

(2) $\beta\text{-ZnS(s)} + Pb^{2+} \rightleftharpoons PbS(s) + Zn^{2+}$

(3) $PbCl_2(s) + CrO_4^{2-} \rightleftharpoons PbCrO_4(s) + 2Cl^-$

所需数据可查表或附录。

22. 草酸铅（PbC_2O_4）沉淀在 NaI 溶液中可转化为 PbI_2 沉淀。如欲在 1.0L NaI 溶液中使 0.010mol PbC_2O_4 沉淀完全转化，NaI 溶液的最初浓度至少应是多少？

23. 在浓度为 1.0mol·L^{-1} HAc 和 0.010mol·L^{-1} HNO_3 的 1.0 L 混合溶液中加入多少克固体 $AgNO_3$，才能使 AgAc 开始产生沉淀？

24. 在 0.50mol·L^{-1} 镁盐溶液中，加入等体积的 0.10mol·L^{-1} $NH_3 \cdot H_2O$，问能否产生 $Mg(OH)_2$ 沉淀？需在每升 $NH_3 \cdot H_2O$ 中再加入 NH_4Cl 固体若干，才能恰好不产生沉淀？

25. 在 100mL 0.100mol·L^{-1} 的 NaOH 溶液中，加入 1.51g $MnSO_4$，如果要阻止 $Mn(OH)_2$ 形成沉淀，最少

需加入$(NH_4)_2SO_4$ 多少克？

26. 在浓度为 0.100mol·L^{-1}的 HCl 及 0.0010mol·L^{-1}的 $Pb(NO_3)_2$ 混合溶液中，通入 H_2S 至饱和，是否有沉淀形成？

参　考　书　目

1　宋天佑等．无机化学．第二版．北京：高等教育出版社，2009

2　游文章．基础化学．北京：化学工业出版社，2010

3　Oxtoby D W，Gillis H P，Campion A. **Principles of Modern Chemistry. 6th ed.** Thomson Books/Cole，2008

4　Zumdahl S. S.，Zumdahl S. A. **Chemistry 8th ed.** Brooks/Cole Cengage Learning，2010

第10章　电化学基础和氧化还原平衡

Chapter10 Element of Electrochemistry and Redox Equilibrium

电化学是研究电能与化学能相互转化规律的科学。进行这个转化的基本条件有两个，一是所涉及的化学反应必须有电子的转移，这类反应称为氧化还原反应（oxidation-reduction reaction）；二是该化学反应必须在电极(electrode)上进行。

电化学反应与一般的化学反应既有联系又有区别。例如锌和硫酸铜溶液的反应：

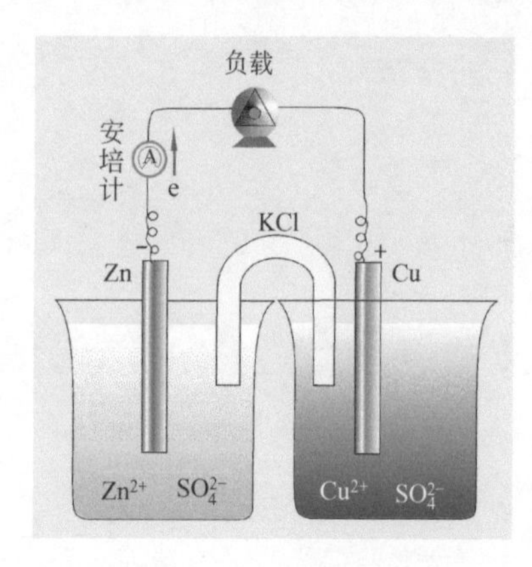

图 10-0-1　Cu-Zn 原电池

$$Zn + CuSO_4 \longrightarrow ZnSO_4 + Cu \qquad (10\text{-}1)$$

如果锌与硫酸铜溶液直接接触则发生置换反应，化学能只能全部转变为热能。若使该反应在原电池（primary cell）中进行，见图 10-0-1，则回路中就有电流通过，并对外接负载做电功，同时放出热量，即化学能转变成了电能和热能。可见，电化学反应和一般化学反应的初终状态是相同的，但反应的途径是不同的。

另外，还可以从热力学方面认识电化学反应与一般化学反应的区别和联系。因为在恒温恒压条件下，克劳修斯不等式可以化成下面的形式：

$$\Delta G_{T,p} \leqslant W' \qquad (10\text{-}2)$$

式中 W' 是体积功以外的其他功，在这里假设其他功仅为电功。显然由于一般化学反应是在恒温恒压和只做体积功的条件下进行，$W'=0$，所以该条件下化学反应的 $\Delta G_{T,p,W'=0}\leqslant 0$，亦即其吉氏函数必定减小。但对于电化学反应则不然，由于涉及电功，$W'\neq 0$，并且电池放电时 $W'<0$，充电时$W'>0$，因此 $\Delta G_{T,p}$可能大于零、也可能小于零。但无论是放电还是充电 $\Delta G_{T,p}$总是等于电化学过程的可逆电功，即 $\Delta G_{T,p}=W'_{R}$。

当今，电化学在国民经济的发展中起着更加重要的作用，新的社会需求推动着电化学工业高新技术的发展。例如，现在不仅能够利用电解的方法冶炼和提炼多种有色金属和稀有金属，制备多种化工产品，而且能够进行多种物质的电化学合成。又如，随着火箭、宇宙飞船、导弹、人造卫星以及大规模集成电路等科学尖端技术的发展，要求体积小、质量轻、高效能、长寿命的化学电源，从而推动了新型高能电池、微型电池的研究和开发。此外，电化学在电镀、三废处理、电化学腐蚀以及人们的日常生活等方面也都有十分重要的应用。

电化学已经形成一个独立的学科分支，它涉及的内容十分广泛。本章将根据电化学反应的特点，主要介绍电化学过程的一些基本原理和氧化还原平衡的一般规律。

10.1　氧化还原反应与方程式的配平

10.1.1　氧化还原反应

氧化还原反应是化学反应的主要类型之一。就氧化和还原的本意而言，氧化是指物质与氧化合的反应，还原是指物质中失去氧的反应。后来人们在研究此类反应的过程中，又把氧化及还原的概念进一步延伸，即凡是元素的氧化值升高的过程称为氧化（oxidation），元素的氧化值降低的过程称为还原（reduction）。而氧化还原反应就是指元素的氧化值有改变的反应。

氧化还原的本质是电子的得失或转移，元素氧化值的变化是电子得失的结果。因此可以说，一切失去电子而氧化值升高的过程称为氧化，一切获得电子而氧化值降低的过程称为还原。一物质（分子、原子或离子）失去电子，同时必有另一物质获得电子。失去电子的物质称为还原剂（reducing agent），获得电子的物质称为氧化剂（oxidizing agent）。还原剂具有还原性，它在反应中因失去电子而被氧化，所以其中必有元素的氧化值升高；氧化剂具有氧化性，它在反应中因获得电子而被还原，所以其中必有元素的氧化值降低。可见，氧化剂与还原剂在反应中是同时存在的。

物质的氧化还原性质是相对的。有时，同一种物质与强氧化剂作用，表现出还原性；而与强还原剂作用，又表现出氧化性。例如二氧化硫与氯在水中的反应：

$$SO_2+Cl_2+2H_2O=\!=\!=H_2SO_4+2HCl$$

因为 Cl_2 具有强氧化性，SO_2 是还原剂。但当 SO_2 与 H_2S 作用时：

$$SO_2+2H_2S=\!=\!=3S\downarrow+2H_2O$$

因为 H_2S 具有强还原性，SO_2 是氧化剂。

在无机反应中常见的氧化剂一般是活泼的非金属单质（如卤素和氧等）和高氧化值的化合物（如 HNO_3、$KMnO_4$、$K_2Cr_2O_7$、$KClO_3$、PbO_2 和 $FeCl_3$ 等）。还原剂一般是活泼的金属（如 K、Na、Ca、Mg、Zn 和 Al 等）和低氧化值的化合物（如 H_2S、KI、$SnCl_2$、$FeSO_4$ 和 CO 等）。具有中间氧化值的物质（如 SO_2、HNO_2 和 H_2O_2 等）常既具有氧化性，又具有还原性。另外，某些氧化还原反应还与介质的酸碱性有关。表 10-1 列出了无机反应中常见的氧化剂、还原剂以及它们的产物。

表 10-1 常见的氧化剂、还原剂及其产物[①]

氧 化 剂	还原产物	还 原 剂	氧 化 产 物
活泼非金属单质		活泼金属单质	
X_2(卤素)	X^-(卤离子)	M(Na、Mg、Al 等)	M^{n+}(Na^+、Mg^{2+}、Al^{3+}等)
O_2	H_2O 或氧化物		
氧化物、过氧化物		某些非金属单质	
MnO_2	Mn^{2+}	H_2	H^+
PbO_2	Pb^{2+}	C(高温)	CO_2
H_2O_2	H_2O	氧化物、过氧化物	
含氧酸、含氧酸盐		CO	CO_2
浓 H_2SO_4	SO_2	SO_2	SO_3(或 SO_4^{2-})
浓 HNO_3	NO_2	H_2O_2	O_2
稀 HNO_3	NO	氢化物	
H_2SO_3	S	H_2S(或 S^{2-})	S(或 SO_4^{2-})
$NaNO_2$	NO	HX(或 X^-)	X_2(X=Cl、Br、I)
$(NH_4)_2S_2O_8$	SO_4^{2-}	含氧酸、含氧酸盐	
NaClO	Cl^-	H_2SO_3	SO_4^{2-}
$KMnO_4$	Mn^{2+}	$NaNO_2$	NO_3^-
$K_2Cr_2O_7$	Cr^{3+}		
$NaBiO_3$	Bi^{3+}	低氧化值金属离子	
高氧化值金属离子		Fe^{2+}	Fe^{3+}
Fe^{3+}	Fe^{2+}	Sn^{2+}	Sn^{4+}
Ce^{4+}	Ce^{3+}		

① 主要为酸性介质中的产物。

10.1.2 氧化还原反应方程式的配平

氧化还原反应方程式一般比较复杂，反应物除了氧化剂和还原剂外，常常还有参加反应的介质（酸、碱和水），并且它们的化学计量系数有时较大，要配平这类方程式必须按一定的步骤进行。下面介绍两种方法。

10.1.2.1 氧化值法

此法遵循的一个原则是：氧化剂中元素氧化值降低的总数与还原剂中元素氧化值升高的总数必须相等。现以高锰酸钾和硫化氢在稀硫酸溶液中的反应为例，说明该法配平方程式的步骤。

① 写出反应物和生成物的化学式，并标出氧化值有变化的元素，计算出反应前后氧化值的变化。

2−7=−5　×2

$$K\overset{+7}{Mn}O_4+H_2\overset{-2}{S}+H_2SO_4 \longrightarrow \overset{+2}{Mn}SO_4+\overset{0}{S}+K_2SO_4+H_2O$$

0−(−2)=+2　×5

② 根据元素氧化值的升高和降低总数必须相等的原则，将氧化剂和还原剂氧化值的变化乘以适当的系数，由这些系数可得到下列不完全方程式：

$$2KMnO_4+5H_2S \longrightarrow 2MnSO_4+5S+K_2SO_4$$

③ 使方程式两边的各种原子总数相等。从以上不完全方程式可以看出，要使方程式两边有相等的硫酸根 SO_4^{2-} 数目，左边需要 3 个 H_2SO_4 分子。这样，方程式左边就有 16 个 H 原子，所以右边还需加 8 个 H_2O 分子，才能使方程式两边 H 原子总数相等。配平的方程式为：

$$2KMnO_4+5H_2S+3H_2SO_4 = 2MnSO_4+5S+K_2SO_4+8H_2O$$

最后，核对方程式两边的氧原子数，都等于 20，证实这个方程式已经配平。

有时在反应中，会同时出现几种原子被氧化的情况，例如铬铁矿与碳酸钠在空气中煅烧的反应：

$$Fe(CrO_2)_2 + O_2 + Na_2CO_3 \longrightarrow Fe_2O_3 + Na_2CrO_4 + CO_2$$

$Fe(CrO_2)_2$ 中的 Fe(Ⅱ)和 Cr(Ⅲ)同时被氧化为 Fe(Ⅲ)和 Cr(Ⅵ)[每一个 Fe(Ⅱ)被氧化的同时有两个 Cr(Ⅲ)被氧化]，而氧的氧化值则从 0 降为−2。反应中氧化值的变化为：

$$\left.\begin{array}{ll} Fe & 3-2=1 \\ Cr & 2\times(6-3)=6 \end{array}\right\} \text{总共升高 } 7\times4$$

$$O \quad 2\times(-2-0)=-4 \quad \text{总共降低 } 4\times7$$

根据元素氧化值的升高与降低总数必须相等的原则，$Fe(CrO_2)_2$ 与 O_2 的系数分别为 4 和 7。这样可得到下列不完全方程式：

$$4Fe(CrO_2)_2 + 7O_2 \longrightarrow 2Fe_2O_3 + 8Na_2CrO_4$$

由于右边出现 16 个 Na^+，所以左边必须加上 8 个 Na_2CO_3 分子，同时在右边加上 8 个 CO_2 分子，这样就得到配平的方程式：

$$4Fe(CrO_2)_2 + 7O_2 + 8Na_2CO_3 = 2Fe_2O_3 + 8Na_2CrO_4 + 8CO_2$$

再核对方程式两边的氧原子数，都等于 54，证实这个方程式已经配平。

10.1.2.2　离子电子法

此法遵循的一个原则是：氧化剂获得的电子总数与还原剂失去的电子总数必须相等。现以高锰酸钾与亚硫酸在稀硫酸溶液中的反应为例，说明离子电子法配平方程式的步骤。

① 写出反应物和生成物的化学式，并将氧化值起变化的离子写成一个没有配平的离子方程式：

$$KMnO_4 + K_2SO_3 + H_2SO_4 \longrightarrow MnSO_4 + K_2SO_4 + H_2O$$

$$MnO_4^- + SO_3^{2-} \longrightarrow Mn^{2+} + SO_4^{2-}$$

② 将上面未配平的离子方程式分写成两个半反应式，一个是氧化剂的还原反应，另一个是还原剂的氧化反应：

$$MnO_4^- \longrightarrow Mn^{2+} \text{（未配平）}，SO_3^{2-} \longrightarrow SO_4^{2-} \text{（未配平）}$$

③ 将两个半反应式配平。配平半反应式，不但要使两边各种原子的总数相等，而且也要使两边的净电荷数相等。方法是首先配平原子数，然后在半反应的左边或右边加上适当的电子数来配平电荷数。

MnO_4^- 还原为 Mn^{2+} 时，要减少 4 个氧原子，在酸性介质中，它与 8 个 H^+ 离子结合生成 4 个 H_2O 分子：

$$MnO_4^- + 8H^+ \longrightarrow Mn^{2+} + 4H_2O$$

式中，左边的净电荷数为+7，右边的净电荷数为+2，所以需在左边加 5 个电子（1 个电子带 1 个负电荷），两边的电荷数才相等：

$$MnO_4^- + 8H^+ + 5e^- = Mn^{2+} + 4H_2O$$

SO_3^{2-} 氧化为 SO_4^{2-} 时增加的 1 个氧原子，可由溶液中的 H_2O 分子提供，同时生成 2 个 H^+ 离子：

$$SO_3^{2-} + H_2O \longrightarrow SO_4^{2-} + 2H^+$$

式中，左边的净电荷数为−2，右边的净电荷数为 0，所以右边应加上 2 个电子：

$$SO_3^{2-} + H_2O \longrightarrow SO_4^{2-} + 2H^+ + 2e^-$$

可见，配平以上半反应式利用了原子和电荷守恒的原理。至于反应物与生成物氧原子数的不等，则可结合溶液的酸碱性，在半反应式中加入 H^+ 离子或 OH^- 离子以及 H_2O 分子，以使方程式两边氧原子数相等。配平氧原子数的具体方法可归纳如下：

a. 在还原反应中，当氧化剂中的氧原子数减少时：如果是酸性介质，则在配平半反应时，每减少 1 个氧原子，加入 2 个 H^+ 离子，同时生成 1 个 H_2O 分子。例如 $Cr_2O_7^{2-}$ 离子在酸性溶液中被还原为 Cr^{3+} 离子的半反应：

$$Cr_2O_7^{2-}+14H^+ \longrightarrow 2Cr^{3+}+7H_2O$$

如果在中性或碱性介质中，则在配平半反应时，每减少 1 个氧原子，要加入 1 个 H_2O 分子，同时生成 2 个 OH^- 离子。例如 MnO_4^- 离子在中性溶液中被还原为 MnO_2 的半反应：

$$MnO_4^-+2H_2O \longrightarrow MnO_2+4OH^-$$

b. 在氧化反应中，当还原剂中氧原子数增加时：如果是在酸性或中性介质中，则在配平半反应时，每增加 1 个氧原子，要加入 1 个 H_2O 分子，同时生成 2 个 H^+ 离子。例如 S 在酸性溶液中被氧化为 SO_2 的半反应：

$$S+2H_2O \longrightarrow SO_2+4H^+$$

如果是碱性介质，每增加 1 个氧原子，要加入 2 个 OH^- 离子，同时生成 1 个 H_2O 分子。例如，SO_3^{2-} 离子在碱性溶液中被氧化为 SO_4^{2-} 离子的半反应：

$$SO_3^{2-}+2OH^- \longrightarrow SO_4^{2-}+H_2O$$

④ 根据氧化剂所获得的电子总数与还原剂失去的电子总数必须相等的原则，将两个半反应式分别乘以适当的系数后相加，可得配平的离子方程式：

$$\begin{array}{rl|l} & MnO_4^-+8H^++5e^- = Mn^{2+}+4H_2O & \times 2 \\ +) & SO_3^{2-}+H_2O = SO_4^{2-}+2H^++2e^- & \times 5 \\ \hline & 2MnO_4^-+5SO_3^{2-}+6H^+ = 2Mn^{2+}+5SO_4^{2-}+3H_2O & \end{array}$$

⑤ 加上原来未参与氧化还原的离子，写成一般化学方程式：

$$2KMnO_4+5K_2SO_3+3H_2SO_4 = 2MnSO_4+6K_2SO_4+3H_2O$$

最后核对方程式两边氧原子数相等，即可证实这个方程式已经配平。由于这个方法基于分别配平氧化、还原两个半反应，所以又称半反应法。

在有些反应中氧化剂和还原剂是同一种物质，这种反应称为自氧化自还原反应（又称歧化反应）。例如，将 Cl_2 通到热的 NaOH 溶液中，Cl_2 与 NaOH 的反应就是一个自氧化自还原反应：$Cl_2+NaOH \longrightarrow NaCl+NaClO_3+H_2O$，现以离子电子法配平这个反应式：

写出没有配平的离子方程式：$Cl_2+OH^- \longrightarrow Cl^-+ClO_3^-+H_2O$

将该离子方程式分解为两个半反应式并且配平，进而得出配平的离子方程式：

$$\begin{array}{rl|l} & Cl_2+12OH^- = 2ClO_3^-+6H_2O+10e^- & \times 1 \\ +) & Cl_2+2e^- = 2Cl^- & \times 5 \\ \hline & 6Cl_2+12OH^- = 2ClO_3^-+6H_2O+10Cl^- & \end{array}$$

化简，得：

$$3Cl_2+6OH^- = ClO_3^-+5Cl^-+3H_2O$$

一般化学方程式为：

$$3Cl_2+6NaOH = NaClO_3+5NaCl+3H_2O$$

氧化值法和离子电子法各有优缺点。氧化值法能较迅速地配平简单的氧化还原反应方程式。它的适用范围较广，不只限于水溶液中的反应，特别对高温下的反应及熔融态物质间的反应更为适用。而离子电子法能反映出水溶液中反应的实质，特别对有介质参加的复杂反应方程式的配平比较方便。但是，该法仅适用于配平在水溶液中进行的氧化还原反应。

10.2　电解质溶液的导电与法拉第定律

无论是原电池还是电解池，当它们工作时，电路中都有电流通过，这说明外电路的金属导线、电解质溶液以及电极构成了一个通电的回路。在外电路的金属导线中，自由电子由低电势向高电势的移动形成了电流[1]。那么，在电解质溶液中，是靠什么而导电呢？

电解质溶液的导电机理与金属的导电机理是不同的。电解质溶液的导电是靠正、负离子在电场作用下的定向迁移和电极反应来实现的。显而易见，发生电极反应的那些物质的量的变化，应该与通过的电量及离子所带电荷的多少有关。关于它们之间的定量关系，法拉第(M. Faraday) 在实验的基础上，于 1833 年总结出一个经验规律：当电流通过电解质溶液时，电极上发生变化的物质的量与通过的电量成正比，与该物质的反应电荷数（reaction charge number）即电子数变化成反比。这个规律称为法拉第定律（Faraday's Law），可用下式表示：

$$n_B = Q/(z_B F) \tag{10-3}$$

式中，B 为参与电极反应的物质，n_B 为该物质发生变化的物质的量；z_B 为反应电荷数；Q 为通过的电量；F 为法拉第常数，它等于 1mol 电子的电量：

$$F = N_A e = 6.0221367 \times 10^{23}\,\text{mol}^{-1} \times 1.60217733 \times 10^{-19}\,\text{C}$$
$$= 96485.309\,\text{C}\cdot\text{mol}^{-1}$$

式中，N_A 为阿伏加德罗常数；e 为电荷的电量。在使用 F 时，其值取 $96485\,\text{C}\cdot\text{mol}^{-1}$。

例如，对于电极反应 $Cu^{2+} + 2e^- \longrightarrow Cu$，反应电荷数 $z_{Cu} = 2$。若取 Cu 为基本单元，则得到 1mol Cu 需要消耗 2×96485C 的电量。而若取 $\frac{1}{2}$Cu 为基本单元，则得到 1mol $\frac{1}{2}$Cu 需要消耗 96485C 的电量。

例 10-1　由电解水制备 1m³ (STP) 的干燥 $H_2(g)$，需要消耗多少电量？

解：这里物质的单元为 H_2，干燥 $H_2(g)$ 的物质的量为：

$$n_{H_2} = \frac{pV}{RT} = \frac{101.3 \times 10^3\,\text{Pa} \times 1\text{m}^3}{8.3145\,\text{J}\cdot\text{K}^{-1}\cdot\text{mol}^{-1} \times 273.2\text{K}} = 44.60\text{mol}$$

根据法拉第定律，所消耗的电量为：

$$Q = n_{H_2} z_{H_2} F = 44.60\text{mol} \times 2 \times 96485\,\text{C}\cdot\text{mol}^{-1} = 8.606 \times 10^6\,\text{C}$$

10.3　原电池和电极反应的标准电势

氧化还原反应的本质是有电子的转移。一个氧化还原反应包括氧化剂和还原剂，有时还包括介质。那么，怎样的氧化剂和还原剂才能发生反应？反应能达到什么程度？应该如何衡量不同氧化剂和还原剂的氧化还原能力强弱？另外，既然氧化还原反应过程中有电子的转移，那么能否使氧化还原反应及电子的转移在一个装置内进行？这些问题就是本节所要讨论的内容。

10.3.1　原电池

如果使氧化还原反应在一个装置内进行，转移的电子通过金属导线，并对负载做电功，

---

[1] 电子流动的方向和通常规定的电流方向正好相反。

这样的装置就称为原电池。图 10-0-1 是 Cu-Zn 原电池的结构简图，两个烧杯中分别盛有 $ZnSO_4$ 溶液和 $CuSO_4$ 溶液，在 $ZnSO_4$ 溶液中插入锌片，在 $CuSO_4$ 溶液中插入铜片，两个烧杯中的溶液以盐桥（salt bridge）相连❶。用金属导线将两金属片、负载及安培计串联起来，则安培计的指针发生偏移，表明回路中有了电流。

Cu-Zn 原电池之所以能产生电流，主要是由于 Zn 比 Cu 活泼，Zn 易放出电子成为 Zn^{2+} 而进入溶液：

$$Zn \longrightarrow Zn^{2+} + 2e^-$$

电子沿金属导线移向铜片，溶液中的 Cu^{2+} 在铜片上接受电子变成金属铜而沉积下来：

$$Cu^{2+} + 2e^- \longrightarrow Cu$$

电子经由导线由锌片流向铜片就形成了电子流。

把锌片和铜片上发生的反应相加，就得到 Cu-Zn 原电池的电池反应：

$$Zn + Cu^{2+} \longrightarrow Zn^{2+} + Cu$$

前已述及，这个反应与锌置换铜的反应都是氧化还原反应，并且初终状态完全一样。所不同的是，在原电池中氧化剂和还原剂互不接触，氧化和还原分开进行，电子沿着金属导线转移，使化学能变成电能和热能。在锌置换铜的氧化还原反应中，氧化剂与还原剂直接接触并有电子的转移，因此化学能只能转变为热能。

原电池由两个半电池（half cell）组合而成。在 Cu-Zn 原电池中，Zn 和 $ZnSO_4$，Cu 和 $CuSO_4$ 分别构成了 Zn 半电池和 Cu 半电池。每一个半电池都由两类物质组成，一类是可作还原剂的物质（氧化值较低），称为还原型物质，例如，Zn 半电池中的 Zn（或 Cu 半电池中的 Cu）；另一类是可作氧化剂的物质（氧化值较高），称为氧化型物质，例如，Zn 半电池中的 Zn^{2+} 离子（或 Cu 半电池中的 Cu^{2+} 离子）。还原型物质和氧化型物质总是同时存在的，它们组成了氧化还原电对（redox couple），常用"氧化型/还原型"的符号式样表示它们。例如，Zn 半电池和 Cu 半电池的电对，可分别以 Zn^{2+}/Zn 和 Cu^{2+}/Cu 表示。

一个氧化还原电对，原则上都可构成一个半电池，其半反应一般都采用还原反应的形式书写，氧化型 $+ ze^- \longrightarrow$ 还原型。例如，对于 Zn^{2+}/Zn 电对和 Cu^{2+}/Cu 电对，它们的半反应分别为：

$$Zn^{2+} + 2e^- \longrightarrow Zn$$
$$Cu^{2+} + 2e^- \longrightarrow Cu$$

由于任何一个氧化还原反应，都可分解为两个半反应，所以原则上可将任何一个氧化还原反应设计成原电池。在原电池中，放出电子的一极称为负极（negative electrode），负极上发生氧化反应；接受电子的一极称为正极（positive electrode），正极上发生还原反应，将负极和正极反应相加，就得到电池反应。对于 Cu-Zn 原电池：

	负极	$Zn \longrightarrow Zn^{2+} + 2e^-$
+）	正极	$Cu^{2+} + 2e^- \longrightarrow Cu$
	电池反应	$Zn + Cu^{2+} = Zn^{2+} + Cu$

不同氧化态的同种金属离子，例如，Fe^{3+} 和 Fe^{2+}、Sn^{4+} 和 Sn^{2+} 及非金属元素和它们相应的离子，例如 Cl_2 和 Cl^-、O_2 和 OH^- 都可以构成氧化还原电对。在用 Fe^{3+}/Fe^{2+}、$Sn^{4+}/$

❶ 盐桥是由 U 形管及置入管中的饱和电解质溶液（如 KCl，NH_4NO_3 等溶液）和琼脂制成的冻胶构成。冻胶既可以防止管中电解质溶液流出，又允许正、负离子自由移动。

Sn^{2+}、Cl_2/Cl^-、O_2/OH^-等电对作半电池时，可用金属铂或其他不参与反应的惰性导体材料构作电极，以使反应在电极表面进行，并能由电极引出金属导线。

盐桥有两方面的作用，一方面它可以消除因溶液直接接触而形成的液体接界电势（liquid-junction potential）。另一方面它可使由它连接的两溶液保持电中性，否则锌盐溶液会因为 Zn 溶解成为 Zn^{2+}而带上正电，铜盐溶液会因 Cu 的析出减少了 Cu^{2+}而带上负电。显然，随着反应的进行，盐桥中的负离子（例如 Cl^-离子）移向锌盐溶液，正离子（例如 K^+离子）移向铜盐溶液，使锌盐和铜盐溶液都保持电中性，从而保障了电子通过外电路从 Zn 到 Cu 的不断转移，使 Zn 的溶解和 Cu 的析出过程得以继续进行。

原电池装置可用符号来表示，例如 Cu-Zn 原电池可表示为：

$$-)\mathrm{Zn}|\mathrm{ZnSO_4}(c_1)\parallel \mathrm{CuSO_4}(c_2)|\mathrm{Cu}(+$$

式中，“|”表示界面；“‖”表示盐桥；c_1、c_2 分别表示 $ZnSO_4$ 和$CuSO_4$溶液的浓度。原电池的负极写在左边，正极写在右边，并分别用符号－）和（＋表示负极和正极。又如，由 Cu^{2+}/Cu 电对与 Fe^{3+}/Fe^{2+}电对构成的原电池，可表示为：

$$-)\mathrm{Cu}|\mathrm{Cu^{2+}}(c_1)\parallel \mathrm{Fe^{3+}}(c_2),\mathrm{Fe^{2+}}(c_3)|\mathrm{Pt}(+$$

电极和电池反应为：

	负极	$Cu \longrightarrow Cu^{2+} + 2e^-$
＋）	正极	$2Fe^{3+} + 2e^- \longrightarrow 2Fe^{2+}$
	电池反应	$Cu + 2Fe^{3+} = Cu^{2+} + 2Fe^{2+}$

电极的书写有一定的规范。可按电极的组成书写，也可按构成电极的电对书写。如对 Cu-Zn 原电池，可按电极组成将 Zn 电极写作 Zn^{2+} | Zn，也可按构成它的电对写作 Zn^{2+}/Zn。对于稍后要介绍的氢电极，可以写作 H^+ | H_2 | Pt，也可以写作 H^+/H_2。

可见，原电池的负极由作为还原剂的电对构成，还原剂给出电子发生氧化，转变为对应的氧化型；正极由作为氧化剂的电对构成，氧化剂得到电子发生还原，转变为对应的还原型。这就是原电池反应的一般规律。

10.3.2　电极反应的电势

10.3.2.1　双电层理论

把原电池的两极用导线连接起来，就有电流通过，这表明两电极间存在电势差。那么，电极反应的电势是如何产生的呢？这可用双电层（electrical double layer）理论来说明。

早在 1889 年，德国化学家能斯特（H. W. Nernst）就提出了一个双电层理论。这个理论认为，当金属放入它的盐溶液中，由于金属晶体中处于热运动的金属离子受到极性水分子的作用，有离开金属进入溶液的趋势，金属愈活泼，这种趋势就愈大；另一方面，溶液中的金属离子，由于受到金属表面电子的吸引，有从溶液向金属表面沉积的趋势，溶液中金属离子的浓度愈大，这种趋势也愈大。在一定浓度的溶液中，如果前一种趋势大于后一种趋势，当达到动态平衡时，金属带负电，而溶液带正电。因为正、负电荷的吸引，金属离子不是均匀地分布在整个溶液中，而主要聚集在金属表面的近旁，形成了双电层，见图 10-3-1(a)，因

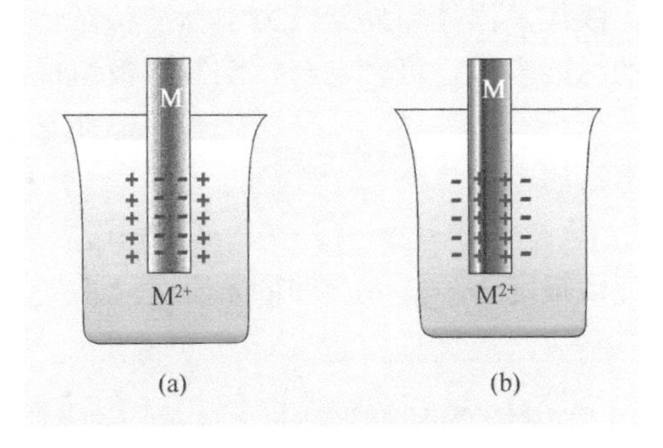

图 10-3-1　金属电极反应的电势

此金属和溶液之间产生了电势差。如果前一种趋势小于后一种趋势，则在达到动态平衡时，金属带正电，而溶液带负电，同样可形成双电层，产生电势差，见图 10-3-1 (b)。通常人们就把这种双电层间的电势差称为电极反应的电势（electrode reaction potential），并以此度量电极得失电子能力的相对强弱。必须指出，无论是从金属进入溶液的离子，还是从溶液沉积到金属上的离子，它们的量都非常少，以至不能用化学或物理的方法进行测量。

根据双电层理论可以解释 Cu-Zn 原电池产生电流的原因：由于金属锌失去电子的趋势比铜大，所以锌片上有过剩的电子，铜片上则缺少电子。若用导线把锌片和铜片连接起来，电子就从锌移向铜。锌片上电子的流出，破坏了它和溶液中 Zn^{2+} 离子间的平衡，Zn^{2+} 离子就有可能不断地进入溶液；同理，转移至铜片上的电子，就有可能与溶液中的 Cu^{2+} 离子结合而形成金属铜，并在铜片上沉积下来。这样，电子就不断地从锌片流向铜片，从而产生了电流。

10.3.2.2 电极反应的标准电势

原电池有两个电极，有正极必有负极，反之亦然。这意味着，对于单个电极，其电极反应电势的绝对值是无法测定的，只能测定它相对另一电极的相对值。为使相对值有一个统一的标准，必须选择一个电极作为比较的标准，并且需要规定在比较时它是作正极还是作负极，它的电极反应电势的数值规定为多少。目前广泛使用的电极反应的标准电势（standard potential of electrode reaction），就是在指定标准氢电极为负极，且指定它的电极反应的电势等于零的基础上得出的相对值。由于待测电极实际上已指定为正极，所以该相对电势称为待测电极的还原反应的电势。

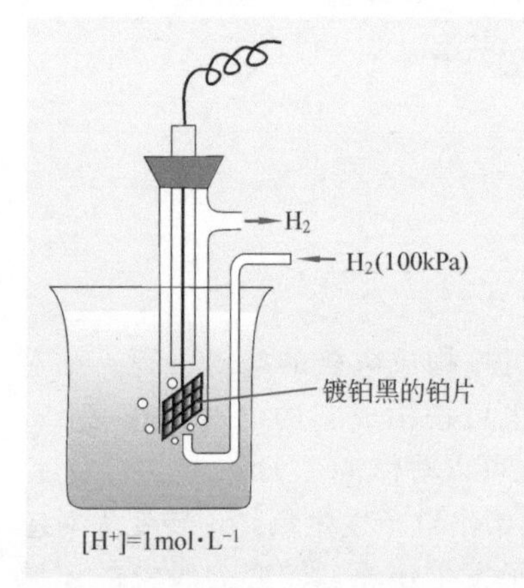

图 10-3-2 标准氢电极

标准氢电极就是将铂片先镀上一层蓬松的铂（称为铂黑），再把它放入 H^+ 离子浓度为 $1mol \cdot L^{-1}$[1] 的稀硫酸中（图 10-3-2）。然后通入压力为 100kPa 的纯净氢气，并使它不断地冲打铂片。此时氢气被铂黑吸附，吸附了氢气的铂片就像由氢气构成的电极一样[2]。铂片上的 H_2 和溶液中的 H^+ 离子建立了如下平衡：

$$2H^+ + 2e^- \rightleftharpoons H_2$$

H_2 和 H^+ 在界面形成双电层，此双电层的电势差就称为它的电极反应的标准电势，并用符号 $E^\ominus_{H^+/H_2}$ 表示，单位为 V（伏）。实际上，$E^\ominus_{H^+/H_2}$ 的绝对值是无法测得的，在以它作为比较的标准时，通常指定它的值为零。

若构成某指定电极的离子浓度均为 $1.0mol \cdot L^{-1}$（严格地说是离子的活度等于 1），气体、液体及固体均处于热力学标准状态，则此指定电极即为标准电极。为了求得它的电极反应的标准电势，可将它与标准氢电极组成如下电池：

$$-) \text{标准氢电极} \parallel \text{待测电极} (+ \tag{10-4}$$

此电池的电动势为：

$$E^\ominus = E^\ominus_{正极} - E^\ominus_{负极} = E^\ominus_{待测} - E^\ominus_{H^+/H_2} \tag{10-5}$$

因为已指定 $E^\ominus_{H^+/H_2} = 0$，所以 $E^\ominus = E^\ominus_{待测}$。$E^\ominus_{待测}$ 就称为该电极的电极反应的标准电势，它在

[1] 严格地说应是 H^+ 的活度 $a_{H^+} = 1$。活度是溶液的特性，是基于表达物质的化学势定义的，在稀溶液中活度可用浓度近似代替。另外在电化学中，应使用质量摩尔浓度，但在电解质溶液很稀的情况下，常以物质的量浓度代替质量摩尔浓度。

[2] 吸附了氢气的铂片与溶液中的氢离子才能组成氢电极。铂是惰性材料，它的作用是吸附氢气及作为导体。

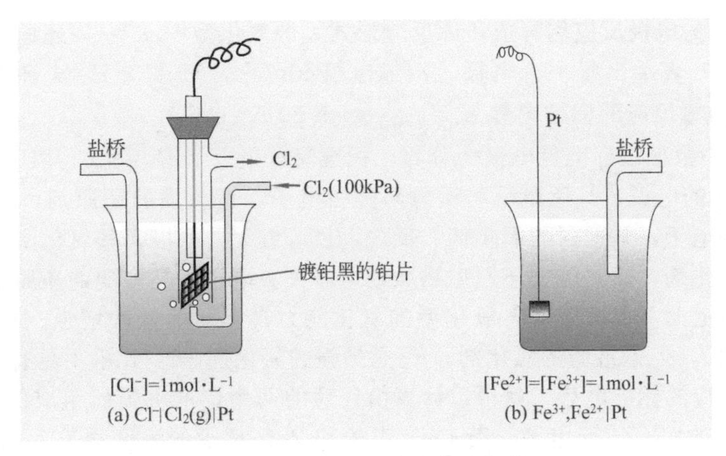

图 10-3-3　电极反应的标准电势

数值上等于式(10-4) 所示电池的电动势，单位也为 V（伏）。用同样的方法可以得到一系列其他电极的电极反应的标准电势。例如，图 10-3-3 所示的电极 Cl^- | Cl_2 (g) | Pt 和 Fe^{3+}，Fe^{2+} | Pt,其电极反应的标准电势，即为它们与标准氢电极按式(10-4) 所组成电池的电动势。

还有一些电极，例如 Na^+ | Na 与 F^- | F_2 | Pt 等，它们的标准电极电势不能直接测定，需要用间接的方法求出。

本书采用的是电极反应的还原电势，电对的书写顺序为“氧化型/还原型”，按电极组成书写电极时，其顺序为离子、气体、固体到金属。将不同电极反应的标准电势数值，按照由小到大的顺序排列，可得到电极反应的标准电势表（表 10-2）。由表 10-2 可以归纳出以下几点。

表 10-2　25℃时一些电极的电极反应的标准电势

电　极	电极反应	电　对	$E^{\ominus}_{电极}$/V
Li^+ | Li	$Li^+ + e^- \longrightarrow Li$	Li^+/Li	−3.0401
Na^+ | Na	$Na^+ + e^- \longrightarrow Na$	Na^+/Na	−2.71
OH^-,H_2O | H_2(g) | Pt	$2H_2O + 2e^- \longrightarrow H_2+2OH^-$	H_2O/H_2	−0.8277
Zn^{2+} | Zn	$Zn^{2+} + 2e^- \longrightarrow Zn$	Zn^{2+}/Zn	−0.7618
Fe^{2+} | Fe	$Fe^{2+} + 2e^- \longrightarrow Fe$	Fe^{2+}/Fe	−0.447
SO_4^{2-} | $PbSO_4$(s) | Pb	$PbSO_4 + 2e^- \longrightarrow Pb+SO_4^{2-}$	$PbSO_4/Pb$	−0.3588
I^- | AgI(s) | Ag	$AgI + e^- \longrightarrow Ag+I^-$	AgI/Ag	−0.15224
Sn^{2+} | Sn	$Sn^{2+} + 2e^- \longrightarrow Sn$	Sn^{2+}/Sn	−0.1375
Pb^{2+} | Pb	$Pb^{2+} + 2e^- \longrightarrow Pb$	Pb^{2+}/Pb	−0.1262
H^+ | H_2(g) | Pt	$2H^+ + 2e^- \longrightarrow H_2$	H^+/H_2	0
Br^- | AgBr(s) | Ag	$AgBr + e^- \longrightarrow Ag+Br^-$	AgBr/Ag	0.07133
Cu^{2+},Cu^+ | Pt	$Cu^{2+} + e^- \longrightarrow Cu^+$	Cu^{2+}/Cu^+	0.163
Cl^- | AgCl(s) | Ag	$AgCl + e^- \longrightarrow Ag+Cl^-$	AgCl/Ag	0.22233
Cu^{2+} | Cu	$Cu^{2+} + 2e^- \longrightarrow Cu$	Cu^{2+}/Cu	0.3419
OH^- | Ag_2O(s) | Ag	$Ag_2O+H_2O + 2e^- \longrightarrow 2OH^-+2Ag$	Ag_2O/Ag	0.342
OH^- | O_2(g) | Pt	$O_2+2H_2O + 4e^- \longrightarrow 4OH^-$	O_2/OH^-	0.401
Cu^+ | Cu	$Cu^+ + e^- \longrightarrow Cu$	Cu^+/Cu	0.521
I^- | I_2(s) | Pt	$I_2 + 2e^- \longrightarrow 2I^-$	I_2/I^-	0.5355
Fe^{3+},Fe^{2+} | Pt	$Fe^{3+} + e^- \longrightarrow Fe^{2+}$	Fe^{3+}/Fe^{2+}	0.771
Hg_2^{2+} | Hg	$Hg_2^{2+} + 2e^- \longrightarrow 2Hg$	Hg_2^{2+}/Hg	0.7973
Ag^+ | Ag	$Ag^+ + e^- \longrightarrow Ag$	Ag^+/Ag	0.7996
H^+,H_2O | O_2(g) | Pt	$4H^+O_2 + 4e^- \longrightarrow 2H_2O$	O_2/H_2O	1.229
$Cr_2O_7^{2-}$,Cr^{3+},H^+ | Pt	$Cr_2O_7^{2-}+14H^+ + 6e^- \longrightarrow 2Cr^{3+}+7H_2O$	$Cr_2O_7^{2-}/Cr^{3+}$	1.232
Cl^- | Cl_2(g) | Pt	$Cl_2 + 2e^- \longrightarrow 2Cl^-$	Cl_2/Cl^-	1.35827
MnO_4^-,Mn^{2+},H^+ | Pt	$MnO_4^-+8H^+ + 5e^- \longrightarrow Mn^{2+}+4H_2O$	MnO_4^-/Mn^{2+}	1.507
$S_2O_8^{2-}$,SO_4^{2-} | Pt	$S_2O_8^{2-} + 2e^- \longrightarrow 2SO_4^{2-}$	$S_2O_8^{2-}/SO_4^{2-}$	2.010
F^- | F_2 | Pt	$F_2 + 2e^- \longrightarrow 2F^-$	F_2/F^-	2.866

① 每一电极的电极反应均写成还原反应形式，即氧化型$+ze^- \longrightarrow$还原型，同时用电对“氧化型/还原型”表示出每一个电极。例如电极 MnO_4^-，Mn^{2+}，H^+ | Pt 由电对 MnO_4^-/Mn^{2+}组成，其电极反应的标准电势 $E^\ominus_{MnO_4^-/Mn^{2+}}=1.507V$。

② 表 10-2 中数据以标准氢电极为分界，标准氢电极以上 $E^\ominus_{电极}<0$，以下 $E^\ominus_{电极}>0$。

③ $E^\ominus_{电极}$愈小的电极，其还原型物质愈易失去电子，是愈强的还原剂，其对应的氧化型物质则愈难得到电子，是愈弱的氧化剂。反之，$E^\ominus_{电极}$愈大的电极，其氧化型物质愈易得到电子，是愈强的氧化剂，而对应的还原型物质则愈难失去电子，是愈弱的还原剂。因此，还原型的还原能力自上而下依次减弱，氧化型的氧化能力自上而下依次增强。在表 10-2 中，Li 是最强的还原剂，Li^+是最弱的氧化剂，F_2 是最强的氧化剂，F^-几乎不具有还原性。

有了电极反应的标准电势，就可以计算由任意的两个标准电极所组成的电池的电动势。例如，图 10-0-1 的 Cu-Zn 原电池，若 Cu^{2+}离子和 Zn^{2+}离子的浓度均为 $1.0mol \cdot L^{-1}$，则该电池的表示式为：

$$(-)Zn|Zn^{2+}(1.0mol \cdot L^{-1}) \| Cu^{2+}(1.0mol \cdot L^{-1})|Cu(+)$$

由表 10-2 查得，25℃时 $E^\ominus_{Cu^{2+}/Cu}=0.3419V$，$E^\ominus_{Zn^{2+}/Zn}=-0.7618V$

所以，该电池的电动势为：

$$E^\ominus=E^\ominus_{正极}-E^\ominus_{负极}=E^\ominus_{Cu^{2+}/Cu}-E^\ominus_{Zn^{2+}/Zn}$$
$$=0.3419V-(-0.7618V)=1.1037V$$

在实际应用中，由于标准氢电极的制备和使用均不方便，所以常以参比电极（reference electrode）代之。最常用的参比电极有甘汞电极和氯化银电极等。它们制备简单、使用方便、性能稳定，其中有几种电极的电极反应的标准电势已用标准氢电极精确测定，并且得到了公认，所以也称它们为二级标准电极。甘汞电极[Cl^- | $Hg_2Cl_2(s)$ | Hg]由 Hg(l)、$Hg_2Cl_2(s)$以及 KCl 溶液组成（图 10-3-4），其电极反应的电势决定于 Cl^-离子的浓度。若 KCl 溶液是饱和的，则该电极就称为饱和甘汞电极，25℃时它的电极反应的电势是 0.2412V。

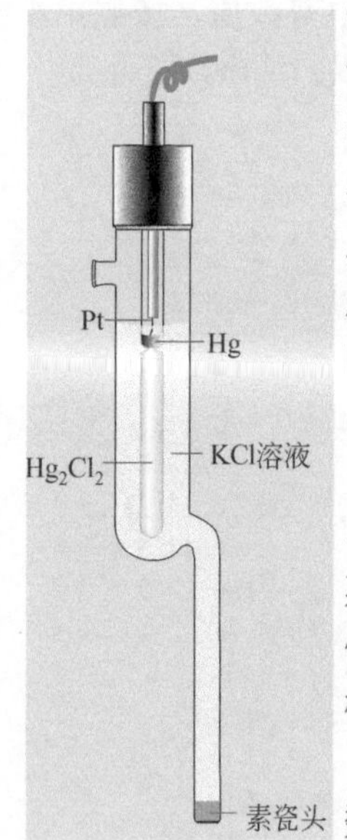

图 10-3-4 甘汞电极

关于电极反应和电极反应的标准电势，还有以下几点需要说明。

① 当一电极尚未指定是作正极还是作负极使用时，其电极反应可以按还原方向书写，也可以按氧化方向书写。如对于电极 Zn^{2+} | Zn，其电极反应可以写成 $Zn \rightarrow Zn^{2+}+2e^-$，也可以写成 $Zn^{2+}+2e^- \rightarrow Zn$。但当具体指定作正极或负极后，电极反应的写法就是惟一的，即作正极时电极反应只能按还原方向书写，作负极时只能按氧化方向书写。

② 电极反应的标准电势是强度性质，其数值与电极反应的计量系数无关。例如，对于标准氢电极：

$$2H^+ +2e^- \longrightarrow H_2 \qquad E^\ominus_{电极}=0$$

$$H^+ +e^- \longrightarrow \frac{1}{2}H_2 \qquad E^\ominus_{电极}=0$$

③ 有些电极在不同介质（酸碱）中，电极反应及 $E^\ominus_{电极}$是不同的。例如 ClO_3^-/Cl^-，在酸性溶液中电极反应及电极反应的标准电势为：

$$ClO_3^- +6H^+ +6e^- \longrightarrow Cl^- +3H_2O \qquad E^\ominus_A=1.451V$$

在碱性溶液中电极反应及电极反应的标准电势为：

$$ClO_3^- +3H_2O+6e^- \longrightarrow Cl^- +6OH^- \qquad E^\ominus_B=0.62V$$

此外，有的氧化值相同的物质，在酸性与碱性溶液中存在的状态不同，因而电极反应及

$E^{\ominus}_{电极}$也不同，例如：

$$Fe^{3+} + e^- \longrightarrow Fe^{2+} \qquad E^{\ominus}_A = 0.771V$$

$$Fe(OH)_3 + e^- \longrightarrow Fe(OH)_2 + OH^- \qquad E^{\ominus}_B = -0.56V$$

很明显，溶液的酸碱性会影响电极反应的电势，所以电极反应的标准电势表常分为酸表和碱表（简记为 A 表和 B 表），见附录六。酸表表示在酸性溶液（$[H^+]=1.0mol \cdot L^{-1}$或 pH=0）中的电极反应的标准电势 $E^{\ominus}_A$；碱表表示在碱性溶液（$[OH^-]=1.0mol \cdot L^{-1}$或 pH=14）中的电极反应的标准电势 $E^{\ominus}_B$。对于一些不受溶液酸碱性影响的电极，其电极反应的标准电势也都列入酸表中，查表时应予注意。

10.4　能斯特方程和电极反应的电势

电极反应的电势泛指任意电极的界面电势差，它不仅决定于电极的氧化型和还原型物质的本性，而且还决定于它们的浓度（或分压）。

电极反应的电势与浓度的关系可用能斯特方程（Nernst equation）来表示，设任意电极的电极反应为：

$$p\,氧化型 + ze^- \rightleftharpoons q\,还原型 \tag{10-6}$$

则

$$E_{电极} = E^{\ominus}_{电极} + \frac{RT}{zF}\ln\frac{\{[氧化型]/c^{\ominus}\}^p}{\{[还原型]/c^{\ominus}\}^q} \tag{10-7}$$

或

$$E_{电极} = E^{\ominus}_{电极} - \frac{RT}{zF}\ln\frac{\{[还原型]/c^{\ominus}\}^q}{\{[氧化型]/c^{\ominus}\}^p} \tag{10-8}$$

式中　p，q——分别为电极反应中的化学计量系数；

$E_{电极}$——电极反应的电势；

$E^{\ominus}_{电极}$——电极反应的标准电势；

z——电极反应的电子数变化，即反应电荷数；

F——法拉第常数（$96485C \cdot mol^{-1}$）；

$[氧化型]/c^{\ominus}$，$[还原型]/c^{\ominus}$——氧化型物质、还原型物质浓度对 $c^{\ominus}$ 的相对值。如果氧化型、还原型物质是气态物质，则要使用相对于标准态的压力即 $p_B/p^{\ominus}$。若氧化型、还原型物质是固态物质或纯液体，则它们的浓度在能斯特方程中将不出现。

在 25℃时，式(10-7) 可改写为

$$E_{电极} = E^{\ominus}_{电极} + \frac{8.3145J \cdot K^{-1} \cdot mol^{-1} \times 298.2K \times 2.303}{z \times 96485C \cdot mol^{-1}}\lg\frac{\{[氧化型]/c^{\ominus}\}^p}{\{[还原型]/c^{\ominus}\}^q}$$

即

$$E_{电极} = E^{\ominus}_{电极} + \frac{0.0592V}{z}\lg\frac{\{[氧化型]/c^{\ominus}\}^p}{\{[还原型]/c^{\ominus}\}^q} \tag{10-9}$$

例 10-2　试计算 25℃时，由金属锌与锌离子浓度 $[Zn^{2+}]=0.001mol \cdot L^{-1}$的溶液所组成的锌电极的电极反应的电势。

解：锌电极的电极反应为：$Zn^{2+} + 2e^- \longrightarrow Zn$

由表 10-2 查得，$E^{\ominus}_{Zn^{2+}/Zn} = -0.7618V$

$$E_{Zn^{2+}/Zn} = E^{\ominus}_{Zn^{2+}/Zn} + \frac{0.0592V}{2}\lg\{[Zn^{2+}]/c^{\ominus}\}$$

$$= -0.7618V + \frac{0.0592V}{2}\lg 0.001 = -0.8506V$$

例 10-3　试计算 25℃时，由浓度为 $0.100mol \cdot L^{-1}$的 Cl^- 与分压为 303.9kPa 的 Cl_2 所组成氯气电极的电极反应的电势。

解：氯气电极的电极反应为：$Cl_2+2e^- \longrightarrow 2Cl^-$

由表 10-2 查得，$E^{\ominus}_{Cl_2/Cl^-}=1.35827V$

$$E_{Cl_2/Cl^-}=E^{\ominus}_{Cl_2/Cl^-}+\frac{0.0592V}{2}\lg\frac{p_{Cl_2}/p^{\ominus}}{\{[Cl^-]/c^{\ominus}\}^2}$$

$$=1.35827V+\frac{0.0592V}{2}\lg\frac{303.9kPa/100kPa}{(0.100mol\cdot L^{-1}/1mol\cdot L^{-1})^2}=1.4318V$$

如果在电极反应中，除氧化型、还原型物质外，还有 H^+ 或 OH^- 离子，则其浓度也应表示在能斯特方程中，即 H^+ 或 OH^- 离子与氧化型或还原型物质在电极反应式的同一边时，则其浓度项在能斯特方程中的表示方法，与氧化型或还原型物质相同。这样，H^+ 或 OH^- 离子浓度改变时，即酸度改变时，电极反应的电势将随之改变。

例 10-4 电极 $MnO_4^-, Mn^{2+}, H^+ \mid Pt$ 的电极反应为：

$$MnO_4^-+8H^++5e^- \longrightarrow Mn^{2+}+4H_2O$$

如果 $[MnO_4^-]$ 和 $[Mn^{2+}]$ 均为 $1.0mol\cdot L^{-1}$，并且保持不变。试计算 25℃当 $[H^+]$ 分别为 $0.1mol\cdot L^{-1}$ 和 $3.0mol\cdot L^{-1}$ 时，该电极反应的电势。

解：由表 10-2 查得，$E^{\ominus}_{MnO_4^-/Mn^{2+}}=1.507V$

$$E_{MnO_4^-/Mn^{2+}}=E^{\ominus}_{MnO_4^-/Mn^{2+}}+\frac{0.0592V}{5}\lg\frac{\{[MnO_4^-]/c^{\ominus}\}\{[H^+]/c^{\ominus}\}^8}{\{[Mn^{2+}]/c^{\ominus}\}}$$

当 $[H^+]=0.1mol\cdot L^{-1}$ 时，$E_{MnO_4^-/Mn^{2+}}=1.507V+\frac{0.0592V}{5}\lg(0.1)^8=1.412V$

当 $[H^+]=3.0mol\cdot L^{-1}$ 时，$E_{MnO_4^-/Mn^{2+}}=1.507V+\frac{0.0592V}{5}\lg(3.0)^8=1.552V$

由此可见，对于电极 $MnO_4^-, Mn^{2+}, H^+ \mid Pt$，随着溶液酸度的增强，其电极反应的电势增大，氧化型物质 MnO_4^- 的氧化性也增强。因此，在使用 MnO_4^-、$Cr_2O_7^{2-}$ 等含氧酸根作氧化剂时，总是要将溶液酸化，以保持在酸性条件下充分发挥这类氧化剂的氧化性能。

如果组成电极的物质包括微溶盐，也称难溶盐，这样的电极通常称为微溶盐电极，像氯化银电极 $Cl^- \mid AgCl(s) \mid Ag$、溴化银电极 $Br^- \mid AgBr(s) \mid Ag$ 和甘汞电极等都属于此类电极。由于微溶盐参与电极反应，故溶液中离子浓度的变化，会导致电极反应的电势变化。例如，银电极 $Ag^+ \mid Ag$，其 $E^{\ominus}_{Ag^+/Ag}=0.7996V$，若向这个电极的溶液中加入 NaBr，则因产生 AgBr 沉淀，Ag^+ 离子浓度下降，使得电极反应的电势发生变化。

10.5 电极反应的电势的应用

电极反应的电势除了用于比较氧化剂和还原剂的相对强弱，还有以下几方面的应用。

10.5.1 判断原电池的正负极和计算电池的电动势 *E*

组成原电池的两个电极，电极反应的电势数值较高的一个是正极，较低的一个是负极。原电池的电动势等于正极的电极反应的电势减去负极的电极反应的电势：

$$E=E_{正极}-E_{负极} \tag{10-10}$$

例 10-5 计算下列原电池在 25℃时的电动势，并指出哪个电极为正极，哪个电极为负极。

$$Zn \mid Zn^{2+}(0.100mol\cdot L^{-1}) \parallel Cu^{2+}(2.00mol\cdot L^{-1}) \mid Cu$$

解：先计算两个电极的电极反应的电势

$$E_{Zn^{2+}/Zn}=E^{\ominus}_{Zn^{2+}/Zn}+\frac{0.0592V}{2}\lg\{[Zn^{2+}]/c^{\ominus}\}$$

$$=-0.7618V+\frac{0.0592V}{2}\lg 0.100=-0.7914V$$

$$E_{Cu^{2+}/Cu}=E^{\ominus}_{Cu^{2+}/Cu}+\frac{0.0592V}{2}\lg\{[Cu^{2+}]/c^{\ominus}\}$$

$$=0.3419V+\frac{0.0592V}{2}\lg 2.00=0.3508V$$

所以，铜电极为正极，锌电极为负极。

$$E=E_{Cu^{2+}/Cu}-E_{Zn^{2+}/Zn}=0.3508V-(-0.7914V)=1.1422V$$

10.5.2 判断氧化还原反应进行的方向

在通常条件下，锌和硫酸铜溶液能发生置换反应，$Zn+Cu^{2+}\longrightarrow Cu+Zn^{2+}$。但是，在相同条件下，为什么它的逆过程不能发生？现在将根据氧化还原反应的实质及电极反应的电势的概念回答这个问题。

将此反应设计成原电池，并采用例10-5的浓度数据，则 $E_{Zn^{2+}/Zn}=-0.7914V$，$E_{Cu^{2+}/Cu}=0.3508V$。可见，在此条件下，Zn是较强的还原剂，Zn^{2+}是较弱的氧化剂，Cu^{2+}是较强的氧化剂，Cu是较弱的还原剂。也就是说，从氧化剂和还原剂的相对强弱来看，锌置换铜反应的实质是：

$$\underset{\text{(较强)}}{\underset{\text{还原剂1}}{Zn}} + \underset{\text{(较强)}}{\underset{\text{氧化剂2}}{Cu^{2+}}} \longrightarrow \underset{\text{(较弱)}}{\underset{\text{还原剂2}}{Cu}} + \underset{\text{(较弱)}}{\underset{\text{氧化剂1}}{Zn^{2+}}}$$

由此可见，在通常条件下，氧化还原反应总是由较强的氧化剂与还原剂向着生成较弱的氧化剂与还原剂的方向进行。

如果从电极反应的电势数值来看，置换反应之所以能够发生，是由于 $E_{Cu^{2+}/Cu}>E_{Zn^{2+}/Zn}$，即当氧化剂电对的电势大于还原剂电对的电势时，反应才能进行。

氧化还原反应进行的方向，还可根据相应原电池的电动势进行判断。因为任何一个氧化还原反应原则上都可以设计成原电池，原电池的电动势 $E=E_{正极}-E_{负极}$，所以当 $E>0$ 时，说明负极确实发生氧化反应，正极确实发生还原反应，整个反应正向进行；当 $E<0$ 时，电极上发生的反应正好与 $E>0$ 时的相反，整个反应逆向进行。如在例10-5中，由于 $E=1.1422V>0$，所以锌置换铜的反应可以进行。

例10-6 试判断25℃时反应 $2Fe^{3+}+Cu=2Fe^{2+}+Cu^{2+}$ 能否正向进行。设参加反应的各离子的浓度均为 $1.0mol\cdot L^{-1}$。

解：将反应设计成如下电池：

$$(-)Cu|Cu^{2+}(1.0mol\cdot L^{-1})\parallel Fe^{3+}(1.0mol\cdot L^{-1}),Fe^{2+}(1.0mol\cdot L^{-1})|Pt(+)$$

由表10-2查得

$$E^{\ominus}_{Fe^{3+}/Fe^{2+}}=0.771V,\quad E^{\ominus}_{Cu^{2+}/Cu}=0.3419V$$

$$E=E^{\ominus}=E^{\ominus}_{Fe^{3+}/Fe^{2+}}-E^{\ominus}_{Cu^{2+}/Cu}=0.771V-0.3419V=0.429V>0$$

因此，该反应能正向进行。

例10-7 银为不活泼金属，不能与HCl或稀 H_2SO_4 反应。试通过计算说明Ag与浓度为 $1.0mol\cdot L^{-1}$ 的氢碘酸（HI）能否反应放出100kPa的 H_2。

解：假设HI与Ag按下式反应放出 H_2：

$$2Ag+2HI(1.0mol\cdot L^{-1})\longrightarrow 2AgI\downarrow+H_2\uparrow\ (100kPa)$$

将该反应设计成下列原电池：

$$(-)Ag|AgI(s)|HI(1.0mol\cdot L^{-1})|H_2(100kPa)|Pt(+)$$

负极 $2Ag+2I^-\longrightarrow 2AgI+2e^-$

+) 正极 $2H^++2e^-\longrightarrow H_2$

电池反应 $2Ag+2HI\longrightarrow 2AgI\downarrow+H_2\uparrow$

原电池的电动势$E=E_{正极}-E_{负极}=E_{H^+/H_2}-E_{AgI/Ag}$。由于该电池由两个标准电极构成，所以

$$E=E^{\ominus}_{H^+/H_2}-E^{\ominus}_{AgI/Ag}=0-(-0.15224V)=0.15224V$$

因为$E>0$，所以此反应确实可按正向进行，即Ag能与浓度为$1.0mol \cdot L^{-1}$的HI反应放出100kPa的H_2。

这说明，由于AgI的K_{sp}很小，致使Ag的还原性大为增强，以至可以还原出H_2。

在指定温度下电极反应的电势大小既与$E^{\ominus}_{电极}$有关，也与参加反应的物质的浓度、酸度有关。如果参加反应的物质浓度不是$1.0mol \cdot L^{-1}$，需按能斯特方程先计算出正极和负极的电极反应的电势，然后再根据电动势的正负判断反应进行的方向。不过，在对反应方向作粗略判断时，也可直接用$E^{\ominus}_{电极}$数据。因为在一般情况下，$E^{\ominus}_{电极}$值在$E_{电极}$值中占主要部分，当标准电动势$E^{\ominus}>0.5V$时，一般不会因浓度变化而使电动势E改变符号。当$E^{\ominus}<0.2V$时，离子浓度的改变，可能会改变电动势E的符号。

例 10-8 试通过计算判断25℃时下列化学反应进行的方向

$$Pb^{2+}+Sn = Pb+Sn^{2+}$$

其中，$[Pb^{2+}]=0.10mol \cdot L^{-1}$，$[Sn^{2+}]=1.0mol \cdot L^{-1}$

解：将反应设计为如下电池

$$-)Sn|Sn^{2+}(1.0mol \cdot L^{-1}) \| Pb^{2+}(0.10mol \cdot L^{-1})|Pb(+$$

负极　$Sn \longrightarrow Sn^{2+}+2e^-$

正极　$Pb^{2+}+2e^- \longrightarrow Pb$

电池反应　$Pb^{2+}+Sn \longrightarrow Pb+Sn^{2+}$

$$E^{\ominus}_{Pb^{2+}/Pb}=-0.1262V，E^{\ominus}_{Sn^{2+}/Sn}=-0.1375V$$

$$E_{Pb^{2+}/Pb}=E^{\ominus}_{Pb^{2+}/Pb}+\frac{0.0592V}{2}\lg\{[Pb^{2+}]/c^{\ominus}\}$$

$$=-0.1262V+\frac{0.0592V}{2}\lg 0.10=-0.156V$$

$$E_{Sn^{2+}/Sn}=E^{\ominus}_{Sn^{2+}/Sn}+\frac{0.0592V}{2}\lg\{[Sn^{2+}]/c^{\ominus}\}$$

$$=-0.1375V+\frac{0.0592V}{2}\lg 1.0=-0.1375V$$

$$E=E_{Pb^{2+}/Pb}-E_{Sn^{2+}/Sn}=-0.156V-(-0.1375V)=-0.0185V<0$$

$E<0$说明，以上电池的正负极正好与实际的正负极相反，因此上述反应逆向进行。

10.5.3 计算氧化还原反应的平衡常数

由电化学方法获得氧化还原反应的平衡常数，同样要先将反应设计为电池，然后再由相应电极的电极反应的电势进行计算。现仍以Cu-Zn原电池为例对此进行说明。

随着Cu-Zn原电池电池反应的进行，$[Zn^{2+}]$不断增加，$[Cu^{2+}]$不断减少。若反应温度为25℃，由能斯特方程得：

$$E_{Zn^{2+}/Zn}=E^{\ominus}_{Zn^{2+}/Zn}+\frac{0.0592V}{2}\lg\{[Zn^{2+}]/c^{\ominus}\}$$

$$E_{Cu^{2+}/Cu}=E^{\ominus}_{Cu^{2+}/Cu}+\frac{0.0592V}{2}\lg\{[Cu^{2+}]/c^{\ominus}\}$$

所以，$E_{Zn^{2+}/Zn}$的值逐渐增大，$E_{Cu^{2+}/Cu}$的值逐渐减小。当反应达到平衡时二者相等。于是

$$E^{\ominus}_{Zn^{2+}/Zn}+\frac{0.0592V}{2}\lg\{[Zn^{2+}]/c^{\ominus}\}=E^{\ominus}_{Cu^{2+}/Cu}+\frac{0.0592V}{2}\lg\{[Cu^{2+}]/c^{\ominus}\}$$

$$\frac{0.0592\text{V}}{2}\lg\frac{[\text{Zn}^{2+}]/c^{\ominus}}{[\text{Cu}^{2+}]/c^{\ominus}}=E^{\ominus}_{\text{Cu}^{2+}/\text{Cu}}-E^{\ominus}_{\text{Zn}^{2+}/\text{Zn}}$$

式中，$\frac{[\text{Zn}^{2+}]/c^{\ominus}}{[\text{Cu}^{2+}]/c^{\ominus}}$ 即为反应 $\text{Zn}+\text{Cu}^{2+}\longrightarrow\text{Zn}^{2+}+\text{Cu}$ 在 25℃ 时的标准平衡常数 $K^{\ominus}$。所以

$$\lg K^{\ominus}=\frac{2}{0.0592\text{V}}[0.3419\text{V}-(-0.7618\text{V})]$$

$$K^{\ominus}=1.94\times10^{37}$$

$K^{\ominus}$ 值很大，说明锌置换铜的反应可进行得很完全。由此可见，利用电极反应的标准电势可以计算相应氧化还原反应的平衡常数 $K^{\ominus}$。25℃时，$K^{\ominus}$ 与 $E^{\ominus}_{\text{电极}}$ 的关系服从下面的通式：

$$\lg K^{\ominus}=\frac{z(E^{\ominus}_{\text{正极}}-E^{\ominus}_{\text{负极}})}{0.0592\text{V}}=\frac{zE^{\ominus}}{0.0592\text{V}} \tag{10-11}$$

显然，$E^{\ominus}_{\text{正极}}$ 与 $E^{\ominus}_{\text{负极}}$ 的差值愈大，$K^{\ominus}$ 愈大。即氧化剂与还原剂在电极反应的标准电势表中的位置相距愈远，它们间的反应进行得愈完全。

例 10-9　计算下列反应在 25℃时的标准平衡常数。

$$2\text{Fe}^{3+}+\text{Cu}=\!=\!=\text{Cu}^{2+}+2\text{Fe}^{2+}$$

解：

$$\lg K^{\ominus}=\frac{z(E^{\ominus}_{\text{Fe}^{3+}/\text{Fe}^{2+}}-E^{\ominus}_{\text{Cu}^{2+}/\text{Cu}})}{0.0592\text{V}}=\frac{2\times(0.771\text{V}-0.3419\text{V})}{0.0592\text{V}}$$

$$K^{\ominus}=3.14\times10^{14}$$

需要注意，虽然可由 E 及 $E^{\ominus}$ 判断氧化还原反应进行的方向及计算标准平衡常数，但却不能由之决定反应的速率。一般来说，氧化还原反应的速率比中和反应和沉淀反应的速率要小一些，特别是结构复杂的含氧酸盐参加的反应更是如此。有时一个氧化还原反应，氧化剂与还原剂的电极反应的电势相差很大，反应应该进行得很完全，但由于速率很小，实际上难以察觉反应的进行。例如，在酸性 KMnO_4 溶液中，加入纯 Zn 粉，虽然电池反应的标准电动势 $E^{\ominus}=2.27\text{V}$，但 KMnO_4 的紫色却不容易褪掉。只有在溶液中加入少量 Fe^{3+} 离子，下列反应才能发生：

$$2\text{MnO}_4^-+5\text{Zn}+16\text{H}^+\xlongequal{\text{Fe}^{3+}}2\text{Mn}^{2+}+5\text{Zn}^{2+}+8\text{H}_2\text{O}$$

这是因为 Fe^{3+} 离子可作为该反应的催化剂，它能大大加快该反应的速率。

10.6　电动势与 $\Delta_r G_m$ 及 $K^{\ominus}$ 的关系

10.6.1　电动势与摩尔反应吉氏函数的关系

前已述及，一般氧化还原反应的摩尔反应吉氏函数，等于相应电化学过程所做的最大电功，这个最大电功就是相应电池输出的可逆电功 W'_{R}，即

$$\Delta_r G_m=W'_{\text{R}} \tag{10-12}$$

由物理学知道，W'_{R} 等于电池的电动势 E 与通过电量 Q 的乘积，

$$W'_{\text{R}}=-EQ \tag{10-13}$$

式中的负号是人为加进的，以使之符合系统做功为负的符号规定。若在相应的电极反应中转移的电子数为 z，根据法拉第定律，

$$Q=zF \tag{10-14}$$

将式(10-13)、式(10-14) 代入式(10-12) 中，则

$$\Delta_r G_m=-zFE \tag{10-15}$$

式(10-15)就是电动势与摩尔反应吉氏函数的关系。若参与电池反应的各物质均处于标准状态，则式(10-15)可以改写为：

$$\Delta_r G_m^\ominus = -zFE^\ominus = -zF(E_{正极}^\ominus - E_{负极}^\ominus) \tag{10-16}$$

例 10-10 已知 $E_{Cu^{2+}/Cu}^\ominus = 0.3419V$，$E_{Zn^{2+}/Zn}^\ominus = -0.7618V$，试计算 Cu-Zn 原电池的标准电动势 $E^\ominus$ 和标准摩尔反应吉氏函数 $\Delta_r G_m^\ominus$。

解：在 Cu-Zn 原电池中锌是负极，铜是正极，电池反应为：

$$Zn + Cu^{2+} \longrightarrow Zn^{2+} + Cu$$

电极反应中转移的电子数 $z=2$

所以，$E^\ominus = E_{Cu^{2+}/Cu}^\ominus - E_{Zn^{2+}/Zn}^\ominus = 0.3419V - (-0.7618V) = 1.1037V$

$$\Delta_r G_m^\ominus = -zFE^\ominus = -2 \times 96485 C\cdot mol^{-1} \times 1.1037V$$

$$= -2.130 \times 10^5 J\cdot mol^{-1} = -213.0 kJ\cdot mol^{-1}$$

例 10-11 试求反应 $Pb(s) + Sn^{2+}(1.0mol\cdot L^{-1}) \longrightarrow Pb^{2+}(0.1mol\cdot L^{-1}) + Sn(s)$ 的标准摩尔反应吉氏函数和摩尔反应吉氏函数，并根据计算结果判断该反应进行的方向。

解：将该反应设计为电池，利用例 10-8 的数据得

$$\Delta_r G_m^\ominus = -zFE^\ominus = -2 \times 96485 C\cdot mol^{-1} \times [-0.1375V - (-0.1262V)]$$

$$= 2.181 \times 10^3 J\cdot mol^{-1} = 2.181 kJ\cdot mol^{-1}$$

$$\Delta_r G_m = -zFE = -2 \times 96485 C\cdot mol^{-1} \times [-0.1375V - (-0.156V)]$$

$$= -3.570 \times 10^3 J\cdot mol^{-1} = -3.570 kJ\cdot mol^{-1}$$

因为 $\Delta_r G_m < 0$，所以反应能正向进行。

10.6.2 标准电动势与标准平衡常数的关系

电池的标准电动势 $E^\ominus$ 与标准平衡常数 $K^\ominus$ 的关系，在电极反应的电势的应用一节中已经导出，见式(10-11)。但此关系式还可由第 7 章的式(7-18) $\Delta_r G_m^\ominus = -RT\ln K^\ominus$ 导出。按式(10-16)，$\Delta_r G_m^\ominus = -zFE^\ominus$，将它代入式(7-18)，则：

$$-zFE^\ominus = -RT\ln K^\ominus$$

$$\lg K^\ominus = \frac{zFE^\ominus}{2.303RT}$$

若反应在 25℃下进行，则

$$\lg K^\ominus = \frac{z(E_{正极}^\ominus - E_{负极}^\ominus)}{0.0592V} = \frac{zE^\ominus}{0.0592V} \tag{10-17}$$

式(10-17)也就是式(10-11)。

采用电化学的方法，不仅可根据原电池的 E、$E^\ominus$ 求得化学反应的 $\Delta_r G_m$、$\Delta_r G_m^\ominus$ 以及 $K^\ominus$，而且可以得到化学反应的所有热力学函数变化及其他信息。由于当代电化学测量技术的发展，E 和 $E^\ominus$ 等的测定已相当精确，所以由此得到的热力学函数变化及 $K^\ominus$ 有很高的精度。毫无疑问，这对电化学本身的发展和热力学的研究都有极其重要的意义。

10.7 元素电势图及其应用

许多元素具有多种氧化值，因此可组成多种氧化还原电对，例如，Cu 具有 0、+1、+2三种氧化值，可以组成下列三种电对：

$$Cu^{2+} + 2e^- \longrightarrow Cu \qquad E_{Cu^{2+}/Cu}^\ominus = 0.3419V$$

$$Cu^{2+} + e^- \longrightarrow Cu^+ \qquad E_{Cu^{2+}/Cu^+}^\ominus = 0.163V$$

$$Cu^+ + e^- \longrightarrow Cu \qquad E_{Cu^+/Cu}^\ominus = 0.521V$$

为了直观地比较各种氧化态的氧化还原性，常把同一元素不同氧化值的物质，按氧化值

由大到小的顺序排列，并将它们相互组成电对，在两个物质之间的连线上，写上该电对的电极反应的标准电势的数值。如

$$E^{\ominus}/V \quad Cu^{2+} \xrightarrow{0.163} Cu^{+} \xrightarrow{0.521} Cu$$
$$\underbrace{Cu^{2+} \longrightarrow Cu}_{0.3419}$$

这种表明元素各种氧化值之间电势变化的图称为元素电势图或拉铁摩（W. M. Latimer）图。元素电势图在化学中有重要的用途。

10.7.1　判断歧化反应能否进行

当一个元素是处于中间氧化值的物质时，它的一部分作氧化剂，还原为低氧化值的物质；一部分作为还原剂，氧化为高氧化值的物质，前已述及，这类自氧化自还原的反应称为歧化反应。例如，Cu^{+} 的氧化值处于 Cu^{2+} 和 Cu 之间，一部分 Cu^{+} 将另一部分 Cu^{+} 氧化成 Cu^{2+}，而本身还原为 Cu：

$$2Cu^{+} \longrightarrow Cu^{2+} + Cu$$

现在结合铜的元素电势图来分析 Cu^{+} 发生歧化反应的原因：

Cu^{+} 作为氧化剂：$Cu^{+} + e^{-} \longrightarrow Cu$　　$E^{\ominus}_{Cu^{+}/Cu} = 0.521V$

Cu^{+} 作为还原剂：$Cu^{+} \longrightarrow Cu^{2+} + e^{-}$　　$E^{\ominus}_{Cu^{2+}/Cu^{+}} = 0.163V$

由于 $E^{\ominus}_{Cu^{+}/Cu} - E^{\ominus}_{Cu^{2+}/Cu^{+}} > 0$，所以在热力学标准状态下，$Cu^{+}$ 可以歧化为 Cu^{2+} 和 Cu，即反应 $2Cu^{+} \longrightarrow Cu^{2+} + Cu$ 可以进行。将以上结论推广，可以得到判断歧化反应能否进行的一般规则。假设某一元素具有三种不同的氧化态 A、B、C，按氧化值由高到低排列如下：

$$A \xrightarrow{E^{\ominus}_{左}} B \xrightarrow{E^{\ominus}_{右}} C$$
$$\xrightarrow{\text{氧化值降低}}$$

若 B 能发生歧化反应，即 B 能转化成较低氧化值的 C 和较高氧化值的 A，则 B 转化为 C 时，B 作为氧化剂，B 转化为 A 时，B 作还原剂。由于 $E^{\ominus}_{氧} - E^{\ominus}_{还} > 0$ 时，反应才能进行，因此，从元素电势图来看，就是当 $E^{\ominus}_{右} > E^{\ominus}_{左}$ 时，在热力学标准状态下可以发生歧化反应。反之，则不能发生歧化反应。

例 10-12　汞的电势图为：$E^{\ominus}/V \quad Hg^{2+} \xrightarrow{0.920} Hg_2^{2+} \xrightarrow{0.7973} Hg$

试说明：(1) Hg_2^{2+} 离子在溶液中能否歧化；

(2) 反应 $Hg + Hg^{2+} \longrightarrow Hg_2^{2+}$ 能否进行。

解：(1) 由汞的电势图可知，Hg_2^{2+} 右边电极反应的电势小于左边电极反应的电势（$E^{\ominus}_{右} < E^{\ominus}_{左}$），所以在热力学标准状态下，$Hg_2^{2+}$ 离子在溶液中不会发生歧化反应。

(2) 在反应 $Hg + Hg^{2+} \longrightarrow Hg_2^{2+}$ 中，

Hg^{2+} 作氧化剂（生成 Hg_2^{2+}），$E^{\ominus}_{Hg^{2+}/Hg_2^{2+}} = 0.920V$

Hg 作还原剂（生成 Hg_2^{2+}），$E^{\ominus}_{Hg_2^{2+}/Hg} = 0.7973V$

$E^{\ominus} = E^{\ominus}_{氧} - E^{\ominus}_{还} = 0.920V - 0.7973V = 0.123V > 0$

所以，在热力学标准状态下反应能正向进行。

10.7.2　计算同一元素的不同氧化值物质电对的电极反应的标准电势

有些电极，例如 Fe^{3+}/Fe、Fe^{2+}/Fe、Fe^{3+}/Fe^{2+} 等，是由同一元素不同氧化值物质的电对构成，它们的电极反应的标准电势，可借助于元素的电势图用计算的方法获得。例如，已知某元素的电势图：

$$\begin{array}{c} M_1 \xrightarrow[z_1]{E_1^\ominus} M_2 \xrightarrow[z_2]{E_2^\ominus} M_3 \xrightarrow[z_3]{E_3^\ominus} M_4 \\ \underbrace{\qquad\qquad\qquad\qquad\qquad}_{\substack{E^\ominus \\ z_1+z_2+z_3}} \end{array}$$

图中 M_1、M_2、M_3、M_4 代表同一元素不同氧化值的物质，$E_1^\ominus$、$E_2^\ominus$、$E_3^\ominus$ 分别为相邻物质的电对所构成电极的电极反应的标准电势，z_1、z_2、z_3 为对应电极反应的电子数变化。根据摩尔反应吉氏函数与电极反应的电势的关系可得：

①$\Delta_r G_{m,1}^\ominus = -z_1 F E_1^\ominus$　②$\Delta_r G_{m,2}^\ominus = -z_2 F E_2^\ominus$　③$\Delta_r G_{m,3}^\ominus = -z_3 F E_3^\ominus$　④$\Delta_r G_m^\ominus = -(z_1+z_2+z_3) F E^\ominus$

①+②+③得：

$$\Delta_r G_{m,1}^\ominus + \Delta_r G_{m,2}^\ominus + \Delta_r G_{m,3}^\ominus = -(z_1 E_1^\ominus + z_2 E_2^\ominus + z_3 E_3^\ominus) F$$

由于 G 是状态函数，ΔG 只决定于系统的初终状态而与途径无关，所以：

$$\Delta_r G_m^\ominus = \Delta_r G_{m,1}^\ominus + \Delta_r G_{m,2}^\ominus + \Delta_r G_{m,3}^\ominus$$

即

$$\Delta_r G_m^\ominus = -(z_1 E_1^\ominus + z_2 E_2^\ominus + z_3 E_3^\ominus) F$$

将式④代入上式中，得：$E^\ominus = \dfrac{z_1 E_1^\ominus + z_2 E_2^\ominus + z_3 E_3^\ominus}{z_1+z_2+z_3}$　(10-18)

$E^\ominus$ 就是由 M_1 和 M_4 所成电对的电极反应的标准电势。

例 10-13 已知氯在酸性溶液中的电势图如下，试计算 $E^\ominus_{ClO_4^-/Cl^-}$。

$$E^\ominus/V \quad ClO_4^- \xrightarrow{1.189} ClO_3^- \xrightarrow{1.42} HClO \xrightarrow{1.611} Cl_2 \xrightarrow{1.35827} Cl^-$$

解：$E^\ominus_{ClO_4^-/Cl^-} = \dfrac{1.189V\times2 + 1.42V\times4 + 1.611V\times1 + 1.35827V\times1}{2+4+1+1}$

$= 1.38V$

科学家法拉第

Micheal Faraday（1791～1867）

无论是在介绍物理学家还是在介绍化学家的书籍上，差不多都有法拉第专题，而且还常常称之为“大科学家法拉第”。英国的一位史学家说：“法拉第的一生，是通过他的坚韧不拔的意志和努力，克服出身和教育上不寻常的障碍而获得辉煌成就的极好榜样。”

法拉第出生在英国的一个铁匠家庭。由于父亲身体有病，家庭生活非常贫困，甚至经常不得不依靠慈善机构的救济来维持生活，法拉第形容自己的童年是在“饥饿和寒冷中度过的”。法拉第是家里惟一读过两年半小学的子女，12 岁就在一家书店做工，第一年当报童和做杂活，第二年成为装订学徒工。由于他诚实、聪明、能干，装订书籍既快又好，赢得了店主和客人的赞扬和喜爱。他一边装订书，一边如饥似渴地乘机阅读着各种各样的书籍，随着阅读内容的不断深入，他越来越被物理、化学领域的成果所吸引。近 10 年的装订工经历，使他获得了丰富的知识。

被上进心和热爱科学所驱使的法拉第，在友人的帮助下从 1810 年开始常去英国皇家学院听科学家的演讲。1812 年他听了戴维的 4 次报告，每次均作详细的记录，回家后把所听材料精心整理，绘制了许多图表，再装订成册寄给戴维，并附上请求在皇家学院谋职的信。接信后，戴维答应法拉第以皇家研究所助手的名义，在他的实验室工作。戴维对法拉第严格要求、精心培养，而法拉第则是刻苦学习、虚心求教，在实验室从打扫卫生到做实验，从早到晚一直忙个不停。1813年他随同戴维出访欧洲大陆一年多，其间，他既是戴维夫妇的仆人、管家，又是戴维的助手，也使他有机会会见当时许多知名的科学家，开阔了眼界、增长了见识。回国后法拉第开始独立搞科学研究工作，表现出了惊人的才干，从此在物理和化学方面取得了一个又一个令人瞩目的成绩。1816年，法拉第在戴维的帮助下发表了第一篇论文，接着又发表了六篇论文。1821年成为皇家学院实验室总监和实验室主任，1824年被推选为皇家学会会员，1825年接替戴维任实验室主任，1833年任教授。1831年法拉第发现了电磁感应产生电流的原理，1834年发表了著名的以他的名字命名的电解定律……。48岁时他大病一场，痊愈后体质虚弱，但他仍坚持研究工作，且更加珍惜时间，往往是跑步到实验室工作。

法拉第因其苦学成名、杰出成就及优秀的品格，一直受到全世界人民的衷心爱戴。

复习思考题

1. 什么叫元素的氧化值？试举例说明。
2. 试用元素氧化值的概念说明氧化和还原、氧化剂和还原剂。
3. 相同的电对（如 Ag^+/Ag）能否组成原电池？如何组成？应具备什么条件？
4. 电解质溶液的导电与金属导线的导电有什么不同？
5. 使用法拉第定律 $n_B=Q/(z_BF)$ 时，为什么反应电荷数 z_B 应与物质B的基本单元的取法相一致？
6. 原电池的正极和负极是怎样区分的？电解电池的阴极和阳极是怎样确定的？
7. 判断氧化还原反应的方向应该用 $E_{电极}$ 还是 $E^{\ominus}_{电极}$？在什么情况下 $E_{电极}$ 和 $E^{\ominus}_{电极}$ 两者都可使用？
8. 计算氧化还原反应的标准平衡常数应该用 E 还是用 $E^{\ominus}$？为什么？
9. 写出原电池 $Ag|Ag^+(0.1mol\cdot L^{-1})\ \|\ Cu^{2+}\ (0.01mol\cdot L^{-1})\ |\ Cu$ 的电极反应和电池反应，并计算其电动势。
10. 今有物质 MnO_4^-，$Cr_2O_7^{2-}$，Fe^{3+}，I_2。试以适当的依据排出它们的氧化性由强到弱的顺序。
11. 试分别写出由如下电对构成的原电池电极的符号：

$$H^+/H_2,\ Cu^{2+}/Cu,\ MnO_4^-/Mn^{2+}$$

12. 若参加反应各离子的浓度均为 $1.0mol\cdot L^{-1}$，试判断下列反应能否正向进行。

（1）$Sn^{2+}+Fe^{3+}\longrightarrow Fe^{2+}+Sn^{4+}$

（2）$Fe^{2+}+Cu^{2+}\longrightarrow Cu+Fe^{3+}$

（3）$MnO_4^-+H_2O_2+H^+\longrightarrow Mn^{2+}+O_2+H_2O$

（4）$ClO^-\longrightarrow ClO_3^-+Cl^-$

习　题

1. 以5A电流通过稀硫酸溶液，问经过多少时间才能在27℃和101.3kPa下得到1L氢气？
2. 对于下列化学反应：

$$2HgCl_2+SnCl_2 = Hg_2Cl_2+SnCl_4$$

$$5KNO_2+2KMnO_4+3H_2SO_4 = 5KNO_3+2MnSO_4+K_2SO_4+3H_2O$$

（1）哪些离子或原子被氧化了，哪些被还原了？

（2）哪些物质是氧化剂，哪些是还原剂？

3. 用氧化值法配平下列方程式：

（1）$Cu+HNO_3(稀)\longrightarrow Cu(NO_3)_2+NO+H_2O$；

（2）$PbO_2+MnSO_4+HNO_3\longrightarrow Pb(NO_3)_2+PbSO_4+HMnO_4+H_2O$；

（3）$FeS_2+O_2\xrightarrow{\triangle}Fe_3O_4+SO_2$；

（4）$As_2S_3+HNO_3+H_2O\longrightarrow H_3AsO_4+H_2SO_4+NO$；

(5) $KMnO_4+K_2SO_3+H_2O \longrightarrow MnO_2+K_2SO_4+KOH$；

(6) $Na_2S_2O_3+I_2 \longrightarrow Na_2S_4O_6+NaI$；

(7) $(NH_4)_2S_2O_8+FeSO_4 \longrightarrow Fe_2(SO_4)_3+(NH_4)_2SO_4$。

4. 用离子-电子法配平下列方程式（必要时添加反应介质）：

(1) $KMnO_4+K_2SO_3+H_2SO_4 \longrightarrow K_2SO_4+MnSO_4+H_2O$；

(2) $NaBiO_3(s)+MnSO_4+HNO_3 \longrightarrow HMnO_4+Bi(NO_3)_3+Na_2SO_4+NaNO_3+H_2O$；

(3) $Zn+NO_3^-+H^+ \longrightarrow Zn^{2+}+NH_4^++H_2O$；

(4) $Ag+NO_3^-+H^+ \longrightarrow Ag^++NO+H_2O$；

(5) $Cl_2+OH^- \longrightarrow Cl^-+ClO^-+H_2O$；

(6) $Al+NO_3^-+OH^-+H_2O \longrightarrow [Al(OH)_4]^-+NH_3$。

5. 对于下列氧化还原反应：

(a) $Ag^++Cu(s) \longrightarrow Ag(s)+Cu^{2+}$；

(b) $Pb^{2+}+Cu(s)+S^{2-} \longrightarrow Pb(s)+CuS(s)$；

(c) $Pb(s)+2H^++2Cl^- \longrightarrow PbCl_2(s)+H_2(g)$；

(1) 指出哪个物质是氧化剂，哪个物质是还原剂；

(2) 根据这些反应设计原电池，写出原电池的表示式。

6. 查出由下列各电对构成电极的电极反应的标准电势，试分别判断各组电对中哪种物质是最强的氧化剂？哪种物质是最强的还原剂？

(1) MnO_4^-/Mn^{2+}，Fe^{3+}/Fe^{2+}；(2) $Cr_2O_7^{2-}/Cr^{3+}$，$CrO_4^{2-}/Cr(OH)_3$；

(3) Cu^{2+}/Cu，Fe^{3+}/Fe^{2+}，Fe^{2+}/Fe。

7. 根据电对 Cu^{2+}/Cu，Fe^{3+}/Fe^{2+}，Fe^{2+}/Fe 构成电极的电极反应的标准电势，指出下列各组物质中，哪些可以共存，哪些不能共存，并说明理由。

(1) Cu^{2+}，Fe^{2+}；(2) Fe^{3+}，Fe；(3) Cu^{2+}，Fe；(4) Fe^{3+}，Cu；

(5) Cu，Fe^{2+}。

8. 求下列电极在25℃时电极反应的电势：

(1) 金属铜放在 $0.50mol\cdot L^{-1}$ 的 Cu^{2+} 溶液中。

(2) 在1L上述(1)的溶液中加入0.50mol固体 Na_2S。

(3) 在上述(1)的溶液中加入固体 Na_2S，使溶液中的 $[S^{2-}]=1.0mol\cdot L^{-1}$（加入固体所引起的溶液体积变化略去不计）。

9. 求下列电极在25℃时的电极反应的电势：

(1) 101.3kPa的 H_2 通入 $0.10mol\cdot L^{-1}$ 的HCl溶液中。

(2) 在1L上述(1)的溶液中加入0.1mol固体NaOH。

(3) 在1L上述(1)的溶液中加入0.1mol固体NaAc（因加入固体所引起的溶液体积变化略去不计）。

10. 指出下列原电池的正负极，写出电极反应和电池反应，并计算原电池的电动势：

(1) $Cu|Cu^{2+}(1mol\cdot L^{-1})\|Zn^{2+}(0.001mol\cdot L^{-1})|Zn$；

(2) $Pb|Pb^{2+}(0.1mol\cdot L^{-1})\|S^{2-}(0.1mol\cdot L^{-1})|CuS|Cu$；

(3) $Hg|Hg_2Cl_2|Cl^-(0.1mol\cdot L^{-1})\|H^+(1mol\cdot L^{-1})|H_2(p_{H_2}=100kPa)|Pt$；

(4) $Zn|Zn^{2+}(0.1mol\cdot L^{-1})\|HAc(0.1mol\cdot L^{-1})|H_2(p_{H_2}=100kPa)|Pt$。

11. 已知电池 $-)Zn|Zn^{2+}(x mol\cdot L^{-1})\|Ag^+(0.1mol\cdot L^{-1})|Ag(+$ 的电动势 $E=1.51V$，求 Zn^{2+} 离子的浓度。

12. 为测定 $PbSO_4$ 的溶度积，设计了如下原电池：

$$-)Pb|PbSO_4(s)|SO_4^{2-}(1.0mol\cdot L^{-1})\|Sn^{2+}(1.0mol\cdot L^{-1})|Sn(+$$

25℃时测得该电池的电动势 $E^{\ominus}=0.22V$。试据此求 $PbSO_4$ 的 $K_{sp}^{\ominus}$。

13. 若参加下列反应的各离子浓度均为 $1.0mol\cdot L^{-1}$，气体的压力为 $p^{\ominus}=100kPa$，试判断各反应能否正向进行。

(1) $Sn^{2+}+Fe^{3+} \longrightarrow Fe^{2+}+Sn^{4+}$；

（2）$Fe^{2+} + Cu^{2+} \longrightarrow Cu + Fe^{3+}$；

（3）$MnO_4^- + H_2O_2 + H^+ \longrightarrow Mn^{2+} + O_2 + H_2O$。

14. 计算下列氧化还原反应的标准平衡常数 $K^\ominus$：

（1）$Fe + 2Fe^{3+} \rightleftharpoons 3Fe^{2+}$；

（2）$H_3AsO_3 + I_2 + H_2O \rightleftharpoons H_3AsO_4 + 2I^- + 2H^+$；

（3）$MnO_2 + 2Cl^- + 4H^+ \rightleftharpoons Mn^{2+} + Cl_2 + 2H_2O$；

（4）$3Cu + 2NO_3^- + 8H^+ \rightleftharpoons 3Cu^{2+} + 2NO + 4H_2O$。

15. 根据铬在酸性介质中的电势图

$$E^\ominus/V \quad Cr_2O_7^{2-} \xrightarrow{1.232} Cr^{3+} \xrightarrow{-0.407} Cr^{2+} \xrightarrow{-0.913} Cr$$

（1）计算 $E^\ominus_{Cr_2O_7^{2-}/Cr^{2+}}$ 和 $E^\ominus_{Cr^{3+}/Cr}$；

（2）判断 Cr^{3+} 在酸性溶液中是否稳定。

16. 已知溴在碱性介质中的电势图：

$$E^\ominus/V \quad BrO_3^- \xrightarrow{0.54} BrO^- \xrightarrow{0.45} Br_2 \xrightarrow{1.066} Br^-$$

判断哪些物质可以歧化，并写出歧化反应式。（提示：应进行必要的计算）

17. 已知 $MnO_4^- + 8H^+ + 5e^- \longrightarrow Mn^{2+} + 4H_2O$，$E^\ominus_{MnO_4^-/Mn^{2+}} = 1.507V$

$MnO_4^- + 4H^+ + 3e^- \longrightarrow MnO_2 + 2H_2O$，$E^\ominus_{MnO_4^-/MnO_2} = 1.679V$

试求电极反应 $MnO_2 + 4H^+ + 2e^- \longrightarrow Mn^{2+} + 2H_2O$ 的 $E^\ominus_{MnO_2/Mn^{2+}}$。

18. （1）将如下反应设计为原电池，并求电池的 $E^\ominus$ 和电池反应的 $\Delta_r G_m^\ominus$。

$$Cr_2O_7^{2-} + 6Cl^- + 14H^+ \longrightarrow 2Cr^{3+} + 3Cl_2 + 7H_2O$$

（2）当$[Cl^-] = [H^+] = 12mol \cdot L^{-1}$，其他离子的浓度均为 $1mol \cdot L^{-1}$，$p_{Cl_2} = 100kPa$ 时，求电动势 E?

19. 已知下列原电池：

$$-)Pt|Sn^{2+}(1mol \cdot L^{-1}), Sn^{4+}\ (1mol \cdot L^{-1}) \parallel Cl^-\ (1mol \cdot L^{-1}) \mid AgCl \mid Ag\ (+$$

（1）试写出电极反应和电池反应。

（2）求电池反应的 $\Delta_r G_m^\ominus$，并判断电池反应进行的方向。

20. 已知如下反应，参加反应的各物质均处于热力学标准状态：

$$Fe^{3+} + I^- \longrightarrow Fe^{2+} + \frac{1}{2}I_2$$

试为反应设计原电池，并求它在 25℃时的 $E^\ominus$、电池反应的 $K^\ominus$ 以及 $\Delta_r G_m^\ominus$。若将反应写成：

$$2Fe^{3+} + 2I^- \longrightarrow 2Fe^{2+} + I_2$$

试再计算 $E^\ominus$、$K^\ominus$、$\Delta_r G_m^\ominus$。比较两次计算结果，有何结论?

参　考　书　目

1　邱永嘉等．化学原理．北京：高等教育出版社，2007

2　申泮文．近代化学导论．第二版．北京：高等教育出版社，2008

3　韩德刚等．物理化学．第二版．北京：高等教育出版社，2009

4　McQuarrie D. A.，Gallogly E. B.，Rock P. A. **General Chemistry 4th ed.**. University Science Books，2011

5　Brown T. L.，LeMay H. E.，Bursten B. E.，etc. **Chemistry-The Central Science 12th ed.** Prentice-Hall，2012

第 11 章　配合物在溶液中的稳定性和配位平衡

Chapter11　The Stability of Coordination Compounds in Solution and Coordination Equilibrium

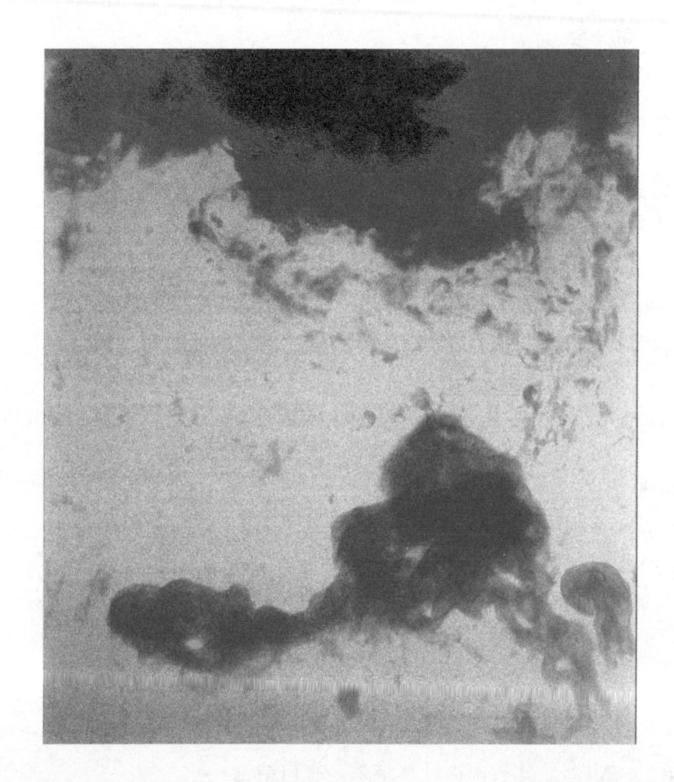

对配合物在溶液中的稳定性及配位平衡的研究有助于了解配合物的形成、结构以及中心离子和配体间成键的本质，而且在实际应用中如离子交换、溶剂萃取、矿物浮选和元素分析等方面都有重要意义。

本章主要介绍配合物在水溶液中配位平衡的基本概念及影响配位平衡移动的有关因素。

11.1　配合物的稳定常数和配位平衡

11.1.1　稳定常数的表示方法

金属离子在水溶液中常以水合离子存在，当在溶液中加入配体时，则配体取代水分子与金属离子形成配离子。例如在含 Zn^{2+} 离子[1]的水溶液中逐渐加入 NH_3 时，则首先形成 $[Zn(H_2O)_3NH_3]^{2+}$ 配离子，习惯上将水分子略去，写成 $[ZnNH_3]^{2+}$，随着 NH_3 量的增加，逐渐形成 $[Zn(NH_3)_2]^{2+}$、$[Zn(NH_3)_3]^{2+}$、$[Zn(NH_3)_4]^{2+}$ 等配离子，如图 11-1-1 所示。

---

[1] 简单 Zn^{2+} 离子在水溶液中实际上以 $[Zn(H_2O)_4]^{2+}$ 配离子形式存在。

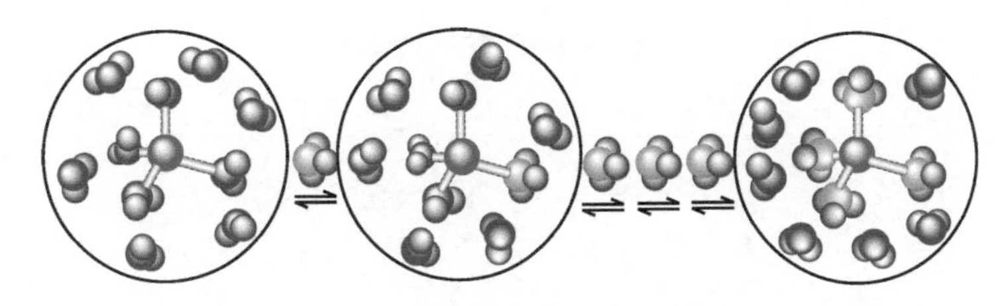

图 11-1-1　锌氨配离子的形成过程

中心离子与配体形成配离子的反应是可逆反应，各种配离子在溶液中建立如下平衡：

$$Zn^{2+} + NH_3 \rightleftharpoons [ZnNH_3]^{2+}$$

$$K_1^{\ominus} = \frac{[ZnNH_3^{2+}]/c^{\ominus}}{\{[Zn^{2+}]/c^{\ominus}\}\{[NH_3]/c^{\ominus}\}} \quad (11\text{-}1)$$

[1]

$$[ZnNH_3]^{2+} + NH_3 \rightleftharpoons [Zn(NH_3)_2]^{2+}$$

$$K_2^{\ominus} = \frac{[Zn(NH_3)_2^{2+}]/c^{\ominus}}{\{[ZnNH_3^{2+}]/c^{\ominus}\}\{[NH_3]/c^{\ominus}\}} \quad (11\text{-}2)$$

$$[Zn(NH_3)_2]^{2+} + NH_3 \rightleftharpoons [Zn(NH_3)_3]^{2+}$$

$$K_3^{\ominus} = \frac{[Zn(NH_3)_3^{2+}]/c^{\ominus}}{\{[Zn(NH_3)_2^{2+}]/c^{\ominus}\}\{[NH_3]/c^{\ominus}\}} \quad (11\text{-}3)$$

$$[Zn(NH_3)_3]^{2+} + NH_3 \rightleftharpoons [Zn(NH_3)_4]^{2+}$$

$$K_4^{\ominus} = \frac{[Zn(NH_3)_4^{2+}]/c^{\ominus}}{\{[Zn(NH_3)_3^{2+}]/c^{\ominus}\}\{[NH_3]/c^{\ominus}\}} \quad (11\text{-}4)$$

$K_1^{\ominus}$、$K_2^{\ominus}$、$K_3^{\ominus}$ 和 $K_4^{\ominus}$ 表示氨合锌离子的某一级平衡常数，称为逐级稳定常数（stepwise stability constant）。有时也用 β_1，β_2，…，β_n 表示配合物的累积稳定常数（over all stability constant）

$$\beta_1 = K_1^{\ominus}$$

$$\cdots\cdots$$

$$\beta_n = \prod_1^n K_n^{\ominus}$$

一般将最高级的累积稳定常数（β_n）称为总稳定常数，可用 $K_{稳}^{\ominus}$ 表示。

有时也可以用配离子的解离形式即不稳定常数（unstability constant）来表示配离子在溶液中的稳定性。以 $[Zn(NH_3)_4]^{2+}$ 为例，则有：

$$[Zn(NH_3)_4]^{2+} \rightleftharpoons Zn^{2+} + 4NH_3$$

$$K_{不稳}^{\ominus} = \frac{\{[Zn^{2+}]/c^{\ominus}\}\{[NH_3]/c^{\ominus}\}^4}{[Zn(NH_3)_4^{2+}]/c^{\ominus}} \quad (11\text{-}5)$$

配离子的解离也是分步进行的，因而也有逐级不稳定常数，其乘积才是该配离子的总不稳定常数。对配合物而言，只需用一种常数来表示它在水溶液中的稳定性即可(本教材采用稳定常数)。配离子的稳定常数越大，则配离子在水溶液中越难解离，即配离子在水溶液中越稳定。

例如，根据实验测定配离子 $[Ag(NH_3)_2]^+$ 的 $K_{稳}^{\ominus}$ 为 1.12×10^7，配离子 $[Ag(S_2O_3)_2]^{3-}$ 的 $K_{稳}^{\ominus}$ 为 2.88×10^{13}。可见在水溶液中 $[Ag(S_2O_3)_2]^{3-}$ 配离子比 $[Ag(NH_3)_2]^+$ 配离子要稳定得多。某些常见的配离子的稳定常数[2]列于表 11-1（详见附录七）。

---

[1] 配离子的浓度常用方括号表示，这时配离子的电荷写在方括号内，以免混淆。如配离子 $[Zn(NH_3)_4]^{2+}$ 的浓度表示为 $[Zn(NH_3)_4^{2+}]$。

[2] 配合物的稳定常数大都是由实验测得的。随着离子强度、温度等条件的不同，以及所用测试方法精确程度的差异，在不同书刊中所引用的数据数值上会有些出入。有些书刊中用 $\lg K_{稳}^{\ominus}$ 或 $pK_{稳}^{\ominus}$ 表示配合物的稳定常数（$pK_{稳}^{\ominus} = -\lg K_{稳}^{\ominus}$）。

表 11-1 某些配离子的稳定常数

配离子	$K_{稳}^{\ominus}$	配离子	$K_{稳}^{\ominus}$
$[Ag(CN)_2]^-$	1.26×10^{21}	$[Cu(CN)_2]^-$	1.0×10^{24}
$[Ag(NH_3)_2]^+$	1.12×10^{7}	$[Fe(CNS)_2]^+$	2.29×10^{3}
$[Ag(SCN)_2]^-$	3.72×10^{7}	$[Fe(CN)_6]^{4-}$	1.0×10^{35}
$[Ag(S_2O_3)_2]^{3-}$	2.88×10^{13}	$[Fe(CN)_6]^{3-}$	1.0×10^{42}
$[AlF_6]^{3-}$	6.94×10^{19}	$[FeF_6]^{3-}$	1.0×10^{16}
$[Ca(EDTA)]^{2-}$	1.0×10^{11}	$[HgCl_4]^{2-}$	1.17×10^{15}
$[Cd(CN)_4]^{2-}$	6.02×10^{18}	$[HgI_4]^{2-}$	6.76×10^{29}
$[Cd(NH_3)_4]^{2+}$	1.32×10^{7}	$[Mg(EDTA)]^{2-}$	4.37×10^{8}
$[Co(SCN)_4]^{2-}$	1.0×10^{3}	$[Ni(CN)_4]^{2-}$	2.0×10^{31}
$[Co(NH_3)_6]^{2+}$	1.29×10^{5}	$[Ni(NH_3)_6]^{2+}$	5.49×10^{8}
$[Co(NH_3)_6]^{3+}$	1.58×10^{35}	$[Zn(NH_3)_4]^{2+}$	2.88×10^{9}
$[Cu(NH_3)_4]^{2+}$	7.24×10^{12}	$[Zn(CN)_4]^{2-}$	5.01×10^{16}

11.1.2 配离子平衡浓度的计算

溶液中配离子的形成使自由金属离子的浓度减小。在一定条件下自由金属离子的浓度减小到多少，以及形成的各级配离子的浓度各是多少，可以应用配离子的逐级稳定常数的数据来进行计算。这种计算的应用范围很广，但很麻烦。在实际工作中，一般总是使用过量的配体，这样中心离子绝大部分处在最高配位数状态，而其他低配位数的各级离子可忽略不计。这样只需用 $K_{稳}^{\ominus}$ 计算，可大为简化，误差也不大。

例 11-1 已知 $[Cu(NH_3)_4]^{2+}$ 的 $K_{稳}^{\ominus}=7.24\times10^{12}$。若在 1.0L 6.0mol·L^{-1} 氨水溶液中溶解 0.1mol $CuSO_4$，求溶液各组分的浓度（假设溶解 $CuSO_4$ 后溶液的体积不变）。

解：$CuSO_4$ 完全解离为 Cu^{2+} 及 SO_4^{2-} 离子，假定所得的 Cu^{2+} 离子因有过量 NH_3 的存在完全生成 $[Cu(NH_3)_4]^{2+}$，则溶液中 $[Cu(NH_3)_4]^{2+}$ 的浓度应为 0.1mol·L^{-1}，剩余的 $[NH_3]$ 浓度为：

$$[NH_3]=(6.0-0.10\times4)\text{mol·L}^{-1}=5.6\text{mol·L}^{-1}$$

由于 $[Cu(NH_3)_4]^{2+}$ 在溶液中还存在解离平衡，设平衡时溶液中 $[Cu^{2+}]=x$ mol·L^{-1}，则：

$$Cu^{2+}+4NH_3 \rightleftharpoons [Cu(NH_3)_4]^{2+}$$

平衡浓度/mol·L^{-1} $\quad x \quad 5.6+4x \quad 0.1-x$

代入稳定常数表达式得：

$$K_{稳}^{\ominus}=\frac{[Cu(NH_3)_4^{2+}]/c^{\ominus}}{\{[Cu^{2+}]/c^{\ominus}\}\{[NH_3]/c^{\ominus}\}^4}=\frac{0.1-x}{x(5.6+4x)^4}=7.24\times10^{12}$$

由于 $K_{稳}^{\ominus}$ 很大，$[Cu(NH_3)_4]^{2+}$ 解离出来的离子一定很少，即 x 必然很小，可以认为：

$0.10-x\approx0.10$；$5.6+4x\approx5.6$，于是可得：

$$\frac{0.1}{x5.6^4}=7.24\times10^{12}$$

$$x=\frac{0.1}{5.6^4\times7.24\times10^{12}}=1.4\times10^{-17}$$

因此，溶液中各组分的浓度为：

$$[Cu^{2+}]=x=1.4\times10^{-17}\text{mol·L}^{-1}$$

$$[NH_3]=5.6+1.4\times10^{-17}\times4\approx5.6\text{mol·L}^{-1}$$

$$[Cu(NH_3)_4^{2+}]=0.10-1.4\times10^{-17}\approx0.10\text{mol·L}^{-1}$$

$$[SO_4^{2-}]=0.10\text{mol·L}^{-1}$$

例 11-2 在例 11-1 溶液中，(1) 加入 1.0mol·L^{-1} NaOH 溶液 10mL，有无 $Cu(OH)_2$ 沉淀生成？(2) 加入 0.1mol·L^{-1} Na_2S 溶液 1.0mL，有无 CuS 沉淀生成？（已知 $K_{sp}^{\ominus}[Cu(OH)_2]=2.2\times10^{-20}$，$K_{sp}^{\ominus}(CuS)=6.3\times10^{-36}$）

解：(1) 加入 $1.0\text{mol}\cdot\text{L}^{-1}$ NaOH 溶液 10mL，溶液中 $[OH^-]$ 为：

$$[OH^-]=\frac{1.0\text{mol}\cdot\text{L}^{-1}\times 10\text{mL}}{1000\text{mL}+10\text{mL}}\approx 0.01\text{mol}\cdot\text{L}^{-1}$$

则：$\{[Cu^{2+}]/c^{\ominus}\}\{[OH^-]/c^{\ominus}\}^2=1.4\times10^{-17}\times(0.01)^2$

$$=1.4\times10^{-21}<K_{sp}^{\ominus}[Cu(OH)_2]$$

无 $Cu(OH)_2$ 沉淀生成。

(2) 加入 $0.1\text{mol}\cdot\text{L}^{-1}$ Na_2S 溶液 1.0mL，溶液中 $[S^{2-}]$ 为：

$$[S^{2-}]=\frac{0.1\text{mol}\cdot\text{L}^{-1}\times 1.0\text{mL}}{1000\text{mL}+1.0\text{mL}}\approx 10^{-4}\text{mol}\cdot\text{L}^{-1}$$

则：$\{[Cu^{2+}]/c^{\ominus}\}\{[S^{2-}]/c^{\ominus}\}=1.4\times10^{-17}\times10^{-4}$

$$=1.4\times10^{-21}>K_{sp}^{\ominus}(CuS)$$

所以有 CuS 沉淀生成。如果加入 Na_2S 的量足够多，则配离子几乎完全转化为 CuS 沉淀。

11.2　影响配离子在溶液中稳定性的因素

影响配离子在溶液中稳定性的因素可分为外因（温度、压力、溶剂等）和内因（中心离子和配体的性质），但起决定作用的因素是内因。

11.2.1　中心离子的性质对配离子稳定性的影响

(1) 中心离子的元素在周期表中的位置　表 11-2 列出中心离子的元素在周期表中的分布与配离子的相对稳定性的关系。

表 11-2　配合物形成体在周期表中的分布

H																
Li	Be											B	C	N	O	F
Na	Mg											Al	Si	P	S	Cl
K	Ca	Sc	Ti	V	Cr	Mn	Fe	Co	Ni	Cu	Zn	Ga	Ge	As	Se	Br
Rb	Sr	Y	Zr	Nb	Mo	Tc	Ru	Rh	Pd	Ag	Cd	In	Sn	Sb	Te	I
Cs	Ba	Lu	Hf	Ta	W	Re	Os	Ir	Pt	Au	Hg	Tl	Pb	Bi	Po	At

注：绿色区域为能形成稳定的简单配合物及螯合物的元素；黄色区域为能形成稳定螯合物的元素，粉红色区域为仅能形成少数螯合物和大环配合物的元素。

从表中可见，在绿色区域内，共有 22 个元素，它们形成稳定的简单配合物及螯合物，在该区域内的中心离子有空的 d 轨道，容易接受配体的孤对电子，并且最外层还有自由的 d 电子也可与配体形成反馈 π 键，更有利于形成稳定的配合物。

在粉红色区域内的中心离子具有稀有气体的电子层结构，离子半径一般较大，电荷较少，它们形成配合物的能力就较差，但它们尚能形成较稳定的一些螯合物或大环配合物。

在黄色区域内的元素，它们的简单配合物稳定性差，但它们的螯合物还是相当稳定的。

(2) 中心离子的半径及电荷的影响　相同电子构型的中心离子形成配合物的稳定性随离子半径的增加而减小；对于电子构型不同，而离子半径相近的中心离子形成配合物的稳定性相差很大，如$[Mg(EDTA)]^{2-}$和$[Cu(EDTA)]^{2-}$的 $\lg K_{稳}^{\ominus}$ 分别为 8.64 和 18.70；对电子构型相同、离子半径相近的中心离子，则中心离子电荷愈高，形成的配合物愈稳定，如$[Co(NH_3)_6]^{3+}$和$[Ni(NH_3)_6]^{2+}$的 $\lg K_{稳}^{\ominus}$ 分别为 35.20 和 8.65。

11.2.2 配体性质对配合物稳定性的影响

(1) 配体的碱性 配体的碱性表示配体结合质子的能力，配体加合到 H^+ 上形成酸和配体加合到金属离子上形成配合物是两种相似的过程，所以配体的碱性愈强，表示它亲核能力愈强，形成配合物愈稳定。例如，在配位原子相同时，甲胺（CH_3NH_2）碱性比苯胺（$C_6H_5NH_2$）强，与 Ag^+ 形成配合物的 $\lg K^{\ominus}_{稳}$ 分别为 10.72 和 4.54。

(2) 配体的螯合效应和大环效应 螯合剂与金属离子形成五元环或六元环的螯合物最稳定，对于结构上相似的一些多齿配体而言，形成螯合物的螯环愈多愈稳定这种效应称为螯合效应；若配体是大环，则与中心离子形成的配合物特别稳定，这种效应称大环效应。表 11-3 列出了 Ni^{2+} 和 Cu^{2+} 与一些配体形成配合物稳定性的变化规律。

表 11-3 配合物的结构和稳定常数

结构	$[M(H_3N)_2(NH_3)_2]^{2+}$（H_3N、NH_3 四个单齿配体与 M 配位）	$[M(H_2N\ NH_2)_2]^{2+}$（两个 $H_2N\ NH_2$ 螯环与 M 配位）	（HN、HN、H_2N、NH_2 与 M 配位）$^{2+}$	（HN、NH、HN、NH 大环与 M 配位）$^{2+}$
配离子	$[M(NH_3)_4]^{2+}$	$[M(en)_2]^{2+}$	$[M(trien)]^{2+}$	$[M(N_4\text{-}14\text{-}ane)]^{2+}$
M=Cu	$\lg K^{\ominus}_{稳}=13.32$	$\lg K^{\ominus}_{稳}=19.60$	$\lg K^{\ominus}_{稳}=20.40$	$\lg K^{\ominus}_{稳}=24.8$
M=Ni	$\lg K^{\ominus}_{稳}=7.96$	$\lg K^{\ominus}_{稳}=13.84$	$\lg K^{\ominus}_{稳}=14.00$	$\lg K^{\ominus}_{稳}=22.2$
稳定因素	单齿配体	双齿螯合效应	多齿螯合效应	大环效应

注：表中配体 en，乙二胺，$NH_2—CH_2—CH_2—NH_2$，含 2 个配位 N 原子，为二齿配体；配体 trien，三乙四胺，$NH_2—CH_2—CH_2—NH—CH_2—CH_2—NH—CH_2—CH_2—NH_2$，含 4 个配位 N 原子，所以是多齿配体；配体 N_4-14-ane，1,4,8,11-四氮十四烷 $NH—CH_2—CH_2—NH—CH_2—CH_2—CH_2—NH—CH_2—CH_2—NH—CH_2—CH_2—CH_2$（首尾相连成环），整个配体是一个大环，含 4 个配位 N 原子。

由表 11-3 所提供的数据可知，配合物的稳定性按如下效应的变化递增：

$$单齿配体<双齿螯合效应<多齿螯合效应<大环效应$$

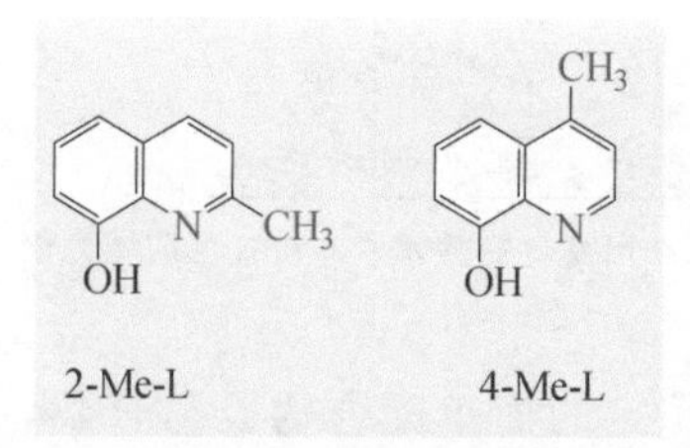

(3) 空间位阻 多齿配体的配位原子附近如果结合着体积较大的基团，会妨碍配合物的顺利形成，从而降低配合物的稳定性，例如 2-甲基-8-羟基喹啉（2-Me-L）在 2 位上的甲基因靠近配位原子 N，妨碍了正常配位反应的发生，而导致配合物稳定性下降，这种影响叫做空间位阻效应或简称位阻效应（steric effect）；4-甲基-8-羟基喹啉（4-Me-L）在 4 位上的甲基对配合物的形成不产生位阻影响，形成的配合物比较稳定。

11.2.3 配位原子和中心离子的关系对配合物稳定性的影响

配体中的配位原子与中心离子间的关系也是影响配合物稳定的重要因素之一，这可以从软硬酸碱理论给予阐明。

软硬酸碱（hard and soft acids and bases，简称 HSAB）理论是 20 世纪 60 年代初提出来的。这里所说的酸碱是指路易斯酸碱 。对配合物来讲，中心离子是酸，配位原子是碱。

硬酸是指外层电子结合得紧的一类路易斯酸，其特点是离子或原子的体积小，正电荷高，变形性小，如 H^+、Mg^{2+}、Al^{3+} 等；而软酸是指对外层电子结合得松的一类路易斯酸，其特点是离子或原子的体积大，正电荷低或不带电荷，易变形，如 Cu^+、Ag^+、Au^+ 等；而介于这两者之间的为中间酸。

硬碱是指对外层电子结合得紧的一类路易斯碱，其特点是变形性小，电负性大，不易失去电子，对外层电子吸引力强，如以 F、O 为配位原子的配体等；软碱是指对外层电子结合得松的一类路易斯碱，其特点是变形性大，电负性小，容易失去电子，对外层电子吸引力弱，如以 I、S 为配位原子的配体等；而介于这两者之间的为中间碱。

软硬酸碱的原则是：硬酸倾向于与硬碱结合，软酸倾向于与软碱结合，中间酸碱与软硬酸碱结合的倾向差不多。表 11-4 为一些软硬酸碱结合的配合物第一级稳定常数对数值（$\lg\beta_1$）。

表 11-4 软硬酸碱结合的配合物第一级稳定常数对数值（$\lg\beta_1$）

配体碱 / 酸中心离子		硬 碱	中 间 碱		软 碱
		F^-	Cl^-	Br^-	I^-
硬酸	Fe^{3+}	6.04	1.41	0.49	—
中间酸	Pb^{2+}	0.8	1.75	1.77	1.92
软酸	Hg^{2+}	1.03	6.72	8.94	12.81

由表 11-4 的数据可知，配合物的稳定常数较好地符合软硬酸碱的原则，但这只是比较粗糙的，仍有不少例外。如 CN^- 为软碱，它既能与软酸 Ag^+、Hg^{2+} 等形成稳定的配合物 $[Ag(CN)_2]^-$、$[Hg(CN)_4]^{2-}$，也能与硬酸 Fe^{3+}、Co^{3+} 等形成稳定的配合物 $[Fe(CN)_6]^{3-}$、$[Co(CN)_6]^{3-}$。由于配合物的成键情况比较复杂，目前还没有定量的标度来预测软硬酸碱相亲的程度，因此该原则有待于不断完善。

11.3 配位平衡的移动

配离子的稳定性是相对的，当外界条件发生变化时，则平衡发生移动，在新的条件下建立起新的平衡体系。本节主要讨论配位平衡的移动。

11.3.1 配离子之间的平衡

当溶液中存在两种能与同一种金属离子配位的配体，或者存在两种能与同一配体配位的金属离子时，都会发生相互间的争夺及平衡转化。这种争夺及平衡转化主要取决于配离子稳定性的大小，一般平衡总是向着生成配离子稳定性大的方向移动。两种配离子的稳定常数相差愈大，则转化愈完全。

例 11-3 试求下列配离子转化反应的平衡常数，并讨论之。

(1) $[Ag(NH_3)_2]^+ + 2CN^- \rightleftharpoons [Ag(CN)_2]^- + 2NH_3$

(2) $[Ag(NH_3)_2]^+ + 2SCN^- \rightleftharpoons [Ag(SCN)_2]^- + 2NH_3$

查表 11-1 知：$K^\ominus_稳([Ag(NH_3)_2]^+) = 1.12\times10^7$，$K^\ominus_稳([Ag(CN)_2]^-) = 1.26\times10^{21}$，$K^\ominus_稳([Ag(SCN)_2]^-) = 3.72\times10^7$

解：(1) 反应 $[Ag(NH_3)_2]^+ + 2CN^- \rightleftharpoons [Ag(CN)_2]^- + 2NH_3$ 的平衡常数表达式为：

$$K^\ominus = \frac{\{[Ag(CN)_2^-]/c^\ominus\}\{[NH_3]/c^\ominus\}^2}{\{[Ag(NH_3)_2^+]/c^\ominus\}\{[CN^-]/c^\ominus\}^2}$$

由它很容易导出下式（读者试自行推导）：

$$K^\ominus = \frac{K^\ominus_稳([Ag(CN)_2]^-)}{K^\ominus_稳([Ag(NH_3)_2]^+)} = \frac{1.26\times10^{21}}{1.12\times10^7} = 1.1\times10^{14}$$

解：(2) 反应按 (1) 的同样方法，可求得反应 $[Ag(NH_3)_2]^+ + 2SCN^- \rightleftharpoons [Ag(SCN)_2]^- + 2NH_3$ 的平衡常数：

$$K^\ominus = \frac{\{[Ag(SCN)_2^-]/c^\ominus\}\{[NH_3]/c^\ominus\}^2}{\{[Ag(NH_3)_2^+]/c^\ominus\}\{[SCN^-]/c^\ominus\}^2} = \frac{K^\ominus_稳([Ag(SCN)_2]^-)}{K^\ominus_稳([Ag(NH_3)_2]^+)}$$

$$= \frac{3.72\times10^7}{1.12\times10^7} = 3.3$$

配离子间转化反应的平衡常数等于转化后和转化前配离子的稳定常数之比。反应（1）中 $K^{\ominus}_{稳}[Ag(NH_3)_2^+]$比 $K^{\ominus}_{稳}[Ag(CN)_2^-]$小得多，转化反应的平衡常数较大，所以反应向右进行的倾向较大；反应（2）则由于两种配离子的稳定性相差不大，平衡常数较小，所以配离子的转化倾向也较小。对体系（2），可依赖调节两种配体浓度使平衡移动，如增加 SCN^- 浓度，平衡右移；如增加 NH_3 浓度，平衡左移。

11.3.2 配位平衡与沉淀溶解平衡

许多配离子在水溶液中加入沉淀剂生成沉淀，反之，利用配离子的生成也可使某些沉淀溶解。如在 $AgNO_3$ 溶液中加入少许 NaCl 溶液，立即有 AgCl 沉淀生成，在沉淀中加入氨水，沉淀即可溶解，此时便有无色的$[Ag(NH_3)_2]^+$配离子生成；向此溶液中加入 KBr 溶液，即有淡黄色 AgBr 生成；在这个体系中再加入 $Na_2S_2O_3$ 溶液，沉淀又溶解，此时又有无色的$[Ag(S_2O_3)_2]^{3-}$配离子生成；向溶液中加 KI 溶液又有黄色的 AgI 沉淀生成；AgI 沉淀又可溶于 KCN 溶液中，生成无色的$[Ag(CN)_2]^-$配离子；最后加入 Na_2S 溶液又得到黑色的 Ag_2S 沉淀。

上述反应究竟是生成配离子，还是生成沉淀？主要与沉淀剂（Cl^-，Br^-，I^-，S^{2-}）和配位剂（NH_3，$S_2O_3^{2-}$，CN^-）对金属离子的争夺能力及其浓度有关，由配离子的稳定常数 $K^{\ominus}_{稳}$和难溶物的溶度积常数 $K^{\ominus}_{sp}$计算得哪一种能使游离金属离子浓度降得更低，则平衡便向哪一方转化。

例 11-4 （1）在 1.0L 0.10mol·L⁻¹ $AgNO_3$ 溶液中加入 0.10mol KCl，生成 AgCl 沉淀。若要使 AgCl 沉淀恰好溶解，问溶液中 NH_3 的浓度至少为多少？

（2）在上述已溶解了 AgCl 溶液中，加入 0.10mol KI。问能否产生 AgI 沉淀？如能生成沉淀则至少需加入多少 KCN 才能使 AgI 恰好溶解？（假设在加入各试剂时溶液的体积不变）

已知：$K^{\ominus}_{sp}(AgCl)=1.77\times10^{-10}$　　$K^{\ominus}_{sp}(AgI)=8.52\times10^{-17}$

$K^{\ominus}_{稳}([Ag(NH_3)_2]^+)=1.12\times10^{7}$　　$K^{\ominus}_{稳}([Ag(CN)_2]^-)=1.26\times10^{21}$

解：（1）AgCl 沉淀溶于氨水形成$[Ag(NH_3)_2]^+$达到平衡时，$[Ag^+]$ 必须同时满足下列两个平衡关系式：

$$AgCl \rightleftharpoons Ag^+ + Cl^- \qquad K_1^{\ominus}=\{[Ag^+]/c^{\ominus}\}\{[Cl^-]/c^{\ominus}\}=K^{\ominus}_{sp}(AgCl)$$

$$Ag^+ + 2NH_3 \rightleftharpoons [Ag(NH_3)_2]^+$$

$$K_2^{\ominus}=\frac{[Ag(NH_3)_2^+]/c^{\ominus}}{\{[Ag^+]/c^{\ominus}\}\{[NH_3]/c^{\ominus}\}^2}=K^{\ominus}_{稳}([Ag(NH_3)_2]^+)$$

两式相加即得 AgCl 溶于氨水的反应式

$$AgCl+2NH_3 \rightleftharpoons [Ag(NH_3)_2]^+ + Cl^-$$

$$K^{\ominus}=K_1^{\ominus}\cdot K_2^{\ominus}=K^{\ominus}_{sp}(AgCl)\cdot K^{\ominus}_{稳}([Ag(NH_3)_2]^+)$$

要使 AgCl 完全溶解，则 Ag^+ 离子应基本上全部转化为$[Ag(NH_3)_2]^+$配离子。因此可以假设溶液中$[Ag(NH_3)_2^+]=[Cl^-]=0.10mol\cdot L^{-1}$，代入上式得：

$$K^{\ominus}=\frac{\{[Ag(NH_3)_2^+]/c^{\ominus}\}\{[Cl^-]/c^{\ominus}\}}{\{[NH_3]/c^{\ominus}\}^2}=K^{\ominus}_{sp}(AgCl)\cdot K^{\ominus}_{稳}([Ag(NH_3)_2]^+)$$

$$\frac{0.10\times0.10}{\{[NH_3]/c^{\ominus}\}^2}=1.77\times10^{-10}\times1.12\times10^{7}$$

可解得：$[NH_3]=2.2mol\cdot L^{-1}$

考虑到生成 $0.10mol\cdot L^{-1}[Ag(NH_3)_2]^+$，还需 $0.20mol\cdot L^{-1}NH_3$。则开始时溶液中 NH_3 的总浓度至少应在 2.4（即 0.2+2.2）$mol\cdot L^{-1}$以上，才能使 AgCl 沉淀完全溶解。

（2）AgCl 溶解后，溶液中 $[NH_3]$ 为 $2.2mol\cdot L^{-1}$，则 $[Ag^+]$ 应为：

$$\frac{1}{K_2^{\ominus}}=\frac{\{[Ag^+]/c^{\ominus}\}\{[NH_3]/c^{\ominus}\}^2}{[Ag(NH_3)_2^+]/c^{\ominus}}$$

则
$$\frac{1}{1.12\times10^{7}}=\frac{\{[Ag^{+}]/c^{\ominus}\}(2.2)^{2}}{0.10}$$

$[Ag^{+}]=1.8\times10^{-9}mol\cdot L^{-1}$

溶液中加入 0.10mol KI 时，$[I^{-}]=0.10mol\cdot L^{-1}$，则：

$$\{[Ag^{+}]/c^{\ominus}\}\{[I^{-}]/c^{\ominus}\}=1.8\times10^{-9}\times0.10=1.8\times10^{-10}>K_{sp}^{\ominus}(AgI)$$

所以有 AgI 沉淀生成。

假定生成的 0.10mol AgI 溶于 KCN，形成$[Ag(CN)_2]^-$，建立平衡，则：

$$\{[Ag^{+}]/c^{\ominus}\}\{[I^{-}]/c^{\ominus}\}=K_{sp}^{\ominus}(AgI)$$

$$\frac{[Ag(CN)_2^{-}]/c^{\ominus}}{\{[Ag^{+}]/c^{\ominus}\}\{[CN^{-}]/c^{\ominus}\}^{2}}=K_{稳}^{\ominus}([Ag(CN)_2]^{-})$$

按照解（1）的同样方法，可求得溶液中$[CN^-]$为 $3.1\times10^{-4}mol\cdot L^{-1}$，则每升溶液中加入的 KCN 至少应为（0.2+0.00031）mol，才能使 AgI 全部溶解。

11.3.3　配位平衡与氧化还原平衡

我们知道金属 Cu 放在 $HgCl_2$ 或 $Hg(NO_3)_2$ 溶液中，Hg 就被置换出来：

$$Cu+Hg^{2+}=\!=\!=Hg+Cu^{2+}$$

但金属 Cu 却不能从$[Hg(CN)_4]^{2-}$的溶液中置换出 Hg，这是由于$[Hg(CN)_4]^{2-}$稳定难解离，溶液中 Hg^{2+} 离子浓度大为降低，其氧化能力也大为降低。这也可从它们的电极反应的标准电势看出：

$$Hg^{2+}+2e^{-}\longrightarrow Hg\qquad E_{Hg^{2+}/Hg}^{\ominus}=0.851V$$

$$[Hg(CN)_4]^{2-}+2e^{-}\longrightarrow Hg+4CN^{-}\qquad E_{[Hg(CN)_4]^{2-}/Hg}^{\ominus}=-0.37V$$

可见金属配离子-金属组成的电对，其电极反应的标准电势比该金属离子-金属组成电对的电极反应的标准电势要低。而形成的配离子愈稳定，则电极反应的标准电势降低得愈多。

例 11-5　已知：$E_{Hg^{2+}/Hg}^{\ominus}=0.851V$　　$K_{稳}^{\ominus}([Hg(CN)_4]^{2-})=2.5\times10^{41}$

求 $E_{[Hg(CN)_4]^{2-}/Hg}^{\ominus}$为多少？

解：本例可有几种不同的解法。

解法（1）　由平衡 $Hg^{2+}+4CN^{-}\rightleftharpoons[Hg(CN)_4]^{2-}$ 可得：

$$K_{稳}^{\ominus}([Hg(CN)_4]^{2-})=\frac{[Hg(CN)_4^{2-}]/c^{\ominus}}{\{[Hg^{2+}]/c^{\ominus}\}\{[CN^{-}]/c^{\ominus}\}^{4}}$$

$$[Hg^{2+}]/c^{\ominus}=\frac{1}{K_{稳}^{\ominus}([Hg(CN)_4]^{2-})}\cdot\frac{[Hg(CN)_4^{2-}]/c^{\ominus}}{\{[CN^{-}]/c^{\ominus}\}^{4}}$$

当$[Hg(CN)_4^{2-}]$和$[CN^-]$均为 $1mol\cdot L^{-1}$时，得：

$$[Hg^{2+}]/c^{\ominus}=\frac{1}{K_{稳}^{\ominus}([Hg(CN)_4]^{2-})}$$

因为 $E_{Hg^{2+}/Hg}=E_{Hg^{2+}/Hg}^{\ominus}+(0.0592V/2)\times\lg[Hg^{2+}]$

所以$[Hg(CN)_4]^{2-}+2e^{-}\rightleftharpoons Hg+4CN^{-}$ 的电极反应的标准电势为：

$$E_{[Hg(CN)_4]^{2-}/Hg}=E_{Hg^{2+}/Hg}=E_{Hg^{2+}/Hg}^{\ominus}-(0.0592V/2)\lg K_{稳}^{\ominus}([Hg(CN)_4]^{2-})$$

此电极反应的标准电势就是电对($[Hg(CN)_4]^{2-}/Hg$)的电极反应的标准电势，即：

$$E_{[Hg(CN)_4]^{2-}/Hg}^{\ominus}=E_{Hg^{2+}/Hg}^{\ominus}-(0.0592V/2)\times\lg K_{稳}^{\ominus}([Hg(CN)_4]^{2-})$$

$$=0.85V-(0.0592V/2)\times\lg(2.5\times10^{41})=-0.37V$$

解法（2）　$[Hg(CN)_4]^{2-}$ 在溶液中存在下列平衡

$$Hg^{2+}+4CN^{-}\rightleftharpoons[Hg(CN)_4]^{2-}$$

将上述平衡两边各加上一个金属 Hg，则得：

$$Hg^{2+}+4CN^{-}+Hg\rightleftharpoons[Hg(CN)_4]^{2-}+Hg$$

此反应组成的原电池：

$$-)Hg|[Hg(CN)_4]^{2-},CN^- \| Hg^{2+}|Hg(+$$

正极反应为：$Hg^{2+}+2e^- \longrightarrow Hg$ $\qquad E^{\ominus}_{正}=0.851V$

负极反应为：$Hg+4CN^- \longrightarrow [Hg(CN)_4]^{2-}+2e^-$ $\qquad K^{\ominus}_{负}=?$

电池反应为：$Hg^{2+}+4CN^- \rightleftharpoons [Hg(CN)_4]^{2-}$

该电池氧化还原反应的平衡常数为：

$$\lg K^{\ominus}=\lg K^{\ominus}_{稳}([Hg(CN)_4]^{2-})=\frac{z(E^{\ominus}_{正}-E^{\ominus}_{负})}{0.0592V}$$

$$\lg 2.5\times10^{41}=\frac{2(0.851V-E^{\ominus}_{负})}{0.0592V}$$

解得：$E^{\ominus}_{负}=E^{\ominus}_{[Hg(CN)_4]^{2-}/Hg}=-0.37V$

上述两种方法所得结果相同，表明只要基本概念清楚，可以通过不同途径达到同样的求解结果。

一般形成配合物后，金属离子的氧化能力减弱，而金属的还原性增强。例如：

金属的还原能力增强（↓）

电极反应	$K^{\ominus}_{稳}$	$E^{\ominus}$
$Ag^++e^- \longrightarrow Ag$		$E^{\ominus}=0.7996V$
$[Ag(NH_3)_2]^++e^- \longrightarrow Ag+2NH_3$	$K^{\ominus}_{稳}\{[Ag(NH_3)_2]^+\}=1.12\times10^7$	$E^{\ominus}=0.373V$
$[Ag(S_2O_3)_2]^{3-}+e^- \longrightarrow Ag+2S_2O_3^{2-}$	$K^{\ominus}_{稳}\{[Ag(S_2O_3)_2]^{3-}\}=2.88\times10^{13}$	$E^{\ominus}=0.001V$
$[Ag(CN)_2]^-+e^- \longrightarrow Ag+2CN^-$	$K^{\ominus}_{稳}\{[Ag(CN)_2]^-\}=1.26\times10^{21}$	$E^{\ominus}=-0.30V$

金属的还原能力增强（↓）

由以上 $K^{\ominus}_{稳}$和 $E^{\ominus}$ 值比较可知，Ag^+ 形成的配离子愈稳定（$K^{\ominus}_{稳}$愈大），相应的 $E^{\ominus}$ 愈小。工业上将含有 Ag、Au 等贵金属的矿粉用含 CN^- 溶液处理，使 Ag、Au 易失去电子被氧化形成配合物进入溶液，然后加以富集提取。通常难溶盐的溶解也是应用这一原理。

如果同一元素具有两种氧化值，则当它们分别与同一种配体形成相同配位数的配合物时，其电极反应的标准电势将有所改变。

例 11-6 已知：$E^{\ominus}_{Fe^{3+}/Fe^{2+}}=+0.771V$，$K^{\ominus}_{稳}([Fe(CN)_6]^{3-})=1.0\times10^{42}$，$K^{\ominus}_{稳}([Fe(CN)_6]^{4-})=1.0\times10^{35}$

求 $E^{\ominus}_{[Fe(CN)_6]^{3-}/[Fe(CN)_6]^{4-}}$ 为多少？

解：根据已知条件，可设计一个原电池：

$$-)Pt|[Fe(CN)_6]^{4-},[Fe(CN)_6]^{3-},CN^- \| Fe^{3+},Fe^{2+}|Pt(+$$

电池反应为：$\qquad Fe^{3+}+[Fe(CN)_6]^{4-} \rightleftharpoons Fe^{2+}+[Fe(CN)_6]^{3-}$

相应的平衡常数为：

$$K^{\ominus}=\frac{\{[Fe^{2+}]/c^{\ominus}\}\{[Fe(CN)_6^{3-}]/c^{\ominus}\}}{\{[Fe^{3+}]/c^{\ominus}\}\{[Fe(CN)_6^{4-}]/c^{\ominus}\}}=\frac{K^{\ominus}_{稳}([Fe(CN)_6]^{3-})}{K^{\ominus}_{稳}([Fe(CN)_6]^{4-})}$$

$$=\frac{1.0\times10^{42}}{1.0\times10^{35}}=10^7$$

又根据电池氧化还原反应的平衡常数：

$$\lg K^{\ominus}=\frac{z(E^{\ominus}_{正}-E^{\ominus}_{负})}{0.0592V}$$

则

$$\lg 10^7=\frac{1(0.771V-E^{\ominus}_{负})}{0.0592V}$$

$$E^{\ominus}_{负}=E^{\ominus}_{[Fe(CN)_6]^{3-}/[Fe(CN)_6]^{4-}}=0.357V$$

除上述方法外，请自行用其他方法求解。

11.3.4 配位平衡与酸碱平衡

许多配体如 F^-，CN^-，SCN^- 和 NH_3 以及有机酸根离子，都能与 H^+ 结合，形成难解离的弱酸，造成配位平衡与酸碱平衡的相互竞争。

例如 AgCl 沉淀可溶于氨水生成$[Ag(NH_3)_2]^+$，若向溶液中加入 HNO_3 时，$[Ag(NH_3)_2]^+$被破坏，溶液中又生成 AgCl 的白色沉淀。
反应方程式表示为：

$$[Ag(NH_3)_2]^+ + Cl^- + 2H^+ \longrightarrow AgCl(s) + 2NH_4^+$$

这里，反应的实质是 H^+ 与 Ag^+ 争夺配体 NH_3 的平衡转化。

在配合物溶液中，若增大溶液的酸度将导致配离子稳定性降低，这种现象称配体的酸效应（acid effect）。在一些定性鉴定或定量分析时，为了避免酸效应，应在一定的 pH 值条件下进行。

11.4　配位平衡的应用

（1）在元素分离和分析中的应用　配体作为试剂参与的反应几乎涉及分析化学的所有领域。利用元素与不同配体形成的配合物，特别是形成螯合物后在溶解度、颜色以及稳定性等方面表现出极大的差异，从而达到微量元素的分离和分析的目的。

溶剂萃取是富集分离提纯金属元素的有效方法之一，金属元素与萃取剂（主要是多齿配体）形成的螯合物为中性时，一般可溶于有机溶剂，因此可用萃取法进行萃取分离。离子交换是根据金属离子对树脂[1]的亲和力大小来决定交换顺序，对性质相似的离子，它们在离子交换树脂上彼此很难分开，这时可用配体作为洗提剂，利用其与金属离子生成配合物稳定性的不同，而将离子进一步分离。

同一种元素与不同配体或同一种配体与不同元素形成的配合物颜色常常有差异，可利用所形成配合物的颜色差异进行定性或定量分析。在定性鉴定某些离子存在时，配体可作为灵敏度高、选择性好的特效试剂。例如$[Fe(NCS)_n]^{3-n}$呈血红色，$[Cu(NH_3)_4]^{2+}$为深蓝色，$[Co(NCS)_4]^{2-}$在丙酮中显鲜蓝色等。它们形成时产生特征颜色常被认为是该金属离子存在的依据。在分析鉴定中，常会因某种离子的存在而发生干扰，影响鉴定工作的正常进行。例如，Fe^{3+}的存在对用 NCS^- 鉴定 Co^{2+} 就会发生干扰，但只要在溶液中加入 NaF，F^- 与 Fe^{3+} 可以形成更稳定的无色配离子$[FeF_6]^{3-}$，使 Fe^{3+} 不再与 NCS^- 配位，而把 Fe^{3+} “掩蔽”起来，避免了对 Co^{2+} 鉴定的干扰。在定量分析时，配体可作为吸光光度法中的显色剂。由于在一定的浓度范围内，颜色与金属离子浓度成比例关系，由吸光度测定就能计算出金属离子的浓度。

容量分析中的配位滴定法（又称络合滴定法），是测定金属含量的常用方法之一。依据的原理就是配合物的形成与相互转化，而最常用的分析试剂是 EDTA。

（2）在电镀工业中的应用　许多金属制件，常用电镀法镀上一层既耐腐蚀又增加美观的锌、铜、镍、铬、银等金属。在电镀时利用金属离子配合物的存在控制电镀液中的自由金属离子以很小的浓度在作为阴极的金属制件上源源不断地放电沉积，得到均匀、致密、光亮的金属镀层。例如配体 CN^- 与极大部分金属离子能形成稳定的配离子，所以电镀工业中曾长期采用氰化物作为电镀液。然而，含氰废电镀液有剧毒，容易污染环境，造成公害。近年来人们根据配位化学的基本原理，已逐步找到替代氰化物作配位剂的新型电镀液如焦磷酸盐、柠檬酸盐、氨三乙酸等，并已逐步建立无毒电镀新工艺。

---

[1] 离子交换树脂多数是交链的有机高分子物质，在树脂的母体（R）上，若引入酸性官能团（如—SO_3H）即成阳离子交换树脂（如 RSO_3H）；若引入碱性官能团（如—NH_2）即成阴离子交换树脂（如 $RNH_3^+OH^-$）。

(3) 在湿法冶金中的应用 配合物的形成，对于一些贵金属的提取起着重要的作用。例如用稀的 NaCN 溶液在空气中处理已粉碎的含金、银的矿石，金、银便可形成配合物而转入溶液：

$$4Au+8NaCN+2H_2O+O_2 \longrightarrow 4Na[Au(CN)_2]+4NaOH$$

$$4Ag+8NaCN+2H_2O+O_2 \longrightarrow 4Na[Ag(CN)_2]+4NaOH$$

然后用活泼金属（如锌）置换而得单质金或银：

$$2[Au(CN)_2]^- +Zn \longrightarrow [Zn(CN)_4]^{2-} +2Au$$

贵金属铂的提取是利用王水溶解含铂矿粉，铂便转化为氯铂酸 $H_2[PtCl_6]$，再将 $H_2[PtCl_6]$转化为氯铂酸氨沉淀，将沉淀分离出来，在高温下分解便可得海绵状金属铂。

$$3Pt+18HCl+4HNO_3 \longrightarrow 3H_2[PtCl_6]+4NO+8H_2O$$

$$H_2[PtCl_6]+2NH_4Cl \longrightarrow (NH_4)_2[PtCl_6]\downarrow +2HCl$$

$$3(NH_4)_2[PtCl_6] \xrightarrow{800℃} 3Pt+16HCl+2NH_4Cl+2N_2$$

上述提取贵金属的过程不同于高温火法冶炼金属，是在溶液中进行，因而称为湿法冶金。目前湿法冶金正向无毒无污染的方向发展。

(4) 在生物化学中的作用 配合物在生物化学中具有广泛而重要的作用，例人体中的血红素（结构见图 4-5-4）就是典型的金属配合物。血红素与球蛋白结合成血红蛋白。与血红蛋白结合的水呈蓝色，可被氧分子可逆地置换为氧合血红蛋白而具有鲜红的颜色。

$$\underset{\text{(蓝色)}}{\text{血红蛋白}\cdot H_2O}+O_2 \rightleftharpoons \underset{\text{(鲜红色)}}{\text{血红蛋白}\cdot O_2}+H_2O$$

上述平衡对氧的浓度很敏感。在肺部因有大量的 O_2，平衡右移。氧以血红蛋白配合物的形式为红细胞所吸收，并输送给各种细胞组织，以供应新陈代谢所需要的氧。某些分子（CO）或负离子（CN^-），可以与血红蛋白形成比血红蛋白 · O_2 更稳定的配合物，可以使血红蛋白中断输氧，造成组织缺氧而中毒，这就是煤气（含 CO）及氰化物（含 CN^-）中毒的基本原理。

除上述领域外，配合物在原子能、半导体、激光材料、太阳能贮存等各高科技领域以及环境保护、印染、鞣革等部门都有着广泛的应用。因此，对配合物的深入研究和应用方兴未艾，前景诱人。

科学家鲍林

Linus Pauling（1901～1994）

世界上至今一人单独两次获得诺贝尔奖的只有美国化学家鲍林教授。

鲍林提出的元素电负性标度、原子轨道杂化理论等概念为每一位学习和研究化学的人所熟悉，特别是鲍林所著《化学键的本质》更是化学结构理论方面的经典著作。由于鲍林对化学键的研究以及用化学键理论阐明复杂物质的结构获得成功，从而获得了 1954 年度的诺贝尔化学奖。

鲍林教授不仅是一位杰出的化学家，同时也是一位反对战争、倡导世界和平的社会活动家。第二次世界大战末期，美国在日本广岛和长崎投下了两颗原子弹，由此造成的后果惨不忍睹。世界各国的科学家，包括参加过原子弹研制工作的科学家们深知核武器对人类安全的威胁，1946年鲍林应爱因斯坦的请求，发起成立了“原子科学家紧急委员会”。1955年，针对美苏相继爆炸氢弹的现实，鲍林又与另外51名诺贝尔奖获得者发表宣言，反对美苏核试验。1958年，鲍林向当时的联合国秘书长递交了一份经一万名科学家签名的呼吁书，其中有二千名美国科学家和另外四十九个国家的八千名科学家。1962年鲍林亲自写信给当时的美苏领导人肯尼迪和赫鲁晓夫，要求这两个核大国停止核试验。1963年，美、苏、英三国领导人在莫斯科签署了《部分禁止核试验条约》。同年，诺贝尔奖评选委员会授予鲍林教授1962年度诺贝尔和平奖。

鲍林于1901年2月28日生于俄勒冈州西北部的波特兰（Portland）市，1922年在俄勒冈州立大学获得化学工程理学士学位。1925年获得哲学博士学位，次年成为一名古根海姆（Guggenheim）基金会会员，并以该会会员的身份在欧洲许多大学和当时的一些著名科学家如索末菲尔、薛定谔以及玻尔等共同工作过。1931年鲍林在俄勒冈州立大学任教授，并于当年获得美国化学会纯化学奖——兰缪尔奖。

鲍林共发表论文500多篇，出版专著10多本。由于他在科学研究和社会活动方面取得的巨大成功，全世界三十多所著名大学授予他荣誉博士学位，其中有普林斯顿大学、耶鲁大学、牛津大学、伦敦大学、巴黎大学和柏林大学等。他还是十多个国家的科学院名誉院士，如挪威、前苏联、印度、意大利、比利时等。在国内，他得过十多项奖章。前苏联授予他罗蒙诺索夫金质奖章、列宁国际和平奖金。

鲍林曾于1973年和1981年两次来我国访问和讲学，受到我国广大科学工作者的热情欢迎。第二次来华时虽已是80高龄，但他在南开大学作演讲时仍是精力充沛。

复习思考题

1. 区别下列名词和术语
   (1) 逐级稳定常数，累积稳定常数，不稳定常数；
   (2) 螯合效应，大环效应，空间位阻效应；
   (3) 硬碱，中间碱，软碱；
   (4) 硬酸，中间酸，软酸。
2. 应用软硬酸碱原则解释下列实验事实：
   (1) $[FeF_6]^{3-}$的稳定性大于$[FeCl_6]^{3-}$；(2) $[HgCl_4]^{2-}$的稳定性小于$[HgI_4]^{2-}$。
3. 用反应式表示下列实验现象：
   (1) AgCl沉淀不能溶解在NH_4Cl中，却能溶解在$NH_3 \cdot H_2O$中；
   (2) 用NH_4SCN溶液检出Co^{2+}离子时，加入NH_4F可消除Fe^{3+}的干扰；
   (3) 在$[Cu(NH_3)_4]^{2+}$溶液中加入H_2SO_4，溶液的颜色由深蓝色变为浅蓝色；
   (4) 螯合剂EDTA常作为重金属元素的解毒剂，为什么？
4. 举例说明配合物在定性分析、提纯物质和生命化学中的应用。
5. 当衣服上沾有黄色铁锈斑点时，用草酸即可将其消除，请解释之。

习　题

1. 已知$[AlF_6]^{3-}$配离子的逐级稳定常数的$\lg K_n^{\ominus}$分别为6.31，5.02，3.83，2.74，1.63和0.47。试求该配合物的累积稳定常数β_n和总不稳定常数$K_{不稳}^{\ominus}$。
2. 在50.0mL 0.20mol·L^{-1} $AgNO_3$溶液中加入等体积的1.00mol·L^{-1} $NH_3 \cdot H_2O$，计算达平衡时溶液中Ag^+，$[Ag(NH_3)_2]^+$和NH_3的浓度。
3. 计算欲使0.10mmol AgCl (s) 溶解，最少需要1.0mL多大浓度的氨水？欲使0.10mmol AgI溶解，用1.0mL浓氨水能否实现？若用KCN溶解AgCl(s)，需1.0mL多大浓度的KCN溶液？
4. 将40.0mL 0.10mol·L^{-1} $AgNO_3$溶液和20.0mL 6.0mol·L^{-1}氨水混合并稀释至100mL。试计算：

(1) 平衡时溶液中 Ag^+，$[Ag(NH_3)_2]^+$ 和 NH_3 的浓度；

(2) 在混合稀释后的溶液中加入 0.010mol KCl 固体，是否有 AgCl 沉淀产生？

(3) 若要阻止 AgCl 沉淀产生，则应该取 $12.0mol \cdot L^{-1}$ 氨水多少毫升？

5. 10mL $0.10mol \cdot L^{-1}$ $CuSO_4$ 溶液与 10mL $6.0mol \cdot L^{-1}$ 氨水混合达平衡后，计算溶液中 Cu^{2+}，$[Cu(NH_3)_4]^{2+}$ 及 NH_3 的浓度各是多少？若向此溶液中加入 1.0mL $0.20mol \cdot L^{-1}$ NaOH 溶液，问是否有 $Cu(OH)_2$ 沉淀生成？

6. (1) 计算 400mL $0.50mol \cdot L^{-1}$ $Na_2S_2O_3$ 溶液可溶解多少克固体 AgBr？

(2) 计算说明 0.10g AgBr(s) 在 100mL $1.0mol \cdot L^{-1}$ 氨水及 100mL $1.0mol \cdot L^{-1}$ $Na_2S_2O_3$ 溶液中是否完全溶解？若不能全部溶解，计算溶解度各是多少（以 $mol \cdot L^{-1}$ 计）？

7. (1) 在 $0.10mol \cdot L^{-1}$ $K[Ag(CN)_2]$ 溶液中，分别加入 KCl 或 KI 固体，假设 Cl^- 离子或 I^- 离子的初浓度为 $1.0 \times 10^{-3} mol \cdot L^{-1}$，问能否产生 AgCl 或 AgI 沉淀？

(2) 如果在 $0.10mol \cdot L^{-1}$ $K[Ag(CN)_2]$ 溶液中加入 KCN 固体，使溶液中 CN^- 离子的浓度为 $0.10mol \cdot L^{-1}$，然后分别加入 KI 或 Na_2S 固体，假设 I^- 或 S^{2-} 离子初浓度为 $0.10mol \cdot L^{-1}$。问是否会产生 AgI 或 Ag_2S 沉淀？

8. 通过计算转化常数判断下列反应在标准状态下的反应方向（所需数据自查）：

(1) $AgBr + 2NH_3 \rightleftharpoons [Ag(NH_3)_2]^+ + Br^-$

(2) $Ag_2S + 4CN^- \rightleftharpoons 2[Ag(CN)_2]^- + S^{2-}$

(3) $[Ag(S_2O_3)_2]^{3-} + Cl^- \rightleftharpoons AgCl + 2S_2O_3{}^{2-}$

(4) $[Cu(NH_3)_4]^{2+} + S^{2-} \rightleftharpoons CuS + 4NH_3$

9. 试计算下列反应的平衡常数（所需数据自查）：

(1) $[Ag(CN)_2]^- + 2NH_3 \rightleftharpoons [Ag(NH_3)_2]^+ + 2CN^-$

(2) $[FeF_6]^{3-} + 6CN^- \rightleftharpoons [Fe(CN)_6]^{3-} + 6F^-$

10. 已知：$Cu^{2+} + 2e^- \longrightarrow Cu$ $\qquad E^{\ominus}_{Cu^{2+}/Cu} = +0.34V$

$Cu^{2+} + 4NH_3 \rightleftharpoons [Cu(NH_3)_4]^{2+}$ $\qquad K^{\ominus}_{稳}([Cu(NH_3)_4]^{2+}) = 7.24 \times 10^{12}$

计算 $[Cu(NH_3)_4]^{2+} + 2e^- \longrightarrow Cu + 4NH_3$ 的电极反应的标准电势。

11. 已知：$Cu^+ + e^- \longrightarrow Cu$ $\qquad E^{\ominus}_{Cu^+/Cu} = +0.522V$

$[Cu(NH_3)_2]^+ + e^- \longrightarrow Cu + 2NH_3$ $\qquad E^{\ominus}_{[Cu(NH_3)_2]^+/Cu} = -0.11V$

试求 $Cu^+ + 2NH_3 \rightleftharpoons [Cu(NH_3)_2]^+$ 的 $K^{\ominus}_{稳}$。

12. 以标准氢电极为正极，浸入含 $NH_3 \cdot H_2O$ $1.0mol \cdot L^{-1}$，$[Cu(NH_3)_4]^{2+}$ $1.00mol \cdot L^{-1}$ 溶液的铜电极作为负极组成的电池，测得该电池的电动势为 0.030V，计算 $[Cu(NH_3)_4]^{2+}$ 的稳定常数。

13. 已知：$K^{\ominus}_{稳}([Ag(NH_3)_2]^+)$ 为 1.12×10^7，$K^{\ominus}_{稳}([Zn(NH_3)_4]^{2+})$ 为 2.88×10^9

计算下列电池的电动势

$$(-)Zn \left| \begin{matrix} [Zn(NH_3)_4]^{2+}(0.10mol \cdot L^{-1}), \\ NH_3 \cdot H_2O\ (1.0mol \cdot L^{-1}) \end{matrix} \right\| \begin{matrix} [Ag(NH_3)_2]^+\ (0.10mol \cdot L^{-1}), \\ NH_3 \cdot H_2O\ (1.0mol \cdot L^{-1}) \end{matrix} \right| Ag (+)$$

14. 已知下列电池的电动势为 1.34V，

$(-)Pt|H_2(100kPa)|H^+(1.0mol \cdot L^{-1}) \parallel [AuCl_2]^-\ (1.0mol \cdot L^{-1}), Cl^-\ (1.0mol \cdot L^{-1}) \mid Au (+)$

计算 $[AuCl_2]^-$ 的 $K^{\ominus}_{稳}$ ($E^{\ominus}_{Au^+/Au} = 1.68V$)。

15. 金属铜不能溶于盐酸，但有硫脲 $CS(NH_2)_2$（可简写为 Tu）存在时，金属铜能与盐酸反应放出氢气。根据下列已知条件：

$$E^{\ominus}_{Cu^+/Cu} = +0.522V \qquad K^{\ominus}_{稳}([Cu(Tu)_4]^+) = 2.5 \times 10^{15}$$

(1) 写出反应方程式；(2) 通过计算说明铜片、硫脲和盐酸（$6.0mol \cdot L^{-1}$）混合加热可产生氢气的道理。

16. 今有下列原电池

$$Zn|Zn^{2+}(0.010mol \cdot L^{-1}) \parallel Cu^{2+}\ (0.010mol \cdot L^{-1}) \mid Cu$$

(1) 先向右半电池中通入过量 NH_3，使游离 $[NH_3] = 1.00mol \cdot L^{-1}$，测得电动势 $E_1 = 0.714V$，求 $[Cu(NH_3)_4]^{2+}$ 的 $K^{\ominus}_{稳}$（假定 NH_3 的通入不改变溶液体积）；

(2) 然后向左半电池中加入过量 Na_2S，使 $[S^{2-}] = 1.00mol \cdot L^{-1}$，求算此时原电池的电动势 E_2 [已知

$K_{sp}^{\ominus}$ (ZnS)$=1.6\times10^{-24}$，假定 Na_2S 的加入也不改变溶液的体积]；

(3) 用原电池符号表示经 (1)、(2) 处理后的新原电池，并标出正极、负极；

(4) 写出新原电池的电极反应和电池反应；

(5) 计算新原电池氧化还原反应的平衡常数 $K^{\ominus}$ 和 $\Delta_r G_m^{\ominus}$ 。

参 考 书 目

1 朱龙观主编．高等配位化学．上海：华东理工大学出版社，2009

2 李保山编著．基础化学．第二版．北京：科学出版社，2009

3 Zumdahl S. S.，Zumdahl S. A. **Chemistry 8th ed.** Brooks/Cole Cengage Learning，2010

4 Brown T. L.，LeMay H E，Bursten B. E. etc. **Chemistry-The Central Science 12th ed.** Prentice-Hall，2012

第二部分
Part Two

化学概论
Generality of Chemistry

第12章 非金属元素通论和氮、硼、稀有气体

Chapter 12 A General Survey of Nonmetal with Nitrogen，Boron and Noble Gas

人类对元素的发现、认识和利用，经历了漫长的历史过程。在古代，人类已经懂得使用金、银、铜、铁、锡、铅、汞和硫、碳等9种元素。至今，人们已发现并确认了112种元素，这些元素组成的单质和化合物有千千万万。本章及第13章主要对非金属和金属元素进行概括性介绍，同时对某些典型元素及化合物作比较详细的分析。

12.1 元素的发现、分类及其在自然界的存在

12.1.1 元素的发现和分类

人们常把已发现的元素分成三大类：金属、非金属和稀有气体[1]。现将元素发现的时期列于表12-1。

由表12-1可知，元素的发现与人类进步和科技发展有着紧密的联系。18世纪的工业革命促进了化学的变革，使化学从愚昧中解脱出来，进入实验科学的阶段，因而这个世纪发现

---

[1] 也有将介于金属和非金属之间的7个元素（B，Si，Ge，As，Sb，Te，At）分出，另列一类称为准金属（半金属）。也有将稀有气体并入非金属而分成金属和非金属两大类。

表 12-1 元素发现的时期和分类

时 期	金 属	非金属	发现元素数目
古代	Fe,Cu,Ag,Sn,Au,Hg,Pb	C,S	9
13～17 世纪	Zn Sb Bi	As,P	5
18 世纪	Ti,Cr,Mn,Co,Ni,Y,Zr,Mo,Sr,W,Pt,U	H,O,N,Cl,Se,Te	18
19 世纪上半叶	Li,Be,Na,Mg,Al,K,Ca,V,Nb,Ru,Rh,Pd,Cd,Ba,La,Ce,Tb,Er,Ta,Os,Ir,Th	B,Si,Br,I	26
19 世纪下半叶	Sc,Ga,Ge,Rb,In,Cs,Pr,Nd,Sm,Gd,Dy,Ho,Tm,Yb,Tl,Po,Ra,Ac	F He,Ne,Ar,Kr,Xe,Rn	25
20 世纪 30 年代	Tc,Eu,Lu,Hf,Re,Fr,Pa		7
20 世纪 40 年代	Np,Pu,Am,Cm,Bk,Pm	At	7
20 世纪 50 年代	Cf,Es,Fm,Md,No		5
20 世纪 60 年代	Lr,Rf		2
20 世纪 70 年代	Db,Sg		2
20 世纪 80 年代	Bh,Hs,Mt		3
20 世纪 90 年代至今	Ds,Rg,Cn,113,Fl,115,Lv,117,118		9
共计	96 种(其中 113,115,117,118 尚未确认)	22 种	118

了 18 种元素，而在此之前的数千年内仅发现了 14 种元素。19 世纪科技进步迅速，物理化学、无机化学、有机化学相继确立，光化学、胶体化学等逐步形成，在此期间发现了包括大部分稀土元素在内的 51 种元素。20 世纪科技发展从宏观进入微观领域，揭示了物质的内在奥秘。核能的释放和利用，使元素的发现不再局限于天然存在的元素。对那些因半衰期极短，在自然界无法长存的放射性元素可以通过人工核反应予以合成。在周期表中从第 95 到 112 共 18 种元素均为确认的人工合成元素。

12.1.2 元素在地壳、海洋和大气中的分布

宇宙是一个统一体，人类赖以生存的地球是其中的一个组成部分。地球半径约为 6470km，其表面被岩石、海水（或河流）和大气所覆盖，经探明其中大约分布有 90 种元素。

地壳约为地球总质量的 0.7%。元素在地壳中的含量称为丰度（abundance），通常以质量分数或原子分数表示。表 12-2 列出地壳中含量最多的 10 种元素，以质量分数表示它们的丰度。这 10 种元素占了地壳总质量的 99.2%，钛在地壳中的丰度虽然不低，但它非常分散，难以提纯，直至 20 世纪 40 年代才被重视。古代已经广为利用的银、金在地壳中的丰度虽然很低，分别是 1×10^{-5}、5×10^{-7}，但由于它们性质不活泼，大多以单质形式存在，又比较集中，因此易被人们发现和利用。

表 12-2 地壳中主要元素的丰度

元素	O	Si	Al	Fe	Ca	Na	K	Mg	H	Ti
质量分数/%	48.6	26.3	7.73	4.75	3.45	2.74	2.47	2.00	0.76	0.42

中国矿产资源十分丰富，探明储量占世界首位的有钨、稀土、锌、锂和钒等，其中钨的储量为其他各国探明储量总和的三倍多，锑占世界储量的 44%，其他如铜、锡、铅、铁、汞、锰、镍、钛、铌、钼等储量也名列世界前茅。非金属如硼、硫、磷等储量也居世界前列。我国资源虽然丰富，但是多数矿藏品位不高，又是伴生矿，因此开采利用尚需克服一定的困难，同时还应注意综合利用。

地球表面约有 70% 为水覆盖，称为水层，海水平均深度为 3.8km，占地球总质量的 0.024%，海水中主要元素的含量见表 12-3。

除表中所列元素外，海水中尚含有微量的 Zn，Cu，Mn，Ag，Au，Ra 等元素，共约 50 种，这些元素大多与其他元素结合，以无机盐的形式存在于海水中。虽然某些元素（如 U）含量极低，但考虑到海水的总质量，则这些元素在海水中的总含量相当可观，因此海洋

表 12-3 海水中主要元素的含量（未计入溶解的气体）

元 素	质量分数/%	元 素	质量分数/%	元 素	质量分数/%
O	85.89	Br	0.0065	N(硝酸盐)	约 0.00007
H	10.32	C(无机物)	0.0028	N(有机物)	约 0.00002
Cl	1.9	Sr	0.0013	Rb	0.00002
Na	1.1	B	0.00046	Li	0.00001
Mg	0.13	Si	约 0.00040	I	0.000005
S	0.088	C(有机物)	约 0.00030	U	0.0000003
Ca	0.040	Al	约 0.00019		
K	0.038	F	0.00014		

是一个巨大的物资库。我国海岸线长达一万余公里，对开发海洋资源极为有利。

地球表面的上方有 100km 厚的大气层，它占地球总质量的 0.0001%。大气的组成通常用体积（或质量）分数表示，大气的平均组成列于表 12-4。

表 12-4 大气的平均组成

气体	体积分数/%	质量分数/%	气体	体积分数/%	质量分数/%
N_2	78.09	75.51	CH_4	0.00022	0.00012
O_2	20.95	23.15	Kr	0.00011	0.00029
Ar	0.934	1.28	N_2O	0.0001	0.00015
CO_2	0.0314	0.046	H_2	0.00005	0.000003
Ne	0.00182	0.00125	Xe	0.0000087	0.000036
He	0.00052	0.000072	O_3	0.000001	0.000036

大气的组分及含量除氮、氧、稀有气体比较固定外，其余组分随地域、环境的不同而有所差别，尤其在三废治理不完备的大型工厂密集地区，工业废气的排出对大气的组分和含量有一定的影响。大气是一座天然的宝库，世界上各工业先进的国家每年都向大气索取大量的 O_2，N_2、稀有气体等资源。

地壳、海洋、大气中存在着各种化学元素，这些元素以及它们的单质和化合物的制备、提取方法、结构、性质及其变化规律、它们的用途和新领域的开发等都是元素化学的内容。

12.2 非金属元素通论

已经发现的非金属元素有 22 种[1]，它们极大多数位于周期表的右上方，B-Si-As-Te-At 是这部分的边缘元素，构成了一条同金属元素的分界线。

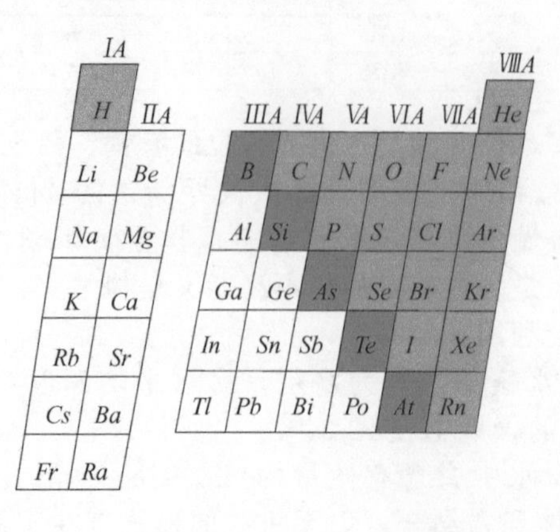

[1] 氢在周期表中，一般位于左上角，为ⅠA族元素，也可列入ⅦA族的第一个元素。

12.2.1　非金属单质的结构和通性

12.2.1.1　非金属单质的结构

从ⅢA 到ⅦA 族的非金属元素外电子层结构为 $ns^2np^{1\sim5}$，外层上可有3～7 个电子，它们倾向于获得电子而呈负氧化值，但是在一定条件下也可以部分或全部发生外层电子的偏移而呈正氧化值，因而这些元素一般都有两种或多种氧化值，见表 12-5。

表 12-5　非金属元素常见氧化值及化合物举例

族	ⅢA	ⅣA	ⅤA	ⅥA	ⅦA
外层电子构型	ns^2p^1	ns^2p^2	ns^2p^3	ns^2p^4	ns^2p^5
常见氧化值和实例	+3(BCl_3) 0(B)	+4(CCl_4) +2($CHCl_3$) 0(C) −2(CH_3Cl) −4(CH_4)	+5(HNO_3) +4(NO_2) +3(HNO_2) +2(NO) +1(N_2O) 0(N_2) −1(NH_2OH) −2(N_2H_4) −3(NH_3)	+6(H_2SO_4) +4(SO_2) 0(S) −2(H_2S)	+7($HClO_4$) +5($HClO_3$) +3($HClO_2$) +1(HClO) 0(Cl_2) −1(HCl)

除ⅤA 族元素氧化值是连续变化外，其余元素氧化值变化的差异大多为 2，这与此类元素通过激发电子成键或配位成键有关。

通常条件下，稀有气体以单原子分子存在，其余非金属单质都由两个或两个以上的原子以共价键结合在一起。已知ⅦA 族卤素单质是双原子分子，两原子间以共价单键相结合，在低温时以范德华力形成分子晶体。ⅥA 族氧分子是由一根 σ 键和两根三电子 π 键组成的双原子分子；而硫、硒、碲分别位于 3 周期、4 周期、5 周期，因内层电子较多，外层 p 电子轨道难以重叠形成 π 键，而倾向于形成尽可能多的 σ 单键，如图 12-2-1 (a)、(b) 所示。ⅤA 族氮分子由一根 σ 键和两根 π 键组成双原子分子，而磷、砷同样因位于 3 周期、4 周期而以 σ 单键形成多原子分子，如图 12-2-1 (d)、(e) 所示。这种多原子分子可形成分子晶体，如红硒的晶体如图 12-2-1 (c) 所示。ⅣA 族碳、硅的单质基本上属于原子晶体，这些晶体中原子间以共价单键结合成巨大的分子。ⅢA 族硼的单质结构比较复杂，如由正二十面体为基础组成的原子晶体（见图 12-4-1）。

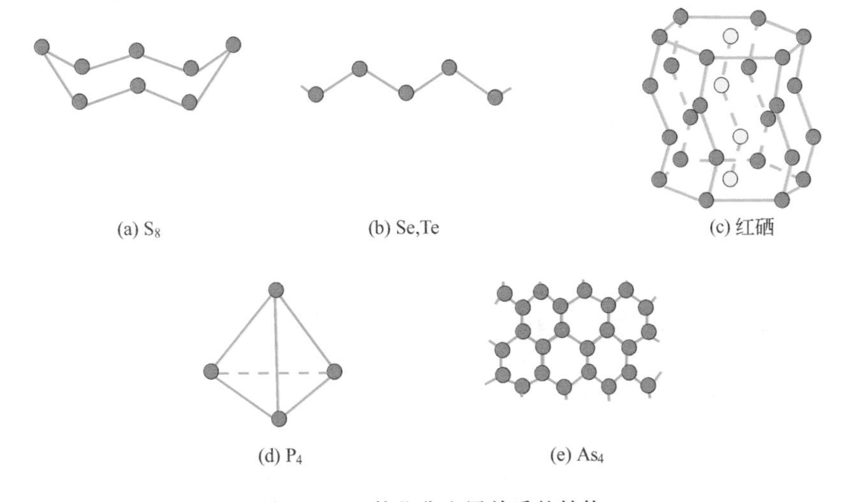

图 12-2-1　某些非金属单质的结构

12.2.1.2 非金属单质的通性

(1) 非金属单质的结构与物理性质 非金属元素按其单质的结构和物理性质可以分成三类。

① 小分子物质。如 X_2（卤素）、O_2、N_2、H_2 等，通常状况下它们都是气体，固体时为分子晶体，熔点 、沸点都很低。

② 多原子分子物质。如 S_8、P_4、As_4，通常情况下它们都是固体，为分子晶体，熔点、沸点也不高，但比上一类高，易挥发。

③ 大分子物质。如金刚石、晶体硅和硼等，为原子晶体，熔点、沸点都很高，不易挥发。

大多数非金属单质不是分子晶体就是原子晶体。

(2) 非金属单质的化学性质 非金属元素容易形成单原子负离子或多原子负离子，它们在化学性质上也有较大的差别，在常见的非金属元素中，以 F、Cl、O、S、P、H 较活泼，而 N、B、C、Si 在常温下不活泼。活泼的非金属元素容易与金属元素形成卤化物、氧化物、硫化物、氢化物或含氧酸盐等，且非金属元素之间亦可形成卤化物、氧化物、无氧酸或含氧酸。非金属单质发生的化学反应涉及范围较广，下面主要介绍它们与水、碱和酸的反应。

① 大部分非金属单质不与水作用，只有 B、C 等在高温下与水蒸气反应。

$$2B+6H_2O(g) = 2H_3BO_3+3H_2$$

$$C+H_2O(g) = CO+H_2$$

② 卤素仅部分与水作用，且从 Cl_2 到 I_2 反应的趋势不同，卤素与水的反应可以有两种形式：

(a) $2X_2+2H_2O = 4H^+ +4X^- +O_2$

(b) $X_2+H_2O = H^+ +X^- +HXO$

在反应（a）中，卤素单质显示氧化性，将 H_2O 氧化成氧气放出；反应（b）虽然也是氧化还原反应，不过氧化剂和还原剂都是同一种物质，所以该反应是卤素单质的歧化反应。卤素单质与 H_2O 反应以何种形式为主，可用电极反应的标准电势值予以说明。卤素单质电极反应的标准电势值如下：

	氧化型 还原型		
	$F_2+2e^- = 2F^-$		$E^\ominus=2.866V$
氧化性增强↑	$Cl_2+2e^- = 2Cl^-$	↓还原性增强	$E^\ominus=1.35827V$
	$Br_2+2e^- = 2Br^-$		$E^\ominus=1.066V$
	$I_2+2e^- = 2I^-$		$E^\ominus=0.5355V$

卤素单质中 F_2 的 $E^\ominus$ 最大，其氧化性最强，I_2 的 $E^\ominus$ 最小，其氧化性最弱。F_2 能和 H_2O 剧烈反应放出 O_2。

$$2F_2+2H_2O = 4H^+ +4F^- +O_2$$

该反应可以分解为两个半反应，它们分别是：

$$4H^+ +O_2+4e^- = 2H_2O \qquad E^\ominus= 1.229V$$

$$2F_2+4e^- = 4F^- \qquad E^\ominus=2.866V$$

与上述反应相对应的原电池电动势为：

$$E^\ominus=2.866V-1.229V=1.637V$$

反应的标准吉氏函数变化为：

$$\Delta_r G_m^\ominus=-nE^\ominus F=-4\times1.637V\times96485C\cdot mol^{-1}\times10^{-3}=-631.8kJ\cdot mol^{-1}$$

因此氟与水的反应进行趋势很大，用同样方法可求得氯、溴、碘与水反应的 $\Delta_r G_m^\ominus$ 值为：

$$2Cl_2 + 2H_2O \xlongequal{} 4H^+ + 4Cl^- + O_2 \qquad \Delta_r G_m^\ominus = -49.9\,kJ\cdot mol^{-1}$$

$$2Br_2 + 2H_2O \xlongequal{} 4H^+ + 4Br^- + O_2 \qquad \Delta_r G_m^\ominus = +62.9\,kJ\cdot mol^{-1}$$

$$2I_2 + 2H_2O \xlongequal{} 4H^+ + 4I^- + O_2 \qquad \Delta_r G_m^\ominus = +267.6\,kJ\cdot mol^{-1}$$

由 $\Delta_r G_m^\ominus$ 值可以初步看出，氯可以氧化水，但氧化水的能力较氟弱。溴、碘不能从水中置换出游离氧，反应是向相反的方向进行。

虽然氯氧化水生成氧的反应能进行，但反应进行速度极慢，因此，实际上进行的是如下反应：

$$X_2 + H_2O \xlongequal{} H^+ + X^- + HXO \qquad (X\text{代表 Cl, Br, I})$$

但反应进行得并不完全，以 Cl_2 的歧化反应为例：

$$Cl_2 + H_2O \xlongequal{} H^+ + Cl^- + HClO$$

其中 Cl_2 作氧化剂的半反应是

$$1/2Cl_2 + e^- \xlongequal{} Cl^- \qquad E^\ominus = 1.35827V$$

Cl_2 作还原剂的半反应是

$$1/2Cl_2 + H_2O \xlongequal{} HClO + H^+ + e^- \qquad E^\ominus = 1.611V$$

虽然上述反应的 $E^\ominus_{氧} < E^\ominus_{还}$，但当氯气刚通入水中，开始时生成物的浓度均等于零，在这种情况下歧化反应还是可以进行的。25℃时，反应的标准平衡常数可根据相应电极反应的标准电势值计算：

$$\lg K^\ominus = \frac{1\times(1.35827V - 1.611V)}{0.0592V} = -4.27$$

$$K^\ominus = 5.37\times10^{-5}$$

因为反应的标准平衡常数很小，氯与水的反应进行了较小程度就达到平衡，所以氯水中常含有相当量未反应的氯。

③ 绝大部分非金属单质能与强碱作用（或发生歧化反应）。例如：

$$3S + 6OH^- \xlongequal{} 2S^{2-} + SO_3^{2-} + 3H_2O$$

$$4P + 3OH^- + 3H_2O \xlongequal{} 3H_2PO_2{}^- + PH_3$$

$$Si + 2OH^- + H_2O \xlongequal{} SiO_3^{2-} + 2H_2$$

$$2B + 2OH^- + 2H_2O \xlongequal{} 2BO_2^- + 3H_2$$

碳、氧、氟等单质则无此类反应。

氯与碱性溶液发生的反应为：

$$Cl_2 + 2NaOH(冷) \xlongequal{} NaCl + NaClO + H_2O$$

这也是氯的歧化反应，有关电极反应的标准电势值为：

$$E_B^\ominus/V \quad ClO^- \xrightarrow{0.52} Cl_2 \xrightarrow{1.35827} Cl^-$$

可知 $E^\ominus_{氧} > E^\ominus_{还}$，则

$$\lg K^\ominus = \frac{1.35827V - 0.52V}{0.0592V} = 14.16$$

$$K^\ominus = 1.45\times10^{14}$$

所以，反应进行得很完全。

当氯气通入热的碱溶液时，主要产物将是氯酸盐

$$3Cl_2 + 6NaOH(热) \xlongequal{} 5NaCl + NaClO_3 + 3H_2O$$

有关电极反应的标准电势值如下：

$$E_B^\ominus/V \qquad ClO_3^- \xrightarrow{0.47} Cl_2 \xrightarrow{1.35827} Cl^-$$

上述反应的标准平衡常数为：

$$\lg K^{\ominus}=\frac{5\times(1.35827\text{V}-0.47\text{V})}{0.0592\text{V}}=75.0$$

$$K^{\ominus}=1.0\times10^{75}$$

由此可见，氯在碱溶液中的歧化反应进行得非常完全，溴、碘也能发生上述类似的反应。

④ 许多非金属单质不与盐酸或稀硫酸反应，但可以与浓硫酸或浓硝酸反应。在这些反应中，非金属单质一般被氧化成所在族的最高氧化值，而浓硫酸或浓硝酸则分别被还原成 SO_2 或 NO（有时为 NO_2）。例如：

$$3C+4HNO_3(浓)=\!=\!=3CO_2+4NO+2H_2O$$

$$C+2H_2SO_4(浓)=\!=\!=CO_2+2SO_2+2H_2O$$

$$3P+5HNO_3(浓)+2H_2O=\!=\!=3H_3PO_4+5NO$$

$$S+2HNO_3(浓)=\!=\!=H_2SO_4+2NO$$

$$B+3HNO_3(浓)=\!=\!=H_3BO_3+3NO_2$$

$$2B+3H_2SO_4(浓)=\!=\!=2H_3BO_3+3SO_2$$

$$I_2+5H_2SO_4(浓)=\!=\!=2HIO_3+5SO_2+4H_2O$$

硅不溶于任何单一酸中，但混酸（HF-HNO_3）能溶解它，因为发生了如下反应：

$$3Si+4HNO_3+18HF=\!=\!=3H_2SiF_6+4NO+8H_2O$$

12.2.2 非金属元素的氢化物

非金属（除稀有气体）元素都能形成共价型氢化物（covalent hydride）。

12.2.2.1 氢化物的还原性

非金属元素氢化物大多具有不同程度的还原性，且还原性随非金属元素电负性的减小而增强。在 SiH_4 中，由于 Si 的电负性比 H 小，所以氢显示 −1 氧化值，它们与氧化剂反应时能表现出较强的还原性。如：

$$SiH_4+2KMnO_4=\!=\!=K_2SiO_3+2MnO_2+H_2O+H_2$$

而 H_2S 和 HCl，显示还原性的是非金属元素本身。

$$2H_2S+3O_2=\!=\!=2SO_2+2H_2O$$

氢化物	B_2H_6	CH_4 SiH_4	NH_3 PH_3 AsH_3	H_2O H_2S H_2Se H_2Te	HF HCl HBr HI	还原性增强 ↓
空间构型举例	B_2H_6	CH_4	NH_3	H_2O	F—H	

氢化物的还原性减弱 →

HCl 的还原性更弱，要遇强氧化剂（如 $KMnO_4$，$K_2Cr_2O_7$ 等）才显示出还原性。在卤化氢中，HF 一般不显示还原性，而 HBr、HI 则具有较强的还原性。正因如此，NaCl、KBr、KI 分别与浓 H_2SO_4 发生如下反应：

(a) $NaCl(s)+H_2SO_4(浓)=\!=\!=NaHSO_4+HCl$

(b) $2KBr(s)+3H_2SO_4(浓)=\!=\!=2KHSO_4+SO_2+Br_2+2H_2O$

(c) $8KI(s)+9H_2SO_4$(浓)$=\!=\!=8KHSO_4+H_2S+4I_2+4H_2O$

可见，反应 (a) 可得 HCl，反应 (b)、(c) 不能得到相应的 HBr 和 HI，这是因为 HCl 不能还原浓硫酸，而 HBr 能将浓硫酸还原成 SO_2，HI 甚至能将浓硫酸还原成 H_2S。

12.2.2.2 氢化物的酸碱性

非金属元素氢化物水溶液的酸性变化规律为：同一族从上到下、同一周期从左到右，酸性逐渐增强。它们的酸性强弱可用热力学循环计算说明。如氢卤酸的酸性按 HF，HCl，HBr，HI 顺序逐渐增强，图 12-2-2 为氢卤酸解离过程中的热力学循环。

B_2H_6	CH_4	NH_3	H_2O	HF
	SiH_4	PH_3	H_2S	HCl
		AsH_3	H_2Se	HBr
			H_2Te	HI

（纵向↓：酸性增强；横向→：酸性增强）

由图 12-2-2 可以看出：$\Delta_r H^{\ominus}_{m,d}=\Delta_r H^{\ominus}_{m,1}+\Delta_r H^{\ominus}_{m,2}+\Delta_r H^{\ominus}_{m,3}+\Delta_r H^{\ominus}_{m,4}+\Delta_r H^{\ominus}_{m,5}+\Delta_r H^{\ominus}_{m,6}$，当 $\Delta_r H^{\ominus}_{m,1}$ 到 $\Delta_r H^{\ominus}_{m,6}$ 及氢卤酸解离过程中 $T\Delta_r S^{\ominus}_m$ 已知时，则可计算该过程的 $\Delta_r G^{\ominus}_m$。现将有关计算值列表于图 12-2-2 下：

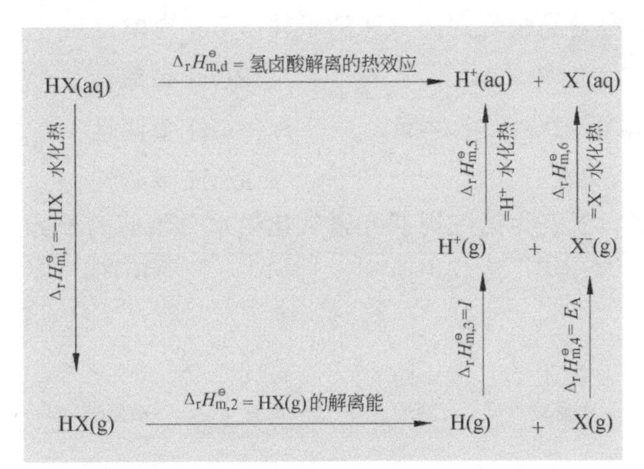

图 12-2-2　氢卤酸解离过程的热力学循环

氢卤酸	$\Delta_r H^{\ominus}_{m,1}$	$\Delta_r H^{\ominus}_{m,2}$	$\Delta_r H^{\ominus}_{m,3}$	$\Delta_r H^{\ominus}_{m,4}$	$\Delta_r H^{\ominus}_{m,5}$	$\Delta_r H^{\ominus}_{m,6}$	$\Delta_r H^{\ominus}_{m,d}$	$T\Delta_r S^{\ominus}_m$	$\Delta_r G^{\ominus}_{m,d}$
HF	48	565	1312	−328	−1091	−515	−8.6	−29	+20
HCl	18	431	1312	−348	−1091	−381	−60	−13	−47
HBr	21	362	1312	−324	−1091	−347	−67	+4.0	−63
HI	23	295	1312	−295	−1091	−305	−62	+4.0	−66

注：表中数据单位均为 $kJ\cdot mol^{-1}$ (25℃)。

我们知道，$\Delta_r G^{\ominus}_{m,d}=-RT\ln K^{\ominus}$，因此可以算得 HF、HCl、HBr、HI 在 25℃时的 $K^{\ominus}_a$ 分别为 3.2×10^{-3}，1.6×10^{8}，1.0×10^{11}，1.0×10^{12}。

12.2.3 非金属含氧酸及其盐

12.2.3.1 非金属含氧酸的酸性

H_3BO_3	H_2CO_3	HNO_3		
	H_2SiO_3	H_3PO_4	H_2SO_4	$HClO_4$
		H_3AsO_4	H_2SeO_4	$HBrO_4$
			H_6TeO_6	H_5IO_6

（纵向↓：酸性减弱；横向→：酸性增强）

含氧酸（oxyacid）是无机化合物的一大类物质，而含氧酸的酸性强弱又是它的主要性质之一。由于影响含氧酸酸性强弱的因素是多方面的，至今还未有衡量酸强度的统一标度，下面介绍当今应用的几种基本方法。

(1) ROH 规则（ROH rule） 含氧酸和氢氧化物都可以用通式 ROH 表示。从结构上分析，它们在水溶液中可以有Ⅰ和Ⅱ两种解离方式。如果按Ⅰ解离（即 R—O 键断裂），该物质显碱性；如果按Ⅱ解离（即 O—H 键断裂），该物质显酸性；如果Ⅰ和Ⅱ解离的可能性差不多，则该物质显两性。

R ⁞Ⅰ O ⁞Ⅱ H

ROH 型物质以何种形式解离？按照离子键的概念，可把 ROH 看成是由 R^{n+}，O^{2-} 和 H^+ 离子组成，当 R^{n+} 与 O^{2-} 间的作用强于 H^+ 与 O^{2-} 间的作用时，ROH 采取酸式解离；反之，ROH 采取碱式解离。据此，有人提出用 R^{n+} 离子的“离子势”来判断 ROH 的酸碱性，离子势用符号 ϕ 表示，它等于 R^{n+} 离子的电荷与其半径之比。

$$\phi=\frac{\text{阳离子电荷}}{\text{阳离子半径}}=\frac{z}{r}$$

当 R^{n+} 离子的电荷数小，半径大，ϕ 值小时，R—O 键比 O—H 键弱，ROH 呈碱性；当 R^{n+} 离子的电荷数大，半径小，ϕ 值大时，R—O 键比 O—H 键强，ROH 呈酸性。用离子势判断 ROH 酸碱性的半定量经验规则为（R 的半径以 pm 为单位）：

$\sqrt{\phi}<0.22$　　ROH 呈碱性

$\sqrt{\phi}$ 在 0.22～0.32 之间　　ROH 呈两性

$\sqrt{\phi}>0.32$　　ROH 呈酸性

此规则俗称 ROH 规则。下表为第三周期元素氧化物水合物的离子势值及其酸碱性。

ROH	NaOH	$Mg(OH)_2$	$Al(OH)_3$	H_2SiO_3	H_3PO_4	H_2SO_4	$HClO_4$
R^{n+}	Na^+	Mg^{2+}	Al^{3+}	Si^{4+}	P^{5+}	S^{6+}	Cl^{7+}
半径/pm	95	65	50	41	34	29	26
$\sqrt{\phi}$	0.10	0.17	0.24	0.31	0.38	0.45	0.52
酸碱性	强碱	中强碱	两性	弱酸	中强酸	强酸	极强酸

从上表有关数据可知，第三周期元素 R^{n+} 离子的半径从左到右逐渐变小，电荷数逐渐增大，ϕ 值也逐渐增大，所以它们氧化物的水合物从左到右酸性逐渐增强。此外，也可用 ROH 规则说明ⅦA 族中 HClO、HBrO、HIO 的酸性依次减弱；$HClO_3$、$HBrO_3$、HIO_3 亦如此。

(2) 鲍林规则 鲍林从大量的实验结果中总结了有关无机含氧酸强度的两条经验规则。

① 多元酸的逐级解离常数之间的关系为：$K_1^{\ominus}:K_2^{\ominus}:K_3^{\ominus}\approx 1:10^{-5}:10^{-10}$，例如磷酸 H_3PO_4 的 $K_1^{\ominus}=6.92\times10^{-3}$；$K_2^{\ominus}=6.17\times10^{-8}$；$K_3^{\ominus}=4.79\times10^{-13}$。

② 对于组成为 $XO_m(OH)_n$ 的含氧酸（X 为含氧酸的成酸元素），其第一级解离常数取决于 m 的数值：

当 $m=0$　极弱酸　　$K_1^{\ominus}\leqslant 10^{-7}$

　例如　次氯酸 Cl(OH)　　$K_1^{\ominus}=3.98\times10^{-8}$

　　　　次溴酸 Br(OH)　　$K_1^{\ominus}=2.82\times10^{-9}$

当 $m=1$　中强酸　　$K_1^{\ominus}\approx 10^{-2}$

　例如　亚硫酸 $SO(OH)_2$　　$K_1^{\ominus}=1.41\times10^{-2}$

　　　　砷酸 $AsO(OH)_3$　　$K_1^{\ominus}=5.50\times10^{-3}$

　　　　亚硝酸 NO(OH)　　$K_1^{\ominus}=5.62\times10^{-4}$

当 $m=2$　强酸　　$K_1^{\ominus}$ 值较大

例如　硝酸 $NO_2(OH)$　$K_1^\ominus \approx 10^1$

氯酸 $ClO_2(OH)$　$K_1^\ominus \approx 10^2$

硫酸 $SO_2(OH)_2$　$K_1^\ominus \approx 10^3$

当 $m=3$　极强酸　$K_1^\ominus$ 值很大

例如　高氯酸 $ClO_3(OH)$　$K_1^\ominus \approx 10^8$

上述第一条经验规则反映了随着解离步骤的升级，负离子对质子静电引力的增强。第二条规则反映了上面所述酸分子中非羟基氧原子数愈多酸愈强的规律。

需要注意的是次磷酸（H_3PO_2）、亚磷酸（H_3PO_3）与磷酸（H_3PO_4）一样，都是中等强度的酸，它们的第一级解离常数分别为 5.89×10^{-2}、6.31×10^{-2} 及 6.92×10^{-3}。这是因为在亚磷酸和次磷酸中都存在 P—H 键，磷的这三种含氧酸可以表示成 $PO(OH)_3$（磷酸）、$HPO(OH)_2$（亚磷酸）及 $H_2PO(OH)$（次磷酸），它们都是相应于 $m=1$ 的含氧酸。

12.2.3.2　非金属含氧酸及其盐的氧化还原性

第ⅢA、ⅣA 族的非金属元素含氧酸及其盐一般不显示氧化还原性，第ⅤA 族的 HNO_3 具有氧化性，第ⅥA 族的浓 H_2SO_4 显示强氧化性，而稀 H_2SO_4 无氧化性，H_2SO_3 及其盐（Na_2SO_3）常作还原剂。ⅦA 族中氯的各种含氧酸及其盐的氧化性变化规律为：

含氧酸	氧化值	含氧酸盐
$HClO$	+1	$MClO$
$HClO_2$	+3	$MClO_2$
$HClO_3$	+5	$MClO_3$
$HClO_4$	+7	$MClO_4$

（两侧箭头向下：氧化性减弱；底部箭头向右：氧化性减弱）

在氯的各种含氧酸及其盐中，随着氧化值的升高，含氧酸及其盐的氧化性减弱，这可以用它们在酸性介质中电极反应的标准电势值来说明：

$$2HClO+2H^++2e^-\longrightarrow Cl_2+2H_2O \quad E^\ominus=1.611V$$
$$2ClO_3^-+12H^++10e^-\longrightarrow Cl_2+6H_2O \quad E^\ominus=1.47V$$
$$2ClO_4^-+16H^++14e^-\longrightarrow Cl_2+8H_2O \quad E^\ominus=1.39V$$

氧化型物质的氧化性减弱

也可以用碱性介质中电极反应的标准电势值予以说明：

$$ClO^-+H_2O+2e^-=\!=\!=Cl^-+2OH^- \quad E^\ominus=0.81V$$
$$ClO_3^-+3H_2O+6e^-=\!=\!=Cl^-+6OH^- \quad E^\ominus=0.62V$$
$$ClO_4^-+4H_2O+8e^-=\!=\!=Cl^-+8OH^- \quad E^\ominus=0.51V$$

氧化型物质的氧化性减弱

上述两组电极反应的标准电势值还可说明含氧酸及其盐的氧化性在酸性溶液中较碱性溶液强。

12.2.4　非金属单质的一般制备方法

非金属元素大都以负氧化值或正氧化值存在于化合物中，若以负氧化值的化合物为原料，则需采用氧化的方法制取单质；若以正氧化值化合物为原料，则宜用还原的方法制取。当不能够或不便于用普通氧化剂或还原剂使之氧化或还原时，可采用电解的方法。

(1) 氧化法　例如，从黄铁矿提取硫，原料 FeS_2 中 S 的氧化值为 -1，用空气氧化生成单质硫：

$$3FeS_2(s)+12C(s)+8O_2(\text{空气})\xlongequal{\triangle}Fe_3O_4(s)+12CO(g)+6S(g)$$

反应后将气体导出冷却，S 即凝成固体。

又如，实验室制备氯气，用 MnO_2 将浓 HCl 中的 Cl^- 离子氧化为 Cl_2：

$$4HCl(浓)+MnO_2(s)\xlongequal{\triangle}MnCl_2(aq)+2H_2O(l)+Cl_2(g)$$

(2) 还原法 例如，磷酸钙中磷的氧化值为+5，高温时用碳还原制磷。制备时将炭粉、砂和磷酸钙混合加热至1300℃以上，发生如下反应：

$$2Ca_3(PO_4)_2(s)+10C(s)+6SiO_2(s)\xlongequal{\triangle}6CaSiO_3(s)+10CO(g)+P_4(g)$$

形成硅酸钙熔渣，将气体导入冷水，CO 逸出，磷凝成固体。这样制得的单质为白磷（将白磷在隔绝空气条件下加热可得到红磷，在高温、高压条件下可得到黑磷）。

硼的制备亦可用还原法。将化合物中氧化值为+3 的硼用活泼金属（Na、K、Mg 和 Al 等）还原。

(3) 置换反应 用氧化性较强的非金属单质，将次强的非金属从其化合物中置换出来，这也是典型的氧化还原反应。例如，生产溴和碘，就是用氯与溴化物或碘化物反应：

$$2KBr(aq)+Cl_2(g)=\!=\!=2KCl(aq)+Br_2(l)$$

$$2KI(aq)+Cl_2(g)=\!=\!=2KCl(aq)+I_2(s)$$

(4) 电解法 用一般的化学氧化剂或还原剂无法实现的氧化还原反应则可用电解的方法强制进行。

氟的化学性质异常活泼，与水、电解槽、电极材料等都会发生剧烈的反应。氟元素的电负性最大，目前还难以用化学氧化剂来氧化 F^- 离子制备单质氟[❶]。因此，只有用最强有力的氧化手段——电解氧化法才能使氟从氟化物中游离出来。但是，如果用氟化物或氟化氢的水溶液电解，则由于氟要和水剧烈反应，得到的不是氟而是氧；用熔融的氟化物电解也不行，因金属氟化物熔点高（例如，KF 的熔点为 846℃），高温会加剧氟对电解槽、电极材料等的腐蚀；而无水 HF 液体又难导电。经过几十年的研究，直到 1886 年，莫桑（H. Moissan）才解决了这个问题。莫桑发现用铂铱合金做的电解槽和电极，可不遭受氟的腐蚀，并且在无水 HF 中溶解 KF（形成 KHF_2）就可导电而进行电解。电解时，氟在阳极上析出：

$$2KHF_2(l)\xlongequal{电解}2KF(s)+H_2(g)+F_2(g)$$

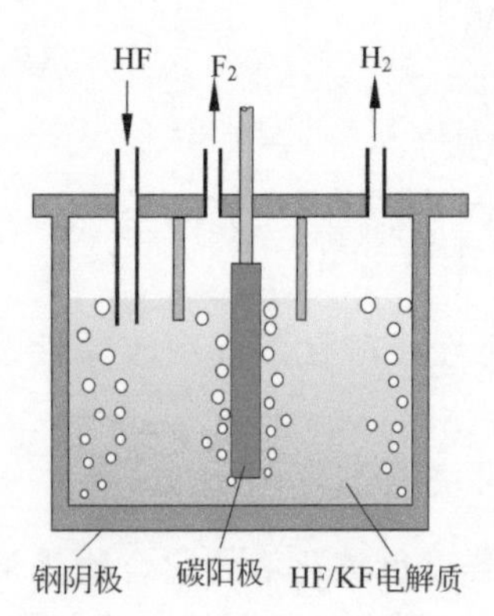

图 12-2-3 电解制氟示意

现在制氟，是电解熔融的 KHF_2 与 HF 的混合物，KHF_2 与 HF 的摩尔比通常为 3∶2，其熔点为 72℃，以铜制或 Cu-Ni 合金的容器或电解槽（因表面生成致密的 CuF_2 覆盖层而防腐），以石墨为阳极，钢作阴极，在 100℃ 进行电解，如图 12-2-3所示。

氯是一个不太强的氧化剂，因此制备时既可用电化学氧化法，又可用化学氧化法。工业上制氯大都采用电解饱和食盐水溶液的方法，在以石墨（或金属钌、钛）为阳极，铁丝网为阴极的电解槽中进行电解，得到氯气、氢气和烧碱。

$$2NaCl+2H_2O\xlongequal{电解}\underset{阳极}{Cl_2\uparrow}+\underbrace{2NaOH+H_2}_{阴极}$$

从 20 世纪 80 年代起，电解槽中石棉隔膜已被离子交换膜

---

❶ 20 世纪 60 年代，化学家 K. Christe 用化学方法制取单质氟，他考虑到 MnF_4 在热力学上不稳定，可分解为 MnF_3 和 F_2，该法已获成功，但尚未能代替电化学方法生产氟。

所代替。离子膜电解槽主要由阳极、阴极和离子交换膜所组成，这种膜的特点是只允许 Na^+ 离子通过，Cl^- 离子不能通过，因此阳极室盐水中的钠离子可以通过膜进入阴极室，与阴极室产生的 OH^- 离子结合生成 NaOH，同时在阳极室产生 Cl_2 气，阴极室产生 H_2 气。运用离子膜电解法制得的 NaOH 浓度大，含盐量少，纯度高，而且此法比隔膜电解法节约能源 1/3 左右，占地面积小，从而越来越受到各国的重视，我国已运用离子膜法生产氯和烧碱。如图 12-2-4 所示。

图 12-2-4　用离子交换膜电解法生产氯和烧碱

在认识非金属通论的基础上，有目的地选择氮、硼、稀有气体，以展示非金属元素及其化合物的结构与性质的内在联系和它们性质的宏观变化规律。

12.3　氮及其化合物

氮是周期系ⅤA 族的第一个元素，由英国化学家卢瑟福（D. Rutherford）于 1771 年发现。氮主要以游离状态存在于空气中，据估计，地球表面每 $1\times10^4\ m^2$ 上方有氮约 8 万吨。此外氮是所有蛋白质和许多有机物的组分之一，它的主要矿源大部分来自智利北部的硝石（$NaNO_3$）。

12.3.1　氮

氮的外电子层结构为 $2s^22p^3$，当它不同程度获得电子时，氧化值可为－3、－2、－1，若偏离其外层电子时则可呈＋1、＋2、＋3 等氧化值。虽然氮的外电子层中没有 d 空轨道，但却能形成＋5 氧化值的化合物如 N_2O_5、HNO_3 等。这是由于氮的 2s 轨道可以参加杂化而成键（详见本章 HNO_3 结构）。表 12-6 列出了氮的各种氧化值及常见的代表化合物。

氮分子 N_2 是由两个氮原子以一根 σ 键，两根 π 键组成，键能很大，分子特别稳定，在室温下非常不活泼，所以常作为保护气体，以阻止易于氧化的物质在空气中被氧化，在冶金工业、化学工业等都有广泛应用。工业上在处理挥发性的易燃液体时也常用 N_2 作保护气体（protective gas）。在高温时 N_2 可与氢、氧、金属等反应，生成各种含氮化合物，其中尤以氨最为重要，由它出发可制得化肥、硝酸、炸药等重要产品。由此可见，N_2 是极为重要的原料，它来自空气，取之不尽，用之不竭。使空气中的 N_2 转化为氮的化合物的过程称为氮的固定（fixation of nitrogen）。要把单质氮转化为各种含氮化合物必须破坏 N≡N 键，一般需要高温、高压才能实现。但高温高压对设备要求高，动力消耗大，因此长期以来人们都在寻求常温常压下的固氮方法。20 世纪 60 年代以来，世界各国都在积极研究化学生物模拟固氮。

表 12-6　氮的氧化值及常见代表化合物

氧化值	－3	－2	－1	0	＋1	＋2	＋3	＋4	＋5
常见化合物	NH_3 NH_4^+	N_2H_4 $N_2H_5^+$①	NH_2OH NH_3OH^+	N_2	N_2O	NO	N_2O_3 HNO_2 NO_2^-	NO_2 (N_2O_4)	N_2O_5 HNO_3 NO_3^-

① N_2H_4（联氨）、NH_2OH（羟胺）在酸性介质中分别以 $N_2H_5^+$、NH_3OH^+ 形式存在。

12.3.2 氨

氨（ammonia）是氮的重要化合物之一。氨分子结构呈三角锥形（详见2.2不等性杂化轨道）。由于氨分子中的电荷中心不重合，为极性分子，其偶极矩为4.9×10^{-30}C·m，因而易溶于极性溶剂水中（相似相溶），且通过氢键与水结合成$NH_3\cdot H_2O$，因此氨在水中溶解度极大，室温下1体积的水可溶解700体积的氨。

氨分子中氮的原子半径小，电负性大，可以形成氢键，再加上极性又强，分子易聚集，所以与同族的PH_3相比NH_3的熔点（−77.7℃）和沸点（−33.4℃）较高，因此气氨极易液化。液氨气化时能大量吸热，为此常用做制冷剂（refrigerant）。液氨也是良好的溶剂（非水溶剂）。

实验室中常用碱分解铵盐来制取少量氨：

$$Ca(OH)_2+2NH_4Cl \xlongequal{\triangle} CaCl_2+H_2O+2NH_3$$

或将氨的浓溶液加热得NH_3，由于NH_3中混有水蒸气，需通过CaO干燥去除水分。

工业上主要采用哈伯法（Haber process），即以N_2和H_2在500℃，20～30MPa下，以含少量K_2O、Al_2O_3的铁作催化剂合成氨：

$$N_2+3H_2 \xlongequal{} 2NH_3$$

氨的化学性质相当活泼，从它的分子结构分析，所发生的化学反应主要有以下三类。

(1) 加合反应 氨分子中N原子上有1对孤对电子，可以作为电子对给予体与水中H^+离子的1s空轨道以配位键相结合，生成NH_4^+离子，并游离出OH^-离子：

$$H_3N: + H_2O \rightleftharpoons \left[H_3N\rightarrow H\right]^+ + OH^-$$

同样NH_3还可以与酸（如HCl，H_2SO_4等）中的H^+离子加合而成NH_4^+离子：

$$H_3N:+H^+ \xlongequal{} NH_4^+$$

铵盐大多可以作化学肥料，如$(NH_4)_2SO_4$，$(NH_4)_2CO_3$等都是常用化肥。

此外，NH_3还可以与许多过渡金属离子加和形成氨配合物，如$[Cu(NH_3)_4]SO_4$，$[Ag(NH_3)_2]Cl$，$[Co(NH_3)_6]Cl_3$等。

(2) 氧化反应 氨分子中氮的氧化值为−3，是氮的最低氧化态。所以，NH_3只具有还原性，其被氧化的产物除与氧化剂本性有关外，还与反应的外界条件有关，一般可通过实验来确认反应产物。现以NH_3与氧化剂（Cl_2、O_2、NaClO）的反应进行分析。

氨与氯反应，氨被氧化为氮气：

$$2NH_3+3Cl_2 \xlongequal{} N_2+6HCl$$

氨与氧的反应当温度与催化剂等外界条件不同时产物有所不同：

$$4NH_3+3O_2 \xlongequal[\text{无催化剂}]{400℃} 2N_2+6H_2O$$

$$4NH_3+5O_2 \xlongequal[\text{Pt-Rh}]{800℃} 4NO+6H_2O$$

氨与NaClO反应如下：

$$2NH_3+NaClO \xlongequal{} N_2H_4+NaCl+H_2O$$

(3) 取代反应 NH_3分子中的3个H原子可以被依次取代，生成氨基（$-NH_2$，amino）、亚氨基（$=NH$，imino）和氮基（≡N，nitrilo）。如金属钠与液氨反应可得氨基化钠。

$$2NH_3(l)+2Na(s) \xlongequal{} 2NaNH_2(l)+H_2(g)$$

表面上看氨与强还原剂（活泼金属）反应，似乎有了氧化性，其实氨分子中N^{3-}未起作用，而是 H^+ 将钠氧化。氨基化钠是强还原剂，在有机合成中有广泛的应用。

氨基化锂经真空加热可得亚氨基化锂：

$$2LiNH_2 \xlongequal{真空加热} Li_2NH + NH_3$$

氨基化钡加热可得氮化钡：

$$3Ba(NH_2)_2 \xlongequal{\triangle} Ba_3N_2 + 4NH_3$$

12.3.3　氨的衍生物

(1) 联氨 N_2H_4 (hydrazine)　联氨又称肼，可看作 NH_3 分子中 1 个 H 原子被氨基 ($—NH_2$) 取代所得的衍生物。联氨通常是在碱性溶液中，有明胶存在时用次氯酸钠氧化 NH_3 制得。

$$2NH_3 + NaClO \xlongequal{} N_2H_4 + NaCl + H_2O$$

无水联氨是发烟的无色液体，沸点 387K，熔点 274K，联氨中 N 的氧化值为 −2，因此它具有强还原性，燃烧时放出大量的热和气体。

$$N_2H_4(l) + O_2(g) \xlongequal{} N_2(g) + 2H_2O(g)$$

另外，联氨和 N_2O_4 等物质反应也有较大焓变，如

$$2N_2H_4(l) + N_2O_4(l) \xlongequal{} 3N_2(g) + 4H_2O(g) \qquad \Delta_r H_m^\ominus = -1038 kJ \cdot mol^{-1}$$

因此联氨和其烷基衍生物可作火箭推进剂。火箭燃料中常用的是联氨甲基衍生物的混合物，如偏一甲肼（代号 MMH）$H_2N—NH(CH_3)$、偏二甲肼（代号 UDMH）$H_2N—N(CH_3)_2$ 和 N_2O_4 发生的燃烧反应为：

$$H_2N—N(CH_3)_2(l) + 2N_2O_4(l) \xlongequal{} 3N_2(g) + 4H_2O(g) + 2CO_2(g)$$

阿波罗登月舱下降发动机使用的是混肼（50%N_2H_4+50%UDMH）作燃料的推进剂。

(2) 羟胺 NH_2OH (hydroxylamine)　羟胺又称胲，是无色固体，熔点 33℃，不稳定，室温下缓慢分解成 H_2O、N_2，N_2O 及 NH_3，较高温度下会爆炸。羟胺可看做 NH_3 分子中 1 个 H 原子被 1 个—OH 取代所得的衍生物，其中 N 的氧化值为 −1，主要显示还原性。羟胺用电解硝酸来制备，电解 HNO_3 时在阴极得到羟胺，其电极反应如下：

$$HONO_2 + 6H^+ + 6e^- \longrightarrow NH_2OH + 2H_2O$$

羟胺易溶于水，其水溶液显弱碱性

$$NH_2OH + H_2O \rightleftharpoons NH_3OH^+ + OH^- \qquad K_b^\ominus = 6.6 \times 10^{-9}$$

由于纯羟胺不稳定，常制成它的盐使用，如盐酸羟胺 $(NH_2OH) \cdot HCl$、硫酸羟胺 $(NH_2OH)_2 \cdot H_2SO_4$[1] 等。

12.3.4　氮的氧化物

氮的氧化物有 N_2O、NO、N_2O_3、NO_2、N_2O_4、N_2O_5 等多种。其中以 NO 和 NO_2（它的二聚体为 N_2O_4）最为重要。

(1) 一氧化氮　NO 为无色气体，其分子轨道表示式为：

$$NO\ [KK(\sigma_1)^2(\sigma_2^*)^2(\sigma_3)^2(\pi_y)^2(\pi_z)^2(\pi_z^*)^1]$$

形成一根 σ 键、一根 π 键、一根三电子 π 键，见图 12-3-1(a)。

根据 NO 分子的内部结构看与其性质的内在联系：

由于氮的电负性比氧小（但两者相差不多），所以 NO 是极性分子，但极性较小，$p = 5.3 \times 10^{-31} C \cdot m$，比氨分子小一个数量级，NO 难溶于水是这一结构特征的反映。

三电子 π 键

:N　O:

(a)

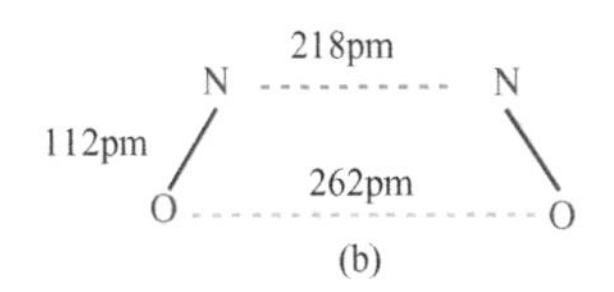

图 12-3-1　NO 的分子结构示意

[1] 盐酸羟胺、硫酸羟胺也可分别表示为 $[NH_3(OH)]Cl$、$[NH_3(OH)]_2SO_4$。

NO分子中有三电子键，即有成单电子，所以气态NO具有顺磁性。单电子可以互相偶合，因而在低温时NO分子可以聚合成（NO)$_2$ 分子，如图12-3-1(b）所示，呈现反磁性。

NO分子中氮和氧的价电子总数为11，是奇电子分子（odd electron molecule)。这种分子一般不够稳定，容易自行结合或与其他物质反应。例如在雷电之际，闪电使空气中的N_2和O_2反应产生NO，随即又与O_2结合成NO_2，NO_2再溶于雨水形成极稀的硝酸和亚硝酸溶液，沉积于土壤中转化为植物的养料。据估计大自然借雷电之助每年可以固定氮约为4000万吨。

NO分子中氮的氧化值为+2，介于最低与最高氧化值之间，所以它既有氧化性，又有还原性。例如氧化剂高锰酸钾能将NO氧化成NO_3^-。

$$10NO+6KMnO_4+9H_2SO_4 \Longrightarrow 6MnSO_4+10HNO_3+3K_2SO_4+4H_2O$$

而红热的铁、镍、碳等还原剂又能将NO还原成N_2。

$$2Ni+2NO \Longrightarrow 2NiO+N_2$$

$$C+2NO \Longrightarrow CO_2+N_2$$

同时NO有三电子π键，反键轨道上的一个电子易失去呈NO^+，如与氧化剂Cl_2反应，则生成氯化亚硝酰❶：

$$2NO+Cl_2 \Longrightarrow 2NO^+Cl^-$$

NO也可以与还原剂反应获得一个电子呈NO^-。如与还原剂金属钠（在液氨中）反应：

$$NO+Na \xlongequal{液氨} Na^+NO^-$$

NO分子中有孤对电子，所以能与金属离子形成加合物。例如，NO能与Fe^{2+}加合生成棕色的$[Fe(NO)]^{2+}$离子。

$$FeSO_4+NO \Longrightarrow [Fe(NO)]SO_4$$

综上所述，NO具有难溶于水、顺磁性、易聚合、易与O_2反应、有氧化还原性、形成加合物等多种性质，这些都与该分子的内部结构密切相关，所以结构是性质变化的内因，而性质是结构的外在表现。

NO还具有神奇的生理调节功能，作为一种新型生物信号分子，NO广泛分布在人体内的神经组织中，在心脑血管调节、神经传递、免疫调节等方面发挥着十分重要的生物学作用。NO已成为近年来生物医学研究的热点。

(2) 二氧化氮 纯NO_2可通过$Pb(NO_3)_2$的热分解制得：

$$2Pb(NO_3)_2(s) \xlongequal{\triangle} 2PbO(s)+4NO_2(g)+O_2(g)$$

将逸出的气体冷却，使NO_2液化而与氧分离。铜与浓硝酸作用也可制得NO_2，但不纯。

二氧化氮为红棕色气体，其中一个氮和两个氧的价电子总数为17，是奇电子分子，可以聚合成四氧化二氮。N_2O_4为无色气体，在室温25℃时N_2O_4与NO_2间建立平衡：

$$N_2O_4(g) \rightleftharpoons 2NO_2(g) \qquad K^\ominus=0.10$$

此时混合气体中，NO_2约占25%左右；当温度升至100℃时，混合气体中NO_2约占90%；温度升至150℃以上，NO_2开始分解为NO及O_2。常温N_2O_4为无色气体，当温度下降成为绿色的液态，继续降温至－10℃以下形成无色晶体。液态N_2O_4（绿色）和气态N_2O_4（无

---

❶ 含氧酸除掉—OH余下的部分称为酰基，例如HNO_3除—OH基，留下的—NO_2称为硝酰。同理，—NO称亚硝酰，—SO_2称硫酰等。

色）为中国探月卫星“嫦娥一号”星箭燃料[1]的氧化剂。

从电极反应的标准电势值也可以看出，在溶液中 NO_2 具有较强的氧化性和较弱的还原性。

$$NO_2 + H^+ + e^- = HNO_2 \qquad E^\ominus = +1.065V$$

$$NO_3^- + 2H^+ + e^- = NO_2 + H_2O \qquad E^\ominus = +0.803V$$

由上述电对电极反应的标准电势值可知，NO_2 可以发生歧化反应。NO_2 溶于水中歧化为硝酸和亚硝酸，溶于碱中得硝酸盐和亚硝酸盐。

$$2NO_2 + H_2O = HNO_2 + HNO_3$$

$$2NO_2 + 2NaOH = NaNO_2 + NaNO_3 + H_2O$$

由于亚硝酸不稳定，受热即分解为硝酸和一氧化氮，因此 NO_2 在热水中歧化为 HNO_3 和 NO：

$$3NO_2 + H_2O(热) = 2HNO_3 + NO$$

12.3.5 亚硝酸及其盐

在亚硝酸钡溶液中加入定量的稀硫酸，即可制得亚硝酸溶液：

$$Ba(NO_2)_2 + H_2SO_4 = BaSO_4 \downarrow + 2HNO_2$$

亚硝酸是一种弱酸，酸性比醋酸略强。

$$HNO_2 = H^+ + NO_2^- \qquad K_a^\ominus = 5.62 \times 10^{-4}$$

HNO_2 仅存在于稀溶液中，浓溶液会立即分解：

$$2HNO_2 \rightleftharpoons H_2O + N_2O_3 \rightleftharpoons H_2O + NO + NO_2$$

在低温下分解得 N_2O_3，溶于水呈天蓝色，随温度升高进一步分解为 NO 和 NO_2。HNO_2 的浓溶液经加热分解，产物如下：

$$3HNO_2 = HNO_3 + 2NO + H_2O$$

亚硝酸虽然不稳定，但亚硝酸盐却是稳定的。$NaNO_2$ 广泛应用于涂料工业和有机合成中制备重氮化合物。

在亚硝酸和亚硝酸盐分子中，氮的氧化值为 +3，处于中间氧化态，所以它们既有氧化性又有还原性。从 $E^\ominus$ 数据（酸性介质）判断，HNO_2 的氧化性强于它的还原性。

$$HNO_2 + H^+ + e^- = NO + H_2O \qquad E^\ominus = 0.983V$$

$$NO_3^- + 3H^+ + 2e^- = HNO_2 + H_2O \qquad E^\ominus = 0.934V$$

亚硝酸及其盐在酸性介质中主要表现为氧化性，例如它们能将 KI 氧化成单质碘：

$$2HNO_2 + 2KI + H_2SO_4 = 2NO + I_2 + K_2SO_4 + 2H_2O$$

$$2NaNO_2 + 2KI + 2H_2SO_4 = 2NO + I_2 + Na_2SO_4 + K_2SO_4 + 2H_2O$$

这个反应可以定量测定亚硝酸盐。

亚硝酸及其盐只有遇强氧化剂才显还原性。例如在酸性介质中与高锰酸钾反应，其离子方程式如下：

$$5HNO_2 + 2MnO_4^- + H^+ = 5NO_3^- + 2Mn^{2+} + 3H_2O$$

12.3.6 硝酸及其盐

硝酸是工业上重要的三酸（盐酸、硫酸、硝酸）之一 。它是制造化肥、炸药、染料、人造纤维、药剂、塑料和分离贵金属的重要化工原料。近年来，HNO_3 常与 N_2O_4 以一定比例混合作为火箭推进剂的氧化剂，促使肼等燃料燃烧产生巨大的推动力。

---

[1] 星箭燃料由常规氧化剂（N_2O_4）和常规燃烧剂（无水肼、偏二甲肼和甲基肼）组成。

12.3.6.1 硝酸的制备

一般无机物质的制备不外乎两种途径：一是复分解反应；二是氧化还原反应。前者在制备过程中反应物不发生氧化值的变化，且要求生成物是难溶的沉淀或气体或弱电解质，以利于反应完全和分离提取；后者在制备过程中必定发生氧化值的变化，因为原料与所需制备的产品的氧化值不同。硝酸制备也就是通过高氧化值含氮化合物的复分解，或低氧化值含氮化合物的氧化。这里以硝酸的制备为例，分析由矿物等原料制备产品的工艺路线的选优。

制备硝酸的工艺路线、反应条件的讨论如下。

（1）以高氧化值含氮化合物为原料制 HNO_3　智利硝石（$NaNO_3$）中氮的氧化值为+5，制硝酸只需与浓硫酸经加热发生复分解反应即可：

$$NaNO_3 + H_2SO_4(浓) \xrightarrow{>120℃} HNO_3 + NaHSO_4$$

$$NaNO_3 + NaHSO_4 \xrightarrow{>500℃} HNO_3 + Na_2SO_4$$

由于硝酸是挥发性酸，冷却其蒸气可得硝酸。但温度不宜过高，高温下 HNO_3 分解，导致产率下降。此法一直到20世纪初仍是工业制硝酸的惟一方法，但是它受到矿物资源的限制。随着以合成氨为原料制硝酸方法的崛起，此法在工业上逐渐被淘汰，而成为实验室中的一种制备方法。N（Ⅴ）化合物除硝酸盐外还有 N_2O_5，它是硝酸的酸酐，如果能直接从 N_2 与 O_2 制得 N_2O_5，再制得 HNO_3 当然是理想的，然而 N_2O_5 本身还得由下法制得：

$$2NO_2 + O_3 = N_2O_5 + O_2$$

或

$$2HNO_3 + P_2O_5 = 2HPO_3 + N_2O_5$$

已知 NO_2 与 H_2O 反应就可得 HNO_3，因此不必先经 O_3 氧化制成 N_2O_5。若是用 HNO_3 制得 N_2O_5 再制 HNO_3 那就更无意义。为此用 N_2O_5 制硝酸的工艺路线毫无实用价值。

（2）低氧化值含氮化合物（如 NO，NH_3）的氧化制硝酸　已知 NO_2 很易从 NO 氧化而得，所以关键在于如何制得 NO。

NO 如直接用 N_2 和 O_2 反应很不经济，因为：

$$N_2(g) + O_2(g) \rightleftharpoons 2NO(g) \quad \Delta_r H_m^\ominus = 180kJ\cdot mol^{-1} \quad \Delta_r G_m^\ominus = 173kJ\cdot mol^{-1}$$

反应需吸收大量的热量，且是可逆反应，仅在1200℃时才开始反应。不同温度下平衡体系中 NO 的体积分数如下：

温度/℃	1500	2000	2500	2900	3200	4200
NO的体积分数/%	0.1	0.61	1.79	3.2	4.43	10

可见在1500℃左右的高温时，几乎没有 NO 形成，且平衡建立很慢，约为30h。温度升高，平衡建立较快，NO 含量也增大，所以工业上曾用 N_2、O_2 混合气体通过电弧，使反应在4000℃左右达到平衡，然后迅速冷却混合物，以阻止混合物内 NO 含量的下降。利用电弧获得高温是受大自然闪电的启示，不过这种人工闪电的方法要消耗大量的电能，且 NO 的产率也不高，只有少数电力发达的国家或地区至今仍采用。

合成氨工艺发明后，用 NH_3 氧化法来制 NO 引起了硝酸生产工艺上的一次重大改革。

$$4NH_3 + 5O_2 \xrightarrow[Pt\text{-}Rh]{750\sim1000℃} 4NO + 6H_2O$$

从反应方程式的计量系数看，1molNH_3 需要与1.25mol O_2 反应，如按此比例配料，这时在氨和空气的混合气中 NH_3 的摩尔分数计算如下：

如按空气中含 O_2 为21%，含 N_2 为79%计算

$$x_{NH_3} = \frac{n_{NH_3}}{n_{NH_3} + n_{O_2} + n_{N_2}} \times 100\%$$

$$=\frac{1\text{mol}}{1\text{mol}+1.25\text{mol}+1.25\times\frac{0.79}{0.21}\text{mol}}\times 100\%$$

$$=14.4\%$$

此时氨含量过高，容易发生爆炸。为了克服这一缺点，且充分提高氨的利用率，可以适当降低氨的比例。一般采用的配料比为 $NH_3:O_2=1:(1.7\sim2.0)$。按此比例将氨和过量空气混合，经反应后有 97%～98%的 NH_3 被氧化成 NO。由于反应放热，NO 经冷却后进一步补充空气，并被氧化成 NO_2，NO_2 溶于水，其中 $\frac{2}{3}$ 歧化成 HNO_3，$\frac{1}{3}$ 成 NO：

$$3NO_2+H_2O=\!=\!=2HNO_3+NO$$

放出的 NO 又被空气氧化，可循环使用。此法制得的硝酸浓度为 50%左右，加入浓硫酸或硝酸镁(作脱水剂)混合加热，收集 HNO_3 蒸气，冷凝后即得浓硝酸。

目前生产硝酸主要选用氨催化氧化的工艺路线，因为原料来源广，能耗较低，但工业生产也要因地制宜，讲究经济效益，如水力发电充足或智利硝石产地，也有采用电弧法及复分解法工艺的。

12.3.6.2　硝酸分子的结构

根据杂化轨道理论，硝酸分子中以 N 为中心原子，N 原子取 sp^2 杂化，形成 3 个 sp^2 杂化轨道，呈平面三角形。

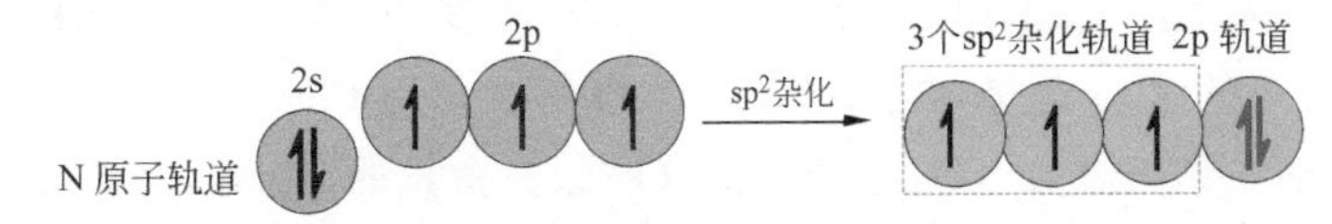

氮原子的 3 个 sp^2 杂化轨道分别与 3 个配位氧原子的 2p 轨道在同一平面内形成 3 个 σ 键。这样，1 个配位氧原子还有 1 个单电子的 p 轨道，其中 1 个氧原子的 p 轨道与氢原子的 1s 轨道相重叠，形成 σ 键，另 2 个氧原子的 2 个 p 轨道（各含 1 个电子）及中心氮原子的 1 个 p 轨道（剩余的 1 个未参加杂化的 p 轨道，其中含 2 个电子），此 3 个轨道均垂直于 sp^2 杂化轨道平面，它们形成大 π 键，这个大 π 键来自 3 个原子，含有 4 个电子，用 Π_3^4 表示（如图 12-3-2 中虚线所示）。

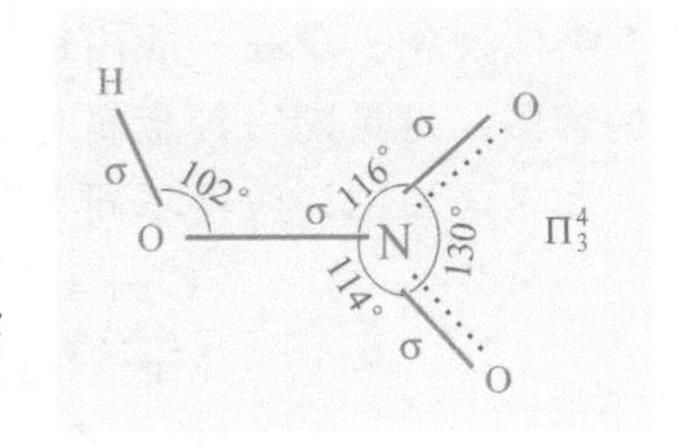

图 12-3-2　HNO_3 分子结构示意

12.3.6.3　硝酸的性质

纯硝酸为无色液体，熔点－42℃，沸点 83℃。溶有过多 NO_2 的浓 HNO_3 叫发烟硝酸（fuming nitric acid)。硝酸可以任何比例与水混合（浓硝酸中主要存在 HNO_3 分子，稀硝酸中主要存在 NO_3^- 离子）。浓硝酸通常不稳定，见光或加热，即按下式分解：

$$4HNO_3(浓)\xlongequal{见光或加热}4NO_2+O_2+2H_2O$$

分解产生的 NO_2 溶于浓硝酸中，使它的颜色呈黄色到红色（NO_2 含量多颜色深）。

硝酸是一种强氧化剂，这是由于硝酸分子中氮处于最高氧化态[1]。它的还原产物可能是：NO_2、NO_2^-、NO、N_2O、N_2 或 NH_3 等。我们先从电势图来预测一下可能的产物，氮的电势图（酸性介质）如下：

---

[1] 氧化态与氧化值含义相同，只是氧化态通常表示正氧化值，如人们习惯用 N（Ⅴ）和 N（Ⅲ）分别表示 N 的氧化态为＋5 和＋3。

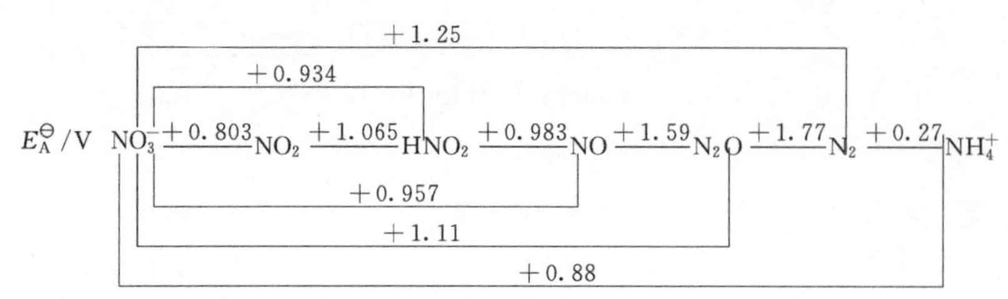

从酸性介质的电势图可以明显看出稀硝酸被还原到 N_2 的趋势最大，但我们知道稀硝酸与铜反应的产物是 NO 而不是 N_2：

$$3Cu + 8HNO_3(稀) = 3Cu(NO_3)_2 + 2NO + 4H_2O$$

这是由于电极反应的标准电势只能预测氧化还原反应的方向和程度，仅是一种可能性。稀硝酸还原到 N_2 的可能性虽大，但反应速率极慢，而还原到 NO 的速率较大，这说明动力学因素有时起着决定性的作用。一般氧化还原的产物除可用 $E^{\ominus}$ 值进行预测外，还必须通过实验实际观察判定。

硝酸几乎能与所有的金属（Au、Pt、Rh、Ir 等除外）反应，其被还原的产物是相当复杂的，除与还原剂的本性有关外，还与硝酸的浓度有关。通常市售硝酸为含 HNO_3 68%，密度为 $1.42\times10^3 kg\cdot m^{-3}$（约 $15mol\cdot L^{-1}$）。稀硝酸为 $1\sim6mol\cdot L^{-1}$，极稀硝酸为 $1mol\cdot L^{-1}$ 以下。

以硝酸与铁反应为例（见图 12-3-3），随 HNO_3 浓度增大，产物中 NH_3（在酸性介质中以 NH_4^+ 形式出现）的含量逐渐减少，而 NO 的相对含量增多，当硝酸浓度增至 40% 时 NH_3 已消失，此时主要产物为 NO，其次为 NO_2 和极微量的 N_2O。当硝酸的浓度增至 56% 时，其还原产物主要是 NO_2。当硝酸浓度再增大至 68% 时，则不再与铁反应，这是因为浓硝酸使铁表面生成一层致密的氧化物，阻止了金属的进一步氧化，这种作用叫钝化。金属铝亦有类似现象。现在一般用铝制槽车作为浓硝酸的贮存和运输工具，而稀硝酸则必须用不锈钢的容器。可见同一种金属与不同浓度的硝酸反应，其还原产物不同。

如果金属的活泼性不同，硝酸的浓度也不同，其情况更为复杂。例如：

$$Cu + 4HNO_3(浓) = Cu(NO_3)_2 + 2NO_2 + 2H_2O$$

$$Mg + 4HNO_3(浓) = Mg(NO_3)_2 + 2NO_2 + 2H_2O$$

$$3Cu + 8HNO_3(稀) = 3Cu(NO_3)_2 + 2NO + 4H_2O$$

$$4Mg + 10HNO_3(稀) = 4Mg(NO_3)_2 + N_2O + 5H_2O$$

$$4Mg + 10HNO_3(极稀) = 4Mg(NO_3)_2 + NH_4NO_3 + 3H_2O$$

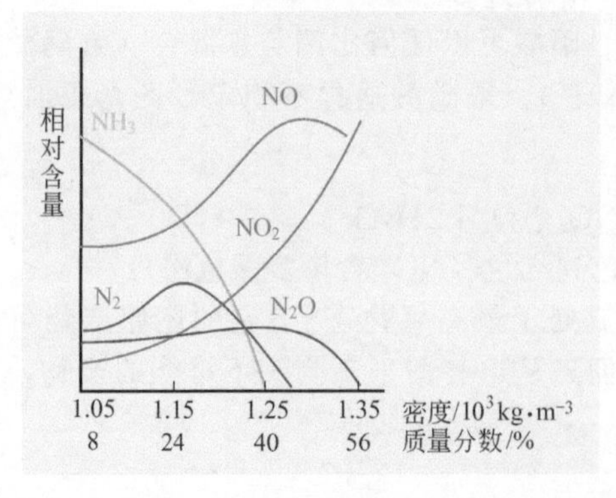

图 12-3-3　随 HNO_3 浓度的改变，Fe 与 HNO_3 反应物的相对含量的变化

由上可见，浓硝酸不论与活泼或不活泼金属反应，一般皆被还原到 NO_2；稀硝酸与不活泼金属反应一般被还原到 NO，若与活泼金属反应则到 N_2O；极稀硝酸和活泼金属反应，则被还原为铵盐。也就是说，硝酸愈稀，金属愈活泼，硝酸被还原的程度愈大。这可能是由于氧化性强的浓硝酸可与氮的低氧化值产物进一步反应，生成较高氧化值的 NO_2：

$$NO + 2HNO_3(浓) \rightleftharpoons 3NO_2 + H_2O$$

1 体积浓硝酸和 3 体积浓盐酸的混合物称为王水（aqua regia），金、铂等贵金属不为单一的酸所溶解，却可溶于王水，这主要是由于王水中存在着大量 Cl^- 离子，Cl^- 离子与金属离子结合成配离子的缘故：

$$3Pt+4NO_3^-+18Cl^-+16H^+ = 3[PtCl_6]^{2-}+4NO+8H_2O$$

$$Au+NO_3^-+4Cl^-+4H^+ = [AuCl_4]^-+NO+2H_2O$$

此外，浓硝酸溶液中存在着硝基 NO_2^+ 离子：

$$2HNO_3 \rightleftharpoons NO_2 \cdot H_2O^+ + NO_3^-$$

从而可以取代有机化合物分子中 1 个或几个氢原子，称为硝基取代反应(nitro-substitution)或硝化作用。例如 3 个硝基取代甲苯上的 3 个氢原子而形成三硝基甲苯，即 TNT，是一种烈性炸药。

$$CH_3C_6H_5+3HNO_3 = CH_3C_6H_2(NO_2)_3+3H_2O$$

与硝酸不同的是，硝酸盐的水溶液几乎没有氧化性，只有在酸性介质中才有氧化性。室温下，所有的硝酸盐都十分稳定，加热则发生分解，分解产物因金属离子的不同而有差异。

固体硝酸盐加热分解都能放出 O_2，所以高温时硝酸盐是氧化剂。若将固体硝酸盐与可燃物混合，受热则急剧燃烧甚至爆炸。俗称“黑火药”的主要成分就是硫磺、木炭和硝酸钾粉末。人们在喜庆节日或庆典上燃放的烟火通常由氧化剂（硝酸盐）、还原剂（有机或无机固体燃料），再通过添加适当的催化剂和“烟火的灵魂”——发色剂（通常是碱金属盐和碱土金属盐）制成。在夜空中燃放的烟火五光十色，绚丽多姿（12-3-4）。

图 12-3-4　夜空中五光十色、绚丽多姿的烟火

硝酸盐的水溶液经酸化后，即具有氧化性。硝酸根离子在强酸性溶液中，能被硫酸亚铁还原成 NO，而生成的 NO 又与过量的硫酸亚铁进行加合反应生成棕色的 $[Fe(NO)]SO_4$：

$$NO_3^-+3Fe^{2+}+4H^+ = 3Fe^{3+}+NO+2H_2O$$

$$NO+FeSO_4 = [Fe(NO)]SO_4$$

若所用强酸为浓硫酸时，在浓 H_2SO_4 与溶液交界面上会出现棕色环。这个反应可用来鉴定 NO_3^- 离子，称为棕色环试验。

亚硝酸根离子也有同样反应，但亚硝酸根在弱酸性（如醋酸）溶液中与过量硫酸亚铁反应即可生成 $Fe(NO)SO_4$，而使溶液呈棕色。

由于 NO_2^- 离子对 NO_3^- 离子的鉴定有干扰，因此当有 NO_2^- 存在时，应先加入 NH_4Cl 共热，以消除 NO_2^- 离子的干扰：

$$NH_4^++NO_2^- = N_2+2H_2O$$

12.3.7　重要的氮化物

氮可以与电负性较小的元素形成三种类型的氮化物（nitride），其中氮的氧化值为−3。

(1) 离子型氮化物　氮与碱金属或碱土金属形成似盐氮化物。例 Li_3N 和 Ca_3N_2。

(2) 共价型氮化物　例氮化硅是一类极为重要的非氧化物高温结构陶瓷，是“像钢一样强、金刚石一样硬、铝一样轻”的新型无机材料。

由于 N_2 分子键能大，不活泼，难与金属或非金属直接反应。近年来利用等离子体技术，把 N_2 变成氮等离子体后极其活泼，可以直接合成 Si_3N_4：

$$3Si + 2N_2 \xrightarrow[\text{等离子体}]{3000℃\text{左右}} Si_3N_4$$

反应得到的 Si_3N_4 为细粒，需在 202.6kPa 的 N_2 气氛下添加 La_2O_3 或 CeO_2 烧结而成氮化硅陶瓷。Si_3N_4 已成为制造新型热机、耐热部件及汽车工业、机械工业上的主要材料。目前正研究选用 Si_3N_4 陶瓷作为航天飞机主发动机涡轮叶片材料。

又氮化铝 AlN 是极有前途的电子绝缘基片材料，用于大型、超大型集成电路中。它化学稳定性好，热分解温度在 2573K 以上，耐酸、耐碱、抗氧化、绝缘性好、介电耗损很低、能带宽，可用作微电子封装的基本材料。纯度高、粒径分布窄的 AlN 微晶粉体或薄膜，AlN 也可以直接合成：

$$2Al + N_2 \xlongequal[\text{等离子体}]{2500\sim3500℃} 2AlN\ (\text{粉体粒径约 50nm})$$

(3) 金属型氮化物 主要是过渡金属氮化物，也称为间充型氮化物。如 TiN、CrN 等。另有一些是组成可变的金属型氮化物，如 FeN、Mn_4N 等。此类氮化物具有熔点高、硬度好、能导电等性质，因而可以做成许多性能优异的材料，如氮化钛呈金黄色，可与黄金媲美，且有优异的耐磨性、耐反复弯曲，可作价廉的代金首饰。TiN 也可在硬质合金上作涂层，既提高制件的硬度、又起到装饰作用。最近俄罗斯科学家研究用氮替换钢中的碳元素，开发出了含氮量较高的新型不锈钢。此外，氮化镓晶体管的微波输出功率是目前移动电话、军用雷达和卫星转播器所使用晶体管的数百倍，预期将为通信技术带来巨大的变化。氮化铟（InN）、氮化镓（GaN）、氮化铝（AlN）等宽带隙半导体微发光二极管阵列应用于微显示器方面具有自发光、高亮度、高分辨率、高对比度、高速响应、宽视角、全光谱等诸多优点，在计算、娱乐、刑侦、军事、医学等领域有巨大的应用潜力。锂金属氮化物（Li_7MnN_4、Li_3FeN_2）等也被研究用作锂离子电池阳极材料，具有电压低、比容量大、循环使用寿命长等优点。

12.4 硼及其化合物

硼元素位于周期表ⅢA 族的最上方。虽然硼化合物的应用早就开始，但单质硼的制备在 1808 年才由英国的戴维、法国的盖·吕萨克（Gay-Lussac）和泰纳（L. J. Thenard）完成。自然界并无天然单质硼存在，硼常与其他元素共存在矿石中，如硼镁矿（$Mg_2B_2O_5 \cdot H_2O$）、硼砂（$Na_2B_4O_7 \cdot 10H_2O$）等，中国西部地区的内陆盐湖及辽宁、吉林等地都产硼。

硼化学发展较迟，直至 1954 年解决了硼化合物的结构问题后才得以迅速发展。近几十年来合成出许多新型硼化合物，在航空、航天、原子能等工业方面获得重要的应用。硼化学已成为当今研究的热点领域之一。

12.4.1 硼的成键特征

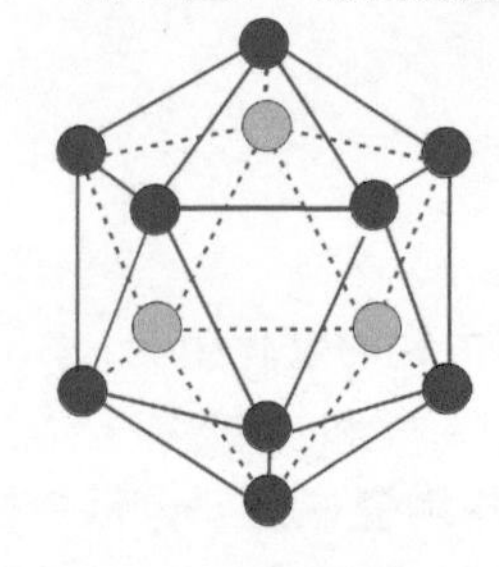

图 12-4-1 单质硼的正二十面体结构单元

(1) 共价性 在ⅢA 族中，硼的原子半径（88pm）最小，第一电离能（$801kJ \cdot mol^{-1}$）比较高，电负性为 2.0，所以硼在成键时，不易失去电子，而是与其他原子共用电子，形成共价键，硼的所有化合物都是共价化合物。

(2) 缺电子原子 硼族元素的最外电子层结构为 ns^2np^1。我们知道 ns 和 np 亚层共有 4 个轨道，而硼族元素的原子在该层上只有 3 个电子，其电子数少于键轨道数，这类原子称为"缺电子原子（electron deficient atom）。在单质硼中，由于 B—B 间缺少电子，12 个 B 原子可组成一个正二十面体结构，如图 12-4-1 所示。缺电子 B 原子形成共价化合物时常只用 3 对电子，比稀有气体结构少一对电子，多一个空轨道，这样的化合物叫做“缺电子化合物”。这类化合物具有很强的接受电子能力，因此本身容易聚合，也容易与电子对给予体形成配位化合物。如 BF_3 和 BCl_3 是硼的重要卤化物，它们是许多有机反应的催化剂，也常用于有机硼化合物的合成和硼氢化合物的制备。BF_3 能和 HF 加合形成氟硼酸 HBF_4[1]：

$$BF_3 + HF = HBF_4$$

硼原子的以上特征：缺电子、小半径、高电离能等结合在一起决定了硼独特的化学性质。

12.4.2 硼的氢化物

硼氢化物又称为硼烷（borane），硼和氢不能直接化合，但用间接方法可以制备一系列硼和氢的化合物，如乙硼烷可以由 BX_3 与强还原剂 LiH 或 $NaBH_4$ 制得。

$$6LiH + 8BF_3 = 6LiBF_4 + B_2H_6$$

$$3NaBH_4 + 4BF_3 = 3NaBF_4 + 2B_2H_6$$

目前已报道合成出 20 多种硼烷，如乙硼烷 B_2H_6、丁硼烷 B_4H_{10}、戊硼烷(9)B_5H_9、戊硼烷(11)B_5H_{11}、己硼烷(10)B_6H_{10}、己硼烷(12)B_6H_{12}等。

最简单的硼烷是乙硼烷（diborane），又称二硼烷。它的最简式是 BH_3，但测定其相对分子质量，确定它的分子式应是 B_2H_6。如果将 B_2H_6 看成像乙烷（C_2H_6）那样的结构式，则应有 7 根共价键，需要 14 个价电子，但 B_2H_6 只有 12 个价电子。由于 B_2H_6 是缺电子分子，所以它的结构完全不同于 C_2H_6。根据电子衍射测得 B_2H_6 的结构如图 12-4-2 所示。

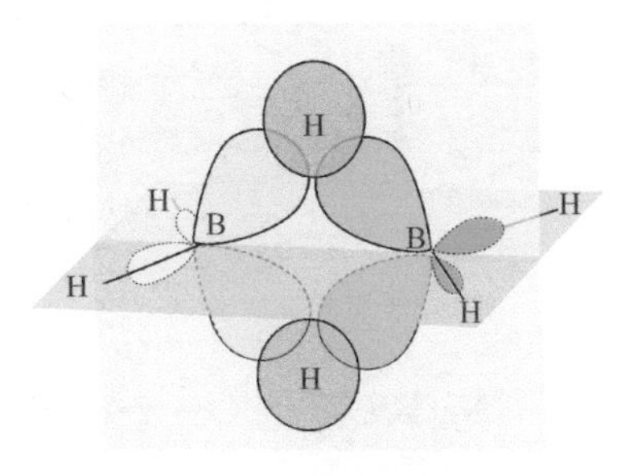

图 12-4-2　B_2H_6 的分子结构

在 B_2H_6 分子中，每一个 BH_3 中的硼原子在成键时采取 sp^3 杂化，形成 4 个不等性 sp^3 杂化轨道：

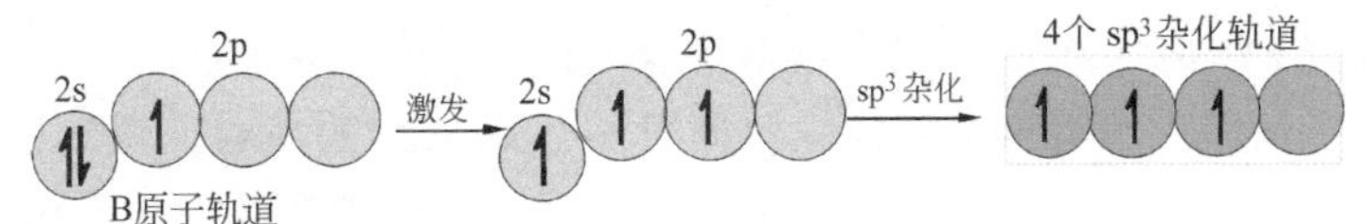

其中 3 个轨道有单电子，1 个是空轨道。每 1 个硼原子中 2 个 sp^3 杂化轨道与 2 个氢原子的 s 轨道重叠组成 2 个正常的 σ 键，4 个 B—H 键处于同一平面上。2 个硼原子的另 2 个 sp^3 杂化轨道与另 2 个氢原子 s 轨道形成两根键，其中每 1 根键由 1 个硼原子含电子的 sp^3 杂化轨道和另一个硼原子的不含电子的 sp^3 杂化轨道与氢原子的 s 轨道重叠，即 1 个氢原子和 2 个硼原子共用 2 个电子构成的键，称“三中心二电子”键（three-center two-electron bond），简写为“3c-2e”键。在上述 3c-2e 键中，氢原子在 2 个硼原子之间搭桥，把 2 个硼原子间接连接起来，称为氢桥（hydrogen bridge）。这 2 个氢桥都垂直于上述平面，一个在平面的上方，一个在平面的下方。据测定，氢桥的键能比一般共价键要小得多（大体上相当于一般共价键的 1/2 左右）。一般书写时常用 $B\overset{H}{\frown}B$ 来表示氢桥，这样，我们就可简单地把 B_2H_6 的结构式写成：

---

[1] 除 BF_3 外，其他卤化硼均不与相应的 HX 加成。其原因是由于氟原子半径小于其他卤素，在半径很小的硼原子周围只能容纳四个氟原子，而不可能容纳其他卤素原子。

在三中心二电子键的基础上，利普斯科姆提出了一系列高级硼烷的分子结构。丁硼烷B_4H_{10}的分子结构如图12-4-3所示，随着硼烷中硼原子数的增多，它们的结构更加复杂。

硼烷在室温下是无色具有难闻臭味的气体或液体。它们的物理性质和烷烃相似，但是硼烷的化学性质比烷烃活泼得多。它们很不稳定，多数硼烷在空气中易自燃（B_9H_{15}和$B_{10}H_{14}$例外），这些反应都是强烈的放热反应

$$B_2H_6(g)+3O_2(g) \longrightarrow B_2O_3(s)+3H_2O(g) \qquad \Delta_r H_m^{\ominus}=-2034\text{kJ}\cdot\text{mol}^{-1}$$

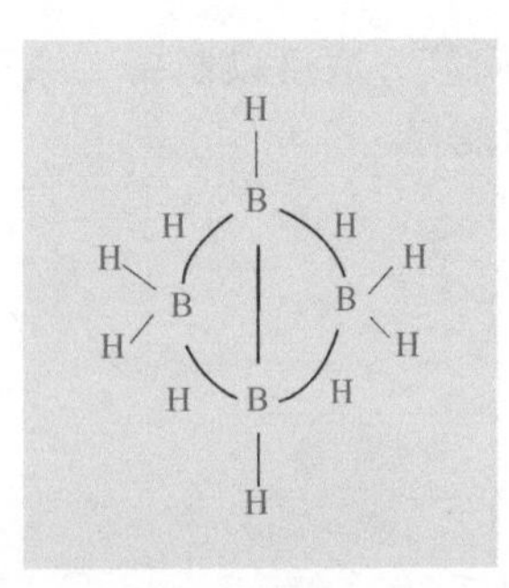

图12-4-3 B_4H_{10}的分子结构

硼烷燃烧的热效应很大，可作为高能燃料，但由于硼烷价格贵，且不稳定、有毒（如空气中B_2H_6的最高允许限量仅为10^{-1} $cm^3\cdot m^{-3}$），使硼烷的应用受到限制。

12.4.3 硼的重要化合物

(1) 硼砂（borax） $Na_2B_4O_7\cdot 10H_2O$是一种重要的硼酸盐。硼砂为无色透明晶体，在空气中容易失去部分水而风化，加热至380～400℃，完全失水成为无水盐$Na_2B_4O_7$，加热到878℃，则熔化为玻璃状物。熔化的硼砂能溶解许多金属氧化物，生成具有特征颜色的偏硼酸的复盐。例如：

$$Na_2B_4O_7+CoO = 2NaBO_2\cdot Co(BO_2)_2\text{（宝蓝色）}$$

$$Na_2B_4O_7+NiO = 2NaBO_2\cdot Ni(BO_2)_2\text{（淡红色）}$$

$Na_2B_4O_7$可看成$B_2O_3\cdot 2NaBO_2$，因此上述反应可看成是酸性氧化物B_2O_3与碱性的金属氧化物结合成盐的反应。硼砂的这一性质用在定性分析上鉴定某些金属离子，称为硼砂珠试验。焊接金属时硼砂被用作助熔剂以除去金属表面的氧化物。

硼砂易溶于水，发生水解而呈碱性：

$$B_4O_7^{2-}+7H_2O \rightleftharpoons 4H_3BO_3+2OH^- \rightleftharpoons 2H_3BO_3+2B(OH)_4^-$$

20℃时，硼砂溶液pH值为9.24，硼砂溶液中含有的H_3BO_3和$B(OH)_4^-$物质的量相等，所以具有缓冲作用。又因为水溶液呈碱性，因此可用作肥皂粉的填料。硼砂还大量用于陶瓷、玻璃工业之中，且正成为农业上的重要角色——硼肥，它对植物体内的糖类代谢起着重要的调节作用。总之，硼砂是一种用途很广的重要化工原料。

(2) 硼酸（boric acid） 工业上，用强酸处理硼砂即可制得硼酸：

$$Na_2B_4O_7\cdot 10H_2O+H_2SO_4 = 4H_3BO_3+Na_2SO_4+5H_2O$$

H_3BO_3具有“层状晶体”的结构，晶体呈鳞片状，层与层之间容易滑动，所以H_3BO_3可作为润滑剂。在加热时，H_3BO_3易失水，当H_3BO_3被加热到100℃时，一分子H_3BO_3失去一分子水成为偏硼酸HBO_2：

$$H_3BO_3 \xlongequal{100℃} HBO_2+H_2O$$

HBO_2仍保持鳞片状，在更高的温度下，可进一步失水成为四硼酸$H_2B_4O_7$，再加热后又进一步失水成为氧化硼B_2O_3，实际上B_2O_3就是通过H_3BO_3失水而制得的。

$$4HBO_2 \xlongequal{\triangle} H_2B_4O_7+H_2O$$

$$H_2B_4O_7 \xlongequal{\triangle} 2B_2O_3+H_2O$$

H_3BO_3还可用作火箭第二级热固体弹性的填料。H_3BO_3在冷水中溶解度很小，20℃时100g

水中约溶解 5g H_3BO_3，但随着温度的升高，H_3BO_3 分子间的氢键被破坏，溶解度迅速增大，100℃时 100g 水中能溶解约 40g H_3BO_3。硼酸属一元弱酸，由于 B 原子是缺电子原子，具有空轨道，造成硼酸在水中不是解离出 H^+ 离子，而是结合水中的 OH^- 离子形成 $[B(OH)_4]^-$，使溶液中含有 H^+ 离子而呈酸性。

$$B(OH)_3 + H_2O \xlongequal{} [B(OH)_4]^- + H^+$$

硼酸能与某些多元醇作用，生成较强的酸。例如，硼酸与甘油（丙三醇）发生下面的反应，使 H_3BO_3 溶液的酸性增强。

$$2\begin{matrix} CH_2-OH \\ | \\ CH-OH \\ | \\ CH_2-OH \end{matrix} + H_3BO_3 \xlongequal{} H^+ + \left[\begin{matrix} CH_2-O & & O-CH_2 \\ | & \diagdown \quad \diagup & | \\ CH-OH & B & CH-OH \\ | & \diagup \quad \diagdown & | \\ CH_2-O & & O-CH_2 \end{matrix}\right]^- + 3H_2O$$

这个反应在分析化学中很有用，因为硼酸的酸性很弱，无法找到合适的指示剂进行中和滴定，但加入多元醇后硼酸酸性加强，就能用一般的指示剂指示滴定终点，进行中和法分析。

大量硼酸被用于玻璃搪瓷等工业，还被用作消毒剂和防腐剂。

12.4.4　新型硼化物

硼可与非金属形成硼化物，其中碳化硼和氮化硼为广泛应用于高科技领域的新材料。

(1) 碳化硼 B_4C (boron carbide) 为共价型碳化物，是黑色有光泽的原子晶体。由氧化硼与碳在电炉中加热制得它具有密度小（$2.52\times10^3 kg\cdot m^{-3}$）、熔点高（2800K 以上）、硬度大、耐腐蚀性好，当轴承高速运转及启动或停止时有自抛光性，不易产生接触擦伤；当制件产生局部摩擦时，B_4C 表面生成一层 B_2O_3 薄膜，有一定的自润滑性；材料的热导率高、无磁性、尺寸稳定性好，因此是一种用于制造气浮轴承和航天工业配件的特种材料。

(2) 氮化硼 BN (boron nitride) 为白色难溶物质，可用等离子体技术将 B 与 N_2 直接合成，根据制备条件的不同可得 α-BN、β-BN 以及 γ-BN。α-BN 具有类似石墨的层状结构，俗称“白色石墨”。氮化硼也是一种无机高分子物质，可用式$(BN)_n$ 表示，但通常可以简单地用 BN 表示其化学式。层状氮化硼是一种洁白、润滑性很好、耐高温的固体润滑剂，且高温绝缘，这种$(BN)_n$ 经高温、高压处理后可以转变成金刚石型$(BN)_n$ 晶体，其硬度超过金刚石。用金刚石型氮化硼制作的刀具可用来切削既硬又韧的钢材，还可以做耐高温的磨料、磨具、坩埚材料或其他耐火器材。

硼与周期表中的大部分金属都能形成二元硼化物，而且绝大多数金属硼化物都是非化学计量化合物。过渡金属硼化物一般具有熔点高、高温时的强度高和耐腐蚀性好等特点，如 TiB_2、ZrB_2 在高温电解槽中代替石墨做电极材料。TiB_2、CrB_2 等可在 2000℃以上作为喷嘴或轴承，也可作涡轮机的叶片、燃烧室衬里等。

天然硼中含有约 20%的 ^{10}B 同位素，它具有很强的吸收中子能力，如 CaB_6 砖是很便宜的中子防护板，在原子能工业上广为应用。

12.5　稀有气体

周期表右端，从上到下排列着六个元素：氦（He）、氖（Ne）、氩（Ar）、氪（Kr）、氙（Xe）、氡（Rn），统称为氦族元素，由于它们在自然界中存在量很少，所以又称为稀有气体（noble gas）。

12.5.1 稀有气体的发现

莱姆赛

19 世纪末叶，英国的物理学家瑞利（J. W. S. Rayleigh）研究大气中各气体的密度发现，从大气中除去氧以后所得氮气的密度为 $1.2572g \cdot dm^{-3}$，而由 NH_3 制得的氮气密度却为 $1.2507g \cdot dm^{-3}$，虽然两者只在第三位小数上有差异，但这也已超过了当时的实验误差范围，瑞利对此无法作出解释，便将此实验事实公布于世，征求解答。后来英国化学家莱姆赛（W. Ramsay）和瑞利一起反复精确实验，最后得到一种空气的残余气体，该气体的体积约占原空气体积的 $\frac{1}{100}$，经过光谱分析，断定该气体为一种新元素，1894 年宣布定名为 Argon，含有“懒惰”之意，中文译名为“氩”，这也是科学界广为传说的“第三位小数的胜利”。

氦的发现有些凑巧，它是惟一在地球以外首先发现的一种元素。1868 年，法国天文学家简森（P. C. Janssen）和英国天文学家洛克耶（J. N. Lockyer）在观测日全食时，从太阳光谱中看到一条橙黄色的谱线。后经仔细研究，认定这是一种地球上尚未发现的新元素的谱线，由于它是太阳上发现的，因此把它命名为 Helium，意为太阳，中译名为氦。1895 年莱姆赛用硫酸处理钇铀矿，所得气体经光谱实验，证明了这种气体即为 27 年前从太阳上所发现的那种元素，从而证明了地球上也有氦存在。

氩和氦这两个元素在当时的元素周期表中并没有它们的位置，莱姆赛根据周期系的规律推测氦和氩可能是另一族新元素，且除了氦和氩外还有其他新元素，为此他开始了新元素的探索工作。莱姆赛和他的助手特莱弗斯（M. W. Travers）对地球上所能得到的矿物，甚至包括从天空中落下的陨石都一一做了实验，但是均未获成功。后来又受到氩存在于空气中的启发，经过大量实验，从液态空气中分馏寻找氖时，沸腾到最后只剩下很少一部分，再把其中的氮和氧去掉，在确定留下的是一种不活泼气体后作鉴定，确定它是一种新元素氪，起名为 Krpyton，含有“隐藏”的意思，这是 1898 年 5 月 30 日。6 月他们用液态空气的前馏分经过处理，再借助于光谱分析，找到了氖，英文名为 Neon，含有“新”的意思。

1898 年 7 月 12 日，莱姆赛和特莱弗斯用新制备的工业空气液化机从空气中又成功地分馏得到了氙，英文名为 Xenon，意为“陌生人”。

从 1898 年 5 月底到 1898 年 7 月，短短三个月时间莱姆赛他们就宣布了三种稀有气体——氖、氪和氙的发现，由此可见，在新元素的发现中元素周期系起到了巨大的作用。

1900 年，德国物理学教授道恩（F. E. Dorn）从放射性矿物中发现了氡，它是镭的蜕变产物之一：

$$_{88}Ra \longrightarrow _{86}Rn + \alpha$$

开始把这种气体叫做镭射气（Radiumemanation），直到 1923 年才正式把镭射气定名为 Radon，即氦族元素的第六个成员。1904 年后，莱姆赛等人测量了氡的半衰期、原子量、熔点、沸点等。

6 个稀有气体的发现差不多都与莱姆赛有关，因此授予他 1904 年的诺贝尔化学奖。而瑞利从事的空气密度研究，为稀有气体的发现打下了基础，也获得了 1904 年的诺贝尔物理奖。

12.5.2　稀有气体的性质和用途

除了氦原子的电子层有2个电子外，其余稀有气体原子的最外电子层都有8个电子，因此它们的化学性质非常不活泼。这些元素不仅与其他元素不易化合，它们的原子之间也难以结合起来，因而是以单原子分子的形式存在。

长期以来，人们认为稀有气体不与任何物质作用，氧化值为零，因此过去把它们称为惰性气体，零族元素。1962年，巴特利特（N. Bartllet）制得氙的化合物，证明惰性气体并不惰性，因此现在把惰性气体改称为稀有气体，而把零族元素改为ⅧA族（原来的第Ⅷ族改为ⅧB族），或称做氦族元素。

稀有气体分子间存在着微弱的分子间力，因此稀有气体的熔点、沸点都很低，氦的沸点是所有物质中最低的。液态氦是最冷的一种液体，借助于液态氦，可使温度达到0.001K，在科学上常利用液态氦来研究低温时物质的行为。

除氢以外，氦是最轻的气体，因此氦可代替氢填充气球、飞艇等，氦不会着火燃烧，比氢安全。氦还用来与氧混合配制成“人造空气”，供给潜水员在深水工作时呼吸之用。在深水中，由于压力增大，空气中氮在血液中溶解度增大，而当潜水员从水中上升时，压力减小，溶解的氮从血液中放出，产生的气泡将堵塞血管以致造成“潜水病”。由于氦在血液中溶解度比氮要小得多，因此应用含氦的“人造空气”，就可避免潜水病。

在放电管中，装入少量的氖或氩，通以高压电，可以产生红色（氖）或紫色（氩）辉光，如果改变其中成分，还可获得其他颜色的光，这种性质已被应用在霓虹灯方面。由于氖灯发射的红光能穿透雾层，因此氖灯特别适用于灯塔和一些信号装置。

氩可作为保护气体，主要用于焊接金属和其他既要求非氧化气氛，又不能有氮存在的操作中。氩以及氩和氮的混合气体用来填充灯泡，以避免钨丝在高温时被氧化。

氪和氙用于特殊性能的电光源，氙灯光度极强，有“小太阳”之称。

12.5.3　稀有气体的存在和分离

除氡外，所有稀有气体都存在于空气中，其中主要是氩，其他气体则很少。表12-7列出空气中各稀有气体所占的体积分数。

表12-7　空气中稀有气体的体积分数

He	5.24×10^{-4}	Kr	1.14×10^{-4}
Ne	1.82×10^{-3}	Xe	8.7×10^{-6}
Ar	0.934		

从空气中制取稀有气体主要是用物理方法，如分级蒸馏或选择性吸附等。将液态空气蒸馏，沸点低的氮（−195.8℃）、氦（−268.9℃）和氖（−246.1℃）先逸出，氩、氪和氙仍留在液氧中。将逸出的气体液化除氮，则得氦、氖混合气体。将含有氩、氪、氙的液氧再进行蒸馏，由于氩的沸点（−185.9℃）低于氧（−183℃），氩先逸出，得到粗制的氩（其中有其他稀有气体和氧），而氪、氙仍留在液氧中。稀有气体中残留的氮，可使气体通过灼热的镁屑除去（形成氮化镁Mg_3N_2），残留的氧则可使气体通过红热的铜丝或与氢燃烧以去除。

12.5.4　稀有气体化合物

1962年，年仅29岁的加拿大不列颠哥伦比亚大学教师巴特利特（N. Bartllet）制得第一个稀有气体化合物$[Xe]^+[PtF_6]^-$，其后不久，一系列稀有气体混合物的制备相继获得成功，从而开创了稀有气体化学。

巴特利特

年轻的巴特利特和洛曼（D. Lohmann）为了证实 PtF_6 的强氧化性而合成了$O_2^+[PtF_6]^-$化合物。

$$PtF_6(g)+O_2 = O_2^+[PtF_6]^-(s)$$

此后，巴特利特进一步思考用别的途径证明 PtF_6 的氧化性。他注意到，稀有气体的第一电离能随原子序数的增大而显著减小，Xe 的第一电离能刚好与 O_2 分子的第一电离能相当，据此推测，PtF_6 也能氧化 Xe。

$$Xe-e^- \longrightarrow Xe^+ \qquad I=1170kJ\cdot mol^{-1}$$
$$O_2-e^- \longrightarrow O_2^+ \qquad I=1177kJ\cdot mol^{-1}$$

为了简便起见，巴特利特用计算反应热 $\Delta_r H_m^\ominus$ 来判断（由于在常温下，$T\Delta S^\ominus$ 不大，可以用 $\Delta H^\ominus$ 判断）。$XePtF_6$ 是一个新化合物，其 $\Delta_r H_m^\ominus$ 可通过玻恩-哈伯循环来计算：

$$\begin{array}{ccccc} Xe(g) & + & PtF_6(g) & \xrightarrow{\Delta_r H_m^\ominus} & XePtF_6(s) \\ \downarrow I & & \downarrow E & & \uparrow -U \\ Xe^+(g) & + & PtF_6^-(g) & \longrightarrow & \end{array}$$

由上图可知，$\Delta_r H_m^\ominus=I+E-U$。已知 $I=1170kJ\cdot mol^{-1}$，$E=-771kJ\cdot mol^{-1}$，但 $XePtF_6$ 的晶格能是未知的。由于 $XePtF_6$ 的晶格结构不知道，不能利用玻恩-朗德公式计算，但可用卡普斯钦斯基公式（3.2.3）来计算，算得 $XePtF_6$ 晶格能为 $459kJ\cdot mol^{-1}$。则

$$\Delta_r H_m^\ominus=1170kJ\cdot mol^{-1}-771kJ\cdot mol^{-1}-459kJ\cdot mol^{-1}$$
$$=-60kJ\cdot mol^{-1}$$

因此 $Xe+PtF_6=XePtF_6$ 可在 25℃，100kPa 下进行。当他把无色气体 Xe 和红色气体 PtF_6 混合后，立即得到一种橙黄色固体，经分析确知该物质为 $XePtF_6$，从此打破了稀有气体不能形成化合物的禁区。

在巴特利特制得 $XePtF_6$ 以后的几个月内，有人将氙和氟在 400℃时混合 1h，然后冷冻到 −78℃，使制得 XeF_4，首次合成了稀有气体卤素化合物，图 12-5-1 为 XeF_4 晶体形状。通过 XeF_4 又陆续制得了好几种氙同氟、氧的化合物。表 12-8 列出了氙的一些主要化合物。

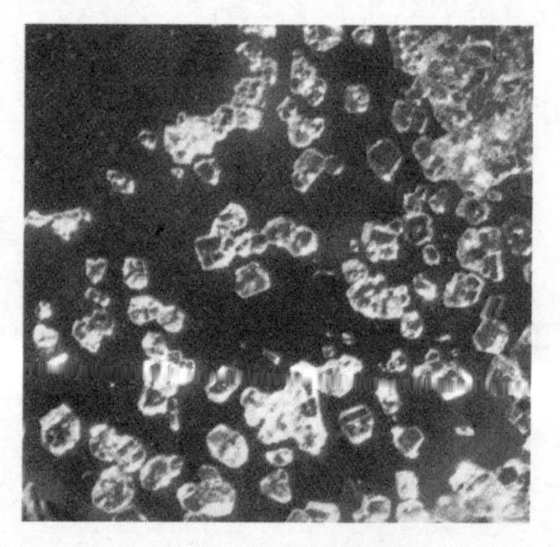
图 12-5-1 XeF_4 晶体照片

表 12-8 氙的主要化合物

氧化值	+2	+4	+6	+8
Xe 化合物	XeF_2	XeF_4 XeO_2	XeF_6 $XeOF_4$ XeO_2F_2 XeO_3 $CsXeF_7$ Na_2XeF_8	XeO_4 $Na_4XeO_6\cdot 8H_2O$ $Ba_2XeO_6\cdot 15H_2O$

氡的第一电离能是已知稀有气体中最小的，理应比氙更易生成相应化合物，但由于氡的同位素都具有很强的放射性，而且其半衰期又短，因此有关氡化合物的研究非常困难，至今已制成的化合物，实际上仅有氟化氡（RnF_6）。氪的第一电离能比氙大，要制得相应氪的化

合物相当困难，尽管在 1963 年就成功合成出氟化氪 KrF_2，但后来一直未真正制得其他氪化合物。对于比氙更轻的稀有气体氦、氖和氩，形成化合物更困难。虽然华裔科学家李隽和梁彬勇在氩气保护下做 CO 与放射性 U 生成 CUO 的实验，并通过光谱和量子力学计算发现 Ar 与其中的 U 形成了化学键，但未制得相关的化合物。

科学家利普斯科姆

William Nunn Lipscomb Jr.（1919～　　）

利普斯科姆是美国哈佛大学的无机化学教授。他的最大成功之处是阐明了一系列硼氢化合物的分子结构及成键情况。

B_2H_6 是最简单的硼氢化合物。从 1912 年开始德国化学家斯托克（A. Stock）就开始了对它的合成、分离及特性等方面的研究，但未能解决它的结构问题。到 20 世纪 40 年代，人们已经能够通过 X 射线衍射技术和光谱学研究 B_2H_6 分子的结构，并得出结论：四个氢原子中每二个氢原子同一个硼原子用普通共价键连接并处在同一平面上，其余二个氢原子中的每个氢原子同时和二个硼原子用二个电子互相成键。在前人研究的基础上，利普斯科姆于 1954 年通过实验和理论计算对硼氢化合物的结构化学给出了满意的答案，把上述只靠二个电子和三个原子形成的键称为“三中心二电子键”，并指出这是缺电子分子的一种特殊成键形式，进而对一系列高级硼氢化合物的结构进行了说明。由于理论和实验研究的成功，他于 1976 年获诺贝尔化学奖，也在后来的二十年期间给硼化学的发展带来了重大的影响，从而开创了硼化学这一新领域。

利普斯科姆 1941 年毕业于肯塔基大学，获理学士学位，随后加入加利福尼亚理工学院的大学研究所，在鲍林教授的影响下，第二年初转向化学，1946 年在加利福尼亚理工学院获哲学博士学位，1949 年就开始研究硼氢化合物，硼烷化学的所有研究结果均包括在他 1963 年出版的专著《硼氢化合物》中。1959 年他应聘到哈佛大学，1960 年后成为美国国际科学艺术院及国家科学院成员，荷兰皇家科学和文学艺术院的一名外籍成员，1963 年肯塔基大学授予他名誉科学博士学位。此外，利普斯科姆还获得过哈里森·豪奖、美国化学学会奖及物理化学上的彼得·德拜奖。

复习思考题和习题

1. 以 NaCl 为基本原料制备下列各化合物，写出各步的主要反应方程式：

   （1）NaOH；　（2）NaClO；　（3）$Ca(ClO)_2$；

   （4）$KClO_3$；　（5）$HClO_3$；　（6）$HClO_4$。

2. 在常温下，卤素与水作用的产物是什么？不同卤素和水作用的反应类型为什么不完全相同？

3. 解释下列现象：

   （1）高锰酸钾与盐酸反应可产生氯气，而与氢氟酸反应不能得到单质氟；

   （2）碘难溶于水而易溶于 KI 溶液中；

   （3）氯水中加入苛性钠，氯气味道消失；

   （4）次卤酸的酸性按 HClO—HBrO—HIO 顺序渐减，而 HClO—$HClO_2$—$HClO_3$—$HClO_4$ 酸性渐增；

   （5）H_3PO_4 为三元酸，而 H_3PO_3、H_3PO_2 则分别为二元酸和一元酸；

(6) Fe^{3+}离子可以被I^-离子还原为Fe^{2+}，并生成I_2，但如果在Fe^{3+}离子溶液中先加入一定量氟化物，然后再加入I^-离子，此时就不会有I_2生成。

4. 通Cl_2到熟石灰中，得到漂白粉，而在漂白粉中加入盐酸却能产生氯气，这两个反应为什么都能进行，试从氯的电势图加以说明，指出两个反应中的氧化剂和还原剂各为何种物质。

5. 单质溴可以海水为原料制取：首先从海水中提取NaCl后的母液中（富集Br^-离子）经酸化后通入过量氯气置换出溴，然后用空气吹出，再用碳酸钠溶液吸收得到溴酸盐浓溶液，当再用硫酸酸化时，单质溴即析出。试写出各步反应式。

6. 写出下列反应产物并配平方程式：

(1) 氯通入冷的氢氧化钠水溶液中；

(2) 碘化钾加到含有稀硫酸的碘酸钾溶液中；

(3) 硫化氢通入碘水中（硫化氢被氧化为硫）；

(4) 次氯酸钠水溶液中通入CO_2；

(5) 漂白粉中加盐酸。

7. 在KI溶液中逐滴加入Cl_2水时，开始溶液呈黄色，慢慢变棕褐色，继续加入Cl_2水时溶液呈无色，写出每一步反应方程式。

8. 将下列各组物质的有关性质按由大到小排序，并简要说明理由。

(1) 键能：HF，HCl，HBr，HI。

(2) 解离能：Cl_2，Br_2，I_2。

(3) 沸点：He，Ne，Ar，Ke，Xe，Rn。

(4) 还原性：HF，HCl，HBr，HI。

(5) 碱性：NH_3，PH_3，AsH_3。

9. 完成下列反应方程式。

(1) $C+H_2O(g)\xrightarrow{\text{高温}}$　　(2) $Si+NaOH(\text{浓})+H_2O\xrightarrow{\triangle}$

(3) $B+H_2SO_4(\text{浓})\xrightarrow{\triangle}$　　(4) $HBr+H_2SO_4(\text{浓})\longrightarrow$

(5) $FeS_2+C+O_2\xrightarrow{\triangle}$　　(6) $NaCl+H_2O\xrightarrow{\text{电解}}$

(7) $NH_3(l)+Na$　　(8) $N_2H_4+N_2O_4\longrightarrow$

(9) $NO_2^-+I^-+H^+\longrightarrow$　　(10) $NO_2^-+MnO_4^-+H^+\longrightarrow$

(11) $NO_3^-+Fe^{2+}+H^+\longrightarrow$

10. 说明下列现象：

(1) 硼酸的分子式为H_3BO_3，但却是一元弱酸；

(2) 在焊接金属时可用硼砂作焊药以除去金属表面的氧化物；

(3) 氮化硼在性质上和石墨、氮化铝、碳化硅有相似之处。

11. 从结构观点解释下列现象：

(1) 氮在自然界以游离态存在；

(2) 氨极易溶于水，而NO难溶于水；

(3) NO_2气体随温度降低气体颜色变浅。

12. 解释下列事实：

(1) 硝酸和Na_2CO_3反应能产生CO_2，但和Na_2SO_3反应得不到SO_2；

(2) 可用浓氨水检查氯气管道的漏气；

(3) 铜溶于稀硝酸，而不溶于稀硫酸；

(4) 用$Pb(NO_3)_2$热分解可以制得纯净的NO_2。

13. 下列说法是否正确，为什么？

(1) 用铵盐制氨，加热硫酸铵即可，但用氯化铵时必须先与消石灰混合；

(2) 化工厂中浓硝酸和稀硝酸的贮存器都是铝制品；

(3) 干燥 NO_2 气体可用固体 NaOH；

(4) 稀有气体元素的电离能都很大，因此可以推测它们的第一电子亲和能也很大；

(5) 由于稀有气体元素 Xe 惰性很强，它的一系列化合物应该非常活泼，实际上氙的所有化合物都极不稳定，都能自发分解。

14. 有一种白色固体 A，加入无色黏稠液体 B，可得紫黑色固体 C，C 微溶于水，加入 A 后 C 的溶解度增大，成棕色溶液 D。将 D 分成两份，一份中加入一种无色溶液 E，另一份通入气体 F，都褪色成无色透明溶液，E 溶液遇酸有淡黄色沉淀，同时产生气体 F，问 A，B，C，D，E，F 各代表何物？

15. 今有四瓶白色固体，已知分别为 Na_2S、Na_2SO_3、Na_2SO_4、$Na_2S_2O_3$，其标签已经脱落，试加一种试剂以鉴别。

参考书目

1 苏小云，臧祥生编著．工科无机化学．第三版．上海：华东理工大学出版社，2004

2 申泮文主编．近代化学导论．第二版．北京：高等教育出版社，2009

3 McQuarrie D. A.，Gallogly E. B.，Rock P. A. **General Chemistry 4th ed.** University Science Books，2011

4 Chang R. **Chemistry. 10th ed.** McGraw-Hill Science/Engineering Math，2011

第 13 章　金属元素通论和铬、锰、稀土元素

Chapter 13　A General Survey of Metal with Chromium, Manganese and Rare Earth Element

在迄今确认的 112 种化学元素中，除了 22 种非金属元素外，其余 90 种均为金属元素[1]。根据金属元素原子的电子层构型特征，这些元素在周期表中从左到右分别位于 s 区、d 区、ds 区、p 区以及 f 区。其中 s 区和 p 区为主族金属元素，d 区、ds 区为副族金属元素，习惯上也称为过渡金属元素，f 区则由镧系元素（用符号 Ln 表示）、锕系元素（用符号 An 表示）组成，由于该区元素原子的最后一个电子大都填充在外数第三层的 4f，5f 轨道上，因此也统称为内过渡元素。

工业上，还通常把金属分为黑色金属和有色金属两大类，黑色金属是指铁、铬、锰和它们的合金（如铁-碳合金即钢铁），其他金属均为有色金属。

人们的日常生活离不开金属，而当今高科技新材料的开发和应用更需要各种金属，对这些新材料的研究已经成为世界各国科技界、企业界的热门话题，由金属及其化合物组成的材料也是当前高技术领域的支柱之一。

[1] 有些人工合成的放射性元素因半衰期很短，在自然界中并不存在。

13.1　金属元素通论

13.1.1　从矿石中提取金属的一般方法

绝大多数金属在自然界以化合物形式存在于各种矿石中，只有极少数金属（如金、铂等）以游离态存在于自然界。如Cu、Zn、Pb等常以硫化物形式存在，而Fe、Mn、Al等以氧化物矿形式存在，还有很多则以各种盐的形式存在于矿中。金属矿常见的形式有如下几种。

氧化物：赤铁矿（Fe_2O_3）、软锰矿（MnO_2）、铝土矿（Al_2O_3）；

硫化物：闪锌矿（ZnS）、辉铜矿（Cu_2S）、方铅矿（PbS）；

氯化物：光卤石（$KCl \cdot MgCl_2$）、钾石盐（KCl）；

硫酸盐：重晶石（$BaSO_4$）、天青石（$SrSO_4$）；

碳酸盐：菱镁矿（$MgCO_3$）、石灰石（$CaCO_3$）、白云石（$CaCO_3 \cdot MgCO_3$）；

硅酸盐：锂辉石［$LiAl(SiO_3)_2$］、绿柱石（$Be_3Al_2Si_6O_{18}$）、高岭土［$Al_2(Si_2O_8)(OH)_4$］；

其他：冰晶石（Na_3AlF_6）、钛铁矿（$FeTiO_3$）、白钨矿（$CaWO_4$）、铬铁矿［$Fe(CrO_2)_2$］；

原生矿：（Au、Pt，少量有Cu、Os等），稀土元素存在于磷酸盐［如独居石（Ce，LaP)PO_4］等矿中。

由于自然界矿石成分非常复杂，再加上金属含量的多少和性质的差别使得从矿石中提取金属成为一项艰巨的过程，下面简单介绍从矿石制取金属的一般方法。

(1) 矿石的预处理　较常见的是用水选法、浮选法、磁选法以提高矿石的品位，当用水作为浮选剂时，要求该金属化合物不溶于水，硫化物、碳酸盐和硅酸盐等矿常用水选法。根据矿石中金属化合物和杂质的密度差，通过分离器把无用的杂质去除。对于磁铁矿则可以利用Fe_3O_4的磁性把不需要的矿石分离。矿石预处理的另一个目的是把矿石中的有效化合物转化成易用化学法处理的形式，如闪锌矿中的ZnS就是在利用其与氧反应转化成ZnO，又如将重晶石（$BaSO_4$）转化成易溶于水的BaS形式等。

$$2ZnS + 3O_2 = 2ZnO + 2SO_2$$

$$BaSO_4 + 4C = BaS + 4CO$$

(2) 金属的提取　化合态的金属在矿石中均呈正氧化值，从中提取金属必须用还原的方法。

对于易还原的金属化合物（如HgO，Ag_2O等），只需加热即可从中提取金属。由于自氧化自还原反应，氧化物矿中的O^{2-}为还原剂，将金属还原为单质。例如汞的冶炼可采用朱砂矿（HgS）在空气中加热，在加热炉内HgS首先转化为HgO，HgO再分解得单质Hg：

$$2HgS + 3O_2 = 2HgO + 2SO_2$$

$$2HgO = 2Hg(g) + O_2$$

冷凝得单质液态Hg。Ag_2O同样也可用加热还原法得单质Ag。

对于中等活泼性的金属可用还原剂（如H_2，C，CO，Na，Mg等）还原相应氧化物而得。如：

$$SnO + H_2 = Sn + H_2O$$

$$GeO_2 + 2H_2 = Ge + 2H_2O$$

这类反应的缺点是生产成本较高，而氢又容易爆炸，除了为得到高纯金属而采用此法外，一般都用碳作还原剂。

$$2SnO + C = 2Sn + CO_2$$

$$2PbO + C = 2Pb + CO_2$$

由于固体碳在反应时接触面小，对反应不利，也可采用气体 CO 作还原剂。

$$FeO+CO \xlongequal{} Fe+CO_2$$
$$NiO+CO \xlongequal{} Ni+CO_2$$

由 TiO_2（金红石）制取 Ti 时，首先要将 TiO_2 和炭粉混合加热至 1000K 左右，与 Cl_2 反应转化成 $TiCl_4$

$$TiO_2+2C+2Cl_2 \xlongequal{} TiCl_4+2CO$$

该反应的 $\Delta_r H_m^\ominus<0$，$\Delta_r S_m^\ominus>0$，若略去温度、压力对它们的影响，则在任何温度下反应都可正向进行，但温度过低反应速率太慢，无实用价值。一般控制温度在 1000K 左右。由于 $TiCl_4$ 的沸点较低，容易和其余物质分离，分离所得 $TiCl_4$ 用活泼金属 Mg（或 Na）在真空或稀有气体保护下还原即得 Ti。

$$TiCl_4+2Mg \xlongequal{} Ti+2MgCl_2$$

对于活泼金属，很难用化学法制得，可采用电化学方法。如电解 LiCl 制备 Li 时，可用 KCl 做助熔剂来降低电解温度，电解时电极反应为：

阴极　　$2Li^+ + 2e^- \longrightarrow 2Li$

阳极　　$2Cl^- \longrightarrow Cl_2 + 2e^-$

13.1.2 主族金属元素

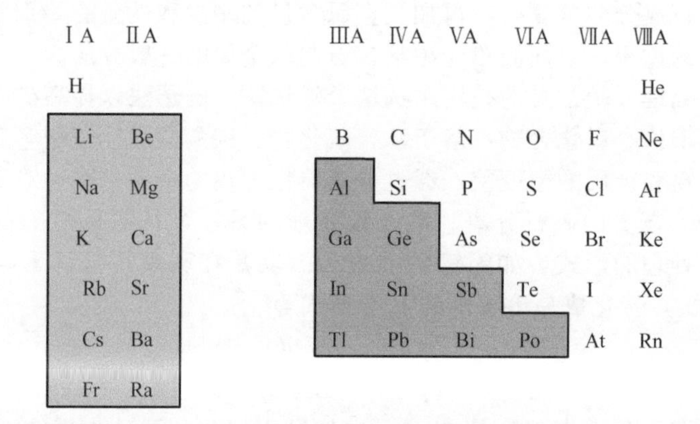

主族金属元素包括ⅠA、ⅡA 族的碱金属和碱土金属，ⅢA 族的 Al、Ga、In、Tl、ⅣA 族的 Ge、Sn、Pb，ⅤA 族的 Sb、Bi 以及ⅥA 族的 Po。其中 s 区的 Fr、Ra、p 区的 Po 为放射性元素，本节学习内容主要是除 Fr 和 Ra 以外的碱金属和碱土金属元素以及 p 区的常见金属 Al、Sn、Pb 和 Sb、Bi。

13.1.2.1 主族金属元素的原子结构与化学性质

碱金属和碱土金属元素原子的最外层分别由 ns^1 和 ns^2 电子填充。因此这两族元素也称为 s 区元素。而 Al、Sn、Pb、Sb、Bi 等元素的最外层除被 ns^2 电子填充外还有 $np^{1\sim3}$ 电子，所以这些金属元素也称为 p 区金属元素。s 区元素的原子半径比同周期非金属元素原子半径大，在这些金属原子中最外层电子离核较远，在化学反应中容易给出最外层电子而表现出它们的化学活泼性和较强的还原性。

s 区元素有很强的金属活泼性，差不多都能与氢、卤素、水及其他非金属发生反应。如熔融状态下的大部分 s 区元素和高压氢在高温下直接生成相应的氢化物。

$$Ca+H_2 \xlongequal{} CaH_2$$

部分 s 区元素与 O_2 反应直接生成相应的过氧化物，如在熔融钠中通入去除 CO_2 的干燥空气可以制得过氧化钠，反应式为：$2Na+O_2 \xlongequal{} Na_2O_2$

表 13-1 归纳了 s 区元素的一些重要化学反应。

表 13-1　s 区元素的某些重要化学性质

与金属反应的物质	发生的反应	ⅠA	发生的反应	ⅡA
氢	$2M(s)+H_2(g)=2MH(s)$	全部	$M(s)+H_2(g)=MH_2(s)$	Ca,Sr,Ba
卤素	$2M(s)+X_2=2MX(s)$	全部	$M(s)+X_2=MX_2(s)$	全部
氮	$6M(s)+N_2(g)=2M_3N(s)$	Li	$3M(s)+N_2(g)=M_3N_2(s)$	Mg,Ca,Sr,Ba
硫	$2M(s)+S(s)=M_2S(s)$	全部	$M(s)+S(s)=MS(s)$	Mg,Ca,Sr,Ba
氧	$4M(s)+O_2(g)=2M_2O(s)$	Li	$2M(s)+O_2(g)=2MO(s)$	全部
	$2M(s)+O_2(g)=M_2O_2(s)$	Na		
	$M(s)+O_2(g)=MO_2(s)$	K,Rb,Cs		
水	$2M(s)+2H_2O(l)=$ $2M^++2OH^-+H_2(g)$	全部	$M(s)+2H_2O(l)=M^{2+}+2OH^-+H_2(g)$	Ca,Sr,Ba
			$M(s)+H_2O(g)=MO(s)+H_2(g)$	Mg

p 区金属元素的化学性质与 s 区相比有较大的差别，而且 p 区金属元素之间也存在明显的不同。如 s 区金属元素形成的化合物大都是离子型化合物，而 p 区金属元素则既能形成离子型化合物，也能形成共价型化合物。如重要试剂之一的无水 $AlCl_3$ 就属共价型化合物。由于 $AlCl_3$ 在水溶液中的强烈水解性，在水溶液中无法制得无水 $AlCl_3$，而可以在氯气或氯化氢气体中加热金属铝制得。

$$2Al+3Cl_2 = 2AlCl_3$$

$$2Al+6HCl = 2AlCl_3+3H_2$$

锡和稀 HCl、稀 H_2SO_4 反应得到 Sn(Ⅱ)化合物，和氧化性酸（HNO_3、浓 H_2SO_4）反应则生成 Sn（Ⅳ）化合物，其他非金属如氧、卤素也能直接和锡反应。

$$Sn+O_2 = SnO_2$$

$$Sn+2X_2 = SnX_4$$

$$Sn+2HCl = SnCl_2+H_2$$

$$3Sn+4HNO_3+H_2O = 3H_2SnO_3+4NO$$

铅也能发生上述反应，从铅的电极反应的标准电势($E^{\ominus}_{Pb^{2+}/Pb}=-0.1262V$）考虑，Pb 能和稀酸反应放出 H_2，但由于 H_2 在铅上的过电势[1]及在铅表面形成相应的难溶物，从而阻止反应继续进行，所以在工业上铅被用作耐酸材料。

高温时，锑和铋都可与氧、卤素、硫等非金属反应，此外还能与电负性小的金属元素（如镁）形成氧化值为−3 的金属化合物，表 13-2 列出 Sb、Bi 的某些化学性质。

表 13-2　Sb、Bi 的某些化学性质

反应物	Sb	Bi	反应物	Sb	Bi
O_2	Sb_2O_3	Bi_2O_3	S	Sb_2S_3	Bi_2S_3
Cl_2	$SbCl_3$	$BiCl_3$	Mg	Mg_3Sb_2	Mg_3Bi_2

13.1.2.2　氧化物和氢氧化物的酸碱性

碱金属和碱土金属及 Al、Sn、Pb、Sb、Bi 的氧化物相对应的氢氧化物均为白色固体，由于碱金属和碱土金属及 Al 的氧化物比较熟悉，这里不再讨论。各族氢氧化物（见表 13-3）的碱性随原子序数递增而增强。氢氧化物的碱性可用 ROH 规则判断（见 12.2.3）。

[1] 电极反应时的实际电势与理论电势之间的差值为过电势。

表 13-3 氢氧化物

ⅠA	ⅡA	ⅢA	ⅣA	ⅤA
LiOH	$Be(OH)_2$			
NaOH	$Mg(OH)_2$	$Al(OH)_3$		
KOH	$Ca(OH)_2$			
RbOH	$Sr(OH)_2$		$Sn(OH)_2$，$Sn(OH)_4$	$Sb(OH)_3$
CsOH	$Ba(OH)_2$		$Pb(OH)_2$	$Bi(OH)_3$

对于同一主族（ⅠA，ⅡA）元素，其离子的最外层电子构型相同，离子的电荷也相同，从上到下，离子半径增大，离子势 ϕ 值变小，因而按 ROH 规则氢氧化物碱性增强。碱金属与同周期的碱土金属相比，离子的电荷小，半径大，ϕ 值相对较小，所以它们氢氧化物的碱性比相邻的碱土金属氢氧化物强。第三周期的 Na、Mg、Al 中，NaOH 为强碱，$Mg(OH)_2$为中强碱，而 $Al(OH)_3$ 则为典型的两性氢氧化物。$Al(OH)_3$ 既能溶于稀酸，也能溶于碱。

$$Al(OH)_3 + 3HCl = AlCl_3 + 3H_2O$$

$$Al(OH)_3 + NaOH = Na[Al(OH)_4]$$

元素	$\sqrt{\phi}$	
Na	0.10	↑ 氢氧化物碱性增强
Mg	0.17	
Al	0.24	

锡、铅都能形成氧化值为＋2 和＋4 的稳定氧化物，它们都是两性氧化物，酸碱性强弱关系如下：

碱性 $SnO < PbO$

酸性 $SnO_2 > PbO_2$

Sn、Pb 的氢氧化物也是两性氢氧化物，它们酸碱性的相对强弱，也可用 ROH 规则予以说明。

$$Sn(OH)_4 \xleftarrow{\text{酸性增强}} Sn(OH)_2$$

↑ 酸性增强　　↓ 碱性增强

$$Pb(OH)_4 \xrightarrow[\text{碱性增强}]{} Pb(OH)_2$$

注：$Pb(OH)_4$ 处有脚注标记 ❶。

酸性以 $Sn(OH)_4$ 最为显著，但它仍是一个弱酸；碱性以 $Pb(OH)_2$ 最为显著，它在水中的悬浮液呈显著的碱性。所以对同一元素，高氧化值氢氧化物酸性强于低氧化值氢氧化物。它们与酸、碱发生的有关反应如下：

$$Sn(OH)_2 + 2HCl = SnCl_2 + 2H_2O$$

$$Sn(OH)_2 + 2NaOH = Na_2[Sn(OH)_4]\text{（或 }Na_2SnO_2\text{）（亚锡酸钠）}$$

$$Sn(OH)_4 + 4HCl = SnCl_4 + 4H_2O$$

$$Sn(OH)_4 + 2NaOH = Na_2[Sn(OH)_6]\text{（或 }Na_2SnO_3\text{）（锡酸钠）}$$

$$Pb(OH)_2 + 2HNO_3 = Pb(NO_3)_2 + 2H_2O$$

$$Pb(OH)_2 + NaOH = Na[Pb(OH)_3]\text{（或 }Na_2PbO_2\text{）}$$

因此 Sn 在酸性介质中分别以 Sn^{2+} 离子和 Sn^{4+} 离子存在，而在碱性介质中则分别以 SnO_2^{2-} 离子［或$Sn(OH)_4^{2-}$］和 SnO_3^{2-} 离子［或$Sn(OH)_6^{2-}$］形式存在。

Sb、Bi 的氧化物和氢氧化物的酸碱性为：

	＋3 氧化值	＋5 氧化值
Sb_2O_3	$Sb(OH)_3$	$Sb_2O_5 \cdot xH_2O$

---

❶ $Pb(OH)_4$ 或 $H_2[Pb(OH)_6]$还未曾制得，但有相应于 $H_2[Pb(OH)_6]$的盐 $M_2PbO_3 \cdot 3H_2O$ 存在。

	白色两性	淡黄色两性偏酸性
Bi_2O_3	$Bi(OH)_3$	Bi_2O_5
	黄色弱碱性	红棕色极不稳定

酸碱性变化规律与相邻的Sn、Pb相似。它们的氧化物与酸碱发生的反应为：

$$Sb_2O_3+6HCl \longrightarrow 2SbCl_3+3H_2O$$

$$Sb_2O_3+6NaOH \longrightarrow 2Na_3SbO_3+3H_2O$$

$$Bi_2O_3+6HNO_3 \longrightarrow 2Bi(NO_3)_3+3H_2O$$

13.1.2.3 金属元素及其化合物的氧化还原性

s区及p区金属元素常用作还原剂，如Na、Mg、Al、Sn等常用于有机合成及稀有金属的制备。实验室常用金属锡粉在盐酸介质中还原硝基化合物制备胺。

$$NH_2-C_6H_4-NO_2 \xrightarrow{Sn+HCl} NH_2-C_6H_4-NH_2$$

（对硝基苯胺） （对苯二胺）

金属钛（Ti）是一种性能特异的材料，由于它质轻、耐高温、抗腐蚀，是发展空间技术、化工、医疗等领域不可缺少的材料。金属钛的制备可用还原性较强的Na（或Mg）在稀有气体保护下还原$TiCl_4$：

$$TiCl_4+4Na \longrightarrow Ti+4NaCl$$

在p区金属化合物中，常用还原剂是低价锡的盐。从电极反应的标准电势可知，Sn无论在酸性、碱性介质中均显示出还原性。

$$Sn^{4+}+2e^- \longrightarrow Sn^{2+} \qquad E^\ominus=+0.151V$$

$$[Sn(OH)_6]^{2-}+2e^- \longrightarrow [Sn(OH)_4]^{2-}+2OH^- \qquad E^\ominus=-0.93V$$

可见，碱性介质中的$[Sn(OH)_4]^{2-}$离子的还原能力比酸性介质中的Sn^{2+}离子强。$Na_2[Sn(OH)_4]$能将$Bi(OH)_3$还原成黑色金属Bi，这是检验Bi^{3+}离子的特征反应。

$$2Bi(OH)_3+3Na_2[Sn(OH)_4] \longrightarrow 2Bi\downarrow+3Na_2[Sn(OH)_6]$$

$SnCl_2$能与$HgCl_2$反应，生成产物呈现先白后灰最后为黑色。这是鉴定Sn^{2+}离子的特征反应。

$$SnCl_2+2HgCl_2 \longrightarrow SnCl_4+Hg_2Cl_2\downarrow \text{（白色）}$$

$$SnCl_2+Hg_2Cl_2 \longrightarrow SnCl_4+2Hg\downarrow \text{（黑色）}$$

由于$SnCl_2$有还原性，易被空气中的氧气氧化，为防止$SnCl_2$溶液变质，常加入少量锡粒。

$$Sn^{4+}+Sn \longrightarrow 2Sn^{2+}$$

Pb、Bi的高价化合物具有强氧化性，如PbO_2和$NaBiO_3$是实验室常用的氧化剂，在酸性介质中可将还原性较弱的Mn^{2+}离子或Cr^{3+}离子分别氧化成紫红色的MnO_4^-离子或橙色的$Cr_2O_7^{2-}$离子。

$$5PbO_2+2Mn^{2+}+4H^+ \longrightarrow 2MnO_4^-+5Pb^{2+}+2H_2O$$

$$3NaBiO_3+2Cr^{3+}+4H^+ \longrightarrow Cr_2O_7^{2-}+3Bi^{3+}+3Na^++2H_2O$$

PbO_2能将浓HCl氧化成Cl_2。

$$PbO_2+4HCl(浓) \longrightarrow 2H_2O+PbCl_4$$

$$PbCl_4 \longrightarrow PbCl_2+Cl_2\uparrow$$

13.1.2.4 重要的盐类

s区、p区金属的氯化物、硫酸盐和硝酸盐都是熟悉的盐类。这里主要介绍它们的硫化物和碳酸盐的性质。

（1）硫化物（sulfides） s区金属硫化物易溶于水，p区金属硫化物除Al外，Sn、Pb、

+2 氧化值	+4 氧化值	+3 氧化值	+5 氧化值
SnS 棕色 碱性	SnS_2 黄色 两性偏酸性	Sb_2S_3 橙红色 两性	Sb_2S_5 橙红色 两性偏酸性
PbS 黑色 碱性	—	Bi_2S_3 黑色 碱性	—

图 13-1-1 Sn，Pb，Sb，Bi 硫化物的颜色

Sb、Bi 的硫化物均难溶于水，且有特征颜色，如图 13-1-1 所示。

上述硫化物的酸碱性相似于它们的氧化物，对同一元素，高氧化值硫化物的酸性比低氧化值硫化物强。

显酸性的 SnS_2 可溶于碱性的 Na_2S[或$(NH_4)_2S$]中，生成硫代锡酸盐（thiostannate）。

$$SnS_2+(NH_4)_2S = (NH_4)_2SnS_3$$

硫代锡酸盐不稳定，遇酸分解，又产生硫化物沉淀：

$$SnS_3^{2-}+2H^+ = H_2SnS_3 \longrightarrow SnS_2+H_2S$$

显碱性的 SnS 不溶于$(NH_4)_2S$ 中，但可溶于多硫化铵$(NH_4)_2S_x$，这是由于 S_x^{2-} 具有氧化性，将 SnS 氧化为 Sn(Ⅳ) 而溶解[1]：

$$SnS+S_2^{2-} = SnS_3^{2-}$$

PbS 能溶于浓 HCl 或 HNO_3：

$$PbS+4HCl(浓) = H_2[PbCl_4]+H_2S\uparrow$$

$$3PbS+8HNO_3 = 3Pb(NO_3)_2+2NO+3S\downarrow+4H_2O$$

PbS 可与 H_2O_2 反应：

$$PbS+4H_2O_2 = PbSO_4+4H_2O$$

利用此原理，可用 H_2O_2 来洗涤油画上黑色的 PbS。

Sn 的硫化物根据其酸碱性还可溶于相应的酸碱溶液。如

$$SnS_2+6HCl(浓) = H_2[SnCl_6]+2H_2S\uparrow$$

$$3SnS_2+6NaOH = 2Na_2SnS_3+Na_2SnO_3+3H_2O$$

或写成：

$$3SnS_2+6NaOH = 2Na_2SnS_3+Na_2[Sn(OH)_6]$$

Sb、Bi 的硫化物所发生的反应与 Sn、Pb 相类似。只是 Sb 的硫化物均显示两性。因此均可溶于碱金属硫化物 Na_2S 或$(NH_4)_2S$ 中，生成相应的硫代亚锑酸盐（thioantimonite）或硫代锑酸盐（thioantimonate）。

$$Sb_2S_3+3(NH_4)_2S = 2(NH_4)_3SbS_3$$

$$Sb_2S_5+3Na_2S = 2Na_3SbS_4$$

[1] 由于$(NH_4)_2S$ 在贮存时能生成$(NH_4)_2S_x$，所以 SnS 能溶于不是新配的$(NH_4)_2S$ 中。

与 Sn 的硫代酸盐一样，锑的硫代酸盐（MS_3^{3-} 或 MS_4^{3-}）都可与酸反应，放出硫化氢并析出相应的硫化物。例如：

$$2SbS_3^{3-}+6H^+ = Sb_2S_3\downarrow+3H_2S\uparrow$$

$$2SbS_4^{3-}+6H^+ = Sb_2S_5\downarrow+3H_2S\uparrow$$

因此硫代酸盐只能在中性或碱性溶液中存在。硫代酸盐的生成和分解常用于这些元素离子的分离和鉴定。

Sb、Bi 硫化物也可溶于相应的酸碱溶液中。

$$Sb_2S_3+6NaOH = Na_3SbO_3+Na_3SbS_3+3H_2O$$

$$Sb_2S_3+12HCl = 2H_3SbCl_6+3H_2S$$

$$Bi_2S_3+6HCl = 2BiCl_3+3H_2S$$

(2) 碳酸盐（carbonates） 主族金属元素的碳酸盐以碱金属和碱土金属比较重要，如俗称纯碱或苏打的 Na_2CO_3 既是基本化工产品之一，又是重要工业原料，差不多有一半用于玻璃工业，其余多用于造纸、制皂、化学品的制备等方面。$CaCO_3$ 是大理石（marble）的主要成分，它的热分解产物 CaO 是重要建筑材料。

碳酸盐的重要性质之一是它们的热稳定性（thermal stability）。碳酸盐的热稳定性是指它们受热分解成相应金属氧化物和 CO_2 所需温度的高低，分解温度越高，该碳酸盐的热稳定性越好。碱土金属碳酸盐的分解反应可用通式表示为

$$MCO_3(s) \xlongequal{\triangle} MO(s)+CO_2(g)$$

当分解产生 101.3kPa 的二氧化碳时，实验测得它们的热分解温度（见表 13-4）。由表可见，从 $MgCO_3$ 到 $BaCO_3$ 热稳定性的顺序依次增大。这个变化顺序可以根据热力学数据加以说明，而且它们的热分解温度从理论上也可利用热力学函数进行估算（表 13-4）。

表 13-4　ⅡA 族碳酸盐分解温度的估算①

碳酸盐	$\Delta_rH_m^\ominus$	$\Delta_rS_m^\ominus$	$T\Delta_rS_m^\ominus$	$\Delta_rG_m^\ominus$	$\Delta_rG_{m,T}^\ominus=0$(平衡态)时 T(分解温度)	实测温度 T/K
	kJ·mol⁻¹·K⁻¹	kJ·mol⁻¹·K⁻¹	kJ·mol⁻¹	kJ·mol⁻¹	≈$(\Delta_rH_m^\ominus/\Delta_rS_m^\ominus)$/K	
$MgCO_3$	101	0.175	52.2	48.8	577	813
$CaCO_3$	178	0.163	48.6	129	1092	1173
$SrCO_3$	234	0.172	51.2	188	1360	1563
$BaCO_3$	274	0.174	51.8	223	1575	1633

① 计算时忽略了温度对 $\Delta_rH_m^\ominus$，$\Delta_rS_m^\ominus$ 的影响。

由表 13-4 可见，从热力学数据计算的ⅡA 族碳酸盐热分解反应的标准摩尔反应吉氏函数值都依次增大，表示它们的热稳定性顺序增大，与实验所得趋势一致，而且计算所得的热分解温度值与实测的温度值也较相近。

另外，根据关系式 $\Delta_rG_m^\ominus(T)=\Delta_rH_m^\ominus(T)-T\Delta_rS_m^\ominus$，以 $\Delta_rG_m^\ominus(T)$对 T 作图也可以表示出各碱土金属碳酸盐的热稳定性，其中 $\Delta_rH_m^\ominus$ 和 $\Delta_rS_m^\ominus$ 值随温度的变化忽略不计，即：$\Delta_rH_m^\ominus(T)=\Delta_rH_m^\ominus(298)$，$\Delta_rS_m^\ominus(T)=\Delta_rS_m^\ominus(298)$，图 13-1-2 是碱土金属碳酸盐热分解的 $\Delta_rG_m^\ominus(T)$-T 图，各直线的斜率为$-\Delta_rS_m^\ominus(T)$，从表 13-4 数据可知，各直线斜率几乎相等。从图中反映出从

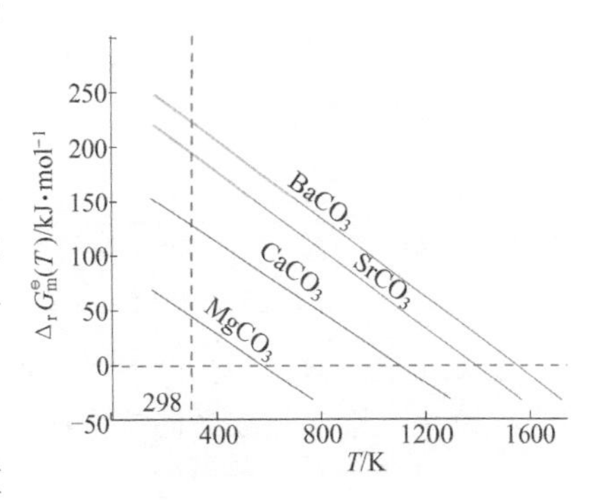

图 13-1-2　碳酸盐热分解的 $\Delta_rG_m^\ominus$-T 图

$MgCO_3$到 $BaCO_3$，其热分解温度逐渐提高，热稳定性增强。

13.1.3 过渡金属元素

H																	He
Li	Be											B	C	N	O	F	Ne
Na	Mg	ⅢB	ⅣB	ⅤB	ⅥB	ⅦB		ⅧB		ⅠB	ⅡB	Al	Si	P	S	Cl	Ar
K	Ca	Sc	Ti	V	Cr	Mn	Fe	Co	Ni	Cu	Zn	Ga	Ge	As	Se	Br	Kr
Rb	Sr	Y	Zr	Nb	Mo	Tc	Ru	Rh	Pd	Ag	Cd	In	Sn	Sb	Te	I	Xe
Cs	Ba	Lu	Hf	Ta	W	Re	Os	Ir	Pt	Au	Hg	Tl	Pb	Bi	Po	At	Rn
Fr	Ra	Lr	Rf	Db	Sg	Bh	Hs	Mt	Ds	Rg							

本书把位于周期表 d 区和 ds 区的元素统称为过渡元素，即从ⅢB 的钪分族到ⅡB 的锌分族。在过渡元素中，同周期的过渡元素往往具有相似性，因此通常将过渡元素分成三个系列，从钪到锌为第一过渡系；从钇到镉为第二过渡系；从镥到汞为第三过渡系，从铹（103）到 112 为人工合成元素，不稳定存在。

和 p 区元素相似，过渡元素也常以各纵行的第一个元素名称划分为相应的族，如钪分族（ⅢB 族）、钛分族（ⅣB 族）、钒分族（ⅤB 族）、铬分族（ⅥB 族）、锰分族（ⅦB）以及铜、锌分族（ⅠB，ⅡB 族）。然而对ⅧB 族中的九个元素，根据它们性质上的相似性，却又按横向分别划分为铁系、钯系和铂系。

ⅧB			
Fe	Co	Ni	Fe系
Ru	Rh	Pd	Pd系
Os	Ir	Pt	Pt系

过渡元素的电子构型特征是次外层的 d 轨道上占有 1～10 个电子，如 Sc 的电子层结构为［Ar］$3d^1 4s^2$，Zn 为［Ar］$3d^{10} 4s^2$ 等。在表示过渡元素各原子电子层结构时，根据轨道能量的相对高低，首先填充最外层的 s 轨道，然后再填充次外层的 d 轨道。而各原子失去电子成为相应离子时，却是先失去最外层 s 轨道上的电子，然后才失去次外层 d 轨道上的电子。所以 Ti^{2+} 的电子层结构为[Ar]$3d^2$，而不是[Ar]$4s^2$。第一过渡系元素各原子和某些常见离子的电子层结构见表 13-5。

表 13-5 第一过渡元素的电子层结构及氧化值

元素	Sc	Ti	V	Cr	Mn	Fe	Co	Ni	Cu	Zn
外电子层结构	$3d^1 4s^2$	$3d^2 4s^2$	$3d^3 4s^2$	$3d^5 4s^1$	$3d^5 4s^2$	$3d^6 4s^2$	$3d^7 4s^2$	$3d^8 4s^2$	$3d^{10} 4s^1$	$3d^{10} 4s^2$
氧化值	(+2) $\underline{+3}$	+2 +3 $\underline{+4}$	+2 +3 $\underline{+4}$ $\underline{+5}$	+2 $\underline{+3}$ $\underline{+6}$	$\underline{+2}$ +3 $\underline{+4}$ (+5) +6 $\underline{+7}$	$\underline{+2}$ $\underline{+3}$ (+6)	$\underline{+2}$ +3	$\underline{+2}$ (+3) +4	+1 $\underline{+2}$	$\underline{+2}$
离子	Sc^{3+}	Ti^{2+}	V^{3+}	Cr^{3+}	Mn^{2+}	Fe^{3+}	Co^{3+}	Ni^{2+}	Cu^{2+}	Zn^{2+}
离子电子层结构	$3d^0$	$3d^2$	$3d^2$	$3d^3$	$3d^5$	$3d^5$	$3d^6$	$3d^8$	$3d^9$	$3d^{10}$

注：有括号的表示不稳定的氧化值，划线的表示常见的氧化值。

过渡元素的原子半径随原子序数增加缓慢减小，但到了铜副族前后又略为增大。在同一族中，第一、第二过渡系同族中的上下两个元素的原子半径大都是增大的，且相差较大，而第二、第三过渡系同族中的上下两个元素的原子半径很接近（除钪副族外），这是由于受镧系收缩的影响。

与主族元素相比，过渡元素具有如下几方面的共同特性。

（1）可变氧化值　过渡元素的电子构型决定了它们具有多种氧化值。第一过渡系元素的常见氧化值列于表 13-5。

它们的氧化值变化有以下几个特点：

① 过渡元素呈现多种氧化值的原因主要是由于 $(n-1)d$，ns 轨道能级差相对较小，不仅最外层 s 电子，有时次外层部分或全部 d 电子也可参予成键。因此，过渡元素具有多种氧化值，一般由 +2 氧化值变到和元素所在族数相同的最高氧化值（但从上表可见，当电子构型在 $3d^{6\sim8}4s^2$ 时，电子全部参与成键的可能性减小，ⅧB 族的第一过渡系元素现在知道的最高氧化值也只有 +6）。

② 低氧化值的过渡金属离子，大都有简单 M^{2+}、M^{3+} 的水合离子，且较稳定。高氧化值的过渡金属元素，水溶液中常以含氧酸根的形式存在，且在酸性条件下有较强的氧化性。这一特点，在第一过渡系中表现得尤为明显。

③ 第一过渡系元素容易出现低氧化值，而第二、第三过渡系的元素趋向于出现高氧化值。

④ 虽然过渡元素有多种氧化值，但是每种元素总有其相对稳定的一种或几种氧化值。

⑤ 有时某过渡元素的不同氧化值可共处于同一化合物中，形成非化学计量化合物。例如，$Fe_{1-x}O$，WO_{3-x}、TiH_{2-x}（式中 $x<1$）等。

（2）离子的颜色　过渡元素的许多离子（包括配离子）在水溶液中常呈现一定的颜色，按第 4 章的晶体场理论，这是由于发生 d-d 电子跃迁所致，当轨道全空或全满时不能发生跃迁，这时该离子在水溶液中无色，如表 13-6、图 13-1-3 所示。实际上物质呈现颜色的原因较复杂，目前还没有能说明产生颜色的统一原理。

表 13-6　第一过渡系中常见离子颜色

离子	Cr^{3+}	Mn^{2+}	Fe^{3+}	Fe^{2+}	Co^{2+}	Ni^{2+}	Cu^{2+}	Cu^{+},Zn^{2+}
d 电子数	d^3	d^5	d^5	d^6	d^7	d^8	d^9	d^{10}
颜色	蓝紫①	浅粉红②	淡紫③	淡绿	粉红	绿	蓝	无色

① 部分水合时呈绿色，如$[Cr(H_2O)_4Cl_2]Cl$。

② 稀水溶液时近无色，浓溶液时才呈现出明显的浅粉红色。

③ 通常看到的是 Fe^{3+} 水解后呈现的黄绿色。

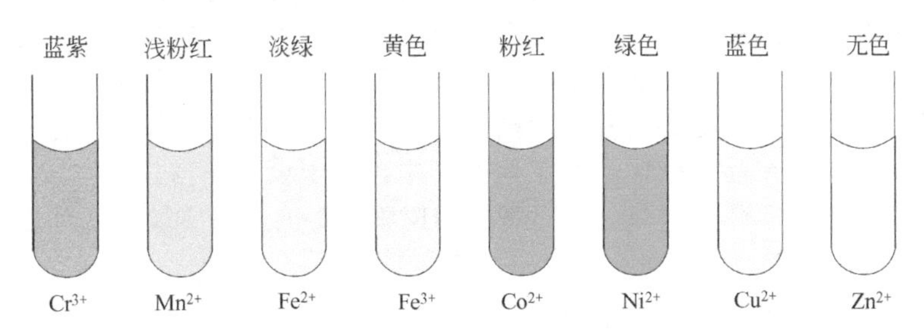

图 13-1-3　某些水合离子的颜色

（3）磁性　过渡元素及其化合物常因其原子或离子具有未成对电子而呈现顺磁性。铁、钴、镍能被磁场强烈吸引，这类物质称为铁磁性物质。从原子的内部结构看，在固态下铁磁性物质中顺磁性原子间在一定区域内以相同方向排列，当外加磁场时，会进一步加强磁性，而且这种现象在磁场消失后依然保存下来。以第一过渡系为例，从 Sc 至 Cu 及其化合物中均含未成对电子数如图 13-1-4 所示都具有顺磁性，其中 Fe，Co 及有关的化合物更具铁磁性，Zn 及其化合物无顺磁性。

(4) 配合性 过渡元素的原子或离子具有未完全充满电子的 d 轨道以及最外层的 *n*s 和 *n*p 空轨道，这些轨道能量相近，并且 d 轨道的部分填充对核的屏蔽效应较小，因而有较大的有效核电荷；同时，其原子或离子的半径又较主族元素为小，因此过渡元素的原子或离子不仅具有接受电子对的空轨道，同时还具有较强的吸引配位体的能力。因而，它们有很强的形成配合物的倾向。对过渡金属离子配合物的研究，是现代配位化学的重要内容。常见配离子及颜色如下：

元素	外层电子分布 4s	外层电子分布 3d	未成对电子数
Sc	↑↓	↑ ○ ○ ○ ○	1
Ti	↑↓	↑ ↑ ○ ○ ○	2
V	↑↓	↑ ↑ ↑ ○ ○	3
Cr	↑	↑ ↑ ↑ ↑ ↑	6
Mn	↑↓	↑ ↑ ↑ ↑ ↑	5
Fe	↑↓	↑↓ ↑ ↑ ↑ ↑	4
Co	↑↓	↑↓ ↑↓ ↑ ↑ ↑	3
Ni	↑↓	↑↓ ↑↓ ↑↓ ↑ ↑	2
Cu	↑	↑↓ ↑↓ ↑↓ ↑↓ ↑↓	1
Zn	↑↓	↑↓ ↑↓ ↑↓ ↑↓ ↑↓	0

图 13-1-4 第一过渡系元素基态原子的未成对电子

Fe	Co	Ni	Cu	Zn	Ag
$[Fe(CN)_6]^{4-}$ 黄色	$[Co(H_2O)_6]^{2+}$ 粉红色	$[Ni(H_2O)_6]^{2+}$ 绿色	$[Cu(NH_3)_4]^{2+}$ 深蓝紫色	$[Zn(NH_3)_4]^{2+}$ 无色	$[Ag(NH_3)_2]^+$ 无色
$[Fe(CN)_6]^{3-}$ 橘黄色	$[Co(NH_3)_6]^{2+}$ 棕黄色	$[Ni(NH_3)_6]^{2+}$ 蓝色	$[CuCl_2]^-$ 无色	$[Zn(OH)_4]^{2-}$ 无色	$[Ag(CN)_2]^-$ 无色
$[FeF_6]^{3-}$ 无色	$[Co(NH_3)_6]^{3+}$ 红棕色			$[Zn(C_2O_4)_2]^{2-}$ 无色	
$[Fe(NCS)_n]^{3-n}$ 血红色					

(5) 催化作用 许多过渡元素的金属和化合物具有催化作用。例如，Pt-Rh 用于氧化 NH_3 制 NO；V_2O_5 用于氧化 SO_2 为 SO_3；Pd 和雷内（Raney）镍用于有机合成中的加氢反应，等等。究其原因，在一些情况下是由于过渡元素的多种氧化态有利于形成不稳定的中间化合物（配位催化），另外一些情况下是提供了适宜的反应表面（接触催化）。两种方式均降低了反应活化能，加速反应的进行。

13.1.4 金属的腐蚀和防腐

人们在生产中使用的机械设备、容器及大量的管道，大都是金属及其合金制造的。这些机械、设备、容器、管道由于不断与大气中的氧气、水蒸气、酸雾以及酸、碱、盐等各种物质接触而遭到腐蚀。每年由于腐蚀而报废的金属设备和材料，数量十分巨大，给国民经济带来的损失非常惊人，每年全世界因腐蚀而损失的钢铁以千万吨计。而更大的危害不在于金属本身的损失，而在于其制品的破坏。在工业生产中，由于设备腐蚀损坏，发生跑、冒、滴、漏等现象，污染环境，恶化劳动条件，危害人体健康，影响产品质量，甚至造成事故，其损失更是无法估计。

13.1.4.1 金属腐蚀的原因

金属和周围介质接触，发生化学作用或电化学作用而引起的破坏称为金属腐蚀（metal corrosion)。金属腐蚀总是从表面开始，然后向内部蔓延，或同时向表面其他部分扩展。金属腐蚀可以分为二大类：化学腐蚀和电化学腐蚀。

(1) 化学腐蚀 单纯由化学作用引起的腐蚀称为化学腐蚀（chemical corrosion)。在一定温度下金属和干燥气体（如 O_2、H_2S、SO_2、Cl_2 等）相接触时，在金属表面生成相应的化合物（氧化物、硫化物、氯化物等），这种作用在低温时不明显，但在高温时相当显著。

例如碳钢是由 Fe、石墨、Fe_3C 组成，其中 Fe_3C 与周围介质［O_2、H_2、$H_2O(g)$、CO_2］的高温反应如下：

① $Fe_3C+O_2 \xlongequal{} 3Fe+CO_2$

② $Fe_3C+2H_2 \xlongequal{} 3Fe+CH_4$

③ $Fe_3C+CO_2 \xlongequal{} 3Fe+2CO$

④ $Fe_3C+H_2O\ (g) \xlongequal{} 3Fe+CO+H_2$

反应结果使碳钢表面强度降低，抗疲劳性能下降。若在高温高压下，氢气对碳钢的腐蚀就更显著，这种情况称为氢脆。这是由于反应②的加速进行，使碳钢组织变松，金属强度大大降低。因此，在制造合成氨、石油裂解等设备时必须选用合金钢（在碳钢中加入 Cr、Ti、V、W 等元素）以提高抗腐蚀能力。

金属在非电解质溶液中，例如在有机液体（苯等），以及含硫的石油中所发生的腐蚀，也是化学腐蚀。

(2) 电化学腐蚀　金属和电解质溶液接触时，由于电化学作用引起的腐蚀称为电化学腐蚀(electrochemical corrosion)。当金属中含有比它不活泼的杂质，并与电解质溶液（在潮湿空气中，金属表面吸附一层水膜，其中溶有 O_2、CO_2 等，起着电解质溶液的作用）接触时，就形成了原电池，这时活泼金属为负极（即阳极[1]），杂质为正极（即阴极）。负极上进行氧化作用，因此活泼金属遭到腐蚀。例如，钢铁中含石墨、Fe_3C 等不活泼杂质，在潮湿空气中，就在钢铁表面形成无数微电池。此时，铁为阳极，不活泼杂质为阴极，因此钢铁遭到腐蚀。

20 世纪 30 年代比利时科学家斐柏克斯（M. Pourbaix）等人用热力学数据，又结合金属氧化物和氢氧化物的溶解度及有关反应的平衡常数绘制了 90 种元素和水构成的电势-pH 图（在 25℃时，各离子浓度相等的条件下，以电极电势为纵坐标，溶液的 pH 值为横坐标作图）。现就 Fe-H_2O 体系的 E-pH 图讨论铁的腐蚀问题。

图 13-1-5 中的实线为该线两旁氧化值之间的平衡线，虚线（a）、（b）是水溶液系统的水的平衡线。根据平衡线的特点可以把该图划分为三个区域：腐蚀区（corrosion region）、非腐蚀区（noncorrosion region）和钝化区（passivation region）。图中离子态区域均为腐蚀区，因在该区域内金属可以变为可溶性离子而腐蚀；$Fe(OH)_3$ 难溶于水，在金属表面可以形成一层薄膜防止金属溶解，所以为钝化区[2]。金属自身能稳定存在的区域为非腐蚀区。

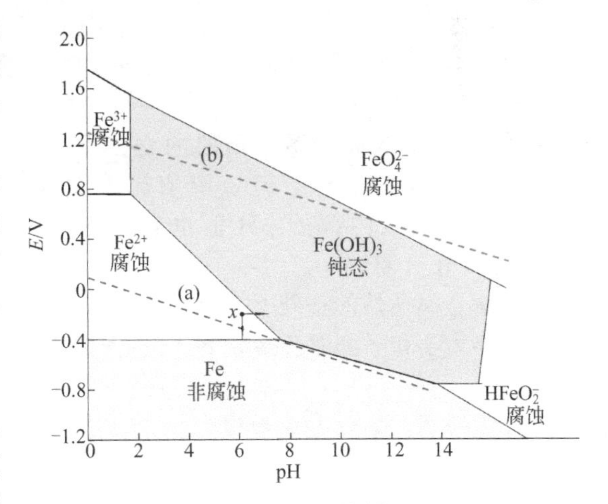

图 13-1-5　Fe-H_2O 系统划区 E-pH 图

图 13-1-5 中氢的析出反应平衡线（a）的反应式为：

$$2H^+ + 2e^- \rightleftharpoons H_2$$

（a）线大部分位于非腐蚀区的上方，但 pH<7 的酸性范围和 pH>13 的碱性范围均在腐蚀区内，铁能失电子，所以在低 pH 值时变成 Fe^{2+}；在高 pH 值时变成

---

[1] 在腐蚀电池中，负极即阳极上发生氧化反应，正极即阴极上发生还原反应。习惯上腐蚀电池的两个极常称阴、阳极，而不称正、负极。

[2] 难溶性的沉淀物有无保护性能，与很多因素有关，由于环境的变化（温度、电势、共存负离子等）也可能造成钝化膜的破坏，但斐柏克斯把凡有难溶物存在的区域通称为钝化区。

$HFeO_2^-$，而 H^+ 接受电子变成 H_2 析出。在这种腐蚀过程中有氢析出，所以称析氢腐蚀。

氧的吸收反应平衡线（b）的平衡反应式为：

$$O_2+2H_2+4e^- \rightleftharpoons 4OH^-$$

（b）线大部分位于钝化区。当中性或碱性范围（pH>8），铁能将电子转移给 O_2，生成 $Fe(OH)_3$ 并形成铁锈。由于腐蚀过程中氧接受电子而还原，所以称吸氧腐蚀。认识了金属腐蚀的原因，就可找出防腐蚀的方法。

13.1.4.2 金属的防腐

金属防腐的方法很多，有对金属进行涂、衬、渗、镀，或改变金属的组成以及处理周围的介质进行电化学保护等。现应用 E-pH 图予以分析。若有一铁片暴露在空气中，其表面的介质略呈酸性（pH=6.2），测得电势 E 为－0.2V（即处于图 13-1-5 中的 x 点位置），显然此时铁在腐蚀区内，铁将发生腐蚀而生成 Fe^{2+}，如果要将铁移出腐蚀区，从 E-pH 图来看，可以采取三种方法：

① 把铁的电极电势降低到 Fe^{2+}/Fe 平衡线以下落入非腐蚀区，此时铁处于热力学稳定态可以免受腐蚀。一般采用阴极保护法（cathodic protection），将铁片与电源负极相连或在铁片上连接一种电位比铁更负更活泼的金属，使铁成为阴极而不遭受腐蚀，如图 13-1-6 所示。

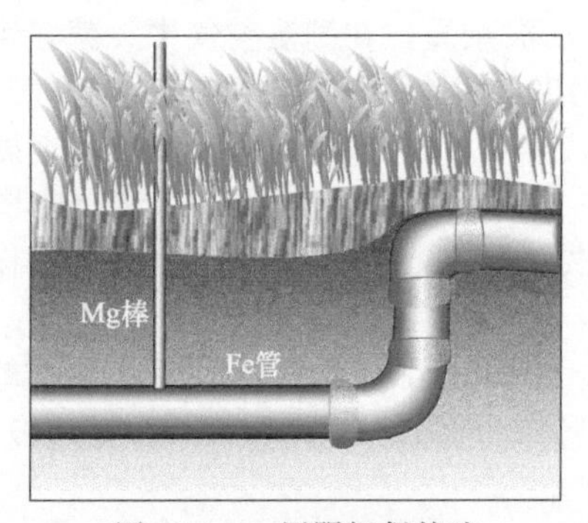

图 13-1-6 用阴极保护法防止铁管腐蚀

② 把铁的电势升高进入钝化区，由于铁表面生成了难溶、致密的 $Fe(OH)_3$ 或 Fe_2O_3 薄膜，也可使铁的腐蚀大大减轻。通常采用阳极保护法，将铁片与电源正极相连，或在溶液中加入阳极缓蚀剂，或用氧化剂使金属表面产生钝化膜。

③ 使溶液的 pH 值适当升高，也可以在金属表面形成钝化膜，大约在pH=9.0～13.0 的范围内可以生成 $Fe(OH)_3$ 的钝化膜。因此，为了防止钢铁在工业用水中的腐蚀，常常加入少量碱，使水的 pH 值达 10～13之间❶，以减轻铁的腐蚀。应用 E-pH 图可以一目了然地看出在一定 pH 值和电势条件下，某元素不同氧化值在水溶液体系平衡时的稳定区。当不同物质相互反应时也可以反映出平衡条件和发生反应的趋势。但该图依热力学数据，不能解决反应的速率问题，且金属表面的 pH 值和溶液内部的 pH 值也有一定的差别，所以 E-pH 图仅是一种近似的处理，以便预测和分析问题。

在了解金属通性的基础上，重点选择铬、锰和稀土元素以展示金属元素及其重要化合物，在结构、热力学和平衡原理指导下认识它们酸碱性、氧化还原性和配合性的变化规律。

13.2 铬及其化合物

铬（chromium）为第四周期ⅥB 族元素。在自然界中铬以多种矿物形式存在，其主要组成为 $FeO \cdot Cr_2O_3$ 或 $FeCr_2O_4$ 的铬铁矿（常用化学式 $Fe(CrO_2)_2$ 表示）和 $PbCrO_4$ 的铬铅矿。

1797 年，法国化学家沃克兰（Vauquelin）在分析铬铅矿组分时发现了铬。将铬铅矿用

❶ 因为 pH>13.6 时铁可能转化为 $HFeO_2^-$ 而溶解，即进入 E-pH 图中在下方的小三角腐蚀区，所以，钢铁在强碱性溶液中又将遭受腐蚀，称为苛性脆裂。

盐酸还原：

$$2PbCrO_4+16HCl(浓)\longrightarrow 2CrCl_3+2PbCl_2+3Cl_2+8H_2O$$

滤去沉淀物 $PbCl_2$，把滤液蒸干，得到土质物（$CrCl_3$），再用碳高温还原，最后得到灰色金属铬。

铬的外电子层结构为 $3d^5 4s^1$，可形成氧化值为+2，+3，+6 的化合物，其中氧化值为+3，+6 的化合物较常见。铬的化合物主要有氧化物、氢氧化物、含氧酸及盐类，一些常见化合物列在表 13-7。铬化合物的性质特点是：①同一氧化值不同形态的离子间存在着酸碱转化；②不同氧化值的离子间存在着氧化还原转化。

表 13-7　铬的一些重要化合物

氧化值	+2		+3		+6	
氧化物	CrO	黑色	Cr_2O_3	绿色	CrO_3	橙色
氢氧化物	$Cr(OH)_2$	黄棕色	$Cr(OH)_3$	灰色	H_2CrO_4	黄色
（含氧酸）					$H_2Cr_2O_7$	橙色
主要盐类	$CrCl_2$	白色	$NaCrO_2$	亮绿色	Na_2CrO_4	黄色
			$CrCl_3$	紫色	$K_2Cr_2O_7$	橙色
			$Cr_2(SO_4)_3$	紫色		

13.2.1　Cr（Ⅲ），Cr（Ⅵ）的存在形式及酸碱性转化

Cr（Ⅲ）在酸性介质中以 Cr^{3+} 离子形式为主，其水溶液的颜色与水合物中含水分子的多少有关。在实验室看到 $CrCl_3$ 的溶液多为紫色的六水合离子，如$[Cr(H_2O)_6]^{3+}$，随着水分子的减少（如加热），溶液颜色由紫色转变为绿色的$[CrCl_2(H_2O)_4]^+$离子，如将此溶液长久放置，又会转变成紫色。

向 Cr^{3+} 离子溶液中加入适量碱，可析出灰蓝色的 $Cr(OH)_3$ 胶状沉淀，

$$Cr^{3+}+3OH^-=\!=\!=Cr(OH)_3\downarrow$$

$Cr(OH)_3$ 具有显著的两性，在生成的 $Cr(OH)_3$ 沉淀中加入适量碱时沉淀溶解，生成亮绿色的 CrO_2^- 离子（或写成$[Cr(OH)_4]^-$），加入酸则生成绿色的 Cr^{3+} 离子：

$$Cr(OH)_3+OH^-=\!=\!=CrO_2^-+2H_2O$$

$$Cr(OH)_3+3H^+=\!=\!=Cr^{3+}+3H_2O$$

显然这类氢氧化物沉淀的生成和溶解与溶液的酸碱性密切相关。在实验室和工厂经常通过控制这些氢氧化物沉淀或溶解的条件而达到分离提纯某些物质的目的［试运用前面所学知识分别计算 Cr^{3+} 离子不生成沉淀和 $Cr(OH)_3$ 沉淀完全溶解时的 pH 值］。

Cr(Ⅵ) 在水溶液中主要以 CrO_4^{2-} 和 $Cr_2O_7^{2-}$ 离子两种形式存在，它们之间的转化平衡关系为：

$$\underset{(黄色)}{2CrO_4^{2-}}+2H^+\rightleftharpoons \underset{(橙红色)}{Cr_2O_7^{2-}}+H_2O \qquad K^\ominus=1.2\times10^{14}$$

向黄色 K_2CrO_4 溶液中加酸，平衡向生成橙红色的 $K_2Cr_2O_7$ 方向移动，加碱平衡逆向移动，因此溶液中 CrO_4^{2-} 和 $Cr_2O_7^{2-}$ 离子的浓度随溶液 pH 值变化而变化。

上述转化关系除与溶液 pH 值有关外，某些金属离子的加入也可使上述平衡移动。如

$$Cr_2O_7^{2-}+H_2O+2Ba^{2+}=\!=\!=2H^++2BaCrO_4\ (黄色)\downarrow$$

$$Cr_2O_7^{2-}+H_2O+2Pb^{2+}\longrightarrow 2H^++2PbCrO_4\ (黄色)\downarrow$$

$$Cr_2O_7^{2-}+H_2O+4Ag^+\longrightarrow 2H^++2Ag_2CrO_4\ (砖红色)\downarrow$$

实验室常用这些反应检验 $Cr_2O_7^{2-}$ 离子的存在与否。

CrO_4^{2-} 加酸形成 $Cr_2O_7^{2-}$ 是铬的含氧阴离子最简单的缩合反应[1]，此外还有 $Cr_3O_{10}^{2-}$、

[1] 在一定条件下由小分子物质经脱水而形成较复杂分子的反应。

$Cr_4O_{13}^{2-}$ 等离子。溶液中 H^+ 离子浓度大小影响缩合程度。如

$$3Cr_2O_7^{2-} + 2H^+ \longlongequal 2Cr_3O_{10}^{2-} + H_2O$$

13.2.2 Cr（Ⅲ），Cr（Ⅵ）的氧化还原转化

铬元素电势图如下：

$$E_A^\ominus/V \quad Cr_2O_7^{2-} \xrightarrow{1.232} Cr^{3+} \xrightarrow{-0.744} Cr$$

$$E_B^\ominus/V \quad CrO_4^{2-} \xrightarrow{-0.13} Cr(OH)_3 \xrightarrow{-1.48} Cr$$

（1）酸性介质 在酸性介质中，Cr^{3+} 离子还原性较弱，欲将 Cr^{3+} 离子氧化成 $Cr_2O_7^{2-}$ 必须使用强氧化剂$(NH_4)_2S_2O_0$ 或 $KMnO_4$ 等：

$$2Cr^{3+} + 3S_2O_8^{2-} + 7H_2O \xlongequal{Ag^+催化} Cr_2O_7^{2-} + 6SO_4^{2-} + 14H^+$$

在酸性介质中，$Cr_2O_7^{2-}$ 离子氧化性较强，在室温条件下即可用 Fe^{2+}、SO_3^{2-} 等还原剂使 $Cr_2O_7^{2-}$ 还原成 Cr^{3+} 离子。

$$Cr_2O_7^{2-} + 6Fe^{2+} + 14H^+ \longlongequal 6Fe^{3+} + 2Cr^{3+} + 7H_2O$$

$$Cr_2O_7^{2-} + 3SO_3^{2-} + 8H^+ \longlongequal 3SO_4^{2-} + 2Cr^{3+} + 4H_2O$$

在加热条件下，$Cr_2O_7^{2-}$ 离子可将更弱的还原剂 Cl^-，Br^- 离子氧化成单质。

$$Cr_2O_7^{2-} + 14HCl\ (浓盐酸) \xrightarrow{\triangle} 2Cr^{3+} + 3Cl_2 + 8Cl^- + 7H_2O$$

（2）碱性介质 在碱性介质中，CrO_2^- 或 $Cr(OH)_3$ 还原性较强，中等强度的氧化剂 H_2O_2，NaClO，Cl_2，空气中的 O_2 等就可将 Cr(Ⅲ) 氧化成 CrO_4^{2-} 离子。

$$2NaCrO_2 + 3H_2O_2 + 2NaOH \longlongequal 2Na_2CrO_4 + 4H_2O$$

利用这一反应可检验溶液中 Cr（Ⅲ）的存在。

工业上由铬铁矿生产 $K_2Cr_2O_7$ 是酸碱性和氧化还原性转化的实例，其过程分四步进行。

① 先将粉碎后的铬铁矿、纯碱、白云石、碳酸钙等混合均匀，在空气中进行氧化煅烧，其主要反应为：

$$4Fe(CrO_2)_2 + 8Na_2CO_3 + 7O_2 \longlongequal 8Na_2CrO_4 + 2Fe_2O_3 + 8CO_2 \uparrow$$

加入的白云石（$MgCO_3 \cdot CaCO_3$）在高温下分解放出 CO_2 以使炉料疏松，增加氧气与铬铁矿的接触面积，从而加速氧化过程，同时又与 Al、Si 杂质结合，生成难溶的硅酸盐，提高纯碱利用率。

② 在所得熔体中，用水浸出可溶性物质 Na_2CrO_4 和 $NaAlO_2$ 等。加酸调节至 pH＝7～8 后，分离出 $Al(OH)_3$ 沉淀。

③ 用硫酸酸化滤液（试分析能否用硝酸或盐酸酸化），使 Na_2CrO_4 转化为 $Na_2Cr_2O_7$：

$$2Na_2CrO_4 + H_2SO_4 \longlongequal Na_2Cr_2O_7 + Na_2SO_4 + H_2O$$

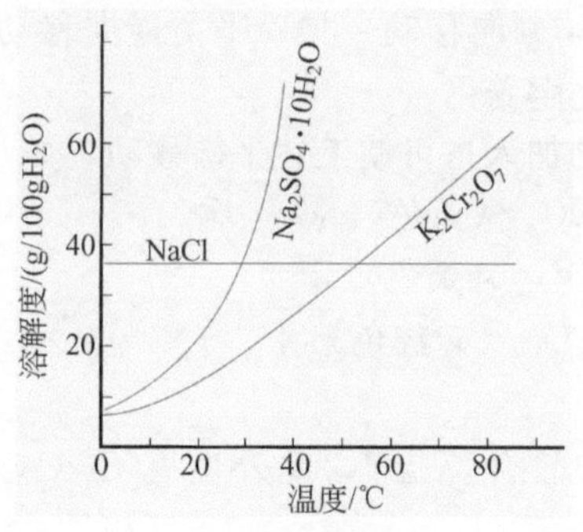

图 13-2-1 Na_2SO_4、$K_2Cr_2O_7$、NaCl 溶解度曲线

由于 Na_2SO_4 的溶解度比 $Na_2Cr_2O_7$ 低得多（如 0℃时 $Na_2SO_4 \cdot 10H_2O$ 的溶解度为 5g/100gH_2O，而 $Na_2Cr_2O_7 \cdot 2H_2O$ 高达 238g/100gH_2O），因此加热、蒸发、分离即可得到重铬酸钠晶体。

④ 将 $Na_2Cr_2O_7$ 溶液和 KCl 固体在沸腾条件下进行复分解反应即可得到重铬酸钾：

$$Na_2Cr_2O_7 + 2KCl \longlongequal K_2Cr_2O_7 + 2NaCl$$

如图 13-2-1 所示，利用生成的 NaCl 溶解度随温度变化不大，而 $K_2Cr_2O_7$ 溶解度随温度变化较大（273K 时为 4.6g/100g H_2O，373K 时为 94.1g/100g H_2O），用重结晶法可得 $K_2Cr_2O_7$ 晶体。晶体色泽鲜红，俗称红矾钾，

它是制备其他铬化合物的原料。

综上所论，Cr(Ⅲ) 在酸性溶液中以 Cr^{3+} 离子形式存在，它的氧化性较弱，还原性也较弱，因此能稳定存在于水溶液中。要使 Cr^{3+} 转变为 $Cr_2O_7^{2-}$，需在酸性介质中使用强氧化剂；Cr(Ⅲ) 在碱性介质以 CrO_2^-（或$[Cr(OH)_4]^-$）形式存在，适当 pH 值时也可以 $Cr(OH)_3$形式存在；Cr(Ⅵ)在酸性或碱性介质中分别以 $Cr_2O_7^{2-}$ 和 CrO_4^{2-} 离子形式存在，根据这两种离子的转化平衡常数值可以计算不同 pH 值时它们的浓度（试计算 pH=6.0 时，$0.10mol \cdot L^{-1}$溶液中 CrO_4^{2-} 离子浓度）。

Cr(Ⅲ)和 Cr(Ⅵ)在溶液中转化关系归纳如下：

$$Cr^{3+} \xrightleftharpoons{OH^-} Cr(OH)_3 \xrightleftharpoons[H^+]{OH^-} CrO_2^-$$

Cr^{3+} ⇅ $Cr_2O_7^{2-}$：向下（H^+，氧化剂）；向上（还原剂，H^+）

CrO_2^- ↓ CrO_4^{2-}（氧化剂，OH^-）

$$Cr_2O_7^{2-} \xrightleftharpoons[H^+]{OH^-} CrO_4^{2-}$$

13.2.3 铬的配合物

Cr^{3+}离子外电子层结构为 $3d^3$，因此（3d、4s、4p 亚层分别有 2 个、1 个、3 个空轨道）成键过程中容易进行 d^2sp^3 杂化，形成稳定的配合物。

(1) 水合配离子 水溶液中的 Cr(Ⅲ) 离子通常写成 Cr^{3+}形式，实际上在水溶液中以六水合铬配离子$[Cr(H_2O)_6]^{3+}$形式存在。水合离子中的配体水分子在一定条件下可被其他配体（如 Cl^-离子）所替代，从而形成不同颜色的配合物，如：

$[Cr(H_2O)_6]Cl_3$	$[CrCl(H_2O)_5]Cl_2 \cdot H_2O$	$[CrCl_2(H_2O)_4]Cl \cdot 2H_2O$
a. 蓝紫色	b. 浅绿色	c. 绿色

在实验室看到的蓝紫色 $CrCl_3$ 水溶液即为 a 型水合物。当向新制备的$Cr(OH)_3$沉淀中加入 HCl 溶液时，沉淀溶解所得溶液为绿色，这时 $CrCl_3$ 溶液实际上就是 b 型或 c 型水合物，为了方便起见，各种水合物通常均以 $CrCl_3$ 表示。

(2) 氨合物 向 $CrCl_3$ 水溶液中加入氨水并不能制得配合物$[Cr(NH_3)_6]Cl_3$，只会形成 $Cr(OH)_3$ 沉淀。当有大量 NH_4^+ 离子存在时，$CrCl_3$ 与浓氨水反应可生成铬氨配合物。通常用无水 $CrCl_3$ 和过量液氨作用，并以 $NaNH_2$ 作催化剂，这时得到的产物为三氯化六氨合铬（Ⅲ）和二氯化一氯五氨合铬（Ⅲ），用萃取法可使两者得到分离：

$$CrCl_3 + 6NH_3 \xrightarrow[\text{低温}]{NaNH_2} [Cr(NH_3)_6]Cl_3$$

铬氨配合物也可形成不同颜色的配合物，而且随着$[Cr(H_2O)_6]^{3+}$中配体水分子不同程度被 NH_3 分子的取代，配合物颜色也随之改变。

$$\underset{\text{蓝紫色}}{[Cr(H_2O)_6]^{3+}} \xrightarrow{NH_3,NH_4^+} \underset{\text{紫红色}}{[Cr(NH_3)_2(H_2O)_4]^{3+}} \xrightarrow{NH_3,NH_4^+}$$

$$\underset{\text{浅红色}}{[Cr(NH_3)_3(H_2O)_3]^{3+}} \xrightarrow{NH_3,NH_4^+} \underset{\text{橙红色}}{[Cr(NH_3)_4(H_2O)_2]^{3+}} \xrightarrow{NH_3,NH_4^+} \underset{\text{黄色}}{[Cr(NH_3)_6]^{3+}}$$

以上 Cr(Ⅲ) 配合物在水溶液中的颜色可以用晶体场理论说明。晶体场理论认为，NH_3 分子是较 H_2O 分子强的强场配体，因此$[Cr(NH_3)_6]^{3+}$的中心离子 d 轨道分裂能 Δ_o 比$[Cr(H_2O)_6]^{3+}$的分裂能大，电子在产生 d-d 跃迁时，分裂能大的吸收能量较高（波长较短）的光波，而散射出波长较长的光，因此随着$[Cr(H_2O)_6]^{3+}$离子中 H_2O 分子被 NH_3 取代，分裂能逐渐增大，吸收的波长逐渐变短，散射出波长较长的光，看到的颜色从紫→红→黄。

(3) 铬的其他配合物 除Cr(Ⅲ)配合物外，铬还能生成低氧化值配合物，如Cr(0)的羰基配合物$Cr(CO)_6$。这是一种易升华的斜方晶体，熔点为150℃（加压下），空间构型为以Cr原子为中心的正八面体。六羰基合铬可用还原法制得：

$$8CrCl_3 + 48CO + 3LiAlH_4 \xrightarrow{115℃,\text{乙醇},\text{加压}} 8Cr(CO)_6 + 3LiCl + 3AlCl_3 + 12HCl$$

铬还能与某些有机试剂形成结构特殊的夹心型有机金属配合物。例如，二茂铬$(C_5H_5)_2Cr$和二苯铬$(C_6H_6)_2Cr$等。

13.2.4 铬及其化合物的应用

铬单质的熔点和沸点高，硬度大，耐腐蚀性好，又有明亮的光泽，因此它被广泛地应用于冶金和电镀工业。许多家庭用具和其他工业制品经镀铬处理后，不仅使其外观光亮、美丽，而且又起到耐磨、防腐蚀作用。

在冶金工业上，铬主要用来生产合金钢。当铬作为合金元素加入钢中达到一定含量时（通常为10%以上），在钢铁表面会形成一层薄而致密的氧化膜（Cr_2O_3），这层膜在空气以及酸性条件下，特别是在硝酸中能阻止材料的腐蚀。

在高温情况下，用镀铬方式往往难以起到保护金属的作用，特别是热膨胀有差别的情况时，会引起镀层的散裂，这时如采用渗铬技术就能够克服这一缺点。所谓渗铬是指利用加热，使铬扩散到金属制品的表面，从而提高金属表面的硬度和耐磨性，并使金属制品具有较高的抗热性。渗铬所用的渗铬剂可以是便宜而容易得到的铬铁合金粉，渗铬时另外加入少量NH_4Cl。首先NH_4Cl受热分解：

$$NH_4Cl(s) = NH_3(g) + HCl(g)$$

产生的HCl气体和渗入的Cr作用：

$$2HCl(g) + Cr = CrCl_2(g) + H_2$$

$CrCl_2(g)$和炽热的钢铁表面作用，析出的铬被钢铁所吸收。

$$CrCl_2 + Fe = FeCl_2 + Cr$$

经渗铬以后的制品其表面铬含量可高达25%～50%，大大提高了原来金属制品的抗腐蚀能力。由于仅是表面含铬量提高，又可以节约铬的用量，而且使钢铁制品同样具有非常高的硬度及耐磨性，因此渗铬的作用就如给钢铁制品披上一件耐磨、坚硬、抗热的外套。

单质铬还用在制备金属陶瓷。它是一种新型耐高温材料，它兼有金属的韧性、抗弯曲性，又具有陶瓷的耐高温及抗氧化性等优点。金属陶瓷广泛用于喷气技术、原子能工业、金属切削和火箭导弹等领域。

铬的化合物因呈现各种特有的颜色，作为颜料广泛地用于塑料着色、涂料和油墨的制造。如Cr_2O_3深绿色晶体用于涂料、陶瓷、颜料等，并且是铝热法制金属铬的原料。CrO_3又称铬酸酐，红棕色晶体，强氧化剂，用作玻璃、塑料着色剂。铬酸锌（$ZnCrO_4$）、淡黄色颜料。$K_2Cr_2O_7$橙红色晶体，强氧化剂，用于有机合成、颜料、鞣革、电镀等。此外，Cr(Ⅲ)有清除哺乳动物血液中葡萄糖的作用及胰岛素的加强剂。

13.3 锰及其化合物

锰（Manganese）位于周期表的第四周期第ⅦB族，与Cr和Fe左右相邻。单质锰由瑞典化学家甘恩（J. G. Grahn）于1774年用碳还原软锰矿$MnO_2 \cdot xH_2O$首先制得。

13.3.1 锰的常见氧化值及其氧化还原性

锰的外层电子结构为$3d^54s^2$，它是迄今发现的元素中氧化值变化最为丰富的一种元素，在不同条件下能显示出从0～7的各种氧化值，甚至还有－1，－2，－3氧化值，其中较为常见的是Mn（Ⅱ），Mn（Ⅳ），Mn（Ⅵ）和Mn（Ⅶ）四种氧化值。锰的一些重要化合物及颜色见表13-8。

表13-8 锰的一些重要化合物

氧化值	+2	+4	+6	+7
氧化物	MnO 灰绿色	MnO_2 棕黑色		Mn_2O_7 红棕色液体
氢氧化物	$Mn(OH)_2$ 白色	$Mn(OH)_4$棕色		$HMnO_4$ 紫红色
主要盐类	$MnCl_2$ 淡红色 $MnSO_4$淡红色		K_2MnO_4 绿色	$KMnO_4$ 紫红色

下面列出锰元素的电势图，据此讨论该元素常见氧化值的存在形式及其氧化还原性。

$$E_A^{\ominus}/V \quad MnO_4^- \xrightarrow{0.558} MnO_4^{2-} \xrightarrow{2.26} MnO_2 \xrightarrow{0.95} Mn^{3+} \xrightarrow{1.51} Mn^{2+} \xrightarrow{-1.185} Mn$$

（MnO_4^-—Mn^{2+}：1.507；MnO_4^-—MnO_2：1.679；MnO_2—Mn^{2+}：1.224）

$$E_B^{\ominus}/V \quad MnO_4^- \xrightarrow{0.558} MnO_4^{2-} \xrightarrow{0.60} MnO_2 \xrightarrow{-0.10} Mn(OH)_3 \xrightarrow{0.10} Mn(OH)_2 \xrightarrow{-1.56} Mn$$

（MnO_4^-—$Mn(OH)_2$：0.32；MnO_4^-—MnO_2：0.595；MnO_2—$Mn(OH)_2$：−0.05）

(1) Mn(Ⅱ) 化合物 $MnSO_4$ 是 Mn(Ⅱ) 化合物之一，固体为淡红色粉末状，其较浓水溶液也显示粉红色，稀溶液则几乎无色。

在二价锰离子溶液中缓慢加入少量 NaOH 溶液，首先生成白色$Mn(OH)_2$沉淀：

$$Mn^{2+} + 2OH^- = Mn(OH)_2 \downarrow$$

生成的 $Mn(OH)_2$ 在空气中不稳定，迅速被空气中的 O_2 氧化成褐色的$MnO(OH)_2$沉淀：

$$2Mn(OH)_2 + O_2 = 2MnO(OH)_2$$

$MnO(OH)_2$ 可看成是 MnO_2 的水合物($MnO_2 \cdot xH_2O$)。

从电势图可知，在酸性介质中，Mn(Ⅱ) 相当稳定，只有遇强氧化剂［如 $NaBiO_3$、PbO_2、$(NH_4)_2S_2O_8$ 等］才能被氧化。

$$2Mn^{2+} + 5NaBiO_3 + 14H^+ = 2MnO_4^- + 5Bi^{3+} + 5Na^+ + 7H_2O$$

由于反应中生成了 MnO_4^- 离子而使溶液呈紫红色，这是实验室检验 Mn^{2+} 离子的特征反应。在此鉴定反应中，如果引入还原性物质如 Cl^- 离子时，由于生成的 MnO_4^- 离子或者加入的氧化剂 $NaBiO_3$ 可被 Cl^- 离子还原，结果出现的紫红色又立即消失，所以不可用 HCl 酸化。

$$2MnO_4^- + 16H^+ + 10Cl^- = 2Mn^{2+} + 5Cl_2 \uparrow + 8H_2O$$

$$NaBiO_3 + 6HCl = NaCl + BiCl_3 + Cl_2 \uparrow + 3H_2O$$

在碱性介质中，Mn(Ⅱ) 具有较强的还原性，易被空气中的 O_2 氧化产生棕色 MnO_2 沉淀。

$$MnO_2 + 2H_2O + 2e^- = Mn(OH)_2 + 2OH^- \quad E_B^{\ominus} = -0.05V$$

$$O_2 + 2H_2O + 4e^- = 4OH^- \quad E_B^{\ominus} = 0.401V$$

(2) Mn(Ⅳ) 化合物 最常见的 Mn(Ⅳ) 化合物以 MnO_2（棕黑色固体）形式存在。在酸性介质中 MnO_2 是强氧化剂，可以将 HCl 溶液中的 Cl^- 离子氧化成 Cl_2。

$$MnO_2(s) + 4HCl(浓) = MnCl_2 + Cl_2 \uparrow + 2H_2O$$

这是实验室制备氯气的方法，反应中所用盐酸溶液必须是浓盐酸，否则上述反应不能发生。

在碱性介质中 MnO_2 以还原性为主。如 MnO_2 和 KOH 的混合物，在空气中加热至熔融，可使 MnO_2 转化为绿色的 K_2MnO_4 固体。

$$2MnO_2(s) + 4KOH(s) + O_2 = 2K_2MnO_4 + 2H_2O$$

MnO_2，$KClO_3$ 和 KOH 混合加热至熔融，也能生成 K_2MnO_4 固体。

$$3MnO_2(s) + 6KOH(s) + KClO_3(s) = 3K_2MnO_4 + KCl + 3H_2O$$

这是从软锰矿制备锰化合物的基本反应之一。

(3) Mn(Ⅵ) 化合物 Mn(Ⅵ) 化合物以含氧酸盐形式存在于强碱性介质中，游离态的 H_2MnO_4 至今未见报道。在酸性或中性溶液中 K_2MnO_4 不稳定，易发生下列歧化反应，

$$3K_2MnO_4 + 2H_2O \xlongequal{} 2KMnO_4 + MnO_2 \downarrow + 4KOH$$

根据平衡移动原理，在上述反应中加入酸，将有利于歧化，反应向右进行，如：

$$3K_2MnO_4 + 4HAc \xlongequal{} 2KMnO_4 + MnO_2 \downarrow + 2H_2O + 4KAc$$

$$3K_2MnO_4 + 2CO_2 \xlongequal{} 2KMnO_4 + MnO_2 \downarrow + 2K_2CO_3$$

加入碱，则歧化反应向左进行，即 MnO_4^- 和 MnO_2 在碱性介质中生成绿色的 MnO_4^{2-} 离子。

$$2KMnO_4 + MnO_2 + 4KOH \xlongequal{} 3K_2MnO_4 + 2H_2O$$

有关电极反应的电势值为：

$$MnO_4^- + e^- \xlongequal{} MnO_4^{2-} \qquad E_B^\ominus = 0.558V$$

$$MnO_4^{2-} + 2H_2O + 2e^- \xlongequal{} MnO_2 + 4OH^- \qquad E_B^\ominus = 0.60V$$

在所有物质均处于标准态时，电极反应的标准电势值十分接近，反应缺乏推动力，上述反应难以生成 MnO_4^{2-} 离子。为了使生成 MnO_4^{2-} 离子的反应能顺利进行，则要降低还原剂电极反应的电势值，即在保持其他物质浓度不变时，只要增加 OH^- 离子浓度，通过计算，溶液中 KOH 浓度大于 $6.0mol \cdot L^{-1}$ 时即可满足需要，实际上通常采用 40% 的 KOH 溶液和 MnO_2 及 $KMnO_4$ 溶液共热制取 K_2MnO_4。

(4) Mn(Ⅶ) 化合物 Mn(Ⅶ) 化合物中，最重要的是高锰酸钾，它是一种紫黑色晶体，其水溶液呈紫红色，是实验室常用的氧化剂。高锰酸只存在于溶液中，最大浓度为 20%。

MnO_4^- 离子在中性或微碱性介质中稳定存在，在酸性介质中不稳定，会缓慢分解：

$$4MnO_4^- + 4H^+ \xlongequal{} 4MnO_2 + 3O_2 + 2H_2O$$

MnO_4^- 离子在酸性、中性和碱性介质中均有氧化性，但在不同介质中被还原的产物各不相同，以 MnO_4^- 和 SO_3^{2-} 离子的反应为例。

酸性介质： $2MnO_4^- + 5SO_3^{2-} + 6H^+ \xlongequal{} 2Mn^{2+} + 5SO_4^{2-} + 3H_2O$

近中性、弱碱性介质： $2MnO_4^- + 3SO_3^{2-} + H_2O \xlongequal{} 2MnO_2 + 3SO_4^{2-} + 2OH^-$

碱性介质： $2MnO_4^- + SO_3^{2-} + 2OH^- \xlongequal{} 2MnO_4^{2-} + SO_4^{2-} + H_2O$

因此 MnO_4^- 离子和还原剂反应时，Mn(Ⅶ) 转变成何种氧化值，这与反应时溶液的酸碱性有着密切的关系。

通过 K_2MnO_4 在酸性介质中歧化反应制取 $KMnO_4$ 时，只有 2/3 的锰转化为产物，因此在工业生产上，一般不采用此法，而是用 Cl_2 氧化或电解法制取：

$$2K_2MnO_4 + Cl_2 \xlongequal{} 2KMnO_4 + 2KCl$$

电解时阳极反应为： $2MnO_4^{2-} \xlongequal{} 2MnO_4^- + 2e^-$

阴极反应为： $2H_2O + 2e^- \xlongequal{} H_2 + 2OH^-$

由电解法制得的 $KMnO_4$ 产率高、质量好。

13.3.2 电势、酸度和试剂用量对锰化合物氧化还原产物的影响

在上述锰化合物性质讨论中可以看到，对于具有多种氧化值的元素，当它们发生氧化还原反应时，随着反应条件的不同可能有多种氧化或还原产物，这样给正确书写氧化还原反应带来一定的困难。下面通过电极反应的电势、酸度及试剂用量等因素对锰的不同氧化值的一般变化规律作一简单分析，以使读者在判断氧化还原产物时能有所帮助。

(1) 电极反应的电势值 Mn(Ⅱ) 氧化值较低，当向高氧化值变化时，在何种介质中发

生这种变化，可借助电极反应的标准电势予以分析：

$$MnO_2 + 2H_2O + 2e^- \Longrightarrow Mn(OH)_2 + 2OH^- \qquad E_B^\ominus = -0.05V$$

$$MnO_2 + 4H^+ + 2e^- \Longrightarrow Mn^{2+} + 2H_2O \qquad E_A^\ominus = 1.224V$$

$$MnO_4^- + 8H^+ + 5e^- \Longrightarrow Mn^{2+} + 4H_2O \qquad E_A^\ominus = 1.507V$$

因为 $E^\ominus$ 越负，还原剂的还原性越强，氧化值越易升高，所以在碱性介质中Mn（Ⅱ）很容易被空气中的氧气氧化为 $MnO(OH)_2$（或 MnO_2）。反之，$E^\ominus$ 值越大，还原型物质的还原性越弱，不易被氧化为高氧化值，所以在酸性介质中必须用强氧化剂（如 $NaBiO_3$、PbO_2 等）才能将 Mn^{2+} 氧化为 MnO_4^-。

MnO_2 中锰的氧化值为＋4，处于中间氧化值，所以它既有氧化性又有还原性。

$$Mn^{2+} \xleftarrow{\text{被还原}} MnO_2 \xrightarrow{\text{被氧化}} MnO_4^{2-} \qquad MnO_4^-$$

$$MnO_2 + 4H^+ + 2e^- \Longrightarrow Mn^{2+} + 2H_2O \qquad E_A^\ominus = 1.224\ V$$

$$MnO_4^- + 2H_2O + 3e^- \Longrightarrow MnO_2 + 4OH^- \qquad E_B^\ominus = 0.60V$$

这表明在酸性介质中 MnO_2 是颇强的氧化剂，可将还原性较弱的 Br^- 氧化为 Br_2。而 MnO_2 为还原剂，则必须在碱性介质中，才能与氧化剂（如 $KClO_3$、KNO_3、$NaBiO_3$、O_3 等）发生反应。又如锰酸盐 MnO_4^{2-} 只能存在于强碱性介质中，在中性或弱酸性溶液中则易歧化，生成紫红色的 MnO_4^-，且溶液变浑浊，有 MnO_2 析出，有关电势值是：

$$E_A^\ominus/V \quad MnO_4^- \xrightarrow{0.558} MnO_4^{2-} \xrightarrow{2.26} MnO_2$$

因为 $E_{右}^\ominus > E_{左}^\ominus$，所以 MnO_4^{2-} 离子在微酸性溶液（如碳酸、醋酸）或中性溶液中不稳定，容易发生歧化反应。

如果是非标准状态，则可通过能斯特方程式计算 E 值，然后加以比较分析。

(2) 酸度　上面提到 MnO_2 在酸性介质中是颇强的氧化剂，可将浓 HCl 中的 Cl^- 氧化为 Cl_2。其相应电极反应的电势为：

$$MnO_2 + 4H^+ + 2e^- \longrightarrow Mn^{2+} + 2H_2O \quad E^\ominus = 1.224V$$

$$Cl_2 + 2e^- \longrightarrow 2Cl^- \qquad E^\ominus = 1.35827V$$

在标态下，MnO_2 似乎不能将 Cl^- 氧化为 Cl_2，但在浓 HCl 条件下，根据能斯特方程，可以计算得知 MnO_2 作为氧化剂时电极反应的电势值升高，Cl^- 作还原剂时电极反应的电势值下降，能够满足 $E_{氧} > E_{还}$，从而使 MnO_2 能与浓 HCl 反应产生 Cl_2。

一般来说，对于有 H^+ 或 OH^- 参与的反应，H^+ 或 OH^- 浓度的改变都将影响氧化剂或还原剂电极反应的电势值。

(3) 试剂用量　在进行某些化学反应时，适当的试剂用量也是重要的因素。例如在硝酸介质中，用固体 $NaBiO_3$ 检验 Mn^{2+} 离子时，由于

$$E_A^\ominus/V \qquad MnO_4^- \xrightarrow{1.679} MnO_2 \xrightarrow{1.224} Mn^{2+}$$

$E_{右}^\ominus < E_{左}^\ominus$，因此当试液中 Mn^{2+} 太多或 $NaBiO_3$ 不足，都会造成过量的 Mn^{2+} 与产物 MnO_4^- 反应，产生 MnO_2 沉淀，致使不出现特征的紫色：

$$2MnO_4^- + 3Mn^{2+} + 2H_2O \Longrightarrow 5MnO_2 + 4H^+$$

因此我们在分析某一元素的氧化还原反应时，要根据电极反应的电势、酸度、浓度等各种因素进行综合判断。

必须指出，通过对电极反应的电势等因素的分析，可以判断氧化还原反应的产物。这仅仅是从热力学角度说明反应的可能性，但能否觉察到反应发生，还要涉及到反应速率即动力学的问题。有些反应尽管反应趋势很大，但速率却很慢，以致觉察不到反应的进行。

锰也可形成稳定的配合物，如 Mn(Ⅱ）能形成七配位的［Mn(EDTA)(H_2O)]$^{2-}$；Mn(0) 形成［$Mn_2(Co)_{10}$］金黄色的羰基化物等。

13.3.3 锰及其化合物的应用

在冶金工业上，锰是生产各种合金钢（如结构钢、弹簧钢等）不可缺少的元素之一。锰钢中含锰量为12%～15%，这种钢具有坚硬、抗冲击且耐磨损的优越性能，用于制造钢轨、轮船的甲板、破碎机、拖拉机的履带等。锰在炼钢中作去氧剂和脱硫剂，锰和硫在铁水中生成溶解度较小的 MnS 而将硫除去。

锰铜合金（Cu84%，Mn 12%，Ni 4%）的电阻温度系数为零，广泛用于电器生产中。

MnO_2 大量用于干电池中作为去极剂。干电池在工作时的电极反应为：

锌极（负极）$Zn \longrightarrow Zn^{2+} + 2e^-$

碳极（正极）$2NH_4^+ + 2e^- \longrightarrow 2NH_3 + H_2$

随着反应的进行，氢气越来越多地积聚在碳极上，造成电池内阻增大，妨碍电池反应和电流的产生，这种现象称为极化。在碳极周围放置 MnO_2 细粉后，MnO_2 可以使 H_2 氧化，这一过程称为去极化过程，MnO_2 称为去极剂。发生的反应可表示为：

$$MnO_2 + H_2 \longrightarrow MnO + H_2O$$

将 MnO_2 加在油漆中，能加速油漆表面氧化成膜，因此常作油漆生产中的催干剂。

在玻璃生产中，MnO_2 作为“漂白剂”。玻璃中常因混入极少量Fe(Ⅱ)而呈绿色，当加入 MnO_2 后，能将 Fe(Ⅱ）氧化成 Fe(Ⅲ)，Mn(Ⅳ）被还原成 Mn(Ⅲ)，由于 Fe(Ⅲ）和 Mn(Ⅲ）的硅酸盐分别呈现黄色和紫色，因两色互补使玻璃呈无色。

锰锌铁氧体为工程陶瓷材料，这种材料电阻小，硬度大，高频涡流损耗小，可用作高频瓷芯，变压器瓷芯等。此外镁锰铁氧体、锂锰铁氧体可作为各种类型的电子计算机存储磁芯。

$KMnO_4$ 是熟知的氧化剂，用于化学分析、糖精和苯甲酸的工业生产中，在医药上是一种重要的消毒剂；也常用于水的净化，其优点是不影响水味和生成的 MnO_2 又可作为水中胶体杂质的凝结剂。

13.4 稀土元素及其化合物

镧系元素和ⅢB族的钇（Y）元素性质上很相似，在自然界也常共生于矿物之中，因此化学上把镧系和钇一起总称为稀土元素（rare earth elements)，并以符号 RE 表示。“稀土”这一名称起源于它们的矿物稀散，认识较晚，并具有土性（氧化物和氢氧化物难溶于水)。本节主要讨论稀土元素的主体成员——镧系元素。

根据稀土矿物的共生情况和它们盐类的溶解性差异，通常将稀土分为两个组：原子序数从57～63（从 La 到 Eu）称为铈组或轻稀土元素；原子序数从64～71（从 Gd 到 Lu）以及钇称为钇组或重稀土元素。

稀土元素

LaCe Pr Nd Pm Sm Eu　　Gd Tb Dy(Y) Ho Er Tm YbLu

铈组(轻稀土）元素　　钇组(重稀土）元素

稀土元素并不稀有，在地壳中的稀土元素总量比预想的要多，但稀土元素矿藏分散，可供工业利用的矿石相当有限，因此稀土元素的开发、研究和应用都较晚。

我国的稀土资源极为丰富，分布遍及十多个省（区)，储量为世界其他各国总和的 4 倍还多，其次是美国，然后是印度、加拿大、巴西等国。

高新技术的发展需要新型的功能材料作支撑，而作为新型功能材料的主要构成元素——稀土，已经在化工、玻璃、陶瓷、冶金、电子、原子能等许多工业领域被广泛应用。

13.4.1　稀土元素的性质

稀土元素的性质与其内部结构密切相关，现简单介绍稀土元素的原子结构和一些重要的性质。

(1) 电子构型　稀土元素在基态时的电子排布特征是最后填充的电子大都进入 4f 亚层，只有钇和镧例外，表 13-9 列出稀土元素原子和离子（RE^{3+}）的电子结构及某些性质。

表 13-9　稀土元素的原子和离子（RE^{3+}）的电子结构及某些性质

元　素	原子的电子结构	氧化值	RE^{3+}离子电子结构	RE^{3+}离子半径/pm	电极反应的电势 $E^{\ominus}_{RE^{3+}/RE}$/V	RE^{3+}离子在水溶液中的颜色
39 钇 Y	$4d^1 5s^2$	+3	$4s^2 4p^6$	88	−2.372	无色
57 镧 La	$5d^1 6s^2$	+3	$4f^0$	106	−2.379	无色
58 铈 Ce	$4f^1 5d^1 6s^2$	+3，+4	$4f^1$	103	−2.336	无色
59 镨 Pr	$4f^3 6s^2$	+3，+4	$4f^2$	101	−2.35	绿色
60 钕 Nd	$4f^4 6s^2$	+3	$4f^3$	100	−2.323	红色
61 钷 Pm	$4f^5 6s^2$	+3	$4f^4$	98	−2.30	粉红
62 钐 Sm	$4f^6 6s^2$	+2，+3	$4f^5$	96	−2.304	淡黄
63 铕 Eu	$4f^7 6s^2$	+2，+3	$4f^6$	95	−1.991	淡粉红
64 钆 Gd	$4f^7 5d^1 6s^2$	+3	$4f^7$	94	−2.279	无色
65 铽 Tb	$4f^9 6s^2$	+3，+4	$4f^8$	92	−2.28	微粉红
66 镝 Dy	$4f^{10} 6s^2$	+3，(+4)	$4f^9$	91	−2.295	淡黄绿
67 钬 Ho	$4f^{11} 6s^2$	+3	$4f^{10}$	89	−2.33	粉红
68 铒 Er	$4f^{12} 6s^2$	+3	$4f^{11}$	88	−2.331	淡红
69 铥 Tm	$4f^{13} 6s^2$	(+2)，+3	$4f^{12}$	87	−2.319	浅绿
70 镱 Yb	$4f^{14} 6s^2$	+2，+3	$4f^{13}$	86	−2.19	无色
71 镥 Lu	$4f^{14} 5d^1 6s^2$	+3	$4f^{14}$	85	−2.28	无色

从表 13-9 中可看到，La 有 4f 空轨道（$4f^0$），Gd 的 4f 轨道为半充满（$4f^7$），Lu 的 4f 轨道为全充满（$4f^{14}$），这些均为稳定的电子构型。

从 RE^{3+} 离子电子构型可以归纳出电子构型和稀土元素常见氧化值之间的关系。如具有一个 4f 电子的 Ce^{3+} 和邻近的 Pr^{3+} 有可能再失去一个 f 电子而表现出 +4 氧化值；同样具有 $4f^8$ 电子构型的 Tb^{3+} 离子和与它邻近的 Dy^{3+} 离子，也可能再失去一个 4f 电子而表现出 +4 氧化值。而具有 $4f^7 6s^2$ 电子结构的 Eu 原子和它邻近的 Sm 原子，则有可能仅失去 2 个 s 电子而呈现 +2 氧化值；与此相类似的是电子结构为 $4f^{14} 6s^2$ 的 Yb 原子和邻近的 Tm（$4f^{13} 6s^2$），也有可能失去 2 个 s 电子而呈现出 +2 氧化值。

(2) 原子半径和离子半径　由表 13-9 可知，镧系元素的原子半径及 Ln^{3+} 离子半径，在总的趋势上都随原子核电荷数的增大而缩小，这一现象称为镧系收缩。

镧系收缩的产生与其原子的电子层结构密切相关。尽管每增加一个 f 电子，原子半径的缩小并不大，但依次充填 14 个 f 电子后整个镧系收缩却是可观的。在镧系原子半径的收缩过程中，有两处突跃，即铕和镱的原子半径突然增大，在图 13-4-1(a) 中在铕和镱处出现两个峰值，这是由于铕和镱各自具有半充满和全充满的 4f 亚层，这一相对稳定的结构对核电荷的屏蔽较大，所以原子半径便明显增大。对于 Ln^{3+} 离子，其半径收缩更为明显，而且 4f 亚层已暴露为最外层，电子结构单调变化使 Ln^{3+} 离子的半径呈有规律的收缩，见图 13-4-1(b)。

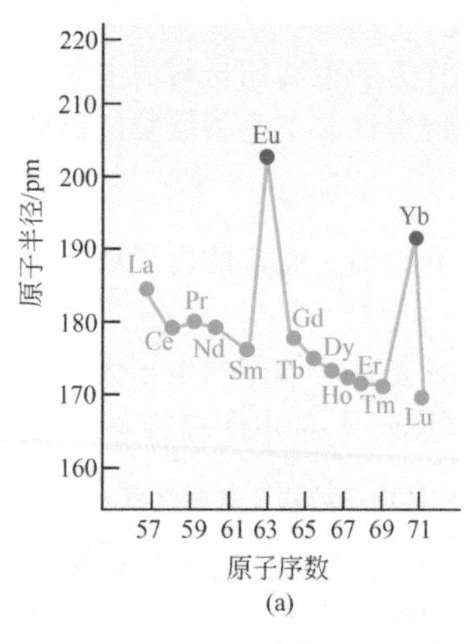

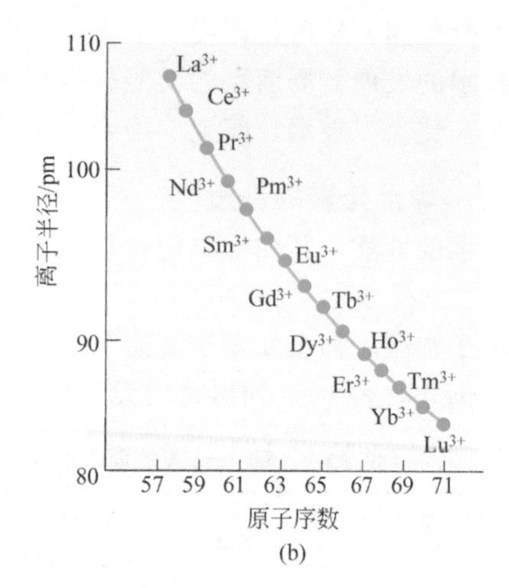

图 13-4-1 镧系元素的原子半径和离子半径随原子序数的变化

镧系收缩不仅表明镧系元素的原子和 Ln^{3+} 离子半径既逐渐缩小、又比较接近，使镧系元素及其化合物的性质十分相似，而且受镧系收缩影响，使得具有 $4d^n$ 和 $5d^n$ 电子的原子半径也较接近，造成它们的元素和化合物的性质也颇相似。

(3) 离子的磁性和离子的颜色 我们已经了解，物质因其有、无成单电子而显示顺磁性或反磁性。具有 $4f^0$ 构型的 La^{3+}、Ce^{3+} 和 $4f^{14}$ 的 Yb^{2+}、Lu^{3+}，因无成单电子而呈反磁性，而具有 $4f^{1\sim13}$ 构型的镧系元素及其化合物，则因含有成单电子而显示顺磁性。

物质的磁性除了与成单电子的自旋运动有关外，还与轨道运动有关。对于镧系元素来说，由于 4f 电子受 5s 和 5p 电子屏蔽而与周围配体电场的作用较弱，轨道运动对磁矩的贡献未被配体电场抵消，因此它们的磁矩来自成单电子自旋运动和轨道运动两方面的贡献。所以不能用唯自旋公式（$\mu=\sqrt{n(n+2)}\mu_0$）计算它们的磁矩，需要实测。

金属的磁性除了与原子结构有关外，同时还与晶体结构、温度等因素有关。镧系金属与 Fe、Co、Ni 等金属形成的金属互化物具有优良的磁性能，是一类新型的磁性材料（magnetic material）。

RE^{3+} 离子在水溶液中的颜色见表 13-9。

(4) 稀土元素的活泼性 稀土元素一般呈银灰色，质地比较软。稀土金属都是活泼金属，其活泼性仅次于碱金属和碱土金属。稀土金属在空气中易被氧化而生成氧化物，因此稀土金属需保存在石蜡或矿物油中，以防止氧化。稀土金属可与绝大多数非金属反应，如与卤素反应生成 REX_3（X 为 F、Cl、Br、I）；与氮生成 REN（氮化物）；与磷生成 REP（磷化物）；还能与碳生成 REC_2、RE_2C_3、RE_4C_3 等（碳化物）。稀土金属能与水反应，尤其是与热水反应较剧烈，同时放出氢气。

稀土金属与过渡金属以及大部分主族金属元素可形成金属互化物，有些是优良的磁性材料，如 $SmCo_5$ 和 Sm_2Co_{17}；有些是优良的贮氢材料，如 $LaNi_5$ 等。

13.4.2 稀土元素的重要化合物

13.4.2.1 氧化物和氢氧化物

随着材料、信息、能源以及航天等高新技术的迅速发展，对于具有各种功能的稀土固体材料的要求也越来越高，这些固体材料中，稀土的各种氧化物是重要成员之一。

RE（Ⅲ）的氧化物都难溶于水，其性质类似于碱土金属氧化物。将稀土金属氧化，或把稀土氢氧化物、草酸盐、碳酸盐、硝酸或硫酸盐加热分解，都可得到相应的氧化物

表 13-10　某些稀土氧化物的颜色及应用

氧化物	颜色	用途
La_2O_3	白色	光学玻璃、光学纤维、电子和陶瓷工业
CeO_2	淡黄色	玻璃工业、陶瓷工业、化学催化剂
Pr_6O_{11}	褐色	陶瓷釉颜料、永磁合金
Nd_2O_3	淡紫色	电视机玻壳、玻璃器皿着色、技术合金
Sm_2O_3	淡黄色	钐、铕永磁材料
Eu_2O_3	略带微红	荧光粉的激活剂、红色荧光粉的原料
Gd_2O_3	白色	各种荧光粉、光学玻璃电子工业
Tb_3O_7	棕褐色	荧光材料的激活剂、石榴石的渗入剂
Dy_2O_3	白色	石榴石添加剂、金属卤素灯、反应堆控制材料
Yb_2O_3	白色	电子工业
Y_2O_3	白色	荧光材料、电子工业

RE_2O_3。但 Ce 常生成高价氧化物 CeO_2，Pr 和 Tb 则生成非计量和混合氧化值的氧化物，如 $Pr_6O_{11}(Pr_2O_3 \cdot 4PrO_2)$、$Tb_3O_7(TbO_3 \cdot 2TbO_2)$。表 13-10 列出部分稀土氧化物的颜色及某些用途。

向 RE(Ⅲ) 盐溶液中加入 NaOH 溶液，都可生成相应的氢氧化物$RE(OH)_3$沉淀，稀土氢氧化物的颜色和氧化物基本一致。$RE(OH)_3$ 的碱性也可用 ROH 规则予以说明，随稀土元素原子序数增大，RE^{3+} 的半径减小，离子势 ϕ 增大，所以碱性减小。其溶解度随原子序数增大也逐渐变小。

13.4.2.2　稀土元素的配合物

稀土元素的配合物在稀土元素的分离、分析和应用中具有重要作用。

稀土元素离子的配位能力与 d 区元素相比要小得多，这主要是由于RE(Ⅲ)的离子半径较大，对配体的静电引力较弱，同时 4f 轨道因受屏蔽而难以杂化成键。尽管如此，其离子在水溶液中仍能与许多无机配体如 OH^-，NO_3^-，PO_4^{3-} 及 $X^-(X=F, Cl, Br, I)$ 等形成配合物，如 Ce(Ⅳ) 的配合物有 $(NH_4)_2[Ce(NO_3)_6]$、$(NH_4)_2[CeF_6]$、$(NH_4)_2[Ce(C_2O_4)_3]$、$H_2[CeCl_6]$等。此外 RE(Ⅲ) 离子可以与含氧、含氮、含磷、含硫等有机配体形成稳定的螯合物，而且这些螯合物的稳定性大都随稀土离子半径的减小而增大。如部分 RE(Ⅲ) 离子与乙二胺四乙酸形成的配合物 H[RE(EDTA)]的 $pK^{\ominus}$ 值为：

RE(Ⅲ)	La	Ce	Pr	Nd	Sm	Eu	Gd	Tb	Dy	Lu	Y
$pK^{\ominus}$	15.50	15.98	16.40	16.61	17.14	17.35	17.37	17.93	18.30	19.83	18.09

13.4.3　稀土元素的分离

稀土元素性质相似，在自然界总以共生矿存在，所以稀土元素的分离较为复杂。稀土元素的分离方法众多，有分级结晶、溶剂萃取、离子交换、氧化还原等方法，目前应用较多的是溶剂萃取和离子交换。

13.4.3.1　溶剂萃取法

从 1937 年至今溶剂萃取法已有 70 多年的历史，该法的关键是选择合适的萃取剂和合适的溶剂。萃取剂的作用是与稀土元素有选择性地形成萃合物，如早期使用的萃取剂磷酸三丁酯（缩写为 TBP）和后来选用的分离系数更大的磷酸二（2-乙基己基）酯（缩写为 HDE-HP，代号为 P_{204}）。而溶剂的作用则是改善分离状况，当仅用萃取剂从水溶液萃取稀土时，萃取剂与水溶液不易分离，且常出现第三相，加入溶剂后使萃取剂在其中的溶解度大，而在水中的溶解度小，这样可使有机相和水相有效分离，如煤油经常被用作萃取时的溶剂。有机相和水相分离后，为了使负载在有机相的稀土元素重新进入水相，需用反萃液（如无机酸、

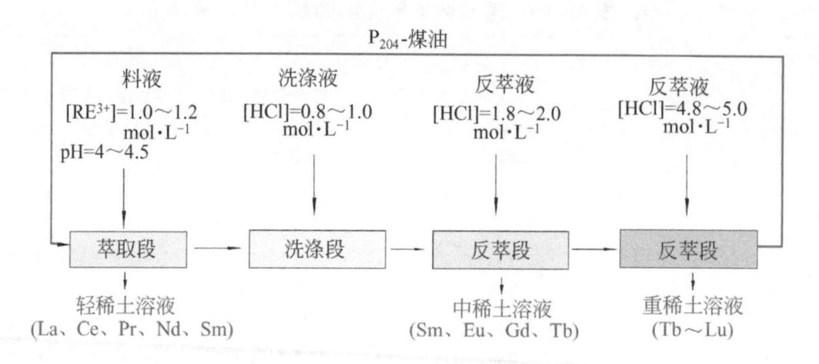

图 13-4-2 P_{204}-HCl 体系萃取分离轻、中、重稀土元素的主要工艺流程

去离子水、碱液等）和有机相充分接触，并控制反萃液浓度，使不同的被萃物自有机相转入水相，从而达到分离不同稀土元素的目的。图 13-4-2 是用 P_{204} 作萃取剂、煤油为溶剂、HCl 溶液为反萃液，使混合稀土分组分离示意图。用同样的原理可使分组后的稀土元素逐个分离。

13.4.3.2 离子交换法

稀土元素也常用离子交换法进行分离，一般是将稀土离子通过阳离子交换柱，然后用柠檬酸盐作为洗提剂，利用不同 pH 值下稀土离子与柠檬酸根离子生成配合物的稳定性不同将它们分离。如固体激光材料用的氧化钕 Nd_2O_3 纯度高达 99.999%。而 Nd 和 Pr 都是稀土元素，性质极为相似，制备这样高纯度的 Nd_2O_3，离子交换法是目前惟一有效的方法。其离子交换过程大致如下：将含有 Pr^{3+} 和 Nd^{3+} 离子的溶液通过阳离子交换树脂，Pr^{3+} 和 Nd^{3+} 离子就被吸附在树脂上。用严格控制 pH 值的柠檬酸根离子作为洗提剂，在 pH＝2.6 时，Nd^{3+} 与柠檬酸仍能生成稳定的配合物，而 Pr^{3+} 与柠檬酸生成配合物的稳定性差得多，因此 Nd^{3+} 首先流出交换柱，而 Pr^{3+} 仍被树脂吸附，从而达到了 Nd^{3+} 和 Pr^{3+} 的分离。如 pH 值高于 2.6，则洗提液中游离配体浓度太大，以致两种离子都被淋洗下来，而难于分离；若 pH 值太低，则游离配体浓度太小，与金属离子配合不好而不能被淋洗下来。

13.4.4 稀土金属的制备

从稀土元素电极反应的标准电势值可知，稀土金属非常活泼，且稀土氧化物的生成热很大（超过 Al_2O_3），十分稳定，因此制备纯金属比较困难，通常采用熔盐电解法和金属热还原法等。

(1) 熔盐电解法 熔盐电解法用于制取大量混合稀土金属或单一稀土金属，常用无水 $RECl_3$ 和助熔剂 NaCl 或 KCl 组成电解液，如果原料为混合的 $RECl_3$，电解产物为混合稀土金属，如果原料为单一的 $RECl_3$，则电解产物也是单一的稀土金属。有关电解反应为：

阴极 $RE^{3+} + 3e^- \longrightarrow RE$

阳极 $Cl^- \longrightarrow \frac{1}{2}Cl_2 + e^-$

可以通过电流密度、电解槽温度及电解液组成等条件的控制，使电解在析出稀土金属的范围内进行。

氧化物-氟化物熔盐体系的电解是利用稀土氧化物溶解在氟化物（作为助熔剂）中电解，电解时的反应为：

阴极 $RE^{3+} + 3e^- \longrightarrow RE$

阳极 $O^{2-}+C \longrightarrow CO+2e^-$

$2O^{2-}+C \longrightarrow CO_2+4e^-$

$2O^{2-} \longrightarrow O_2+4e^-$

因此在阳极上可有 CO，CO_2 及 O_2 气放出，阴极上析出稀土金属。

(2) 金属热还原法 对于 La、Ce、Pr、Nd 等轻稀土金属，常用金属 Ca 还原它们的氯化物来制备：

$$2RECl_3+3Ca \xrightarrow{700\sim1100℃} 2RE+3CaCl_2$$

对于 Tb、Dy、Y、Ho、Er、Tm、Yb 等重稀土金属，可用金属 Ca（或 Ba、Mg）还原其氟化物（或溴化物）来制备：

$$2REF_3+3Ca \xrightarrow{1450\sim1750℃} 2RE+3CaF_2$$

用金属热还原法制得的稀土金属，不同程度地含有各种杂质，还需进一步提纯。此外，还有稀土氧化物的镧、铈还原法，其主要反应为：

$$RE_2O_3(s)+2La(s) \xrightarrow{1200\sim1300℃} 2RE(g)+La_2O_3(s) \quad (RE代表 Sm,Eu,Yb)$$

13.4.5 新技术中的稀土元素及其化合物

由于稀土元素具有许多独特的物理和化学性质，稀土元素的应用目前已遍及科学技术的各个领域，尤其是近几十年来一些新型功能材料的开发与研制成功，稀土元素已经成为其中不可缺少的成员。

在钢铁和有色金属工业中，稀土元素有“工业味精”之称。钢水中加入稀土，可便于脱硫、脱氧、除去气体，减少有害元素的影响，并能显著改善和提高钢的力学性能、焊接性能、抗腐蚀性能和低温性能。我国已应用稀土生产多种新钢种。含有稀土和镁的球墨铸铁，性能可达到或超过钢，用于柴油机的曲轴、连杆等机械零件的制造，与锻钢相比可降低成本50%以上。稀土与镁、铜、镍的合金更加耐热、耐磨、耐腐蚀。用作电阻丝的镍铬合金中加入稀土，可以延长使用寿命。

在电子工业中，稀土元素显得更为重要。例如彩色电视机的显像管中含有钇、铕等稀土元素，才能产生红、蓝、绿三种基色，进而演化成为五光十色的绚丽景象。稀土材料用于电光源工业，可以生产稀土节能高级荧光灯。与白炽灯相比，产生相同的照明亮度，耗电量仅为前者的1/5。

CeO_2 是玻璃抛光剂，抛光能力强，可用于抛光精密光学玻璃。镨和钕是玻璃的着色剂，用于各种彩色玻璃和风行于装饰的茶色玻璃中。La_2O_3 大量用于制造低色散率、高折射率的光学玻璃。许多高分辨率显微镜、望远镜的镜头是用含 40% La_2O_3 的硼酸盐玻璃制成的。

稀土金属与某些过渡金属形成的金属互化物具有优异的永磁特性。稀土永磁材料广泛地应用于各种永磁电机，特别是微型电机和步进电机、核磁共振成像仪、计算机及其外围设备等。某些磁记录材料、磁致伸缩材料等也含有稀土。

稀土元素在化学工业上广泛用作催化剂。在有机化合物的脱氢、加氢、氧化以及高分子化合物的合成中，都有使用稀土化合物作催化剂的，如混合稀土氯化物和磷酸铈对石油裂化有良好的催化性能。此外，在原子能工业中，Gd_2O_3 被用作中子吸收剂，以控制核反应；掺钕的钇铝石榴石 $Y_3Al_5O_{12}$：Nd（或简写为 YAG：Nd）广泛地应用于军用激光和医疗领域；稀土元素镝是生产混合动力车高性能发动机的原料；含稀土氟化物的光导纤维可大大提高信息传送性能。

稀土元素在农业上的应用也很广泛。若用稀土微量肥料施于小麦和水稻田，可获得增产

8%～10%的效果。含稀土的农业地膜可将阳光中的紫外线变成红或橙色可见光线，被辣椒、番茄等植物吸收，从而加快光合作用，促进生长。

近几十年来，稀土元素的生物效应，包括在毒性、药理和代谢等方面的研究也十分活跃。如对于凝血、炎症、癌症、肿瘤的治疗和某些病变的检查诊断，一些稀土制剂已用于临床。

值得一提的是，现已研制的所有高临界温度的超导材料中，几乎都含有钇、钕、钐等稀土成分。例如2002年我国已在大气环境下研制成93K的世界最大体积SmBCO超导单晶。

总之，稀土的应用范围已几乎覆盖国民经济的各个领域。我国有着得天独厚的稀土矿藏，对它的研究、开发和应用必将更加熠熠生辉。

科学家戴维

Humphrey Davy（1778～1829）

戴维是英国的一位著名化学家。

16岁的戴维由于父亲早逝，不得不去做工，经人介绍在当地的一名药剂师家当学徒。在此期间，他利用工作间隙读了很多化学方面的书籍，从中获得了许多化学知识。

1798年，20岁的戴维进了一家私人开办的气体研究所，在这里配备有进行实验所必要的仪器和充足的药品，因此成了戴维开始显露才华的理想场所。在他首次研究N_2O气体（笑气）对人体的作用过程中，不小心把贮存该气体的玻璃瓶打碎，当他与另一人正在收拾碎玻璃片时，两人同时大笑起来。经深入研究，1799年，戴维发现了氧化亚氮的麻醉作用。这对医学有着重要意义，因此使他成了一位小有名气的科学家。

1801年，戴维被英国皇家学院聘为化学助理讲师（assistant lecture），第二年升为教授。从此他一边从事科学研究，一边定期为学生及社会人士讲课。他在演讲中边演示边讲解化学物质的实际制备方法，然后非常简要地提及化学对农业、冶金以及染料、鞣革、陶瓷和玻璃等各个领域的促进作用，还特别提出化学与其他学科之间的紧密联系。他在伦敦皇家学院的讲演使他赢得了杰出演说家的声誉，对普及和推广科学知识起了巨大的作用。当时仅是书店装订工的法拉第就是戴维的一名忠实听众，正是听了他的演讲，才使法拉第走上了为科学献身的道路，并创造出许多的丰功伟绩。

真正使戴维成为一代名家的是他在1807～1808年间所做的工作，他成功地用电解法分离出碱金属和碱土金属钠、钾、镁、钙、锶和钡，他是历史上发现化学元素最多的人。然而在制取碱金属时，金属和水剧烈反应引起的爆炸使他右眼失明，在这次实验中他得出了钠、钾基本性质的结论："无论钠还是钾，都是柔软的，比水轻，而且能与水发生激烈的反应，产生火焰"。

1812年戴维获得了勋爵称号，1813年被选为英国皇家学会会员，1820年任皇家学会会长。1829年戴维死于瑞士的日内瓦，年仅51岁。英才早逝，令人痛惜。戴维一生发明创造很多，但当人们问他最重要的发现是什么时，他说："最重要的是发现了法拉第"。可见他爱才、惜才，把发现人才看得何等的重要。

复习思考题和习题

1. 已知下列反应在1073K和1273K时的$\Delta_r G_m^\ominus$值

反应式	1073K	1273K
$2Zn(g)+O_2(g) \rightleftharpoons 2ZnO(s)$	$\Delta_r G_m^\ominus=-486kJ\cdot mol^{-1}$	$\Delta_r G_m^\ominus=-398kJ\cdot mol^{-1}$
$2C(s)+O_2(g) \rightleftharpoons 2CO(g)$	$\Delta_r G_m^\ominus=-413kJ\cdot mol^{-1}$	$\Delta_r G_m^\ominus=-449kJ\cdot mol^{-1}$

对于反应$ZnO(s)+C(s) = Zn(g)+CO(g)$，试求：

(1) 1073K和1273K时$\Delta_r G_m^\ominus$值是多少？

(2) 欲进行上述反应，试从反应速率和化学平衡的角度讨论反应温度升高有利，还是降低有利？

2. 试根据元素周期系，从电子构型、原子参数、电极反应的标准电势值等方面讨论碱金属元素的基本性质及其递变规律。

3. 完成下列各反应方程式：

(1) $TiCl_4+Na \longrightarrow$　(2) $BaO+O_2 \longrightarrow$

(3) $CaH_2+H_2O \longrightarrow$　(4) $SnCl_4+NaOH$（过量）$\longrightarrow$

(5) $Sb_2O_3+NaOH \longrightarrow$　(6) $HgCl_2+SnCl_2$（过量）$\longrightarrow$

(7) $PbO_2+Mn(NO_3)_2+HNO_3 \longrightarrow$　(8) $BiCl_3+SnCl_2+NaOH \longrightarrow$

(9) $SnS+(NH_4)_2S_2 \longrightarrow$　(10) $PbS+HNO_3 \longrightarrow$

(11) $Sb_2S_3+NaOH \longrightarrow$　(12) $SnCl_2+FeCl_3 \longrightarrow$

4. 以重晶石（$BaSO_4$）为原料制取（1）$BaCl_2$；（2）$BaCO_3$；（3）BaO_2；（4）$Ba(NO_3)_2$，并以反应方程式表示之。

5. 某一白色氯化物固体，溶于水产生白色浑浊，加入盐酸后溶液澄清。将此澄清溶液分为两份：一份溶液中加入适量NaOH溶液，生成白色沉淀，继续加入NaOH溶液后，沉淀消失。在此溶液中，滴加$BiCl_3$溶液，生成黑色沉淀；另一份溶液中加入Na_2S溶液，生成棕色沉淀，该沉淀不溶于稀酸中，但能溶于Na_2S_2中，在此溶液中滴加盐酸，可生成黄色沉淀，并产生具有腐蛋臭味的气体。试确定该白色氯化物固体是什么。并写出上述过程的各步化学反应方程式。

6. 实验室如何配制$SnCl_2$溶液，并说明原因。

7. 下列各组离子能否共存于溶液中：

(1) Sn^{2+}，Fe^{3+}；　(2) Sn^{2+}，$SnO_2{}^{2-}$；　(3) MnO_4^-，Mn^{2+}；

(4) MnO_4^{2-}，H^+；　(5) Cr^{3+}，CrO_2^-。

8. 分离下列各组离子：

(1) Cr^{3+}，Mn^{2+}；　(2) Pb^{2+}，Ag^+，Mg^{2+}；　(3) Al^{3+}，Cr^{3+}，Fe^{3+}。

9. 在$0.10mol\cdot L^{-1}Cr^{3+}$溶液中，逐滴加入NaOH溶液，当$Cr(OH)_3$完全沉淀时，问溶液中的pH值是多少？分离出的$Cr(OH)_3$用1L $0.20mol\cdot L^{-1}$ NaOH处理，能否使沉淀完全溶解？(假定$Cr(OH)_3$溶解后只生成一种配离子$[Cr(OH)_4]^-$)

10. 试从过渡元素原子的外电子层结构讨论，并说明为什么：

(1) 过渡元素具有多变的氧化值；(2) 过渡元素的水合离子往往具有颜色；(3) 过渡元素的低氧化值离子易形成配离子；(4) 过渡元素以及它们的化合物往往具有磁性和催化性能。

11. 完成下列反应方程式，并指出相应的现象（颜色、状态）：

(1) $K_2CrO_4+H_2SO_4 \longrightarrow$

(2) $K_2Cr_2O_7+AgNO_3+H_2O \longrightarrow$

(3) $K_2Cr_2O_7+FeSO_4+H_2SO_4 \longrightarrow$

(4) $(NH_4)_2Cr_2O_7 \xrightarrow{\triangle}$

(5) $CrCl_3+NaOH+H_2O_2 \longrightarrow$

(6) $K_2Cr_2O_7+H_2O_2+H_2SO_4 \longrightarrow$

12. 根据下列现象，在箭头上方添加适当的试剂和条件，写出反应方程式（A，B，C，D，E，F均为铬的化合物）。

黄色溶液 A ⟶ 橙色溶液 B ⟶ 绿色溶液 C，并产生能使淀粉-KI 试纸变蓝的气体 D。

绿色溶液 C ⟶ 灰蓝色沉淀 E，灼烧后，E 生成绿色粉末 F ↗绿色溶液 C ↘黄色溶液 A

13. 从二氧化锰制备下列化合物：

(1) 硫酸锰；(2) 锰酸钾；(3) 高锰酸钾；(4) 二氯化锰。

14. 解释下列现象，并用化学方程式表示：

(1) 新沉淀的 $Mn(OH)_2$ 是白色，但在空气中放置慢慢变成棕色；

(2) 用 $NaBiO_3$（加 HNO_3）来鉴定 Mn^{2+} 离子时，若 Mn^{2+} 少，则溶液出现清晰的 MnO_4^- 离子的紫红色，若 Mn^{2+} 多，紫红色不明显，且会出现红棕色浑浊的溶液。

15. 完成并配平下列反应方程式：

(1) $Mn(NO_3)_2 + PbO_2 + HNO_3 \longrightarrow$

(2) $MnO_2 + HCl$（浓）$\longrightarrow$

(3) $MnO_2 + KOH + KClO_3 \xrightarrow{\triangle}$

(4) $K_2MnO_4 + Cl_2 \longrightarrow$

(5) $K_2MnO_4 + HAc \longrightarrow$

(6) $KMnO_4 + HCl \longrightarrow$

(7) $KMnO_4 + Na_2SO_3 + H_2O \longrightarrow$

(8) $KMnO_4 + KNO_2 + H_2O \longrightarrow$

16. 指出稀土元素和镧系元素的含义，分别用何符号表示。稀土元素常用哪些分离方法？试举例说明。

17. 镧系元素的原子半径随原子序数的增大总的趋势是逐渐变小，而 Eu 和 Yb 的原子半径却反常的大，试根据电子结构说明原因。

18. 由本章表 13-9 可知，稀土元素的特征氧化值为 +3，但 Ce、Pr、Tb、Dy 却表现出 +4 氧化值，Sm、Eu、Tm、Yb 表现出 +2 氧化值，试根据它们各自的电子结构进行讨论。

参 考 书 目

1 大连理工大学无机化学教研组编，无机化学．第五版．北京：高等教育出版社，2006

2 申泮文主编．近代化学导论．第二版．北京：高等教育出版社，2009

3 Burdge J. **Chemistry 2nd ed.** McGraw-Hill Companies Inc.，2011

4 Brown T. L.，LeMay H. E.，Bursten B. E. etc. **Chemistry-The Central Science，12th ed.** Prentice-Hall，2012

第 14 章　碳及有机化合物

Chapter 14　Carbon and Organic Compounds

碳位于周期表ⅣA 族的顶部，为该族第一个元素，在同族中原子半径最小（77pm），它的外电子层结构为 $2s^2 2p^2$，主要氧化值为 0、+2 和+4。

碳可以单质形式存在，也可形成简单的无机化合物，更重要的是它与 H，O，N，P，S，F，Cl，Br，I 等元素化合形成数目庞大的有机化合物，形成重要的有机化学分支学科。本章将对碳及其化合物作一简要介绍，尤其对有机化合物及其反应的认识将呈现出入门的框架。

14.1　碳的单质及其重要无机化合物

14.1.1　单质

碳元素在地壳中约占 0.03%，金刚石、石墨是天然存在的游离单质碳。在煤和烃类（石油、天然气）中、生物体内（糖类和脂肪）和某些岩石（碳酸盐）中均含有碳元素。

碳有四种同素异形体（allotropic form）：金刚石、石墨、无定形碳和碳原子簇，由于它们的内部结构不同，所以性质上有极大的差别。

① 金刚石（diamond）是原子晶体。碳原子间以极强的共价键相联系，因此有很高的熔点和很大的硬度（详见 3.3）。

② 石墨（graphite），在它的晶体中，既有共价键，又有非定域的大 π 键，还有分子间力，所以石墨晶体是一种混合型晶体，因此具有良好的导电性，层与层之间容易滑动和断裂（详见 3.5）。

③ 无定形碳（amorphous carbon），当隔绝空气加热含碳的化合物时，碳从这些化合物中呈黑色物质析出，即无定形碳（如木炭、焦炭、骨炭等）。

把无定形碳隔绝空气加热到 2900～3300K，碳原子的排列变成有规则的石墨层状结构，这就是人造石墨。在压强为 6GPa，温度为 1800K 时，石墨转变为金刚石。人造金刚石晶体较小，透明度差，但其硬度与天然金刚石相同，因此不影响其工业用途，用作钻头、摩擦剂和拉金属丝的模具等。

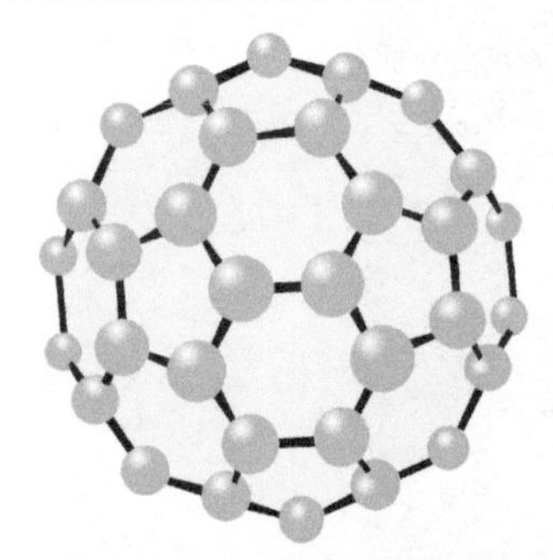

图 14-1-1　C_{60}结构示意

④ 碳原子簇（carbon clusters），C_{60}是 1985 年由英国 H. Kroto、美国 R. Smalley 和 R. Curl 等人用大功率激光轰击石墨做 C 的气化实验时发现的一种新的同素异形体。C_{60}的发现开拓了一个新的研究领域，他们三人因此而荣获 1996 年诺贝尔化学奖。由 60 个 C 原子组成的原子簇，形似足球，直径约为 710pm，命名为 Buckminsterfullerence 简称 Fullerence 或 Buckyball，中文译为富勒烯或足球烯（见图 14-1-1）。

球状结构是C_{60}分子最显著的特点，分子中 60 个碳原子全部等价，C_{60}分子中每个角顶上的 C 原子与相邻 C 原子都以 sp^2 杂化生成共轭 π 键，在球形笼内和笼外都围绕着 π 电子云，形成超微圆球（由 12 个正五边形和 20 个正六边形组成的 32 面体），这种独特的电子结构使它在光、电、磁等方面都表现出奇异的性质。若将C_{60}的双键全部打开与氟原子结合，就可形成$C_{60}F_{60}$，这是一种白色粉末状物质，是一种超级耐高温的材料。

1989 年又宣布发现C_{70}，以后又出现C_{32}、C_{44}、……C_{240}……C_{960}等，富勒烯是庞大的家族群，并已成为研究的热点领域之，制得许多C_n的衍生物，如掺入碱金属的C_{60}具有超导性能（K_3C_{60}超导临界温度为 19K，$RbCs_2C_{60}$为 33K）；又如$C_{60}OsO_4$的分子结构形似“小兔球”，$[(C_6H_5)_3P]_2Pt(\eta^2\text{-}C_{60})$为“芒刺球”（见第 4 章封页图）。

碳纳米管是 1991 年日本科学家发现的，可以将它看作是石墨中一层或若干层碳原子卷曲而成的笼状结构，碳纳米管的直径约 0.4～20nm，长度从几十纳米到毫米级。2008 年美国科学家制成极细碳纳米管，其直径仅为人头发丝的四百分之一，对光的吸收达到 99.9% 是目前世界上最黑的材料，可用于太阳能转换、红外线探测中。中国科学家在碳纳米管贮氢研究方面已取得可喜成绩，贮氢能力达 10%以上，为开发“绿色汽车”描绘了美好前景。

大部分碳化合物为有机化合物，习惯上把 CO、CO_2、碳酸盐等少数含碳化合物归入无机化合物。

14.1.2　二氧化碳和碳酸

二氧化碳（carbon dioxide）的偶极距为零，是非极性分子。CO_2 分子由 2 个 σ 键和 2 个Π_3^4键组成，分子呈直线形（详见 2.3）。

CO_2 是无色、无臭的气体。大气中含有少量的 CO_2，它主要来自生物的呼吸，有机化合物的燃烧，动植物的腐败分解等，同时又通过植物的光合作用、碳酸岩石的形成等而移去。大气中 CO_2 的含量几乎保持一定，约 0.03%（体积分数）。目前，世界各国工业化的进展使空气中CO_2浓度逐渐增加，已被认为是造成“温室效应”的主要原因之一，因此，保持大气中CO_2的平衡引起科学界的高度重视，呼吁世界各国低碳排放，过低碳生活。根据CO_2的物理、化学性质，对CO_2进行综合加工利用起到了变废为宝的作用。

固态CO_2是分子晶体，它的熔点很低（－78.5℃），常不经熔化而直接升华，同时吸收大量的热，所以称为干冰。干冰常用作制冷剂，其冷冻温度可以达到203～193K。同时干冰无毒、无污染，所以它还是保存和运输易腐食品时的理想制冷物质。

CO_2的临界温度为31.1℃，可在－15℃，1.545MPa下将其液化并装入钢瓶运输和使用，其产量已大大超过干冰。在临界温度附近，CO_2可作为优良溶剂进行超临界萃取，选择性地分离各种有机化合物。由于超临界CO_2萃取操作条件温和，而且萃取剂易于除去，特别适合于提取和精制热敏性或易氧化的有机化合物，因而广泛用于食品、医疗、香料工业。例如，采用超临界CO_2萃取技术可以从甜橙皮中萃取柠檬油，从茶叶中萃取咖啡因，从鱼油中萃取具有降低胆固醇药理作用的二十碳五烯酸等。

CO_2不能自燃，又不助燃。密度比空气大，常用作灭火剂，用干冰灭火效果更佳，因为固体CO_2气化同时吸热降温。也可作为防腐剂和灭虫剂。在化工厂中常用作“安全保护气”。

CO_2还是一种重要的化工原料。如CO_2在联碱法中制取纯碱Na_2CO_3；CO_2与氨可制成尿素、碳酸氢铵；此外，CO_2也可用以制甲醇。

CO_2可溶于水，溶于水中的CO_2部分与水作用生成碳酸（carbonic acid）。若把蒸馏水贮放在开口容器中，则会因溶入空气中的CO_2而显微酸性。碳酸为二元弱酸，分两级解离，在水溶液中存在下列平衡：

$$CO_2 + H_2O \rightleftharpoons H_2CO_3 \rightleftharpoons H^+ + HCO_3^- \qquad K_{a_1}^{\ominus} = 4.36 \times 10^{-7}$$

$$HCO_3^- \rightleftharpoons H^+ + CO_3^{2-} \qquad K_{a_2}^{\ominus} = 4.68 \times 10^{-11}$$

H_2CO_3不稳定，仅存在于溶液中，加热H_2CO_3溶液，上述平衡向左移动，CO_2自溶液中逸出。

14.1.3 碳酸盐和碳酸氢盐

碳酸是二元弱酸，它能生成两种盐，碳酸盐（carbonate）和碳酸氢盐（bicarbonate）。

碳酸盐中，除铵盐和碱金属盐（Li_2CO_3除外）以外，都难溶于水。一般来说，难溶碳酸盐对应的碳酸氢盐的溶解度较大，例如$Ca(HCO_3)_2$溶解度比$CaCO_3$大，因而$CaCO_3$能溶于H_2CO_3中。但是对易溶的碳酸盐来说，它对应的碳酸氢盐的溶解度反而小。例如$NaHCO_3$溶解度就比Na_2CO_3小，因而浓的Na_2CO_3溶液会因吸收CO_2转化为$NaHCO_3$而形成白色沉淀。CO_3^{2-}的碱性可以通过其在水溶液中的解离平衡来说明：

$$CO_3^{2-} + H_2O \rightleftharpoons HCO_3^- + OH^-$$

$$HCO_3^- + H_2O \rightleftharpoons H_2CO_3 + OH^-$$

一级水解远大于二级水解，因此碱金属碳酸盐的水溶液呈强碱性，而碳酸氢盐的水溶液呈弱碱性。由于碳酸盐的水解性，常把碳酸盐当作碱用。在实际工作中，易溶性碳酸盐可同时既作为碱又作为沉淀剂，用于分离溶液中某些金属离子。

重金属的碳酸盐，在水溶液中会部分水解生成碱式碳酸盐。例如，将碳酸钠溶液和锌盐、铜盐、铅盐等溶液混合时，得到的不是碳酸盐而是碱式碳酸盐沉淀：

$$2Cu^{2+} + 2CO_3^{2-} + H_2O = Cu_2(OH)_2CO_3 \downarrow + CO_2 \uparrow$$

某些金属的碳酸盐几乎完全水解，例如用碳酸盐处理易溶性的三价铁、铝、铬盐的水溶液时，得到的不是碳酸盐而是氢氧化物沉淀：

$$2Fe^{3+} + 3CO_3^{2-} + H_2O = 2Fe(OH)_3 \downarrow + 3CO_2 \uparrow$$

碳酸盐和碳酸氢盐另一个重要性质是热稳定性较差，它们在高温下均会分解：

$$M(HCO_3)_2 \longequal MCO_3 + H_2O + CO_2 \uparrow$$

$$MCO_3 \longequal MO + CO_2 \uparrow$$

对比碳酸、碳酸氢盐和碳酸盐的热稳定性，发现它们的稳定顺序是：

$$H_2CO_3 < MHCO_3 < M_2CO_3$$

例如 H_2CO_3 稍加热即会分解，$NaHCO_3$ 须加热到 270℃开始分解，而 Na_2CO_3 分解温度在 850℃以上。不同阳离子的碳酸盐的热稳定性也不一样（详见 13.1）。例如ⅡA 族的碳酸盐的稳定顺序：

$$MgCO_3 < CaCO_3 < SrCO_3 < BaCO_3$$

所有的碳酸盐和碳酸氢盐都会被酸分解放出二氧化碳，这一反应常被用来检验它们。

14.1.4 一氧化碳

CO 分子的电子数为 14，与 N_2 分子相同，两者是等电子分子（isoelectronic molecule），它们的结构相似。在 CO 分子中，C 和 O 之间也是通过叁键结合，其结构可表示为（详见 2.3）：

$$:C \overset{\longleftarrow}{=} O:$$

由于在 C 原子上有较多的负电荷，所以 CO 中 C 原子上的孤对电子容易进入其他原子的空轨道而产生加合作用，例如，CO 与某些过渡金属加合形成羰基配合物，如 $Ni(CO)_4$。还表现在有催化剂存在下能与 H_2O、H_2、炔烃、烯烃等反应，以制备有机物。例如：

$$CO + 2H_2 \xrightarrow[\text{催化剂}]{\text{高温、高压}} CH_3OH$$

这是工业上生产甲醇的重要方法。

在 CO 中，碳的氧化值是+2，具有强还原性，在高温下能把许多金属从它们的氧化物中还原出来。例如：

$$Fe_2O_3 + 3CO \longequal 2Fe + 3CO_2$$

$$CuO + CO \longequal Cu + CO_2$$

因此 CO 是冶金工业中常用的重要还原剂。

CO 在空气中燃烧时呈蓝色火焰，并放出大量热量

$$2CO(g) + O_2(g) \longequal 2CO_2(g) \qquad \Delta_r H_m^{\ominus} = -566 kJ \cdot mol^{-1}$$

利用 CO 燃烧供热，也是 CO 的主要用途之一，无论工业或民用煤气，CO 均为重要组分。CO 气体有毒，与空气以适当比例混合易爆炸，使用时应注意安全。

14.1.5 金属型碳化物

碳可以与许多金属形成金属型碳化物，碳原子镶嵌在金属原子密堆积晶体的多面体孔穴中，按其组成可以分为三类：①MC（如 TiC，ZrC，HfC 等）；②M_2C（如 Mo_2C，W_2C 等）；③M_3C（如 Mo_3C，Fe_3C 等）。

MC 和 M_2C 碳化物均具有良好的抗腐蚀和导电性，且耐高温（如 TiC，TaC，HfC 的熔点高达 3400K 以上），硬度大，热膨胀系数小，导热性好，可作高温材料，已用作火箭的芯板和喷嘴材料。

M_3C 碳化物对热和化学稳定性差，能被稀酸分解放出烃，如 Fe_3C 与盐酸作用生成 $FeCl_2$ 和甲烷、丙烷、氢气等。

14.2　有机化合物的分类和命名

有机化合物是含碳的化合物。组成有机化合物的元素并不多，除了碳元素外，主要有氢、氧、硫、氮、磷、卤素等元素，但是有机化合物的数量却多得惊人。迄今已知的几千万种化合物中，绝大多数属于有机化合物。且有机化合物在结构和性能方面与无机化合物有着迥然不同的特点。通常有机化合物对热不稳定，易燃烧；液体挥发性大，固体熔点低；大多数有机化合物难溶于水；反应速率较慢，副反应多，导致产物多样性。研究有机化合物的组成、结构、性质及其变化规律的学科称为有机化学（organic chemistry）。

14.2.1　有机化合物的分类

寥寥几种元素，为什么能衍生出上千万种有机化合物？原因是碳原子十分奇特，它既可以和非金属元素结合，也可以与金属元素结合，更主要的是碳原子可以和碳原子相互结合，形成长短不一的碳链，或者连成大小不等的碳环。最简单的有机化合物分子只含有一个碳原子，复杂的有机化合物分子可以含有几十个碳原子，甚至几十万个碳原子的有机高分子化合物。此外，即使是碳原子数目相同的分子，由于碳原子连接方式的多样性，也会组成结构和性质完全不同的多种化合物。换而言之，不同的有机化合物，其分子结构必定不同，但是它们可能具有相同的分子式，这种现象叫作同分异构现象（isomerism），这在有机化合物中十分普遍。例如分子式 C_2H_6O 既可以代表乙醇（CH_3CH_2OH）又可以代表二甲醚（CH_3OCH_3），它们互为同分异构体（isomer）。有机化合物的碳链愈长，其同数目碳原子的可能排列方式就愈多。

正是由于同分异构体现象的存在，才导致出现无比庞大的有机化合物家族。面对成千上万种不同的有机化合物，要对它进行研究，没有一个完善的分类方法是难以想像的。

14.2.1.1　按碳链结合的方式分类

按碳链结合的方式可以分为两大类

(1) 链状骨架　在这类化合物的分子中，碳原子互相连接成碳链。例如，以 C_4 为骨架的有：

名　称	骨架结构	分子结构式	简写式
正丁烷	C—C—C—C	H　H　H　H │　│　│　│ H—C—C—C—C—H │　│　│　│ H　H　H　H	$CH_3CH_2CH_2CH_3$
异丁烷	C—C—C │ C	H　H　H │　│　│ H—C—C—C—H │　│　│ H　│　H H—C—H │ H	CH_3CHCH_3 │ CH_3

(2) 环状骨架　在这类化合物分子中，各原子互相连接成闭合环状。根据环状化合物的性质和组成原子的差异，又分为三类：脂环族化合物、芳香族化合物和杂环化合物。

① 脂环族化合物　从结构上来看，这类化合物可以认为是由直链碳化合物经两端连接闭合而成；从性质上来看，它们与脂肪族化合物十分相近，也可看作具有环状结构的脂肪族化合物。例如环己烷和环丁烷。

名称	骨架结构	分子结构式	简写式
环己烷			
环丁烷	C—C C—C	$H_2C—CH_2$ $H_2C—CH_2$	□

② 芳香族化合物 这类化合物是以六元碳环结构为基础的一类化合物，因这类化合物具有芳香气味，故而得名芳香族化合物。例如苯和萘。

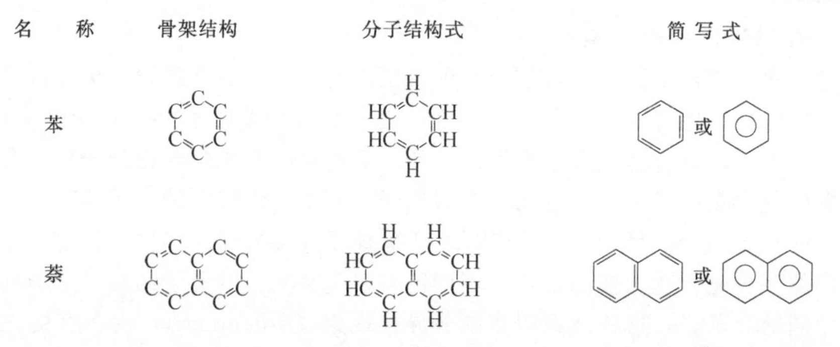

③ 杂环化合物 这类化合物的环状结构是由碳原子与其他杂原子所组成，如氧、硫、氮等，代表性物质是呋喃、吡咯、噻吩、吡啶等：

名称	骨架结构	分子结构式	简写式
呋喃			
吡咯			
噻吩			
吡啶			

分子中只含有碳和氢两种元素的有机化合物称为碳氢化合物，简称烃（hydrocarbons）。烃是最基本的有机化合物，如烷烃（alkane）、烯烃(alkene)、炔烃（alkyne）和芳烃（aromatic hydrocarbon）。在上述各烃类化合物中的氢原子被其他原子或原子团所取代的产物，被称为烃的衍生物（derivative of hydrocarbons）。官能团（或功能团 functional groups）就是指这些分子中比较活泼而容易发生反应的原子或原子团或某些特征化学键（如 $>C=C<$，$—C\equiv C—$等）。具有相同官能团的化合物具有相似的化学性质。为此可按官能团进一步分类。

14.2.1.2 按官能团分类

有机化合物依据官能团来分类（见表 14-1）可弥补上述碳链、碳环骨架分类的不足，从而全面反映它们性质上的差异。

表 14-1　常见的重要官能团

类别名称(英文名)	通　式	官能团		实　例	
		简化结构	名称	名　称	结　构　式
烯烃(alkene)	C_nH_{2n}	C═C	双键	乙烯	H　　H C═C H　　H
炔烃(alkyne)	C_nH_{2n-2}	C≡C	叁键	乙炔	H—C≡C—H
卤代物(haloalkane)	R—X	X	卤素	一氯甲烷	H H—C—Cl H
醇(alcohol)	R—OH (羟基与烷基相连)	OH	羟基	乙醇	H　H H—C—C—OH H　H
酚(phenols)	Ar—OH (羟基与芳基相连)	OH	羟基	苯酚	OH
醚(ether)	R—O—R′ (R 与 R′可以相同)	O	醚键	甲醚	H　　H H—C—O—C—H H　　H
醛(aldehyde)	RCHO	C═O	羰基	乙醛	H　O H—C—C—H H
酮(ketone)	RCOR′ (R 与 R′可以相同)	C═O	羰基	丙酮	H　O　H H—C—C—C—H H　　H
羧酸 (carboxylic acid)	RCOOH	COOH	羧基	乙酸	H　O H—C—C—OH H
酯(ester)	RCOOR′	COOR′	酯基	乙酸乙酯	H　O H—C—C—O—CH_2CH_3 H
胺(amine)	RNH_2	NH_2	氨基	甲胺	H　H H—C—N—H H
腈(nitrile)	RCN	CN	氰基	乙腈	H H—C—C≡N H

14.2.2 有机化合物的命名

目前国际通用的有机化合物命名方法主要是根据 IUPAC（国际纯粹与应用化学联合会）公布的《有机化学命名法》和《有机化合物 IUPAC 命名指南》。中国化学会结合本国文字习惯与特点，在国际通用原则基础上推荐了《有机化学命名原则》。本书主要介绍有机化合物系统命名法。

14.2.2.1 开链烃的命名

具有开链碳骨架结构的烃称为开链烃。开链烃主要包括饱和烃——烷烃和不饱和烃——烯烃、炔烃。

开链烃的命名主要依据下列原则。

（1）烷烃

① 选择含有取代基尽可能多的最长的连续碳链作为母体，支链作为取代基；

② 从最靠近取代基的母体碳链一端开始，依次用 1，2，3，4，…编号，直至母体碳链尾端；

③ 书写时将简单基团放前，复杂基团放后，以母体碳链上碳原子数（10 以内用天干数字）称为某烷。

例如：

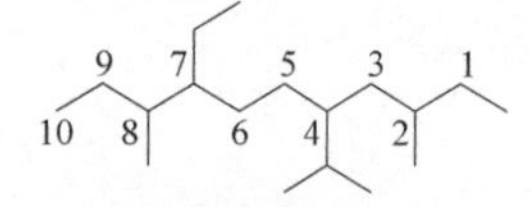

称为 2,8-二甲基-7-乙基-4-异丙基癸烷

不能称为 3,9-二甲基-4-乙基-7-异丙基癸烷

（2）烯烃和炔烃

① 选择包含碳碳双键（或叁键）的最长碳链作为母体，支链作为取代基；

② 从最靠近碳碳双键（或叁键）的母体一端开始依次编号（即不饱和键位次最小），直至母体碳链尾端；

③ 书写时取代基名称在前，母体名称在后。

例如：

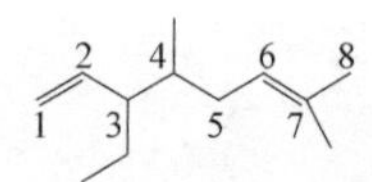

称为 4,7-二甲基-3-乙基-1,6-辛二烯

不能称为 2,5-二甲基-6-乙基-2,7-辛二烯

14.2.2.2 环烃的命名

具有闭合环状碳骨架结构的烃称为环烃（cyclic hydrocarbon）。环烃主要包括脂环烃和芳烃。

（1）脂环烃（alicyclic hydrocarbon）

① 环烷烃（cycloalkane）以成环碳原子数作为母体，环上支链作为取代基，编号时使小基团处于最小位次，称为某基环某烷。例如：

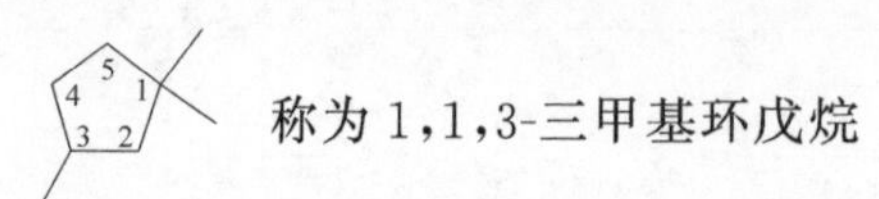

称为 1,1,3-三甲基环戊烷

② 环烯烃（cycloalkene）以不饱和碳环作为母体，支链作为取代基，编号时应使不饱和键的位次最小（必须保证不饱和碳原子位次连续）。例如：

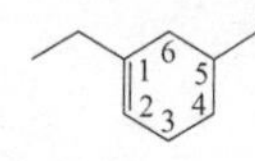

称为 5-甲基-1-乙基环己烯

不能称为 3-甲基-1-乙基环己烯

③ 桥环烃（bridged hydrocarbon）　通过共用两个碳原子的双环结构称为桥环（双环）烃。桥环烃中共用的两个碳原子称为“桥头碳”，两个桥头碳之间通过三条碳链连接。

a. 对组成桥环烃的碳原子进行编号，从某一“桥头碳”作起点，先沿长碳链至另一“桥头碳”，再续编较长碳链到起始“桥头碳”，最后编最短碳链；

b. 在满足上述条件下，应尽可能使不饱和键和取代基的位次较小；

c. 按以下格式书写：取代基双环［x，y，z］某烷。其中 x、y、z 分别表示不包含“桥头碳”的长碳链、中碳链和短碳链的碳原子数。例如：

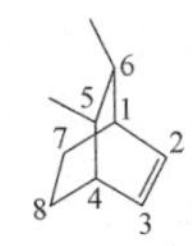

称为 5,6-二甲基双环[2,2,2]-2-辛烯

(2) 芳烃 (aromatic hydrocarbon)

① 单环芳烃（simple aromatic hydrocarbon）

a. 以苯环作为母体，环上支链作为取代基，当支链较长或支链上连有官能团时，则环作为取代基，而支链作为母体；

b. 苯环的二元取代物可用邻、间、对表示三种位置异构体，或用数字表示位次；

c. 若环上连有多个不同官能团取代基时，应根据母体优先顺序选择母体，其余官能团作为取代基。母体选择优先顺序为：

$$-COOH,\ -SO_3H,\ -COOR,\ -COCl,\ -CHO,\ -\overset{\overset{O}{\parallel}}{C}-,\ -OH,\ -NH_2,\ -R,\ -X,\ -NO_2$$

例如：

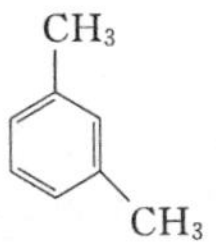

CH_3 / CH_3　间二甲苯（1,3-二甲苯）

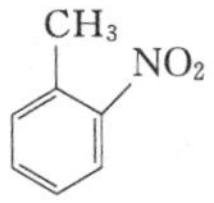

CH_3 / NO_2　邻硝基甲苯（2-硝基甲苯）

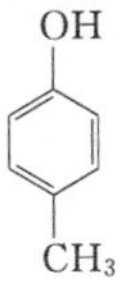

OH / CH_3　对甲苯酚（4-甲基苯酚）

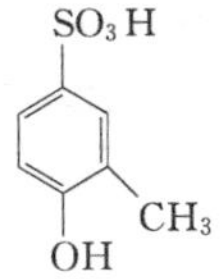

SO_3H / CH_3 / OH　3-甲基-4-羟基苯磺酸

② 稠环芳烃（fused polycyclic aromatic hydrocarbon）

萘环化合物的编号方式：8 1 7 2 6 3 5 4

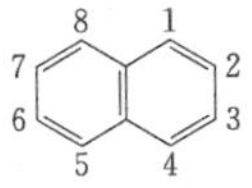

含取代基的萘环化合物命名与苯环化合物命名相似。

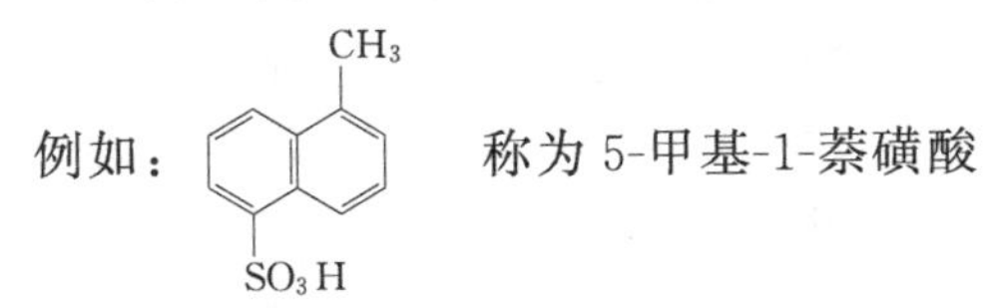

称为 5-甲基-1-萘磺酸

14.2.2.3　含官能团化合物的命名

根据含官能团母体选择优先顺序，选择含优先官能团的最长碳链作为母体，其余支链或官能团作为取代基，从靠近母体官能团的一端开始编号，并使母体官能团的位次最小。例如：

$CH_3CHCH_2CH_3$ | Cl	2-氯-丁烷	⌬—CH═CHCOOH	3-苯基-2-丙烯酸
CH_3CHCH_3 | OH	2-丙醇	⌬ C═O O C═O	邻苯二甲酸酐
CH_3CHCHO | CH_3	2-甲基丙醛	$CH_3COOCH_2CH_3$	乙酸乙酯
O CH_3 ‖ | $CH_3CCH_2CHCH_3$	4-甲基-2-戊酮	⌬—NH_2	苯胺
CH_3CH_2COOH	丙酸	$CH_3CH_2CHCH_3$ | NH_2	2-丁胺

14.3 有机化合物的结构特征

有机化合物的性质取决于有机化合物的结构，由于有机化合物都含有碳原子，由碳原子及氢原子和其他杂原子组成的化合物结构特征，必将在有机化合物性质上得到体现。

14.3.1 有机化合物的分子结构

已知碳原子的外电子层结构是 $2s^2 2p^2$。在甲烷分子（CH_4）中，碳原子的四个 sp^3 杂化轨道分别与四个氢原子的 1s 轨道键合（σ键），形成正四面体的结构（见图 2-2-4）。以σ键相连的两个原子可以作相对旋转，其电子云分布不发生变化。

在乙烯分子（$H_2C═CH_2$）中，每个碳原子形成 3 个 sp^2 杂化轨道，呈平面三角形结构，剩下的 1 个 p 轨道仍然保持能量与形状不变，并垂直于 3 个 sp^2 杂化轨道所构成的平面。每个碳原子中，各有两个 sp^2 杂化轨道分别与氢原子形成σ键，还有 1 个 sp^2 杂化轨道与另 1 个碳原子上的 sp^2 杂化轨道形成σ键。每个碳原子上各剩下一个互相平行的 p 轨道，它们将平行重叠形成π键。由于在乙烯碳碳双键（C═C）中，存在有 1 个σ键和 1 个π键，如果这两个碳原子作相对旋转，就会破坏相互平行重叠的π键，因此，双键碳原子不可自由旋转（见图 14-3-1）。

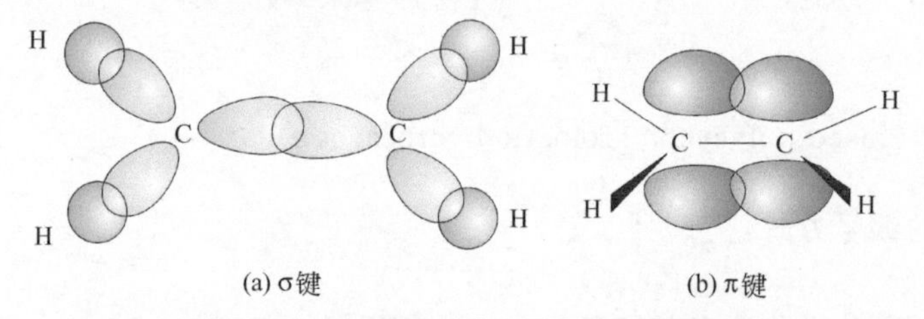

图 14-3-1 乙烯分子中的σ键和π键示意

在乙炔分子（H—C≡C—H）中，碳原子上的 2s 轨道仅与 1 个 2p 轨道发生杂化，形成 2 个 sp 杂化轨道，因此还剩下两个互相垂直的 2p 轨道。每个碳原子上两个 sp 杂化轨道分别与 1 个氢原子的 1s 轨道以及另 1 个碳原子的 1 个 sp 杂化轨道形成两个σ键，这 2 个σ键同在一条直线上但方向相反［见图 14-3-2（a）］，两个碳原子各自余下的两个 p 轨道，在两个碳原子之间互相以侧面重叠成两个π键［见图 14-3-2（b）］。因此，乙炔分子中，两个碳原子间共含三根键，1 个σ键，2 个π键。

在苯分子中（C_6H_6），六个碳原子都是以 2 个 sp^2 杂化轨道与相邻的两个碳原子的 1 个 sp^2 杂化轨道重叠成σ键，从而构成共平面的六元环，每个碳原子余下的 1 个 sp^2 杂化轨道

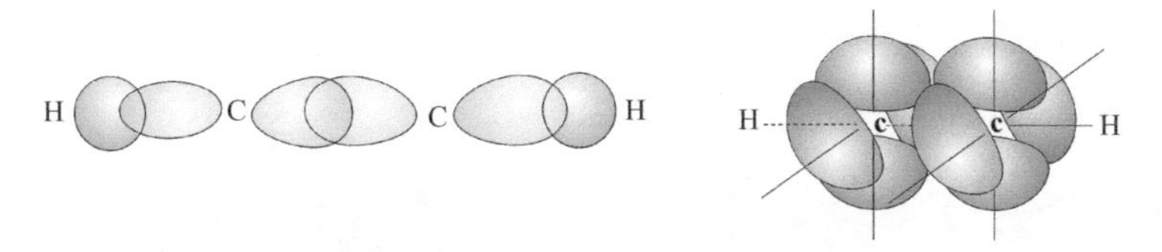

(a) 乙炔分子的σ键　　(b) 乙炔分子的两个π键

图 14-3-2　乙炔分子中的 σ 键和 π 键示意

与氢原子的 1s 轨道重叠成 σ 键，剩下未参与杂化的 p 轨道将与相邻的 p 轨道相互平行侧面重叠，形成包括 6 个碳原子的闭环大 π 键，用符号 Π_6^6 表示（见图 14-3-3）。

由于在苯分子中存在大 π 键，p 轨道电子云在苯分子中均匀分布，从而降低了整个分子体系的能量。表现出这种分子结构的特殊稳定性。

现在人们可以通过扫描隧道显微镜（STM）在原子、分子尺度上，实时、原位观察到分子在固体表面的吸附结构。图 14-3-4 为 C_6H_6 吸附在 Rh（铑Ⅲ）表面而显示的苯分子的结构。

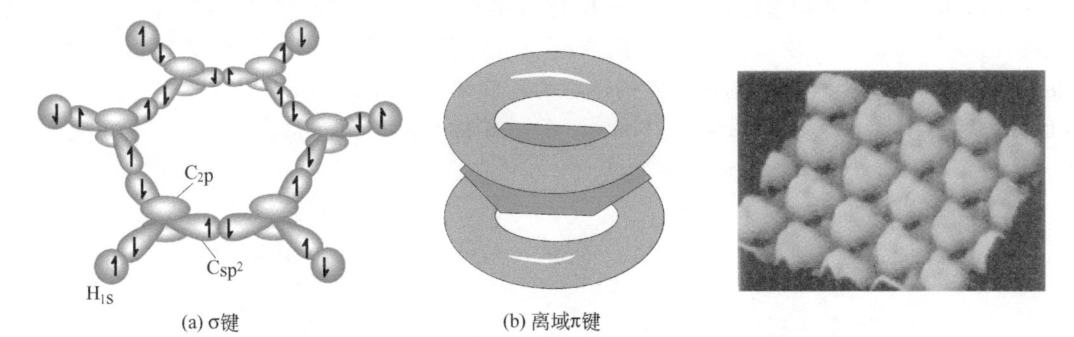

(a) σ键　　(b) 离域π键

图 14-3-3　苯分子的结构示意　　图 14-3-4　经 STM 直视苯分子的形状

14.3.2　有机分子的立体异构、手性与旋光性

有机化合物的构象异构和构型异构均归属于有机分子的立体异构。

构象（conformation）异构——由分子中的 C—Cσ 键旋转而导致基团在空间伸展方向上的差异。

构型（configuration）异构——基团在空间伸展方向上的差异不能通过 C—Cσ 键的旋转而互变。

(1) 构象异构　例如在乙烷分子中，依据 C—Cσ 键的相对转动，可以观察到两个碳原子上的六个氢在空间产生出许多不同的排列方式。在绕C—Cσ 键旋转过程中，乙烷分子可以产生出无数的构象，当其中六个氢在投影面上完全交叉时，前后碳原子上的氢相距最远，斥力最小，称为交叉式构象（见图 14-3-5）；当六个氢在投影面上完全重叠时，前后碳原子上的氢相距最近，斥力最大，称为重叠式构象（见图 14-3-6）。若乙烷分子中的氢被其他大基团取代，那么分子中的斥力也会相应增大。

(2) 构型异构　例如当烯烃双键碳原子上的两个基团（同一碳上）不相同时，存在分子的构型异构。这是由双键不能自由旋转而导致基团在空间伸展上的差异。当双键两边的相同基团处于双键的同侧时称为顺式（*cis-*），处于异侧时称为反式（*trans-*）。

顺式　　反式

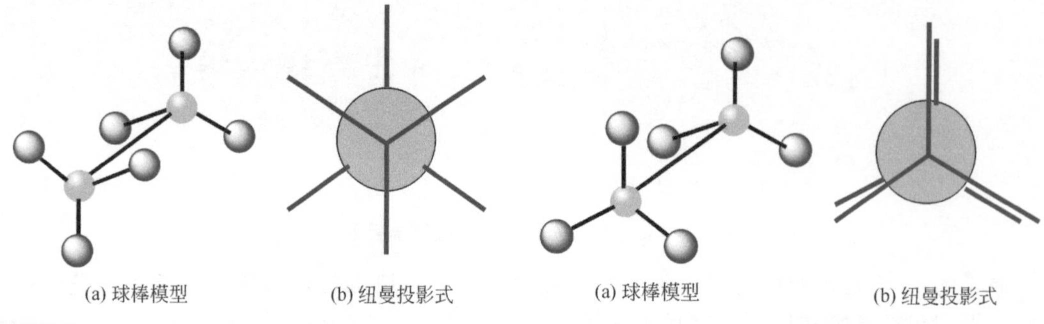

图 14-3-5 乙烷的交叉式构象　　图 14-3-6 乙烷的重叠式构象

又如构型异构的另一分支是对映异构（enantiomerism）。当饱和碳原子（四面体结构）上的四个共价键分别与不同的基团或原子连接时，就能形成两种不同构型的分子。例如，乳酸分子（2-羟基丙酸）的 C_2 原子上分别连有氢（H）、甲基（$—CH_3$）、羟基（—OH）和羧基（—COOH）四个不同基团，存在两种构型不同的分子，它们不能完全重合，却互为镜像［见图 14-3-7（a）］。这种不能与自身镜像重合［见图 14-3-7（b）］的分子称为手性分子（chiral molecule）；互为镜像的两个异构体称为对映体（enantiomer）；而导致产生手性分子的碳原子称为手性碳原子（chiral carbon atom）。若能与自身镜像重合的分子，就不存在对映异构体，称为非手性分子（achiral molecule）。

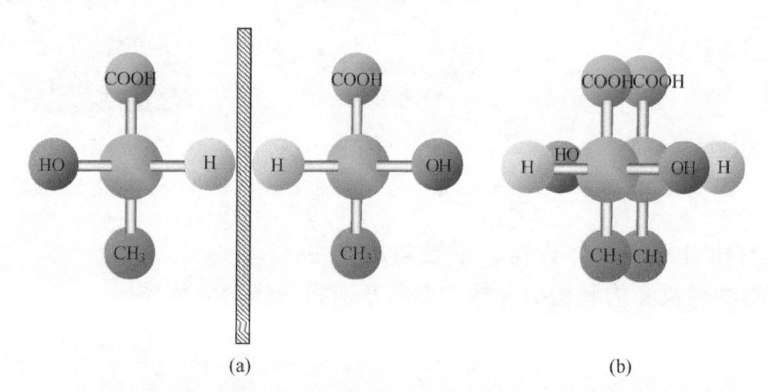

图 14-3-7 乳酸分子结构模型示意

有些有机化合物分子虽不存在手性碳原子，但因分子结构的特殊性而存在对映异构体，例如 6,6′-二硝基-2,2′-联苯二甲酸因苯环邻位连有大基团，因位阻而使连接两个苯环的 σ 键不能自由旋转，产生对映异构体（见图 14-3-8）。

手性分子的两个对映异构体在熔点、沸点、密度、折射率、溶解度等物理性质以及光谱图上特征都完全相同，但它们的差异主要表现在对偏振光偏转的不同。

光是一种电磁波。光波振动的方向与其前进的方向相垂直。普通光包含有各种不同波长的光线，它们可以在各个不同的平面上振动。如果让普通光通过一个尼科尔（Nicol）棱镜，则能透过棱镜的光就只在某一个平面上振动，这种光称为偏振光（polarized light），如图 14-3-9 所示。

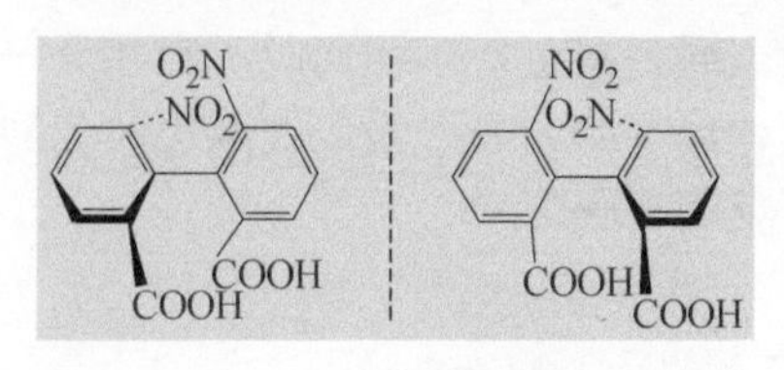

图 14-3-8 6,6′-二硝基-2,2′-联苯二甲酸对映异构体

当偏振光通过某种介质时，偏振光的振动方向仍旧不变，说明这种介质对偏振光没有影响；但是有的介质却能使偏振光的振动方向发生旋转，这种性质称为旋光

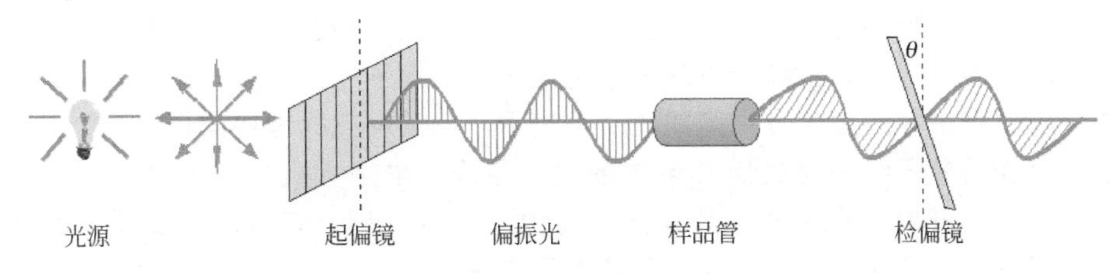

图 14-3-9　偏振光示意

性。具有旋光性的化合物，称为旋光性物质或称光活性（optical activity）物质。

有的光活性物质能使偏振光振动方向向右旋转，这种物质称为右旋物质，通常用“+”或“*d*”表示；反之，就称为左旋物质，用“−”或“*l*”表示。旋光性物质能使偏振光面旋转的角度称为旋光度。

凡是手性分子都具有旋光性。一对对映体的旋光度绝对值是一样的，只是符号相反。如果把同一手性分子左旋体和右旋体等量混合，就得到不具旋光性的混合物，这种混合物称为外消旋体（racemate）。

(*S*)-沙利度胺　　(*R*)-沙利度胺

手性化合物的合成、分离及其应用的研究是有机化学的一个重要组成部分，特别是合成药物的迅速发展以及对药物作用机制理论的研究和药用效果的分析，科学家已经认识到结构完全相似的两个对映体，其对疾病的治疗作用与人们的预想可能是截然相反的。例如，治疗孕妇早期妊娠反应的特效药沙利度胺（反应停，Thalidomide，打 * 碳为手性碳），其 *R* 构型[1]异构体因有镇静作用，对妊娠反应有疗效；而 *S* 构型异构体具有强烈致畸作用，是导致新生儿肢体残缺的罪魁祸首。

14.4　常见有机化合物的通性和反应类型

有机化合物以碳氢化合物（烷烃、烯烃、炔烃、芳烃）及其它们的衍生物（卤代烃、醇、羰基化合物、羧酸等）最为常见，本节将结合有机化合物的反应类型适当介绍它们的通性和特征。

经观察有机化合物的分子结构主要由碳原子通过共价键相互结合构建而成。有机化合物的反应就是旧共价键的断裂与新共价键的形成过程。共价键的断裂方式通常有两种：均裂和异裂。

均裂（homolytic cleavage）——组成共价键的两个电子在断裂时被原子或原子团各携带一个而离去，产生带一个未成对电子的原子或原子团，这样的原子或原子团称为自由基（free radical）。

$$A:B \longrightarrow A\cdot + B\cdot$$

异裂（heterolytic cleavage）——组成共价键的两个电子在断裂时，被原子或原子团的某一方全部带走，产生负离子；而另一方因失去一个电子生成正离子。

$$A:B \longrightarrow A^{+} + B^{-}:$$

[1] *R*/*S* 是对映异构体的标记符号，按照 Cahn-Ingold-Prelog 立体优先次序原则进行构型区别。

通过均裂途径实现的有机反应称为自由基反应；通过异裂途径实现的有机反应称为离子型反应。在离子型反应中，正离子可作为亲电试剂，负离子可作为亲核试剂。另外，有些有机反应在反应过程中并不生成自由基或正、负离子，此类反应称为协同反应。

有机化合物的分子结构是决定其性质的内在原因，也是有机化合物区分反应类型的依据。通常有机反应可分为自由基取代反应、自由基加成反应、亲电取代反应、亲核取代反应、亲电加成反应、亲核加成反应及氧化还原反应等。

14.4.1　烷烃的通性和自由基取代反应

(1) 烷烃的通性　在常温常压下，对直链烷烃而言，$C_1 \sim C_4$ 为气体，$C_5 \sim C_{16}$ 为液体，C_{17} 以上为固体。直链烷烃的沸点随碳原子数增加而升高，其相邻两个同系物之间的沸点差值随碳原子数的增加而减小；支链烷烃比同碳原子数的直链烷烃的沸点低。这是因为影响烷烃沸点高低的主要因素是范德华力（van der Waals forces）。

烷烃分子中的共价键均为键能较强的碳碳 σ 键和碳氢 σ 键，这些共价键在分子中都不显示极性，难以受到亲电试剂或亲核试剂的进攻，在化学性质上表现出很好的稳定性。通常烷烃被用作溶剂和燃料。在特殊的反应条件下，烷烃也能显示出一定的反应活性，这些反应在石油化工生产中占有极其重要的地位。例如，高分子量的直链烷烃可以经过高温裂解反应和异构化反应得到高质量的汽油。

烷烃主要存在于天然气、沼气和石油中，是现代石油化工的重要原料和产品。

(2) 自由基取代反应　有机化合物分子中的一种原子或原子团被其他原子或原子团所代替的化学反应称为取代反应（substitution reaction）。而由自由基参与的取代反应称为自由基取代反应（free radical substitution reaction），烷烃的卤代就是典型的自由基取代反应。

在黑暗环境下，将甲烷与氯气共处并不发生反应，但经日光照射或高温加热，反应即刻发生，得到一氯甲烷及多氯甲烷的混合物。

$$CH_4 + Cl_2 \longrightarrow CH_3Cl + CH_2Cl_2 + CHCl_3 + CCl_4 + HCl$$

反应以链式反应方式进行。它主要经历三个阶段：链的引发、链的增长和链的终止。

链的引发　$Cl:Cl \xrightarrow{\text{光照或加热}} Cl\cdot + Cl\cdot$

链的增长　$\begin{cases} Cl\cdot + CH_4 \longrightarrow CH_3\cdot + HCl \\ CH_3\cdot + Cl_2 \longrightarrow CH_3Cl + Cl\cdot \end{cases}$

新生成的氯原子自由基与氯甲烷作用，可以得到二氯甲烷，如此反复可以进一步得到多氯甲烷。

$$CH_3Cl + Cl\cdot \longrightarrow CH_2Cl\cdot + HCl$$

$$CH_2Cl\cdot + Cl_2 \longrightarrow CH_2Cl_2 + Cl\cdot$$

若新生成的氯原子自由基或甲基自由基它们相互作用生成分子，自由基反应得以终止。

链的终止　$\begin{cases} Cl\cdot + Cl\cdot \longrightarrow Cl_2 \\ Cl\cdot + CH_3\cdot \longrightarrow CH_3Cl \\ CH_3\cdot + CH_3\cdot \longrightarrow CH_3CH_3 \end{cases}$

若以结构比甲烷复杂的丙烷与氯气在光照下进行反应，则生成的一氯取代物就不止一种：

$$\underset{\text{丙烷}}{CH_3CH_2CH_3} + Cl_2 \xrightarrow{h\nu} \underset{\text{2-氯丙烷}}{CH_3\underset{|}{\underset{Cl}{C}}HCH_3} + \underset{\text{1-氯丙烷}}{CH_3CH_2CH_2{-}Cl}$$

何种产物占优主要取决于反应中间体烷基自由基的稳定性。

$$CH_3CH_2CH_3 \xrightarrow[-HCl]{Cl\cdot} \begin{cases} CH_3CH_2\dot{C}H_2 \xrightarrow[-Cl\cdot]{Cl_2} CH_3CH_2CH_2Cl \\ CH_3\dot{C}HCH_3 \xrightarrow[-Cl\cdot]{Cl_2} CH_3CH(Cl)CH_3 \quad \text{（主要产物）} \end{cases}$$

自由基缺少电子，其稳定性与所连烃基（供电子基团）的数量有关，烃基越多，对自由基供电子作用越强，则相应自由基的稳定性越好，生成相应的产物越有利。

自由基稳定性顺序：$CH_3{-}CH_2\cdot < CH_3{-}\dot{C}H{-}CH_3 < CH_3{-}\dot{C}(CH_3){-}CH_3$

14.4.2　烯烃、炔烃的通性和亲电加成反应

(1) 烯烃、炔烃的通性　在常温常压下，乙烯、丙烯、丁烯是气体，从戊烯开始到十六碳烯为液体，十七碳烯以上为固体。同系列烯烃的沸点随着相对分子质量的增加而升高；具有顺、反异构的烯烃通常反式异构体的沸点比顺式异构体的沸点低。

烯烃主要由石油裂解得到。烯烃是重要的石油化工产品，是合成高分子化合物的基本原料，有关内容参见第 15 章。

最常见并且最简单的炔烃是乙炔。乙炔为无色无臭的气体，地球上没有天然乙炔存在，乙炔主要由电石水解或天然气裂解得到。乙炔在一定量的氧气中燃烧，能生成 3000℃左右的火焰，可用来切断或焊接金属材料。乙炔还能通过其不饱和叁键进行加成、聚合、氧化等反应制取有机合成材料。

(2) 亲电加成反应　烯烃、炔烃分子中含有不饱和碳碳双键或叁键，由于碳原子核对 π 键电子的束缚能力远小于 σ 键，因此 π 电子呈松散状态，容易受到缺电子原子或原子团（通常称为亲电试剂，例如 H^+、$Br^{\delta+}{-}Br^{\delta-}$ 等）的进攻而导致 π 键的异裂，发生亲电加成反应(electrophilic addition reaction)。

烯烃亲电加成反应是离子型反应，反应分两步进行。首先碳碳双键受到亲电试剂的进攻，生成带正电荷的碳正离子中间体，然后结合亲核试剂得到加成产物。由于第一步是决速步骤，所以认为烯烃是亲电加成反应。

以乙烯与溴化氢反应生成溴乙烷为例：

$$CH_2{=}CH_2 + HBr \longrightarrow CH_3CH_2Br$$

反应按下列过程进行

$$HBr \longrightarrow H^+ + Br^-$$

第一步　$CH_2{=}CH_2 + H^+ \longrightarrow CH_3{-}\overset{+}{C}H_2$

第二步　$CH_3{-}\overset{+}{C}H_2 + Br^- \longrightarrow CH_3{-}CH_2Br$

氢质子对烯烃加成是整个反应的决速步骤，反应生成的碳正离子中间体的稳定性将决定反应的难易程度和产物的结构。碳正离子是缺电子体系，当其连接的烃基越多，对其供电子能力越强，则碳正离子稳定性越好。由此可以得出各类碳正离子稳定性顺序为：

$$\underset{\text{叔碳正离子}}{R{-}\overset{+}{C}(R){-}R} > \underset{\text{仲碳正离子}}{R{-}\overset{+}{C}(H){-}R} > \underset{\text{伯碳正离子}}{R{-}\overset{+}{C}(H){-}H} > \underset{\text{甲基碳正离子}}{\overset{+}{C}H_3}$$

依据对碳正离子稳定性的判断可以预测反应的主要产物。

例如：丙烯与氯化氢的加成反应可能有两种产物生成，而其中 2-氯丙烷是主要产物，原因是仲碳正离子的稳定性好于伯碳正离子。

$$CH_3CH=CH_2 + HCl \longrightarrow \begin{cases} CH_3CH_2-CH_2Cl & \text{1-氯丙烷} \\ CH_3CH(Cl)-CH_3 & \text{2-氯丙烷（主要产物）} \end{cases}$$

实验表明，当不对称烯烃（烯烃双键两端不对称取代时）与具有极性的亲电试剂发生加成反应时，亲电试剂中带正电荷的部分加到双键中含氢较多的那个碳原子上，带负电荷的部分则加到双键中含氢较少的那个碳原子上。这条经验规则称为马尔可夫尼可夫规则（Markovnikov's rule），简称马氏规则。上述反应可以利用此规则准确地写出主要产物。

与此相似，乙炔的亲电加成反应也是离子型反应，不对称炔烃的加成同样符合马氏规则，但炔烃比烯烃的反应活性稍差。这是因为叁键的键长（0.121nm）比双键的键长（0.134nm）短，原子核对叁键的π电子束缚能力比双键强，π电子不易给出所致。

例如：

$$\underset{\text{乙炔}}{HC\equiv CH} + HCl \xrightarrow{HgCl_2} \underset{\text{氯乙烯}}{H_2C=CH-Cl}$$

在汞盐或铜盐的催化作用下，叁键的活性可以得到很大提高。2-氯-1,3-丁二烯是合成氯丁橡胶的原料，它是在氯化亚铜催化下由乙烯基乙炔与氯化氢作用制得。

$$\underset{\text{乙烯基乙炔}}{HC\equiv C-CH=CH_2} + HCl \xrightarrow{[CuCl]} \underset{\text{2-氯-1,3-丁二烯}}{H_2C=C(Cl)-CH=CH_2}$$

14.4.3 卤代烃、醇的通性和亲核取代反应

(1) 卤代烃和醇的通性 在卤代烃（氟代烃除外）中，只有氯甲烷、氯乙烷和溴甲烷为气体，其余均为无色液体或固体。

卤代烃的沸点随分子中碳原子数的增加而升高。在异构体中，支链越多沸点越低。卤代烃在极性溶剂水中的溶解度都很低。

醇（R—OH）分子中，由于氧原子的电负性比碳原子大，氧原子上的电子云密度较高，C—OH 键具有较强的极性。

直链饱和一元醇系列中，C_4 以下为液体，$C_5 \sim C_{11}$ 为油状液体，C_{12} 以上为固体。

由于醇分子中的羟基氧可以与另一分子的羟基氢形成氢键（与水相似），因此低级醇的沸点比分子量相近的烷烃高得多；而其溶解度也因氢键而增大。

(2) 亲核取代反应 卤代烃（RX）分子中，由于卤原子的电负性比碳原子的大，C—X 键具有一定的极性，中心碳原子（与卤素结合的碳原子）具有明显的缺电子性，容易受到带负电荷或部分负电荷的原子或原子团（称为亲核试剂 Nu^-）的亲核进攻，发生 C—X 键的异裂，得到取代产物，称为亲核取代反应（nucleophilic substitution reaction）。

亲核取代反应有两种反应过程：单分子亲核取代反应（S_N1）和双分子亲核取代反应（S_N2）。

通常叔卤代烃的亲核取代反应主要按 S_N1 方式进行。反应物先发生异裂得到碳正离子中间体，然后结合亲核试剂得到取代产物，而中间体碳正离子稳定性的高低与反应物活性有很好的相关性。例如叔丁基溴的碱性水解反应：

$$\underset{\text{叔丁基溴}}{(CH_3)_3C-Br} \xrightarrow{-Br^-} \underset{\text{叔丁基碳正离子}}{(CH_3)_3C^+} \xrightarrow{OH^-} \underset{\text{叔丁醇}}{(CH_3)_3C-OH}$$

根据反应中间体碳正离子稳定性，各类卤代烃按 S_N1 反应方式进行的反应活性为：

叔卤烷＞仲卤烷＞伯卤烷

伯卤烷的亲核取代反应主要按 S_N2 方式进行。因伯卤烷不易离解为伯碳正离子（稳定性较差），在较强的亲核试剂作用下，碳卤键的断裂与新的共价键的生成同时发生，反应没有中间体生成。例如氯乙烷在氢氧化钠水溶液中的反应过程为：

$$\mathrm{H_3C{-}Cl} \xrightarrow{:\ddot{O}H^-} \mathrm{HO\cdots CH_3\cdots Cl} \xrightarrow{-Cl^-} \mathrm{HO{-}CH_3}$$

假设的过渡态结构

按此方式进行的反应，卤代烃空间位阻（分子的支链多少和大小）将决定卤代烃的反应活性。各类卤代烃按 S_N2 反应方式进行的反应活性为：

伯卤烷＞仲卤烷＞叔卤烷

醇的亲核取代反应与卤代烃相似。由于醇分子中羟基的离去能力很差，只有当羟基质子化后，以水分子形式才能提高羟基的离去能力，亲核取代反应才能顺利进行。醇在酸催化下的亲核取代反应主要按 S_N1 方式进行。例如异丙醇与氯化氢作用得到异丙基氯的反应：

$$\underset{\text{异丙醇}}{(CH_3)_2CHOH} + HCl \longrightarrow \underset{\text{异丙基氯}}{(CH_3)_2CHCl} + H_2O$$

$$\mathrm{CH_3CH(CH_3){-}OH} \xrightarrow{H^+} \mathrm{CH_3CH(CH_3){-}\overset{+}{O}H_2} \xrightarrow{-H_2O} \mathrm{CH_3\overset{+}{C}H(CH_3)} \xrightarrow{Cl^-} \mathrm{CH_3CH(CH_3){-}Cl}$$

异丙基碳正离子

14.4.4　芳烃的通性和亲电取代反应

(1) 芳烃的通性　最简单的芳烃是苯。根据苯环结构（参见 14.3）特征可知，苯环为平面型闭合共轭体系，环内虽有三个不饱和键，但因其形成共轭大 π 键而显示很好的稳定性，难以发生环上的加成反应，而容易发生环上氢的取代反应（保持苯环的稳定结构）。

苯及其同系物一般为无色液体，它们不溶于水，易溶于有机溶剂。单环芳烃有特殊的气味，其蒸气会对人体的呼吸道、中枢神经及造血功能产生损害，有些稠环芳烃还有致癌作用。由于芳环都有较好的稳定性，通常被用作溶剂和稀释剂。

(2) 亲电取代反应　苯环的大 π 键是较好的电子对给予体，当苯环受到缺电子原子或原子团（称为亲电试剂 E^+）进攻时，给出一对电子，形成带正电荷的 σ 络合物（反应中间体），然后失去氢质子以恢复苯环的稳定结构，得到由 E 取代环上氢的苯环化合物。这类反应方式称为亲电取代反应（electrophilic substitution reaction）。

以苯为例，苯可以与多种亲电试剂反应，生成取代产物。苯的氯代反应过程为：在三氯化铁的催化下，氯气被离解为缺电子的 Cl^+（亲电试剂），进攻苯环碳原子，苯环上的一个 π 键被打开，形成 σ 络合物（决速步骤），然后离去 H^+，恢复苯环稳定结构，得到取代产物。

$$Cl_2 + FeCl_3 \longrightarrow Cl^+ + FeCl_4^-$$

$$C_6H_6 + Cl^+ \longrightarrow [C_6H_6Cl]^+ \text{（σ 络合物）}$$

$$[C_6H_6Cl]^+ \longrightarrow \underset{\text{氯苯}}{C_6H_5Cl} + H^+$$

与上述反应方式相似，苯环还能与混酸（硝酸＋硫酸）作用（进攻基团 NO_2^+），生成硝基苯；与浓硫酸作用（进攻基团 SO_3^+），生成苯磺酸；在三氯化铝催化下，与卤代烷作用（进攻基团 R^+），生成烷基苯（被称为 Friedel-Crafts 烷基化反应）。

$$\text{C}_6\text{H}_6 \begin{cases} \xrightarrow{Br_2/FeCl_3} C_6H_5\text{—}Br + HBr \quad (\text{卤代反应}) \\ \xrightarrow[50\sim60℃]{HNO_3/H_2SO_4} C_6H_5\text{—}NO_2 + H_2O \quad (\text{硝化反应}) \\ \xrightarrow{\text{浓 } H_2SO_4} C_6H_5\text{—}SO_3H + H_2O \quad (\text{磺化反应}) \\ \xrightarrow{RX/AlCl_3} C_6H_5\text{—}R + HX \quad (\text{烷基化反应}) \end{cases}$$

溴苯　硝基苯　苯磺酸　烷基苯

当一元取代苯发生亲电取代反应时，新进入的基团可以在原取代基的邻、间、对位置上发生取代，得到三种二取代的异构体。

$$C_6H_5Z + E^+ \longrightarrow o\text{-}ZC_6H_4E + m\text{-}ZC_6H_4E + p\text{-}ZC_6H_4E$$

邻位　间位　对位

事实上，第二个基团进入的位置因受到原取代基的影响，主要产物只能得到一种或两种；并且反应活性也与原取代基的性质有很大关系。实验表明，苯环上取代基按其亲电取代反应的定位，大致可分为两类：

第一类定位基称为邻、对位定位基，这类基团能使苯环活化（卤素除外）。例如$—O^-$，$—NH_2$，—OH，$—NHCOCH_3$，$—CH_3$，—Cl，—Br，—I 等。

第二类定位基称为间位定位基，这类基团能使苯环钝化。例如$—NO_2$，$—SO_3H$，—CHO，—COOH，$—CONH_2$ 等。

根据上述定位原则，可以容易地判断出一取代苯发生亲电取代反应的产物。例如：

$$C_6H_5Cl \xrightarrow{Cl_2/FeCl_3} o\text{-}C_6H_4Cl_2 + p\text{-}C_6H_4Cl_2 ; \quad C_6H_5CH_3 \xrightarrow[H_2SO_4/30℃]{HNO_3} o\text{-}CH_3C_6H_4NO_2 + p\text{-}CH_3C_6H_4NO_2$$

邻二氯苯（50%）　对二氯苯（45%）　邻硝基甲苯（63%）　对硝基甲苯（34%）

$$C_6H_5NO_2 \xrightarrow{HNO_3/H_2SO_4} m\text{-}C_6H_4(NO_2)_2$$

硝基苯　间二硝基苯（93%）

14.4.5 羰基化合物的通性和亲核加成反应

(1) 羰基化合物的通性　羰基化合物主要是醛（RCHO）、酮（RCOR′）类化合物。

在常温下，除甲醛是气体之外，C_{12}以下的醛和酮是液体，高级的醛和酮为固体。由于醛、酮是极性分子，它们的沸点比相对分子质量相近的烷烃高得多，但比相同碳原子数的醇低得多。这是由于醛或酮分子之间不能形成氢键而醇分子之间存在氢键的缘故。

低级的醛、酮既能溶于水，也能溶于有机溶剂。用作防腐剂的“福尔马林”（formalin）就是40%的甲醛水溶液。

(2) 亲核加成反应　在结构上，对羰基碳而言，它们都是平面型分子，并且羰基π电子偏向于氧，是极性共价键。羰基碳容易受到带负电荷（或部分负电荷）的亲核试剂进攻，发生亲核加成反应（nucleophilic addition reaction）。

$$\overset{\delta+}{C}=O^{\delta-}$$

羰基碳原子是高度缺电子体系，当亲核试剂进攻羰基碳时，羰基的 π 键发生异裂，同时碳与亲核试剂形成 σ 键。此时，羰基碳由 sp^2 杂化形式转变为 sp^3 杂化形式，从空间效应观察，羰基碳原子所连烃基越大或越多，对生成四面体中间体越不利。

$$\underset{\substack{\text{反应物}\\(sp^2\text{杂化平面三角形分子})}}{RR'(H)C=O} + :Nu^- \longrightarrow \underset{\substack{\text{中间体}\\(sp^3\text{杂化四面体形分子})}}{R'(H)-C(R)(Nu)-O^-} \xrightarrow{H_2O} \underset{\substack{\text{产物}\\(sp^3\text{杂化四面体形分子})}}{R'(H)-C(R)(Nu)-OH}$$

从亲核加成反应的电子效应观察，羰基碳原子上电子云密度低对反应有利，而烃基是供电子基团，烃基越多，对反应越不利。各类羰基化合物发生亲核加成反应的活性顺序为：

$$(H)(H)C=O > (H)(H_3C)C=O > (H_3C)(H_3C)C=O > (H_5C_6)(H_3C)C=O > (H_5C_6)(H_5C_6)C=O$$

羰基化合物能与 HCN、饱和 $NaHSO_3$、RMgX 等亲核试剂（能提供电子对的试剂）作用，得到一些重要的化工原料及产品。例如，醛、酮化合物与氢氰酸（HCN）作用，可以得到 α-羟基腈，并可进一步制取比原料多一个碳原子的 α-羟基酸。

$$(H_3C)_2C=O + NaCN \xrightarrow[H_2O]{H_2SO_4} CH_3-C(CH_3)(OH)-CN \xrightarrow{H_3O^+} CH_3-C(CH_3)(OH)-COOH$$

醛、脂肪族甲基酮化合物（CH_3COR）与饱和 $NaHSO_3$ 溶液作用生成白色固体加成产物，加成产物可在酸或碱的作用下分解，重新得到原来的醛或酮。其他开链脂肪酮不能发生本反应，原因是空间位阻增大。利用本反应可对羰基化合物进行鉴别和分离。

$$CH_3CH_2CHO + NaHSO_3 \longrightarrow CH_3CH_2-C(H)(O^-Na^+)-SO_3H \longrightarrow CH_3CH_2CH(OH)-SO_3Na\downarrow$$

羰基化合物与格利雅试剂（Grignard reagent，RMgX）[1] 作用，可以生成碳链增加的仲醇或叔醇。本反应在有机合成中常被应用于增碳，以达到由小分子合成大分子的目的。例如：

$$C_6H_5-C(=O)-CH_3 + CH_3CH_2MgBr \xrightarrow{\text{无水乙醚}} C_6H_5-C(OMgBr)(CH_3)-CH_2CH_3 \xrightarrow{H_3O^+} C_6H_5-C(OH)(CH_3)-CH_2CH_3$$

$$CH_3CH_2CHO + C_5H_9-MgBr \xrightarrow[\text{②}H_3O^+]{\text{①无水乙醚}} CH_3CH_2CH(OH)-C_5H_9$$

14.4.6　常见有机化合物的氧化还原反应

有机化合物的特点之一就是容易燃烧。例如汽油（烃类）、酒精等，它们燃烧的最终产物为二氧化碳和水，燃烧过程实际上就是氧化过程。氧化过程使有机化合物分子增加了氧原子或失去氢原子，这类反应称为氧化反应（oxidation reaction）；反之亦然，使有机化合物

---

[1] 格利雅试剂由卤代烃与镁屑在无水乙醚中反应制备，由于其稳定性较差，通常随用随制。

$$RX + Mg \xrightarrow[\text{回流}]{\text{无水乙醚}} RMgX$$

增加氢原子或失去氧原子的反应则称为还原反应（reduction reaction）。

通常烷烃是比较稳定的，在常温下不和一般氧化剂发生反应。烯烃和炔烃的情形就不同了，它们都含有性质活泼的π键，容易发生氧化反应。例如，在稀、冷的高锰酸钾碱性水溶液中，乙烯被氧化成乙二醇：

$$CH_2{=}CH_2 + KMnO_4 \xrightarrow[OH^- \; H_2O]{稀、冷} \underset{OH}{CH_2}{-}\underset{OH}{CH_2} + MnO_2$$

若将乙炔通入高锰酸钾水溶液中，乙炔被氧化成二氧化碳：

$$HC{\equiv}CH + KMnO_4 \xrightarrow[H_2O]{} CO_2 + MnO_2$$

烯烃和炔烃在被氧化的同时，高锰酸钾的紫色褪去，生成棕褐色的二氧化锰沉淀，因此，这个反应也可用来检验不饱和烃的存在。

在不同的氧化条件下，不同结构的不饱和烃氧化后的产物也不同：

$$RCH{=}CH_2 \xrightarrow{KMnO_4,\ H^+} \underset{(羧酸)}{RCOOH} + H_2CO_3 \longrightarrow CO_2 + H_2O$$

$$RCH{=}CHR' \xrightarrow{KMnO_4,\ H^+} \underset{(羧酸)}{RCOOH} + R'COOH$$

$$RCH{=}C(R')R'' \xrightarrow{KMnO_4,\ H^+} \underset{(羧酸)}{RCOOH} + \underset{(酮)}{R'R''C{=}O}$$

$$RC{\equiv}CH \xrightarrow{KMnO_4,\ H^+} \underset{(羧酸)}{RCOOH} + H_2CO_3 \longrightarrow CO_2 + H_2O$$

$$RC{\equiv}CR' \xrightarrow{KMnO_4,\ H^+} \underset{(羧酸)}{RCOOH} + \underset{(羧酸)}{R'COOH}$$

显然，根据不同的氧化产物，可以推测原不饱和烃的双键或三键的位置以及分子结构。

苯环在其衍生物分子中是一个十分稳定的结构单元，在一般氧化条件下，只是苯环上的侧链被氧化，有趣的是不论苯环上的侧链有多长，只要苯环的α碳上有氢，其氧化产物都是苯甲酸：

$$C_6H_5{-}CH_3 \xrightarrow{KMnO_4} C_6H_5{-}COOH$$

$$C_6H_5{-}CH_2CH_3 \xrightarrow{KMnO_4} C_6H_5{-}COOH$$

$$H_3C{-}C_6H_4{-}CH_3 \xrightarrow{KMnO_4} HOOC{-}C_6H_4{-}COOH$$

醇类的氧化反应具有多样性，氧化产物会随着羟基在分子结构中位置的变化而不同。例如：

$$\underset{乙醇}{CH_3CH_2OH} \xrightarrow{CrO_3,\ C_5H_5N} \underset{乙醛}{CH_3CHO} \xrightarrow{KMnO_4} \underset{乙酸}{CH_3COOH}$$

$$\underset{环己醇}{C_6H_{11}{-}OH} \xrightarrow[H_2SO_4]{K_2Cr_2O_7} \underset{环己酮}{C_6H_{10}{=}O}$$

$$\underset{2\text{-}辛醇}{CH_3(CH_2)_5\underset{OH}{CH}CH_3} \xrightarrow[H_2SO_4]{K_2Cr_2O_7} \underset{2\text{-}辛酮}{CH_3(CH_2)_5\overset{O}{\overset{\|}{C}}CH_3}$$

通常伯醇（RCH_2OH）氧化生成醛或酸，仲醇如下式（a）氧化生成酮，而叔醇如下式

(b) 则不容易发生氧化。

$$\underset{\text{(a)}}{R(R')CHOH} \qquad \underset{\text{(b)}}{R'—\overset{R}{\underset{R''}{C}}—OH}$$

醛和酮相比，醛极易发生氧化反应，甚至弱氧化剂硝酸银的氨溶液（也称吐伦试剂，Tollen's reagent）也能使醛氧化生成酸。在相同条件下，酮则不容易被氧化。由于醛与吐伦试剂共热时，醛被氧化成相应的羧酸，银离子则被还原成银，沉淀在净洁的试管壁上，形成光亮的银镜。因此，这个反应称为银镜反应。银镜反应常用来检验、区别醛和酮。

$$CH_3CHO+[Ag(NH_3)_2]OH \longrightarrow CH_3COONH_4+Ag\downarrow+NH_3+H_2O$$

酚类化合物容易被氧化，甚至在空气中就会慢慢发生氧化反应，因此，常用作食品、橡胶、塑料的抗氧剂，例如 BHT（butylated hydroxy toluene）为食品的抗氧剂。

OH, $(CH_3)_3C$, $C(CH_3)_3$, CH_3

4-甲基-2,6-二叔丁基苯酚（BHT）

与氧化反应相比较，还原反应是氧化反应的逆过程。烯烃的催化加氢就是一个还原反应的典型例子：

$$CH_2=CH_2+H_2 \xrightarrow{Ni} CH_3CH_3$$

还原反应除了催化加氢之外，金属氢化物（$LiAlH_4$、$NaBH_4$ 等）也是常用的还原试剂，它们主要对极性不饱和键（如羰基、羧基、酯基、酰氨基、氰基等）有还原作用，而对碳碳不饱和键无还原作用。例如：

$$\underset{\text{环己酮}}{\text{C}_6\text{H}_{10}\text{O}} \xrightarrow[H_2O]{NaBH_4} \underset{\text{环己醇}}{\text{C}_6\text{H}_{11}\text{OH}}$$

$$\underset{\text{4-戊烯酸乙酯}}{CH_2=CHCH_2CH_2COOCH_2CH_3} \xrightarrow[\text{② } H_2O]{\text{① } LiAlH_4} \underset{\text{4-戊烯-1-醇}}{CH_2=CHCH_2CH_2CH_2OH}+\underset{\text{乙醇}}{CH_3CH_2OH}$$

科学家伍德沃德

Robert Burns Woodward（1917～1979）

伍德沃德是著名的有机化学家，也是当代复杂有机化合物合成大师之一。

伍德沃德出生于美国波士顿。1933 年，16 岁的他即进入麻省理工学院读书，并立志要成为一名化学家。由于他对化学的特别偏爱，学习时产生了严重的偏科倾向，在所学课程中，对学校规定的其他科目很不重视，因而受到学校“对正规课程轻视，不听课”的警告处分。考虑到他在化学上表现出来的天赋，学校专门为他安排课程，使他有充分的课余时间在实验室从事研究工作，经过仅一年时间的努力，伍德沃德就在 1936 年获得了学士学位，第二年又很快获得博士学位，这时他才 20 岁。

获得博士学位后，伍德沃德把全部精力投入到天然有机化合物生物碱和甾族化合物的合成研究上。奎宁碱的结构经过有机化学家三十余年的研究才基本搞清，1944 年伍德沃德正式合成了奎宁碱，当时他 27 岁。的士宁（$C_{21}H_{22}N_2O_2$）是一种结构奇特的化合物，1954 年伍德沃德等人以精湛的技巧和顽强的毅力完成了它的全合成，并由此引起化学界的轰动。利血平是一种具有降血压和镇定神经作用的药物，1952 年首次由蛇根萝夫藤中分离得到，1954 年它的结构剖析成功，1956 年即在伍德沃德实验室实现了它的全合成，给生物碱的发展增添了光辉的一页。1957 年伍德沃德又合成了羊毛甾醇（$C_{30}H_{50}O$）等。这些天然有机化合物，包括后来结构更为复杂的叶绿素、维生素 B_{12} 的全合成成功，被认为是当时合成化学的最高水平。

伍德沃德所从事的合成工作难度都很大，从当时的技术水平来看似乎是不可想像，如果没有渊博的知识、丰富的实践经验、坚韧不拔的毅力，在当时条件下是难以完成的。叶绿素的合成当时要经过五十五步才能完成，其中一步出错，则前功尽弃。维生素 B_{12} 的合成更为艰巨，当时与他人合作研究历时十年之久，参加者达百人。

伍德沃德还善于从实际经验中进行归纳总结，使之上升为理论。在大量的合成研究过程中，他观察到分子轨道对称性对反应进行难易和产物构型起决定性作用的例子，于 1965 年和量子化学家霍夫曼（R. H. Hoffmann）合作提出了分子轨道对称性守恒原理，通常称为伍德沃德-霍夫曼规则，因而于 1965 年获得诺贝尔化学奖。

此外，他于 1959 年获英国皇家学会戴伊奖章，1961 年获梵蒂冈教皇科学院金质奖章，1964 年获美国科学院奖章，1970 年获日本朝日勋章等。

复习思考题和习题

1. 写出分子式为 C_5H_{12} 的同分异构体，指出其中伯、仲、叔、季碳原子，并用系统命名法命名。
2. 写出下列各化合物的结构式：

（1）2-甲基己烷；　（2）3,3-二甲基庚烷；　（3）异戊烷；
（4）2-甲基-3-乙基辛烷；　（5）甲苯；　（6）间二硝基苯；
（7）对硝基苯甲酸；　（8）邻甲苯酚；　（9）环己烯；
（10）2-甲基-2-丁烯；　（11）1-丁炔；　（12）2-溴丁烷；
（13）叔丁醇；　（14）苯甲醛；　（15）苯乙酮；
（16）对甲苯磺酸；　（17）α-呋喃甲醛；　（18）3-吡啶甲酸。

3. 解释下列名词：

（1）同分异构体；　（2）同素异形体；　（3）构象；　（4）手性分子；
（5）旋光度；　（6）亲电加成反应；　（7）亲核加成反应；　（8）马氏规则。

4. 某些烷烃分子量都是 72，氯化时，

（1）只得到一种一氯代产物；　（2）得到三种一氯代产物；
（3）得到四种一氯代产物；　（4）得到二种二氯代产物；

分别写出这些烷烃的结构式。

5. 完成下列反应式：

（1）$CH_3CH_2C(CH_3){=}CHCH_3 \xrightarrow{Br_2}$ ；$CH_3CH_2C(CH_3){=}CHCH_3 \xrightarrow{HBr}$

（2）$CH_3CH{=}CH_2 + Cl_2 \xrightarrow{h\nu} \xrightarrow{Cl_2}$

（3）$C_6H_5CH_3 \xrightarrow{Br_2/Fe}$

（4）$C_6H_5CH_3 \xrightarrow[H_2SO_4]{HNO_3} \xrightarrow{H^+/KMnO_4}$

(5) $CH_3CH_2CH_2CH_2Br \xrightarrow{NaOH/H_2O}$

(6) 3-氯苄氯（间氯苄基氯，CH_2Cl、Cl 取代苯）$\xrightarrow{NaOH/H_2O}$

(7) 环己酮 $\xrightarrow[② H_2O]{① CH_3MgBr}$

(8) 苯甲醛（CHO） $\xrightarrow{HCN}$

(9) 环己烯 $\xrightarrow[H_2O]{稀、冷 KMnO_4}$

(10) 环己醇（OH） $\xrightarrow[H_3O^+]{K_2Cr_2O_7}$

(11) 苯甲醛（CHO） $\xrightarrow[H_2O]{NaBH_4}$

(12) $CH_3CH{=}CHCH_2\overset{O}{\overset{\|}{C}}CH_3 \xrightarrow[② H_2O]{① LiAlH_4}$

6. 以苯、甲苯及其他必要试剂合成下列化合物：

(1) COOH（苯甲酸）　(2) 邻苯二甲酸酐　(3) Cl、NO_2（对氯硝基苯）

(4) $CH_2CH_2NH_2$（苯乙胺）　(5) COOH、Br（对溴苯甲酸）　(6) COOH、COOH（对苯二甲酸）

7. 写出下列反应的产物及反应类型。

(1) $(CH_3)_2C{=}CH_2 \xrightarrow{HBr}$

(2) 甲基环戊烷（$-CH_3$） $\xrightarrow[h\nu]{Br_2}$

(3) 甲苯（CH_3） $\xrightarrow[H_2SO_4]{HNO_3}$

(4) $CH_3\overset{CH_3}{\overset{|}{C}}HCHO \xrightarrow{HCN}$

8. 已知部分单键的离解能（$kJ \cdot mol^{-1}$）为 C—C 267；Br—Br 193；C—Br 273。试计算烯烃与溴水发生加成反应时的能量变化。

参 考 书 目

1. 王彦广等编著．有机化学．北京：化学工业出版社，2009
2. 荣国斌，秦川编著，大学基础有机化学．北京：化学工业出版社，2011
3. Carey F. A. **Organic Chemistry 7th ed.** Mc Graw-Hill Companices Inc. 2008
4. Zumdahl S. S.，Zumdahl S. A. **Chemistry 8th ed.** Brooks/Cole Cengage Learning，2010

第15章 聚 合 物

Chapter 15 Polymers

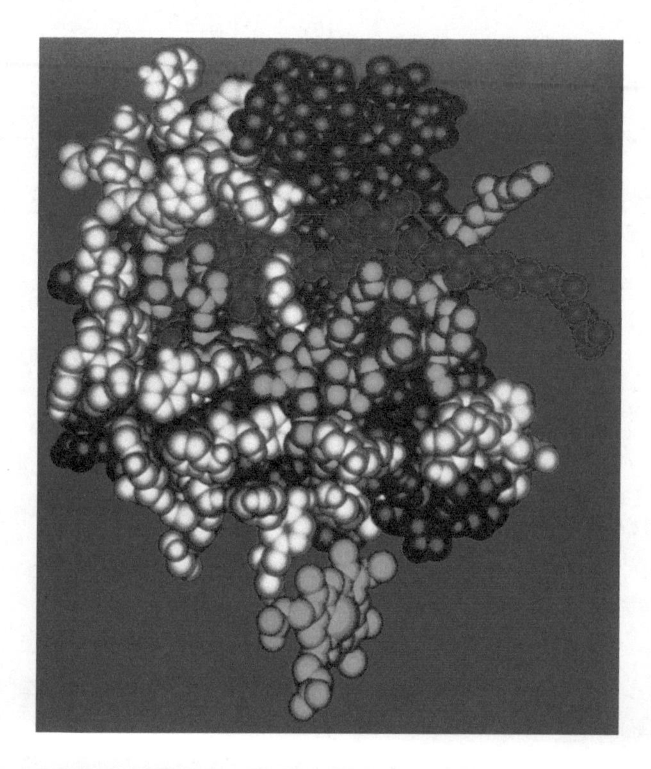

聚合物（polymer）即高分子（high molecule），也称高聚物（high polymer）。人类社会一开始就与聚合物材料结下不解之缘，人们的衣食住行都离不开聚合物。远在公元前2700年左右，中国已开始了养蚕的历史，后来形成的丝绸之路传播东方文明及促进东西方文化交流，在人类历史上有着不可磨灭的贡献。丝绸就是天然聚合物之一。另外，中国东汉时期发明的造纸术对于人类文明史的贡献也值得一提，纸张也是由天然聚合物构成。尽管聚合物材料对于人类社会的进步贡献如此之大，但作为一门学科的建立还是20世纪20年代以后的事。

聚合物都由许多小分子聚合而成，它不同于一般小分子化合物，聚合物的相对分子质量从几十万到几百万。巨大的相对分子质量使聚合物经历了由量变到质变的过程，赋予它以独特的、不同于低分子的物理、化学和力学性能。人工合成的聚合物可以作为塑料、纤维、橡胶、薄膜和胶黏剂等材料，是金属、木材、棉、毛、麻、丝、天然橡胶等的代用品。如今聚合物材料已不仅是传统材料的代用品，而广泛应用于航空、航天、微电子、医疗卫生及能源等新领域，是国民经济、国防尖端和高科技领域中不可缺少的材料，与人类的生存和发展密切相关。

15.1　聚合物与社会进步

(1) 衣食住行与聚合物材料　人类文明经历几千年至今，创造了自然界本不存在的难以计数的聚合物材料，它们服务于人类，给人们带来了缤纷多彩的现代化生活。

首先是“衣”。各种合成纤维的制品琳琅满目，聚丙烯腈制成的人造羊毛、喷镀铝钛金属的反射膜制得的絮片，俗称“太空棉”，具有高于鸭绒的保暖性；以聚酯纤维织物制成的服装挺括不变形，免熨烫，更是尽人皆知。这些合成纤维具有轻便保暖、易洗涤、虫不蛀、不发霉等特点，其优异的使用性能成为人们重要的衣着材料。

其次是“食”。人类食物如粮、肉、禽、鱼、蛋、奶及各种蔬菜都含有大量的聚合物。如今人造蛋白、合成糖就是以小分子单体经聚合而得到的高分子食物，合成的食用黄油就是成功的例子。聚合物用于食品的包装、贮存、运输和保鲜等方面更是不计其数。无机高分子聚合硫酸铁是很好的絮凝剂，用于饮用水的净化。

聚合物与“住”的关系更为密切。在近代建筑中，从室内外的装饰如壁纸、地板、家具到现代的电器等均采用了大量的各种塑料制件，特别是便于快速拆装运输的特定临时医院、库房、野外考察用房及有充气顶棚的大型展览馆等均由聚合物材料制成。

“行”与聚合物材料有更加重要的关系。在飞机、舰船、汽车工业方面，聚合物减轻构造自身的质量以减少能耗，提高运载量和运行里程，在能源日趋紧张的今天，尤其重要。现在聚合物材料在实现交通运输工具轻量化方面已经取得了很大成绩。

合成聚合物工业从建立到发展只经历短短几十年，然而它在改善人们衣、食、住、行等方面，对充实和丰富人类的物质生活已经作出了巨大的贡献。

(2) 人体健康与聚合物材料　人的肌体因脏器病变、生理机能老化衰退以及意外事故造成的外伤损坏，采用聚合物材料制成的人工脏器进行移植或离体工作；采用具有生理功能长效缓释的高分子药物对患病肌体治疗；如今从头盖骨到趾骨，从人的血液到皮肤、从内脏到五官、从整形到隐形眼镜，都能使用聚合物材料，并且相当成功。如硅橡胶用于制造人工血管、心脏、心瓣膜、心脏起搏器、喉、气管、胆道、膀胱、脑硬膜等三十几种脏器。可以毫不夸张地说聚合物在生理上的广泛应用使人们的寿命更长，生活质量更好。

(3) 高技术与聚合物材料　当今高科技都和聚合物材料的应用研究分不开。广泛用于电子计算机、彩色电视机、录像机、电子表及大规模、超大规模集成电路的芯片，都是使用了电性能、加工性能、力学性能及尺寸稳定性好的酚醛环氧塑料树脂聚合物作为保护材料；光通信使用的光导纤维，采用有机氟橡胶一类的反射层及强韧的绝缘塑料保护层；用于计算机的软磁盘及大容量存储信息的光盘，则需用聚酯、聚碳酸酯等强度大、韧性高、尺寸稳定性好而透明的聚合物塑料作为保护层。近代的洲际大型客机、超音速歼击机、隐形飞机以及可反复利用的航天飞机为代表的航空航天技术越来越多地应用和依靠比强度高、比模量高、耐高温、耐低温、抗氧化的聚合物材料。导弹和宇宙飞船为了阻隔在返回地面时表面高温而采用的烧蚀材料，分离提纯核燃料用的离子交换树脂，宇航服及宇航员太空行走时的救命绳均是聚合物材料。可以说 21 世纪新型的聚合物材料将在高技术领域作出更大的贡献。

聚合物按元素的组成可以分为有机聚合物、无机聚合物和金属配位聚合物。下面对各类聚合物材料的结构、性能及应用作简要的介绍。

15.2 有机聚合物

15.2.1 有机聚合物的基本概念

有机聚合物也称高聚物，它是由许许多多小分子相互聚合而成，其摩尔质量通常都很大，习惯上把摩尔质量大于1万的分子称为高分子或聚合物。

虽然有机聚合物的摩尔质量非常大，但是其基本化学结构却并不复杂，一般都是由一个或若干个简单的结构单元重复连接而成。这些重复的结构单元称为链节（chain unit），有机聚合物分子中所含的链节数目称为聚合度（degree of polymerization）。例如聚氯乙烯的结构式：

$$\cdots\!-\!\underset{\textstyle Cl}{CH_2CH}\!-\!\underset{\textstyle Cl}{CH_2CH}\!-\!\underset{\textstyle Cl}{CH_2CH}\!-\!\underset{\textstyle Cl}{CH_2CH}\!-\!\underset{\textstyle Cl}{CH_2CH}\!-\!\cdots$$

此结构式也可简写成 $\!-\!\!\!\{CH_2\underset{\textstyle Cl}{CH}\}_n$，其中 $-CH_2\underset{\textstyle Cl}{CH}-$ 为链节，n 表示聚合度。事实上，有机聚合物没有确定的聚合度。它是由许多链节结构相同而聚合度不同的大分子化合物混合而成。其摩尔质量和聚合度指的是平均摩尔质量和平均聚合度。

各种有机聚合物是由不同的结构单元所组成，能够产生这些结构单元的原低分子化合物称为单体（monomer）。

15.2.2 有机聚合物的命名与分类

有机聚合物的命名，习惯上只需在相应的单体名称前面加上“聚”字。例如由氯乙烯作单体聚合而成的有机聚合物，称为聚氯乙烯。如果由不同的单体缩聚而成的聚合物，则在缩聚后的单体名称前加上“聚”字。例如由己二酸和己二胺缩聚而成的聚合物称为聚己二酰己二胺。此外也有在单体名称后加“树脂（resin）”、“共聚物（multipolymer）”等。例如由苯酚与甲醛聚合而成的产物称为酚醛树脂；丙烯腈与苯乙烯形成的聚合产物称为丙烯腈-苯乙烯共聚物，或简称腈苯共聚物。有一些结构比较复杂的有机聚合物，则依照商品名或缩写符号显得更为方便简洁，例如丙烯腈-丁二烯-苯乙烯共聚物称为腈丁苯共聚物或称ABS树脂。

有机聚合物种类繁多，若按聚合物性质和用途划分，可分为塑料、纤维和橡胶三大类。常见有机聚合物结构与分类见表15-1。

表 15-1 有机聚合物结构与分类

类别	化学名称（习惯名称）	结构式	链节	单体		缩写符号
				结构式	名称	
塑料	聚乙烯	$-\!\!\{CH_2CH_2\}_n$	$-CH_2-CH_2-$	$CH_2=CH_2$	乙烯	PE
	聚丙烯	$-\!\!\{CH_2\underset{\textstyle CH_3}{CH}\}_n$	$-CH_2-\underset{\textstyle CH_3}{CH}-$	$CH_2=\underset{\textstyle CH_3}{CH}$	丙烯	PP
	聚氯乙烯	$-\!\!\{CH_2\underset{\textstyle Cl}{CH}\}_n$	$-CH_2-\underset{\textstyle Cl}{CH}-$	$CH_2=\underset{\textstyle Cl}{CH}$	氯乙烯	PVC
	聚苯乙烯	$-\!\!\{CH_2\underset{\textstyle C_6H_5}{CH}\}_n$	$-CH_2-\underset{\textstyle C_6H_5}{CH}-$	$CH_2=\underset{\textstyle C_6H_5}{CH}$	苯乙烯	PS
	丙烯腈-丁二烯-苯乙烯共聚物（腈丁苯共聚物）	$-\!\!\{(CH_2-\underset{\textstyle CN}{CH})_x-(CH_2-CH=CH-CH_2)_y-(CH_2-\underset{\textstyle C_6H_5}{CH})_z\}_n$	$-CH_2-\underset{\textstyle CN}{CH}-CH_2CH=CH-CH_2-CH_2\underset{\textstyle C_6H_5}{CH}-$	$CH_2=CHCN$ $CH_2=CHCH=CH_2$ $CH_2=\underset{\textstyle C_6H_5}{CH}$	丙烯腈 丁二烯 苯乙烯	ABS

续表

类别	化学名称(习惯名称)	结构式	链节	单体 结构式	单体 名称	缩写符号
合成纤维	聚对苯二甲酸乙二酯(涤纶)	$-[OCH_2CH_2OOC-C_6H_4-CO]_n-$	$-OCH_2CH_2OOC-C_6H_4-CO-$	$HO-CH_2CH_2OH$ $HOOC-C_6H_4-COOH$	乙二醇 对苯二甲酸	PETP
	聚丙烯腈(腈纶)	$-[CH_2CH(CN)]_n-$	$-CH_2CH(CN)-$	$CH_2=CH(CN)$	丙烯腈	PAN
	聚己二酰己二胺(尼龙 66)	$-[NH(CH_2)_6-NHC(=O)(CH_2)_4-C(=O)]_n-$	$-NH(CH_2)_6-NHC(=O)(CH_2)_4C(=O)-$	$NH_2(CH_2)_6NH_2$ $HOOC(CH_2)_4COOH$	己二胺 己二酸	PA-66
合成橡胶	顺聚丁二烯(顺丁橡胶)	$-[CH_2-CH=CH-CH_2]_n-$	$-CH_2-CH=CH-CH_2-$	$CH_2=CH-CH=CH_2$	丁二烯	BR
	顺聚异戊二烯(异戊橡胶)	$-[CH_2-CH=C(CH_3)-CH_2]_n-$	$-CH_2-CH=C(CH_3)-CH_2-$	$CH_2=CH-C(CH_3)=CH_2$	异戊二烯	IR

15.2.3　有机聚合物的合成

有机聚合物是由低分子有机物（单体）相互连接在一起而形成的，这个形成的过程就称为聚合反应。聚合反应类型很多，根据聚合反应的方式可分为加成聚合（additional polymerization，简称加聚）和缩合聚合（condensation polymerization，简称缩聚）。

(1) 加聚反应　具有不饱和键的单体经加成反应形成有机聚合物，这类反应称为加聚反应。加聚反应不产生低分子化合物，而且聚合物的元素组成与单体相同，聚合物的摩尔质量正好为单体的整数倍。根据参与加聚反应的单体数目，加聚反应又可分为均聚合反应（homopolymerization）和共聚合反应（copolymerization）。

如果只有一种单体参与聚合反应就称为均聚合反应，其产物称为均聚物（homopolymer）；若是由两种或两种以上的单体参与聚合，则称为共聚合反应，其产物称为共聚物（copolymer）。例如，聚氯乙烯是由一种单体氯乙烯聚合而成，属均聚物；丁苯橡胶是由丁二烯、苯乙烯二种单体聚合而成，属共聚物。

$$nCH_2=CH(Cl) \xrightarrow{\text{均聚反应}} -[CH_2-CH(Cl)]_n-$$

氯乙烯　　聚氯乙烯

$$nCH_2=CH-CH=CH_2 + n\,C_6H_5CH=CH_2 \xrightarrow{\text{共聚反应}} -[CH_2-CH=CH-CH_2-CH(C_6H_5)-CH_2]_n-$$

1,3-丁二烯　　苯乙烯　　丁苯橡胶

显然，通过共聚反应可以增加聚合物品种；同时更重要的是可以改善已有聚合物的性能。

(2) 缩聚反应　缩聚反应就是单体在聚合过程中，同时缩减一部分低分子化合物。由缩聚反应得到的聚合物称为缩聚物（condensation polymer）。在缩聚反应中，由于有一部分低分子缩减掉了，因而缩聚物的链节与单体的化学组成有所不同。例如当己二酸与己二胺进行缩聚反应时，己二酸分子上的羧基与己二胺分子上的氨基相互在分子两端发生缩合，失去水分子，生成聚酰胺-66（尼龙-66），聚酰胺-66 的每个链节都是由己二酸与己二胺分子间脱水缩合而成。

$$\underset{\text{己二胺}}{NH_2-(CH_2)_6-\underset{\underset{H}{|}}{N}-H}+\underset{\text{己二酸}}{HO-\underset{\underset{O}{\|}}{C}-(CH_2)_4COOH}\xrightarrow{\text{缩聚反应}}NH_2-(CH_2)_6\underset{\underset{H}{|}}{N}-\underset{\underset{O}{\|}}{C}-(CH_2)_4COOH$$

$$\longrightarrow \underset{\text{尼龙-66}}{\left[NH-(CH_2)_6-NH\underset{\underset{O}{\|}}{C}-(CH_2)_4\underset{\underset{O}{\|}}{C}\right]_n}$$

15.2.4 有机聚合物的特性

有机聚合物的物理性质与其摩尔质量的大小、链的形状等因素密切相关。按照分子的几何形状，有机聚合物可分为线型和体型两种（见图 15-2-1）。线型结构聚合物是由许多链节连成的长链或带有支链的长链所构成，这些长链分子具有柔顺性，可卷曲成不规则的线团状，例如未硫化的天然橡胶、聚乙烯、聚丙烯等就属于这类聚合物。线型聚合物的特点是可熔融、软化或溶解。

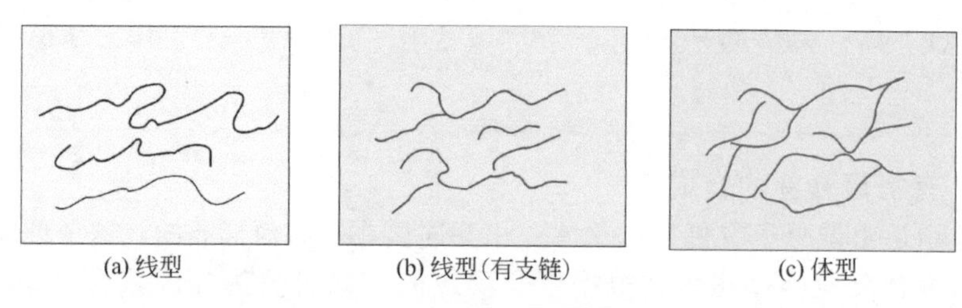

(a) 线型　(b) 线型(有支链)　(c) 体型

图 15-2-1 有机聚合物的几何结构

体型分子聚合物是由线型或支链型分子通过化学链交联而成，呈立体网状结构。例如环氧树脂、酚醛树脂、硫化橡胶等就属于这类聚合物。体型聚合物的网状结构十分牢固，具有不熔不溶特性，如果温度很高，只能造成链的断裂。

同一种有机聚合物可以兼具晶体和非晶体两种结构，合成纤维的分子排列状态就属这类聚合物；它的部分分子排列有序，属于结晶区；另一部分分子排列无序，属于非结晶区。多数合成树脂以及合成橡胶属于体型聚合物，它们的网状结构无法使分子链有序化，因而仅呈非晶体结构形态。

具有非晶体结构的有机聚合物在不同的温度范围内，同一种有机聚合物可以呈现出三种不同的物理形态：玻璃态、高弹态和黏流态。这三种聚集状态可以相互转化。它们的关系可以用温度-形变曲线图来描述（图 15-2-2）。

图 15-2-2 中 T_g 表示高弹态与玻璃态之间的转变温度，称为玻璃化温度；T_f 表示高弹态与黏流态之间的转变温度，称为黏流化温度。不同的有机聚合物，这三种物态呈现的温度范围也不同。塑料的 T_g 高于室温，在室温下呈现玻璃态。橡胶在室温下呈现高弹态，故其 T_g 低于室温。橡胶的 $T_g \sim T_f$ 范围越宽，橡胶的耐热性就越好。

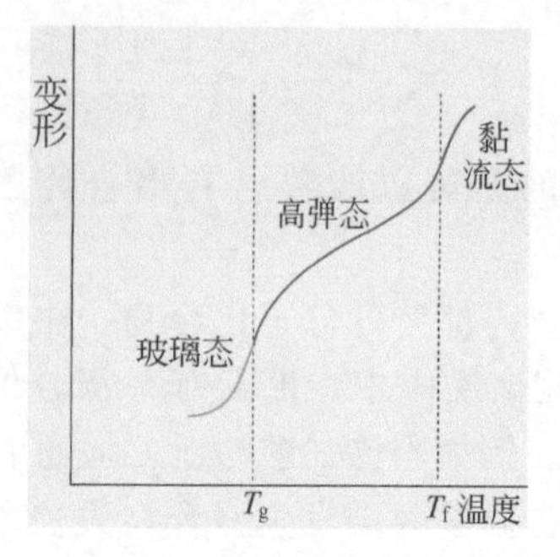

图 15-2-2 有机聚合物形态与温度的关系

有机聚合物由于摩尔质量非常大，分子链间的作用力也强，其物理、化学特性如下。

(1) 弹性和塑性 非晶体结构的有机聚合物，在常温下，其线型分子链呈卷曲状态，以保持最低能态。但是，当有外力作用时，卷曲的分子链可以被拉直，分子链的势能也随着分子链的伸展而增高。一旦撤去外力，伸展的分子链又会恢复到卷曲的状态。因此，这类有机聚合物呈现出弹性。例如具有线型结构的橡胶在室温下就具良好的弹性。

非晶体结构的有机聚合物在一定的温度下受热会变软，

在模子里压制成特定的形状，再经冷却至室温，其形状依然保持不变，这就是聚合物的可塑性。

(2) 机械性能　有机聚合物的机械性能，如硬度、抗压、抗拉、抗弯曲、抗冲击等，主要取决于它的平均聚合度、分子间力以及结晶度等因素。一般说来，聚合度和结晶度愈大，分子排列就愈致密，分子间作用力也愈大，机械性能也就愈强。

在聚合物链中引入一些极性基团，如羟基、氰基等，也会使分子间力增大；若分子链中带有氢键，则分子间的作用力将更为显著，机械性能就更好。

(3) 电绝缘性　有机聚合物的电绝缘性能与其结构有密切的关系。不含极性基团的饱和有机聚合物，由于分子结构中不存在自由电子和离子，因而不具备导电能力。例如聚乙烯、聚苯乙烯等聚合物均为优良的电绝缘体。对于聚四氟乙烯，虽然碳氟键极性较强，但是聚四氟乙烯具有对称性结构，分子的偶极距为零，因而无极性，也是优良的绝缘体。

如果聚合物中含有极性基团，例如聚氯乙烯、聚酰胺等，在交流电场作用下，极性基团或极性链节的取向会随电场方向变化呈周期性移动，因而具有一定的导电性。有机聚合物的电绝缘性随分子极性的增强而降低。如果有机聚合物中掺有金属杂质，甚至含有少许水分也会导致其电绝缘性能下降。

(4) 溶解性　有机聚合物溶解性能的一般规律是极性聚合物易溶于极性溶剂，非极性聚合物易溶于非极性溶剂。例如，聚苯乙烯属弱极性，可溶于苯、乙苯等非极性或弱极性溶剂中；聚氯乙烯属极性聚合物，它可溶于环己醇极性溶剂中。此外，有机聚合物的溶解性还与自身的结构有关。通常线型有机聚合物的溶解性比体型有机聚合物的溶解性要大。具网状结构的体型有机聚合物，只是由于溶剂分子的侵入发生溶胀而不发生溶解。有的聚合物交联程度高，甚至不发生溶胀。例如含有30%硫磺的硬橡胶，就是这类有机聚合物。

(5) 老化与防老化　有机聚合物处在酸、碱、氧、水、热、光等条件下，经过一段时间后，其性能逐渐劣化，如变硬、变脆、甚至开裂，或者变软、变黏，有机聚合物的这种变化过程称为老化（ageing)。如分子链的交联反应可以使线型结构转变为体型结构，从而使有机聚合物变得发硬变脆，失去弹性；分子链的裂解反应，会使大分子链发生降解，聚合度下降、分子量减小，从而使有机聚合物变软、发黏，失去原有的机械强度。

导致有机聚合物老化的原因是多方面的，其中氧化和受热是最为常见的影响因素。

① 受热对老化的影响　如果对有机聚合物加热，导致分子链的断裂，就会发生由降解反应（degradation reaction）而引起老化现象。一般有机聚合物的降解程度会随温度升高而加大。

② 氧化作用对老化的影响　含有不饱和基团的有机聚合物比较容易受到氧化作用而发生链的裂解或交联。

交联反应会使橡胶变硬失去弹性。日常生活中，我们见到老化了的医用乳胶管或自行车内胎，它们外表有些脆硬，里面却发黏就是由于裂解反应和交联反应共同作用的缘故。

虽然有机聚合物在光、热、氧等条件下，会因发生交联反应或裂解反应而引起老化，但是这个过程是十分缓慢的，因而许多有机聚合物在一定范围内仍然用来作为耐热、耐腐蚀材料。

另一方面，为延长有机聚合物的使用寿命，可以通过在聚合物中添加各种抗氧剂、热稳定剂、光稳定剂等来延缓老化。通常以具有一定还原性质的烷基酚类或芳胺类作为抗氧剂，用来捕获聚合物中产生的自由基，阻断自由基引发的链反应，即可达到延缓老化的作用。

15.2.5 重要有机聚合物

15.2.5.1 合成树脂

合成树脂（synthetic resin）是人工合成的一类高分子聚合物，为黏稠液体或加热可软化的固体，受热时通常有熔融或软化的温度范围，在外力作用下可呈塑性流动状态，某些性质与天然树脂相似。

合成树脂最重要的应用是制造塑料。在合成树脂中添加增塑剂、稳定剂等，经过吹塑、挤压、延伸、注射等方法加工成形，即成为塑料。一般将塑料按热行为分为热塑性塑料和热固性塑料。热塑性塑料（thermoplastics）加热软化，经冷却又可塑制成型，其性质不变。热固性塑料（thermosetting plastics）为三维网状结构，成型后不可以再加热熔融重新塑制。

塑料的品种很多，在各种塑料中只有那些具有良好的机械性能、可以替代金属用来制造工程结构材料的塑料才称为工程塑料（engineering plastics）。工程塑料除了有较高的强度外，还有很好的耐腐蚀性、耐磨性、自润滑性等。因此，这类塑料已广泛用于机电、建材、化工、通讯、运输等部门。同时，在宇航、国防诸如火箭导弹、原子弹等尖端技术中，工程塑料已成为不可缺少的材料。常用的工程塑料有聚酰胺、聚碳酸酯、聚四氟乙烯等多种。

聚酰胺被广泛地用于机械、仪表、汽车、纺织等工业，如用于制造轴承、齿轮、泵叶螺帽、辊轴等零件。而且用聚酰胺替代金属铜，其质量仅为同体积铜的七分之一。

聚碳酸酯薄膜可用于制电容器，其体积小且耐热性高。聚碳酸酯的电绝缘性能好、耐磨、耐老化、耐化学腐蚀，用于制作电气设备和绝缘材料，如线圈骨架、电子元件、微电机壳体等。此外聚碳酸酯的透光性也很好，其透光率可达85%～90%，接近有机玻璃，而且冲击韧性大大高于有机玻璃，因而聚碳酸酯又被誉为透明金属，常用于制作飞机的风挡和座舱罩。

聚四氟乙烯（polytetrafluoroethylene）代号PTFE，俗称塑料王，它是塑料家族中性能最为优异的一种有机聚合物。聚四氟乙烯具有非常突出的耐化学腐蚀性，不怕任何酸、碱或其他溶剂的侵蚀；并具有很好的耐热、耐寒特性。聚四氟乙烯的另一大特点是其摩擦系数很低，用它制成的压缩机无油润滑活塞环，使用寿命可达15000h。现代家庭厨房中使用的“不粘锅”，其表面涂层就是添加了大量聚四氟乙烯的高分子涂料。

在合成树脂的制备过程中，通过引进一些功能性基团就能形成具有功能机制的合成树脂。如机械功能树脂、光学功能树脂、电磁功能树脂、热功能树脂和化学功能树脂等。离子交换树脂是最典型的具有化学功能树脂之一。

离子交换树脂是由不溶性的三维空间网状交联的结构骨架、以化学键结合在骨架上的功能基团和功能基团上带有相反电荷的可交换离子三部分构成。离子交换树脂可分为阳离子交换树脂、阴离子交换树脂和两性离子交换树脂。

离子交换树脂与某种离子进行交换，达到一定程度后就不再起交换作用。由于离子交换作用是可逆的，用过的离子交换树脂可以通过逆交换反应实现再生。通常阳离子交换树脂可以用稀盐酸或稀硫酸处理，阴离子交换树脂可以用氢氧化钠水溶液处理，从而使用过的离子交换树脂恢复到原来的状态，离子交换树脂再生后就可以重复使用。例如：

$$2RSO_3Na + H_2SO_4(\text{稀}) \longrightarrow 2R{-}SO_3H + Na_2SO_4$$

$$RN(CH_3)_3Cl + NaOH \longrightarrow RN(CH_3)_3OH + NaCl$$

阳离子交换树脂和阴离子交换树脂既可以串联使用，也可以混合使用。经过这两种离子交换树脂处理的水，不含其他杂质离子，称为去离子水（de-ionized water）。

离子交换树脂具有优良的机械性能，易再生，因而广泛用于水的净化、工业废水中回收金属、矿浆中提取稀有金属和贵金属，并能用作有机合成催化剂。

15.2.5.2 合成橡胶

通常将−50～150℃处于高弹态的有机聚合物称为橡胶（rubber）。自 1914 年人类首次合成出具有弹性的甲基橡胶以来，先后已有几十种合成橡胶问世。目前合成橡胶正向特种橡胶的合成方向发展。特种橡胶是指具有特殊性能（如耐高温、耐油、耐臭氧、耐老化和高气密性等），并应用于特殊场合的橡胶。如丁苯橡胶、丁腈橡胶及硅橡胶等。丁苯橡胶主要用于制造轮胎、胶带、胶管、密封配件、电绝缘材料，其缺点是不耐油和有机溶剂。丁腈橡胶主要用于制造各种耐油制品，如油箱输油管、接触油类的密封圈、印染辊等。硅橡胶耐热又耐寒，可以用来制造用于火箭、导弹、飞机和宇航器上的特种密封件、薄膜、胶管等。另外，硅橡胶无毒、无味、物理性能稳定，与人体组织、分泌液以及血液长期接触，也不发生变化。在医疗方面常用硅橡胶制造静脉插管、脑积水引流装置以及人造关节等。

15.2.5.3 合成纤维

通常把以低分子化合物经聚合反应为线型结构再经机械加工而制得的纤维，统称为合成纤维（synthetic fibers）。合成纤维的原料极为丰富，其单体可以从煤、石油、天然气中获得。合成纤维具有强度高、弹性大、耐磨耐腐蚀等特点，且不受气候变化的影响。其应用之广泛，产量之大早已超过了天然纤维。

常见的合成纤维有尼龙、涤纶、腈纶等。

尼龙，也称锦纶或耐纶。作为纤维具有许多优点，它耐磨、耐疲劳、弹性好、相对密度小，但耐热性较差，因此，尼龙织物不宜用开水浸泡洗涤。

涤纶，也称的确良。是一种性能优异的化学纤维，不仅耐磨、耐腐蚀，而且还具有较高的耐热性，用它裁制的衣物挺括不皱。

腈纶，也称开司米。与天然羊毛相比，腈纶纤维制成的绒线不仅柔软蓬松，而且强度高、耐热性好。

多功能纤维的发展是现代纤维科学进步的象征。功能纤维是指除一般纤维所具有的物理机械性能以外，还具有某种特殊功能的新型纤维。比如说：纤维具有卫生保健功能（抗菌、杀螨、理疗及除异味等）；防护功能（防辐射、抗静电、抗紫外线等）；热湿舒适功能（吸热、放热、吸湿、放湿等）；医疗和环保功能（生物相容性和生物降解性）。功能纤维是传统纺织工业的技术创新，为人类生活水平的提高作出了重要贡献。

15.2.6 新型有机聚合物

有机聚合物合成材料的问世虽然只有几十年的历史，其发展速度却远远超过其他传统材料。若以材料的体积计算，20 世纪 80 年代世界塑料的产量就已超过钢铁。有机聚合物合成材料具有许多传统材料不可比拟的优异性能，尤其是其生产成本低廉，原料来源丰富，因而获得极为广泛的应用。有机聚合物合成工业的飞速发展又极大地推动着该领域的基础研究，有机聚合物材料已从传统的结构材料向具有光、电、声、磁力、生物和分离等效应的功能材料延伸。如具有电性能的导电聚合物、能用于临床的医用聚合物、液晶相的液晶聚合物、不产生白色污染的可降解聚合物、还有微电子聚合物、光敏聚合物、磁性聚合物等。

15.2.6.1 导电聚合物

自 1977 年美国宾夕法尼亚大学报道掺碘聚乙炔膜电导率 σ 已达 $10^4 S \cdot m^{-1}$ 以后（金属铜在室温下的电导率 $\sigma = 5.3 \times 10^7 S \cdot m^{-1}$），有机聚合物可以导电已不再是幻想。导电聚合物有许多种类，它们多数都具有 π 共轭结构。这些具有共轭结构的聚合物本身为绝缘体，经电子受体（氧化剂）或电子供体（还原剂）掺杂后就具有导电性。由于有机聚合物具有成本低、密度小、有可塑性和良好的机械柔顺性，若再加上一定的导电性，它将具有比金属导电体更为广泛的应用。例如PA（聚乙炔）离子掺杂后，由于其共轭结构的吸收光谱与日光相近，因而可用于制造太阳能电池，聚苯胺掺锂后制成充电电池，在日本已实现商品化。据报道美国已把导电聚合物用到隐形飞机上。20世纪80年代后，有关导电有机聚合物（conductive organic polymers）的研究进展极为迅猛。现在，无论是在分子设计、导电理论、导电率的提高等方面，还是在聚合物的种类、应用范围等方面都有了很大的发展，部分成果已具实用价值。

15.2.6.2 **可降解聚合物**

自20世纪70年代以来，世界上有许多国家开始研制可降解塑料，这种塑料在一定条件下，可以逐渐降解，直至最终成为二氧化碳和水，从而解决塑料废弃物的污染问题。目前已经研制开发出的可降解塑料（degradation plastics）主要有两类：光降解塑料和生物降解塑料。

(1) 光降解塑料 光降解塑料（photodegradation plastics）可以由对紫外光敏感的单体与其他单体通过共聚而获得，即在聚合物链上引入光敏基团。具有光敏基团的聚合物在紫外光照射下发生光化学反应，使聚合物的长碳链分裂成较低分子量的碎片，这些碎片在空气中进一步发生氧化作用，降解成可被生物分解的低分子量化合物，最终转化为二氧化碳和水。

(2) 生物降解塑料 在一定条件下，能被生物侵蚀或代谢而发生降解的塑料称为生物降解塑料（biodegradation polymers）。这类塑料可以由淀粉、纤维素等多糖天然聚合物与人工合成聚合物共混而成；也可以用容易被生物降解的单体与其他单体经共聚而制得。

生物降解塑料的降解机理比较复杂，一般认为，大多数生物降解聚合物是通过水解的增溶作用而降解。例如淀粉、纤维素等天然聚合物在酶作用下，发生水解生成水溶性碎片分子，然后这些碎片分子进一步发生氧化最终分解成二氧化碳和水。

用光降解塑料制成的包装袋，在废弃后，能在阳光照射下自动降解，因而不会造成环境污染。

生物降解塑料除了用于制作包装袋和农用地膜外，还可用作缓释载体，包埋化肥、农药、除草剂等；生物降解塑料也可用作医药缓释载体，使药物在体内发挥最佳疗效。另外，用生物降解聚合物制成的外科用手术线，可被人体吸收，伤口愈合后不用拆线。

随着人类对环境保护的意识不断增强，可降解塑料的应用将更为广泛。

15.3 无机聚合物

随着科学的发展，聚合物材料的应用日益广泛，一些有机聚合物的某些性能已不能满足极端条件（如耐高温）下的要求，而无机聚合物在这些方面显示极大的优越性。因此近年来无机聚合物作为新材料研制开发受到了广泛的重视。

无机聚合物通常指主链不含碳原子的一类相对分子质量大的化合物。无机聚合物在固态时稳定，在液态或溶于溶剂时，有些发生水解作用而生成小分子化合物。与有机聚合物相似，无机聚合物常由聚合度不同的分子组成，例如聚磷酸盐 $(PO_3)_n$ 中 n 就有等于几十到几千的各种分子，所以无机聚合物的相对分子质量只是平均相对分子质量。无机聚合物中含有多个结构单元，它们相互联结的方式很难一致，因此同一种物质中也会有几何形状不同的分子链，例如聚磷酸盐就有长链状、支链状、环状等多种形式的分子。本节主要对一般无机聚合物和新型无机聚合物的特性、结构与应用性能作简要介绍。

15.3.1 一般无机聚合物

一般无机聚合物是指常见的一类典型无机聚合物。无机聚合物的种类繁多，按照聚合物的空间结构可分为一维链状、二维层状和三维骨架型无机聚合物。

(1) 链状无机聚合物——链型硅酸盐　链状无机聚合物的结构单元是按线型联结的，最常见的是链型硅酸盐。链型硅酸盐可分单链透辉石 $CaMg(SiO_3)_2$ 和双链透闪石 $CaMg_5(Si_4O_{11})(OH)_2$，如图 15-3-1 所示。

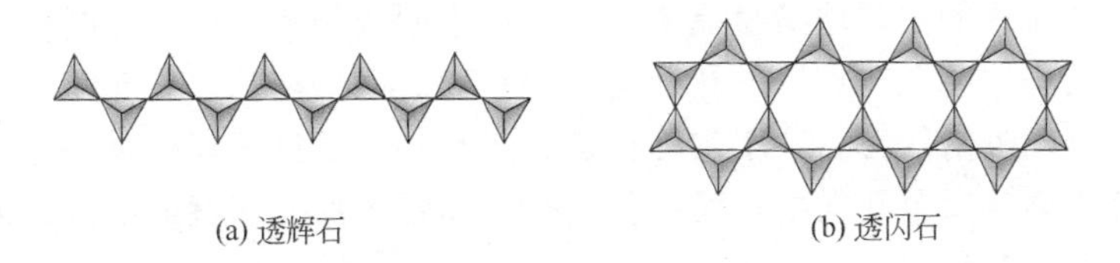

图 15-3-1　链型硅酸盐结构

在链状聚合物中，平行的长链以金属阳离子的吸引而结合在一起。这些离子键没有链内的硅氧键那样牢固，所以链型硅酸盐有平行于链轴的解离性，容易在金属阳离子与硅氧四面体（SiO_4）的原子之间发生断裂。

链型硅酸盐的典型产品是石棉，呈纤维状，有丝绢光泽，富有弹性。石棉具有耐酸耐碱和耐热性能，是热和电的不良导体。石棉可纺织成石棉布作为防火用物、保温材料和绝缘材料，同时可以制成石棉水泥制品等复合材料。

(2) 层状无机聚合物——石墨层间化合物　石墨具有层状结构，由于石墨层之间有较大的空隙可以嵌入大量的其他分子、离子或原子（它们统称为反应物或嵌入物）从而形成一系列特殊的化合物，即石墨层间化合物（graphite intercalation compound，简称 GIC）。

石墨层间化合物可以有不同的阶数，即“反应层”之间的石墨碳原子层的层数。如果每隔一个石墨碳原子层就插入一层反应物则得到 1 阶的化合物，每隔两个石墨层插入一层反应物为 2 阶化合物；依此类推，如图 15-3-2 所示，通过控制合成条件可支配层间化合物的阶数。

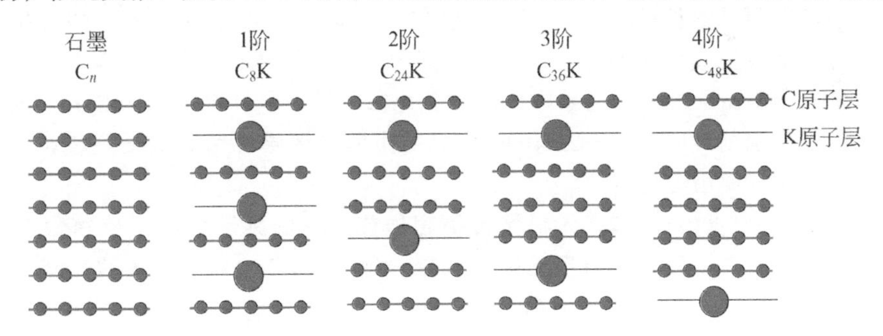

图 15-3-2　各阶化合物的石墨层面重叠规律

石墨层间化合物的性质不仅随反应物的种类而异，还随其阶数的不同有明显的差异。根据这些性质，石墨层间化合物在导电性、催化性、润滑性等方面具有广泛的应用前景。

首先是具有良好的导电性。例如，氟化石墨 $(CF)_n$ 的电导率为 $2.6\times10^7 S\cdot m^{-1}$，而铜的电导率为 $5.3\times10^7 S\cdot m^{-1}$，所以把某些石墨层间化合物称为“合成金属”作为新型导电材料。

石墨层间化合物可作为化学反应催化剂。例如，C_8K 作为乙烯、苯乙烯类聚合反应的催化剂。石墨-钾-$FeCl_3$ 三元层间化合物作为以 H_2 和 N_2 为原料合成氨反应的催化剂时，350℃下反应 1h，转化率达 90％。

某些层间化合物在一定温度下能进行化学或物理吸附氢，并对氢的吸附和解吸完全可逆而且反应快；$C_{24}K$ 具有同位素效应，即氘可被浓缩于层间化合物中，因此 $C_{24}K$ 用于氢-氘-

氚的分离，其分离性能优于沸石。

石墨可作为固体润滑剂，例如氟化石墨适合在低温、高温或高速和腐蚀性介质等苛刻条件下使用。可以预言，石墨层间化合物将是一种具有广泛应用功能的新型合成材料。

(3) 骨架型无机聚合物——沸石分子筛 沸石分子筛（zeolite molecular sieve）简称分子筛，是一类含结晶水的重要硅酸盐晶体。它具有空间骨架式结构，在结构中有许多内表面很大的孔穴，以及与这些孔穴贯通的孔径均匀的孔道。如果把孔穴和孔道中的水分子加热赶出，它便具有很大的吸附能力。由于它的孔道孔径很小，所以只能把某些直径比孔道孔径小的分子吸附到孔道内部以及孔穴中，而直径比孔道孔径大的分子就进不去，因而起着筛离分子的作用。分子筛的名称也来源于此。

利用分子筛的强吸附性，可把它当作干燥剂。分子筛的选择吸附作用，可用来分离某些气体和液体的混合物，例如，0.5nm 分子筛对氮气的吸附能力要比吸附氧气为强，因此让空气通过这种分子筛可使氧气富集，成为富氧空气，可用于富氧炼钢。分子筛还具催化性能，例如在石油炼制工业中应用的一种高活性裂化催化剂的活性组分，主要就是分子筛。沸石分子筛还可用作离子交换剂和催化剂载体，也是天然的隔音、隔热、质轻的建筑材料。

15.3.2 新型无机聚合物

新型无机聚合物一般指根据人们的需要经“分子设计”合成的一大类功能性聚合物，它们具有优良的使用性能，典型的新型无机聚合物有聚硅烷、硫氮聚合物、聚磷腈等。

(1) 聚硅烷 聚硅烷是一类主链完全由硅原子通过共价键连接的无机聚合物，硅烷上通常有烷基和苯基侧基。由于 Si—Si 链上的 σ 电子容易沿着主链广泛离域，赋予这类聚合物特殊的电子光谱、热致变色、光电导性、场致发光、导电性及非线性光学特性等许多独特的性质。

由硅原子链接而成的长链柔顺，其物理性能主要取决于连接到硅链上的有机基团的性能，聚合物可以是线型或交联型的，从而得到玻璃状、弹性体和部分结晶的材料。聚硅烷的电导率为 $1\sim10^{-13}\mathrm{S\cdot m^{-1}}$，属于绝缘体，但经氢化掺杂后，电导率可达 $25\mathrm{S\cdot m^{-1}}$ 而成为优良导体。又如以氟代烷基聚硅烷 $(SiCH_3CF_3)_n$ 涂层作为光敏层可用于电子照相，具有灵敏度高，寿命长，可反复使用等优点。

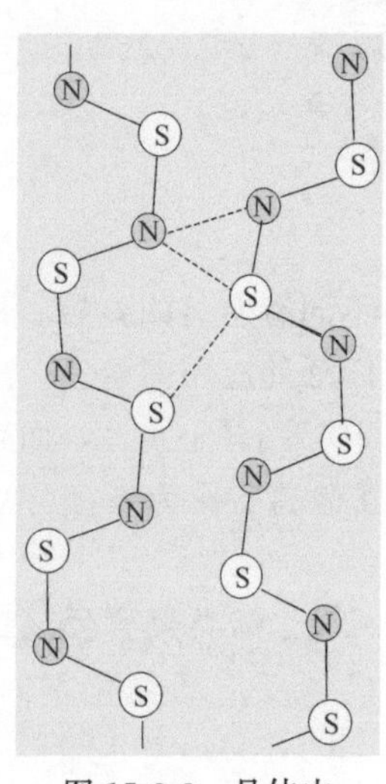

图 15-3-3 晶体中 $(SN)_n$ 分子排列

(2) 无机聚合物超导体——硫氮聚合物 硫氮聚合物是一种重要的新型无机链状聚合物 $(SN)_n$，具有金属的光泽和半导体性能，它是 1975 年发现的第一个具有超导性的链状无机聚合物。$(SN)_n$ 为长链状结构，各链彼此平行地排列在晶体中，相邻分子链之间以分子间力结合，如图 15-3-3 所示。$(SN)_n$ 晶体在电性质等方面具有各向异性，例如 $(SN)_n$ 晶体在室温下，沿链方向的电导率为 $3\times10^5\mathrm{S\cdot m^{-1}}$，与汞相近（$10.4\times10^5\mathrm{S\cdot m^{-1}}$），且电导率随温度的降低而增大。在 5K 时可达 $5.0\times10^7\mathrm{S\cdot m^{-1}}$，在 0.26K 以下为超导体。

(3) 无机橡胶——聚氯化磷腈 聚氯化磷腈是线型无机聚合物，如图 15-3-4 所示，性质类似于普通橡胶。由于聚氯化磷腈中 P—N 主链上的磷原子能与各种有机基团的取代基相结合，使取代后的聚磷腈衍生物既有 P—N 无机主链，在侧链上又有各种取代的具有不同特性的有机基团（单一的或混合的），从而使聚磷腈衍生物兼有有机和无机聚合物性能，其应用范围更广泛。

聚氯化磷腈 $(NPCl_2)_n$ 弹性体无论在北极的严寒环境，还是在高温下都能保持其柔软性，适用温度范围（－40～149℃）比其他任何橡胶都宽。特别是芳氧基磷腈衍生物是形成薄膜的良好材料，这类薄膜能防止空气氧化，并不受潮湿空气的影响，可用于金属涂层、绝缘材料，也可制成泡沫材料供防火和隔热用。氟代烷氧基聚磷腈衍生物可用作纤维涂层，具有良好的防水性能，溴代烷氧聚磷腈衍生物是一类性能优异的阻燃剂，广泛用于塑料、织物、纤维、木材及纸张的阻燃处理。

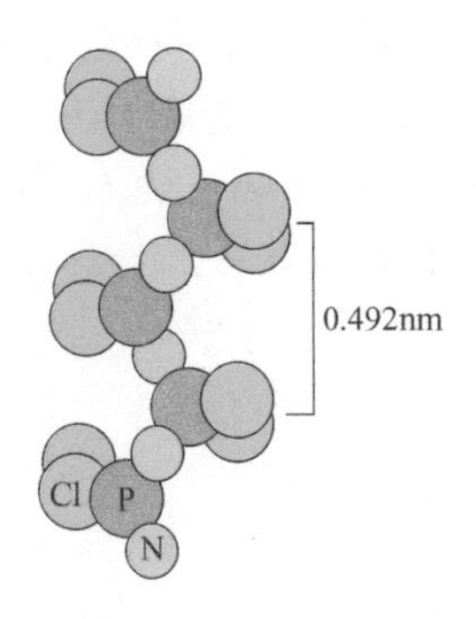

图 15-3-4　聚氯化磷腈的结构

聚氯化磷腈中的氯原子用氨基取代得到水溶性聚合物。可作为抗癌药物的载体延长药物驻留在癌细胞上的时间，提高药效。聚磷腈衍生物也用于人造心脏瓣膜及人体的部分器官，是良好的生物医学材料。

15.4　金属配位聚合物

金属配位聚合物在聚合物分子的骨架中含有金属配位键，是介于无机聚合物和有机聚合物之间的一种新型功能高分子化合物。金属配位聚合物的研究始于 20 世纪 60 年代末，20 世纪 70 年代以来日益受到国内外学者的广泛关注。金属配位聚合物兼有配合物和聚合物的特性，主要表现在催化功能、特殊的光电磁功能和分离功能，在现代高技术方面应用广泛。

(1) 催化功能　具有催化活性的金属连接到可溶性的线型聚合物骨架上制成金属配位聚合物催化剂，则该催化剂在均相催化的过程中，不但提高催化活性，而且容易通过诸如超过滤、萃取、高分子沉淀等方法与产物分离。且回收后的催化剂不失活性，可重复使用。

(2) 光电磁功能　金属配位聚合物具有光敏感的特性，通过光激发下的电子输送，实现光能转换。例如在复印机中使用的光导材料金属钛酞菁聚合物 $(PcTiO)_n$ 就是一个很好的例子。

金属配位聚合物是电子输送和贮存的良好材料，如金属钴酞菁聚酰亚胺是一种良好的导电体，这类聚合物可作为新的电极、电解质、电池和电致发光材料等。金属配位聚合物中心金属原子具有未成对电子，由于自旋-自旋作用，可以提供一类新的磁性材料。自从发现金属配位聚合物具有光、电、磁等功能后，它在现代高科技中有着十分广泛的应用，可作为非线性光学材料、电致变色材料、低维导体、光敏剂、近红外区的载流子发生材料、光电池材料等。

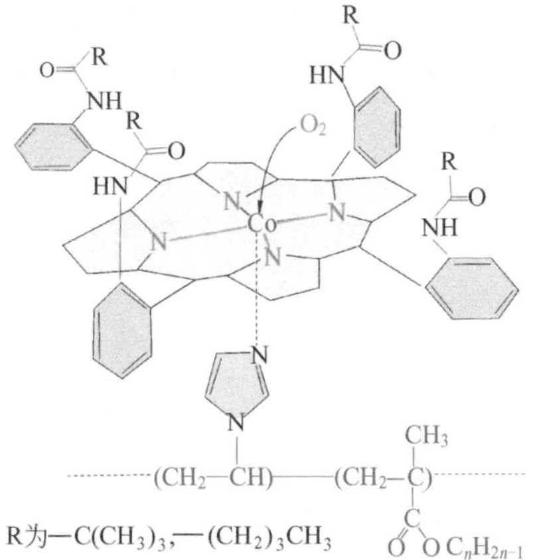

图 15-4-1　钴（Ⅱ）卟啉配合聚合物可逆吸附氧示意

(3) 分离功能　许多配合物的活性中心可逆地吸附和解吸气体，血红蛋白可逆地吸附氧气就是一个典型的例子。如将配合物的活性中心通过配位聚合反应生成金属配位聚合物，则同样具有吸附和解吸气体的能力，该金属配位聚合物膜可以选择性的透过某种气体，达到气体分离的目的。如钴（Ⅱ）卟啉配合物固定在聚甲基丙烯酸酯膜中，结构如图 15-4-1 所示，该金属配位聚合物膜能选择性透过氧气，从空气中分离氧无论对医疗还是促进燃烧都有十分重要的意义。

金属配位聚合物具有独特的物理化学性能，它是介于高分子学科、配位化学学科之间的新领域。对于金属配位聚合物的研究，在新型催化剂、新型分离技术及新材料的开发等方面都有重大意义。

科学家齐格勒、纳塔

Karl Ziegler（1898～1973），Giulio Natta（1903～1979）

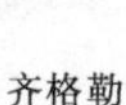

齐格勒

纳塔

齐格勒为德国化学家。1920 年在本国的马尔堡大学获得有机化学博士学位，从 1943 年开始任德国普朗克（M. Plank）煤炭研究院院长，1949 年任德国化学学会第一任主席。他对自由基化学反应、金属有机化学等都有深入的研究。

1953 年，齐格勒在研究乙基铝与乙烯的反应时注意到只生成乙烯的二聚体，后经仔细分析，发现是金属反应器中存在的微量镍所致，说明除了乙基铝外，过渡金属存在会影响乙烯的聚合反应。通过一系列筛选试验后发现，由四氯化钛和二乙基铝组成的催化剂可以使乙烯在低压下聚合成完全是线型的、易结晶、密度高、硬度大，称高密度聚乙烯（低压聚乙烯）的产物。低压聚乙烯和高压聚乙烯相比，具有生产成本低、设备投资少、工艺简单等优点。

自从齐格勒催化剂 $TiCl_4/Al(C_2H_5)_3$ 问世后不久，意大利科学家纳塔试图将此催化剂用在丙烯聚合反应中，但得到的是无定形与结晶形聚丙烯混合物。后来纳塔经过改进，用 $TiCl_3/Al(C_2H_5)_3$ 制得了结晶形聚丙烯。1955 年纳塔发表了丙烯聚合和 α-烯烃或双烯烃制取新型高聚物的研究论文。由于齐格勒和纳塔发明了乙烯、丙烯聚合的新催化剂，奠定了定向聚合的理论基础，改进了高压聚合工艺，使聚乙烯、聚丙烯等工业得到巨大的发展，为此他们俩人于 1963 年共同获得诺贝尔化学奖。

齐格勒在从事科学研究的同时，也特别重视对科技人才的培养。他对助手的要求极为严格，制定了一些特殊“戒规”，如要求他的助手必须把某重要书籍从第一页背到最后一页，要把书读到“翻破”的程度。他自己也是以身作则，有些危险而重要的实验，常是自己亲自动手，昼夜不离开实验室，而且暂时不让别人进入实验室，以防发生事故。

为纪念这两位科学家的业绩，在德国的普朗克煤炭研究院有一座塑有齐格勒、纳塔两人铜像的纪念碑。

复习思考题和习题

1. 解释下列名词

   (1) 单体、键节、聚合度；　(2) 加聚、缩聚、共聚；

   (3) 玻璃态、高弹态、黏流态；　(4) 热塑性、热固性。

2. 有机聚合物合成方法主要有几种类型？各有何特点？
3. 有机聚合物有哪些形态？有哪些结构？
4. 有机聚合物的绝缘性与结构有什么关系？
5. 举例说明 T_g 和 T_f 的涵义。它们的数值与有机聚合物的哪些性质有关。
6. 有机聚合物为什么会老化？如何延缓老化？
7. 什么是工程塑料？试分析聚酰胺、聚四氟乙烯的分子结构与其性质的关系。
8. 丁腈橡胶具有哪些主要的特征？其结构与性质有什么关系？
9. 胶黏剂的组成是什么？
10. 什么是离子交换树脂？它有什么功能？
11. 写出合成下列有机聚合物的反应式，并指出反应类型。

    (1) 聚氯乙烯；　(3) 尼龙-66；

    (2) 丁苯橡胶；　(4) 丁腈橡胶。

12. 加聚反应与缩聚反应有什么不同？试举例说明。
13. 下列有机聚合物哪些适合于做塑料？哪些适合于做弹性材料？为什么？

    (1) 聚氯乙烯（T_g 75℃，T_f 160℃）；

    (2) 尼龙-66（T_g 48℃，T_f 265℃）；

    (3) 天然橡胶（T_g −73℃，T_f 122℃）；

    (4) 聚苯乙烯（T_g 90℃，T_f 135℃）；

    (5) 聚异丁烯（T_g −74℃，T_f 200℃）；

    (6) 聚酰胺（T_g 47℃，T_f 223℃）。

14. 无机聚合物按空间结构可分为哪三类？各举例说明其结构特点。
15. 无机橡胶聚磷腈与有机合成橡胶相比有何优点，试举例说明在现代高科技中的应用。
16. 金属配位聚合物有哪几种合成的方法。
17. 为什么说金属配位聚合物兼有有机和无机聚合物的特性？试举例说明金属聚合物在现代高科技领域中的应用。

参　考　书　目

1. 李青山主编．功能高分子材料学．北京：机械工业出版社，2009
2. 王国建编著．功能高分子材料．上海：同济大学出版社，2010
3. Gnanou Y.，Fontanille M. **Organic and Physical chemistry of Polymers.** John Wiley & sons Inc. 2008
4. Katja L. **Biocataly sis in Polymer Chemistry** Wilay-VCH-Verl，2011

第16章　环境与化学

Chapter 16　Environment and Chemistry

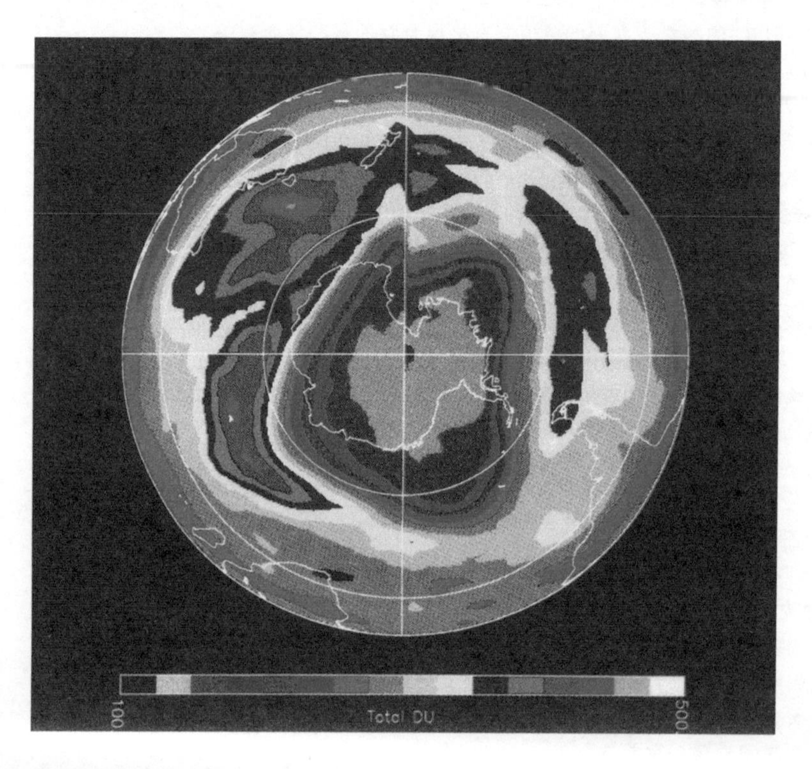

环境是指由大气圈、水圈、岩石-土圈和生物圈共同组成的物质世界，即自然界（nature）。在自然界里不论大气、水、岩石、土壤、生物都由化学物质组成，且经久不息地进行着千变万化的各种化学反应，在整个历史进程中，人与环境相互依存，相互作用。人类从自然环境中摄取生存所必需的物质，相应地各种生产和生活过程中不断排放废料，造成环境的污染。这种污染随着近代工业发展的速度而加速，致使环境生态失衡，对人类生存带来威胁。现今人类正处在一个被各种污染物所毒化的环境之中，通过空气、饮水和食物，有毒有害的物质随时可能侵入人体。环境污染日益扩展，不仅危害人类的生命健康，而且阻碍了生产的发展，为此引起人们极大的关注，强烈地推动着人们保护环境，开展控制污染源和对污染防治的研究，这些都与化学密切相关。本章将对环境污染与人类的关系，环境的化学污染及其防治等方面进行概要的介绍。

16.1　环境污染与人类的关系

16.1.1　环境污染与社会公害

在环境中发生有害物质积聚的状态叫环境污染（environmental pollution）。自然环境中的污染物存在于大气、水、土壤和食物中，通过食物、呼吸进入人体，损害了人体的正常机能，危及人类的健康。当污染物大范围内扩散并造成危害时，便出现了“公害”(public hazard）问题。

环境污染的公害首先出现的是大气污染（atomosphere pollution)，随后是水污染（water pollution）及土壤污染（soil pollution)。近年来随着高科技核能的开发利用，核污染（nuclear pollution）也日益严重，这些全球性的公害问题危及人体健康，任何人都无法逃脱污染了的环境对人类的报复作用。

环境污染，不仅影响了人们的健康和生命，而且影响了当地的经济和生产。1970 年 4 月 22 日，在美国掀起了环境保护运动，有力地推动了世界环保事业的发展。后来联合国决定把 4 月 22 日作为世界环境日，以此激发全人类的环境保护意识。

16.1.2　环境污染与人体健康

人类的一切活动无不受环境的制约和影响，如图 16-1-1 所示。当今世界上已有大量化学物质存在，而且每年合成新化学物质的速度迅速增长，其中不少是有毒有害物质，这些化学污染物进入人类生存的空间，致使化学污染问题日趋严重，对人类的健康造成极大的危害。

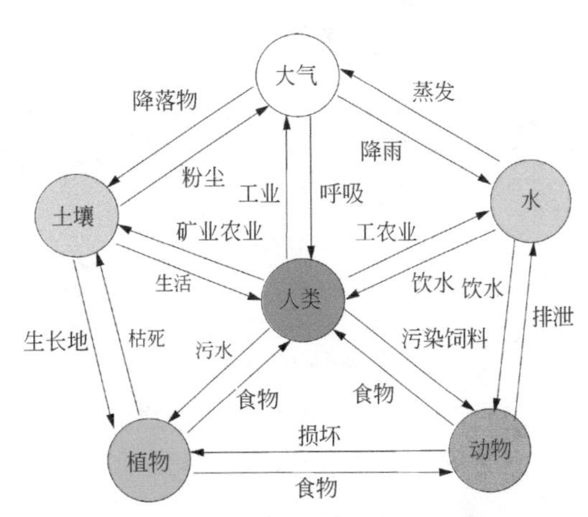

图 16-1-1　人类和环境之间的关系

环境污染对人体健康的危害，取决于污染物的理化性质、进入人体的剂量、作用时间、个体敏感性等因素。如大气污染物中的 SO_2、NO、NO_2、Cl_2 等有毒气体对人体的呼吸道有强烈的刺激作用，造成急性缺氧危害，严重者引起心脏恶化而死亡等；重金属在人的机体内持续作用而引起慢性危害，慢性毒作用对人体的危害比急性毒作用的危害更加深远和严重，如由甲基汞引起的水俣病❶和镉引起的骨痛病❷便是两个典型例子；有机污染物对人类产生远期危害，在母体内影响胚胎器官分化、发育，引起生物体细胞遗传物质的遗传信息突变，以及诱发肿瘤致癌等。人类从胚胎到死亡，始终处于化学污染等有害物质的危害之中。因此保护环境是人人应尽的义务。

16.1.3　环境污染与化学工业

随着科技发展，新产品不断开发和旧产品更新换代，对发展国民经济和提高人们的物质生活水平起着重要的作用。但是化工产品的生产过程中排放出许多三废物质（废气、废水、废渣)，威胁人们的健康。化学工业中的主要污染物列于表 16-1。

---

❶ 1953 年在日本九洲氮肥生产中，采用汞化物作催化剂，含甲基汞废水、废渣排入水体被鱼吃后使鱼体内含有甲基汞，人吃含甲基汞的鱼得病。水俣病表现为口齿不清，面部痴呆，耳聋眼瞎，最后神经失常。

❷ 1972 年 3 月发生在日本富山等地炼锌厂，将未经处理净化的含镉废水排入河中。人吃了含镉的米，喝了含镉的水后造成骨痛病。骨痛病造成关节、神经和全身骨痛，骨骼萎缩。

表 16-1 化学工业的主要污染物

类别	污染物	主要来源
废气	硫氧化物、氮氧化物	硫酸厂、硝酸厂、染料厂、石化厂、化纤厂
	卤化物	氯碱厂、制冷剂厂、有机合成厂
	有机类废气	石化厂、有机合成厂
	固体悬浮物	发电厂、焦化厂
	硫化氢、硫醇	石化厂、煤气厂、染料厂
废液	酸、碱类	硫酸厂、硝酸厂、磷肥厂、纯碱厂、石化厂
	氨氮	煤气厂、氮肥厂、化工厂
	重金属	电镀厂、冶炼厂等
	有机物(COD、BOD)①	农药厂、染料厂、食品加工厂
	油类	石油炼制厂、石化厂
	氰化物	煤气厂、有机合成厂、石化厂
	酚、醛、油类及有机氯化物等	煤气厂、石化厂、炼油厂、农药厂、氯碱厂
	氯水、硫化物	石化厂、氯碱厂、染料厂、煤气厂、石化厂
废渣	硫铁矿渣	硫酸厂
	电石渣、盐泥	化工厂、氯碱厂
	磷石膏	磷酸厂
	碱渣	炼油厂
	煤渣	小氮肥厂、合成氨厂
	铬渣	含铬产品厂
	硼镁渣	硼砂厂
	提取化工产品后的矿渣	各类化工厂

① COD 为化学需氧量，是指在一定条件下，用强氧化剂处理水样时所消耗氧化剂的量，以消耗氧的量（$mg \cdot L^{-1}$）表示。BOD 为生化需氧量，是指在规定条件下，微生物分解存在水中的某些物质，特别是有机物所进行的生物化学过程中消耗溶解氧的量，以消耗氧的量（$mg \cdot L^{-1}$）表示。

环境污染造成对人类的危害已成为一个严重的社会问题，这主要归结于三废的排放。但是就其危害的严重性来说，还是化学工业废弃物的污染最严重，危害性最大。

16.1.4 绿色化学与清洁生产

绿色化学（green chemistry）又称环境无害化学。其核心是利用化学原理从源头上减少或消除化学工业对环境的污染。绿色化学就是要求人们在设计化学反应路线时使原料分子中的原子如何高比例地进入到最终所希望的产品中去，即“原子经济性反应”。

原子经济性与产率是两个不同的概念。某一反应尽管产率很高，但如果反应分子中的原子很少进入最终产品中，即反应的原子经济性很差，意味着该反应将会排放出大量废弃物。一个理想的绿色化学工艺要求通过原料分子中的原子百分之百的转变为产物，才能实现废物零排放。

原子经济性反应已经在一些化工产品的生产中得到较好的应用。如环氧乙烷的生产，是利用传统的氯醇法，它的二步反应如下：

$$CH_2{=}CH_2 + HOCl \longrightarrow HOCH_2{-}CH_2Cl$$

$$HOCH_2{-}CH_2Cl + \frac{1}{2}Ca(OH)_2 \longrightarrow \underset{\diagdown\,O\,\diagup}{CH_2{-}CH_2} + \frac{1}{2}CaCl_2 + H_2O$$

自发现以银作催化剂，由乙烯直接氧化生产环氧乙烷的一步法原子经济路线以来，原子利用率从原来的 37.45%提高到 100%。反应方程式为：

$$CH_2{=}CH_2 + 1/2O_2 \xrightarrow{\text{银}} \underset{\diagdown\,O\,\diagup}{CH_2{-}CH_2}$$

然而对于矿物资料为基础原料的传统化学工业中，化学反应通常是将一个相对惰性的分子中引入活泼基团或功能性官能团，这一过程往往比较困难，甚至需要多步骤才能实现。因此，从起始原料开始计算，反应物分子中的原子很难全部进入到最终产品中去。这就向化学工作者提出了如何更有效地利用原料分子中的原子，使反应实现废物“零排放”，或尽可能少地排放废弃物，即废物减量化，这就是清洁生产。

清洁生产在铬盐的生产中得到很好的实践。传统的铬盐生产污染严重，目前正在研究开发新的绿色工艺（即进行清洁生产）。该清洁生产新工艺以铬铁矿液相氧化所得的铬酸钠为原料，经过循环碳氨法制得铬酸铵晶体，将钠离子转化成碳酸氢钠回收利用。利用铬酸铵易受热分解转化的特点，经氧化钙苛化得到铬酸钙，将氨气全部回收循环使用，然后用硫酸处理铬酸钙，得到纯度大于 99.9%的铬酸酐，硫酸利用率可达 100%，无硫酸氢钠排放。主要化学反应为：

$$4Fe(CrO_2)_2+8Na_2CO_3+7O_2 \longrightarrow 8Na_2CrO_4+2Fe_2O_3+8CO_2$$

$$Na_2CrO_4+2NH_3+2CO_2+2H_2O \longrightarrow 2NaHCO_3+(NH_4)_2CrO_4\downarrow$$

$$(NH_4)_2CrO_4+CaO \longrightarrow CaCrO_4+2NH_3\uparrow+H_2O$$

$$CaCrO_4+H_2SO_4 \longrightarrow H_2CrO_4+CaSO_4\downarrow$$

$$H_2CrO_4 \longrightarrow CrO_3+H_2O$$

总反应式：

$$Na_2CrO_4+CaO+2CO_2+H_2SO_4 \longrightarrow 2NaHCO_3+CrO_3+CaSO_4$$

现在世界各国正在提倡清洁生产和废物减量化工作，多数成功的经验是将源头减废和回收两项技术结合起来运用。中国很早就注意和研究废物减量、变废为宝，提高经济效益。

中国著名化学工程学家侯德榜于 1942 年把制碱（Na_2CO_3）和制氨（NH_3）联合起来就是清洁生产的典型事例，做到无“三废”排放（即零排放）生产。它不仅是制碱工业上一大成就，也是享有国际盛誉的科学创新，为中华民族在国际科技界争得了荣誉。

对于在某个产品的生产过程中不可避免的产生“三废”，可以根据“三废”的基本化学性质，加以综合利用，在一个城市、一个地区，乃至国家予以整体考虑，变废为宝，潜力很大。例如，硫酸厂的废渣可以作为炼铁厂高炉的原料；湿法磷酸厂排出的磷石膏可用于生产硫酸和水泥；电解食盐氯碱厂排出的盐泥可用于生产轻质碳酸镁或氧化镁等等。这样在整个大循环的化工生产过程中做到无废物排放，实行清洁生产。清洁生产，不仅减轻了对环境的污染，且许多部门还可利用废物作原料或辅助料，从而降低成本，提高经济效益，所以清洁生产也是化工生产的发展方向。

16.2　大气污染及防治

大气是环境的重要组成要素，并参与地球表面的各种化学过程，是维持一切生命所必需的。大气质量的优劣，对整个生态系统和人类健康有着直接的影响。某些自然过程和人类活动不断与大气间进行物质和能量的交换，直接影响着大气的质量，尤其是工业生产的污染对大气质量产生深远的影响。因此研究大气的污染及防治是当前面临的重要环境问题之一。

16.2.1　大气中化学污染物及危害

由于突发自然灾害（如火山爆发、森林火灾、地震等）或人类生产和生活中所产生的硫氧化物、氮氧化物、硫化氢、粉尘等进入大气，造成对人类和其他生物的危害时，就发生了大气污染。在这里我们主要讨论人为因素造成的大气化学污染。

(1) 硫氧化物的污染及危害 硫氧化物是指 SO_2 和 SO_3。主要来源于硫化物矿石的焙烧、煤燃烧和金属的冶炼过程，产生的 SO_2 占总量的 95%以上。SO_2 具有刺激性气味，对眼、鼻、咽喉、肺等器官有强刺激性作用，能引起黏膜炎、嗅觉和味觉障碍、倦怠无力等疾患。空气中 SO_2 浓度对人类的大致安全浓度约5$cm^3 \cdot m^{-3}$。SO_2 对环境污染的特性是它在大气中被氧化，最终生成硫酸或硫酸盐，反应式如下：

$$2SO_2 + O_2 \xrightarrow[\text{催化或光}]{\text{化学氧化}} 2SO_3 \xrightarrow{H_2O} H_2SO_4 \xrightarrow{MO} MSO_4 + H_2O$$

所以 SO_2 也是酸雨的成因之一。大气中 SO_2 被氧化并与水气结合生成 H_2SO_4，对金属、涂料、纤维、皮革、建筑材料等都有不同程度损害作用。

(2) 氮氧化物的污染及危害 氮氧化物主要是指 NO 和 NO_2，主要来源于矿物燃料的燃烧过程（包括汽车及一切内燃机），也有来自生产或使用硝酸的工厂排放的尾气，还有氮肥厂、有机中间体厂等。NO_x 与 O_2 反应产生 NO_2，再与大气中的水、尘埃作用，最终转化为硝酸和硝酸盐微粒，经沉降至地面。

NO_x 对人体的大致安全浓度为 5$cm^3 \cdot m^{-3}$，在 0.1$cm^3 \cdot m^{-3}$左右时为嗅觉所感，1～4$cm^3 \cdot m^{-3}$时有恶臭感，在此浓度以上会引起头晕、头疼、咳嗽、心悸等症状；低浓度长时间能诱发儿童支气管炎等疾病。对植物而言，空气中几个 $cm^3 \cdot m^{-3}$浓度的 NO_2 能引起叶子斑点，组织受到破坏；NO_2 对织物棉花、尼龙等有损害作用，能使染料褪色，使许多金属材料腐蚀。

(3) 碳氧化物的污染及危害 大气中的碳氧化物包括 CO 和 CO_2。CO_2 是大气中的正常成分，CO 是在燃料不完全燃烧时产生的。CO 对人体的危害是因为它能与血液中携带氧的血红蛋白（Hb）形成稳定的配合物 COHb。CO 与血红蛋白的亲和力约为氧的 230～270 倍，COHb配合物一旦形成，就使血红蛋白丧失了输送氧的能力，导致组织低氧症。如果血液中50%血红蛋白与 CO 结合，即可引起心肌坏死。对 CO 中毒者，可用纯氧呼吸法，严重的进高压氧舱治疗。

$$HbO_2 + CO \underset{\text{解毒}}{\overset{\text{中毒}}{\rightleftharpoons}} COHb + O_2$$

在高压氧舱内由于氧的分压大，使上式平衡向左移动，起到解毒作用。CO 对植物几乎没有危害作用。

CO_2 是一种无毒的气体，对人体无显著的危害作用。CO_2 之所以引起人们的普遍关注，原因在于它能引起全球性环境的演变，即温室效应（详见 16.2.2）。

(4) 二噁英污染物及危害 1999 年 5 月比利时发现该国饲养场的肉鸡内含有超标的二噁英致癌物，即所谓“污染鸡事件”。二噁英的英文名为 dioxin，人们通常所说的二噁英是指多氯二苯并二噁英和多氯二苯并呋喃的统称。二噁英的特点一是化学稳定性，在环境中持续存在，被称为持续性有机污染物；二是高脂溶性。这两个特点导致二噁英通过食物链富集于动物和人的脂肪和乳汁中，一旦进入，较难排出，并有强致癌性，还有生殖毒性、内分泌毒性和免疫毒性。

二噁英主要来自于垃圾焚烧后的产物。由于焚烧炉内在高达 250～350℃时，含氯的化合物在活泼金属催化作用下，有利于二噁英的合成。防范二噁英的主要对策是对垃圾焚烧要慎重处理，尽量避免含氯废物及垃圾的焚烧。

(5) 其他污染物及危害 大气中的其他污染物主要是有机污染物和重金属元素污染物。有机污染物主要来自石油烃类和人工合成的卤代烃类制品。烃类在大气中难于由大气自净化而消除，所以造成的污染情况极为严重。例大气中的多环芳香烃是引起癌症的主要物质。多氯联苯也是一类重要的污染物，通过呼吸道或通过食物链进入人体，蓄积在人体各种组织，尤其脂肪组织中，造成病变，严重者可以死亡。

大气中重金属元素如铅和汞是对人体危害较大的污染物之一，它不像有机物通过降解变为无毒化合物。重金属一旦进入人体就积累滞留，破坏机体组织，截断了血红素生物合成，容易患贫血症。铅中毒通常表现为肠胃效应，出现厌食、消化不良和便秘，对于小孩还会影响脑部发育。汞的主要来源是涉及含汞化合物生产逸出的汞蒸气，汞蒸气有高度的扩散性和较大的脂溶性，侵入呼吸道后，可被肺泡完全吸收并经血液送至全身，造成严重病变，所以对汞毒必须高度重视。

16.2.2　几个综合性的大气污染

以上侧重阐述大气中单一物质的污染问题，但共存于大气中的各种物质之间会发生相互作用，有的可能使危害性相互抵消（拮抗作用），有的则可能使危害性加剧（协同作用）。事实上，上述所涉及的各种污染在某些条件下相互作用，造成更大的大气污染问题。下面介绍几种常见的综合性大气污染。

（1）光化学烟雾　大气中的烃类和氮氧化物，在阳光作用下发生光化学反应，衍生种种污染物，由这些物质所造成的烟雾污染现象称为光化学烟雾（photochemical smog）。

光化学烟雾是由一系列复杂的链式反应形成的，其化学反应机理一般认为是由强烈的阳光引起了碳氢化合物（RH）和氮氧化合物化学反应的结果，由于参加的物质多，化学反应也很复杂。光化学烟雾一般认为从 NO_2 的光分解开始，此过程中产生的 O 自由基与碳氢化合物反应生成醛、O_3，过氧化乙酰硝酸脂（PAN）为最终的污染物。从光化学烟雾的形成机理看，只有在夏季，并且在汽车废气或工厂废气量排放较多的地方，于晴天在日光照射下才有可能发生。当晴朗的天空渐渐昏暗，可以嗅到类似臭氧的嗅味，并感到强烈刺激引起人流泪、眼红、呼吸紧张并诱发其病症。因为光化学烟雾中含有大量强氧化剂，所以它还能直接危害树木、庄稼、腐蚀金属、损害各种器物和材料。

（2）臭氧层破坏　臭氧（O_3）是大气中的微量气体之一，其浓度变化都会对人类健康和气候带来很大的影响，臭氧在大气中的分布如图 16-2-1 所示，主要浓集在平流层中 20～25km 的高空。平流层中的臭氧层（ozonosphere）吸收掉太阳辐射出大量对人类、动物及植物有害的紫外线（240～329nm），为地球提供了一个防止紫外辐射的屏障，这一屏障一旦被破坏而产生“空洞”，就会导致地球气候、生态环境的巨变，严重地威胁人类的生存。1985 年在南极上空发生 O_3 空洞，引起世界的关注。经研究 O_3 层遭破坏主要是由于人类活动产生的一些痕量气体如 NO_x 和氯氟烃 $CFCl_3$（氟里昂-11）、CF_2Cl_2（氟里昂-12）等进入平流层，与 O_3 发生反应，导致大气中 O_3 的减少，于是大量紫外线光辐射将直接达到地面，对地球生命系统产生极大的危害。O_3 层破坏还将导致地球气候出现异常，由此带来灾害。为此 1987 年联合国在蒙特利尔制订氟氯烃生产的协定书，1990 年进一步规定，于 2010 年全球完全停止氟氯烃的生产和排放，以减少 O_3 层的破坏。

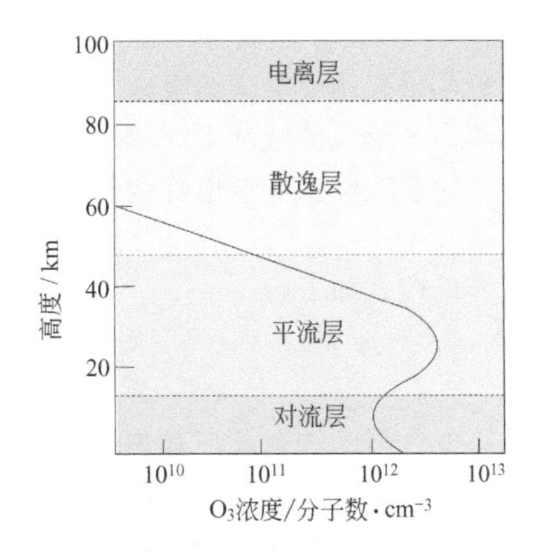

图 16-2-1　O_3 在大气中的分布

（3）温室效应　大气中某些痕量气体含量增加而引起的地球平均气温上升的现象称温室效应（green house effect），这类痕量气体称温室气体，主要包括

CO_2、CH_4、O_3、N_2O、$CFCl_3$、CF_2Cl_2 等，其中以 CO_2 的温室效应最明显。这是因为 CO_2 对来自太阳的短波辐射具有高度的透过性，而对地面反射出来的长波辐射具有高度的吸收性能。由于 CO_2 在大气层中含量的增加使地面反射的红外辐射大量截留在大气层内，导致大气层温度升高，气候变暖，形成"温室效应"。温室效应带来的危害主要是气候变暖，会使极地或高山上的冰川融化，导致海平面上升。经专家研究预测在 21 世纪末，地球平均气温上升 1～3.5℃，海平面升高 15～95cm，沿海地区某些大城市将被淹没，还将导致人类食用水减少，传染病流行。其次是气候变化，亚热带可能会比现在更干，而热带则可能变得更湿。由此海洋产生更多的热量和水分，气流更强，台风和飓风将更加频繁。温室效应对生态环境的变化也不能忽略，将使农业和自然生态发生难以预料的变化，可能导致部分物种的灭绝和农作物减产。

防止温室效应的关键是降低二氧化碳气体的排放，实现"低碳经济"。低碳经济是以低能耗、低排放、低污染为基础，其实质是提高能源利用效率和创建清洁能源结构，核心是技术创新、制度创新和发展观的改变。推行低碳经济既是救治全球气候变暖的关键性方案，也是践行科学发展观的重要手段，被认为是避免气候发生灾难性变化、保持人类可持续发展的有效方法之一。

大气污染中还有放射性物质污染，它主要来自核爆炸。一些微小的放射性灰尘能悬浮在大气中很多年，而且可随风扩散到很广的范围。污染大气起主要作用的是半衰期较长的放射性元素，如 U 的裂变产物 ^{90}Sr 和 ^{137}Cs，放射性污染对人体也是十分有害的（见 21.4）。

16.2.3 大气污染的防治

大气污染物主要由燃烧而来，其中一部分是由燃料的本质引起，另一部分则为燃烧条件而造成的，因此必须从燃料结构和燃烧条件的改善来防止污染物。下面重点介绍几种污染物的防治。

（1）硫氧化物污染的防治 硫氧化物污染的防治方法主要有燃料脱硫和烟气脱硫。消费量最大的燃料是煤和重油，燃料脱硫办法将在有关专业课介绍，此处只介绍烟气脱硫。对高浓度 SO_2 烟气一般是将 SO_2 经催化氧化生成硫酸后回收利用。

$$2SO_2 + O_2 \xrightarrow{V_2O_5} 2SO_3$$

$$SO_3 + H_2O \longrightarrow H_2SO_4$$

对低浓度 SO_2 烟气，通常依据 SO_2 的酸性和还原性可采用多种方法治理。

① 石灰乳法 用石灰的碱性浆液作 SO_2 的吸收剂，在吸收过程中进行酸碱反应生成 $CaSO_3 \cdot 1/2H_2O$，然后进一步被氧化为 $CaSO_4 \cdot 2H_2O$。

近年来采用喷雾干燥吸收法，利用雾化 $Ca(OH)_2$ 浆液或 Na_2CO_3 溶液吸收 SO_2，同时温度较高的烟气使液滴干燥脱水，形成干固体废物（亚硫酸盐、硫酸盐、未反应的吸收剂和飞灰）由袋式除尘器或电除尘器捕集，这也是目前工业化的干法烟气脱硫技术。

② 氨法 以 NH_3 作为 SO_2 的吸收剂。再通入空气使之氧化为 $(NH_4)_2SO_4$ 作肥料使用。其反应式如下：

$$SO_2 + NH_3 + H_2O \longrightarrow (NH_4)_2SO_3$$

$$2(NH_4)_2SO_3 + O_2 \longrightarrow 2(NH_4)_2SO_4$$

一些大型钢铁企业，其焦炉煤气需要脱氨，在烧结铁矿时又将放出 SO_2，以 NH_3 吸收 SO_2 可以废治废，化废为宝，实现清洁生产的目的。

（2）氮氧化物污染的防治 氮氧化物废气的治理按其化学性质，先将 NO_x 氧化为 NO_2，再依据 NO_2 的酸性、氧化还原性加以处理。

① 碱液吸收法　用碳酸钠、氢氧化钠、石灰乳或氨水溶液来吸收氮氧化物废气。由于 NO 难溶于水，当 NO 被氧化为 NO_2 时，可被碱液吸收。

$$2NO_2 + Na_2CO_3 \longrightarrow NaNO_3 + NaNO_2 + CO_2\uparrow$$

碱液吸收的优点是简单易行、投资小、容易实现工业化。

② 催化还原法　在催化剂作用下将氮氧化物还原成氮气，从而消除废气。常用的还原剂如 NH_3、CO、CH_4、H_2 等。如以 $CuCrO_2$ 为催化剂，NH_3 为还原剂处理已被广泛应用。

$$4NH_3 + 6NO \xrightarrow[CuCrO_2]{250\sim269℃} 5N_2 + 6H_2O$$

近年来又开发了用 CH_4 作还原剂，铂贵金属作催化剂，其反应如下：

$$CH_4 + 2NO_2 \xrightarrow[Pt]{400\sim500℃} N_2 + CO_2 + 2H_2O$$

目前还有一些新方法，例如采用稀土金属催化剂将 NO_x 直接进行催化分解生成 N_2 和 O_2。

(3) 汽车尾气污染物的防治　汽车是近代重要的交通运输工具，当汽车行驶时，所排放的气体中有害成分很多，有一氧化碳、烃类、氮氧化物、硫氧化物、颗粒物等。

根据汽车产生污染物的理化性质，可采用催化转化法将有害物质直接转化为无害物质。汽车尾气的完全催化转化一般分两步进行，一步是催化还原 NO_x，另一步是催化氧化烃类和 CO。为了不外加还原剂，一般利用尾气中的 CO 和碳氢化物净化 NO_x，同时也除去一部分 CO 和烃类，剩下的 CO 和碳氢化物再被催化燃烧，以达到尾气全净化的目的。目前已研究出高效催化剂，能同时对烃类、CO 和 NO_x 进行净化，减少汽车尾气对大气造成的污染。目前已采用无铅汽油以消除汽车尾气的铅污染。

近年来改变传统以汽油作为燃料，而使用燃料电池以 H_2 为燃料，则汽车尾气可达零排放（见 19.2.2）。

16.3　水污染及防治

水是人类生产与生活不可缺少的环境要素。自然界中的水通过蒸发变成水蒸气形成云雾或通过凝结变成雨、雪等下降。水在大自然中川流不息，周而复始地运动组成水的循环系统，如图 16-3-1 所示。

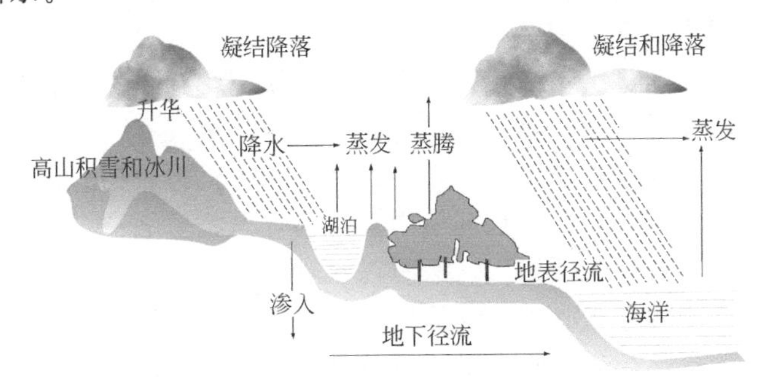

图 16-3-1　自然界中水的循环示意

当污染物进入河流、湖泊、海洋或地下水等后，其含量超过水体的自净能力，使水体的理化性质或生物群落组成发生变化，从而降低了水体的使用价值和使用功能的现象，被称作为水体污染（water pollution）。水体污染不仅妨碍工农业、渔业的生产，而且影响水生生态系统和人类的健康。因此对水污染及防治的研究是当今环境化学的重要任务之一。

16.3.1 水体污染物及危害

水体污染有两类：一类是自然污染，另一类是人为污染，而后者是主要的。人为污染包括生活污水、工业废水、农田排水和矿山排水。按污染物的化学组成划分，主要是酸、碱、盐等无机污染物，重金属污染物，耗氧有机（oxygen-consuming organic compound）污染物，有毒有机污染物和生物体污染物等。

（1）酸、碱、盐等无机污染物 冶金及金属加工的酸洗工序、人造纤维、酸法造纸等工业废水，是水体酸污染的重要来源；而碱法造纸、化学纤维、制碱、制药、炼油等工业废水是碱污染重要来源。水体遭到酸碱污染后，水的酸碱度发生变化，当pH值小于6.5或大于8.5时，水中的微生物生长受到抑制，致使水体自净能力受到阻碍，并可腐蚀水下各种设备，使水生生物的种群变化，鱼类减产，甚至绝迹。各种溶于水的氯化物以及其他无机盐类会造成水体含盐量增高，硬度变大。采用这种水进行灌溉时会使农田盐渍化，造成减产或颗粒无收。

在无机物污染中，氰化物是毒性很强的污染物之一。氰化物可对细胞中氧化酶造成损害，人中毒后呼吸困难，全身细胞缺氧，因而窒息死亡。饮用水中含氰（以CN^-计）不得超过$0.01\mu g \cdot L^{-1}$，地面水不超过$0.1\mu g \cdot L^{-1}$。

（2）重金属污染物 重金属污染主要通过食物或饮水进入人体，能在人体的一定部位积累，且不易排出，使人慢性中毒。重金属污染物中以汞的毒性最大，这是因为汞对含硫化合物具有很强的配位能力。当汞进入生物体后，就会破坏酶和其他蛋白质的功能并影响其重新合成，由此引起各种危害后果。众所周知的日本“水俣病”就是由于汞污染造成的；镉次之，它与许多有机化合物组成较稳定的配合物，镉类化合物具有较大的脂溶性、生物富集性和毒性，并在动植物和水生生物体内蓄积，在日本曾发生骇人听闻的“骨痛病”即镉中毒。铅、铬也有相当毒性。此外还有砷，它虽不是重金属，但毒性与重金属相似。

（3）耗氧有机污染物 耗氧有机污染物引起水体溶解氧浓度降低，会对水中多数好氧呼吸的生物产生危害作用。天然水体内溶解氧一般为$5\sim10\mu g \cdot L^{-1}$，如鱼类在溶解氧小于$4\mu g \cdot L^{-1}$的水中就会窒息而死。此外，当水体处于缺氧的还原状态时，水中各种高氧化值硫的化合物被还原为对大多数水生生物有害的H_2S，同时NO_3^-还原为N_2或NH_4^+，CO_2还原为CH_4，厌氧（anaerobic）的水体还会因有机物发酵而污染水体，使藻类和绿色植物绝迹。

（4）有毒有机污染物 酚类化合物是重要的有毒有机污染物之一，它产生臭味，溶于水毒性较大，能使细胞蛋白质发生变性和沉淀，当水体中酚浓度为$0.1\sim1\mu g \cdot L^{-1}$时，鱼肉产生酚味；浓度高时，可使鱼类大量死亡，若人们长期饮用含酚水可引起头昏、贫血及各种神经系统症状。有机农药及其降解产物对水环境污染十分严重。有机氯农药易溶于脂肪和有机溶剂而不溶于水，它们的光学性质稳定，残留时间长；有机磷农药的毒性大，但在环境中较易分解。其他有机污染物如多环芳烃是环境中重要的致癌物质之一。

（5）生物体污染物 城市生活污水、医院污水或污水处理厂排入地表水后，引起病源微生物污染。排放的污水中常包含有细菌、原生动物、寄生蠕虫等。常见的致病菌是肠道传染病菌，如霍乱、伤寒和痢疾菌等；常见的蠕虫有线虫、绦虫等；常见的病毒是肠道病毒和肝类病毒。

16.3.2 污水的化学净化

天然水体遭受污染后，必须进行各种必要的处理，以满足生活用水、地面水、工农业用水的要求。一般水体污染轻的，经自净能够达到净化目的。

对于污染严重，经自净不能达到要求的水体，必须进行废水处理。废水处理方法可分为物理法、生物法、物理化学法和化学法。物理法主要利用物理作用分离废水中呈悬浮状态的污染物质，属于物理处理方法的有沉淀法、筛滤法、气浮法；生物法则是利用微生物作用，使废水中的有机污染物转化为无毒无害的物质，属于生物法的有好氧生物处理法和厌氧生物处理法；物理化学法则是通过吸附、凝聚等过程将废水中污染物得以净化；化学法是利用化学反应的作用来分离和回收污染物或改变污染物的性质，使其从有害变为无害，其方法有中和法、氧化还原法、化学沉淀法等。现就废水的主要化学净化方法介绍如下。

(1) 中和法　中和法的目的是调节废水的 pH 值。酸性废水可直接放入碱性废水或用石灰、石灰石、电石渣等进行中和处理；碱性废水可加入废酸、吹入 CO_2 气体或用烟道废气中的 SO_2 来进行中和处理。

(2) 氧化还原法　该法将溶解于水中的有毒物质，利用其氧化或还原的性质，将它转化成无毒或毒性甚小的新物质，以达到处理的目的。

① 氧化法　若废水中含有强还原性物质，（如 HS^-、S^{2-} 等），则用空气氧化最为经济简便，将其转化成无毒的硫代硫酸盐或硫酸盐，其反应式如下：

$$2HS^- + 2O_2 \longrightarrow S_2O_3^{2-} + H_2O$$

$$2S^{2-} + 2O_2 + H_2O \longrightarrow S_2O_3^{2-} + 2OH^-$$

$$S_2O_3^{2-} + 2O_2 + 2OH^- \longrightarrow 2SO_4^{2-} + H_2O$$

漂白粉是较强的氧化剂。目前比较成熟的是用漂白粉处理含氰废水，让有毒的 CN^- 离子转变成无毒的 CO_2 和 N_2，其反应式如下：

$$5Ca(ClO)_2 + 4NaCN + 2H_2O \longrightarrow 5CaCl_2 + 4NaHCO_3 + 2N_2$$

此外，Cl_2 和 O_3 是强氧化剂，用 O_3 处理后的废水由于不产生二次污染，能够进行生物处理，这是一种很有发展前途的方法。

② 还原法　主要选用的还原剂有铁屑或 Fe^{2+}，将重金属离子还原为单质沉淀而分离。其方法是将金属铁屑装入填料塔，当含有 Hg_2^{2+} 和 Hg^{2+} 废水流过填料塔时，与铁发生置换反应：

$$Fe + Hg^{2+} \longrightarrow Hg\downarrow + Fe^{2+}$$

达到从废水中分离重金属离子 Hg_2^{2+} 和 Hg^{2+} 的目的，废水中的 Fe^{2+} 再氧化成 Fe^{3+} 用中和沉淀法除去。

(3) 化学凝聚法　在某些工业废水中含有带电微颗粒形成了胶体系统，颗粒不易沉淀下来。通常是向废水中加入絮凝剂，中和原来杂质粒子的电荷而发生絮凝。常用的絮凝剂有硫酸铝 $Al_2(SO_4)_3 \cdot 18H_2O$、硫酸铁 $Fe_2(SO_4)_3 \cdot 9H_2O$ 以及有机高分子絮凝剂聚丙烯酰胺等。

实际治理某种废水时往往是多种方法联合运用，例如处理酸性含 Cr(Ⅵ) 废水时，加入还原剂 $FeSO_4$（也可用 $NaHSO_3$ 或 SO_2 等），将 Cr(Ⅵ) 还原为 Cr^{3+}，然后以石灰为沉淀剂，使 Cr^{3+} 生成 $Cr(OH)_3$ 而去除。通过控制 Cr^{3+} 含量与 $FeSO_4$ 用量的比例，并通入空气，使部分 Fe^{2+} 氧化为 Fe^{3+}，当 Fe^{2+} 和 Fe^{3+} 含量达到一定比例时，就生成 $Fe_3O_4 \cdot xH_2O$ 沉淀。由于 Cr^{3+} 与 Fe^{3+} 电荷相同，半径相等（64pm），因此在沉淀过程中，Cr^{3+} 离子取代了 $Fe_3O_4 \cdot xH_2O$ 沉淀中部分 Fe^{3+} 离子生成共沉淀，又由于此种物质具有磁性，用磁铁可将沉淀物从废水中分离出来。

总之，废水的处理是把废水中的有害物质以某种形式分离出去，或者将其转化为无害而稳定的物质。工业废水种类繁多，成分复杂，不同的污染物混合在一起又会产生新的污染物，因此一般不宜采取集中处理的方法，而以排放单位分别处理为主。

16.4 土壤污染及防治

土壤是生物圈的重要组成部分，是一个生机盎然的多彩世界，是植物争奇、动物角逐、微生物大显神通的地方，在这里进行着变幻莫测的物理变化、化学和生物学反应，所排出的废物不断污染着土壤；人类的生产和生活活动也污染着土壤。土壤污染物可分无机和有机两大类，无机物有重金属元素汞、镉、铅、铬以及有机物如酚、农药等；有害生物也是土壤污染物的组成之一。

由于土壤污染既不同于大气污染也不同于水体污染，而且比它们要复杂得多。因此，研究土壤污染及防治就显得非常重要。

16.4.1 土壤污染及危害

人类生活和生产活动中产生的废弃物抛入土壤，在正常情况下，通过土壤的自净作用可维持正常生态循环。然而当土壤中的废弃物超越了土壤的自净能力，破坏了自然生态平衡，导致土壤正常功能失调，影响了植物的正常生长发育，最终导致土壤污染。土壤污染来自多个方面，最重要的是固体废弃物，如生活垃圾、阴沟污泥、工矿废渣等，使许多有机质和无机毒物进入土壤。其次是大型的工矿企业所排放的气体污染物，它们受重力的作用，或随雨雪落于地表渗入土壤之内。第三是人粪尿、生活污水中含有致病的各种病原菌和寄生虫等，用这种未经处理的肥源施于土壤，会使土壤发生严重的生物污染。还有像农药、化肥的使用不断扩大，数量和品种不断增加，也是土壤的重要污染源。

土壤污染物最主要的是固体废弃物，污染严重的是重金属污染和农药污染。

(1) 重金属类污染物 重金属元素不能被土壤微生物所分解，而易于在土壤中积累。土壤中重金属可以通过植物吸收，引起食物污染，危及人体的健康。由于重金属在土壤中的累积期不易被人们觉察和关注，而一旦毒害作用比较明显地表现出来，就难以彻底消除。

(2) 农药污染物 农药是保护农作物的药剂，包括杀虫剂、除草剂、杀菌剂等。农药进入土壤，必须要求在土壤中停留一定时期，才能发挥其应有的杀虫、灭菌或除莠作用。农药污染是指农作物吸收了土壤中的农药，并积累在农产品（粮、菜、水果等）中，通过食物链，危害鸟、兽和人类健康。还因农药同时杀害了有益生物（或害虫天敌），破坏了自然生态系统，使农作物遭到间接的损害。

16.4.2 土壤污染的防治

对于土壤污染的防治，必须贯彻“预防为主，防治结合”的环境保护方针。控制和消除土壤污染源是防治的根本措施，其关键是控制和消除工业的“三废”排放，大力推广闭路循环、无毒工艺，以减少或消除污染物；其次是合理施用化肥和农药，禁止或限制使用剧毒、高残留性农药，发展生物防治措施，增加土壤有机质的含量，增加土壤对有害物质的吸附能力和吸附量，从而减少污染物在土壤中的活性；同时利用现代高科技发现、分离和培养新的微生物品种，以增强生物降解作用，提高土壤自身的净化能力。

工业固体废弃物是土壤的主要污染源，因此对废弃物的处理是解决土壤污染源的关键。对于固体废弃物的处理一般采用的方法有：①用物理、化学或生物学的方法将固体废物转化成便于运输、贮存、回收利用和处置的形态；②焚烧热回收技术，目的在于使可燃的固体废物氧化分解、去毒，并回收能量及副产品；③热解技术，在无氧及缺氧的条件下可燃物经高温分解，并以气体、油或固体的形式将能量贮存起来；④对生活废弃物主要采用微生物分解技术使之堆肥化，这不但能改善土壤的物理化学性质，而且使土壤环境保持适应农作物生长的良好状态；⑤固化技术，本法主要应用于毒性较大的放射性污染物、铬泥等固体废弃物的处理。在此介绍几种固体废弃物的化学处理及综合利用方法。

例如硫酸厂的废渣主要是硫铁矿焙烧后排出的灰渣，其中含 Fe_2O_3 45%～50%，其余为 CuS、ZnS、PbS、SiO_2、CaO 及少量的硫。这种废渣因含有硫及硫化物，不能直接用于炼铁，近年来中国已采用磁性焙烧使废渣中的铁转变为 Fe_3O_4，经过简便的磁选即可富集，作为高炉炼铁的原料。

磷矿石与硫酸作用后除得到磷酸外，还有废渣磷石膏产生。磷石膏主要成分是 $CaSO_4$，还有 SiO_2、铁和铝的不溶性磷酸盐以及可溶性 Na_2SiF_6、$CaHPO_4$、$Ca(H_2PO_4)_2$ 等。磷石膏可以综合利用，生产硫酸和水泥。将磷石膏在 900～1200℃下与碳反应，$CaSO_4$ 被分解成 CaO 和 SO_2，CaO 与 SiO_2 反应制成水泥熟料，而 SO_2 转化为 SO_3 可供生产硫酸用。

当土壤被重金属污染后，向土壤施加改良性抑制剂（如生石灰、磷酸盐、硅酸钙等）使它与重金属污染物作用生成难溶化合物，降低重金属在土壤及植物体内的迁移能力。向土壤中多施有机肥，使有机质与金属元素结合，形成不易溶解的配合物，就可抑制被植物的吸收；调节土壤的 pH 值也可降低重金属元素的有效性，如土壤的 pH 值大于 6.5，可以显著减少铬、铜、锰、铅、锌和镍被植物的吸收。

特别指出的是一些被抛弃的合成聚合物，如聚氯乙烯泡沫塑料等，它们在自然界中很难消融降解，要长期污染环境，由于这类聚合物呈白色，所以又称“白色污染”。防治“白色污染”的较好办法是对这类不易降解的聚合物回收后进行再生利用，或对聚合物进行改性，使之在大自然中易于生物降解。目前提倡以纸代塑也是防止“白色污染”的一种有效方法。

随着技术的发展，使人们对造成土壤污染的垃圾有了新的认识：“世界上根本没有垃圾，只是放错了地方的资源”。防治土壤污染较好的方法是实现垃圾减量化、无害化、资源化的新兴能源技术处理，即垃圾发电。一是垃圾填埋气发电，将垃圾填埋场中的有机物经降解后产生的填埋气（富含甲烷）作为燃料进行发电的技术。二是对燃烧值较高的垃圾在焚烧锅炉中燃烧放出的热量将水加热获得过热蒸汽，过热蒸汽推动汽轮机带动发电机发电（或直接供热）。三是对不能燃烧的有机物进行发酵、厌氧处理，在还原性气氛下与气化剂反应产生一种气体叫甲烷，也叫沼气。再经燃烧，把热能转化为蒸汽，推动涡轮机转动，带动发电机产生电能。

地球是人类赖以生存的共同家园，保护好地球环境，将是 21 世纪人类关注和研究的热点。

科学家侯德榜

Debang Hou（1890～1974）

1890 年 8 月，侯德榜出生在福建省的一个农民家庭，从小他就养成在生活上艰苦朴素、学习上刻苦钻研、博览群书的习惯，先以优异成绩毕业于福州英华书院，后在北京清华留美预备学堂读书，3 年后又以最佳成绩完成预科学习，1913 年被保送入美国麻省理工学院，后在美国哥伦比亚大学继续深造获得硕士、博士学位。1921 年由于中国化学工业发展需要，毅然回国筹建塘沽“永利制碱公司”，对原来制备 Na_2CO_3 技术进行改进。

1942 年侯德榜博士根据平衡移动和相律的原理，在索尔维法制碱的基础上，发明了侯氏制碱法（Hoss’s process）：即低温下在氨饱和了的食盐水中通入 CO_2，在析出 $NaHCO_3$ 后的母液中加入磨细的食盐，使氯化铵结晶析出。$NaHCO_3$ 经煅烧后得产品纯碱，而氯化铵为有用的副产品。应用侯氏制碱法大大提高了原料的利用率，而且又能消除三废于生产过程之中。由于“侯氏制碱法”的优越性远远超过了传统的索尔维法，因而引起了国际化学工业界的极大重视并很快得到了公认，同时他本人也因此得到崇高的奖赏和荣誉。1943 年英国化学工业学会聘请他为名誉会员，他还是英国皇家学会、美国化学工程学会、美国机械学会的荣誉会员。1933 年侯德榜的专著《纯碱制造》由美国化学会出版，1942 年再版，1948 年又出俄文版。

侯德榜博士成为知名的制碱专家后，国外一些化学工业比较落后的国家纷纷邀请他去作指导，印度是他去的最多的国家。最后一次从印度返回时，正是中华人民共和国成立前夕，当他途经香港时受到了台湾国民党组织者的包围，企图迫使他去台湾工作。由于遭到侯德榜的坚决拒绝，国民党又对他进行威胁和刁难，从而使他无法顺利回国。后只得乘船，绕道韩国回来，终于在 1949 年的 7 月安全回到祖国。

中华人民共和国成立后，他曾任中国科协副主席、中国化学会理事长、中国化工学会理事长和中国科学院学部委员等职。另外，他还担任过许多政府要职，如中央人民政府化学工业部副部长、政务院财经委员会委员、全国人大代表、全国政协委员，他为新中国化学工业的发展做出了巨大的贡献并献出了毕生精力。1974 年，侯德榜因患脑出血逝世，终年 84 岁。

复习思考题和习题

1. 举例说明三废处理的重要性及废物利用的可能性。
2. 何谓清洁生产？怎样才能实行清洁生产？中国有何成功的实例？
3. 指出空气中氮氧化物的主要来源及对环境造成的公害。
4. 什么叫光化学烟雾？光化学烟雾有哪些危害？如何防范？
5. 臭氧层破坏会给人类带来什么威胁？世界各国采取什么措施来减少臭氧层的破坏？
6. 温室效应是怎么产生的？它对自然生态有什么影响？如何防治？
7. 废水中主要有哪些无机污染物？列举几种毒性强、对人体危害大的重金属的主要存在形态和毒害作用。
8. 对废水中重金属离子和 CN^- 等可用化学沉淀反应和氧化还原反应进行处理？举例说明。
9. 工业废水的排放标准规定 Cd^{2+} 降到 $0.1\mu g \cdot L^{-1}$ 以下，若用消石灰中和沉淀法除去 Cd^{2+}，按理论计算，废水的 pH 值至少应多少？
10. 何谓“白色污染”？“白色污染”对土壤有何危害？采取何种方法才能有效防治？

参 考 书 目

1 申泮文主编．近代化学导论．第二版．北京：高等教育出版社，2009
2 张宝贵主编．环境化学．武汉：华中科技大学出版社，2009
3 Yen T. F. **Environmental Chemistry：Chemistry of Major Environmental Cycles**，Imperial College Press，2005
4 Brown T. L.，LeMay H. E.，Bursten B. E. etc. **Chemistry-The Central Science 12th ed.** Prentice-Hall，2012

第 17 章　材料与化学

Chapter 17　Material and Chemistry

能源、材料与信息是现代科技的三大支柱，而材料是发展工程、信息、新能源等高科技的重要物质基础，是当代前沿科学技术领域之一。材料主要包括金属材料、无机非金属材料和高分子材料。随着高科技的发展，对材料的性能提出了更高的要求，必须是具有光、电、声、磁、热等特殊功能或复合多功能的新型材料。同时材料也从传统的三维块状材料向二维的薄膜材料、一维的纤维材料和准零维的纳米材料发展。决定材料应用的主要是材料的组织结构和成分、合成和加工工艺以及性能，它们四者之间的关系如图 17-0-1 所示。

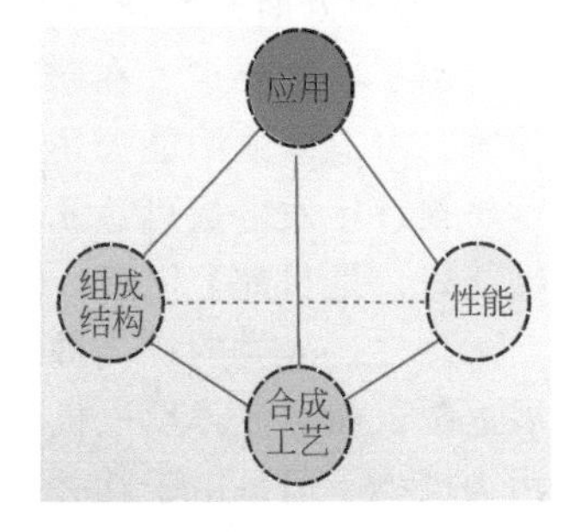

图 17-0-1　材料科学四组元的关系

因此我们在探索新材料的过程中，必须弄清材料内部的微观结构和宏观性质的内在联系及其规律性。

本章将对材料与社会进步及几类典型的高科技材料的组成、结构、性能和应用等方面加以讨论。

17.1　材料与社会进步

人类发展的历史证明，材料是社会进步的物质基础和先导，是人类进步的里程碑。自古以来，人类文化的进步都是以材料发展为其标志。一种新材料的发明可以引起人类的文化和生活的新变化。石器、陶器、瓷器、铁器、铜器、玻璃、钢、有机高分子、液晶、纳米材料等的发明为人类的生活带来巨变。科学是人类对自然的认识，技术是这种认识基础上的再创造，而材料的发展则是保证了科学技术的实现。绝大多数的功能新材料是由化学合成制备出来的，可见化学在合成新材料、发展高新技术、促进社会进步中起着极其重要的作用。

(1) 材料与空间技术 空间技术不仅在军事上有重要意义，而且对通讯、气象、资源、航天飞机、卫星以及太空实验等科学技术的发展也有重要意义。发展空间技术需要发射火箭、人造卫星、飞船等航天器，它们在飞离地面进入宇宙或返回地面时都要经受苛刻条件的作用。如中国2008年9月25日发射的“神舟”七号载人飞船的材料既要能适应发射和返回地面时与外部环境的各种作用，又要能保持舱内处于稳定的工作状态。这种特殊用途的材料能经受得起各种恶劣环境，如空气流的摩擦和冲击、振动、高温、高压、真空、太阳光的照射、高能射线的辐照、地球的磁场等的考验。此外，为了以尽可能小的推动力使航天器以最大的速度发射出去，要求使用的材料高强度又质量轻。正是由于各种高性能材料的研制成功，才能使火箭升空、航天器返回地面成为现实。新一代高性能材料的出现，必将推动空间技术的进一步发展。

(2) 材料与信息技术 电子信息技术的应用在现代工业、国防、科学技术和人类生活等方面都产生了深远的影响。电子信息技术需要的材料有半导体、高频绝缘、介电、压电、铁电、磁性、荧光、发光、超导以及光导纤维材料等，随着固体电子器件向小型化、高速化、复合化、高可靠性方向发展，这些材料的重要性日益明显，近年来迅速发展起来的大规模集成电路，光纤通信对材料提出了更高的要求。新一代材料的研制必将推动电子信息技术的迅猛发展。

(3) 材料与激光技术 激光技术的出现一开始就与材料有着密切的联系。在20世纪60年代用红宝石做工作物质实现激光之后，接着又用气体、半导体、染料等作为工作物质实现激光，有力地促进了激光技术的发展。由于激光具有良好的单色性和光亮度等特性，广泛应用于计量、检测、加工、显示、信息处理、光化学、治疗、军事科学等许多领域。目前激光材料的制备及激光技术的应用已成为一门非常活跃的新技术，正方兴未艾，继续向前发展。

(4) 材料与能源的开发 随着生产力和科学技术的发展，能源的消费急剧增加。因此，各国为了摆脱“能源危机”，都对能源问题予以高度重视。解决能源问题的途径是“开源节流”，即一方面开发新能源，另一方面是改进和提高已有能源的利用效率。这两方面都对材料提出了各种要求。在新能源的开发中有磁流体发电、热核裂变发电、太阳能电池、燃料电池等。由上海太阳能公司开发的非晶硅薄膜30kW光伏太阳能发电系统已于2009年投入运行，预计年发电量可达4.8万千瓦时，节煤14.6t，它具有造价低，发电量多，保温和隔音性能好，是目前上海新一代非晶硅薄膜电池的最大屋顶应用项目。

总之，人类的社会进步无不与材料密切相关，相反有些技术，因为没有合适的材料而进展迟缓。如磁流体发电机装置的效率可达50%～60%，远远高于热机，可以燃烧劣质燃料，污染也小，但是由于其关键材料没有解决，至今未实现工业化。这说明现代科技的进步与材料的发展休戚相关，新材料的问世将在人类文明历史的进程中起着不可估量的作用。

下面就近代高科技中所用的纳米材料、先进陶瓷材料、功能薄膜材料和液晶材料作简要介绍。

17.2 纳米材料

纳米（nm）是一个长度单位，$1nm=1\times10^{-9}m$。纳米材料是指材料的显微结构尺寸均小于100nm（包括微粒尺寸、晶粒尺寸、晶界宽度、缺陷尺寸等均达到纳米级水平）并且具有某些特殊功能的材料。几十年来随着微电子器件的发展，材料的尺寸已由日常的三维块状（block）向二维薄膜（thinfilm）、一维纤维（fibre）最终到准零维的纳米材料（nanomaterials）尺度的方向发展。目前许多纳米材料的应用已进入工业化生产、应用阶段。随着人们对纳米材料的光、电、磁、热等性能方面研究的不断深入，它的应用前景十分宽广。因此纳米材料被誉为21世纪的新材料。

17.2.1　纳米材料的特性和制备

17.2.1.1　纳米材料的特性

当材料的微观尺寸逐渐减小时，量的变化在一定条件下会引起理化性能的质变。根据人们目前的研究，纳米材料的特性主要表现在表面效应、小尺寸效应和量子尺寸效应。

(1) 表面效应　微粒随着粒径变小，比表面积将会显著增大，表面原子所占的百分数将会显著增加。由于表面原子不同于内部原子，存在许多不饱和键，具有很高的活性，仿佛进入了“沸腾”状态，这就是表面效应。例如金属的纳米粉体在空气中会燃烧，无机物的纳米粉体在空气中会吸附气体，并与气体进行反应。因此纳米粉体的表面效应不可忽略。

(2) 小尺寸效应　纳米粉体的粒径与光波波长、德布罗意波长以及超导态的相干长度或透射深度等物理特征尺寸相当或更小时引起一系列宏观物理性质的变化称为小尺寸效应，主要表现在以下几个方面。

① 特殊的光学性质　纳米金属粉呈现为黑色，粒径愈小，颜色愈黑。这是因为纳米金属粉对光的反射率很低。利用这个特性可以作为高效率的光热、光电转换材料，可应用于红外敏感元件、红外隐身技术[1]等。

② 特殊的热学性质　银的常规熔点为670℃，而纳米银粉的熔点可低于100℃。因此，由纳米银粉制成的导电浆料可以进行低温烧结，此时元件的基片可用塑料，同时可使膜厚均匀，覆盖面积大，既省料又具高质量。

③ 特殊的磁学性质　利用磁性超微颗粒具有高矫顽力[2]的特性，已制成高存储密度的磁记录磁粉，大量应用于磁带、磁盘、磁卡以及磁性钥匙等。利用纳米Fe_3O_4的超顺磁性，制成磁性液体经表面接枝改性后可用于细胞的分离等。

④ 特殊的力学性质　纳米粉体压制成的陶瓷材料具有良好的韧性和延展性，具有新奇的力学性质而应用前景十分宽广。

(3) 量子尺寸效应　由于颗粒超细化而使大块材料中连续的能带将分裂为分立的能级，能级间距随颗粒尺寸减小而增大。当纳米材料能级间距大于热能、电场能或磁场能的平均能级间距时，就会呈现一系列与宏观物体截然不同的反常特性，称之为量子尺寸效应。例如，导电的金属在纳米粉体时可以变成绝缘体等。

17.2.1.2　纳米粉体的制备

纳米粉体的制备方法一般分为物理方法和化学方法两大类。物理法是通过机械粉碎或超声波粉碎，将大块物体分裂成细小颗粒。由于物理法得到的粉末粒径大，形状不规则；而采用化学法，不但所得粉体的粒径小，而且形貌可控，所以化学方法在当今纳米粉体的制备中得到广泛应用。

下面介绍几种常用的纳米粉体的化学制备方法。

---

[1] 红外隐身材料对红外线有强烈的吸收能力，不能被红外探测器所发现。

[2] 矫顽力是指磁性材料磁化到饱和去掉外磁场后，再加上相反磁场使磁感应强度为零时所对应的磁场值。

① 醇盐水解法是一种新型的液相合成技术。金属醇盐 $M(OR)_n$ 与醇混合，然后加水分解生成单一的氧化物或复合氧化物纳米粉体。醇盐水解的特点是从醇溶液中直接分离出纳米粉体，几乎无团聚现象。利用醇盐水解所得的复合氧化物，其组成比均匀。例如电子陶瓷粉 $SrTiO_3$ 的生产就是一个成功的例子，其反应如下：

$$Sr(OC_3H_7)_2 + Ti(OC_5H_{11})_4 + 3H_2O = SrTiO_3(s) + 2C_3H_7OH + 4C_5H_{11}OH$$

制得的粉体粒径为5～15nm，分散性好。

② 水热法是在水解法基础上发展起来的一种新的液相合成方法。采用该法首次批量生产出 ZrO_2 陶瓷纳米粉体原料，其方法是在 $ZrOCl_2$ 和 YCl_3 的水溶液中加入尿素，经高温高压反应合成，得到粉体的纯度高达99.9%、平均粒径小于30nm的掺钇的氧化锆粉体。$Ba(OH)_2$ 和 TiO_2 在常温常压下溶解度小，很难直接生成 $BaTiO_3$。而采用水热法，由于高温高压，增大了两反应物的溶解度，使之直接合成出 $BaTiO_3$ 纳米粉体。

③ 溶胶-凝胶法（sol-gel）又称软化学法（soft chemistry），是将合成产物的前驱体（无机盐或金属醇盐）溶于溶剂（水或有机溶剂）中形成均匀的溶液，溶质水解并凝聚成1nm左右的粒子组成溶胶[1]，经放置一定时间后转变为凝胶[2]，然后经蒸发干燥可以得到纳米粉体或各种成型制品。用溶胶-凝胶法可以制得各种功能材料，如 Al_2O_3、TiO_2 薄膜、$BaTiO_3$ 铁电材料、$YBa_2Cu_3O_{7-x}$ 超导体等。

④ 气相法　该法是将一种或数种物质经气化在高温下发生化学反应析出纳米粉体。此法称化学气相淀积法（chemical vapour deposition，简称CVD法）。化学气相淀积法采用的原料多为蒸气压高、反应性好的金属氯化物、氯氧化物、金属醇盐、烃化物和羰基化合物等。加热的方法除了通常的电阻炉外，还有化学火焰、等离子体、激光等。该法的显著优点是除了制备氧化物外，还能制备在水溶液中无法制备的非氧化物纳米粉体，如与 NH_3 或 N_2 反应可制取 AlN、Si_3N_4、TiN、Zr_3N_4 等氮化物纳米粉体；与碳化物反应可制成 TaC、TiC、NbC、WC等碳化物纳米粉体。

纳米粉体合成的方法还有喷雾热解法、水溶液氧化还原法等。我们可根据粉体的性质，结合生产过程中的实际情况，选用不同的方法进行合成。

17.2.2 纳米材料的应用

纳米材料在高科技领域中广泛应用，已成为原子物理、凝聚态物理、胶体化学、固体化学、配位化学、材料学等学科关注的热点。

根据材料的性能和应用领域，可分为纳米磁性材料、纳米催化材料、纳米生物材料、纳米光学材料等。

(1) 纳米磁性材料　磁性纳米粒子具有单磁畴结构及矫顽力很高的特征，用它来做磁记录材料可以提高信噪比，改善图像质量。磁性液体是由纳米粉体包覆一层长链的有机表面活性剂，高度弥散于一定基液中，而构成稳定的具有磁性的液体。它可在外磁场作用下整体地运动，因此具有其他液体所没有的磁控特性，其用途十分广泛。如旋转轴转动部分的动态密封，用环状的静磁场将磁性液体约束于被密封的转动部分，可以进行真空、加压、封水、封油等的动态密封。1965年磁性液体首先在宇宙飞船和宇航服的可动部分和失重下的密封装置中得到应用。由于纳米材料具有奇特的理化性能，目前已广泛用于机械、电子、仪器、宇航、化工、船舶等领域。

---

[1] 溶胶又称胶体溶液，由 10^{-7}～10^{-5}cm 的质点分散于介质中所组成。分散介质是液体的为液溶胶，是气体的为气溶胶。

[2] 某些溶胶（或高分子溶液）在适当条件下形成一种半固体状的物质称为凝胶。

(2) 纳米催化材料　纳米粒子比表面积大，表面活性中心多，为高效催化剂提供了必要的条件，被人们称之为第四代催化剂的纳米粉体催化剂受到国际上的日益重视。利用纳米粉体巨大的表面积可以显著提高催化效率。例如以粒径小于 300nm 的镍和铜-锌合金的纳米粉体为主要成分制成的催化剂，可使有机物氢化的效率达到传统镍催化效率的 10 倍；纳米铁、镍与γ-Fe_2O_3 混合烧结体可以代替贵金属作为汽车尾气净化的催化剂。又如纳米 TiO_2 具有光催化功能，将纳米 TiO_2 粉末加入涂料中，在光催化的作用下，对室内的有害有机物如甲醛、甲苯以及吸烟放出的有害气体进行有效地降解为 CO_2、水和有机酸，改善周围的空气质量。将纳米 TiO_2 光催化剂应用于工业生活的污水处理已成为现实。

(3) 纳米生物材料　人体器官的移植（再造）不仅需要材料能够发挥其功能性，而且还需要材料具有很好的人体亲和力，使用纳米磷酸钙骨水泥（CPC）制成的人造器官植入人体后，与肌体亲和性好，在体内不引起异物反应，并且具有可降解性，最终将会实现融为一体性的移植。因而具有良好的市场前景。

(4) 纳米光学材料　利用纳米微粒特殊的光学特性制备出各种光学材料在日常生活和高技术领域中得到广泛应用。例经热处理后的纳米 SiO_2 光纤对波长大于 600nm 的光的传输损耗小于 10dB/km，在现代通讯和光传输上具有重要的应用价值。纳米 Al_2O_3、Fe_2O_3、SiO_2、TiO_2 的复合粉与高分子纤维结合对红外波段有很强的吸收性能。因此对这个波段的红外探测器有很好的屏蔽作用。此外，纳米的硼化物、碳化物也是良好的隐身材料。

随着对纳米材料特性研究的深入，必将呈现出一系列宏观物体所没有的新效应。如金属铝中含有少量的陶瓷纳米粉体，可以制成质量轻、强度高、韧性好、耐热性强的金属陶瓷，是火箭喷气管中的耐高温材料；利用纳米粉体复合体中的渐变（梯度）过程，可以制成性能各异的两面复合材料，耐高温的一面为陶瓷，而与冷却系统相接触的另一面为导热性好的金属，这种材料可用于温差达 1000℃的航天飞机隔热材料、核变反应的结构材料，因此纳米材料其潜在的应用前景十分诱人。

17.3　先进陶瓷材料

先进陶瓷材料又叫精细陶瓷（fine ceramics）或高性能陶瓷（high performance ceramics），是具有电、声、光、磁、热和力学等多种功能的新材料，它的出现给陶瓷工业带来新的活力。

先进陶瓷按其使用性能可分为结构陶瓷（structural ceramics）和功能陶瓷（functional ceramics）两大类。

17.3.1　结构陶瓷材料

结构陶瓷有着金属、聚合物等其他材料很难相比的优异性能，最突出的优点是以高强度、超硬度耐高温、耐磨损、抗腐蚀等机械力学性能为主要特征，因此在冶金、宇航、能源、机械等领域都有重要应用。

(1) 高强度、耐磨损的氮化硅陶瓷材料　氮化硅陶瓷属于一种新型结构陶瓷，由于属共价键性质的键合，因而有结合力强、绝缘性好的特点，被称为“像钢一样强、像金刚石一样硬、像铝一样轻”的新型陶瓷。工作温度维持在 1200℃时其强度不会下降；同时耐酸，电绝缘性好，热膨胀系数小，具有优良的力学性能，可做轴承、燃气轮机的燃烧室、机械密封环等。氮化硅基陶瓷制品是一类新型的无机材料已广泛应用于现代高科技产业。

(2) 高强度、高韧性的氧化锆陶瓷材料　由于陶瓷材料的抗机械冲击性差，因此限制了它的使用范围。氧化锆增韧陶瓷提高了陶瓷材料的强度和韧性。许多陶瓷材料通过氧化锆增韧后，拓宽了应用领域，它可以替代金属制造模具、拉丝模、泵机的叶轮。用增韧氧化锆陶瓷做成剪刀，既不会生锈，又不导电，可以放心地剪切带电的电线。

(3) 耐高温、耐腐蚀的氧化铝透明陶瓷材料 现代电光源对材料的耐高温、耐腐蚀性及透光性有很高的要求，新型透明氧化铝陶瓷的出现，引起了电光源发展过程中的一次重大飞跃，带来了巨大的社会效益和经济效益。氧化铝透明陶瓷（transparent ceramics）是高压钠灯极为理想的灯管材料，它在高温下与钠蒸气不发生作用，又能把95%以上的可见光传送出来，这种灯是目前世界上发光效率最高的灯。

用氧化铝、氧化镁混合在1800℃高温下制成的全透明镁铝尖晶石陶瓷，外观极似玻璃，硬度大、强度高、化学稳定性好，可作为飞机的挡风材料，也可作为高级轿车的防弹窗、坦克的观察窗以及飞机、导弹、雷达天线罩等。

(4) 相容性好的羟基磷灰石生物陶瓷材料 生物陶瓷（bioceramics）是先进结构陶瓷的一个重要分支，目前主要用于人体硬组织的修复，使其功能得以恢复。生物陶瓷羟基磷灰石植入体内与其他材料相比有显著的优点，它与骨组织的化学组成比较接近，生物相容性好，羟基磷灰石的降解并伴随着新骨的长入，骨与材料直接结合并融为一体，因此，生物陶瓷越来越受到人们的重视。

17.3.2 功能陶瓷材料

功能陶瓷以电、磁、光、热和力学性能及其相互转换为主要特征，在电子通讯、自动控制、集成电路、计算机技术、信息处理等方面日益得到广泛的应用。当前功能陶瓷正向着高可靠性、微型化、薄膜化、多功能和高效能方向发展。下面分别介绍几种重要的功能陶瓷。

(1) 压电陶瓷材料 压电陶瓷（piezoelectric ceramics）是一种应用得较早、较广泛的功能陶瓷。这类陶瓷晶体上没有对称中心，如图17-3-1(a) 所示，当在某个方向施加压力，则在特定方向引起极化，相应一对表面间就出现电压差；反之在一定方向上施加电场，则会发生特定的形变和位移，如图17-3-1(b) 和 (c) 所示。压电陶瓷具有机械能与电能之间的转换和逆转换的功能。压电陶瓷的应用十分广泛，涉及到许多先进技术和军事技术，如压电陶瓷在非常强的机械冲击波作用下，可把以极化强度的形式贮存在压电陶瓷中的能量在微秒的瞬间释放出来，产生瞬间电流达10万安培的高压脉冲，用于原子武器的引爆；反过来逆压电效应的典型应用是将交流电信号转换成机械振动，如超声波发射、压电扬声器等。

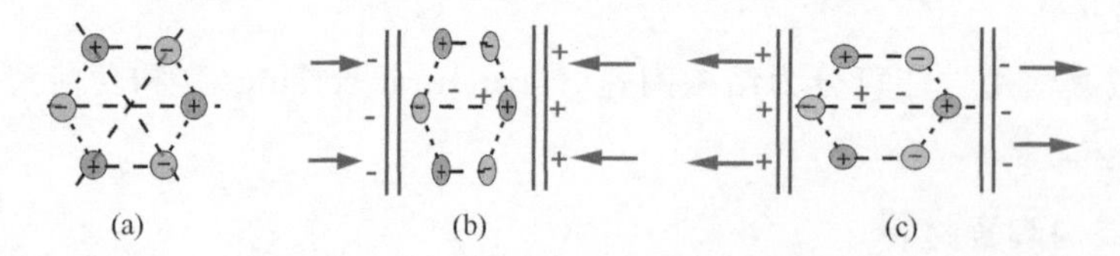

图17-3-1 压电体晶体的结构特征示意

(2) 敏感陶瓷材料 陶瓷的电学性能随热、湿、气、光等外界条件的变化而产生敏感效应的陶瓷统称为敏感陶瓷（ceramics for sensors）。敏感陶瓷是由离子键的金属氧化物多晶体构成的一种导电材料。通过不同的掺杂和加工工艺可以得到对周围环境起敏感效应的各种敏感材料。

① 热敏陶瓷 利用陶瓷的电阻值对温度的敏感特性制成的一类陶瓷元件称温度敏感陶瓷，它是一种温度传感器。根据陶瓷的阻温特性制成测温仪、控温仪、热补偿元件；根据陶瓷的伏安特性可制成稳压器、功率计、放大器等。

② 湿敏陶瓷 湿敏陶瓷是当外界湿度改变时，陶瓷表面通过吸附水分子后，改变了表

面导电性和电容性，从而指示周围环境的湿度。湿敏陶瓷材料是多孔结构，随着相对湿度的增加，阻值下降，由阻值的变化可以指示大气的相对湿度，如 $MgCrO_4$-TiO_2 系烧结型湿度传感器。湿敏陶瓷在电子、食品、纺织、工业及各种空调设备、集成电路内非破坏性湿度检测等场合应用十分广泛。

③ 气敏陶瓷　气敏陶瓷是一种对气体敏感的陶瓷。早在 1931 年人们就发现 Cu_2O 的电导率随水蒸气吸附而改变的现象。1962 年以后，日、美等国首先对 SnO_2、ZnO 半导体陶瓷气敏元件进行实用性研究，取得了突破性进展。由于现代社会对易燃、易爆、有害、有毒气体的检测、控制、报警提出了越来越高的要求，因此促进了气敏陶瓷的发展。

④ 光敏陶瓷　光敏陶瓷是用于可见光范围内的光敏电阻器，制成的光控元件可用于机器人和自动送料给水、自动曝光、自动计数、自动报警等装置。用于红外光谱区的光敏陶瓷器件称为红外探测器，在现代国防科技上应用极广。CdS 光敏陶瓷也是目前引人注目的太阳能材料之一。

(3) 高温超导陶瓷材料　早在 20 世纪 60 年代末就曾经发现具有钙钛矿结构的（$Ba_{1-x}Pb_xTiO_3$）陶瓷是超导体。由于 T_c 很低，无实用价值。1987 年制得 YBaCuO 的 T_c 为 90K，以后又发现 BiSrCaCuO、TlBaCaCuO 等一系列具有高温超导的特性，这类高温超导体在大电流中最诱人的应用是作输电节能。一般在输电线路上电能的损耗约 15%，若改为超导输电，节省的电能极为可观。超电体在电子学上的应用具有许多优点。例如高速电子计算机要求集成电路芯片上的元件和连接线密集排列，但密集排列的电路在工作时会发出大量的热，耐散热正是超大规模集成电路面临的难题，如大规模集成电路中元件之间的互连线用超导材料来制作，则不存在发热问题。属抗磁性应用的典型例子是制作高速超导磁悬浮列车，此外利用超导体产生的巨大磁场，还可以应用于受控制的热核反应。

17.4　新型薄膜材料

随着高科技的发展，要求器件的小型化、轻量化和集成化，而且往往由于尺寸效应的缘故而使薄膜材料有显著不同于块状材料的性能，所以材料的薄膜化已是一种普遍的发展趋势。同时薄膜化本身也是开发新材料、寻找新功能的有效途径。材料对薄膜化的要求，促进了薄膜化技术的发展，同时薄膜化技术也为薄膜材料提供了技术基础。

(1) 磁性薄膜材料　磁性薄膜材料（magnetic thin films material）是指其厚度等于或小于微米量级且具有磁性的材料，磁性薄膜的研究与发展和计算机的存储技术的应用密切相关。

磁性薄膜材料系列较多，常见的磁膜材料有：①金属磁膜材料，如Ni-Fe 系、Ni-Co 系、Fe-Si 系和 Mn-Bi 系等；②非金属磁膜材料，如 γ-Fe_2O_3 系、REIG（稀土石榴石）系、$REFeO_3$（稀土正铁氧体系）、BiIG（铋铁氧石榴石）系等；③非晶磁膜材料，如 Fe-B（Si）系、Fe-Ni-B（Si）系、Co-Fe-B（Si）系等。

磁性薄膜的应用极广，可用于制作电子计算机的磁膜存储器；磁记录技术中的薄膜介质和薄膜（多层膜）磁头；电子计算机和自动控制技术中的磁泡存储器；光通信中的磁光调制器、磁光记录盘；微波技术中的各种静磁波器件等。

(2) 光学薄膜材料　光学薄膜材料（optical coating material）是由金属氧化物等烧结的薄膜多层介质组成，光束穿过其界面传播的一类光学介质材料，光学薄膜可应用于光学反射膜、光学增透膜、光学分光膜、光学滤光膜等。

(3) 金刚石薄膜材料　金刚石薄膜因其优异的物理性质和相对低的制备成本，并且能够被致密地沉积在相当大的衬底上，既是一种新颖的结构材料，又是一种重要的功能材料，在许多领域中有重要的应用。例如用金刚石薄膜制成手术刀，刀刃厚度为微米级，因而远比一般外科手术刀锋利。金刚石薄膜兼有高热导率和高电阻率，可应用于超高速集成电路、超大规模集成电路、功率电子器件的散热芯片。金刚石薄膜又是一种优良的光学材料，可用于各种光学元件的镀层，利用金刚石薄膜的力学、热传导和光学等物理性质制作的各种敏感器件和换能器件，具有重要的应用前景。

(4) 非晶硅薄膜材料 用非晶硅薄膜制造太阳能电池具有极大的优势，一是非晶硅对可见光的吸收比晶体硅的要强，也就是说以阴雨天或者说月光较强的晚上，非晶硅电池也可以产生较少量的电流。二是非晶硅不受硅材料价格的限制，在生产过程中，用硅烷气体通过辉光放电法，在玻璃等衬底上沉积成一层薄膜。因其材料较便宜，可以大规模生产和推广。三是高温性能好，非晶硅薄膜太阳能电池受温度的影响比晶体硅薄膜太阳能电池要小得多。在整个太阳能电池家族中，非晶硅薄膜太阳能电池因为其技术和应用方面的优势，正在获得爆发性增长。

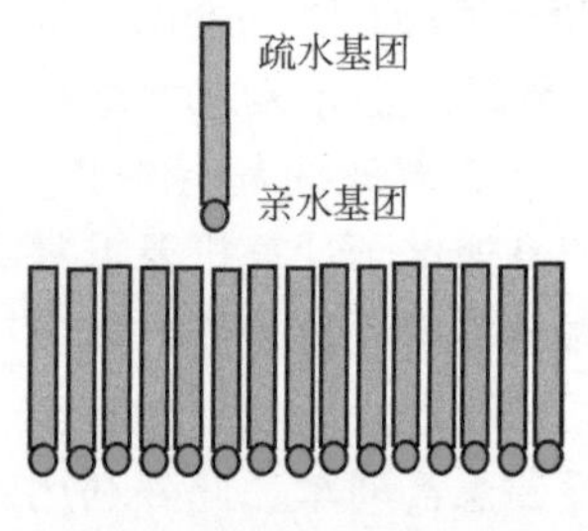

图 17-4-1 单分子膜示意

(5) LB 膜材料 在有机材料的研究中，薄膜化、多层化的发展趋势已格外引人注目。新型有机材料膜制备中最典型的是 LB 膜法（由 Langmuir 和 Blodgett 研制而得名）。LB 膜所用的材料通常为有机高分子材料，如直链脂肪酸、直链胺、叶绿素、磷酸脂质等与生物有关的物质。这种分子具有亲水性和亲油性两端。将这种分子溶于易挥发的有机溶剂中，然后滴在平静的水面上，待溶剂挥发后就留下单分子膜，如图 17-4-1 所示。LB 膜厚薄均匀、超薄、可实现分子组装，是具有光、电、磁多种功能的新型有机膜新材料。

17.5 液晶材料

1888 年，奥地利植物学家莱尼茨尔（F. Reinitzer）在研究胆甾醇的苯甲酯和醋酸酯的性质时，观察到一种奇怪的现象：这些酯类化合物受热熔化后，首先变为混浊液体，并呈现出五颜六色的美丽光泽，继续加热升温，才转变为透明液体。莱尼茨尔感到十分困惑，为了探究其内在原因，他写信给德国物理学家莱曼（O. Lehman）——当时欧洲著名的晶体物理学家，并为他提供了实验样品，莱曼对莱尼茨尔所提供的样品作了细致的测试。他发现，这些化合物受热熔化后所呈现的混浊中间态不仅具有液体的流动性，同时还具有晶体所特有的各向异性性质。因此，莱曼将这类化合物命名为液晶（liguid crystal）。

液晶化合物在固态时即具有晶体各向异性性质；受热升温至 T_1 时，固体熔化外观呈浑浊状，实为有序流体，即分子位置无序但取向有序，也具各向异性；当继续升温至 T_2 时，浑浊状液体即转变为清亮透明液体，分子的位置和取向均呈无序，各向同性。其中 T_1 即为化合物的熔点，而 T_2 则称作清亮点，见图 17-5-1。

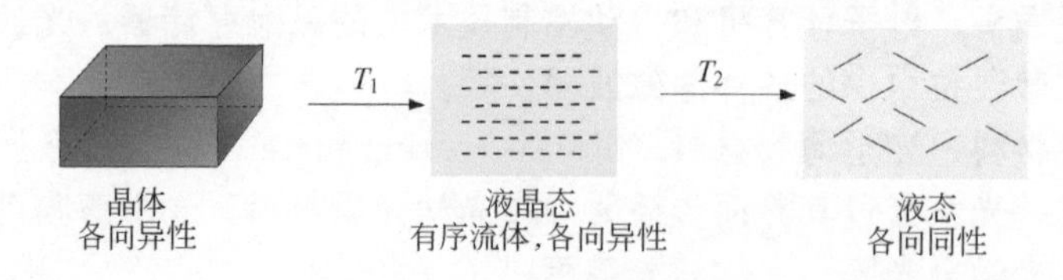

图 17-5-1 液晶物质的相态变化

17.5.1　液晶的结构与性质

液晶态，亦即物性介于液体和晶体之间的一种状态，故也有人将液晶态与物质的气态、液态和固态三态并论，称为物质的第四态。

根据液晶态的结构，可将液晶又分为三类：向列型液晶、近晶型液晶、胆甾型液晶。近晶型分子呈二维有序结构，棒状分子互相排列成平行的层状结构；向列型液晶具有一维远程取向有序，其棒状分子大致保持相互平行排列，但分子重心分布完全无序；胆甾型液晶是分子依靠端基的相互作用彼此平行排列成层状结构，层层累加形成螺旋面结构。如图 17-5-2 所示。

(a) 近晶型液晶模型　(b) 向列型液晶模型　(c) 胆甾型液晶模型

图 17-5-2　液晶模型

近晶型液晶属于热致液晶的一种，这些液晶内部包含许多棒状或条状的分子，它们有序排列成层，在每层中，分子的长轴相互之间是平行分布的。该长轴可以垂直于层面，也可以与层面倾斜成角。在同一层中，分子可以自由平移，体现了液体的流动性，但由于呈黏稠状，不允许在相邻层间移动。如果相邻分子层中的指向矢围绕层面法线有一螺旋式的规律变化，则称为扭曲近晶型。近晶型液晶具有正的双折射光学特性，即物质沿着平行和垂直于长轴方向上的光折射率不相等，而且光学各向异性。

向列型液晶属于热致液晶的一种。在用偏光显微镜观察这类液晶时，可以看到丝状组织。液晶通常由长径比很大的棒状分子所组成。分子并不排列成层状，可以在上下、前后、左右方向上平移。分子的长轴方向互相平行或接近平行。这种有序排列的特点使向列型液晶具有正的双折射光学特性，即物质沿着平行和垂直于长轴方向上的光折射率不相等，而且光学各向异性。

胆甾型液晶属于热致液晶的一种。可以分为甾体液晶和非甾体液晶两类。胆甾醇经酯化或用卤素取代后所形成的液晶属于甾体液晶。分子呈扁平状，排列成层，每层内部分子是互相平行排列的。分子长轴和层面平行，但相邻层的分子长轴方向之间有规则地转过一个小的角度，因此，沿着层面的法线方向看，分子长轴的空间排列形成一种螺旋结构。当分子长轴方向沿层面法线转过 360°时所对应的总的层面间距称为螺距。螺距长度大致为可见光波长的数量级。由于在整体上形成了特有的螺旋结构，胆甾型液晶具有旋光性、选择性光散射和圆偏振光二色性等光学性质，且能灵敏地随外加电压、温度变化以及吸附气体等因素的影响而变化。此外，它们还具有负的双折射特性，也是光学各向异性。

胆甾型液晶性质十分奇特，它能选择性地反射和吸收一定波长的偏振光。如果胆甾醇液晶所反射的光的波长在可见光范围内，当它受到漫射光照射时，就会呈现出五彩缤纷的色彩。研究表明，胆甾型液晶反射的光的波长与其螺距成正比关系，而螺距又受温度、电压等因素的影响而变化。显然，螺距的变化会导致胆甾型液晶对不同波长的光的反射和吸收。因此，利用这一性质，通过调节诸如电压等外部因素，可以让胆甾型液晶选择性地反射某种特定的颜色。例如，以 30%胆甾醇油酸酯、25%胆甾醇、壬基苯代碳酸酯和 45%胆甾溴配成的混合物在漫射光下呈红色，如果将其置于电压为 6V 的电场中，红色就转变为绿色了。胆甾型液晶的这种性质可用来制作电控彩色显示屏。

液晶材料的分子结构以及液晶分子的排列和取向，决定了液晶分子及其材料的各种特性。由于单个液晶分子都有各向异性的折射率（因为分子细长）和介电性（因为其永久偶极矩或感应偶极矩），所以液晶材料的折射率和介电常数也是各向异性的。此外，液晶的黏滞系数、磁化率、电导率也是各向异性的。这些性质会因温度和驱动频率等外界因素的不同而改变。另外在外电场或外磁场的作用下，或者改变温度，会使液晶发生相变，发生相变后液晶的光学性质，例如折射率或透光率也会发生相应变化。利用液晶材料的这些性质和相变效应，可以实现液晶显示。

17.5.2 液晶与现代科技

液晶材料具有优越的性能已被广泛地应用到许多尖端新技术领域中。例如：电子工业的显示装置，化工的公害测定，高分子反应中的定向聚合，航空机械及冶金产品的无损探伤和微波测定，医学上的皮癌检查、体温测定等等。特别是，改变液晶分子排列所需的驱动功率极低这一特性为研制袖珍计算机和全电子手表的数字显示提供了有利条件。液晶材料的应用，必将促进现代科技的高速发展。

(1) 新型的显示材料 现在当你走进钟表店，不难发现许多钟表上的指针和钟摆已经消逝，取而代之的是那不断变幻的数字，这就是以液晶作显示材料的新一代钟表。由于液晶显示器件的工作电压低、功耗小、质量轻，不仅能满足电子钟表小型化和薄型化的要求，而且还适合于制作壁挂式大型图案显示屏。北京首都机场大楼里的巨大时钟，就是以液晶作显示材料。与机械钟表相比，液晶电子钟表的显示功能就显得格外丰富多彩。现在市场上已经推出的这类商品有显示世界地图和世界各地时刻的多功能手表，有轮换显示时、分、秒的多功能手表，有计算机功能的手表，有竞赛计时功能的手表，还有同时显示年、月、日、星期、时刻和生肖的钟表。液晶材料除了用于钟表时刻显示外，还广泛用于各种仪器仪表显示。例如，数字显示万用表、酸度计、自行车速度计数器、数字显示血压计、电子秤、便携式计算机、游戏机、照相机、BP 机、电话机、电视机、音响装置以及其他各种家用电器，种类繁多，不胜枚举。

(2) 胆甾型液晶的特异功能 由于胆甾型液晶的螺距对温度、电压甚至气体都十分敏感，当这些因素发生变化时，都会引起螺距的伸缩并导致对反射光的波长的变化，从而使胆甾型液晶呈现不同的颜色。胆甾型液晶的这一特性使它在测试显示应用方面具有独特的魅力。例如，当温度升高时，液晶的颜色依次从红色转变为黄、绿、蓝、紫。由于螺距的伸缩是可逆的，当温度降低时，液晶的颜色将逆向依次从紫色转变为红色。显然，颜色与温度具有一定的对应关系。实验表明，不同比例的几种胆甾型液晶混合物所显示同一颜色的温度是不同的，因而可以通过调节液晶混合物配比使温度呈现梯度显示，液晶温度计就是根据这一原理而制成（见表 17-1）。

表 17-1 胆甾型液晶混合物配比与显色温度

组分与配比/%			显色温度/℃
胆甾醇油烯基碳酸酯	胆甾醇壬酸酯	胆甾醇苯甲酸酯	
44	46	10	30～33
42	48	10	31～34
40	50	10	32～35
38	52	10	33～36
36	54	10	34～37
34	56	10	35～38
32	58	10	36～39
30	60	10	37～40

现在只要用液晶测温膜贴在额头上，立即就可知道人的体温。当医生用这种温度测量膜给幼儿测量体温时就可避免在使用水银温度计时所产生的麻烦。这种液晶膜不仅用于测量体温，还可用于显现人体局部热谱图，以确定病变部位。在生物体内，由于肿瘤的形成会伴随着血管增生，因而病变部位比正常组织的温度要高。过去，医生在检查浅层肿瘤时，需要使用红外线摄影仪来获取热谱图以确定肿瘤的部位，检查费用比较贵。现在医生可以方便地用液晶测温膜粘贴在患者的病变处，通过观察液晶膜的颜色变化就可确定病变的确切部位。由于液晶膜显示热谱图鲜明直观，操作简单，除了用于临床检查外，还广泛用于热传导无损探伤、重复疲劳检查等方面。

此外，由于不同的气体也能使胆甾型液晶变幻色彩，因此，人们十分自然地就想到利用胆甾型液晶来探测大气中的痕量有害气体。事实上，许多有机溶剂的气体，都会使液晶的螺距发生改变，从而导致其颜色变化。不同气体对液晶的螺距影响是不同的，因此，在不同的气体气氛中液晶所显现的颜色也不同。胆甾型液晶的这一特性已广泛应用于药厂、化工厂的气体探测器和检漏仪上（见表 17-2）。

表 17-2　胆甾型液晶接触气体后的颜色变化

液晶混合物组成/%	本　色	气　体	接触气体后的颜色
胆甾氯 25 胆甾醇壬酸酯 75	黄红	苯 氯仿	深红 红
胆甾醇醋酸酯 50 胆甾醇苯甲酸酯 50	红	苯 氯仿	青 淡红
胆甾醇 3-β-胺 10 胆甾醇壬酸酯 10 胆甾醇油酸酯 80	青	氯气	红

液晶化学是一门正在发展中的新兴科学，其中交织着物理、化学甚至生物学等方面的知识。液晶的应用开发虽然只有短短的几十年的时间，但是，经过液晶点缀的这个现代世界，已经呈现出五彩缤纷的景象。目前正进一步研制液晶的微温传感器、压力传感器、光通信的光路转换开关和超声波可视图像等。毫无疑问，随着人们对液晶认识不断深入，其应用前景将更为灿烂。

科学家吕·查德里

Henri Le Chatelier（1850～1936）

吕·查德里是一位法国化学家。他献身科学的决定和家庭的熏陶密不可分。他的祖父是烧石灰的，从小就看着如何由一块块石头变成石灰；他的父亲是一位铁路设计工程师，两位哥哥学的是理工科，他的弟弟则是建筑工程师。吕·查德里在母亲的影响下曾对文学艺术很感兴趣，1869 年吕·查德里曾参加过文学学士的入学考试，后在父亲的坚持下第二年重新参加了科学学士的考试，被巴黎工业学院录取，并从此走上了科学研究的道路。

吕·查德里在学生时代就对水泥等建筑材料的化学问题产生兴趣，如混凝土水泥和石膏材料遇水后产生凝固，在这些过程中到底发生了哪些化学反应，有哪些因素会影响这些化学反应，如何控制这类物质的凝固速度，怎样才能提高混凝土的强度等。由于吕·查德里的弟弟是一位建筑工程师，对上述问题也十分关注，使吕·查德里感到这些课题的研究具有直接的现实意义。1883年他开始这项研究，因大多数反应都需要等待较长时间，反应达到平衡状态是一个极其缓慢的过程，异常费时，由此他认识到“掌握支配化学平衡的规律对于工业尤为重要”，因此他把精力集中在探索影响平衡的各种因素上。吕·查德里得到的第一个结论是升高温度对吸热反应有利，当时他惊叹“难怪以前我百思不得其解，原来提高温度有利于吸热过程的进行!”第二天他暂停实验室全体人员正在从事的工作转为验证温度对一系列化学反应的影响，无数实验结果与他的结论一致。进而他又验证了压力对化学平衡的影响。在大量实验数据的基础上，他在1884年总结得出“平衡移动原理”，而后又在1925年对原来的表述进行简化而得现在的形式。

鉴于吕·查德里对科学研究所作出的贡献，他获得了许多的荣誉。1900年在法国巴黎获得科学大奖，1904年在美国获得圣路易奖，1907年当选为法国科学院院士，1927年当选为前苏联科学院名誉院士。

复习思考题和习题

1. 举例说明材料是社会进步的物质基础和先导。
2. 纳米粉体具有哪三大效应？何为量子尺寸效应？
3. 举例说明纳米粉体合成的2～3种方法。纳米粉体材料有哪几种类型？
4. 组成相同的纳米材料与普通块状材料相比具有哪些优点？
5. 结构陶瓷材料与功能陶瓷材料有何区别，各举例说明在现代高科技中的应用。
6. 常见的薄膜材料制备有哪几种方法？
7. LB膜材料与普通的无机膜材料在结构上有何不同？
8. 液晶与液体和晶体有什么不同？
9. 液晶有哪几种类型？试举例说明液晶在现代高科技领域中的应用。

参考书目

1 李 群主编．纳米材料的制备与应用技术．北京：化学工业出版社，2008
2 杜彦良，张光磊 主编．现代材料概论．北京：北京大学出版社，2009
3 Newell J. **Essenda's of Moderm Materials Science and Engineering**，John Wiley & sons，Inc，2009
4 McQuarrie D. A.，Gallogly E. B.，Rock P. A. **General Chemistry 4th ed.** University Science Books，2011

第18章 信息与化学

Chapter 18 Information and Chemistry

在人们的社会生产和生活中，材料、能源和信息是三项最重要的可利用的宝贵资源。可概括为：材料用来加工成机器，能量使机器运转，而信息则使机器按一定要求动作。或者说，在材料、能源和信息这三者关系中，材料提供的是物质基础，能源提供的是做功的潜力，信息则提供知识和智慧。它们是相辅相成、和谐统一的整体，共同创造人类世界光辉灿烂的物质文明和精神文明。材料、能源和信息无愧于现代科学技术的三大支柱，且均与化学密切相关。

18.1 信息技术与化学

当今世界正经历着一场新的科学技术革命，其核心和主流是信息科学技术的革命。

什么是信息？从普遍意义上来说，信息（information）是客观存在的一切事物所产生的消息、情报、指令、数据、信号中所包含的内容，是事物表现的一种普遍形式。

信息的基本特征为可识别性、可转换性、可存储性、可传输性和可分享性。

信息科学是以信息为主要研究对象，以信息的运动规律和应用方法为主要研究内容，以计算机等技术为主要研究工具，以扩展人类的信息功能为主要研究目标的一门新兴科学。在信息科学和信息技术中比较典型的是传感技术、通信技术和计算机技术。它们大体相当于人的感觉器官、神经系统和思维器官。将传感、通信和计算机技术连接成网，融为一体，标志着信息化社会的到来。

传感技术的任务是要精确、高效、可靠地采集各种形式的信息。因此，需要努力发展遥感、遥测及各种高性能的传感器、换能器和显示器，如卫星遥感技术，红外遥感技术，次声和超声检测技术，各种热敏、声敏、味敏、嗅敏及智能传感系统等。

通信技术的任务是要高速、高质、准确、及时、安全、可靠地传递和交换各种形式的信息。光导纤维通信、卫星通信、程控交换、智能终端等功能多样的通信技术，形成了四通八达、反应灵敏、安全可靠的通信网。

计算机技术必将向高速度高智能多功能多品种的方向发展，其中包括光计算机、智能计算机、软件系统、网络化等。更加重要的是将传感器技术、通信技术和计算机技术结合成具有信息化、智能化和综合化特征的信息网和各种智能信息系统，有效地扩展人类的信息功能，特别是智力功能。

信息技术与化学的紧密联系，集中表现在：通过各种化学合成手段，制造出功能各异的信息材料，主要包括电子材料和光电子材料。这些材料种类繁多，从形态看，有固体、液体、气体材料；从晶态看，有多晶、单晶、非晶材料；从成分看，有金属、非金属、单质、化合物，而化合物又有无机、有机、高分子化合物等。它们包括了元素周期表中的大部分元素。表 18-1 列举了在信息技术中广泛用到的一部分材料。某些材料，在信息技术中的作用是多方面的。比如半导体材料，它既是组成大规模集成电路的基本元器件，又在信息发送与接收、信息加工、信息存储和信息显示等信息技术中起关键作用。

表 18-1 与信息技术有关的典型材料实例

物 质	材 料	典 型 用 途
Si	半导体材料	二极管,晶体管,集成电路
GaAs	半导体材料	二极管,晶体管,集成电路
TiNi	形状记忆合金①	传感驱动器
CdS	光电转换材料	太阳能电池,光电转换开关
$BaTiO_3$	压电材料	声传感器
ZnS(加激活剂)	荧光显示材料	彩色电视显像管
SiO_2(掺杂)	光导纤维	光导通信
$LiNbO_3$	光敏器件	红外传感器
γ-Fe_2O_3(掺杂)	磁记录材料	磁带
$Tb_{0.75}Er_{2.25}Al_{2.5}Fe_{4.5}O_{1.2}$(铁系拓榴石单晶)	磁泡材料	计算机存储器

① 形状记忆合金：某些合金在某一温度下受外力变形，去除外力后仍保持变形后的形状，但在较高温度下能自动恢复变形前的原有形状。

信息技术与化学的紧密联系，还表现在新的材料制备技术不断创新，促进了信息技术、信息设备的迅速更新和发展。

18.2 半 导 体

半导体（semiconductor）是导电性能介于导体和绝缘体之间并具有负的电阻温度系数的一类物质。其室温下的电阻率约在 $10^{-4}\sim10^{-8}\,\Omega\cdot cm$ 之间。半导体还具有在光和热的作用下，电子激发导电性显著增加的热敏性、光敏性以及对杂质的敏感性等特点。自 1948 年发明晶体管以来，半导体的性质和应用的研究飞速发展，以半导体材料制成的各种各样的电子元器件和大规模、超大规模集成电路已广泛用于电子计算机和各种信息设备中。当前，半导体的种类已经从锗、硅发展到砷化镓（GaAs）及其他二元、三元和多元化合物、有机半导体等；半导体材料的制备、制造技术不断完善，建立了一系列提纯、拉制单晶、外延生长等关键技术；半导体元器件已经发展到超大规模集成电路。

18.2.1　半导体的分类和导电性

(1) 半导体的分类　半导体种类繁多。一般可分为元素半导体、化合物半导体、有机半导体等。表 18-2 列出了几类半导体的一些代表性材料。

表 18-2　常用的半导体材料分类

类　别			主　要　材　料
元素半导体			Ge、Si、Se、Te、α-Sn
化合物半导体	二元系	ⅢA～ⅤA 族	GaAs、GaP、GaSb、InSb、InP、AlAs
		ⅡB～ⅥA 族	ZnS、ZnSe、ZnTe、CdS、CdSe
		ⅣA～ⅣA 族	SiC、GeSi
		ⅢA～ⅥA 族	Ga_2S_3、Ga_2Se_3、In_2S_3、In_2Se_3、GaSe
		ⅣA～ⅥA 族	PbS、PbSe、PbTe、SnS、SnSe、SnTe
		ⅤA～ⅥA 族	Bi_2S_3、Bi_2Se_3、Bi_2Te_3
	三元系	ⅠB～ⅢA～ⅥA 族	$CuAlS_2$、$CuGaS_2$、$CuInS_2$、$AgGaS_2$
		ⅡB～ⅣA～ⅤA 族	$ZnSiP_2$、$ZnGeP_2$、$CdSiP_2$、$CdSnAs_2$
		ⅠB～ⅤA～ⅥA 族	$AgSbSe_2$、$AgBiTe_2$
有机半导体			蒽、萘、酞菁

元素半导体大约有十几种，它们都处于ⅢA～ⅥA 族的金属与非金属的交界处。具有实用价值的主要是硅、锗和硒。对锗半导体性质的研究，促进了半导体材料的发展。然而，由于硅的资源丰富，性能优越，锗已被硅替代。

化合物半导体数量最多，据统计可能有四千多种，目前已研究出有成效的约一千多种。按照组成元素种类和数目的不同，化合物半导体又可分为二元和三元化合物半导体。在化合物半导体中，ⅢA～ⅤA 族化合物最为重要，特别是 GaAs 应用广泛，它是继 Si 之后最受人们重视的半导体材料。

有机半导体也可看作是化合物半导体的一个分支。它主要包括萘、蒽、酞菁等芳香族有机分子、芳香烃与碱金属形成的分子配合物等。其共同特点是具有共轭双键：

$$—CH═CH—CH═CH—$$

半导体性能与分子中共轭双键数目有关。但是，影响有机半导体性质的因素较多，且制备也较难控制，许多理论和实验问题尚待解决，以致应用受到了限制。

除了上述几类半导体外，还有固熔体半导体、玻璃半导体等。固熔体半导体是由元素半导体或无机物半导体互熔而成的半导体，如 Ge-Si、GaAs-GaP 等，其半导体性质随固熔体成分而变化，所以利用固熔体可以得到性质多样的半导体材料。玻璃半导体是由主族元素氧化物和过渡金属氧化物组成，例如 V_2O_5、P_2O_5、Bi_2O_3、TiO_2、CaO、PbO_2 等氧化物中的某几种，按一定配比熔融淬冷形成的玻璃态物质。玻璃半导体因具有“开关效应”[1] 和“记忆效应”[2] 有望成为光存储器的良好材料。

(2) 半导体的导电机理

在半导体中，满带和空带之间的禁带宽度较小，通常情况下在空带上只有少量激发电

---

[1] 开关效应：玻璃半导体在通常情况下，具有高电阻、绝缘、导电不明显等特点，但当外界条件如电压、温度等超过一个阈值时，便显示出半导体性质，低于阈值时又消失半导体性质。

[2] 记忆效应：一些玻璃半导体，在未加电压前处于高阻态，当外加电压超过阈值时，呈低阻态。但电场消失后仍能保持低阻态。

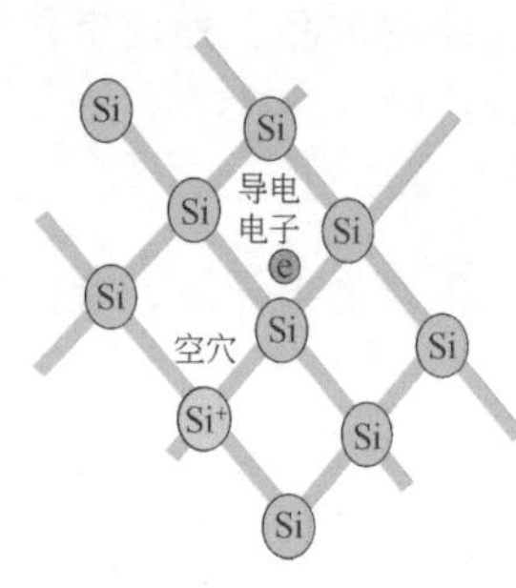

图 18-2-1 硅晶体中的电子和空穴

子，导电性能较差，当温度升高热运动加剧时满带中的电子容易激发越过禁带进入空带成为自由电子，此时空带成为导带，当一个电子激发进入空带时，在原来位置上便出现一个带正电荷的空位，称为空穴。在热运动作用下，这个空穴很容易吸引位于其邻近位置上的电子，空穴填满后便消失，而在另一处又出现一个新的空穴。结果空穴由一个原子转移到另一个原子，相当于带正电荷的空穴也可以在晶体中自由运动。图 18-2-1 表示了硅晶体中的电子和空穴。在外加电场作用下，自由电子将沿着与电场相反方向运动，空穴则与电场相同方向运动，结果便形成电流，表现出导电性。由此可见，在半导体物质中存在两种能传导电流的粒子，自由电子和空穴，它们统称为载流子（carrier）。半导体的导电能力取决于单位体积内载流子的数目，即载流子密度。载流子密度越大，半导体的导电性能越强。温度越高，能够产生的自由电子和空穴的数目就越多，半导体的导电能力越强。

没有其他杂质的半导体，称为本征半导体（intrinsic semiconductor）。在本征半导体中，外层电子激发时，产生的自由电子和空穴数目相等，它的导电机构是电子和空穴的混合导电，称为本征导电。通常本征导电能力不大，在高纯半导体中掺入微量杂质，可以改变半导体的导电类型和导电能力。下面以掺有ⅢA族元素或ⅤA族元素的硅半导体为例，说明掺杂半导体（extrinsic semiconductor）的导电类型。

① 电子型半导体（n 型半导体） 在高纯硅中掺有ⅤA族元素，如磷、砷、锑时，这些杂质原子的最外层有 5 个电子，其中 4 个电子和 4 个相邻的硅原子形成四个共价键，第五个电子没有成键，即使在通常温度下，这个电子也很容易激发脱离杂质原子的束缚而成为自由电子，同时ⅤA族元素成为带正电荷的离子。图 18-2-2 是掺有磷的硅单晶示意图。杂质原子在硅单晶中释放电子的作用称为施主作用，这类杂质原子称为施主杂质。施主杂质释放电子所需能量很小，室温下就能形成较多的自由电子，半导体的导电能力大大增加。这类主要由施主杂质提供的自由电子起导电作用的半导体称电子型半导体或 n 型半导体。

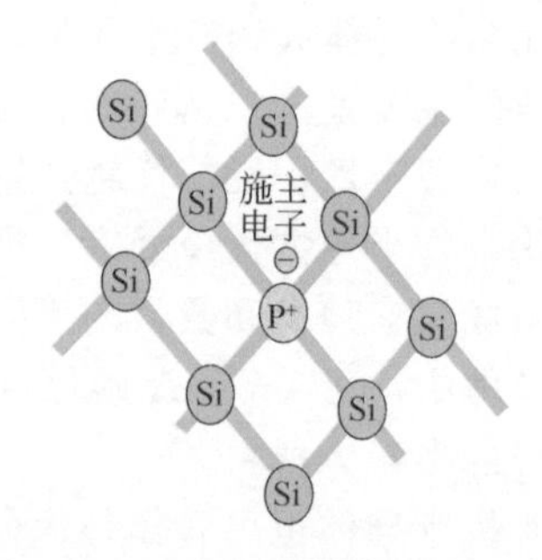

图 18-2-2 硅中的施主杂质——磷

② 空穴型半导体（p 型半导体） 在高纯硅中掺入ⅢA族元素如硼，也可以取代硅的位置。但是硼原子的最外层价电子只有 3 个，当它和相邻 4 个硅原子形成四根共价键时，还缺少 1 个电子，必须从硅原子中夺取 1 个价电子，以致在硅单晶中产生 1 个空穴。同时硼成为带负电荷的离子（B^-），如图 18-2-3 所示。空穴可从邻近硅原子处获得电子，使邻近原子又成为空穴，相当于空穴在晶体中可自由移动。杂质原子在硅单晶中接受电子而产生导电空穴的作用称为受主作用，这类杂质原子称为受主杂质。这类由受主杂质接受电子后，产生更多的空穴而起导电作用的半导体称为空穴型半导体或 p 型半导体。

用于信息技术中的半导体材料，须有较快的信息传递速度，为此要求有足够的电子、空穴定向运动。从上面的介绍可以看到，半导体掺入不同性质的杂质，并且控制杂质的掺加量，可以大幅度地改变载流子的种类和数目，从而调节导电能力，加快信息传递速度。此外，半导体还能够产生光电效应，即光照在半导体材料上

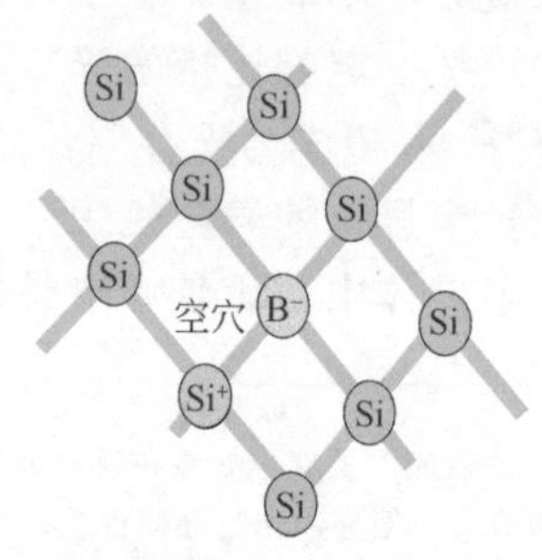

图 18-2-3 硅中的受主杂质——硼

时，半导体将产生新的电子和空穴，半导体的导电能力发生变化，因此，半导体对光也非常敏感，它使半导体成为光电子材料提供了理论依据。

(3) 半导体组成与禁带宽度的关系　禁带宽度是半导体的重要参数，它对半导体性能产生重要影响。对于禁带宽度与半导体组成之间的关系，人们提出了一些半经验的规律。

① 对于元素半导体，在同一周期内由左至右，禁带宽度是逐渐增大的。因为随着原子序数的增加，原子半径减小，原子核对电子的吸引力增大，将电子从基态激发到能级较高的状态需要更多的能量。表18-3列出了部分元素半导体的禁带宽度与原子半径的关系。

表18-3　元素半导体的禁带宽度与原子半径的关系

元　　素	第三周期元素			第四周期元素			第五周期元素		
	Si	P	S	Ge	As	Se	Sn	Sb	Te
原子半径/pm	117	110	104	122	121	117	140	141	137
禁带宽度/eV	1.20	1.50	2.60	0.67	1.20	1.80	0.08	0.11	0.32

在同一族中，随着原子序数的增大，禁带宽度变小。这是因为，随着原子核外电子层的增加，外层电子离核距离变远，电子易被激发，表18-3也显示这一趋势。

② 对于化合物半导体，禁带宽度与化合物单键键能和有效核电荷有关，键的共价性和离子性愈强，禁带宽度愈大；金属性愈强，禁带宽度就愈小。也有研究表明，禁带宽度与组成元素的电负性差有关，例如，GaAs的组成元素电负性分别是1.6和2.0，AlAs的组成元素电负性分别是1.5和2.0，GaAs、AlAs的禁带宽度分别是1.4eV和2.2eV，所以GaAs导电性较AlAs强。

18.2.2　硅半导体材料的制备

硅半导体材料制备必须先制得高纯硅，然后通过严格的掺杂来控制它的导电类型和导电性，才能用于制造各种电子元器件或集成电路块。目前，实际应用的高纯硅晶体的纯度在9个“9”以上（即99.9999999%以上），杂质含量应低于$1.0\times10^{-7}\%$，这对制备高纯硅晶体提出了极高的要求。硅半导体材料的制备主要以自然界普遍存在的石英砂SiO_2为原料，经过复杂的化学、物理过程完成的。图18-2-4是硅半导体材料生产过程的示意图。

先从石英砂制粗硅，用焦炭和石英砂（SiO_2）在电炉中以一定比例混合，加热至1600～1800℃后，发生下列反应：

$$SiO_2(s)+2C(s) = Si(s)+2CO(g)$$

制得的粗硅又称工业硅，结晶硅，纯度为95%～99%。

该反应$\Delta_r G_m^\ominus=582.07kJ\cdot mol^{-1}$，$\Delta_r H_m^\ominus=689.94kJ\cdot mol^{-1}$，$\Delta_r S_m^\ominus=358.1J\cdot mol^{-1}\cdot K^{-1}$。因此反应需要在极高温度下才能进行。粗硅中杂质主要是Fe、Al、C等，可以用酸洗法初步提纯。

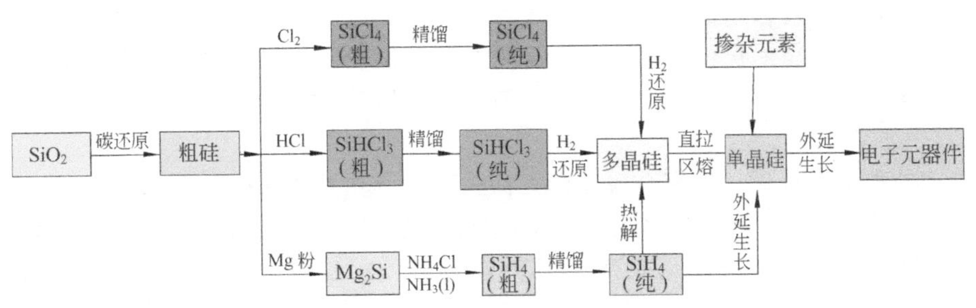

图18-2-4　硅半导体材料生产过程示意

从图 18-2-4 可见，粗硅制取高纯多晶硅通常有三个途径，先使粗硅生成 $SiHCl_3$ 或 $SiCl_4$ 或 SiH_4 三种中间体，经精馏提纯后，再用氢气还原或热分解而制得。这三种方法各有特点，其中三氯氢硅还原法具有产量大、质量高、成本低的优点，是当前制取多晶硅的主要方法。

三氯氢硅（$SiHCl_3$）又称三氯硅烷或硅氯仿，结构与 $SiCl_4$ 相似为四面体型，目前大多采用粗硅与干燥氯化氢气体在 200℃以上反应制备：

$$Si + 3HCl \xrightarrow{>200℃} SiHCl_3 + H_2$$

实际反应极为复杂，除生成 $SiHCl_3$ 外，还可能生成 SiH_4、$SiCl_4$、SiH_3Cl、SiH_2Cl_2 等各种氯化硅烷，其中主要的副反应是：

$$2Si + 7HCl \longrightarrow SiHCl_3 + SiCl_4 + 3H_2 \quad \Delta_r H_m^{\ominus} = -196.0 kJ \cdot mol^{-1}$$

为了使主反应顺利进行，在制备中应注意：

① 合成温度宜低，实际控制在 280～300℃。加入少量铜粉或银粉作为催化剂。

② 反应放热，宜通入 Ar 或 N_2 气带走热量。

③ 整个制备过程须严格控制无水无氧，以防止 $SiHCl_3$ 水解产生的 SiO_2 堵塞管道；防止氧气与 $SiHCl_3$ 或 H_2 反应而引起燃烧或爆炸。

合成的 $SiHCl_3$ 通过精馏提纯用高纯氢气还原得到多晶硅：

$$SiHCl_3 + H_2 \underset{200\sim400℃}{\overset{1100\sim1200℃}{\rightleftharpoons}} Si + 3HCl$$

上述反应正是生成 $SiHCl_3$ 的逆反应。反应得到的多晶硅还不能直接用于生产电子元器件，必须将它制成单晶体并在单晶生长过程中掺杂，以获得特定性能的半导体。因为硅机械强度高、结晶性好、自然界中储量丰富、成本低，且可拉制大尺寸的单晶，目前大规模集成电路中 95%用的是硅单晶。

18.2.3 砷化镓半导体材料的制备

近年来，砷化镓正成为继硅以后第二种重要的半导体信息材料。表 18-4 列出了硅和砷化镓的一些物理特性。

表 18-4 硅，砷化镓的一些物理特性

半导体材料	禁带宽度 /eV	电子迁移率 /$cm^2 \cdot V^{-1} \cdot s^{-1}$	空穴迁移率 /$cm^2 \cdot V^{-1} \cdot s^{-1}$	工作温度 /℃
硅	1.20	1900	500	250
砷化镓	1.40	8000	400	300～500

砷化镓的主要特点是：①由于 GaAs 的禁带宽度比 Si 大，因此 GaAs 常温下的导电性虽不及 Si，但可以在更高温度下工作，且可引进多种掺杂元素，以制作大功率的电子元器件；②由于 GaAs 的电子迁移率较大，因而电子在 GaAs 中的运动速度较快，信息传递的速度也快，用 GaAs 制成的晶体管可以制造出速度更快、功能更强的计算机；③GaAs 中电子激发后释放的能量是以光的形式进行的，因而具有光电转换效应，可制作半导体激光器和发光二极管等。

砷化镓外观呈亮灰色，具有金属光泽，性脆而硬。其晶体结构与硅、金刚石相似，在常温下比较稳定，不与空气中的氧气或水作用，加热到 600℃时，开始生成氧化膜。常温下 GaAs 不与 HCl、H_2SO_4、HF 等反应，但能与浓 HNO_3 反应，也能与热的 HCl 和 H_2SO_4 作用。

目前 GaAs 的制备主要采用 Ga 和 As 直接化合的方法。水平区域法是最普遍采用的技

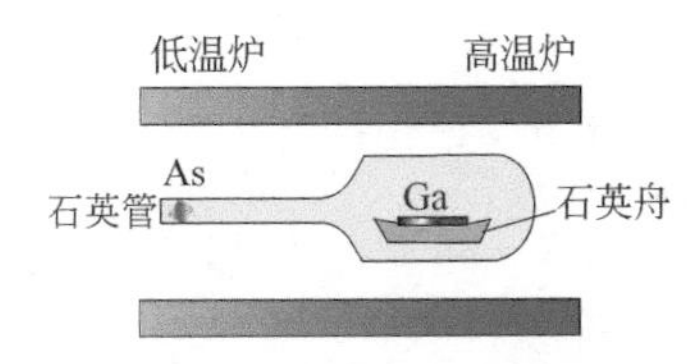

图 18-2-5 水平区域法示意

术（图 18-2-5）。控制镓处于 1250℃左右的高温区，砷处于 610℃左右的低温区，不断蒸发出的砷蒸气进入镓中，和镓化合生成砷化镓熔体，当它们的计量比达到 1∶1 时，熔体表面光亮，流动性良好，这时可慢慢降低温度，将熔体逐步凝固，即得 GaAs。利用这种方法还可以直接进行区域提纯，使熔体从一端凝固并缓慢地向另一端移动，便逐渐生成 GaAs 单晶。

从熔体生长出来的 GaAs 单晶缺陷较多。几乎所有的 GaAs 器件都以单晶为衬底，将器件制备在外延层中。在 GaAs 外延生长技术中，发展最早且最为成熟的是气相外延法。在 GaAs 气相外延中，广泛取 Ga/$AsCl_3$/H_2 体系，以 GaAs 为衬底材料，气相平衡区存在 Ga、H_2、$AsCl_3$、GaCl、$GaCl_3$、HCl、Cl_2、Cl、As_2、As_4、AsH_3、GaAs、H，其总反应如下：

$$GaCl+\frac{1}{2}H_2+\frac{1}{4}As_4 = GaAs+HCl$$

生成的 GaAs 在衬底上外延生长。

目前还发展了多种外延生长技术。其中，分子束外延（MBE）技术是较有前途的一种。它是在超高真空系统中，用分子或原子束进行外延生长的过程（图 18-2-6）。将 GaAs 装在蒸发炉内，在超高真空下蒸发成束状射向衬底而进行外延生长。

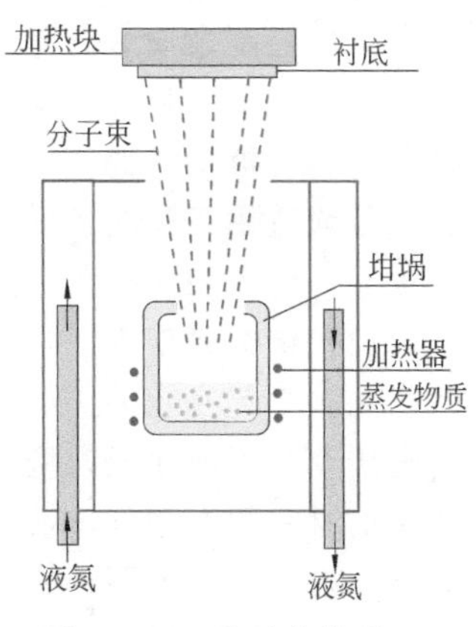

图 18-2-6 分子束外延生长示意

为了使半导体材料满足各种功能要求，半导体材料的制备必须做到：超纯、可控掺杂和可控厚度及具有一定的几何形状和尺寸。

目前根据电子元器件的功能要求，利用分子设计的思想，运用各种合成手段，用一个或几个原子层来实现所需的功能正逐渐成为可能。

18.3 光导纤维

光导纤维（light-guid fiber）简称光纤，是能够以光信号的形式传递信息（包括光束和图像）的具有特殊光学性能的玻璃纤维。当光的波长为 1μm 上下时，光波能沿光纤传播很远距离，仅受到很小损耗，如由光波载荷信息，通过光纤传输，可以像电波载荷信息，通过铜线传输一样达到远距离通信的目的。光在光纤中的传播原理（见 3.8）很简单，但只有在 20 世纪 60 年代初发明了单色性很好的光源——激光，以及光纤制造技术的不断进步，现代光纤通信才得到迅速发展。同时，部分光纤也可提供良好的紫外光管道传输用于医疗激光传导及高温传导。

18.3.1 光导纤维的种类和特性

光纤的种类在功能上可分为传光纤维与传像纤维；在传输模式上可分为多模光纤和单模光纤，多模光纤是指能够同时传播众多不同的光波模式，单模光纤是指只能传输一种光波模式；根据光纤的材料成分又可分为石英类和多组分玻璃类及有机高分子塑料光纤。表 18-5 列出了几种光纤的材料组分和制取时的原材料。

表 18-5 光纤的种类与材料

光纤种类	材料成分	采用原料
石英光纤	芯线：SiO_2，GeO_2，P_2O_5	$SiCl_4$，$GeCl_4$，$POCl_3$
	包层：SiO_2，B_2O_3	$SiCl_4$，BCl_3，BBr_3
多组分光纤	芯线：SiO_2，Na_2O，CaO，GeO_2	$SiCl_4$，$NaNO_3$，$Ca(NO_3)_3$，$Ge(C_4H_9O)_4$
	包层：SiO_2，Na_2O，CaO，B_2O_3	$SiCl_4$，$NaNO_3$，$Ca(NO_3)_2$，BCl_3
石英芯线	芯线：SiO_2	$SiCl_4$
塑料包层光纤	包层：有机硅	二甲基二氯硅烷
塑料光纤	芯线：聚甲基丙烯酸甲酯	聚甲基丙烯酸甲酯
	包层：氟树脂	氟树脂

目前，石英类光纤是光通信的重要材料。作为光通信媒介的光导纤维应具有三个特性。

(1) 传输损耗小 光在光纤中传播时强度的损耗称为传输损耗。通常以每公里损失的分贝数（dB/km）来表示。引起传输损耗的主要原因是光的吸收与散射，即由于电子迁移引起的紫外吸收和分子振动引起的红外吸收，材料不均匀性的散射等。其中尤其是散射应通过光纤制造中控制杂质含量予以避免。此外，光纤的传输损耗还与传播光的波长有关，波长越长，损耗越小。目前石英光纤的制造技术已经可以把损耗降低到 0.15 dB/km，几乎接近于该种材料的极限损耗值（0.1 dB/km）。

目前适用于长波长的红外超低损耗光纤，有重金属氟化物光导纤维、卤化物光导纤维等成为新一代实用光纤。

(2) 传输频带宽 当一束窄的光脉冲被引入到光纤并在其中传播时，都会产生一定程度的扩展。引起光脉冲扩展的主要原因是模色散。若纤芯较粗，入射光有若干个入射角，从而有若干个全反射途径，构成若干个不同的“模”成为多模光纤，因多模的行程不同，到达接受端的时间便有差异，造成了脉冲扩散。而纤芯较细时，入射光只有一个传输途径成为单模光纤，则脉冲扩展要小得多，信息传输的频带要宽得多。这样在光通信技术中就能实现多路、大容量地传播信息。长波长的单模光纤已成为最有效的光通信材料。

(3) 力学性能好 要实现光纤的大容量、远距离通信，光纤必须制造得极细且很长，要求它具有很高的强度和抗疲劳能力。在光纤制造中应避免引起裂纹的可能，必需加强拉丝时的净化与光纤表面的保护。一般在光纤拉丝后覆盖硅树脂等塑料薄膜（几微米至几十微米厚），则其强度要比裸露光纤大一个数量级，还可显著提高使用寿命。光纤以它优异的特性，可以取代电缆，成为现代通信网络的主要传输媒介。

18.3.2 光导纤维的制备

光导纤维的性能很大程度上取决于制备过程。光纤制备必须严格控制：①杂质的含量，尤其是金属离子和羟基离子，金属离子的浓度应在 10^{-9} 级范围，羟基离子浓度一般为 $10^{-4}\sim10^{-7}$；②光纤的尺寸和形状，纤芯直径的波动会产生大的传输损耗甚至不能使用，形状对称性的改变会严重影响光纤之间的连接；③化学组成的微小变化，会影响纤芯的折射率，增加传输损耗。

光纤的一般制备过程是：用气相技术或非气相技术制得预制棒，烧结拉制成几千米的细线，同时涂上一层适当厚度的树脂加固，然后再进行二次涂覆。下面以石英光纤的制备为例。

石英光纤的主要成分是 SiO_2，根据需要加少量控制折射率的氧化物，通常是用与 SiO_2 一样能形成玻璃结构的 GeO_2、P_2O_5、B_2O_3 等以提高折射率。在气相沉积法制备技术中，原材料主要是硅及卤化物 $SiCl_4$、$GeCl_4$、$POCl_3$、BCl_3 等，这些原料在源供给装置

(图 18-3-1)经严格控制温度和流量后至反应系统。反应系统的种类很多，一种改进的化学气相沉积法（MCVD，图 18-3-2）是将源供给系统的 $SiCl_4$、$GeCl_4$ 等源气体与 O_2 一起从一端进入固定在玻璃车床上旋转的石英管内，利用管外的氢氧焰加热到 1400～1600℃，产生下列氧化反应：

$$SiCl_4 + O_2 \Longrightarrow SiO_2 + 2Cl_2$$
$$4POCl_3 + 3O_2 \Longrightarrow 2P_2O_5 + 6Cl_2$$

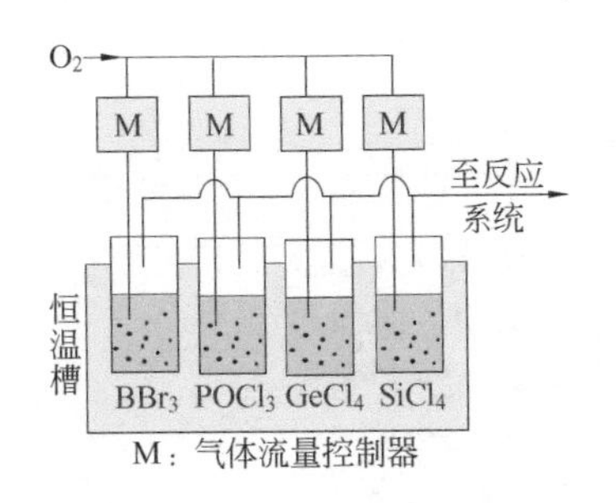

图 18-3-1　源供给装置

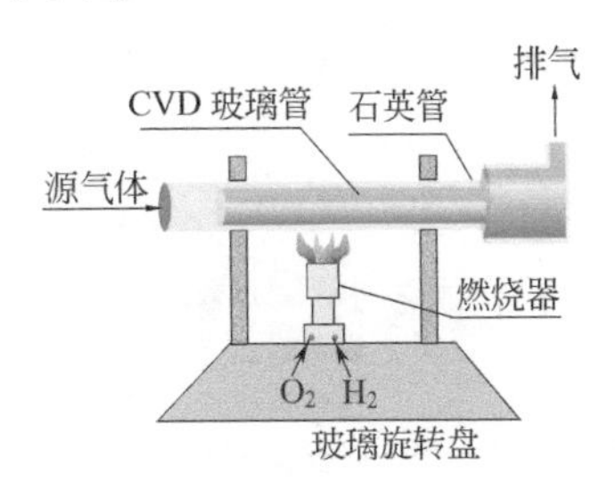

图 18-3-2　改进的 MCVD 法装置

其他卤化物也发生高温氧化反应生成氧化物。这些氧化物在高温下形成石英玻璃细粉沉积于石英管内壁，并熔融成玻璃薄膜。在构成多层稍厚的玻璃膜后，再将温度提高到 1800～2000℃，依靠石英玻璃的表面张力可以将石英熔缩成实心预制棒。制备可供拉丝的预型件然后经特定的拉丝装置（见图 18-3-3）拉成直径为 120μm 的玻璃纤维，再在纤维表面覆上一薄层树脂，制成纤维线，单股或集合多股的芯线便可制成光缆。

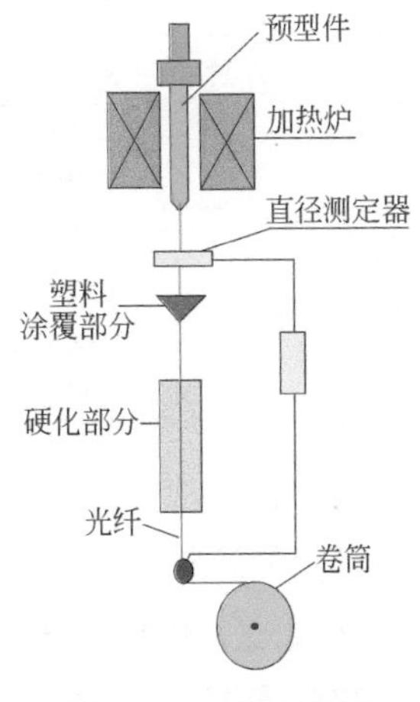

图 18-3-3　拉丝装置

目前正在研制光损耗更低的非氧化物玻璃光纤材料。已制成的氟化锆-氟化钡-氟化镧-氟化铝-氟化钠多元系氟化锆酸盐玻璃光导纤维，从理论上推测，其光信号传输能横跨太平洋而不需要任何中继站。

光纤通信技术在国内外的发展速度十分惊人。21 世纪，必定是现代通信高度发展，信息高速公路四通八达。

18.4　传　感　器

18.4.1　传感器的定义和功能

传感器（transducer）又称敏感元件，它是将各种非电量（包括物理量、化学量、生物量等）按一定规律转换成便于识别、处理和传输的另一种物理量（一般为电信号）的装置，成为信号处理系统能接受的信号。图 18-4-1 表示了传感器的基本原理框图。随着计算机的应用走出纯计算领域，在探测外界信息并用计算机进行数字计算、逻辑判断和状态调节

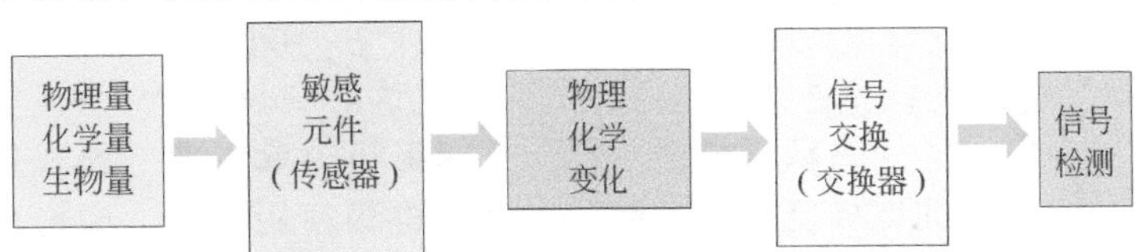

图 18-4-1　传感器的基本原理

时，就需用传感器作为信息系统的信息摄取装置。如果将计算机看作是信息技术的大脑，光纤通信看作是信息技术的神经网络的话，传感器则犹如信息技术的感觉器官。

传感器有结构型和物理型之分。结构型传感器主要通过机械结构的几何形状或尺寸的变化，将外界被测参数转换成相应的电阻、电感、电容等物理量的变化，从而反映被测信号。物理型传感器是利用某些材料本身的物理性质的变化而实现测量的，它是以导体、电介质、铁电体等为敏感材料的固体材料，它已成为当前传感器元件的主要发展方向，而各种功能材料是传感器的物质基础。表 18-6 是常用传感器的变换功能与相应的材料。

表 18-6 常用传感器的变换功能与材料

对　　象	变 换 功 能	功 能 材 料
温度	电阻温度效应 热电效应	Pt，Cu，半导体材料等 Pt，Pt-Rh，Cr-Ni，Ni 等
光 （电磁波）	光导效应 光电效应 光电子发射效应	Si，CdS，GaAs，PbS 等 Si，GaAs，CdS，InGa，AsP 等 Si，GaAs，$BaTiO_3$ 等
磁	霍尔效应 磁阻效应	Ge，InSb，GaAs InSb，InAs，Ni-Co 合金
压力	应变电阻效应 压电效应	Ni-Cr-Al，GaAs，CdS ZnO，CdS，$BaTiO_3$
气体	表面吸附引起电导率变化 高温固体电解质浓差电池	SnO_2（PdO，$PdCl_2$），ZnO（Bi_2O_3） ZrO_2
湿度	表面吸附引起电导率变化 吸附引起介电常数变化	LiCl，Al_2O_3，$MgCr_2O_4$-TiO_2 Al_2O_3，高分子薄膜
声	电阻变化 静电变换	炭粉 $BaTiO_3$，锆钛酸铅（PZT）

传感器的功能材料在性能上应满足以下几个条件：对所跟踪的信号应有足够的灵敏度、精确性、稳定性，抗干扰性能强，并能在恶劣环境下基本保持其性能不变。

18.4.2 化学传感器

化学传感器是指能将各种物质的浓度转换为电信号的器件。各种离子选择性电极、气敏、湿敏、压敏、声敏等传感器都属于化学传感器。化学传感器机理比较复杂，但发展迅速，应用广泛。

我们知道，测定溶液 pH 值的可靠方法是用 pH 计（见 9.2）。pH 计对溶液 pH 值敏感的元件是玻璃电极。玻璃电极为什么会对溶液 pH 值有敏感性呢？

玻璃电极是最常用的 pH 指示电极，其基本结构见图 18-4-2。在一支玻璃管的下段焊接一薄膜玻璃球（膜厚约 30～100μm），球内盛含 Cl^- 的磷酸盐缓冲溶液，并插入 Ag-AgCl 电极（称内参比电极）。将玻璃球浸入待测 pH 的试液中，由于膜两边的 pH 不同而产生膜电势，25℃时，其能斯特方程式为：

$$E_{H^+(\alpha_{H^+})|玻璃电极} = E^{\ominus}_{H^+/玻璃电极} + 0.0592\text{V}\lg\alpha_{H^+}$$
$$= E^{\ominus}_{H^+/玻璃电极} - 0.0592\text{VpH}$$

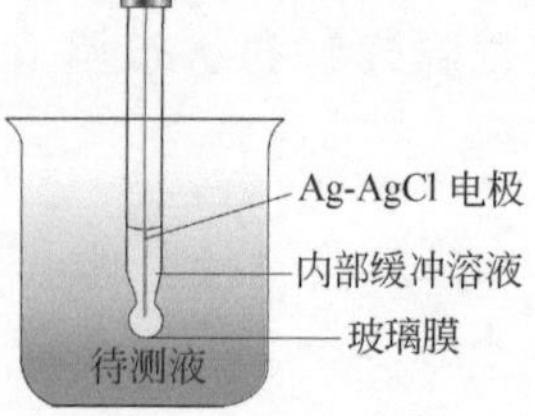

当玻璃电极与另一甘汞电极组成电池（现多将玻璃电极与参比电极复合在一起制成复合电极使用）时，即可从测得的电动势（E 值），求得试液的 pH 值：

$$E = E_{甘汞} - E_{玻璃电极} = E_{甘汞} - (E^{\ominus} - 0.0592\text{VpH})$$

图 18-4-2 玻璃电极

$$pH=\frac{E-E_{甘汞}+E^{\ominus}}{0.0592V}$$

玻璃电极的玻璃膜由 SiO_2 中加入 Na_2O 和少量 CaO 烧结而成，它对 H^+ 浓度（活度）的变化非常敏感，并能将其转变为电讯号，在 pH 计上显示。所以，玻璃电极实际上就是一种传感器。pH 传感器种类很多，如 pH 荧光传感器，酶 pH 传感器，金属-金属氧化物 pH 传感器等。

以 SnO_2 为敏感材料的气敏传感器是将 SnO_2 及掺杂剂（少量 $PdCl_2$ 等）研磨，敷上电极成型后再高温烧结，得到多孔性烧结体或薄膜（见图 18-4-3）。

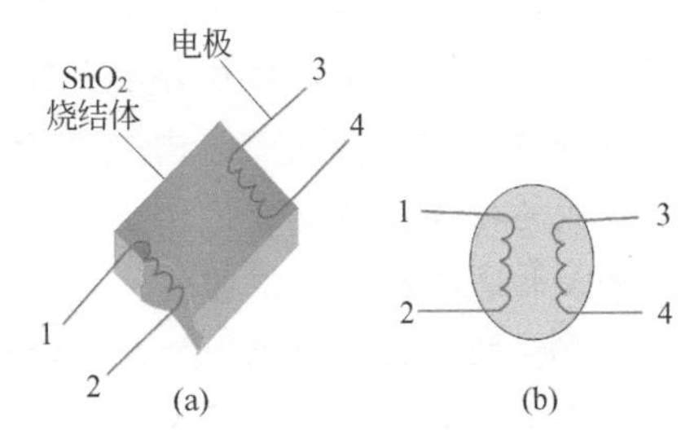

图 18-4-3　SnO_2 气敏传感器和符号

SnO_2 是一种金属氧化物半导体。由于制造 SnO_2 时已经超细化（0.1μm），它具有相当大的比表面[1]，所以吸附气体的能力很大。当 SnO_2 敏感元件吸附气体时，气体与它发生电子交换过程，引起 SnO_2 表面的电子得失，SnO_2 半导体能带和电子密度随之变化。吸附不同浓度的气体所引起的 SnO_2 表面的电子得失情形不一样，通过检测线路便能在仪表上直接读出气体浓度的相对大小，气体消散后，导电率迅速复原，即可再次使用。

以 SnO_2 为敏感材料作“气-电”转换器，具有快速、简便、灵敏等优点。它对 H_2、CH_4、CO 等气体有相当的敏感性。可用于环境监测、报警，防止公害、大气污染、爆炸、火灾等，实现对有害气体的监测和反应控制等。

$LiNbO_3$，$LiTiO_3$ 能制红外传感器，纳米 ZrO_2、SnO_2、γ-Fe_2O_3 可制氧敏传感器。

希望通过本章的介绍，读者能够感受到化学在信息技术发展中所起的推动作用，化学也将在信息技术发展中迈向新的高度。

科学家能斯特

Walther Nernst（1864～1941）

能斯特是德国卓越的物理学家、物理化学家和化学史家，1864 年 11 月生于波兰的布里森。他从小对文学、诗歌以及古典作品，特别是拉丁作品很感兴趣，后来他的化学老师使他对自然科学产生了浓厚的兴趣，他经常在一个小型家庭实验室做实验。1887 年，能斯特在维尔茨堡大学获得了哲学博士学位，同年开始在莱比锡大学任奥斯特瓦尔德的助教，1891 年任哥丁根大学的副教授，1894 年升为物理化学教授。1895 年任德国凯撒威廉研究院物理化学和电化学部主席，1905～1933 年在柏林大学任化学教授，1924～1933 年任柏林大学物理化学研究所所长。能斯特在物理化学研究方面的第一项成就是 1889 年发表了著名的电解质水溶液的电势理论。在这以前，人们对电池为什么产生电流的问题尚未得到一致的认识，有的认为是两种金属互相接触引起的，也有认为是溶液发生了化学反应，后来能斯特根

[1] 比表面：单位质量的物质所具有的表面积，常用 m^2/g 表示，它是物质分散程度的一种度量。

据范特霍夫的渗透压理论和阿伦尼乌斯的电离理论，用各种金属的电离溶解压观点基本统一了认识，并从这一概念导出了电极反应的电势与溶液浓度的关系式，即著名的能斯特方程式，可用以测量热力学函数值。

能斯特的另一项成就是1906年提出了热力学第三定律，主要内容为绝对零度不可能达到，也不可能用有限手段使物体冷却到绝对零度。1911年，普朗克（M. Planck）在前人研究基础上又把该内容表述为：在绝对零度下各种完美晶体的绝对熵都等于零。因为能斯特提出了热力学第三定律，对热力学发展作出的贡献而获得1920年的诺贝尔化学奖。

1894年，能斯特曾经在哥丁根大学主持物理化学研究工作，1905年受柏林大学聘请，担任该校为他专设的物理化学主任职务，后又担任该校增设的原子物理研究院院长。

能斯特晚年的工作不顺利。在纳粹分子的排犹浪潮中，曾有人密告，称他的妻子具有犹太血统，为此他极为愤慨，后来拒绝讲学，以示抗议。他觉得“教这些心术不正的人，就等于往他们手里塞一把利刃！”

1941年冬季，能斯特病逝于柏林。

复习思考题和习题

1. 信息技术主要包括哪些部分？它们与化学关系怎样？
2. 半导体主要有哪些类型？以元素半导体为例，说明半导体是如何导电的？
3. 衡量半导体导电能力的主要参数是什么？它们与组成元素的原子序数有什么关系？
4. 简述由石英制单晶硅的主要生产过程，并说明哪些是化学过程，哪些是物理过程。在化学过程中，指出所牵涉到的主要化学反应。
5. 简述砷化镓制备的主要过程，为什么说砷化镓是最有前途的一种化合物半导体？
6. 作为光纤通信使用的光导纤维应有哪些特点？如何制备石英光纤？
7. 要使本征半导体的导电能力增强，有哪几种方法？它们各有什么特点？
8. 何谓传感器？化学传感器有何特点？

参考书目

1 雷智，李卫等编著．**信息材料**．北京：国防工业出版社，2009

2 贾石峰主编．**传感器原理与传感技术**．北京：机械工业出版社，2009

3 耿保友主编．**新材料科技导论**．杭州：浙江大学出版社，2010

4 Grundler P. **Chemical Sensors-An Introduction for Scientlists and Engineers.** Springer-Verlag Berlin Heidlberg，2007

5 Chang R. **Chemistry. 10th ed.** McGraw-Hill Science/Engineering Math，2011

第 19 章 能源与化学

Chapter 19 Energy and Chemistry

能源是人类生存和发展的重要物质基础，是从事各种经济活动的原动力，也是社会经济发展水平的重要标志。一种新能源的出现和能源科学技术的每一次重大突破，都带来世界性的经济飞跃和产业革命，极大地推动着社会的进步。本章将就能源与可持续发展、能量的化学转换、节能技术和新能源开发作概要的介绍。

19.1 能源与可持续发展

能源（energy sources）是指能够提供某种形式能量的资源。它既包括能提供能量的物质资源，又包括能提供能量的物质运动形式。前者如煤、石油、天然气等燃料燃烧时可提供热能；后者如太阳光可放出热能，若照射太阳能电池也可转化为电能。总之，某些物质和某些物质运动形式中贮存着高度集中的能量，燃料、太阳光、风力、水力等都是能源。

能源种类很多，按能源的形成分为一次能源和二次能源。

一次能源是指自然界中存在的可直接使用的能源，例如煤、石油、天然气、太阳能等，也称天然能源。二次能源是指经加工转化成的能源，例如，电、蒸汽、煤气、氢气、合成燃料等，又称人工能源。

按能源使用的成熟程度分为常规能源和新能源。

常规能源（传统能源）是指人类已经长期广泛使用，技术上比较成熟的能源，例如煤、石油、天然气等。新能源是指正在开发且少量使用，具有潜在应用价值的能源。例如太阳能电池、氢能源等。但是，“常规”与“新”是一个相对的概念，随着科学技术的进步，它们的内涵将不断发生变化。例如，核能在某些国家已成为常规能源，而在中国，由于起步较晚，至今还归入新能源的范围内。

能源的一般分类归纳在表 19-1 中。

表 19-1 能源的分类

种 类	一次能源	二次能源
常规能源	煤 石油 天然气 植物秸秆 水力 风力	煤气、煤油 汽油、柴油 甲醇、乙醇 苯胺 电、蒸汽
新能源	核燃料 生物质 太阳能	氢能 沼气 激光

在宇宙空间还存在着许多能量高度集中的强大能源，目前我们还无法加以利用，所以暂不讨论。

人类利用能源的历史经历了漫长的时期。早期人类主要靠自己的体力来从事各种生产劳动，其能源的实质是人所吃的食物。随着近代工业技术的发展，体力劳动在生产中所占的比重越来越小，利用现代能源的机械化程度越来越高，带来了现代的物质文明。18 世纪蒸汽机的发明是人类能源利用史上的一个重要里程碑。煤的出现、开采和利用，促进了蒸汽机的应用和发展。19 世纪，电磁学理论的建立，各种发电机应运而生，电动机取代了蒸汽机。到 20 世纪，电力已成为社会生产和生活的基本动力，社会生产力大幅度提高，这一次能源革命导致了第二次工业革命的发生。随着社会进步和经济的飞速发展，能源的消耗正在以十分惊人的速度增加，出现了世界性的能源危机。尤其是 20 世纪 70 年代，爆发了世界性史无前例的“石油危机”或“能源危机”，越来越使人们认识到，煤、石油、天然气等非再生能源的储量有限，随着消耗量的增大，这些能源总有枯竭的一天。这方面石油尤其突出，石油开采才 100 多年，可是经历了约 700 万年才形成的这一优质能源已所剩无几了。这就使能源问题成为现代化国家不能不加以慎重考虑和严格控制的问题。在有限能源的情况下，有必要充分利用能源。其中，利用各种化学反应完成能量的化学转换极为重要。

19.2 能量的化学转换

能量的化学转换包括同种能量和不同种能量转换，又包括能量的直接转换和间接转换。化学反应是能量转换的重要技术。能量的化学转换主要利用热化学反应、光化学反应、电化学反应和含有微生物的生物化学反应等。表 19-2 列出了能量的化学转换途径。

表 19-2 用化学反应进行的能量转换

能量的化学转换	现 象	能量的化学转换	现 象
化学能→热能	燃烧反应、反应热	化学能→电能	电化学反应、燃料电池
热能→化学能→热能	化学热管、化学热泵	电能→化学能	电解
化学能→化学能	气化反应、液化反应、化学平衡	光能→生物能	光合作用、生物化学反应
光能→化学能	光化学反应	生物能→化学能	生物化学反应、发酵
光能→化学能→电能	光化学电池		

19.2.1　利用热化学反应的能量化学转换

常规能源如煤、石油、天然气等主要利用热化学反应（燃烧反应）将化学能直接转化成热能。各种燃料完全燃烧时的产物是 CO_2 和 H_2O。表 19-3 是几种燃料（以每克燃料计）在标准态下燃烧时放出的热量。

表 19-3　燃料完全燃烧时放出的热量

燃　料	化学反应式	$Q/kJ \cdot g^{-1}$
煤	$C(s)+O_2(g)=\!=\!=CO_2(g)$	−32.8
石油①	$C_8H_{18}(l)+\frac{25}{2}O_2(g)=\!=\!=8CO_2(g)+9H_2O(l)$	−48.0
天然气	$CH_4(g)+2O_2(g)=\!=\!=CO_2(g)+2H_2O(g)$	−55.6

① 石油主要由各种烷烃、环烷烃和芳香烃所组成，石油加工可得到石油气、汽油、煤油、柴油等。辛烷（C_8H_{18}）是汽油的代表性组分。

由表 19-3 可知，相同量的燃料，煤燃烧反应放出的热量最少。但是，在化石燃料中，石油、天然气等的储量远没有煤丰富。因此，虽然煤燃烧反应放出热量较少，但它们仍然是使用最多的能源之一。在中国煤炭一直是主要能源，约占一次能源的 70%左右，为了解决煤（含杂质 S）燃烧时产生 SO_2 等有毒气体引起环境污染的问题，并且充分利用煤资源，人们一直致力于提高煤的化学转换的利用率。其中煤的气化和液化是有效的方法。

(1) 煤的气化　煤的气化是把固体煤转换成气体燃料。煤的气化是在气化剂（空气、氧气、水蒸气或氢气）作用下把煤及其干馏产物最大限度地转化为煤气。以 O_2 和水蒸气为气化剂，与焦炭（以石墨计）发生如下反应：

$$C(s)+\frac{1}{2}O_2(g)=\!=\!=CO(g) \qquad \Delta_r H_m^{\ominus}=-110.5kJ \cdot mol^{-1}$$

$$C(s)+H_2O(g)=\!=\!=CO(g)+H_2(g) \qquad \Delta_r H_m^{\ominus}=131.3kJ \cdot mol^{-1}$$

水煤气的主要成分是 CO 和 H_2，它们完全燃烧时可放出大量热量：

$$CO(g)+\frac{1}{2}O_2(g)=\!=\!=CO_2(g) \qquad \Delta_r H_m^{\ominus}=-283.0kJ \cdot mol^{-1}$$

$$H_2(g)+\frac{1}{2}O_2(g)=\!=\!=H_2O(g) \qquad \Delta_r H_m^{\ominus}=-241.8kJ \cdot mol^{-1}$$

将水蒸气在加压下通过灼热的煤，可以发生甲烷化反应，并生成合成气：

$$C(s)+H_2O(g)=\!=\!=\frac{1}{2}CH_4(g)+\frac{1}{2}CO_2(g) \qquad \Delta_r H_m^{\ominus}=7.7kJ \cdot mol^{-1}$$

$$C(s)+H_2O(g)=\!=\!=CO(g)+H_2(g) \qquad \Delta_r H_m^{\ominus}=131.3kJ \cdot mol^{-1}$$

$$CO_2(g)+C(s)=\!=\!=2CO(g) \qquad \Delta_r H_m^{\ominus}=172.5kJ \cdot mol^{-1}$$

合成气中主要含 CH_4、H_2 和 CO，可作为天然气的代用品。

利用煤的气化技术，可将地下不易开采的煤层或贫煤矿，通过地下气化工艺，即在封闭的地下煤矿中，鼓入氧气和水蒸气发生水煤气反应，然后将水煤气抽出作为民用燃料或化工原料加以利用。该技术已在中国山西等地实施，其生产水煤气的成本要比直接开采便宜得多，已收到良好的社会效益和经济效益。

(2) 煤的液化　煤的液化是将煤最大限度地转化为液体燃料，又称人造石油。它包括煤的间接液化和直接液化两类。它们都是通过一定的方法人为地提高煤中的含氢量，使燃烧时放出的热量大大增加且减少煤直接利用所造成的严重的环境污染问题。

煤的直接液化是将煤粉、重油和催化剂（$ZnCl_2$ 等）放入高压釜内，在隔离空气情况下加氢气，使氢气渗入煤的结构内部，将高度聚合的环状结构缓慢地分解破坏，生成含氢较多的烷烃、环烷烃和芳香烃等化合物，再除去矿物质，即得到液体燃料。从煤直接液化得到的合成原油，可精制成汽油、柴油等产品，在石油资源日益减少的威胁下，煤的直接液化具有十分诱人的前景。

煤的间接液化是以水煤气或合成气为原料，在高压和适当催化剂存在下生成多种直链烷烃和烯烃等。例如：

$$6CO(g)+13H_2(g) = C_6H_{14}(l)+6H_2O(g)$$
$$8CO(g)+17H_2(g) = C_8H_{18}(l)+8H_2O(g)$$
$$8CO(g)+4H_2(g) = C_4H_8(l)+4CO_2(g)$$

从而制得汽油、柴油和液化石油气。

在煤的间接液化技术中，值得注意的是甲醇（CH_3OH）作为燃料的生产和应用。水煤气或合成气在加压和催化剂存在下可以合成甲醇：

$$CO(g)+2H_2(g) = CH_3OH(l)$$
$$CO_2(g)+3H_2(g) = CH_3OH(l)+H_2O(l)$$

甲醇是一种易燃液体，可作为洁净燃料，目前已研制出将一定量的甲醇加入汽油中作为汽车燃料。

19.2.2 利用电化学反应的能量化学转换

在电池装置中的化学反应可以将化学能直接转换为电能，提高化学能的利用效率。大多数电池包括原电池、蓄电池和储备电池等，都属于常规电池，其反应物质是预先封闭在电池里，当反应物质消耗完后，不能很方便地补充，因此它们只能用于短时间、小范围、低电压、小电流的局部供电。

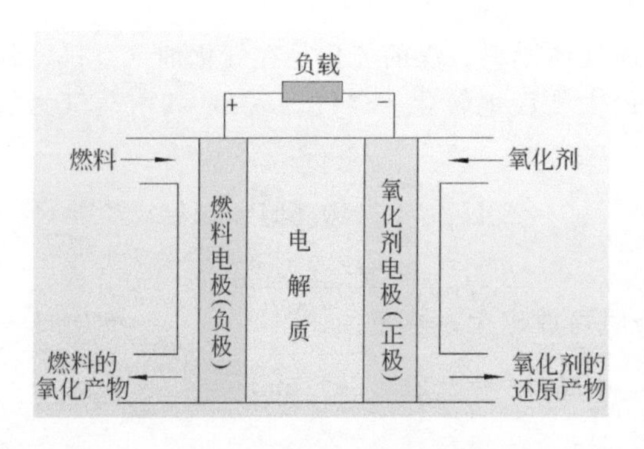

图 19-2-1 燃料电池的原理

燃料电池不仅可以将物质的化学变化产生的能量直接转换为电能，而且由于反应物质是贮存在电池之外的，所以可以随着反应物质的不断输入而连续发电（图 19-2-1），展现出特殊的发展前景。

用作燃料电池的燃料主要有氢气、甲醇、肼、煤气和天然气等，用作氧化剂的主要有氧气、空气以及氯、溴等卤素单质电解质构成电池内部的离子导电通道，同时起隔离燃料和氧化剂的作用，电解质应具备良好的化学稳定性和较高的导电性，其碱性电解质有 K_2CO_3、KOH、NaOH 等，酸性电解质有 H_2SO_4、H_3PO_4 等，还有有机化合物，例如甲醛及其衍生物的水溶液。燃料电池的电极通常用有催化性能的多孔材料如多孔石墨、多孔镍和铂、银等贵金属，起集流和催化作用。

氢-氧燃料电池的燃料是氢气，氧化剂是氧气。电池符号可简单表示如下：

$$(-)Pt|H_2|KOH|O_2|Pt(+)$$

电极反应：

负极： $$H_2+2OH^- \rightleftharpoons 2H_2O+2e^-$$

正极： $$\frac{1}{2}O_2+H_2O+2e^- \rightleftharpoons 2OH^-$$

氧化还原方程式： $$H_2+\frac{1}{2}O_2 \rightleftharpoons H_2O$$

按照使用的燃料和氧化剂不同，燃料电池的种类很多，有氢氧燃料电池、甲醇-氧燃料电池、肼-空气燃料电池、烃燃料电池、氨燃料电池、高温固体电解质燃料电池等。燃料电池的能量转换实际效率可达到50%～70%。它们已在汽车、航空航天、海洋开发和通讯电源等方面得到应用。图19-2-2是同济大学与上海燃料电池汽车动力系统有限公司于2007年开发的"超越三号"燃料电池轿车。以其作为中国轿车自主品牌和搭载着世界前沿技术，受到外国观众高度关注。"超越"系列燃料电池轿车研发，对于我国建立新能源汽车自主研发和创新体系、带动汽车工业及相关产业的技术进步具有重要的意义。

图19-2-2　"超越三号"燃料电池轿车

19.2.3　利用光化学反应的能量化学转换

利用光化学反应的能量化学转换就是将太阳能转换为化学能。它主要有两种方法：①光合作用；②光分解水制氢。

光合作用是将太阳能变成植物化学能加以利用。人类赖以生存的粮食就是由太阳能和生物的光合作用生成的。光合作用可近似地表示为：

$$n\mathrm{CO_2}+m\mathrm{H_2O}\xrightarrow{h\nu}\mathrm{C}_n(\mathrm{H_2O})_m+n\mathrm{O_2}$$

生成的碳水化合物（糖类）维持着生命活动所需的能量。

光分解水制氢是将太阳能转化成能够贮存的化学能的方法。水分解反应如下：

$$\mathrm{H_2O(l)}=\!=\!=\mathrm{H_2(g)}+\frac{1}{2}\mathrm{O_2(g)}\qquad \Delta_r H_m^\ominus=285.8\mathrm{kJ\cdot mol^{-1}}$$

因此要实现水分解制氢，至少需要285.8kJ·mol^{-1}的能量，它相当于吸收500nm波长以下的光。但是H_2O几乎不吸收可见光，另一方面虽然发现可以用185nm紫外光将水直接分解生成氢，然而在太阳光谱中几乎没有这种波长的光。所以太阳光不能直接分解水，需要有效的光催化剂才能实现光分解制氢。图19-2-3是光分解水制氢的原理图。

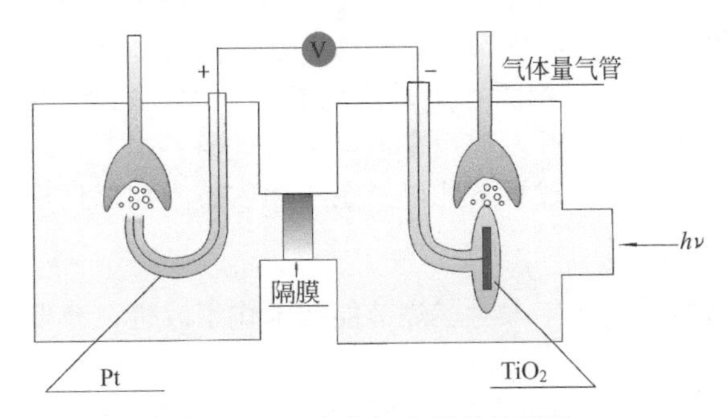

图19-2-3　光分解水制氢的原理

光催化制氢是以碱性水溶液为电解质，用TiO_2作阴极，Pt作阳极，当光照射TiO_2时将发生下列反应：

阴极：
$$(\mathrm{TiO_2})+h\nu\longrightarrow 2\mathrm{e}^-+2\mathrm{P}^+(\text{空穴})$$
$$\mathrm{H_2O}+2\mathrm{P}^+\longrightarrow 2\mathrm{H}^++\frac{1}{2}\mathrm{O_2}$$

阳极：
$$2\mathrm{H}^++2\mathrm{e}^-\longrightarrow \mathrm{H_2}$$

总反应：
$$\mathrm{H_2O}\xrightarrow{h\nu}\mathrm{H_2}+\frac{1}{2}\mathrm{O_2}$$

某些过渡金属离子的配合物也可以对太阳能分解水制氢起催化作用。已经证明，钌的配合物在光能激发下，可以发生如下反应：

$$\mathrm{M}\xrightarrow{h\nu}\mathrm{M}^*$$

$$2\mathrm{M}^*+2\mathrm{H_2O}\longrightarrow \mathrm{H_2}+\frac{1}{2}\mathrm{O_2}+2\mathrm{M}$$

M代表钌的配合物，M^*代表吸收了光能而活化了的配合物。第二个反应则代表活化配

合物 M^* 同水分子发生能量转移使水分子分解的过程。

为了提高光分解水制氢的效率，科学家设计了一个综合制氢的新方法，即在 $FeSO_4$、H_2SO_4、I_2 的溶液中，通过吸收一定波长的太阳能发生光催化氧化还原反应生成 $Fe_2(SO_4)_3$ 和 HI。HI 热分解产生 H_2 和 I_2，$Fe_2(SO_4)_3$ 热分解产生 $FeSO_4$ 和 O_2，I_2 和 $FeSO_4$ 可循环使用。该反应如下：

$$FeSO_4 + I_2 + H_2SO_4 \xrightarrow{h\nu} Fe_2(SO_4)_3 + HI$$

$$Fe_2(SO_4)_3 + H_2O \xrightarrow{\triangle} FeSO_4 + O_2 + H_2SO_4$$

$$HI \xrightarrow{\triangle} H_2 + I_2$$

总反应式是：

$$H_2O \xrightarrow[\triangle]{h\nu} H_2 + O_2$$

这是一种很有发展前途的理想制氢方法。

此外，还可以利用生化反应进行能量的化学转换。生物质主要是由太阳能经光合反应生成的物质以及动物的残骸、废弃物等。生物质是一种可再生能源，它可通过微生物的生化反应转换成气体燃料（CH_4、H_2 等）。也可用含糖类、淀粉较多的农作物如高粱、玉米等为原料加工后经水分解和细菌发酵制成乙醇，此类乙醇可在汽油中混入 10%～20%用作汽车燃料。

19.3 节能技术

国际能源界把节能称为“第五大能源”与煤炭、石油和天然气、水电、核能四大能源并列。节能是采取技术上可行、经济上合理、社会能够接受和环境所允许的一切措施来提高能源的利用率。节能途径主要有结构节能、管理节能和技术节能。结构节能是通过经济结构的调整，向节能型工业体系发展；管理节能主要是加强检测计量、优化能源分配、杜绝“跑、冒、滴、漏”等；技术节能是通过新技术、新工艺、开发应用来取得节能效益。本节仅对化工生产过程中所涉及的技术节能，如燃烧节能、化工过程节能以及余热回收技术加以讨论。

19.3.1 提高燃料的利用率

在工业燃料中，长期以来以煤和石油为燃料。近年来对燃烧节能技术作了改进，开发了水煤浆和乳化油燃烧的新技术。

(1) 水煤浆 水煤浆的制备是在煤粉中加入 30%左右的水和少量添加剂（0.5%～1.0%的分散剂和 0.02%～0.1%的稳定剂）形成黏度低、稳定性好的悬浮体，从而使固体煤变成液态化的燃料，实现以煤代油。燃烧水煤浆与燃烧煤粉相比，优点是贮存方便，燃烧污染小，而且还可以应用到高炉喷吹、沸腾炉和煤的气化方面，是一种具有良好应用前景的节能新技术。

(2) 乳化油 乳化油是指油和水充分混合后组成的一种乳状液。乳化油的制备是将油水混合，水量为 10%～30%（体积比），添加千分之一左右的乳化剂（表面活性剂），然后经乳化而成。乳化油燃烧前靠喷嘴进行雾化成直径约为 30～100μm 的油滴，每个雾化油滴内都含有一定量的小水珠，当油滴被加热时，油滴内的水珠首先达到沸点，从而油滴体积急剧膨胀，爆裂形成许多微小的油滴，即“二次雾化”。二次雾化可以改善燃料与空气的混合和燃烧过程，从而达到节约燃料和降低燃烧污染的目的。

19.3.2 化工生产过程中减少能耗

在化学工业生产中往往伴随着化学反应的吸热或放热，如果科学地设计工艺路线，可以减少能量的浪费。在化工生产中为了节省能量，人们进行了大量的研究，并取得了较大的成果。

(1) 化学反应过程中节能　降低反应温度是一个重要的节能途径，促使反应在尽可能低的温度下进行的方法有反应耦合和使用催化剂。

① 反应耦合是把几个反应组合起来，使低温下化学平衡向理想的方向移动。例金属的冶炼分解温度极高，如把该反应与碳的氧化反应组合起来，则金属氧化物分解放出的 O_2 立即与 C 反应生成 CO_2，这样总反应就可在较低温度下进行，从而达到节能的目的。又如若用水分解制氢气和氧气，则要将水加热到 2000℃以上才能热分解，而采用组成热化学循环的方法（见 19.4）就可在较低的温度下热分解制取氢气和氧气。耦合反应降低了加热反应物所需的能量，降低能耗。

② 催化剂可以缓和反应条件，因催化剂能降低反应的活化能，使化学反应在比较低的温度和压力下迅速进行。例烯烃的氢化作用，一般要在高温和高的氢气压力下进行，而用 $RhCl(PPh_3)_3$(Ph 为苯基) 催化剂在 298K 和常压下即能进行。如采用纳米催化剂，则反应的温度更低，反应的速度更快，起到很好的节能效果。

(2) 传质过程中节能　化工传质过程中大量能耗用于溶液的蒸发浓缩和湿滤饼的干燥等，如选用先进的设备，采用优化的工艺条件，则大大降低传质过程中的能耗。

① 蒸发过程中的节能　化工产品从溶液中浓缩、分离，必须对溶剂进行蒸发。蒸发过程就是要不断的供应热量，若排出的蒸汽不加利用，造成能量的损失。如采用节能的三效蒸发，则可利用二次蒸汽（蒸发产生的蒸汽），大大降低能耗，达到节能的目的。

② 固体干燥过程中的节能　主要是减少被干燥物料的初水分含量和提高热量的利用率。如果被干燥的物料是溶液，可浓缩后再进行喷雾干燥；如被干燥的物料是悬浮液，可先经过过滤除去大部分水分后，再进行干燥，采用过热蒸汽干燥产品，干燥后的蒸汽可循环使用，提高干燥过程的热效率。一些先进的干燥设备如流化床干燥器、高频干燥器、远红外线干燥器等，在化工生产中也得到广泛的应用，起到良好的节能效果。

此外，余热的有效利用在化工生产过程中潜力很大，是节能的又一条重要途径。工业生产中使用的能源除了一部分直接用于工艺加热外，相当部分能量却以余热形态被排至环境中散失掉。因此，需要采用高效换热器，将废热回收并重新加以利用。热管和热泵因其高效的热转换正得到广泛的应用。

19.4　现代新能源

新能源的开发利用，与化学密切相关，如太阳能的光电转换、光热转换必须借助于特殊功能的材料，所涉及的最基本问题都是化学问题。毫无疑问，化学在新能源的开发和利用方面起到关键的作用。本节主要对前景诱人的太阳能、优质干净的氢能、引人注目的生物能——沼气以及前途广阔的绿色电池作简要介绍。

19.4.1　太阳能

太阳能是一种资源丰富、不需运输且不会污染的最佳自然能源，太阳每秒钟照射到地球上的能量约为 5000 万吨标准煤[1]。人们利用太阳能的方法主要有 3 种：①太阳能直接转换成电能，如太阳能电池；②太阳能直接转换成热能，如太阳能热水器；③太阳能直接转换成化学能，即光化学转换（见 19.2.3）。

(1) 太阳能电池　太阳能电池是利用“光伏效应”[2] 的原理制成的，所用的主要材料是

[1] 每千克发热为 29260kJ 的煤称为标准煤，吨标准煤是一种实用的能量单位。

[2] 光伏效应是指当物体受到光照射时，物体内就会产生电动势和电流的现象。

单晶硅半导体和非晶硅薄膜。太阳能电池在现代高科技中得到广泛的应用，为人造卫星和航天飞船探测宇宙空间提供了方便、可能的能源。例如卫星的电源由太阳能电池方阵和蓄电池组成，当卫星向着太阳飞行时，电池方阵受阳光照射产生电能，供卫星用电，并同时向卫星上的蓄电池充电，当卫星背着太阳飞行时，蓄电池放电，使卫星上的仪器保持连续工作。中国于2007年10月发射的“嫦娥一号”探月卫星上使用的太阳能电池，在太空中得到正常运行。目前中国设计的电源分系统可以在太空中同时为3个舱提供能源，且已在国际上首次实现航天器太阳能帆板对日定向。

人在宇宙飞船（space shuttle）或空间站（space station）中生活就靠太阳能电池供能（热能、电能）维持化学反应，供应人体所需要的氧气和水，又不断去除人体排出二氧化碳和异味物质，主要反应如图19-4-1所示。

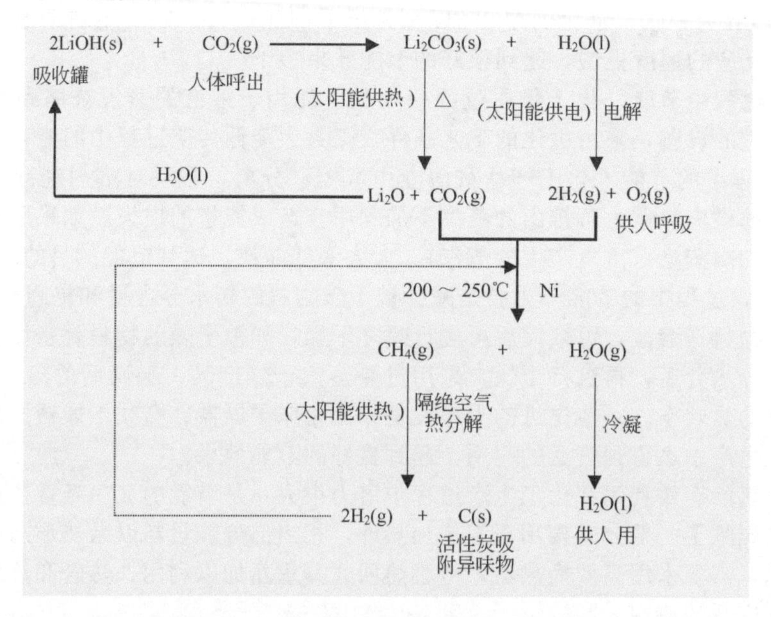

图19-4-1　航天飞船内H_2O和O_2的循环

中国载人航天飞船——神舟七号搭载3名航天员，于北京时间2008年9月25日21时升空，并于27日17时成功出舱（如图19-4-2）实现太空漫步，28日17时37分成功返回预定地点内蒙古乌兰察布市四子王旗。使中国成为世界上第三个航天大国。

太阳能电池在其他方面的应用也不断扩大，如“太阳挑战者”是第一架太阳能电池作动力的飞机；太阳能电池作动力的小型汽车、摩托车均已研制成功。

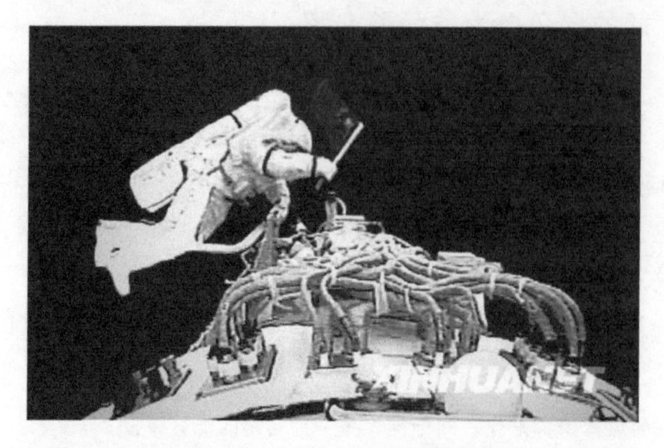

图19-4-2　中国航天员翟志刚出舱实现太空漫步

随着对太阳能电池光电转换材料的结构和性能的研究不断深入，太阳能电池的开发应用必将逐步走向产业化、商业化，有望成为人们日常生活中的重要新能源。

(2) 太阳能集热器　太阳是个熊熊燃烧着的炽热火球，不断向地球上发射光和热。由于太阳的能量密度低，必须将分散的太阳热能聚集起来加以贮存和利用。如太阳能真空集热管只需吸收微弱的太阳光，就能达到较高的温度。太阳能真空集热管是一个透明的玻璃管壳，里面密封着一个能盛装液体或气体的吸热管，两管之间抽成真空，在吸热管外表面涂有选择性的吸热涂层，当阳光照在热管上，吸热层聚集热能。中国太阳能电子厂生产的“太阳能真空集热管”，以其神奇的集热效果用于寒带蔬菜大棚的加热而在农村地区广泛使用。

(3) 太阳能发电　太阳能发电是先将太阳光转变成热能，然后再通过能量转换成电能。如太阳能热电站是在地面上设置许多聚光镜，从不同角度和方向把太阳光收集起来，集中反射到一个高塔顶部的专用锅炉上，使锅炉里的水受热变为高压蒸汽，经换热器和汽轮发电机把热能变成机械能，进而转化成电能。又如太阳能发电机系统主要由一个抛物面聚光器，把太阳光源聚集到一个碱金属热电转换器上，把熔点温度为 300℃的液态钠加热到 1000℃，当钠蒸气通过由两个电极夹着的一块陶瓷薄膜时，钠原子在阳极上放出电子，正离子通过陶瓷薄膜到达阳极。这样，就在两个电极面形成电压，从而产生电流。钠蒸气在陶瓷薄膜的另一边又凝聚成液态钠。这种太阳能发电机的效率高达 50%，比常规太阳能电池的效率高一倍。而且它还有一个优点，在夜晚或阴雨天可用天然气或石油来加热钠，保证连续发电。目前这种太阳能发电机正向大功率、实用化方向发展，前景十分广阔。

19.4.2　氢能

氢能以其质量轻、热值高、无污染而广泛应用于现代高科技如航天器、导弹、火箭、汽车等方面，实践证明氢作为能源，具有诱人的前景。

(1) 氢能源的特点　氢在常温常压下是气体，在超低温高压下又可成为液体，作为能源具有许多优点。

① 质量轻、热值高　每千克高达 7.09×10^4 kJ，是汽油热值的 3 倍。

② 品质最纯净　氢本身无色、无臭、无毒，燃烧后的产物是水，没有灰渣和废气，不会污染环境。

③ 来源广　在大自然中，氢的分布很广泛。水就是氢的大“仓库”，如果能用合适的方法以水制氢，则氢将是一种价格相当便宜的能源。

(2) 氢的制取　氢并不是以单质形式存在于地球上的，主要以水的形态存在，目前制氢方法主要有如下几种。

① 电解法　电解法是利用电能使 H_2O 分解为氢气和氧气。电解要消耗大量的电能，只有在大量低价的水力发电或核动力发电的情形下，电解水才是适宜的。

② 热化学法　此法是在高温有中间介质存在的条件下，分步完成分解的反应。例如在 1003K 时，以钙、镍、汞等化合物为中间体，经四步反应，可使水分解成为氢和氧，其反应式如下。

水的裂解：$$CaBr_2+2H_2O\xrightarrow{1003K}Ca(OH)_2+2HBr$$

释放出氢：$$Hg+2HBr\xrightarrow{553K}HgBr_2+H_2\uparrow$$

氧的转移：$$HgBr_2+Ca(OH)_2\xrightarrow{473K}CaBr_2+HgO+H_2O$$

释放出氧：$$HgO\xrightarrow{873K}Hg+\frac{1}{2}O_2$$

总反应式：$$2H_2O\longrightarrow 2H_2+O_2$$

上述反应中的中间体可循环使用。

③ 光分解制氢 20世纪70年代，人们用半导体材料钛酸锶作光电极，以金属铂作暗电极，将它们连在一起，然后放在水里，通过阳光的照射，就在铂电极上放出氢气，而在钛酸锶电极上放出氧气，这就是通常所说的光电解水制氢法。

④ 其他制氢新工艺 科学家发现，一些微生物也能在阳光作用下制取氢。人们利用在光合作用下可以释放氢的微生物，通过氢化酶诱发的电子与水中的氢离子生成氢气。上述种种制氢的技术，绝大部分仍处于理论研究和实验室阶段，预计在不远的将来有可能得到比矿物燃料更便宜的氢能源。

(3) 氢能的贮存和运输 氢能的贮存是氢能应用的前提，根据氢的物理化学性质，人们开发出各种贮氢技术。贮氢方法可分为物理法和化学法两类，这里主要介绍化学法贮氢技术。

① 金属氢化物贮氢 氢能够与许多金属、合金或金属间化合物反应生成金属氢化物并释放出能量，金属氢化物吸热时，又可释放出氢气。如镧镍合金 $LaNi_5$ 吸氢后形成 $LaNi_5H_6$，每体积可以贮存985体积的 H_2。

近年来，薄膜金属氢化物贮氢得到了较快发展，它已成为一种重要的贮氢方法。

② 无机物贮氢 一些无机物（如 N_2、CO、CO_2）能与 H_2 反应，其产物既可作燃料，又可分解获得 H_2，是一种目前正在研究的贮氢新技术。如碳酸氢盐与甲酸盐之间相互转化的贮氢反应为：

$$HCO_3^- + H_2 \underset{\text{Pd 或 PdO } 70℃, 0.1\text{MPa}}{\overset{\text{Pd 或 PdO } 35℃, 2.0\text{MPa}}{\rightleftharpoons}} HCO_2^- + H_2O$$

反应以Pd或PdO作催化剂，吸湿性强的活性炭作载体，其贮氢量为2%（质量分数）左右（以 $KHCO_3$ 或 $NaHCO_3$ 作贮氢剂），主要优点是便于大量的贮存和运输，安全性好。

③ 有机液体氢化物贮氢 有机液体化合物贮氢剂主要是苯和甲苯。利用催化加氢和脱氢的可逆反应来实现，过程如图19-4-3所示。

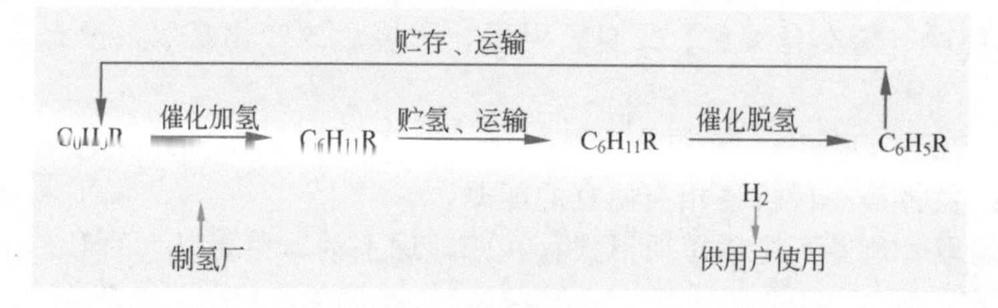

图19-4-3 有机液体氢化物贮氢示意

与其他贮氢方法比较，有机液体氢化物贮氢具有贮氢量大，氢载体的贮存、运输安全方便，贮氢剂苯或甲苯可循环使用等特点。

中国科学家最近发现碳纳米管可在加压下贮氢，贮氢量可以达到材料本身质量的4%。这是一次很重要的发现，受到国际科技界的瞩目，目前人们正在设想利用具有芳香性的富勒烯（C_{60}）进行贮氢。

$$C_{60} + 30H_2 \rightleftharpoons C_{60}H_{60} \text{（全氢富勒烯）}$$

C_{60} 如果可以实现催化可逆加氢，必将是一种超级优越的贮氢材料，其贮氢量将会达到材料质量的8.37%。

(4) 氢能的应用 氢能作为特殊的用途，已显示出它独特的优点。首先在航天方面，由于氢的能量密度高，对减轻燃料自重、增加有效载荷极为重要。如美国发射的“阿波罗”登月飞船使用的起飞火箭燃料就是液态氢。其次在航空方面，氢作为动力燃料也已开始在飞机上应用。第三，在汽车应用方面，成效更加显著。此外，氢气还可以用来制成燃料电池直接发电，“阿波罗”航天飞船就是采用的氢氧化钾水溶液型氢-氧燃料电池。燃料电池和氢气-氧气联合循环发电，能量转换效率比火力发电站最大热效率 40%要高出 1 倍，这无疑是非常诱人的一个重要用途。

19.4.3　生物质能和绿色电池

(1) 生物质能　由于生物质能资源极为丰富，是一种无害的能源。所以人们预言生物质能必将成为 21 世纪的一种新能源。

在生物质能方面人工制取沼气就是最佳利用途径之一。人工制取沼气是将有机物质如人畜粪便、动植物遗体等投入到沼气发酵池中，在严格的厌氧条件下，经过沼气细菌的作用，使复杂有机物中的部分碳化合物彻底氧化分解成 CO_2，一部分碳化合物彻底还原成 CH_4。所以沼气的主要成分是甲烷（CH_4）气，它的平均热值高达 $2.3\times10^4\,kJ\cdot m^{-3}$。由于沼气中含有少量的 H_2S、NH_3、PH_3 的缘故，沼气是有毒有臭的气体。为了确保安全，在使用前一定要经过净化处理。

沼气的应用十分广泛，不但作为燃料用于煮饭、照明，还可用于动力能源，既可直接用于煤气机燃料，又可用于汽油机或柴油机改装而成的沼气机燃料，以沼气作为燃料的新型汽车已经面世。

(2) 绿色电池　除燃料电池外，其他新型电池均在进一步研究开发之中，如锂离子电池、钠硫电池以及镍氢电池等，这些新型电池与铅电池相比，具有质量轻、体积小、贮存能量大以及无污染等优点，被称为新一代无污染的绿色电池。

① 锂离子电池　锂离子电池负极由嵌入锂离子的石墨层组成，正极由 $LiCoO_2$ 组成。锂离子电池在外部条件（充电或放电）作用下，使锂离子往返于正负极之间。外界输入电能（充电），锂离子由能量较低的正极材料“强迫”迁移到石墨材料的负极层间而成为高能态；进行放电时，锂离子由能量较高的负极材料间脱出，迁回能量较低的正极材料层间，同时通过外电路释放电能，即电子通过外线路由负极到正极。图 19-4-4 为锂离子电池充电放电示意图，锂电池的反应如下。

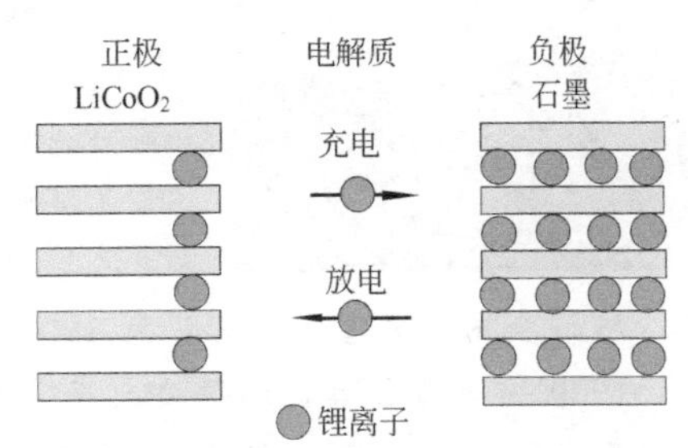

图 19-4-4　锂离子电池充电放电示意

正极：　$x\mathrm{Li}^+ + \mathrm{Li}_{1-x}\mathrm{CoO}_2 + x\mathrm{e}^- \longrightarrow \mathrm{LiCoO}_2$

负极：　$\mathrm{Li}_x\mathrm{C}_6 \longrightarrow x\mathrm{Li}^+ + 6\mathrm{C} + x\mathrm{e}^-$

电池总反应：　$\mathrm{Li}_x\mathrm{C}_6 + \mathrm{Li}_{1-x}\mathrm{CoO}_2 \underset{\text{充电}}{\overset{\text{放电}}{\rightleftharpoons}} \mathrm{LiCoO}_2 + 6\mathrm{C}$

锂离子电池具有显著的优点：体积小及比能量（质量比能量）密度高；单电池的输出电压高达 4.2V；在 60℃左右的高温条件下仍能保持很好的电性能。

锂离子电池主要用于便携式摄像机、液晶电视机、移动电话机和笔记本计算机等。

② 银锌电池　银锌电池是一种新型的蓄电池，具有电容量大，可大电流放电，又耐机械振动的优良性能，用于宇宙航行、人造卫星、火箭、导弹和高空飞行。银锌电池的负极为锌，正极为氧化银，以 40%的 KOH 溶液作电解质。电池工作（放电）时的反应如下。

负极：　$\mathrm{Zn} + 2\mathrm{OH}^- \longrightarrow \mathrm{Zn(OH)_2} + 2\mathrm{e}^-$

正极：　$\mathrm{Ag_2O} + \mathrm{H_2O} + 2\mathrm{e}^- \longrightarrow 2\mathrm{Ag} + 2\mathrm{OH}^-$

电池总反应为：　$\mathrm{Zn} + \mathrm{Ag_2O} + \mathrm{H_2O} \longrightarrow 2\mathrm{Ag} + \mathrm{Zn(OH)_2}$

随着新型绿色电池性能水平的不断提高，生产工艺日益完善，可以预见，高容量、少污染、长寿命的新型绿色电池将在21世纪蓄电池市场竞争中大放异彩。

此外，利用燃料（石油、天然气、煤）进行高温加热，直至电离成导电的等离子气体，高速通过磁场切割磁感应线产生感应电动势，这样直接将热能转换成电能。由于磁流体发电排气温度高，如果与常规汽轮发电厂联合循环发电，可将燃料热能的利用率从40%提高到60%。

磁流体发电技术是一种新的能源转换方式，它热效率高，很大程度上降低了排在大气中的粉尘和二氧化硫等有害气体，大大减少对大气的污染。磁流体发电目前已成功建成10MW级装置，数百兆瓦级实验装置也在试制中。

科学家哈柏

Fritz Haber（1868～1934）

首次把氮和氢合成氨由理论研究转化为实际工业化生产的是德国化学家哈柏，这也是他一生众多发明创造中最成功、最伟大的一项。

20世纪初，德国迫切希望以空气中的氮为原料来制取氮肥。其中最感兴趣的是位于德国中西部城市卢特微克斯哈芬的巴登苯胺纯碱化学公司，于是聘请喀尔斯鲁大学的物理化学教授哈柏进行合作研究。哈柏对吕·查德里关于控制化学平衡所做的工作非常了解，他在当时的物理化学理论基础上，经过反复的测试和计算得出如下结论：用氢还原空气中的氮合成氨远比直接氧化空气中的氮达到固氮的可能性要大得多。当时德国的化学权威能斯特公开提出合成氨的平衡在技术上是行不通的，然而哈柏没有停止研究，到1909年终于取得了初步成功。

1909年7月2日，巴登公司在喀尔斯鲁的试验宣布工程试车，特邀当时的工程专家和催化剂专家参加。在现场他们看到哈柏不停地调节生产条件，非常紧张地解决连续不断出现的故障，最终亲眼看到生产出了100mL合成氨。1911年在建成的中试装置上得到日产100kg液氨，1911年设计建造日产近30t的第一座合成氨工厂，1913年正式投产，从此拉开了工业化大规模生产合成氨的序幕。

1914年，欧洲大陆爆发了第一次世界大战，NH_3是生产HNO_3的原料，而HNO_3又是生产炸药TNT和硝化甘油的关键原料，因此合成氨生产在德国得到了迅猛的发展，这也是首次大规模地把化学合成运用于战争目的。哈柏参加并领导了德国军队化学兵的后勤部门的工作。在他的领导下首次使用了毒气（Cl_2）。事后，他的妻子极力劝他停止该领域的工作，但哈柏未听劝阻，为此还导致了他妻子的自杀。1918年哈柏获诺贝尔化学奖时，因他在战争中所起的坏作用而遭到科学界的非议。

战后的德国负债累累，人民处于贫穷与苦难之中，为了帮助国民渡过难关，哈柏曾试图从海水中提取黄金来偿还德国的战争欠款，后终因含量太低虽经几年的努力也未获成功。

哈柏的晚年是不幸的。1933年纳粹命令他解雇研究所内的所有犹太职工。出于科学家的良知，在被逼无奈的情况下他只能辞职。他在辞职信中写道："几十年来，我以员工的智慧和特长为基础挑选我的合作者，而不是他们的祖先，我不愿意为了我的余生而改变这一方式。"随后他的研究所被迫倒闭。由于哈伯本人也有犹太血统，同年不得不离开德国前往美国，1934 年一次途经瑞士因心脏病发作客死他乡。

复习思考题和习题

1. 根据不同的能源分类方法，对下列能源进行分类：
   (1) 石油；　(2) 氢气；　(3) 乙醇；　(4) 沼气
2. 试举例说明通过能量的化学转变而提高能量利用率的实例。
3. 煤的直接利用存在哪些问题？煤的间接利用主要有哪些途径？如何实现？
4. 简述燃料电池的基本原理。燃料电池与原电池的主要差别在哪里？设想是否有可能将煤气化学反应构成燃料电池？
5. 人在宇宙飞船中如何生存？怎样利用太阳能？
6. 实现光分解水制氢的基本条件是什么？TiO_2 是如何促进水分解为氢气的？
7. 化工生产过程中应如何注意节能？
8. 在液体的蒸发过程中，三效蒸发器比单效蒸发器节能，这是为什么？
9. 在化学反应过程中采用反应的耦合或高性能的催化剂能起到节能效果，这是为什么？
10. 为什么说氢能是未来“取之不尽，用之不竭”的清洁能源？
11. 为什么说锂离子电池、银锌电池等是绿色电池？

参考书目

1 高虹，张爱黎编著．新型能源技术与应用．北京：国防工业出版社，2007

2 童忠良，张淑谦，杨京京编著．新能源材料与应用．北京：国防工业出版社，2008

3 申泮文主编．近代化学导论．第二版．北京：高等教育出版社，2009

4 Farret F. A.，Simoes M. G. **Integration of Alternative Sources of Energy.** John Wiley & sons，Inc，2006

5 Chang R. **Chemistry 10th ed.** McGraw-Hill Science/Engineering Math，2011

第 20 章　生命与化学

Chapter 20　Life and Chemistry

虽然我们至今还不知道生命物质最初是如何形成的，但有一点是肯定的，那就是今天存在于地球上的所有生命，从细菌到最高等的生命——人，都是从几十亿年前地球表面液态水圈中简单的生物分子演化而来的。构成地球上所有生命的各种生物高分子都是相同或相似的，而组成生物高分子的各种单体分子的种类，如氨基酸、核苷酸、各种单糖、脂类以及它们的衍生物则基本上都是相同的。在生命演化的初期，这些生物分子组成了最简单的、能独立生存的生命——原核细胞。今天地球上种类繁多的生命都是从几十亿年前的这些单细胞生命经过无数次突变演化而来的。从根本上说，生命的进化与化学的进化同步，生命是化学物质的一种超级组成形式，生命过程是一种超级的化学过程。

生物化学（biochemistry）是关于生命的化学，它是化学与生命科学发展到一定阶段的产物。生物化学反应是在活细胞中进行的，它的特点是：反应条件温和、具有严格的细胞内定位、反应可被有序严密地调节控制。利用生命中的这些反应特点与工程技术相结合，由此而产生了生物工程或生物技术，它对传统工业产生了巨大的冲击。在 21 世纪，人类面临的人口、粮食、能源、环境等问题的威胁将更加严重。科学家们认为，解决这些问题的途径，无不有赖于生物技术的应用与开发。因为生物技术的特点正是利用生物资源的可再生性，在常温、常压下生产人类所需的各种产品，节约资源和能源，减少环境污染。这种认识越来越为生物技术的应用所证实。如，引入或刺激在油藏中存在的特殊微生物体系，以提高原油采收率的“微生物强化采油技术”，不仅可以使本已枯竭的油井复活，而且为解决日益严峻的石油资源问题带来了新希望。毫无疑问，生物技术是继信息技术之后推动生产力发展的又一重要力量。2008 年，我国的生物技术产业的总产值已突破 8000 亿元，估计到 2020 年，全球的这一数字可能达到 31000 亿美元。

21 世纪，生命科学的一系列进展和消息在让人欣喜之余又令人担忧。2001 年，继美国科学家培育出首只转基因猴之后，又有人希望培育出世界上第一个克隆人。随着人类基因组的基本信息首次公布于众，如何防止生命科学新突破被误用和滥用，又一次成为人们关注的热点。

20.1 生命的元素

自然界中存在的天然元素约 90 种，在生物体中能维持生命活动的必需元素称为生命元素（life elements），目前认为有 27 种，除硼（B）外，皆为人体的必需元素，它们在周期表中的分布见表 20-1。

表 20-1 维持生命活动的必需元素

周期	ⅠA	ⅡA	ⅢB	ⅣB	ⅤB	ⅥB	ⅦB	ⅧB	ⅧB	ⅧB	IB	ⅡB	ⅢA	ⅣA	ⅤA	ⅥA	ⅦA
1	H*																
2													B	C*	N*	O*	F
3	Na*	Mg*												Si	P*	S*	Cl*
4	K*	Ca*			V	Cr	Mn	Fe	Co	Ni	Cu	Zn				Se	Br
5						Mo								Sn			I

注：* 为宏量元素；_ 为微量元素。

宏量元素占人体总质量的 99.95%以上，微量元素在人体中的含量一般低于 0.01%。其中，在所有细胞中存在的元素有：C、H、O、N、P、S、Cl、Na、K、Mg、Ca、Mn、Fe、Co、Cu 和 Zn。在某种细胞中存在的元素有：B、F、Si、V、Cr、Se、Mo、Sn、I、Ni 和 Br。

20.1.1 构成生物高分子结构的主要元素

在 27 种生命元素中，有 6 种对生命活动起着特别重要的作用，它们是：C、H、O、N、P 和 S。生物高分子主要是由这 6 种元素构成的，如糖类主要由 C、H、O 三种元素构成；蛋白质中主要含 C、H、O、N 和 S 元素；核酸则由 C、H、O、N 和 P 等元素构成。这些元素有如下特点。

（1）都存在于环境中 生物是在地球上产生的，并同环境变化一起，沿着生态系的稳定性，有选择地取舍环境中的物质而进化发展的，所以构成生物高分子的元素都是环境中存在的，且丰度较高。

（2）都是轻元素 构成生物分子的元素在元素周期表处于前 20 位元素中，这样就使构成的生物体有较轻的质量。

（3）能形成很强的共价键 C、H、O、N 具有能形成共价键的共同性质，它们能相互作用生成大量不同形式的共价键化合物，由于这四种元素能形成很强的共价键，就使生物分子在长期进化过程中能保持相对稳定。

（4）具有彼此相互结合的能力 在有机分子中，由于围绕每个单键结合的碳原子的电子对具有四面体构型，借碳碳键可形成许多不同的三维空间结构，因此可形成线性、分枝状或环状的骨架。碳原子还可以和氧、氢、氮和硫形成共价结合并把不同种类的功能基引入生物有机分子结构中来。

(5) 形成的生物分子具有流动性 碳、氢、氧形成的许多有机分子在生理温度（0～40℃）下具有流动性，如 CO_2 常温下为气体，SiO_2 在常温下为固体，所以硅虽与碳很相似，且在自然界中硅的丰度要大于碳，但从流动性来看并不能构成生命的骨架。

20.1.2 细胞膜与离子泵

细胞是生命的基本结构与功能单位，细胞内进行着错综复杂的化学变化，以完成生长、发育、繁殖、运动等各种生命活动。细胞分原核细胞和真核细胞，细菌、蓝藻属于原核细胞，而动植物和人体由真核细胞构成。从电子显微镜下观察细胞的基本结构可分为三部分：细胞膜、细胞核和细胞质（图 20-1-1）。细胞被细胞膜包围着，由膜来调节细胞内外物质的流通。

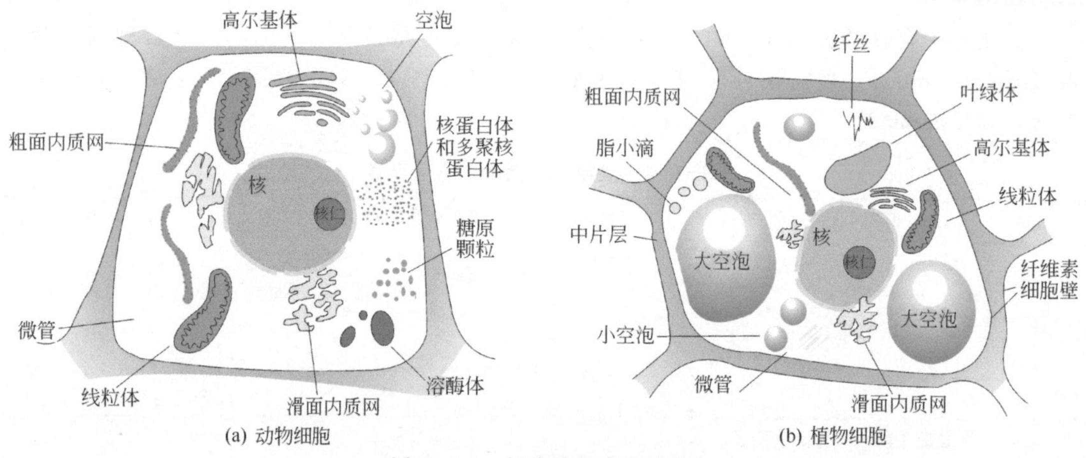

图 20-1-1 细胞的组成及形态

值得注意的是，无机盐在细胞中存在的量虽不多，但为生命所必需，许多无机盐在细胞中以游离的离子状态存在，离子提供了各种生理进程所必须的离子平衡。例如：K^+ 是细胞内部体液中最重要的阳离子，其浓度为0.1～0.5mol/dm^3，高浓度的 K^+ 能使核糖体获得最大的活性，而核糖体又是合成蛋白质的重要场所。

细胞膜（cell membrane）是细胞的屏障，将细胞内部与外界隔开，它能选择性地将各种物质输入细胞内，并将细胞产生的各种废物以反方向排出。细胞通过细胞膜与周围环境进行有选择性的物质交换而维持生命活动。细胞膜的结构十分复杂，主要的化学成分是磷脂和蛋白质，其结构可用流体镶嵌模型来表示（图 20-1-2）。

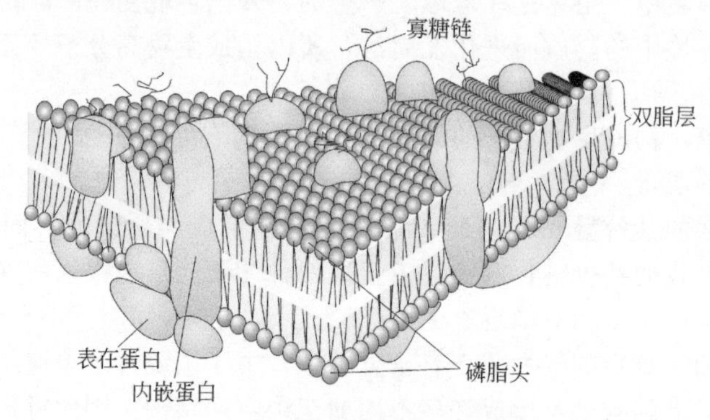

图 20-1-2 生物膜的流动镶嵌模型示意

理论上讲，由于膜是脂质性的，只有脂溶性的非极性分子才是可通透的。但事实上，一个进行着新陈代谢的活细胞，不断地有着各式各样的理化性质各异的物质、离子、极性和非极性的小分子及大分子通过细胞膜，大多数物质进出细胞都与膜上镶嵌着的特定蛋白质有关。

细胞膜的选择性通透使细胞内部的离子组成与细胞外部的不同，如细胞内含 K^+、Mg^{2+} 和磷酸盐较多，而 Na^+、Ca^{2+}、Cl^- 在细胞外的浓度比细胞内大。离子的选择性输送是由不同的蛋白质携带某一离子运动完成的，这是一种逆浓度梯度的、耗能的主动运输过程，正如水从低处输送到高处需要“泵”一样，离子的主动输送需要离子泵（ionic pump），一个最重要的离子泵是存在于动植物细胞膜上的“钠钾泵”。

“钠钾泵”是一种嵌在膜中的具有 ATP（腺苷三磷酸）酶活性的特殊蛋白质，故又称 Na^+-K^+-ATP 酶。该酶在细胞膜内外分别为 Na^+ 和 K^+ 所激活，催化 ATP 水解，为 Na^+ 运出膜外和 K^+ 运进膜内提供能量（图 20-1-3）。

$$\text{ATP} \xrightarrow[\text{H}_2\text{O}]{\text{ATP 酶}} \text{ADP(腺苷二磷酸)} + \text{H}_3\text{PO}_4 + \text{能量}$$

用结构表示：

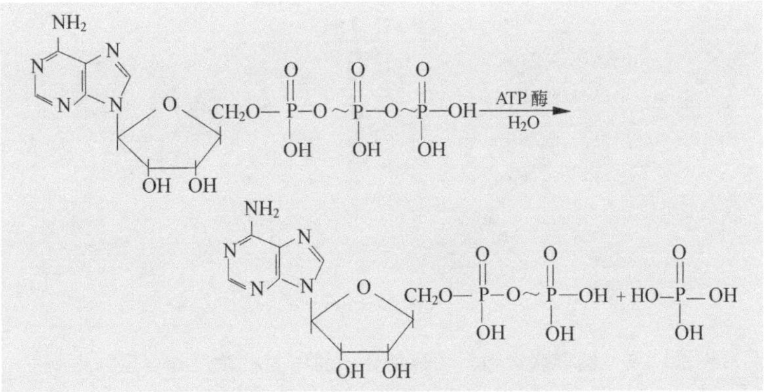

图 20-1-3　ATP 酶催化反应示意

在有 Na^+ 离子存在的条件下，ATP 的末端磷酸基被转交给了 ATP 酶。ATP 酶的磷酸化引起其构象变化，而把 Na^+ 运出膜外。随之，在有 K^+ 存在时 ATP 酶又脱磷酸化，恢复到原来的构象，与此同时把 K^+ 离子运进膜内（图 20-1-4）。

钠钾泵的存在对生物体来说具有很重要的生理意义，如细胞从胞外吸收氨基酸、葡萄糖等养料的过程是通过钠钾泵造成的 Na^+ 离子浓度梯度来推动的（图 20-1-5）。首先，葡萄糖和其运输蛋白与 Na^+ 偶合后进入细胞，葡萄糖随即被释放到胞内，进入胞内的 Na^+ 又通过钠钾泵被运出细胞。

20.1.3　与酶的辅因子有关的元素

生物体内大多数化学变化由生物催化剂——酶（enzyme）催化完成，而绝大多数酶催化的化学反应需要有辅因子参与，金属离子即是辅因子的一种。在这些需要金属离子的酶反应中，如果没有金属离子存在，则酶活力很低，甚至失去催化能力。在酶中常见的金属离子有 Mg^{2+}、Mn^{2+}、Cu^{2+}、Zn^{2+} 等，除 Mg^{2+} 外都为第一过渡系的微量元素，由于在这些元素的离子电子层内都有空轨道，如 Mg^{2+}（$3s^0 3p^0$）、Zn^{2+}（$3d^{10} 4s^0 4p^0$）等，因此它们都是电子对的接受体。

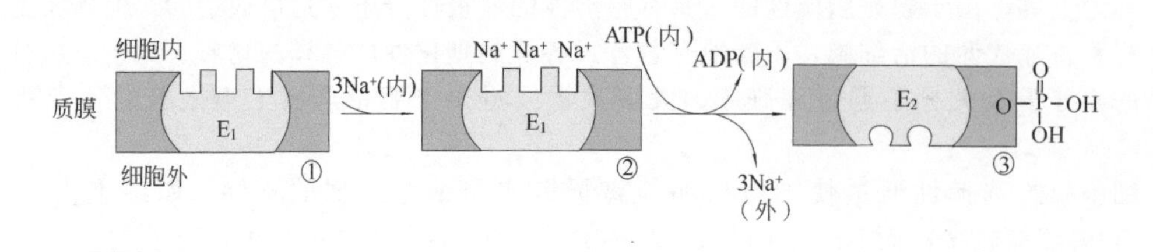

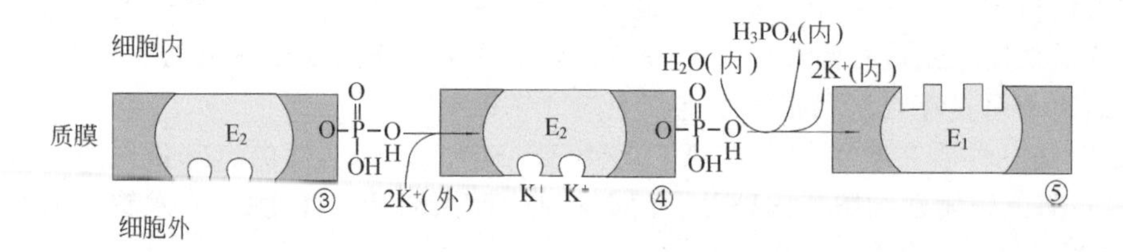

图 20-1-4　Na^+，K^+离子的双向主动运输示意

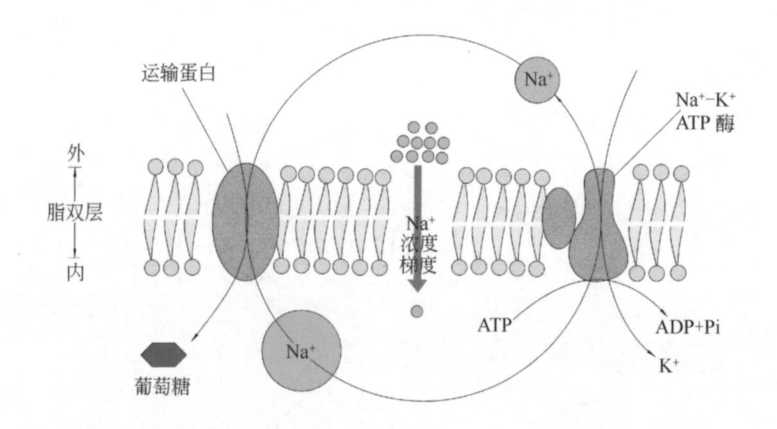

图 20-1-5　钠偶联运输：葡萄糖分子利用 Na^+ 浓度梯度进入细胞

(1) 镁　Mg^{2+}离子具有稳定某些酶的结构，使酶活性增强的作用。前述的 ATP 酶的激活剂就是 Mg^{2+}。Mg^{2+}是叶绿素的重要组分，故植物生长要不断从土壤中吸收镁。在当代，由于世界人口增加，耕地面积减少，人们为了提高产量，拼命施用化肥，从而造成土壤中镁的缺乏，影响到人类食物中的镁含量。缺镁会使骨骼过早老化，使人体四肢无力、肌肉痉挛、神经功能混乱。

(2) 锌　锌被称为生命的“火花”，在生物体内 Zn^{2+}参与多种代谢过程，如糖类、脂类、蛋白质及核酸的合成与降解，这些都与含锌的酶广泛存在有关，在含 Zn^{2+}酶中最著名的是羧肽酶 A（用 CPA 表示），它存在于哺乳动物胰脏中，能催化蛋白质 C 末端氨基酸的水解。

```
        Rn               R2               R1
        |                |                |
H2N—CH—C┈┈NH—CH—C—NH—CH—COOH
            ‖                ‖ ↖(CPA 作用部位)
            O                O
     (N 端)          (水解部位)        (C 端)
```

(3) 铜　Cu^{2+}是生物体的必需微量元素，普遍存在于动、植物及微生物体内。Cu^{2+}存在于 300 多种蛋白质和酶中，其中的酪氨酸酶（又称多酚氧化酶）是与生物体的色素形成有关的一个酶，高等动物的皮肤、毛发、眼睛中的黑色素就是由酪氨酸酶催化酪氨酸氧化为醌类物质，再经一系列变化产生的。土豆、苹果、茄子也含有酪氨酸和其他酚类，当它们受到机械性损伤（如削皮、切开或感染）或受到异常的环境变化（如受冻、受热等）时，细胞组织被破坏，氧大量侵入，在酪氨酸酶的作用下，形成醌积累，再进一步聚合而形成黑色素，从而发生褐变现象，在食品中，称为酶促褐变。因此，了解食品变色原理，寻找能抑制食品变色的方法对提高食品质量具有重要意义。

(4) 锰　Mn^{2+}是生物体必需的微量元素之一，锰的生理作用与能量代谢有关，它能维持与呼吸有关的酶的活性。据测定，骨骼肌中含锰量最高，这是由于人体的力量来自肌肉，而肌肉的力量又必须以能量代谢为基础的缘故。锰还参与造血作用，动物胚胎、肝脏中含Mn^{2+}量较多，很可能和它们的造血作用有关。给贫血动物以小计量锰盐或含锰蛋白，可使血红蛋白、中幼红细胞、成熟红细胞及血液总量增多。锰参与造血过程可改善机体对铜的利用，促进对铁的吸收、利用及红细胞的成熟和释放。

20.2　生物高分子

由各种生命元素构成的生物高分子是组成生命的物质基础，也是生物化学研究的主要内容。生物体内的生物高分子包括糖类、脂类、蛋白质、核酸等，这些生物高分子在生物体中具有结构和功能上的双重作用。

20.2.1　糖类

在生物体的活组织中，糖的主要存在形式是各种多糖（polysaccharide）和多糖苷。它们可能仅由一种类型的糖残基组成，如由葡萄糖组成的淀粉、糖原和纤维素等。也可能含有多于一种糖及其衍生物残基，呈现变换的、重复的序列，如各种形式的黏多糖。多种多糖呈线型并带有分枝。

糖类物质在生物体中的功能主要是为生物体提供能量以维持正常的生命活动，如肌肉收缩过程中所消耗的能量；糖类物质的另一重要功能是作为细胞的结构组分，如植物的茎、叶等部位都含有纤维素或半纤维素等作为其结构成分，而动物的结缔组织、软骨滑液等，主要也是由糖构成，其中有的起支撑作用，有的起保护或润滑作用；糖类物质与蛋白质、脂类物质能结合形成糖蛋白、糖脂等复合糖，例如血浆中的蛋白质大多为糖蛋白，很多酶也都是糖蛋白。又如，神经节中有种类繁多的糖脂。这些糖复合物在生物体内发挥着重要作用，例如它们是人的血型、细胞和许多微生物分型的分子基础。分布于细胞表面的糖复合物还能作为受体、细胞标记、抗原决定簇等等，参与细胞黏着、细胞识别、免疫活性等多种生理活性功能。糖蛋白和糖脂上的糖链可以是酶、蛋白质、病毒、一些毒素、激素和细胞免疫有关因子的受体位点。糖类也是一类重要的信息分子。

20.2.2　脂类

脂类（ester）是广泛存在于自然界的一大类物质，它们仅有的共性是都溶于苯、醚等有机溶剂，而不溶于水。重要的有三酰甘油（图 20-2-1）和磷脂（图 20-2-2），前者由长链脂肪酸和甘油组成，作为机体代谢所需能量的贮藏形式，每克脂肪的潜能比等量蛋白质和糖多一倍以上。后者除了含脂肪酸和相应的醇之外，还含有磷酸，并且几乎都集中在生物膜中。某些维生素（如维生素 A 和维生素 D）以及某些激素（如类固醇激素和前列腺素）也属脂类，它们分别具有营养及调节代谢的作用。

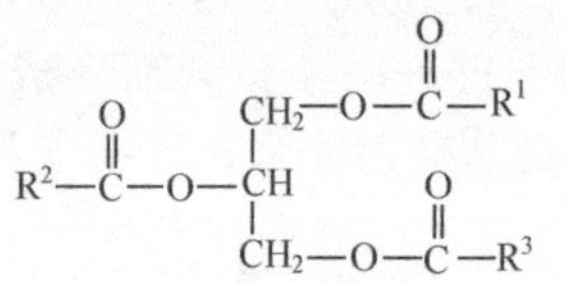

图 20-2-1 三酰甘油结构通式

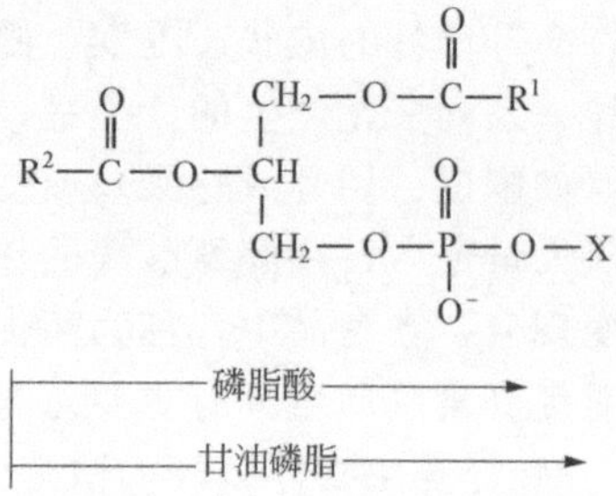

磷脂酸

甘油磷脂

图 20-2-2 甘油磷脂结构通式

由于甘油磷脂的 3 位上带有磷酸基团，因此磷脂是一种两性分子。磷脂的亲水脂特性使由其构成的生物膜具有极性表面和疏水性内衬的结构，实际上，这种结构是磷脂分子以它们的非极性尾部相互作用在一起，极性的头部朝向两侧而形成的（图 20-1-2）。

生物膜的许多重要特性，如柔软性、通透性、高电阻性均与脂类有密切关系。在机体表面的脂类有防止机械损伤和防止热量散发等保护作用。脂类作为细胞表面物质，与细胞表面识别、种属特异性和组织免疫等生物功能有密切的关系。脂类分子常与其他化合物结合在一起形成杂交分子，如糖脂和脂多糖含有糖类和脂类分子，脂蛋白则是脂质与蛋白质组成的重要的生物大分子，在生物体内起着特殊的生物作用。

20.2.3 蛋白质

蛋白质（protein）是生物体中重要的结构和功能分子。天然蛋白质由 20 种 L-氨基酸构成，它们通过一个氨基酸的 α-COOH 与另一个氨基酸的 α-NH_2 缩去一份水形成肽键（即酰胺键），并通过肽键将氨基酸连接起来构成多肽链（图 20-2-3）。

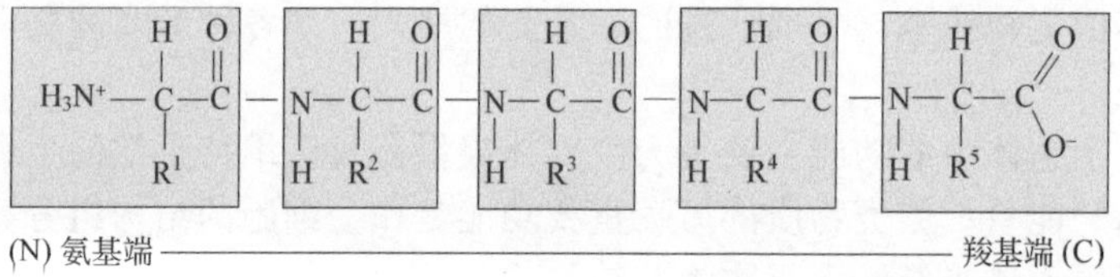

(N) 氨基端 —— 羧基端 (C)

图 20-2-3 蛋白质分子的一级结构

生物体中的各种遗传信息，多数都通过蛋白质的功能表达出来。蛋白质的功能与蛋白质的结构有关，只有当蛋白质具有一定的三维结构时，蛋白质才表现出它的生物学功能。蛋白质的结构可分为四个层次，即一级结构（或初级结构）、二级结构、三级结构和四级结构。

蛋白质的一级结构（primary structure）是指组成蛋白质的肽链中氨基酸的排列顺序（图 20-2-3），它是蛋白质分子结构的基础，包含了决定蛋白质分子三维结构的全部信息。稳定蛋白质分子初级结构的主要作用力是肽键。

蛋白质的二级结构（secondary structure）是指氨基酸构成的多肽主链有规则重复的构象，如 α-螺旋（α-helix）、β-折叠（β-pleated sheet）和 β-转角（β-turn）等。最重要也是最常见的是 α-螺旋结构（如图 20-2-4），它常见于动物皮肤及皮肤的衍生物如毛发、鳞、羽和丝等中的 α 角蛋白中，故 α 角蛋白具有良好的伸缩性，在湿热状态可以伸展，而在冷却干燥时又可自发地恢复原状，这也就是为什么当你使用洗发香波洗头时会感到头发似乎变长的缘故。稳定蛋白质二级结构的作用力是氢键，它是由多肽链内或多肽链间的羰基和亚氨基之间形成的。

蛋白质的三级结构（tertiary structure）是指组成蛋白质的全部原子的空间位置，它们常在二级结构的基础上再进行错综复杂的折叠和盘绕，形成近乎球形的蛋白质结构，如肌红蛋白的结构即是如此（图 20-2-5）。稳定蛋白质三级结构的作用力是由多肽链上相近或相距甚远的各氨基酸侧链，即 R 基团相互作用所决定的，包括氢键、盐键、疏水相互作用等。

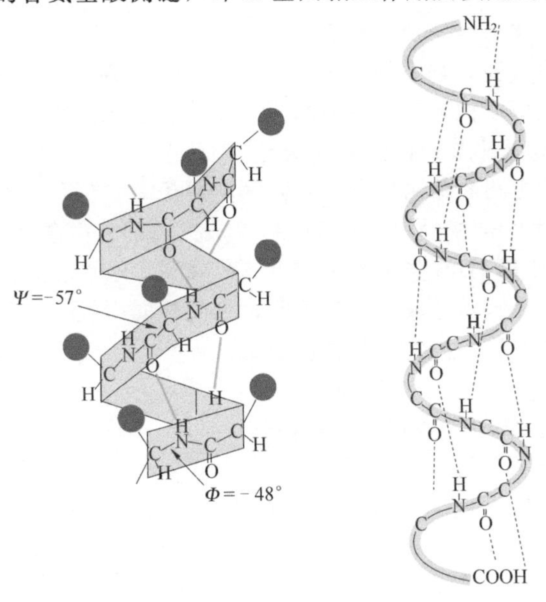

图 20-2-4　蛋白质的 α-螺旋构象

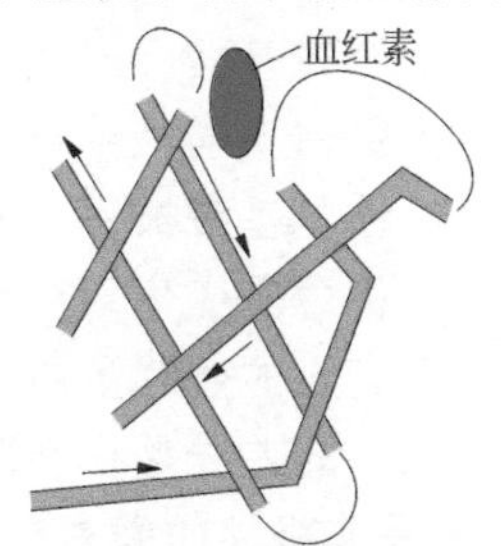

图 20-2-5　肌红蛋白的三级结构

单线表示非 α-螺旋部分

图 20-2-6　血红蛋白四级结构

H 表示血红素，米色线表示另两条肽链

蛋白质四级结构（quaternary structure）是指由具有三级结构的蛋白质的各亚基通过非共价键聚合而成的大分子蛋白质。如血红蛋白的四级结构（图 20-2-6）由四个亚基构成，其中有两条 α 链（各 141 个氨基酸残基）和两条 β 链（各 146 个氨基酸残基）。稳定四级结构最重要的作用力是各亚基之间形成的疏水键。蛋白质分子中常见的弱化学键如图 20-2-7 所示。

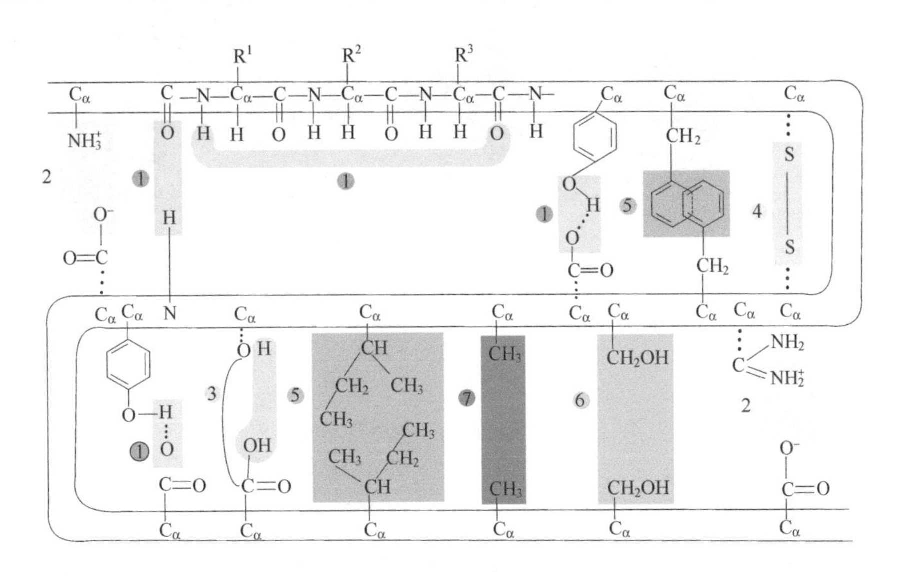

图 20-2-7　蛋白质分子中的几种弱化学键位置示意

1—氢键；2—盐键；3—酯键；4—二硫键；5—非极性基团间疏水键；

6—偶极子间相互作用；7—非极性基团间范德华力

蛋白质一般由50个以上氨基酸（amino acids）组成，故相对分子质量很大，从几万到几十万之间，有的甚至可达上百万，故蛋白质分子的结构是极为复杂的。现在已经知道，蛋白质复杂的三维结构即螺旋、折叠、盘绕和缔合等都是由蛋白质的一级结构所决定的，而蛋白质的一级结构又取决于生物体中的DNA序列。当遗传发生变化时，一般情况下一个氨基酸即被另一个氨基酸所取代。如果这种变化只是一个氨基酸被另一个结构相似的氨基酸所取代，则这个蛋白质的三维结构可能会保持不变，它们的生物学功能也保持不变。如果这种变化是一个极性氨基酸被一个非极性氨基酸所取代，则蛋白质的三维结构将急剧变化，因而其生物功能也将急剧变化。最典型的例子是正常人的血红蛋白分子（HbA）和患有镰刀型红细胞贫血症病人的血红蛋白分子（HbS）之间的结构差异，它们都由两条α肽链和两条β肽链组成，惟一的差异是在β链的N端第六位氨基酸上，在HbA中是极性的谷氨酸（Glu），而在HbS是非极性的缬氨酸（Val）。这使得HbS分子表面的负电荷减少，亲水性降低，导致血红蛋白不正常的聚合，形成结晶，红细胞随之收缩成镰刀状，细胞脆弱而发生溶血，严重影响了与氧的结合能力，从而造成患者有头昏、胸闷等贫血症状。

	1 2 3 4 5 6 7 8
正常（HbA）：	H_2N•缬•组•亮•苏•脯•谷•谷•赖……
镰刀形贫血病(HbS)：	H_2N•缬•组•亮•苏•脯•缬•谷•赖……

蛋白质分子除了作为生物体的结构组分外，还有其他多种生物功能（图20-2-8）。

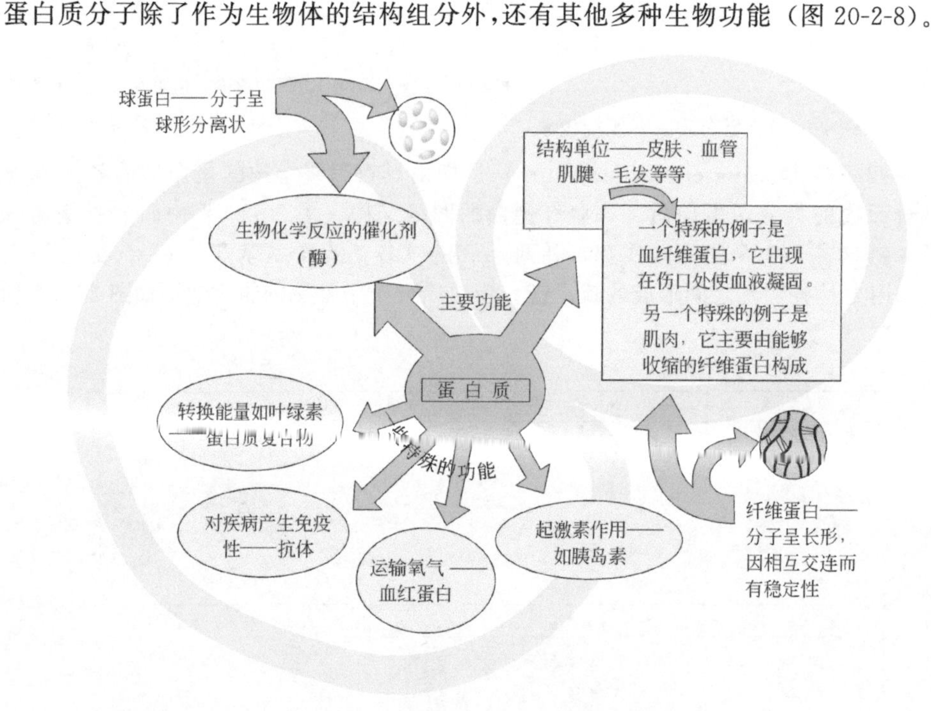

图20-2-8 蛋白质的各种生物功能示意

20.2.4 核酸

在活细胞各组分中，核酸是最为关键的，它包含了遗传信息，并参与这种信息在细胞内的表达，从而促成代谢过程及其控制。核酸（nucleic acids）可分为两大类，一类是核糖核酸（RNA），另一类为脱氧核糖核酸（DNA）。其中DNA（deoxyribonucleic acids）是主要的遗传物质，负责遗传信息的存储和发布。所谓基因就是DNA链上的若干核苷酸所组成的片断。RNA（ribonucleic acids）主要负责遗传信息的表达，它直接参与蛋白质的生物合成，它转录 DNA 所发布的遗传信息，并将之翻译给蛋白质，使生命机体的生长、发育、繁殖和遗传得以进行。

DNA 是由两条多核苷酸链围绕一个共同的轴相互盘绕在一起而构成一种直径为 2nm 的双螺旋结构（图 20-2-9），互补的碱基通过特殊的氢键连接，存在于螺旋的内部，通过氢键偶合的碱基平面垂直于螺旋轴，螺旋呈右旋。两个相邻碱基的距离是 0.34nm，每十个碱基（3.41nm）构成完整的一段螺旋结构。螺旋结构中的两条链是反向平行的。❶

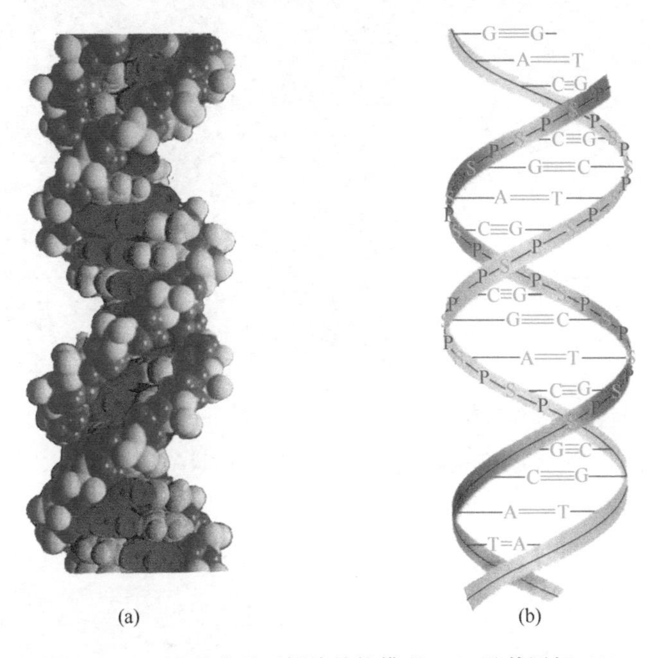

(a)　　(b)

图 20-2-9　DNA 分子双螺旋结构模型（a）及其图解（b）

RNA 有三种，即转移 RNA（tRNA）、信使 RNA（mRNA）和核蛋白体 RNA（rRNA），它们都是单链的结构，但经过折叠也可形成特定的三维结构，如 tRNA 的二级结构呈现三叶草型（图 20-2-10）。

当细胞再生时，DNA 需要复制，即 DNA 的两条链会打开，以每一条链作为模板，在专一酶的作用下，利用细胞中的脱氧核苷三磷酸（dATP、dGTP、dCTP 和 dTTP）来合成两条新链，每一条新链都与一条母链互补并配对，此即 DNA 的半保留复制（图 20-2-11）。

蛋白质的合成首先需要 DNA 进行转录，即将 DNA 的遗传信息转录到信使 RNA（mRNA）上，这样 mRNA 就带有了 DNA 上的全部遗传密码子（codon），每一个密码子就是 mRNA 上的三联体核苷酸，它可以用来编码一个氨基酸。由于 mRNA 上有四种不同的碱基，因此共有 $4^3=64$ 种三联体核苷酸排列，即有 64 种密码子，其中的 61 种密码子用来翻译 20 种不同的氨基酸，其余三种为蛋白质合成的终止信号。所以 mRNA 是蛋白质合成的模板。rRNA 与蛋白质组成核蛋白体，这是蛋白质合成的场所。而 tRNA 在蛋白质的合成中，则作为氨基酸的载体，因为在 tRNA 上有与 mRNA 上的密码子配对的反密码子，故 tRNA 可以把正确的氨基酸带到核蛋白体上来。

---

❶ DNA 分子结构是由美国科学家詹姆斯·沃森和英国科学家弗朗西斯·克里克于英国剑桥大学卡文迪什实验室共同研究，并于 1953 年 2 月提出了 DNA 分子的双螺旋结构模型，从而揭开了遗传之谜。

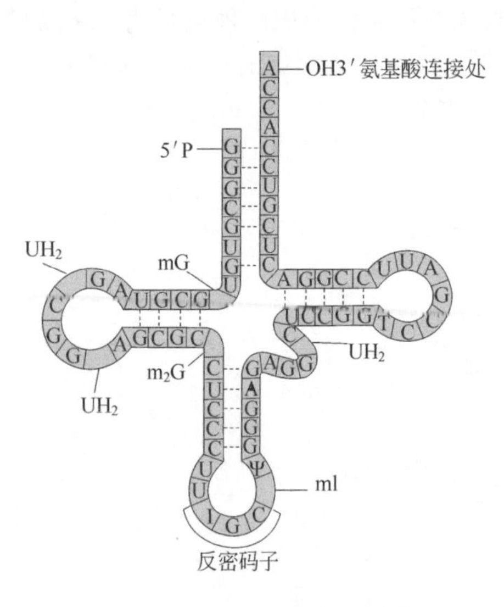

图 20-2-10 酵母 tRNA^{Ala}三叶草结构模式

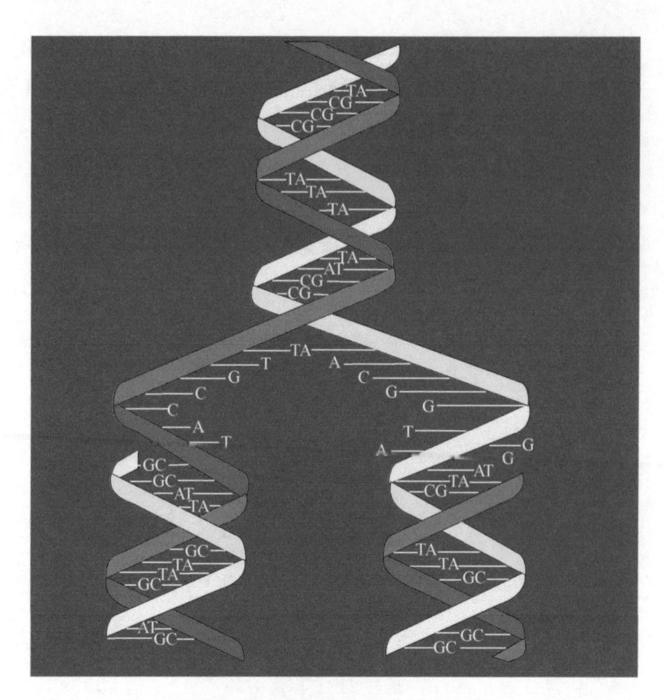

图 20-2-11 DNA 的半保留复制

图 20-2-12 为 *E. coli*（大肠杆菌）的核蛋白体、mRNA 和氨酰-tRNA 的组合，图 20-2-13 为蛋白质合成示意图。

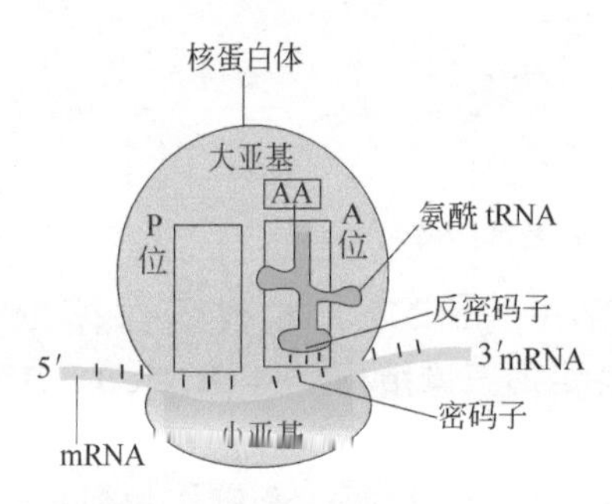

图 20-2-12 大肠杆菌核蛋白体、mRNA 和氨酰-tRNA 的组合

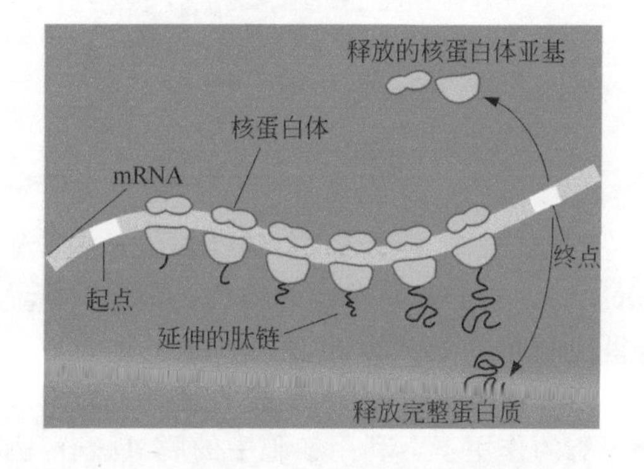

图 20-2-13 蛋白质合成示意

20.3 新陈代谢

新陈代谢是生物化学研究的重要内容之一，它主要讨论生物分子在生物体内是如何进行化学变化的，这些变化又与各种生命现象（如生长、发育、遗传、变异等）有何关系。

20.3.1 新陈代谢的基本概念

新陈代谢（metabolism）是生命最基本的特征之一，它是生物体与环境进行物质交换和能量交换的过程。对于生命而言，由一个细胞发展成为一个高度复杂而有序的生物个体，并不构成热力学定律的例外，而是热力学定律的补充和完善。在这一过程中，环境对生物体显得特别重要，生物个体的高度有序性是以环境的高度混乱为代价的。生物体内复杂的代谢过程常常反映为种种生命现象，如呼吸作用主要是糖类物质在氧的参与下进行分解并放出能量；生长则主要是核酸、蛋白质等物质合成的结果；运动时肌肉收缩则是由化学能（ATP）转变为动能的原因；光合作用是将光能转变为化学能（合成糖类）的过程。

在代谢过程中，动物和植物、高等生物和低等生物之间也在不断地相互联系，一个有趣的例子是生物界的氮循环（图 20-3-1）：植物从土壤中的硝酸盐取得氮，并将它们还原成氨和氨基酸；然后，这些氨基酸就为动物所利用，而且以尿素或氨的形式释放回土壤，重新被土壤细菌氨化成硝酸盐。只有固氮菌能利用大气中的分子氮，生物固氮是当前生物工程在农业革命中的重大课题。

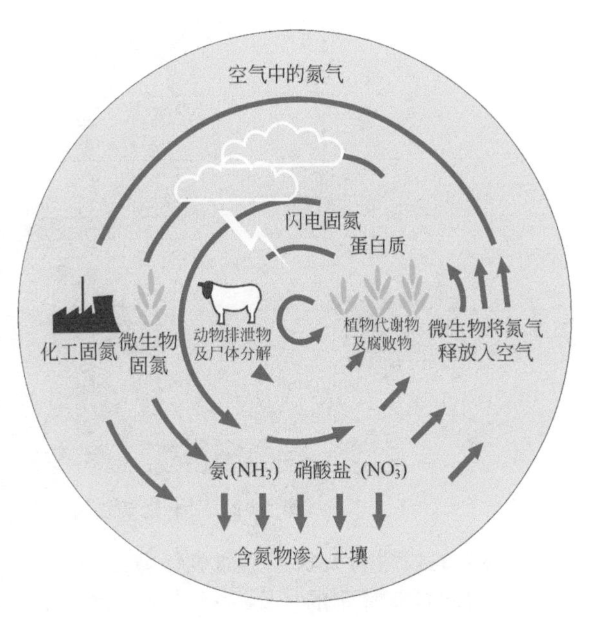

图 20-3-1　自然界的氮循环

(1) 代谢的类型　目前，人们更多地使用同化作用和异化作用，也就是用合成代谢和分解代谢来表达代谢类型。这是机体矛盾的对立和统一的一个例子。

① 同化作用（assimilation）　它是细胞内酶催化反应系统的一个侧面。它包括产生细胞组分的各种生物合成反应，即细胞将各种从内、外环境中所取得的低相对分子质量前体同化为各种生物高分子，这一过程需要能量。

② 异化作用（dissimilation）　它是细胞内酶催化反应的另一个侧面。它包括细胞内生物分子的降解反应，即由生物高分子经酶促反应降解为低分子化合物，从而使营养物质被代谢，这一过程产生能量。同化作用和异化作用在机体内是相互联系的（图 20-3-2）。

在整个生命过程中，同化和异化，合成和分解，这一对矛盾始终在斗争着，它体现了新与旧的斗争。在幼年时，同化、合成是矛盾的主要方面，生命机体进行生长、发育。在成年时，同化和异化、合成和分解处于平衡状态。而在老年时，异化分解处于支配地位，生命机体逐渐衰老，终至死亡。

(2) 代谢特点　曾有人把细胞内代谢和车辆工厂相对比，认为它们很相似。车辆工厂可利用旧的车辆或新的原料，经过加工改造制成新的车辆。细胞能使用大量的食物蛋白质、核酸、糖和脂（全在细胞外降解）作为氨基酸、核苷酸、单糖和脂肪酸等的来源，用以合成细胞需要的特异的蛋白质、核酸、糖和脂。为了能从原料制造成车辆，工厂需要能源，能量供应的形式，主要是电。电是由发电厂生产的，它将煤转化成电。细胞同时是车辆工厂和发电厂，即它能使用上述同样的原料，既合成细胞的组成成分，又产生推动合成所需的能量。同时它也使用这种原料提供的热来维持体温。两者对比，确有某些类同之点，但生命机体代谢活动却具有工厂生产流水线所没有的特点，共有以下几点。

① 严格的细胞内定位关系　生物分子分布于细胞内的一定部位，并在这些部位发生一定的代谢变化。

② 特异的酶促反应　在机体外需要高温才能使某些含碳化合物燃烧完全，需强酸、强碱才能使某些含碳化合物分解彻底，但生命机体却生活在相对低的温度和近乎中性的环境中，所涉及的生化反应，基本上都是酶促反应。

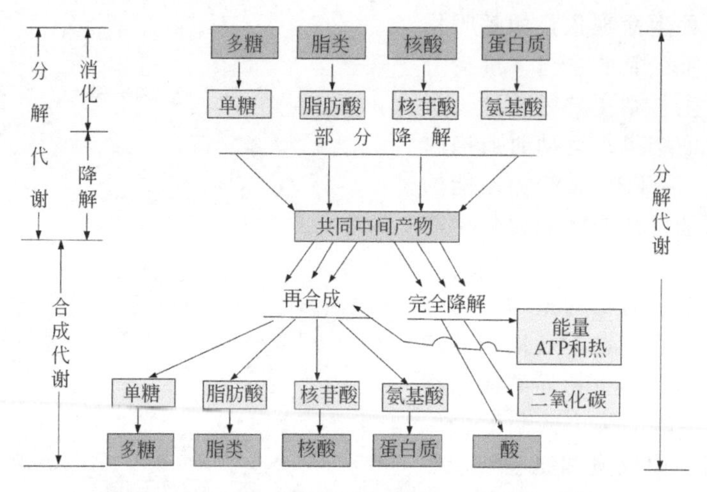

图 20-3-2 生化系统的两大侧面——合成与分解

③ 共通的代谢间关联 生命机体普遍存在着糖、脂和蛋白质三大营养物质和生物能代谢系统，它们各有特定的代谢途径。这些途径间也存在有共通的、密切的代谢关系（图 20-3-3)。具体表现在糖、脂和蛋白质及其他有机分子能异化成一定的代谢中间产物，并直接、间接地进入三羧酸循环，再经氧化呼吸链代谢完全。

④ 严谨的反应序列 大多数代谢过程是以连续的、一步步的个体反应系列发生的，它有线性序列和分支序列之分：

前体 中间产物 产物

线性序列 $A \xrightarrow[X_1]{E_1} B \xrightarrow[X_2]{E_2} C \xrightarrow[X_3]{E_3} D \dashrightarrow P$

分枝序列

$C \xrightarrow[X_3]{E_3} D \dashrightarrow P$

$\nearrow X_2, E_2$

$A \xrightarrow[X_1]{E_1} B \xrightarrow[X'_2]{E'_2} C' \xrightarrow[X'_3]{E'_3} D' \dashrightarrow P$

$\searrow X''_2, E''_2$

$C'' \xrightarrow[X''_3]{E''_3} D'' \dashrightarrow P$

式中，E 为特异催化有关反应的酶；X 为相应的辅助因子。启动 A→B 常需消耗大量的能量，因此，它基本上是不可逆的。代谢调控常在这一点上起作用。序列中的每一个成员是不可短缺的，它们的序号也不可颠倒。

⑤ 高效率的调控机构 代谢调控现象在生命中普遍存在，是生物进化过程中逐步形成的一种适应能力。进化程度愈高的生物，其代谢调控机构愈复杂、愈精密。代谢调控可在分子水平、细胞水平和整体水平上进行。其中，酶活性的调节与酶含量的调节是最基本的调控方式。

20.3.2 生命系统的热力学和动力学

20.3.2.1 生命系统的热力学

(1) 吉氏函数是生物化学中最常用的热力学函数 热力学第二定律告诉我们，只有当体系及环境的熵变之和增加时，反应过程才能正向进行。对于一个正向反应：

$$(\Delta S\ 体系+\Delta S\ 环境)>0$$

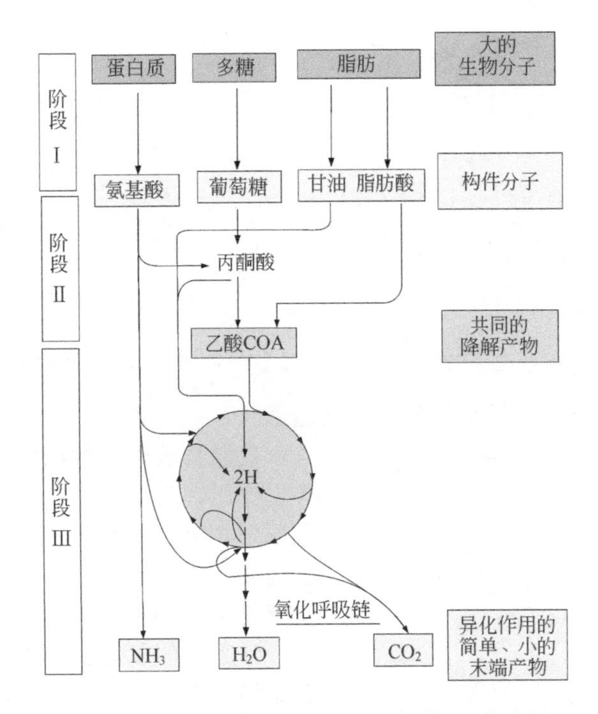

图 20-3-3　糖、脂和蛋白质三大分解代谢间的关系

值得注意的是生命体系是一个高度复杂而有序的体系，生命过程是一个不断增加自己负熵的过程。生命过程所以能进行，是因为这种体系的熵减少被周围环境的熵增加所补偿。

利用熵作为指标来确定一个生化过程能否正向进行有一定困难，因为化学反应的熵变不易测量。但运用摩尔反应吉氏函数即能解决这一问题：

$$\Delta_r G_m = \Delta_r H_m - T\Delta_r S_m$$

当 $\Delta_r G_m$ 小于零时，反应能正向进行；当 $\Delta_r G_m$ 等于零时，体系处于平衡状态；而当 $\Delta_r G_m$ 大于零时，则反应反向进行。

一个重要的热力学事实是：一系列反应的总的 $\Delta_r G_m$ 等于各个步骤 $\Delta_r G_{mi}$ 的总和，由此可知一热力学上不利的反应，能为热力学上有利的反应所推动。如前所述，生物体中的代谢过程往往由一系列酶促反应构成，只要这一代谢过程的摩尔反应吉氏函数的总和为负值，则该代谢过程就能自发进行。

(2) 放能与吸能偶联——高能化合物　根据日常经验，所有的物质运动过程可分为两大类，一类是能自发进行的，如水从山上流下；另外一类是消耗能量才能推动的，如拉车上坡。我们也知道可由第一类过程产生的能量来推动第二类过程，也就是放能过程与吸能过程偶联。例如用水轮机拉吊车上坡。这些过程在分子水平上也同样适用。了解了生命机体在分子水平上放能与吸能反应的偶联（图 20-3-4），也就能了解生命活动的具体过程。

由于生命系统基本上处于恒温恒压状态，它不能直接利用生物反应所释放的热来推动需能的生命过程。这些生命过程，如生物合成、肌肉收缩、神经传导和主动运输等，往往是通过化学连接或偶联于氧化反应获得能量的。这种偶联过程，可通过某一中间产物或通过某一载体而得以实现。最广泛且最基本的方式是通过高能化合物（图 20-3-5），它通常以 E 表示。

(3) 氧化与还原偶联——呼吸链　在生命机体中，氧化总是与还原偶联在一起的。一方面还原剂失去电子，它本身被氧化。另一方面，氧化剂得到电子，它本身被还原。氧

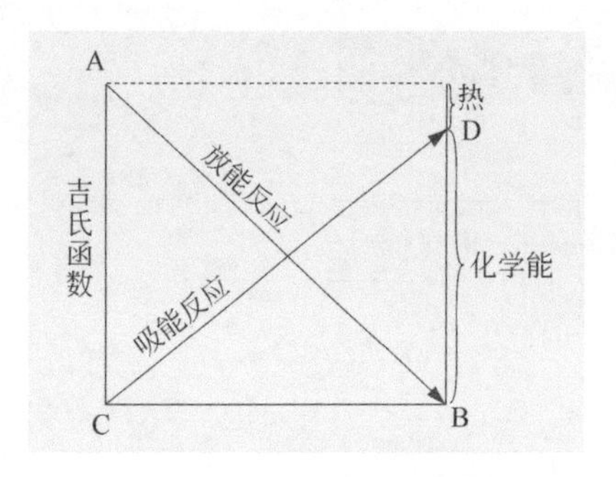

图 20-3-4 放能与吸能反应偶联

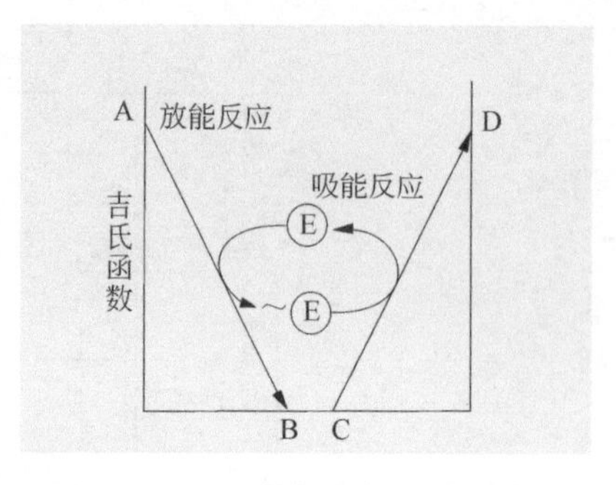

图 20-3-5 以高能化合物偶联两类反应

化还原反应是电子从还原剂转移到氧化剂的过程。

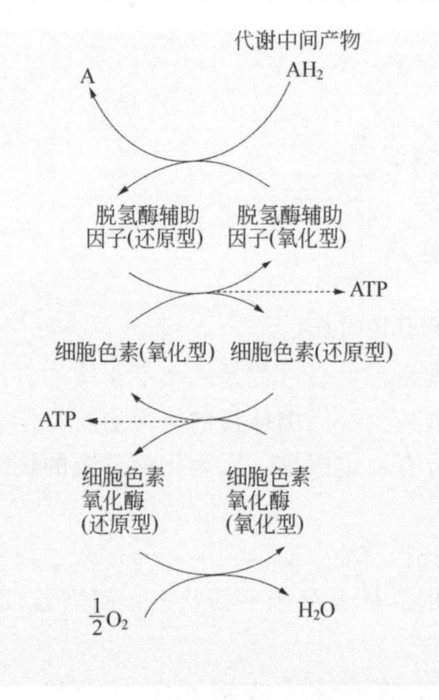

图 20-3-6 氧化呼吸链的简单示意

代谢物被脱氢酶激活，经过一系列递氢体传递作用，最后将质子和电子传递给被激活的氧原子，最终形成水的全过程叫氧化呼吸链，它是在细胞内线粒体的膜上发生的。它的简单示意见图 20-3-6。

呼吸链的氧化过程与 ATP 的磷酸化过程总是偶联在一起，即呼吸链在电子传递过程产生的能量，通过呼吸链上的特定部位放出，激活了线粒体内膜上的 ATP 酶，从而使 ADP 磷酸化为 ATP。这种氧化磷酸化过程是生物体内 ATP 的主要生成方式。

20.3.2.2 生命系统的动力学

生命系统的动力学主要是研究生物催化剂(biocatalyst)——酶催化生物体内化学反应的动力学，酶作为生物催化剂与非酶催化剂相比较有以下特征，即催化效率更高、具有高度专一性和可被多种方式调节。由于酶的化学本质是蛋白质，故酶也容易失活。图 20-3-7 表明了酶的作用原理。

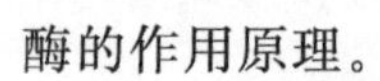

图 20-3-7 酶的作用原理

酶的活性中心由酶分子中在三维结构上比较靠近的几个氨基酸残基组成，它们的功能是结合底物和催化反应。酶活力，又叫酶活性，是指酶催化一定化学反应的能力，酶活性的大小可用一定条件下，它所催化的某一化学反应的反应速率来表示。酶促反应动力学就是研究酶促反应速率以及影响此速率的各种因素的科学，它包括底物浓度、酶浓度、温度、pH

值、激活剂以及抑制剂对酶促反应速率的影响，而酶与底物之间的相互作用是研究酶促反应的核心问题。1913 年，麦克利斯（Michaelis）和门滕（Menten）提出了酶的中间产物理论，即酶分子（E）的表面与底物（S）形成不稳定的中间产物（ES），这种中间产物较原来底物需较少的活化能就可以继续进行反应，然后它分解生成产物（P），并释放出原来的酶。

$$E+S \underset{k_2}{\overset{k_1}{\rightleftharpoons}} ES \xrightarrow{k_3} E+P$$

根据这一理论提出的米氏方程为：

$$v_0=\frac{v[S]}{K_m+[S]}$$

式中，K_m 是米氏常数，它是酶的特性常数；v 为最大反应速率。米氏方程表示了底物浓度［S］与反应初速率 v_0 之间的关系是一条双曲线。

20.4　生命科学新进展

20.4.1　生物工程基本概念

生物工程（biotechnology）是指运用生命科学、化学和工程学相结合的手段，利用生物体或生命系统以及生物化学反应原理来生产人类有用产品的科学体系，它是传统生物技术的更高发展阶段，人们开始能动地对生物分子进行人工创造设计、定向改造生物形态、加工生物材料和利用生命过程。

生物工程包括遗传操作技术（重点为生物大分子结构、转基因、DNA 重组、细胞融和）、生物加工技术及支撑这些研究的基础设施。前者即所谓基因工程和细胞工程，它是生物工程的核心和关键；后者即所谓发酵工程和酶工程，它们是生物工程产业化的基础和支撑。

基因工程（genetic engineering）也称重组 DNA 技术，它采用了类似工程技术的方法，在离体条件下将不同种属或不同个体的遗传物质输入生物体内，使外源基因与内源基因进行重新组合，从而使受体生物表达新的性状，达到用经典的遗传学手段不容易或不可能达到的目的。它包括以下几个步骤：

第一步，用一种“手术刀”——限制性核酸内切酶从一种生物细胞的 DNA 分子上切取所需要的遗传基因（也称外源性基因）；

第二步，选择合适的基因运载体，它经内切酶处理后，与外源性基因结合，形成重组 DNA；

第三步，将此重组 DNA 输入一种生物细胞里，由于载体能自我复制，目的基因（即连接在载体上的外源基因）也随之而扩增；

第四步，从大量宿主细胞中筛选出接受了重组 DNA 的细胞；

第五步，从选出的细胞中取出扩增的外源基因，或从细胞中获得基因产物。

由于外源 DNA 分子在这种细胞中的增殖不是通过有性繁殖，因此这种技术也被称为分子克隆。这个过程如图 20-4-1 所示。

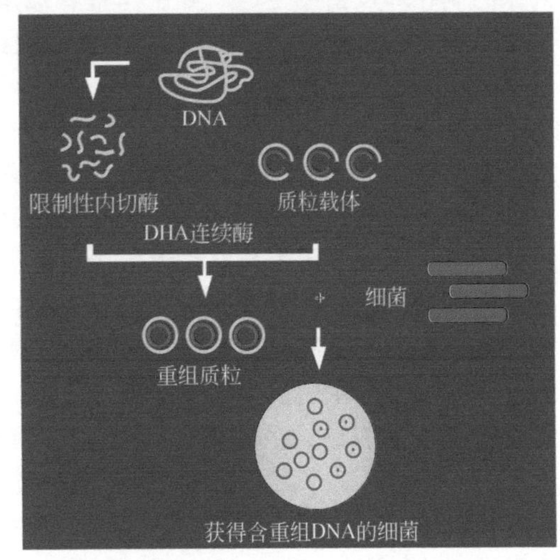

图 20-4-1　基因工程基本程序示意

在农业上，应用基因工程手段可望把作物的高产、早熟、抗病和高营养等优越性汇集到一起，或者是把固氮基因输入到自身不能固氮的作物中去。在医学上，应用基因工程技术还可使根治遗传病成为可能，2000 年 4 月 8 日出版的《科学》杂志报道，法国巴黎内克尔儿童医院的菲舍尔（Fisher）教授及同事用基因疗法已治愈了 3 名患有严重综合型免疫缺损症的婴儿。这是基因疗法研究开展近十年来科学家取得的首次成功。

细胞工程（cell engineering）是将一种生物细胞中携带的全套遗传信息整个地转入另一种生物细胞，从而改变其细胞的遗传性，创造出新的生物类型。它包括细胞融合、细胞器移植、原生质体融合、染色体工程和细胞与组织培养技术。近年来，最引人注目的是细胞融合技术和细胞与组织培养技术，对它们的研究不断取得优异的成果，广泛地应用于生产。

细胞融合是将两个不同类型的细胞，通过化学的、生物学的或物理学的方法，使它们彼此融合在一起，从而产生出兼有两个亲本遗传性状的细胞。这种技术在医学、农业等领域取得了良好的成就，其中，最令人瞩目的研究成果是淋巴细胞杂交瘤技术，即利用淋巴细胞与骨髓瘤细胞进行融合，从中筛选出杂交瘤细胞株。淋巴细胞杂交瘤技术是在 1975 年由英国科学家麦尔斯坦（Milestein）和科勒（Kohler）发明的。现在人们已能利用这种技术来制造针对不同抗原的高度纯一的单克隆抗体。在临床上，这种单克隆抗体也被称为“生物导弹”，因为它能引导药物定向和有选择地攻击癌细胞。现在，它已用于治疗、诊断癌症和艾滋病等疑难杂症，用于快速诊断人类、动物和农作物的疾病，成为细胞工程在医学上最重要的成就之一。

细胞培养又分植物细胞培养和动物细胞培养两类。由于植物细胞具有全能性，即植物的体细胞具有母体植株全部遗传信息并发育成为完整个体的潜力，因而每一个植物细胞可以像胚胎细胞那样，经离体培养再生成植株，这就是植物细胞组织培养的主要目的。植物细胞培养应用于生产实践已取得了明显效益，其实际应用大体有如下方面：无性繁殖、消除病害、种子的长期贮藏、合成次生代谢产物等。

高等动物的体细胞与植物细胞不同，在分化过程中逐渐失去了全能性，因此无法通过体细胞培养产生动物个体。目前，动物细胞培养主要用于通过大量的细胞培养获得细胞产品。例如，T 淋巴细胞（在一定条件下可直接杀死癌变细胞，抗拒病毒对人体的侵犯）在 T 细胞生长因子（interleukin，IL-2）的作用下，可在体外迅速增殖。细胞培养还可用来进行病毒抗原的制作和疫苗的生产，如制作带状疱疹、水痘、传染性肝炎等疫苗。

酶工程（enzyme engineering）是指酶制剂在工业上的大规模生产及应用。它包括化学酶工程和生物酶工程。

化学酶工程亦称初级酶工程（primary enzyme engineering），它主要由酶学和化学工程技术相互结合而形成。通过化学修饰、固定化酶、甚至通过化学合成法等手段，改善酶的性质，以提高催化效率及降低成本。固定化酶是指被结合到特定的惰性载体上并能发挥作用的一类酶，是化学酶工程中具有强大生命力的主干。固定化酶的优点是可以用离心法或过滤法很容易地将酶与反应液分离开来，可以反复使用，在某些情况下甚至可以使用上千次以上，可极大地节约成本，同时稳定性能也很好。

生物酶工程是在化学酶工程基础上发展起来的，是以酶学和 DNA 重组技术为主的现代分子生物学技术相结合的产物。因此它亦可称为高级酶工程（advanced enzyme engineering）。它主要包括三方面：①用 DNA 重组技术（即基因工程技术）大量地生产酶；②对酶基因进行修饰，产生遗传修饰酶；③设计新的酶基因，合成自然界不曾有过的性能稳定、催化效率更高的新酶。

发酵工程（fermentation engineering）是利用微生物（或动植物细胞）的特定性状，通过现代生化工程技术产生有用物质或直接用于工业化生产的技术。主要包括菌种选育、菌体生产、代谢产物的发酵、微生物功能的应用、生化反应器（发酵罐）的设计和产品的分离、提取、精制等技术。在整个生物技术中，发酵工程是一个十分重要的组成部分，基因工程、细胞工程、酶工程的研究成果，均须通过发酵工程，才能转化为生产力，取得经济效益和社会效益。

20.4.2　人类基因组计划

人类基因组计划（human genome project，HGP）于 1985 年提出，1990 年正式全面启动。它的内容包括：人类基因作图（遗传图谱、物理图谱）及 DNA 序列分析；基因鉴定；基因组研究技术的建立、创新与改进；模式生物（主要包括大肠杆菌、酵母、果蝇、线虫、小鼠、水稻等）基因组的作图和测序；信息系统的建立，信息的存储、处理及相应的软件开发；与人类基因组相关的伦理、法律和社会问题的研究等。这是一个解读和研究人类遗传物质 DNA 的全球性合作计划。

2003 年 4 月 14 日，中、美、日、德、法、英等 6 国科学家宣布人类基因组序列图绘制成功，这标志着耗资 27 亿美元的人类基因组计划的所有目标全部实现。已完成的序列图覆盖人类基因组所含基因区域的 99%，精确率达到 99.99%，这一进度比原计划提前两年多。可以预料，它对人类社会尤其是医学的进步将产生巨大的推动作用。因此，业已诞生的“基因组医学”这一新概念，将囊括基因结构错误或功能异常所引发的疾病及该类疾病的基因诊断与基因治疗；基因图谱的识别与疾病防治的关系；基因靶点药物的发现与应用；医生对基因组知识的了解与应用等。当前，发现疾病相关基因，探讨基因功能及其产物，仍是该领域的重要研究课题，这些势必成为未来医学领域的必修课。

HGP 的工作发展到今天，还有几个大的难题尚待解决：DNA 的测序基本完成了，但读懂这些由 4 个不同核苷酸经不同排列组合构成的、不同个数的、有特定功能的 DNA（即基因）仍需相当时日。生物数学家、计算机专家、医学家等多学科专家必将大力合作，把这部“天书”写成一部“人类基因组解读辞典”，临床应用才有可能。

20.4.3　干细胞与 iPS

生物体内有多种已分化的体细胞，例如血液细胞、肌肉细胞等等，它们形态各异，具有不同的功能。干细胞则是未充分分化、具有自我更新和分化潜能的细胞。根据来源，干细胞分为胚胎干细胞和成体干细胞。

胚胎干细胞具有向各种系统细胞分化转变的能力，提取干细胞，就意味着扼杀了另一个新生命，所以，胚胎干细胞的提取和使用，存在着法律道德和伦理文化的制约。同时，胚胎干细胞的临床使用还存在着至今尚未能解决的移植排斥反应问题和产生畸胎瘤的潜在危险。

成年动物体内也有一些干细胞，称为成体干细胞。它们具有一定的分化潜力，但分化方向比较固定，比如造血干细胞通常只发展成血液细胞。成体干细胞就像已经接受过大量专业训练的学生，一般只会发展成特定领域的人才。成体干细胞不涉及伦理问题，研究比较便利，然而其分化能力有限。虽然科学家曾成功改变成体干细胞的分化方向，但总体而言，“跨专业发展”对成体干细胞而言相当困难。

iPS（induced pluripotent stem cells）全称为诱导性多能干细胞，这是通过改变体细胞基因而抹去其发育记忆，进而使其回复到胚胎状态而得到的一种细胞，具有和胚胎干细胞类似的发育多潜能性。2006 年 7 月，日本科学家首次宣布发现了将小鼠皮肤细胞转化为多能干细胞的方法；2007 年 11 月，美国和日本科学家将人类细胞诱导为 iPS 细胞，被《科学》（Science）杂志评为 2008 年世界十大科技进展之首。

我国科学家首次利用 iPS 细胞，通过四倍体囊胚注射得到存活并具有繁殖能力的小鼠，从而在世界上第一次证明了 iPS 细胞的全能性，成为中国科学家在这一国际热点研究领域所作出的一项重要贡献。iPS 细胞在生物和医学领域具有广阔的应用前景，有望成为实施再生医学和细胞治疗的重要细胞来源。

科学家霍奇金

Dorothy Crowfoof Hodgkin（1910～1994）

青霉素是最早出现的抗生素类药物，它为人类战胜疾病、恢复健康立下了丰功伟绩。今天，青霉素仍是最常用的抗细菌感染药物，差不多是家喻户晓的消炎用针剂。英国女化学家霍奇金由于用 X 射线技术测定出青霉素和维生素 B_{12} 的分子结构，为日后人工合成创造了条件，因而获得 1964 年诺贝尔化学奖。在获得诺贝尔自然科学奖的妇女中，她是继居里夫人以后第二位单独获得诺贝尔化学奖的女科学家。

1928 年英国细菌学家弗莱明（A. Fleming）在培养葡萄球菌时意外地发现了青霉素，随后又发现了它的奇异疗效。

第二次世界大战爆发后，战场上对青霉素的需求量剧增，科学家迫切希望知道青霉素的分子结构，以便大规模用化学法合成。一直从事 X 射线分析研究的霍奇金开始了对青霉素晶体结构的测定。由于当时计算方法比较原始，资料又少，历时 4 年才告完成，精确地测出了青霉素的分子结构。在此基础上，于 1957 年终于实现了青霉素的人工合成。1948 年，霍奇金在完成了青霉素分子结构分析后又测定了维生素 B_{12} 的分子结构，费时 8 年，于 1956 年公布研究成果。由于她一人解开了化学领域中难度较大的未解之谜，人们称她为"化学界的奇才"，因此获 1964 年的诺贝尔化学奖。

霍奇金 1910 年出生于英国的一个知识型家庭，她的父亲毕业于牛津大学，是一位考古学权威。由于父亲所从事工作的性质，霍奇金小时候很难有固定的就读学校，但父母总是利用一切机会培养她的求知欲望。父母的愿望是把霍奇金送进牛津大学读书，但精通拉丁语是入学的基本要求，于是她的父母在短期间内帮她攻克了拉丁语这一困难，不久霍奇金考取牛津大学的萨默维尔学院，1932 年毕业，获得学士学位。大学毕业后，霍奇金的父母双亡，生活拮据，难以留校继续研究工作，她的许多同学纷纷受雇于各大公司，享有高薪水，但霍奇金考虑再三，还是决定走留校搞研究的道路，她一边跟随剑桥大学专门从事 X 射线分析的化学家伯纳尔工作，同时在牛津大学从事教书工作以维持生活，1937 年获得博士学位。

霍奇金得到过很多荣誉，1947 年被接纳为英国皇家学会会员；1956 年被聘为荷兰皇家科学院外籍成员；1965 年英国授予她国家一级勋章；1968 年成为澳大利亚科学学会会员；1977 年被牛津大学授予荣誉教授。对于霍奇金的科学生涯，正如高尔基所说："人的天赋就像火花，它既可以熄灭，也可以燃烧起来，而迫使它燃烧成熊熊大火的方法只有一个，就是劳动，再劳动。"

复习思考题和习题

1. 生物体中的必需元素有哪些？哪些是宏量元素？哪些是微量元素？为什么说生物体中存在大量无机元素是必然的？
2. 地球环境、生物演化与生命元素的存在有何关系？生物中的结构元素有何特点？
3. 什么叫细胞膜的主动运输？钠泵是怎样完成细胞内、外 K^+，Na^+ 的双向主动输送的？（结合钠泵说明）

ATP 酶催化 ATP 水解时 Mg^{2+} 起什么作用?
4. 何谓全酶？有哪些金属离子能作为酶的辅因子？为什么？
5. 举例说明，维系生物分子初级结构的作用力是什么？维系生物分子的高级结构的作用力又有哪些？
6. 淀粉、糖原和纤维素的化学组成如何？其结构性质有何异同？
7. 何谓蛋白质一级结构？以血红蛋白为例说明蛋白质一级结构与蛋白质生物功能的关系。
8. DNA 和 RNA 在化学组成、结构和生物学功能上有何异同？
9. DNA 结构有哪些最基本的特点？这些特点能解释哪些最重要的生命现象？
10. 为什么说："多糖、脂类、蛋白质和核酸是生命的物质基础"？
11. 同化作用和异化作用有何不同？举例说明它们之间的关系。
12. 放能与吸能反应是如何偶联的？生命机体氧化和还原又是如何偶联的？
13. 酶与一般催化剂有何异同？试推导 Michaelis 和 Menten 方程式。
14. 简述新陈代谢的特点。
15. 何谓基因工程？它的基本步骤是什么？
16. 何谓细胞工程？单克隆抗体是如何得到的？
17. 何谓酶工程？化学酶工程与生物酶工程的含义是什么？
18. 何谓发酵工程？在生物技术中有何重要性？
19. 举例说明生物工程在工业、农业和医药业上的应用。
20. 人类基因组计划的内容是什么？
21. 何谓干细胞？它有哪些应用？
22. 学习本章后，请你谈谈生命与化学有何关系？

参 考 书 目

1. 郑集、陈钧辉编著．普通生物化学．第四版．北京：高等教育出版社，2007
2. 欧伶等编著．应用生物化学．第二版．北京：化学工业出版社，2009
3. Nelson D. L.，Cox M. M.，Lehninger A. L. **Principles of Biochemistry. 4th ed.** W. H. Freeman and Company，2005
4. Brown T. L.，LeMay H. E.，Bursten B. E. etc. **Chemistry-The Central Science 12th ed.** Prentice-Hall，2012

第21章　核化学

Chapter 21　Nuclear Chemistry

中国秦山核电基地

前面各章讨论了由原子核外电子运动引起的化学反应。本章将介绍直接与原子核有关的一些化学现象，通常称为核化学（Nuclear Chemistry）。该学科主要研究核性质、核结构、核转变的规律及核转变的化学效应。十九世纪末叶，贝克勒尔和皮埃尔·居里夫妇先后发现铀和钍的天然放射性，1934年约里奥-居里夫妇又发现了人工放射性，经过众多科学家的不断探索和深入研究，核化学已经成为一门重要的化学分支学科。值得一提的是铀核“裂变”现象的发现，迎来了核能利用的新时代。与此同时，核技术和同位素技术也已渗透到国民经济各个部门，并与人们的日常生活紧密关联。本章主要介绍核化学的基础知识；概述近年来在人造元素合成和超重元素寻找方面取得的进展；还着重阐述了世界核电堆发展趋势和我国核电发展模式，以及核技术和同位素技术在一些重要领域中的应用。

21.1　原子核的基本性质

21.1.1　原子核的结构

原子由原子核和核外电子组成。原子核是一定数目的质子 p(proton) 和中子 n(neutron) 的紧密结合体。原子核内质子和中子的总数等于其质量数 A，质子数等于它的原子序数 Z，核内中子数则为 $(A-Z)$。组成核的质子和中子总称为核子（nucleon）。具有确定质子数、中子数和核能态，且其寿命长到足以被观察到的各类原子称为核素（nuclide）。常用的化学符号为$^{A}_{Z}X$。其中 X 为元素符号，左上角 A 表示核质量数，左下角 Z 表示核内质子数，也即原子序数。例如质量数为 14 的氮、质量数为 18 的氧可分别写成$^{14}_{7}N$、$^{18}_{8}O$。一般若不是表示核反应方程式内的核素，其左下标可以省略，如^{14}N、^{18}O，也可简写为氮 14，氧 18。有时为了表示中子数 n，也可将 n 写在右下角，如$^{A}_{Z}X_{n}$。

具有相同原子序数但质量数（或中子数）不同的核素统称为同位素(isotope)。例如，氢有三种同位素^{1}H、^{2}H、^{3}H（分别称氕、氘、氚）。同位素的质子数相同，其物理和化学性质极相近，但同位素的核性质差别很大，如^{3}H 能发射 β 射线，而^{1}H、^{2}H 则是稳定的。

按核素的稳定性，可以分为稳定核素（stable nuclide）和不稳定核素（unstable nuclide）或称放射性核素（radionuclide）。

① 稳定核素，指质子数和中子数均保持不变的核素，它们均不能放出射线。至今发现的稳定核素接近 280 种。例如：^{1}H、^{2}H、^{16}O、^{17}O、^{18}O、^{206}Pb 等。

② 放射性核素（过去称放射性同位素），指能够放射出射线的核素。天然存在的放射性核素约有 60 多种，而人工制造的放射性核素约 3000 种。

经过长期研究，原子核中包含重子（baryon）（如质子和中子）、介子（meson），而 π^{+} 介子等是由更基本的粒子夸克（quark）组成，这些由夸克组成的粒子统称强子（hadron），1994 年经研究已证实有六种夸克粒子，它们是上、下、奇、魅、顶、底夸克（up、down、strange、charmed、top、bottom quark）。此外，还有非夸克组成的轻子（lepton），如电子、中微子（neutrino）、μ 子（muon 或 mu-meson）、τ 子（tau）和光子等。每一种带电粒子都有对应的负粒子或反粒子（antiparticle），其电荷相反。至今已探知原子核中可释放出 200 多种粒子。研究粒子组成的手段是用高能量的粒子轰击靶粒子，通过探测释放出来的粒子来研究粒子的组成，可以相信，随着更高能量的粒子加速器的应用，更多的粒子将被发现。对微观世界的探索与对宏观宇宙的探索一样是永无止境的。

21.1.2　原子核的稳定性

原子核占有原子质量的绝大部分，但其直径不及原子直径的万分之一。因此其密度异常高，约为 10^{14} $g \cdot cm^{-3}$。而且质子带正电，彼此间应有很强的静电排斥力。那么质子和中子是怎样紧密地结合在如此小的原子核里面呢?

研究发现，除了质子间存在相对远程的静电排斥作用力外，原子核内的质子-质子、质子-中子、中子-中子之间在极短的距离（10^{-15}m，典型原子核的直径）内还存在着一种具有很强吸引性质的作用力，称为核力（nuclear force）。原子核的稳定性取决于静电力和核力的相对大小。因质子在原子核中靠得很近，吸引作用的核力容易超过静电排斥力，对于核中较远的质子，如大的原子核中对边缘的质子吸引的核力较静电排斥力弱，故较大的原子核不如较小的原子核稳定。中子作为原子核的胶黏剂，既吸引质子也吸引其他中子，因此，中子的存在增加净的吸引作用，有助于将原子核结合在一起。当人们进一步观察稳定核内中子和质子的相应构成，就会发现质子数和中子数均为偶数的核最为稳定；而非偶数的，特别是质子数和中子数都是奇数的核是很不稳定的（见表 21-1）。

表 21-1　质子-中子奇偶数与稳定核素的关系

核素类型	质子(p)	中子(n)	稳定核数目
偶-偶	偶	偶	165
偶-奇	偶	奇	55
奇-偶	奇	偶	50
奇-奇	奇	奇	6

一般来说，任何一个稳定的原子核，质子和中子的相对数目都有一个合适的比例。在原子核内 n/p 过高（即中子多余）或 n/p 过低（即中子缺少）原子核离最稳定的核素就愈远，它转化为另一种核素就愈易，因而寿命也愈短。图 21-1-1 表示了 n/p 值与核素稳定性的关系。

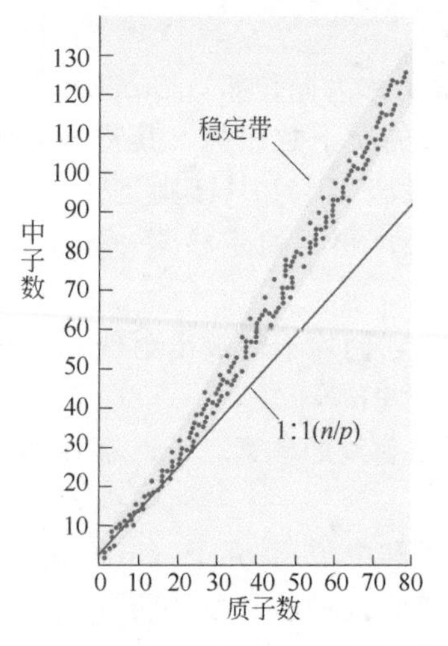

图 21-1-1 稳定核中质子数对中子数的比值

大多数元素具有几种稳定核素，所以在图 21-1-1 中，稳定核素是由一些狭条或区组成，这一区域称为核素的稳定带。稳定核素的 n/p 值，在 Z（原子序数）<20 时，n/p 约为 1，Z 值在中等数值时约为 1.4，Z 值在 80 左右时约为 1.5。大多数放射性核都在稳定带外。处于稳定带上方的核素，中子数比稳定核素的中子数多，称丰中子核素。多余中子有转变成质子，发射出 β 粒子的趋势。例如：

$${}^{1}_{0}n \longrightarrow {}^{1}_{1}p + {}^{0}_{-1}\beta$$

处于稳定带下方的核素，中子数缺乏，称贫中子核素。多余质子可以转变成中子而发射出正电子或俘获一个电子。例如：

$${}^{1}_{1}p \longrightarrow {}^{1}_{0}n + {}^{0}_{+1}\beta$$

$${}^{37}_{18}Ar + {}^{0}_{-1}e \longrightarrow {}^{37}_{17}Cl$$

在 20 世纪 30 年代发现一个规律：含有一定数量的质子或中子的核如 2、8、20、28、50、82、126 均较稳定，由于尚不明其依存关系，故把这些参数称为“幻数”（magic number）。把质子数和中子数均为幻数的核称为“双幻核”，如表 21-2 所示。它们更稳定。因此这些核素在自然界大量存在。

表 21-2 具有双幻核的核素

核素	质子数	中子数	核素	质子数	中子数
^{4}He	2	2	^{40}Ca	20	20
^{16}O	8	8	^{208}Pb	82	126

21.1.3 原子核的结合能

原子核的结合能定量确定了原子核的稳定性。为了说明这个问题，先看下列事实：氦核（${}^{4}_{2}He$）的摩尔质量是 4.00150g·mol^{-1}，质子的摩尔质量是 1.00728g·mol^{-1}，中子的摩尔质量是 1.00867g·mol^{-1}。氦核是由两个质子和两个中子所组成的，其核子的摩尔质量之和是 4.03190g·mol^{-1}。由此可知，氦核的摩尔质量比核子的摩尔质量之和少 0.03040g·mol^{-1}。即 $\Delta m = 4.00150 - 4.03190 = -0.03040$g·mol^{-1}。

所有原子核的质量之和总是小于其核子质量之和。这种质量差称为原子核的质量亏损 Δm（mass defect）。那么质量亏损去向何处？

爱因斯坦（Einstein）相对论指出，任何物质的质量和能量之间有着相互联系。能量是物质的另一种表现形式。用公式表示如下：

$$E = mc^2$$

式中，c 是光在真空中的速度，其值为 2.9979×10^8 m·s^{-1}。

例 21-1　计算氦核形成过程中的能量变化。已知 $\Delta m=-0.03040\ g \cdot mol^{-1}$

解：$\Delta E=\Delta m \cdot c^2=-0.03040\times10^{-3}kg \cdot mol^{-1}\times(2.9979\times10^8)^2\ m^2 \cdot s^{-2}$

$=-2.7322\times10^{12}kg \cdot m^2 \cdot s^{-2} \cdot mol^{-1}$

$=-2.7322\times10^{12}\ J \cdot mol^{-1}$

也就是说，由于原子核的质量亏损 Δm 是负值，所以 ΔE 也为负值。它表示由 2 个质子和 2 个中子形成氦核过程是放热的。核子结合成原子核时所释放的能量或分裂原子核所需要的能量称为原子核的结合能（nuclear binding energy）。^4_2He 的结合能是 $2.7322\times10^{12}\ J \cdot mol^{-1}$，一般分子的键能约为$2\times10^5\sim3\times10^5 J \cdot mol^{-1}$，因而原子核的结合能极高，伴随着核反应的能量必定也是巨大的。

原子核的结合能在核化学中的意义类似于生成热在热化学中的意义。因为体积功及电子的能量与核能量的变化相比可以忽略不计，所以可以把原子核的结合能看成是热力学能的变化或焓的变化，即：

$$\Delta E=\Delta U_m=\Delta H_m$$

一般来说，质量亏损越大，原子核结合能越大（绝对值），其核越稳定。但是，因为不同的核中核子数是不同的，为了便于比较，通常使用核子的平均结合能。如例 21-1 中，每摩尔^4_2He有 6.022×10^{23}个原子核，每个原子核有 4 个核子，其每个核子的平均结合能为：

$$\frac{-2.7322\times10^{12}J \cdot mol^{-1}}{4\times6.022\times10^{23}\text{核子} \cdot mol^{-1}}=-1.134\times10^{-12}J \cdot \text{核子}^{-1}$$

用原子核的核子平均结合能对核素的质量数作图可得到一条曲线，称为核子平均结合能曲线（图 21-1-2，其中核子平均结合能取正值作图）。由图 21-1-2 可得以下几点结论。

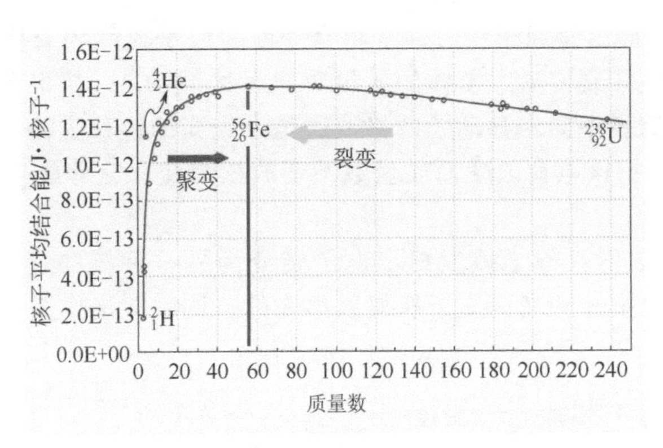

图 21-1-2　核子的平均结合能曲线

① 曲线在轻核区迅速上升，质量数在 40～100 之间的核素，其核子平均结合能较高，具有最高核子平均结合能的是$^{56}_{26}Fe$。在重核区，一般核子平均结合能均较大，且变化不大。

② 在重核区，如果将一个重核分裂成两个中等核时，核子平均结合能会升高，从而释放出巨大的能量，这是核裂变的理论基础。

③ 在轻核区，如果将两个核子平均结合能小的核聚合成平均结合能大的核，也会释放出巨大的能量，这是核聚变的理论基础。

21.2 核衰变与核反应

实现原子核转变的反应称为核反应（nuclear reaction）。核反应和化学反应有本质上的差异（见表 21-3）。

表 21-3 核反应和一般化学反应的差异

化学反应	核反应
1. 化学键生成或断裂时原子重排	1. 核破裂时元素变化
2. 化学键生成或断裂时只涉及到原子核外的电子	2. 可能涉及核内质子、中子、电子或其他基本粒子
3. 反应中伴随的能量变化较小	3. 反应中伴随着巨大的能量变化
4. 反应速率受温度、压力、浓度、催化剂等的影响	4. 反应速率不受外界因素和化学结合状态的影响

在具体讨论核反应前，我们先将核反应中经常遇到的一些粒子或射线概括如下：

$^{1}_{1}p$ 或 $^{1}_{1}H$	$^{1}_{0}n$	$^{0}_{-1}e$ 或 β^-	$^{0}_{+1}e$ 或 β^+	$^{4}_{2}He$ 或 α	$^{2}_{1}H$
质子	中子	电子	正电子	α 粒子	氘核

实现原子核的转变有两种方式。①非外因而自发发生的核转变，即核衰变（nuclear decay）；②受外因而引起的核转变，即诱导核反应或人工核反应（induced nuclear reaction）。

21.2.1 核衰变和放射系

前已提及当原子核内的 n/p 值过高或过低时，这类核素都是不稳定的，会自发地转变为稳定的核素，并放射出各种射线。这种原子核自发地发生转变，导致核的结构和能量改变的现象称核衰变，又称放射性衰变（radioactive decay）。

21.2.1.1 核衰变的类型

核衰变可根据发射出的射线性质进行分类。主要衰变类型有如下几种。

(1) α 衰变 它是放射性原子核自发地放射 α 粒子而转变为另一种原子核的过程。如：

$$^{222}_{86}Rn \longrightarrow {}^{218}_{84}Po + {}^{4}_{2}He$$

α 衰变实际上就是放出氦原子核。通常将衰变前的原子核称为母体，衰变后生成的原子核称为子体。原子核经 α 衰变后，子体的质量数比母体减少 4，核电荷数减少 2，即子体和母体相比，在元素周期表中向左移动了两格。这是 α 衰变的位移定律。

(2) β 衰变 它是指核电荷改变而质量数不变的核衰变。它分成 β^-、β^+ 和 EC 三种基本类型。

① β^- 衰变 这是放射性原子核发射出电子转变为另一种核的过程。β^- 粒子就是电子，它可以认为是原子核内中子转变为质子所发射出来的（同时放出中微子）：

$$^{1}_{0}n \longrightarrow {}^{1}_{1}p + {}^{0}_{-1}e + \upsilon$$

发生 β^- 衰变的例子：$^{141}_{56}Ba \xrightarrow{\beta^-} {}^{141}_{57}La \xrightarrow{\beta^-} {}^{141}_{58}Ce \xrightarrow{\beta^-} {}^{141}_{59}Pr$

在衰变过程中，母体发射出一个电子，其子体和母体的质量数相同，但核电荷增加 1。即在元素周期表中向右移动一格。

② β^+ 衰变 这是放射性原子核发射出正电子转变为另一种核的过程。正电子可以认为是原子核内质子转变为中子所发射出来的（同时放出中微子）：

$$^{1}_{1}p \longrightarrow {}^{1}_{0}n + {}^{0}_{+1}e + \upsilon$$

发生 β^+ 衰变的例子有：$^{19}_{10}Ne \longrightarrow {}^{19}_{9}F + {}^{0}_{+1}e$

在衰变过程中，新核的质量数不变，核电荷数减少 1。即在元素周期表中向左移动一格。β^+ 衰变比 β^- 衰变少得多，一般用 β 衰变表示 β^- 衰变 。

③ 轨道电子俘获（EC） 这是原子核从核外轨道上俘获一个电子，使核内一个质子转

变为中子，同时放出一个中微子的过程。

$$ {}^{1}_{1}\mathrm{p} + {}^{0}_{-1}\mathrm{e} \longrightarrow {}^{1}_{0}\mathrm{n} + \upsilon $$

发生电子俘获后，还发射出特征 X 射线。电子俘获的核衰变例子：

$$ {}^{40}_{19}\mathrm{K} + {}^{0}_{-1}\mathrm{e} \longrightarrow {}^{40}_{18}\mathrm{Ar} $$

电子俘获和 β^+ 衰变一样，子体核的质量数不变，核电荷数减少 1。

(3) γ 衰变　α，β 衰变后的子体核常常处于激发态，从高激发态回到基态或从高激发态回到低激发态，要通过发射光子即 γ 射线子体核才能稳定。这种现象称为 γ 衰变或 γ 跃迁。γ 衰变的特点是既不改变核的质子数（原子序数），也不改变核的质量数，仅仅是损失核的结合能。γ 射线的能量大小等于两能级的能量之差。

除上述 α、β、γ 衰变外，还有自发裂变、质子衰变、缓发中子等形式衰变，在此不一一例举。

21.2.1.2　放射系

有些放射性核素衰变后生成的子体核素是稳定的；有些放射性核素衰变后生成的子体核素仍具有放射性，可以继续衰变，直至最后形成稳定核素为止。这样，由起始的母体放射性核素与生成的多代子体核素组成了一个系列，称为“放射系”。在该系内，每一个子体核素都是通过其母体核素放射 α 粒子或 β 粒子而形成。在自然界中，存在 3 种天然放射系：钍系（4n），铀系（4n+2）和锕系（4n+3）。随着人造元素的不断合成，又出现了一种人工放射系称为镎系（4n+1）。

钍系：$ {}^{232}_{90}\mathrm{Th} \xrightarrow{\alpha} {}^{228}_{88}\mathrm{Ra} \xrightarrow{\beta} {}^{228}_{89}\mathrm{Ac} \xrightarrow{\beta} {}^{228}_{90}\mathrm{Th} \xrightarrow{\alpha} {}^{224}_{88}\mathrm{Ra} \xrightarrow{\alpha} {}^{220}_{86}\mathrm{Rn} $

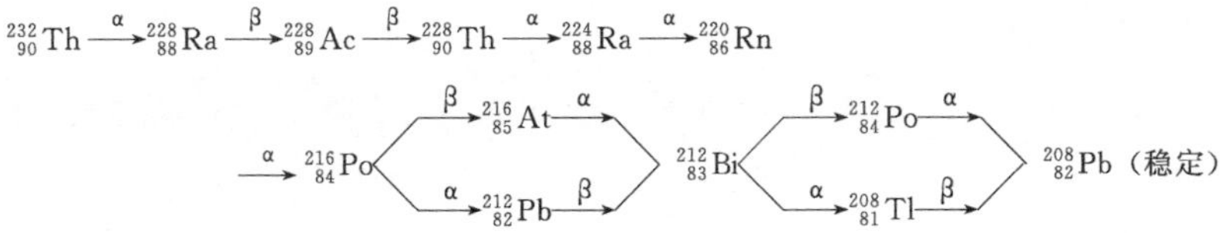

$ \xrightarrow{\alpha} {}^{216}_{84}\mathrm{Po} $ —（$\xrightarrow{\beta} {}^{216}_{85}\mathrm{At} \xrightarrow{\alpha}$ ；$\xrightarrow{\alpha} {}^{212}_{82}\mathrm{Pb} \xrightarrow{\beta}$）— $ {}^{212}_{83}\mathrm{Bi} $ —（$\xrightarrow{\beta} {}^{212}_{84}\mathrm{Po} \xrightarrow{\alpha}$ ；$\xrightarrow{\alpha} {}^{208}_{81}\mathrm{Tl} \xrightarrow{\beta}$）— $ {}^{208}_{82}\mathrm{Pb} $（稳定）

铀系：$ {}^{238}_{92}\mathrm{U} \xrightarrow{\alpha} {}^{234}_{90}\mathrm{Th} \xrightarrow{\beta} {}^{234}_{91}\mathrm{Pa} \xrightarrow{\beta} {}^{234}_{92}\mathrm{U} \xrightarrow{\alpha} {}^{230}_{90}\mathrm{Th} \xrightarrow{\alpha} {}^{226}_{88}\mathrm{Ra} \xrightarrow{\alpha} {}^{222}_{86}\mathrm{Rn} $

$ \xrightarrow{\alpha} {}^{218}_{84}\mathrm{Po} $ —（$\xrightarrow{\beta} {}^{218}_{85}\mathrm{At} \xrightarrow{\alpha}$ ；$\xrightarrow{\alpha} {}^{214}_{82}\mathrm{Pb} \xrightarrow{\beta}$）— $ {}^{214}_{83}\mathrm{Bi} $ —（$\xrightarrow{\beta} {}^{214}_{84}\mathrm{Po} \xrightarrow{\alpha}$ ；$\xrightarrow{\alpha} {}^{210}_{81}\mathrm{Tl} \xrightarrow{\beta}$）— $ {}^{210}_{82}\mathrm{Pb} \xrightarrow{\beta} {}^{210}_{83}\mathrm{Bi} $ —（$\xrightarrow{\beta} {}^{210}_{84}\mathrm{Po} \xrightarrow{\alpha}$ ；$\xrightarrow{\alpha} {}^{206}\mathrm{Tl} \xrightarrow{\beta}$）— $ {}^{206}_{82}\mathrm{Pb} $(稳定)

锕系：$ {}^{235}_{92}\mathrm{U} \xrightarrow{\alpha} {}^{231}_{90}\mathrm{Th} \xrightarrow{\beta} {}^{231}_{91}\mathrm{Pa} \xrightarrow{\alpha} {}^{227}_{89}\mathrm{Ac} $ —（$\xrightarrow{\beta} {}^{227}_{90}\mathrm{Th} \xrightarrow{\alpha}$ ；$\xrightarrow{\alpha} {}^{223}_{87}\mathrm{Fr} \xrightarrow{\beta}$）— $ {}^{223}_{88}\mathrm{Ra} \xrightarrow{\alpha} {}^{219}_{86}\mathrm{Rn} $

$ \xrightarrow{\alpha} {}^{215}_{84}\mathrm{Po} $ —（$\xrightarrow{\beta} {}^{215}_{85}\mathrm{At} \xrightarrow{\alpha}$ ；$\xrightarrow{\alpha} {}^{211}_{82}\mathrm{Pb} \xrightarrow{\beta}$）— $ {}^{211}_{83}\mathrm{Bi} $ —（$\xrightarrow{\beta} {}^{211}_{84}\mathrm{Po} \xrightarrow{\alpha}$ ；$\xrightarrow{\alpha} {}^{207}_{81}\mathrm{Tl} \xrightarrow{\beta}$）— $ {}^{207}_{82}\mathrm{Pb} $(稳定)

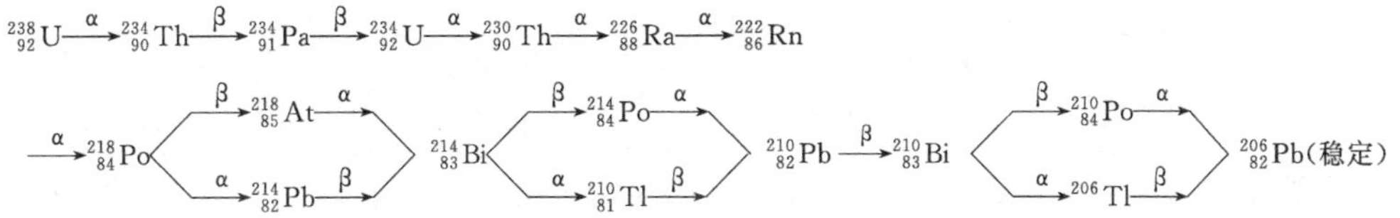

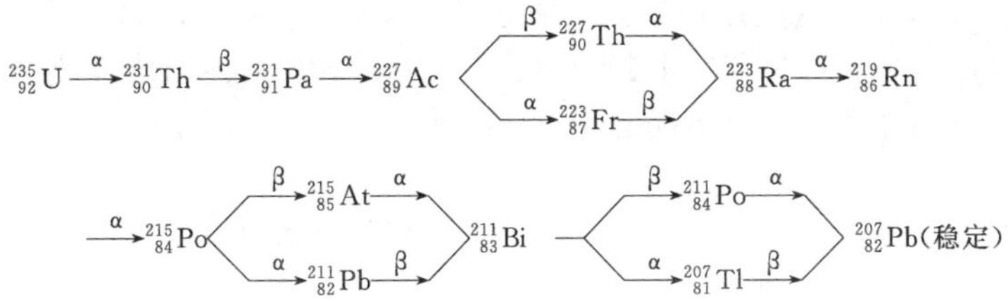

镎系：

$ {}^{237}_{93}\mathrm{Np} \xrightarrow{\alpha} {}^{233}_{91}\mathrm{Pa} \xrightarrow{\beta} {}^{233}_{92}\mathrm{U} \xrightarrow{\alpha} {}^{229}_{90}\mathrm{Th} \xrightarrow{\alpha} {}^{225}_{88}\mathrm{Ra} \xrightarrow{\beta} {}^{225}_{89}\mathrm{Ac} \xrightarrow{\alpha} {}^{221}_{87}\mathrm{Fr} \xrightarrow{\alpha} {}^{217}_{85}\mathrm{At} \xrightarrow{\alpha} {}^{213}_{83}\mathrm{Bi} $ —（$\xrightarrow{\beta} {}^{213}_{84}\mathrm{Po} \xrightarrow{\alpha}$ ；$\xrightarrow{\alpha} {}^{209}_{81}\mathrm{Tl} \xrightarrow{\beta}$）— $ {}^{209}_{82}\mathrm{Pb} \xrightarrow{\beta} {}^{209}_{83}\mathrm{Bi} $(稳定)

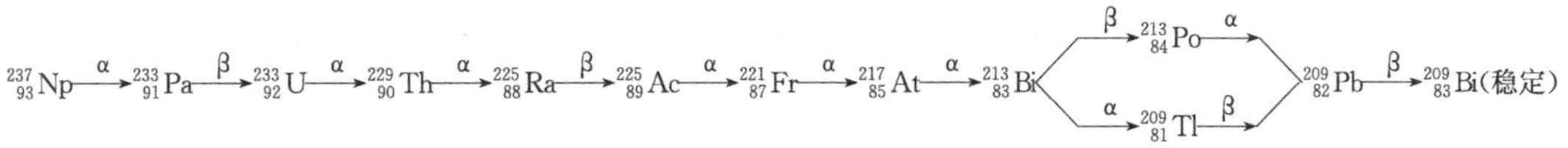

21.2.1.3　核衰变的规律

假设 N_0 为初始放射性原子核数，N 为经过时间 t 衰变后剩下的放射性原子核数，则单位时间衰变的原子核数与现有原子核数成正比：

$$ \frac{-\mathrm{d}N}{\mathrm{d}t} = \lambda N $$

式中，λ 为衰变常数，表示放射性原子核在单位时间内发生衰变的概率，是描述原子核衰变的一个特征常数。积分上式得：

$$-\int_{N_0}^{N}\frac{dN}{N}=\int_0^t\lambda dt$$

$$\ln\frac{N_0}{N}=\lambda t \qquad N=N_0e^{-\lambda t}$$

此式表示经过任何时间 t 与剩下的放射性原子核数目的关系。放射性原子核的数目减少到原来一半所需的时间称为半衰期（half life），符号为 $T_{1/2}$。半衰期是描述原子核衰变的又一个特征常数，它反映了核衰变的快慢程度。

将 $t=T_{1/2}$，$N=\frac{1}{2}N_0$ 代入上式，得：

$$T_{1/2}=\frac{\ln2}{\lambda}=\frac{0.693}{\lambda}$$

上式表明，$T_{1/2}$ 与 λ 成反比关系。λ 越大，核素放射性越强，$T_{1/2}$ 就越短。某些重要放射性核素的半衰期及其衰变类型见表 21-4。

表 21-4 某些重要放射性核素的半衰期及其衰变类型

放射性核素	半 衰 期	衰变类型	放射性核素	半 衰 期	衰变类型
$^{131}_{53}I$	8.0 天	β	$^{235}_{92}U$	7.1×10^8 年	α
$^{252}_{98}Cf$	2.65 年	n	$^{40}_{19}K$	1.28×10^9 年	β
$^{14}_{6}C$	5730 年	β	$^{238}_{92}U$	4.5×10^9 年	α
$^{239}_{94}Pu$	24400 年	α	$^{87}_{37}Rb$	4.7×10^{10} 年	β

例 21-2 ^{40}K 衰变为 ^{40}Ar 的半衰期是 1.28×10^9 年。一块取自月球的岩石经分析含 ^{40}K 8%，^{40}Ar 92%。试计算该岩石的年龄。

解：设岩石为 1g。则：

$$t=\frac{t_{1/2}}{0.693}\times\ln\frac{N_0}{N}=\frac{1.28\times10^9\,a}{0.693}\times\ln\frac{1}{0.08}=4.66\times10^9\,a$$

该月球岩石的年龄约 46 亿年。

放射性核素在衰变过程中其量是有规律地逐渐减小的。利用这一原理，人们用放射性核素进行地质和文物考古的年代确定。目前通常用 ^{14}C 法来确定年代[1]，现简介如下。

自然界的碳元素是由 ^{12}C（98.9%）、^{13}C（1.1%）和 ^{14}C（10^{-10}%）三种同位素所组成。其中，^{14}C 是放射性核素，它能发生 β 衰变，半衰期是 5730 年。

$$^{14}_{6}C \longrightarrow ^{14}_{7}N + ^{0}_{-1}e$$

^{14}C 在不断衰变的同时，大气中的 ^{14}N 受宇宙射线的中子轰击又能转化为 ^{14}C：

$$^{14}_{7}N + ^{1}_{0}n \longrightarrow ^{14}_{6}C + ^{1}_{1}H$$

在相当长时间内，自然界大气中的 ^{14}C 保持着平衡，其含量基本不变。而且 ^{14}C 与 O_2 结合生成的 $^{14}CO_2$ 与 $^{12}CO_2$ 化学性能相似，它们共同参加自然界中碳的交换循环运动。

一切活的生物体，总是和大气保持着直接或间接的碳交换。生物体中的 $^{14}C/^{12}C$ 与大气中的 $^{14}C/^{12}C$ 基本一致。生物体一旦死亡，它就和大气停止了交换，不再从大气中吸收新的 ^{14}C。生物体中的 ^{14}C 含量就按放射性衰变规律不断减少。因此，测定古代生物遗体中 ^{14}C 的比例，可以计算出它与大气停止交换的年代，即生物体死亡的年代 。

由于这一方法所依据的是原子核的变化，这种变化不受周围环境的物理、化学条件的影响。^{14}C 的半衰期适用于几千年到几万年的标本测定。

---

[1] 这一方法是 1950 年由美国科学家李比（W. F. Libby）创立的。1960 年，他为此获得诺贝尔化学奖。

21.2.2　人工核反应

稳定核素也可以用人工方法转变为放射性核素。人们在一定条件下，用适当能量的粒子轰击某些稳定核素靶子可引起核反应，使之转变为放射性核素。1932 年加速器的发明和 1942 年反应堆的建成为人工生产放射性核素和新元素创造了条件。

反应堆是一种能维持和控制核链式反应的装置。反应堆的类型甚多，用途各异，相关内容将在后节讨论。这里需要指出的是有的反应堆能产生强大的中子流，可以作为强中子源以诱发核反应。

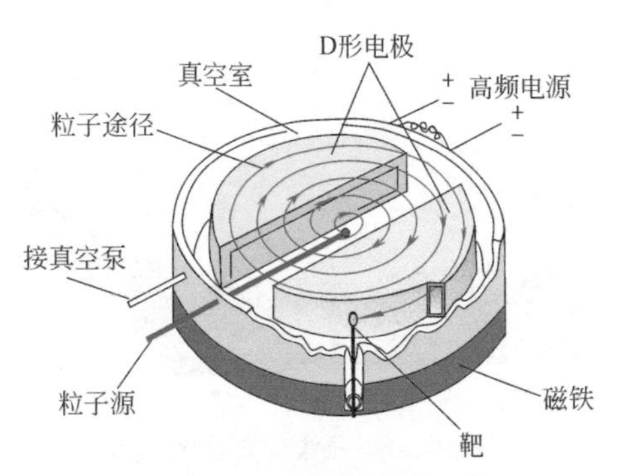

图 21-2-1　回旋加速器示意

加速器是一种用人工方法产生快速带电粒子束的装置。按照加速粒子的能量、种类、加速电场和粒子轨道的形态不同，出现了多种不同类型的加速器。图 21-2-1 展示了一种回旋加速器的基本构造。它有两个 D 型电极，当带电荷的轰击粒子进入加速器的真空室中心时，高频交流电源使两个 D 形电极不断变换符号而使粒子加速。磁铁放在加速器 D 形电极的上下，以保持粒子作螺旋轨迹运动，最后引出加速器并轰击靶核。由于中子不带电荷，不会被靶核所排斥，所以不必在核反应前加速到高能量。因此包含中子的核反应要容易些也经济一些。

欧洲核子研究中心的大型强子对撞机（LHC）是目前世界上最大的粒子加速器。它建在地下 50～100 米深处，周长约 27km 的环形隧道内。能将两个对撞加速管中的质子能量分别加速到 7 万亿电子伏特（7TeV），总撞击能量可达 14TeV。我国多家科研单位和高校参与了相关项目的建设和对撞机实验。

按轰击粒子的种类不同，人造元素合成可使用以下几类核反应。

（1）中子引起的核反应　可利用反应堆内中子照射，或核爆炸产生的丰中子。最常见的是（n，γ）反应。

（2）轻粒子引起的核反应　常用的轻粒子种类有质子、氘核、氚核和氦核（α 粒子）。

（3）重粒子引起的核反应　早期的轰击粒子使用 ^{12}C、^{10}B、^{15}N、^{18}O、^{22}Ne 等重离子。随着重离子加速器的建成，可使用 ^{54}Cr、^{58}Fe、^{59}Co、^{64}Ni 等更重的离子。并采用热熔合（hot fusion）或冷熔合（cold fusion）方法合成新元素。

例如：热熔合　　$^{249}Cf + ^{18}O \longrightarrow ^{263}Sg + 4n$

　　　冷熔合　　$^{209}Bi + ^{58}Fe \longrightarrow ^{266}Mt + n$

通过人工核反应获得了许多人工放射性核素，它已应用于制备原子序数 92 以后的元素，这些元素称“超铀元素”。美国化学家西博格（G. T. Seaborg）和他的同事在 1941 年宣布合成了 94 号元素钚（^{238}Pu）。不久，在粒子加速器上用中子轰击铀产生了钚的另一个重要同位素（^{239}Pu）：

$$^{238}_{92}U + ^{1}_{0}n \longrightarrow ^{239}_{92}U + \gamma$$

$$^{239}_{92}U \xrightarrow{\beta} ^{239}_{93}Np \xrightarrow{\beta} ^{239}_{94}Pu$$

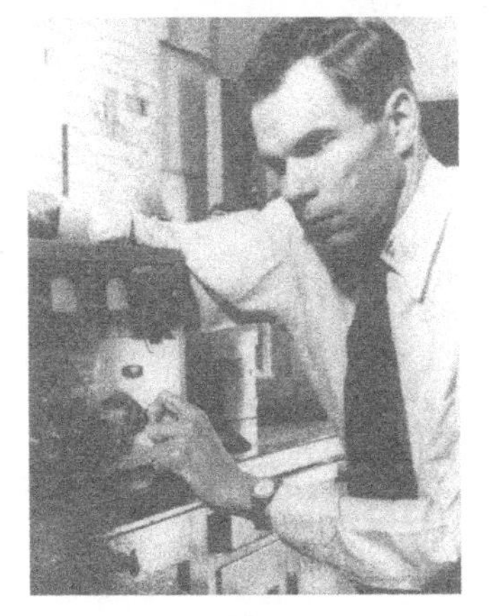

西博格

几乎同时，发现 ^{239}Pu 具有类似 ^{235}U 的裂变性能，1945 年投掷在日本长崎的原子弹就是用 ^{239}Pu 作核装料的。

西博格由于在锕系元素方面的杰出贡献和 93 号元素发现者麦克米伦分享 1951 年诺贝尔化学奖。

核反应所得产物，并非是单一的，常需加以分离。对于超铀元素的合成，采用的化学分离技术有共沉淀、溶剂萃取、离

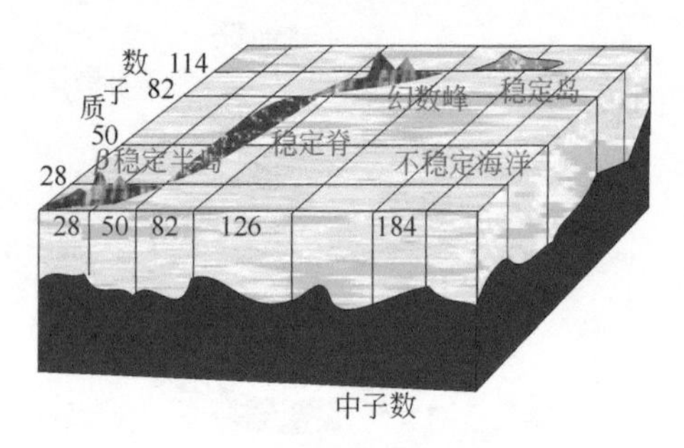

图 21-2-2 核素稳定性区域示意

子交换、萃取色谱和快速化学分离法。化学分离法的最大优点是选择性好，可以从大量干扰元素中分离出个别反应产物，并对新核素的原子序数（Z）和质量数（A）作出判断。但是对于半衰期在秒级以下的核素鉴别目前还难于实现。

至于锕系后元素，由于半衰期越来越短，核反应截面越来越小，因此，对新核素的分离和鉴别还必须采用一些物理分离技术，如氦气喷射术、轮带传输术、速度选择器和充气分离器等。

21.2.3 人造元素合成进展

锕系元素和锕系后元素的成功合成，扩大了周期表的版图。为了进一步合成原子序数更高的元素，尽管困难重重，各国科学家仍在孜孜不倦地努力探索。从事新元素和新同位素寻找的主要实验室有美国劳伦斯-伯克利国家实验室（LBNL），俄罗斯联合核子所（Dubna），德国重离子研究所（GSI），日本物理化学研究所（RIKEN），中国科学院近代物理研究所等。

若以质子数为纵坐标，中子数为横坐标，把已知的稳定核素和放射性核素逐个标示出来，可获得一张核素稳定性区域示意图（见图 21-2-2）。图上显示稳定核都聚集在一条狭长的地带，它自坐标原点出发，向东北方向伸展。科学家们将这一狭长地带形象地描绘成一个半岛，称“β稳定半岛”，又叫“幻岛”，因为岛上稳定核都符合幻数规律。最稳定的核位于幻数山峰上，山脊两侧是贫中子和丰中子放射性核素组成的辽阔平原，围绕着稳定性大陆是由不稳定核素组成的海洋。图中还显示在隔海相望处，出现一个小孤岛，称作“稳定岛”，位于质子数为 114，中子数为 184 的双幻数区域，在这个岛内可能存在半衰期较长的相当稳定的超重核。理论上预言的超重元素稳定岛是否存在，还有待今后实践的检验。早先估计稳定岛内的超重元素半衰期很长，有可能在自然界中找到，因而不少科学家致力于从自然矿物、海底锰结核、外来的陨石或月球岩石中进行搜索，但是均未见超重元素踪迹。现今超重元素的合成仍依赖于各种重离子加速器。表 21-5 列出了近年合成的超重元素。其中 113、115、117、118 号新元素，经 IUPAC 确认，于 2016 年 11 月 30 日公布定名。

表 21-5 近年来合成的超重元素

新元素命名	合成单位	中文名称	核素的质量数	宣布年份
110(Ds)	德国 GSI	鐽	$^{269}110$	1994
111(Rg)	德国 GSI	轮	$^{272}111$	1994
112(Cn)	德国 GSI	鎶	$^{278}112$	1996
113(Nh)	日本 RIKEN，中国科学院近代物理所、高能物理所合作	鉨	$^{278}113$	2004
114(Fl)	俄罗斯的弗廖罗夫核反应实验室	𫓧	$^{289}114$	1999
115(Mc)	俄国 Dubna	镆	$^{288}115$	2003
116(Lv)	俄国 Dubna 与美国 LLNL 合作	𫟷	$^{292}116$	2000
117(Ts)	俄国 Dubna 与美国 LLNL、ORNL 合作	石田	$^{293}117$，$^{294}117$	2010
118(Og)	俄国 Dubna 与美国 LLNL 合作	气奥	$^{294}118$	2006

LLNL—美国劳伦斯-列弗莫尔国家实验室。ORNL—美国橡树岭国家实验室。

21.3 同位素技术和核技术的应用

放射性同位素也可称放射性核素，在衰变时具有放出射线的特异性，加之探查射线的各种探测仪器的灵敏性，使放射性同位素技术（简称同位素技术）和核技术在工业、农业、医学、科研和国防等部门获得了广泛应用。

“放射性同位素示踪技术”是对某体系中的主体物质或材料的特性和行为进行示踪考察的一种信息获取技术。它可以通过在研究对象中加入“示踪剂”，然后测定其分布位置和放射性活度来显示研究对象的运动或变化规律。这种示踪技术可用于研究物质结构、光合作用、化学动力学、农药和肥料使用效果等。示踪技术还广泛应用于生物大分子与功能的研究。例如用^{32}P 示踪法成功地研究了 DNA（脱氧核糖核酸）的碱基排列和遗传密码的关系。可以说，没有同位素技术，就不可能发现 DNA 的奥秘，也不会有今天的遗传工程。

“中子活化分析技术”是一种测定微量乃至超微量组分的高灵敏度分析方法。该法采用中子源照射样品，然后测定生成的放射性核素衰变时放出的射线或测定核反应中放出的瞬时辐射，从而实现元素的定性或定量分析。这一技术已广泛用于环境、地质、宇宙学、法学、生物医学、考古学、材料学、能源等各个领域中。科学家曾经用中子活化分析法分析了我国古瓷中的微量元素，得到了很好的实验结果。除此之外，离子束分析、中子散射分析、核磁共振技术、X 荧光分析等依赖于核技术发展起来的现代分析方法，对当今的化学学科前沿领域产生了重要的影响。

“放射性同位素辐射技术”可用于消毒灭菌、食品保藏和辐射加工等领域；“放射性同位素无损检测技术”可获得受检对象的内部信息。现今除了工业核监测仪表大量增加外，对行李、货物中危险品和违禁品检查的仪器要求也在增长。我国开发的“钴 60 集装箱检测系统”已用于海关、港口等重要口岸，不仅加快了集装箱货车的通关速度，而且有利于社会的安全保障，该项技术处于国际领先水平。

“放射免疫分析技术”（RIA）是基于免疫分析的特异性和放射性测量的高灵敏性而建立的一种超微量分析方法。它能定量检测生物体内成百上千种活性物质，如激素、肿瘤相关抗原、病毒及微生物等，成为现代临床诊断和生物医学研究的重要手段。例如，以^{131}I-AFP 作为示踪剂的甲胎球蛋白（AFP）❶ 的放射免疫测定已成功地应用于肝癌的早期诊断。

“核素显像技术”已成为现代临床诊断和生命科学研究的重要手段。借助单光子发射断层显像仪（SPECT）和正电子发射断层显像仪（PET），可获得清晰的三维图像，对于研究人脑内的化学神经传递过程，把脑的化学、解剖结构、精神的思维功能联系在一起，进而探索生命现象具有划时代的意义。

“核素治疗技术”在核素诊断技术快速发展的促进下，我国先后开发成功铱 192γ 后装机，锎 252 中子后装机，锶 90/钇 90 皮科敷贴器，前列腺增生 β 射线腔内治疗器，碘 125 巩膜敷贴器（治疗眼内肿瘤）和碘 125 种子源植入系统等多种近距治疗仪和治疗手段，取得了很好的临床效果。

21.4 核能和核能利用

核能（原子能）是原子核内部蕴藏的能量。核能的获得可通过三条途经：一是裂变能，由重核裂变时释放；二是聚变能，由轻核结合成重核时释放；三是衰变能，由放射性核素衰变时释放。本节将重点介绍裂变能和聚变能。

21.4.1 核裂变和核裂变能的利用

^{235}U 核裂变现象是首先被发现的。当 U-235 受到慢中子轰击时会分裂成两个质量相近

---

❶ AFP 是胎龄为 6 周时在胎儿血清中出现的一种血清蛋白，胎儿出生后一周即迅速减少。正常人的血清仅含极微量的 AFP。但肝癌患者的癌细胞能产生这种甲胎球蛋白，因此患者血清中 AFP 较高。依据 AFP 含量便可诊断是否患肝癌。

的碎片，同时释放出 2～3 个中子（见图 21-4-1）。铀核裂变后形成的碎片，又称“裂变产物”，大约含有 40 多种元素的 400 种放射性同位素。

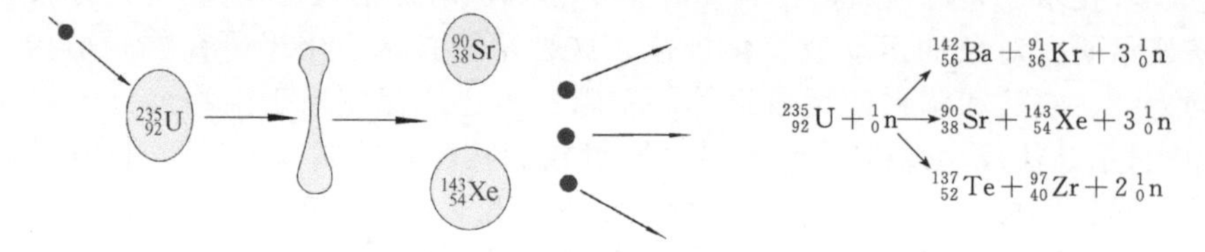

图 21-4-1 $^{235}_{92}U$ 的裂变示意

每次裂变释放的能量大约为 200MeV。1kg ^{235}U 或 ^{239}Pu 释放的能量相当于 2700 吨标准煤。

例 21-3 计算 1.0 mol ^{235}U 按照下式裂变释放的能量：

$$^{235}_{92}U + ^{1}_{0}n \longrightarrow ^{90}_{38}Sr + ^{143}_{54}Xe + 3^{1}_{0}n$$

解：可算得$^{235}_{92}U$，$^{90}_{38}Sr$，$^{143}_{54}Xe$ 的核子平均结合能分别为：

$$-1.22\times10^{-12}\ \text{J}\cdot\text{核子}^{-1},\ -1.37\times10^{-12}\text{J}\cdot\text{核子}^{-1},\ -1.34\times10^{-12}\text{J}\cdot\text{核子}^{-1}$$

按照计算一般化学反应热效应的方法计算该核裂变的 ΔH_m：

$$\begin{aligned}\Delta H_m &= [(-1.34\times10^{-12}\ \text{J}\cdot\text{核子}^{-1} - 1.37\times10^{-12}\ \text{J}\cdot\text{核子}^{-1}) - \\ &\quad (-1.22\times10^{-12}\ \text{J}\cdot\text{核子}^{-1})]\times6.022\times10^{23}\times235\ \text{核子}\cdot\text{mol}^{-1} \\ &= -2.1\times10^{13}\ \text{J}\cdot\text{mol}^{-1}\end{aligned}$$

^{235}U 裂变后发射出的 2～3 个中子，还可能再去轰击别的^{235}U 核诱发新的核裂变，导致产生更多的中子，从而引起更多的^{235}U 核裂变，最终形成了一连串的裂变反应。这种裂变反应称为链式反应（见图 21-4-2）。中子从释放到引起裂变的时间间隔小于百万分之一秒，如果这种链式反应不加控制地进行下去，在极短时间内因大量^{235}U 核裂变并释放出巨大的能量而形成核爆炸，这就是原子弹爆炸的基本原理。

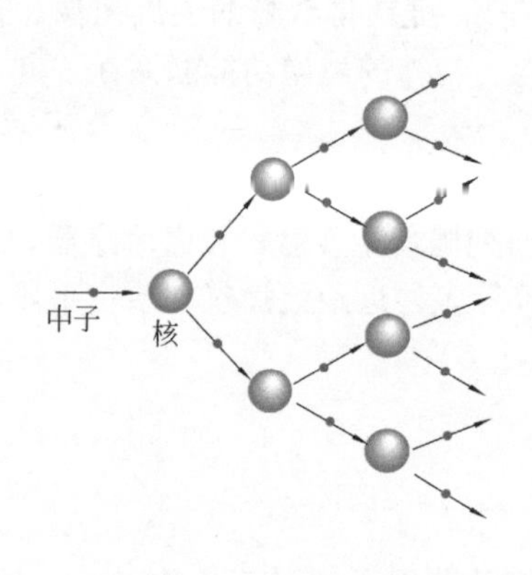

图 21-4-2 链式反应示意

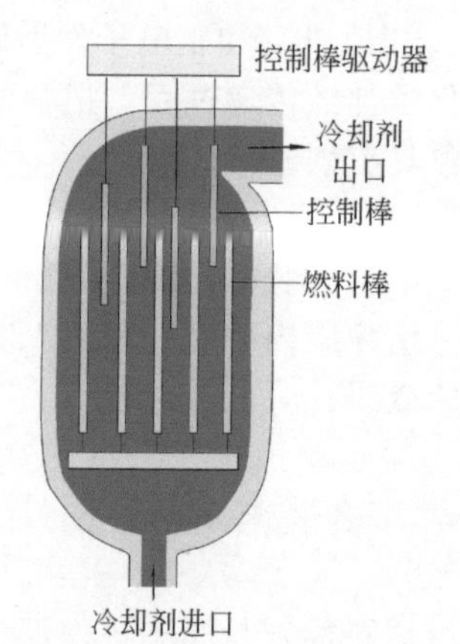

图 21-4-3 核反应堆示意

要使链式反应得到控制，使其能自持地进行，需要建造一种特殊的装置，称作核反应堆（简称反应堆）。它与原子弹的区别就在于能量释放是缓慢的、可控的。反应堆大体上由燃料棒、控制棒、减速剂、冷却剂、反射层、屏蔽层等主要部件组成（图 21-4-3）。其各组成部分的特点和功能简述如下。

（1）燃料棒 由裂变材料制成。可以使用天然铀（含 0.71%^{235}U）或低富集度铀（含 2%～3%^{235}U）。^{235}U 在天然铀中的含量虽少，但快中子和慢中子都能使它发生裂变。因此

^{235}U 是很好的裂变材料。^{239}Pu 也是一种裂变材料，可与 ^{235}U 组成混合氧化物燃料（MOX）加以利用。

(2) 控制棒 其作用是控制核裂变链式反应的进行。由于硼和镉对慢中子有强烈的吸收作用，故通常用这两种材料制造控制棒。依靠这种棒在反应堆活性区的提升和下落，可控制反应堆的核裂变速率，实施启动、停堆和调整反应堆的功率。

(3) 减速剂 其主要作用是使裂变产生的快中子减速至慢中子，因为慢中子容易引起 ^{235}U 裂变。重水、普通水、石墨和铍等几种物质均可用来作为中子减速剂。

(4) 冷却剂 核裂变释放的巨大能量，会使反应堆的温度上升。冷却剂又称载热剂（如重水、普通水、氦气等），其功能是通过活性区，在反应堆冷却剂回路系统循环流动，不断地将堆内的热量载带出来，通过热交换器散热，使堆芯得到冷却，保持一定的工作温度。

(5) 反射层 其功能是阻止中子泄漏。理想材料是铍，一般用石墨、重水或普通水。

(6) 屏蔽层 随着反应堆的运转，核裂变产生的大量裂变产物放射性非常强。为了保证安全，并防止邻近的结构材料受到辐射损伤，必须在反应堆的四周建造一个相当厚的屏蔽层。常用的屏蔽材料有重混凝土等。

反应堆若按用度来分，有研究堆、生产堆和动力堆。动力堆又可分为发电堆（核电站）和推进堆（核舰船）两大类。国际上现有三种类型的发电堆比较成熟。它们分别是轻水堆(包括压水堆、沸水堆)、重水堆和高温气冷堆。我国核电站的主要堆型为压水堆。在运行时产生的大量热经过蒸汽发生器传给二回路循环水，其产生的蒸汽再驱动汽轮发电机组发电。图 21-4-4 给出了核电站的简要流程（回路）。

核电是一种安全、清洁的能源。核电厂与发电量相同的火力发电厂相比，核电站放出的污染物要少得多，发电成本较低，燃料的运输和贮存也比化石燃料更经济。据 2013 年 7 月统计，全世界正在运行的核电机组有 437 台，总装机容量为 3.72 亿千瓦，核电占全球总发电量的 15%。截至 2014 年底，我国大陆运行的核电机组已有 22 台，总装机容量 2010 万千瓦，占全国发电总量的 2.2%；在建核电机组 26 台，装机容量达 2800 万千瓦。

世界核电站（指热中子堆电站）的发展已有“四代”之说：

“第一代”为上世纪 50 年代中期至 60 年代初期开发的试验性“原型堆”。

“第二代”为上世纪 60 年代中期至 70 年代末批量建造的“商用堆”。

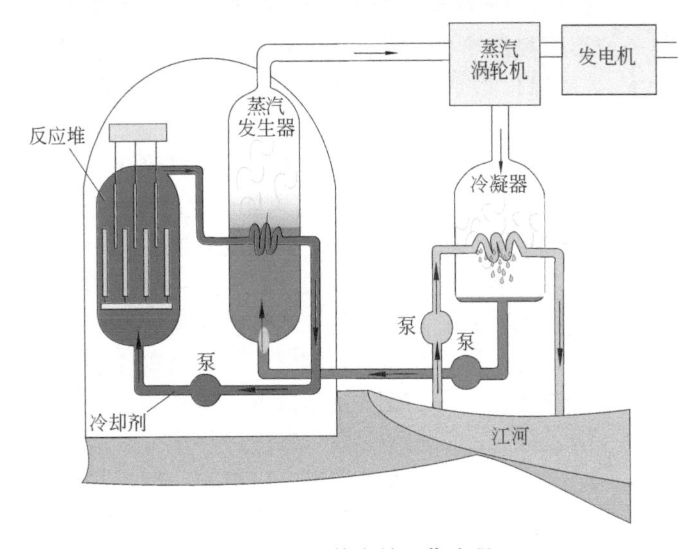

图 21-4-4 核电站工作流程

“第三代”为上世纪80年代中期美国和欧洲开发的“先进轻水堆”。此类堆型吸取了美国三哩岛和苏联切尔诺贝利核事故的教训，具有更好的预防和缓解严重事故的能力，在安全性方面有较大的提高。“第三代”核电站现大多处于建设与工程验证阶段。

“第四代”为21世纪提出的新一代核电技术，旨在开发更加安全、更加经济的核能系统，并进一步提高废物处理、防核扩散和核燃料循环利用的能力。目前尚处于概念设计和试验研究阶段。

我国在加快二代改进型核电机组建设的同时，引进、吸收、消化第三代核电技术，并进行了集成创新，开发出具有自主知识产权的第三代核电机型——“华龙一号”，可满足当今最新的安全要求和技术标准。此外，10MW高温气冷实验堆（采用球形燃料元件）在2000年达到临界，2003年实现并网发电，现已启动60万千瓦模块式高温气冷堆示范电站。20MW的实验快中子增殖堆（简称快堆）已于2010年达到临界，2011年7月并网发电试验成功。期望陆续推出示范快堆（CFR600）和商用快堆。超高温气冷堆和快堆符合第四代核电技术的发展目标。

21.4.2 核聚变和核聚变能的利用

获得核能的第二条途径是核聚变。它是由两个轻核聚合成一个较重的核的过程。由核子平均结合能曲线可以看到，轻核聚变时结合能的变化比重核裂变大得多。因此轻核聚变将伴随着更加巨大的能量释放。

克服质子间的静电斥力需要很高的能量，因此，核聚变反应所需的活化能异常高，只有在上亿度的温度环境下才能发生核聚变过程。在地球上，相对来说比较容易实现的人工核聚变反应是氘-氚（D-T）和氘-氘（D-D）的聚变反应：

$$^{2}_{1}H + ^{3}_{1}H \rightarrow ^{4}_{2}He + ^{1}_{0}n$$

$$^{2}_{1}H + ^{2}_{1}H \begin{cases} \nearrow ^{3}_{2}He + ^{1}_{0}n \\ \searrow ^{3}_{1}H + ^{1}_{1}H \end{cases}$$

核聚变能的优点是：①资源丰富。氘广泛存于海洋，1L海水中提取的氘能产生相当于燃烧300L汽油的能量。②内在安全。等离子体形成后，一旦冷却即能短时间停止。③相对清洁。核聚变电站不排放温室气体，也不产生裂变产物。若燃料使用氚，半衰期较短，放射性也较弱，且很快参与燃烧。利用核聚变能量预计可供人类使用100亿年。

氢弹的爆炸是利用$^{235}_{92}U$或$^{239}_{94}Pu$核裂变时产生的极高温度，使轻核获得足够的动能，以实现聚变反应。这是一种不可控的热核反应。要实现受控核聚变需突破两大技术难关：一是如何把燃料加热到上亿度高温以形成等离子体：二是如何长时间地约束高温高密度等离子体。

实现核聚变的基本方式有两种：磁约束核聚变和惯性约束核聚变。磁约束聚变装置（图21-4-5）是通过电能产生的强磁场使氘、氚气体形成高温等离子体，并被压缩在该磁场内而不与容器接触，产生核聚变反应。在这类装置中“托卡马克”最为经典也最具竞争性。惯性约束聚变则利用超高强度的激光在极短时间内辐照氘、氚靶来实现聚变。在磁约束聚变方面，我国先后建造了“环流器-2A”（HL-2A）和全超导托卡马克装置（EAST），并积极参与了七国联合研制的国际热核实验堆（ITER）。此外，“神光-3号”激光装置的建成和运行，标志着我国惯性约束聚变研究也已进入新的层次，实现热核聚变点火是其主要目标。

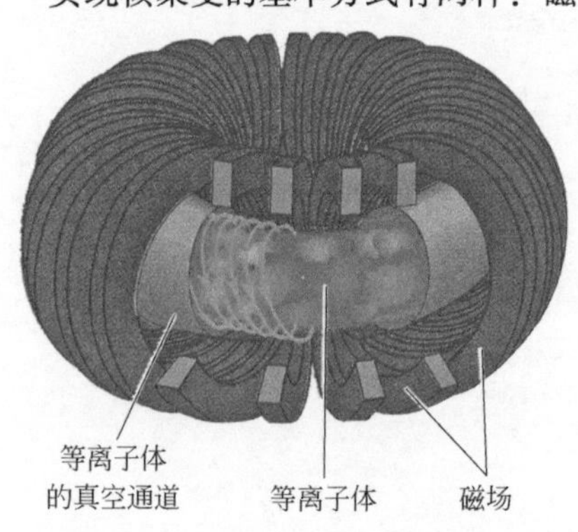

图21-4-5 磁约束聚变装置示意

21.5 核辐射与核安全

在人类和平利用核能历史上，曾经发生过三起严重事故。1979 年美国三哩岛核电站（压水堆型）由于设备故障和人为疏失等原因引起堆芯熔毁，所幸的是放射性物质被包容在安全壳内，未发生环境污染。1986 年前苏联切尔诺贝利核电站由于操作人员连续违反操作规程，加上堆本身的设计缺陷（石墨慢化沸水堆，无安全壳）产生堆芯熔毁、石墨砌体燃烧，大量放射性物质外泄，造成环境污染及工作人员伤亡。2011 年日本遭遇 9 级强烈地震，并引发海啸，致使福岛第一核电站正在运行的 3 台机组（均为沸水堆型）的冷却系统失灵，堆芯温度升高，核燃料元件包壳破损，相继出现堆芯熔化、氢气爆炸，引起大量放射性物质泄漏。调查报告指出：灾前忽视安全隐患和灾后应对措施失当是造成事故的根本原因。

上述三起严重核事故警示人们必须高度重视核安全。在核电站设计、建造、调试、运行阶段要确认核安全设施在关键时刻均能发挥作用，还要特别重视岗位培训和安全操作考核；为了“以防万一”，中央、地方和企业三级要建立应急体系，制订应急计划；在公众中需要开展科普核辐射和核安全知识教育，以便在出现突发事件时不至于产生恐慌，能听从指挥、及时应对。

21.5.1 核辐射类型及防护

核辐射主要有三种类型，即 α、β、γ 射线。它们的主要特性及防护措施如下。

(1) α 射线　α 射线是 α 粒子（即氦核）流。穿透物质的能力弱，射程短，一张纸或衣服即可阻挡其穿透。它对人体不会造成外照射（放射性物质在生物体外所产生的照射）危害。但如果进入人体，会造成危害性很大的内照射（放射性物质进入生物体内所引起的照射），其主要途径是通过饮食、呼吸和从皮肤创口渗入等。

(2) β 射线　β 射线是 β 粒子（电子）流。其穿透能力比 α 射线强，高能的 β 粒子在空气中的射程可达几米。因此，β 射线对人体可以构成外照射危害。但它很容易为有机玻璃、塑料、水及铝片吸收。其内照射危害比 α 射线小。

(3) γ 射线　γ 射线是一种光子流。与 α、β 射线相比，γ 射线的穿透能力最强，甚至能透过铅板。但由于光子是不带电的，它不能直接引起电离，所以它对人体的内照射的危害比 α、β 射线要小，主要是防止外照射。常用高原子序数材料，如铸铁、铅、贫铀等作屏蔽。

辐射作用于人体主要有两种方式：内照射和外照射。在辐射剂量较低时，人体本身对辐射损伤有一定的修复能力，从而不表现危害效应或症状。但如果剂量过高，超出人体内各种器官或组织的修复能力，就会引起局部或全身的病变，如血液系统和造血器官、胃肠系统、生殖系统、眼睛水晶体和皮肤等。为了确保放射性工作人员安全，国际防护委员会（ICRP）规定了职业照射剂量限值，放射性工作人员所接受的年平均有效剂量不应超过 20mSv[1]；任何单一年份不应超过 50mSv；对公众所受的剂量限值是上述最大允许剂量的十分之一。

21.5.2 核电站的安全屏障

核反应堆运行时，在核裂变产生大量热能的同时，也产生了很多放射性物质（裂变产物），如果泄漏出来，就会污染周围环境，影响人们的身体健康。因此，核电站都采取了严格的安全防护措施。

目前较为成熟的压水堆型核电站设置有三道安全屏障（图 21-5-1）。第一道屏障是燃料包壳。燃料芯块填装在锆合金包壳管中，包壳管的端塞经焊封后制成燃料元件棒。它能防止

[1] Sv 称希（沃特）是衡量各种放射线对生物体产生影响的剂量当量单位，它的 1/1000 为 mSv 毫希（沃特）。

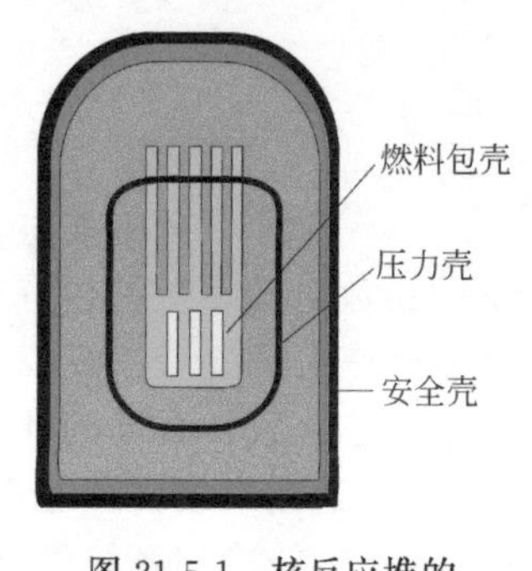

图 21-5-1 核反应堆的安全保护

核裂变产生的放射性物质进入一回路循环水中。

第二道屏障是压力壳。由核燃料组件构成的堆芯密闭在20cm厚的钢质压力容器内，它和整个一回路都是耐高压的。燃料包壳万一破裂，放射性物质泄漏到水中，但仍然密闭在一回路系统内。

第三道屏障是安全壳。它是一个圆柱形，钢做内衬的预应力钢筋混凝土建筑物，一回路的设备都安装在里面。安全壳具有良好的密封性，能承受极限事故引起的内压和温度剧增。当发生极限事故时，将可靠地把放射性物质包容在安全壳内，保证向环境释放的放射性物质限制在允许值以内。

21.5.3 核电站的三废处理

核电站在运行过程中不可避免地要出现一定量的气体、液体和固体放射性废物。三废处理的原则是必须尽量回收或处理，把排放量减至最小。图 21-5-2 表示了核电站三废处理示意图。

废气的最终排放口是高达超百米的烟囱，排放口设置有专门的放射性监测仪表，进行连续监测和取样，当排放水平超过规定值时有警报信号。核电站的排放水量是巨大的，向宽阔的江、河、海水稀释排放经处理过的水中放射性物质含量远低于国家标准。最难处理的是固体废物，现在只能经水泥固化或压缩减容成可以存放的形式后，在核电站特种废物库中暂存，最终运往国家处理库永久存放。

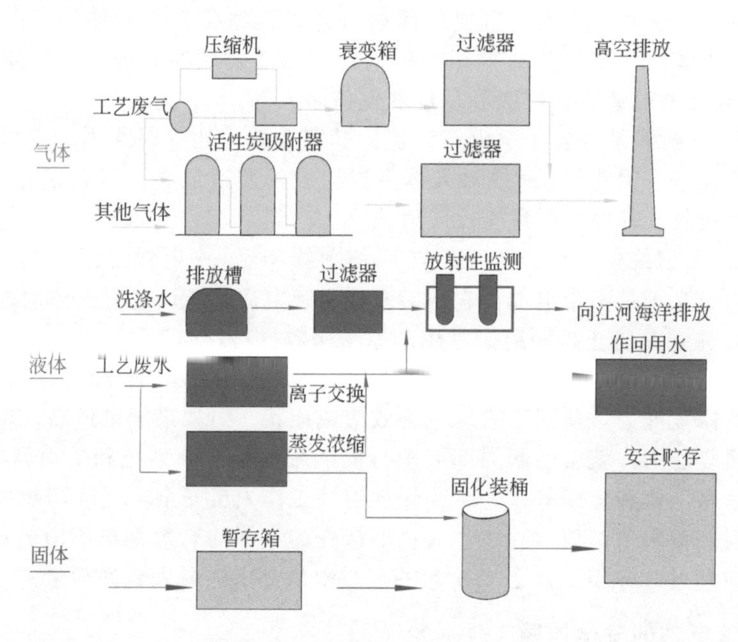

图 21-5-2 核电站三废处理示意

回顾核裂变能发现和利用的历史，人们看到，裂变能若得不到控制，会给人类带来灾难，裂变能若能得到控制，就能造福于人类。虽然核聚变能的和平利用还尚待时日，核电站也需要深入考虑在遭遇超强自然灾害时如何提高安全防范能力。但可以确信，随着核化学特别是乏燃料后处理技术和 MOX 燃料生产技术的深入研究，裂变反应堆设计理念的不断创新，人类有能力解决这些难题。近年来，核能作为一种清洁高效的能源已被越来越多国家接受和采用，核能必将成为现代主要能源。

科学家居里夫妇

Pierre Curie（1859～1906）& Marie Curie（1867～1934）

居里夫妇是举世闻名的科学家，居里夫人的照片和事迹无论是在教室还是图书馆、科学会堂经常可见，她在科学上取得的成就和高贵品质一直指引着青年人为理想而奋斗。

居里夫人原名玛丽·斯可罗多夫斯卡（Marie Sklodowska），1867年生于波兰首都华沙。她父亲毕业于圣彼得堡大学，后在华沙的一所中学教书。由于母亲和大姐的过早去世，家境很差。玛丽和她的二姐中学毕业后，因当时华沙大学不收女生，而她俩一心想去法国巴黎读书，但家庭经济不许可，考虑到姐姐年纪已大，决定自己先当家庭教师，所得报酬作姐姐去巴黎读书的费用，因此她当了五年的家庭教师，当1891年到巴黎大学求学时已经24岁了。1894年大学毕业后认识了皮埃尔·居里，第二年他俩成婚。

皮埃尔.居里是法国一位物理学家，他16岁时就获得巴黎大学学士学位，18岁获得物理学硕士学位。毕业后边教学、边从事晶体学方面的研究，并取得了多项研究成果，他是当时最有才能的物理学家之一。

1895年伦琴（W. K. Rontgen）发现X射线，1896年贝克勒尔（H. A. Becquerel）发现含铀及其化合物能使包裹在黑纸里的照相底片感光，这种自发放射现象引起了居里夫人极大兴趣，她想除了铀化合物外，是否还有别的物质也具有这种现象？经研究她发现钍及其化合物也能自发放出射线。她把这种现象命名为“放射性”，具有放射性的元素称为“放射性元素”。接着她发现沥青铀矿中还有比铀或钍的放射强度大得多的新元素，并把这一发现报告法国科学院。这时皮埃尔·居里决定暂停自己在晶体学方面的研究而与夫人合作共同寻找新元素。他们把沥青铀矿的各种元素按组分逐一分开，经研究“反常的放射性”主要集中在两个组分里。一个在铋组分里，另一个在钡组分里。1898年7月，居里夫人先宣布与铋化学相似的那个新元素。为纪念居里夫人的祖国波兰（Poland）而命名该元素为钋（Polonium）。同年12月宣布另一个与钡化学性质相似的新元素，定名为镭（Radium）。但由于没有实物，而遭到部分人的怀疑，于是居里夫妇在十分简陋的工棚里，处理了两吨多沥青铀矿残渣，因受当时实验条件的限制，每次只能处理几kg矿渣，经无数次溶解、沉淀、结晶、重结晶等提取手段，于1902年才制得0.1g氯化镭，这是新元素的确凿证据。钋和镭的存在终于被人们所确认。

1903年贝克勒尔和居里夫妇因天然放射性的发现和深入研究，共获诺贝尔物理学奖。又因分离镭的成功，居里夫人于1911年再获诺贝尔化学奖。1935年居里夫妇的女儿伊伦·居里和女婿约里奥·居里（Irene Curie & Joliot Curie）因人工放射性的发现获得诺贝尔化学奖。

复习思考题

1. 何谓核的稳定性？如何说明核的稳定性？
2. 为什么存在质量亏损？质量亏损与原子核结合能有何关系？
3. 解释下列名词：

（1）核结合能；（2）电子俘获；（3）核衰变；（4）核裂变；（5）核聚变；（6）放射系

4. 什么是放射性核素的半衰期？它有什么实际意义？
5. ${}^{40}_{20}Ca$、${}^{210}_{84}Po$、${}^{54}_{25}Mn$ 三个核素何者具有放射性？为什么？
6. 什么是人工核反应？它有哪些基本类型？
7. 试举例说明放射性核素衰变规律的应用。
8. 核衰变可发射出不同性质的射线，按此分类核衰变的主要类型有哪些？
9. 世界上曾发生过几次重大核反应堆事故？原因何在？如何能做到核安全？
10. 核辐射有几种主要类型？对人体有何伤害？如何有效防护？

习　　题

1. 写出下列核反应方程式：

   (1) ${}^{35}_{17}Cl(n,p){}^{35}_{16}S$　　(2) ${}^{27}_{13}Al(\alpha,n){}^{30}_{15}P$　　(3) ${}^{15}_{7}N(p,\alpha){}^{12}_{6}C$

   (4) ${}^{32}_{16}S(\alpha,D){}^{34}_{17}Cl$　　(5) ${}^{23}_{11}Na(n,\gamma){}^{24}_{11}Na$　　(6) ${}^{63}_{29}Cu(D,p){}^{64}_{29}Cu$

2. 完成下列核反应式，并说明核反应的类型。

   (1) ${}^{232}_{90}Th \longrightarrow {}^{228}_{88}Ra + ?$

   (2) ${}^{141}_{56}Ba \longrightarrow {}^{141}_{57}La + ?$

   (3) ${}^{7}_{4}Be + ? \longrightarrow {}^{7}_{3}Li$

   (4) ${}^{238}_{92}U + ? \longrightarrow {}^{239}_{92}U$

   (5) ${}^{19}_{10}Ne \longrightarrow {}^{19}_{9}F + ?$

   (6) ${}^{252}_{98}Cf + {}^{10}_{5}B \rightarrow 3\,{}^{1}_{0}n + ?$

   (7) ${}^{14}_{7}N + {}^{4}_{2}He \rightarrow ? + {}^{1}_{1}H$

   (8) ${}^{58}_{26}Fe + 2\,{}^{1}_{0}n \rightarrow {}^{60}_{27}Co + ?$

3. 试由质量数和电荷数的变化说明：

   (1) ${}^{238}U$ 原子核经连续衰变成 ${}^{206}Pb$ 时，发射出多少个 α 粒子和 β 粒子？

   (2) ${}^{237}Np$ 原子核经连续衰变成 ${}^{209}Bi$ 时，发射出多少个 α 粒子和 β 粒子？

4. 1911 年，居里夫人制备了国际标准镭源 ${}^{226}Ra$16.74mg。试问至 2012 年底，此镭源还含有多少毫克？已知 ${}^{226}Ra$ 的 $t_{1/2}=1602a$，计算镭源的衰变常数。
5. 对于某放射性原子核，其衰变常数为 $1.0\times10^{-3}h^{-1}$，试求该原子核衰变的半衰期。
6. 已知下列链反应：A→B→C→D　放射性核素 A，B，C 的半衰期分别是 4.50s，15.0d 和 1.00a，而 D 是稳定核素。计算初始时 1.00 mol A 经 30d 后，A，B，D 的量各是多少？
7 测定某碳块中 ${}^{14}C/{}^{12}C$ 是 0.795。已知 ${}^{14}C$ 的半衰期是 5730a。试估算该碳块距今已多少年？
8. 通常分析天平的精度为 0.1mg，试估算 0.1mg 的质量损失伴随着多少能量的变化？
9. 1mol ${}^{60}_{27}Co$ 经 β 衰变形成 ${}^{60}_{28}Ni$ 释放多少能量（J）？${}^{60}_{27}Co \xrightarrow{\beta} {}^{60}_{28}Ni$，已知原子的质量 ${}^{60}_{27}Co$ 为 $58.93320g\cdot mol^{-1}$、${}^{60}_{28}Ni$ 为 $58.69342g\cdot mol^{-1}$；电子的质量为 $5.4858\times10^{-4}g\cdot mol^{-1}$。

参 考 书 目

1. 蔡善钰著．人造元素．上海：上海科学普及出版社，2006
2. 肖伦主编．放射性同位素技术．北京：原子能出版社，2006
3. 王书暖编著．核反应理论．北京：原子能出版社，2007
4. Zumdahl S. S.，Zumdahl S. A. **Chemistry 8th ed.** Brooks/Cole Cengage Learning，2010
5. Brown T. L.，LeMay H. E.，Bursten B. E. etc. **Chemical-The Central Science 14th ed.** Prentice-Hall，2017

附　　录

附　录　一

部分气体自25℃至某温度的平均摩尔定压热容　　　$J\cdot K^{-1}\cdot mol^{-1}$

t/℃	物质														
	H_2	N_2	CO	空气	O_2	NO	H_2O	CO_2	HCl	Cl_2	CH_4	SO_2	C_2H_4	SO_3	C_2H_6
25	28.84	29.12	29.14	29.17	29.38	29.85	33.57	37.1	29.12	33.95	35.7	39.92	42.9	50.67	52.5
100	28.97	29.17	29.22	29.27	29.64	29.87	33.82	38.71	29.16	34.48	37.57	41.21	47.49	53.72	57.57
200	29.11	29.27	29.36	29.38	30.05	30.23	33.96	40.59	29.20	35.02	40.25	42.89	52.43	57.49	63.80
300	29.16	29.44	29.58	29.59	30.15	30.34	34.37	42.29	29.29	35.48	43.05	44.43	57.11	60.84	69.96
400	29.21	29.66	29.86	29.92	30.99	30.55	35.18	43.77	29.37	35.77	45.90	45.77	61.38	63.86	75.77
500	29.27	29.95	30.17	30.23	31.44	30.92	35.73	45.09	29.54	36.02	48.74	46.94	65.27	66.19	81.13
600	29.33	30.25	30.50	30.54	31.87	31.25	36.31	46.25	29.71	36.23	51.34	47.91	68.83	68.32	86.11
700	29.42	30.53	30.82	30.85	32.24	31.59	36.89	47.40	29.92	36.40	53.97	48.79	72.05	70.17	90.17
800	29.54	30.83	31.14	31.16	32.60	31.92	37.50	48.24	30.17	36.53	56.40	49.54	75.10	71.84	95.31
900	29.61	31.14	31.47	31.46	32.94	32.25	38.11	49.12	30.42	36.69	59.58	50.25	77.95	73.30	99.12
1000	29.82	31.41	31.47	31.77	33.23	32.52	38.69	49.87	30.67	36.82	60.92	50.84	80.46	74.73	102.76
1100	30.11	31.69	32.02	32.05	33.51	32.80	39.28	50.63	30.92	37.07	62.93	51.38	82.89	76.02	106.27
1200	30.16	31.94	32.28	32.30	33.76	33.43	39.85	51.25	31.17	37.40	64.81	51.84	85.06	77.15	109.41

附　录　二

物质的标准摩尔燃烧焓

物　　质	$-\frac{\Delta_c H_m^{\ominus}(298)}{kJ\cdot mol^{-1}}$	物　　质	$-\frac{\Delta_c H_m^{\ominus}(298)}{kJ\cdot mol^{-1}}$
CH_4(g)甲烷	890.8	C_6H_{12}(l)环己烷	3919.6
C_2H_2(g)乙炔	1301.1	C_7H_8(l)甲苯	3910.3
C_2H_4(g)乙烯	1411.2	C_8H_{10}(l)对二甲苯	4552.86
C_2H_6(g)乙烷	1560.7	$C_{10}H_8$(s)萘	5156.3
C_3H_6(g)丙烯	2058.0	CH_3OH(l)甲醇	726.1
C_3H_8(g)丙烷	2219.2	C_2H_5OH(l)乙醇	1366.8
C_4H_{10}(g)丁烷	2877.6	$(CH_2OH)_2$(l)乙二醇	1189.2
C_4H_8(g)丁烯	2718.60	$C_3H_8O_3$(l)甘油	1655.4
C_5H_{12}(g)戊烷	3509.0	C_6H_5OH(s)苯酚	3053.5
HCHO(g)甲醛	570.7	$C_{17}H_{35}COOH$(s)硬脂酸	11274.6
CH_3CHO(g)乙醛	1166.9	COS(g)氧硫化碳	553.1
CH_5COCH_3(l)丙酮	1802.9	CS_2(l)二硫化碳	1075
$CH_3COOC_2H_5$(l)乙酸乙酯	2254.21	C_2N_2(g)氰	1087.8
$(COOCH_3)_2$(l)草酸甲酯	1677.8	$CO(NH_2)_2$(s)尿素	631.99
$(C_2H_5)_2O$(l)乙醚	2723.9	$C_6H_5NO_2$(l)硝基苯	3097.8
HCOOH(l)甲酸	254.6	$C_6H_5NH_2$(l)苯胺	3392.8
CH_3COOH(l)乙酸	874.2	$C_6H_{12}O_6$(s)葡萄糖	2815.8
$(COOH)_2$(s)草酸	246.0	$C_{12}H_{22}O_{11}$(s)蔗糖	5648
C_6H_5COOH(s)苯甲酸	3228.2	$C_{10}H_{16}O$(s)樟脑	5903.6
C_6H_6(l)苯	3267.6		

附 录 三

一些单质和化合物的 $\Delta_f H_m^\ominus$、$\Delta_f G_m^\ominus$、$S_m^\ominus$ 数据(298K)

物 质	状 态	$\Delta_f H_m^\ominus$/kJ·mol^{-1}	$\Delta_f G_m^\ominus$/kJ·mol^{-1}	$S_m^\ominus$/J·K^{-1}·mol^{-1}
Ag	s	0	0	42.6
AgBr	s	−100.4	−96.9	107.1
AgCl	s	−127.0	−109.8	96.3
AgF	s	−204.6		
AgI	s	−61.8	−66.2	115.5
$AgNO_3$	s	−124.4	−33.4	140.9
Ag_2CO_3	s	−505.8	−436.8	167.4
Ag_2O	s	−31.1	−11.2	121.3
Ag_2S	s(菱形)	−32.6	−40.7	144.0
Ag_2SO_4	s	−715.9	−618.4	200.4
Al	s	0.0	0.0	28.3
$AlBr_3$	s	−527.2		180.2
$AlCl_3$	s	−704.2	−628.8	109.3
AlF_3	s	−1510.4	−1431.1	66.5
AlI_3	s	−313.8	−300.8	159.0
AlN	s	−318.0	−287.0	20.2
Al_2O_3	s(刚玉)	−1675.7	−1582.3	50.9
$Al(OH)_3$	s	−1276	−1306	71
$Al_2(SO_4)_3$	s	−3440.84	−3099.94	239.3
As	s(灰砷)	0.0		35.1
AsH_3	g	66.4	68.9	222.8
As_2S_3	s	−169.0	−168.6	163.6
B	s	0.0		5.9
BH_4Na	s	−188.6	−123.9	101.3
BBr_3	l	−239.7	−238.5	229.7
BCl_3	l	−427.6	−387.4	206.3
BF_3	g	−1136.0	−1119.4	254.4
B_2H_6	g	36.4	87.6	232.1
BN	s	−254.4	−228.4	14.8
B_2O_3	s	−1273.5	−1194.3	54.0
Ba	s	0.0	0.0	62.5
$BaCl_2$	s	−855.0	−806.7	123.7
$BaCO_3$	s	−1213.0	−1134.4	112.1
BaO	s	−548.0	−520.3	72.1
BaS	s	−460.0	−456.0	78.2
$BaSO_4$	s	−1473.2	−1362.2	132.2
Bi	s	0.0	0.0	56.7
$BiCl_3$	s	−379.1	−315.0	177.0
Bi_2O_3	s	−573.9	−493.7	151.5
BiOCl	s	−366.9	−322.1	120.5
Bi_2S_3	s	−143.1	−140.6	200.4
Br_2	l	0.0	0.0	152.2
Br_2	g	30.9	3.1	245.5
C	s(石墨)	0.0	0.0	5.7
C	s(金刚石)	1.9	2.9	2.4
CO	g	−110.5	−137.2	197.7
CO_2	g	−393.5	−394.4	213.8

续表

物　质	状　态	$\Delta_f H_m^{\ominus}$/kJ·mol^{-1}	$\Delta_f G_m^{\ominus}$/kJ·mol^{-1}	$S_m^{\ominus}$/J·K^{-1}·mol^{-1}
CS_2	l	89.0	64.6	151.3
Ca	s	0.0	0.0	41.6
CaC_2	s	−59.8	−64.9	70.0
$CaCO_3$	s(方解石)	−1207.6	−1129.1	91.7
$CaCl_2$	s	−795.4	−748.8	108.4
CaH_2	s	−181.5	−142.5	41.4
CaO	s	−634.9	−603.3	38.1
$Ca(OH)_2$	s	−985.2	−897.5	83.4
$CaSO_4$	s(硬石膏)	−1434.5	−1322.0	106.5
$CaSO_4\cdot\frac{1}{2}H_2O$	s(α)	−1576.7	−1436.8	130.5
$CaSO_4\cdot 2H_2O$	s	−2022.6	−1797.5	194.1
Cd	s(α)	0.0	0.0	51.8
$CdCl_2$	s	−391.5	−343.9	115.3
CdS	s	−161.9	−156.5	64.9
$CdSO_4$	s	−933.3	−822.7	123.0
Cl_2	g	0.0	0.0	223.1
Cu	s	0.0	0.0	33.2
CuCl	s	−137.2	−119.9	86.2
$CuCl_2$	s	−220.1	−175.7	108.1
CuO	s	−157.3	−129.7	42.6
CuS	s	−53.1	−53.6	66.5
$CuSO_4$	s	−771.4	−662.2	109.2
Cu_2O	s	−168.6	−146.0	93.1
F_2	g	0.0	0.0	202.8
Fe	s	0.0	0.0	27.3
$FeCl_2$	s	−341.8	−302.3	118.0
FeS	s(α)	−100.0	−100.4	60.3
FeS_2	s	−178.2	−166.9	52.9
Fe_2O_3	s(赤铁矿)	−824.2	−742.2	87.4
Fe_3O_4	s(磁铁矿)	−1118.4	−1015.4	146.4
H_2	g	0.0	0.0	130.7
HBr	g	−36.3	−53.4	198.7
HCl	g	−92.3	−95.3	186.9
HF	g	−273.3	−275.4	173.8
HI	g	26.5	1.7	206.6
HCN	g	135.1	124.7	201.8
HNO_3	l	−174.1	−80.7	155.6
H_2O	g	−241.8	−228.6	188.8
H_2O	l	−285.8	−237.1	70.0
H_2O_2	l	−187.8	−120.4	109.6
H_2O_2	g	−136.3	−105.6	232.7
H_2S	g	−20.6	−33.4	205.8
H_2SO_4	l	−814.0	−690.0	156.9
Hg	l	0.0	0.0	75.9
Hg	g	61.4	31.8	175.0
$HgCl_2$	s	−224.3	−178.6	146.0
Hg_2Cl_2	s	−265.4	−210.7	191.6
HgI_2	s	−105.4	−101.7	180.0

续表

物　质	状　态	$\Delta_f H_m^{\ominus}$/kJ·mol^{-1}	$\Delta_f G_m^{\ominus}$/kJ·mol^{-1}	$S_m^{\ominus}$/J·K^{-1}·mol^{-1}
HgO	s(红、斜方)	−90.8	−58.5	70.3
HgS	s(红)	−58.2	−50.6	82.4
Hg_2SO_4	s	−743.1	−625.8	200.7
I_2	s	0.0	0.0	116.1
I_2	g	62.4	19.3	260.7
K	s	0.0	0.0	64.7
KBr	s	−393.8	−380.7	95.9
KCl	s	−436.5	−408.5	82.6
KF	s	−567.3	−537.8	66.6
KI	s	−327.9	−324.9	106.3
$KMnO_4$	s	−837.2	−737.6	171.7
KNO_3	s	−494.6	−394.9	133.1
KOH	s	−424.6	−379.4	81.2
K_2SO_4	s	−1437.5	−1321.4	175.6
Mg	s	0.0	0.0	32.7
$MgCO_3$	s	−1095.8	−1012.1	65.7
$MgCl_2$	s	−641.3	−591.8	89.6
MgO	s	−601.6	−569.3	27.0
$Mg(OH)_2$	s	−724.5	−833.5	63.2
$MgSO_4$	s	−1284.9	−1170.6	91.6
Mn	s(α)	0.0	0.0	32.0
MnO_2	s	−520.0	−465.1	53.1
N_2	g	0.0	0.0	191.60
NH_3	g	−45.9	−16.4	192.8
NH_4Cl	s	−314.4	−202.9	94.6
$(NH_4)_2SO_4$	s	−1180.9	−901.7	220.1
NO	g	91.3	87.6	210.8
NO_2	g	33.2	51.3	240.1
N_2O	g	81.6	103.7	220.0
N_2O_4	g	11.1	99.8	304.4
N_2O_5	g	13.3	117.1	355.7
Na	s	0.0	0.0	51.3
NaCl	s	411.0	−384.1	72.1
NaF	s	−576.6	−546.3	51.1
$NaHCO_3$	s	−950.8	−851.0	101.7
NaI	s	−287.8	−286.1	98.5
$NaNO_3$	s	−467.9	−367.0	116.5
NaOH	s	−425.8	−379.7	64.4
Na_2CO_3	s	−1130.7	−1044.4	135.0
O_2	g	0.0	0.0	205.2
O_3	g	142.7	163.2	238.9
PCl_3	g	−287.0	−267.8	311.8
PCl_5	g	−374.9	−305.0	364.6
Pb	s	0.0	0.0	64.8
$PbCO_3$	s	−699.1	−625.5	131.0
$PbCl_2$	s	−359.4	−314.1	136.0
PbO	s(红)	−219.0	−188.9	66.5
PbO	s(黄)	−217.3	−187.9	68.7
PbO_2	s	−277.4	−217.3	68.6
PbS	s	−100.4	−98.7	91.2

续表

物　质	状　态	$\Delta_f H_m^{\ominus}$/kJ·mol^{-1}	$\Delta_f G_m^{\ominus}$/kJ·mol^{-1}	$S_m^{\ominus}$/J·K^{-1}·mol^{-1}
S	s(斜方)	0.0	0.0	32.1
SO_2	g	−296.8	−300.1	248.2
SO_3	g	−395.7	−371.7	256.8
Sb	s	0.0	0.0	45.7
$SbCl_3$	s	−382.2	−323.7	184.1
Sb_2O_3	s	−708.8		123.0
Sb_2O_5	s	−971.9	−829.2	125.1
Si	s	0.0	0.0	18.8
SiC	s(立方)	−65.3	−62.8	16.6
$SiCl_4$	g	−657.0	−617.0	330.7
SiF_4	g	−1615.0	−1572.8	282.8
SiH_4	g	34.3	56.9	204.6
SiO_2	s(石英)	−910.7	−856.3	41.5
Sn	s(白)	0.0	0.0	51.2
SnO_2	s	−577.6	−515.8	49.0
$SrCO_3$	s	−1220.1	−1140.1	97.1
$SrCl_2$	s	−828.9	−781.1	114.9
SrO	s	−592.0	−561.9	54.4
$Sr(OH)_2$	s	−959.0	−881	97
$SrSO_4$	s	−1453.1	−1340.9	117.0
Ti	s	0.0	0.0	30.7
$TiCl_4$	l	−804.2	−737.2	252.3
$TiCl_4$	g	−763.2	−726.3	353.2
TiO_2	s	−944.0	−888.8	50.6
Zn	s	0.0	0.0	41.6
Zn	g	130.4	94.8	161.0
ZnO	s	−350.5	−320.5	43.7
$Zn(OH)_2$	s	−641.9	−553.5	81.2
ZnS	s(闪锌矿)	−206.0	−201.3	57.7
$ZnSO_4$	s	−982.8	−871.5	110.5
CH_4 甲烷	g	−74.6	−50.5	186.3
C_2H_6 乙烷	g	−84.0	−32.0	229.2
C_3H_8 丙烷	g	−103.8	−23.4	270.3
C_4H_{10} 正丁烷	g	−125.7	−17.02	310.23
C_2H_4 乙烯	g	52.4	68.4	219.3
C_3H_6 丙烯	g	20.0	62.79	267.05
C_2H_2 乙炔	g	227.4	209.9	200.9
C_6H_{12} 环己烷	g	−123.4	31.92	298.35
C_6H_6 苯	l	49.1	124.5	173.4
C_6H_6 苯	g	82.9	129.7	269.2
C_7H_8 甲苯	l	12.4	113.8	221.0
C_7H_8 甲苯	g	50.4	122.0	320.7
C_8H_8 苯乙烯	l	103.8	202.51	237.57
C_8H_8 苯乙烯	g	147.4	213.90	345.21
C_2H_6O 甲醚	g	−184.1	−112.6	266.4
$C_4H_{10}O$ 乙醚	l	−279.5	−116.7	172.4
$C_4H_{10}O$ 乙醚	g	−252.1	−122.3	342.7
CH_4O 甲醇	l	−239.2	−166.6	126.8
CH_4O 甲醇	g	−201.0	−162.3	239.9
C_2H_6O 乙醇	l	−277.6	−174.8	160.7

续表

物质	状态	$\Delta_f H_m^{\ominus}$/kJ·mol^{-1}	$\Delta_f G_m^{\ominus}$/kJ·mol^{-1}	$S_m^{\ominus}$/J·K^{-1}·mol^{-1}
C_2H_6O 乙醇	g	−234.8	−167.9	281.6
CH_2O 甲醛	g	−108.6	−102.5	218.8
C_2H_4O 乙醛	l	−192.2	−127.6	160.2
C_2H_4O 乙醛	g	−166.2	−133.0	263.8
C_3H_6O 丙酮	l	−248.4	−152.7	199.8
C_3H_6O 丙酮	g	−217.1	−152.7	295.3
$C_2H_4O_2$ 乙酸	l	−484.3	−389.9	159.8
$C_2H_4O_2$ 乙酸	g	−432.2	−374.2	283.5
$C_4H_6O_2$ 乙酸乙酯	l	−479.03	−382.55	259.4
$C_4H_6O_2$ 乙酸乙酯	g	−442.92	−327.27	362.86
C_6H_6O 苯酚	s	−165.1	−50.4	144.0
C_6H_6O 苯酚	g	−96.4	−32.9	315.6
C_2H_7N 乙胺	g	−47.5	36.3	283.8
CHF_3 三氟甲烷	g	−695.3	−658.9	259.7
CF_4 四氟化碳	g	−933.6	−888.3	261.6
CH_2Cl_2 二氯甲烷	g	−95.4	−68.9	270.2
$CHCl_3$ 氯仿	l	−134.1	−73.7	201.7
$CHCl_3$ 氯仿	g	−102.7	6.0	295.7
CCl_4 四氯化碳	l	−128.2	−62.56	216.19
CCl_4 四氯化碳	g	−95.7	−53.6	309.9
C_2H_5Cl 氯乙烷	l	−136.8	−59.3	190.8
C_2H_5Cl 氯乙烷	g	−112.1	−60.4	276.0
CH_3Br 溴甲烷	g	−35.4	−26.3	246.4

附录四

一些弱电解质的解离常数(298K)

弱电解质	解离常数 $K^{\ominus}$	
H_3AsO_4	$K_1^{\ominus}=5.70\times10^{-3}$	$K_2^{\ominus}=1.74\times10^{-7}$
	$K_3^{\ominus}=5.13\times10^{-12}$	
$HAsO_2$	$K^{\ominus}=6.61\times10^{-10}$	
H_3BO_3	$K^{\ominus}=5.[illegible]\times10^{-10}$	
$H_2B_4O_7$	$K_1^{\ominus}=10^{-4}$	$K_2^{\ominus}=10^{-9}$
CO_2+H_2O	$K_1^{\ominus}=4.47\times10^{-7}$	$K_2^{\ominus}=4.68\times10^{-11}$
$H_2C_2O_4$	$K_1^{\ominus}=5.62\times10^{-2}$	$K_2^{\ominus}=1.55\times10^{-4}$
HCN	$K^{\ominus}=6.17\times10^{-10}$	
HF	$K^{\ominus}=6.31\times10^{-4}$	
H_2O_2	$K^{\ominus}=2.40\times10^{-12}$	
H_2S	$K_1^{\ominus}=1.07\times10^{-7}$	$K_2^{\ominus}=1.26\times10^{-13}$
$HBrO$	$K^{\ominus}=2.82\times10^{-9}$	
$HClO$	$K^{\ominus}=3.98\times10^{-8}$	
HIO	$K^{\ominus}=3.16\times10^{-11}$	
HIO_3	$K^{\ominus}=0.17$	
HNO_2	$K^{\ominus}=5.62\times10^{-4}$	
H_3PO_4	$K_1^{\ominus}=6.92\times10^{-3}$	$K_2^{\ominus}=6.17\times10^{-8}$
	$K_3^{\ominus}=4.79\times10^{-13}$	
H_2SiO_3	$K_1^{\ominus}=1.70\times10^{-10}$	$K_2^{\ominus}=1.58\times10^{-12}$
SO_2+H_2O	$K_1^{\ominus}=1.41\times10^{-2}$	$K_2^{\ominus}=6.31\times10^{-8}$
H_2SO_4		$K^{\ominus}=1.02\times10^{-2}$

续表

弱电解质	解离常数 $K^{\ominus}$	
HCOOH	$K^{\ominus}=1.78\times10^{-4}$	
CH_3COOH	$K^{\ominus}=1.75\times10^{-5}$	
邻苯二甲酸	$K_1^{\ominus}=1.14\times10^{-3}$	$K_2^{\ominus}=3.70\times10^{-6}$
六次甲基四胺	$K_b^{\ominus}=1.4\times10^{-9}$	
NH_3+H_2O	$K_b^{\ominus}=1.78\times10^{-5}$	

附录五

溶度积常数(298K)

化合物	$K_{sp}^{\ominus}$	化合物	$K_{sp}^{\ominus}$
AgAc	1.94×10^{-3}	$CdC_2O_4\cdot3H_2O$	1.42×10^{-8}
AgBr	5.35×10^{-13}	$Cd(OH)_2$	7.2×10^{-15}
Ag_2CO_3	8.46×10^{-12}	CdS	8.0×10^{-27}
AgCl	1.77×10^{-10}	$CoCO_3$	1.4×10^{-13}
$Ag_2C_2O_4$	5.40×10^{-12}	$Co(OH)_2$	5.92×10^{-15}
Ag_2CrO_4	1.12×10^{-12}	$Co(OH)_3$	1.6×10^{-44}
$Ag_2Cr_2O_7$	2.0×10^{-7}	α-CoS(新析出)	4.0×10^{-21}
AgI	8.52×10^{-17}	β-CoS(陈化)	2.0×10^{-25}
$AgIO_3$	3.17×10^{-8}	$Cr(OH)_3$	6.3×10^{-31}
$AgNO_2$	6.0×10^{-4}	CuBr	6.27×10^{-9}
AgOH	2.0×10^{-8}	CuCN	3.47×10^{-20}
Ag_3PO_4	8.89×10^{-17}	$CuCO_3$	1.4×10^{-10}
Ag_2S	6.3×10^{-50}	CuCl	1.72×10^{-7}
Ag_2SO_4	1.20×10^{-5}	$CuCrO_4$	3.6×10^{-6}
$Al(OH)_3$	1.3×10^{-33}	CuI	1.27×10^{-12}
AuCl	2.0×10^{-13}	CuOH	1.0×10^{-14}
$AuCl_3$	3.2×10^{-25}	$Cu(OH)_2$	2.2×10^{-20}
$Au(OH)_3$	5.5×10^{-46}	$Cu_3(PO_4)_2$	1.40×10^{-37}
$BaCO_3$	2.58×10^{-9}	$Cu_2P_2O_7$	8.3×10^{-16}
BaC_2O_4	1.6×10^{-7}	CuS	6.3×10^{-36}
$BaCrO_4$	1.17×10^{-10}	Cu_2S	2.5×10^{-48}
BaF_2	1.84×10^{-7}	$FeCO_3$	3.3×10^{-11}
$Ba_3(PO_4)_2$	3.4×10^{-23}	$FeC_2O_4\cdot2H_2O$	3.2×10^{-7}
$BaSO_3$	5.0×10^{-10}	$Fe(OH)_2$	4.87×10^{-17}
$BaSO_4$	1.08×10^{-10}	$Fe(OH)_3$	2.79×10^{-39}
BaS_2O_3	1.6×10^{-5}	FeS	6.3×10^{-18}
$Bi(OH)_3$	6.0×10^{-31}	Hg_2Cl_2	1.43×10^{-18}
BiOCl	1.8×10^{-31}	Hg_2I_2	5.2×10^{-29}
Bi_2S_3	1×10^{-97}	$Hg(OH)_2$	3.2×10^{-26}
$CaCO_3$(方解石)	3.36×10^{-9}	Hg_2S	1.0×10^{-47}
$CaC_2O_4\cdot H_2O$	2.32×10^{-9}	HgS(红)	4.0×10^{-53}
$CaCrO_4$	7.1×10^{-4}	HgS(黑)	1.6×10^{-52}
CaF_2	3.45×10^{-11}	Hg_2SO_4	6.5×10^{-7}
$CaHPO_4$	1.0×10^{-7}	KIO_4	3.71×10^{-4}
$Ca(OH)_2$	5.02×10^{-6}	$K_2[PtCl_6]$	7.48×10^{-6}
$Ca_3(PO_4)_2$	2.07×10^{-33}	$K_2[SiF_6]$	8.7×10^{-7}
$CaSO_4$	4.93×10^{-5}	Li_2CO_3	8.15×10^{-4}
$CaSO_3\cdot0.5H_2O$	3.1×10^{-7}	LiF	1.84×10^{-3}
$CdCO_3$	1.0×10^{-12}	$MgCO_3$	6.82×10^{-6}

续表

化合物	$K_{sp}^{\ominus}$	化合物	$K_{sp}^{\ominus}$
MgF_2	5.16×10^{-11}	$PbCO_3$	7.4×10^{-14}
$Mg(OH)_2$	5.61×10^{-12}	$PbCl_2$	1.70×10^{-5}
$MnCO_3$	2.24×10^{-11}	PbC_2O_4	4.8×10^{-10}
$Mn(OH)_2$	1.9×10^{-13}	$PbCrO_4$	2.8×10^{-13}
MnS(无定形)	2.5×10^{-10}	PbI_2	9.8×10^{-9}
(结晶)	2.5×10^{-13}	$PbSO_4$	2.53×10^{-8}
Na_3AlF_6	4.0×10^{-10}	$Sn(OH)_2$	5.45×10^{-27}
$NiCO_3$	1.42×10^{-7}	$Sn(OH)_4$	1×10^{-56}
$Ni(OH)_2$(新析出)	5.48×10^{-16}	SnS	1.0×10^{-25}
α-NiS	3.2×10^{-19}	$SrCO_3$	5.60×10^{-10}
$Pb(OH)_2$	1.43×10^{-20}	$SrC_2O_4\cdot H_2O$	1.6×10^{-7}
$Pb(OH)_4$	3.2×10^{-66}	$SrCrO_4$	2.2×10^{-5}
$Pb_3(PO_4)_2$	8.0×10^{-43}	$SrSO_4$	3.44×10^{-7}
$PbMoO_4$	1.0×10^{-13}	$ZnCO_3$	1.46×10^{-10}
PbS	8.0×10^{-28}	$ZnC_2O_4\cdot 2H_2O$	1.38×10^{-9}
β-NiS	1.0×10^{-24}	$Zn(OH)_2$	3.0×10^{-17}
γ-NiS	2.0×10^{-26}	α-ZnS	1.6×10^{-24}
$PbBr_2$	6.60×10^{-6}	β-ZnS	2.5×10^{-22}

附录六

电极上电极反应的标准电势(298K)(本表按 $E^{\ominus}$ 代数值由小到大编排)

A. 在酸性溶液中

电极反应	$E^{\ominus}$/V	电极反应	$E^{\ominus}$/V
$Li^{+}+e^{-}=Li$	−3.0401	$Fe^{2+}+2e^{-}=Fe$	−0.447
$Cs^{+}+e^{-}=Cs$	−3.026	$Cr^{3+}+e^{-}=Cr^{2+}$	−0.407
$Rb^{+}+e^{-}=Rb$	−2.98	$Cd^{2+}+2e^{-}=Cd$	−0.4030
$K^{+}+e^{-}=K$	−2.931	$PbI_2+2e^{-}=Pb+2I^{-}$	−0.365
$Ba^{2+}+2e^{-}=Ba$	−2.912	$PbSO_4+2e^{-}=Pb+SO_4^{2-}$	−0.3588
$Sr^{2+}+2e^{-}=Sr$	−2.899	$Co^{2+}+2e^{-}=Co$	−0.28
$Ca^{2+}+2e^{-}=Ca$	−2.868	$H_3PO_4+2H^{+}+2e^{-}=H_3PO_3+H_2O$	−0.276
$Na^{+}+e^{-}=Na$	−2.71	$Ni^{2+}+2e^{-}=Ni$	−0.257
$Mg^{2+}+2e^{-}=Mg$	−2.372	$CuI+e^{-}=Cu+I^{-}$	−0.180
$\frac{1}{2}H_2+e^{-}=H^{-}$	−2.23	$AgI+e^{-}=Ag+I^{-}$	−0.15224
$Sc^{3+}+3e^{-}=Sc$	−2.077	$MoO_2+4H^{+}+4e^{-}=Mo+2H_2O$	−0.152
$[AlF_6]^{3-}+3e^{-}=Al+6F^{-}$	−2.069	$Sn^{2+}+2e^{-}=Sn$	−0.1375
$Be^{2+}+2e^{-}=Be$	−1.847	$Pb^{2+}+2e^{-}=Pb$	−0.1262
$Al^{3+}+3e^{-}=Al$	−1.662	$WO_3+6H^{+}+6e^{-}=W+3H_2O$	−0.090
$Ti^{2+}+2e^{-}=Ti$	−1.630	$[HgI_4]^{2-}+2e^{-}=Hg+4I^{-}$	−0.04
$[SiF_6]^{2-}+4e^{-}=Si+6F^{-}$	−1.24	$2H^{+}+2e^{-}=H_2$	0
$Mn^{2+}+2e^{-}=Mn$	−1.185	$[Ag(S_2O_3)_2]^{3-}+e^{-}=Ag+2S_2O_3^{2-}$	0.01
$V^{2+}+2e^{-}=V$	−1.175	$AgBr+e^{-}=Ag+Br^{-}$	0.07133
$Cr^{2+}+2e^{-}=Cr$	−0.913	$S_4O_6^{2-}+2e^{-}=2S_2O_3^{2-}$	0.08
$Ti^{3+}+e^{-}=Ti^{2+}$	−0.9	$S+2H^{+}+2e^{-}=H_2S$	0.142
$H_3BO_3+3H^{+}+3e^{-}=B+3H_2O$	−0.8698	$Sn^{4+}+2e^{-}=Sn^{2+}$	0.151
$Zn^{2+}+2e^{-}=Zn$	−0.7618	$SO_4^{2-}+4H^{+}+2e^{-}=H_2SO_3+H_2O$	0.172
$Cr^{3+}+3e^{-}=Cr$	−0.744	$AgCl+e^{-}=Ag+Cl^{-}$	0.22233
$As+3H^{+}+3e^{-}=AsH_3$	−0.608	$Hg_2Cl_2+2e^{-}=2Hg+2Cl^{-}$	0.26808
$Ga^{3+}+3e^{-}=Ga$	−0.549	$VO^{2+}+2H^{+}+e^{-}=V^{3+}+H_2O$	0.337

续表

电极反应	$E^{\ominus}/V$	电极反应	$E^{\ominus}/V$
$Cu^{2+}+2e^- = Cu$	0.3419	$SeO_4^{2-}+4H^++2e^- = H_2SeO_3+H_2O$	1.151
$[Fe(CN)_6]^{3-}+e^- = [Fe(CN)_6]^{4-}$	0.358	$ClO_4^-+2H^++2e^- = ClO_3^-+H_2O$	1.189
$[HgCl_4]^{2-}+2e^- = Hg+4Cl^-$	0.38	$IO_3^-+6H^++5e^- = \frac{1}{2}I_2+3H_2O$	1.195
$Ag_2CrO_4+2e^- = 2Ag+CrO_4^{2-}$	0.4470	$MnO_2+4H^++2e^- = Mn^{2+}+2H_2O$	1.224
$H_2SO_3+4H^++4e^- = S+3H_2O$	0.449	$O_2+4H^++4e^- = 2H_2O$	1.229
$Cu^++e^- = Cu$	0.521	$Cr_2O_7^{2-}+14H^++6e^- = 2Cr^{3+}+7H_2O$	1.232
$I_2+2e^- = 2I^-$	0.5355	$2HNO_2+4H^++4e^- = N_2O+3H_2O$	1.297
$MnO_4^-+e^- = MnO_4^{2-}$	0.558	$HBrO+H^++2e^- = Br^-+H_2O$	1.331
$H_3AsO_4+2H^++2e^- = H_3AsO_3+H_2O$	0.560	$Cl_2+2e^- = 2Cl^-$	1.35827
$Cu^{2+}+Cl^-+e^- = CuCl$	0.56	$ClO_4^-+8H^++7e^- = \frac{1}{2}Cl_2+4H_2O$	1.39
$Sb_2O_5+6H^++4e^- = 2SbO^++3H_2O$	0.581	$IO_4^-+8H^++8e^- = I^-+4H_2O$	1.4
$TeO_2+4H^++4e^- = Te+2H_2O$	0.593	$BrO_3^-+6H^++6e^- = Br^-+3H_2O$	1.423
$O_2+2H^++2e^- = H_2O_2$	0.695	$ClO_3^-+6H^++6e^- = Cl^-+3H_2O$	1.451
$H_2SeO_3+4H^++4e^- = Se+3H_2O$	0.74	$PbO_2+4H^++2e^- = Pb^{2+}+2H_2O$	1.455
$H_3SbO_4+2H^++2e^- = H_3SbO_3+H_2O$	0.75	$ClO_3^-+6H^++5e^- = \frac{1}{2}Cl_2+3H_2O$	1.47
$Fe^{3+}+e^- = Fe^{2+}$	0.771	$HClO+H^++2e^- = Cl^-+H_2O$	1.482
$Hg_2^{2+}+2e^- = 2Hg$	0.7973	$2BrO_3^-+12H^++10e^- = Br_2+6H_2O$	1.482
$Ag^++e^- = Ag$	0.7996	$Au^{3+}+3e^- = Au$	1.498
$2NO_3^-+4H^++2e^- = N_2O_4+2H_2O$	0.803	$MnO_4^-+8H^++5e^- = Mn^{2+}+4H_2O$	1.507
$Hg^{2+}+2e^- = Hg$	0.851	$NaBiO_3+6H^++2e^- = Bi^{3+}+Na^++3H_2O$	1.60
$HNO_2+7H^++6e^- = NH_4^++2H_2O$	0.86	$2HClO+2H^++2e^- = Cl_2+2H_2O$	1.611
$NO_3^-+3H^++2e^- = NHO_2+H_2O$	0.934	$MnO_4^-+4H^++3e^- = MnO_2+2H_2O$	1.679
$NO_3^-+4H^++3e^- = NO+2H_2O$	0.957	$Au^++e^- = Au$	1.692
$HIO+H^++2e^- = I^-+H_2O$	0.987	$Ce^{4+}+e^- = Ce^{3+}$	1.72
$HNO_2+H^++e^- = NO+H_2O$	0.983	$H_2O_2+2H^++2e^- = 2H_2O$	1.776
$VO_4^{3-}+6H^++e^- = VO^{2+}+3H_2O$	1.031	$Co^{3+}+e^- = Co^{2+}$	1.92
$N_2O_4+4H^++4e^- = 2NO+2H_2O$	1.035	$S_2O_8^{2-}+2e^- = 2SO_4^{2-}$	2.010
$N_2O_4+2H^++2e^- = 2HNO_2$	1.065	$O_3+2H^++2e^- = O_2+H_2O$	2.076
$Br_2+2e^- = 2Br^-$	1.066	$F_2+2e^- = 2F^-$	2.866
$IO_3^-+6H^++6e^- = I^-+3H_2O$	1.085		

B. 在碱性溶液中

电极反应	$E^{\ominus}/V$	电极反应	$E^{\ominus}/V$
$Mg(OH)_2+2e^- = Mg+2OH^-$	−2.690	$[Co(CN)_6]^{3-}+e^- = [Co(CN)_6]^{4-}$	−0.83
$Al(OH)_3+3e^- = Al+3OH^-$	−2.31	$2H_2O+2e^- = H_2+2OH^-$	−0.8277
$SiO_3^{2-}+3H_2O+4e^- = Si+6OH^-$	−1.697	$AsO_4^{3-}+2H_2O+2e^- = AsO_2^-+4OH^-$	−0.71
$Mn(OH)_2+2e^- = Mn+2OH^-$	−1.56	$AsO_2^-+2H_2O+3e^- = As+4OH^-$	−0.68
$As+3H_2O+3e^- = AsH_3+3OH^-$	−1.37	$SO_3^{2-}+3H_2O+6e^- = S^{2-}+6OH^-$	−0.61
$Cr(OH)_3+3e^- = Cr+3OH^-$	−1.48	$[Au(CN)_2]^-+e^- = Au+2CN^-$	−0.60
$[Zn(CN)_4]^{2-}+2e^- = Zn+4CN^-$	−1.26	$2SO_3^{2-}+3H_2O+4e^- = S_2O_3^{2-}+6OH^-$	−0.571
$Zn(OH)_2+2e^- = Zn+2OH^-$	−1.249	$Fe(OH)_3+e^- = Fe(OH)_2+OH^-$	−0.56
$N_2+4H_2O+4e^- = N_2H_4+4OH^-$	−1.15	$S+2e^- = S^{2-}$	−0.47627
$PO_4^{3-}+2H_2O+2e^- = HPO_3^{2-}+3OH^-$	−1.05	$NO_2^-+H_2O+e^- = NO+2OH^-$	−0.46
$Sn(OH)_6^{2-}+2e^- = H_2SnO_2+4OH^-$	−0.93	$[Cu(CN)_2]^-+e^- = Cu+2CN^-$	−0.43
$SO_4^{2-}+H_2O+2e^- = SO_3^{2-}+2OH^-$	−0.93	$[Co(NH_3)_6]^{2+}+2e^- = Co+6NH_3$ (aq)	−0.422
$P+3H_2O+3e^- = PH_3+3OH^-$	−0.87	$[Hg(CN)_4]^{2-}+2e^- = Hg+4CN^-$	−0.37
$Fe(OH)_2+2e^- = Fe+2OH^-$	−0.877	$[Ag(CN)_2]^-+e^- = Ag+2CN^-$	−0.30
$2NO_3^-+2H_2O+2e^- = N_2O_4+4OH^-$	−0.85	$NO_3^-+5H_2O+6e^- = NH_2OH+7OH^-$	−0.30

续表

电极反应	$E^{\ominus}$/V	电极反应	$E^{\ominus}$/V
$Cu(OH)_2+2e^- = Cu+2OH^-$	−0.222	$2BrO^-+2H_2O+2e^- = Br_2+4OH^-$	0.45
$PbO_2+2H_2O+4e^- = Pb+4OH^-$	−0.16	$NiO_2+2H_2O+2e^- = Ni(OH)_2+2OH^-$	0.490
$CrO_4^{2-}+4H_2O+3e^- = Cr(OH)_3+5OH^-$	−0.13	$IO^-+H_2O+2e^- = I^-+2OH^-$	0.485
$[Cu(NH_3)_2]^++e^- = Cu+2NH_3$ (aq)	−0.11	$ClO_4^-+4H_2O+8e^- = Cl^-+8OH^-$	0.51
$O_2+H_2O+2e^- = HO_2^-+OH^-$	−0.076	$2ClO^-+2H_2O+2e^- = Cl_2+4OH^-$	0.52
$MnO_2+2H_2O+2e^- = Mn(OH)_2+2OH^-$	−0.05	$BrO_3^-+2H_2O+4e^- = BrO^-+4OH^-$	0.54
$NO_3^-+H_2O+2e^- = NO_2^-+2OH^-$	0.01	$MnO_4^-+2H_2O+3e^- = MnO_2+4OH^-$	0.595
$[Co(NH_3)_6]^{3+}+e^- = [Co(NH_3)_6]^{2+}$	0.108	$MnO_4^{2-}+2H_2O+2e^- = MnO_2+4OH^-$	0.60
$2NO_2^-+3H_2O+4e^- = N_2O+6OH^-$	0.15	$BrO_3^-+3H_2O+6e^- = Br^-+6OH^-$	0.61
$IO_3^-+2H_2O+4e^- = IO^-+4OH^-$	0.15	$ClO_3^-+3H_2O+6e^- = Cl^-+6OH^-$	0.62
$Co(OH)_3+e^- = Co(OH)_2+OH^-$	0.17	$ClO_2^-+H_2O+2e^- = ClO^-+2OH^-$	0.66
$IO_3^-+3H_2O+6e^- = I^-+6OH^-$	0.26	$BrO^-+H_2O+2e^- = Br^-+2OH^-$	0.761
$ClO_3^-+H_2O+2e^- = ClO_2^-+2OH^-$	0.33	$ClO^-+H_2O+2e^- = Cl^-+2OH^-$	0.81
$Ag_2O+H_2O+2e^- = 2Ag+2OH^-$	0.342	$N_2O_4+2e^- = 2NO_2^-$	0.867
$ClO_4^-+H_2O+2e^- = ClO_3^-+2OH^-$	0.36	$HO_2^-+H_2O+2e^- = 3OH^-$	0.878
$[Ag(NH_3)_2]^++e^- = Ag+2NH_3$ (aq)	0.373	$FeO_4^{2-}+2H_2O+3e^- = FeO_2^-+4OH^-$	0.9
$O_2+2H_2O+4e^- = 4OH^-$	0.401	$O_3+H_2O+2e^- = O_2+2OH^-$	1.24

附 录 七

配离子的标准稳定常数（298K）

配离子生成反应	$K^{\ominus}_{稳}$	配离子生成反应	$K^{\ominus}_{稳}$
$Au^{3+}+2Cl^- \rightleftharpoons [AuCl_2]^+$	6.31×10^{9}	$Hg^{2+}+4Cl^- \rightleftharpoons [HgCl_4]^{2-}$	1.17×10^{15}
$Cd^{2+}+4Cl^- \rightleftharpoons [CdCl_4]^{2-}$	6.31×10^{2}	$Pb^{2+}+4Cl^- \rightleftharpoons [PbCl_4]^{2-}$	39.8
$Cu^{+}+3Cl^- \rightleftharpoons [CuCl_3]^{2-}$	5.01×10^{5}	$Pt^{2+}+4Cl^- \rightleftharpoons [PtCl_4]^{2-}$	1.0×10^{16}
$Cu^{+}+2Cl^- \rightleftharpoons [CuCl_2]^{2-}$	3.16×10^{5}	$Sn^{2+}+4Cl^- \rightleftharpoons [SnCl_4]^{2-}$	30.2
$Fe^{2+}+Cl^- \rightleftharpoons [FeCl]^+$	2.29	$Zn^{2+}+4Cl^- \rightleftharpoons [ZnCl_4]^{2-}$	1.58
$Fe^{3+}+4Cl^- \rightleftharpoons [FeCl_4]^-$	1.02		
$Ag^{+}+2CN^- \rightleftharpoons [Ag(CN)_2]^-$	1.26×10^{21}	$Fe^{2+}+6CN^- \rightleftharpoons [Fe(CN)_6]^{4-}$	1.0×10^{35}
$Ag^{+}+4CN^- \rightleftharpoons [Ag(CN)_4]^{3-}$	3.98×10^{20}	$Fe^{3+}+6CN^- \rightleftharpoons [Fe(CN)_6]^{3-}$	1.0×10^{42}
$Au^{+}+2CN^- \rightleftharpoons [Au(CN)_2]^-$	2.0×10^{38}	$Hg^{2+}+4CN^- \rightleftharpoons [Hg(CN)_4]^{2-}$	2.51×10^{41}
$Cd^{2+}+4CN^- \rightleftharpoons [Cd(CN)_4]^{2-}$	6.02×10^{18}	$Ni^{2+}+4CN^- \rightleftharpoons [Ni(CN)_4]^{2-}$	2.0×10^{31}
$Cu^{+}+2CN^- \rightleftharpoons [Cu(CN)_2]^-$	1.0×10^{24}	$Zn^{2+}+4CN^- \rightleftharpoons [Zn(CN)_4]^{2-}$	5.01×10^{16}
$Cu^{+}+4CN^- \rightleftharpoons [Cu(CN)_4]^{3-}$	2.00×10^{30}		
$Ag^{+}+4SCN^- \rightleftharpoons [Ag(SCN)_4]^{3-}$	1.20×10^{10}	$Cr^{3+}+2SCN^- \rightleftharpoons [Cr(NCS)_2]^+$	9.55×10^{2}
$Ag^{+}+2SCN^- \rightleftharpoons [Ag(SCN)_2]^-$	3.72×10^{7}	$Cu^{+}+2SCN^- \rightleftharpoons [Cu(SCN)_2]^-$	1.51×10^{5}
$Au^{+}+4SCN^- \rightleftharpoons [Au(SCN)_4]^{3-}$	1.0×10^{42}	$Fe^{3+}+2SCN^- \rightleftharpoons [Fe(NCS)_2]^+$	2.29×10^{3}
$Au^{+}+2SCN^- \rightleftharpoons [Au(SCN)_2]^-$	1.0×10^{23}	$Hg^{2+}+4SCN^- \rightleftharpoons [Hg(SCN)_4]^{2-}$	1.70×10^{21}
$Cd^{2+}+4SCN^- \rightleftharpoons [Cd(SCN)_4]^{2-}$	3.98×10^{3}	$Ni^{2+}+3SCN^- \rightleftharpoons [Ni(SCN)_3]^-$	64.6
$Co^{2+}+4SCN^- \rightleftharpoons [Co(SCN)_4]^{2-}$	1.00×10^{3}		
$Ag^{+}+EDTA \rightleftharpoons [AgEDTA]^{3-}$	2.09×10^{7}	$Fe^{2+}+EDTA \rightleftharpoons [FeEDTA]^{2-}$	2.14×10^{14}
$Al^{3+}+EDTA \rightleftharpoons [AlEDTA]^-$	1.29×10^{16}	$Fe^{3+}+EDTA \rightleftharpoons [FeEDTA]^-$	1.70×10^{24}
$Ca^{2+}+EDTA \rightleftharpoons [CaEDTA]^{2-}$	1.0×10^{11}	$Hg^{2+}+EDTA \rightleftharpoons [HgEDTA]^{2-}$	6.31×10^{21}
$Cd^{2+}+EDTA \rightleftharpoons [CdEDTA]^{2-}$	2.51×10^{16}	$Mg^{2+}+EDTA \rightleftharpoons [MgEDTA]^{2-}$	4.37×10^{8}
$Co^{2+}+EDTA \rightleftharpoons [CoEDTA]^{2-}$	2.04×10^{16}	$Mn^{2+}+EDTA \rightleftharpoons [MnEDTA]^{2-}$	6.3×10^{13}
$Co^{3+}+EDTA \rightleftharpoons [CoEDTA]^-$	1.0×10^{36}	$Ni^{2+}+EDTA \rightleftharpoons [NiEDTA]^{2-}$	3.63×10^{18}
$Cu^{2+}+EDTA \rightleftharpoons [CuEDTA]^{2-}$	5.0×10^{18}	$Zn^{2+}+EDTA \rightleftharpoons [ZnEDTA]^{2-}$	2.5×10^{16}

续表

配离子生成反应	$K^{\ominus}_{稳}$	配离子生成反应	$K^{\ominus}_{稳}$
$Ag^{+}+2en \rightleftharpoons [Ag(en)_2]^{+}$	5.01×10^{7}	$Cu^{2+}+3en \rightleftharpoons [Cu(en)_3]^{2+}$	1.0×10^{21}
$Cd^{2+}+3en \rightleftharpoons [Cd(en)_3]^{2+}$	1.23×10^{12}	$Fe^{2+}+3en \rightleftharpoons [Fe(en)_3]^{2+}$	5.00×10^{9}
$Co^{2+}+3en \rightleftharpoons [Co(en)_3]^{2+}$	8.71×10^{13}	$Hg^{2+}+2en \rightleftharpoons [Hg(en)_2]^{2+}$	2.00×10^{23}
$Co^{3+}+3en \rightleftharpoons [Co(en)_3]^{3+}$	4.90×10^{48}	$Mn^{2+}+3en \rightleftharpoons [Mn(en)_3]^{2+}$	4.67×10^{5}
$Cr^{2+}+2en \rightleftharpoons [Cr(en)_2]^{2+}$	1.55×10^{9}	$Ni^{2+}+3en \rightleftharpoons [Ni(en)_3]^{2+}$	2.14×10^{18}
$Cu^{+}+2en \rightleftharpoons [Cu(en)_2]^{+}$	6.31×10^{10}	$Zn^{2+}+3en \rightleftharpoons [Zn(en)_3]^{2+}$	1.29×10^{14}
$Al^{3+}+6F^{-} \rightleftharpoons [AlF_6]^{3-}$	6.92×10^{19}	$Cd^{2+}+4I^{-} \rightleftharpoons [CdI_4]^{2-}$	2.57×10^{5}
$Fe^{3+}+6F^{-} \rightleftharpoons [FeF_6]^{3-}$	1.0×10^{16}	$Cu^{+}+2I^{-} \rightleftharpoons [CuI_2]^{-}$	7.09×10^{8}
$Ag^{+}+3I^{-} \rightleftharpoons [AgI_3]^{2-}$	4.78×10^{13}	$Pb^{2+}+4I^{-} \rightleftharpoons [PbI_4]^{2-}$	2.95×10^{4}
$Ag^{+}+2I^{-} \rightleftharpoons [AgI_2]^{-}$	5.49×10^{11}	$Hg^{2+}+4I^{-} \rightleftharpoons [HgI_4]^{2-}$	6.76×10^{29}
$Ag^{+}+2NH_3 \rightleftharpoons [Ag(NH_3)_2]^{+}$	1.12×10^{7}	$Fe^{2+}+2NH_3 \rightleftharpoons [Fe(NH_3)_2]^{2+}$	1.6×10^{2}
$Cd^{2+}+6NH_3 \rightleftharpoons [Cd(NH_3)_6]^{2+}$	1.38×10^{5}	$Hg^{2+}+4NH_3 \rightleftharpoons [Hg(NH_3)_4]^{2+}$	1.90×10^{19}
$Cd^{2+}+4NH_3 \rightleftharpoons [Cd(NH_3)_4]^{2+}$	1.32×10^{7}	$Mg^{2+}+2NH_3 \rightleftharpoons [Mg(NH_3)_2]^{2+}$	20
$Co^{2+}+6NH_3 \rightleftharpoons [Co(NH_3)_6]^{2+}$	1.29×10^{5}	$Ni^{2+}+6NH_3 \rightleftharpoons [Ni(NH_3)_6]^{2+}$	5.49×10^{8}
$Co^{3+}+6NH_3 \rightleftharpoons [Co(NH_3)_6]^{3+}$	1.58×10^{35}	$Ni^{2+}+4NH_3 \rightleftharpoons [Ni(NH_3)_4]^{2+}$	9.12×10^{7}
$Cu^{+}+2NH_3 \rightleftharpoons [Cu(NH_3)_2]^{+}$	7.41×10^{10}	$Pt^{2+}+6NH_3 \rightleftharpoons [Pt(NH_3)_6]^{2+}$	2.00×10^{35}
$Cu^{2+}+4NH_3 \rightleftharpoons [Cu(NH_3)_4]^{2+}$	7.24×10^{12}	$Zn^{2+}+4NH_3 \rightleftharpoons [Zn(NH_3)_4]^{2+}$	2.88×10^{9}
$Al^{3+}+4OH^{-} \rightleftharpoons [Al(OH)_4]^{-}$	1.07×10^{33}	$Fe^{2+}+4OH^{-} \rightleftharpoons [Fe(OH)_4]^{2-}$	3.80×10^{8}
$Bi^{3+}+4OH^{-} \rightleftharpoons [Bi(OH)_4]^{-}$	1.59×10^{35}	$Ca^{2+}+P_2O_7^{4-} \rightleftharpoons [Ca(P_2O_7)]^{2-}$	4.0×10^{4}
$Cd^{2+}+4OH^{-} \rightleftharpoons [Cd(OH)_4]^{2-}$	4.17×10^{8}	$Cd^{2+}+P_2O_7^{4-} \rightleftharpoons [Cd(P_2O_7)]^{2-}$	4.0×10^{5}
$Cr^{3+}+4OH^{-} \rightleftharpoons [Cr(OH)_4]^{-}$	7.94×10^{29}	$Pb^{2+}+P_2O_7^{4-} \rightleftharpoons [Pb(P_2O_7)]^{2-}$	2.0×10^{5}
$Cu^{2+}+4OH^{-} \rightleftharpoons [Cu(OH)_4]^{2-}$	3.16×10^{18}		
$Ag^{+}+S_2O_3^{2-} \rightleftharpoons [Ag(S_2O_3)]^{-}$	6.61×10^{8}	$Pb^{2+}+2S_2O_3^{2-} \rightleftharpoons [Pb(S_2O_3)_2]^{2-}$	1.35×10^{5}
$Ag^{+}+2S_2O_3^{2-} \rightleftharpoons [Ag(S_2O_3)_2]^{3-}$	2.88×10^{13}	$Hg^{2+}+4S_2O_3^{2-} \rightleftharpoons [Hg(S_2O_3)_4]^{6-}$	1.74×10^{33}
$Cd^{2+}+2S_2O_3^{2-} \rightleftharpoons [Cd(S_2O_3)_2]^{2-}$	2.75×10^{6}	$Hg^{2+}+2S_2O_3^{2-} \rightleftharpoons [Hg(S_2O_3)_2]^{2-}$	2.75×10^{29}
$Cu^{+}+2S_2O_3^{2-} \rightleftharpoons [Cu(S_2O_3)_2]^{3-}$	1.66×10^{12}		

注：配位体的简写符号

en：乙二胺（$NH_2CH_2—CH_2NH_2$）；EDTA：乙二胺四乙酸根离子。

附　录　八

国际单位制（SI）

国际单位制是我国法定计量单位的基础，一切属于国际单位制的单位都是我国国家标准所指定的单位。

SI 基本单位

量		单　位	
名　称	符　号	名　称	符　号
长度	l	米	m
质量	m	千克(公斤)	kg
时间	t	秒	s
电流	I	安[培]	A
热力学温度	T	开[尔文]	K
物质的量	n	摩[尔]	mol
发光强度	I_v	坎[德拉]	cd

常用的 SI 导出单位

量		单　位		
名　称	符号	名　称	符号	定　义　式
频率	ν	赫[兹]	Hz	s^{-1}
能[量]	E	焦[耳]	J	$kg\cdot m^2\cdot s^{-2}$
力	F	牛[顿]	N	$kg\cdot m\cdot s^{-2}=J\cdot m^{-1}$
压力	p	帕[斯卡]	Pa	$kg\cdot m^{-1}\cdot s^{-2}=N\cdot m^{-2}$
功率	P	瓦[特]	W	$kg\cdot m^2\cdot s^{-3}=J\cdot s^{-1}$

续表

量		单	位	
名　称	符号	名　称	符号	定 义 式
电荷[量]	Q	库[仑]	C	A·s
电位，电压，电动势	U	伏[特]	V	$kg \cdot m^2 \cdot s^{-3} \cdot A^{-1} = J \cdot A^{-1} \cdot s^{-1}$
电阻	R	欧[姆]	Ω	$kg \cdot m^2 \cdot s^{-3} \cdot A^{-2} = V \cdot A^{-1}$
电导	G	西[门子]	S	$kg^{-1} \cdot m^{-2} \cdot s^3 \cdot A^2 = \Omega^{-1}$
电容	C	法[拉]	F	$A^2 \cdot s^4 \cdot kg^{-1} \cdot m^{-2} = A \cdot s \cdot V^{-1}$
磁通[量]	Φ	韦[伯]	Wb	$kg \cdot m^2 \cdot s^{-2} \cdot A^{-1} = V \cdot s$
电感	L	亨[利]	H	$kg \cdot m^2 \cdot s^{-2} \cdot A^{-2} = V \cdot A^{-1} \cdot s$
磁通[量]密度(磁感应强度)	B	特[斯拉]	T	$kg \cdot s^{-2} \cdot A^{-1} = V \cdot s \cdot m^{-2}$

用于构成十进倍数和分数单位的词头

因　数	词头名称	符　号	因　数	词头名称	符　号
10^{-1}	分	d	10	十	da
10^{-2}	厘	c	10^2	百	h
10^{-3}	毫	m	10^3	千	k
10^{-6}	微	μ	10^6	兆	M
10^{-9}	纳[诺]	n	10^9	吉[咖]	G
10^{-12}	皮[可]	p	10^{12}	太[拉]	T
10^{-15}	飞[母托]	f	10^{15}	拍[它]	P
10^{-18}	阿[托]	a	10^{18}	艾[可萨]	E

注：按中华人民共和国国家标准规定，[ ] 内的字是在不致引起混淆的情况下，可以省略的字；( ) 内的字为前者同义词。

索　　引
（按汉语拼音排列）

M

N

P

Q

R

S

T

W

X

Y

Z

其　他

元素周期表

IUPAC 2013

95 Am 镅▲ $5f^{7}7s^{2}$ 243.06138(2)✦	说明
+2 +3 +4 +5 +6	氧化态(单质的氧化态为0，未列入；常见的为红色)
95	原子序数
Am	元素符号(红色的为放射性元素)
镅▲	元素名称(注▲的为人造元素)
$5f^{7}7s^{2}$	价层电子构型
243.06138(2)✦	以 $^{12}C=12$ 为基准的原子量(注✦的是半衰期最长同位素的原子量)

s区元素　p区元素　d区元素　ds区元素　f区元素　稀有气体

周期＼族	1 ⅠA	2 ⅡA	3 ⅢB	4 ⅣB	5 ⅤB	6 ⅥB	7 ⅦB	8 ⅧB(Ⅷ)	9 ⅧB(Ⅷ)	10 ⅧB(Ⅷ)	11 ⅠB	12 ⅡB	13 ⅢA	14 ⅣA	15 ⅤA	16 ⅥA	17 ⅦA	18 ⅧA(0)	电子层
1	-1 +1 1 H 氢 $1s^{1}$ 1.008																	2 He 氦 $1s^{2}$ 4.002602(2)	K
2	+1 3 Li 锂 $2s^{1}$ 6.94	+2 4 Be 铍 $2s^{2}$ 9.0121831(5)											+3 5 B 硼 $2s^{2}2p^{1}$ 10.81	-4 +2 +4 6 C 碳 $2s^{2}2p^{2}$ 12.011	-3 -2 -1 +1 +2 +3 +4 +5 7 N 氮 $2s^{2}2p^{3}$ 14.007	-2 -1 8 O 氧 $2s^{2}2p^{4}$ 15.999	-1 9 F 氟 $2s^{2}2p^{5}$ 18.998403163(6)	10 Ne 氖 $2s^{2}2p^{6}$ 20.1797(6)	L K
3	-1 +1 11 Na 钠 $3s^{1}$ 22.98976928(2)	+2 12 Mg 镁 $3s^{2}$ 24.305											+3 13 Al 铝 $3s^{2}3p^{1}$ 26.9815385(7)	-4 +2 +4 14 Si 硅 $3s^{2}3p^{2}$ 28.085	-3 -2 -1 +1 +3 +5 15 P 磷 $3s^{2}3p^{3}$ 30.973761998(5)	-2 +2 +4 +6 16 S 硫 $3s^{2}3p^{4}$ 32.06	-1 +1 +3 +5 +7 17 Cl 氯 $3s^{2}3p^{5}$ 35.45	18 Ar 氩 $3s^{2}3p^{6}$ 39.948(1)	M L K
4	-1 +1 19 K 钾 $4s^{1}$ 39.0983(1)	+2 20 Ca 钙 $4s^{2}$ 40.078(4)	+3 21 Sc 钪 $3d^{1}4s^{2}$ 44.955908(5)	-1 0 +2 +3 +4 22 Ti 钛 $3d^{2}4s^{2}$ 47.867(1)	0 ±1 +2 +3 +4 +5 23 V 钒 $3d^{3}4s^{2}$ 50.9415(1)	-3 0 ±1 ±2 +3 +4 +5 +6 24 Cr 铬 $3d^{5}4s^{1}$ 51.9961(6)	-2 0 ±1 +2 +3 +4 +5 +6 +7 25 Mn 锰 $3d^{5}4s^{2}$ 54.938044(3)	-2 0 ±1 +2 +3 +4 +5 +6 26 Fe 铁 $3d^{6}4s^{2}$ 55.845(2)	0 ±1 +2 +3 +4 +5 27 Co 钴 $3d^{7}4s^{2}$ 58.933194(4)	0 ±1 +2 +3 +4 28 Ni 镍 $3d^{8}4s^{2}$ 58.6934(4)	+1 +2 +3 +4 29 Cu 铜 $3d^{10}4s^{1}$ 63.546(3)	+1 +2 30 Zn 锌 $3d^{10}4s^{2}$ 65.38(2)	+1 +3 31 Ga 镓 $4s^{2}4p^{1}$ 69.723(1)	+2 +4 32 Ge 锗 $4s^{2}4p^{2}$ 72.630(8)	-3 +3 +5 33 As 砷 $4s^{2}4p^{3}$ 74.921595(6)	-2 +2 +4 +6 34 Se 硒 $4s^{2}4p^{4}$ 78.971(8)	-1 +1 +3 +5 +7 35 Br 溴 $4s^{2}4p^{5}$ 79.904	+2 +4 36 Kr 氪 $4s^{2}4p^{6}$ 83.798(2)	N M L K
5	-1 +1 37 Rb 铷 $5s^{1}$ 85.4678(3)	+2 38 Sr 锶 $5s^{2}$ 87.62(1)	+3 39 Y 钇 $4d^{1}5s^{2}$ 88.90584(2)	+1 +2 +3 +4 40 Zr 锆 $4d^{2}5s^{2}$ 91.224(2)	0 ±1 +2 +3 +4 +5 41 Nb 铌 $4d^{4}5s^{1}$ 92.90637(2)	0 ±1 ±2 +3 +4 +5 +6 42 Mo 钼 $4d^{5}5s^{1}$ 95.95(1)	0 ±1 +2 +3 +4 +5 +6 +7 43 Tc 锝▲ $4d^{5}5s^{2}$ 97.90721(3)✦	0 +1 +2 +3 +4 +5 +6 +7 +8 44 Ru 钌 $4d^{7}5s^{1}$ 101.07(2)	0 ±1 +2 +3 +4 +5 +6 45 Rh 铑 $4d^{8}5s^{1}$ 102.90550(2)	0 +1 +2 +3 +4 46 Pd 钯 $4d^{10}$ 106.42(1)	+1 +2 +3 47 Ag 银 $4d^{10}5s^{1}$ 107.8682(2)	+1 +2 48 Cd 镉 $4d^{10}5s^{2}$ 112.414(4)	+1 +3 49 In 铟 $5s^{2}5p^{1}$ 114.818(1)	+2 +4 50 Sn 锡 $5s^{2}5p^{2}$ 118.710(7)	-3 +3 +5 51 Sb 锑 $5s^{2}5p^{3}$ 121.760(1)	-2 +2 +4 +6 52 Te 碲 $5s^{2}5p^{4}$ 127.60(3)	-1 +1 +3 +5 +7 53 I 碘 $5s^{2}5p^{5}$ 126.90447(3)	+2 +4 +6 +8 54 Xe 氙 $5s^{2}5p^{6}$ 131.293(6)	O N M L K
6	-1 +1 55 Cs 铯 $6s^{1}$ 132.90545196(6)	+2 56 Ba 钡 $6s^{2}$ 137.327(7)	57~71 La~Lu 镧系	+1 +2 +3 +4 72 Hf 铪 $5d^{2}6s^{2}$ 178.49(2)	0 ±1 +2 +3 +4 +5 73 Ta 钽 $5d^{3}6s^{2}$ 180.94788(2)	0 ±1 ±2 +3 +4 +5 +6 74 W 钨 $5d^{4}6s^{2}$ 183.84(1)	0 ±1 +2 +3 +4 +5 +6 +7 75 Re 铼 $5d^{5}6s^{2}$ 186.207(1)	0 +1 +2 +3 +4 +5 +6 +7 +8 76 Os 锇 $5d^{6}6s^{2}$ 190.23(3)	0 ±1 +2 +3 +4 +5 +6 77 Ir 铱 $5d^{7}6s^{2}$ 192.217(3)	0 +2 +3 +4 +5 +6 78 Pt 铂 $5d^{9}6s^{1}$ 195.084(9)	+1 +2 +3 +5 79 Au 金 $5d^{10}6s^{1}$ 196.966569(5)	+1 +2 +3 80 Hg 汞 $5d^{10}6s^{2}$ 200.592(3)	+1 +3 81 Tl 铊 $6s^{2}6p^{1}$ 204.38	+2 +4 82 Pb 铅 $6s^{2}6p^{2}$ 207.2(1)	-3 +3 +5 83 Bi 铋 $6s^{2}6p^{3}$ 208.98040(1)	-2 +2 +4 +6 84 Po 钋 $6s^{2}6p^{4}$ 208.98243(2)✦	-1 +1 +5 +7 85 At 砹 $6s^{2}6p^{5}$ 209.98715(5)✦	+2 86 Rn 氡 $6s^{2}6p^{6}$ 222.01758(2)✦	P O N M L K
7	+1 87 Fr 钫▲ $7s^{1}$ 223.01974(2)✦	+2 88 Ra 镭 $7s^{2}$ 226.02541(2)✦	89~103 Ac~Lr 锕系	104 Rf 𬬻▲ $6d^{2}7s^{2}$ 267.122(4)✦	105 Db 𬭊▲ $6d^{3}7s^{2}$ 270.131(4)✦	106 Sg 𬭳▲ $6d^{4}7s^{2}$ 269.129(3)✦	107 Bh 𬭛▲ $6d^{5}7s^{2}$ 270.133(2)✦	108 Hs 𬭶▲ $6d^{6}7s^{2}$ 270.134(2)✦	109 Mt 鿏▲ $6d^{7}7s^{2}$ 278.156(5)✦	110 Ds 𫟼▲ 281.165(4)✦	111 Rg 𬬭▲ 281.166(6)✦	112 Cn 鿔▲ 285.177(4)✦	113 Nh 鿭▲ 286.182(5)✦	114 Fl 𫓧▲ 289.190(4)✦	115 Mc 镆▲ 289.194(6)✦	116 Lv 𫟷▲ 293.204(4)✦	117 Ts 鿬▲ 293.208(6)✦	118 Og 鿫▲ 294.214(5)✦	Q P O N M L K

★镧系	+3 57 La★ 镧 $5d^{1}6s^{2}$ 138.90547(7)	+2 +3 +4 58 Ce 铈 $4f^{1}5d^{1}6s^{2}$ 140.116(1)	+3 +4 59 Pr 镨 $4f^{3}6s^{2}$ 140.90766(2)	+2 +3 +4 60 Nd 钕 $4f^{4}6s^{2}$ 144.242(3)	+3 61 Pm 钷▲ $4f^{5}6s^{2}$ 144.91276(2)✦	+2 +3 62 Sm 钐 $4f^{6}6s^{2}$ 150.36(2)	+2 +3 63 Eu 铕 $4f^{7}6s^{2}$ 151.964(1)	+3 64 Gd 钆 $4f^{7}5d^{1}6s^{2}$ 157.25(3)	+3 +4 65 Tb 铽 $4f^{9}6s^{2}$ 158.92535(2)	+3 +4 66 Dy 镝 $4f^{10}6s^{2}$ 162.500(1)	+3 67 Ho 钬 $4f^{11}6s^{2}$ 164.93033(2)	+3 68 Er 铒 $4f^{12}6s^{2}$ 167.259(3)	+2 +3 69 Tm 铥 $4f^{13}6s^{2}$ 168.93422(2)	+2 +3 70 Yb 镱 $4f^{14}6s^{2}$ 173.045(10)	+3 71 Lu 镥 $4f^{14}5d^{1}6s^{2}$ 174.9668(1)
★锕系	+3 89 Ac★ 锕 $6d^{1}7s^{2}$ 227.02775(2)✦	+3 +4 90 Th 钍 $6d^{2}7s^{2}$ 232.0377(4)	+3 +4 +5 91 Pa 镤 $5f^{2}6d^{1}7s^{2}$ 231.03588(2)	+2 +3 +4 +5 +6 92 U 铀 $5f^{3}6d^{1}7s^{2}$ 238.02891(3)	+3 +4 +5 +6 +7 93 Np 镎 $5f^{4}6d^{1}7s^{2}$ 237.04817(2)✦	+3 +4 +5 +6 +7 94 Pu 钚 $5f^{6}7s^{2}$ 244.06421(4)✦	+2 +3 +4 +5 +6 95 Am 镅▲ $5f^{7}7s^{2}$ 243.06138(2)✦	+3 +4 96 Cm 锔▲ $5f^{7}6d^{1}7s^{2}$ 247.07035(3)✦	+3 +4 97 Bk 锫▲ $5f^{9}7s^{2}$ 247.07031(4)✦	+2 +3 +4 98 Cf 锎▲ $5f^{10}7s^{2}$ 251.07959(3)✦	+2 +3 99 Es 锿▲ $5f^{11}7s^{2}$ 252.0830(3)✦	+2 +3 100 Fm 镄▲ $5f^{12}7s^{2}$ 257.09511(5)✦	+2 +3 101 Md 钔▲ $5f^{13}7s^{2}$ 258.09843(3)✦	+2 +3 102 No 锘▲ $5f^{14}7s^{2}$ 259.1010(7)✦	+3 103 Lr 铹▲ $5f^{14}6d^{1}7s^{2}$ 262.110(2)✦